Othenio Abel

Paläobiologie der Wirbeltiere

Verlag
der
Wissenschaften

Othenio Abel

Paläobiologie der Wirbeltiere

ISBN/EAN: 9783957008060

Auflage: 1

Erscheinungsjahr: 2016

Erscheinungsort: Norderstedt, Deutschland

Hergestellt in Europa, USA, Kanada, Australien, Japan
Verlag der Wissenschaften in Hansebooks GmbH, Norderstedt

Verlag
der
Wissenschaften

PALAEOBIOLOGIE DER WIRBELTIERE

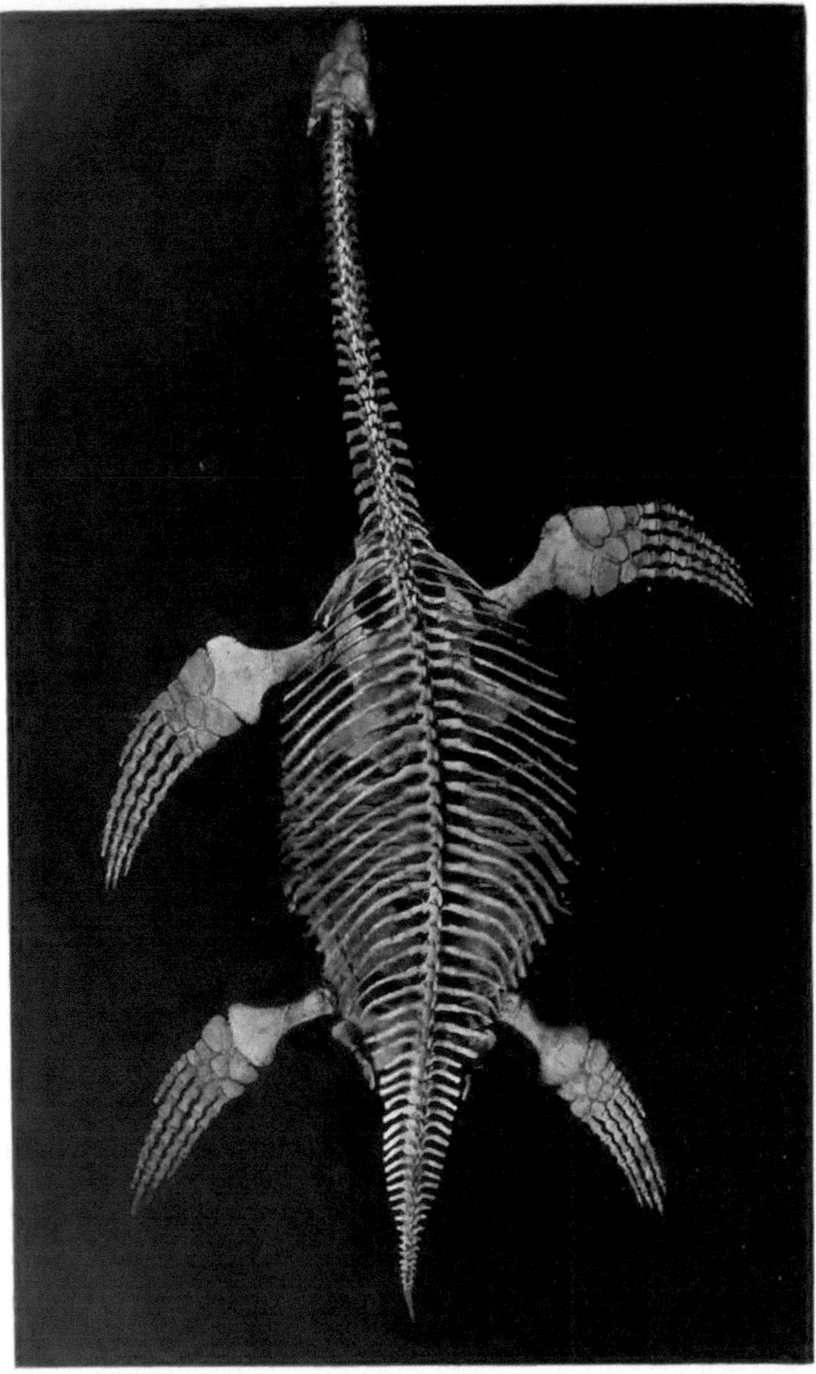

Skelett eines Plesiosauriers aus dem oberen Jura Englands: Cryptocleidus oxoniensis Phil. (Nach einer Photographie des Skelettes im American Museum of Natural History in New York, montiert unter der Leitung von H. F. Osborn.) Körperlänge 3,35 m.

GRUNDZÜGE DER PALAEOBIOLOGIE DER WIRBELTIERE

VON

O. ABEL

PROFESSOR DER PALÆONTOLOGIE AN DER WIENER
UNIVERSITÄT, INHABER DER BIGSBY GOLD MEDAL
DER GEOLOGICAL SOCIETY OF LONDON

MIT 470 ABBILDUNGEN IM TEXT

STUTTGART

E. SCHWEIZERBART'SHCE VERLAGSBUCHHANDLUNG
(ERWIN NÄGELE)

Meinem verehrten Lehrer und lieben Freunde

LOUIS DOLLO

Dr. H. C. Cambridge, Gießen und Christiania, Professor der Palaeontologie an der Freien Universität in Brüssel.

Inhaltsverzeichnis.

III. Die Wirbeltiere im Kampfe mit der Außenwelt.

1. Die Anpassungen an die Bewegungsart.

4. Die Anpassungen an den Kampf mit Feinden, Artgenossen und Futtertieren.

Vorwort.

Schon seit zehn Jahren mit Untersuchungen über die gesetzmäßigen
Wechselbeziehungen zwischen Lebensweise und Anpassungen der fossilen
Wirbeltiere beschäftigt, habe ich mich auf den Rat mehrerer Freunde
entschlossen, diese Untersuchungen in zusammenfassender Form zu
veröffentlichen.

Als Form der Darstellung habe ich dieselbe gewählt, wie für meine
Vorlesungen über das gleiche Thema. In der Überzeugung, daß ein
reiches Anschauungsmaterial das Verständnis dieser Fragen wesentlich
fördert, habe ich eine große Zahl von Abbildungen der Darstellung ein-
gefügt. Von allen Seiten haben mich meine Fachgenossen entweder
durch Zusendung von Abbildungen unterstützt, oder, wo das nicht
tunlich war, die Untersuchung der Originale gestattet; die Kaiserl. Akademie der Wissenschaften gewährte mir eine Reisesubvention. So konnte
ich eine große Zahl von Illustrationen sammeln, von denen ich einen Teil
selbst in Federzeichnung ausgeführt habe. Die Verlagshandlung ist
in dankenswertester Weise meinem Wunsche nach reicher Illustrierung
des Textes entgegengekommen, so daß ich hoffen darf, denselben durch
Abbildungen genügend erläutert zu haben. Besonderen Dank schulde
ich meinem Freunde, Ing. Franz Hafferl, der eine größere Anzahl von
Photographien für dieses Buch aufgenommen hat.

Die Paläobiologie ist der jüngste Zweig der Zoologie und daher
harrt noch eine im Vergleiche mit den geklärten Problemen unabsehbare
Fülle von Fragen der Lösung. Trotzdem habe ich den Versuch gewagt,
schon bei dem heutigen Stande der Untersuchungen einen Überblick
über den ganzen Fragenkomplex zu geben, der bisher gefehlt hat; die
verschiedenen Arbeiten sind in der Fachliteratur so zerstreut, daß nur
der engere Fachgenosse sie zu übersehen vermag, während dem größeren
Teil der Zoologen bei der Zersplitterung der heutigen Literatur ein
konzentrierter Überblick über diese Fragen und die im Vordergrunde
stehenden Probleme der Paläobiologie nicht leicht möglich ist.

Das vorliegende Buch soll kein Lehrbuch im landläufigen Sinne
sein; ich wollte keine Kompilation des bisher verarbeiteten Materials
durchführen, sondern viel wichtiger schien mir der Hinweis auf jene
Punkte, wo die ethologische Forschung einzusetzen hat. Ich bin also

auch hier ebenso vorgegangen, wie ich es in meinen Vorlesungen über dieses Thema getan habe. So hoffe ich, den Kreis jener erweitern zu können, die sich der Lösung ethologischer Probleme zuwenden, und derart dieser jungen Richtung der Zoologie neue Arbeiter zu gewinnen.

Zwei Grundsätze sind bei meiner Darstellung leitend gewesen und bilden die Basis des ganzen Aufbaus. Der erste Grundsatz ist die Auffassung der Deszendenzlehre — ich sage ausdrücklich L e h r e und nicht T h e o r i e — als einer unerschütterlichen Tatsache, die heute keiner weiteren Beweise, Begründungen und Stützen mehr bedarf. Der zweite Grundsatz besteht in der Auffassung der kausalen Wechselbeziehung zwischen Lebensweise und Anpassung als einer Erfahrungstatsache, die gleichfalls nicht mehr bewiesen zu werden braucht.

Was aber zu zeigen war, ist die strenge Gesetzmäßigkeit, nach der sich seit den ältesten Zeiten organischen Lebens auf der Erde die Anpassungen vollziehen. Sie ermöglicht uns, aus analogen Anpassungen lebender und fossiler Formen die Lebensweise, also Bewegungsart, Aufenthaltsort und Nahrungsweise der fossilen Tiere zu erschließen; und das im einzelnen auszuführen schien mir die Hauptaufgabe dieses Buches zu sein.

Besonderen Wert habe ich auf den Nachweis gelegt, daß uns die hier erörterten Prinzipien der ethologischen Analyse einen neuen Weg zur Erforschung stammesgeschichtlicher Zusammenhänge gezeigt haben. Eine ganze Reihe phylogenetischer Probleme ist auf diesem Wege bereits gelöst oder doch der Lösung näher gerückt worden.

Den Weg in dieses reiche Neuland der Zoologie hat mir Louis Dollo gewiesen. So wie der Führer auf dem Gebiete der theoretischen Geologie Eduard Sueß gezeigt hat, daß der wahre Fortschritt einer Wissenschaft nicht im planlosen Sammeln von Einzelbeobachtungen, sondern in der Synthese liegt, so hat Louis Dollo auf dem Gebiete der Paläontologie bahnbrechend gewirkt. Ich widme meinem verehrten Lehrer und lieben Freunde diesen ersten Versuch einer „Paläobiologie" in aufrichtiger Dankbarkeit.

O. Abel.

W i e n, am 20. Juni 1911.

Geschichte und Entwicklung der Palaeontologie der Wirbeltiere.

Die phantastische Periode.

Wir haben heute nur ein mitleidiges Lächeln für einen einfachen Steinbruchsarbeiter übrig, der uns Haifischzähne aus den miozänen Leithakalken des Wiener Beckens als „versteinerte Vogelzungen" überreicht. Aber diese Auffassung ist nicht allzuweit verschieden von der naiven Auslegung fossiler Reste, die wir durch die Schriften des klassischen Altertums bis in das achtzehnte Jahrhundert durch fast zweieinhalb Jahrtausende verfolgen können.

So wie wir heute bei Erdaushebungen wiederholt auf Knochen eiszeitlicher Riesensäugetiere stoßen, so sind derartige Funde schon im Altertum häufig gehoben worden.

Wenn P a u s a n i a s von der Entdeckung des zehn Ellen langen Gerippes des Telamoniers Ajax bei Milet erzählt, wenn E m p e d o k l e s aus Agrigent (492 bis 432 v. Chr.) von Ausgrabungen der Reste eines ausgestorbenen Gigantengeschlechtes in Sizilien spricht und S u e t o n i u s[1]) berichtet, daß Kaiser Augustus in seiner Villa auf Capri eine Sammlung von Riesenknochen besessen habe, so handelte es sich in allen diesen Fällen kaum um etwas anderes als um Reste großer eiszeitlicher oder tertiärer Säugetiere.

Noch zweitausend Jahre später begegnen wir im „Mundus subterraneus" des gelehrten Jesuitenpaters Athanasius K i r c h e r (1602 bis 1680) denselben Anschauungen; wieder finden wir Berichte über die Aufdeckung von Riesenresten in Sizilien und bei Cosenza in Calabrien.

Immer wieder tauchen in den Schriften des XVII. und XVIII. Jahrhunderts Nachrichten von Funden untergegangener Riesen auf, die mit den sagenhaften Giganten, den Riesen Og und Magog, mit Goliath, ja sogar mit der mythologischen Figur des Polyphem in Verbindung gebracht werden.

Einer der berühmtesten Funde dieser Art war die „Entdeckung" des „Teutobochus rex", des im Kampfe gegen Marius gefallenen Cimbernkönigs, durch den Chirurgen M a z u r i e r auf dem Chaumonter Feld

---

[1]) S u e t o n s Kaiserbiographien, verdeutscht von A. Stahr, Stuttgart 1864, Kap. 72 (Augustus), p. 174.

bei Lyon im Jahre 1613. Noch heute heißt diese Stätte „le champ des géans" und die dortigen Sand- und Lehmgruben sind noch immer eine reiche Fundgrube für Reste von Mastodonten, Nashörnern und Dinotherien.[1])

Zweifellos war es nicht ein „Riesen-Cörper", sondern ein Mammutskelett, das von schwedischen Soldaten im Jahre 1645 bei der Anlage einer „Retirada mit Wercken" an der noch heute ergiebigen Fundstelle am Hundssteig bei Krems in Niederösterreich im Löß gefunden wurde[2]) und das gleiche gilt für den berühmten „Luzerner Riesen", der unter einer vom Sturme entwurzelten Eiche beim Kloster Reyden 1557 zum

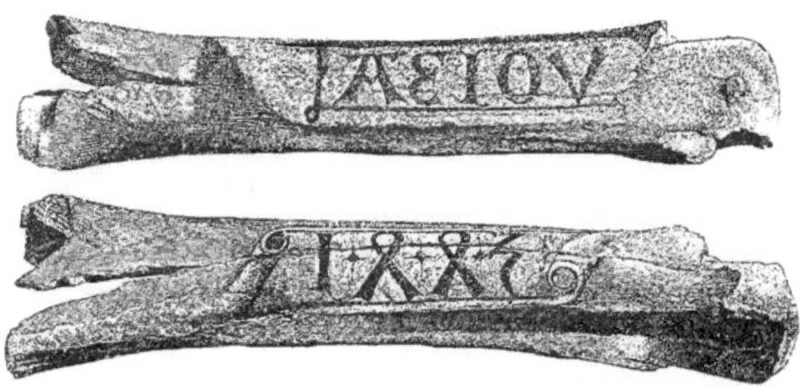

Fig. 1. Femur eines Mammut, das dem „Riesentor" der Stefanskirche in Wien seinen Namen gab, da es lange Zeit an demselben befestigt war. Auf der einen Seite die Jahreszahl des Fundes (1443), auf der anderen der Wahlspruch Kaiser Friedrichs III. (A. E. I. O. U.). Original im Besitze der Wiener Universität. (Nach E. Sueß.)

Vorschein kam. Das geologische Museum der Wiener Universität bewahrt den Oberschenkelknochen eines Mammut, der im Jahre 1443 bei der Grundaushebung für den zweiten unausgebauten Turm der Wiener

---

[1]) G. Cuvier, Recherches sur les Ossemens fossiles, 2_e_ éd., J. I, Paris 1821 pag. 102.

[2]) Merian, Theatrum Europaeum, V. Frankfurt, 1647, p. 954. — Franz Em. Brückmann wies 1729 in seinen „Epistola itineraria XII. de Gigantum dentibus usw." nach, daß es sich in den Kremser Funden nur um Elefantenreste handeln könnte. Bezeichnenderweise waren es aber nicht morphologische Beweisgründe, die Brückmann ins Treffen führte, sondern nur Erwägungen über das Größenverhältnis zwischen Zähnen und Schädel sowie das Gewicht des vermeintlichen Riesen, das aus den Zähnen auf 24 000 Pfund zu schätzen wäre. Daß der Zahnbau der Kremser Mammutzähne mit einem Menschenzahn keine Ähnlichkeit aufweist, wird mit keinem Worte erwähnt. So kann die Arbeit Brückmanns, obwohl er zu einem richtigen Ergebnisse gelangt, doch als Beispiel der ganz verfehlten Forschungsmethode jener Epoche gelten.

Stefanskirche entdeckt wurde und langezeit an dem Hauptportal des Domes befestigt war, das noch heute das „Riesentor" heißt.[1]

Es darf uns nicht wundern, daß in einer Zeit, die noch an Fabelwesen und Drachen glaubte, Skelettfunde fossiler Säugetiere und Saurier den Drachensagen immer wieder neue Nahrung boten.

„Am Fuße des Hohenstaufens werden im dortigen Lias alljährlich Dutzende von Sauriern aufgefunden, bei Gelegenheit des Ausbrechens von Steinplatten. Uralt ist diese Plattenindustrie, Trümmer auf der Hohenstaufenburg zeigen, daß schon bei Gründung der Wiege des alten Kaisergeschlechtes dort Platten gewonnen wurden. Die Saurier konnten damals so wenig als heute der Aufmerksamkeit der Arbeiter entgehen, der Gedanke an unterirdische Tiere lag nahe. So macht Q u e n s t e d t auf die Ähnlichkeit aufmerksam zwischen dem Drachenbild an der alten

Fig. 2. „Basilisk", gefunden bei einer Brunnenaushebung im Hause Schönlatern-gasse 7 in Wien im Jahre 1212. — Diese Sandsteinkonkretion aus den pontischen (unterpliozänen) Schichten des Untergrundes von Wien ist noch heute am Hause als Wahrzeichen befestigt. (Nach E. S u e ß.)

Stadtkirche zu Tübingen und den Resten des schwäbischen Lindwurms, der an den Ufern des Neckars im obersten Keuper vielfach sich findet. Wir dürfen daher wohl auch keinen Augenblick Anstand nehmen, wenig-

---

[1] E. S u e ß, in: „Geschichte der Stadt Wien", Bd. I: Der Boden der Stadt und sein Relief. Wien, 1897, Fig. 9 und 10, pag. 13.

Fig. 3. Originalabbildung Scheuchzers von dem „betrübten Beingerüst eines alten Sünders, so in der Sündflut ertrunken". Andrias Scheuchzeri, ein Riesenmolch aus dem Miozän von Öningen in Baden. (Nach J. J. Scheuchzer.)

stens lokal den Ursprung einzelner Drachensagen auf den zufälligen Fund von fossilen Sauriern zurückzuführen." (O. Fraas.)

Auch die Lindwurmsagen von Klagenfurt und Krakau gehen nachweisbar auf die Funde fossiler Säugetierschädel zurück.

Anders verhält es sich mit dem Ursprung der Basiliskensage. Wie E. S u e ß 1862 nachgewiesen hat, ist der noch heute an der Mauer des Hauses Schönlaterngasse 7 in Wien befestigte „Basilisk", dessen Auffindung in das Jahr 1212 verlegt wird, tatsächlich eine sphäroidische Sandsteinkonkretion der Congerienschichten, welche bei Brunnengrabungen im Boden Wiens häufig gefunden werden. Da das Wasser unterhalb der Lagen mit derartigen Konkretionen stark schwefelwasserstoffhaltig zu sein pflegt, so erklärt sich daraus die Überlieferung von den giftigen Dünsten, die der später aus dem Brunnen gehobene Basilisk ausgehaucht haben soll.[1])

Der außerordentliche Tiefstand der biologischen Wissenschaften hat vom klassischen Altertum bis zum Ende des XVIII. Jahrhunderts angedauert. Mangel der Fähigkeit, richtig zu beobachten und aus den Beobachtungen Schlüsse abzuleiten, kennzeichnet diese Periode, in welcher trotz vereinzelter richtiger Beobachtungen und Folgerungen immer wieder jene Ideen die Oberhand gewannen, welche in den Versteinerungen nur Naturspiele oder „Lusus naturae" sahen und dem Gestein die mystische Kraft des Hervorbringens tierähnlicher Gebilde zuschrieben. Erst mit dem Fiasko des von seinen Studenten mit den berühmten „Lügensteinen" düpierten Joh. Barth. B e r i n g e r, dessen „Lithographia Würceburgensis" 1726 erschien, fand diese ganze Richtung ihren tragikomischen Abschluß.

Es erscheint uns heute fast unglaublich, wie ein von seinen Zeitgenossen angesehener Naturforscher wie der Züricher Professor Johann Jakob S c h e u c h z e r noch im Jahre 1726 das Skelett eines fossilen Riesensalamanders aus dem Miozän von Öningen für das „betrübte Beingerüst von einem armen Sünder, so in der Sintfluth ertrunken" halten konnte. Aber wir verstehen diese merkwürdige Auffassung, wenn wir bedenken, daß von einer vergleichenden Anatomie zu dieser Zeit noch so gut wie gar nichts bekannt war. Erst G. C u v i e r, der zum erstenmal den Nachweis führte, daß S c h e u c h z e r ein Molchskelett mit einem Menschenskelett verwechselt hatte, hat die vergleichendanatomische Methode begründet und damit den Grundstein zu einer wissenschaftlichen Entwicklung der Paläontologie oder der Lehre von den fossilen Organismen gelegt.

---

[1]) E. S u e ß: Der Boden der Stadt Wien nach seiner Bildungsweise, Beschaffenheit und seinen Beziehungen zum bürgerlichen Leben. Wien, 1862, pag. 142.

Die deskriptive Periode.

Als die Naturforscher des XVIII. Jahrhunderts zu der Erkenntnis gelangt waren, daß die in den Gesteinen begrabenen Versteinerungen oder „Petrefakten" als veränderte Tierkadaver und Pflanzenleichen, aber nicht als Naturspiele anzusehen seien, mußte die Frage auftauchen, ob diese Reste von heute noch lebenden oder von ausgestorbenen Arten herrühren.

Fast alle Naturforscher jener Zeit standen so sehr unter dem Banne der biblischen Überlieferung, daß sie die Versteinerungen als Leichen rezenter Tier- und Pflanzenarten erklärten. Als Erklärung für das Vorkommen von Meerestieren in Gesteinen des Festlandes mußte die Sintflut herangezogen werden. Es war dies schon von dem gelehrten Dänen Nikolaus S t e n o (1638—1687) ausführlich begründet worden, aber schon Q u i r i n i war der Theorie entgegengetreten, daß die Sintflut schwere Meeresmuscheln auf hohe Berge hätte tragen können; überdies wäre ja die Sintflut eine Süßwasserüberschwemmung gewesen.

Um diese Fragen — ausgestorben oder nicht, Sintflut oder nicht — wogte langezeit der Streit. Eine neue Grundlage wurde erst durch die Untersuchungen von Joh. Friedr. B l u m e n b a c h und Ernst Friedr. F r e i h e r r v o n S c h l o t h e i m geschaffen, welche mit guten Gründen dafür eintraten, daß ein Teil der Versteinerungen auf lebende Arten, ein anderer aber auf ausgestorbene zu beziehen sei. Gegen diese Theorien wurde aber immer von neuem geltend gemacht, daß nur ein verschwindend kleiner Teil der lebenden Tiere und Pflanzen bekannt sei und daß sich die fremdartigen, uns nur als Versteinerungen bekannten Formen vielleicht doch noch eines Tages in bisher unerforschten Erdteilen finden könnten. Die Tatsache, daß in den übereinanderfolgenden Schichten der Erdrinde ganz verschiedenartige Versteinerungen liegen, eine Beobachtung, welche der englische Ingenieur William S m i t h nach langjährigen Studien zuerst 1799 veröffentlichte, war in ihren Konsequenzen für die Paläontologie noch nicht recht erfaßt worden.

Die scharfe stratigraphische Unterscheidung der „Leitfossilien" durch William S m i t h bildet im eigentlichen Sinne die Grundlage für die Entwicklung der Paläontologie, da sich erst auf diesen Tatsachen die Erkenntnis der Verschiedenartigkeit der fossilen Faunen und Floren von der heutigen Lebewelt aufbauen konnte.

Um aber diese Vergleiche erfolgreich durchführen zu können, mußte nicht nur der Blick geschärft, sondern eine wissenschaftliche, analytische und vergleichende Methode gefunden werden, um die fossilen und lebenden Formen sicher unterscheiden zu können.

Die Überreste der wirbellosen Tiere waren nur in geringem Grade geeignet, entscheidende, vergleichende Untersuchungen zuzulassen.

G. C u v i e r's unvergängliches Verdienst besteht in der richtigen Erfassung der Bedeutung des Wirbeltierskeletts zur Entscheidung der Fragen nach dem Gegensatze zwischen ausgestorbenen und lebenden Formen.

Zuerst mußte daher C u v i e r eine vergleichende Anatomie der lebenden Wirbeltiere schaffen, bevor er an die Darstellung der fossilen Formen schreiten konnte. Seine erste, grundlegende Abhandlung über das einhörnige Nashorn, die 1804 in den Annalen des Pariser Museums veröffentlicht wurde, beginnt mit den Worten:

„Da ich mir vornehme, in diesen Annalen eine Reihe von Untersuchungen zu veröffentlichen, die ich über die Frage angestellt habe, zu welchen Arten die fossilen Knochenreste gehören, so muß ich vor allem die Osteologie mehrerer Quadrupeden besprechen, welche noch niemals unter diesen Gesichtspunkten studiert worden sind."

Diese in regelloser Folge erschienenen Aufsätze in den Annalen hat C u v i e r zuerst 1812 gesammelt und sie bilden die Grundlage der monumentalen „Recherches sur les Ossements fossiles", die noch heute ihren Wert nicht verloren haben.

Der Einfluß dieses Werkes auf die Zeitgenossen war außerordentlich. Hier war zum erstenmale eine wissenschaftliche Methode zur Unterscheidung ausgestorbener und lebender Arten entworfen und überzeugend begründet worden.

Ein unmittelbarer Erfolg der Untersuchungen C u v i e r's war der endgültig erbrachte Nachweis von der Existenz ausgestorbener Arten in den Ablagerungen früherer Erdzeitalter. Aber mit dieser Feststellung verknüpfte C u v i e r die Hypothese, daß wiederholte umfassende Katastrophen das Leben auf der Erdoberfläche vernichtet hätten und zwar wären diese Vernichtungen entweder totale oder nur partielle gewesen. Aus dieser Annahme ergibt sich der zwingende Schluß auf wiederholte Neuschöpfungen der fossilen Faunen und Floren. Die Art ist nach C u v i e r unveränderlich und es besteht keine genetische Verbindung zwischen den verschiedenen Arten der Vorwelt und Jetztzeit.

Der Einfluß C u v i e r's auf seine Zeitgenossen war außerordentlich groß und nur so vermag man sich zu erklären, wie sich seine „Katastrophentheorie" so lange im Widerstreit der Meinungen behaupten konnte. Erst durch die grundlegenden „Principles of Geology", die Charles L y e l l 1830—1833 in drei Bänden veröffentlichte, wurde den Revolutionstheoretikern der Todesstoß versetzt und die Bahn für die Erkenntnis einer steten und allmählichen Entwicklung des Lebens freigelegt.

Man hätte erwarten dürfen, daß auf diesen glänzenden Anfang der wissenschaftlichen Paläontologie auf morphologischer Grundlage eine Epoche folgen würde, in welcher unsere Kenntnisse von den fossilen

Formen beträchtlich vermehrt und die genetischen Beziehungen der einzelnen Arten, Gattungen und Familien zueinander gründlich untersucht worden wären.

Leider folgte aber eine Periode, in welcher der von C u v i e r so erfolgreich eingeschlagene Weg nicht energisch weiterverfolgt wurde. Die Ursache für diese in wissenschaftlicher Hinsicht merkwürdige Erscheinung liegt in folgendem.

C u v i e r's Arbeiten stehen auf rein zoologischer, anatomischer Grundlage. Wäre die Erforschung der fossilen Tiere in den Händen der Zoologen geblieben, so wäre diese Richtung zweifellos weiter ausgebaut worden. Nun zeigte sich aber in den Zoologenkreisen jener Zeit wenig Lust, sich mit der Untersuchung von zum Teil recht dürftigen und schwer zu deutenden fossilen Resten zu beschäftigen und die Paläontologie ging immer mehr in die Hände der Geologen über.

Der Geologe muß in erster Linie das Interesse haben, das relative Alter der Schichten zu bestimmen und dazu dienen ihm vor allem die „Leitfossilien". Für den Geologen sind die Fragen nach den genetischen Beziehungen der fossilen Lebewesen untereinander und zu den lebenden Organismen nur nebensächlicher Natur; für ihn genügt es, die einzelnen Fossilien stratigraphisch zu fixieren und sie so zu beschreiben, daß eine Wiedererkennung leicht möglich ist. Ihm erscheinen daher auch solche Überreste von Wichtigkeit, mit denen der Morphologe sehr oft nichts anzufangen weiß.

So folgte auf die Untersuchungen C u v i e r's eine Epoche rein deskriptiver Arbeiten, in welchen viel wertvolles, aber noch mehr wertloses Material in den rasch sich vermehrenden Zeitschriften gesammelt und beschrieben wurde. Immer tiefer wurde die Kluft zwischen Zoologen und Paläontologen und die Aufsammlung und Bearbeitung der fossilen Organismen ging immermehr in die Hände der Geologen über.

Nur das Gebiet der fossilen Wirbeltiere wurde den Zoologen nicht gänzlich entfremdet; eine große Anzahl hervorragender Zoologen widmete sich der Untersuchung der fossilen Vertebraten, die zum Teil in umfangreichen Monographien eine eingehende Beschreibung fanden. Durch alle diese Arbeiten zieht sich aber wie ein roter Faden das Bestreben, möglichst viele „neue" Gattungen und „neue" Arten zu beschreiben, während die Fragen nach den genetischen Beziehungen fast oder ganz in den Hintergrund getreten waren.

Der geistreiche Begründer der modernen Paläontologie auf morphologischer und phylogenetischer Basis, Woldemar K o w a l e v s k y ,[1] schreibt 1874:

---

[1] W. K o w a l e v s k y: Monographie der Gattung Anthracotherium Cuv. und Versuch einer natürlichen Klassifikation der fossilen Huftiere. — Palaeontographica, XXII. Bd., 1874, p. 137.

„Mir scheint es im Interesse der Wissenschaft zu sein, diese innerliche Armut der paläontologischen Literatur der Säugetiere möglichst aufzudecken; ein Übelstand ist um so größer, so lange er ein versteckter ist. Ein oberflächlicher Zuschauer, der die Sachen nur durchblättert oder viel auf die Namen von fossilen Genera und Spezies gibt, wird im Gegenteil von Achtung durchdrungen, wenn er das scheinbar Viele sieht, was in den letzten 40 Jahren in der Literatur der fossilen Säugetiere geleistet wurde, wenn er die langen Reihen der generischen und spezifischen Namen durchmustert, die in den großen Lehrbüchern, wie z. B. P i c t e t oder der L e t h a e a zusammengestellt sind. Wenn man aber tiefer in den Gegenstand eindringt, wenn man nur den leichtesten Versuch macht, diese Namen auf ihre positiven Begriffe zurückzuführen, um damit zu operieren, d. h. Verwandtschaften aufzusuchen, ein Bild von der Organisation der fossilen Formen und deren Zusammenhang mit der heutigen Schöpfung zu entwerfen, dann nur findet man, daß das Meiste gar nicht verwendbar ist, da außer dem bloßen Namen fast nichts vorliegt und die Namen selbst sind oft auf solche ungenügende Überreste gegründet, welche über die wahre Organisation des Tieres keine Vorstellung geben können. Der große Übelstand, den dieser Zustand der Dinge hervorruft, besteht in der Selbsttäuschung, daß die Enträtselung der ausgestorbenen Formen große Fortschritte mache, während in Wirklichkeit nur die Namen vermehrt werden, unsere Kenntnisse aber über die Organisation und die Bedeutung der neu aufgedeckten Formen für die heutige Schöpfung fast ganz unverändert bleiben. Diese innere Gehaltlosigkeit eines bedeutenden Teiles der paläontologischen Literatur, diese Vermehrung der Namen ohne Vermehrung der Kenntnisse macht es auch, daß bei jeder neu erscheinenden gründlichen Arbeit, die den Zusammenhang der heutigen Fauna mit der erloschenen dartun will, wir immer von neuem auf die C u v i e r schen Typen verwiesen werden, da nur die Arbeiten C u v i e r's durch ihre Gründlichkeit ein verwendbares Material für vergleichend-anatomische und zoogenetische Spekulationen liefern.''

Die Bedeutung K o w a l e v s k y's für die Entwicklung der Paläontologie der Wirbeltiere ist von seinen Zeitgenossen und auch von gedankenarmen und kenntnislosen Epigonen vielfach unterschätzt worden.

Erst Louis D o l l o und Henry Fairfield O s b o r n haben auf die große Bedeutung seiner Arbeiten hingewiesen.

Louis D o l l o sagt darüber:[1]

„Lorsque parurent ses travaux, jamais paléontologiste n'avait encore montré pareille connaissance intime du détail, jointe à une telle ampleur de vues.''

---

[1] L. D o l l o: La Paléontologie éthologique. — Bulletin Soc. Belge Géol. Paléont. Hydrol., T. XXIII, Bruxelles 1909, Mémoires, p. 384.

„Mais si, pour un moment, et malgré son importance, nous faisons
abstraction du sujet spécial, et si nous le considérons seulement comme
le support matériel indispensable, on peut dire que l'oeuvre de Woldemar
K o w a l e v s k y est un véritable T r a i t é d e l a M é t h o d e en
Paléontologie."

„C'est ce que je n'ai cessé de dire et de répéter depuis plus d'un
quart de siècle."

Und Henry Fairfield O s b o r n schreibt:[1])

„If a student asks me how to study palaeontology, I can do no
better than direct him to the „Versuch einer natürlichen Klassifikation
der fossilen Huftiere", out of date in its facts, thoroughly modern in
its approach to ancient nature. This work is a model union of the
detailed study of form and function with theory and the working hypothesis. It regards the fossil not as petrified skeleton, but as moving
and feeding; every joint and facet has a meaning, each cusp a certain
significance. Rising to the philosophy of the matter, it brings the
mechanical perfection and adaptiveness of different types into relation
with environment, the change of herbage, the introduction of grasses.
In this competition it speculates upon the causes of the rise, spread
and extinction of each animal group. In other words the fossil quadru-
peds are treated b i o l o g i c a l l y — so far as possible in the obscurity
of the past."

Mit K o w a l e v s k y's Arbeiten — er hat nur sechs Abhandlungen
über fossile Huftiere veröffentlicht — ist die Paläontologie der Wirbeltiere endgültig aus dem dilettantenhaften Stadium der Petrefaktenkunde
in den Rang einer wissenschaftlichen Paläozoologie eingetreten, um diese
Stellung hoffentlich nie wieder zu verlieren.

Die morphologisch-phylogenetische Periode.

In den letzten vierzig Jahren hat, beeinflußt durch die Arbeiten
K o w a l e v s k y's und unterstützt durch zahlreiche neue Funde, sowie
die verbesserten Präparationsmethoden, die Paläontologie der Wirbeltiere einen ungeahnten Aufschwung genommen und ist wieder das geworden, was sie zu C u v i e r's Zeit nur kurz gewesen ist, nämlich ein
wichtiger Zweig der Zoologie.

Seit einiger Zeit wird von verschiedenen Seiten energisch dafür
eingetreten, daß diese Zugehörigkeit auch äußerlich darin ihren Ausdruck finden sollte, daß nicht wie bisher die fossilen Wirbeltiere als
hervorragende Zierden und Schauobjekte den geologischen Sammlungen

---

[1]) H. F. O s b o r n: The Rise of the Mammalia in North America. —
Studies from the Biological Laboratories of Columbia College, Boston, 1893,
Vol. I, No. 2, p. 3 und 5.

einverleibt bleiben sollen, sondern mit den Sammlungen von Präparaten lebender Wirbeltiere zu vereinigen sind.

In der Tat ist nicht recht einzusehen, warum z. B. das Mastodon und das Mammut in den g e o l o g i s c h e n Schausammlungen aufgestellt werden, während die Skelette lebender Elefanten, räumlich von den fossilen oft weit getrennt, in den z o o l o g i s c h e n Kabinetten aufbewahrt werden. Es entstehen naturgemäß bei dieser Trennungsmethode administrative Kämpfe zwischen den Kustoden der einzelnen Abteilungen, wenn es sich um die Zuteilung gewisser in historischer Zeit ausgestorbener Formen wie der Moas, der Steller'schen Seekuh, des Didus ineptus, des Pezophaps solitarius usw. handelt.

Daher ist denn auch die zwar historisch begründete, aber sachlich heute nicht mehr zu verteidigende Trennung fossiler und rezenter Wirbeltierskelette in mehreren in modernem Geiste geleiteten Museen beseitigt worden, so daß nur das große Heer der fossilen wirbellosen Leitfossilien den geologischen Sammlungen inkorporiert bleibt, um ein Bild der Verschiedenartigkeit der aufeinanderfolgenden Faunen zu vermitteln. Vielleicht wird aber auch diese Frage in absehbarer Zeit gelöst werden müssen.

Durch D a r w i n s Arbeiten ist auf alle Zweige der Biologie ein tiefgreifender Einfluß ausgeübt worden. Auch die Paläontologie hat sich diesen neuen Gesichtspunkten nicht lange entziehen können, obwohl es einige Jahrzehnte gedauert hat, bis die phylogenetische Betrachtungsweise die Oberhand gewann.

Seit dieser Zeit ist der Gegensatz zwischen rein stratigraphischen und biostratigraphischen Studien einerseits und den auf morphologisch-genetischer Grundlage anderseits fußenden Arbeiten immer deutlicher geworden. Immer häufiger werden die monographischen Bearbeitungen genetisch geschlossener Gruppen, eine Abgrenzung des Materials, die unerläßlich ist, wenn die genetischen Beziehungen und die Entwicklung eines Stammes geklärt werden sollen.

Eine Zeitlang haben sich viele Paläozoologen in phylogenetischen Spekulationen ohne genügende morphologische Basis verloren. Die Zeit, die durch die Konstruktion zahlreicher „Stammbäume" charakterisiert ist, scheint gegenwärtig überwunden zu sein. Diese Spekulationsweise, die immerhin viele schöne Ergebnisse gezeitigt und fruchtbringend gewirkt hat, war in der Ungeduld einzelner Forscher begründet, das Ziel der Enträtselung der genetischen Zusammenhänge so rasch als möglich zu erreichen; auch die Zoologie hat eine gleichartige Epoche zu verzeichnen, hat sie aber bereits glücklich überwunden, nachdem die Erkenntnis ausgereift war, daß noch viele morphologische Einzelarbeit zu leisten ist, bis wir imstande sind, die Geschichte der Stämme des Tierreichs zu klären und zu überblicken.

Die grundlegende Untersuchungsmethode der modernen Paläozoologie ist noch immer die morphologische, richtiger die morphogenetische oder morphologisch-genetische Methode. Die morphologische Methode hat durch die Verknüpfung mit phylogenetischen Gesichtspunkten eine bedeutende Vertiefung und Erweiterung erfahren und auf diese Weise ist heute die Paläozoologie zu einer sehr wesentlichen Stütze der Abstammungslehre herangewachsen.

Die Aufgaben und Ziele der Paläozoologie sind heute wesentlich andere als vor hundert Jahren.

Während es sich damals in erster Linie darum handelte, die fossilen Überreste richtig zu klassifizieren, steht heute die Aufgabe im Vordergrunde, die genetischen Beziehungen der fossilen Formen zu ermitteln. Die morphologische Methode ist schrittweise so weit ausgebaut worden, daß die Klassifikation fossiler Wirbeltierreste heute wesentlich geringeren Schwierigkeiten begegnet als zu einer Zeit, wo man über die vergleichende Anatomie der lebenden Formen noch völlig im unklaren war.

In früherer Zeit hat man sich wenig um die Frage gekümmert, welche Lebensweise und Lebensgewohnheiten die fossilen Wirbeltiere besessen haben, und diese Fragen sind auch zu der Zeit, als man ungeduldig die Stammbäume festzustellen suchte, stark im Hintergrunde geblieben. Vielfach sind sogar ethologische Beobachtungen und Untersuchungen als eine für die „wissenschaftliche" Zoologie wertlose Spielerei betrachtet worden.

Erst Louis D o l l o hat uns die Wege gewiesen, auf welchen wir, analytisch forschend, durch Analogieschlüsse zu der Beantwortung der Fragen nach der Lebensweise und der Bedeutung der Anpassungen einer fossilen Form für deren Lebensweise gelangen können.

Diese neuen Wege sind in den letzten zehn Jahren von mehreren Forschern betreten worden. Während man aber im Anfange der Anwendung der „e t h o l o g i s c h e n A n a l y s e" nur das Ziel im Auge hatte, die Lebensweise der f o s s i l e n Formen festzustellen, hat sich langsam aus diesen Anfängen eine Methode entwickelt, die uns in den Stand setzt, auch in die Ethologie der l e b e n d e n Formen und in die Stammesgeschichte einen Einblick zu gewinnen.

Eine ganze Reihe von Fragen, die weder mit Hilfe der morphologischen Analyse rezenter und fossiler Formen noch mit Hilfe embryologischer Forschungen gelöst werden konnten, ist durch die von D o l l o ausgebaute ethologische Analyse entweder bereits gelöst oder doch der Lösung näher gerückt worden.

So erscheint der Zeitpunkt gekommen, diese neuen Gesichtspunkte, die Methodik, die bisher gewonnenen Ergebnisse und die noch offenen, aber mit Hilfe dieser Methode lösbaren Fragen übersichtlich zusammenzustellen, sowie die Richtungen anzudeuten, auf denen einzelne Probleme zu lösen sein dürften.

Die ethologische Methode.

1. Die **Morphologie** oder v e r g l e i c h e n d e A n a t o m i e besteht in der vergleichenden Analyse der Organe und deren Beschreibung (deskriptive Morphologie).

Die m o r p h o l o g i s c h e M e t h o d e i n d e r P a l ä o z o o l o g i e besteht in der vergleichenden Analyse der Skelettelemente der fossilen und lebenden Formen.

2. Die **Embryologie** besteht in der vergleichenden Untersuchung der Embryonen mit dem erwachsenen Individuum.

Es liegt im Fehlen der Erhaltungsmöglichkeit fossiler Embryonen begründet, daß die Embryologie sich nur auf rezente Formen erstrecken kann.

3. Die **Ethologie** besteht in der Erforschung der Organismen in ihren Beziehungen zur Umgebung. (Existenzbedingungen.)[1]

Statt der Bezeichnung „Ethologie" wird, namentlich von deutschen, englischen und amerikanischen Autoren, der Ausdruck „Biologie" gebraucht.

Obwohl diese letztere Bezeichnung eingewurzelt erscheint, so wäre es vielleicht richtiger, den Terminus „Biologie" überhaupt für das Gesamtgebiet jener Wissenschaften anzuwenden, welche sich die Erforschung des Lebens im weitesten Sinne zur Aufgabe stellen.

Die e t h o l o g i s c h e M e t h o d e i n d e r P a l ä o z o o l o g i e besteht in der Erforschung der fossilen Organismen in ihren Beziehungen zur Umgebung.

Um diese Aufgabe zu erfüllen, muß sie zunächst die Anpassungen der lebenden Tiere in ihren Beziehungen zum Milieu eingehend berücksichtigen, um per analogiam auf die fossile Lebewelt einen Rückschluß ziehen zu können.

Diese Methodik beruht auf der Voraussetzung, daß die Umformungsgesetze für die lebende und fossile Tierwelt stets die gleichen waren.

I c h f ü h r e f ü r j e n e n Z w e i g d e r N a t u r w i s s e n s c h a f t e n , d e r s i c h d i e E r f o r s c h u n g d e r A n p a s s u n g e n d e r f o s s i l e n O r g a n i s m e n u n d d i e E r m i t t l u n g i h r e r L e b e n s w e i s e z u r A u f g a b e s t e l l t , d i e B e z e i c h n u n g **„Paläobiologie"** e i n .

---

[1] Definition von L. D o l l o: La Paléontologie éthologique. — Bull. Soc. Belge Géol. Paléont. Hydr., XXIII, Bruxelles 1909, pag. 386.

E. R a c o v i t z a: Sphéromiens (première série) et Revision des Monolistrini (Isopodes sphéromiens), Archives Zool. expérim., XLIV, No. 3, Paris, 9. Mars 1910, pag. 628 definiert die E t h o l o g i e - „Science des moeurs" (nach dem Dictionnaire der Académie française seit 1762), während er Ö k o l o g i e und B i o n o m i e als Synonyme betrachtet und definiert: „Science des conditions d'existences."

Die Erforschung der Anpassungen fossiler Formen bringt es mit sich, daß auch **die Entstehungsgeschichte der Anpassungen in den Kreis der Aufgaben der Paläobiologie** fällt.

Die Geschichte der Anpassungen aber ist ein Zweig der Phylogenie und somit sehen wir, daß wir in der konsequenten Anwendung der paläobiologischen Methode ein Mittel erhalten, um die Stammesgeschichte von einem neuen Gesichtspunkt aus zu betrachten.

Zur Ermittlung der Phylogenie der Organismen stehen uns nunmehr zu Gebote:

1. Die **morphologische Methode** (rezente und fossile Formen).
2. Die **embryologische Methode** (rezente Formen).
3. Die **chronologische oder stratigraphische Methode** (im wesentlichen nur als Überprüfung der auf morphologischem Wege gewonnenen Ergebnisse zu verwerten, da sie für sich allein mitunter zu Trugschlüssen führen kann).
4. Die **ethologische Methode** (die Ethologie der rezenten Formen und die Paläobiologie).

Die Überreste der fossilen Wirbeltiere.

Vereinzeltes und gehäuftes Vorkommen von Wirbeltierleichen.

Fossile Wirbeltiere finden sich in der Regel vereinzelt und selten. Die meisten Wirbeltierarten aus der Vorzeit der Erde sind nur in einzelnen Exemplaren bekannt.

Mitunter finden sich jedoch die Leichen von Individuen einer und derselben Art in größerer Zahl nebeneinander und in einigen Fällen liegen die Leichenreste in förmlichen Haufen beisammen.

Das schönste und berühmteste Beispiel dieser Art ist die Sandsteinplatte aus dem oberen Keuper von Kaltental bei Stuttgart, auf welcher nicht weniger als vierundzwanzig Exemplare der gepanzerten „Vogelechse" Aëtosaurus ferratus noch in derselben Stellung erhalten sind, in der sie vom Tode ereilt wurden[1]). Deutlich sieht man, wie sich einzelne Exemplare in konvulsivischen Zuckungen krümmten, als eine Welle eine Sandschlammschicht über die dem Tode geweihten kleinen Reptilien ausbreitete.

Verhältnismäßig häufig findet man fossile Fische in größeren Mengen auf kleinem Raume beisammen. Dies ist beispielsweise der Fall bei der kleinen Larvenform Palaeospondylus Gunni Traq.[2]) aus dem Lower Old Red von Anacharras bei Thurso in Schottland, wo Hunderte Individuen dieser kleinen, höchstens 5 cm langen, in Kohle[3]) verwandelten Tierchen nebeneinander liegen.

Auch in den oberjurassischen Plattenkalken Bayerns trifft man zuweilen auf den Schichtflächen größere Mengen von Leptolepis spratti-

---

[1]) O. F r a a s: Aëtosaurus ferratus Fr., die gepanzerte Vogelechse aus dem Stubensandstein bei Stuttgart. — Festschrift zur Feier des 400 jährigen Jubiläums der Universität Tübingen. — Jahresh. d. Ver. f. vaterl. Naturkunde in Württemberg, 1877.

[2]) R. H. T r a q u a i r: A Still Further Contribution to our Knowledge of Palaeospondylus Gunni, Traquair. — Proc. Roy. Phys. Soc. Edinburgh, XII. 1894, p. 312. — Proc. Zool. Soc. 1897, p. 314.

[3]) W. J. S o l l a s: An Account of the Devonian Fish, Palaeospondylus Gunni, Traquair. — Proc. Roy. Soc., Vol. 72, London 1903, p. 98—99.

formis an[1]) und die gleiche Erscheinung finden wir in den Asphaltschiefern des Hauptdolomitniveaus von Seefeld in Nordtirol[2]),wo größere Mengen kleiner Pholidophoriden nebeneinander liegen.

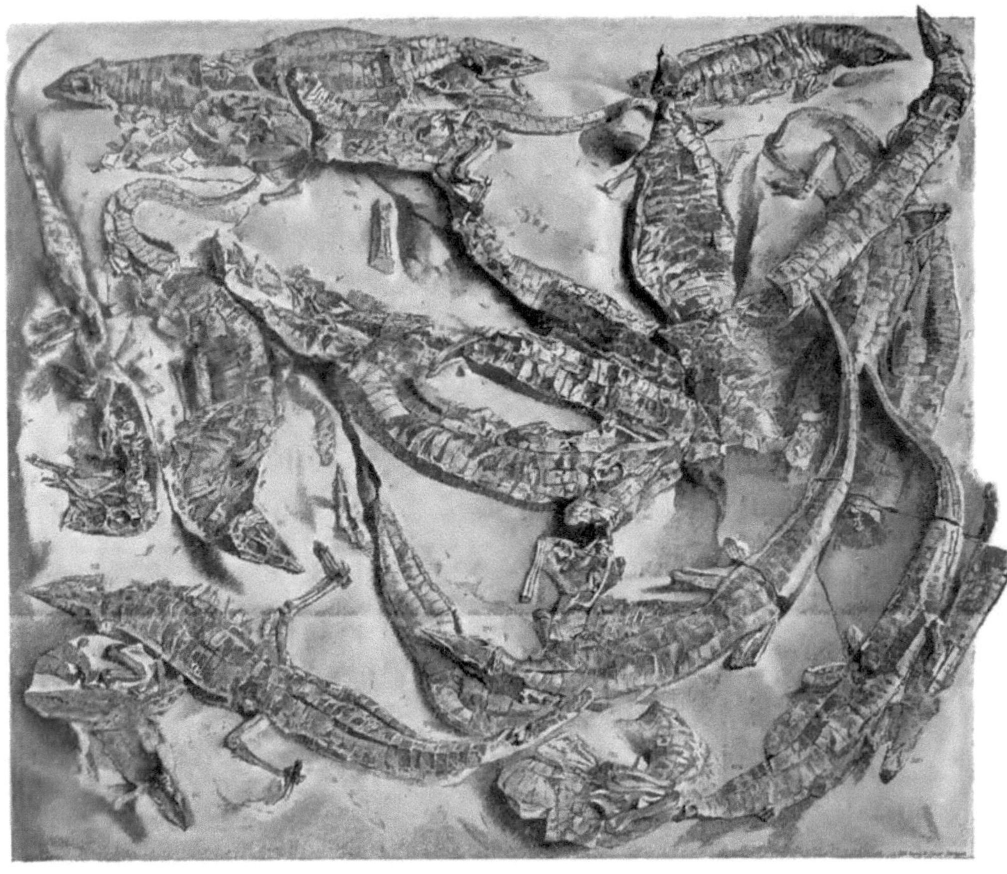

Fig. 4. Sandsteinplatte, fast zwei Quadratmeter groß, mit 24 Exemplaren von Aëtosaurus ferratus aus dem oberen Keuper von Kaltental bei Stuttgart. — Originalplatte im Kgl. Naturalienkabinett in Stuttgart. (Nach O. F r a a s.) Länge der größten Exemplare 85 cm.

Auch bei größeren fossilen Wirbeltierarten sieht man mitunter eine Anhäufung der Individuen auf engem Raume. Ein bekanntes Beispiel ist die Vergesellschaftung von dreiundzwanzig Iguanodonten im Wealdenton von Bernissart in Belgien, von welchen einundzwanzig Individuen zu dem 8—10 m langen Iguanodon bernissartense !Boul. und zwei zu

---

[1]) Die schönste Platte dieser Art befindet sich im Senckenbergischen Museum zu Frankfurt am Main.

[2]) Originale in der k. k. geolog. Reichsanstalt in Wien. O. A b e l: Fossile Flugfische. — Jahrb. k. k. geol. R.-A. 1906, p. 16.

dem kleineren, nur 5—6 m langen Iguanodon Mantelli Ow. gehören.
Alle Reste stammen von alten Tieren[1]).

Ein weiteres Beispiel ist das Leichenfeld am Lake Callabonna in
Südostaustralien, wo E. C. S t i r l i n g eine große Zahl von Diprotodon-
Skeletten entdeckt hat, deren Stellung beweist, daß sie an Ort und Stelle
zugrunde gegangen sind, wo sie heute gefunden werden[2]).

Ein merkwürdiger Fund war die Entdeckung von sechs Skeletten
des eiszeitlichen Equus Scotti Gidl. im plistozänen Flußsand des Rock
Creek, Briscoe Co., in Texas im Jahre 1900. Alle Reste lagen auf einer
Strecke von vierzig Fuß nebeneinander und gehören sämtlich jungen
Tieren an [3]).

Überhaupt sind aus eiszeitlichen Ablagerungen viele Skelettan-
häufungen bekannt.

Bei Cannstatt in Württemberg wurde 1816 die berühmte Gruppe
von dreizehn Stoßzähnen und acht Backenzähnen von Mammut neben
verschiedenen anderen Knochen dieser Tiere ausgegraben. „Es war
ein wahres Knochenmagazin, ein Beinhaus von Mammuten, daß damals
noch verschiedene der Ansicht waren, es lägen diese Knochen in einer
alten Grube, in die seinerzeit Menschen die anderswo gegrabenen und
zusammengetragenen Knochen und Zähne hineingeworfen hätten. Bald
darauf aber fand man bei verschiedenen Erdarbeiten, schließlich beim
Bau der Eisenbahnen, die Mammute in solcher Menge, daß auf eine
Quadratrute mindestens ein Individuum kommt."[4])

Ähnliche Anhäufungen von Mammutzähnen und Mammutknochen
finden sich auf den neusibirischen Inseln unter 75 Grad nördlicher
Breite im Eismeer; schon C u v i e r war es bekannt, daß diese Zähne
in großem Maßstabe aufgesammelt und als Elfenbein in den Handel
gebracht werden. Noch heute bilden diese fossilen Mammutzähne
etwa den dritten Teil des in den Handel gebrachten Elfenbeins.

In den Höhlen Europas sind noch immer Hunderte und Tausende
von Höhlenbärenleichen begraben; andere Höhlen waren die Heimstätten
von Höhlenhyänen, deren Reste in ungeheuren Mengen neben und
übereinanderliegen, vermischt mit den Resten der Beutetiere. Ähnliche
Knochenhaufen, die fast ausschließlich aus Bisonknochen oder Pferde-
knochen bestehen, kennt man von verschiedenen Punkten Südostfrankreichs.

---

[1]) L. D o l l o: Première — Cinquième note sur les Dinosauriens de Bernissart; Bull. Mus. Roy. d'Hist. nat. Belg., I—III, 1882—1885.

[2]) E. C. S t i r l i n g: The Physical Features of Lake Callabonna. — Memoirs
of the Roy. Soc. of South-Australia, Adelaide, Vol. I, Pt. 2, 1900, p. XI, Pl. A.

[3]) J. W. G i d l e y: A New Species of Pleistocene Horse from the Staked
Plains of Texas. — Bull. Amer. Mus. Nat. Hist., New York, XIII, 1900, p. 111,
Fig. 1.

[4]) O. F r a a s: Vor der Sündflut! — Stuttgart, 1866, pag. 413—414.

Im allgemeinen sind fossile Walskelette selten; nur an einer Stelle sind sie in großer Menge gefunden worden und liegen noch zu vielen Tausenden begraben, und zwar in der Bucht des miozänen und pliozänen Meeres von Antwerpen. Man erhält den Eindruck eines Friedhofes, wenn man bedenkt, daß die Cetaceenknochen anläßlich der Fortifikationsarbeiten in Antwerpen in den Jahren 1860—1863 in solchen Massen an das Tageslicht kamen, daß sie in ganzen Wagenladungen an das belgische Museum in Brüssel geschafft wurden.

Auch in Felsenspalten hat sich in der Tertiärzeit und in der Eiszeit an einzelnen Stellen eine wahre Knochenbreccie gebildet und dies ist namentlich in Dalmatien der Fall, wo sich als Ausfüllung derartiger Spalten in einer verhärteten Terra rossa, wie sie sich noch heute am Boden der Karstdolinen und Karstspalten anhäuft, Tausende von weißen, mürben Knochensplittern und Zähnen finden.

Ähnliche wirre Knochenanhäufungen sind aus dem roten Pliozänton von Pikermi bei Marathon bekannt, wo viele Tausende Skelettreste der verschiedensten Arten wirr durcheinanderliegen und ein förmliches Knochenpflaster bilden.

Die Ursachen des gehäuften Vorkommens von Wirbeltierresten.

Wenn wir der Frage nähertreten, auf welche Ursachen die Vergesellschaftung zahlreicher Leichen einer und derselben Spezies oder verschiedener Arten und Gattungen zurückzuführen ist, so erkennen wir sehr bald, daß sie ganz verschiedener Natur sind.

Von Wellen ans Ufer geworfen. — Wir können heute am Meeresstrande an seichten Ufern wiederholt beobachten, daß eine Welle eine größere Zahl kleiner Fische an die Küste wirft, die beim Ablaufen des Wassers auf dem Strande liegen bleiben, sich noch eine Zeitlang emporschnellen und krümmen und nach kurzer Zeit verenden.

An derartige Erscheinungen müssen wir denken, wenn wir die Platten mit zahlreichen, im Todeskampf gekrümmten Leptolepis-Exemplaren aus dem bayrischen Plattenkalkjura betrachten. Ganz dieselbe Todesursache haben wir für die Pholidophoridenschwärme der Raibler Fischschiefer und der Asphaltschiefer aus der Trias von Seefeld in Tirol anzunehmen und wir werden kaum fehlgehen, wenn wir annehmen, daß die Schwärme von kleinen Paläospondylus Gunni des Lower Old Red Schottlands in gleicher Weise den Tod gefunden haben.

Plötzlich verschüttet. — Am sandigen Flachstrande der Nordsee kann man, z. B. an der belgischen Küste, oft beobachten, daß lebende Tiere von einer Sandschichte verschüttet werden, die eine vordringende Welle über sie breitet.

Al. Agassiz berichtet in einem Briefe an Hans Hoefer[1] über den Massentod von Meerestieren, die durch Wellen an die Küsten von Florida geworfen und in ungeheuren Mengen lebendig begraben werden.

„Es ist auch eine wohlbekannte Tatsache, daß ausgedehnte Striche schlammigen Grundes, auf welchen unsere gemeinen Austern (Mya arenaria) lebendig begraben werden, häufig mit den toten Fischen überdeckt sind, so daß die Fischer, welche sie ködern, nur ihre Leichen finden. Weite Striche schlammigen oder sandigen Bodens sind von Anneliden bewohnt, welche von dem gleichen Schicksal erreicht werden, so daß nur leere Röhren gefischt oder von der Flut ausgeworfen werden.

„In einer ähnlichen Weise werden ausgedehnte Strecken von Madreporen verschiedener Spezies durch die Wirkung einer ungewöhnlichen Bewegung der meilenweiten Korallenriffe vernichtet."

Die vierundzwanzig Aëtosaurier aus dem oberen Keuper von Kaltental in Württemberg, welche offenbar gleichzeitig vom Tode ereilt wurden, sind jedenfalls in ähnlicher Weise von einer Welle verschüttet worden, die eine so dicke Schichte Sandschlamm über die Tierchen ausbreitete, daß ihnen ein Entrinnen unmöglich war.

Im Schlamm oder Sumpf versunken. — Die Ablagerungen am Lake Callabonna in Südostaustralien, in welchem E. C. Stirling die zahlreichen Skelette von Diprotodon australe aufdeckte, sind in der Eiszeit weite, schlammige Sumpfböden mit Salzkrusten wie die algerischen Schotts der Gegenwart gewesen.

Die Kadaver der Diprotodonten stecken sämtlich derart im Tonboden, daß die Füße zu unterst, die Wirbelsäulen und Schädel aber zu oberst liegen.

E. C. Stirling schloß daraus, daß diese Riesenbeuteltiere, welche Nashorngröße erreichten, noch heute in derselben Stellung und an derselben Stelle liegen, an der sie der Tod ereilte.

Im südlichen Kalifornien befindet sich etwa neun Meilen westlich von Los Angeles der Rancho La Brea, eine Wasserlache, an deren Rändern Asphalt und Bergteer zutage tritt.

Vor kurzem wurde eine Eule gefunden, die von dem zähen Bergteer festgehalten worden war und nicht mehr entfliehen konnte. Demselben Schicksal waren aber bereits in der mittleren Eiszeit zahlreiche Säugetiere und Wasservögel zum Opfer gefallen; J. C. Merriam[2] hat eine große Zahl solcher Säugetiere beschrieben. Von kleinen Säugetieren fanden sich Mäuse, Kaninchen und Eichhörnchen; unter den größe-

---

[1] Al. Agassiz, Brief an Hans Hoefer, in Hoefer, Erdölstudien. — Sitzungsber. kais. Akad. d. Wiss., CXI. Bd., 1. Juli 1902, p. 632.

[2] J. C. Merriam: Recent Discoveries of Quaternary Mammals in Southern California. — Science, N. S., XXIV., No. 608, 1906, p. 248.

ren befinden sich der Präriewolf, Riesenwolf, Bär, ein säbelzähniger Tiger (Smilodon californicum), eine Löwenart (Felis atrox Bebbi), Bison (Bison antiquus), Mammut (Elephas Columbi?), Gravigraden (Paramylodon nebrascense), Pferde (Equus pacificus) und Kamele. Die Mehrzahl der größeren herbivoren Säugetiere umfaßt jugendliche Individuen. Unter den Vögeln[1]) überwiegen die Raubvögel; bis jetzt sind die Skelette von 33 Goldadlern (Aquila chrysaëtos) entdeckt worden. Ferner fanden sich der blaue Kranich (Ardea herodias), der amerikanische Rabe (Corvus corax), die Canadagans (Branta canadensis) und ein Pfau (Pavo californicus)[2]), ein wichtiger Fund, weil bisher noch nie ein Phasianine in Nordamerika entdeckt worden war.

Jedenfalls haben alle diese Tiere versucht, zur Tränke zu gelangen und sind dabei in dem trügerischen Asphalt stecken geblieben und zugrunde gegangen.

Ein ähnliches Schicksal muß auch das wollhaarige Nashorn betroffen haben, das vor einigen Jahren im Erdwachslager von Boryslaw in Galizien gefunden wurde.

Derartige natürliche Fallen wie der Lake Callabonna und der Rancho La Brea sind freilich nur selten und haben wohl auch in früheren Formationen keine bedeutende Rolle gespielt. Häufiger sind die Fälle, in welchen eiszeitliche Säugetiere in Sumpfböden versunken sind; ein typisches Beispiel dafür sind die Riesenhirschleichen in den irischen Torfmooren, das von der Expedition der kaiserlichen russischen Akademie der Wissenschaften im Jahre 1902 an der Kolyma-Beresofka ausgegrabene Mammut, ferner vereinzelte Bison- und Urskelette in Torfmooren wie das Skelett von Bos primigenius im Moor von Vig in Dänemark.

Die Riesenhirsche in den irischen Torfmooren, sowie das Urskelett im Moor von Vig, das Pfeilschußwunden zeigt[3]), sind wohl Jagdtiere des eiszeitlichen Menschen gewesen, der die Tiere in die Sümpfe jagte, um sie leichter erlegen zu können. Aber die zahlreichen Skelette verschiedener Säugetiere in den tertiären Ligniten Europas dürfen wohl als Reste von Tieren betrachtet werden, die in den Waldmooren zugrunde gingen.

Von Panik ergriffen und abgestürzt. — Die Tatsache, daß große Herden, namentlich Pferdeherden, mitunter von einer unerklärlichen

---

[1]) L. H. M i l l e r: Teratornis, a New Avian Genus from Rancho La Brea. — Univ. Californ. Public., Bull. Departm. Geol., V., No. 21, 1909, p. 305. —

[2]) L. H. M i l l e r: Pavo californicus, a Fossil Peacock from the Quaternary Asphalt Beds of Rancho La Brea. — Ibidem, No. 19, 1909, p. 285.

[3]) N. H a r t z und Herluf W i n g e: Om Uroxen fra Vig, paaret og draebt med Flintvaaben. — Aarboger for Nordisk Oldkyndighed og Historie, Kjobenhavn, 1906, p. 225.

Panik ergriffen werden, blindlings dahinstürmen und bei dieser Gelegenheit oft zu Hunderten über Steilränder abstürzen, ist ganz allgemein bekannt.

D a r w i n[1]) berichtet über eine ihm mitgeteilte Erzählung von dem Sturze von Rinderherden in den Parana und zwar zu Tausenden; sie ertranken, da sie aus Erschöpfung nicht imstande waren, die schlammigen Ufer zu erklimmen. Der Flußarm, welcher bei San Pedro vorüberfließt, war so voll von faulenden Kadavern, daß der Geruch ihn völlig unpassierbar machte. Sie wurden von Verwesungsgasen gehoben, den Fluß hinabgetrieben und mußten zu Tausenden im Aestuarium des Rio de La Plata auf den Boden gesunken sein.

A z a r a[2]) schreibt, daß Pferde in großen Herden panikartig in Moräste stürzten und daß er wiederholt die Kadaver von mehr als tausend Pferden in Morästen angetroffen habe.

Kollege C. W i m a n in Upsala teilt mir mit, daß sich häufig ganze Renntierherden, die von Wölfen verfolgt werden, blindlings über die großen Felsenwände im südlichen Norbotten (Lappland) in die Tiefe stürzen und daß ähnliche Paniken unter den Renntierherden bei Schneestürmen ausbrechen.

Boyd D a w k i n s[3]) hob hervor, daß die Hyänen noch heute die Gewohnheit haben, ihre Beute in ganzen Rudeln zu jagen und die angsterfüllten Tiere in Abgründe zu hetzen. Die Wooky-Schlucht bei Wells ist nach Boyd D a w k i n s als eine solche Stelle anzusehen, an der die eiszeitlichen Beutetiere der Hyaena spelaea zusammengejagt wurden und über die Steilränder der Schlucht hinabstürzten. K l a a t s c h[4]) nimmt an, daß der Eiszeitmensch in dieser Hinsicht ein gelehriger Schüler der Hyänen war und auf diese Weise die Bisons und Wildpferde jagte. In der Tat ist dies fast die einzige Möglichkeit, das haufenweise Vorkommen der Skelette dieser Jagdtiere des Eiszeitmenschen an mehreren Stellen Südostfrankreichs zu erklären.

Dagegen sind wahrscheinlich die Skelettreste der Säugetiere in den Bohnerzspalten der schwäbischen Alb oder in den mit Knochenbreccien erfüllten Spalten des dalmatinischen Karstes durch Regengüsse zusammengeschwemmt worden.

Alte Wohnstätten. — Die ungeheuren Mengen von eiszeitlichen Tierleichen in einzelnen Höhlen der Kalkgebirge sind wohl daraus zu erklären, daß diese Höhlen die Wohnstätten der Höhlenbären, Höhlen-

---

[1]) Ch. D a r w i n; Reise eines Naturforschers um die Welt. — Übersetzt von Victor Carus, Stuttgart 1875. Kap. 7, pag. 152.

[2]) Felix A z a r a: Voyage Vol. I, pag. 374.

[3]) Boyd D a w k i n s: Höhlenjagd. — Übersetzt von J. W. Spengel, 1876.

[4]) H. K l a a t s c h: Entstehung und Entwickelung des Menschengeschlechtes. — Weltall und Menschheit, II. Bd., pag. 260.

hyänen usw. gewesen sind. Im Hyänenhorst bei Kirkdale in York lagen auf kleinem Raume mehrere hundert Individuen von Höhlenhyänen beisammen und ähnliche Verhältnisse zeigt jede sogenannte Bärenhöhle wie die Tischofer Höhle bei Kufstein in Tirol, die Lettenmaierhöhle bei Kremsmünster in Oberösterreich und viele andere. Zwischen den Resten der Hausherren finden sich fast immer die Reste ihrer Mahlzeiten und nur in sehr wenigen Fällen wie in der Lettenmaierhöhle bei Kremsmünster fehlen die Knochen der Beutetiere vollständig, so daß sich die Annahme aufdrängt, daß diese Bärenfamilien Pflanzenfresser waren, was auch durch die tiefgreifende horizontale Abkauung der Mahlzähne dieser oberösterreichischen Höhlenbären bestätigt wird.

Die Häufung der Reste von Zwergelefanten in Höhlen einzelner Mittelmeerinseln ist nur zu verstehen, wenn wir diese Höhlen als Wohnstätten der Elefantenrassen betrachten, die bei der Isolierung auf den Mittelmeerinseln nicht nur zu Zwergrassen verkümmerten, sondern auch eine höhlenbewohnende Lebensweise annahmen, ebenso wie die zwerghaft gewordenen Flußpferde dieser Inseln.

Sterbeplätze. — „Die Guanacos scheinen Lieblingsplätze zu haben, um sich niederzulegen und dort zu sterben. An den Ufern des Sta. Cruz war an gewissen umschriebenen Stellen, welche meist buschig waren und sämtlich in der Nähe des Flusses lagen, der Boden faktisch weiß von Knochen. An einer solchen Stelle zählte ich zwischen zehn und zwanzig Schädel. Ich untersuchte die Knochen genau, sie waren nicht, wie einige zerstreut herumliegende, die ich gesehen hatte, angenagt und zerbrochen, als wenn sie von Raubtieren zusammengeschleppt wären. Die Tiere müssen in den meisten Fällen vor dem Tode unter und zwischen die Gebüsche gekrochen sein. Mr. B y n o e teilt mir mit, daß er auf seiner früheren Reise denselben Umstand an den Ufern des Rio Gallegos beobachtet habe. Ich verstehe durchaus den Grund hievon nicht, will aber bemerken, daß die verwundeten Guanacos am Santa Cruz ausnahmslos nach dem Fluß zu gingen.

„In San Jago auf den Cap Verdischen Inseln erinnere ich mich in einer Schlucht einen einsamen Winkel gesehen zu haben, der von Ziegenknochen bedeckt war; wir riefen damals aus, daß dies der Begräbnisgrund für sämtliche Ziegen auf der Insel sei."[1]

Derartige Sterbeplätze sind wahrscheinlich auch von fossilen Säugetieren aufgesucht worden und das würde den merkwürdigen Umstand erklären, daß wir an so vielen Fundstätten nur Reste alter Individuen antreffen, die vielleicht aus Altersschwäche an derartigen Sterbeplätzen zugrunde gegangen sind.

---

[1] Ch. D a r w i n : Reise eines Naturforschers um die Welt, — übersetzt von J. V. Carus, 1875. Kap. 8, pag. 192.

Vielleicht wäre dies eine Erklärung für die Tatsache, daß die dreiundzwanzig Iguanodonten des Wealden von Bernissart alte Tiere sind. Es liegt keine zwingende Tatsache dafür vor, daß eine plötzlich hereinbrechende Katastrophe eine Iguanodontenherde vernichtet hätte, wobei die jüngeren und beweglicheren Individuen sich hätten flüchten können. Wir wissen aber noch viel zu wenig über die Gewohnheiten der rezenten Wirbeltiere, bestimmte Sterbeplätze aufzusuchen, als daß wir über diese Erscheinungen zu einem sicheren Analogieschluß gelangen könnten.

Durch Meeresströmungen zusammengeschwemmt. — Im Golf von Biscaya werden auffallend viel Walkadaver angetrieben und dies ist eine Folge der Meeresströmungen. Wir müssen eine gleichartige Meeresströmung für die Bucht von Antwerpen während des Obermiozäns und Pliozäns annehmen, da die massenhafte Anhäufung von Walleichen in den Tertiärbildungen von Antwerpen kaum eine andere Deutung zuläßt. Neben Küstenwalen wie den Eurhinodelphiden finden sich die Reste zahlreicher Hochseewale, die von weither an die Küste getrieben worden sein müssen, in solchen Mengen neben- und übereinander, daß wir nicht annehmen können, daß alle diese Tiere an Ort und Stelle gelebt haben und zugrunde gegangen sind.

Freßplätze von Krokodilen und Raubtieren in Seen und an Oasen. — Aus den Schilderungen der Afrikareisenden über das Tierleben an Oasen wissen wir, daß die großen Raubtiere sehr häufig Tiere an der Tränke überfallen und an Ort und Stelle zerreißen.

Namentlich pflegen Krokodile und Alligatoren ihre Beute in dieser Weise zu überfallen und in die Tiefe zu ziehen. In dieser Hinsicht sind die großen Halbaffenschädel aus den quartären Schichten des südöstlichen Madagaskars, welche im Britischen Museum in London aufbewahrt werden, von großem Interesse. Eine größere Zahl dieser Schädel zeigt kreisrunde, scharfe Löcher im Schädeldach von annähernd gleicher Größe an den verschiedenen Schädeln; diese Löcher können wohl nur von Zähnen der Krokodile herrühren, die ihre zur Tränke kommenden Opfer überfielen und in die Tiefe rissen.

F. N o p c s a [1]) hat die Vermutung ausgesprochen, daß die Knochennester in den siebenbürgischen Dinosaurierschichten der oberen Kreidezeit als Freßplätze von Krokodilen anzusehen sind und diese Annahme hat sehr viel Wahrscheinlichkeit für sich, wenn man die Art der Vergesellschaftung der Reste von Landdinosauriern mit Krokodilresten berücksichtigt. In einem solchen Knochenneste wurden über 180 Knochen und Knochenfragmente in wirrem Haufen gefunden, die in einem See zur Ablagerung gelangten; die Kadaver müssen von Aasfressern zerrissen worden sein.

---

[1]) Franz Baron N o p c s a: Über das Vorkommen der Dinosaurier bei Szentpéterfalva. — Zeitschr. Deutsch. Geol. Ges. 1902, p. 34—39.

Das Überwiegen der fossilen Raubvögel am Rancho La Brea in Kalifornien beweist, daß in der Eiszeit Nordamerikas an dieser Stelle

Fig. 5. Das Tierleben an der Oase von Steinheim in Württemberg zur Miozänzeit. Zu dem von einer heißen, sinterbildenden Quelle gespeisten See ziehen dreizehige Pferde (Anchitherium), Mastodonten (Tetrabelodon), Schweine (Choeropotamus), Hirsche (Palaeomeryx, Dicroceros), der säbelzähnige Tiger (Machairodus) u. s. f. (Nach E. Fraas.)

Raubvögel ihre im Asphalt oder Bergteer stecken gebliebene wehrlose Beute überfielen und dabei häufig selbst zugrunde gingen. Auch Wölfe und Tiger hat bei ihren Überfällen das gleiche Schicksal ereilt.

In der Miozänzeit befand sich im Steinheimer Kessel in Württemberg [1]) eine große Oase, die von einer heißen Quelle gespeist wurde; ihr abfließendes Wasser, vermehrt und abgekühlt durch einen einmündenden Bach, verwandelte die ringförmige Steinheimer Senke in einen großen See, welcher von vielen Tieren als Tränke aufgesucht wurde. Die Ufer waren von Röhrichtbeständen umsäumt, in welchen Pelikane, Flamingos, Reiher, Ibisse, Gänse und Enten nisteten [2]).

Zahlreiche Knochenreste und Zähne vermitteln uns ein vorzügliches Bild von dem Tierleben an dieser Oase. Dreizehige Pferde (Anchitherium aurelianense), große (Hyotherium simorrense) und kleine Schweine (Cebochoerus suillus), Nashörner, Mastodonten und zahlreiche Hirsche (Hyaemoschus crassus, Palaeomeryx eminens, P. Bojani, Micromeryx Flourensianus, Dicroceros furcatus) waren die häufigsten Besucher dieser Oase, welche von zahlreichen Raubtieren, darunter dem großen Amphicyon maior und den tigerartigen Katzen Pseudailurus und Machairodus, wahrscheinlich ebenso überfallen und zerrissen wurden wie die Gazellen von den Löwen an den afrikanischen Oasen der Gegenwart. Daraus mag sich auch erklären, daß vollständige Skelette in den Steinheimer Schneckensanden zu den größten Seltenheiten gehören.

Massentod in Zeiten der Dürre. — Als D a r w i n 1833 Südamerika bereiste, erhielt er Nachrichten von einer Periode der Dürre, der kurz vorher allein in der Provinz Buenos Aires eine Million Rinder zum Opfer gefallen waren [3]).

Ähnliche katastrophale Dürren haben schon wiederholt die afrikanische Säugetierfauna dezimiert; zu Hunderten sammeln sich die Kadaver der verdurstenden Tiere um die ausgetrockneten Oasen an und W. K. G r e g o r y schreibt darüber: [4]) „Here and there around a water hole we found acres of ground white with the bones of rhinoceroses and zebra, gazelle and antelope, jackal and hyaena ... all the bones were there fresh and ungnawed ..."

---

[1]) W. B r a n c o und E. F r a a s: Das kryptovulkanische Becken von Steinheim. — Abhandl. kgl. preuß. Akad. d. Wiss., Berlin 1905, pag. 30.

[2]) O. F r a a s: Die Fauna von Steinheim. — Jahreshefte d. Ver. f. vaterl. Naturkunde in Württemberg, 1870, 2. und 3. Heft.

E. F r a a s: Führer durch die kgl. Naturaliensammlung zu Stuttgart. I. Die geognostische Sammlung Württembergs. Stuttgart, 3. Auflage, 1910, Fig. 43, pag. 76.

[3]) Ch. D a r w i n: Reise eines Naturforschers um die Welt. Übersetzt von J. V. Carus. 1875. Kap. 7, pag. 152.

[4]) W. K. G r e g o r y: The Great Rift Valley. London 1896.

H. F. O s b o r n: The Causes of Extinction of Mammalia. — Amer. Nat., XL, 479, p. 784—785.

H. F. O s b o r n: The Age of Mammals. — New York, 1910, p. 370

Ähnliche und gleichartige Perioden der Dürre haben zweifelsohne
auch in früheren Zeiten der Erdgeschichte die großen Huftierherden
dezimiert, und die Häufung von Skeletten in einzelnen Tertiärbildungen

Fig. 6. Die drei Knochenhorizonte (I.—III.) im roten Ton von Pikermi bei Athen. (Nach einer
Photographie von Prof. Dr. T h. S k u p h o s in Athen.)

Nordamerikas und in anderen Gebieten kann vielleicht durch dieselben
Ursachen entstanden sein.

Plötzlich hereinbrechende Überschwemmungen in Regenperioden

nach Zeiten langer Dürre führen dann die Knochen in den Wasserläufen zusammen, so daß ein wirres Knochenhaufwerk entsteht. Solche Knochenpflaster hat D a r w i n in den kleinen Flußläufen der Pampas beobachtet und es ist wahrscheinlich, daß die wirren Knochenhaufen im Knochenlager von Pikermi auf dieselbe Weise entstanden sind.

Die unterpliozänen Leichenfelder von Pikermi in Attika und Drazi in Euböa. — Die berühmteste Fundstelle tertiärer Säugetierreste, die in solchen Mengen an derselben gehäuft sind, daß dieses Lager unerschöpflich zu sein scheint, ist Pikermi bei Marathon in Attica.

Zuletzt hat A. S m i t h W o o d w a r d an dieser Stelle Aufsammlungen in großem Stile für das Britische Museum in London durchgeführt. Sein interessanter Bericht lautet:[1]

„Die Pikermiformation ist bereits von Professor G a u d r y gut beschrieben worden. Sie besteht im wesentlichen aus einem roten Mergel, der mit Linsen von Geröllen und gelegentlich mit Linsen gelben Sandes abwechselt. Manche Geröllagen sind zu hartem Konglomerat verfestigt. Das Material scheint vom Pentelikongebirge, welches das benachbarte Hochland bildet, zu stammen; der Mergel selbst scheint der Detritus eines Marmors oder eines anderen kalkigen Gesteins zu sein. Die Formation besitzt in Attica eine große Ausdehnung und ist nur deswegen bei Pikermi besonders aufgefallen, weil ein Fluß einen tiefen Einriß in die Schichten gegraben und auf diese Weise einen schönen Aufschluß derselben hergestellt hat.

„Wie schon Professor G a u d r y beobachtete, liegen die Knochenreste bei Pikermi in zwei getrennten Horizonten; die des unteren sind weniger zerbrechlich und besser erhalten als jene des oberen Lagers. In zwei unserer neuen Gruben wurde der obere Horizont gut aufgeschlossen und war durch eine fast fossilleere Mergelschichte von 30 bis 45 cm Mächtigkeit in zwei getrennte Lager geteilt. Die morsche Beschaffenheit der Knochen ist zum Teil dadurch bedingt, daß sie einst bis zur Oberfläche oder nahe an dieselbe reichten und durch den heutigen Fluß erodiert wurden, bevor sie von demselben mit einer Schotterlage von drei oder vier Metern Dicke überschüttet wurden, welche sie nunmehr schützt. Die Knochen sind auch durch Baumwurzelfasern zersprengt. Der unterste Horizont liegt in einer Tiefe von ein bis zwei Metern unter dem oberen und ist auf diese Weise dem zerstörenden Einfluß der an der Oberfläche arbeitenden Faktoren entrückt. Ebenso wie jeder der beiden oberen Knochenhorizonte ist er selten mehr als 30 cm dick; der hangende und liegende Mergel enthält beinahe keine Knochen, selten mehr als Bruchstücke, ist aber voll von Land- und Süßwasser-

---

[1] A. S m i t h W o o d w a r d, The Bone-Beds of Pikermi, Attica, and similar Deposits in Euboea. — Geol. Magazine, N. S., Dec. IV, Vol. VIII, Nov. 1901, p. 481—486.

konchylien. Die tiefsten Gruben unter der tiefsten Knochenschichte reichten bis dreieinhalb Meter hinab und enthielten überall Knochenfragmente und Konchylien. In keiner Schichte wurden Pflanzenreste beobachtet.

„Soweit sich aus den bisherigen neuen Aufschlüssen entnehmen läßt, sind die drei Knochenlager von Pikermi gleichartig entstanden und enthalten dieselben Säugetierarten. Die Knochen sind zu einer unentwirrbaren Masse gehäuft und oft mit vereinzelten Geröllen vermengt. Große und kleine Knochen, gute Exemplare und zersplitterte Fragmente liegen dicht beisammen; aber die kleinen Knochen sind am zahlreichsten an der Basis des Knochenlagers. Mehrere Exemplare von annähernd gleicher Größe und Gestalt liegen häufig in Gruppen beisammen, als ob sie von fließendem Wasser sortiert worden wären. Beispielsweise wurden in einem Falle die zerstreuten Reste vieler Gazellen beisammengefunden; an einer anderen Stelle lagen mehrere Tragocerasschädel in einem Haufen; in anderen Fällen gehörten fast alle Knochen zu Hipparion; eine weitere Fundstelle war durch das Auftreten der Wirbelsäulen von Wiederkäuern und Hipparionen besonders gekennzeichnet. Die langen Knochen und Gruppen von solchen waren dagegen niemals in einer bestimmten Richtung angeordnet, sondern lagen stets ganz wirr durcheinander; dies beweist, daß an den Stellen, wo die Knochen schließlich angehäuft wurden, das sie transportierende Wasser entweder ruhig stand oder nur sanfte Wirbel bildete.

„Es kommen sehr wenig vollständige Skelette vor und wenn Wirbelreihen vorliegen, so sind die meisten Rippen verloren gegangen. Die einzigen annähernd vollständigen Skelette sind die einzelner Raubtiere (Ictitherium, Metarctos und Machairodus). Es ist nichtsdestoweniger klar, daß viele von den Knochen noch zur Zeit ihrer Einbettung durch Ligamente zusammengehalten wurden; zahlreiche vollständige Fußskelette und fast vollständige Gliedmaßenskelette sind mit allen Elementen in ihrer natürlichen Lage erhalten. Es ist ferner zu erwähnen, daß in den meisten Fällen diese Gliedmaßen scharf geknickt sind, so daß zwei oder mehr Abschnitte fast parallel liegen in einer Stellung, wie sie durch die Muskelkontraktion nach dem Tode eintritt. Eine Lostrennung der schwächeren Teile hat auch in diesen Fällen noch stattgefunden; bei Hipparionen und Wiederkäuern fehlen oft mehrere Phalangen, während die übrigen Gliedmaßenknochen ruhig in ihrer ursprünglichen Verbindung liegen; während die Phalangen bei Fußskeletten von Rhinocerotiden immer fehlen, sind die drei nebeneinanderstehenden Metapodien häufig zu finden. In ähnlicher Weise ist der locker artikulierte Unterkiefer der Huftiere fast immer vom Schädel getrennt und ist nur in seiner natürlichen Lage bei Raubtieren und Quadrumanen zu finden.

„Die Mehrzahl der Knochen ist völlig isoliert und die meisten Antilopenschädel sind so stark zerbrochen, daß nur die Stirnen mit den Schädelzapfen erhalten sind. Ein großer Teil der Knochen ist scharf

Fig. 7. Eine Platte aus dem unterpliozänen Knochenlager von Pikermi bei Athen. Vorwiegend Reste von Hipparion (Hinterfuß mit wohlerhaltener Seitenzehe) und Antilopen. Nach A. Smith-Woodward (Guide to the Fossil Mammals & Birds, Brit. Mus. Nat. Hist. London, 1909). 1/5 Nat. Gr.

zerbrochen und manche haben beide Enden verloren; kleine, spitze Knochensplitter, scheinbar meist von Nashörnern stammend, sind oft sehr häufig. Manche dieser Knochenbrüche müssen geschehen sein, bevor die Weichteile vollständig zersetzt waren, wie aus einigen Fußskeletten von Rhinozeros und Gliedmaßen von Hipparionen und Antilopen hervorgeht. In einigen Fällen fand ich die distalen Enden von drei benachbarten Metapodien von Rhinozeros so scharf abgetrennt, als ob sie mit einer Hacke abgehauen worden wären. In mehreren Fällen grub ich die fast vollständige Hinterextremität von Hipparion aus dem weichen Mergel aus und in allen Fällen mit einer Ausnahme fand ich, daß die Tibia mit einer scharfen, schiefen Bruchfläche nahe ihrer Mitte endete, ohne daß Spuren ihres Oberendes oder des Femurs vorhanden gewesen wären. Noch mehr, fast alle isolierten Schienbeine von Hipparion waren in ähnlicher Weise gebrochen; unter etwa fünfzig Exemplaren des Humerus desselben Tieres wurden nur drei vollständige gefunden, während alle andern an der schwächsten Stelle des Schaftes scharf abgebrochen waren. Es ist also klar, daß die Gliedmaßen häufig vom Rumpf durch einen scharfen Bruch abgetrennt wurden und zwar an der weichsten Stelle, bevor die Zersetzung der Weichteile weit genug vorgeschritten war, um die Ligamente zu zerstören.''

A. Smith Woodward schildert sodann die Elemente der Pikermifauna und bestätigt die Angaben Gaudrys, daß die Hipparionen weitaus die häufigsten Reste sind, während kleine Nager, Insektenfresser und Fledermäuse gänzlich fehlen. Nashornreste sind gleichfalls sehr zahlreich; Mastodon ist selten; unter den Raubtieren ist das hyänenartige Ictitherium die häufigste Form, auch Hyaena selbst ist nicht selten, während Machairodus selten gefunden wird. Koprolithen, wahrscheinlich von Hyänen, sind zahlreich; sehr häufig sind Affenreste. Die Panzer der kleinen Testudo marmorum sind häufig[1]).

Ganz ähnlich liegen die Verhältnisse bei Drazi, einem kleinen Dorfe bei Achmet Aga in Nord-Euböa.

A. Smith Woodward kommt zu dem Schlusse, ,,daß die Pikermi-Knochenlager nicht nur eine lokale Bildung darstellen, sondern eine weiter ausgebreitete Erscheinung sind. Die zwei Fundstellen liegen etwa 60 Meilen von einander entfernt und scheinen in zwei getrennten Tertiärbecken zu liegen, die durch eine Barriere von Kreide-

---

[1]) Ich kann die Schilderung von A. Smith Woodward aus eigener Anschauung vollkommen bestätigen. Ich habe im Frühjahr 1911 die Ausgrabungsstellen in Pikermi unter der Führung meines verehrten Freundes Th. Skuphos besucht und mit seiner Unterstützung viele Reste von Säugetieren sammeln können. Besonders auffallend war das häufige Auftreten von zersplitterten Knochen mit alten Bruchflächen und die durchgreifende, innige Vermischung der Reste. So z. B. lagen auf einem Quadratmeter neben einem Schädel von Hipparion, in dessen Hirnhöhle ein Gazellenhorn verkeilt war, Schädel und Gliedmaßenreste von Aceratherium, Sus erymanthius, Tragoceras, Gazella brevicornis, viele isolierte Skeletteile von Hipparion und das Fragment eines Krokodilschädels dicht ineinander und übereinander in wirrer Vermengung.

kalken und älteren Gesteinen getrennt sind. Was immer für eine Katastrophe auch die Tiere plötzlich getötet haben mag, sie hat sich augenscheinlich an beiden Stellen wenigstens zweimal, wenn nicht dreimal kurz nacheinander wiederholt. Die gewaltige Kraft, welche die Tierleichen zerbrochen und transportiert hat, bevor sie vollständig zersetzt waren, ist wahrscheinlich in allen Fällen die gleiche gewesen; die schließliche Lagerstätte der Knochen in Pikermi und Drazi muß ein verhältnismäßig ruhiges Wasser gewesen sein, in welchem sie schnell von Schlamm eingehüllt wurden. Das Fehlen jeder Spur von Pflanzenresten ist merkwürdig; aber die plausibelste Erklärung der zerbrochenen Gliedmaßen und zerfetzten Rumpfteile scheint zu sein, daß die Kadaver von Wildbächen durch Dickichte oder mit Stämmen verkeilte Wasserläufe gerissen wurden, bevor sie in die Seen gelangten und dort ruhig liegen blieben. Mitgerissene Steine in rascher Bewegung dürften die Zertrümmerung mancher Knochen bewirkt haben."

Diese eingehende Schilderung der Vergesellschaftung der Knochenreste, ihres Erhaltungszustandes, namentlich aber der eigentümlichen Bruchstellen der meisten Gliedmaßenknochen setzt uns in die Lage, den Hergang der Katastrophe ziemlich genau zu rekonstruieren.

Jedenfalls befanden sich am Fuße des Pentelikon in der Unterpliozänzeit vereinzelte kleinere und größere Tümpel, die den das trockene Hochland bewohnenden Tieren zur Tränke dienten. In diesen Tümpeln bildeten sich die tonreichen Mergel mit Land- und Süßwasserschnecken, während sich auf den Kalkhochflächen Terra rossa ablagerte wie heute im Karst.

Unter den verschiedenen Tatsachen, die uns über den Hergang der Katastrophen von Pikermi und Drazi am besten Aufschluß zu geben vermögen, sind folgende besonders hervorzuheben:

1. Das massenhafte Vorkommen von Knochen, besonders von Huftieren.

2. Die unvollständige Erhaltung der Huftierskelette im Vergleiche zu den vollständigeren der Raubtiere (Ictitherium, Metarctos, Machairodus).

3. Das Vorkommen von Koprolithen, wahrscheinlich von Hyaena.

4. Das Auftreten scharfer und tiefer Einschnitte an einzelnen Knochen, die offenbar von Raubtierzähnen herrühren, worauf schon M. Neumayr[1]) hinwies.

5. Die merkwürdige Gleichartigkeit in der Lage der Bruchstellen an den Gliedmaßenknochen: fast immer eine schiefe Fraktur in der Mitte des Schienbeins bei Hipparion und an der schwächsten Stelle

---

[1]) M. Neumayr, Erdgeschichte, 2. Aufl., p. 401.

des Humerus bei denselben Tieren; scharfe Brüche der Mittelhandknochen bei Rhinoceros.

6. Die Vergesellschaftung von Tierresten derselben Art an einzelnen
Stellen, wie Knochenhaufen von Gazellen, Tragoceras, Hipparionen usf.

7. Der innige Zusammenhang einzelner Gliedmaßenabschnitte in
Verbindung mit dem Fehlen der Phalangen an denselben Resten.

8. Die Trennung der Unterkiefer vom Schädel der Huftiere.

Schon M. N e u m a y r hat als Erklärung für die Entstehung
der massenhaften Knochenanhäufung von Pikermi ähnliche Katastrophen
angenommen, wie sie Ch. D a r w i n in seinem Reisewerke von den
Pampassteppen in Südamerika berichtet. Während Zeiten außerordentlicher Hitze und Dürre in den Jahren 1827—1830 fiel so wenig Regen,
daß das ganze Land in eine Staubwüste verwandelt wurde; in unabseh-
baren Mengen drängten sich die Rinder- und Pferdeherden nach den
größeren Strömen, namentlich gegen den Parana, um den Durst zu löschen
und stürzten sich über die Ufer hinunter. Zu entkräftet um die Steil-
ufer wieder zu ersteigen, gingen die Tiere zu Hunderttausenden im Wasser
zugrunde.

Diese Erklärung ist die befriedigendste von allen bisher gegebenen,
bedarf aber einer Ergänzung und diese ist durch die mitgeteilte eingehende
Schilderung von A. S m i t h W o o d w a r d möglich geworden.

Vor allem wichtig erscheint uns die Tatsache der eigentümlichen
Frakturen.

I c h   k a n n   d i e s e   F r a k t u r e n   d e r   G l i e d m a ß e n
n i c h t   f ü r   F o l g e n   e i n e s   T r e i b e n s   i n   r e i ß e n d e n
W i l d b ä c h e n   a n s e h e n .   D i e   K n o c h e n b r ü c h e   b e -
w e i s e n   v i e l m e h r ,   d a ß   d i e   H e r d e n   v o n   A n t i l o p e n ,
P f e r d e n ,   N a s h ö r n e r n   u s w .   a n   S t e i l r ä n d e r   g e l a n g -
t e n   u n d   h i n a b s t ü r z t e n ,   w o b e i   s i e   s i c h   d i e   G l i e d -
m a ß e n   z e r s c h m e t t e r t e n .   D i e s e s   D r ä n g e n   n a c h
W a s s e r l a c h e n   m u ß   m i t   h e f t i g e n   W o l k e n b r ü c h e n
i n   i n n i g e m   Z u s a m m e n h a n g   g e s t a n d e n   s e i n .   A u s
a l l e n   S c h l u c h t e n   d e s   G e b i r g e s   s t ü r z t e n   h o c h
a n g e s c h w o l l e n e   G i e ß b ä c h e   h e r a b ,   d i e   f e l s e n b e -
w o h n e n d e n   A f f e n ,   S c h i l d k r ö t e n   u n d   K l i p p s c h l i e f e r
(P l i o h y r a x)   m i t   z u r   T i e f e   r e i ß e n d   u n d   d i e   T e r r a
r o s s a   v o n   d e n   H o c h f l ä c h e n   a b s p ü l e n d .

In der Tiefe schwoll die vorher fast ausgetrocknete Oase von
Pikermi zu einem mächtigen verschlammten See an, in welchem die
Kadaver der verunglückten, faulenden Tiere, von Verwesungsgasen
an die Oberfläche getrieben, schwammen. Dabei lösten sich die Unterkiefer von den Schädeln und sanken zur Tiefe, während die Schädel,
der Rumpf und die Gliedmaßen später folgten oder ans Ufer

trieben und dort eine Beute der Aasfresser wurden, deren Anwesenheit durch vollständige Skelette und Koprolithen bewiesen ist.

Nicht in einer Zeit der Dürre, wie M. Neumayr meinte, sondern in einer Zeit heftiger Wolkenbrüche nach der Zeit einer Dürre muß die Anhäufung der Knochenlager stattgefunden haben. Diese Katastrophe muß sich dreimal wiederholt haben. Daß Wildbäche von den Felsenhängen herabschossen, wie A. Smith Woodward meint, ist durch das Vorkommen von Schotterlagen als Schaltlinsen im Knochenlager erwiesen. Die Bildung des Knochenlagers muß relativ schnell vor sich gegangen sein, da sonst der Zusammenhang von Gliedmaßenabschnitten in natürlicher Lage nicht erklärlich wäre; die Gliedmaßen müssen halbverwest in den von Wolkenbrüchen zusammengeschwemmten Schlamm eingehüllt worden sein. Das Fehlen aller Pflanzenreste, das A. Smith Woodward besonders hervorhebt, spricht sehr deutlich für den trockenen Steppencharakter der felsigen Kalkhochflächen Griechenlands im Unterpliozän.

Vernichtung von Faunen durch vulkanische Ausbrüche. — Ein großer Teil der nordamerikanischen Tertiärbildungen besteht, wie erst in der letzten Zeit genauer bekannt geworden ist, aus vulkanischen Tuffen, die von Winden über die weiten, flachen Seen und Wälder verweht wurden. J. C. Merriam[1]) hat 1901 festgestellt, daß diese vulkanischen Ablagerungen eine weit größere Ausdehnung besaßen, als man früher nach der ersten Entdeckung in der Wasatchformation durch Clarence King[2]) und nach den Arbeiten von A. C. Peale[3]) angenommen hatte. Man weiß jetzt, daß die John-Day-Formation (Oligozän) und Bridgerformation[4]) (Mitteleozän) der Hauptsache nach aus vulkanischen Tuffen bestehen und neuerdings ist auch die Washakie-Formation (Mitteleozän) als eine Ablagerung vulkanischer Herkunft erkannt worden[5]).

Die einzelnen Formationsnamen des nordamerikanischen Tertiärs sind nach einzelnen, abgeschlossenen und gesonderten Tertiärbecken benannt worden, die zu verschiedenen Zeiten die Wohnstätten von großen Säugetierherden waren. Die beigegebenen Kärtchen aus dem vor kurzem erschienenen anregenden und inhaltsreichen Buche Osborns[6]) zeigen

---

[1]) J. C. Merriam: A Contribution to the Geology of the John Day Basin. — Bull. Depart. Geol. Univ. Calif., II, 1901, p. 269.

[2]) Clarence King: Amer. Journ. of Sci., (3), XI, 1876, p. 478.

[3]) A. C. Peale: Science, VIII, Aug. 20, 1886, p. 163.

[4]) W. J. Sinclair: Volcanic Ash in the Bridger Beds of Wyoming. — Bull. Amer. Mus. Nat. Hist., XXII, Art. XV, 1906, p. 273.

[5]) W. J. Sinclair: The Washakie, a Volcanic Ash Formation. — Ibidem, XXVI, Art. IV, 1909, p. 25.

[6]) H. F. Osborn: The Age of Mammals. New York, 1910, p. 90—92.

die Ausdehnung dieser Becken und ihrer vulkanischen Ablagerungen sowie die entfernteren Eruptionsherde.

W. D. Matthew[1]), der vor kurzem mit einer groß angelegten und vorzüglich durchgearbeiteten Monographie unsere Kenntnisse von den Carnivoren und Insectivoren der Bridger-Formation wesentlich bereichert hat, spricht von der Ablagerungsart dieser Bildungen sehr eingehend. Er kommt zu dem Schlusse, daß wiederholte Aschenregen

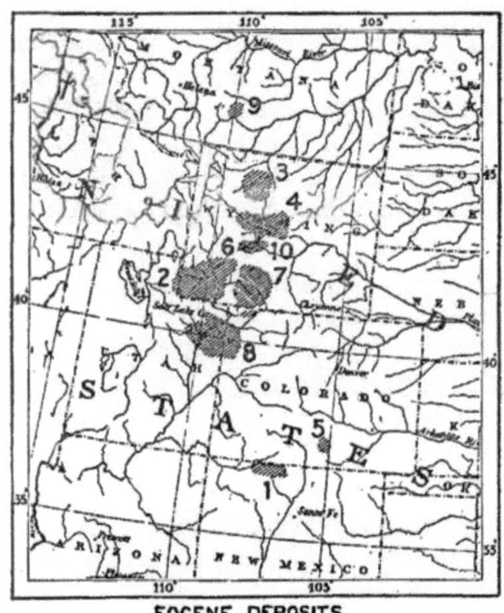

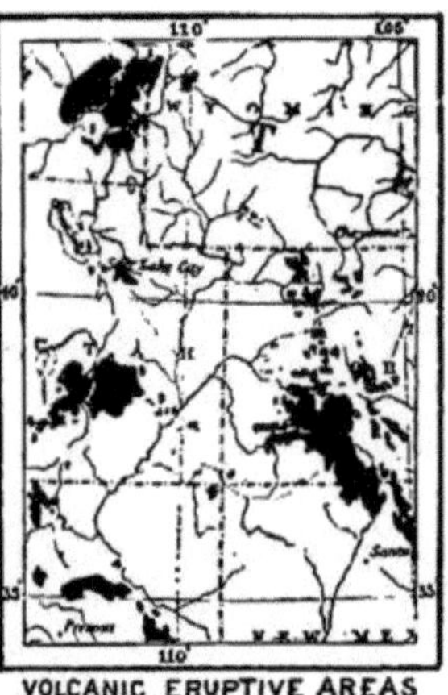

Die Verteilung der eozänen vulkanischen Tuffe mit Säugetierresten (linke Karte) und der gleichalten Lavaströme (rechte Karte) im westlichen Nordamerika.
1 Puerco und Torrejon. 2 Wasatch. 3 Big Horn-Wasatch. 4 Wind River. 5 Huerfano. 6 Bridger. 7 und 10 Washakie. 8 Uinta. 9 Fort Union, Montana (Basaleozän).
(Nach H. F. Osborn.)

über ein Gebiet von Wäldern und Seichtwasserseen niedergingen und daß diese Aschenausbrüche wiederholten Eruptionen zuzuschreiben sind. In den Zwischenzeiten wurden lacustrine Schichten gebildet, die wieder von mächtigen Aschendecken überschüttet wurden.

Wie lange diese Eruptionsepoche angedauert haben mag, geht aus der bedeutenden Mächtigkeit der Schichten hervor. Die Bridger-Formation umfaßt im ganzen fünf Horizonte, die von unten nach oben in einer Mächtigkeit von 60, 140, 90, 100, 150 m aufeinander folgen. Diese Zahlen beweisen, daß die Ausbrüche lange Zeiträume hindurch angedauert haben müssen, um einen Schichtenkomplex von 550 m aufzutürmen.

---

[1]) W. D. Matthew: The Carnivora and Insectivora of the Bridger Basin, Middle Eocene. — Memoirs Amer. Mus. Nat. Hist., Vol. IX, Part. VI, August 1909, p. 295—307.

Matthew und Osborn sagen nichts über die Einflüsse dieser gewaltigen Aschenregen auf die Tierwelt. Es kann aber kaum zweifelhaft sein, daß derartige Eruptionen unter der Tierwelt geradezu Verheerungen anrichten mußten. Im zweiten, 140 m starken Horizont B des Bridgerbeckens sind Tausende von Tierleichen ausgegraben worden; diese Schichte entspricht den ersten stärkeren Eruptionen, da in der unteren die kalkigen Seenablagerungen vorherrschen und die Tufflagen nur vereinzelt sind. Ich möchte geradezu von einer Vernichtung der gesamten, im unteren Abschnitt des Horizontes B gefundenen Säugetierwelt sprechen, die durch einen gewaltigen Aschenfall getötet wurde.

Gerade die enorme Menge der Säugetierreste an der Basis der Serie von mächtigen Tuffbildungen spricht für ihre Vernichtung durch eine plötzliche Katastrophe. In den untersten, in Seen abgelagerten kalkigen Schichten sind Säugetierreste sehr selten; Fische, Krokodile und Schildkröten bilden die Mehrzahl der erhaltenen Leichenreste. Diese Schichte entspricht eben normalen Lebensverhältnissen, während die Anhäufung der Säugetiere an der Basis des Tuffhorizontes B die plötzliche Vernichtung der Fauna beweist.

Später haben dann wiederholte Neubesiedelungen aus Gebieten stattgefunden, die außerhalb des Bereiches der verderblichen Wirkungen der Vulkane geblieben waren. Eine Vernichtung durch neue Eruptionen wird auch später noch stattgefunden haben, sie ist aber nicht mehr so klar ersichtlich wie in den Schichten zu Beginn der großen Eruptionsepoche der mitteleozänen Vulkane Nordamerikas.

Um was für Zeiträume es sich bei diesen Eruptionsepochen handelt, geht aus der 2200 m betragenden Gesamtmächtigkeit der paläogenen Tuffe Nordamerikas hervor.

Ich will nicht unerwähnt lassen, daß J. B. Hatcher 1903 den Nachweis geführt hat, daß auch die Santa-Cruz-Formation in Patagonien eine mächtige vulkanische Aschenschichte darstellt. Die großen Mengen von Wirbeltierresten, die in diesen Schichten gefunden wurden, deuten vielleicht auf eine ähnliche Katastrophe hin, wie sie sich im Mitteleozän im Bereiche der Süßwasserseen des Bridger-Beckens ereignete.

Massentod von Wassertieren durch Katastrophen. — Die Anhäufung größerer Mengen von Wassertieren in einer Schicht kann auch durch plötzliche, tiefgreifende Veränderungen der Lebensbedingungen, also durch katastrophale Ereignisse herbeigeführt werden.

So sind durch den Ausbruch der Everglades (Steppensümpfe in Ost-Florida) ins Meer wiederholt immense Mengen von Meeresfischen getötet worden; nach einer oben zitierten Mitteilung von A. Agassiz an H. Hoefer findet diese massenhafte Vernichtung namentlich an den Küsten von den Keys zwischen den Everglades und Key West statt, wo zuweilen der Strand auf weite Strecken mit Fischleichen übersät ist [1]).

Während es sich hier um Tötung mariner Fische durch ausbrechende Küstensümpfe handelt, werden umgekehrt Süßwasserfische durch Sturmfluten in ungeheuren Mengen vernichtet.

„Als in Dänemark 1825 die schmale Landenge, welche den Liinfjord vom westlichen Meere trennt, von einer Sturmflut durchbrochen wurde, starben durch das Salzwasser fast alle Süßwasserfische des Fjords, der wegen seiner reichen Fischereien bekannt war. Millionen derselben trieben tot oder sterbend an das Land und wurden von den Einwohnern in vielen Fuhren weggeschafft und nur wenige haben sich an den Mündungen einiger Bäche erhalten. Es ist mehr als wahrscheinlich, daß der mit der Flut hereinbrechende Sand an vielen Orten ein Lager von toten Fischen und Zosteren (Seepflanzen) bedeckt und so eine Versteinerungsschicht gebildet hat, wie man sie in älteren Formationen findet." [2])

Ebenso ist auch die Vernichtung der Dreissensia rostriformis [3]) im Schwarzen Meere durch das plötzliche Eindringen von Meerwasser nach Herstellung einer Verbindung des Pontus mit dem Mittelmeer in der Eiszeit zu erklären.

Plötzlich eindringendes heißes Wasser oder Erhitzung desselben wie bei vulkanischen Ausbrüchen tötet die Meerestiere gleichfalls in großen Mengen und sofort. Leopold von B u c h beschreibt den Massentod der Fische im Golf von Neapel infolge des Lavastromsturzes in das Meer am 16. Juni 1794 bei Torre del Greco; eine der vernichtendsten vulkanischen Katastrophen, die Explosion des Krakatao, hatte gleich-

---

[1]) H. H o e f e r: Erdöl-Studien, Sitzb. K. Akad. d. Wiss. Wien, 1902, p. 632.

[2]) H. G. B r o n n: Handbuch der Geschichte der Natur. II, Band, p. 532.

[3]) Dreissensia rostriformis Desh., die s u b f o s s i l auf dem Boden des Schwarzen Meeres in Tiefen von 58—387 Faden und im Marmarameer von 52—600 Faden als var. distincta auftritt, stimmt vollkommen mit der r e z e n t e n Form des Kaspischen Meeres (in einer Tiefe von 23—130 Faden lebend) überein, nur sind die subfossilen Schalen stets größer als die rezenten. — N. A n d r u s s o w: Fossile und lebende Dreissensidae ,Eurasiens. Travaux Soc. Nat. St. Pétersbourg. Section de Géol. et Mineral., XXV., 1897, Atlas mit 20 Tafeln; Deutsches Resumé, separat erschienen 1898, p. 57—59. — A n d r u s s o w sieht (p. 652 des russischen Textes) das Aussterben der Dreissensiden im Schwarzen Meere als eine Folge des Eindringens der mediterranen Gewässer an.

Vgl. dazu weiteres: N. A n d r u s s o w: Kritische Bemerkungen über die Entstehungsgeschichte des Bosporus und der Dardanellen. — Sitzungsber. d. Naturforscher-Ges. b. d. Univ. Dorpat, XVIII. Jahrg., 1900, p. 378—400. — Die neuere Literatur wurde kritisch erörtert von R. H o e r n e s: Die Bildung des Bosporus und der Dardanellen, Sitzber. K. Akad. d. Wiss., CXVIII Bd., 1909, p. 693—758.

falls einen Massentod der Meerestiere zur Folge. Der abessynische Minister I l g [1]) berichtet 1902 von einem Massentod der Haifische im Roten Meer; in Dschibuti wurden Hunderte von Zentnern verwesender Haie ans Land gezogen und der Verwesungsgeruch war so intensiv, daß die europäischen Kolonialregierungen, die an der Küste des Roten Meeres Interessengebiete besitzen, Befehl zur Beerdigung der angeschwemmten Kadaver gaben. I l g meint, daß eine unterseeische Eruption die Ursache dieses Massentodes war.

Auf ähnliche Ursachen ist wohl auch die Vernichtung der Kaspidelphine [2]) zurückzuführen. In der oberpliozänen Apscheronstufe finden sich nämlich an der Küste des Kaspisees in vulkanischen Tuffen zahlreiche Reste von Delphinen eingelagert, die sicher durch Eruptionen vernichtet und in der vulkanischen Asche begraben worden sind.

Plötzlich eindringende Kaltwasserströmungen in höher temperiertes Meerwasser haben gleichfalls den Massentod von Meerestieren zur Folge. G. A. B o u l e n g e r berichtet über die Vernichtung des Lopholatilus chamaeleonticeps im Bereiche des Golfstromes an der Küste von Neuengland.

Dieser Fisch wurde zuerst 1879 beobachtet; 1882 drangen infolge ungewöhnlich heftiger Stürme Kaltwasserströmungen in dieses Gebiet des Golfstromes ein; viele Millionen Fische wurden durch diesen Kälteeinbruch getötet und bedeckten die Meeresoberfläche auf Hunderte von Quadratmeilen. Lopholatilus chamaeleonticeps war aber nicht völlig ausgerottet, sondern ist heute wieder, wenngleich bedeutend seltener, in seinem früheren Wohngebiet anzutreffen.

Sicher haben auch in früheren Zeiten der Erdgeschichte derartige Katastrophen den Massentod von Wassertieren im Gefolge gehabt. Die Vernichtung von Austernbänken durch Schwefelwasserstoffansammlungen, wie sie heute z. B. in Norwegen beobachtet wird, kann auch in früheren Zeiten der Erdgeschichte in derselben Weise eingetreten sein.

Auch das Eindringen metallischer Lösungen hat zuweilen den Massentod von Meerestieren zur Folge gehabt; es ist äußerst wahrscheinlich, daß die Fische des permischen Kupferschiefers des Harzes durch vulkanische Exhalationen von Kupfer- oder Silberchloriden oder kupferhältigen Mineralquellen plötzlich getötet worden sind, wofür auch die konvulsivische Krümmung der meisten Fischleichen des Mansfelder Kupferschiefers spricht.

---

[1]) I l g, Illustrierte Rundschau, No. 7, 1902, Wien.

[2]) Ich habe durch Herrn Kollegen A n d r u s s o w in Riga mehrere Exemplare dieses Delphins zur Untersuchung erhalten, welche noch nicht abgeschlossen ist.

Die Zerstörung der Tierleichen.

Unverletzte Wirbeltierleichen. — Nur unter besonders günstigen Umständen kann ein Kadaver in gänzlich unverletztem Zustande fossil
werden.

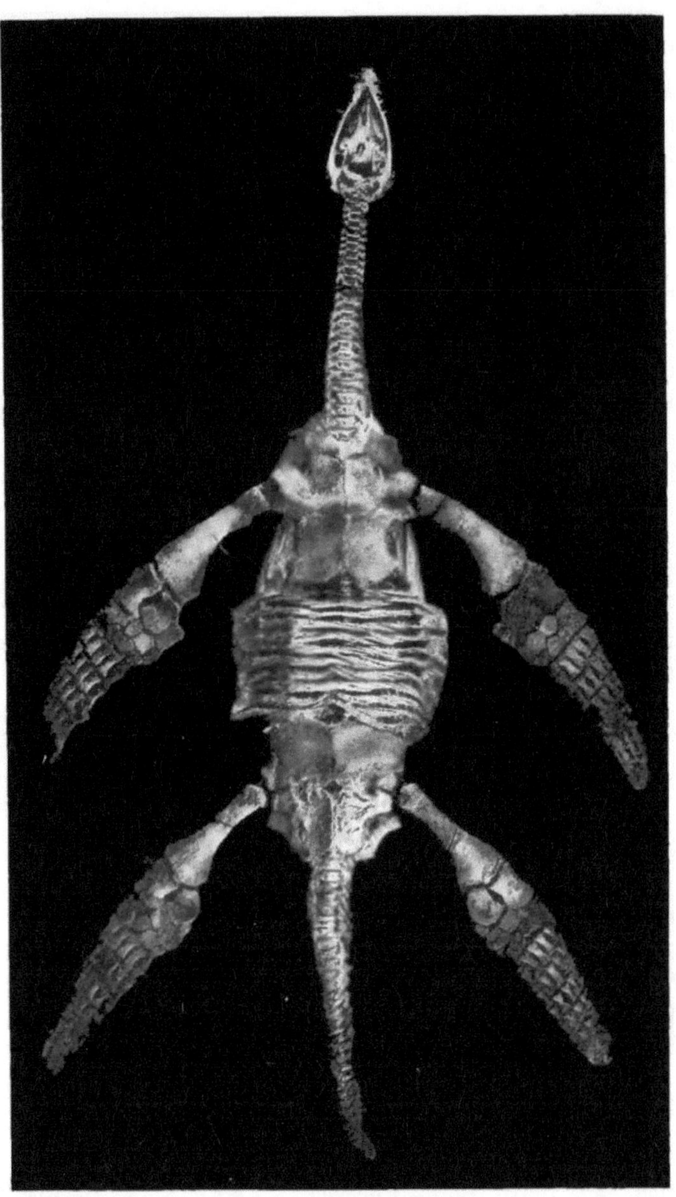

Fig. 8. Thaumatosaurus victor E. Fraas, ein Plesiosaurier aus dem oberen Lias
von Holzmaden in Württemberg. Gesamtlänge 3.44 m. Das Tier liegt auf dem
Rücken. (Nach E. Fraas, 1910.)

Dies ist nur möglich, wenn das Tier sofort nach seinem Tode von einer schützenden Gesteinsschichte bedeckt und umhüllt und auf diese Weise konserviert wird.

Vollkommen unverletzte Exemplare fossiler Wirbeltiere sind immer Seltenheiten. Zu den schönsten gehören das wundervoll erhaltene Skelett von Thaumatosaurus victor E. Fraas aus dem Stinkstein des oberen Lias von Holzmaden in Württemberg, das sich im Kgl. Naturalienkabinett in Stuttgart befindet, das im Frankfurter Museum aufbewahrte Exemplar des Ichthyosaurus quadriscissus Quenst. mit vollständig

Fig. 9. Ichthyosaurus quadriscissus mit erhaltener Haut, aus dem oberen Lias von Holzmaden in Württemberg. Gesamtlänge 2.10 m. — Im Senckenbergischen Museum zu Frankfurt a. M. (Aus der Festschrift der Senckenb. Ges. anläßlich der Eröffnung des neuen Museums 1907.)

erhaltener Haut und das die Stellung des lebenden Tieres vortäuschende Skelett des Rhynchocephalen Champsosaurus laramiensis Brown aus den Laramieschichten vom Hell Creek, einem Nebenfluß des Missouri in Montana (Fig. 8, 9, 10).

Berühmt ist die prachtvolle Erhaltung der Skelette in den feinkörnigen Plattenkalken des oberen Jura Bayerns; leider sind die meisten Wirbeltiere, so auch die berühmte Archaeopteryx Siemensii Dames, bereits als Leichen eingeschwemmt worden und zeigen daher die unvermeidlichen Verzerrungen, wie sie an verschwemmten Kadavern zu beobachten sind. Auch der schöne, aber nicht ganz vollständige Compsognathus longipes Wagn. von Jachenhausen in der Oberpfalz ist als Leiche auf den Kalkschlamm des Strandes gelangt (Fig. 11, 12).

In letzter Zeit häufen sich die Funde unverletzter Wirbeltierskelette, weil bei der Aushebung derselben und bei ihrer Präparation größere Sorgfalt angewendet wird. Besonders zahlreiche Funde vollständigerer Skelette sind in der letzten Zeit in den Vereinigten Staaten gemacht worden.

Bekannt ist die vorzügliche Erhaltung der Mammutleichen aus dem sibirischen Landeis, der Iguanodonten aus dem Wealden von Bernissart in Belgien, der Fische aus den Eozänschiefern des Monte Bolca in Oberitalien und den Green-River-Schiefern Nordamerikas u. s. f.

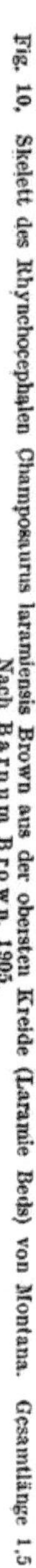

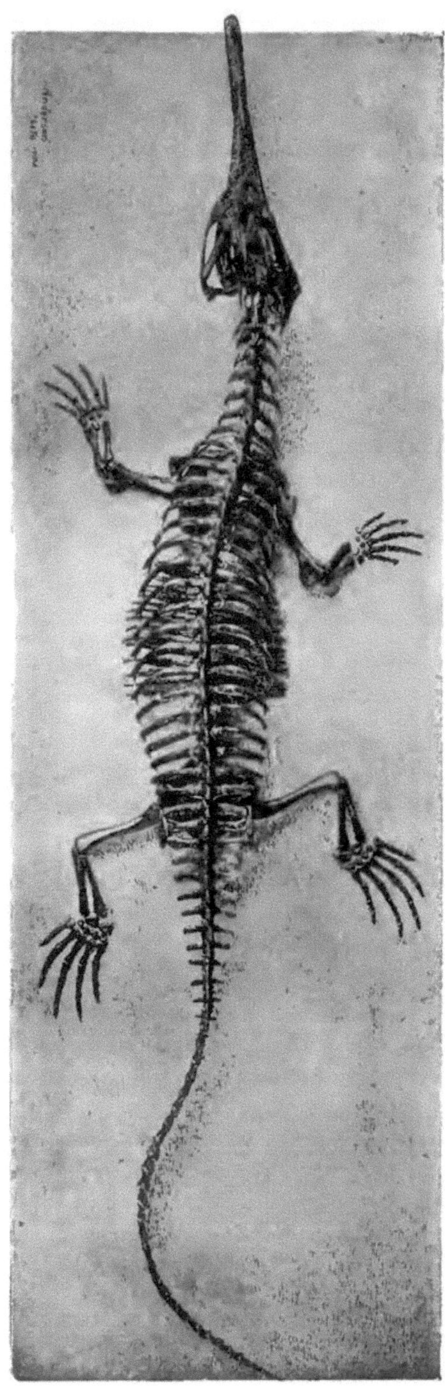

Fig. 10. Skelett des Rhynchocephalen Champsosaurus laramiensis Brown aus der obersten Kreide (Laramie Beds) von Montana. Gesamtlänge 1.5 m. Nach Barnum Brown, 1905.

Zerstörte Tierleichen. — Die weitaus größte Mehrzahl der fossilen Wirbeltiere ist nur in Form von mehr oder weniger zerstörten Skeletten überliefert, von denen oft nur sehr dürftige Fragmente den einzigen Überrest bilden.

Selten befinden sich die Skelettelemente in ihrem ursprünglichen Zusammenhang; meist sind die Wirbel aus ihrem Verbande gerissen und zwischen die Rippen verstreut, die Gliedmassenelemente verdreht und oft gänzlich verloren gegangen, der Schädel wie auch die übrigen Knochen häufig deformiert, die Zähne aus den Kiefern gefallen, die Knochen zerbrochen u. s. f.

Ein gutes Beispiel für diese Art des Erhaltungszustandes ist ein Skelett von Eotherium aegyptiacum Owen aus den weißen Kalksteinen der unteren Mokattamstufe (Fig. 13), das in einem Steinbruch am Fuße des Mokattamberges bei Kairo gefunden wurde.

Diese mitunter sehr weitgehende Zerstörung der Tierleichen ist auf verschiedene Ursachen zurückzuführen.

Verwesung. — Ein sterbender Delphin sinkt zuerst in die Tiefe; aber bald erscheint er, von Verwesungsgasen aufgebläht und meist auf dem Rücken treibend, wieder an der Meeresoberfläche.

Bei der fortschreitenden Verwesung wird sehr bald die Kiefermuskulatur zerstört; der Unterkiefer löst sich von dem treibenden Kadaver los und sinkt in die Tiefe, wo er rasch von Schlamm und Sand umhüllt und vor weiterer Zerstörung geschützt wird. Daher finden wir in Meeresablagerungen vorwiegend isolierte Unterkiefer in besserem Erhaltungszustand, während die von den Wogen an die Küste getriebenen Kadaver erst viel später vom schützenden Gestein umhüllt

Fig. 11. Skelett der Archaeopteryx Siemensii Dames. — Nach dem Gipsabgusse des Originals. Phot. Ing. Fr. Hafferl. Ungefähr 1/5 d. Nat. Gr.

werden. Die auffallende Seltenheit der Unterkiefer bei den Walleichen aus dem schwarzen Miozänsand von Antwerpen erklärt sich also aus dem frühzeitigen Abfallen des Unterkiefers von dem noch auf der Hochsee treibenden Kadaver.

Die verwesende Leiche, die von Verwesungsgasen aufgetrieben wird, gleicht in ihrer Gesamtform nicht mehr dem lebenden Tiere. Der Hals wird verkrümmt, die Gliedmaßen verrenkt und die Wirbelsäule verdreht. Eine längere Zeit im Wasser getriebene und dann ans Ufer geworfene Katzenleiche zeigt sehr deutlich den hohen Grad dieser durch die Verwesung bewirkten Formveränderung.

Zerstörung der Kadaver durch die Meeresbrandung und Flußströmungen. — Wird ein Kadaver längere Zeit in der Brandung gerollt, so macht die Lockerung der Skelettelemente, die schon bei der Verwesung begonnen hat, rasch weitere Fortschritte. Einzelne Wirbel lösen sich ab, zunächst die Schwanzwirbel; die Gliedmaßen und der Schädel folgen; endlich wird in günstigen Fällen der Thorax in stark

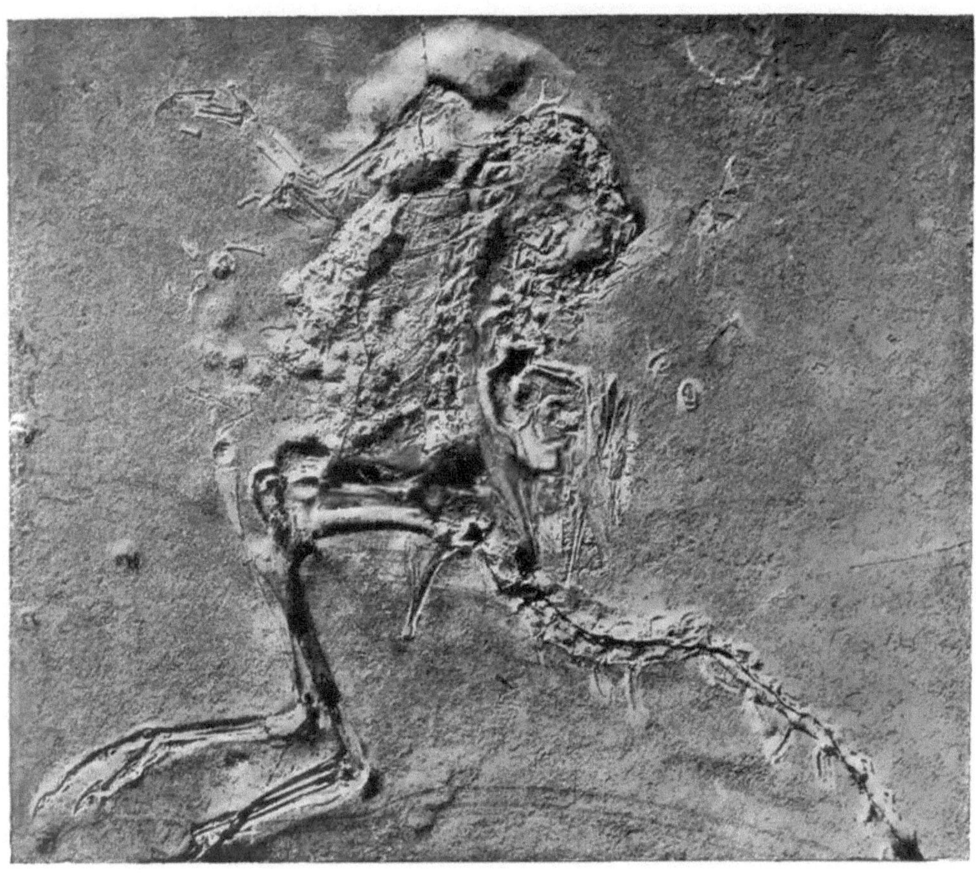

Fig. 12. Skelett von Compsognathus longipes Wagn. aus dem lithographischen Schiefer von Jachenhausen in der Oberpfalz, Bayern. (Nach F. v. Huene.) Ungefähr halbe Nat. Gr.

durcheinander geworfenem Zustande in das Gestein des Ufers eingebettet, während in ungünstigen Fällen alle Skeletteile auseinandergerissen, gerollt und abgewetzt werden, bis sie ihre ursprüngliche Form verloren haben. Die ganz unbestimmbaren, weil zu stark gerollten Wirbel und Gliedmaßenfragmente, die man so häufig in den Leithakalkbildungen des Wiener Beckens antrifft, sind ein Beispiel für die weitgehende Zerstörungsarbeit der Brandung, welcher nur die härtesten Teile des

Wirbeltierkörpers, die schmelzbedeckten Zahnkronen, am längsten Widerstand leisten und darum auch am häufigsten in derartigen Strandablagerungen anzutreffen sind.

Auch die Flußströmungen zerstören in ähnlicher Weise die verwesenden Kadaver. Ich habe in dem Bette eines Wildbaches in Oberösterreich Teile eines Gemsenlaufes auf eine Strecke von sechzig Metern im Geröll verstreut gefunden; ähnliche Verhältnisse haben es bewirkt, daß die Reste des Pithecanthropus erectus (falls sie wirklich zusammengehören) auf eine Strecke von 15 Metern in einer Schichte verstreut waren.

Es ergibt sich daraus, daß Strandablagerungen und Flußalluvionen zu den ungünstigsten Konservierungsstätten von Wirbeltierleichen gehören.

Verwitterung. — Ein im Walde verendetes Wild geht rasch in Verwesung über und wird unter Beihilfe größerer und kleinerer Aasfresser rasch skelettiert. Die Knochen werden von der Sonne gebleicht; aber bald

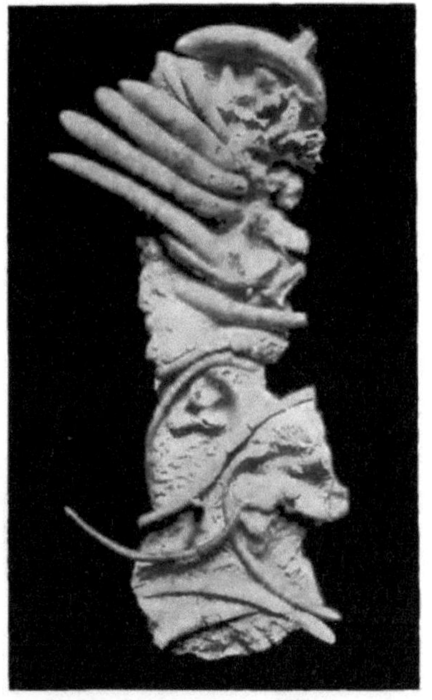

Fig. 13. Von der Brandung zerrissenes Skelett einer alttertiären Sirene: Eotherium aegyptiacum Owen aus dem Mitteleozän von Kairo. Original im Senckenbergischen Museum zu Frankfurt a. M. (Phot. Ing. Fr. Halferl.) Ungefähr ¹/₉ d. Nat. Gr.

verändern sie ihre Struktur, werden mürbe und brüchig und zerfallen nach kurzer Zeit, schon nach wenigen Jahren, in Staub.

Die auf dem Festlande verendeten und im Freien liegen gebliebenen Kadaver werden also schon nach kurzer Zeit gänzlich zerstört. Länger erhalten sich die Knochen in trockenen Sandwüsten; vor der Zerstörung werden sie aber nur gerettet, wenn sie von Steppenstaub überweht werden. Daher sind auch die in den Lößsteppen der Eiszeit verendeten Tiere vor der Zerstörung geschützt worden und ihre Skelette sind fast immer gut erhalten.

Zerstörung der Kadaver durch Aasfresser. — Die an den Strand geworfenen, zum Teil bereits in Verwesung übergegangenen Kadaver werden von zahllosen größeren und kleineren Aasfressern angegriffen und zerstört.

Krabben und Krebse zerknacken mit ihren Scheren die Hartteile der Muscheln und Schnecken, oder die Hartteile der kleineren Wirbeltierleichen. In überraschend kurzer Zeit skelettieren die in einem Fischnetze mit den Fischen emporgehobenen Krabben die auf dem Verdeck der Fischdampfer ausgeschütteten Fische und bei so manchen fossilen Fischskeletten, denen jede Spur der Schuppen fehlt, ist vielleicht das Fehlen derselben auf diese macerierende Tätigkeit der aasfressenden Crustaceen zurückzuführen wie bei einzelnen Exemplaren von Coelacanthus Huxleyi Traq., Phanerosteon mirabile Traq. und Tarrasius problematicus Traq. aus dem Unterkarbon Schottlands [1]) oder dem Flugfisch Gigantopterus Telleri Abel aus der Trias von Lunz in Niederösterreich [2]). Es ist daher bei einem Urteile über das Vorhandensein oder Fehlen der Schuppen bei fossilen Fischen stets Vorsicht geboten.

Mitunter erscheinen die Flossenstrahlen fossiler Fische von Crustaceenscheren in kleine Stücke zerbrochen, wie ein Exemplar des kleinen Flugfisches Thoracopterus Niederristi Bronn aus den triadischen Schiefern von Raibl in Kärnten zeigt.

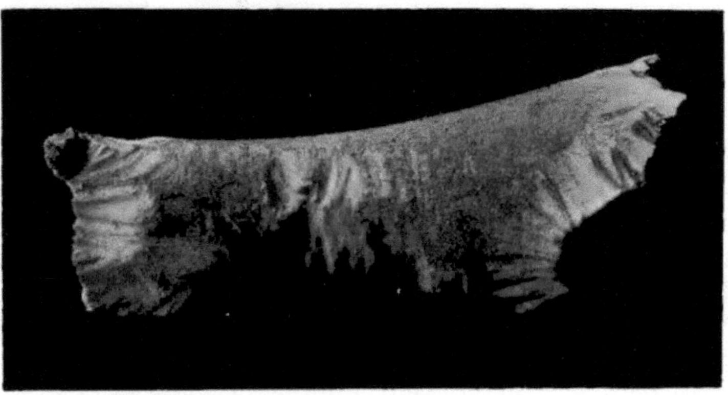

Fig. 14. Von Mäusen zernagter Schäoelzapfeu eines Rindes. Aus einem Walde bei Aspang in Nied.-Österreich. — Sammlung des palaeont. Inst. der Wiener Universität. (Phot. Ing. Fr. Hafferl). ³/₄ Nat. Gr.

Mitunter sind an fossilen Skeletten Spuren von Zähnen größerer Raubtiere sichtbar. So zeigen Wirbel des großen sauropoden Dinosauriers Brontosaurus [3]) deutliche Spuren der scharfen Zähne und Krallen großer Raubdinosaurier; wahrscheinlich rühren diese Fraßspuren von Allosaurus her. Ebenso sieht man häufig die Eindrücke von Zähnen

[1]) R. H. Traquair: Report on Fossil Fishes collected by the Geol. Survey of Scotland in Eksdale and Liddesdale. Part. I. Ganoidei. — Transact. R. Soc. Edinburgh, XXX, 1881; Coelacanthus Huxleyi, Pl. I, Fig. 2; Phanerosteon mirabile, Pl. III, Fig. 6; Tarrasius problematicus, Pl. IV, Fig. 6.

[2]) O. Abel: Fossile Flugfische. — Jahrbuch k. k. geol. Reichs-Anstalt, 56. Bd., 1. Heft, Wien 1906, p. 42, Taf. II.

[3]) W. L. Beasley: A Carnivorous Dinosaur: A Reconstructed Skeleton of a Huge Saurian. — Scientific American, Dec. 14, 1907, p. 447, Textfig.

großer Raubtiere auf den Huftierknochen aus dem Pliozän von Pikermi in Griechenland.

In Höhlen sind zerbrochene und benagte Knochen als Begleitfunde von Höhlenhyänen, Höhlenlöwen und Höhlenbären keine Seltenheit. Sehr häufig sind die Nagespuren kleiner Mäuse und Ratten an Knochen; der abgebildete Knochen aus einem Walde bei Aspang (Fig. 14) zeigt, in welcher Weise lebende Nagetiere Knochenränder benagen. Ganz gleichartig sind die Zahnspuren, die F. Ameghino[1] kürzlich an einem Unterkieferfragment von Proterotherium aus dem Miozän (Santa-Cruzien) Patagoniens beobachtet, aber als menschliche Arbeit gedeutet hat; es kann keinem Zweifel unterliegen, daß diese dicht

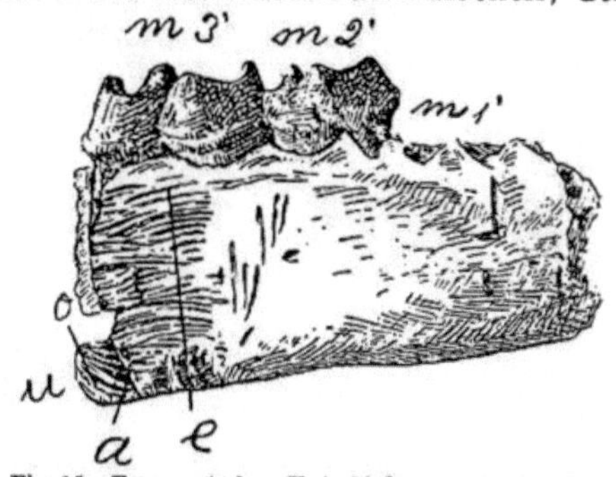

Fig. 15. Fragment eines Unterkiefers von Proterotherium aus dem Miozän Argentiniens, von Nagetieren angefressen (nach F. Ameghino ein vom Tertiärmenschen bearbeiteter Knochen). (Nach F. Ameghino, 1½ mal vergrößert.)

nebeneinander stehenden Kerben von Nagerzähnen herrühren (Fig. 15).

Zahlreiche im British Museum of Natural History in London aufbewahrten Schädelreste von Megaladapis, einem riesigen Lemuren aus der Eiszeit (und vielleicht noch aus der Gegenwart) Madagaskars, der wahrscheinlich eine aquatische Lebensweise führte, weisen runde Löcher auf, die nur von Krokodilzähnen herstammen können und uns zeigen, wer der größte Feind dieses gewaltigen Halbaffen war.[2]

Fig. 16. Bohrlöcher von Buccinum undatum in rezenten Bivalvenschalen aus der Nordsee (Knocke-sur-mer an der belgischen Küste). Sammlung des palaeont. Inst. der Wiener Universität. Phot. Ing. F. Hafferl. ¾ Nat. Gr.

Im allgemeinen setzen Knochen der Zerstörung durch kleine bohrende Tiere weit stärkeren Widerstand entgegen als die Schalen und Gehäuse von Muscheln und Schnecken. Bei einem Spaziergange an dem sandigen Flachstrande der belgischen Küste sieht man allenthalben die Muschel-

---

[1] F. Ameghino: Vestigios industriales en el eoceno superior de Patagonia. — Congreso cientifico intercacional americano, Buenos Aires, 10 a 25 de Julio de 1910, p. 1—7.

[2] Mein hochverehrter Freund A. Smith Woodward hat mich in London im Februar 1911 auf diese Erscheinung aufmerksam gemacht.

schalen von runden Löchern durchbohrt, welche von der harten Zunge des Buccinum undatum hervorgebracht sind (Fig. 16). Diese Schnecke durchbohrt die Schale lebender Muscheln verschiedener Gattungen an verschiedenen Stellen, jedesmal aber an der Stelle des Schließmuskels der Klappen, um den Muskel zu verletzen und auf diese Weise das Tier zum Öffnen der Klappen zu zwingen. Ganz dieselben runden Bohrlöcher finden wir sehr häufig an fossilen Muschelschalen, beispielsweise an Bivalvenschalen aus dem Miozän des Wiener Bekkens.

Hartteile der Konchylien sieht man häufig von bohrenden Spongien der Gattung Cliona durchlöchert. An der belgischen Küste trifft man

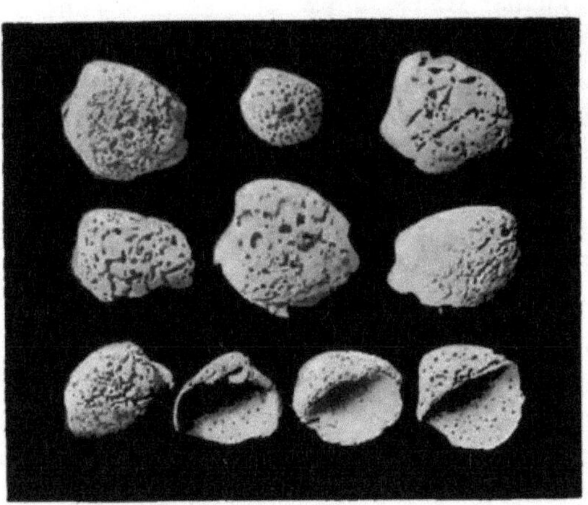

Fig. 17. Von Bohrschwämmen (Cliona) zerbohrte Bivalvenschalen, aus dem Panisélien (Alttertiär), am Boden der belgischen Küste ausgewaschen und von der Brandung mit Schalen rezenter Bivalven an den Strand geworfen. Phot. Ing. F. Hafferl. ³/₄ Nat. Gr.

vorwiegend die weißen, großen Schalen einer Cypricardia in dieser Weise zerstört (Fig. 17). Das sind Schalen der fossilen Cypricardia pectinifera aus dem Panisélien, einem Alttertiärhorizont Belgiens, der submarin

Fig. 18. Rostrum (Zwischenkiefer und Oberkiefer) von Mesoplodon longirostre Cuvier (= Ziphius compressus Huxley) aus dem Red Crag von Suffolk. — Das Fragment ist gerollt und an zahlreichen Stellen von Bohrmuscheln angebohrt. (Nach R. Owen.) Stark verkleinert.

ansteht und aus dem die fossilen Schalen von den Wellen ausgespült und mit den Schalen lebender Muscheln vermengt an die Küste geworfen werden[1]).

Bohrmuscheln bohren sich ihre Gänge nur in sehr harten Körpern,

---

[1]) Mein verehrter Freund L. Dollo hat die Liebenswürdigkeit gehabt, mich darauf aufmerksam zu machen, daß auch Cardita planicosta aus dem gleichen Alttertiärhorizont in Knocke sur-mer ausgeworfen wird, wo ich 1908 zahlreiche von Cliona zerbohrte Cypricardien gesammelt habe. Auch diese Carditaschalen sind in derselben Weise zerlöchert.

also in Kalkfelsen, harten und dicken Austernschalen u. dergl. Sie bohren daher nur äußerst selten die verhältnismäßig weichen Wirbeltierknochen an, die auf dem Meeresboden liegen und nur die außergewöhnlich festen und dichten elfenbeinartigen Ziphiidenrostren sind ein bekannteres Beispiel von der Zerstörung von Skelettresten durch Bohrmuscheln.

Sehr häufig sieht man auf der Oberfläche von Knochen aus ganz verschiedenartigen Ablagerungen der Tertiär- und Quartärzeit eigentümliche, sich mitunter dendritisch verzweigende, gefurchte Gänge und Geflechte.

Man sieht diese Gänge z. B. an Knochen von Seesäugetieren aus der sarmatischen Stufe des Wiener Beckens, an Knochen aus dem Löß, an Sirenenrippen aus dem oligozänen Meeressand von Mainz und aus dem miozänen Meeressand Österreichs (Fig. 19), an Flußpferdknochen aus dem oberen Pliozän von Kreta u. s. f.

Fig. 19. Bruchstück einer Rippe von Metaxytherium aus dem marinen Miozän (Mediterranstufe) des Wiener Beckens, mit Bohrgängen von Mycelites ossifragus an der Außenseite und an der durch einen Sprung vorbestimmten Bruchfläche. — Geol. Reichsanst. Wien. Phot. Ing. F. Hafferl.

W. Roux[1]) hat diese Gebilde zuerst entdeckt und als die Gänge eines knochenzerstörenden Fadenpilzes beschrieben, den er Mycelites ossifragus nannte. R. v. Wettstein[2]) hat jedoch gezeigt, daß es sich nur bei den Geflechten in den Hippopotamus-Knochen von Kreta um Pilzgeflechte zu handeln scheine, während die übrigen untersuchten Ganggeflechte sicher nicht von Pilzen herrühren. Die Natur dieser knochenzerstörenden Organismen ist noch nicht näher aufgeklärt.

Der Fossilisationsprozeß.

Die Konservierung von Tierleichen unter Abschluß von Wasser und Luft. — Wird eine Ameise oder Fliege auf einem von einem Fichtenstamm abfließenden Harztropfen festgehalten und von einem weiteren Harztropfen umhüllt, so wird sie durch das Harz von Wasser und Luft gänzlich abgeschlossen und die bei freiliegenden Insektenleichen eintretende Zersetzung verhindert.

---

[1]) W. Roux: Über eine im Knochen lebende Gruppe von Fadenpilzen (Mycelites ossifragus). — Zeitschr. f. wissensch. Zool., 45. Bd., 1887.

[2]) R. von Wettstein in einer brieflichen Mitteilung an Josef Schaffer: Über den feineren Bau fossiler Knochen. — Sitzungsber. K. Akad. d. Wiss., XCVII. Bd., III. Abt., Wien 1889, pag. 370.

Gleichwohl bleibt die organische Substanz dieser im Harz eingeschlossenen Insekten nicht unverändert erhalten, sondern erleidet im Laufe langer Zeiträume eine gänzliche Zerstörung, indem sie schließlich vollständig zu Staub zerfällt.

Viele Tiere, namentlich Insekten, sind im Kopalharz und in dem zu Bernstein erhärteten Harz der alttertiären harzigen Nadelhölzer des preußischen Samlandes eingeschlossen. Versucht man jedoch, ein Bernsteininsekt durch Auflösung des Bernsteins freizulegen, so bleibt nur ein winziges, formloses Staubhäufchen übrig, während die Kopalinsekten tatsächlich freigelegt werden können.

Diese eigentümliche Erscheinung beruht darauf, daß infolge gänzlichen Luftabschlusses eine Selbstentmischung der organischen Substanz eintritt, wobei sie zu kohligem und anorganischem Staube zerfällt. Erhalten bleibt nur der von dem ursprünglich sehr weichen Harze geformte Abguß, auf dessen Innenseite eine weiße Emulsion, ähnlich wie ein Belag von weißen Pilzen, sichtbar bleibt [1]).

Diese Zerstörung ist nicht nur bei den Insekten des Bernsteins, sondern auch bei dem einzigen aus dem Bernstein bekannten Wirbeltier, einer kleinen Eidechse, zu beobachten, deren Knochen gänzlich zu Staub zerfallen sind.

Ein in wasserdurchlässigen Erdschichten begrabener Knochen wird durch wässerige Lösungen, die im Gestein zirkulieren, langsam mit Kalksalzen usw. infiltriert und „versteinert". Eine solche „Versteinerung" kann aber im Harz, also unter gänzlichem Abschluß von Wasser, nicht entstehen.

Die im Kopalharz begrabenen Insekten lassen sich durch Auflösung des Harzes freilegen; diese Kopaleinschlüsse stammen aber aus einer weit jüngeren Zeit als die Bernsteininsekten und wir sehen somit, daß der seit der Eiszeit verflossene Zeitraum noch nicht genügt hat, um einen Zerfall der in Harztropfen eingeschlossenen Insekten zu Staub herbeizuführen.

Dieselben Erhaltungsbedingungen wie im Pflanzenharz sind auch in Erdwachslagerstätten gegeben. Zu Boryslaw in Galizien wurde ein wohlerhaltener Kadaver des Rhinoceros antiquitatis im Erdwachs gefunden, dessen Haut zwar etwas geschrumpft, aber sonst vorzüglich erhalten war.

Auch im Eise, wie im Eisboden Sibiriens, sind die eingefrorenen Tierleichen vollständig von Luft und Wasser abgeschlossen. Heute sind die Kadaver der Mammute und der wollhaarigen Nashörner im sibirischen Landeise noch vorzüglich erhalten; aber sie werden nach langen Zeiträumen ebenso zu Staub zerfallen wie die Bernsteineidechse.

---

[1]) W. B r a n c a: Die Anwendung der Röntgenstrahlen in der Palaeontologie. — Abh. Kgl. preuß. Akad. d. Wiss., 1906, Berlin, 1906, p. 27.

Ganz das gleiche gilt auch für die Konservierung von Tierleichen in Torfmooren, wo die Kadaver durch den feinen Pflanzenmulm dicht umhüllt werden und sich lange Zeit hindurch erhalten; indessen tritt hier der Zerfall früher ein. Nicht in allen Mooren finden wir die gleichen Erhaltungsmöglichkeiten; in den meisten Torfmooren bleiben nur die Knochen erhalten, während die Weichteile der Kadaver zerstört werden.

Ähnliche Konservierungen wie im fossilen Harz und im Landeis Sibiriens finden wir an Leichen von verunglückten Arbeitern in Salzbergwerken oder Kupferbergwerken. Im Salzbergwerk von Hallstatt wurde eine Keltenleiche in vorzüglicher Erhaltung gefunden, die mehrere Tage lang in Salzburg zur Schau gestellt war und ein ähnlicher, bekannter Fall ist die Konservierung einer Arbeiterleiche im Kupferbergwerk von Falun in Schweden.

Die Frösche aus den Phosphoriten des Quercy mit wohlerhaltener Haut sind völlig versteinert und offenbar durch das Eindringen von Lösungen konserviert worden. Beispiele von Konservierung von Tierleichen und Pflanzenresten in Salzböden sehen wir an den gesalzenen und getrockneten Fischleichen am Ostufer des Kaspisees und an den Pflanzen in der Leibeshöhle von Diprotodon australe im Salzboden des Lake Callabonna in Australien.

Trockene Mumifizierung. — Eine andere Form des Fossilisationsprozesses ist die natürliche Mumifizierung, die nur bei sehr großer Trockenheit und starker Durchlüftung des Kadavers eintritt und die Eintrocknung und Einschrumpfung der ganzen Leiche zur Folge hat.

In der Gegenwart tritt eine derartige Mumifizierung namentlich an Grabstätten auf, die sehr trocken und sehr gut durchlüftet sind.

Wir kennen aber auch fossile Mumien; vor kurzem ist von C. H. Sternberg ein mumifizierter Kadaver von Trachodon in Converse County, Wyoming entdeckt worden, dessen Epidermis vorzüglich erhalten ist;[1] ein ähnlicher Fall von natürlicher Mumifizierung ist die Erhaltung von Fellresten des Grypotherium domesticum[2] in südamerikanischen, luftigen Höhlen. Die Felle sind zwar stark geschrumpft, aber noch sehr gut erhalten; ebenso sind die Mistschichte, Pflanzenreste usw. vor der Zerstörung bewahrt worden.

---

[1] H. F. O s b o r n: The Epidermis of an Iguanodont Dinosaur. — Science, N. S., Vol. XXIX, p. 793. — Ich hatte Gelegenheit, einen Gipsabguß dieser Mumie im Museum in Brüssel im Herbste 1910 zu sehen und die Ähnlichkeit der Hautstruktur mit den lebenden Rhinocerotiden zu vergleichen.

[2] W. B r a n c a: Die Anwendung der Röntgenstrahlen in der Paläontologie. — Abh. Kgl. preuß. Akad. d. Wiss., Berlin, 1906, S. 1—55, Taf. I—IV.

F. P. M o r e n o and A. S m i t h - W o o d w a r d: On a Portion of Mammalian Skin, named Neomylodon Listai, from a Cavern near Consuelo Cove, Last Hope Inlet, Patagonia. — Proc. Zool. Soc. London, 1899, p. 144.

Die Fossilisation der Muskulatur in feinkörnigen Gesteinen. — In
den feinkörnigen Plattenkalken der oberen Juraformation Bayerns
finden sich nicht selten an fossilen Fischresten deutliche Spuren erhaltener Muskulatur.   O. R e i s hat diese Bildungen näher untersucht
und gefunden, daß diese Erscheinung überhaupt nicht allzu selten auftritt
und in feinkörnigen Schichten verschiedener Formationen beobachtet
werden kann.

Die chemische und optische Untersuchung ergab, daß die Muskel-
masse bei den Resten aus dem lithographischen Schiefer Bayerns eine
einheitliche Masse, ,,eine Art Mineral ist, das zu 77 Prozent aus phos-
phorsaurem Kalk besteht, neben dem noch kohlensaurer und schwefel-
saurer Kalk, phosphorsaure Alkalien und eine merkwürdig hohe Menge
von Fluorcalcium auftreten.   Das spezifische Gewicht ist beinahe 3.
Die Versteinerungsmasse ist anscheinend ganz dicht, im Bruch muschelig
und elfenbeinartig, zuweilen blätterig und faserig.''

Nach einer Darstellung des mikroskopischen Bildes fährt R e i s fort:
,,Das Ganze macht so den Eindruck des Bildes der faulenden Muskulatur, bei der eine einheitliche überwiegend maschige Grundmasse
vorhanden ist, in der die Sarcous elements, die der Fäulnis am längsten
widerstehen, in allen Übergängen von wohlerhaltener Struktur bis
zur Einbeziehung in die faulende Matrix eingestreut sind.   Auch durch
andere Gründe läßt sich nachweisen, daß die dunkeln Linien, Körner-
reihen und Spalten in der Tat den Fasern der kontraktilen Substanz
entsprechen.

,,In solch einem halbfaulen Zustand muß die Versteinerung eingetreten sein; sie muß relativ rasch erfolgt sein und die Masse rasch
zu einer bedeutenden mineralischen Dichte gekommen sein, so daß die
eingeschlossenen Sarcous elements von der weiteren Fäulnis ausgeschlossen wurden, der Mumifikation anheimfielen und erst nach der
Festigung während der Austrocknung der ganzen Masse den langsamen
Zerfall der organischen Substanz erlitten.''

Die Phosphorsäure stammt nach O. R e i s aus dem Körper selbst,
hauptsächlich aus den phosphorsauren Salzen der Muskeln und des
Blutes.

Im allgemeinen vollzieht sich nach O. R e i s der Fäulnisprozeß auf
dem Meeresgrunde viel langsamer, als wir in der Regel anzunehmen pflegen
und die Möglichkeit eines allmählichen Niederschlages der Salze wird
dadurch erheblich vermehrt.   Nur für die Verhältnisse am Meeresstrande
von Solnhofen, Eichstätt usw. ist ein rascher Verlauf des Fossilisationsprozesses anzunehmen [1]).

---

[1]) O. R e i s: Über eine Art Fossilisation der Muskulatur. — Mitteilungen
d. Ges. f. Morphol. und Physiol. in München, 1890, p. 1—6.

Derartige fossilisierte Muskeln und Sehnen finden sich in den Plattenkalken Bayerns nicht nur bei Fischen[1]), sondern auch bei Cephalopoden (ganz ähnliche Strukturen wie bei Loligo) und Reptilien (Pterosaurier, Compsognathus, Geosaurus usw.).

Erhaltung der Hautbekleidung und der Epidermalbildungen in feinkörnigen Gesteinen. — Selbst in außerordentlich feinkörnigen, kalkreichen Gesteinen ist die Haut der fossilen Wirbeltiere sowie Epidermalgebilde (Federn, Krallen, Schuppen usw.) nur äußerst selten erhalten; dagegen ist häufig ein Abdruck der Haut vorhanden, z. B. die häutigen Flügel von Rhamphorhynchus, die Schwanzflossenhaut von Geosaurus u. s. f. Auch die Federn von Archaeopteryx liegen uns nur in überaus zarten und getreuen Abdrücken vor, ebenso wie die häutigen Insektenflügel mit allen Einzelheiten des Flügelgeäders nur als Abdrücke erhalten sind.

Dagegen ist es der sorgfältigen und vorzüglichen Präparation von B. H a u f f in Holzmaden (Württemberg) gelungen, an einer Reihe von Ichthyosaurus-Kadavern und einem Haifisch (Hybodus Hauf-

---

[1]) O. R e i s: Untersuchungen über die Petrifizierung der Muskulatur. — Archiv f. mikroskop. Anat. und Entwicklungsgeschichte, Bd. 41, 44 und 52.

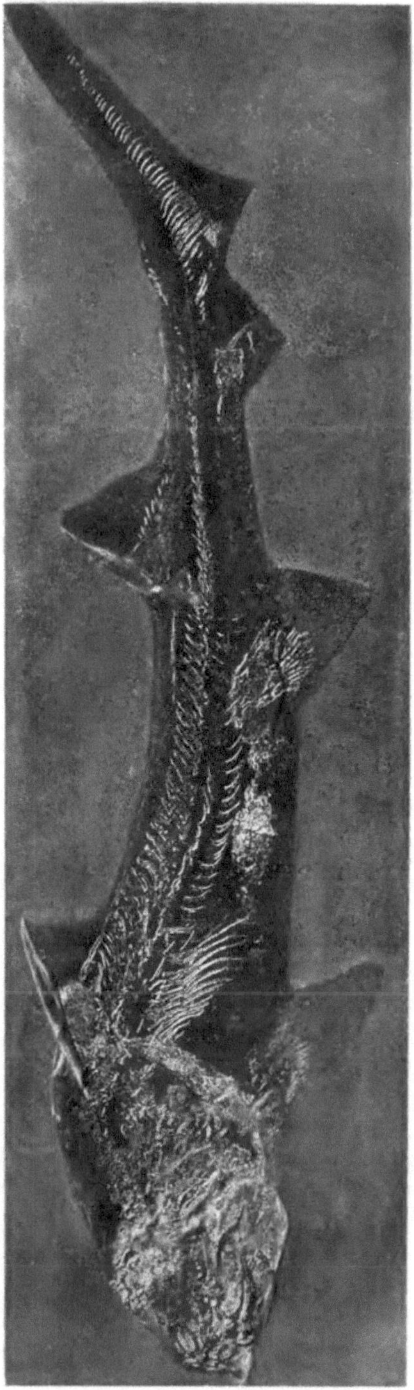

Fig. 20. Hybodus Hauffianus E. Fraas, ein Haifisch aus dem oberen Lias von Holzmaden in Württemberg. Körperlänge über 2 m. (Nach E. Koken.)

fianus E. Fraas) die Haut freizulegen und zwar ist bei diesen Wirbeltieren aus den Liasschiefern Württembergs die Haut selbst erhalten. Diese Präparate gehören zu den schönsten Versteinerungen, die wir überhaupt kennen und geben uns mehr als irgend ein anderes Fossil eine lebendige Vorstellung von dem Aussehen des lebenden Tieres. Leider gehören derartige Fossilisationsformen zu den größten Seltenheiten.

Umwandlung von tierischer Substanz in Kohle. — Die Verkohlung tierischer Überreste ist im allgemeinen ziemlich selten eingetreten. Am häufigsten findet man noch die chitinösen Substanzen wirbelloser Tiere in Kohle verwandelt, ein Prozeß, der unter Verlust von Sauerstoff, Wasserstoff und Stickstoff und relativer Anreicherung des Kohlenstoffes vor sich gegangen zu sein scheint. Auch knorpelige Teile tierischer Leichen können in Kohle verwandelt sein; W. J. S o l l a s und I g e r n a B. J. S o l l a s[1]) haben gezeigt, daß der kleine Palaeospondylus Gunni aus dem Unterdevon von Anacharras in Schottland in echte Kohle verwandelt ist und daß auch Coccosteus zuweilen in ähnlicher Weise erhalten ist. Ich füge hinzu, daß auch bei Cephalaspis eine gleichartige Erhaltung beobachtet werden kann.

Nach einer Analyse von J. E. M a r s h ist diese Kohle folgendermaßen zusammengesetzt:

Carbon	68.4
Hydrogen	4.5
Oxygen	11.3
Asche	15.8
	100.0

Ein Vergleich der Kohle, in die Coccosteus verwandelt wurde, mit einer gewöhnlichen „Non-caking Coal" von Süd-Staffordshire ergibt (mit Vernachlässigung des Aschengehaltes):

	Kohle des Coccosteus	„Non-caking" Kohle
Carbon	81.1	79.39
Hydrogen	5.3	5.36
Oxygen	13.6	15.25
	100.0	100.00

Der Versteinerungsprozeß. — Die gebleichten Knochen der Skelette rezenter Tiere in unseren Musealsammlungen unterscheiden sich in chemischer und struktureller Hinsicht wesentlich von den Knochen aus Gräbern, Muschelhaufen und Höhlen, die aus quartärer Zeit stammen.

In früheren Zeiten galt als wesentliches Kennzeichen eines

---

[1]) W. J. S o l l a s and Igerna B. J. Sollas: An Account of the Devonian Fish, Palaeospondylus Gunni, Traquair. — Proc. Roy. Soc. Vol. 72, 1903, p. 98—99.

„fossilen" Knochens seine Eigenschaft, an der Zunge kleben zu bleiben, während dieses Merkmal den „rezenten" Knochen fehlen sollte.

Nun kennt man aber einerseits jungquartäre Knochen, ja sogar Knochen aus historischer Zeit, welche an der Zunge haften bleiben, während diese Eigentümlichkeit vielen Knochen aus früheren Formationen fehlt.

Immerhin beruhte das Festhalten dieses vermeintlichen Erkennungszeichens auf der Tatsache, daß bei den langezeit im Erdboden, Lehm usw. gelegenen Knochen der Knochenknorpel ausgelaugt oder in stickstoffärmere Substanzen übergeführt worden ist, wodurch eine größere Porosität des Knochens entstand.

Diese Veränderung eines „fossil werdenden" Knochens wird von einer allgemeinen Abnahme der organischen Substanz und von einer Abnahme des Calciumcarbonats gegenüber dem Calciumphosphat begleitet[1]).

Die organische Substanz wird vorzugsweise durch Luft und Wasser, die anorganische durch Wasser und darin gelöste Salze vernichtet.

Chr. A e b y[2]) vertrat den Standpunkt, daß der Versteinerungsprozeß nicht in der Weise vor sich geht, daß eine Infiltration oder Anlagerung mineralischer Substanzen in und an den Knochen stattfindet, sondern daß sie das Produkt der chemischen Metamorphose der bereits vorhandenen festen Gewebsteile sei.

Wäre der Versteinerungsprozeß ein Infiltrationsprozeß oder Anlagerungsprozeß, so müßten nach Chr. A e b y zuerst die Hohlräume des Knochengewebes ausgefüllt werden, was aber nicht der Fall ist.

Häufig ist der Versteinerungsprozeß durch die chemische Metamorphose der Knochensubstanz beendet, so daß die Gefäß- und Zellenräume freibleiben; mitunter nehmen aber die letzteren besondere Stoffe auf, die entweder auf die Hohlräume beschränkt bleiben oder auch auf ihre Wände übergreifen und eine gleichmäßige Durchsetzung des ganzen Gewebes zur Folge haben.

Das Untersuchungsmaterial A e b y s bestand aus Knochen von Tieren der Steinkohlen-, Jura-, Kreide- und Tertiärformation, sowie aus Knochenresten prähistorischer Stationen (Solutré, Artigues) und zwar wurden aus den letzteren Knochen des Pferdes, Rindes, Renntiers und des Menschen untersucht.

In Knochen aus Höhlen und aus kalkreichen Sedimentgesteinen findet man den Leimgehalt häufig durch kohlensauren oder schwefelsauren Kalk ersetzt;[3]) der Fluorgehalt fossiler Knochen ist im allge-

---

[1]) F. W i b e l: Die Veränderung der Knochen bei langer Lagerung im Erdboden. Hamburg. 1869.

[2]) Chr. A e b y: Das histologische Verhalten fossilen Knochen- und Zahngewebes. — Archiv für mikroskop. Anatomie, XV. Bd.

[3]) A. R a u b e r: Urgeschichte des Menschen. I. Bd. — Leipzig 1884. p. 377.

meinen höher als bei rezenten, schwankt aber je nach Lage und Örtlichkeit selbst bei gleich alten Knochen, z. B. aus Pfahlbauten, zwischen 1—4 Prozent und darüber.

Knochen aus plistozänen Schottern weisen nur geringe Spuren von Fluor auf.

Alle fluorhältigen Knochen aus Pfahlbauten enthalten Eisen, die fluorfreien keines; Knochen aus plistozänen Schottern geben weiße, aus Pfahlbauten rote Asche. Torfknochen haben zuweilen einen größeren Mangangehalt.

An Zähnen aus Pfahlbauten und Mooren zeigt sich das Email häufig in den dunkelblauen Vivianit (wasserhältiges Eisenphosphat)[1]) verwandelt; das Dentin hatte Eisen, aber kein Phosphat aufgenommen. Ebenso lagert sich unter den gleichen Bedingungen in den Markröhren der Knochen Vivianit ab.

Die Knochensubstanz selbst ist fast unzerstörbar; nur in sehr seltenen Fällen sind fossile Knochen entweder zu Pulver zerfallen oder gänzlich aufgelöst, wie dies beispielsweise bei Zahnwalschädeln aus dem Miozän von Cagliari in Sardinien und den Carcharodonzähnen aus dem roten Tiefseeton auf dem Boden der heutigen Meere der Fall ist; im letzteren Fall ist das Dentin gänzlich aufgelöst worden und nur die Schmelzkappe der Zähne übrig geblieben.

In die chemisch veränderte Knochensubstanz dringen, wie wir gesehen haben, Lösungen ein, welche die eigentliche „V e r s t e i n e - r u n g" des Knochens bewirken.

Solche mineralische Lösungen stammen entweder aus dem sich zersetzenden Kadaver, beziehungsweise aus dessen Weichteilen oder von sich zersetzender organischer Substanz in der Umgebung des fossil werdenden Skelettes oder es sind endlich wässerige Lösungen, die im Gestein zirkulieren und anorganischen Ursprungs sind.

Lösungen, die auf die Zersetzung organischer Verbindungen zurückgeführt werden müssen, lagern meistens Kalkspat, Phosphorsäure, Vivianit und Schwefelkies auf und in den Knochen ab. Schwefelkies tritt meistens als Inkrustation fossiler Knochen auf, durchsetzt aber auch mitunter das ganze Knochengewebe; solche Partien zerfallen dann an der Luft zu Eisenvitriol, wie dies z. B. bei den Knochen von Squalodon antwerpiense aus dem miozänen Meeressand von Antwerpen der Fall ist. Reichliches Vorkommen von Schwefelkies wie im rheinischen Dachtschiefer, in den Tonen der Kongerienschichten des Wiener Beckens usw.

---

[1]) Vivianit (= Anglarit = Mullicit), $Fe_3 P_2 O_8 + 8 H_2 O$ findet sich häufig in Sumpfbildungen, z. B. im Laibacher Moor. Zwei im Jahre 1906 bei Ried in Oberösterreich gefundene Mammutmolaren waren fast gänzlich von tiefblauem Vivianit durchsetzt.

spricht stets für die Zersetzung größerer Mengen organischer Substanz, namentlich von Pflanzenresten.

Die Phosphorsäure, die häufig als Infiltrationsmittel von Knochen erscheint, stammt nach O. R e i s aus den Muskeln und aus dem Blut des verendeten Tieres, aber nicht aus den Knochen selbst.

Unter den mineralischen Lösungen anorganischen Ursprungs, welche die Versteinerung bewirken, stehen Lösungen von Calciumcarbonat an erster Stelle. Sehr oft erscheint Eisenoxyd und Eisenoxydhydrat, selten Kieselsäure als Versteinerungsmittel von Knochen.

Sekundärer Natur ist die Verkieselung der auswitternden fossilen Knochen in der Wüste, die nur an ihrer Oberfläche mit einer kieseligen Schutzrinde bedeckt sind. Die verkieselte Oberfläche dieser fossilen Knochen wie der Sirenenknochen aus dem Obereozän Ägyptens, die in der libyschen Wüste ausgewittert gefunden werden, setzt auch den härtesten Meißeln Widerstand entgegen.

Steinkerne, Abdrücke und Pseudomorphosen. — Wird eine Muschel auf dem Meeresboden von feinem Kalkschlamm umhüllt und ausgefüllt, so schmiegt sich das Gestein dicht an die Schale an, welche auf diese Weise mit allen feinen Einzelheiten ihrer Oberflächenstruktur in den Schlamm eingedrückt wird.

Wird nun diese Muschelschale durch kohlensäurehältige Lösungen zerstört, welche im Gestein zirkulieren, so bleibt der innere Ausguß übrig, der also den „S t e i n k e r n‘‘ der Muschel darstellt, während der „A b d r u c k‘‘ alle Einzelheiten der zerstörten Schale zeigt, so daß ein neuerlicher künstlicher Ausguß des Abdruckes ein getreues Bild der Oberflächenstruktur der zerstörten Schalen darbietet.

In reinen Kalksteinen, namentlich in Korallenkalken, kann man zuweilen beobachten, daß später in dem Hohlraum zwischen Abdruck und Steinkern neuerlich eine mineralische Lösung entweder Kalkspat oder Kieselsäure (Quarz) abgelagert hat, so daß auf diese Weise eine P s e u d o m o r p h o s e des gänzlich zerstörten Restes entstanden ist.

Es kommt sogar vor, daß das dichte Gestein, das den Steinkern gebildet hatte, ebenso aufgelöst wird wie der Abdruck und somit eine Höhlung im Gestein zurückbleibt, auf deren Boden das scheinbar wohlerhaltene Fossil liegt, von dem aber keine Spur mehr erhalten ist, da die Pseudomorphose die Ausfüllung des Hohlraumes nach der Schale darstellt.

Solche Pseudomorphosen sind im oberjurassischen Korallenkalk von Ernstbrunn in Niederösterreich nicht selten.

In manchen Schichten sind die Muschelschalen rasch nach ihrer Einbettung in das Gestein von innen nach außen aufgelöst und der dadurch entstehende Hohlraum in derselben Richtung ausgefüllt worden, so daß schließlich der Steinkern nicht ein Bild des inneren Hohlraumes darstellt, sondern die Skulptur der Außenseite der zerstörten Schale trägt. Derartige Steinkerne werden „Skulptursteinkerne" genannt.

Da Wirbeltierskelette, soweit sie knöchern sind, der Auflösung fast immer widerstehen, so spielen derartige Steinkerne und Abdrücke bei fossilen Vertebraten nur eine ganz untergeordnete Rolle.

Deformierung fossiler Wirbeltierreste durch Gesteinsdruck und Gebirgsdruck. — Im Jahre 1898 wurde in den miozänen Strandsanden von Eggenburg in Niederösterreich ein Delphinschädel (Cyrtodelphis sulcatus Gerv.) ausgegraben, der in zahllose Trümmer zerbrochen war.

Diese Zertrümmerung, welche in Bildungen der Tertiärzeit häufig zu beobachten ist, rührt nicht von der zerstörenden Wirkung der Meeresbrandung her, sondern ist die Folge des gewaltigen Drucks, den die auflastenden Gesteinsschichten auf das Knochenlager ausüben.

Solche Deformationen treffen wir in Schichten aller Formationen und zwar am häufigsten in Schiefern und am seltensten in Kalksteinen. Man braucht nur die Ichthyosaurusskelette aus den schwarzen Liasschiefern von Holzmaden und Boll in Württemberg zu betrachten, um den hohen Grad der Pressung festzustellen, welchem diese ursprünglich torpedoförmig gebauten Meeresreptilien ausgesetzt waren. Der Effekt, welcher vom Druck der überlagernden Gesteinsschichten auf Form und Größe der dem Druck ausgesetzten fossilen Knochen ausgeübt wird, ist zuweilen sehr beträchtlich, wie aus einem Vergleich des linken und rechten Oberschenkelknochens eines Titanotheriumskelettes aus den Titanotheriumschichten Nordamerikas hervorgeht, das im August 1900 am Warbonnet Creek in Sioux Co., Nebraska von J. B. Hatcher[1] entdeckt wurde. Das rechte Femur (Fig. 21, 1) stand aufrecht im Gestein, während das linke (Fig. 21, 2) horizontal lag. Infolge dieser verschiedenartigen Stellung wirkte der Gesteinsdruck auf das rechte Femur derart, daß es verkürzt und verbreitert wurde, während das linke Femur verlängert und flachgedrückt wurde, wie die von J. B. Hatcher mitgeteilten Photographien zeigen. Der Druck der ungefähr 300 m mächtigen überlagernden Schichten hat diese weitgehende Deformation der Knochen bewirkt. Die gleichen Verhältnisse zeigten auch die Humeri desselben Skelettes, nur stand der linke aufrecht und der rechte lag horizontal, so daß der linke Oberarmknochen verkürzt und der rechte verlängert wurde.

Durch derartige Verquetschungen und Verzerrungen erhalten wir sehr häufig eine falsche Vorstellung von den wirklichen Proportionen der Skelettelemente und es ist diese Verdrückung bei der Beurteilung der Maßverhältnisse fossiler Skelettelemente stets in Rechnung zu ziehen, wenn wir nicht ein ganz falsches Bild erhalten wollen.

[1] J. B. Hatcher: A. Mounted Skeleton of Titanotherium dispar Marsh. — Annals of the Carnegie Mus., Vol. I., 1902, p. 347—355, pl. XVI—XVIII.

Sehr merkwürdige Erscheinungen sind an den meist stark gepreßten Versteinerungen der lithographischen Schiefer Bayerns zu beobachten. A. R o t h p l e t z[1]) hat diese Frage eingehend untersucht und ist dabei zu sehr wichtigen Schlüssen über den Fossilisationsprozeß in diesen Bildungen sowie über dessen Zeitdauer gelangt.

Die Ammoniten der lithographischen Schiefer Bayerns liegen entweder flach auf den Schichtflächen der Platten oder sie stecken — und dies ist weit seltener der Fall — aufrecht in dem zu hartem Kalkstein erhärteten Schlamm.

Nun zeigt sich, daß der zwischen zwei Platten eingebettete Ammonit nicht genau in der Schichtebene auf der Oberseite der unteren Platte liegt, sondern daß er auf einer sockelartigen Erhöhung aufruht; die

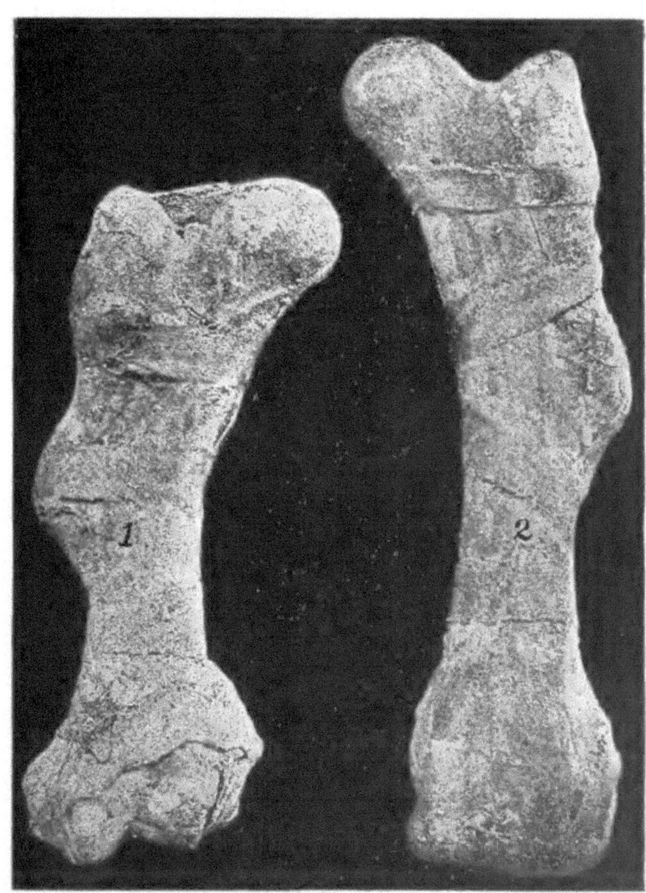

Fig. 21. Beide Femora eines Individuums von Megacerops dispar Marsh. aus dem Unteroligozän (Chadronformation, Titanotheriumzone) Nordamerikas. Die Knochen sind im Gipsverband photographiert. (Nach J. B. H a t c h e r.) $^2/_{13}$ Nat. Gr.

Unterseite der betreffenden Schichte zeigt eine Wölbung nach oben und ebenso ist auch die über dem Fossil liegende Platte nach oben aufgewölbt (Fig. 22).

Die Ursache dieser Aufwölbung ist nach A. R o t h p l e t z in dem Auf-

---

[1]) A. R o t h p l e t z: Über die Einbettung der Ammoniten in die Solnhofener Schichten. Abhandl. K. bayr. Akad. d. Wiss.. II. Kl., XXIV. Bd., 2. Abt., München 1909. p. 313—337, 2 Taf.

trieb des verwesenden Fossils im Kalkschlamm zu suchen. Das Ammonitengehäuse oder ein als Leiche in den Kalkschlamm gelangter Fisch ist von Luft und, wie ich hinzufügen will, auch von Verwesungsgasen erfüllt. Wird die Tierleiche von einer Schlammschichte zugedeckt, so bewirken die im Kadaver sich ansammelnden Gase einen Auftrieb der Leiche im Schlamm, wobei die ganze Schlammschichte, auf der das Fossil liegt, gehoben und die darüber liegende Schlammschichte aufgebläht wird. Gewisse, eigentümlich geformte, unregelmäßig sternförmige

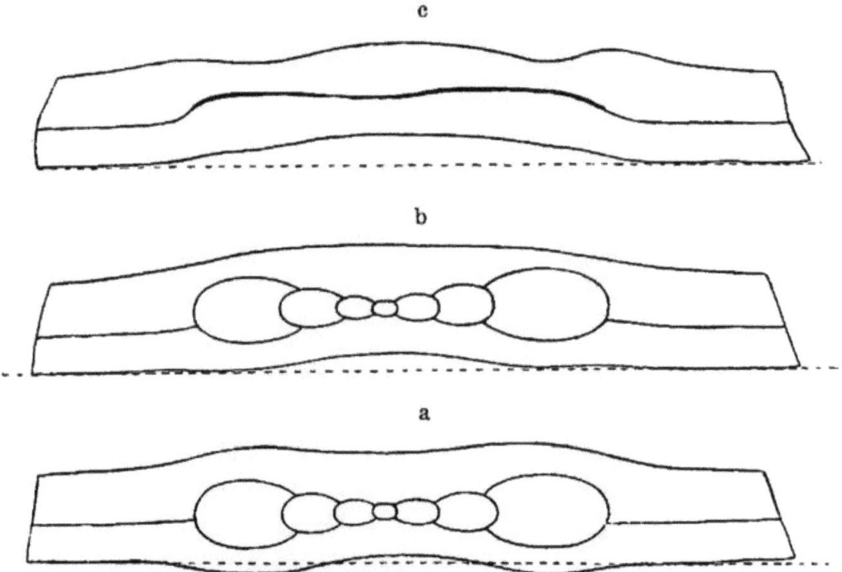

Fig. 22. Schematische Darstellung der Einbettung eines Ammoniten im Schlamm. Das Gehäuse sinkt, wie Fig. a zeigt, etwas in den Schlamm ein, wird von einer neuen Schlammschichte zugedeckt und infolge der Verwesungsgase in die Höhe gehoben (Fig. b), wobei die untere Schlammschichte mitgezogen wird. Endlich, bei zunehmender Belastung durch neue Schlammschichten, wird das Gehäuse zwar ganz plattgedrückt (Fig. c), aber die ehemalige Aufblähung des Schlammes ist noch zu erkennen. Schema von A. Rothpletz, 1909, auf Grund einer Originalplatte im Münchener Museum.

Hohlräume und Gänge, die im Bereiche des fossilen Kadavers im Gestein sichtbar und heute mit Kalkspatkristallen erfüllt sind, müssen nach A. Rothpletz als Spratzgänge gedeutet werden, durch welche die Verwesungsgase zu entweichen suchten. Es sind das ganz ähnliche Erscheinungen, wie sie heute an allen Flachküsten studiert werden können, wo faulende Tierleichen in feinen Sand oder Schlamm eingebettet werden. Wandert man der flachen belgischen Küste z. B. bei Knocke-sur-mer entlang, so sieht man überall in dem Bereiche der von der Sonne bestrahlten Schorre die Verwesungsgase der im Schlamm begrabenen Kadaver durch Spratzgänge in stürmischer Weise entweichen.

Das Gewicht des aufgelagerten Schlammes führt aber schließlich zu einer Pressung und Flachdrückung der Ammonitengehäuse, welche ihre ursprüngliche Form dabei gänzlich einbüßen, so daß nur ihre allgemeinen Umrisse unverändert bleiben.

Aus der Tatsache, daß die überlagernden Schichten über den Ammonitengehäusen infolge des Auftriebs der Verwesungsgase gehoben erscheinen und somit noch relativ frisch und feucht gewesen sein müssen, folgert A. R o t h p l e t z mit vollem Rechte, daß die Zeitdauer des Absatzes einer Plattenkalkschicht in der Dicke von etwa 5 cm in verhältnismäßig sehr rascher Zeit erfolgt sein muß und nimmt hierfür den Zeitraum von einem Jahre an.

Da aber die Gesamtmächtigkeit der Solnhofener Schiefer 25 m im Durchschnitt beträgt, so würde sich daraus ein Zeitraum von 500 Jahren für die Bildung dieser gesamten Schichtreihe ergeben, ein verschwindend kleiner Betrag im Vergleiche zu der außerordentlich langen Dauer geologischer Zeiträume.

Während sich alle diese Verdrückungen und Pressungen von fossilen Tierleichen auf Gesteine beziehen, welche nur dem Druck der überlagernden Schichten, aber keinem Gebirgsdruck wie die Schichten in gefalteten Gebirgen ausgesetzt gewesen sind, müssen wir auch jene Formänderungen berücksichtigen, welche die fossilen Reste in gefalteten und durch Gebirgsdruck zusammengepreßten Schichten erlitten haben.

Die Verzerrungen der Ammoniten aus den neokomen Roßfelder-Schichten der Ostalpen sind so hochgradig, daß diese Cephalopodengehäuse ihre ursprüngliche Form völlig eingebüßt haben und ebenso sind auch sehr häufig Belemnitenrostren in die Länge gezerrt, mehrfach zerbrochen und die dadurch entstandenen Klüfte mit Kalkspat ausgefüllt worden. Solche hochgradige Deformationen sind ebenfalls vorwiegend in Schiefern zu beobachten, während die Kalksteine und Sandsteine ebenso wie die Konglomerate sich weit starrer verhalten, so daß in derartigen Schichten viel seltener Verzerrungen und Verdrückungen, sehr häufig aber Zerreißungen und Verwerfungen in den Hartteilen fossiler Tiere zu beobachten sind.

Färbungsunterschiede fossiler Knochen. — Die Skelette, welche wir durch Aasfresser, also Raubtiere, Raubvögel, Ameisen usw. maceriert in unseren Gegenden freiliegend auffinden, sind in der Regel weiß gebleicht und dieselbe Farbe zeigen die in den Wüsten und Steppen liegenden Knochen verendeter Tiere. Auch die Knochen, welche das Meer an die Küsten schwemmt, sind rein weiß.

Dagegen finden wir die fossilen Knochen in der Mehrzahl der Fälle verfärbt und ihre Farbentöne durchlaufen alle Stufen von weiß, gelb, ockerrot, hellbraun, dunkelbraun bis schwarz; dabei ist aber zu beachten, daß die Knochen einer und derselben Schicht fast immer die gleichen Farbentöne zeigen. Daß aber auch unter gleichartigen physikalischen Bedingungen in einer und derselben Ablagerung Unterschiede in der

Färbung der Knochen verschiedener Arten zu beobachten sind, geht aus den Untersuchungen L. R ü t i m e y e r s über die Pfahlbautenfauna der Schweiz hervor [1]).

Unter den Wirbeltierknochen der schweizerischen Pfahlbauten sind die Knochen des E d e l h i r s c h e s stets am besten erhalten. Sie sind sehr dicht, hart, fest, zähe und fettarm, weswegen sie schon frühzeitig zur Herstellung von Werkzeugen in Gebrauch gelangten. Stets sind die Hirschknochen trocken und rauh anzufühlen; in Torfmooren sind die Knochen dunkelbraun und glanzlos, im Bruche grau, in Seenablagerungen etwas heller braun, aber auch hier stets glanzlos.

Die Knochen des R e h s sind stets heller gefärbt als die der Hirsche, glatt und firnißglänzend. Das gleiche gilt für die Knochen von S c h a f und Z i e g e , nur ist ihre Farbe etwas dunkler als beim Reh.

Die Knochen des S c h w e i n s sind gesättigt tiefbraun bis schwarz, glatt und fettglänzend.

Die Knochen des H u n d e s sind ebenso gefärbt wie die Schweineknochen aus Pfahlbauten, nur sind sie lockerer.

Die Knochen des F u c h s e s sind im Vergleiche mit denen des Hundes heller, trockener, dichter und spröder.

Die Knochen des H a u s r i n d e s sind leicht, schwammig, glanzlos und fast strohgelb.

Die Knochen von U r und W i s e n t sind schwer, dicht, spröde und besitzen eine starke Rindenschichte.

Im Gegensatz zu der verschwommenen Oberflächenskulptur der Knochen des domestizierten Rindes sind alle Muskelinsertionen scharf ausgeprägt, die Gefäßrinnen zahlreicher und schärfer und alle Kanten und Tuberositäten viel deutlicher markiert. Dies sind Unterschiede, welche ja überhaupt immer zwischen Knochen wilder und domestizierter Rassen zu beobachten sind.

Die Knochen des Urs besitzen grobfaserige, netzartig gezeichnete Muskelinsertionen, sind hellbraun, weich und schwach firnisglänzend.

Die Bisonknochen haben keine grobfaserigen und netzartig gezeichneten Muskelinsertionen, sind gesättigt dunkelbraun, hart, rauh und trocken.

Derartige feine Unterschiede in der Färbung verschwinden bei langer Dauer der Lagerung in den Gesteinen, so daß die Knochen verschiedener Arten ein uniformes Aussehen erhalten.

R e i n w e i ß sind die Knochen aus weißen oder hellgelben Gesteinen; so sind die Skelette der Wirbeltiere aus den weißen Kalksteinen der unteren Mokattamstufe und aus der weißen Schreibkreide rein weiß.

---

[1]) L. R ü t i m e y e r : Die Fauna der Pfahlbauten der Schweiz. — Mitteil. d. antiquar. Ges. zu Zürich, XIII. Bd., 2. Abt., 1860.

Weiß mit roten und schwarzen Flecken sind auch die Knochen aus den jungtertiären (unterpliozänen) roten Tonen von Pikermi und aus den pliozänen roten Knochenbreccien aus den Felsspalten des dalmatinischen Karstes.

Hellgelb, ockergelb, rostrot, hellbraun bis rotbraun sind die Knochen aus hellfarbigen Schiefern, Sanden, Sandsteinen, Schottern, Konglomeraten und Kalksteinen.

Dunkelbraun bis schwarz sind die Knochen aus Tonen, dunklen Schiefern, Braunkohlen, dunklen Kalksteinen und blauen oder schwarzen, überhaupt aus dunklen Sanden und Sandsteinen.

Einzelnen Gesteinen ist ein ganz bestimmter Farbenton der Knochen eigentümlich, so daß ihre Herkunft bei unsicherer Fundortsangabe sofort festgestellt werden kann. Ein Beispiel dieser Art ist der Old Red Sandstone Schottlands, dessen Wirbeltierreste eine überaus charakteristische Farbenzeichnung — weiß, grau und rot gescheckt — besitzen.

Die Oberfläche fossiler Knochen zeigt sehr häufig rotbraune, dunkelbraune oder schwarze, moosartig verzweigte Figuren, die Dendriten. Die Dendriten sind Absätze aus eisen- und manganhaltigen Lösungen. Man hielt sie in früheren Zeiten für ein charakteristisches Merkmal fossiler Knochen im Gegensatz zu rezenten; da jedoch an historisch beglaubigten Knochen Dendriten gefunden worden sind, können sie nicht als Kennzeichen höheren geologischen Alters der Knochen angesehen werden.

Knochenfunde auf sekundärer Lagerstätte. — An der belgischen Nordseeküste trifft man unter den von den Wogen angespülten Schalen, Leichen und lebenden Tieren eine Anzahl von fossilen Muscheln, die von Bohrschwämmen zerlöchert sind. Diese Muscheln, welche gleichzeitig mit den rezenten an den Strand gespült und also gleichzeitig mit den rezenten fossil werden, wenn sie eine neue Sandschichte begräbt, stammen aus dem Panisélien, einem Alttertiärhorizont Belgiens.

Man sieht an diesem Beispiel recht deutlich, wie vorsichtig man unter Umständen bei der Altersbestimmung einer Schichte einerseits oder eines Fossilrestes anderseits sein muß. Fälle wie der obenerwähnte sind in der Gegenwart gar nicht so selten und treten überall dort ein, wo fossilreiche Gesteine an Meeresküsten ausstreichen. Bei dem erwähnten Falle an der belgischen Küste ist nur besonders bemerkenswert, daß die Schichten des Panisélien am Meeresboden anstehen und daß die Wellen die Panisélienfossilien hinauf in die jüngeren Bildungen wälzen, die gänzlich ungestört über den älteren liegen.

Vereinzelt trifft man neben den aus dem Panisélien stammenden Bivalven an der belgischen Küste Versteinerungen, welche ebenso wie die verstreuten Feuersteine aus der Kreide stammen und längs der Küste vom Golfstrom fortgewälzt werden.

In der Regel verhält sich die Einschwemmung jedoch so, daß aus den höheren Schichten, die am Meeresstrand ausstreichen, Fossilien auswittern und in rezente Ablagerungen gelangen. Wo die Gegensätze groß sind, wo also z. B. Jurafossilien in rezente Strandbildungen eingeschwemmt werden, ist ihre Herkunft leicht zu ermitteln; aber es gibt Fälle, wo diese Feststellung auf Schwierigkeiten stößt. Das ist immer noch leicht bei rezenten Bildungen, wird aber schwierig, wenn es sich um ältere Bildungen handelt.

Wir kennen eine Anzahl von Fällen, in denen fossile Knochen auf sekundärer Lagerstätte liegen. Einer der merkwürdigsten Fälle ist das Vorkommen von Mammutknochen, Resten von Hirschen (Cervus Browni), dem irischen Riesenhirsch, Renntier, Elch, Pferd und dem wollhaarigen Nashorn auf dem Meeresgrunde der Nordsee im Bereiche der Doggerbank. Diese eiszeitlichen Säugetiere lebten und starben in diesem Gebiete, das später vom Meere überflutet wurde; die Gezeiten, die Brandung und Strömungen spülen fortwährend aus den Plistozänbildungen die Knochen aus, die sich nun auf dem Meeresboden mit Leichen rezenter Meerestiere vermischen und, mit Austern, Balanen und Serpularöhren besetzt, beständig in die Fischernetze geraten.

Ebenso gelangen noch heute die überaus harten und fast unverwüstlichen Schnauzenreste fossiler Schnabelwale oder Ziphiiden neben anderen Resten tertiärer Säugetiere in rezente Strandbildungen der britischen Küste und zwar an der Ostküste von Suffolk. Sie sind aus dem Red Crag ausgewaschen, liegen aber wahrscheinlich schon im Red Crag auf sekundärer Lagerstätte, ebenso wie in den Ashley Phosphate Beds von Süd-Carolina U. S. A., während die Tiere in etwas älterer Zeit, nämlich zur Zeit der Ablagerung der obermiozänen schwarzen Pectunculus-Sande des belgischen Boldérien gelebt zu haben scheinen. Das ist also ein Fall, wo Knochen zum zweiten Mal den ursprünglichen Ort ihrer Ablagerung gewechselt haben und somit nicht auf primärer und sekundärer, sondern auf tertiärer Lagerstätte liegen.

Einen ähnlichen Fall finden wir bei den Mammutfunden in den rezenten Alluvionen der Theiß in Ungarn. Das Jochbein eines auf diese Weise aus dem Löß in rezente Alluvionen verschwemmten Mammutschädels (jetzt im geologischen Museum der Wiener Universität) hat nach einer mündlichen Mitteilung meines verehrten Lehrers Eduard S u e ß lange Zeit hindurch als Anlegering für Fischerboote gedient,

Während aber alle diese Fälle leicht klarzustellen sind, wird die Ermittlung einer solchen Umlagerung um so schwieriger, um je ältere Vorkommnisse es sich handelt. Trotzdem ist es beispielsweise Baron Franz N o p c s a gelungen[1]), die Lagerstätte von Dyrosaurus in den

---

[1]) Nach einer mündlichen Mitteilung im Februar 1911.

Phosphaten von Tunis als eine sekundäre zu ermitteln. Dieses Reptil, dessen Original in der École des Mines in Paris aufbewahrt wird, liegt in einer Matrix von weißem Kalkmergel; aber auf den Knochen selbst sowie auf den Negativabdrücken von Knochen sind Reste von Phosphatsand erhalten. Außerdem sind an Stellen, wo die weiße Kalkmergel-Matrix erodiert erscheint, anhaftende Fetzen von Phosphatsand sichtbar. Daraus ergibt sich, daß ein Stück weißen Kalkmergels mit dem Skelette des Reptils auf sekundäre Lagerstätte gelangt ist und in den viel jüngeren Phosphatsand eingebettet wurde.

Solche Feststellungen sind, wie nicht weiter betont zu werden braucht, außerordentlich wichtig und es wäre wertvoll, derartige Beobachtungen zu sammeln, um sich ein Bild über die Häufigkeit oder Seltenheit dieser Erscheinungen machen zu können. Es ist sehr die Frage, ob z. B. die aus den Diamantseifen Südafrikas beschriebenen Säugetierreste auf primärer Lagerstätte liegen[1]); es ist sehr unsicher, ob die in fluviatilen Kontinentalablagerungen v e r e i n z e l t gefundenen Reste einen sicheren Schluß auf deren Alter zulassen, auch wenn das geologische Alter der betreffenden Arten genau bekannt ist; und es ist weiter wichtig, sich stets vor Augen zu halten, daß im Laufe der Erdgeschichte derartige Umlagerungen wiederholt vorgekommen sein müssen. Man wird also gut tun, diese Tatsache nicht mehr aus den Augen zu verlieren.

Lebensspuren fossiler Organismen.

Die Hauptquelle für unsere Kenntnis von der Lebensweise und den Lebensgewohnheiten der fossilen Wirbeltiere ist ihr Skelett, aus dessen Anpassungen wir durch Analogieschlüsse ihre Lebensweise und ihren Aufenthaltsort ermitteln können.

Immer muß die morphologische Methode in enger Verbindung mit der ethologischen Analyse die Grundlage derartiger Untersuchungen bilden. In einigen Fällen wird aber unsere Kenntnis von dem Leben der fossilen Wirbeltiere durch verschiedene Lebensspuren vermehrt, die sich in Form von Fährten, Wohnstätten, Fraßspuren, Nahrungsresten in der Leibeshöhle, Koprolithen, Embryonen, Eiern, krankhaften Veränderungen der Knochen, Anzeichen stattgefundener Kämpfe, Spuren des Todeskampfes usw. entweder an den Kadavern selbst oder in den sie bergenden Gesteinen finden. Derartige Lebensspuren sind entweder eine wertvolle Bestätigung der auf morphologisch-ethologischem Wege erzielten Ergebnisse oder sie geben uns Aufschlüsse über Fragen, die mit Hilfe dieser Methode nicht gelöst werden können.

---

[1]) E. F r a a s : Pleistozäne Fauna aus den Diamantseifen von Südafrika. — Zeitschr. Deutsch. Geolog. Ges., 59. Bd., 2. Heft, Berlin 1907, Taf. VIII.

Fährten. — Zu den wichtigsten Lebensspuren fossiler Organismen gehören die Fährten, die von verschiedenen Tieren in weichen Sand oder Schlamm eingedrückt wurden. Wurde von einer Welle eine neue Schichte Schlamm oder Sand über diese Stelle gebreitet, so blieb die Fährte erhalten und überliefert uns entweder einen negativen Abdruck des Lokomotionsapparates oder eine Pseudomorphose desselben, wenn sie erhöht auf der Unterseite der Schichtfläche liegt.

Fährten kennt man nicht nur von Wirbeltieren seit der Steinkohlenformation, sondern auch von Gastropoden, Würmern, Crustaceen usw., doch ist in vielen Fällen noch nicht sichergestellt, mit welchen Tieren einzelne Fährtentypen in Beziehung zu bringen sind. Besser ist dies bei Wirbeltierfährten gelungen; die eigenartige Untersuchungsmethode, die zu einer sorgfältigen Unterscheidung der Fährten notwendig war, hat sogar den Ausbau eines eigenen Zweiges der Paläontologie, der F ä h r t e n k u n d e oder I c h n o l o g i e zur Folge gehabt.

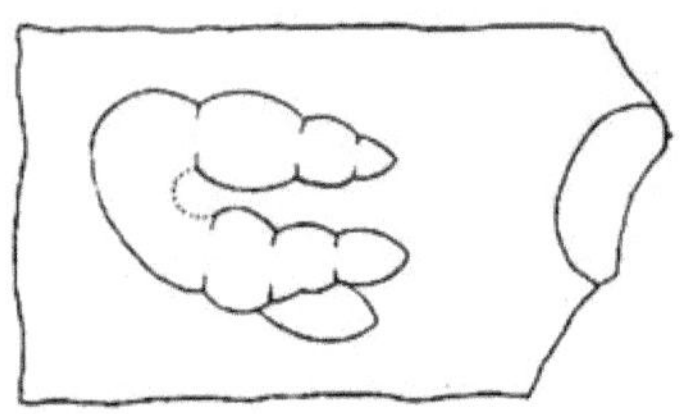

Fig. 23. Fährte eines devonischen Landwirbeltieres? (Thinopus antiquus, Marsh) aus dem Devon von Pennsylvanien. (Nach O. C. M a r s h, 1896.) ¼ Nat. Gr.

Die älteste Fährte eines Landwirbeltiers hat O. C. M a r s h aus dem Oberdevon am Alleghany River, Warren Co., Pa., im Jahre 1896 beschrieben[1]). Indessen läßt diese Fährte mancherlei Deutungen zu, so daß wir aus ihr keinen sicheren Schluß auf die Existenz von Landwirbeltieren im Oberdevon ziehen können; besonders auffallend ist die Zweizahl der vermeintlichen Zehenabdrücke, die freilich von großem phylogenetischem Interesse wäre (Fig. 23).

Den ersten sicheren Fährten von Landwirbeltieren begegnen wir erst in den Middle Coal Measures von Osage in Südostkansas. B. F. M u d g e [2]), O. C. M a r s h [3]), A. T. K i n g [4]), J. L e i d y [5]), J. B. W o o d w o r t h [6]), E. B u t t s [7]), J. W.

---

[1]) O. C. M a r s h: Amphibian Footprints from the Devonian. Amer. Journ. of Science, (4), II., No. 11, Nov. 1896, p. 374.

[2]) B. F. M u d g e: Recent Discoveries of Fossil Footprints in Kansas. — Transact. Kansas Acad. Science, II. 1874, p. 7—9.

[3]) O. C. M a r s h: Footprints of Vertebrates in the Coal Measures of Kansas.

[4]) A. T. K i n g: Proc. Acad. Sci. Philadelphia, II., 1844, p. 175; American Journ. of Science, XLVIII., 1845, p. 343; Proc. Acad. Sci. Philadelphia, II., 1845, p. 299; Amer. Journal of Science, XLIX., 1845, p. 216; ibidem, (2), I., 1846, p. 268.

[5]) J. L e i d y: Proc. Acad. Nat. Sci. Philadelphia, 1879, p. 164.

[6]) J. B. W o o d w o r t h: Bull. Geol. Soc. America, XI. 1900, p. 449.

[7]) E. B u t t s: Kansas City Scientist, V., 1891, p. 17; ibidem., p. 44.

D a w s o n[1]), W. D. M o o r e[2]) und E. T. C o x[3]) haben aus den Coal Measures von Kansas, Montana, Cape Breton Island, Neuschottland und Pennsylvanien zahlreiche verschiedene Fährten („Ichniten") beschrieben.

Fig. 24. Fährten von Landwirbeltieren aus der oberen Steinkohlenformation von Kansas. Oben: Limnopus vagus, Marsh; unten: Dromopus agilis, Marsh. (Nach O. C. Marsh, 1896.) 1/12 Nat. Gr.

Wenn wir heute auch noch nicht mit Sicherheit feststellen können, ob diese Fährten nur von Stegocephalen oder auch von Reptilien herrühren, so sind sie doch von außerordentlicher Wichtigkeit, weil sie uns ein klares Bild von der Lokomotionsart und den Zehenproportionen dieser ältesten Landwirbeltiere geben.

Im ganzen sind bis jetzt 29 verschiedene Fährtentypen aus den Coal Measures Nordamerikas unterschieden worden; wenn auch ein Teil derselben synonym sein sollte, so zeigt doch ein Vergleich derselben, daß eine größere Zahl ganz verschieden gebauter Landwirbeltiere ihre Fährten in den Schlamm eindrückten.

Die Zehenzahl und Zehenstellung ist bei diesen Fährten sehr verschieden; wir kennen Fährten mit 3 Fingern und 4 Zehen (Nanopus caudatus), 4 Fingern und 5 Zehen (Limnopus vagus, Dromopus agilis usw.), 4 Fingern und 4 Zehen (Baropus lentus), aber auch mit 5 Fingern und 4 Zehen (Allopus littoralis).

Dabei fällt auf, daß zwar die Mehrzahl der Fährtentypen dem Chirotheriumtypus aus dem deutschen Buntsandstein entspricht, aber

<hr>

1) J. W. D a w s o n: Canad. Nat. and Geologist, VIII, 1863, p. 430; Geolog. Magazine, (1), IX, 1872, p. 251; Transact. Roy. Soc. Canada for 1894, XII., 1895, p. 71. —

2) W. D. M o o r e: Amer. Journ. Science, (3), V., 1873, p. 292.

3) E. T. C o x: Fifth Annual Report Geol. Survey Indiana, made during the year 1873; 1874, p. 247.

daneben auch Formen auftreten, deren Finger und Zehen dieselben Längenverhältnisse, Krümmungen und Stellungen zueinander zeigen wie in Hand und Fuß der lebenden Lacertilier; daraus geht hervor, daß schon im Oberkarbon Landwirbeltiere lebten, die sich nicht unbeholfen wie Urodelen, sondern sehr schnell fortzubewegen vermochten, wie dies im weiteren noch besprochen werden soll.

Auch im Karbon Europas sind chirotheriumartige Fährten entdeckt worden; H. B. G e i n i t z beschrieb solche Fährten aus dem Karbon von Zwickau in Sachsen und E. B. B i n n e y aus dem Millstone grit von Tintwistle in Cheshire.

Im Perm Deutschlands und Böhmens werden chirotheriumartige Fährten häufiger; man kennt sie u. a. aus dem unteren Rotliegenden von Huttendorf und Kalna bei Hohenelbe, aus der Grafschaft Glatz, von Tambach in Thüringen und aus dem Rotliegenden von Braunau in Böhmen. K. A. Z i t t e l erwähnt, daß der Afrikareisende H o l u b aus der Karooformation von New-Port bei Middleburg in der Kapkolonie chirotherium-ähnliche Fährten gesammelt habe.

In der Trias werden die von J. J. K a u p 1835 als Chirotherium beschriebenen Fährten überaus häufig. Man kennt sie von zahlreichen Fundstellen aus dem Buntsandstein in Franken, Thüringen, Frankreich und aus der Trias von England. Stets sind es Fährten von Tieren mit kleiner fünffingeriger Hand und etwa doppelt so großem fünfzehigem Fuß, dessen große Zehe stark gekrümmt ist und senkrecht zur Längsachse der Fußsohle steht, während die fünfte Zehe sehr klein ist (Fig. 25).

Auf Stegocephalen können diese Fährten nicht bezogen werden; k e i n S t e g o c e p h a l e hat eine fünffingerige Hand.

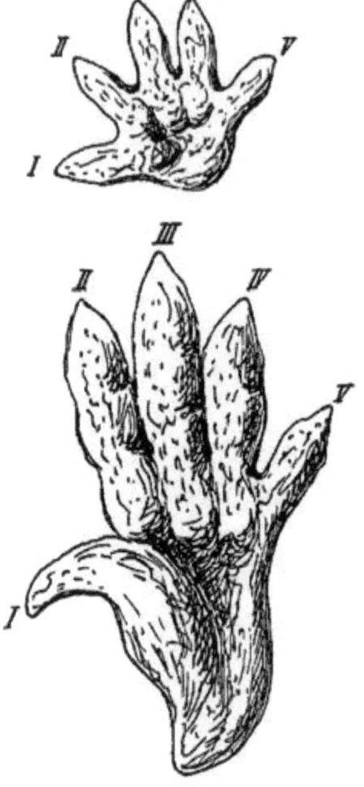

Fig. 25. Chirotherium storetonense (Ausfüllung der kleinen Hand- und großen Fußfährte) aus der Trias von Storeton, Cheshire, England. — (Nach dem Original mit Benützung der Abbildungen von G. H. Morton: The Geology of the Country around Liverpool. London 1897 Pl. X gezeichnet. Original im Brit. Mus. Nat. Hist. London.) ¼ Nat. Gr.

Es müssen diese Fährten von Reptilien eingedrückt worden sein, und zwar scheint es sich um dinosaurierartige Formen, wenn nicht um Dinosaurier selbst zu handeln. Daß die Chirotherien in der oberen Trias teilweise wenigstens einen bipeden Gang angenommen haben, geht aus einer vor kurzer Zeit entdeckten, sehr schönen Fährte (Fig. 201) aus dem Keupersandstein von Storeton in Cheshire hervor

(British Mus. Nat. Hist. R. 3483). Das Tier war sicher biped, da
nur Eindrücke der Füße vorliegen, die in einer
schnurgeraden Linie hintereinander stehen; das
Tier muß also sehr lange Beine besessen haben,
um Fährten in derselben Art wie ein Laufvogel
einzudrücken.

Ganz ähnliche Fährten wie die Chirotherium-Fährten aus dem deutschen Buntsandstein — kleine fünffingerige Hand, mehr als doppelt
so großer fünfzehiger Fuß—sind auch in Triassandsteinen Nordamerikas
in Massachusetts (im Connecticut Sandstone) gefunden worden und
zwar erstreckt sich der fährtenführende Sandstein über ein sehr großes
Gebiet, das von Worthfield, Mass. bis zur Bucht von New-Haven reicht
und einen Streifen von hundertzehn Meilen Länge und zwanzig Meilen
Breite bildet.

Edward Hitchcock hat das Verdienst, diese Fährten sorgfältig studiert und in einer großen Zahl von Publikationen beschrieben
zu haben. Zuletzt hat R. S. Lull eine kritische Übersicht der Fährten
des Connecticutsandsteins gegeben.[1])

Die Mehrzahl dieser Fährten rührt von bipeden Landwirbeltieren her, die, wie R. S. Lull gezeigt hat, nur zu den bipeden terrestrischen Dinosauriern gehören können. Die weitaus häufigste Fährtentype ist
Anchisauripus; R. S. Lull hat den Nachweis erbracht, daß diese
Fährte von dem im Connecticutsandstein aufgefundenen Theropoden
Anchisaurus colurus eingedrückt worden ist. Lull hat zuerst festgestellt, daß auch der Hallux einen, wenn auch sehr schwachen Eindruck
hinterlassen hat, so daß
daraus hervorgeht, daß
der Hallux von Anchi-
sauripus = Anchisaurus
nach hinten abstand und
stark gekrümmt war, so
daß nur die Krallenspitze
den Boden berührte.

Sehr wichtig sind
die Schwanzfährten, wel-

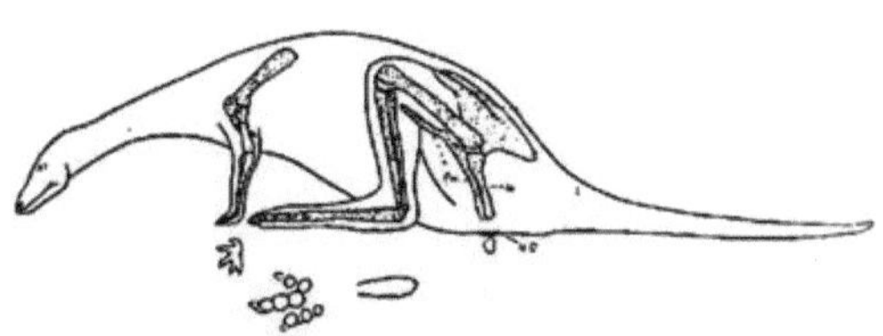

Fig. 26. Fulicopus Lyellianus, eine Dinosaurierfährte aus der
Trias Nordamerikas (Connecticut Sandstone, Massachusetts). Die
Fährte ist vom sitzenden Tier eingedrückt worden; das beweist der Abdruck des Metatarsus und Sitzbeinhöckers. Der Umriß
des Dinosauriers ist hypothetisch. (Nach R. S. Lull.) 1/32 Nat. Gr.

che entweder eine kontinuierliche gerade oder schlangenartig gewundene Linie bilden oder eine unterbrochene Reihe geradliniger
Rinnen darstellen. Aus diesen Fährten sowie aus den von sitzenden
Dinosauriern herrührenden Eindrücken lassen sich wichtige Schlüsse
auf die Lokomotionsart und Sitzstellung dieser Reptilien ableiten, wie

---

[1]) R. S. Lull: Fossil Footprints of the Jura-Trias of North-America.
— Memoirs Boston Soc. Nat. Hist. V., Boston 1904, p. 461—557, Pl. 72. (Ausführliche Bibliographie.)

dies L u l l an der Fährtentype Fulicopus Lyellianus gezeigt hat
(Fig. 26).

Aus den Fährten läßt sich eine Gesamtlänge der Dinosaurier,
welche die Fährten vom Anchisauripus-Typus hinterlassen haben, auf
2 bis 4 m veranschlagen. Dagegen rühren die Fährten des Grallator-
Typus ohne Hallux-, ohne Schwanz- und ohne Handabdruck von bipeden
Dinosauriern her, welche zum Teil nur zwei Drittel der Körperlänge
eines der kleinsten Dinosaurier, Compsognathus, erreichten.

Sehr große, bis zu 6 m lange Reptilien haben die Fährten des
Eubrontes-Typus hinterlassen; Anomoepus minimus muß ein Tier von
etwa 1 m Länge gewesen sein, während Anomoepus crassus aus der
Trias von New Jersey mit Rücksicht auf die größere Dimension der
Fährten 2 m Körperlänge besessen haben muß.

Eine sehr merkwürdige Fährtentype ist Otozoum; während der
Fußabdruck typische Dinosauriermerkmale zeigt, ist die Phalangenformel der Hand 2.3.3.3.3, also nicht nach dem allgemeinen Diapsidentypus, sondern nach dem Synapsidentypus gebaut, der sich durch die
Phalangenzahlen der Hand sehr bestimmt vom Diapsidentypus mit
2.3.4.5.3 Phalangen in der Hand unterscheidet. Dieser Umstand ist
so auffallend, daß der Zweifel berechtigt ist, ob die Hand- und Fußfährte
von Otozoum wirklich zu ein und demselben Tiere gehört.

Ferner sind aus dem Connecticutsandstein Fährten von ähnlichem
Typus bekannt, wie sie schon in der Steinkohlenformation in Südostkansas auftreten; dies sind die Fährten von Landwirbeltieren mit
eidechsenartig gebauten Füßen, die aber biped gewesen sein müssen
und daher von L u l l mit bipeden Dinosauriern in Beziehung gebracht
werden.

Unter den s e l t e n e n tetrapoden Formen des Connecticutsandsteins ist eine der wichtigsten die Fährtentype Batrachopus mit der
Handphalangenzahl 2.3.4.5, so daß daraus zu entnehmen ist, daß der
fünfte Finger fehlt, der normalerweise in der Diapsidenhand 3 Phalangen
trägt. Die Lokomotionsart war ein echter Schreitgang. Nach L u l l
sind diese Fährten nicht von Stegocephalen, sondern von diapsiden
Reptilien und zwar von Diaptosauriern, vielleicht von Proterosauriern
eingedrückt worden. Die Hauptmasse der Fährten stammt von bipeden
Dinosauriern und zwar teils von Theropoden, teils von Orthopoden;
eine große Zahl von Fährten kann noch nicht sicher gedeutet werden.

Im ganzen lassen sich nach R. S. L u l l nicht weniger als 92 verschiedene Fährtentypen aus dem Connecticutsandstein unterscheiden,
die sich auf ungefähr 40 größere Gruppen, „Gattungen" verteilen.
Jedenfalls ist diese Zahl unverhältnismäßig groß im Vergleiche zu den
wenigen durch Skelettreste vertretenen Reptilien des Connecticutsandsteins. Von Dinosauriern sind aus diesen Bildungen nur fünf Arten

bekannt: Anchisaurus colurus Marsh, A.? solus Marsh, Ammosaurus maior Marsh, Thecodontosaurus polyzelus Hitchcock[1]) und Podokesaurus holyokensis Talbot [2]).   Es ist dies ein recht drastisches Beispiel dafür, daß wir das Tierleben dieser Zeit nur aus einem winzig kleinen Ausschnitte des Gesamtbildes kennen.

In der Juraformation sind Wirbeltierfährten weit seltener.   In den Atlantosaurus Beds sind an einigen Stellen, so bei Canyon City in Colorado

Fig. 27.   Fährte eines Dinosauriers aus dem Atlantosaurus Beds Nordamerikas.
(Nach J. B. Hatcher, Memoirs Carnegie Museum, II, p. 61, Fig. 23.)

und am Südwestabhang der Black Hills in Süddakota Fährten von bipeden und quadrupeden Dinosauriern gefunden worden. Die von J. B. Hatcher abgebildete Fährte von Canyon City (Fig. 27) ist der Abdruck einer fünffingerigen Hand.   Mit Sauropoden kann diese Fährte nicht in Beziehung gebracht werden; ich hatte es für wahrscheinlich gehalten, daß Ornitholestes-artige Formen in Betracht kommen könnten [3]),

---

[1]) F. von Huene: Über die Dinosaurier der außereuropäischen Trias. — Geol. u. Paläont. Abh., Jena, VIII. Bd. (Neue Folge), 1906, p. 99—156, 16 Taf.

[2]) Mignon Talbot: Podokesaurus holyokensis, A New Dinosaur from the Triassic of the Connecticut Valley. — Amer. Journ. Sci., (4), XXXI., June 1911, p. 469.

[3]) O. Abel: Die Rekonstruktion des Diplodocus.   Abh. K. K. zool.-bot. Ges. in Wien, V., 3. Heft, Wien, 1910, p. 53.

möchte aber diese Vermutung nicht mehr aufrechthalten, da mir der Fährtenumriß eher für eine Stegosaurus-ähnliche Dinosaurierform zu sprechen scheint. Die von Marsh[1]) abgebildeten Fährten vom Südwestabhange der Black Hills sind dreizehige Fußfährten von bipeden Dinosauriern, deren Größe auf Formen wie Allosaurus oder Camptosaurus deutet.

Fig. 28. Dinosaurierfährten aus dem oberen Jura (Atlantosaurus Beds) Nordamerikas. (Nach O. C. Marsh, 1899.) $1/12$ Nat. Gr.

In Europa sind nur aus den bayrischen tithonischen Plattenkalken zahlreichere Fährten bekannt geworden. J. Walther[2]) hat sie zusammenfassend besprochen.

Von besonderem Interesse sind die Fährten eines kleinen Dinosauriers aus Eichstätt und Solnhofen, die früher irrtümlich der Archaeopteryx[3]) zugeschrieben wurden, aber höchst wahrscheinlich von Compsognathus herrühren, dessen Fußskelett durchaus in Größe, Divergenz und Stellung der Zehen mit den Fährten übereinstimmt. Die ovalen Abdrücke vorne und innen von den Fußfährten entsprechen den starken Daumenkrallen dieses kleinen theropoden Dinosauriers, der sich hüpfend fortbewegte und dabei den Schwanz nachschleppte. [4]) (Fig. 29.)

Andere Fährten sind von Winkler[5]) und Walther[6]) als Rhamphorhynchusfährten gedeutet worden; ob die von Winkler als Sitzspur eines Pterodactylus Kochi gedeutete Fährte wirklich von einem Pterosaurier herrührt, möchte ich für zweifelhaft halten. Eine Reihe anderer Fährten, die sicher von Wirbeltieren herrühren, lassen sich auf keine bekannte Form beziehen.

---

[1]) O. C. Marsh: Footprints of Jurassic Dinosaurs Amer. Journ. of. Science, (4), VII., New Haven, 1899, p. 227, pl. V.

[2]) J. Walther: Die Fauna der Solnhofener Plattenkalke, bionomisch betrachtet. — Festschrift für E. Häckel, Jena 1904, p. 135—214.

[3]) A. Oppel: Über Fährten im lithographischen Schiefer. — Paläont. Mitt. a. d. Mus. d. Kgl. Bayr. Staates, II. Bd., Stuttgart 1862.

[4]) O. Abel: Die Vorfahren der Vögel und ihre Lebensweise. — Verh. K. K. zool.-bot. Ges. Wien 1911, p. 174.

[5]) T. C. Winkler: Étude ichnologique sur les empreintes de pas d'animaux fossiles. — Archives du Musée Teyler, Haarlem, (2), II, p. 241.

[6]) J. Walther, l. c., p. 203.

Besonders auffallend ist die von J. Wa l t h e r als Ichnium megapodium beschriebene Fährte aus Solnhofen. Der Steinbruchbesitzer Schindel hatte die ungewöhnlich große Fährte 20 Meter weit verfolgt, indem er die hangenden Partien der Plattenkalke absprengen ließ, aber die Hoffnung erfüllte sich nicht, das Tier selbst am Ende der Fährte zu finden, wie es schon so oft bei Limulus Walchi geglückt ist; wenn eine Limulus-

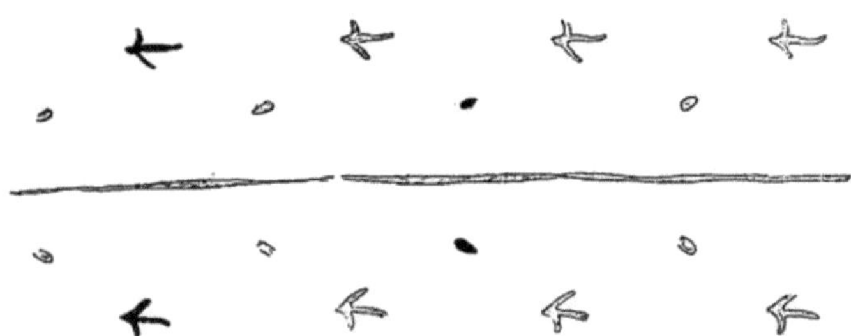

Fig. 29. Fährte von Compsognathus longipes aus den lithographischen Schiefern Bayerns. (Als Ichnium lithographicum beschrieben und als Fährte von Rhamphorhynchus und Archaeopteryx gedeutet.) (Nach A. O p p e l.) (Verkleinert.)

fährte in Pappenheim oder Solnhofen bloßgelegt wird, so findet man am Ende derselben, oft 10 Meter von der Entdeckungstelle entfernt, das Tier selbst, das im Todeskampf mit dem Telson heftig auf den Boden schlug.

Die großen Fährten aus Solnhofen und Pfalzpaint stammen jedenfalls von einem marinen, größeren Wirbeltier, denn die Abdrücke lassen vollkommen deutlich eine Schwimmhaut zwischen den Zehen erkennen. Die Hinterfußeindrücke sind 16 cm lang und 10 bis 12 cm breit; der Vorderfuß war nur 5 cm breit. W a l t h e r nimmt für dieses Tier Bärengröße an, ohne eine Bestimmung zu versuchen. Ich meine, daß man nur an marine Reptilien denken könnte; vielleicht rühren die Fährten von Dacosaurus-artigen Thalattosuchiern her. Etwas Sicheres läßt sich darüber heute noch nicht sagen.

Außer diesen Fährten finden sich noch Fährten eines unbekannten Wirbeltieres (Ichnium trachypodium), ferner Kriechspuren von Dibranchiaten, Saccocoma und eine einzige Kriechspur von 50 cm Länge einer 8 mm langen Muschel sowie die schon erwähnten Limulusfährten.

Lassen sich somit die Wirbeltierfährten aus der Juraformation an Mannigfaltigkeit und Zahl nicht entfernt mit jenen aus der Trias vergleichen, so werden sie noch spärlicher in der Kreideformation. Nur im Wealdensandstein Englands und Hannovers, namentlich in der Gegend von Hastings in England und bei Bad Rehburg in Hannover sind wiederholt Fährten großer bipeder Dinosaurier gefunden worden,

die von S. H. B e c k l e s [1]), A. T y l o r [2]), C. S t r u c k m a n n [3]),
H. G r a b b e [4]), Ch. D a w s o n [5]) und L. D o l l o [6]) beschrieben und
abgebildet worden sind.

Es kann keinem Zweifel unterliegen, daß diese Fährten von dem
orthopoden Dinosaurier Iguanodon herrühren; L. D o l l o hat gezeigt,
daß ein Teil der Fährten von laufenden, ein Teil von schreitenden und

Fig. 30. Iguanodonfährten. I im Ruhezustand, II im Schreiten, III im Laufen
eingedrückt. Aus dem Wealden von Hastings in England. (Nach L. D o l l o.)
1/16 Nat. Gr.

ein Teil von ruhenden Iguanodonten eingedrückt wurde (Fig. 30). Niemals
finden sich Fährten, die auf eine springende Lokomotion dieses Dinosauriers hinweisen würden und der Schwanz muß beim Schreiten und
Laufen erhoben getragen worden sein, da in Verbindung mit Fährten
des laufenden und schreitenden Tieres niemals eine Schwanzfährte beobachtet wird, die nur in Verbindung mit den Fußfährten des ruhenden Tieres auftritt.

Im Neokomflysch von Ybbsitz in Niederösterreich fand ich 1904
eine Platte mit mehreren Ausgüssen kleiner vierzehiger Wirbeltierfährten,
deren größte Länge 11 mm beträgt; die einzelnen Finger oder Zehen
scheinen durch Schwimmhäute verbunden gewesen zu sein [7]).

[1]) S. H. B e c k l e s: On the Ornithoidichnites of the Wealden. — Quart.
Journ. Geol. Soc. London, 1854, Vol. X, p. 456.

[2]) A. T y l o r: On a Footprint of Iguanodon, lately found at Hastings. —
Ibidem, 1862, Vol. XVIII, p. 247.

[3]) C. S t r u c k m a n n: Die Wealdenbildungen der Umgegend von Hannover. Hannover, 1883, p. 93. — Über große vogelartige Fährten im Hastings-
sandstein von Bad Rehburg bei Hannover. — Neues Jahrb. f. Min. etc., 1880, p.125.

[4]) H. G r a b b e: Neue Funde von Saurierfährten im Wealdensandstein
des Bückeberges. — Verh. d. naturh. Ver. Rheinlande und Westfalen 1881,
p. 161. —

[5]) Ch. D a w s o n, Brief an L. D o l l o über die Iguanodonfährten von
Hastings. — Bulletin Scientifique de La France et de la Belgique, XL., 1905,
13. Sept. 1905.

[6]) L. D o l l o: Les Allures des Iguanodons, d'après les empreintes des
Pieds et de la Queue. — Ibidem, 12 p., 1 pl. —

[7]) O. A b e l: Wirbeltierfährten aus dem Flysch der Ostalpen. — Verh.
k. k. geol. R. A. Wien, 1904, p. 340.

Die von H a i d i n g e r[1]) beschriebenen angeblichen Chelonier-
fährten aus dem Kreideflysch der Ostalpen und Karpathen sind in
ihrer Deutung ganz unsicher und es ist überhaupt fraglich, ob es Fährten
oder Fließwülste sind.

Im Tertiär gehören Wirbeltierfährten zu den größten Seltenheiten.
G. B o e h m[2]) hat aus dem Oligozän des badischen Oberlandes Fährten
eines Perissodactylen beschrieben, dessen Fuß einen ähnlichen Bau wie
der des lebenden Tapirus americanus zeigt. Welchem Tiere diese Fährte
zuzuschreiben ist, muß heute noch als offene Frage gelten.

Fraßspuren. — Von Fraßspuren fossiler Wirbeltiere war schon
früher die Rede, so daß hier nur kurz darauf verwiesen werden kann,
daß sowohl Nagetiere als Raubtiere und Aasfresser wiederholt Spuren
ihrer Tätigkeit an Knochen hinterlassen haben (von Raubtieren benagte
und zerbrochene Knochen in plistozänen Höhlen, im Unterpliozän von
Pikermi, in den Atlantosaurus Beds Nordamerikas usw., von Nagetieren
benagte Knochen in plistozänen Ablagerungen, im Miozän Argentiniens
u. s. f., von Krokodilen zerbissene Affenschädel aus dem Plistozän
Madagaskars u. a.).

Nahrungsreste in der Leibeshöhle fossiler Wirbeltiere. — In einigen
seltenen Fällen haben sich in der Leibeshöhle fossiler Kadaver Nahrungsreste erhalten. Zu den interessantesten Beispielen dieser Art gehören
die Reste junger Ichthyosaurier in der Leibeshöhle alter Ichthyosaurier,
die an mehreren Exemplaren aus dem Lias von Württemberg und England
gut zu beobachten sind.

Im ganzen kennt man bis heute 14 Ichthyosaurierkadaver mit
Jungen in der Leibeshöhle. 7 Exemplare haben nur je ein Junges,
2 je zwei Junge, 1 drei Junge, 1 fünf (oder sechs) Junge, 1 sechs
Junge, 1 sieben Junge und 1 elf Junge[3]).

Meist wurden diese Jungen für Embryonen gehalten und zwar war
J. Chaning P e a r c e der erste, der die Ansicht vertrat[4]). O w e n
und Q u e n s t e d t haben dagegen die Auffassung ausgesprochen, daß

---

[1]) W. H a i d i n g e r: Über eine neue Art vorweltlicher Tierfährten. —
Neues Jahrb. f. Min. etc., 1841, p. 546—548, Taf. II. — Derselbe: Tierfährten
aus dem Wiener- oder Karpathensandstein. — Berichte über d. Mitt. von Freund.
d. Naturw. in Wien. III., 1848, p. 284—288, 2 Textfig. —

[2]) G. B o e h m: Freiburger Universitätsprogramm zum 70. Geburtstag
S. Kgl. Hoh. des Großh. Friedrich von Baden, 1896, p. 232. — Deutsche Geol.
Ges., Zeitschrift, 1898, p. 204.

[3]) W. B r a n c a: Sind alle im Inneren von Ichthyosaurus liegenden Jungen
ausnahmslos Embryonen? Abh. kgl. preuß. Akad. d. Wiss., Jahr 1907, Berlin
1908, p. 1—34, 1 Taf. — Nachtrag zur Embryonenfrage bei Ichthyosaurus. —
Sitzungsber. kgl. preuß. Akad. d. Wiss., 1908, XVIII, p. 392—396.

[4]) J. C h a n i n g P e a r c e: Notice of what appears to be the Embryo
of an Ichthyosaurus in the Pelvic Cavity of Ichthyosaurus (communis?). —
Ann. Mag. Nat. Hist. London, XVII., 1846, p. 44—46.

Fig. 31. Ichthyosaurus quadriscissus Qu. aus dem Oberlias von Holzmaden in Württemberg mit 11 (10?) Jungen in der Leibeshöhle. Alle Schnauzen der Jungen sind nach vorne gerichtet. Original im Berliner Museum. (Nach W. Branca, 1908.)

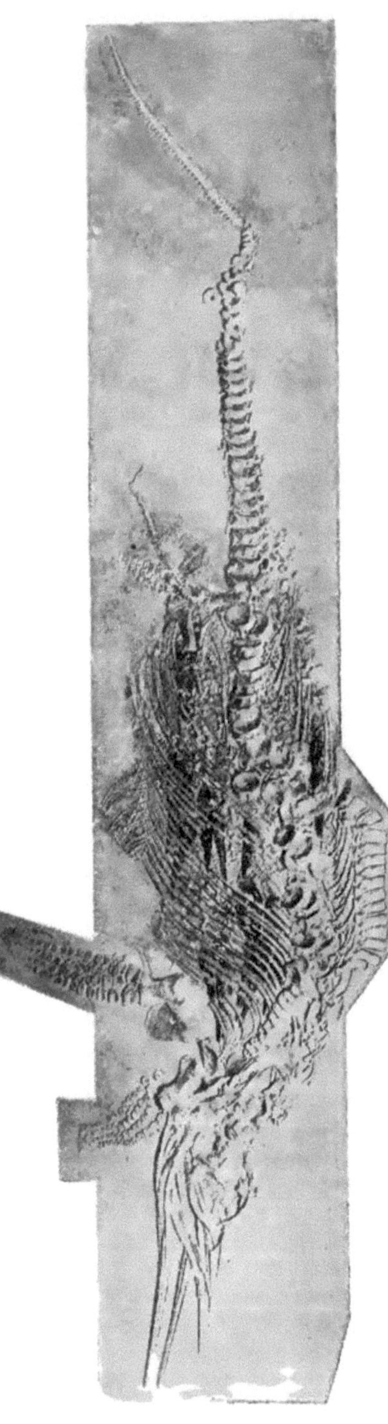

die Ichthyosaurier stirpivor gewesen seien, d. h. ihre Jungen gefressen hätten und daß die in den Leibeshöhlen verschiedener Exemplare beobachteten Jungen keine Embryonen seien.

Diese nicht leicht zu lösende Frage ist kürzlich von W. Branca einer eingehenden Erörterung unterzogen worden. Besonders eingehend untersuchte Branca ein Berliner Exemplar von Ichthyosaurus quadriscissus aus dem Lias von Holzmaden; die röntgenographische Durchleuchtung ergab, daß nicht weniger als 10 Junge in der Leibeshöhle dieses Tieres eingeschlossen sind, während das elfte außerhalb des Körpers liegt, so daß dessen Zugehörigkeit zu den im Körper gelegenen Jungen nicht außer Zweifel steht (Fig. 31).

Aus der Lage der Jungen dieses Exemplars geht jedoch schon mit voller Sicherheit hervor, daß es sich nur um gefressene Tiere handeln kann. Die Schnauze des vordersten Jungen reicht bis zum Schultergürtel und soweit kann der Uterus nicht gereicht haben. Endlich sind sämtliche Jungen gestreckt, während Embryonen eine gekrümmte Körperlage zeigen müßten.

Dazu kommen die bedeutenden Größenunterschiede der beiden Jungen des zweiten Berliner Exemplars von der gleichen Fundstelle. In der Kehlregion liegen Reste eines winzigen Jungen in der Nähe von Resten eines Tintenfisches (Fig. 32), während weiter hinten in der Leibeshöhle die Reste eines mehr als doppelt so langen Jungen liegen. Hier ist zum mindesten das vordere, kleinere Junge zweifellos gefressen worden und kann kein Embryo sein.

Daß die Ichthyosaurier vivipar gewesen sind, steht anderseits außer Zweifel, da wir an mehreren Exemplaren von Ichthyosaurus Junge in einer Stellung finden, die Kopfgeburtslage anzeigt, und da wir gekrümmte Ichthyosaurusjunge kennen, die offenbar in den Eihüllen versteinerten.

Ein Teil der im Inneren der Ichthyosaurier erhaltenen Jungen sind also

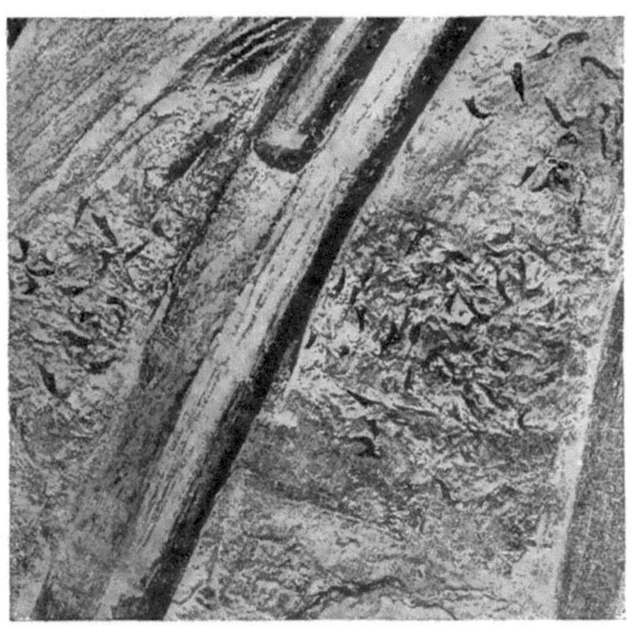

Fig. 32. Teil des Mageninhaltes eines Ichthyosaurus quadriscissus, der aus dem Tintenbeutel und zahlreichen Armhäkchen eines Cephalopoden besteht. Oberlias von Holzmaden, Württemberg. Original im Berliner Museum. (Nach W. Branca, 1908.) Zweimal vergrößert.

Embryonen, ein anderer Teil aber sind gefressene Junge.

Auch die räuberischen und sehr gefräßigen Schwertwale (Orca gladiator) der Jetztzeit verschlucken ihre Beute ungekaut; die relativ intakte Beschaffenheit der jungen Ichthyosaurier in der Leibeshöhle der Alten ist also nicht verwunderlich. Auch die große Zahl der verschluckten Jungen — zehn oder elf bei einem der Berliner Exemplare — darf uns nicht wundernehmen, da wir durch Eschricht wissen, daß bei der Sektion eines 7·5 m langen Schwertwals nicht weniger als 13 Braunfische (Phocaena) und 15 Seehunde (Phoca) in der ersten Magenabteilung angetroffen wurden. Nur ein Seehund war zerbissen, die übrigen 27 Opfer waren unzerkaut verschluckt.

Derartige Funde geben uns eine wichtige Bestätigung der Folgerungen, zu denen wir durch Analogieschlüsse auf dem Wege der ethologischen Analyse kommen. Wir mußten schon aus der großen Ähnlichkeit zwischen Ichthyosauriern und Zahnwalen in ihrer Lebensweise, der

Körpergestalt, dem Gebiß und der Unfähigkeit sich auf dem Lande
fortzubewegen, den Schluß ziehen, daß sie als Hochseebewohner vivipar
waren und als gefährliche Räuber auch ihre eigenen Jungen nicht
als Beute verschmähten. Derartige Bestätigungen durch neue Funde
von auf analytischem Wege gewonnenen Ergebnissen der ethologischen
Forschung sind ein Beweis für die Richtigkeit der Analogieschlüsse
dieser Methode.

Ganz ebenso wie sich zuweilen im Magen von Phocaena unverdaute
Hartteile verzehrter Tiere, z. B. Fischotolithen in großer Zahl vorfinden
— S c o t t [1]) hat im Magen einer Phocaena 280 Otolithen von Gadus
gezählt — treffen wir auch bei fossilen Fischen und Walen unverdaute
Hartteile in der Leibeshöhle. E. F r a a s [2]) hat in einem Hybodus-
kadaver aus dem Lias Württembergs Belemniten gefunden, deren Ge-
samtzahl er auf 250 schätzt und K. P a p p beschreibt pflasterartige
Zähne von Chrysophrys aus der Leibeshöhle eines Zahnwals aus dem
Miozän Ungarns.

Barnum B r o w n [3]) hat den Mageninhalt eines Kreideplesiosauriers
aus der Niobrara-Formation Nordamerikas untersucht und gefunden,
daß dessen letzte Mahlzeit aus Fischen, Pterosauriern und Cephalopoden
bestand, da er neben Fischwirbeln Pterosaurierknochen nachweisen
konnte, die in kleine Stücke zerbrochen waren; außerdem fanden sich
mit diesen Nahrungsresten vermischt die mehr oder weniger zerbrochenen
Gehäuse von Scaphiten (Exemplar 5803 des Amer. Mus. in New York).

Die Tatsache, daß diese Reste zerkleinert sind, während der Mageninhalt einiger Liasichthyosaurier aus unzerbissen verschluckten jungen
Ichthyosauriern besteht, könnte die Vermutung nahelegen, daß die
Plesiosaurier ihre Nahrung vor dem Verschlucken zerbissen haben.
Dagegen spricht aber zunächst das Gebiß, welches ein typisches Fanggebiß ist und zweitens das Vorhandensein von Magensteinen oder
Gastrolithen im Magen der Plesiosaurier, worauf wir noch später zurückkommen werden. Auch die Plesiosaurier haben ihre Nahrung wahrscheinlich ganz ebenso in unzerbissenem und unzerkautem Zustand verschluckt, wie dies die Pinnipedier zu tun pflegen.

In der Leibeshöhle des kleinen theropoden Dinosauriers Compsognathus longipes aus den lithographischen Schiefern von Jachenhausen
in der Oberpfalz sind Skelettreste eines kleinen Reptils zu beobachten.

---

[1]) 240 derselben gehörten zu Gadus merlangus L. — Th. S c o t t; Note
on the food observed in the Stomach of a Common Porpoise. — Twenty-First
Annual Report of the Fishery Board for Scotland, III., 1903, p. 226.

[2]) E. F r a a s: Palaeontographica, XLVI. Bd., 1900, p. 163.

[3]) B. B r o w n: Stomach Stones and Food of Plesiosaurs. — Science,
N. S., XX., No. 501, Aug. 5., 1904, p. 184—185.

Dies hat zuerst O. C. M a r s h [1]) zu der Meinung geführt, daß dieses kleine Reptil als der Embryo von Compsognathus anzusehen ist; dieser Auffassung hat erst Baron Franz N o p c s a [2]) 1903 gewichtige Bedenken entgegengestellt und hervorgehoben, daß Becken, Rippen und Schädel des eingeschlossenen kleinen Reptils lacertilierähnlich sind, so daß es viel wahrscheinlicher ist, daß dasselbe kein Embryo, sondern ein in

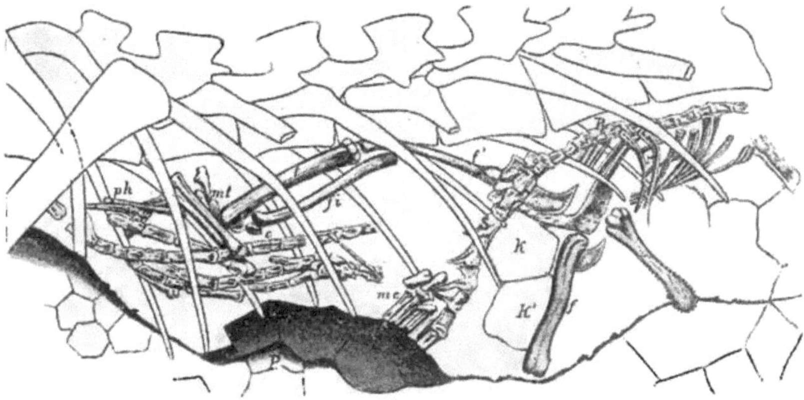

Fig. 33. Leibeshöhle von Compsognathus longipes aus dem lithographischen Schiefer Bayerns (Jachenhausen, Oberpfalz) mit den Resten eines gefressenen Reptils. f = Femur rechts, f' = Femur links, t = Tibia, fi = Fibula, c = Calcaneus, mt = Metatarsalia, mc = Metacarpalia, ph = Phalangen. K und P Kalkdrusen und Polygonalplatten, letztere von H u e n e für Panzerreste gehalten. (Nach F. von N o p c s a, 1903.)

der Magenhöhle eingeschlossenes kleines Beutetier des Compsognathus ist. Ich möchte vor allem die Lage des kleinen Reptils, dessen Reste unter der Wirbelsäule knapp hinter dem Schultergürtel beginnen, als den Hauptgrund dafür ansehen, daß hier ein gefressenes Tier und kein Embryo vorliegt, und dies wird noch durch die Tatsache sehr wesentlich gestützt, daß die Knochenreste des unverkennbar lacertilierähnlichen Tieres sehr stark gestört sind, was bei einem Embryo des sonst sehr gut erhaltenen Compsognathusskelettes nicht wahrscheinlich wäre.

Auch bei fossilen Raubfischen hat man mehrmals Reste der Nahrungstiere in der Leibeshöhle gefunden. Schon früher wurde erwähnt, daß in der Leibeshöhle eines Hybodus die unverdaulichen Belemnitenrostren in großer Zahl beobachtet worden sind.

Die Leichen von Caturus furcatus Ag. aus den bayrischen Plattenkalken haben, wie J. W a l t h e r mitteilt, fast immer Futterfische und zwar kleine Leptolepis im Schlund, so daß wir Caturus als einen Raubfisch ansehen müssen, der die großen Leptolepisschwärme des Jurameeres dezimierte.

---

[1]) O. C. M a r s h: Jurassic Birds and their Allies. American Journal of Sci., (3), XXII, 1881, p. 340.

[2]) F. Baron N o p c s a: Neues über Compsognathus. — Neues Jahrb. f. Min., Geol. und Pal., Beilageb. XVI, 1903, p. 476, Taf. XVII und XVIII.

Nicht nur bei Raubtieren, sondern auch bei Pflanzenfressern hat man Nahrungsreste zwischen den Zähnen oder in der Leibeshöhle gefunden. Bei den im sibirischen Eisboden eingefrorenen Kadavern des Mammut (Elephas primigenius) und des wollhaarigen Nashorns (Rhinoceros antiquitatis) sind im Magen und zwischen den Zähnen Reste von Zweigen und Trieben von Nadelhölzern, Weiden und Birken gefunden worden; ebenso hat man im Magen oder in der Magengegend mehrerer Exemplare von Mastodon americanum aus New Jersey neben Resten breitblätteriger Gräser und Laubblättern Zweige von Fichten und Föhren sowie von Thuia occidentalis entdeckt.[1]

In der Leibeshöhle der Diprotodonskelette aus dem Salzboden des Lake Callabonna in Südaustralien hat E. C. S t i r l i n g [2] Pflanzenreste nachgewiesen, die Professor R a d l k o f e r in München als Überreste bestimmte, die vorwiegend zu den Salsolaceen, ferner zu den Amarantaceen und Nyctagineen gehören, so daß wir daraus entnehmen können, daß die riesigen Diprotodonten sich vorwiegend von Blättern und Zweigen kleiner strauchartiger Halophyten ernährten.

Gastrolithen. — Nicht ohne Interesse ist auch das Vorkommen von G a s t r o l i t h e n („Magensteinen" oder „gizzard stones") in der Leibeshöhle fossiler Wirbeltiere. Bekanntlich haben Strauße und andere Laufvögel wie überhaupt manche Vögel und Reptilien (z. B. Krokodile und Lacertilier [3]) die Gewohnheit, Steine zu verschlucken, die im Magen liegen bleiben, durch die Kontraktionen des Magens hin und her gewälzt werden und auf diese Weise an der Verdauung der Nahrung durch mechanische Zerkleinerung mitarbeiten.

Die Oberfläche solcher Gastrolithen, welche meist aus Quarzgeröllen, aber auch aus anderen Gesteinen bestehen, ist stets fein poliert und stark glänzend, so daß durch diese Eigenschaften auch bei fossilen Kadavern ihre Funktion als Magensteine sichergestellt werden kann.

Derartige Gastrolithen, die aus Chalcedon oder Lavabrocken bestehen, finden sich auch im Magen von Robben und zwar sind sie von F. A. L u c a s [4] im Magen von Callorhinus ursinus („Northern Fur Seal" oder „Seebär") beobachtet worden. B. F. M u d g e, S. W.

---

[1] R. S. L u l l: The Evolution of the Elephant. Amer. Journ. Sci., XXV, 1908, p. 193.

[2] E. C. S t i r l i n g and A. H. Z i e t z: Description of the Bones of the Manus and Pes of Diprotodon australis, Owen. Memoirs Roy. Soc. South Australia, Vol. I, Pt. I, Adelaide 1899, p. 36. —

E. S t i r l i n g: The Physical Features of Lake Callabonna. Ibidem, Pl. II, Adelaide 1900, p. XII.

[3] Nach einer Mitteilung von A. H e r m a n n an G. R. W i e l a n d (Science, N. S., Vol. XXIII, No. 595, May 25, 1906, pag. 819—821.)

[4] F. A. L u c a s: The Fur Seal and Fur Seal Islands of the North Pacific Ocean. Part. III. p. 68. —

W i l l i s t o n [1]) und Barnum B r o w n [2]) haben Gastrolithen in Plesiosaurierkadavern aus der nordamerikanischen Kreide und zwar insbesonders bei Elasmosaurus, Polycotylus und Trinacromerum beobachtet, und ebenso enthält die Leibeshöhle eines Juraplesiosauriers im Britischen Museum in London eine größere Zahl Gastrolithen, die aus verschiedenen Gesteinen bestehen. Dadurch ist ein wichtiger Beweis für die aus der ethologischen Analyse des Sauropterygierskelettes erschlossene robbenartige Lebensweise dieser Reptilien geliefert.

Auch bei Dinosauriern und zwar bei Sauropoden haben G. R. W i e l a n d [3]), Geo L. C a n n o n [4]) und Barnum B r o w n [5]) in Süd-Wyoming und Colorado Gastrolithen entdeckt und beschrieben. Daß diese Objekte wirklich „Magensteine" waren, hat zuletzt G. R. W i el a n d [6]) eingehend erörtert und bewiesen.

Fossile Vogelgastrolithen beschreibt E. C. S t i r l i n g [7]) aus der Great Central Australian Plain Formation, die sich vom Lake-Eyre-Becken durch den australischen Kontinent bis zum Golf von Carpentaria erstreckt.

Ebenso haben sich auch neben den Skelettresten des ausgestorbenen Solitärs (Pezophaps solitaria) von der Insel Rodriguez bei Mauritius Gastrolithen gefunden, die aus Trümmern vulkanischer Gesteine bestehen[8]).

Nahrungsreste an den Wohnstätten fossiler Wirbeltiere. — Während manche Raubtiere und Aasfresser ihre Beute an Ort und Stelle zerreißen und verzehren, schleppen andere ihre Opfer zu ihren Wohnstätten, entweder um sie ungestört zu verzehren oder um ihren Jungen Futter zu bringen.

Große Feliden, Bären, Wölfe, Füchse, Tagraubvögel usw. schleppen ihre Beute meist zu ihren Bauen, Höhlen oder Horsten. Wird eine derartige Wohnstätte von Raubtieren fossil, so trifft man die Reste der Beute-

---

[1]) S. W. W i l l i s t o n: An interesting Food Habit of the Plesiosaurs. — Transactions Kansas Acad. Sci., XIII, 1893, p. 121. — North American Plesiosaurs: Elasmosaurus, Cimoliasaurus and Polycotylus. — Amer. Journ. Science, XXI., Marsh. 1906, p. 226.

[2]) Barnum B r o w n: Stomach Stones and Food of Plesiosaurs. Science, N. S., XX., No. 501, August 5, 1904, p. 184.

[3]) G. R. W i e l a n d: Dinosaurian Gastroliths. Science, N. S., XXIII, No. 595, May 25, 1906, p. 819.

[4]) Geo L. C a n n o n: Science, N. S., XXIV, No. 604, July 27, 1906, p. 116.

[5]) G. R. W i e l a n d: Gastroliths. Science, N. S., XXV, No. 628, Jan. 11, 1907, p. 66.

[6]) G. R. W i e l a n d: Ibidem, p. 66.

[7]) E. C. S t i r l i n g: The Physical Features of Lake Callabonna. — Memoirs R. Soc. South Australia, Vol. I, Pt. 2, 1900, p. XII.

[8]) E. N e w t o n and J. W. C l a r k: On the Osteology of the Solitaire. — Philos. Transactions, Vol. 168, London 1879, Pl. 47, Fig. 4—6.

A b e l, Grundzüge der Paläobiologie. 6

tiere vermischt mit den Resten der Raubtiere an und das ist namentlich der Fall bei plistozänen Höhlen, in denen Höhlenlöwen, Höhlenhyänen und Höhlenbären ihre Beute zusammengeschleppt haben. Aus den Resten, die neben- und übereinandergeschichtet in einer solchen Höhle liegen, läßt sich die Geschichte der Höhle wie aus einem Buche lesen; wir können, wie z. B. Max S c h l o s s e r in seiner mustergültigen Monographie der Bärenhöhle bei Kufstein gezeigt hat, verfolgen, wie zuerst Hyänen diese Höhle bewohnten, die später von Höhlenbären okkupiert und lange Zeit bevölkert wurde. Dauernd haben die Höhlenbären kaum in der Höhle gelebt; sie scheint nur von altersschwachen Tieren aufgesucht worden zu sein, die hier ihren Sterbeplatz suchten und fanden, sowie von Weibchen, um in der Höhle zu „wölfen" [1]. Dann lebte die Bärin mit ihren Jungen und den halbwüchsigen Sprößlingen vom vorletzten Wurf längere Zeit in der Höhle, wobei die letzteren als Kinderwärterinnen — „Pestun", wie sie die russischen Bauern beim braunen Bären nennen — verwendet werden. Mit der Gewohnheit, in der Höhle zu „wölfen" oder zu „werfen", steht der große Prozentsatz der jungen Individuen in den Bärenhöhlen in Zusammenhang, was besonders deutlich in der Gruppierung der Bärenreste der Lettenmaierhöhle bei Kremsmünster zu Tage tritt.

Einmal hat sich in die Kufsteiner Bärenhöhle ein Löwe verirrt, der aber der Übermacht der Höhlenbären erlegen zu sein scheint.

In den sogenannten „reinen" Bärenhöhlen sind Reste von Futtertieren meist selten; in der Kufsteiner Höhle herrschen Steinbock, Gemse und Renntier als Beutetier vor. Weit häufiger sind die Reste von Futtertieren in Hyänen- und Löwenhöhlen.

Viel seltener sind Nahrungsreste an Wohnstätten herbivorer fossiler Wirbeltiere. Ein drastischer Fall sind die Pflanzenreste in den südamerikanischen Grypotheriumhöhlen, doch dürften diese vom Menschen zu Fütterungszwecken aufgeschichtet worden sein, um die in der Höhle eingeschlossenen Gravigraden damit zu mästen [2].

Koprolithen. — In einzelnen Ablagerungen, namentlich in solchen mesozoischen Alters, sind Koprolithen oder versteinerte Exkremente sehr häufig; in tertiären sind sie selten (z. B. bei Pikermi). In den Bonebeds des schwäbischen Muschelkalks und Keupers sind sie in großer Zahl zu finden, während sie in den Liasschiefern von Boll und Holzmaden außerordentlich selten sind.

---

[1] M. S c h l o s s e r: Die Bären- oder Tischoferhöhle im Kaisertal bei Kufstein. — Abh. d. Kgl. bayr. Akad. d. Wiss., II. Kl., XXIV., München 1909, p. 419.

[2] W. B r a n c a: Über die Anwendung der Röntgenstrahlen in der Paläontologie. — Abh. d. Kgl. preuß. Akad. d. Wiss. Berlin 1906, p. 1—55.

Die Zuweisung von Koprolithen zu bestimmten Tiergruppen ist außerordentlich schwierig. In früherer Zeit wurden die Koprolithen des schwäbischen Bonebeds für Ichthyosaurier-Koprolithen angesehen, aber E. F r a a s[1]) hält es für wahrscheinlicher, daß sie von Fischen herrühren. Auch die Provenienz der Koprolithen aus dem Wealden von Bernissart konnte trotz langwieriger und eingehender Untersuchungen von C. Eg. B e r t r a n d[2]) nicht ermittelt werden. Seine Studien haben nur ergeben, daß es sich nicht um Koprolithen der Iguanodonten, sondern vielleicht um solche von Raubdinosauriern handeln kann.

Auch aus permischen Ablagerungen sind von verschiedenen Fundorten Koprolithen beschrieben worden. L. N e u m a y e r[3]) hat eine eingehende Untersuchung der von F. B r o i l i in Seymour, Baylor Co.,

Texas gesammelten Koprolithen durchgeführt, welche von Stegocephalen und zwar zum Teile von Eryops, zum Teile vonDiplocaulus herrühren dürften. Diese Koprolithen zeigen eine spiralige Drehung und zwar verlaufen diese Spiralwindungen in Form einer von oben rechts nach links unten

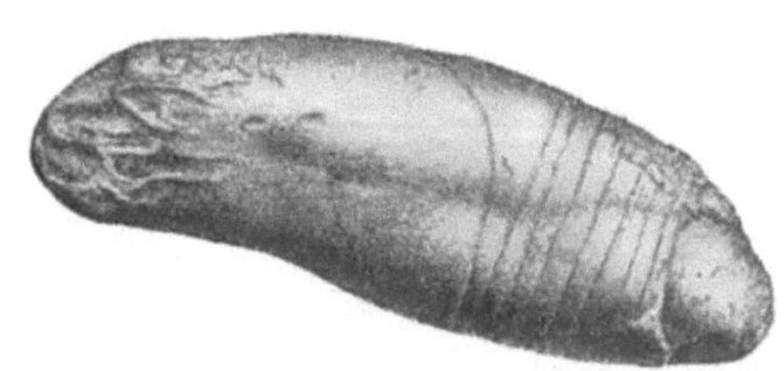

Fig. 34. Koprolith aus dem Perm von Texas. (Nach L. N e u m a y e r, 1904.) Nat. Gr.

gedrehten Schraube; der ganze Koprolith besteht in der inneren Zone aus konzentrisch angeordneten Lamellen, die in der Außenzone in Form eines spiralig aufgerollten Bandes ineinander übergehen. Um H a r n s t e i n e oder U r o l i t h e n[4]) kann es sich nicht handeln, wie u. a. aus dem Einschluß von Nahrungsresten (Knochen) hervorgeht. Die spiralige Lamellenstruktur der Koprolithen aus dem Perm von Texas findet sich auch bei anderen permischen Koprolithen wieder, so z. B. bei den von A m m o n[5]) beschriebenen Koprolithen aus dem Grenzkalklager der unteren Cuseler Schichten von Wolfstein im Lauterthal (von Macromerion stammend?), bei dem Koprolithen aus dem Kalkkohlenflöz der mittleren Cuseler Schichten von Hundheim am Glan mit vielen Palaeoniscus- Schuppen (von Sclero-

---

[1]) E. F r a a s: Die Ichthyosaurier der süddeutschen Trias- und Juraablagerungen. — Tübingen 1891, p. 34.

[2]) C. Eg. B e r t r a n d: Les Coprolithes de Bernissart. — Mém. Mus. R. d'Hist. nat. de Belgique, I., Bruxelles 1903, p. 1—154, Pl. I—XV.

[3]) L. N e u m a y e r: Die Koprolithen des Perms von Texas. — Palaeontographica. LI., 1904, p. 121.

[4]) F. L e y d i g: Koprolithen und Urolithen. — Biolog. Zentralblatt. XVI. 1896, p. 101.

[5]) L. von A m m o n: Die permischen Amphibien der Rheinpfalz. München 1889. p. 102, Taf. IV. Fig. 4, Taf. III, Fig. 2.

cephalus stammend?) und bei den Koprolithen aus dem Perm von Autun in Südfrankreich, die Palaeoniscus-Schuppen enthalten und nach A. Gaudry[1]) von Actinodon herrühren. Dieselbe spiralige Anordnung zeigen Koprolithen von Ganoiden[2]); Selachier und Dipneusten haben gleichfalls einen spiralig gedrehten Darm, dessen Faltungen eine Spiralform der Exkremente zur Folge haben.

Unterirdische Baue fossiler Wirbeltiere. — Die amerikanischen Taschenratten oder Geomyiden haben die eigentümliche Gewohnheit, in senkrechter Richtung regelmäßig gewundene Schraubengänge ab-

Fig. 35. „Daemonelix" aus den Daemonelixschichten von Sioux County, Nebraska. Aus H. F. Osborn, „The Age of Mammals", 1910. (Nach einer Photographie von E. H. Barbour, Univ. Nebraska.)

zuteufen, in die zylindrische Laufgänge münden; die letzteren verzweigen sich vielfach.

Im Tertiär Nordamerikas finden sich in der sogenannten Harrisonformation (Oligozän oder Miozän?) bei Harrison, Sioux Co., Nebraska, ganz gleichartig geformte „Steinschrauben",[3]) die senkrecht zu den Schichtflächen stehen und mit zylindrischen, langgestreckten Gebilden in Verbindung stehen (Fig. 35). Diese Steinschrauben wurden von

[1]) A. Gaudry: L' Actinodon. — Nouv. Archives du Muséum d'hist. nat., Paris, (2), X., 1887. —

[2]) L. Agassiz: Recherches sur les Poissons fossiles. Neuchâtel, 1833 bis 1843. T. II (Ganoides). — Bei Macropoma Mantelli Ag. aus dem Cenoman von Yonne liegen die Koprolithen zuweilen noch in der Leibeshöhle. — K. A. von Zittel, Handbuch der Paläontologie, III. Bd., p. 176, Fig. 181.

[3]) „Devil's corkscrews" genannt.

E. H. B a r b o u r[1]) 1892 Daemonelix genannt; E. D. C o p e[2]) und Th. F u c h s[3]) haben schon 1893 auf die Ähnlichkeit der Daemonelix mit dem schraubenartig gewundenen Hauptgang der Geomysbaue hingewiesen. Für diese Auffassung spricht außer der überraschenden Ähnlichkeit vor allem das Vorkommen von Nagerskeletten in dem zu hartem Sandstein veränderten Ausfüllungsmaterial der Röhren, worauf Th. F u c h s und O. A. P e t e r s o n[4]) besonderen Wert gelegt haben.

Dieselben „Steinschrauben" sind auch in der oberoligozänen Brackwassermolasse Oberbayerns gefunden und von L. von A m m o n[5]) beschrieben worden. In dem Ausfüllungsmaterial der Röhren findet man sowohl bei den amerikanischen wie bei den europäischen Funden Reste von Pflanzen und von verschiedenen Säugern.[6]) Diese Pflanzenreste haben seinerzeit E. H. B a r b o u r zu der Ansicht geführt, daß Daemonelix eine pflanzliche Versteinerung darstelle, während anderseits auch die Auslegung statthaft ist, daß von den röhrengrabenden Nagern Pflanzenreste in die Gänge geschleppt wurden, wie dies die nordamerikanischen Taschenratten und die Biber noch heute zu tun pflegen.

L. v. A m m o n hat sich gegen die Annahme ausgesprochen, daß Daemonelix als fossiler Geomyidenbau anzusehen sei, weil die oberbayrische Daemonelix Krameri erstens viel zu klein sei, um eine solche Deutung zuzulassen und weil zweitens die Geomyiden eine typisch nordamerikanische Gruppe bilden.

Nun ist es aber einerseits ganz gut möglich, daß im Oberoligozän Europas sehr kleine Geomyiden gelebt haben, welche natürlich kleinere Gänge als die großen nordamerikanischen Arten gegraben haben könnten. Wir kennen die fossilen Faunen noch lange nicht vollständig genug, um einen derartigen negativen Schluß mit Sicherheit ziehen zu können,

---

[1]) E. H. B a r b o u r: On a New Order of Gigantic Fossils. — Nebraska University Studies, I, No 4, July, 1892.

— Is Daemonelix a burrow? — American Naturalist, XXIX, 1895, p. 517.

— Nature, Structure and Phylogeny of Daemonelix. — Bull. Geol. Soc. Amer., VIII, April, 1897, p. 305.

— History of the Discovery and Report of Progress in the Study of Daemonelix. — Nebraska University Studies. II, 1897, p. 44.

[2]) E. D. C o p e: A Supposed New Order of Gigantic Fossils from Nebraska. — Amer. Natur., XXVII, 1893, p. 559.

[3]) Th. F u c h s: Über die Natur von Daemonelix Barbour. — Annal. k. k. naturhist. Hofmus. Wien. Wien VIII. 1893, Notizen p. 91.

[4]) O. A. P e t e r s o n: Desription of New Rodents and Discussion of the Origin of Daemonelix. — Carnegie Mus. Mem., II, Pittsburgh, 1905, p. 139—191.

[5]) L. von A m m o n: Über das Vorkommen von „Steinschrauben" (Daemonhelix) in der oligocänen Molasse Oberbayerns. — Geognost. Jahreshefte. XIII., München 1900, p. 55—69, Taf. I—II.

[6]) E. S. R i g g s: Remarks on Daemonelix. — Americ. Soc. Vertebrate Palaeontology, 7 th Annual Meet., Baltimore, December 1908.

und ich erinnere daran, daß erst kürzlich (1909) die erste Spur eines
Pfaus im Plistozän Californiens gefunden wurde (p. 22), während bisher
in der relativ gut bekannten Eiszeitfauna Nordamerikas kein Phasianine
bekannt war; bekanntlich sind die Pfauen mit dieser einzigen Ausnahme
auf Eurasien beschränkt.

Zweitens könnten aber auch Daemonelixbaue von anderen Nagern ausgegraben worden sein, die ähnliche Baue wie die Geomyiden ausführten. Unter den Nagern kommen zunächst die Biber in Betracht,
welche fossil sowohl aus Europa wie aus Nordamerika nachgewiesen sind,
und es scheint mir kein Zufall zu sein, daß in einem Daemonelix
Knochenreste von Steneofiber gefunden worden sind.[1])

Daß auch andere Reste von Säugetieren in Daemonelixbauen
auftreten, ist kein Beweis gegen die Bautheorie. Wir wissen, daß ebenso
wie natürliche Höhlen auch verlassene unterirdische Baue sehr häufig
von verschiedenen Tieren, z. B. von Schlangen aufgesucht und bewohnt
werden.[2]) Die Auffassung A. Petersons, daß die „Devil's corkscrews" fossile Baue von dem biberartigen Steneofiber sind, besitzt somit
die größte Wahrscheinlichkeit.

Parasitismus. — Fälle von echtem Parasitismus sind bei fossilen
Tieren nur außerordentlich schwer nachzuweisen. Nur ein klarer Fall
ist von L. von Graff beschrieben worden, der den Nachweis erbrachte,
daß die blasenförmigen Stielanschwellungen einzelner fossiler Crinoiden
(z. B. Millericrinus aus dem oberen Jura) von schmarotzenden Würmern
und zwar von Myzostomariern bewohnt gewesen sind, welche auch
heute noch in den Armen lebender Crinoiden schmarotzen. Solche blasen-
förmig aufgetriebene Crinoidenstiele mit den charakteristischen Wohn-
höhlen dieser Würmer sind schon aus dem Karbon bekannt.

Jene Fälle, in denen Würmer, Anthozoen, Monaxonier (bohrende
Spongien), Bohrmuscheln etc. auf und in den Schalen fossiler Con-
chylien gefunden werden, sind nicht als Beispiele von Parasitismus
zu deuten. Selbst wenn sich sicherstellen ließe, daß schon das lebende
Tier derartige Wohnungsgenossen mit sich trug, kann doch von einem
Parasitismus hier keine Rede sein, weil sich diese Wohnungsgenossen

---

[1]) O. A. Peterson, l. c., 1905, p. 139—191.

[2]) In der zwei Fuß starken Sumpfschichte mit Torfmooren an der Basis
des eiszeitlichen Lösses von Heiligenstadt in Wien ist ein Mammutschädel entdeckt worden, der mit seiner unteren Hälfte im Sumpfboden steckte, während die
obere von Löß umhüllt war. In der Schädelhöhle fanden sich zahlreiche Exemplare kleiner Nagetiere, welche den Schädelhohlraum während der der Tundren-
zeit folgenden Steppenzeit als Zufluchtsort benützten, bis der ganze Schädel von
Lößstaub verweht und zugedeckt wurde.

(A. Nehring: Fossilreste kleiner Säugetiere aus dem Diluvium von
Nußdorf bei Wien. — Jahrbuch k. k. geol. Reichs-Anst. Wien, XXIX, 1879,
p. 475).

auch in den Schalen und Gehäusen toter Konchylien, ja selbst in und auf Steinen ansiedeln.

Ebenso kann die eigentümliche Erscheinung, daß sich einzelne langstachelige Productiden aus der Steinkohlenformation an Crinoidenstielen festgeheftet zeigen, indem sie dieselben mit ihren eingerollten Stacheln umklammern, nicht als Symbiose oder als Parasitismus gedeutet werden, da es sich nur um das Festklammern an irgend einem lebenden oder toten Objekt handelt, wie das bei Planktontieren (z. B. Antennarius, Hippocampus und Phyllopteryx unter den Fischen, Spinigera unter den Schnecken) der Fall ist und weder von einem Schmarotzen noch von irgend welchen gemeinsamen Lebensinteressen die Rede sein kann.

Symbiose. — Ein Korallenstock aus dem Devon, Pleurodictyum problematicum Goldfuß (Unterdevon der Eifel) trägt stets eine in seiner Basis eingesenkte Wurmröhre. Auch in der Gegenwart ist ein derartiger Fall bekannt; auf den Korallenriffen der Molukken lebt ein Wurm, Aspidosiphon, in der Basis der Einzelkoralle Heteropsammia Michelini. Während aber hier eine Einzelkoralle vorliegt, ist Pleurodictyum ein Korallenstock; ein Analogon findet sich aber nach J. Walther bei einer Stockkoralle aus dem Tertiär der Jnsel Djûbal, in deren Basis eine dicke Wurmröhre ganz wie bei Pleurodictyum eingesenkt ist.

Ob es sich bei der stets an einem Orbitoidengehäuse angehefteten untertertiären Einzelkoralle Cycloseris patera Felix (Meneghini spec.) um einen ähnlichen Fall von Symbiose handelt, ebenso wie bei den angehefteten Arten der Gattung Cycloseris (z. B. Cycloseris ephippiata d'Arch.), möchte ich dagegen für sehr zweifelhaft halten. Viel wahrscheinlicher ist wohl die Annahme, daß auf dem Meeresboden die Gehäuse toter Orbitoiden in ungeheuren Mengen umherlagen und daß sich die jungen Einzelkorallen auf ihnen ansiedelten, weil keine anderen größeren Körper zur Anheftung vorhanden waren.

Unter diesem Gesichtspunkt sieht auch die Pleurodictyumfrage anders aus. Es ist denkbar, daß diese Koralle sich ebenso wie einzelne Cycloserisarten auf den zahlreich vorhandenen Wurmröhren anheftete und der Wurm bei weiterem Wachstum der Koralle überwuchert wurde. Das wäre aber dann kein typischer Fall einer Symbiose und es wird geraten sein, auch diesen Fall einer Symbiose bei fossilen Tieren mit einem Fragezeichen zu versehen.

Ein typischer Fall von Symbiose ist hingegen die Lebensgemeinschaft einer Hydractinie und eines Paguriden, die zuerst aus dem Eozän Ägyptens (obere Mokattamstufe) bekannt und nach dem Fundort Birket-el-Kerun „Kerunia" genannt wurde (Fig. 36). Nach mehrfachen fehlgeschlagenen Versuchen, diese Symbiose als einheitlichen

Organismus zu deuten, ist endlich von P. O p p e n h e i m 1902 ihre
wahre Natur erkannt worden.

Vor kurzem hat E. F r a a s [1]) l e b e n d e „Kerunien" beschrieben.
Es handelt sich um Hydractinia calcarea Carter von den Fidji-Inseln,
die in der Anordnung der symmetrischen Hörner und Zacken ganz
genau das Bild der Kerunia cornuta wiederholt und geradezu „als ein
Modell einer zierlichen Kerunia cornuta bezeichnet werden darf" (Fig. 37).

Während aber die fossilen Kerunien aus Hydractinien bestehen,
welche kleine Schneckenhäuser überwucherten, wird bei der rezenten
Kerunia der Kern von einer Serpula gebildet.   Die von Hydractinien
überwucherten Gastropodengehäuse dienen später als Wohnstätten von
Paguriden; E. F r a a s konnte am Strand von Ostende häufig beobachten, daß die Schale einer Natica castanea von Hydractinia echinata

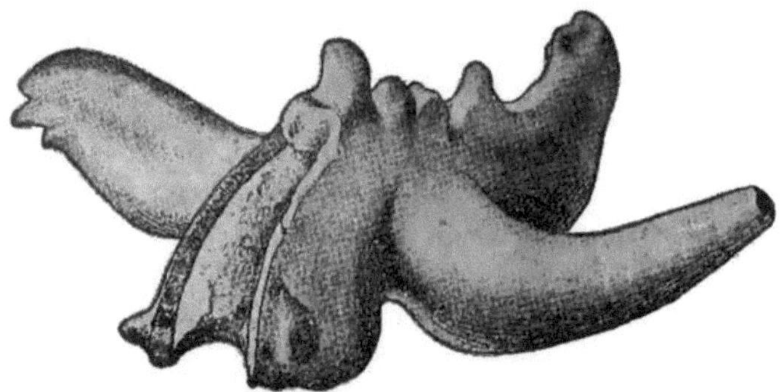

Fig. 36. Kerunia cornuta Mayer-Eymar aus dem Obereozän von Dimeh, Fayum, Ägypten.
Vorne aufgebrochen, um den Kanal zu zeigen. (Nach E. F r a a s, 1911.) Nat. Gr.

überwuchert und von Eupagurus Bernhardi bewohnt war. Die Umwallung
der Hydractinie machte aber nicht an der Mündung des Schneckenhauses
Halt, sondern wuchs in der Richtung der Wohnkammer immer weiter,
einen Kanal für den Paguriden freilassend.   Gerade in dieser Symbiose
zwischen dem Einsiedlerkrebs und der Hydractinie sieht E. F r a a s mit
Recht die Ursache für die eigentümliche Formgestaltung der Kolonie.

Spuren von Kämpfen. — Unter den Männchen lebender Säugetiere
spielen sich häufig heftige Kämpfe um den Besitz der Weibchen ab;
mitunter werden auch Weibchen in den Paarungskämpfen verletzt.

Von diesen Kämpfen wird noch später bei der Besprechung der
Angriffswaffen und Verteidigungswaffen die Rede sein; hier soll nur
kurz darauf verwiesen werden, daß auch fossile Säugetiere mitunter
deutliche Spuren stattgefundener Kämpfe erkennen lassen.   Dies ist

---

[1]) E. F r a a s: Eine rezente Kerunia-Bildung. — Verhandl. k. k. zool.
botan. Ges. in Wien, LXI. Band, Wien 1911, p. (70). — Ber. d. Sekt. f. Paläozoologie.

der Fall bei einzelnen Höhlenbären, bei welchen es allerdings in manchen Fällen nicht feststeht, ob die noch sichtbaren und wieder verheilten Verletzungen von Artgenossen oder vom Menschen herrühren; es ist ferner der Fall bei tertiären Zahnwalen, deren Schnauzen (z. B. Choneziphius planirostris Cuv. aus dem Obermiozän von Antwerpen) gebrochen und wieder verheilt sind oder eine deutliche Ausheilung einer Knochenverletzung durch Schlag zeigen.

Ganz ähnliche Verletzungen, die wieder verheilten, sind an einem Liasichthyosaurier zu beobachten, ferner an Pythonomorphen aus der Kreide Belgiens. Entweder liegen

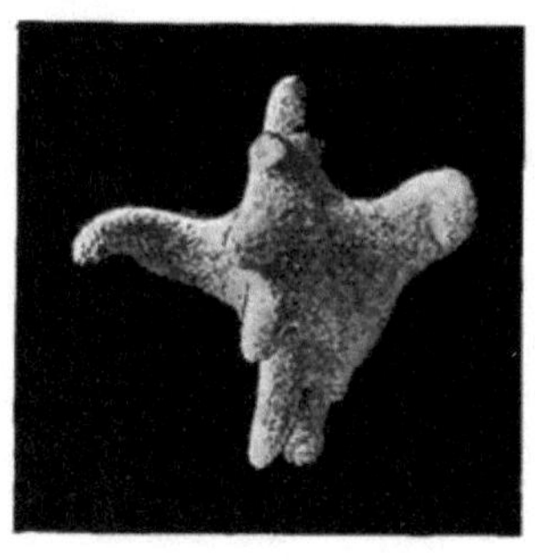
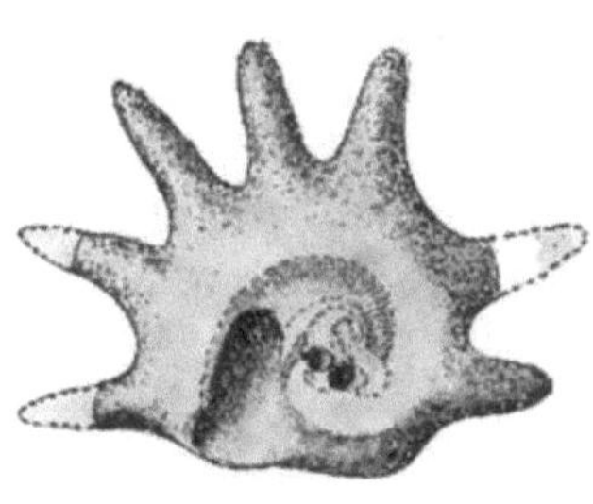

a   b

Fig. 37. a Hydractinia calcarea Carter, rezent, Fidji-Inseln. b Dieselbe aufgesägt, um die den Kern bildende Serpula und die Wohnhöhle des Pagurus zu zeigen. (Nach E. Fraas, 1911.) Nat. Gr.

die geheilten Verletzungen an der Schnauze oder am Thorax, dessen Rippen gebrochen und wieder verheilt sind.[1]

Ich halte es für wahrscheinlich, daß die schon von R. Owen 1842 beobachteten verheilten Schädelbrüche eines Schädels von Mylodon robustum als verheilte Verletzungen zu betrachten sind, welche das Tier im Paarungskampfe erlitten hat. Es hat zu dieser Zeit außer den großen Gravigraden kein Tier in Südamerika gelebt, das dem gewaltigen Mylodon diese Verletzungen beigebracht haben könnte; an die großen säbelzähnigen Tiger als Angreifer ist bei dieser Art der Verletzungen kaum zu denken. Owen hatte seinerzeit die Meinung ausgesprochen, daß die verheilten Frakturen — die eine war ganz, die zweite desselben Schädels halb verheilt — von stürzenden Baumstämmen hervorgebracht wurden, die das Tier umriß, und hat aus der Verheilung dieser schweren Wunden einen Beweis für die ungewöhnliche Lebenszähigkeit der großen Gravigraden ableiten wollen.

Manche verheilte Verletzungen sind in der Tat am ehesten Unfällen wie Stürzen und dergl. zuzuschreiben wie der verheilte Rippenbruch eines jungen, etwa einmonatlichen Höhlenbären aus der Letten-

---

[1] Plioplatecarpus Marshi (No. 1497 des Registers des Museums in Brüssel) weist mehrere gebrochene und wieder verheilte Rippen auf. Mosasaurus giganteus (No. 1559, ibidem) hat die rechte Unterkieferhälfte gebrochen und wieder verheilt (Mitteilung von L. Dollo, 1910).

maierhöhle von Kremsmünster in Oberösterreich. Ein Femur eines
etwas älteren Bären aus derselben Höhle zeigt deutliche Spuren einer
Nekrose, die durch eine Verletzung im distalen Femurabschnitt hervorgerufen worden sein mag.

Die exostotischen Verwachsungen je zweier Wirbel des Schwanz-
wirbelabschnittes bei Diplodocus Carnegiei Hatcher aus den Atlantosaurus Beds, die an zwei Exemplaren beobachtet wurden, sprechen
dafür, daß dieses gewaltige Reptil sich durch Schwanzschläge verteidigte und dabei Verletzungen erhielt.

Auch die exostotischen Veränderungen und Verwachsungen in der
Schwanzwirbelregion fossiler und rezenter Wale, die ich im Museum von
Brüssel beobachten konnte, sprechen dafür, daß diese Veränderungen
auf Verletzungen durch Schwanzschläge bei Kämpfen zurückzuführen
sind. Da derartige Wirbelverwachsungen früher nur bei rezenten Walen
bekannt waren, hielt man sie meistens für Folgen einer Harpunenver-
letzung, eine Auffassung, die nun durch das gleichartige Auftreten dieser
Erscheinung bei obermiozänen Walen widerlegt ist.

Das Skelett eines Männchens von Balaena mysticetus aus Grönland
im Brüsseler Museum zeigt Verwachsungen und Exostosen in der Lum-
bar-, Sacral- und Caudalregion und zwar sind im ganzen sieben Wirbel
von dieser Veränderung betroffen worden. Die hinteren vier sind vollständig coossifiziert und zwar sowohl untereinander als mit den zuge-
hörigen Haemapophysen, die vorne sich anschließenden drei Wirbel sind
zwar nicht untereinander verschmolzen, aber doch mit mehr oder weniger
stark entwickelten Exostosen bedeckt.

Die Lage dieser exostotischen Wirbel bei diesem Exemplar o b e r -
h a l b der Beckenregion gibt uns zugleich einen Aufschluß über die
wahrscheinliche Entstehungsgeschichte dieser Exostosen.

Wie wir noch später erörtern werden, finden bei Walen heftige
Paarungskämpfe statt, die entweder mit den Zähnen (Physeter, Ziphius,
Mesoplodon, Grampus, Monodon) oder mit Schnauzenschlägen (Chone-
ziphius) oder mit Schädelstößen (Hyperoodon) oder mit Schwanzschlägen
(Bartenwale) ausgefochten werden.

Die Mehrzahl der Verletzungen findet sich daher auf dem Schädel
(Ziphiiden) oder in der Region der Geschlechtsteile (Ziphius, Mesoplodon).
Und da die exostotischen Verwachsungen des in Rede stehenden Grön-
landswals gleichfalls in die Region oberhalb der Geschlechtsteile fallen,
so ist es wohl sehr wahrscheinlich, daß sie auf Verletzungen durch
Schwanzschläge während der Paarungskämpfe zurückzuführen sind.

Derselben Ursache möchte ich auch die verheilten Rippenbrüche
zuschreiben, welche das Skelett eines Finwals in der Sammlung des
Fürsten von Monaco zeigt. Daß die Rippenbrüche als Folgen des enormen
Wasserdruckes auf den Thorax beim Niedertauchen in größere Tiefen

anzusehen sind,[1]) ist durchaus unwahrscheinlich, zumal die Wale nach E. Racovitza [2]) nicht so tief tauchen, als vielfach angenommen wird. [3])

Exostosen sind wohl in den meisten Fällen auf traumatische Entzündungen der Knochenhaut zurückzuführen. Einer der interessantesten Fälle dieser Art, der auch in stammesgeschichtlicher Hinsicht von außerordentlichem Interesse ist, liegt bei dem ausgestorbenen Solitär oder Pezophaps solitarius Gmel. von der Insel Rodriguez bei Mauritius vor.

Das zoologische Museum in Cambridge besitzt eine größere Zahl mehr oder weniger vollständige Skelette dieses merkwürdigen Vogels.[4]) An den exostotischen Flügelknochen der Männchen und ebenso an den Hinterbeinen derselben sieht man nun zahlreiche schwere, aber wieder geheilte Brüche, von deren ethologischer und phylogenetischer Bedeutung noch später die Rede sein wird.

Fig 38. Viertes Metacarpale des Höhlenbären (Ursus spelaeus) von hinten gesehen, um die gichtischen Knochenwucherungen zu zeigen. — Bärenhöhle bei Kufstein in Tirol. — (Nach Max Schlosser, 1911.) Nat. Gr.

Exostosen an fossilen Knochen sind nicht gerade selten. So zeigt u. a. auch das Femur von Pithecanthropus erectus eine exostotische Veränderung im proximalen Abschnitte. Ähnliche Exostosen kommen auch beim Menschen vor.

Knochenerkrankungen. — Außer den bisher erörterten pathologischen Befunden an fossilen Knochen sind noch verschiedene Arten von Knochenerkrankungen an fossilen Wirbeltieren zu beobachten.

Sehr häufig sind Veränderungen infolge der Arthritis deformans, der „Gicht der Alten", an eiszeitlichen höhlenbewohnenden Tieren,

---

[1]) J. Y. Buchanan: The Oceanographical Museum at Monaco. — Nature, London, Vol. 85, Nov. 3, 1910, pag. 9. — Dieser Wal wurde bei Pietra Ligure an der italienischen Riviera im September 1896 verendet an die Küste getrieben und zeigt an der linken Seite seines Thorax (l. c., Fig. 6) zahlreiche verheilte Rippenbrüche. Man hat dieselben als Folgen eines Zusammenstoßes mit einem Dampfer ansehen wollen, aber diese Deutung ist ebenso unwahrscheinlich wie die, daß der Wasserdruck den Brustkasten beim Tauchen in größere Tiefe eingedrückt hat.

[2]) E. Racovitza: Cétacés. — Expédition Antarctique Belge. — Anvers, 1902, p. 17—19. Die größte Tiefe, bis zu welcher die Wale tauchen können, ist nach Racovitza etwa 100 m.

[3]) W. Kükenthal: Die Wale der Arktis. — Fauna Arctica. — Bd. I, Lief. 2, 1900, p. 197 gab an, daß die Wale bis zu 1000 m Tiefe tauchen können.

[4]) A. Newton and E. Newton: On the Osteology of the Solitaire or Didine Bird of the Island of Rodriguez, Pezophaps solitaria (Gmel.) — Phil. Transact. London, Vol. 159, 1870 (Vol. for. 1869), p. 327—362. — E. Newton and J. W. Clark: On the Osteology of the Solitaire (Pezophaps solitaria, Gmel.). — Ibidem, Vol. 168, 1879, p. 438—451.

namentlich an Knochen des Höhlenbären (Fig. 38) zu beobachten. Auffallend häufig sind Finger- und Zehenknochen des Höhlenbären arthritisch
deformiert. R. Virchow hat zuerst diese
Erscheinungen näher studiert und den Höhlenbären das wahre Objekt dieser Krankheit genannt. Leider hat er auch die morphologischen
Unterschiede des Homo primigenius gegenüber
den jetzt lebenden Menschen als Folgeerschei-

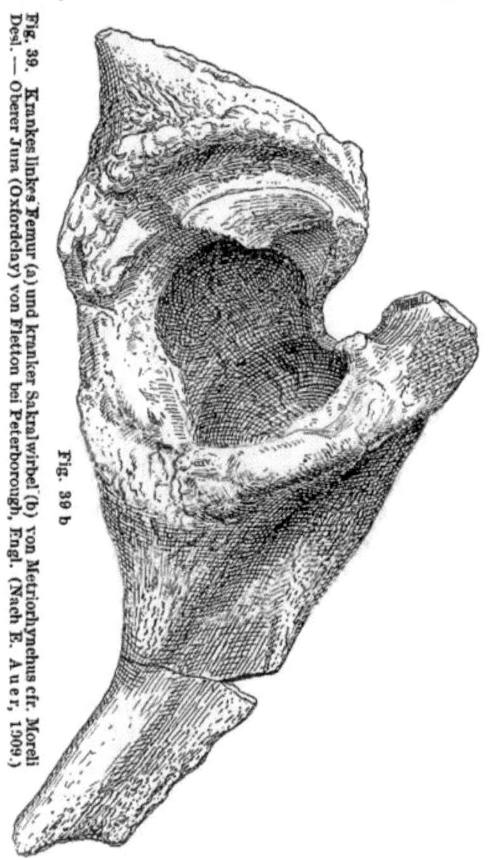

Fig. 39. Krankes linkes Femur (a) und kranker Sakralwirbel (b) von Metriorhynchus cfr. Moreli Desl. — Oberer Jura (Oxfordclay) von Fletton bei Peterborough, Engl. (Nach E. Auer, 1909.)

Fig. 39 b

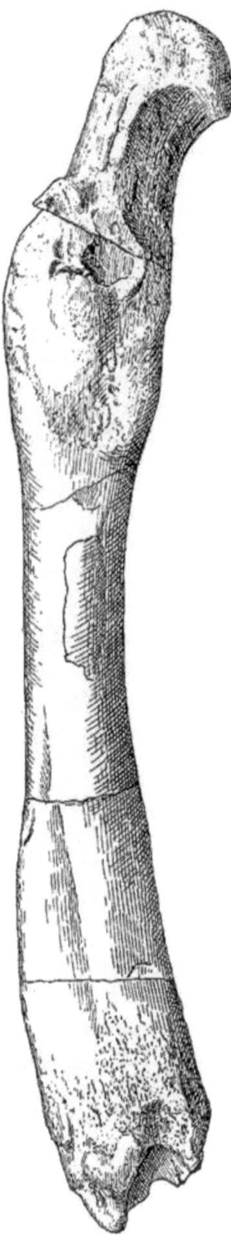

Fig. 39a (¹/₂ Nat. Gr.)

nungen dieser Gicht erklärt, an welcher der
„Neandertaler" gelitten haben soll; davon
kann keine Rede mehr sein.

Rhachitis ist bisher nur bei Affen aus
altägyptischen Mumiengräbern nachgewiesen,
aber bei fossilen Tieren noch nicht beobachtet worden.

Dagegen sind Knochen mit Anzeichen tuberkulöser Er-

k r a n k u n g e n bei einem Huftier aus dem Tertiär Frankreichs
beobachtet worden.

Welcher Erkrankung die pathologischen Veränderungen des Femur
und des Sakralwirbels eines Exemplars von Metriorhynchus cfr. Moreli
Desl. aus dem Oxfordclay von Fletton in England zuzuschreiben sind,
sind, ist noch nicht sichergestellt. Aus den tiefen Löchern, die an
den verdickten Stellen der beiden Knochen zu beobachten
sind, geht hervor, daß hier e i t e r i g e P r o z e s s e vor
sich gegangen sind. Vielleicht handelt es sich auch hier um
Nekrose (Fig. 39).

Fossile Knochen zeigen sehr häufig jene Veränderung der Form
und Struktur, die als P a c h y o s t o s e oder H y p e r o s t o s e
bezeichnet zu werden pflegt. Diese Veränderungen sind bei einzelnen
Gruppen von funktioneller Bedeutung, wo es sich um die Ausbildung
eines inneren Körperpanzers als Schutz gegen die Brandung etc.
handelt.

Unter den lebenden Sirenen besitzt nur der Dugong pachyostotische
Knochen. Bei den fossilen Halicoriden ist aber die Pachyostose des
Skelettes weit stärker gewesen und hat fast alle Knochen ergriffen.
Während bei der primitiven
Sirene Eotherium aegyptiacum
Owen aus der mitteleozänen
unteren Mokattamstufe Ägyptens
nur der vordere Teil des Thorax
und die vorderen Rippen neben
anderen Skelettelementen (Schulterblatt, Schädel, Unterkiefer)
pachyostotisch verändert sind,
hat die Pachyostose bei der
jüngeren Eosiren libyca Andrews
bereits auf die hinteren Wirbel
und die hinteren Rippen über-
gegriffen und schreitet bei Halitherium und Metaxytherium im
Oligozän und Miozän noch weiter

Fig. 40. Pachyostotischer Wirbel von Pachyacanthus
Suessi Brandt, einem Bartenwal aus dem Obermiozän
(sarmatische Stufe) von Wien. (Phot. von Ing.
F. Hafferl.) (1/2 Nat. Gr.)

fort, um bei dem pliozänen Felsinotherium das Maximum zu erreichen.

Dieselbe Erscheinung zeigen die als Pachyacanthus Suessi Brandt[1])

---

[1]) J. F. B r a n d t: Untersuchungen über die fossilen und subfossilen
Cetaceen Europas. — Mém. Acad. St. Pétersbourg, (VII), XX, No. 1, Petersburg
1873. — Ergänzungen, ibidem, XXI, No. 6, 1874.

beschriebenen Bartenwale[1]) der sarmatischen Stufe des Wiener Beckens. Die ersten Anfänge der Wirbel- und Rippenpachyostose sind schon an Cetotherien der Leithakalkbildungen zu beobachten, wie u. a. ein Wirbel im Wiener Hofmuseum zeigt. Auch hier handelt es sich um eine Knochenerkrankung, die später von funktioneller Bedeutung geworden ist.

Ebenso sind auch die Knochen der Sauropterygier pachyostotisch verändert;   schon Proneusticosaurus [2]) zeigt diese Erscheinung sehr deutlich und zwar besitzen die Wirbel dieses Sauropterygiers eine auffallende Ähnlichkeit mit den Wirbeln von Pachyacanthus infolge der eigentümlich birnförmig angeschwollenen Wirbelfortsätze (Neurapophysen und Diapophysen). Auch bei vereinzelten fossilen Fischen, z. B.

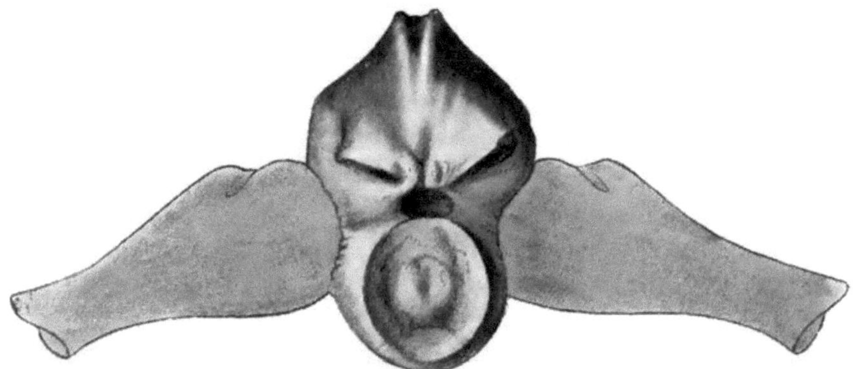

Fig. 41. Zweiter Sakralwirbel mit den Sakralrippen von Proneusticosaurus silesiacus Volz aus dem Muschelkalk (Mitteltrias) von Gogolin in Schlesien. Von hinten gesehen. — (Nach W. V o l z, 1902.) ³/₂ Nat. Gr.

bei Caranx carangopsis[3]) aus der sarmatischen Stufe des Wiener Beckens sind pachyostotische Knochenveränderungen beobachtet worden.

---

[1]) B r a n d t hatte Pachyacanthus zuerst ganz richtig als einen Bartenwal erkannt. P. J. V a n B e n e d e n wandte sich gegen diese Auffassung (Les Pachyacanthus du Musée de Vienne. — Bull. Acad. Roy. Belg., (2), XL, No. 9 et 10, 1875, p. 1—20) und erklärte, daß Pachyacanthus ein Mixtum compositum aus zwei verschiedenen Tieren sei und zwar zum Teil aus Zahnwalresten sowie aus Wirbeln und Rippen einer Sirene bestehe. Ich hatte diese Auffassung früher geteilt, muß aber jetzt nach genauerem Studium der Reste mit aller Entschiedenheit B r a n d t recht geben. Pachyacanthus ist sicher ein Bartenwal, der aus Cetotherium hervorgegangen ist, bei dem gleichfalls, aber ganz vereinzelt, Pachyostosen der Wirbel auftreten. Die Gattung Pachyacanthus repräsentiert einen kranken, aus Cetotherium hervorgegangenen Bartenwalstamm. Ich werde in nächster Zeit diese Frage an anderer Stelle eingehend erörtern.

[2]) W. V o l z: Proneusticosaurus, eine neue Sauropterygiergattung aus dem unteren Muschelkalk Oberschlesiens. — Palaeontographica XLIX., 1902, p. 121.

[3]) F. S t e i n d a c h n e r: Beiträge zur Kenntnis der fossilen Fischfauna Österreichs. — Sitzungsber. k. Akad. d. Wiss. Wien, 1859, XXXVII, p. 685 bis 694, Taf. V—VII. — E. S u e s s, Antlitz der Erde, I. Bd., p. 457. (Anmm. zu Abschnitt IV).

Erkrankungen der Kieferknochen durch Z a h n f i s t e l n sind bei fossilen Wirbeltieren relativ selten zu beobachten.

Ein Schädel von Eosiren libyca Andr. aus der oberen Mokattamstufe Ägyptens (oberes Mitteleozän oder Obereozän) besitzt im rechten Zwischenkiefer .eine Zahnfistel, die eine schwere Eiterung des Kiefers und eine weitgehende Verschiebung des Stoßzahnes zur Folge gehabt hat.[1]

Dagegen ist Z a h n k a r i e s verhältnismäßig häufig zu beobachten und z. B. bei Mastodon beschrieben worden. Auch Höhlenbärenzähne zeigen kariöse Erkrankungen, wie einzelne Mahlzähne von Ursus spelaeus aus der Lettenmaierhöhle bei Kremsmünster. Auch bei Mosasaurus ist Karies von L. Dollo beobachtet worden.[2]

Todeskampf. — Wenn auch die Mehrzahl der im versteinerten Zustande überlieferten fossilen Tiere als Leichen in das Gestein gelangt sind, so sind doch viele Fälle bekannt, in welchen die Tiere lebend vom zähen Schlamm des Untergrundes festgehalten oder von Gestein plötzlich überdeckt wurden und so einen raschen Tod fanden.

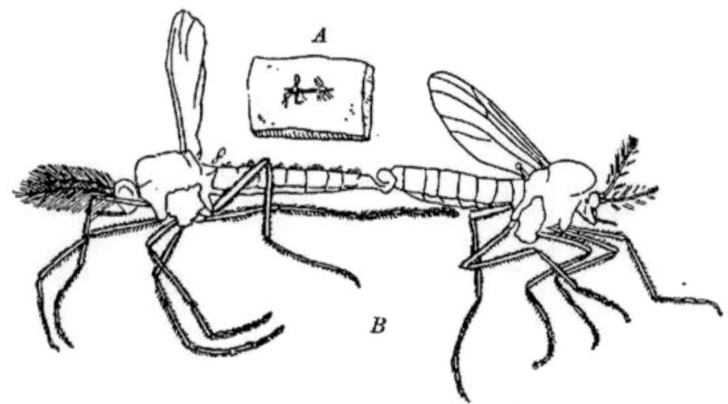

Fig. 42. Zwei Dipteren (Chironomus Meyerl, Heer), ♂ und ♀ in Kopula. — Aus dem Bernstein von Ostpreußen. (Nach E. v o n S t r o m e r, 1909.) A nat. Gr., B vergr.

Nicht immer ist der Tod so rasch eingetreten wie bei den in Kopulation befindlichen kleinen Dipteren, die ein herabfließender Harztropfen umhüllte und tötete. Weit häufiger sind die Spuren eines längeren Todeskampfes zu beobachten und das ist namentlich bei Meerestieren der Fall, die von Wellen auf den Strand geworfen wurden und dort verendeten, aber auch bei Landtieren, welche entweder verschüttet wurden wie die vierundzwanzig Aëtosaurier aus dem Stubensandstein bei Stuttgart oder auf einer zähen, klebrigen Schlammschichte haften blieben, von der sie sich nicht mehr befreien konnten.

---

[1] Das Original ist Eigentum des Museums des kgl. bayrischen Staates in München. Es wurde von Prof. E. v o n S t r o m e r gesammelt.

[2] Bei Mosasaurus giganteus, No. 1503 des Brüsseler Museums zeigt der linke Unterkieferast kariöse Zähne und Vereiterungen des Kiefers.

Der letztere Fall ist bei verschiedenen Tieren aus dem lithographischen Schiefer in klarer Weise zu verfolgen.

Bei Kelheim wurde ein kleiner Lacertilier in den Plattenkalken
gefunden, der auf der Oberfläche einer 37 mm dicken Kalkplatte liegt.
Zuerst sank das Tier in den weichen, zähen Schlamm ein, doch gelang es
ihm noch, sich durch eine heftige Anstrengung emporzuschnellen und nach

Fig. 43. Limulus Walchi, ein Verwandter des Molukkenkrebses aus dem oberen Jura von Blumen-
berg bei Eichstätt in Bayern mit Spuren des Todeskampfes vor dem Verenden: Abdrücke des Telsons
im zähen Kalkschlamm, der zum Plattenkalk erhärtete. (Nach einer Photographie von Prof. Dr.
J. Schwertschlager in Eichstätt, Bayern.) 1/2 Nat. Gr.

der rechten Seite herüberzuwerfen, wobei es aber mit den linksseitigen
Extremitäten noch tiefer in den Schlamm geriet, so daß es sich nicht mehr
befreien konnte.[1)] Der Kalkschlamm war von so zäher Beschaffenheit,

____

[1)] A. Rothpletz: Über die Einbettung der Ammoniten in die Solnhofener
Schichten. — Abhandl. kgl. bayr. Akad. d. Wiss., München, II. Kl., XXIV.
Bd., II. Abt., 1909, Taf. I, Fig. 5.

daß uns der erste Abdruck des mit dem Tode kämpfenden Tieres auf der Platte erhalten blieb.

Sehr häufig findet man in den bayrischen Plattenkalken Exemplare von Limulus, die vor dem Verenden noch eine Zeitlang auf dem feuchten Schlamm umherliefen, aber endlich kleben blieben, als der in der Sonne trocknende Schlamm zäh wurde. Wiederholt sind solche Merostomen (Limulus Walchi Desm.) gefunden worden, die vor dem Tode mehrmals mit ihrem kräftigen Telson auf den Schlamm geschlagen hatten, ohne daß es ihnen gelungen war, sich zu retten.

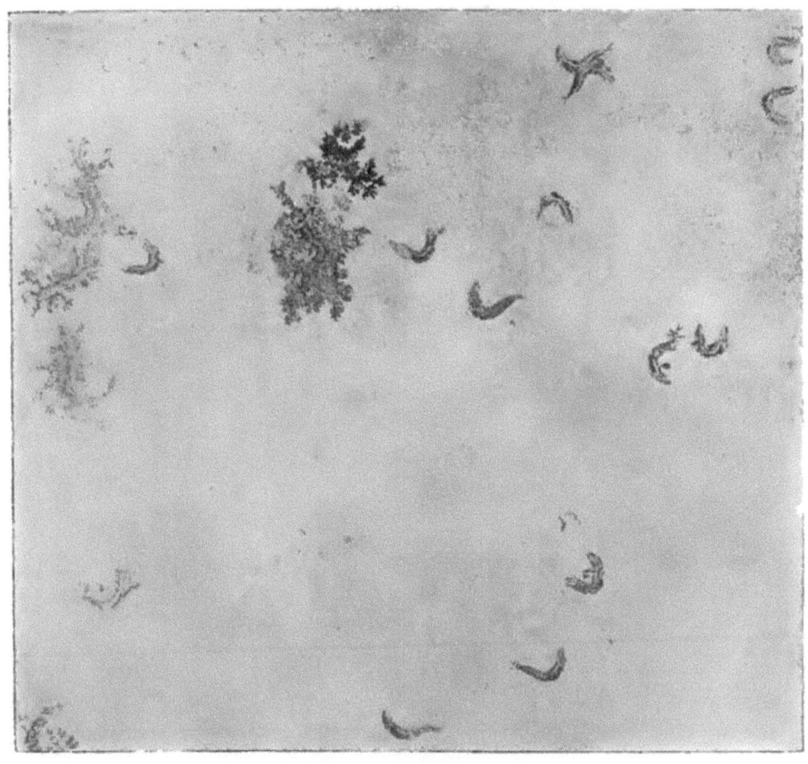

Fig. 44. Leptolepis sprattiformis Agass., im Todeskampf gekrümmt. — Aus dem oberen Jura von Solnhofen, Bayern. — Original im Senckenberg. Mus. zu Frankfurt am Main. (Photogr. von Dr. F. Drevermann.) Stark verkleinert.

Die zahlreichen Funde des kleinen Fisches Leptolepis sprattiformis Ag. — der häufigste Fisch der bayrischen Plattenkalke — beweisen, daß er in großen Schwärmen das Meer bevölkerte. Meist findet man sie paarweise beisammen, wie das auch bei einem ♂ und ♀ von Spathobathis mirabilis Wagner beobachtet worden ist, die einige Meter getrennt voneinander schwammen, das Männchen voran, bis das Wasser ablief und beide Fische den Tod fanden.

Einzelne große Platten, wie die prachtvolle Tafel des Senckenbergischen Museums (Fig. 44), enthalten einen ganzen Schwarm der kleinen Leptolepis. Alle Leichen sind stark gekrümmt, eine Erscheinung, welche bei Fischen im Todeskampf häufig eintritt. Auch Eugnathus microlepidotus Ag. aus den Plattenkalken zeigt öfters Spuren des Todeskampfes in der starken Körperkrümmung und Verschiebung der Schlammasse.[1])

Fig. 45. Gehäufte Leichen von Semionotus capensis A. Smith-Woodward aus der Karooformation der Kapkolonie. Original im Senckenberg. Museum zu Frankfurt a. M. (Phot. von Dr. Fr. Drevermann.) Stark verkleinert.

Auch Insekten sind lebend in den Kalkschlamm gelangt, der später zum lithographischen Schiefer erhärtete und ein kleines Insekt hat in heftigem Todeskampf durch die Schwirrbewegung seiner Flügel einen

[1]) J. Walther: Die Fauna der Solnhofener Plattenkalke. Bionomisch betrachtet. — Jenaische Denkschriften, IX. Band, Festschrift für E. Haeckel, 1904, p. 177.

Trichter im Schlamm ausgespült, der von zarten Wellenlinien umkreist wird.[1]

Auch in älteren Ablagerungen, wie in fischführenden Schiefern aus der Triasformation der Alpen, z. B. in Seefeld in Tirol, Raibl in Kärnten und Lunz in Niederösterreich sind an den Leichen kleiner Pholidophoriden und an einem Semionotus (aus Lunz) Spuren des Todeskampfes in der starken Krümmung des Körpers zu beobachten. Dieser Semionotus wurde mit einem Schwarm von Halobienbrut an das Ufer geworfen, wo die verendenden kleinen Muscheln im Tode ihre Klappen öffneten und fast alle derart orientiert sind, daß die konvexe Schalenseite nach unten gekehrt ist.[2]

Die prächtig erhaltenen zwölf Leichen von Semionotus capensis A. S. Woodw. auf einer Sandsteinplatte der Karooformation der Kapkolonie sind entweder als Leichen eingeschwemmt oder lebend ans Ufer geworfen worden. Für die letztere Annahme spricht namentlich die große Zahl der Fischleichen; der hohe Körperquerschnitt verhindert eine gekrümmte Bauch- oder Rückenlage bei ans Ufer geworfenen Fischen, während schlanke Fische sich im Todeskampf krümmen.

Daß derartige Feststellungen auch für den Geologen von großer Wichtigkeit sind, da sich auf diese Weise mit Sicherheit die Strandnatur der betreffenden Ablagerung nachweisen läßt, weil solche Erscheinungen nur in der Schorre auftreten, mag hier nebenbei erwähnt werden.

---

[1] J. Walther: Ibidem, p. 203.
[2] O. Abel: Jahrb. k. k. geol. R. A., 56. Bd., Wien, 1906, p. 13.

III.

Die Wirbeltiere im Kampf mit der Außenwelt.

Die Einwirkung der Außenwelt auf den Organismus.

Jeder lebende Organismus steht in schwerem Kampfe mit der Außenwelt; fast unübersehbar ist die Zahl der verschiedenartigen Faktoren und Reize, welche auf ihn einwirken. Hitze und Kälte, Feuchtigkeit und Trockenheit, Nahrungsüberfluß und Nahrungsmangel, Licht und Dunkelheit, Leben in übervölkerten Gebieten und Isolierung auf Inseln, Überfluß oder Mangel an Feinden sind je zwei Pole, zwischen denen sich das Leben abspielt und die gleichzeitig die Extreme der Existenzmöglichkeiten bilden.

Verschieben oder verändern sich allmählich die Faktoren, welche in ihrer Gemeinsamkeit das Milieu bilden, in dem ein tierischer Organismus lebt, so findet eine Reaktion desselben statt, die in dreierlei Weise verlaufen kann. Entweder geht das Tier infolge Veränderung seiner Existenzbedingungen zugrunde oder es wandert in Gebiete aus, in denen es die alten Existenzbedingungen wiederfindet oder es paßt sich an die veränderten Existenzbedingungen an.

Es gibt einzelne Milieus, in denen sich die Existenzbedingungen seit sehr langen Zeiträumen nicht wesentlich verändert haben und die gewissermaßen Refugien für die in ihnen lebenden Tiere bilden. Solche Refugien sind beispielsweise die Inseln des indomalayischen Archipels, wo sich mit geringen Veränderungen eine Säugetierfauna in ähnlicher Gruppierung findet, wie sie in der Miozänzeit Europa bewohnte; ein anderes Refugium ist Innerafrika, wo sich Tiergruppierungen erhalten haben, wie wir sie aus dem eurasiatischen Pliozän kennen und ein drittes Refugium sind die zentralasiatischen Steppen, welche zum Teile noch dieselben Arten beherbergen, welche die eiszeitlichen Steppen Mitteleuropas bewohnten. Nur in dem indomalayischen Archipel und in Zentralamerika hat sich der im Jungtertiär in Eurasien und Nordamerika weitverbreitete Tapir bis zum heutigen Tag erhalten können.

Es wäre fehlerhaft, in derartigen überlebenden Typen alten Gepräges besonders starke und widerstandsfähige Arten zu erblicken. Sie sind im Gegenteile als w i d e r s t a n d s s c h w a c h e   o d e r   v e r - w e i c h l i c h t e Arten und Artengruppen anzusehen, die überall dort

verschwunden sind, wo sich ihre Existenzbedingungen verschoben und
verändert haben. Nur widerstandsfähige oder abge-
härtete Typen vermögen sich den geänderten Existenzbedingungen
anzuschmiegen oder anzupassen.

Eine Anpassung an bestimmte Existenzbedingungen ist nicht immer, aber in der Regel
von charakteristischen Formveränderungen der
Organe begleitet. Sie betrifft nicht nur einzelne
Organe, sondern oft eine ganze Reihe derselben.

Die Anpassungen an eine bestimmte Lebensweise, beispielsweise
an das Leben auf dem Meeresboden, sind bei den Tieren der Gegenwart
nicht gleichartig ausgebildet, sondern graduell verschieden. Während
wir unter den Fischen aus verschiedenen Familien und Ordnungen, bei
welchen diese Lebensweise zu einer Abflachung des Körpers von unten
nach oben und zu einem entsprechenden Breitenwachstum führt, einzelne
Typen kennen, die erst die Anfänge dieser Anpassung zeigen, ist diese
Umformung bei den Rochen auf eine derart hohe Stufe gelangt, daß
wir von einem „idealen Anpassungstypus" dieser depressiformen Fische sprechen können.

Wir können also verschiedene Grade oder
Stufen einer Anpassung unterscheiden. Die Klar-
stellung der zeitlichen und genetischen Folge
dieser Anpassungsgrade ist eine der wichtigsten
Aufgaben der Paläobiologie.

Dieselben Lebensgesetze, welche heute gelten, haben zu allen Zeiten
der Erdgeschichte die Umformung der Lebewesen beeinflußt. Die
Anpassung an das Leben auf dem Meeresboden, die bei einer Anzahl
lebender Typen zur Ausbildung des depressiformen Körpertypus führt
oder geführt hat, ist schon in der Silurformation an einzelnen Gattungen
wie Thelodus, Lanarkia und Ateleaspis nachzuweisen.

Die Paläobiologie hat die Aufgabe, die Lebensweise der Tiere aus
früheren Erdzeitaltern zu ermitteln. Das ist im wesentlichen nur in
der Form von Analogieschlüssen möglich und es muß daher die
wichtigste Aufgabe des Paläobiologen sein, die
Lebensweise und die dadurch bedingten Anpassungen der lebenden Tiere sorgfältig zu ermitteln, um aus ihnen einen Rückschluß auf
die fossilen Formen ziehen zu können.

Aus diesen Überlegungen ergibt sich weiters, daß eine Trennung
der Ethologie der lebenden Formen einerseits und der fossilen Formen
anderseits ein Unding ist, das sich nicht einmal durch das vielfach
mißbrauchte Wort von der Arbeitsteilung rechtfertigen läßt. Ebensowenig wie der Paläontologe imstande ist, ohne Kenntnis der Ethologie

der lebenden Formen die Ethologie der fossilen zu ermitteln, ist der Zoologe imstande, zu einem tieferen Verständnis der Anpassungen der lebenden Formen zu gelangen, wenn er die so überaus mannigfaltig angepaßten fossilen Tiere aus dem Kreis seiner Betrachtungen ausschaltet.

Dieser neu aufstrebende Zweig der Zoologie hat eine grundlegende Voraussetzung: die Anpassungen werden provoziert durch die von der Außenwelt auf den Organismus ausgeübten Reize, und zwar reagiert der Organismus auf diese Reize in ganz bestimmter Weise, die sich aber je nach der Organisation des von den Reizen betroffenen Tieres in verschiedener Form und in verschieden weiten Grenzen äußert.

DieseVoraussetzung beruht auf einer großen Summe von Erfahrungen über den Zusammenhang der Lebensweise mit den Anpassungen an dieselbe bei lebenden Tieren.

Die durch die Lebensweise bedingten Reize der Außenwelt, welche die Anpassungen provozieren, sind verschiedener Natur und lassen sich in folgender Weise gruppieren:

I. Mechanische Reize. (Beispiele von Lebensweisen, bei denen mechanische Reize auf den Organismus einwirken: Schwimmen, Kriechen, Schlängeln, Schieben, Schreiten, Laufen, Springen, Klettern, Graben, Fliegen; harte und weiche Nahrung; Leben auf dem Meeresboden oder in der Hochsee; Leben in starker Brandung oder in ruhigen Buchten; Leben in rasch fließenden Gießbächen oder in ruhigen Seen u. s. f.)

II. Wärmereize. (Beispiele von Lebensweisen, bei denen Wärmereize auf den Organismus einwirken: Leben in den Tropen oder in zirkumpolaren Regionen; Leben in der Niederung oder auf Hochgebirgen; Leben in der tropischen Hochsee oder in der tropischen Tiefsee u. s. f.)

III. Optische Reize. (Beispiele von Lebensweisen, bei denen optische Reize auf den Organismus einwirken: Leben in der euphotischen oder in der dysphotischen oder in der aphotischen Region des Meeres; Leben im Schlamm, im Schlammwasser, unter der Erde und in Höhlen; Tagleben und Nachtleben u. s. f.)

IV. Chemische Reize. (Beispiele von Lebensweisen, bei denen chemische Reize auf den Organismus einwirken: Leben im Salzwasser, Brackwasser und Süßwasser; die Beschaffenheit und chemische Zusammensetzung der Nahrungssubstanzen bei carnivorer, herbivorer oder omnivorer Nahrungsweise; Atmung unter Wasser und Atmung in der Luft u. s. f.)

V. Biologische Reize. (Beispiele von Lebensweisen, bei denen biologische Reize auf den Organismus einwirken: Kämpfe mit Feinden und Futtertieren; Kämpfe unter den Männchen um den Besitz der Weibchen; Kämpfe mit Parasiten und organischen Krankheitserregern; Kämpfe mit Artgenossen oder Rivalen um die gleiche Nahrung u. s. f.)

Der widerstandslose oder widerstandsschwache Organismus vermag auf derartige Reize der Außenwelt nicht zu reagieren; der widerstandsfähige und widerstandsstarke Organismus reagiert, indem seine Organe entsprechend den auf sie einwirkenden Reizen verändert und „angepaßt" werden.

Die „Anpassung" oder „Adaptation" kann somit als ein biologischer Vorgang angesehen werden, der eine Reaktion auf die von der Außenwelt auf den Organismus einwirkenden Reize darstellt.

Aber auch der Anpassungs zustand, in dem sich ein Organ oder Organismus befindet, wird in der Regel schlechthin als „Anpassung" bezeichnet.

Mit Rücksicht auf die verschiedenartige Abgrenzung des Begriffes „Anpassung" ist es notwendig, diese Definition so präzise als möglich zu formulieren, wofür ich folgenden Vorschlag mache:[1]

Anpassung nennen wir jene durch die Lebensweise provozierte Veränderung der Organe, welche ein dem Milieu entsprechendes Funktionieren derselben ermöglicht.

Drei Faktoren sind es vor allem, welche die Anpassungen der Wirbeltiere in entscheidender Weise bedingen und bedingt haben: Der Aufenthaltsort, die Bewegungsart und die Nahrungsweise.

---

[1] In der Sektion für Paläontologie und Abstammungslehre der k. k. zoologisch-botanischen Gesellschaft in Wien fand am 20. November 1909 ein Diskussionsabend über die Frage statt, was unter „Anpassung" zu verstehen sei. In dieser Sitzung wurde nach lebhafter Diskussion von R. von Wettstein folgende Formulierung vorgeschlagen:

„Anpassung ist das Resultat eines biologischen Vorgangs, beziehungsweise der Vorgang selbst, der einen unter den jeweilig obwaltenden Verhältnissen funktionsgemäßen Bau des Organismus zur Folge hat."

1. Die Anpassungen an die Bewegungsart.

Schwimmen.

Die verschiedenen Lokomotionsarten der schwimmenden Wirbeltiere. — Als der Typus des vorzüglichsten Schwimmers hat seit jeher der Fisch gegolten.

Wenn wir eine Bachforelle beobachten, wie sie aus der ruhig zuwartenden und beobachtenden Stellung, den Kopf stromaufwärts gerichtet, plötzlich pfeilschnell wendet und einer auf der Oberfläche des Wassers stromabtreibenden Fliege nacheilt, so sehen wir deutlich, daß diese rapide Bewegung durch starke, seitlich ausgeführte Schläge der vertikal stehenden Schwanzflosse erzielt und von einer schlängelnden Bewegung des Körpers in Form einer halben 8 in der Horizontalebene unterstützt wird.

Wenn auch diese Lokomotionsart unter den Fischen die weitaus häufigste ist, so ist sie doch keineswegs die einzige Form der Fortbewegung im Wasser.

Während bei der Forelle die Rücken- und Afterflosse als richtunghaltende Kiele und die Brust- und Bauchflossen als Balancier- und Steuerapparate wirken, so gibt es doch Fälle, in denen die Schwanzflosse ihre Bedeutung als Lokomotionsapparat verloren hat und entweder die Brustflossen allein (Rochen) oder die Rückenflosse allein (Seenadeln, Gymnarchus) oder die Afterflosse allein (Notopterus, Gymnotus) oder die Rückenflosse und Afterflosse zusammen (Pleuronectiden) zu Lokomotionsorganen geworden sind.

Dabei wird entweder auch der ganze Körper in wellenförmige Bewegungen versetzt (z. B. bei den Rochen und Schollen) oder der Körper bleibt steif und nur die Flossen werden in raschen Wellen bewegt (z. B. Seenadeln, Gymnarchus, Notopterus, Gymnotus).

Nur äußerst selten werden die paarigen Flossen der Fische als Ruder benützt. Ein Beispiel derartiger Funktion bietet der Stichling (Gastrosteus), der sich wohl vorwiegend durch Lateralschläge seiner Schwanzflosse vorwärts bewegt, aber doch auch imstande ist, sich durch äußerst rasche schraubenförmige Drehungen der Brustflossen sehr schnell vorwärts und rückwärts zu bewegen.

Diese Lokomotionsart durch Ruderschläge der Brustflossen ist aber bei den Fischen nur gelegentlich zu beobachten und ist niemals das ausschließliche Fortbewegungsmittel.

Bei den Fischen steht die Schwanzflosse immer vertikal, das heißt, sie fällt mit der Symmetrieebene des Körpers zusammen. Das gleiche gilt auch für die Hautsäume des Molchschwanzes und die häutigen Schwanzflossen der schwimmenden Reptilien der Gegenwart und Vorzeit (Ichthyosaurier, Thalattosuchier, Pythonomorphen, Hydrophinen u. s. f.).

Dagegen steht die häutige Schwanzflosse der Wale, Seekühe und Biber horizontal. Ihre Funktion ist aber bei diesen drei Gruppen total verschieden und auch die Hinterflossen der Seehunde, welche einen physiologischen Ersatz der häutigen Schwanzflosse bilden, funktionieren wieder anders als die Schwanzflossen der Wale, Seekühe und Biber.

Bei einigen Gruppen der Amphibien (Wassermolche), Reptilien (Teleosauriden, Metriorhynchiden) und Säugetieren (Potamogale, Myogale, Ichthyomys) wird die Lokomotion gleichzeitig von der Schwanzflosse oder dem Schwanz und von den Hinterbeinen übernommen, während die Vorderbeine nur die Aufgabe haben, den Körper zu balancieren.

Wieder andere Gruppen der schwimmenden Wirbeltiere bewegen sich ausschließlich durch Ruderschläge der zu Flossen umgewandelten Gliedmaßen fort, während der Schwanz entweder verkümmert ist oder ganz fehlt, jedenfalls aber bei der Lokomotion keine Rolle mehr spielt. Beispiele für diese Art des Schwimmens sind die Meeresschildkröten, die Sauropterygier (z. B. Plesiosaurus), die Frösche, die Pinguine, Ohrenrobben und das Walroß.

Die Schwimmvögel (z. B. Schwäne) bewegen sich durch abwechselnde Ruderschläge ihrer zu Flossen umgewandelten Füße fort.

Endlich kennen wir schwimmende Wirbeltiere, bei welchen weder eine Schwanzflosse ausgebildet ist noch paarige Gliedmaßen vorhanden sind, die als Ruder wirken könnten und welche doch ausgezeichnet zu schwimmen vermögen. Das sind die schlangenförmigen Typen, welche wir ebensowohl unter den Fischen wie unter den Stegocephalen, den Amphibien und Reptilien finden und jeder, der einmal eine Ringelnatter schwimmen gesehen hat, wird zugeben müssen, daß sie als geschickte Schwimmerin zu bezeichnen ist.

Wir sehen also, daß die Lokomotion der schwimmenden Wirbeltiere in sehr verschiedener Weise erfolgt. Körperform und Körperbau stehen in inniger Wechselbeziehung zu der Lokomotionsart und wir haben nunmehr die Aufgabe, die Anpassungen an das Schwimmen näher zu untersuchen, um daraus die Gesetzmäßigkeit dieser Veränderungen abzuleiten, die ebensowohl für die Schwimmtiere der Gegenwart wie für jene der Vorzeit gilt.

Funktion der Schwanzflosse der Fische. — Die stets vertikal stehende Schwanzflosse der Fische wird durch Muskelkontraktionen in einer Ebene bewegt, die senkrecht zur vertikalen Symmetrieebene des Körpers steht.

Entweder ist nun die am Ende des Körpers stehende Schwanzflosse symmetrisch oder asymmetrisch geformt. Im ersten Falle wird
durch die Lateralschläge der Flosse der Fisch in der Richtung seiner
Körperachse weiter getrieben; ist die Flosse aber asymmetrisch geformt,
so daß z. B. der obere Teil der Flosse größer und länger ist als der untere,
so fällt die resultierende Lokomotionsrichtung nicht mit der Körperachse
zusammen, sondern der Fisch wird mit dem Kopfe nach unten in das
Wasser getrieben. Umgekehrt verläuft die resultierende Bewegungsrichtung, wenn der untere Teil der Schwanzflosse größer und länger
ist als der obere; in diesem Falle wird der Fisch durch den Lateralschlag
der Flosse mit dem Kopfe nach oben schräg in das Wasser getrieben
und kann sogar aus dem Wasser geworfen werden, wie das bei dem fliegenden Schwalbenfisch (Exocoetus) der Fall ist.

Wir nennen die Funktion der symmetrisch geformten Schwanzflosse, die dem horizontal im Wasser stehenden Fisch eine horizontale
Bewegungsrichtung mitteilt, eine i s o b a t i s c h e. Isobatisch funktionieren nicht nur die spitz endenden Schwanzflossen, sondern auch
die Fächerflossen, ob sie nun gerade abgestutzt, bogig abgerundet oder
gabelig ausgezackt sind (Fig. 46, b, c, d).

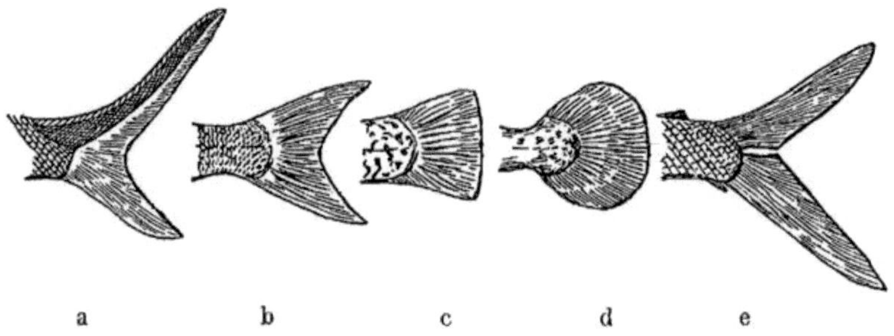

Fig. 46. Epibatische, (a) isobatische (b, c, d) und hypobatische (e) Schwanzflossentypen.

Die asymmetrischen Schwanzflossen, deren oberer Teil größer und
länger ist als der untere (z. B. Fuchshai, Stör), deren Wrickbewegung
in der Horizontalebene den Fisch schräge nach abwärts treibt, funktionieren e p i b a t i s c h (Fig. 46, a), während die lokomotorische Funktion
der asymmetrischen Schwanzflossen mit längerem unterem Flossenteile
(z. B. Exocoetus, Chaetostomus) nach dem Vorschlage F. A h l b o r n s
h y p o b a t i s c h genannt wird (Fig. 46, e).

Die Bewegungsrichtung, welche dem Fische durch die „wrickende“
Bewegung des Schwanzruders erteilt wird, kann durch entsprechende
Steuerung der paarigen Flossen, namentlich der Brustflossen, abgeändert werden. Wenn z. B. die Wrickbewegung eines epibatischen Schwanzes
den Fisch nach abwärts treibt, kann er durch Drehung der Brustflossen,

wobei ihr Vorderrand höher steht als ihr Hinterrand, die Flossenachse
aber horizontal ist, die Bewegungsrichtung in eine horizontale abändern.

Die drei Typen der lokomotorischen Funktion der Schwanzflosse
der Fische sind somit folgende:

Bezeichnung der Funktion	Form der Schwanzflosse	Lokomotionsrichtung	Beispiel
I. Isobatisch	symmetrisch	horizontal	Salmo trutta (Forelle)
II. Epibatisch	asymmetrisch, oberer Lappen größer u. länger	nach abwärts	Acipenser sturio (Stör)
III. Hypobatisch	asymmetrisch, unterer Lappen größer u. länger	nach aufwärts	Exocoetus volitans (Schwalbenfisch)

Form der Schwanzflossen der Fische. — Die vertikale Schwanzflosse
der Fische ist überaus formverschieden. Zwischen dreilappigen und
tief gegabelten zweilappigen Flossen einerseits und zugespitzten, ja mitunter peitschenförmigen Flossen anderseits gibt es unzählige Übergänge.

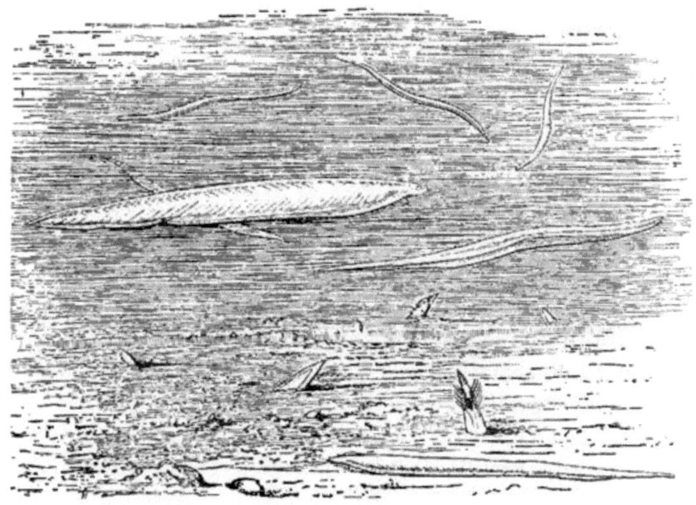

Fig. 47. Amphioxus (Branchiostoma lanceolatum). (Nach Willey.)

Trotz dieser Fülle verschiedener Formen lassen sich die Schwanzflossen der Fische doch unschwer in zwei verschiedene Gruppen teilen:
in die am Körperende fächerförmig verbreiterten und vergrößerten
Flossen und in die am Körperende spitz zulaufenden und sich verjüngenden Flossen.

L. D o l l o hat 1904[1]) für die Fächerflossenform die Bezeichnung r h i p i d i c e r k und 1910[2]) für die Spitzflossenform die Bezeichnung o x y c e r k eingeführt. Beide Bezeichnungen beziehen sich ausschließlich auf die F o r m der Schwanzflosse, aber weder auf ihre Funktion noch auf ihren Bau.

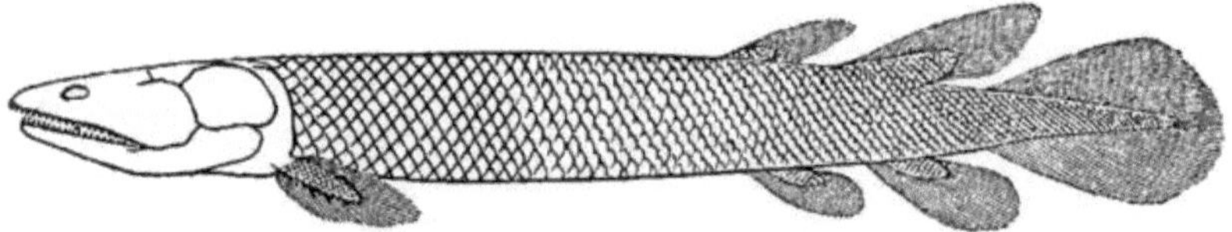

Fig 48. Glyptolaemus Kinnairdi, Huxley, Oberdevon, Schottland. (Nach T. H. H u x l e y.)

Fig. 49. Cyema atrum. (Gez. nach A. B r a u e r von G. S c h l e s i n g e r.) Nat. Gr. 15 cm.

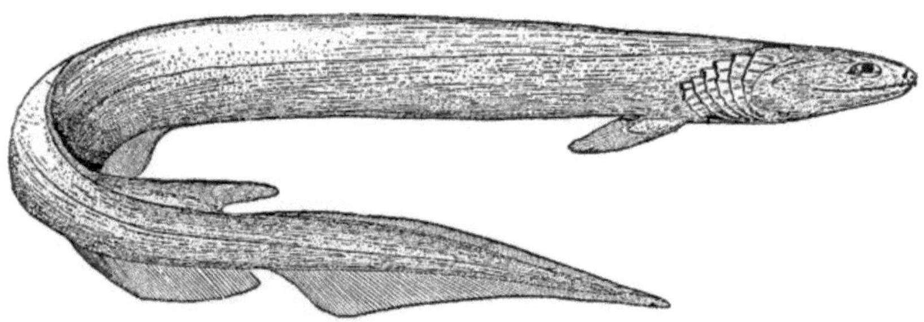

Fig. 50. Chlamydoselache anguineus Garman. — Madeira und Japan. (Nach A. G ü n t h e r.)

Bau der Schwanzflossen der Fische. — Die ursprüngliche Form der Schwanzflosse ist oxycerk und ihr Bau der eines einfachen, symmetrischen Flossensaums, der das Körperende in Form einer Lanzenspitze umzieht. Dieser einfachste Typus einer Schwanzflosse ist bei keinem erwachsenen Fisch der Jetztzeit erhalten, sondern bildet nur das erste embryonale Schwanzflossenstadium. Erhalten ist dieser einfachste Typus nur bei den Cephalochordaten und zwar beim Amphioxus (Branchiostoma lanceolatum Pallas). Dieser Typus wird p r o t o c e r k genannt (Fig. 47).

---

¹) L. D o l l o: Poissons de l'Expédition Antarctique Belge. — Résultats du Voyage du S. Y. Belgica en 1897, 1898, 1899. Anvers, 1904, p. 97.

²) L. D o l l o hatte früher für diese Flossenform (ibidem, p. 97) die Bezeichnung gephyrocerk angewandt, beschränkt aber dieselbe jetzt auf einen morphologischen Typus der Schwanzflossen. — Briefliche Mitteilung D o l l o s an R. H. W h i t e h o u s e, P. Z. S. London, Oktober 1910, p. 623—624 und briefliche Mitteilung D o l l o s an mich vom 5. Januar 1911.

Schon bei den ältesten Fischen und zwar schon bei den Ostracodermen, welche nach L. D o l l o [1]) als Agnathostomen zu betrachten
sind, ebenso auch bei den ältesten Gnathostomen des Unterdevon ist
die Schwanzflosse derart gebaut, daß das Körperende aufgebogen erscheint

und die häutige Flosse
am ventralen
Rande desselben entwikkelt ist. Diese
Schwanzflosse
besteht aus
zwei verschiedenen Elementen, wie
sich namentlich an der
Schwanzflosse
der Elasmo

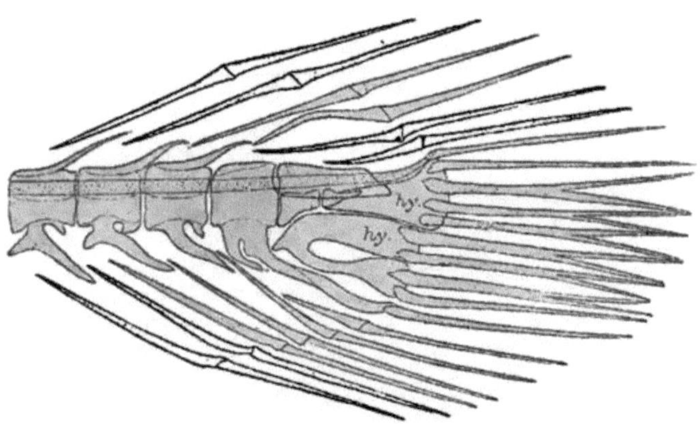

Fig. 51. Schwanzflosse des gemeinen Aals (Anguilla vulgaris). Von den zehn
Strahlen, welche die eigentliche Schwanzflosse bilden und morphologisch der Analis
secunda entsprechen, sind sechs gegabelt. — Natürliche Länge 12 cm. — (Nach
R. H. Whitehouse.)

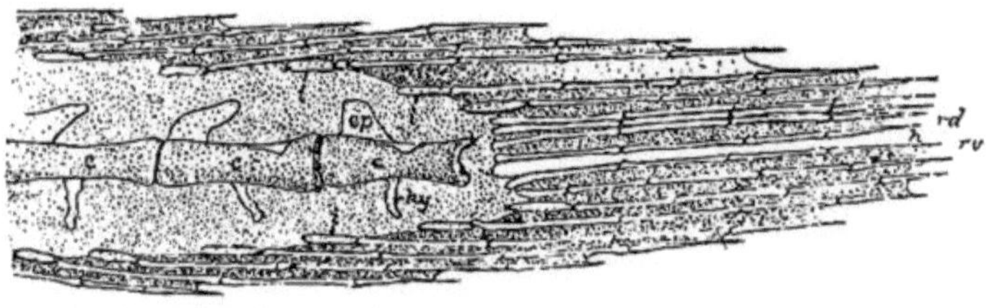

branchier deutlich nachweisen läßt: erstens aus der ursprünglichen,

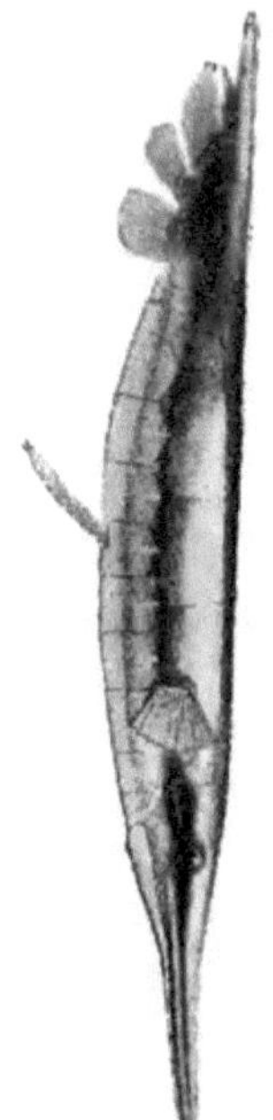

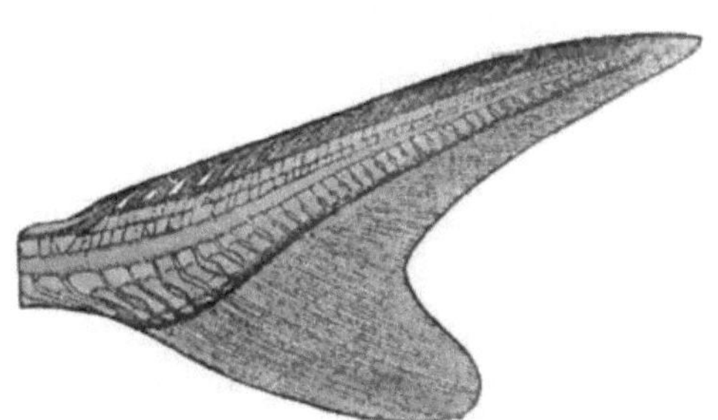

Fig. 52. Fierasfer dentatus, Cuvier. — Schwanzskelett. — Caudalis und Analis secunda
verloren, Schwanzflosse von der hinteren Dorsalis (rd) und Analis prima (ro) gebildet.
(Nach M. C. Emery, aus L. Dollo, 1895.)

das Körperende umsäumenden protocerken Caudalis und aus
der sich ventral anschliessenden hinteren Afterflosse
oder Analis.
Bei vielen

Fig. 53. Schwanzflosse des Störs (Acipenser sturio). Typus
einer heterocerken Schwanzflosse, aus Caudalis und Analis
secunda bestehend. (Nach R. H. Whitehouse.)

Fig. 54. Amphisyle
strigata. — Schwanzflosse funktionell
epibatisch. (Nach A.
Günther.)

[1]) L. D o l l o: Le Pteraspis dans l'Ardenne. Comptes
Rendus l'Acad. d.Sciences, Paris, 16. Mars 1903.

lebenden Elasmobranchiern (z. B. bei Heterodontus) ist diese Verschmelzung der Caudalis (C) mit der hinteren Analis oder Analis secunda
(A $_2$) noch nicht ganz vollzogen und ebenso sieht man bei Verfolgung der
embryologischen Stadien der höheren Fische sehr deutlich diesen
Entwicklungsweg. Wir bezeichnen den Schwanzflossentypus, der aus
einer Vereinigung der Caudalis und Analis secunda hervorgegangen ist,
als h e t e r o c e r k. (L. A g a s s i z.) (Fig. 53.)

Fig. 55. Thoracopterus Niederristi Bronn, ein Flugfisch aus der Trias von Raibl in Kärnten. —
Original im Besitze der Wiener Universität. Nat. Gr.

Während die Schwanzflosse eines Haifisches oder Störs sowohl
innerlich als äußerlich heterocerk gebaut sind, finden wir bei der überwiegenden Mehrzahl der Teleostier äußerlich symmetrische Schwanzflossen, die ursprünglich auch für innerlich, d. h. morphologisch symmetrisch gehalten und als h o m o c e r k e Schwanzflossen den heterocerken gegenübergestellt wurden.

Eingehendere Untersuchungen haben jedoch später gezeigt, daß
auch die homocerken Flossen innerlich heterocerk gebaut sind, da das
Wirbelsäulenende nicht mit der Halbierungslinie der äußerlich symmetrischen Flosse zusammenfällt, sondern sich ebenso aufbiegt wie bei
den Haien oder Stören. Der Unterschied zwischen den echten heterocerken und homocerken Flossen liegt allein darin, daß in der homocerken
Flosse die Caudalis gänzlich verkümmert ist und die Schwanzflosse

nur von der Analis secunda gebildet wird. Das homocerke Stadium ist also aus dem heterocerken hervorgegangen. Die Symmetrie der homocerken Flosse ist also sozusagen nur eine Maske für die innerliche Heterocerkie.

Nun gibt es aber Fälle, in denen die Schwanzflosse höherer Fische weder eine Spur der Caudalis noch der Analis secunda enthält und ihrer Form nach doch entweder als rhipidicerke Fächerflosse oder als oxycerke Spitzflosse erscheint. Die morphologische Untersuchung dieser Flossen führt zu dem Ergebnisse, daß sie aus sehr heterogenen Elementen bestehen können. Bei Fierasfer (Fig. 52) und Cyema (Fig. 49) besteht beispielsweise die Schwanzflosse aus der vereint funktionierenden Dorsalis secunda und Analis prima, während Caudalis und Analis secunda vollständig verloren gegangen sind. Bei Fierasfer ist die Schwanzflosse oxycerk, bei Cyema rhipidicerk geformt.

Dieser Schwanzflossentypus, in dem alle Spuren des ehemaligen heterocerken oder homocerken Baues verloren gegangen sind, wird nach der von L. D o l l o 1910 [1]) geregelten Nomenklatur als g e p h y r o c e r k bezeichnet. Wir verstehen also unter diesem Terminus ausschließlich den morphologischen oder strukturellen B a u der Schwanzflosse ohne Rücksicht auf ihre Form oder Funktion.

Die umstehende Tabelle gibt eine Übersicht der Gliederung der Schwanzflossentypen der Fische nach ihrer Funktion, Form und Struktur.

Vertikale, horizontale und schraubenförmige Schwanzflossen der schwimmenden Wirbeltiere. — Die Schwanzflosse der Fische steht ausnahmslos v e r t i k a l und fällt stets in die Symmetrieebene des Körpers. Dagegen steht die Schwanzflosse der schwimmenden Krebse, Merostomen (z. B. Pterygotus), Cetaceen (z. B. Balaena), Sirenen (z. B. Manatus), Biber u. s. f. h o r i z o n t a l, also senkrecht zur Symmetrieebene des Körpers.

Schon aus dieser verschiedenartigen Stellung geht hervor, daß die Funktion der vertikalen und horizontalen Schwanzflossen durchaus verschieden sein muß.

Nur sehr wenige Fische halten während des Schwimmens den Körper vollkommen steif wie die kleine, senkrecht im Wasser mit der Schnauze nach unten schwimmende Amphisyle (Fig. 54). Die Syngnathiden, einzelne Mormyriden, Gymnonoten und Notopteriden, welche den Körper gleichfalls steif halten, bewegen sich nicht mittelst der Schwanzflosse, sondern durch die Undulation der verlängerten Dorsalis (z. B.

---

[1]) L. D o l l o, Brief an R. H. W h i t e h o u s e: P. Zool. Soc. London. 1910, p. 624.

Gymnarchus [1]) und Syngnathus) oder der verlängerten Analis (z. B. Gymnotus, Notopterus) fort [2]).

Funktion, Form und Morphologie der Schwanzflossen der Fische:

Lokomotorische Funktion	Form	Morphologie	Beispiel	Schwanzflossenformel
isobatisch	oxycerk	protocerk	Branchiostoma	C [3])
	rhipidicerk	heterocerk	Glyptolaemus	$C + A_2$
		homocerk	Salmo	A_2
		gephyrocerk	Cyema	$D_2 + A_1$
	oxycerk	heterocerk	Chlamydoselache	$C + A_2$
		homocerk	Anguilla	A_2
		gephyrocerk	Fierasfer	$D_2 + A_1$
epibatisch	rhipidicerk	heterocerk	Acipenser	$C + A_2$
		homocerk	Amphisyle	$D_1 + D_2 + A_2 + A_1$
hypobatisch	rhipidicerk	homocerk	Exocoetus	A_2

Wenn eine Forelle durch Wrickschläge des Schwanzes schwimmt, so bildet ihr Körper eine doppelte Kurve in der Form eines halben Achters (∼); bei langgestreckten Fischen, wie bei den Aalen, ist der Körper während des Schwimmens in vier Kurven, also in Form zwei aneinanderschließender halber Achter (∼∼) gekrümmt. Immer treten, wie J. B. P e t t i g r e w [4]) gezeigt hat, die Kurven paarweise, also entweder zu zweit oder zu viert, niemals aber allein oder zu dritt auf. Nur wenn der Fisch wendet, krümmt er seinen Körper in einer einfachen Kurve. Die Bewegung der Schwanzflosse erfolgt während des Schwimmens der Fische in kurzen, rasch folgenden Schlägen. Verharrt dagegen der Fisch ruhig an einer Stelle des Wassers, so wird die Schwanzflosse

---

[1]) G. S c h l e s i n g e r: Zur Ethologie der Mormyriden. — Annalen d. k. k. naturhist. Hofmuseums in Wien, XXIII., 1909, p. 282—311.

[2]) G. S c h l e s i n g e r: Die Gymnonoten. — Zool. Jahrbücher, Abt. f. Systematik etc., XXIX. Bd., 1910, p. 613—640, Taf. 20—22. — Die Lokomotion der Notopteriden. — Ibidem, p. 681—688, Taf. 23.

[3]) C = Caudalis, A = Analis, D = Dorsalis.

[4]) J. B. P e t t i g r e w: Die Ortsbewegung der Tiere. — Internat. wiss. Bibliothek, X., Leipzig 1875, p. 58.

in undulatorische Bewegung versetzt, wobei die Wellen von oben nach
unten laufen und der Körper unbeweglich bleibt. Diese undulatorische
Bewegung erzeugt einen das Sinken verhindernden
Auftrieb, der dem Fische ermöglicht, an derselben
Stelle stehen zu bleiben [1]).

Während die lokomotorische Bewegung der
vertikalen Schwanzflosse der Fische eine rein laterale
ist, ist die Bewegung der horizontalen Schwanzflosse
der Sirenen rein vertikal. Der Hinterrand der
Schwanzflosse ist beim Dugong (Halicore) unmerk-
lich ausgebuchtet und fast gerade abgestutzt[2])
(nicht halbmondförmig ausgeschnitten, wie R ü p-
p e l l und B r e h m angeben), beim Lamantin
(Manatus) gerundet. Beim letzteren ist die Schwanzflosse außerordentlich breit und lang (Fig. 57).

Die stets tief ausgeschnittene Schwanzflosse der
Wale führt nicht wie jene der Sirenen eine rein vertikale Bewegung aus, wie J. B. P e t t i g r e w[3])
meinte, sondern die Schlagbewegung enthält noch
eine stark um eine Querachse drehende Kompo-
nente, so daß die Schwanzflosse bei der lokomotorischen Funktion eine schräge und nicht vertikale
Bewegung ausführt.

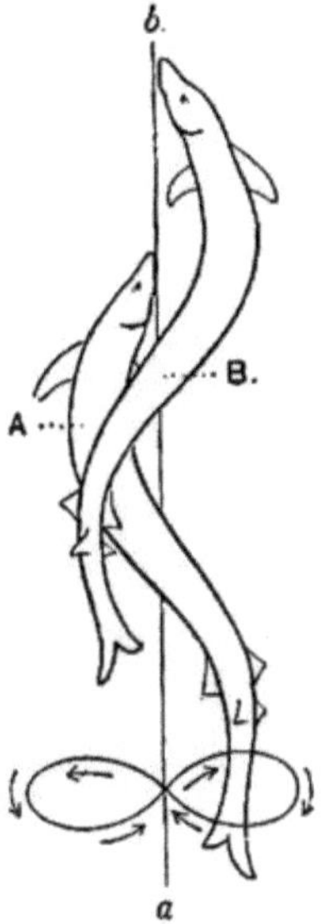

Fig. 56. Bewegungskur-
ven des schwimmenden
Fisches. — Etwas modi-
fizirt nach J. B. P e t-
t i g r e w, aus T. W.
B r i d g e, 1904.

Darüber liegen schon aus älterer Zeit Beobach-
tungen von S c o r e s b y am lebenden Grönlandwal vor, ferner von
B e a l e über den Pottwal und von M u r i e[4]) über eine in der Ge-
fangenschaft lebende Phocaena. Ich habe die Bewegung der Walflosse
als eine achterförmige Drehung bezeichnet, die in ähnlicher Weise wie
die Drehung der am Hinterende des Schiffes liegenden Schraube
verläuft[5]).

---

[1]) Fr. A h l b o r n: Über die Bedeutung des Heterocerkie und ähnlicher
unsymmetrischer Schwanzformen schwimmender Wirbeltiere für die Ortsbewegung. — Zeitschr. f. wiss. Zool., LXI., 1. Leipzig, 1895, p. 14.

[2]) H. D e x l e r und L. F r e u n d: Zur Biologie und Morphologie von
Halicore dugong. — Archiv f. Naturgeschichte, 72. Jahrg., I. Bd., Berlin 1906,
p. 104.

[3]) J. B. P e t t i g r e w: Die Ortsbewegung der Tiere. Leipzig 1875,
p. 60—61.

[4]) J. M u r i e: On the Anatomy of a Fin-Whale (Physalus antiquorum)
captured near Gravesend. — P. Z. S. London, 1865, p. 206—227 (besonders
p. 209—210).

[5]) O. A b e l: Die Stammesgeschichte der Meeressäugetiere. — Meeres-
kunde, I. Jahrg., 4. Heft, Berlin 1907, p. 7.

W. K ü k e n t h a l [1]) hat nun die Form und Funktion der Schwanzflosse der Wale einer eingehenden Erörterung unterzogen und gezeigt,
daß sie asymmetrisch gebaut ist. Schon im embryonalen Zustand
konnte eine schraubenförmige Drehung der Schwanzflosse beobachtet
werden, wie die von K ü k e n t h a l abgebildete Schwanzflosse eines
Embryos von Platanista gangetica zeigt; der rechte Flossenflügel ist
mit seiner Spitze nach unten, der linke aber nach oben gerichtet, so daß
die Flosse in der Tat schraubenförmig erscheint (Fig. 58). Das gleiche war an Embryonen von Steno guyanensis Van Ben., von Globiocephalus, Delphinus delphis, Phocaena communis und Hyperoodon rostratum zu sehen.

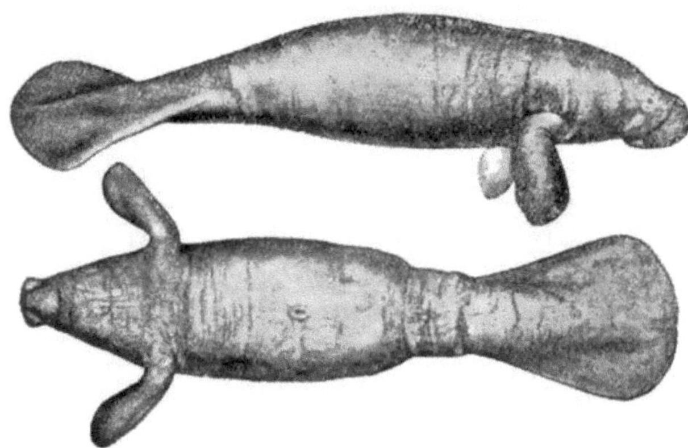

Fig. 57. Manatus latirostris Harlan von der Küste Südamerikas, von der
Seite und von unten gesehen. Körperlänge ungefähr 3 m. (Nach J. Murie.)

Diese schraubenförmige Krümmung der Schwanzflossenflügel hat schon J. Murie[2])
an einem gestrandeten Finwal beobachtet und auch W. H. F l o w e r [3])
gibt an, daß der rechte Schwanzflossenflügel bei dieser Walart
konvex, der linke aber konkav ist. Die gleiche schraubenförmige
Drehung hat W. K ü k e n t h a l [4]) an einem im Frühjahre 1909 vom
Stationsschiff „Adria“ der Zoologischen Station in Triest erbeuteten
Delphinus delphis beobachtet, so daß es den Anschein gewinnt, als ob
diese Flossenform für die Wale überhaupt charakteristisch wäre. [5])

[1]) W. K ü k e n t h a l: Über die Ursache der Asymmetrie des Walschädels. — Anatom. Anzeiger, 33. Bd., 1908, p. 609—618.

[2]) J. M u r i e: On the Anatomy of a Fin-Whale (Physalus antiquorum)
captured near Gravesend. — Proc. Zool. Soc. London, 1865, p. 210.

[3]) W. H. F l o w e r: Note on four Specimens of the Common Fin-Whale
(Physalus antiquorum, Gray; Balaenoptera musculus, Auct.) stranded on the
South Coast of England. — Proc. Zool. Soc. London, 1869, p. 604—610.

[4]) W. K ü k e n t h a l: Untersuchungen an Walen. — Jenaische Zeitschr.
f. Naturw., 45. Bd., 1909, p. 563.

[5]) Die Abbildungen, welche E. R a c o v i t z a von einer tauchenden
Megaptera cfr. longimana Rud. mitteilt und welche deshalb erhöhten Wert
beanspruchen müssen, weil es Photographien des l e b e n d e n Tiers sind,
scheinen allerdings gegen eine solche Verallgemeinerung zu sprechen. Aber
es ist zu bedenken, daß die g l e i c h m ä ß i g n a c h a b w ä r t s g e-
k r ü m m t e n S c h w a n z f l o s s e n e n d e n in dem Momente photogra-

Da die schraubenförmig gekrümmten Schwanzflossenflügel nicht genau senkrecht zur Sagittalebene, sondern in einem Winkel zu derselben stehen, indem der linke Flügel etwas schräge nach oben und der rechte nach unten sieht, so muß die von der Flosse ausgeführte achterförmige Drehung zu einer leichten Drehung des vorwärtsgestoßenen Körpers führen.

Der Wal durchschneidet also das Wasser nicht in der Richtung seiner Längsachse; wie K ü k e n t h a l auseinandersetzt, verläuft seine Bewegungsrichtung etwas schräge nach links von seiner Körperachse.

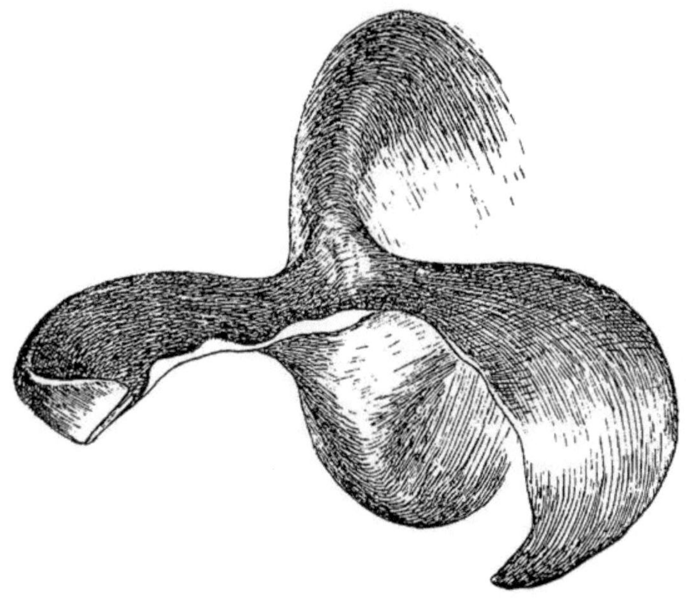

Fig 58. Schwanzflosse eines Embryos von Platanista gangetica, von hinten gesehen. (Nach W. K ü k e n t h a l, 1908.) 4/5 Nat. Gr.

Diese Abweichung seiner Schwimmbahn von der durch seine Körperachse und Symmetrieebene gelegte Ebene hat nach K ü k e n t h a l die Asymmetrie des Schädels zur Folge gehabt. K ü k e n t h a l steht also in dieser Frage auf einem anderen Standpunkte als ich bezüglich der Ursache der Asymmetrie des Zahnwalschädels. [1])

Die Schwanzflossen der schwimmenden Reptilien. — Unter den fossilen Stegocephalen und den fossilen und lebenden Amphibien ist

phiert sind, in welchem das Tier seinen Schwanz aus dem Wasser emporhob, um unterzutauchen und das Eigengewicht der untätigen Flosse diese Krümmung bewirkte. Ganz aufgeklärt ist diese Frage noch nicht und bedarf noch weiterer Beobachtungen. (E. R a c o v i t z a , Cétacés de l'Expédition Antarctique Belge, Anvers, 1902, Fig. 10, pag. 27, Pl. II, Fig. 7 und 8.)

[1]) O. A b e l: Sur les Causes de l'Asymmétrie du Crâne des Odontocètes. — Mém. Mus. R. Hist. nat. Belgique, T. II, Bruxelles, 1902, p. 178—188.

niemals eine selbständige Schwanzflosse zur Ausbildung gelangt. Den Anuren fehlt der Schwanz und bei den schwimmenden Urodelen sind nur mediane Flossensäume vorhanden; nicht eine einzige Form der Amphibien besitzt somit dieselbe Lokomotionsart wie die Mehrzahl der Fische.

Dagegen sind sowohl bei lebenden als bei fossilen Reptilien selbständige Schwanzflossen ausgebildet worden, die besonders bei der Gruppe der Ichthyosaurier und bei den gleichfalls gänzlich erloschenen Meereskrokodilen aus der Familie der Metriorhynchiden in ihrer Form durchaus den Charakter einer rhipidicerken Schwanzflosse erlangt haben.

Unter den lebenden Reptilien besitzen nur die verschiedenen Gattungen der Hydrophinen, welche an das Wasserleben angepaßt sind, ein vertikales,

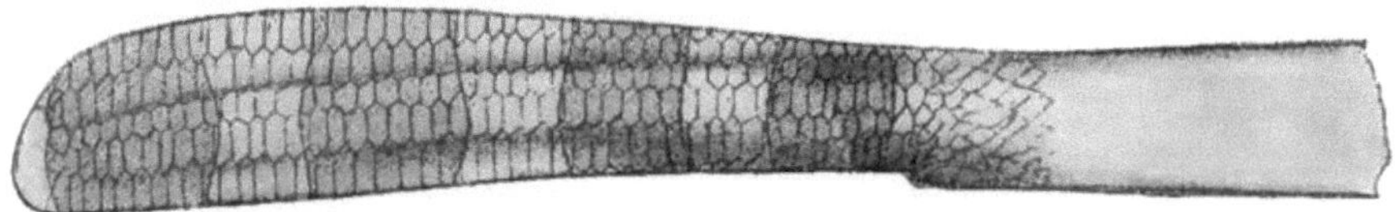

Fig. 59. Schwanzflosse der Meeresschlange Platurus laticaudatus. (Nach F. Ahlborn.)

hohes, abgerundetes Schwanzruder (Fig. 59), welches in der Regel höher ist als der Rumpf und aus einem das Wirbelsäulenende dorsal, terminal und ventral umsäumenden Hautlappen besteht, dessen dorsaler Abschnitt stets höher ist als der untere. Der ganze Rumpf ist seitlich stark komprimiert; die Querfortsätze der Schwanzwirbel sind im Bereiche des Schwanzruders ganz nach unten herabgerückt und die Dornfortsätze in der Mitte des Schwanzruders stark erhöht. [1]

Die Schwanzflosse der Hydrophinen ist stets stark asymmetrisch, da der dorsale Hautlappenabschnitt stets höher als der untere ist.

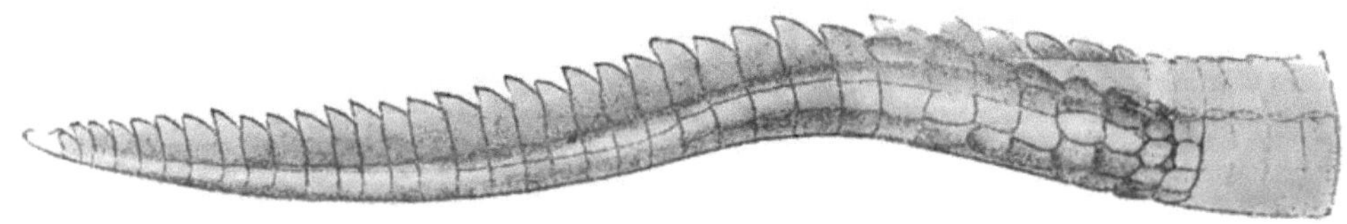

Fig. 60. Schwanz von Crocodilus. (Nach F. Ahlborn.)

Bei den lebenden Krokodilen kann man beobachten, daß der Körper während des Schwimmens nicht nur schräge im Wasser hängt — die Schnauze ist dabei stets nach oben gerichtet —, sondern daß der Schwanz in seinem hintersten Abschnitte eine deutliche Abknickung nach unten zeigt, eine Erscheinung, die schon F. Ahlborn [2] in einer

[1] A. T. de Rochebrune: Mémoire sur les Vertèbres des Ophidiens. — Journ. de l'Anat. et de la Physiol., 1881, p. 215.

[2] F. Ahlborn: Über die Bedeutung des Heterocerkie etc. — Zeitschr. f. wiss. Zool., LXI., 1895, Taf. I, Fig. 5.

Fig. 61. Skelett von Geosaurus gracilis H. von Meyer aus dem oberjurassischen Plattenkalk von Eichstätt in Bayern. (Nach L. von Ammon, 1906.)

Zeichnung des Krokodilschwanzes zum Ausdruck gebracht hat. Die Dorsalseite des Schwanzendes ist mit vertikalen, biegsamen Hautzacken besetzt, welche in einer Reihe in der Mittellinie des Schwanzendes stehen (Fig. 60).

Diese Verhältnisse machen es erst verständlich, welche Anpassungsgrade die Schwanzflosse des oberjurassischen Meereskrokodils Geosaurus durchlaufen haben muß, bis sie sich zu der einheitlichen, vertikalen Hautflosse entwickelt hat, die bei Geosaurus gracilis H. v. M e y e r [1]) aus den Plattenkalken von Eichstätt in Bayern als Abdruck erhalten ist (Fig. 61).

Die Wirbelsäule von Geosaurus suevicus E. F r a a s [2]) aus den gleichalterigen Plattenkalken von Nusplingen in Bayern ist noch viel

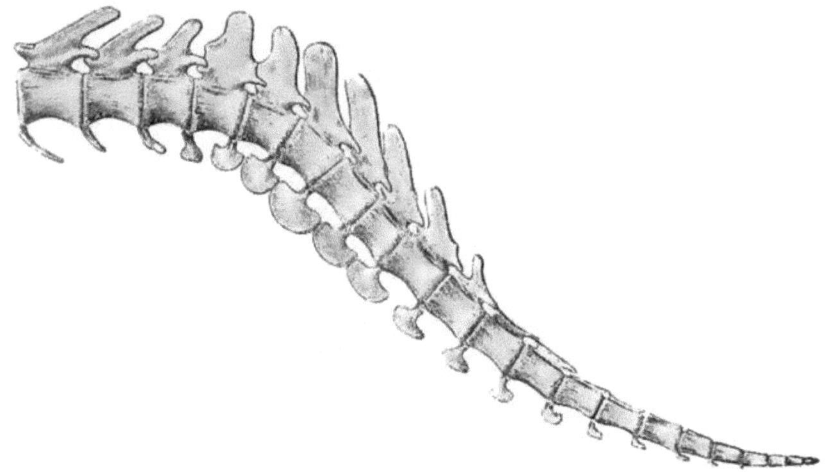

Fig. 62. Schwanzende von Geosaurus suevicus, E. Fraas aus dem oberen weißen Jura von Nusplingen mit der charakteristischen Knickung nach abwärts. (Nach E. F r a a s, 1902.) ¹/₂ Nat. Gr.

stärker geknickt als bei G. gracilis und in eigentümlicher Weise verändert. Die an der Knickungsstelle liegenden Schwanzwirbel besitzen dieselbe Form wie Gewölbeschlußsteine, d. h. die Endflächen der Wirbelkörper konvergieren stark nach unten. Hinter der Knickungsstelle tritt das umgekehrte Verhalten ein, indem die Endflächen der Wirbelkörper nach oben konvergieren, wodurch der hintere Schwanzabschnitt einen nach oben offenen konkaven Bogen bildet.

An der Abbiegungsstelle sind sowohl die Neurapophysen als die Haemapophysen beträchtlich verstärkt und auch die Richtung der

[1]) L. von A m m o n: Über jurassische Krokodile aus Bayern. — Geognostische Jahreshefte, XVIII., München, 1906, p. 65, Fig. 5.

[2]) E. F r a a s: Die Meerkrokodilier (Thalattosuchia) des oberen Jura etc. — Palaeontographica, 49. Bd., Stuttgart 1902, p. 52—54, Taf. VII, Fig. 7.

Neurapophysen ist durch die Knickung beeinflußt, indem dieselben vor der Knickungsstelle nach hinten, hinter derselben aber nach vorne sehen (Fig. 62).

Die Schwanzflosse von Geosaurus zeigt also genau den entgegengesetzten Bau wie jene eines heterocerken Fisches, da bei Geosaurus die Wirbelsäule nach unten, bei den heterocerken Fischen aber immer nach oben gebogen ist. Da bei Geosaurus gracilis deutlich zu sehen ist, daß der obere Lappen der Schwanzflosse an Größe weit hinter dem unteren zurückbleibt, so ist die Funktion der Flosse zweifellos eine h y p o - b a t i s c h e gewesen und das Tier muß eine schräge und nicht horizontale Schwimmstellung besessen haben, wie dies ja auch bei den lebenden Krokodilen der Fall ist, bei denen erst die Anfänge eines hypobatischen Schwanzruders zu beobachten sind.

Denselben Bau der Schwanzflosse zeigen auch die I c h t h y o - s a u r i e r.

Daß die Schwanzflosse der Ichthyosaurier auf ganz demselben Wege zustande gekommen ist wie bei den Meerkrokodilen, lehrt das von E. R e p o s s i[1]) aus der Trias der Lombardei abgebildete Schwanz-ende von Mixosaurus Cornalianus Bassani, einem primitiven Ichthyo-saurier, dessen Körperlänge 80 bis 90 cm beträgt. Ganz ebenso wie bei Geosaurus ist die Wirbelsäule in der Schwanzregion geknickt und die Dornfortsätze zeigen eine deutliche A n t i k l i n i e , d. h. ihre Achsen sind an der Knickungsstelle gegeneinander geneigt. Ferner nehmen die Dornfortsätze bis zur Knickungsstelle rasch an Höhe zu, erreichen an ihr die größte Höhe und nehmen von hier an gegen hinten wieder rasch an Höhe ab. Die Gelenkflächen der schmalen Wirbelkörper sind h o c h o v a l.

In den schwarzen Liasschiefern Schwabens sind mehrere Ichthyo-saurier mit wohlerhaltener Haut gefunden worden, bei welchen die Umrisse der häutigen Schwanzflosse vollkommen intakt sind. (Fig. 9, p. 41 und Fig. 63.)

Wie bei Geosaurus und Metriorhynchus ist das Schwanzende scharf abgeknickt und bildet die Achse des unteren Lappens der außerordent-lich großen, mondsichelförmig geformten und ausgeschnittenen Schwanz-flosse, welche spitz endet.

Sämtliche Ichthyosaurier, sowohl die der Breitflossenreihe oder Latipinnaten (Eurypterygius Jaek.)[2]) und die der Langflossenreihe oder Longipinnaten (Stenopterygius Jaek.) zeigen die scharfe Knickung des

---

[1]) E. R e p o s s i: Il Mixosauro degli strati triasici di Besano in Lombardia. — Atti Soc. Italiana di Sci. Nat. e del Museo Civico di Storia nat. in Milano. 41. Bd., 4. Heft, Milano 1902, p. 361, Tav. IX, Fig. 8.

[2]) O. J a e k e l: Eine neue Darstellung von Ichthyosaurus. — März-protokoll der Deutsch. Geol. Ges., 56. Bd., 1904, p. 32.

Schwanzes nach abwärts, so daß wir für s ä m t l i c h e Ichthyosaurier das Vorhandensein einer vertikalen, häutigen Schwanzflosse annehmen müssen.

Indessen bestehen zwischen den älteren Lias- und den jüngeren Weißjura- und Kreideichthyosauriern insofern wichtige Unterschiede im Baue der Schwanzflosse, als bei den älteren Formen die Schwanzwirbel der abgeknickten Partie hochovale, seitlich komprimierte und kurze Wirbelkörper besitzen, während dieselben Wirbel bei den jüngeren Formen die Gestalt von langgestreckten Fadenrollen zeigen. [1])

Außerdem erscheint der abgeknickte Teil des Schwanzes bei den Kreideichthyosauriern kürzer als bei den Liasichthyosauriern, wie ein Vergleich der Maße von Ichthyosaurus platydactylus Broili aus dem Aptien von Hannover (untere Kreide) mit zwei Ichthyosauriern aus dem schwäbischen und englischen Oberlias zeigt:

Namen der Ichthyosaurier-Arten	Geologisches Alter	Absolute Maße in Millimetern				Verhältniszahlen			
		Körperlänge	Schädellänge	Länge der Vorderflosse + Humerus	Schwanzflossenlänge	Körperlänge	Schädellänge	Länge der Vorderflosse + Humerus	Schwanzflossenlänge
I. platydactylus Broili	untere Kreide (Aptien) Hannovers	5000	117	425	600	1000	234	85	120
I. acutirostris Owen	oberer Lias Englands	4650	950	665	900	1000	204	143	193
I. quadriscissus Quenstedt	oberer Lias Württembergs	2440	500	325	450	1000	245	133	184

Es ergibt sich aus diesem Vergleiche, daß die Schwanzflosse von I. platydactylus, der (nach F. B r o i l i) eines der Endglieder der Langflosserreihe repräsentiert, bedeutend kürzer ist als jene der Liasichthyosaurier. Wie die Schwanzflosse dieser jüngeren Ichthyosaurier geformt war, wissen wir nicht, da wir aus der Kreide keine Ichthyosaurier mit Hautbekleidung kennen; wir dürfen aber mit großer Wahrscheinlichkeit annehmen, daß die Flosse ähnlich gestaltet war wie bei den Weißjura-

---

[1]) F. B r o i l i: Ein neuer Ichthyosaurus aus der norddeutschen Kreide. — Palaeontographica, 54. Bd., Stuttgart 1907, p. 147.

Typen, bei welchen der obere Schwanzflossenlappen fast ebenso groß
ist wie der untere, wie eine wohlerhaltene Flosse von Solnhofen in der
Münchener Staatssammlung zeigt, während bei den Liastypen der untere
Flossenlappen den oberen an Größe übertraf. D i e F u n k t i o n d e r

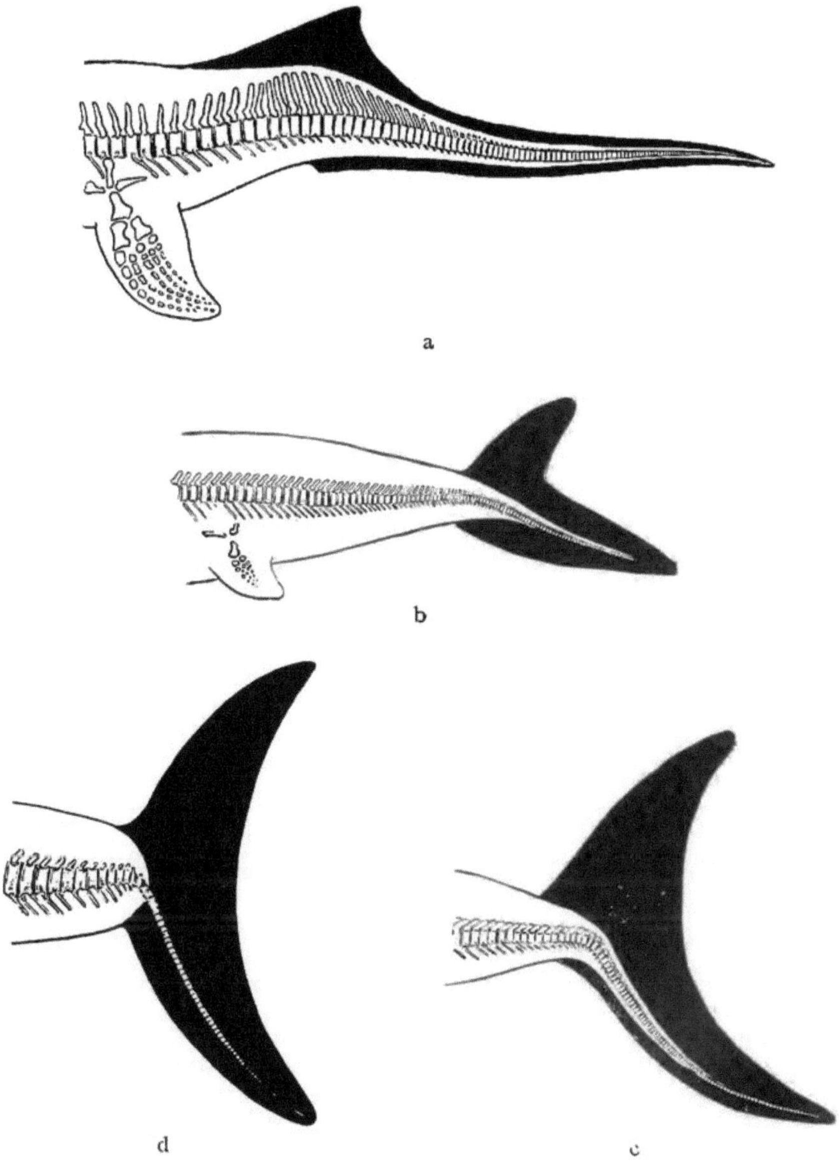

Fig. 63. Entwicklung der Schwanzflosse bei den Ichthyosauriern. a) Mixosaurus Nordenskjöldi Wiman.
— Trias (Muschelkalk) von Spitzbergen. (Nach C. W i m a n, 1910.) — b) Ichthyosaurus quadriscissus,
Qu., Jugendstadium. — Oberer Lias Württembergs. (Nach E. F r a a s, 1910.) — c) Derselbe, er-
wachsenes Exemplar. — d) Ichthyosaurus trigonus var. posthumus. — Oberer weißer Jura, Solnhofen.
Bayern. (Nach F. B a u e r, 1898.) (Nach E. F r a a s, 1911.)

F l o s s e w a r d a h e r b e i d e n ä l t e r e n I c h t h y o s a u r i e r n
h y p o b a t i s c h , b e i d e n j ü n g e r e n i s o b a t i s c h.

Mit voller Klarheit geht dies aus den vergleichenden Untersuchungen
von E. F r a a s [1]) über die Entstehung der Ichthyosaurier-Schwanz-
flosse hervor. Wie Fig. 63 zeigt, ist bei dem von C. W i m a n [2]) abgebildeten kleinen Mixosaurus Nordenskjöldi aus der Trias von Spitz-

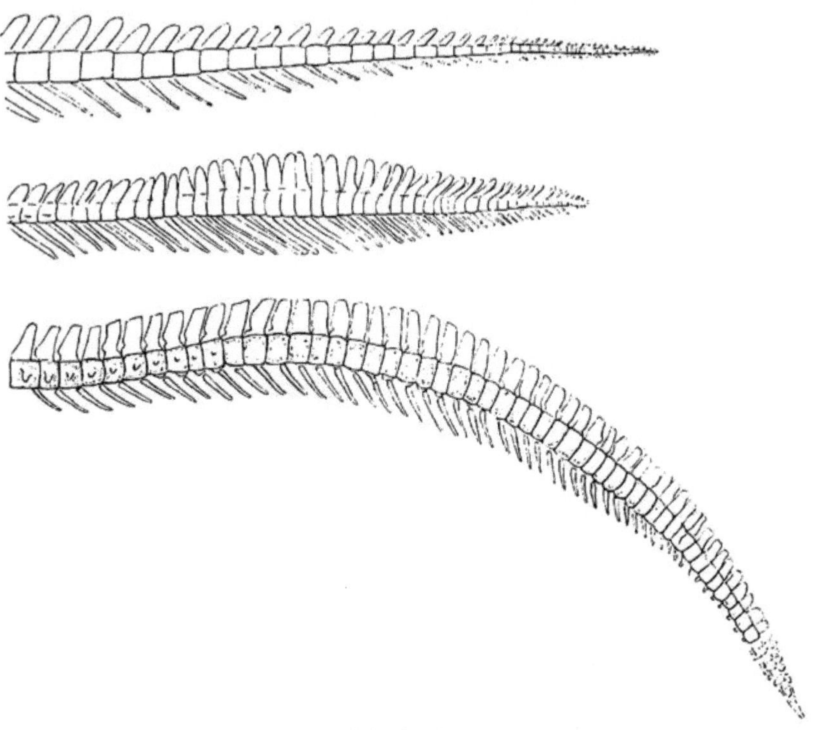

Fig. 64—66.

Fig. 64 (oben): Schwanzende von Opetiosaurus. — Untere Kreide von Lesina, Dalmatien. (Nach
    A. K o r n h u b e r.)
Fig. 65 (Mitte): Schwanzende von Clidastes. — Obere Kreide von Kansas. (Nach S. W. W i l l i s t o n.)
Fig. 66 (unten): Schwanzende von Tylosaurus. — Obere Kreide von Kansas. (Nach H. F. O s b o r n.)
    Aus F. v o n N o p c s a, 1903.

bergen der untere Schwanzlappen weitaus länger als der obere, der fast
wie eine Rückenflosse dem kaum abgeknickten Schwanzende aufsitzt.
Dieses Größenverhältnis ist bei einem n e u g e b o r e n e n Ichthyosaurus quadriscissus aus dem Lias von Holzmaden sehr gut ausgeprägt,
verschwindet aber mit zunehmendem Alter, wie das Frankfurter Exemplar
derselben Art von derselben Fundstelle zeigt (Fig. 41). Durchaus isobatisch

---

[1]) E. F r a a s: Embryonaler Ichthyosaurus mit Hautbekleidung. — Jahreshefte Ver. vaterl. Naturk. Württemberg, 1911, p. 480.

[2]) C. W i m a n: Ichthyosaurier aus der Trias Spitzbergens. — Bull. Geol.
Inst. Upsala. X., 1910.

ist die Schwanzflosse von Ichthyosaurus trigonus var. posthumus aus dem oberen Jura von Solnhofen [1]) (Fig. 63, d).

Von fossilen Pythonomorphen oder Mosasauriern ist noch keine Schwanzflosse bekannt geworden, doch scheinen bei einzelnen Gattungen mediane Hautkämme am Ende des Schwanzes vorhanden gewesen zu sein. Bei der Gattung Clidastes [2]) aus der oberen Kreide von Kansas in Nordamerika sind mehrere Wirbel vor dem Schwanzende auffallend erhöht und verstärkt, so daß wir daraus auf die Existenz einer lanzettförmigen, isobatischen Schwanzflosse schließen können und das gleiche gilt für Mosasaurus [3]) aus der Kreide Belgiens und Hollands. Ob Tylosaurus [4]) in der Tat einen am Hinterende nach unten abgebogenen Schwanz mit einer häutigen Schwanzflosse besaß, wie O s b o r n vermutete, oder ob diese Abbiegung nur die Folge einer Verschiebung der Wirbelsäule während des Fossilisationsprozesses war, ist noch strittig. Bei dem von H u e n e [5]) beschriebenen Exemplar von Tylosaurus dyspelor Cope aus der Kreide von Kansas ist das Wirbelsäulenende durchaus geradegestreckt.

Jedenfalls haben die Hautsäume oder lanzettförmigen Schwanzflossen der Mosasaurier als Lokomotionsorgane k e i n e hervorragende Rolle gespielt.

Die Sauropterygier haben, entgegen den früheren Annahmen O w e n s , k e i n e Schwanzflosse besessen.

Ob die Thalattosauria eine solche besaßen, ist wahrscheinlich, aber noch ungewiß.

Die Hinterfüße der Seehunde als physiologische Äquivalente der vertikalen Schwanzflosse. — Bei den Walen wird die Lokomotion durch die achterförmigen Drehungen der schraubenähnlich geformten häutigen Schwanzflosse bewirkt (p. 113), welche stets tief gelappt erscheint. Mitunter ist außerdem ein medianer Hautsaum auf der Dorsalkante

---

[1]) F. B a u e r: Die Ichthyosaurier des oberen weißen Jura. — Palaeontographica XLIV. 1898.

[2]) S. W. W i l l i s t o n: Mosasaurs. — Univ. Geol. Survey of Kansas, IV. Palaeontology, Topeka, 1898, p. 83—221, Pl. X—LXXII.

[3]) L. D o l l o: Nouvelle Note sur l'Ostéologie des Mosasauriens. — Bull. Soc. Belge de Géol. Paléont., Hydrol., VI. Bruxelles 1892, p. 219—259, Pl. III—IV. — D e r s e l b e: The Fossil Vertebrates of Belgium. — Annals New York Acad. Sci., XIX., 4, Part 1, p. 106—107, Pl. VII. (Rekonstruktion von Mosasaurus Lemonnieri, Dollo).

[4]) H. F. O s b o r n: A Complete Mosasaur Skeleton, Osseous and Cartilaginous. — Memoirs Amer. Mus. Nat. Hist. New York, Vol. I, Pl. 4—5, 1899. p. 167—188, Pl. XXI—XXIII.

[5]) F. von H u e n e: Ein ganzes Tylosaurus-Skelett. Geol. und Paläont. Abh., her. von E. Koken. — XII. Jena 1910, 6. Heft, p. 297—314, 2 Taf.

und Ventralkante des Körpers knapp vor der Schwanzflosse ausgebildet
(z. B. bei Phocaena).

Die Lokomotion der Sirenen wird gleichfalls durch eine häutige
Schwanzflosse bewirkt, welche entweder gerade abgestutzt ist wie beim
Dugong oder abgerundet erscheint wie beim Lamantin (Fig. 57, p. 114).

In beiden Gruppen ist der Schwanz außerordentlich kräftig und
muskulös. Bei den Pinnipediern ist dagegen der Schwanz verkümmert
und die Lokomotion wird daher entweder von den Vorderfüßen allein
übernommen wie bei den Ohrenrobben oder Otariiden oder die Vorderflossen und Hinterflossen funktionieren gemeinsam als Ruder wie beim
Walroß (Trichechus) oder die Hinterflossen bilden allein den Lokomotionsapparat wie bei den Seehunden oder Phociden. Nur bei den letzteren
kann somit von einem physiologischen Äquivalent der Schwanzflossen
gesprochen werden.

Fig. 67. Ein Seehund (Phoca) in Schwimmstellung. (In den Hinterflossen ist die Mittelzehe
am kürzesten, die zweite und vierte gleichlang, die erste und fünfte etwa gleichlang. Die Hinterflossen sind zusammengeklappt, haben also die Stellung nach dem Rückstoß. Der verkümmerte
Schwanz ist deutlich sichtbar. Die Vorderflossen dienen nur zur Steuerung.)

Die Funktion der Hinterflossen der Seehunde geschieht in der
Weise, daß die Hinterflossen beim Vorwärtsstoßen des Körpers zuerst
mit der Vorderkante voraus und mit geschlossenen Zehen, also förmlich
zusammengefaltet, horizontal durch das Wasser gezogen werden und
dann gleichzeitig mit der vollen Sohlenfläche und gespreizten Zehen
nach hinten schlagen, bis sie sich berühren, worauf sie eine Zeitlang,
enge aneinandergelegt, Lateralschläge wie eine Fischflosse ausführen.
Diese Bewegungsart bietet insofern einen großen Vorteil, als dadurch
die dem Wasser entgegenstehenden Flächen beim Vorziehen der Flossen
auf ein Minimum reduziert werden und somit der Wasserwiderstand
beträchtlich vermindert wird. Die Lokomotionsart des Seehundes ist
also von jener der Wale und der Sirenen erheblich verschieden.

Das Skelett der Hinterflossen ist bei allen Pinnipediern, besonders
aber bei den Phociden, durchgreifend umgeformt. Bei den Seehunden
können die Hinterfüße nicht mehr wie beim Walroß und bei den Ohrenrobben unter den Körper gezogen werden, sondern stehen stets nach
hinten ab; die Zehen aller Pinnipedier sind nicht mehr frei beweglich,

sondern durch eine gemeinsame Schwimmhaut verbunden, die mitunter (z. B. bei Otaria) die Zehenspitzen sogar an Länge überragt.

Nur bei einer einzigen Seehundgattung (Erignathus) ist der Hallux die kürzeste Zehe; sonst ist bei den Phociden stets die dritte Zehe die kürzeste. Länger sind die vierte und noch länger die zweite Zehe, während die erste und fünfte Zehe mehr als zweimal so stark sind als je eine der übrigen Zehen und alle übrigen bedeutend an Länge übertreffen. Die erste und fünfte Zehe sind gleich lang (Fig. 67).

Auf diese Weise erhält die Hinterflosse die Form einer rhipidicerken, mondsichelförmig ausgeschnittenen Fischschwanzflosse. Wenn beide Hinterflossen gleichzeitig arbeiten und gleichzeitig nach hinten schlagen, so ist die Wirkung eine ähnliche, als wenn am Ende des Seehundkörpers zwei Fischschwanzflossen stünden. Die Lokomotionsbewegung der Seehundshinterflossen ist also in physiologischer Hinsicht nur mit den vertikal stehenden Schwanzflossen zu vergleichen, da die Lokomotionsschläge in einer Ebene ausgeführt werden, die zu der Symmetrieebene des Körpers vertikal steht. [1])

Obwohl der Biber einen von oben nach unten abgeplatteten Schwanz besitzt, so ist dessen Funktion doch nicht dieselbe wie bei den Sirenen; er schlägt, wie J. B. Pettigrew beobachtet hat, seitlich aus [2]) und funktioniert also ähnlich wie die Hinterflosse eines Seehundes.

Die paarigen Flossen als Balancier- und Steuerapparate. Die Funktion der paarigen Flossen ist bei der weitaus größten Mehrzahl der Fische, bei den Ichthyosauriern, Pythonomorphen, Acrosauriden, Cetaceen, Sirenen und Phociden die von Balancier- und Steuerapparaten.

Entweder sind zwei Paar solcher Flossen (vordere = P e c t o r a l e n oder Brustflossen, hintere = V e n t r a l e n oder Bauchflossen) vorhanden oder nur das vordere Paar; zu einem gänzlichen Verlust des vorderen Paares, das stets hinter dem Schädel liegt, ist es bei den Fischen nur höchst selten gekommen (bei einzelnen Syngnathiden und Muraeniden), während bei einzelnen höheren Vertebraten zwar eine Verkümmerung, aber niemals ein gänzlicher Schwund des vorderen Flossenpaares eintritt (bei Teleosauriden und Metriorhynchiden). Dagegen ist das hintere Flossenpaar sehr häufig verloren gegangen (unter den Fischen z. B. bei den Syngnathiden, Gymnotiden und Anguilliden oder Aalen, bei

---

[1]) Ich habe bei einer früheren Gelegenheit die irrtümliche Meinung geäußert, daß die Hinterflossen der Seehunde in physiologischer Hinsicht den horizontal stehenden Cetaceen- und Sirenenschwanzflossen zu vergleichen wären. (O. A b e l: Der Anpassungstypus von Metriorhynchus. — Centralblatt f. Mineral., Geol. u. Paläont., 1907, p. 226.)

[2]) J. B. Pettigrew: Die Ortsbewegung der Tiere. — Internation. wiss. Bibliothek, X. Bd., Leipzig 1875, p. 62.

Calamichthys, Tetrodon, Diodon u. s. f., unter den Säugetieren bei den
Walen und Sirenen).

Während die Lage des vorderen Flossenpaares relativ konstant

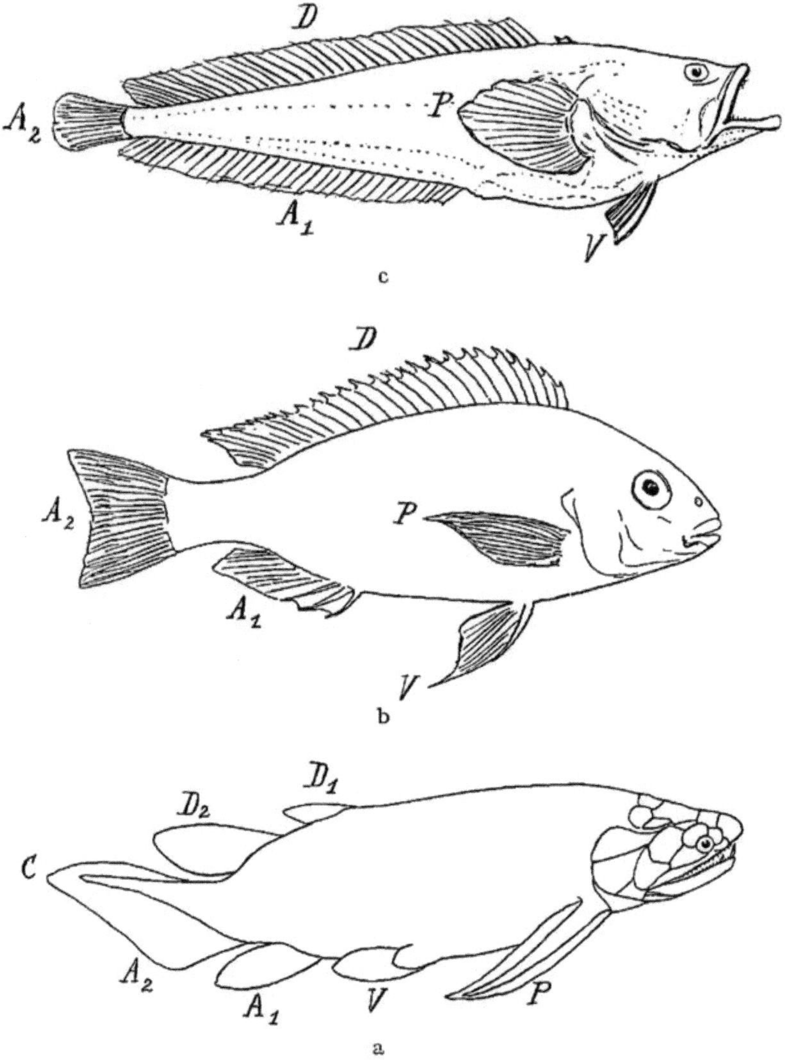

Fig. 68. Abdominale (a), thorakale (b) und jugulare Stellung (c) der Ventralen bei Fischen. a:
Holoptychius (Devon), Umrißlinien nach R. H. Traquair; b: Tilapia, lebend im Tanganyika;
c: Porichthys, lebend in Amerika.

bleibt und nur geringen Schwankungen unterworfen ist, finden wir
bei den Teleostiern sehr häufig eine Verlagerung des hinteren Flossenpaares nach vorne. Liegt das hintere Flossenpaar weit hinten wie bei
den Haifischen, so sprechen wir von einer „a b d o m i n a l e n" Lage

(Fig. 20, p. 53), ist es so weit nach vorne verschoben, daß es u n t e r dem vorderen Flossenpaar zu stehen kommt, so sprechen wir von „t h o r a k a l" gestellten Flossen wie z. B. bei den Makrelen oder Scombriden und Carangiden; ist endlich das hintere Flossenpaar so weit nach vorne gerückt, daß es v o r dem vorderen Flossenpaar an der Unterseite der Kehle steht, nennen wir diese Stellung „j u g u l a r" wie beim Schellfisch oder Gadus. Wenn die Flossen bis unter das Kinn verschoben sind, sprechen wir von „m e n t a l e n" Ventralflossen (Fig. 68).

Diese Verschiebung hat bei einem Fledermausfisch (Malthopsis spinosa), der im Seichtwasser des westindischen Meeres lebt, zu der merkwürdigen Erscheinung geführt, daß der wie eine Kröte auf dem Meeresgrunde hockende Fisch, indem er seinen Schädel ein wenig nach oben wendet, die weit nach vorne gerückten V e n t r a l e n w i e A r m e , die weit hinten liegenden Pectoralen

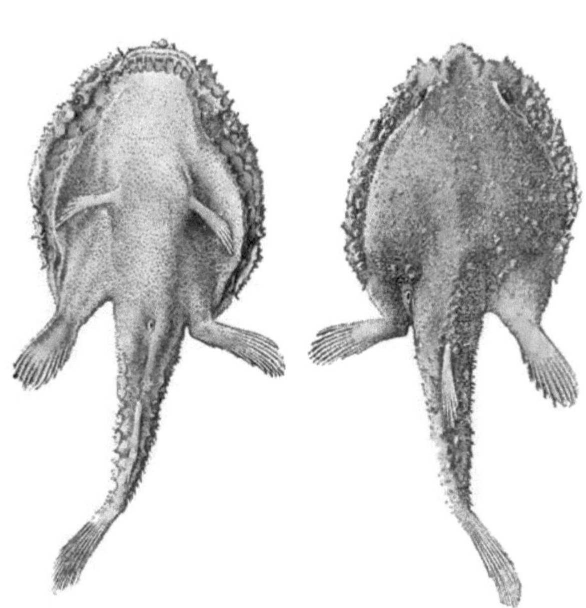

Fig. 69. Malthopsis spinosa Garman. (Aus S. G a r m a n : Albatross-Expedition: The Fishes. Cambridge, Mass., 1899, Pl. XXII, Fig. 1, 2.) Die V e n t r a l e n funktionieren als V o r d e r b e i n e , die P e c t o r a l e n als H i n t e r b e i n e.

a b e r w i e B e i n e gebraucht (Fig. 69).

Man kann sehr deutlich an einem Aquariumfisch beobachten, daß die paarigen Flossen und zwar hauptsächlich das vordere Paar die Steuerung des Körpers in der Weise durchführen, daß sie sich, wenn der Fisch emporsteigen will, mit schrägen Flächen derart nach vorne stellen, daß der Vorderrand der Flosse höher liegt, wenn er dagegen niedersteigen will, verkehrt einstellen, so daß der Hinterrand der Flosse höher liegt als der Vorderrand. Durch Drehungen der paarigen Flossen vermag der Fisch zu wenden.

Während also die paarigen Flossen in der Regel eine große Bewegungsfähigkeit besitzen, verharren die medianen Flossen — Dorsalflossen (Rückenflossen) und Analflossen (Afterflossen) in der Regel

starr und funktionieren als richtunghaltende Kiele an dem durch die
Schwanzflosse vorwärts getriebenen und durch die paarigen Flossen
gesteuerten und balancierten Körper.

Fig. 70. Mosasaurus, Rekonstruktion von L. Dollo, 1909.
(Größte Körperlänge 12 m. — Oberkreide von Europa, Nordamerika, Neuseeland.)

Genau dieselbe Funktion haben auch die paarigen Flossen der
Wale, Seekühe und Seehunde.

Wir müssen somit annehmen, daß auch bei den durch die Schwanzflosse allein vorwärts getriebenen Ichthyosauriern die paarigen Flossen
nur als Balancier- und Steuerapparate dienten.

Die Pythonomorphen besaßen einen langgestreckten, fast schlangen-
artigen Körper (nur wenige Formen waren plumper gebaut). Die Lokomotion dieser Meeresreptilien muß im wesentlichen eine schlängelnde
gewesen sein (Fig. 70 und 71).

Fig.   P. platecarpus, Rekonstruktion von L. Dollo, 1908. (Körperlänge un.eta r   m. —
O erkreide von Belgien und Holland.)

Bei lebenden schlängelnden Wassertieren (z. B. bei aalförmigen und
bandförmigen Fischen) spielen die paarigen Flossen nicht einmal als Balan-
cier- oder Steuerorgane eine wesentliche Rolle und verkümmern entweder
oder gehen gänzlich verloren (z. B. bei einzelnen Muraeniden, Fig. 332).
Aus dem Vorhandensein von zwei Paaren kräftiger Flossen bei

den Pythonomorphen ist der Schluß abzuleiten, daß diese Meeresreptilien der Kreideformation ihre paarigen Flossen zum Steuern und Balancieren benötigten.

Dieser Gegensatz zwischen den Pythonomorphen und den aalförmigen Fischen im Gebrauche der paarigen Flossen einerseits und ihrem Nichtgebrauche und Verluste anderseits erklärt sich, wie wir später noch zu erörtern haben werden, daraus, daß die Pythonomorphen freischwimmende Hochseebewohner gewesen sind, während die aalförmigen Fische eine grundbewohnende Lebensweise führen.

Fig. 72. Acrosaurus Frischmanni H. von Meyer aus dem lithographischen Schiefer von Eichstätt bei Solnhofen, ein dem Wasserleben angepaßter Rhynchocephale. (Nach A. Andreae, 1893.) (Gesamtlänge 20 cm.)

Ganz das gleiche wie für die großen Pythonomorphen der Kreide gilt auch für die kleinen marinen Acrosauriden der oberen Juraformation. An einem schönen Exemplar von Acrosaurus Frischmanni H. v. Meyer aus Solnhofen hat A. Andreae[1]) nachgewiesen, daß beide Gliedmaßenpaare zu Flossen umgebildet waren. Diese Flossen müssen in derselben Weise funktioniert haben wie die Flossen der Pythonomorphen; die Lokomotion muß in beiden Fällen durch Schlängeln bewirkt worden sein.

Die paarigen Flossen als Ruderorgane. — Das beste Beispiel eines schwimmenden Wirbeltieres, dessen Lokomotion nur durch die rudernde

[1]) A. Andreae: Acrosaurus Frischmanni H. v. Mey. — Ein dem Wasserleben angepaßter Rhynchocephale von Solnhofen. — Ber. d. Senckenberg. Ges. Frankfurt a. M. 1893, p. 21—34, Taf. I—II.

Tätigkeit der paarigen Gliedmaßen bewirkt wird, ist eine S e e s c h i l d-
k r ö t e.

Bei Chelone, Dermochelys, Thalassochelys usw. sind die zu Flossen
umgewandelten Arme viel länger als die gleichfalls zu Flossen umgeformten Beine und besitzen eine durchaus verschiedene Form. Mitunter
sind die Vorderflossen mehr als zweimal so lang als die Hinterflossen;
die ersteren sind lang, schmal, und enden meistens in einer scharfen
Spitze, während die letzteren kurz, breit und abgerundet sind.

Fig. 73. Chelone imbricata, schwimmend. Aus dem „Guide to the Gallery of Reptilia
and Amphibia" des Brit. Mus Nat. Hist. London, 1906.

Die Bewegung, welche die Vorderflossen der Seeschildkröten
während des Schwimmens ausführen, ist eine sehr eigentümliche. Sie
werden in verschiedener Weise gebraucht, je nachdem sich die Hinterflossen an der Lokomotion beteiligen oder nicht und dieses Ausschalten
der Hinterflossen als Lokomotionsorgane kommt gelegentlich bei demselben Tiere vor.

Arbeiten Vorderflossen und Hinterflossen gemeinschaftlich, so
geschieht dies abwechselnd in der Weise, daß sich die Flossen derselben Körperseite gleichzeitig bewegen; arbeiten die Vorderflossen allein,
so bewegen sie sich gleichzeitig. Dabei drehen sich die Vorderflossen
um ihre Längsachse, und weil die Fläche der Vorderflosse nicht die Form
eines Flachruders, sondern einer Schraubenfläche mit nach hinten
gewendeter Konkavität darstellt, so macht eine rasch schwimmende

Seeschildkröte den Eindruck, als würde sie sich in das Wasser hinein-
schrauben, ganz ebenso wie ein rasch schwimmender Pinguin seine Flügel
nicht als Flachruder, sondern als Schrauben benützt. Überhaupt ist
die Ähnlichkeit der Schwimmbewegung eines unter Wasser „fliegenden"
Pinguins mit der Schwimmbewegung einer nur mit den Vorderflossen
arbeitenden Seeschildkröte eine ganz überraschende (Fig. 73).

Während bei den Seeschildkröten die Hinterflossen in der Regel
an der Lokomotion beteiligt sind und nur ganz ausnahmsweise die Vorderflossen allein den Körper durch das Wasser rudern, ist bei den P i n -

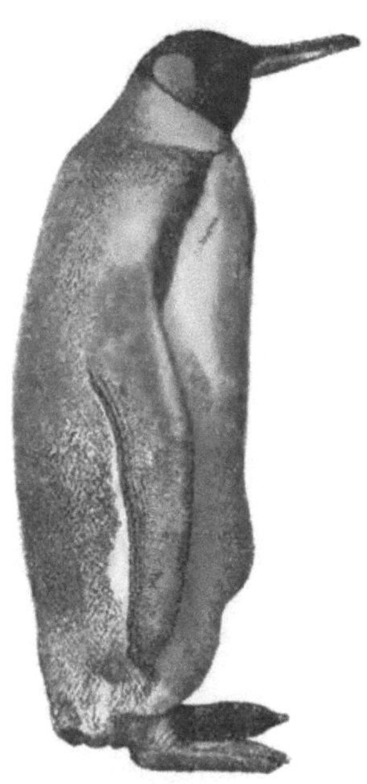

Fig. 74. Königspinguin, lebend im
Hagenbeck'schen Garten bei Hamburg. (Phot. Ing. F. Hafferl, 1910.)

g u i n e n das Umgekehrte der Fall. Ich
verdanke Herrn Dr. Kurt P r i e m e l,
Direktor des schönen zoologischen Gartens
zu Frankfurt am Main, die Möglichkeit,
Beobachtungen über die Schwimmbewegungen des Pinguins anzustellen. Ich habe
die Hinterflossen des Pinguins niemals in
rudernder Tätigkeit gesehen und muß daher
annehmen, daß sie nur ganz gelegentlich
zum Steuern verwendet werden; schon
J. B. P e t t i g r e w , der den Flug der
Pinguine unter Wasser eingehend studiert
hat, gibt an, daß die Füße nur „gelegentlich als Hilfswerkzeuge" in Gebrauch kommen und sich dann abwechselnd bewegen
wie die Füße eines Schwans, während die
Flügel stets gleichzeitig arbeiten. Die Flügel
des Pinguins werden beim Schwimmen soweit als möglich ausgestreckt; sie bilden eine
flache Schraube wie die Vorderflosse einer
Seeschildkröte und arbeiten in der Weise,
daß sie beim Rudern nach h i n t e n

u n t e n schlagen und nicht wie beim Flug in der Luft nach
v o r n e   u n t e n bewegt werden. Diese Ruderbewegung wird
von einer Rotation der Flügel um ihre Längsachse begleitet,
indem beim Vorziehen der Flügel der Vorderrand das Wasser durchschneidet und die Flügelfläche mit der Bewegungsebene zusammenfällt,
während beim Ruderschlag die konvexe Oberseite des Flügels schräge
nach vorne oben und die konkave Hinterseite, die Ruderfläche, nach
hinten unten gewendet wird.

An den durch die Seeschildkröten und Pinguine vertretenen
Lokomotionstypus schließt sich der durch die O h r e n r o b b e n oder
Otariiden vertretene Typus an (Fig. 75).

Während bei den Seehunden die Lokomotion ausschließlich den

Hinterflossen zufällt, arbeiten bei Otaria die Vorderflossen als Ruder und die Hinterflossen dienen nur zur Steuerung. Die Arme rotieren wie bei den Seeschildkröten und Pinguinen während des Ruderns um ihre Längsachse, aber sie arbeiten nicht gleichzeitig, sondern abwechselnd, wie J. B. Pettigrew festgestellt hat.

Fig. 75. Ohrenrobbe, auf dem Lande liegend. (Nach Haacke). (Die Vorderflossen sind wie Pinguinflügel geformt; sie sind die Fortbewegungsorgane, während die Hinterflossen nur zur Steuerung dienen.)

Wieder anders rudert sich das Walroß (Trichechus) im Wasser vorwärts. Auch hier fällt die Hauptaufgabe bei der Lokomotion den Vorderflossen zu, die abwechselnd arbeiten, aber die Hinterflossen unterstützen diese Ruderbewegung durch Ruderschläge, die in ähnlicher Weise wie beim Seehund ausgeführt werden.

Schon die bisher angeführten Beispiele zeigen, daß die Ruderbewegung der paarigen Flossen selbst bei nahe verwandten Gruppen wie den drei Familien der Pinnipedier in sehr verschiedener Weise erfolgt.

Ganz anders als bei den bisher besprochenen Gruppen von Rudertieren findet die Lokomotion bei den Fröschen statt. Hier übertreffen die Hinterbeine an Länge und Größe weitaus die Vorderbeine und wirken als Flachruder, die gleichzeitig arbeiten, während sich die Vorderbeine an der Lokomotion nur in ganz untergeordneter Weise beteiligen.

Aus den Beobachtungen Bennetts über lebende Schnabeltiere geht hervor, daß bei Ornithorhynchus das hauptsächliche Lokomotionsorgan im Wasser die Vorderfüße sind, deren Finger von einer großen, die Fingerspitzen weit überragenden Schwimmhaut verbunden sind (Fig. 76).

Bei den Wassermolchen, Krokodilen, Potamogale, Myogale und Ichthyomys wird die lokomotorische Funktion des Schwanzes von einer Ruderbewegung der hinteren Glied-

maßen unterstützt, während die Vorderfüße sich nur als Balancier-
und Steuerapparate an der Schwimmbewegung beteiligen.

Bei den W a s s e r v ö g e l n , die nur ihre Füße zur Lokomotion
verwenden, funktionieren dieselben als Ruder und zwar meist abwechselnd;

Fig. 76. Ornithorhynchus anatinus Shaw. (Mit Benützung einer Zeichnung von F. S p e c h t.)

nur bei schnellem Schwimmen werden die Hinterflossen gleichzeitig
und langsam nach vorne gebeugt und dann kräftig zurückgestoßen.
Beim Beugen und Vorziehen des Fußes werden die Zehen zusammengefaltet. P e t t i g r e w hat beobachtet, daß die von den abwechselnd
arbeitenden Ruderfüßen des Schwans beschriebenen Kurven in ent-
gegengesetzter Richtung verlaufen und
zwar rudert der rechte Fuß während des
Ruderschlages von innen oben nach außen
unten, während die
Kurve des linken
Ruderfußes während
des Stoßes von außen
unten nach innen
oben verläuft.

Während beim
Schwan wie über-
haupt bei den
meisten Schwimm-
vögeln alle Zehen
von einer gemein-
samen Schwimmhaut

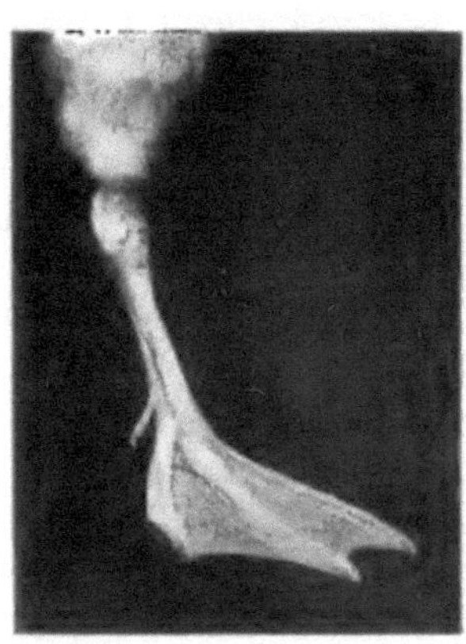

Fig. 77. Ruderfuß des schwarz-
halsigen Schwans. (Nach C. W.
Beebe, 1907.)

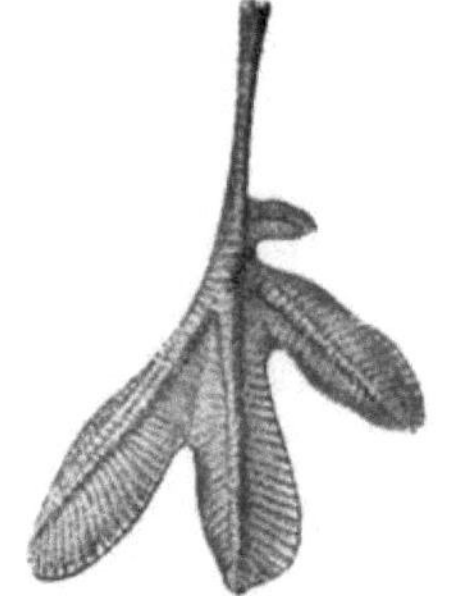

Fig. 78. Fuß des Lappen-
tauchers (Podiceps). (Nach
F. W. H e a d l e y, 1895.)

umschlossen sind, trägt beim Lappentaucher (Podiceps) jede Zehe ihre
separierte Schwimmhaut an beiden Seiten. Wird der Fuß zurückgestoßen, so breiten sich die Seitenlappen aus und funktionieren wie
der Ruderfuß des Schwans, während beim Vorziehen durch das

Wasser die Hautlappen sich infolge des Wasserwiderstandes nach
hinten zusammenklappen.

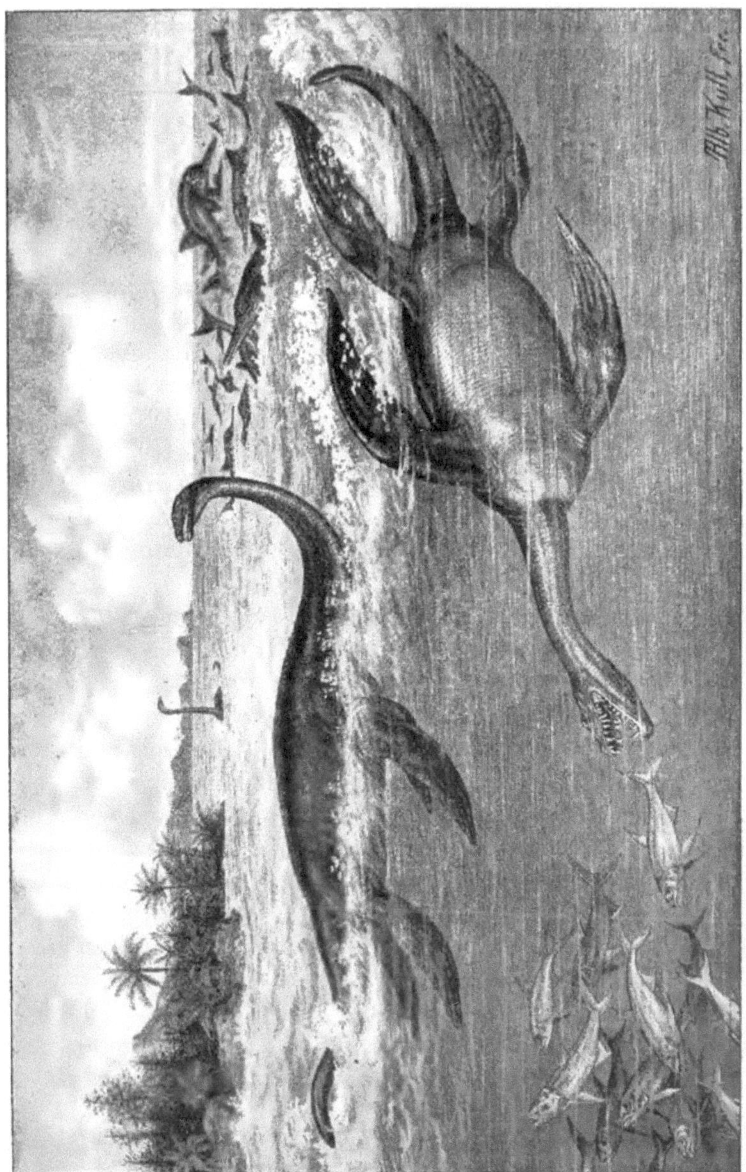

Fig. 79. Plesiosaurier und Ichthyosaurier im Liasmeer. — Untertauchend Thaumatosaurus victor; schwimmend im Vordergrunde: Plesiosaurus Guilelmi imperatoris; im Hintergrunde rechts eine Ichthyosaurierherde. (Nach E. Fraas, 1910.)

Die Ruderfüße funktionieren also bei den verschiedenen im Wasser
rudernden lebenden Wirbeltieren überaus verschieden. Dieser Gegensatz beruht zum Teile darauf, daß die Mehrzahl der besprochenen
Tiere amphibiotisch lebt und ihre Gliedmaßen nicht nur, zum

Schwimmen, sondern auch zu verschiedenen anderen Bewegungen
verwendet.

So z. B. dienen die Füße des Frosches neben dem Rudern im Wasser
auch zum Springen, die Hände des Schnabeltiers zum Rudern und
Graben, wobei die Schwimmhaut zurückgelegt wird, die Arme und Füße
der Ohrenrobben und Walrosse als Stütz- und Schreitorgane auf dem
Lande und das gleiche ist bei den molchförmigen Schwimmtieren
der Fall.

Unter den fossilen Wirbeltieren, welche sekundäre Anpassungen
an das Leben im Wasser zeigen, sind nur die S a u r o p t e r y g i e r
und P l a c o d o n t i a als Gruppen zu bezeichnen, welche ausschließlich
durch Rudern der beiden Gliedmaßenpaare schwammen, während bei
den übrigen fossilen Schwimmtieren, soweit sie nicht zu heute noch
lebenden Gruppen gehören (z. B. Schildkröten), die Lokomotion entweder
allein durch den Schwanz oder durch den Schwanz mit Unterstützung
der Hinterfüße bewirkt wurde (Metriorhynchiden und Teleosauriden).

Die S a u r o p t e r y g i e r besaßen eine schildkrötenartige Körperform, einen kurzen Schwanz und zwei Paare fast gleich langer, schmaler
und spitz zulaufender Flossen. Bei ungleicher Länge beider Flossenpaare
ist stets das vordere ein wenig länger (z. B. Thaumatosaurus victor,
Fig. 8, p. 40).

Bei der Frage nach der Funktion dieser langen Ruderflossen kann
nur der Seeschildkrötentypus in Betracht kommen, bei welchem alle
vier Flossen als Ruder entwickelt sind. Wir werden annehmen müssen,
daß die beiden Flossen einer Körperseite gleichzeitig ruderten und mit
denen der anderen Körperhälfte abwechselten. Da sowohl bei Seeschildkröten als bei den Pinguinen und Ohrenrobben die Fläche der Vorderflossen nicht in einer Ebene liegt, sondern eine schwach gekrümmte
Schraubenfläche bildet, so werden wir eine derartige Krümmung auch für
die Sauropterygierflossen annehmen müssen, was bei Rekonstruktionen
dieser Tiere zu berücksichtigen sein wird. Zu einer Fortbewegung auf
dem Lande können die Flossen der Plesiosaurier nicht mehr geeignet
gewesen sein, während dies bei Nothosaurus noch der Fall war; aber
schon Nothosaurus hat sich wohl auf dem Lande nur schwerfällig
fortzubewegen vermocht, ebenso wie der kleine Lariosaurus mit plumpem
Körper und bereits flossenförmigen Extremitäten, die freilich noch
nicht so hochgradig wie bei den jüngeren Sauropterygiern an das Rudern
im Wasser angepaßt waren, aber bereits unverkennbar dieselbe Anpassungsform zeigen, welche später bei den Plesiosauriern einen so hohen
Grad erreicht hat.

Die P l a c o d o n t i a hatten einen kompakten Rückenpanzer,
der zwar physiologisch, aber n i c h t morphologisch dem Schildkröten-
panzer gleicht. Wir wissen zwar noch sehr wenig vom Baue ihrer Glied-

maßen, aber als marine Tiere, die sicher einen kurzen Schwanz besessen haben, mußten ihre Gliedmaßen zu Ruderflossen umgeformt sein und O. J a e k e l [1]) ist sonach ganz im Rechte, wenn er in der hypothetischen

Fig. 80. Nothosaurus Andriani am Ufer des deutschen Muschelkalkmeeres zur mittleren Triaszeit. Im Vordergrunde am Strande ein Kadaver von Ceratodus, auf den drei Krebse (Pemphix Sueurii) zustreben. (Nach E. Fraas.)

---

[1]) O. J a e k e l: Placochelys placodonta aus der Obertrias des Bakony. — Resultate der wiss. Erforschung des Balatonsees. I. Bd. 1. Teil. Paläont. Anhang. Budapest 1907, p. 74, Taf. X.

Rekonstruktion von Placochelys aus der oberen Trias des Bakonyer Waldes Flossen von Chelonierform zur Darstellung gebracht hat.

Eine Gruppe mariner Reptilien aus dem Perm Südafrikas und Brasiliens (Mesosauria) mit den Gattungen Mesosaurus und Stereosternum zeigt in mancher Hinsicht ähnliche Umformungen wie die Sauropterygier, ist aber, wie O s b o r n [1]) gezeigt hat, nicht mit ihnen verwandt. Ihre Gliedmaßen waren zu Flossen verändert; die hinteren waren größer als die vorderen, eine Erscheinung, die auf ähnliche Lokomotionsart wie bei den Molchen und Krokodilen deutet (Fig. 81).

Die Skelettelemente der paarigen Flossen der Reptilien, Vögel und Säugetiere. — Um die verschiedenen Wege, welche die Anpassung an das Wasserleben bei den verschiedenen Gruppen der höheren Vertebraten eingeschlagen hat, erörtern zu können, ist es notwendig, sich zuerst über die Morphologie der zu Flossen umgeformten Gliedmaßen klar zu werden.

Das normale Gliedmaßenskelett der höheren Wirbeltiere gliedert sich in folgende Hauptabschnitte:

Haupt-abschnitte	Vorderextremität	Hinterextremität
I	H u m e r u s (Oberarm) H	F e m u r (Oberschenkel) Fe
II	R a d i u s (Speiche) R Ulna (Elle) U } (Unterarm)	Tibia (Schienbein) T oder Ti Fibula (Wadenbein) F oder Fi } (Unterschenkel)
III	C a r p u s (Handwurzel)	T a r s u s (Fußwurzel)
IV	M e t a c a r p u s (Mittelhand) mc	M e t a t a r s u s (Mittelfuß) mt
V	C a r p a l p h a l a n g e n (Fingerknöchel) ph	T a r s a l p h a l a n g e n (Zehenknöchel) ph.

C a r p u s und T a r s u s der höheren Wirbeltiere gliedern sich (mit Ausnahme gewisser Stegocephalen wie z. B. Trematops) in zwei übereinanderliegende Reihen, deren o b e r e P r o c a r p u s und

[1]) H. F. O s b o r n. The Reptilian Subclasses Diapsida and Synapsida and the Early History of the Diaptosauria. — Mem. Amer. Mus. Nat. Hist.. I, Part 8, November 1903, p. 481.

P r o t a r s u s und deren u n t e r e M e s o c a r p u s und M e s o -
t a r s u s genannt werden.

Die Nomenklatur der Carpal- und Tarsalelemente ist lange Zeit hindurch bei den deutschen, englischen und französischen Anatomen sehr verschieden gewesen, was zu zahlreichen Irrtümern und Mißverständnissen

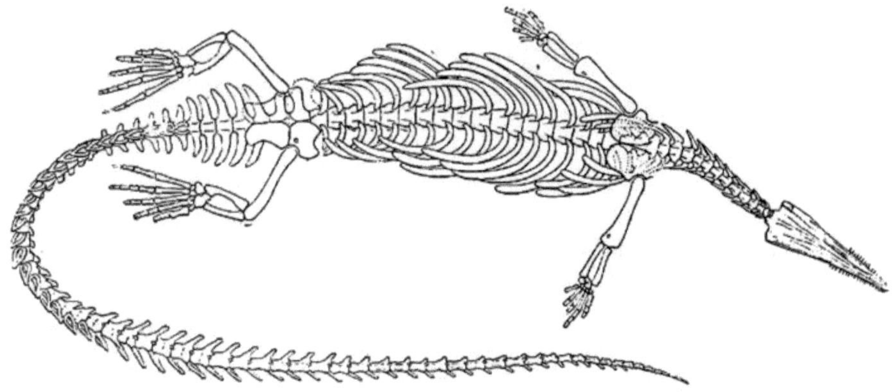

Fig. 81. Stereosternum tumidum Cope, aus dem Perm Brasiliens. (Nach H. F. O s b o r n, 1903.)
¹/₃ Nat. Gr.

Anlaß gegeben hat, weil verschiedene Elemente gleichartig benannt
worden sind. So ist z. B. das unter dem Radius liegende Carpalelement
von den einen Scaphoid, von den anderen Naviculare genannt worden,
während die gleichen Bezeichnungen von anderen Autoren für das
„Kahnbein“ der menschlichen Anatomie angewendet wurden.

Dieser Verwirrung ist nur dadurch radikal abzuhelfen, wenn folgende,
in den letzten Jahrzehnten fast allgemein zur Anwendung gelangten
Benennungen konsequent durchgeführt werden:

1. Im P r o c a r p u s:

für das unter dem Radius liegende Element: R a d i a l e (r);
für das unter der Ulna liegende Element: U l n a r e (u);
für das zwischen diesen beiden liegende Element: I n t e r -
m e d i u m (i).

2. Im P r o t a r s u s:

für das unter der Tibia liegende Element: T i b i a l e (ti);
für das unter der Fibula liegende Element: F i b u l a r e (fi);
für das zwischen diesen beiden liegende Element: I n t e r -
m e d i u m (i).

3. Im M e s o c a r p u s:

für alle Elemente: C a r p a l e (c) mit den Ziffern 1—5, je nach
ihrer Lage und Beziehung zum 1.—5. Finger. (c_1—₅).

4. Im Mesotarsus:
   für alle Elemente: Tarsale (t) oder Cuneiforme (c) mit
   den Ziffern 1—5, je nach ihrer Lage und Beziehung zur 1.—5.
   Zehe (t_1—$_5$, c_1—$_5$).

5. für die Elemente (eines oder mehrere) zwischen Procarpus und
   Mesocarpus einerseits, Protarsus und Mesotarsus anderseits:
   Centrale oder Centralia (c oder ce_1, ce_2).

6. Die am Ulnarrande der Handwurzel mit dem Ulnare in Verbindung
   tretende Sehnenverknöcherung oder Sesambein wird Pisiforme (p oder pi) genannt.

7. In der Morphologie der Säugetiere wird das aus der Verschmelzung von Tibiale und Intermedium hervorgegangene Protar-
   salelement Sprungbein oder Astragalus (as), das Fibulare
   Fersenbein oder Calcaneus (ca), das t_4+$_5$ Cuboid (cub), das
   Tarsalcentrale allgemein Naviculare (na) genannt.

**Die Morphologie der paarigen Flossen der an das
Wasserleben angepaßten Reptilien, Vögel und
Säugetiere.**

A. Ichthyosaurier.

1. Mixosaurus Cornalianus Bassani.[1]
(Mittlere Trias am Luganer See in der Lombardei.)
[Fig. 82 und 83].

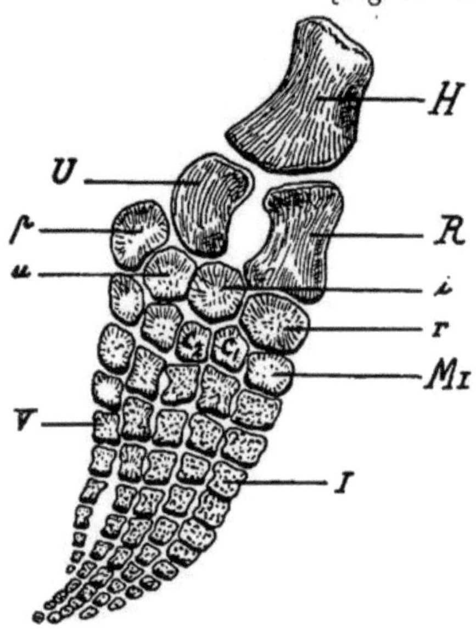

Fig. 82. Vorderflosse von Mixosaurus Cornalianus Bassani
aus der Trias der Lombardei, in ½ Nat. Gr. (Nach
E. Repossi, 1902.) — H = Humerus, U = Ulna,
R = Radius, u = Ulnare, r = Radiale, i = Intermedium, p = Pisiforme, $c_1 c_2$ = Carpalia, MI = Metacarpale I, I = Pollex, V = Minimus.

Der Arm ist schon bei
diesem primitiven Ichthyosaurier zu einer Flosse umgewandelt und zwar derart,
daß dieselbe zu einer Schreitbewegung auf dem Lande völlig
ungeeignet erscheint. An den
stark verkürzten Humerus (H)
schließen sich die beiden Unterarmknochen an und zwar sind
Radius (R) und Ulna (U) nur
wenig kürzer als der Humerus
und noch durch einen breiten
Zwischenraum (Spatium inter-

[1] E. Repossi: Il Mixo-
sauro degli Strati Triasici
di Besano in Lombardia. —
Atti Soc. Italiana, 41. Bd.,
Milano 1902, p. 361—372,
2 Taf.

osseum) getrennt und an den einander zugewendeten Kanten ausgebuchtet.

Vom Vorderrande der Handwurzel an gezählt liegt an erster Stelle das Radiale (r), dann folgt das Intermedium (i) und das Ulnare (u); ferner ist noch ein Pisiforme (p) vorhanden, das als ulnares Sesambein zu betrachten ist.

Soweit bestehen keine Zweifel an der Homologisierung der Flossenelemente mit dem Armskelett der terrestrischen Reptilien. Viel schwieriger ist die Entscheidung der Frage, welche Carpalelemente in der zweiten Reihe der Handwurzel als selbständige Knochenplatten auftreten und sie ist bisher noch nicht befriedigend gelöst worden. Ob die meist als Centralia (c_1, c_2) bezeichneten Knochenplättchen wirklich als Centralia anzusprechen sind, scheint mir noch nicht genügend erwiesen zu sein.

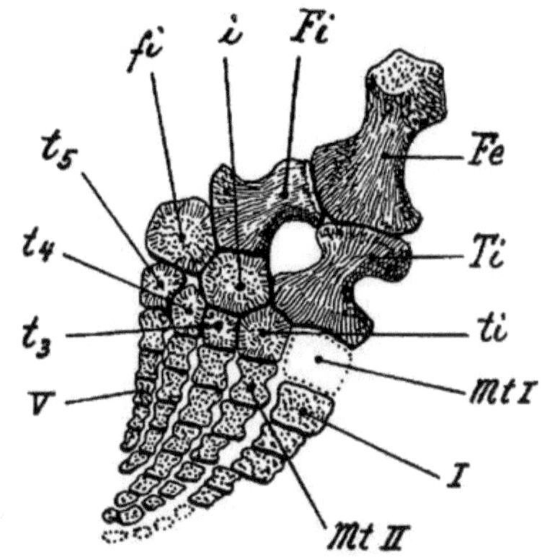

Fig. 83. Hinterflosse von Mixosaurus Cornalianus Bassani aus der Trias der Lombardei, in Nat. Gr. (Nach E. Repossi, 1902.) — Fe = Femur, Ti = Tibia, Fi = Fibula, ti = Tibiale, fi = Fibulare, i = Intermedium, t_3 t_4 t_5 = Tarsalia 3—5, Mt II = Metatarsale II, V = Minimus, I = Hallux.

Ich möchte die Vermutung aussprechen, d a ß s i e ü b e r h a u p t d i e l e t z t e n R u d i m e n t e d e s M e s o c a r p u s d a r s t e l l e n. [1]

Die Hand von Mixosaurus Cornalianus Bass. umfaßt fünf Längsreihen viereckiger Knochenplättchen. Beginnen wir mit der Zählung dieser Knochenplättchen unter dem Radiale (r), den beiden „Centralia" (c_1 und c_2), dem Ulnare (u) und dem Pisiforme (p), so erhalten wir folgende Zahlen von einzelnen Knochenplättchen:

erste Reihe (unter r) 11
zweite Reihe (unter c_1) 10
dritte Reihe (unter c_2) 11
vierte Reihe (unter u) 12
fünfte Reihe (unter p) 10.

Es entsteht nun die Frage, ob wir in diesen fünf Längsreihen die fünf Fingerstrahlen der Reptilienhand zu erblicken haben oder ob nur die vorderen vier derselben als die ursprünglichen Finger, die fünfte dagegen

---

[1] Ich hoffe an anderer Stelle bald darauf zurückzukommen. Es scheint hier ein ähnlicher Vorgang wie bei den Delphiniden vorzuliegen.

als n e u e r Strahl zu betrachten sind; B r o i l i hält den fünften Fingerstrahl für eine ulnare ,,Sesambeinreihe". [1])

In der Tat ist es sehr auffallend, daß der fünfte Fingerstrahl mit
dem Pisiforme artikuliert. Wir lernen aber den Bau der Mixosaurus-
Hand erst verstehen, wenn wir das Skelett des Hinterfußes mit jenem
der Hand vergleichen.

Das Femur ist an seinem distalen Ende sehr stark verbreitert und artikuliert mit einer Tibia, die einen sehr stark ausgeschweiften Vorder-
und Hinterrand besitzt und durch ein breites Spatium interosseum von
der kleineren, aber im wesentlichen ähnlichen Fibula getrennt ist.

Die nun folgenden Knochen des Tarsus und Metatarsus sind von
E. R e p o s s i irrig gedeutet worden. R e p o s s i nahm an, daß unter
Tibia und Fibula zuerst eine proximale Reihe von v i e r Tarsalia und
dann eine distale mit f ü n f Tarsalia folgen.

Unter der Fibula stehen zwei große, polygonale Knochenplatten,
deren vordere noch mit dem Unterende des Hinterrandes der Tibia
artikuliert. An diese Platte schließt sich vorne eine größere, dritte Platte
an; die unter dem Vorderteile der tibialen Gelenkfläche gelegene Platte
ist verloren gegangen.

Die Form und relativen Größenverhältnisse dieser drei Platten ist
so bezeichnend, daß wir kaum fehlgehen werden, wenn wir sie, mit der
Zählung von hinten beginnend, mit dem Fibulare, Intermedium und
Tibiale primitiver tetrapoder Reptilien homologisieren.

Die erste Reihe von Tarsalknochen besteht also nicht aus vier
Tarsalia, wie R e p o s s i angibt, sondern nur aus d r e i. Die distale
Reihe umfaßt gleichfalls nur d r e i und nicht fünf Tarsalia und zwar
sind sie nur halb so groß wie die proximalen Tarsalia.

Das Tibiale artikuliert mit dem Metatarsale II. Der verloren gegangene Knochen unter dem Vorderrande der Tibia kann wohl kein
Tarsale sein; wir erhalten Aufschluß darüber durch einen Vergleich
mit der Hinterflosse von Mosasaurus.

L. D o l l o [2]) hat gezeigt, daß bei Mosasaurus das erste Metatarsale
unmittelbar mit der Tibia artikuliert. Nach seinen Untersuchungen
sind die noch vorhandenen drei verkümmerten und verschmolzenen
Tarsalia ganz an den Fibularrand der Hinterflosse gedrängt.

Ganz genau dasselbe bietet uns die Hinterflosse von Mixosaurus
Cornalianus, nur mit dem Unterschiede, daß hier die sekundäre Verschmelzung und Verkümmerung der Tarsalia noch nicht so weit vorgeschritten ist. Außer dem Tibiale, Intermedium und Fibulare sind
bei diesem kleinen Ichthyosaurier aus der Trias der Lombardei noch

---

[1]) F. B r o i l i : l. c., Palaeontographica, 54. Bd., 1907, p. 154.

[2]) L. D o l l o : Nouvelle Note sur l'Ostéologie des Mosasauriens. — Bull.
Soc. Belge Géol. Paléont. Hydrol., VI., Bruxelles 1892, p. 219—259, Pl. III—IV.

drei Tarsalia vorhanden, die mit dem fünften, vierten und dritten Metatarsale artikulieren, während das zweite mit dem Tibiale und das erste mit der Tibia selbst in Verbindung tritt.

L. D o l l o hat den Nachweis geführt, daß in der Hinterflosse von Mosasaurus die Tarsalia I, II und III der distalen Reihe durch Reduktion verschwunden sind (nicht durch Verschmelzung mit den angrenzenden Tarsalia). Die Tarsalia IV und V sind dagegen zu einem Cuboideum verschmolzen und ebenso ist eine Coossifikation von Tibiale + Intermedium + Centrale eingetreten.

Auch bei Mixosaurus liegen die Verhältnisse insofern ähnlich, als die Tarsalia I und II spurlos verschwunden sind. Wir kommen später auf diese Frage zurück.

Unverkennbar ist bei dem Ichthyosaurier Mixosaurus ebenso wie bei dem Pythonomorphen Mosasaurus eine Verschiebung der Tarsalia gegen den Hinterrand der Flosse eingetreten.

Der Unterschenkel ist bei Mixosaurus sehr breit; die breiteste Stelle der Hinterflosse geht aber durch den Tarsus, während sich von hier an die Flosse rasch verschmälert, so daß die fünf Zehen auf ein spitz zulaufendes Dreieck zusammengedrängt sind.

Am weitaus stärksten entwickelt ist die erste Zehe, am schwächsten die fünfte. Von der ersten bis zur fünften Zehe findet eine gleichmäßige Verkürzung statt, so daß die fünfte Zehe kürzer ist als die halbe erste Zehe.

Die wichtigsten Merkmale dieser Flosse wären somit folgende:
1. Geschweifte Form der Vorder- und Hinterränder der beiden Unterschenkelknochen; 2. Großes Spatium interosseum zwischen Tibia und Fibula; 3. Verdrängung der proximalen Tarsalia (Tibiale, Intermedium [+ Centrale?], Fibulare) gegen den Hinterrand; 4. Verdrängung der distalen Tarsalia gegen den Hinterrand und Reduktion auf drei (Tarsale V, IV und III); 5. Verstärkung und Verlängerung der vorderen Zehen und Längenabnahme von der ersten bis zur fünften Zehe; 6. Phalangenzahlen, von der ersten Zehe an gerechnet: 9 (?), 7, 5, 4, 4.

Im normalen Diapsidenfuß ist die Phalangenformel 2, 3, 4, 5, 4.

Bei Mixosaurus ist also die Phalangenzahl der ersten drei Zehen beträchtlich vermehrt, die der vierten verringert worden, die der fünften gleich geblieben.

Kehren wir zur Erörterung des Handskelettes von Mixosaurus zurück.

Die Verbreiterung des Carpus gegenüber dem Unterarm kommt hier ebenso deutlich zum Ausdruck wie zwischen Tarsus und Unterschenkel. Hand in Hand geht damit die Verschiebung der Finger nach hinten und die Verbreiterung derselben.

Diese letzte Erscheinung ist auch die Ursache, weshalb der fünfte Finger aus dem ursprünglichen Verbande nach hinten herausgedrängt wurde, so daß er mit dem Pisiforme artikuliert. In diesem fünften Fingerstrahl der Mixosaurushand eine Reihe von neu entstandenen Sesamknochen zu erblicken und den Verlust des Daumens anzunehmen, liegt kein zwingender Grund vor.

Die Vorderflosse von Mixosaurus Cornalianus ist bedeutend länger als die Hinterflosse und zwar ungefähr doppelt so lang. Die Vorderflosse eines 90 cm langen Exemplars ist 17 cm lang, die Hinterflosse eines 80 cm langen Exemplars nur 7 cm lang (nach den Abbildungen von E. Repossi gemessen). Das ergibt ein Längenverhältnis zwischen Körper, Vorderflosse und Hinterflosse wie 100:19:11.

<h2 style="text-align:center">2. Merriamia Zitteli Merriam.</h2>

(Obere Trias von Kalifornien.)

[Fig. 84].

Die Vorderflosse von Merriamia [1]) unterscheidet sich sehr wesentlich von jener des Mixosaurus. Obwohl beide Ichthyosaurier triadischen Alters sind, so ist doch Merriamia bereits viel höher spezialisiert; das Spatium interosseum ist kleiner geworden; die proximale Carpalreihe besteht nur aus drei Elementen (Radiale, Intermedium, Ulnare) und die Flosse, welche lang, schmal und am Ende zugespitzt ist, besteht nur aus drei Fingerstrahlen, während am ulnaren Flossenrande noch Rudimente eines vierten Fingers zu beobachten sind. Die Hinterflossen sind bedeutend kürzer als die Vorderflossen.

Ganz ähnlich ist der Flossenbau eines zweiten Ichthyosauriers aus der kalifornischen Trias, Toretocnemus, aber die Hinterflossen sind entweder ebenso lang oder länger als die Vorderflossen. Schon in der Trias begegnen wir also zwei ganz verschiedenen Ichthyosauriertypen: dem breitflossigen Mixosaurustypus und dem schmalflossigen Merriamiatypus.

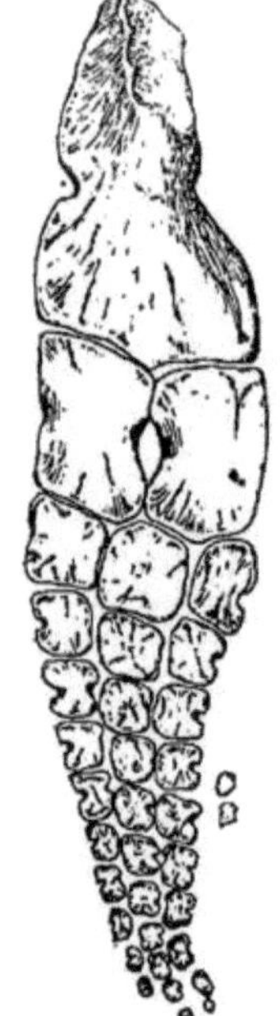

Fig. 84. Linke Vorderflosse von Merriamia Zitteli aus der Trias von Kalifornien. (Nach J. C. Merriam, 1905.) ½ Nat. Gr.

<h2 style="text-align:center">3. Ichthyosaurus quadriscissus Quenstedt.</h2>

(Oberer Lias von Württemberg).

[Fig. 9, 31, 32, 63, 85, 300, 355].

Der von Merriamia und Toretocnemus eingeschlagene Spezialisationsweg der Flossen ist auch bei

[1]) John C. Merriam: The Types of Limb-Structure in the Triassic Ichthyosauria. — Amer. Journ. of Science. (4), XIX., NewHaven, 1905, p. 23—30.

Ichthyosaurus quadriscissus, dem häufigsten Ichthyosaurier des süddeutschen Lias, zu verfolgen. Die Vorderflosse umfaßt noch ein sehr
kleines Pisiforme, an das sich der vierte Fingerstrahl anschließt;

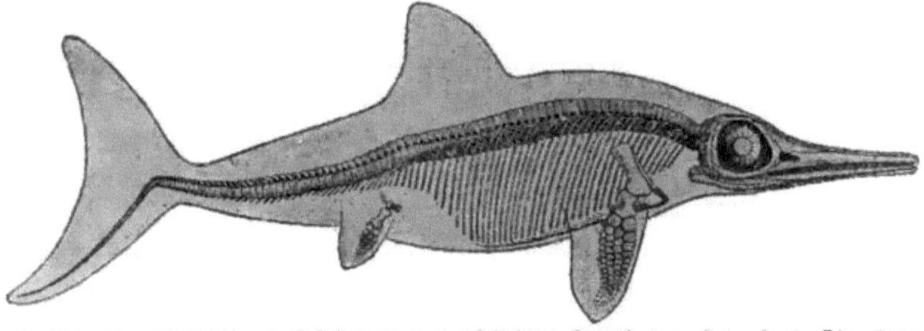

Fig. 85. Rekonstruktion von Ichthyosaurus quadriscissus Quenst. aus dem oberen Lias Württembergs. (Rekonstruktion von E. von Stromer, 1910).

auch der fünfte Fingerstrahl ist noch vorhanden. Der Quadri-
scissus-Typus ist also in diesen Punkten primitiver als Merriamia und
kann nicht aus dem letzteren hervorgegangen sein.

Die Hinterflosse von I. quadriscissus[1]) ist nur halb so lang als die
Vorderflosse und umfaßt nur drei Zehenstrahlen, ist also höher spezialisiert als bei Merriamia.

4. Ichthyosaurus communis Conybeare.
(Unterer Lias von Dorsetshire und Somersetshire.)
[Fig. 86a].

Dieser Ichthyosaurier[2]) unterscheidet sich von dem vorstehend
genannten vor allem durch breite
Flossen, in welchen keine Reduktion, sondern eine Vermehrung
der Finger- und Zehenstrahlen eingetreten ist.

Ulna und Radius sind zu kleinen,

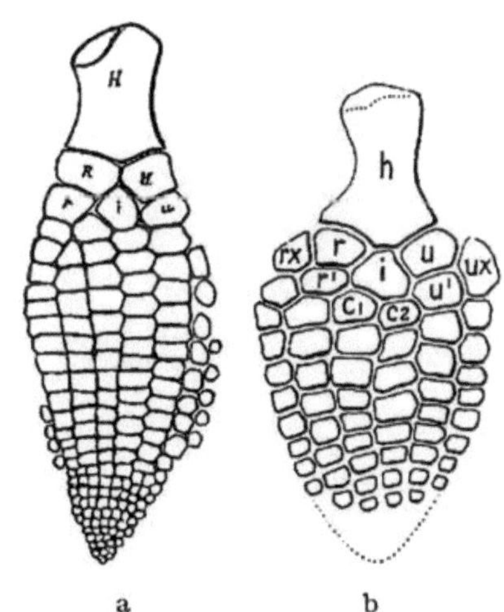

Fig 86. a Vorderflosse von Ichthyosaurus communis. Conyb. (Nach K. A. von Zittel.)
b Vorderflosse von Ichthyosaurus extremus Boulenger. (Nach G. A. Boulenger.)

[1]) Die beste Rekonstruktion dieser
Art hat vor kurzem E. von Stromer
ausgeführt (E. von Stromer: Neue
Forschungen über lungenatmende Meeres-
bewohner. — Fortschritte der naturw.
Forschung, herausgeg. von E. Abder-
halden in Berlin, II., 1910, p. 101,
Fig. 13).

[2]) G. A. Boulenger: A Paddle
of a New Species of Ichthyosaur. —
Proc. Zool. Soc. London 1904, I., p. 424.

polygonalen Knochenplatten geworden, die sich kaum mehr von den Carpalia unterscheiden.

Die Ruderfläche der Vorderflosse hat die Form einer breiten Lanzenspitze und die polygonalen Platten schließen so fest zusammen, daß sie ein förmliches Mosaik bilden.

Eine Homologisierung der zahlreichen Längsstrahlen dieser Plättchen mit den fünf ursprünglichen Fingerstrahlen ist oft versucht worden, hat aber noch zu keinem befriedigenden Ergebnisse geführt.

Im oberen Abschnitte der Flosse liegen sechs Fingerstrahlen nebeneinander, im mittleren sieben, weiter unten acht.

Gegen das Ende der Flosse finden wir mehrere Längsstrahlen gespalten, so daß nun zwei Parallelreihen statt einer gegen die Flossenspitze laufen. Zählen wir alle Längsreihen zusammen, welche entweder vom Carpus bis zum Flossenende reichen oder nur durch wenige Plättchen am Ulnarrande und Radialrande gebildet werden, so erhalten wir die Zahl von e l f Längsreihen in der abgebildeten Flosse (Fig. 86, a).

5. I c h t h y o s a u r u s   e x t r e m u s   B o u l e n g e r.[1]
(Unterer Lias der Gegend von Bath in England.)
[Fig. 86 b].

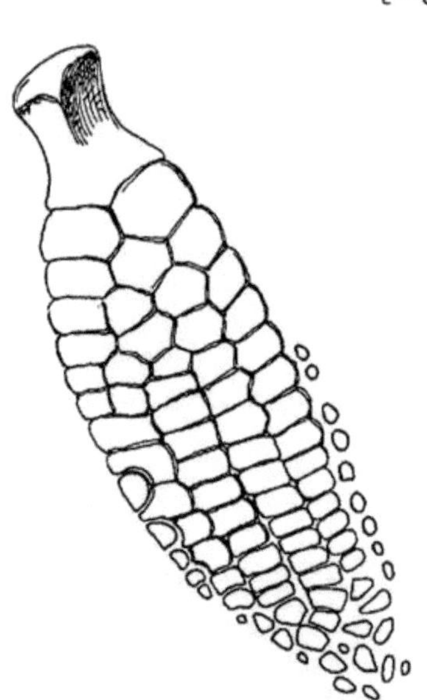

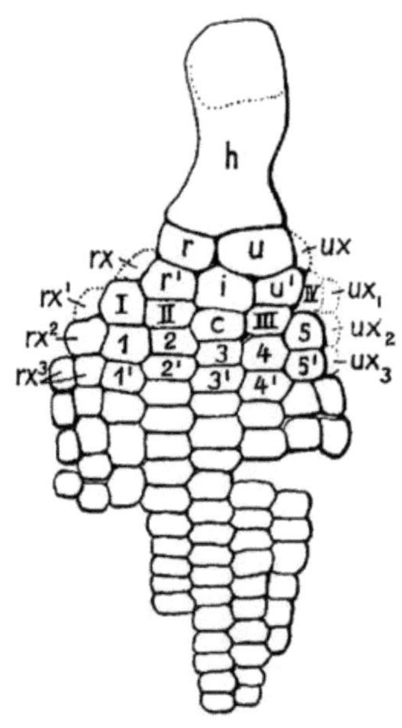

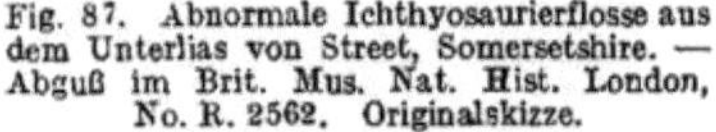

Fig. 87. Abnormale Ichthyosaurierflosse aus dem Unterlias von Street, Somersetshire. — Abguß im Brit. Mus. Nat. Hist. London, No. R. 2562. Originalskizze.

Fig. 88. Linke Vorderflosse von Ichthyosaurus platydactylus Broili aus der oberen Unterkreide (Aptien) Hannovers. (Nach F. Broili, 1907.)

Die Vorderflosse dieser Art ist kurz und breit und namentlich dadurch gekennzeichnet, daß das Intermedium zwischen Ulna und

---

[1] G. A. B o u l e n g e r, l. c., 1904, p. 424—425.

Radius nach oben gedrängt ist, so daß dieser Carpalknochen unmittelbar mit dem Humerus artikuliert.

Im ganzen sind s e c h s parallele Längsreihen polygonaler Platten zu unterscheiden, deren Homologisierung mit den fünf Fingerstrahlen noch nicht gelungen ist, da sehr verschiedene Deutungen der beiden Außenstrahlen möglich sind. Von einer s i c h e r e n Unterscheidung der distalen Carpalia, Metacarpalia und Phalangen kann bei der außerordentlichen Formähnlichkeit aller Platten keine Rede sein.

6. I c h t h y o s a u r u s p l a t y d a c t y l u s B r o i l i.
(Neokom und Aptien [untere Kreide] Norddeutschlands.) [1]
[Fig. 88 und 89].

Die Vorderflosse ist kurz und außerordentlich breit. Im ganzen sind a c h t parallele Längsreihen zu unterscheiden. Der Humerus artikuliert nur mit Radius und Ulna.

F. B r o i l i hat den Versuch gemacht, die morphologische Bestimmung der Plattengruppen in der oberen Region der Flosse durchzuführen; dies erscheint bezüglich der ersten Carpalreihe durchaus gelungen, doch dürfte es fraglich sein, ob sich wirklich vier distale Carpalia in der Flosse vorfinden, und die

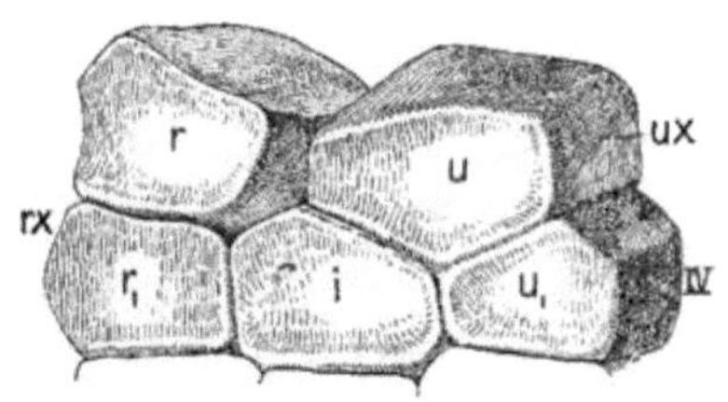

Fig. 89. Radius, Ulna und Procarpus von Ichthyosaurus platydactylus Broili (vgl. Fig. 88). r = Radius, u = Ulna, rx = Gelenkfläche für das radiale Sesambein, ux = Gelenkfläche für das ulnare Sesambein, r₁ = Radiale, i = Intermedium, u₁ = Ulnare, IV Gelenkfläche für das Pisiforme. (Nach F. Broili, 1907.)]

Unsicherheit der morphologischen Bestimmung wächst in dem Maße, je weiter wir von der ersten Carpalreihe gegen außen und unten vorschreiten.

7. O p h t h a l m o s a u r u s i c e n i c u s S e e l e y.
(Oxford Clay [Oberer Jura] von England.) [2]
[Fig. 90 und 91].

Bei diesem Ichthyosaurier liegen die morphologischen Verhältnisse der Flossenelemente klarer als bei der vorstehend genannten Form. Hier treten wie bei I. extremus d r e i Knochenplatten mit dem Humerus in Verbindung; während aber dort Radius, Intermedium und Ulna mit dem Distalende des Oberarmknochens artikulierten, sind die drei Knochen unter dem Humerus von Ophthalmosaurus sicher als Radius, Ulna und Pisiforme zu bestimmen. Wir sehen also, daß zwar physiolo-

---

[1] F. B r o i l i: l. c., Palaeontographica, 54. Bd., 1907. D e r s e l b e: Ichthyosaurierreste aus der Kreide. — Neues Jahrb. f. Min., Geol. und Paläont., Beilageband XXV, 1908, p. 422—442, 1 Taf.

[2] C. W. A n d r e w s: Osteology of Ophthalmosaurus icenicus Seeley, an Ichthyosaurian Reptile from Peterborough. — Geolog. Magazine, Dec. V. Vol. IV. May 1907, p. 202—208. — D e r s e l b e: A Descriptive Catalogue of the Marine Reptiles of the Oxford Clay. — Part I. London, 1910, 4°; p. 1—76.

gisch der gleiche Effekt vorhanden ist, daß er aber auf ganz verschiedenen Wegen zustande kam.

An das Pisiforme schließen sich distal zwei Knochenplättchen an — die letzten Reste des fünften Fingers. Unter Radius und Ulna folgen drei Knochenplatten, die C. W. A n d r e w s als Radiale, Intermedium und Ulnare deutet. Ob die darunter liegenden Platten als vier distale Carpalia zu deuten sind, möchte ich für fraglich halten; sicher ist die Bestimmung der Fingerreihen als Homologa der fünf Finger der Mixosaurushand, in welcher ja gleichfalls der fünfte Finger mit dem Pisiforme artikuliert.

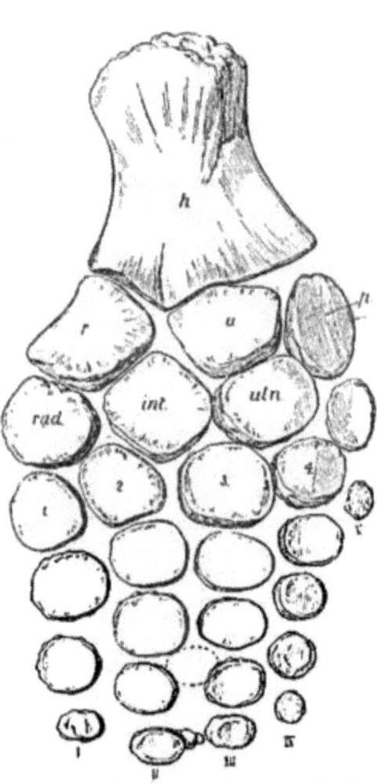

Fig. 90. Linke Vorderflosse von Ophthalmosaurus aus dem Oxfordien Englands. h = Humerus, r = Radius, u = Ulna, p = Pisiforme, rad. = Radiale, int. = Intermedium, uln. = Ulnare, I—V = Reihenfolge der Finger. (Nach C. W. A n d r e w s, 1910.) ¹/₆ Nat. Gr.

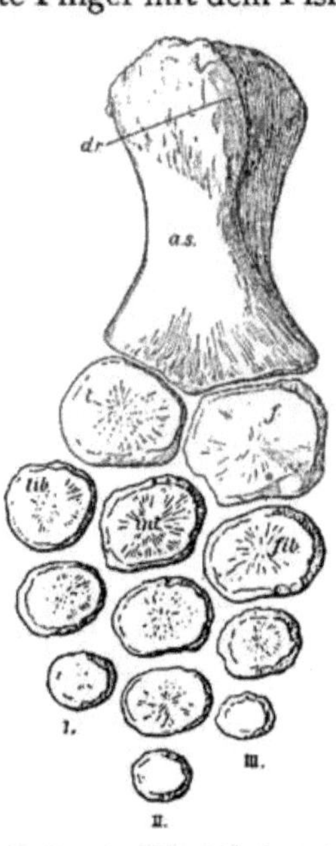

Fig. 91. Ventralansicht der rechten Hinterflosse von Ophthalmosaurus aus dem Oxfordien Englands. — dr. = Crista trochanterica femoris, a.s. = Ventralseite des Femur, t. = Tibia, f. = Fibula, tib. = Tibiale, int. = Intermedium, fib. = Fibulare, I—III: erste bis dritte Zehe. (Nach C. W. A n d r e w s, 1910.)

Die Hinterflosse befindet sich im Zustande hochgradiger Reduktion.

Unter dem Femur liegen die beiden, zu polygonalen Platten umgewandelten Unterschenkelknochen; unter ihnen folgen d r e i parallele Längsreihen von Platten. Die vordere Reihe umfaßt drei, die mittlere vier, die hintere wieder drei Knochenplatten; C. W. A n d r e w s betrachtet die obersten Platten der drei Reihen als Tibiale, Intermedium und Fibulare und homologisiert die drei Längsreihen mit der ersten bis dritten Zehe. Würde die unter dem Tarsus liegende Plattenreihe als der Metatarsus anzusehen sein, so würde die erste Zehe eine, die zweite zwei und die dritte wieder nur eine Phalange tragen. Ich möchte aber die Vermutung aussprechen, daß in dieser Hinterflosse neben den weitgehenden Reduktionen auch Verschmelzungen von Elementen eingetreten sind, die eine sichere Homologisierung heute noch sehr erschweren, wenn nicht unmöglich machen.

B. Sauropterygier.

1. Lariosaurus Balsami Curioni.[1]
(Muschelkalk [mittlere Trias] der Lombardei.)
[Fig. 92 und 93].

Die Gliedmaßen dieses kleinen, höchstens ein Meter langen Reptils zeigen unter allen Sauropterygiern den primitivsten Bau.

Humerus und Femur sind lang; die Vorderarmknochen und Unterschenkelknochensind halb so lang als der Humerus, beziehentlich das Femur.

Der Carpus besteht aus zwei übereinanderliegenden Reihen kleiner Knöchelchen, von welchen die oberen die größten sind, und zwar liegen in der oberen Reihe zwei, in der unteren fünf Carpalia.

Die Homologisierung der Knöchelchen der unteren Reihe ist sehr einfach, da jedes mit einem der fünf Metacarpalia in Verbindung tritt. Somit sind es die Carpalia I—V.

In der oberen Reihe liegt

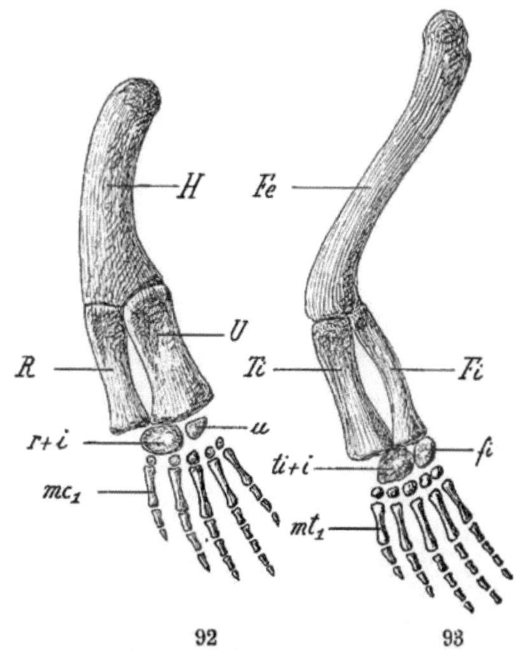

Fig. 92 Vorderflosse, Fig. 93 Hinterflosse von Lariosaurus Balsami aus der Trias der Lombardei. — Originalzeichnung mit Benützung verschiedener Originale. ¼ Nat. Gr. — Abkürzungen: mc_1 = Metacarpale des Pollex, mt_1 = Metatarsale des Hallux, sonst wie in Fig. 82 und 83.

ein größeres Carpale unter der Ulna, ein zweites zwischen Ulna und Radius.

Die Größe dieses zweiten Carpalknochens im Vergleiche zum Ulnare spricht dafür, daß es sich hier um mindestens z w e i miteinander verschmolzene Elemente handelt; es kann hierbei das Intermedium und Radiale in Betracht kommen. Das Unterende des Radius tritt mit dem Radiale + Intermedium n u r an seiner hinteren Ecke, aber n i c h t

[1] G. A. Boulenger: On a Nothosaurian Reptile from the Trias of Lombardy, apparently referable to Lariosaurus. — Transactions Zool. Soc. London, XIV, 1896, p. 1.

durch die ursprüngliche distale Gelenkfläche in Verbindung. Die Phalangenzahlen sind 2, 3, 4, 4, 3 [1]).

Im T a r s u s haben wir gleichfalls zwei Reihen Tarsalia übereinander und zwar in der oberen zwei große und in der unteren in der Regel nur zwei, selten fünf, sehr kleine Knöchelchen zu unterscheiden.

Auch hier ist das am Hinterrande unter der Fibula liegende Knöchelchen das getrennt gebliebene Fibulare (wie das Ulnare der Hand), während der vordere Knochen aus dem verschmolzenen Intermedium und Tibiale besteht (wie Intermedium und Radiale der Hand). Wie in der Hand der Radius, springt auch im Fuß die Tibia weit vor und tritt nur mehr an ihrer hinteren Ecke mit der proximalen Tarsalreihe in Verbindung. Die·Phalangenzahlen der Zehen sind 2, 3, 4, 5, 4.[2])

<h3 align="center">2. P r o n e u s t i c o s a u r u s s i l e s i a c u s V o l z.[3])</h3>
(Unterer Muschelkalk Oberschlesiens.)
[Fig. 94].

Die Hand dieses kleinen Sauropterygiers ähnelt in vielen Punkten außerordentlich der Lariosaurushand. Wie bei Lariosaurus ist auch hier in der proximalen Carpalreihe ein Ulnare sowie ein größerer Knochen vorhanden, der an derselben Stelle liegt wie r+i bei Lariosaurus und von W. V o l z richtig gedeutet wurde. Außerdem ist aber an der Ulnarecke noch ein kleines Pisiforme vorhanden. In der distalen Carpalreihe sind nicht mehr fünf getrennte Carpalia wie bei Lariosaurus, sondern nur mehr vier vorhanden.

Sehr auffallend ist das auch hier wieder deutlich zu beobachtende Vorspringen des Radius über die proximale Carpalreihe nach vorne. Die Phalangenzahlen der Hand sind wohl richtiger mit 2, 3, 4, 5, 3 anzusetzen als mit 3, 3, 4, 4, 3, wie V o l z angibt.

Ganz dieselbe Verschiebung zeigt auch die Tibia von Proneusticosaurus Madelungi Volz aus denselben Schichten Oberschlesiens. Der Tarsus umfaßt hier nur drei Knochen und

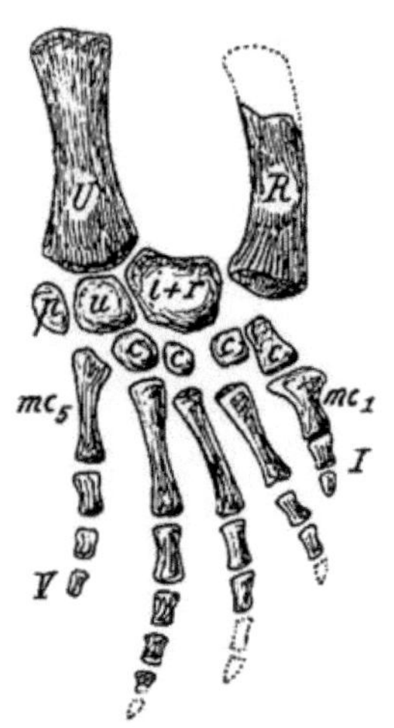

Fig. 94. Vorderflosse von Proneusticosaurus silesiacus Volz aus dem Muschelkalk (Mitteltrias) Oberschlesiens. — ½ Nat. Gr. (Nach W. V o l z, abgeändert.)

[1]) A. S m i t h - W o o d w a r d: Outlines of Vertebrate Palaeontology for Students of Zoology. — Cambridge Biol. Series, Cambridge, 1898, p. 164.

[2]) Ibidem, p. 164.

[3]) W. V o l z: Proneusticosaurus, eine neue Sauropterygiergattung aus dem unteren Muschelkalk Oberschlesiens. — Palaeontographica, 49. Bd., 1902, p. 121—161, Taf. XV—XVI.

zwar sind die zwei größeren den beiden großen proximalen Tarsalia des Lariosaurusfußes homolog; in der distalen Reihe sind die Tarsalia bis auf ein knöchernes, kleines Plättchen verschwunden und wahrscheinlich ganz verloren gegangen. Die Phalangenzahl des Fußes ist wahrscheinlich ähnlich wie bei Lariosaurus und nicht 3, 3, 4, 4, 4, wie W. V o l z angibt. Hand und Fuß von Proneusticosaurus sind bereits typische Flossen.

3. P l e s i o s a u r u s G u i l e l m i i m p e r a t o r i s D a m e s.
(Oberer Lias von Württemberg.) [1]
[Fig. 79, 95, 96].

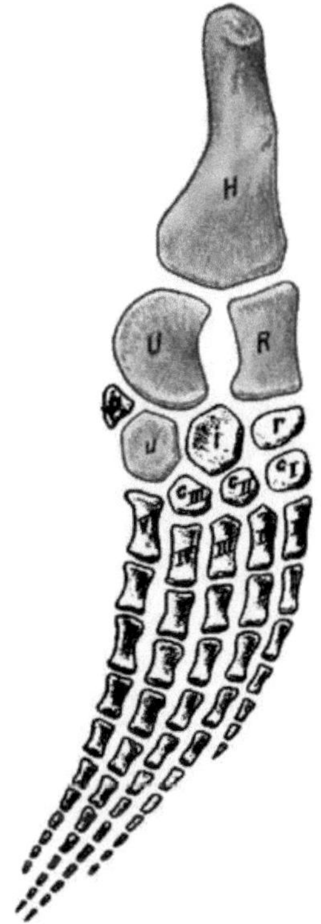

Fig. 95. Vorderflosse von Plesiosaurus Guilelmi imperatoris aus dem oberen Lias von Holzmaden in Württembg. (Nach E. F r a a s, 1910.) Ungefähr 1/10 Nat. Gr.

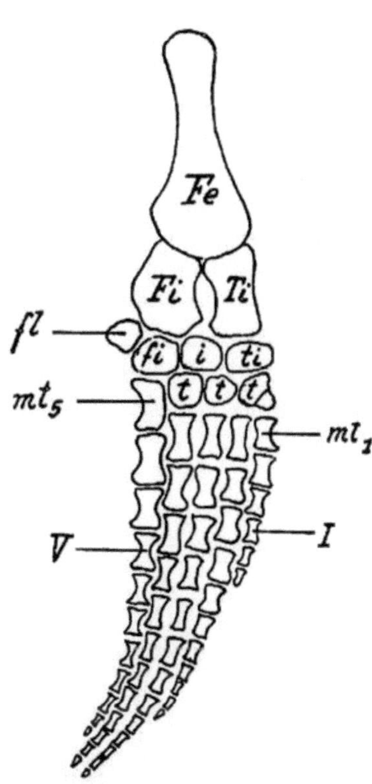

Fig. 96. Hinterflosse von Plesiosaurus Guilelmi imperatoris aus dem oberen Lias von Holzmaden in Württemberg. Original im Naturalienkabinett in Stuttgart. (Nach E. F r a a s, 1910.) 1/10 Nat. Gr. (fl. = Flabella.)

Die Vorderflossen des vor kurzem entdeckten prachtvoll erhaltenen Exemplars dieses Plesiosauriers, der eine der schönsten Zierden des Stuttgarter Naturalienkabinetts bildet, liegen übereinander, so daß

---

[1] E. F r a a s: Plesiosaurier aus dem oberen Lias von Holzmaden. — Palaeontographica, 57. Bd., 1910, p. 105—123, Taf. VI—VII.

die einzelnen Elemente des Flossenskelettes durcheinandergemengt erscheinen, doch ist ihr Verband doch noch so weit erhalten, daß die Rekonstruktion der Vorderflosse sehr leicht ist.

Ein langer, distal stark verbreiterter Humerus artikuliert mit den stark verkürzten Unterarmknochen, welche in ihrer Form ganz auffallend an jene des Mixosaurus erinnern (Fig. 82). Im Procarpus (der proximalen Carpalreihe) sind Radiale, Intermedium und Ulnare getrennt; zwischen Ulna und Ulnare schiebt sich am Flossenhinterrande ein Pisiforme ein. Im Mesocarpus (der distalen Carpalreihe) sind drei Carpalia erhalten, die sich in ihrer Form sehr bestimmt von den Metacarpalia unterscheiden, was bei Mixosaurus nicht der Fall ist. Diese Carpalelemente bezeichnet E. F r a a s als Carpale I—III.

Die Phalangen sind kurz und zahlreich. Metacarpale 5 artikuliert unmittelbar mit dem Ulnare, die vorderen Mittelhandknochen sind durch den Mesocarpus vom Procarpus getrennt. Die Phalangenzahlen für den ersten bis fünften Finger sind nach W. D a m e s: 7, 12, 13, 12, 11.—[1])

Der Bau der Hinterflosse zeigt in der Form und Anordnung der Skelettelemente eine überraschende Ähnlichkeit mit der Vorderflosse. Das Längenverhältnis der einzelnen Flossenabschnitte und die Form der einzelnen Knochen (Femur, Tibia, Fibula) stimmt mit der Hand überein. Ebenso ist in der Hinterflosse am Fibularrande ein Sesambein ausgebildet, die Flabella, welche dem Pisiforme entspricht und ebenso wie das Metacarpale 5 mit dem Ulnare artikuliert, tritt das Metatarsale 5 mit dem Fibulare in direkte Verbindung.

Daß die Zahl der Tarsalelemente sowie gewisse Einzelheiten in den Umrißlinien nicht konstant sind, zeigt der Umstand, daß in der linken Flosse das vorderste Tarsale des Mesotarsus geteilt, in der rechten Flosse ungeteilt ist.

Die Hinterflosse besitzt ebenso wie die Vorderflosse einen konvexen Vorderrand und konkaven Hinterrand und endet spitz. Die Phalangenformel ist für die Zehen I bis V: 5, 10, 13, 11, 10.

4. T h a u m a t o s a u r u s v i c t o r E. F r a a s.
(Oberer Lias von Holzmaden, Württemberg.)[2])
[Fig. 8, 79, 97, 98].

Das Skelett dieses Plesiosauriers ist wohl unstreitig das schönste, das überhaupt bis jetzt von einem fossilen Reptil überliefert worden ist. Alle vier Flossen sind bis auf das letzte Knöchelchen vollständig erhalten.

Die Vorderflosse unterscheidet sich von jener der vorstehend beschriebenen Art durch die größere Gesamtzahl der Carpalelemente;

[1]) W. D a m e s: Die Plesiosaurier der süddeutschen Liasformation. — Abhandl. kgl. preuß. Akad. d. Wiss., Berlin 1895; E. F r a a s, l. c., p. 118.

[2]) E. F r a a s, l. c., 1910, p. 123—140, Taf. VIII—X.

linkerseits sind acht, rechterseits zehn vorhanden, so daß auch hier klar wird, daß diese Schwankungen in der Zahl der Carpalia in morphologischer Hinsicht ohne wesentliche Bedeutung sind.

An der rechten Vorderflosse ist das Pisiforme groß und ungeteilt, an der linken ist es in zwei selbständige Platten getrennt (p und p').

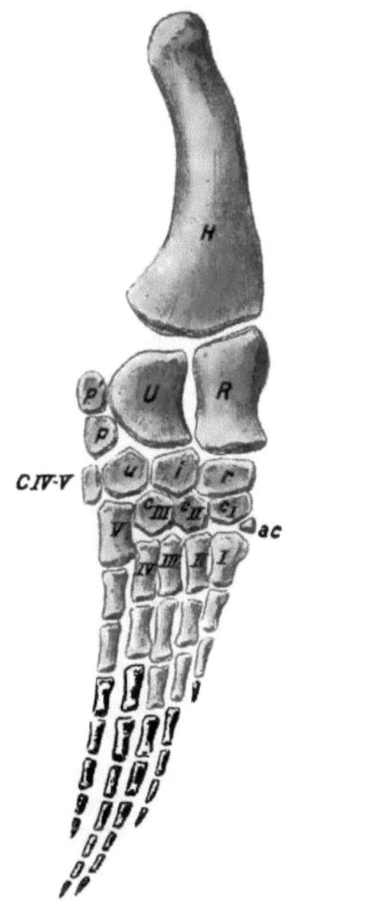

Fig. 97. Vorderflosse von Thaumatosaurus victor E. Fraas aus dem oberen Lias von Holzmaden, Württemberg. (Nach E. F r a a s, 1910.) ¹/₁₀ Nat. Gr.

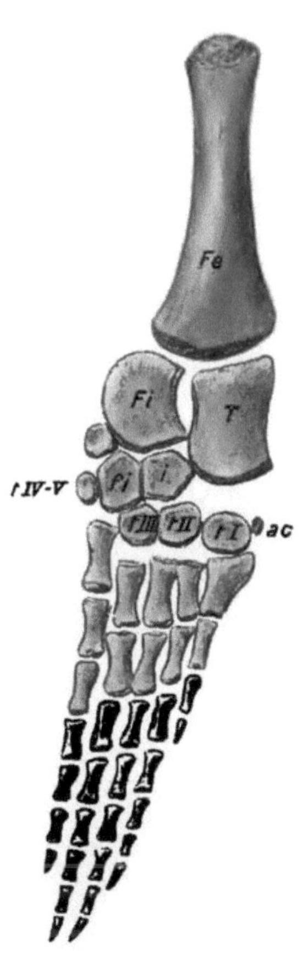

Fig. 98. Hinterflosse von Thaumatosaurus victor E. Fraas. (Nach E. F r a a s, 1910.) ¹/₁₀ Nat. Gr.

Am Hinterrande des Ulnare liegt ein kleines Carpale, das von E. F r a a s als Carpale IV + V bestimmt wurde, aber wahrscheinlich durch Abschnürung vom Ulnare neu entstanden ist; statt der drei Carpalelemente des Procarpus bei Plesiosaurus Guilelmi imperatoris sind hier vier vorhanden, indem das vorderste Carpale in zwei selbständige Elemente zerfiel, ebenso wie dies durch die noch nicht vollzogene Teilung des vordersten Tarsale im Mesotarsus von Plesiosaurus Guilelmi imperatoris angedeutet ist. E. F r a a s hat dieses durch Abschnürung vom Carpale 1 entstandene neue Element (a c) als „accessorisches Winkelstück" bezeichnet.

Die Phalangenzahlen der Hand sind vom ersten bis fünften Finger: 3, 6, 8, 8, 7, also viel weniger als bei der vorstehend beschriebenen Art.

In der Hinterflosse fällt zunächst auf, daß an beiden Körperhälften ein knöchernes Tibiale f e h l t. Bei dem vorzüglichen Erhaltungszustand des Exemplars muß dieses Fehlen dahin gedeutet werden, daß das Tibiale nicht verknöchert, sondern knorpelig war. Der von ihm eingenommene Raum ist deutlich abgegrenzt.

Ebenso wie der Carpus ist auch der Tarsus durch überzählige Platten gekennzeichnet. Am Fibularrande sind zwei überzählige Platten vorhanden, am Tibialrande eine (ein accessorisches Winkelstück); rechnen wir das knorpelige Tibiale mit, so umfaßt der Tarsus acht Elemente.

Die Homologisierung von Fibulare und Intermedium bereitet keine Schwierigkeiten. Dagegen scheint es, als ob in dem von E. F r a a s als Tarsale IV + V gedeuteten Elemente die Flabella des Plesiosaurusfußes vorliegen würde, die sich ebenso wie das Pisiforme der Hand in zwei Teile gespalten hat. Das kleine Element am Vorderende des Mesotarsus (ac) ist wohl auf dieselbe Weise entstanden wie das entsprechende Knöchelchen im Carpus, nämlich durch Teilung des vordersten Tarsale, wie wir dies ja ganz deutlich in der Hinterflosse von Plesiosaurus Guilelmi imperatoris sehen.

Die Phalangenzahlen der ersten bis fünften Zehe sind: 3, 6, 7, 7, 6; die drei hinteren Zehen sind also je um eine Phalange kürzer als die drei hinteren Finger.

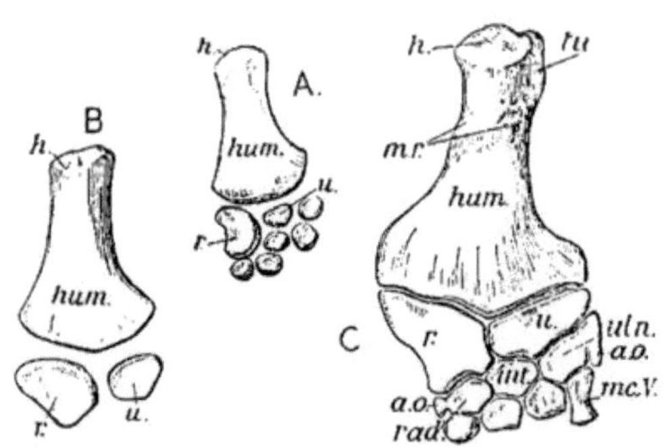

Fig. 99. Vorderflossen von drei altersverschiedenen Individuen von Cryptocleidus oxoniensis aus dem Oxfordien Englands. A das jüngste, B ein etwas älteres, C ein erwachsenes Tier. a.o. = accessorischer Knochen, h = Kopf des Humerus, hum. = Humerus, tu. = Tuberositas humeri, m.r. = Muskelleisten, r. = Radius, u. = Ulna, rad. = Radiale, int. = Intermedium, uln. = Ulnare, mc.V. = Metacarpale V. (Nach C. W. A n d r e w s, 1910.) 1/12 Nat. Gr.

um eine Phalange kürzer als die drei hinteren Finger.

5. C r y p t o c l e i d u s o x o n i e n s i s P h i l l i p s.
(Oxford Clay [Oberer Jura] von England.) [1]
[Titelbild, Fig. 99 und 100].

Bei diesem bereits hoch spezialisierten Plesiosaurier sind weitgehende Veränderungen in der Größe, Form und Anordnung der Flossenelemente zu beobachten.

---

[1] C. W. A n d r e w s, l. c., 1910, p. 164—202, Pl. IX—X.

C. W. A n d r e w s , dem wir eine gründliche und umfassende morphologische Untersuchung dieser Art verdanken, hat gezeigt, daß in der Vorderflosse bei sehr jungen Exemplaren dieser Art die Größenverhältnisse der Flossenelemente ganz verschieden von jenen der erwachsenen Tiere sind.

Unter dem Humerus des jüngsten Exemplars liegt ein größerer Knochen, der Radius; die Ulna erreicht aber kaum den dritten Teil der Größe des Radius. Außerdem sind noch fünf kleine knöcherne Elemente des Procarpus und Mesocarpus zu unterscheiden.

Bei weiterem Wachstum nimmt zunächst die Ulna an Größe zu und erreicht im zweiten Stadium die halbe Größe des Radius. Alle Elemente der Vorderflosse sind noch durch weite Zwischenräume getrennt; erst mit dem Abschluß der Ossifikation zeigt sich, daß die Ulnagröße beinahe drei Vierteile des Radius beträgt.

Die noch bei den Liasplesiosauriern vorhandene ursprüngliche Form der Unterarmknochen ist vollständig abgeändert. Humerus, Radius, Ulna und die Carpalia bilden ein fest aneinanderschließendes Mosaik unregelmäßig polygonaler Platten; der Procarpus umfaßt Radiale, Intermedium, Ulnare mit je einem accessorischen Knochen am Vorderrand des Radiale und Hinterrand des Ulnare. Der Mesocarpus umfaßt drei Carpalia, das fünfte Metacarpale artikuliert unmittelbar mit dem Ulnare.

Die Phalangenzahlen der Finger sind unbekannt (in der Rekonstruktion [Titelbild] nach der Hinterflosse ergänzt).

In der Hinterflosse haben die Veränderungen der Skelettelemente parallele Wege wie in der Vorderflosse eingeschlagen; Tibia und Fibula sind außerordentlich verkürzt und artikulieren mit Tibiale, Intermedium und Fibulare. Am Vorderende des Tibiale ist mitunter ein „accessorisches" Knöchelchen in Abschnürung begriffen wie am Vorderende des Radiale. Das Femur ist am Distalende sehr stark verbreitert.

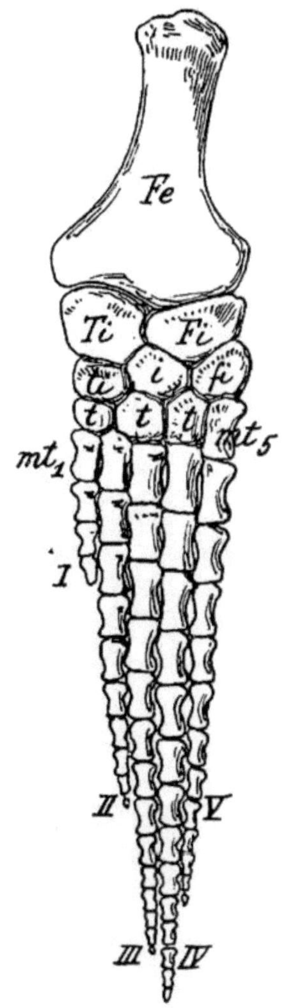

Fig. 100. Hinterflosse von Cryptocleidus oxoniensis Phil. aus dem oberen Jura (Oxfordien) Englands. (Nach C. W. A n d r e w s, 1910). 1/7 Nat. Gr.

Die Phalangenzahlen in der ersten bis fünften Zehe sind: 3, 9, 13, 13, 12. Die vierte Zehe ist die stärkste und längste; die Flosse endet spitz.

6. Cimoliasaurus Bernardi Owen.
(Vom Neokom bis zur Oberkreide Englands und Oberkreide Rußlands.) [1]
[Fig. 101].

Ein neuer Fund dieses Kreideplesiosauriers bei der Stadt Isïum im Gouvernement Charïkov in Rußland, der von A. Rïabinin beschrieben wurde, zeigt den hohen Spezialisationsgrad der Extremitäten sehr deutlich.

Noch immer sind drei mesocarpale Carpalia vorhanden und Radiale, Intermedium, Ulnare klar zu unterscheiden. Radius und Ulna schließen enge zusammen, sind aber durch einen kreisrunden Ausschnitt am Hinterrand des Radius und Vorderrand der Ulna getrennt.

A. Rïabinin hielt das fünfte Metacarpale irrtümlich für ein viertes Carpale des Mesocarpus. Form und Lage dieses Knochens stimmen durchaus mit jenem älteren Plesiosaurier überein.

In dem Winkel zwischen Ulnare, Ulna und Humerus liegen, wie aus der Form der Gelenkflächen hervorgeht, drei Knochenplatten; nur eine davon ist erhalten.

A. Rïabinin ist der Meinung, daß der Unterarm, der Procarpus und der Mesocarpus aus je vier Elementen bestehen. Das ist unrichtig; der Mesocarpus umfaßt drei Carpalia (c, c, c); der Procarpus drei Carpalia (Radiale, Intermedium, Ulnare); der Unterarm fünf (Radius, Ulna und drei accessorische Sesambeine am Ulnarrand).

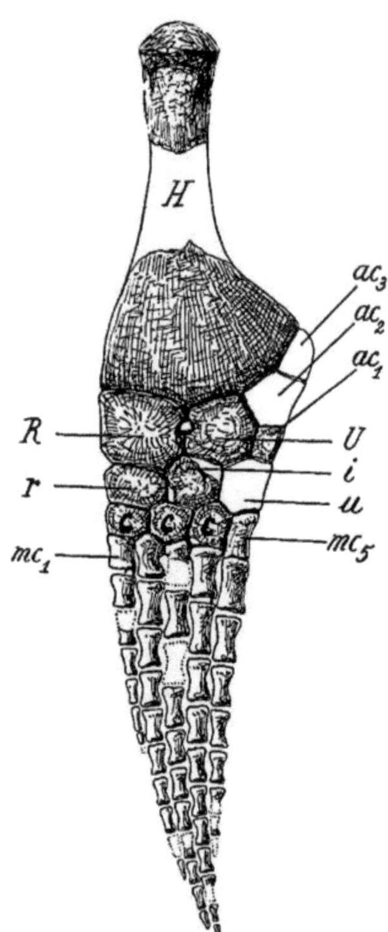

Fig. 101. Vorderflosse von Cimoliasaurus Bernardi Owen aus der oberen Kreide von Isïum, Gouvernement Charikov. Rußland. (Nach A. Rïabinin.) Stark verkleinert.

[1] A. Rïabinin: Zwei Plesiosaurier aus den Jura- und Kreideablagerungen Rußlands. — Mémoires du Comité Géol., Neue Serie, 43. Lief., 1909.

Welcher dieser drei accessorischen Knochen mit dem Pisiforme zu homologisieren ist, ob ein Zerfall desselben in drei Stücke eintrat oder ob das Pisiforme sich nur in zwei Stücke teilte (ac_3 und ac_2), während das dritte Stück (ac_1) wie bei Thaumatosaurus victor durch Abschnürung vom Ulnare entstand, das ist nicht sicher zu sagen.

Alle diese Fragen werden erst dann eine befriedigende Klärung finden, wenn die g a n z e Gruppe der Sauropterygia monographisch bearbeitet sein wird und nicht wie bisher nur vereinzelte Arbeiten über kleinere Gruppen des ganzen Stammes vorliegen, die keinen inneren Zusammenhang aufweisen.

C. Thalattosuchier.

I. G e o s a u r u s s u e v i c u s E. F r a a s.
(Weißer Jura Schwabens.) [1]
[Fig. 62, 102 und 103].

Die Gliedmaßen dieses marinen Krokodils der oberen Juraformation sind zu Flossen umgewandelt und zwar ist der Anpassungsgrad derartig, daß die Arme verkümmert sind und ihre Fähigkeit, als Lokomotionsorgane auf festem Lande zu dienen, gänzlich eingebüßt haben, während die Hinterbeine vielleicht noch imstande waren, in unbeholfener Weise den Körper fortzuschieben, wenn die Tiere zeitweilig ans Ufer gingen.

Das Bild des Armskelettes ist ganz eigenartig. Der Humerus ist auffallend kurz und gedrungen; Radius und Ulna sind zu polygonalen Knochenplatten umgeformt, die an die Unterarmknochen von Ichthyosauriern erinnern. Der Carpus besteht nur aus zwei

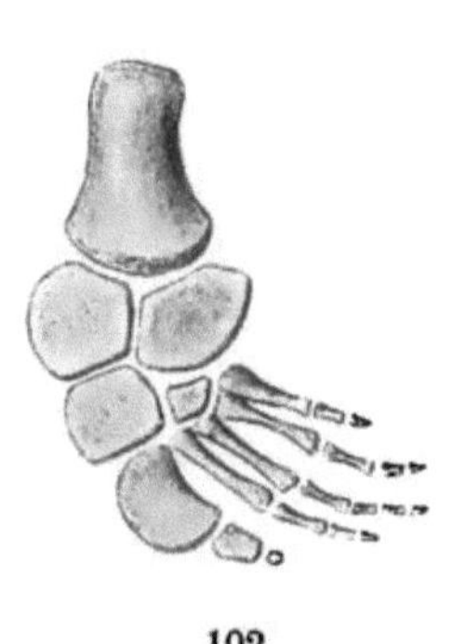
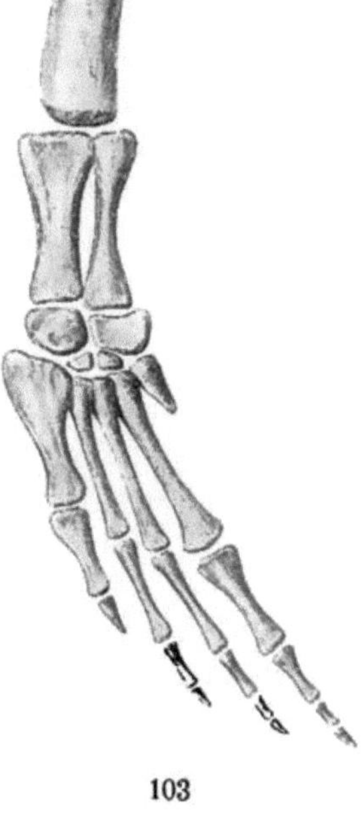

102 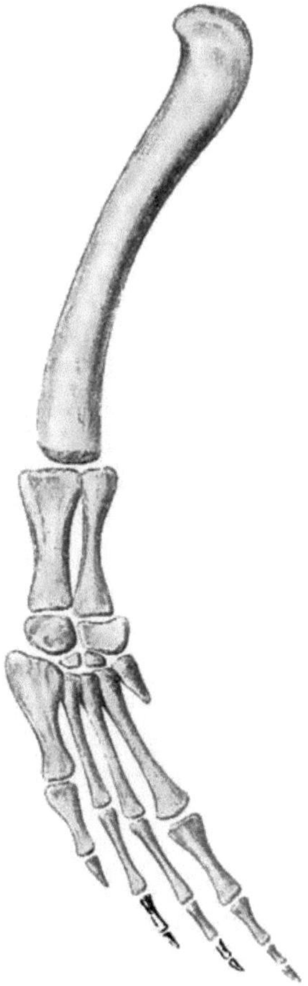   103

Fig. 102 und 103. Vorderflosse (102) und Hinterflosse (103) von Geosaurus suevicus E. F r a a s aus dem oberen weißen Jura von Nusplingen. (Nach E. F r a a s, 1902.) 1/2 Nat. Gr.

---

[1] E. F r a a s: Die Meer-Crocodilier (Thalattosuchia) des oberen Jura unter spezieller Berücksichtigung von Dacosaurus und Geosaurus. — Palaeontographica, 49. Bd., 1902, p. 1.

Platten: einer großen vorderen, die mit dem Radius einerseits und dem Metacarpale des Daumens anderseits artikuliert, und aus einer kleineren, welche ungefähr den vierten Teil der Größe der vorderen Carpalplatte erreicht und zwischen der Ulna, der vorderen Carpalplatte und den Oberenden der hinteren vier Mittelhandknochen liegt.

Die Homologisierung der beiden Carpalplatten von Geosaurus suevicus ist sehr schwierig. E. F r a a s betrachtet die vordere, größere als das Radiale, die hintere, kleinere als das Ulnare. Da aber nur zwei Platten vorhanden sind und alle Carpalia des Mesocarpus fehlen, so wäre die Frage aufzuwerfen, ob die letzteren durch gänzliche Reduktion oder durch Verschmelzung ihre Selbständigkeit verloren haben, eine Frage, die heute noch nicht mit Sicherheit entschieden werden kann.

Der Daumen ist unter den fünf Fingern weitaus der stärkste. Sehr groß und massiv ist das erste Metacarpale; es ist halbmondförmig mit weit ausgebogenem Vorderrand und schwach ausgebuchtetem Hinterrand. An das mc I schließen sich zwei kleine Phalangen an.

In auffallendem Gegensatz zum ersten Finger steht die primitive, schlanke Gestalt der schmächtigen übrigen Finger, deren Phalangenzahlen nicht genau bekannt sind.

Während die Vorderflosse hochgradig verkümmert und spezialisiert ist, bietet uns die Hinterflosse das Bild eines Krokodilfußes, der zwar an das Wasserleben angepaßt ist, aber doch noch seine ursprünglichen Merkmale verhältnismäßig deutlich bewahrt hat. Stark verkürzt sind Tibia und Fibula; der Tarsus besteht aus vier Knochen, von welchen die zwei größeren die obere Reihe des Tarsus, den Protarsus bilden, während die zwei kleineren dem Mesotarsus angehören. Das größere Tarsalelement unter der Tibia entspricht dem Astragalus (Tibiale $+$ Intermedium $+$ Centrale), das unter der Fibula liegende dem Calcaneus (Fibulare); welche Elemente in den beiden Knöchelchen des Mesotarsus enthalten sind, ist nicht sicher festzustellen. Die äußeren Tarsalia (t_1, t_2, t_5) sind vielleicht ganz verloren gegangen, so daß diese Knöchelchen möglicherweise das Tarsale 3 und Tarsale 4 repräsentieren.

Auch in der Hinterflosse ist der erste Zehenstrahl der stärkste, so wie der erste Fingerstrahl der Hand. Die fünfte Zehe ist bis auf ein kleines, konisches Rudiment des Metatarsale 5 verloren gegangen; die Metatarsalia 2, 3 und 4 sind lange, schlanke Knochen.

Die Phalangenzahlen des Fußes sind nicht genau bekannt, sind aber wahrscheinlich 2, 3, 4, 4, 0 gewesen.

D. Pythonomorphen.

1. Mosasaurus Lemonnieri Dollo.
(Oberes Senon von Mons in Belgien.)
[Fig. 70, 104].

Die Vorderflosse dieses Mosasauriers ist noch nicht vollständig bekannt. Aus den im Museum von Brüssel befindlichen Resten geht jedoch nach den Untersuchungen von L. Dollo[1]) hervor, daß der Carpus aus sieben Elementen bestand, und zwar sind die vier Carpalia des Procarpus dem Radiale, Intermedium und Ulnare sowie dem sich daranschließenden Pisiforme homolog, während die mesocarpale Reihe aus drei Carpalia besteht, die nach L. Dollo dem Trapezoid ($= c_2$), Magnum ($= c_3$) und Unciforme ($= c_4 + c_5$) entsprechen.

Die Hand ist wahrscheinlich funktionell pentadaktyl gewesen.

Sehr gut erhalten sind die Hinterflossen dieser Art.

Das Femur ist in der Mitte stark eingeschnürt; es artikuliert mit der ebenso eingeschnürten Fibula und der doppelt so starken, nur am Hinterrande eingeschnürten Tibia.

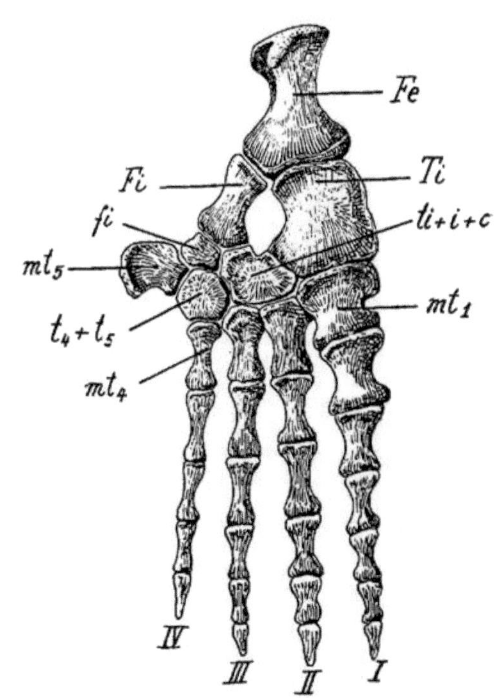

Fig 104. Hinterflosse von Mosasaurus Lemonnieri Dollo aus der oberen Kreide Belgiens. (Nach L. Dollo.) Abkürzungen wie in Fig. 80. — $t_4 + t_5$ = die beiden verwachsenen Tarsalia 4 und 5 (Cuboid).

Die Unterschenkelknochen sind kürzer als das Femur.

An das Unterende der Tibia stößt unmittelbar das erste Metatarsale an. Der Tarsus ist gegen den Hinterrand der Flosse gedrängt und besteht aus dem großen Radiale + Intermedium + Centrale ($=$ Astragalus); ferner aus dem sehr kleinen Fibulare ($=$ Calcaneus) und einem unter beiden liegenden kleinen Tarsale, das nach L. Dollo als das Cuboid ($t_4 + t_5$) anzusehen ist.

Mit den beiden kleinen Tarsalia am Hinterrande der Flosse artikuliert

---

[1]) L. Dollo: Nouvelle Note sur l'Ostéologie des Mosasauriens. — Bull. Soc. Belge Géol. Paléont. Hydrol., VI., Bruxelles 1892, p. 247 und persönliche Mitteilungen L. Dollos.

das rudimentäre Metatarsale 5, dessen Achse senkrecht zur Längsachse der Flosse steht.

Die erste Zehe ist die stärkste von allen; am schwächsten und zugleich am kürzesten unter den vier funktionellen Zehen ist die vierte. Die Phalangenzahlen der ersten bis fünften Zehe sind 6, 5, 5, 4, o.

Ganz ähnlich sind die Vorderflossen und Hinterflossen von Clidastes velox Marsh aus der oberen Kreide von Kansas in Nordamerika gebaut; die pentadaktyle Vorderflosse ist größer und breiter als die funktionell tetradaktyle Hinterflosse. [1])

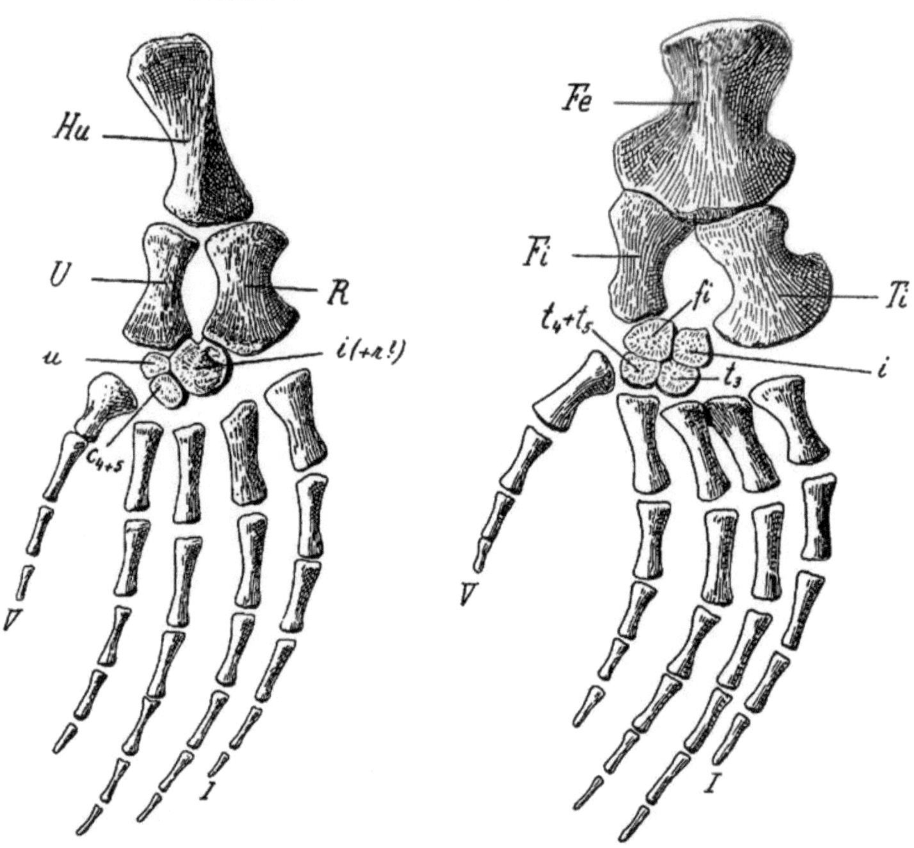

Fig. 105. Vorderflosse von Platecarpus abruptus Marsh aus der oberen Kreide (Niobrara Cretaceous) von Kansas. (Photogr. von S. W. Williston nach dem Original als Grundlage der Zeichnung.)

Fig. 106. Hinterflosse von Platecarpus abruptus Marsh aus der oberen Kreide von Kansas (Niobrara Cretaceous). (Phot. von S. W. Williston nach dem Original als Grundlage der Zeichnung).

[1]) Ich bin Herrn Prof. Dr. S. W. Williston zu größtem Danke verpflichtet, da er zum Zwecke dieser Untersuchungen mehrere Photographien von Mosasaurierflossen und einen Gipsabguß der Vorderflosse von Clidastes pumilus (vielleicht Jugendexemplar von C. velox?) übersandte. Auf meine Anfrage über die Hinterflosse von Clidastes schreibt mir Williston am 7. Febr. 1911: „The Hind paddle of Clidastes has never yet been fully made out."

2. Platecarpus abruptus Marsh.

(Obere Kreide [Niobrara Cretaceous] von Kansas.)

[Fig. 105 und 106].

Die mir von S. W. W i l l i s t o n freundlichst übersandten Photographien der Vorder- und Hinterflosse dieses Mosasauriers, nach welchen ich die hier mitgeteilten Zeichnungen kopiert habe, zeigen die knöchernen Flossenelemente in vorzüglicher Erhaltung und in ihrer natürlichen Lage. Vor allem fällt die Reduktion des Carpus und Tarsus auf; vom Carpus sind nur drei, vom Tarsus vier Elemente verknöchert, während die übrigen zum Teile knorpelig gewesen sein müssen, wie die vorhandenen Lücken beweisen, zum Teile mit den benachbarten Elementen verschmolzen waren.

Die drei Carpalknochen lassen sich mit dem Ulnare, Intermedium + Radiale und dem Carpale 4 + 5 homologisieren, während die vier Tarsalknochen als Fibulare, Intermedium, Tarsale 3 und Tarsale 4 + 5 anzusehen sind. Es ist also namentlich am V o r d e r - r a n d e der Vorder- und Hinterflosse eine Reduktion zu beobachten.

In Hand und Fuß sind fünf Finger- und Zehenstrahlen vorhanden; die Phalangenzahlen der Hand sind 5, 5, 5, 4, 3, des Fußes 4, 5, 5, 4, 3. Metapodien und Phalangen sind schlank und zart und ganz anders als bei Mosasaurus gebaut. Ein Vergleich der Flossen von Mosasaurus, Clidastes und Platecarpus zeigt, daß ihre Spezialisation in durchaus verschiedener Rich-

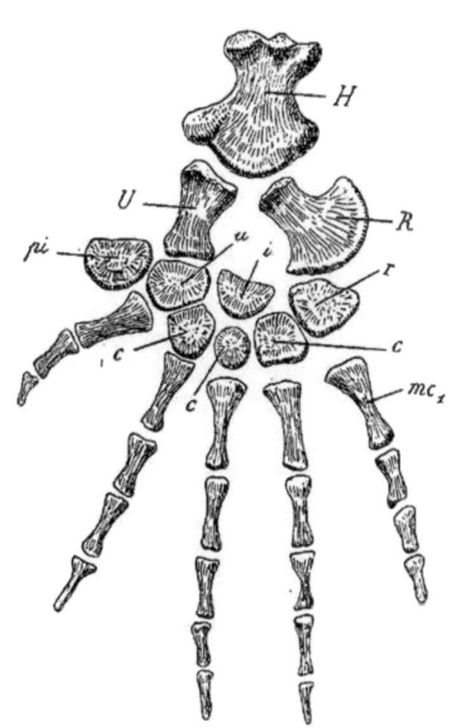

Fig. 107. Vorderflosse von Clidastes pumilus Marsh aus der oberen Kreide von Kansas. (Nach einem von S. W. W i l l i s t o n übersandten Gipsabguß des Originals gezeichnet.) ½ Nat. Gr.

tung erfolgt ist und daß hier Spezialisationskreuzungen vorliegen.

Von besonderem Interesse ist die Abspreizung des fünften Fingers und der fünften Zehe, eine Erscheinung, die wir auch in den Flossen der Sirenen und Schildkröten finden und welche einen der Wege bezeichnet, auf welchen eine Verbreiterung der Flossen erfolgen kann.

3. Clidastes pumilus Marsh.

(Obere Kreide [Niobrara Cretaceous] von Kansas.)

[Fig. 107].

Herr Kollege S. W. Williston hatte die Liebenswürdigkeit, mir einen Abguß der Vorderflosse dieses kleinen Mosasauriers zu übersenden. Im Gegensatz zu Platecarpus zeigt diese Flosse einen sehr vollständigen Bau des Carpus, der noch aus sieben Elementen besteht und keine Reduktionserscheinungen am Radialrande zeigt; alle Carpalia, mit ihnen das Pisiforme, sind außerordentlich kräftig entwickelt.

Fig. 108. Trionyx Steindachneri, Siebenrock, aus Südchina. (Nach F. Siebenrock, 1907.) 1/3 Nat. Gr.

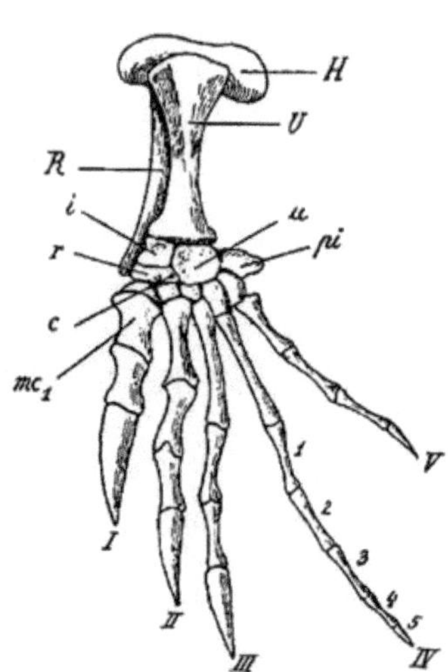

Fig. 109. Linke Hand von Trionyx cartilagineus Boddert ♀ aus Borneo. Originalzeichnung nach dem Exemplar im Hofmuseum in Wien. 1/2 Nat. Gr.

Die vier Carpalia des Procarpus bestehen aus dem Radiale, Intermedium, Ulnare und Pisiforme, während die drei mesocarpalen Platten dem Trapezoid (c_2), Magnum (c_3) und Unciforme ($c_4 + _5$) entsprechen.

Die Finger sind sehr zart gebaut und tragen nur wenige Phalangen. Die Phalangenformel für den ersten bis fünften Finger ist 3, 4, 4, 3, 2. Die Phalangen der vorderen Finger sind um je eine vermehrt, die des dritten normal, die der beiden hinteren reduziert, wenn wir die Phalangenzahlen der Diapsidenhand zugrunde legen (2, 3, 4, 5, 3).

, E. Chelonier.

1. Trionyx cartilagineus Boddert.
(Lebend. — Borneo.)
[Fig. 109].

Die lebenden Landschildkröten haben niemals mehr als 2, 3, 3, 3, 3 Phalangen in Hand und Fuß; bei den hochspezialisierten Testudo-Arten ist sogar eine Reduktion auf 2 Phalangen eingetreten.

Wir werden bei der Besprechung der lebenden Meeresschildkröten sehen, daß bei ihnen niemals eine Vermehrung der Phalangenzahlen zu beobachten ist, sondern daß auch bei den außerordentlich langflossigen Formen wie Chelone, Dermochelys usw. die Höchstzahl der Phalangen immer nur 3 ist. Nur die Trionychiden weisen in Hand und Fuß r e g u l ä r eine höhere Phalangenzahl auf, die im vierten und fünften Finger sowie in der vierten Zehe die Zahl von 4 und 5, ja sogar im vierten Finger 6 Phalangen erreichen kann.

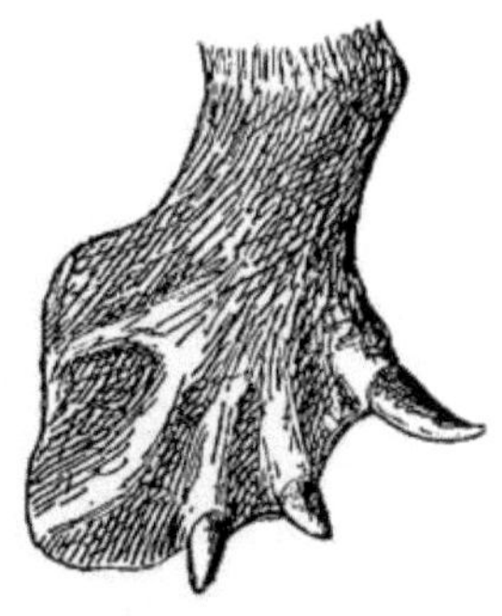

Fig. 110. Rechte Hand von Trionyx euphraticus Daudin. — Originalzeichnung nach dem Exemplar im Hofmuseum in Wien. — Vorderer Flossenteil zum Graben, hint. zum Schwimmen adaptiert. ¹/₂ Nat. Gr.

Schon C. A. M o h r i n g [1]) hat 1824 bei der ägyptischen Trionyx im vierten Finger und der vierten Zehe 4 Phalangen abgebildet; in der neueren Literatur scheint diese Beobachtung in Vergessenheit geraten zu sein.

Ich habe mit der Unterstützung meines verehrten Freundes F. S i e b e n r o c k feststellen können, daß bei sämtlichen Trionychiden-gattungen die gleichen Verhältnisse vorliegen (bei Trionyx, Togania, Emyda, Cyclanorbis und Cycloderma). [2])

Ein Exemplar von Trionyx triunguis Forsk. (♀, Westafrika) zeigt an beiden Händen im vierten Finger 5 knöcherne Phalangen, im fünften Finger 3 knöcherne und 1 knorpelige Phalange. Dasselbe Exemplar zeigt in der vierten Zehe rechts und links 4 knöcherne Phalangen, an welche sich links eine fünfte knorpelige anschließt.

In der Hand von Trionyx cartilagineus Boddert besitzt der vierte Finger 5 knöcherne Phalangen, die vierte Zehe 4; links ist die letzte Phalange der vierten Zehe abgebrochen.

Trionyx euphraticus Daud. (Fig. 110) und T. spinifer Lesueur besitzen beiderseits im vierten Finger 5 knöcherne Phalangen, in der vierten Zehe vier.

—

¹) C. A. M o h r i n g: Dissertatio inauguralis zootomica sistens descriptionem Trionychos aegyptiaci osteologicam. — Berolini, 1824, Tab. II.

²) Alle untersuchten Exemplare befinden sich im k. k. naturhistor. Hofmuseum in Wien.

Bei Togania subplanus Geoffr. ist die Zahl der knöchernen Phalangen
im vierten Finger und in der vierten Zehe vier.

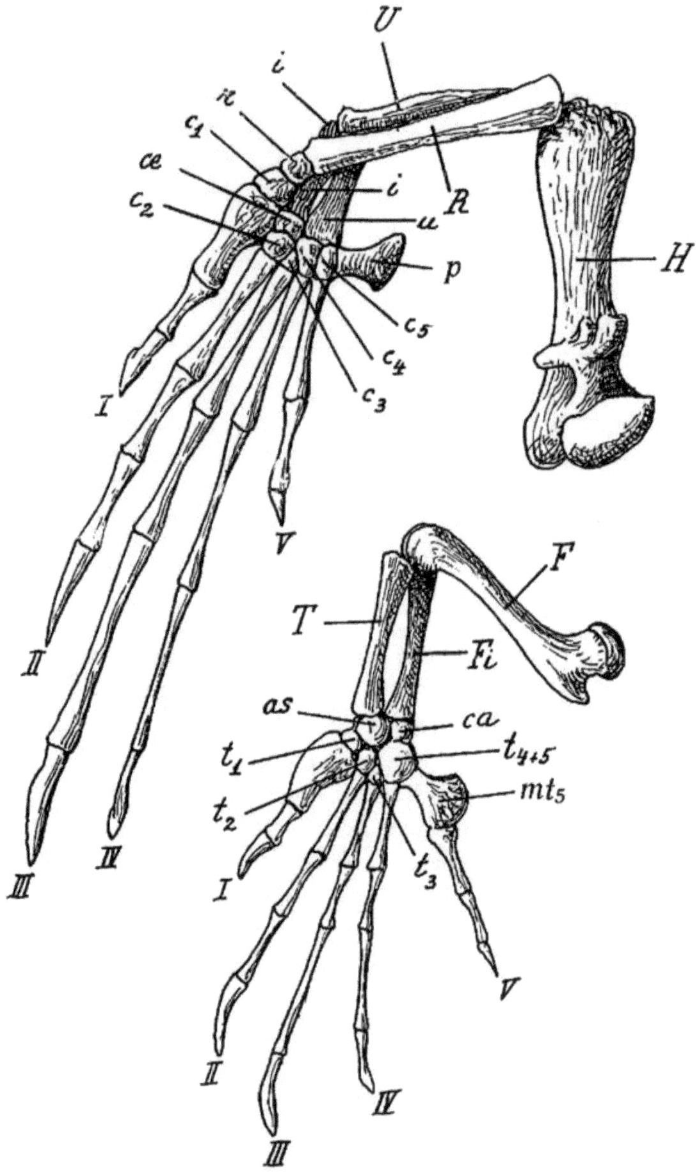

Fig. 111. Rechte Vorder- und Hinterflosse von Chelone midas L., Ostküste Afrikas,
von der Sohlenseite gesehen. — Originalzeichnung nach dem Exemplar im Hofmuseum
in Wien. Ungefähr ½ Nat. Gr.

Emyda granosa Schoepff trägt im vierten Finger 5, in der vierten
Zehe 4 Phalangen.

Ein sehr altes Exemplar von Cyclanorbis oligotylus Siebenrock besitzt im vierten Finger 6 Phalangen (rechts die sechste mit der fünften synostosiert), in der vierten Zehe 5 knöcherne Phalangen.

Bei Cycloderma frenatum Peters trägt der vierte Finger 6, der fünfte 4, die vierte Zehe 5 knöcherne Phalangen.

Diese Zusammenstellung zeigt, daß es sich bei der Vermehrung der Phalangenzahlen bei den Trionychiden um eine regelmäßige und nicht um eine exzeptionelle Erscheinung handelt.

Die Frage, ob die höheren Phalangenzahlen bei den Trionychiden von den Vorfahren ererbt sind oder eine Neuerwerbung infolge Anpassung an das Schwimmen darstellen, ist nicht leicht zu entscheiden; doch möchte ich das erstere für wahrscheinlicher halten. Beachtenswert ist die Stellung und Spreizung der Finger in der Vorderflosse der Trionychiden, die in ihrer vorderen Hälfte zum Graben eingerichtet ist, wozu namentlich die starke Daumenkralle dient, während der vierte und fünfte Finger als Spreizen der Schwimmflosse fungieren.

2. C h e l o n e   m i d a s.
[Fig. 73, III].

Bei Chelone midas übertrifft die Vorderflosse die Hinterflosse bedeutend an Länge. Es kommt aber weder bei Chelone noch bei irgend einer anderen Meeresschildkröte zu einer Vermehrung der Phalangen; die Phalangenformel 2, 3, 3, 3, 3 bleibt bestehen und die Veränderungen bei der Anpassung an das Rudern betreffen ausschließlich die Phalangenlänge.

Die dem Schildkrötenarm eigentümliche Drehung des Unterarms gegen den Oberarm ist auch bei Chelone vorhanden. Dieser charakteristischen Drehung entspricht die Veränderung, welche die Knochen des Procarpus erlitten haben; Ulnare und Intermedium sind sehr stark verlängert, während das Radiale seine primitive Form bewahrt hat.

Selten wird man ein Beispiel finden, das in so klarer Weise zeigt, wie das Armskelett bei den Vorfahren gebaut und adaptiert war und daß die Annahme der schwimmenden Lebensweise nicht imstande war, die bei der terrestrischen Lebensweise erworbenen Anpassungen gänzlich zu verwischen. Die Drehung der Unterarmknochen und die Modifikation von Ulnare und Intermedium würden uns ganz unverständlich bleiben, wenn wir nicht wüßten, daß diese Verdrehungen auf die terrestrische Gangart und die durch sie bedingte Armstellung zurückzuführen sind.

Besonders auffallend ist die Stärke des Pisiforme sowie die starke Entwicklung von Metacarpale I, Metatarsale I und Metatarsale V. Die Abspreizung der fünften Zehe ist ein Mittel zur Verbreiterung der Hinterflosse; diese ist kurz und breit, die Vorderflosse aber flügelartig schmal und lang.

F. Vögel.

1. Spheniscidae (Pinguine).
[Fig. 74, 112].

Die Pinguine sind die einzigen Vögel, bei welchen nicht die Füße, sondern die Flügel als Lokomotionsapparate zum Schwimmen benützt werden und bei welchen die Flügel entsprechend ihrer Funktion zu Flossen umgeformt worden sind.

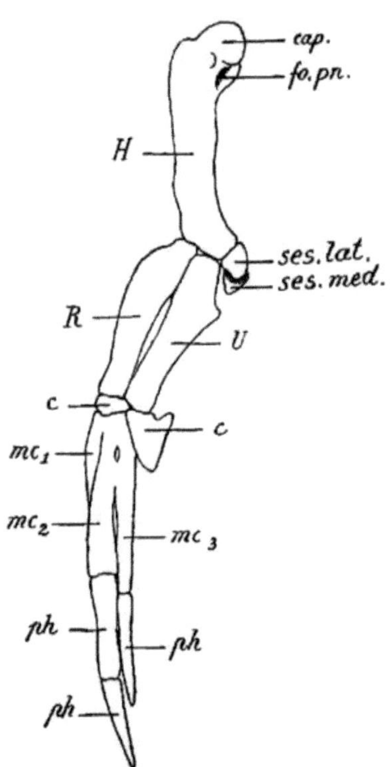

Fig. 112. Linker Flügel eines Pinguins (Aptenodytes patagonica). Originalzeichnung. — cap. = Caput humeri, H = Humerus, fo. pn. = fossa pneumatica, ses. lat. = laterales, ses. med. = mediales Sesambein, R = Radius, U = Ulna, c = Carpalia, mc = Metacarpalia, ph = Phalangen.

Die Pinguine haben ihre Flugfähigkeit vollständig eingebüßt. Die Flügel sind mit kurzen, dicht anliegenden, schuppenartigen Federn bedeckt, haben alle anderen Federn verloren und hängen beim Gehen schlaff am Körper herab.

Im Schwimmen breiten die Pinguine die Flügel weit aus und fliegen sozusagen mit schraubenförmigen Flügelschlägen durch das Wasser. Die Arme sind das eigentliche Ruderorgan; die Füße werden im Schwimmen nach hinten gerichtet, funktionieren als Steuer und unterstützen nur in sehr geringem Grade die Flossen in der Lokomotion.

Durch diese Art des Schwimmens unterscheiden sich die Pinguine sehr wesentlich von den Alken, welche beim Tauchen die Flügel dicht an den Leib legen und die Füße als Ruder benützen.

Höchst eigentümlich ist die Gewohnheit einer Pinguinart (Spheniscus chrysocome Schleg.), sich im Schwimmen mitunter einige Fuß hoch über die Wasseroberfläche emporzuschnellen.

Entsprechend der Funktion als Ruderorgan ist der Bau der Armknochen in einer Weise verändert, wie wir sie bei keinem anderen Vogel wiederfinden.

Der Humerus der Pinguine ist stark verkürzt und von gedrungenem Bau. Der Vorderrand ist in seinem distalen Abschnitte bei den lebenden Formen ausgebuchtet, besonders stark bei den größeren Arten. Bei Aptenodytes steht diese Ausbuchtung in Verbindung mit einer beträchtlichen sagittalen Verbreiterung des distalen Knochenendes.

Der Gelenkkopf des Humerus ist mit seinem vorderen Ende nach innen gedreht, um die rotierende Bewegung des Flügels zu erleichtern. Im Zusammenhang mit der Drehung des Gelenkkopfes steht wahrscheinlich die Ausbildung der Fossa pseudopneumatica, welche nach den Untersuchungen C. W i m a n s mit der Fossa pneumatica an der Außenseite unter dem Gelenkkopfe nicht verwechselt werden darf.

Bei Aptenodytes Forsteri sieht man deutlich, daß die Grube auf der Außenseite des Humerus aus einem tiefer ausgehöhlten zentralen Teil und einem seichteren peripherischen Abschnitt besteht. Nur die innere Grube ist nach der Ansicht W i m a n s die echte Fossa pneumatica, „die größere gemeinsame Grube dürfte infolge Hervorziehens der Insertionsflächen, Materialersparnis und Drehung des Gelenkkopfes entstanden sein".

Die hintere untere Ecke des Pinguinhumerus ist nach hinten und unten sehr stark ausgezogen, so daß das Ellbogengelenk die Achse des Humerus unter spitzem Winkel schneidet. An dieser unteren Ecke sind zwei Rinnen vorhanden, in welchen die den Pinguinen eigentümlichen beiden Sesamknochen liegen, die man mit einem treffenden Ausdruck als „patellae ulnares" bezeichnet hat.

Die Vorderarmknochen sind seitlich stark komprimiert und lassen nur ein kleines Spatium interosseum frei. Die Ulna ist im proximalen Teile bedeutend breiter als an ihrem distalen Ende und ist im oberen Teile des Hinterrandes kammartig ausgezogen. Der Radius ist im proximalen Teile breiter als im distalen, sein Vorderrand schwach konvex.

Eine sehr beachtenswerte Veränderung hat der ulnare Carpalknochen der Pinguine erlitten. Er schiebt sich keilförmig zwischen die Ulna und den Metacarpus ein und hat, von der Seite betrachtet, einen dreieckigen Umriß. Der radiale Carpalknochen ist normal gelagert, aber seitlich komprimiert.

Im Metacarpus fehlt ein freier Daumen; das erste Metacarpale ist mit dem zweiten fest verwachsen und ist halb so lang oder kürzer als das zweite. Bei den lebenden Pinguinen ist das dritte Metacarpale länger als das zweite, aber bedeutend schwächer und erreicht bei Pygoscelis papua nur den dritten Teil der Breite des zweiten Metacarpale. An den Enden sind das dritte und zweite Metacarpale miteinander verwachsen.

An das dritte Metacarpale schließen sich eine, an das zweite zwei Phalangen an. So wie das dritte Metacarpale länger ist als das zweite, ist auch die Grundphalange des dritten Fingers länger als jene des zweiten.

Wenn wir die Vorderextremität in ihrer Zusammensetzung genauer betrachten, so sehen wir, daß eine Reihe von Einrichtungen besteht, um das Ausbiegen der Armknochen nach hinten zu verhindern. Es kommt zu einer sehr vorgeschrittenen Verriegelung der Gelenke und zwar wird diese Verriegelung auf folgende Weise hergestellt:

1. Das distale Ende des lateral komprimierten Humerus ist schräge nach hinten unten abgestutzt. Ein Ausbiegen des Unterarms nach hinten ist schon dadurch fast unmöglich gemacht.

2. Am Unterende des Hinterrandes des Humerus liegen zwei Sesamknochen. „Wäre bei den Pinguinen der Unterarm gegen den Oberarm beweglich, so müßte diese Bewegung in zwei Angeln vor sich gehen. Die eine Angel wäre die gewöhnliche Gelenkfläche und die andere die falsche Gelenkfläche gegen die obenerwähnten Sesamknochen. Aber diese Angeln haben sich gedreht, so daß sie einen rechten Winkel miteinander bilden." (C. Wiman.) Durch diese Sesamknochen wird eine sagittale Bewegung im Ellbogengelenke ganz unmöglich gemacht.

3. Der ulnare Carpalknochen schiebt sich keilförmig zwischen Ulna und Metacarpus ein und verhindert die Ausbiegung des Metacarpus nach hinten.

4. Das dritte Metacarpale ist länger als das zweite und verhindert daher die Ausbiegung der Grundphalange des zweiten Fingers nach hinten.

5. Die Grundphalange des dritten Fingers ist länger als die des zweiten Fingers und verhindert daher die Ausbiegung der letzten Phalange des zweiten Fingers nach hinten.

Wir haben also im Pinguinarm nicht weniger als fünf Vorrichtungen, um eine sagittale Bewegung in den Gelenken gegen hinten unmöglich zu machen.

Daß der Pinguinarm aus einem Flügel zu einer Ruderflosse umgewandelt worden ist, geht aus folgenden Punkten hervor:

1. Alle Knochen sind kurz, breit und platt geworden.
2. Der Flügel ist nur im Schultergelenk beweglich und zwar ist der Gelenkkopf des Humerus mit seinem Vorderende einwärts gedreht, um die rotierende Bewegung zu erleichtern.
3. Die Muskeln des Flügels sind zu Sehnen reduziert worden, welche die Knochen straff umspannen und steif halten.
4. Die sehr fest angewachsene Haut verhindert die Bewegungen der Flügelknochen.
5. Durch nicht weniger als fünf osteologische Verriegelungen der Gelenke wird die Beweglichkeit der Armknochen untereinander aufgehoben.

Die Pinguine sind antarktische Typen, gehen aber bis Kap Horn, Falklandsinseln, Tristan d'Acunha, Kap der guten Hoffnung, Kerguelen,

Südküste von Australien und Neuseeland. Spheniscus mendiculus lebt auf den Galapagos-Inseln, wahrscheinlich durch den Humboldtstrom bis in diese Breiten verschlagen.

Fossile Pinguine kennen wir aus dem Oligozän Neuseelands, dem Untermiozän der Seymourinsel und dem Miozän Patagoniens. Von großer Wichtigkeit für die Beurteilung der Stammesgeschichte der Pinguine sind die Reste von Riesenpinguinen, welche O t t o N o r d e n s k j ö l d am 3. Dezember 1902 auf der Seymourinsel entdeckte.

C. W i m a n hat diese Reste sehr eingehend untersucht und gezeigt, daß die Pinguine der Seymourinsel eine Zwischenstellung zwischen den rezenten Typen und den Carinaten einnehmen. Es ergab sich, daß der Bau der Armknochen bei diesen Zwischenformen weit carinatenähnlicher war als dies bei den lebenden Sphenisciden der Fall ist.

Zunächst läßt sich feststellen, daß bei den fossilen Pinguinen der Seymourinsel die Ausbuchtung des Humerusvorderrandes im distalen Abschnitte fehlt. Die gleiche Erscheinung zeigt der Oberarmknochen des fossilen Riesenpinguins von Neuseeland und des Perispheniscus Wimani Amgh. aus dem Miozän Patagoniens.

Bei den Pinguinen der Seymourinsel ist ferner nur die echte Fossa pneumatica vorhanden; die Pneumatizität ist also schon auf dieser Stufe verloren gegangen.

Die hintere untere Ecke des Humerus ist bei den tertiären Pinguinen nicht in einem so starken Vorsprung ausgezogen wie bei den rezenten Typen.

Ferner ist der Gelenkkopf des Humerus bei den Riesenpinguinen der Seymourinsel nicht nach innen gedreht und gleicht noch der Gelenkfläche eines typischen Carinaten.

Im Metacarpus ist der Daumen noch nicht so vollständig wie bei den lebenden Pinguinen mit dem zweiten Metacarpale verwachsen. Dagegen ist die Verwachsung der Metacarpalia II und III vollständiger. Sehr wichtig ist die Tatsache, daß bei den tertiären Pinguinen der Seymourinsel das dritte und zweite Metacarpale noch von gleicher Länge sind; es ist hier also keine Verriegelung des Metacarpalgelenkes zu beobachten wie bei den Pinguinen der Gegenwart. Das gleiche Verhältnis zeigt der Metacarpus des Riesenpinguins aus dem Oligozän von Neuseeland, während sich derselbe Knochenkomplex bei den Arten aus dem patagonischen Miozän in seiner Form an die rezenten Pinguine anschließt.

Ebenso wie der Flügel nimmt auch der Tarsometatarsus der tertiären

Pinguine eine Mittelstellung zwischen dem Carinatentypus und dem
Typus der rezenten Pinguine ein. [1])

2. Pelecanus (Pelikan).
[Fig. 113].

Der Ruderfuß des Pelikans besitzt eine Schwimmhaut, welche die
vier Zehen (I. II. III. IV.) verbindet und kann als typisches Beispiel
eines Ruderfußes gelten.

Fig. 113.· Hinterfuß des braunen
Pelikans. (Nach C. W. Beebe, 1907.)

Aus einem Fußtypus abgeleitet, bei
welchem der Hallux den drei vorderen
Zehen opponiert werden konnte, sehen wir
den Hallux aus seiner am Hinterrande des
Mittelfußes liegenden ursprünglichen Stellung
wieder nach vorne und innen gedreht.

3. Hesperornis.
[Fig. 114, 302].

Der Fuß von Hesperornis regalis fällt
durch eine Reihe von Eigentümlichkeiten
und Abweichungen gegenüber dem normalen
Fußbau der Vögel auf. Vor allem ist die
vierte Zehe die weitaus stärkste und längste
und namentlich das vierte Metatarsale ist
sehr kräftig. Die dritte Zehe ist kürzer,
noch kürzer die zweite und am kürzesten die sekundär nach vorne
gedrehte erste Zehe. Die vierte Zehe ist etwa 210, die zweite 100, die
erste 50 mm lang.

---

[1]) Literatur: C. Wiman, Über die alttertiären Vertebraten der
Seymourinsel. Wissenschaftl. Ergebnisse der schwed. Südpolarexpedition
1901—1903 unter Leitung von Dr. Otto Nordenskjöld, Bd. III, Lief. I, Stock-
holm 1905. — Vorläufige Mitteilung über die alttertiären Vertebraten der Seymourinsel. Bull. of the Geol. Inst. of Upsala. Vol. VI. Part 2. Upsala 1905
p. 247—252, Taf. XII. — Moreno et Mercerat. Catalogue des oiseaux
fossiles de la république Argentine. Palaeontologia Argentina. I. Anales del
Museo de la Plata 1890—1891, pag. 16—29. — F. Ameghino, Sur les oiseaux
fossiles de Patagonie. Bol. Inst. Geogr. Argentino, T. XV, Guadernos XI—XII.
Buenos Aires 1895.—F. Ameghino, Enumeración de los Impennes fósiles
de Patagonia y de la Isla Seymour. Anal. Mus. Nac. Buenos Aires. T. XIII
(Ser. 3a, T. VI), Buenos Aires 1905, p. 97—167, 8 Taf. — J. Hector, On the
Remains of a Gigantic Penguin (Palaeardryptes antarcticus Huxley) from the
Tertiary Rocks of the West Coast of Nelson. — Transact. and Proceed. of the
New Zealand Inst. 1871. Vol. IV. Wellington 1872. — M. Watson, Report
on the Anatomy of the Spheniscidae collected during the Voyage of H. M. S.
Challenger. Zoology. VII.

4. C y g n u s (S c h w a n).
[Fig. 77].

Beim Schwan sind nicht wie beim Pelikan alle vier Zehen durch eine Schwimmhaut verbunden, sondern nur die drei vorderen Zehen.

Die erste Zehe hat ihre primitive Lage am Hinterrande des Mittelfußes beibehalten, ist hoch angesetzt und verkümmert; jedenfalls spielt sie beim Rudern keine Rolle. Die vierte Zehe ist die längste.

Fig. 114. Hesperornis regalis Marsh, ein flügelloser, bezahnter Schwimmvogel aus der oberen Kreide von Kansas. (Nach O. C. Marsh.) 1/8 Nat. Gr.

Nur beim Sägetaucher (Mergus) und den Tauchenten (Fuligula, Somateria, Erismatura) ist die erste Zehe von einem kleinen Hautlappen umsäumt, aber bei den Süßwasserenten und Schwänen, welche zusammen mit den Sägetauchern und Tauchenten die Familie Anatidae bilden, ist sie niemals von einem Lappen umgeben.

5. Podiceps (Lappentaucher).

[Fig. 78].

Der Schwimmfuß der Lappentaucher ist nicht ein Ruderfuß wie beim Schwan oder Pelikan, sondern die einzelnen Zehen sind von rundlichen Lappen eingesäumt, die beim Ruderstoß sich ausbreiten, beim Vorziehen des Fußes durch das Wasser aber durch den Wasserdruck zurückgelegt werden.

Wie bei Hesperornis ist die vierte Zehe die längste; die erste steht wie bei den Schwänen nach hinten ab und ist verkümmert, trägt aber einen kleinen, freien Hautlappen. Die Lappen der drei vorderen Zehen sind an der Gabelungsstelle der Zehen miteinander verwachsen.

G. Säugetiere.

a) Monotremen.

1. Ornithorhynchus paradoxus Blumenbach.

Das Schnabeltier rudert mit Hilfe seiner großen, breiten Vorderflossen, deren Finger weit gespreizt und durch eine Schwimmhaut verbunden sind, die noch über die Fingerspitzen hinausreicht (Fig. 76).

Fig. 115. Myogale moschata, Pallas. (Nach C. Toldt, 1910.)

Beim Graben wird dieser vorstehende Schwimmhautrand so weit zurückgelegt, daß die starken Grabkrallen der Finger unbehindert arbeiten können.

b) Marsupialier.

1. Chironectes minimus Zimm.

Ein Schwimmbeutler, dessen Zehen durch eine gemeinsame Schwimmhaut verbunden sind (Fig. 291).

c) **Placentalier.**

α) Insectivoren.

1. Myogale moschata Pallas.

Myogale (Fig. 115) rudert hauptsächlich mit dem lateral komprimierten Schwanz, der horizontale Schläge ausführt, sowie mit den sehr großen Hinterfüßen, die am Rande mit Borstenhaaren besetzt sind und auf diese Weise eine große Ruderfläche besitzen. Wir werden noch später darauf zu sprechen kommen, daß die Bewegungsart des Desman im Wasser ganz die gleiche ist wie beim Molch, den Meerkrokodilen der Juraformation usw. Die Vorderfüße spielen bei der Fortbewegung im Wasser nur eine untergeordnete Rolle.

Fig. 116. Potamogale velox, Du Chaillu. — Westl. Äquatorialafrika. (Nach Allman.)

2. Potamogale velox D. Ch.

Die Ruderbewegung ist eine ganz ähnliche wie bei Myogale. Auffallend ist die Verlängerung der vierten Zehe (Fig. 116).

β) Rodentier.

1. Castor Fiber L.

Die Ruderbewegung geschieht hauptsächlich durch das Auf- und Abbewegen des dorsoventral abgeplatteten Schwanzes, unterstützt durch das Rudern der mit Schwimmhäuten versehenen Hinterfüße.

Der Biber kann die äußeren Ohröffnungen während des Tauchens durch das Niederklappen der Ohrmuscheln hermetisch verschließen.

2. Fiber zibethicus L.

Im Gegensatz zum Biber geschieht die Fortbewegung im Wasser durch das seitliche Rudern des lateral komprimierten Schwanzes wie bei Myogale. Der Schwanz schließt mit einer scharfen, abgerundeten Schneide ab. Die Hinterfüße der Bisamratte funktionieren wie bei Myogale.

γ) Fissipedier.

1. Enhydra lutris L.

Daß bei den Ottern die Hinterfüße die eigentlichen Lokomotionsorgane darstellen, geht namentlich aus den Anpassungsformen des
Seeotters hervor. Der Schwanz ist sehr kurz, dick und keilförmig und
entspricht also in keiner Weise den Anforderungen eines Ruderapparates.
Dagegen sind die Hinterfüße sehr groß, die Zehen lang und durch
Schwimmhäute verbunden (Fig. 117).

Fig. 117. Enhydra lutris L. (Seeotter). (Nach W. Kobelt.)

Vor allem wichtig ist die Tatsache, daß die Zehen von innen nach
außen sehr beträchtlich an Länge zunehmen, so daß die vierte und
fünfte länger sind als alle übrigen. Die Vorderfüße sind klein und kommen
als Ruderapparate nicht in Betracht.

Die Verlängerung der vierten Zehe, überhaupt d i e L ä n g e n -
z u n a h m e d e r ä u ß e r e n Z e h e n haben wir bereits bei mehreren
Tieren mit Ruderfüßen angetroffen: bei Hesperornis, Podiceps, Cygnus,
Potamogale und nun bei Enhydra. Das ist eine wichtige Übereinstimmung und zeigt uns, daß die Längenzunahme der vierten Zehe in
d i e s e n Fällen[1] als eine Anpassung an das Rudern anzusehen ist.

---

[1] Die Längenzunahme der vierten Zehe bei s c h i e b e n d e n Wirbeltieren (z. B. Eidechsen) und k l e t t e r n d e n Formen (z. B. Beuteltieren) beruht
auf anderen Ursachen.

δ) Pinnipedier.
1. Phoca vitulina L.

Bei den Robben ist die Hand entweder nur zum Balancieren und Steuern bestimmt wie bei Phoca (Fig. 67) oder sie dient auch zum Rudern wie bei Otaria (Fig. 75). Entsprechend der Funktion sind die Finger nach hinten gerichtet und zwar sind die vorderen verlängert und die hinteren verkürzt, so daß die Fingerenden fast in einer Linie liegen. Besonders auffallend ist die Verlängerung der Daumenphalangen (Fig. 118).

Die oberen Abschnitte der Gliedmaßen sind beträchtlich verkürzt und liegen fast ganz unter der Körperhaut, so daß nur die Hand und der Fuß aus dem Körper frei hervorstehen. Radius und Ulna sind in sagittaler Rich-

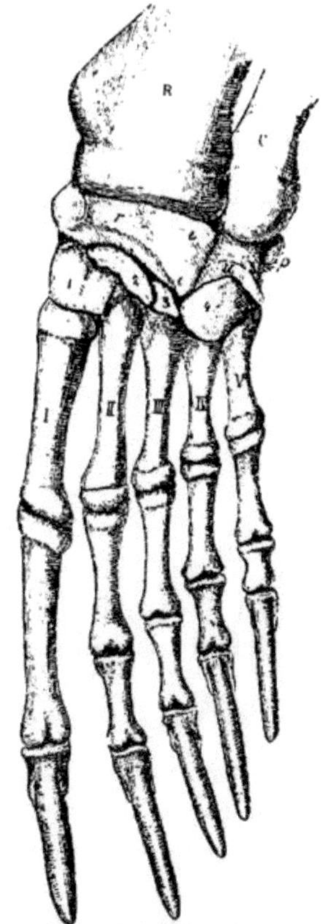

Fig. 118. Linke Hand einer jungen Phoca vitulina L. (Nach H. Leboucq.) ³/₄ Nat. Gr.

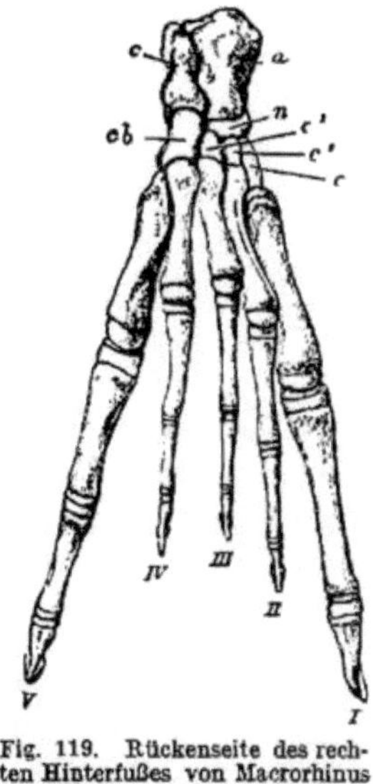

Fig. 119. Rückenseite des rechten Hinterfußes von Macrorhinus leoninus L. — Die Epiphysen der Mittelfußknochen und Phalangen sichtbar. — a = Astragalus, c = Calcaneus, cb = Cuboid, n = Naviculare, c c₂ c₃ = Cuneiformia. — (Nach W. H. Flower.) ¹/₂ Nat. Gr.

tung verbreitert (Fig. 128). Die Finger sind durch eine Zwischenhaut verbunden, welche über die Fingerspitzen hinausreicht. Der Ballen am Fingerende ist bei allen Robben beträchtlich verlängert (Fig. 121).

Die Fingerkrallen sind bei den Robben in Rückbildung begriffen. In der Hand von Phoca sind sie noch am besten erhalten, bei Trichechus gehen sie in den ersten Jugendstadien nach der Geburt zurück (Fig. 120) und sind bei den Otariiden beinahe gänzlich verloren gegangen.

Im Fußskelett fällt zunächst die kurze, gedrungene Gestalt des Femur im Vergleiche zu den langen Unterschenkelknochen auf. Tibia und Fibula sind bei den Robben fast immer am proximalen Ende miteinander verschmolzen.

Der Tarsus hat weitgehende Umformungen bei der Anpassung an das Schwimmen erfahren. Der Calcaneus ist stark verkürzt und fast ebenso lang wie der etwas stärkere Astragalus, der mit vollkommen glatter Fläche und durch ein Rollengelenk mit der Tibia in Verbindung tritt[1]) (Fig. 119).

Sehr bezeichnend für den Seehundfuß ist die relative Länge der Zehen. Stets sind die beiden äußeren die längsten, während die zweite und vierte verkürzt sind und die Mittelzehe weitaus die kürzeste ist. Bei den Ohrenrobben und beim Walroß sind alle Zehen fast gleich lang.

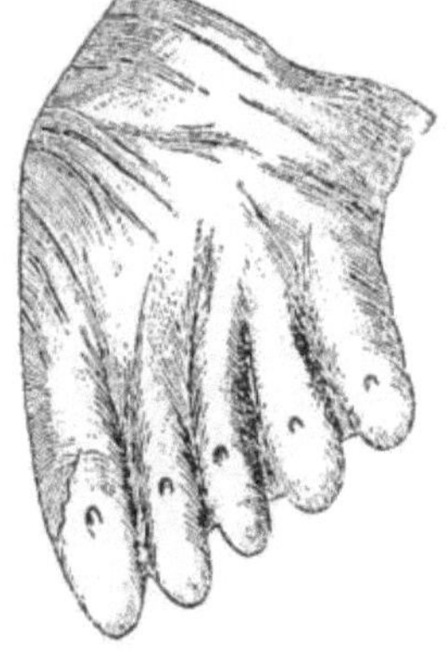

Fig. 120. Linke Hand des Walrosses (Trichechus rosmarus L.). Nagelrudimente sichtbar. (Nach J. Murie.)

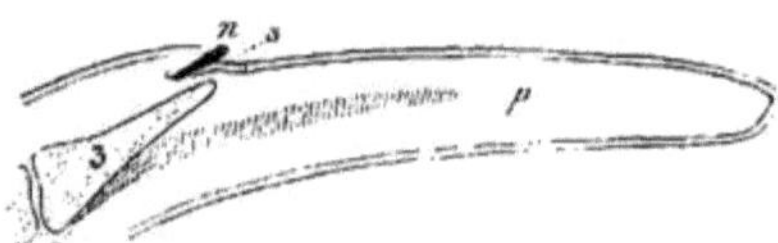

Fig. 121. Längsschnitt durch das Fingerende von Otaria. n = Nagel, s = Sohlenhorn, 3 = Endphalange, p = Fingerbeere, verlängert. (Nach H. Leboucq.)

Die Zehenkrallen sind ebenso wie die Fingerkrallen reduziert, aber die Reduktion ist im Fuß weiter vorgeschritten als in der Hand. Bei Otaria sind nur noch auf den drei mittleren Zehen flache Nägel erhalten.

ε) S i r e n e n.

1. H a l i c o r e   d u g o n g   L a c é p è d e.
(Lebend im Indik und Pacifik.)

Die Vorderflosse des Dugong umfaßt fünf Finger und ist also in dieser Hinsicht noch nicht hoch spezialisiert. Überhaupt ist die Anpassung an das Schwimmen noch nicht so weit vorgeschritten, daß die von den Ahnen ererbten Huftiermerkmale im Armskelett bereits verwischt worden wären.

Der Humerus ist sehr kräftig, aber kurz und gedrungen und alle Tuberositäten, Vorsprünge und Leisten sehr scharf markiert. Besonders stark entwickelt ist das Tuberculum maius und die Deltaleiste, der Ectocondylus und Entocondylus.

Radius und Ulna sind anders gestellt als bei den terrestrischen Ungulaten. Da die Flosse in parallele Lage zur Symmetrieebene des Körpers gebracht werden mußte, um eine wirksame Funktion zu ermöglichen, so mußten sich auch die beiden Unterarmknochen derart drehen, daß sie hintereinander und nicht nebeneinander stehen.

---

[1]) Als letzter Rest der ehemaligen Rollenrinne tritt bei den Otariiden und bei Trichechus eine seichte Furche auf der Gelenkfläche des Astragalus auf.

Dabei verschwand, wie sich an fossilen Halicoriden phylogenetisch nachweisen läßt, die primitive Achsenkreuzung von Radius und Ulna, die Knochen stellten sich parallel hintereinander und erhielten eine Ausbiegung nach außen, während gleichzeitig der Zwischenraum zwischen Radius und Ulna, das Spatium interosseum, immer mehr erweitert wurde.

Der Carpus eines sehr alten Dugong besteht nur aus zwei Knochen: einem proximalen, der den Procarpus, und einem distalen, der den Mesocarpus repräsentiert. Bei jüngeren Exemplaren sind drei, mitunter sogar vier Carpalelemente in Form gesonderter Knorpelmassen zu unterscheiden und zwar zwei im Procarpus und eine, beziehungsweise zwei im Mesocarpus.

Die beiden Carpalknorpel des Procarpus entsprechen dem Radiale + Intermedium einerseits und dem Ulnare + Pisiforme anderseits.

Die beiden Carpalknorpel des Mesocarpus, die ursprünglich g e t r e n n t angelegt werden und noch in späteren Stadien durch eine Einkerbung ihre ehemalige Selbständigkeit verraten, umfassen das Unciforme ($c_4 + _5$) einer-

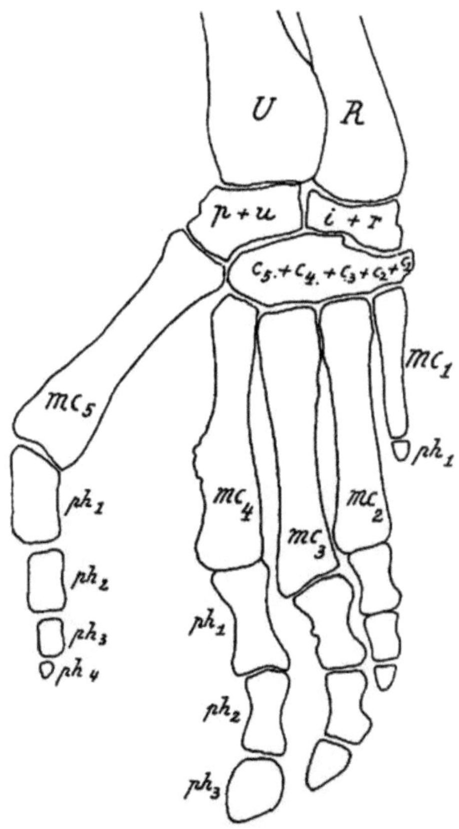

Fig. 122. Linke Flosse des Dugong (Halicore dugong Lacép.) mit Hyperphalangie des fünften Fingers (ph_4 vierte Phalange), von der Palmarseite der Hand gesehen. (Nach einem Röntgenogramm von Dr. L. F r e u n d.) ⅔ Nat. Gr.

seits und die übrigen distalen Carpalia ($c_1 + c_2 + c_3$) anderseits. Die gleiche Art der Trennung in ($c_4 + _5$) und ($c_1 + _2 + _3$), die C u v i e r in einer Dugonghand abbildet, zeigt auch der Mesocarpus von Metaxytherium Petersi Abel aus dem Miozän des Wiener Beckens.

Dagegen sind bei jungen Exemplaren des Dugong, die L. F r e u n d beschrieben hat, in der Mesocarpusreihe die hinteren Carpalia von dem separat angelegten Carpale I getrennt, das bei einem Exemplare in der rechten Hand normal mit den übrigen Mesocarpalknochen verschmilzt, in der linken Hand aber mit dem Radiale verwächst. Es sind also auch hier beträchtliche individuelle Schwankungen wie in der Platanistahand zu verzeichnen.

Sehr auffallend ist die Lage und Stellung des Metacarpale 5, die außerordentlich an Monodon, Mosasaurus und Platecarpus (bei M. im Fuß, bei P. in Hand und Fuß) erinnert. Es artikuliert beim Dugong mit dem vereinigten Pisiforme + Ulnare und dem Hinterende des Unciforme (Carpale 4 + 5); während die vorderen vier Finger dicht aneinanderliegen, steht das fünfte Metacarpale unter einem Winkel von 40 Grad weit nach hinten ab, doch liegen die Phalangen des fünften Fingers wieder parallel zu den vorderen Fingerstrahlen.

L. F r e u n d vermutet, daß das Metacarpale 5 mit dem Carpale 5 verschmolzen ist, doch liegen dafür keine zwingenden Gründe vor.

Der vierte Finger ist weitaus der stärkste und längste, dann folgen, an Länge abnehmend, der dritte, zweite, fünfte und erste.

Vereinzelt finden sich in der Hand des Dugong Spuren überzähliger Phalangen; L. F r e u n d hat im fünften Finger eines Dugongs aus der Torresstraße (Fraser Island) links und rechts je eine überzählige knöcherne Phalange beobachtet, während G. B a u r eine knöcherne am vierten und eine knorpelige am dritten Finger eines Dugongs beschrieben hat. Ähnliche Hyperphalangien sind auch beim Lamantin (Manatus) beobachtet worden und zwar am dritten Finger.

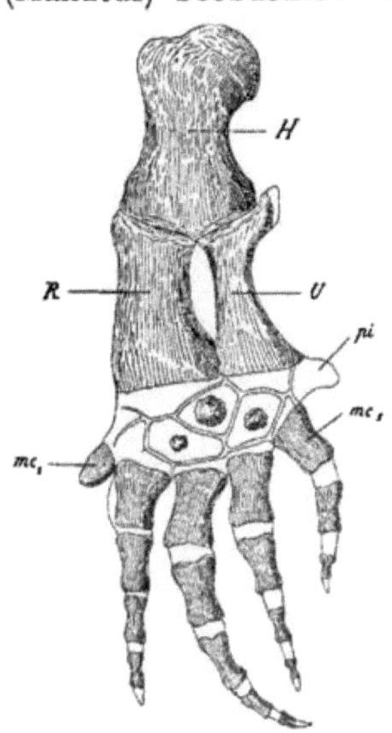

Fig. 123. Linke Hand von Balaena mysticetus L. in 1/30 Nat. Gr. (Nach P. J. V a n B e n e d e n.)

Die Hand des Lamantins unterscheidet sich von jener des Dugong durch andere Dimensionen (konstante Längenzunahme vom ersten bis fünften Metacarpale), namentlich aber durch die freibleibenden sechs Carpalknochen (3 im Procarpus: Radiale, Intermedium, Ulnare; 3 im Mesocarpus: $c_{[2+1]}$, c_3 und $c_{[4+5]}$.)

ζ) C e t a c e e n.

1. B a l a e n a m y s t i c e t u s L.
(Grönlandswal.)

Die Brustflosse des Grönlandswals ist eine kurze, breitschaufelförmige, einheitliche, etwas biegsame Platte, in welcher alle Gliedmaßenelemente ihre freie Beweglichkeit eingebüßt haben, so daß die Flosse nur im Schultergelenk drehbar ist.

Humerus, Radius und Ulna sind stark verkürzt, die Ulna schwächer als der Radius und von ihm durch ein Spatium interosseum getrennt.

Im Carpus sind selbst bei alten Tieren nur d r e i Verknöcherungen zu beobachten, die in Form von kleinen, rundlichen Platten als Ossifikationskerne größerer Carpalknorpel auftreten. Es ist bisher noch nicht gelungen, sie sicher zu homologisieren. Ein knorpeliger Fortsatz am Ulnarrande des Carpus entspricht dem Pisiforme. Die fünf Finger sind noch sämtlich vorhanden, doch trägt das erste Metacarpale keine Phalangen mehr. Die Phalangenformel ist für den ersten bis fünften Finger: 0, 3, 4, 3, 2 (Fig. 123).

2. Megaptera boops Fabr.
(Knölwal oder Buckelwal.)

Die Brustflosse der Balaenopteriden ist im Gegensatz zu jener der Balaeniden sehr langgestreckt und die Fingerzahl ist auf vier reduziert. Der Humerus ist kurz wie bei Balaena, aber die Unterarmknochen sind sehr lang.

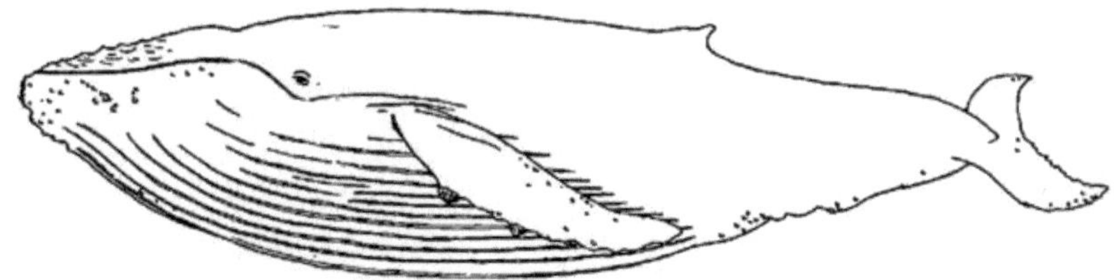

Fig. 124. Buckelwal (Megaptera boops). Länge bis 17 Meter. (Nach G. O. Sars.) Die Haut ist mit zahlreichen Schmarotzern, namentlich festsitzenden Rankenfüßern bedeckt.

Im Carpus ist die Zahl der Verknöcherungen größer als bei Balaena; in der Regel ist sie fünf, selten mehr. Von diesen fünf knöchernen Carpalelementen entsprechen die drei größeren, proximalen dem Procarpus: Radiale, Intermedium, Ulnare, die kleineren distalen sind nicht sicher zu homologisieren, da weitgehende Reduktionen und Verschmelzungen des Mesocarpus eingetreten sind. Das Pisiforme ist knorpelig und springt weit nach hinten vor.

W. Kükenthal hat die Ansicht vertreten, daß die vier Finger der Balaenopteridenhand nicht dem ersten bis vierten, sondern dem ersten, zweiten, vierten und fünften Finger entsprechen, so daß der dritte als verloren zu betrachten wäre. Eine Stütze für diese Ansicht fand Kükenthal einerseits in der doppelten Innervierung des Zwischenraums zwischen drittem und viertem Metacarpale (nach alter Zählung) und in dem Auftreten eines selbständigen, in Phalangen gegliederten Knorpelstabes bei einem Finwalembryo an der gleichen Stelle, den er als Überbleibsel des dritten Fingers deutete.

M. Braun[1]) hat dieser Auffassung mit guten Gründen widersprochen und namentlich auf die unannehmbare Konsequenz hinge-

---

[1]) M. Braun: Über das Brustflossenskelett der Cetaceen. — Schriften d. Phys. ökon. Ges. Königsberg i. Pr., XLVIII. Jahrg., 1907, p. 400—410.

wiesen, bei Annahme der Kükenthalschen Deutung den ersten Fingerstrahl von Balaena als Praepollex deuten zu müssen. Ich schließe mich M. Braun an und zähle die Finger der Balaenopteridenhand und somit auch die von Megaptera als ersten bis vierten Finger, indem ich den von Kükenthal beobachteten Knorpelstrahl als einen neuen überzähligen, durch Abspaltung entstandenen Fingerstrahl betrachte, zumal auch bei Zahnwalen eine Längsspaltung von Fingern wiederholt beobachtet wurde.

Die Phalangenzahlen von Megaptera boops schwanken beträchtlich, wie folgende Übersicht zeigt:

Herkunft:	Autor:	I.	II.	III.	IV.	V.
Vogelsand, Deutschland	Rudolphi	2	8	6	3	—
Tay River, Schottland	Struthers	2	7	6	3	—
Grönland	Van Beneden	2	7	7	3	—
Grönland	Eschricht	2	7	7	2	—

3. Platanista gangetica Lebeck.
(Lebend im Ganges, Brahmaputra und Indus.)

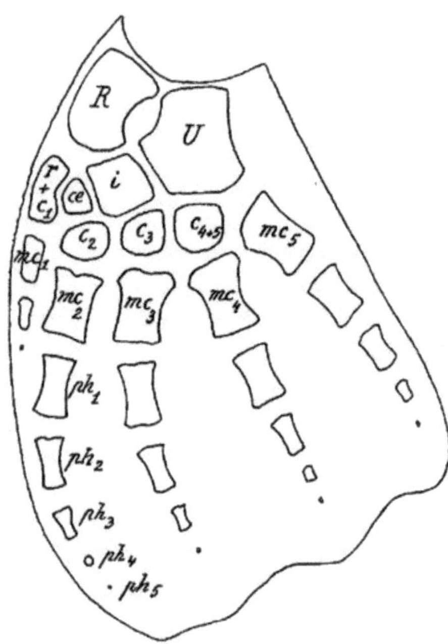

Fig. 125. Rechte Flosse von Platanista gangetica, von der Palmarseite, nach W. Turner, 1910. ²/₉ Nat. Gr.

Die Flosse ist breit und schaufelförmig und wird von vier Fingern (dem zweiten bis fünften) gespreizt, während der erste verkümmert und von allen Fingern der schwächste ist, aber außer dem Metacarpale noch zwei Phalangen umfaßt.

Humerus, Radius und Ulna sind hochgradig verändert und verkürzt. Die Zahl der Carpalknochen ist bei verschiedenen Individuen, ja selbst in den beiden Flossen eines Tieres nicht gleich und schwankt zwischen sieben und vier, je nachdem die Carpalia freibleiben oder mit benachbarten Knochen (es kann sich hierbei um Carpalia, Metacarpalia und die Ulna handeln) verschmelzen.

Nach den Untersuchungen von Sir W. Turner[1]) lassen sich

[1]) W. Turner: The Morphology of the Manus in Platanista gangetica, the Dolphin of the Ganges. — Proc. Roy. Soc. Edinburgh, XXX. Part. VI, No. 35, 1910, p. 508.

im Carpus von Platanista fol‚
gende Elemente nachweisen:
Radiale, Intermedium, Centrale
sowie die Carpalia 1 bis 5, wo‑
bei jedoch c_4 und c_5 stets zu
einem Unciforme verschmolzen
sind. Ein separates Ulnare ist
nicht vorhanden, also entweder
mit einem benachbarten Knochen
verschmolzen oder ganz verloren
gegangen. Die Abbildungen in
der Mitteilung Turner's zeigen
deutlich die individuellen Varia‑
tionen und Altersveränderungen
im Carpus.

Die Metacarpalia des zweiten
bis fünften Fingers sind kräftig;
die Phalangen nehmen gegen den
Flossenrand hin rasch an Größe
ab. Die Phalangenzahlen des
ersten bis fünften Fingers sind
nach W. Turner: 2, 5, 4, 4, 4.
Die letzte Phalange wird erst
später angelegt und ist in
der abgebildeten Flosse eines
jungen Tiers noch unver‑
knöchert.

Jedenfalls erweist sich die
Flosse von Platanista im Ver‑
gleiche mit jener der Ziphiiden
(z. B. Hyperoodon) als stark
spezialisiert; besonders auffallend
ist das Fehlen eines selbständigen
Ulnare.

Sehr wichtig ist die
starke Spreizung der vier
Finger (zweiter bis fünfter),
da bei anderen Walen die
Finger häufig enge aneinander
liegen und nicht gespreizt sind
wie z. B. bei Balaenoptera oder
Globiocephalus.

Fig. 126 a. Phocaena relicta Abel aus dem Schwarzen Meere, von oben gesehen. (Trächtiges Weibchen von 137 cm Länge, gefangen an der Krimküste am 27. Januar 1903.)

4. Phocaena communis Lesson.
(Braunfisch.)

In der Flosse des Braunfisches schließen die beiden Unterarmknochen dicht aneinander, ohne ein Spatium interosseum zwischen sich frei zu lassen.

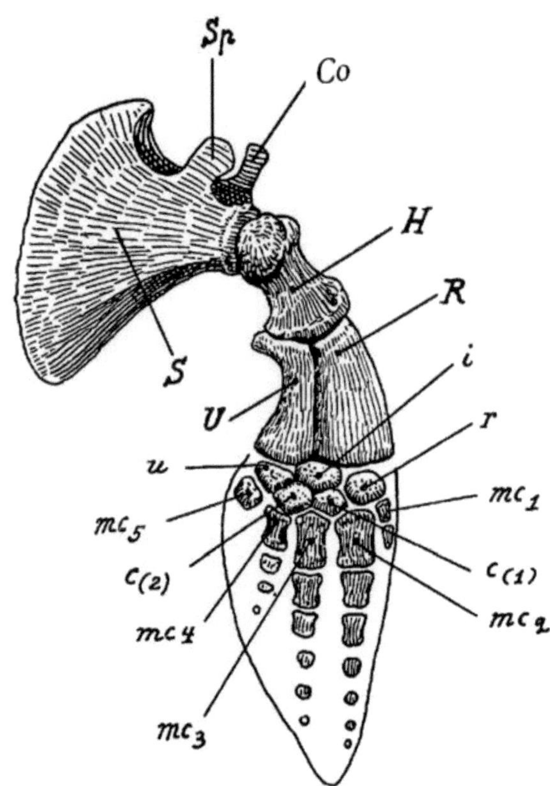

Fig. 126 b. Rechte Flosse von Phocaena communis Lesson von der Rückenseite. S = Scapula, Sp = Spina scapulae, Co = Coracoid, C(1) C(2) = Carpalia des Mesocarpus. Weitere Abkürzungen wie in Fig. 82. 1/3 Nat. Gr.

Der Carpus besteht aus fünf knöchernen Elementen, von denen die drei proximalen dem Procarpus (Radiale, Intermedium, Ulnare), die zwei distalen dem Mesocarpus zu entsprechen scheinen. Ihre genaue Homologisierung ist noch nicht gelungen.

Die Finger sind kurz, erster und fünfter rudimentär, aber noch durch Metacarpalia vertreten; am Daumen ist sogar noch eine kleine Phalange erhalten. Der Hauptstrahl der Flosse ist der zweite Finger, dessen Metacarpale das stärkste von allen ist.

Die Phalangenformel lautet für den ersten bis fünften Finger: 1, 6, 5, 3, 0 (Fig. 126, b).

5. Globiocephalus melas Traill.
(Grindwal.)

Ganz ebenso wie unter den Bartenwalen breite und kurze Brustflossen (Balaeniden) neben schmalen und langen (Balaenopteriden) auftreten, finden wir unter den Zahnwalen kurze und breite Flossen (Platanista) neben außerordentlich langen und schmalen (Globiocephalus).

Bei Globiocephalus melas sind Humerus, Radius und Ulna sehr

stark verkürzt; die beiden Unterarmknochen sind nur durch eine schmale Spalte getrennt, dafür aber stark verbreitert.

Im Carpus finden sich sechs Verknöcherungen; die drei proximalen werden als die drei Procarpalia betrachtet (Radiale, Intermedium, Ulnare), während die drei distalen als die Mesocarpalia angesehen werden.

Von den Fingern sind alle fünf Metacarpalia vorhanden; der fünfte und vierte Finger sind rudimentär, der zweite und dritte enorm verlängert und zwar erreicht der zweite Finger die Maximalzahl von Phalangen unter allen lebenden und fossilen Cetaceen, nämlich 17. In der Regel trägt der Zeigefinger aber nur 13 Phalangen, so daß die etwas schwankende Phalangenformel lautet:

nach Van Beneden: 2, 12, 8, 2, 1
nach Flower: 3, 13, 8, 2, 0
nach Weber: 3, 13, 10, 2, 1

Die ethologische Gleichwertigkeit kurzer, breiter und langer, schmaler Brustflossen. — Die vergleichende Übersicht der wichtigsten Brustflossentypen der schwimmenden Reptilien, Vögel und Säugetiere hat gezeigt, daß in einzelnen stammesgeschichtlich geschlossenen Gruppen

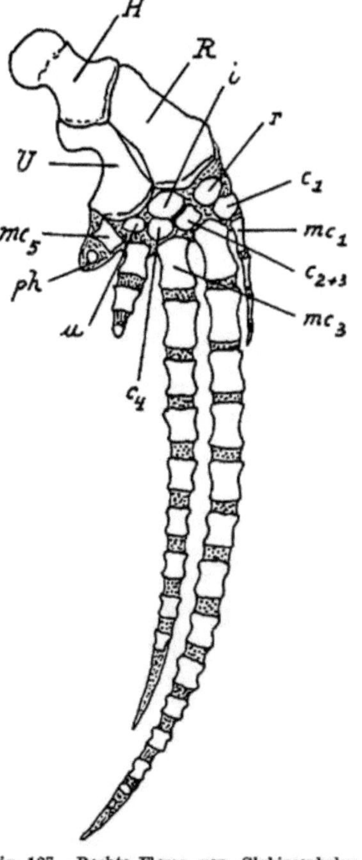

Fig. 127. Rechte Flosse von Globiocephalus melas von der Dorsalseite. Kombiniert nach Originalen sowie nach den Abbildungen von P. Gervais, W. H. Flower u. M. Weber. ph = Grundphalange des Minimus. — Abkürzungen wie in Fig. 82. 1/10 Nat. Gr.

Formenreihen mit kurzen, breiten Brustflossen neben solchen mit langen, schmalen auftreten. Wir finden derartige latipinnate und longipinnate Formenreihen bei den Ichthyosauriern, Pythonomorphen, Bartenwalen und Zahnwalen.

Die Formverschiedenheit dieser Flossen legt den Gedanken nahe, daß sie einen Einfluß auf das Schwimmvermögen besitzt.

Wir können nur bei einer Gruppe Aufschluß darüber erhalten, nämlich bei den Walen.

Soweit uns die bisherigen Beobachtungen darüber Aufschluß geben, bleiben die Brustflossen der Wale während des Schwimmens in Ruhe und dienen ausschließlich zur Erhaltung des Gleichgewichts und der Einhaltung der Bewegungsrichtung. Nur bei Sprüngen aus dem Wasser spielen die Brustflossen eine Rolle, wie E. R a c o v i t z a [1]) berichtet. Aber gleichzeitig erfahren wir, daß die Balaenopteriden im allgemeinen sehr schnell schwimmen, die überaus langflossige Megaptera aber träge und langsam; und wir wissen ferner, daß die kurzflossigen Balaeniden sehr gute Schwimmer sind. Die Länge und Kürze der Brustflossen hat also keinen Einfluß auf die Art oder Schnelligkeit der Lokomotion im Wasser, falls die langen Brustflossen schmal und die kurzen breit sind.

Offenbar hat eine kurze, breite Flosse denselben mechanischen Effekt wie eine lange, schmale; denn es ist den Tieren in beiden Fällen möglich, auf eine gleich große Wasserfläche einen entsprechenden Druck auszuüben. Nicht die relative Länge oder Breite spielt eine Rolle, sondern die G r ö ß e der von den Brustflossen gebildeten Fläche. Ist diese bei einer kurzen, breiten Flosse ebenso groß wie bei einer langen und schmalen, so ist der Effekt offenbar derselbe.

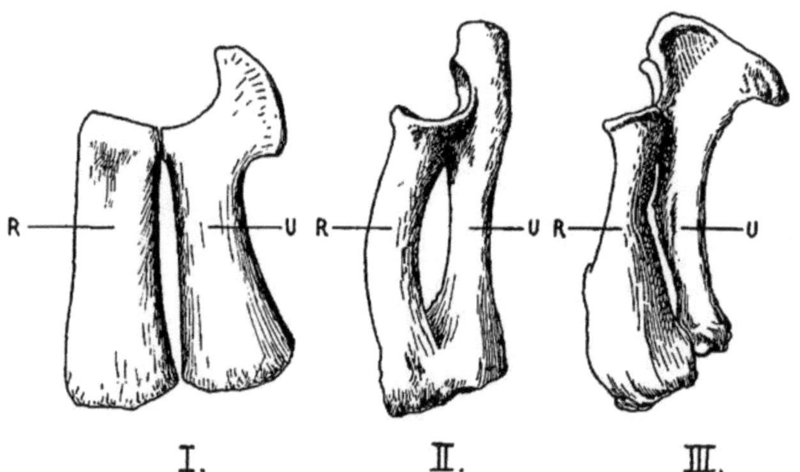

Fig. 128. Die verschiedenen Wege der Verbreiterung der Unterarmknochen bei einem Zahnwal (Eurhinodelphis) (I), dem amerikanischen Lamantin (Manatus) (II) und einem Seehund (Phoca) (III). — R = Radius, U = Ulna.

Wir sehen daraus, daß bei den longipinnaten und latipinnaten Formenreihen schwimmender Wirbeltiere divergente Anpassungswege eingeschlagen wurden, welche in mechanischer Hinsicht denselben Anpassungswert besitzen. Die Brustflossenformen — kurz und breit einerseits, lang und schmal anderseits — besitzen somit einen hohen Wert zur Beurteilung genetischer Zusammenhänge und somit auch für die systematische Gruppierung der Formen.

[1]) E. R a c o v i t z a: Expédition Antarctique Belge: Cétacés. — Anvers, 1902, p. 15.

Die verschiedenen Wege der Flossenverbreiterung. — Wir haben bei der Erörterung der verschiedenen Flossentypen der an das Wasserleben angepaßten, höheren Wirbeltiere gesehen, daß die Verbreiterung der Flossen auf sehr verschiedenen Wegen zustande kommt. Es sind die folgenden:

1. **Verbreiterung von Radius und Ulna oder Tibia und Fibula bei gleichzeitiger Verschmälerung des Spatium interosseum.**
   Beispiele: Ichthyosaurus, Geosaurus, Phocaena.

2. **Ausbiegung des Radius nach vorne bei gleichzeitiger Verbreiterung des Spatium interosseum.**
   Beispiele: Chelone, Manatus, Halicore.

3. **Verbreiterung des Radius im unteren Teile und der Ulna im oberen Teile.**
   Beispiel: Phoca.

4. **Verbreiterung des Carpus oder Tarsus in sagittaler Richtung.**
   Beispiele: Mixosaurus, Plesiosaurus, Balaena.

5. **Verbreiterung der Flosse in der Carpal- oder Tarsalregion durch Vergrößerung oder Neuanlage von Sesambeinen am Flossenhinterrande.**
   Beispiele: Plesiosaurus, Thaumatosaurus, Cimoliasaurus, Seeschildkröten.

6. **Spreizung aller durch Schwimmhaut verbundenen Finger oder Zehen.**
   Beispiele: Crocodilus, Cygnus, Platanista, Chironectes, Ornithorhynchus, Castor, Lutra.

7. **Abspreizung des fünften Fingers oder der fünften Zehe nach hinten; vordere Finger oder Zehen nicht gespreizt.**
   Beispiele: Chelone, Trionyx (4. und 5. Finger), Mosasaurus, Platecarpus, Halicore, Monodon.

8. **Neuanlage von Finger- und Zehenstrahlen (Hyperdaktylie) am Vorderrand oder Hinterrand oder an beiden oder in der Mitte der Flosse.**
   Beispiele: Ichthyosaurus communis, I. platydactylus, Praehallux der Frösche.

9. **Vergrößerung der Schwimmhaut am Ende oder Hinterrande der Flosse.**
   Beispiele: Ichthyosaurus, Halicore, Balaena, Ornithorhynchus.

10. Verlängerung und Versteifung von Haaren
am Hinterrande der Flosse.
Beispiele: Crossopus, Myogale.

Die verschiedenen Wege der Flossenverlängerung. — Die Verlängerung der Flossen kommt bei Reptilien und Säugetieren niemals in der
Weise zustande, daß die Finger oder Zehen ihre ursprüngliche Länge
beibehalten und die proximalen Abschnitte der Extremitäten verlängert
werden.

Stets trifft die Verlängerung die Hand oder den Fuß allein; wenn
die Unterarmknochen in einigen Fällen auffallend lang und schmal
sind (Balaenopteriden), so ist dies keine neue Anpassung an das Wasserleben, sondern eine Vererbung aus der Zeit, da die Cetaceen
noch längere Unterarmknochen besaßen (z. B. Zeuglodon). Bei den
Balaenopteriden ist der Humerus verkürzt wie bei den Balaeniden,
aber der Unterarm hat seine primitiven Proportionen beibehalten.
Der weitaus am häufigsten eingeschlagene Weg zur Flossenverlängerung
ist die Vermehrung der Finger- und Zehenglieder durch Teilung der
vorhandenen Phalangen oder durch Neuanlage am Ende der Phalangenreihe. Wir haben folgende Wege zu unterscheiden:

1. Vermehrung der Phalangen (Hyperphalangie).
Beispiele: Ichthyosaurier, Sauropterygier, Pythonomorphen,
Cetaceen, Sirenen (gelegentlich), Trionychiden (4. Finger ausnahmsweise sechs statt fünf oder vier Phalangen, 4. Zehe in der
Regel vier, selten fünf Phalangen).
2. Verlängerung der Schwimmhaut über die
Spitzen der Finger und Zehen.
Beispiele: Ichthyosaurier, Cetaceen, Sirenen, Ornithorhynchus,
Pinnipedier.
3. Verlängerung der Metacarpalia und Phalangen.
Beispiel: die Hand aller Seeschildkröten (bei denen niemals
eine Hyperphalangie beobachtet worden ist).

Die verschiedenen Wege der Flossenversteifung. — Während für
die Gliedmaßen eines landbewohnenden Wirbeltiers die Zerlegung in
einzelne gelenkig verbundene Abschnitte eine der wichtigsten Voraussetzungen für eine Kriech-, Schreitbewegung usw. ist, kann eine ursprünglich in gelenkig verbundene Abschnitte zerteilte Gliedmaße erst dann
die Funktion einer Flosse voll übernehmen, wenn diese Gelenkverbindungen aufgehoben werden. Nur dann, wenn die Gliedmaßen neben ihrer
Funktion als Flossen noch andere Funktionen wie Stützen (z. B. Sirenen),
Graben (z. B. Ornithorhynchus), Schreiten und Laufen (z. B. Lutra)

ausführen, bleibt die gelenkige Verbindung der einzelnen Gliedmaßenabschnitte ganz oder doch zum Teile erhalten wie das Ellbogengelenk der Sirenen. Bei den hochgradig spezialisierten Flossen der Cetaceen, Ichthyosaurier, Sauropterygier, Pythonomorphen, Meeresschildkröten, Pinguine u. s. f. ist dagegen das einzige voll funktionierende Gelenk das Schultergelenk, das eine weitgehende Drehung der ganzen Flosse in einem einzigen Kugelgelenk ermöglicht.

Wenn auch eine Bewegung der knöchernen Flossenelemente gegeneinander in sagittaler Richtung aufgehoben wird, so besteht doch noch eine Beugungsfähigkeit aller Abschnitte, namentlich der Finger, in mediolateraler Richtung, d. h. senkrecht zur sagittalen Symmetrieebene des Körpers und senkrecht zur Flossenfläche. Diese Bewegungsmöglichkeit ist sehr deutlich z. B. bei Cetaceen und Meeresschildkröten zu beobachten; das schwimmende Tier hält aber die Flosse straff und zwar mit Hilfe der stark entwickelten Sehnen. Ganz besonders stark sind die Flügelsehnen der Pinguine, welche ein unfreiwilliges Abbiegen der Flossenelemente in mediolateraler Richtung verhindern.

Die verschiedenen Wege der Flossenversteifung sind folgende:

1. Drehung, Abflachung und Einordnung aller einzelnen knöchernen Gliedmaßenelemente in die Flossenebene.

   (Bei allen höheren Wirbeltieren mit zu Flossen umgeformten Gliedmaßen.)

2. Aufhebung der Bewegungsmöglichkeit der einzelnen Elemente von Unterarm oder Unterschenkel und Tarsus durch die Umformung derselben zu mosaikartig aneinanderstoßenden Platten.

   Beispiele: Ichthyosaurus, Cimoliasaurus, Mosasaurus, Berardius, Phocaena.

3. Aufhebung der Bewegungsfähigkeit der Carpalelemente durch ihre Verschmelzung untereinander.

   Beispiele: Berardius, Eurhinodelphis, Platanista.

4. Verkeilung der ursprünglichen Gelenkstellen durch Sesambeine am Flossenhinterrand.

   Beispiel: Pinguin (Ellbogengelenk durch zwei Sesambeine am Hinterrande verkeilt, Handgelenk durch ein stark vergrößertes, keilförmiges Carpale verkeilt).

5. Verstärkung des Fingers oder der Zehe, welche den Flossenvorderrand bilden.

   Beispiele: Mixosaurus (1. Finger und 1. Zehe); Geosaurus

(1. Finger und 1. Zehe); Mosasaurus (1. Finger und 1. Zehe); Megaptera (1. und 2. Finger); Balaena (2. und 3. Finger); Phocaena (2. und 3. Finger); Globiocephalus (2. und 3. Finger); Pinguin (2. Finger).

6. **Erhaltung vererbter Panzerreste am Vorderrande der Flossen.**
   Beispiele: Ichthyosaurus, Neomeris, Phocaena.

7. **Verstärkung der Schuppen am Vorderrande der Flosse bei gepanzerten Formen.**
   Beispiel: Meeresschildkröten.

8. **Auftreten überzähliger, neuer Finger- und Zehenstrahlen in der Mitte der Flossen.**
   Beispiele: Ichthyosaurier (latipinnate Formenreihen), Cetaceen (gelegentlich, z. B. bei Balaenoptera und Phocaena).

9. **Verschiebung der Metapodial- und Phalangengelenke in der Weise, daß sie mit jenen der angrenzenden Phalangenreihe intercalieren.**
   Beispiele: Cryptocleidus, Cimoliasaurus, Mosasaurus, Megaptera, Pinguin.

Die Umformung der Scapula der Wale als Folge der veränderten Funktion der Schultermuskeln. — Das Schulterblatt eines Hundes kann als Typus der Scapula eines terrestrischen Schreitsäugetieres gelten. Seine Außenfläche wird von einer Leiste, der Spina (unten im Akromion endend) in zwei Teile zerlegt, deren vorderer als Praescapula und deren hinterer als Postscapula bezeichnet wird. Der Praescapularrand endet vorne unten mit dem bei den Placentaliern rudimentär gewordenen Coracoid.

An der praescapularen Fläche entspringt der Musculus praescapularis (s. supraspinatus). Seine Aufgabe ist das Heben und Auswärtsrollen des Armes.

An der postscapularen Fläche entspringt der Musculus postscapularis (s. infraspinatus). Seine Aufgabe ist das Niederziehen und Auswärtsrollen des Armes.

Bei allen Cetaceen — schon bei den mitteleozänen Archaeoceten — ist der postscapulare Abschnitt der Scapula so stark entwickelt, daß die Spina fast bis an den Vorderrand des Schulterblattes vorspringt und der praescapulare Abschnitt auf ein Minimum reduziert erscheint.

Die Untersuchung der Muskulatur zeigt, daß entsprechend der Form des Schulterblattes der postscapulare Muskel außerordentlich stark, der praescapulare Muskel dagegen schmächtig ausgebildet ist.

Diese eigentümlichen Verhältnisse werden verständlich, wenn wir uns die Funktion der Schultermuskeln bei den Walen vergegenwärtigen.

Der Wal benötigt zum H e b e n des Armes keine nennenswerte Muskelkraft, da die Flosse durch den Wasserdruck in die Höhe gehoben wird; dagegen muß der Wal beim Niederziehen des Armes einen weit höheren Widerstand überwinden als ein Landsäugetier.

Die Form des Schulterblattes der Wale ist somit zweifellos abhängig von der geänderten Funktion der Schultermuskeln und diese wieder ist bedingt durch das Leben im Wasser.

Dieser Fall zeigt in klarster Weise die n u r d u r c h d i e v e r - ä n d e r t e M u s k e l t ä t i g k e i t b e d i n g t e u n d b e w i r k t e, r e i n m e c h a n i s c h e U m f o r m u n g e i n e s S k e l e t t - e l e m e n t e s. Eine andere Folgerung ergibt sich aber aus diesem selten einfachen Fall mit zwingender Notwendigkeit: das ist die V e r - e r b u n g und S t e i g e r u n g der durch Generationen fortgesetzten gleichartigen Tätigkeit der Muskeln, die automatisch zu einer Umformung ihrer knöchernen Grundlage führte. O h n e A n n a h m e e i n e r V e r e r b u n g d i e s e r i n j e d e r d e r f r ü h e r e n G e n e r a t i o n e n s i c h s t e i g e r n d e n A n p a s s u n g w ä r e d i e s e r a n s i c h g a n z k l a r e F a l l d u r c h a u s u n v e r - s t ä n d l i c h.

Die nahezu gleichartigen Verhältnisse der Scapularmuskeln und -Abschnitte bei allen lebenden und fossilen Cetaceen macht es wahrscheinlich, daß diese Anpassungen schon in einer früheren Zeit der Stammesgeschichte der Wale erworben und zwar wahrscheinlich rasch erworben wurden, so daß schon frühzeitig dieser Umwandlungsprozeß des Schulterblattes zum Stillstande und Abschlusse kam.

Die Hüftbeinreduktion bei den Cetaceen und Sirenen. — Da die Lokomotion bei den Cetaceen und Sirenen ausschließlich der Schwanzflosse zufällt, sind die hinteren Gliedmaßen und das Becken außer Funktion gesetzt und verkümmert.

In früheren Embryonalstadien sind bei den Delphinen die Hinterbeine noch durch kurze Stummeln angedeutet, die aber schon während des foetalen Lebens wieder verschwinden.

Die Anlage der Beckenknorpel, welche später zu Beckenknochen werden, scheint nach G. G u l d b e r g erst dann aufzutreten, wenn die äußerlich sichtbaren Gliedmaßenstummel des Embryos bereits stark reduziert sind.

Bei erwachsenen Tieren sind stets knöcherne Reste des Beckengürtels und mitunter auch knöcherne oder knorpelige Reste der hinteren Gliedmaßen vorhanden, welche tief in den Weichteilen liegen.

Die Hintergliedmaßen befinden sich bei den Cetaceen und Sirenen stets in einem höheren Reduktionsgrade als das Becken. Sie sind entweder auf kümmerliche Reste reduziert oder ganz verloren gegangen.

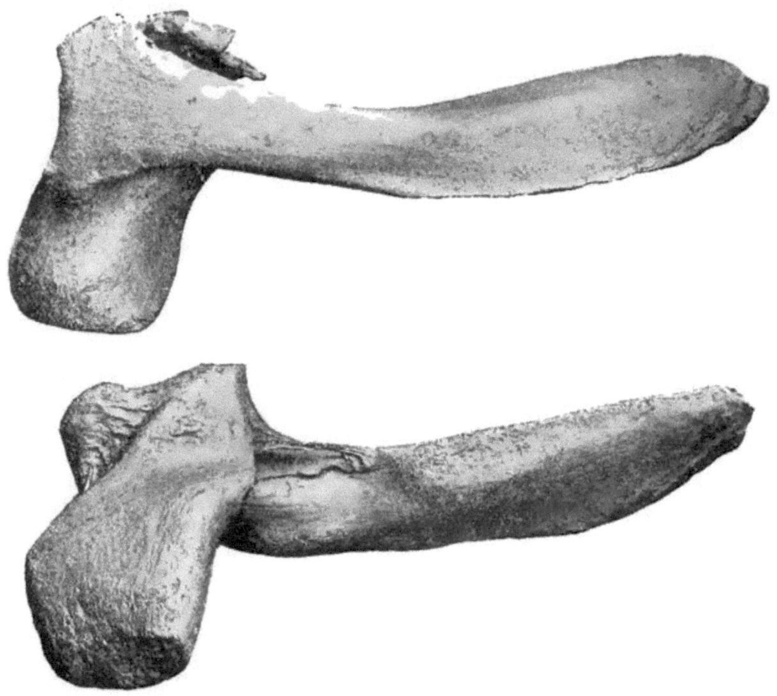

Fig. 129. Linkes (unten) und rechtes Hüftbein (oben) eines Grönlandswalmännchens (Balaena mysticetus L. ♂) mit dem Femurrudiment. — Grönland. — Original im Museum in Brüssel. — Rechtes Hüftbein 37 cm, linkes 35 cm lang. — Das linke Hüftbein von unten, das rechte von oben gesehen.

Knöcherne oder knorpelige Reste der hinteren Gliedmaßen sind bei folgenden Cetaceen und Sirenen bekannt:

Cetaceen: Balaena mysticetus L. (Femur und Tibia).

Eubalaena glacialis Bonat. (Femur und Tibia)

Megaptera boops Fabr. (Femur).

Balaenoptera physalus L. (Femur).

Balaenoptera rostrata Fabr. (Femur).

Physeter macrocephalus L. (Femur).

Sirenen: Manatus latirostris Harl. (Femur).

Halitherium Schinzi Kaup (Femur).

Die Existenz von knöchernen oder knorpeligen Femurrudimenten ist mit Rücksicht auf das Vorhandensein eines rudimentären Acetabulums am Hüftbeinrudiment bei folgenden lebenden und fossilen Gruppen zu vermuten:

Bei allen Balaeniden.

Bei allen Balaenopteriden.

Bei allen fossilen und lebenden Sirenen (mit Ausnahme von Halicore dugong Lacépède).

Das Becken der lebenden Wale und der lebenden und fossilen Sirenen ist bei den einzelnen Gattungen und Arten in verschieden hohem Grade reduziert.

Überdies ist die Hüftbeinform immer großen individuellen Schwankungen unterworfen, wie dies bei der rudimentären Natur des Beckens nicht anders zu erwarten ist.

Allen Hüftbeinrudimenten der lebenden Sirenen und Cetaceen fehlt ein Foramen obturatorium.

Nur bei der primitivsten bis jetzt bekannten Sirene, Eotherium aegyptiacum Owen aus dem Mitteleozän Ägyptens, ist noch die das Hüftloch nach unten abschließende Knochenspange vorhanden.

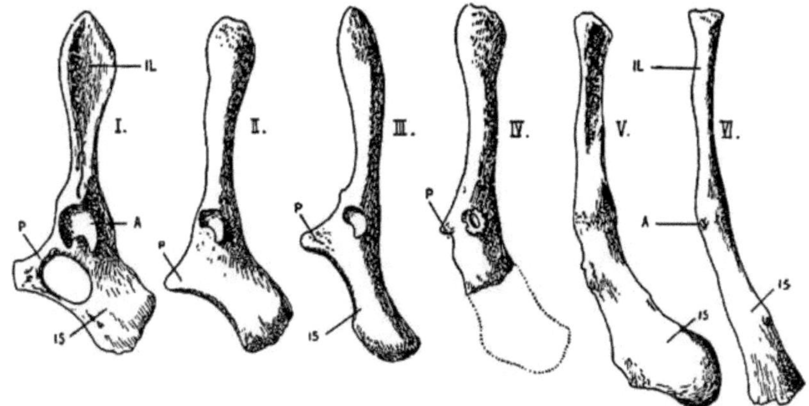

Fig. 130. Die Hüftbeinreduktion der Sirenen. (Das linke Hüftbein, von außen gesehen.) I. Eotherium aegyptiacum Owen. Mitteleozän. Ägypten. — II. Eosiren libyca, Andrews. Obereozän. Ägypten. — III. Halitherium Schinzi, Kaup. Mitteloligozän. Mainzer Becken. — IV. Metaxytherium Petersi, Abel. Mittelmiozän. Wiener Becken. — V. Halicore dugong, Lac. Holozän. Sandy Strait bei Fraser Island. VI. Halicore tabernaculi, Rüppell. Holozän. Rotes Meer. — (IL = Ilium, P = Pubis, IS = Ischium, A = Acetabulum.) Ungefähr ⅓ Nat. Gr.

Die Beckenrudimente stehen entweder noch in inniger Verbindung mit der Wirbelsäule oder sind mit ihr durch Ligamente verbunden oder völlig von ihr losgelöst.

Bei den S i r e n e n besteht das Hüftbeinrudiment ursprünglich aus dem Ilium, Ischium, Pubis und Os acetabuli; bei weiterer Reduktion geht das Pubis verloren und das Hüftbein umfaßt nur mehr das Ilium und Ischium.

Die Hüftbeinrudimente der C e t a c e e n umfassen ursprünglich genau dieselben Elemente wie bei den tertiären Sirenen und zwar ist die Reduktionsstufe, die wir bei Balaena, Eubalaena, Megaptera, Balaenoptera, Physeter (zuweilen) und Ziphius antreffen, dieselbe wie bei der oligozänen Sirenengattung Halitherium; bei fortschreitender

Reduktion geht auch bei den Walen das Pubis verloren, so daß das Hüftbeinrudiment nur noch aus dem Ilium und Ischium besteht wie bei Lagenorhynchus, Phocaena u. s. f.

Die Hüftbeinrudimente der Sirenen ordnen sich nach ihrem Reduktionsgrade und ihrem geologischen Alter in folgende Reihe:

1. Eotherium aegyptiacum Owen.
(Mitteleozän. — Untere Mokattamstufe Ägyptens.)

Die Gelenkpfanne ist durchaus normal gebaut und auffallend tief ausgehöhlt; sonach muß die bisher unbekannte Hinterextremität noch funktionell gewesen sein.

Die beginnende Hüftbeinreduktion macht sich jedoch darin bemerkbar, daß der vordere Abschluß des Hüftloches schwächer ist als bei den übrigen Huftieren und nur aus einer zarten Knochenspange besteht (Fig. 130, I).

2. Eosiren libyca Andrews.
(Obereozän. — Obere Mokattamstufe Ägyptens.)

Die Hinterextremität dieser Sirene ist unbekannt, kann aber nicht mehr funktionell gewesen sein, da das Acetabulum im Vergleiche mit Eotherium reduziert erscheint. Die Incisura acetabuli ist noch vorhanden.

Das Hüftloch ist nicht mehr geschlossen, da das Pubis und Ischium ihre untere Verbindung gelöst haben; das Pubis endet als stumpfkegelförmiger Fortsatz (Fig. 130, II).

3. Halitherium Schinzi Kaup.
(Mitteloligozän. — Meeressande des Mainzer Beckens etc.)

Das Hüftbein ist stärker verkümmert als bei Eosiren; das Pubis ist kürzer geworden und endet als stumpfer, abgerundeter Stummel. Das Ischium ist dicker und plumper, unterliegt aber beträchtlichen Formschwankungen, die namentlich die relative Länge betreffen; meistens ist das Ischium länger als bei Eosiren. Das Acetabulum ist klein, sein Umriß erscheint verzerrt und der Kopf des Femur artikuliert nicht mehr mit der ganzen Acetabularfläche, sondern nur noch mit einer im Acetabulum liegenden zentralen Grube (Fig. 130, III).

4. Metaxytherium Petersi Abel.
(Mittelmiozän. — Leithakalkbildungen des Wiener Beckens.)

Das Pubis ist stärker als bei Halitherium reduziert, aber noch als kleiner Fortsatz deutlich zu erkennen; noch kleiner ist es bei M. Krahuletzi, wo es entweder zu einer kleinen Knochenwarze verkümmert ist oder ganz fehlt.

Form und Größe des Acetabulums variieren beträchtlich; das Supercilium acetabuli ist immer verzerrt und das unbekannte Femur kann nur in einer kleinen, glatten Grube im Mittelpunkte des Acetabulums artikuliert haben. Die übrigen Teile des Acetabulums sind rauh und mit Knochenwarzen bedeckt. Die Incisura acetabuli ist noch vorhanden, aber stark verzerrt.

5. Halicore dugong Lacépède.
(Gegenwart. — Indoaustralische Region.)

Bei dieser lebenden Sirene ist das Pubis vollkommen verschwunden; auch die Gelenkpfanne fehlt vollständig.

6. Halicore tabernaculi Rüppell.
(Gegenwart. — Rotes Meer.)

Das Hüftbeinrudiment dieser Art ist schlanker als bei H. dugong; das Ischium, das bei beiden Arten sehr lang geworden ist, ohne jedoch die Länge des Iliums zu erreichen, ist durch eine verdickte Verwachsungsstelle vom Ilium getrennt. Nur in einem einzigen Falle konnte ich ein kleines, stark verkümmertes Acetabulum an dem linken Hüftbein eines Exemplars beobachten; rechterseits fehlte es gänzlich.

7. Rhytina gigas Zimmermann.
(1768 ausgerottet. — Behringsinsel.)

Das Pubis fehlt gänzlich, so daß das Hüftbeinrudiment nur aus Ilium und Ischium besteht. Das Ilium ist länger als das Ischium. Vom Acetabulum ist noch eine schwache Andeutung zu beobachten.

8. Manatus latirostris Harlan.
(Gegenwart. — Ostküste Südamerikas.)

Während alle bisher besprochenen Gattungen eine geschlossene Reduktionsreihe bilden, steht Manatus ganz abseits, da bei dieser Gattung nicht nur das Pubis, sondern auch das Ilium verloren gegangen ist, von welchem nur in vereinzelten Fällen unbedeutende Reste am Oberende des Ischiums erhalten sind.

Das Acetabulum ist sehr häufig deutlich ausgebildet, befindet sich aber in einem hohen Grade der Reduktion. In einem Falle konnte ich ein knöchernes Femurrudiment in situ beobachten (Fig. 131), während in anderen Fällen, wo sich rudimentäre Gelenkpfannen an Hüftbeinrudimenten vorfinden, diese Rudimente durch unvorsichtige Präparation verloren gegangen sind.

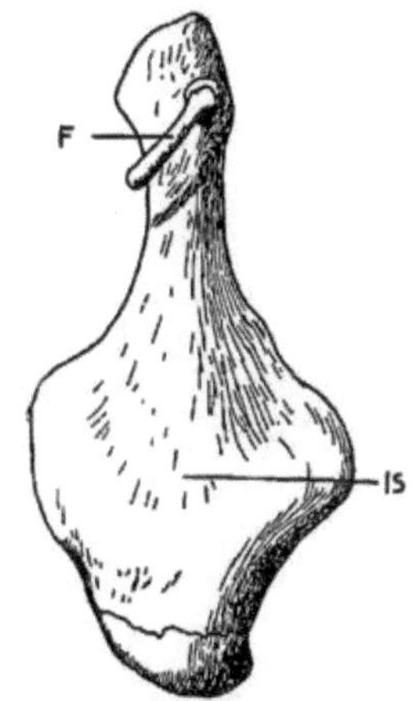

Fig. 131. Linkes Hüftbein, nur aus dem Rudiment des Ischiums (IS) bestehend, mit einem kleinen Femurrudimente (F) von Manatus latirostris Harl., lebend. Original im Naturalienkabinett zu Stuttgart. ²/₃ Nat. Gr.

Jedenfalls zeigt das Hüftbeinrudiment von Manatus, daß die Becken-

reduktion bei den Manatiden ganz andere Wege eingeschlagen haben
muß als bei den Halicoriden.

Bei den C e t a c e e n ist dagegen die Hüftbeinreduktion in genau
denselben Bahnen verlaufen wie bei den Halicoriden, denn wir finden
bei den lebenden Walen fast alle Reduktionsstadien wieder, die wir
bei den tertiären und lebenden Sirenen antreffen.

Die Form der Rudimente der Hüftbeine und Hintergliedmaßen
schwankt innerhalb der einzelnen Arten in außerordentlich weiten
Grenzen, wie die vergleichenden Zusammenstellungen der Hüftbeinrudi-

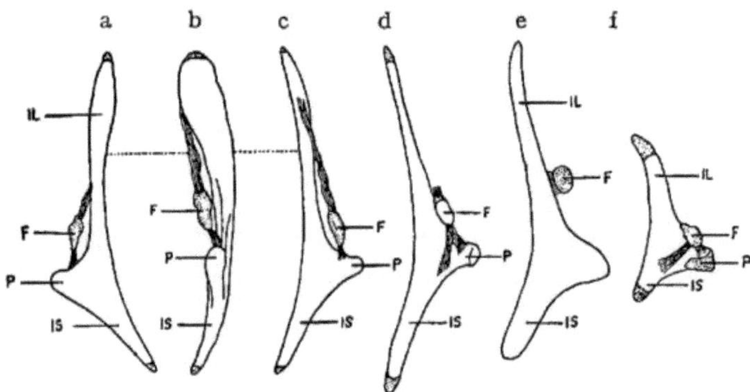

Fig. 132. Das linke Hüftbeinrudiment von vier Männchen des Finwals (Balaenoptera
physalus L.) — a, b, c: Hüftbein von 48 cm Länge, a von oben, b von außen, c von
innen; d: Hüftbein von 23 Inches Länge, von unten; e: Hüftbein von 16 Inches Länge,
von unten; f: Hüftbein von 10^1/$_8$ Inches Länge, von unten. (Nach Y. D e l a g e,
W. H. F l o w e r und J. S t r u t h e r s.)

mente von Finwalen (Balaenoptera physalus L.) und Grönlandswalen
(Balaena mysticetus L.) zeigen.

Sehr auffallend ist die verschiedenartige Lage im Körper bei den
beiden genannten Bartenwalarten.

Beim Finwal liegt das Hüftbein horizontal unter und neben der Wirbelsäule und zwar liegt das Ilium vorne, das Ischium hinten (Fig. 135, A).

Beim Grönlandswal liegt das Hüftbein gleichfalls horizontal unter
der Wirbelsäule, aber die Spitze des Iliums liegt hinten und die des
Ischiums vorne (Fig. 135, B). Die Hüftbeine beider Arten liegen also
genau verkehrt und sind um 180 Grad gegeneinander verdreht.

Diese merkwürdigen Unterschiede der Körperlage sind dadurch
zu erklären, daß das Hüftbein nach seiner Loslösung von der Wirbelsäule sich bei den Finwalen mit der oberen Spitze nach vorne senkte,
bei den Grönlandswalen aber nach hinten. Diese verschiedene Senkung
ist als eine Folge von Muskelzügen anzusehen [1]. Beachtenswert ist die
Verschiebung des Acetabulums bei den Mystacoceten aus seiner ursprünglichen Lage gegen die Vorderkante des Hüftbeins und später auf

[1] O. A b e l: Die Reduktion der Hüftbeinrudimente der Cetaceen. —
l. c., Denkschriften d. Kais. Akad. d. Wiss., LXXXI. Bd., Wien 1907, p. 161.

das Pubisrudiment selbst. Besonders deutlich ist diese Verschiebung beim Nordkaper (Eubalaena glacialis Bonaterre) zu beobachten, dessen Hüftbeine ebenso wie bei Balaena orientiert sind.

Auch bei den Zahnwalen kehrt die Hüftbeinform von Halitherium wieder, wie bei Physeter und Ziphius.

Die verschiedenen Reduktionsgrade der Hüftbeine der lebenden Wale bilden folgende Reihe:

1. (Primitivstes Stadium.) Hüftbein aus Ilium, Pubis, Ischium bestehend, Ilium das größte, Pubis das kleinste Beckenelement. Acetabulum, wenn vorhanden, aus der ursprünglichen Lage gegen das Pubis verschoben. (Balaena mysticetus L., Eubalaena glacialis Bonat., Balaenoptera physalus L., Physeter macrocephalus L., Ziphius cavirostris Cuv.)

2. Wie 1, aber Pubis stärker reduziert. (Balaena mysticetus L., Megaptera boops Fabr., Balaenoptera borealis Less., Physeter macrocephalus L.)

3. Wie 1, aber Ischium stärker reduziert. (Balaena mysticetus L., Balaenoptera physalus L.)

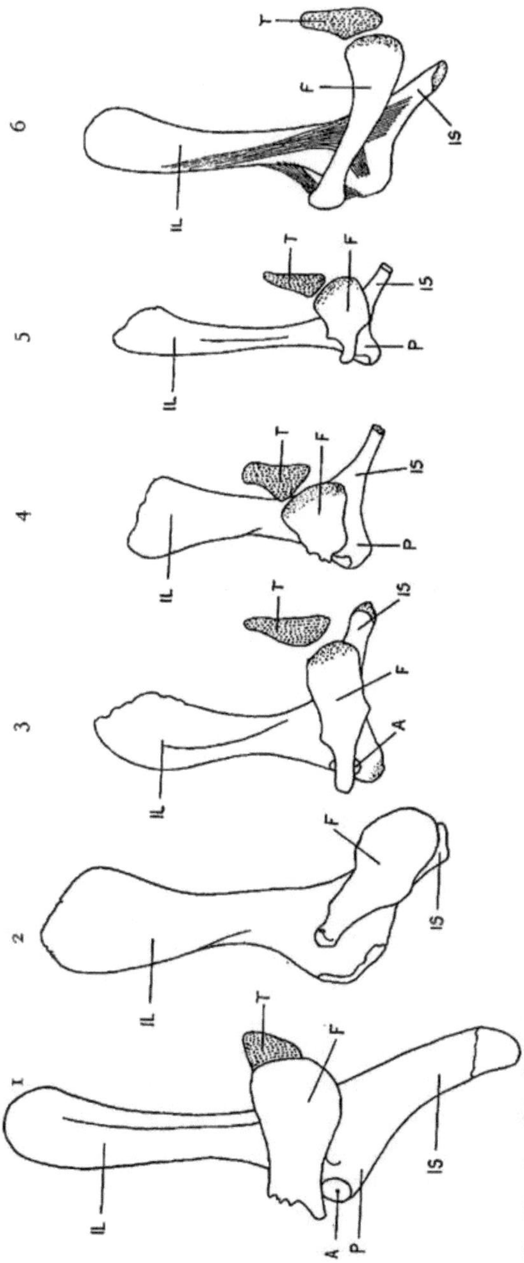

Fig. 133. Das linke Hüftbein von sechs Weibchen des Grönlandswals (Balaena mysticetus L.), von unten gesehen. IL = Ilium, P = Pubis, IS = Ischium, F = Femur, T = Tibia (knorpelig). (Nach P. J. Van Beneden, W. H. Flower und J. Struthers.) (Fig. 1 und 2 ungefähr in 1/5, Fig. 3—6 ungefähr in 1/7 Nat. Gr.)

4. Hüftbein nur aus Ilium und Ischium bestehend, Pubis verloren gegangen. Verbindungsstelle beider Hüftbeinelemente durch eine Knickung angedeutet. (Phocaena communis Less., Delphinus delphis L., Lagenorhynchus albirostris Gray, Beluga leucas Pall.)

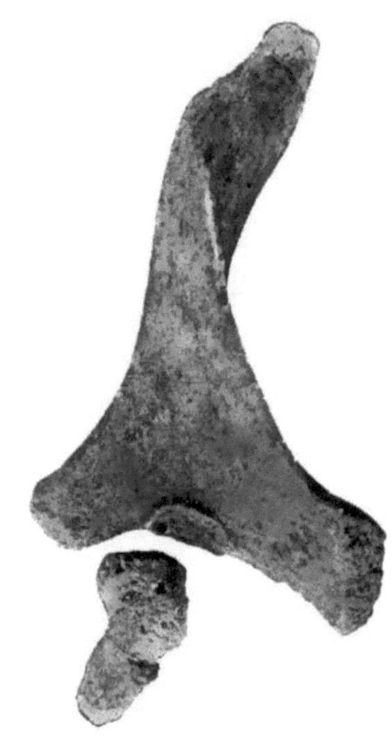

Fig. 134. Rechtes Hüftbein mit Femurrudiment eines Pottwalmännchens (Physeter macrocephalus ♂). — Original in Bergen, Norwegen. Hüftbeinlänge 32 cm, Körperlänge 13,2 m.

5. Wie 4, aber Ischium nur durch plumpere Form von Ilium zu unterscheiden. (Balaenoptera rostrata Fabr.)

6. Grenzen von Ilium und Ischium verwischt, Hüftbein hochgradig rudimentär. (Vorherrschend bei den Delphiniden und übrigen Zahnwalen.)

Die Reste der Hinterextremität bestehen teils nur aus dem Femur, teils noch aus Femur und Tibia. Sehr selten ist die rudimentäre, keulenförmige Tibia knöchern (bei Balaena mysticetus L.), sonst, wenn vorhanden, knorpelig. Das Femur ist bei Balaena immer vorhanden und immer knöchern; auch sind knöcherne Femurrudimente bei Eubalaena glacialis Bonat., Balaenoptera physalus L., Physeter macrocephalus L. und Megaptera boops Fabr. beobachtet worden. Bei Megaptera boops Fabr. und Balaenoptera physalus L. sind die Femurrudimente mitunter knorpelig.

Es ist sehr wichtig, festzustellen, daß infolge Nichtgebrauchs der hinteren Gliedmaßen bei Sirenen und Walen eine Hüftbeinreduktion eingetreten ist und daß dieselbe bei den Halicoriden und Walen in durchaus p a r a l l e l e n Bahnen verlief.

Wenn auch in Einzelheiten Unterschiede in den Hüftbeinformen beider Gruppen bestehen, so ist doch der Gesamtcharakter der Reduktionserscheinungen durchaus derselbe. Nur die Manatiden haben einen abweichenden Weg eingeschlagen; sonst beginnt die Reduktion gleichmäßig mit dem Verlust der vorderen Hüftlochspange, dann verkümmert das Pubis, die Gelenkpfanne wird rudimentär, das Hüftbein nimmt die Gestalt eines dünnen, langgestreckten Knochenstabes an und endlich verschwindet das Pubis gänzlich. Die Hinterextremität wird vom Ende aus bis auf die Tibia und das Femur zurückgebildet, dann geht auch die Tibia verloren und es bleibt noch ein immer kleiner werdendes Femurrudiment zurück, bis endlich auch dieses verschwindet, ohne im erwachsenen Tier eine Spur der ehemaligen Hauptstützen des tetrapoden Körpers zurückzulassen.

Reduktion und Verlust der paarigen Flossen bei Schwimmtieren. — Die Cetaceen und Sirenen sind gute Beispiele dafür, daß die Hinterflossen für die Schwimmbewegung dann bedeutungslos sind, wenn der

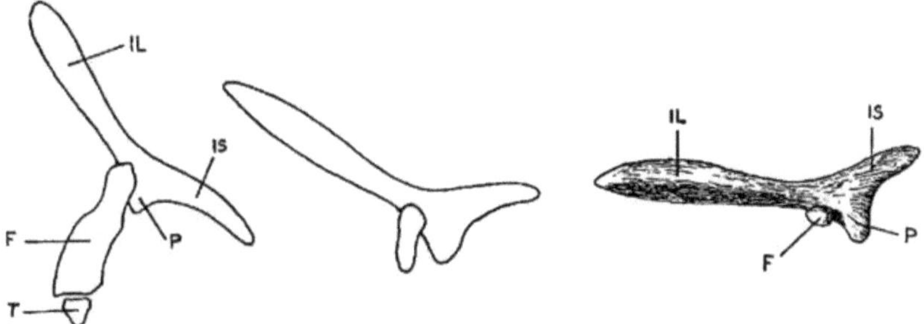

Fig. 135 A. Linkes Hüftbein des F i n w a l s (Balaenoptera physalus). IL = Darmbein, P = Schambein, IS = Sitzbein, F = Oberschenkel, T = Schienbein. Die linke und mittlere Abbildung sollen anschaulich machen, in welcher Weise die wagrechte Stellung des Hüftbeins beim lebenden Finwal zustande gekommen ist. Links ist das Kopfende, rechts das Schwanzende.

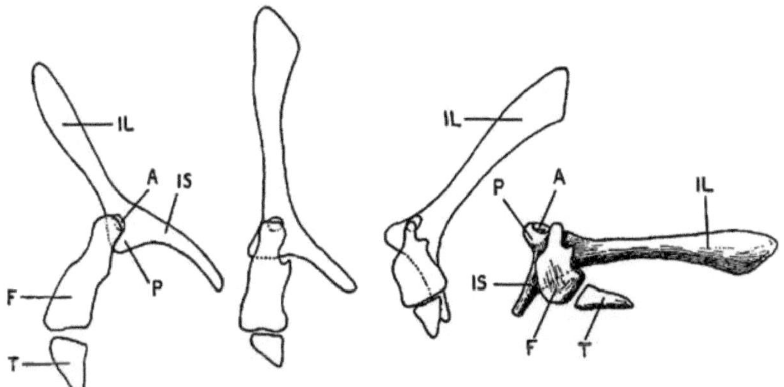

Fig. 135 B. Linkes Hüftbein des G r ö n l a n d s w a l s (Balaena mysticetus). IL = Darmbein. P = Schambein, IS = Sitzbein, A = Gelenkpfanne, F = Oberschenkel, T = Schienbein. Die drei ersten Abbildungen von links nach rechts sollen anschaulich machen, in welcher Weise die Stellung des Hüftbeins beim lebenden Grönlandswal (Fig. 129) zustande gekommen ist. Das Oberende des Darmbeins hat sich nach hinten gedreht, bis das Hüftbein wagrecht stand. Die verkümmerten Gliedmaßen liegen tief in den Weichteilen und sind äußerlich nicht sichtbar. — Links ist das Kopfende, rechts das Schwanzende.

Schwanzflosse die Aufgabe der Lokomotion zufällt. Wir müssen aber diesen Satz dahin präzisieren, daß die Hinterflossen nur dann gänzlich überflüssig sind, wenn die Schwanzflosse h o r i z o n t a l gestellt ist; denn bei jenen Gruppen, die sekundär zum Leben im Wasser übergegangen sind und sich durch eine v e r t i k a l gestellte Schwanzflosse oder durch einen lateral komprimierten Schwanz fortbewegen, sind die hinteren Flossen keineswegs überflüssig. Sehr deutlich zeigen dies die Meerkrokodile, welche sich ebenso wie die Molche nicht nur mit der vertikal stehenden Schwanzflosse, sondern auch mit den Hinterbeinen fortbewegen, während in diesem Falle die Vorderflossen reduziert werden. Der Gegensatz in der Bedeutung der hinteren Flossen bei Schwimmern mit vertikaler Flosse und der Bedeutungslosigkeit derselben bei Schwimmern mit horizontaler Schwanzflosse wird besonders deutlich, wenn wir Ichthyosaurus einerseits mit Lamna, anderseits mit Delphinus vergleichen. Nur bei Delphinus ist das hintere Flossenpaar bedeutungslos geworden und durch Nichtgebrauch bis auf winzige, in den Weichteilen verborgene Beckenrudimente verkümmert, während sowohl bei Lamna als bei Ichthyosaurus die hinteren

Fig. 136. Megaptera boops, aus dem Meere emporspringend und im Begriffe, sich auf den Rücken fallen zu lassen. Nach einer von E. R a c o v i t z a im südlichen Eismeer am 5. Febr. 1898 angefertigten Bleistiftskizze. (Nach E. R a c o v i t z a, 1902.)

Flossen noch funktionell sind. Freilich sind sie kleiner als die Brustflossen, sie dienen aber immer noch als Steuerapparate des Körpers. Die mechanische Erklärung dieser Erscheinung ist nicht schwer zu geben; da eben die Schwanzflosse der Wale horizontal steht, so ist ein in derselben Ebene liegendes Paar von Steuerapparaten vor der Schwanzflosse überflüssig, während bei den Typen mit vertikalem Schwanzflossenruder ein auf der Ebene desselben senkrecht stehendes Paar von Seitensteuern vorteilhaft ist, um eine Drehung des Körpers um die Längsachse zu verhindern.

Daher sehen wir, daß zwar bei den Walen die von den hinteren Gliedmaßen gebildeten Seitensteuer fehlen, daß sich aber dafür ein anderes

System von Steuerapparaten in der Form von richtunghaltenden Kielen in der Medianebene des Körpers ausgebildet hat. Diese Kiele sind bei einzelnen Formen unter den Walen, wie bei den verschiedenen Arten der durch Phocaena gekennzeichneten Gruppe der Braunfische, aber auch bei anderen Zahnwalen, besonders deutlich jedoch bei Megaptera boops entwickelt und zwar treten diese Kiele entweder in Form von scharfrandigen Hautkämmen oder, wie bei Megaptera, in Form von dreieckigen Zacken auf, die nach einer Zeichnung von E. R a c o v i t z a[1]) zwischen der Rückenflosse und der Schwanzflosse liegen und ebenso auf der Dorsalseite wie auf der Ventralseite auftreten. Merkwürdigerweise ist diese Erscheinung, auf die ich schon anderorts hingewiesen habe[2]) und die vielfach abgebildet worden ist, niemals in ihrer ethologischen Bedeutung erkannt worden; es sind zweifellos d i e   r i c h t u n g h a l - t e n d e n   K i e l e   d e s   W a l k ö r p e r s , die bei einer Horizontalstellung der Schwanzflosse nötig sind.

Die Ventralflossen fehlen mit Ausnahme der ältesten fusiformen Fischtypen aus dem Obersilur und den Ostracodermen bei k e i n e m fusiformen Fisch. Dagegen gehen sie verloren, wenn der fusiforme Körpertypus zu einem hochkörperigen, lateral stark komprimierten Typ verändert wird, wenn der fusiforme Typus zu einer Kugelform wird, wenn sich der Körper aalartig verlängert oder wenn überhaupt Spezialisationen eintreten, wobei der ursprüngliche, fusiforme Körpertypus verloren geht.

Ich will für den Verlust der Ventralen bei solchen Formen nur einige Beispiele anführen. Der hochkörperige Psettus sebae (Fig. 340) hat ebenso seine Ventralen verloren, wie dies bei dem nach demselben Typ gebauten, gleichfalls hochkörperigen Cheirodus granulosus der Steinkohlenformation der Fall war (Fig. 339).

Beispiele für den Verlust der Ventralen beim Übergang des fusiformen Typs in den kugelförmigen und in die verschiedenen aberranten Körperformen der Sclerodermi, Gymnodontes und Syngnathidae sind Triodon, Balistes, Ostracion, Tetrodon, Diodon, Orthagoriscus (Fig. 341) und Hippocampus.

Bei den Aalen und aalförmigen Fischen sowie bei den von ihnen abstammenden merkwürdigen Tiefseetypen sind die Ventralen gleichfalls verloren gegangen. Bei einzelnen Muraeniden fehlen sogar auch die Pectoralen.

D e r   V e r l u s t   d e r   V e n t r a l e n   i s t   a u s n a h m s l o s a u f   d a s   A u f g e b e n   d e s   f u s i f o r m e n   K ö r p e r t y p s

---

[1]) E. R a c o v i t z a: Expédition Antarctique Belge: Cétacés. — Anvers, 1902, Pl. III, Fig. 11.

[2]) O. A b e l: Eine Stammtype der Delphiniden aus dem Miozän der Halbinsel Taman. — Jahrb. k. k. geol. R.-A. Wien, 55. Bd., 1905, p. 391.

und Übergang in eine der genannten Körperformen anzusehen und beruht darauf, daß die Ventralen ihre Bedeutung als Horizontalsteuer bei diesen Körpertypen verlieren, während sie beim fusiformen Typ mit vertikaler Schwanzflosse von größter Bedeutung als richtunghaltende Steuerapparate sind.

Die Verlegung der Ventralen nach vorne. — Bei vielen Fischen werden die Ventralen aus ihrer ursprünglichen, abdominalen Stellung, wie sie z. B. bei den Crossopterygiern zu beobachten ist, nach vorne unter den Thorax verlegt (thorakale Stellung der Ventralen) und in einigen Fällen sogar noch weiter nach vorne geschoben, so daß sie vor und unter die Pectoralen zu stehen kommen (jugulare Stellung der Ventralen) (Fig. 68).

Diese Verlagerung der Ventralen nach vorne ist vorwiegend bei jenen Fischen zu beobachten, bei denen die Körperhöhe jene der fusiformen Fischtypen übersteigt. Sie ist weiter bei jenen Fischen anzutreffen, deren Kopfteil die höchste Stelle des ganzen Körpers bezeichnet, der von hier aus nach hinten sich gleichmäßig verjüngt, wie dies am besten durch den Körpertypus von Macrurus gekennzeichnet ist (Fig. 326).

Welche Ursache die Verlegung der Ventralen nach vorne bedingt hat, ist außerordentlich schwierig zu beantworten und es ist auch bis jetzt noch kein ernstlicher Versuch zur Klärung dieser Frage unternommen worden.

Wenn die Ursache der Ventralenverschiebung darin zu suchen ist, daß der fusiforme Körpertyp in einen mehr oder weniger lateral komprimierten, hochkörperigen verwandelt wurde — dafür liegen ja Beispiele vor —, so wäre die thorakale oder jugulare Stellung der Ventralen bei fusiformen Fischen (z. B. bei Thynnus, Seriola, Naucrates) vielleicht dadurch zu erklären, daß die Fische sekundär wieder eine fusiforme Gestalt erhalten haben, nachdem sie früher hochkörperig gewesen sind und daß die Ventralen an ihrem Platz geblieben sind.

Freilich sollte man erwarten, daß dann auch wieder eine sekundäre Verschiebung der Ventralen nach hinten eingetreten sein müßte.

Das ist nun auch in der Tat in einzelnen Fällen nachgewiesen worden. L. Dollo[1]) hat das Verdienst, den Nachweis erbracht zu haben, daß bei zahlreichen Acanthopterygiern mit abdominalen Ventralen

---

[1]) L. Dollo: Les Téléostéens à Ventrales abdominales secondaires. — Verh. k. k. zool. bot. Ges. Wien, LIX. Bd., 1909, p. (135).

dieselben s e k u n d ä r in die abdominale Lage verschoben worden sind, nachdem sie f r ü h e r eine thorakale oder jugulare Stellung besessen haben. Der Nachweis einer sekundär erfolgten Verschiebung der thorakal oder jugular gestellten Ventralen in die Abdominalregion beruht auf dem Vorhandensein eines langgestreckten Ligaments, das die a b d o m i n a l stehende Ventralis mit dem S c h u l t e r g ü r t e l und zwar mit der Clavicularsymphyse verbindet.

Eine Verbindung mit der Clavicularsymphyse ist aber nur zu der Zeit möglich gewesen, da die Ventralen tatsächlich vorne am Schultergürtel standen, denn es ist ganz ausgeschlossen, daß von einer primär abdominalen Ventralis ein Ligament gegen vorne zum Schultergürtel entsendet wurde. Das Ligament beweist mit voller Klarheit, daß früher eine enge Verbindung zwischen Ventralen und Schultergürtel bestand, die durch das Rückwandern der Ventralen in die Abdominalregion gelockert, rudimentär und ligamentös wurde.

So können wir mit voller Sicherheit Fische mit p r i m ä r abdominalen Ventralen und solche mit s e k u n d ä r abdominalen Ventralen unterscheiden. Ein Beispiel für die erste Kategorie sind die Elopidae mit echten, primären Abdominalen, für die zweite Kategorie die Atherinidae mit sekundären Abdominalen.

Sowohl aus der thorakalen wie aus der jugularen Stellung sind die Ventralen bei einigen Gruppen wieder in die Abdominalstellung zurückgekehrt, so daß wir folgende Übersicht der Stellung der Ventralen erhalten:

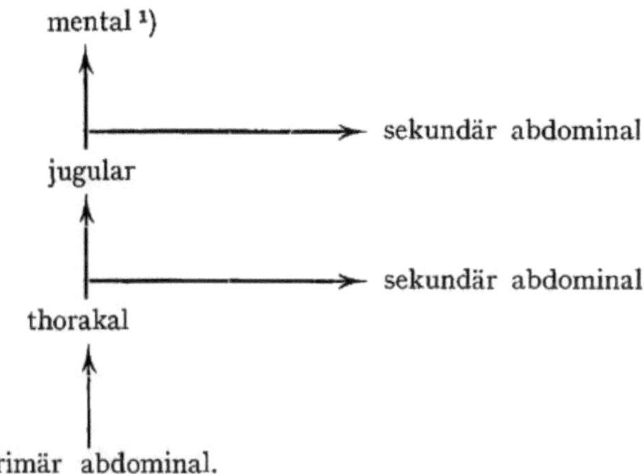

Beispiele für Acanthopterygier, deren Ventralen sekundär zur Abdominalstellung zurückgekehrt sind, finden sich bei den Peresoces und Catosteomi.

---

¹) D. h. am K i n n befestigt, wie z. B. bei den Ophidiidae.

Bei den Elasmobranchiern ist niemals eine Verschiebung der Ventralen aus der primären Abdominalstellung eingetreten.

Daß ein derartiger Nachweis, wie ihn L. Dollo geführt hat, überhaupt möglich war, verdanken wir der Tatsache, daß die Entwicklung nicht umkehrbar ist und daß wir in den besprochenen Ligamenten den Beweis dafür finden, daß die abdominalen Ventralen einzelner Formen früher am Schultergürtel befestigt gewesen sind.

Freilich ist mit diesen Untersuchungen die Frage nicht gelöst, warum überhaupt eine Verlagerung der Ventralen von hinten nach vorne und dann wieder von vorne nach hinten eingetreten ist. Zweifellos hat diese Verschiebung eine ethologische Ursache, aber wir kennen sie heute noch nicht.

Ich möchte nur auf eine Möglichkeit der Erklärung hinweisen, die durch eingehende Untersuchungen an allen in Betracht kommenden Gruppen zu überprüfen wäre.

Wenn wir die larvale Entwicklung einzelner Fische wie z. B. von Motella cimbria aus der Familie der Gadiden betrachten, so sehen wir, daß in den frühesten Larvenstadien die Ventralen eine weit wichtigere Rolle als beim erwachsenen Tiere spielen. Sie sind bei der 5.3 mm langen Larve im Verhältnis zu der 17.5 mm und 31.5 mm langen Larve unverhältnismäßig groß und erleiden also im Laufe der Larvalentwicklung eine Reduktion. [1]

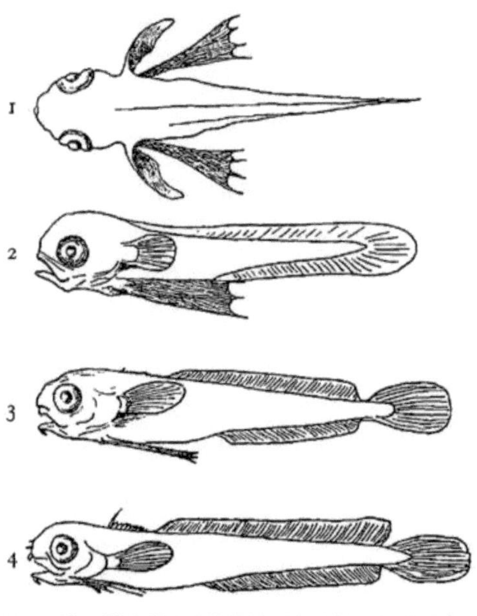

Fig. 137. Vier Larvenstadien von Motella cimbria: 1: Larve von oben, 5,3 mm lang; 2: dieselbe Larve von der Seite; 3: Larve von der Seite, 17,5 mm lang; 4: Larve von der Seite, 31,5 mm lang, bereits mit den spezifischen Merkmalen des erwachsenen Tieres. (Nach George Brook, 1890.)

Eine größere Zahl von Fischlarven benützt ferner die Ventralen als Körperstützen auf dem Boden der Gewässer. Es wäre möglich, daß die Verlegung der Ventralen nach vorne in die Thorakal- und Jugular-

---

[1] „One of the most interesting points connected with the life history of Motella is the enormous development of the Ventrals into larval swimming organs, and their later reduction to the normal type." (G. Brook: Notes on the Larval Stages of Motella. — Proc. Roy. Phys. Soc. Edinburgh, X. Edinburgh 1890, Vol. for 1888—1890, p. 159, Pl. VI.)

region in einzelnen Fällen auf Larvalanpassungen zurückzuführen ist.
Darüber müssen uns weitere eingehendere Studien aufklären.

Die Verwendung der paarigen Flossen als Körperstützen bei Fischen.
— In den verschiedensten Gruppen der Fische begegnen wir Formen,
deren paarige Flossen als Stütz-, ja sogar als Schreitorgane verwendet

Fig 138. Periophthalmus Koelreuteri, auf Mangrovewurzeln kletternd. (Nach A. Brehm.)

werden. Obwohl diese Modifikationen in ethologischer Hinsicht von
großem Interesse sind, so dürfen sie doch unter keinen Umständen
als Fingerzeige dafür angesehen werden, daß sich bei diesen Formen ein
Übergang von Wassertieren zu Landwirbeltieren vollzieht und daß
wir in diesen auf dem Meeresboden oder selbst auf dem Lande schreitenden, hüpfenden, springenden und kletternden Fischen Ausgangsformen
neuer Landwirbeltiere zu erblicken haben.

Polypterus bichir steht, wie B u d g e t t an gefangenen Exemplaren beobachtet hat, sehr häufig lange Zeit hindurch bewegungslos auf der Spitze seiner Brustflossen; das gleiche ist bei der Larve zu beobachten. [1]

Den höchsten Spezialisationsgrad unter allen Fischen, die ihre

Fig. 139. Trigla gurnardus, auf dem Meeresboden mit Hilfe der drei vordersten Pectoralstrahlen schreitend. (Nach A. B r e h m.)

Brustflossen als Bewegungsapparate auf festem Boden gebrauchen, hat Periophthalmus Koelreuteri erreicht (Fig. 138).

Ich hatte vor kurzem durch das freundliche Entgegenkommen von Direktor Dr. Kurt P r i e m e l in Frankfurt a. M. Gelegenheit, diesen Fisch lebend beobachten zu können. Er stützt sich, unmittelbar

[1] G. A. B o u l e n g e r: Fishes. — The Cambridge Nat. Hist., London, VII. Bd., 1904, p. 482.

am Wasserrande sitzend, mit seinen Pectoralen auf dem Boden derart auf, daß der vordere Teil seines Körpers den Boden nicht berührt und seine stark vorstehenden, beweglichen Augen über die Wasseroberfläche herausragen. Nimmt nun der kleine Fisch wahr, daß sich ein kleiner Krebs, ein Insekt und dergl. auf dem Ufer herumtreibt, so schnellt er sich aus dem Wasser empor, hüpft mit großer Behendigkeit seinem Opfer zu und klettert dabei sehr geschickt durch das Gezweige der am Ufer liegenden Pflanzen und über Steine. Das Merkwürdigste ist die Teilung der Brustflossen in zwei Abschnitte, die einem Oberarm und Unterarm zu vergleichen und durch eine Art Ellbogengelenk untereinander verbunden sind. [1])

In gewisser Hinsicht noch eigentümlicher sind die Anpassungen an das Kriechen auf dem Meeresboden, die wir bei einem Pediculaten, Malthopsis spinosa (Fig. 69, S. 127) aus dem Seichtwasser des westindischen Meeres finden. Dieser benthonische Fisch mit dorsoventral abgeflachtem Körper hat nicht nur eine Gestalt, die an eine Kröte erinnert, zumal sein Kopf ein wenig nach aufwärts gerichtet ist, sondern er schiebt sich auch krötenartig auf dem Boden mit Hilfe seiner Flossen fort, deren Enden hand- oder fußförmig gestaltet sind. Die Ventralen sind so weit nach vorne gerückt, daß sie vor den Pectoralen stehen; und es ist nun sehr merkwürdig zu sehen, wie dieser Fisch seine Ventralen als Arme und seine Pectoralen als Füße gebraucht.

Ein weiteres Beispiel für einen Fisch, der sich mit Hilfe seiner paarigen Flossen auf festem Meeresboden fortzubewegen vermag, ist Trigla. Hier sind es die drei vorderen Strahlen der Brustflosse, die als Körperstützen und Schreitstelzen dienen und von denen jeder für sich beweglich ist (Fig. 139).

Einzelne Welse sind imstande, langezeit außerhalb des Wassers sich aufzuhalten und mitunter mehrere Tage lange Wanderungen auf dem Lande auszuführen. In Zeiten der Dürre verlassen die Tiere in der Nacht die austrocknenden Lachen und gehen auf Beute aus wie Clarias in Senegambien und Doras in Südamerika. Auch von Silurus sind mir derartige Wanderungen mitgeteilt worden. Eigentümliche Spezialisationen der Atmungsorgane in Verbindung mit den Kiemen befähigen diese Fische, atmosphärische Luft zu atmen. Sie bewegen sich durch Ausspreizen der Pectoralen oder des Pectoralflossenstachels, Schnellen des Schwanzes und durch Schlängeln auf festem Boden fort.

Daß Neoceratodus Forsteri in der Ruhestellung seine paarigen Flossen auf den Boden aufstützt und so den Körper frei über dem Grunde zu halten vermag, konnte ich im zoologischen Garten in London beobachten.

---

[1]) Die beste Beschreibung der Lebensweise dieses Fisches hat S. J. H i c k s o n, A Naturalist in North Celebes, London, 1889, gegeben.

Das gleiche vermögen andere Fische und zwar sowohl Fischlarven (z. B. Polypterus)[1] als auch erwachsene Fische (z. B. Zoarces).

Das Fehlen der paarigen Flossen bei den ältesten fusiformen Fischen. — Die paarigen Flossen dienen in erster Linie zur Erhaltung des Gleichgewichtes und als Steuerapparate; sie sind bei allen fusiformen Elasmobranchiern und Teleostomen vorhanden und ihr Verlust ist immer auf spezielle Anpassungen und auf die Umformung der Torpedogestalt in eine andere Type zurückzuführen, wie wir bereits gesehen haben.

Es liegt mir ferne, an dieser Stelle über die Entstehung der paarigen Flossen zu diskutieren. Ich möchte aber hier ausdrücklich eine Erscheinung hervorheben, die in ihrer phylogenetischen Bedeutung bis jetzt noch nicht voll gewürdigt worden ist, obwohl sie schon vor dreizehn Jahren von R. H. Traquair[2] bekannt gemacht wurde; das ist das gänzliche Fehlen paariger Flossen oder Spuren derselben nicht nur bei den depressiformen Fischen, sondern auch bei den fusiformen Fischen

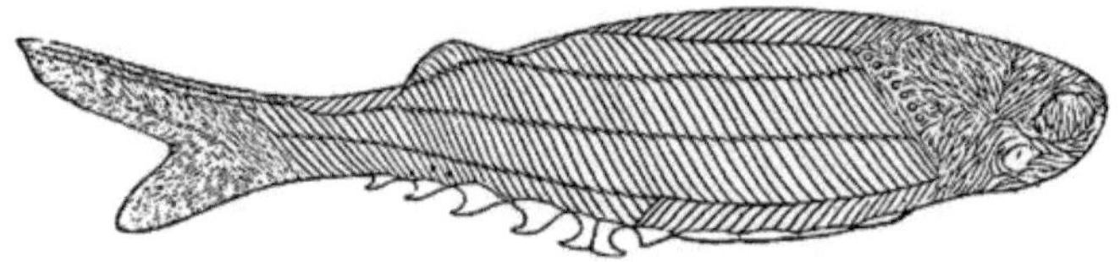

Fig. 140. Birkenia elegans, Traquair, aus dem Obersilur Schottlands.
(Nach R. H. Traquair, 1899.) Nat. Gr.

aus der Unterklasse der Ostracodermen, die im Obersilur Schottlands gefunden wurden und somit die ältesten bekannten Fische darstellen, von deren allgemeiner Körpergestalt wir Kenntnis besitzen.

Ich möchte kein allzugroßes Gewicht darauf legen, daß den rochenartig geformten Gattungen Thelodus und Lanarkia die paarigen Flossen fehlen, denn man könnte das Fehlen der freien Gliedmaßen in diesem Falle als eine Anpassung an das benthonische Leben auslegen. Entscheidend ist aber das gänzliche Fehlen paariger Flossen bei den ausgesprochen fusiformen Typen Birkenia elegans und Lasanius problematicus.

Birkenia elegans besitzt eine heterocerke Schwanzflosse und eine sehr niedrige, gerundet dreieckige Dorsalis; auf der Bauchseite sind zahlreiche merkwürdig ausgezackte Hautlappen oder Schuppen vorhanden. Ebensolche Schuppen, aber von ganz regelmäßiger Form, finden wir

---

[1] Vgl. die Abbildung nach Budgett in Boulenger, Fishes. — The Cambridge Nat. History, Vol. VII, London 1904, p. 484, Fig. 281.

[2] R. H. Traquair: Report on the Fossil Fishes collected by the Geological Survey of Scotland in the Silurian Rocks of Scotland. Transactions Roy. Soc. Edinburgh, Vol. XXXIX, Part III, 15. XII. 1899, pag. 827 und ibidem, Vol. XL., Part IV, 26. I. 1905, pag. 879.

auf der Bauchseite von Lasanius problematicus. Von beiden Arten ist eine größere Zahl von Exemplaren entdeckt, aber niemals auch nur eine Spur von paarigen Flossen entdeckt worden.

Ich habe schon vor mehreren Jahren auf die phylogenetischen Konsequenzen dieser merkwürdigen Tatsache hingewiesen. [1]) Später habe ich an die Möglichkeit gedacht, daß die auf der Ventralseite sichtbaren Schuppen oder Hautzacken vielleicht paarig angelegt gewesen sein könnten und als laterale Haut-

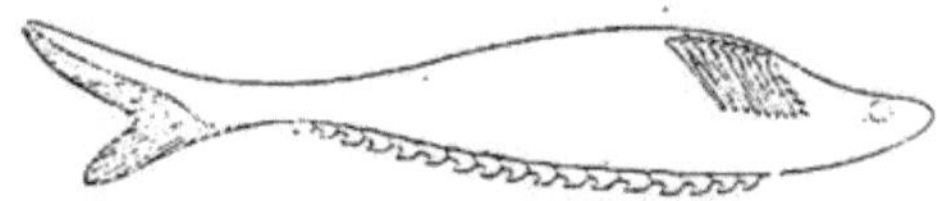

Fig. 141. Lasanius problematicus, Traquair, aus dem Obersilur von Schottland. (Nach R. H. Traquair, 1905.) Nat. Gr.

zackenkämme anzusehen wären, die infolge der Seitenpressung während der Fossilisation nur als einheitlicher Saum erscheinen; aber R. H. Traquair hat mir im Herbste 1910 auf meine diesbezügliche Frage versichert, daß der Zackensaum sicher auf die Medianebene beschränkt sei, und ich habe mich im Februar

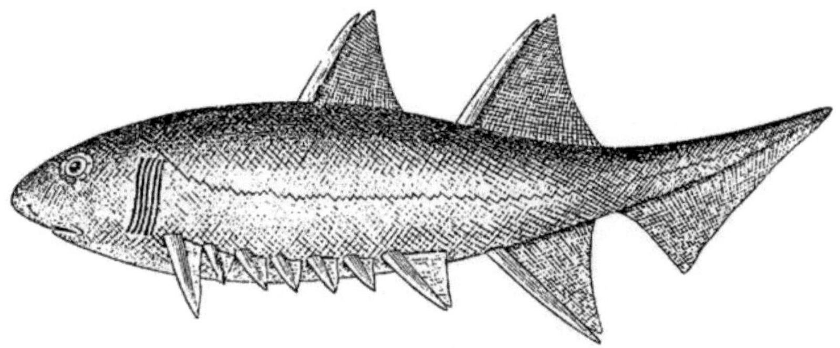

Fig. 142. Climatius macnicoli, ein Elasmobranchier aus der Familie der Acanthodii; Devon. (Nach A. Smith-Woodward.) (Aus dem Guide to the Gallery of Fishes, Brit. Mus. Nat. Hist., London 1908, p. 25.)

1911 davon selbst im British Museum in London überzeugen können. Somit ist daran festzuhalten, daß diese Fische in der Tat keine Spur einer lateralen Hautfalte oder von paarigen Flossen besessen haben.

Das Schwimmvermögen dieser Tiere muß daher bei dem gänzlichen Mangel einer Seitensteuerung sehr gering gewesen sein, da bei schnellerem Schwimmen eine Körperdrehung um die Längsachse unvermeidlich gewesen wäre.

Dieses Fehlen der paarigen Flossen bei den fusiformen Ostracodermen — auch Pteraspis aus dem Devon (Fig. 464) ist anzureihen — spricht jedenfalls dafür, daß diese Flossen erst später erworben wurden.

Am wahrscheinlichsten ist immer noch die Annahme, daß die paari-

---

1) O. Abel: Die Lebensweise der altpaläozoischen Fische. — Verhandl. k. k. zool.-bot. Ges. Wien, LVII. Bd., 1907, p. (160)—(161).

gen Flossen aus einer lateralen Hautfalte hervorgegangen sind und ich möchte zur Illustrierung dieser Hypothese besonders auf die z a h l - r e i c h e n lateralen Seitenflossen eines devonischen Elasmobranchiers, Climatius macnicoli, hinweisen (Fig. 142). Von den sieben paarigen Flossen jeder Körperseite sind die erste und die letzte am größten und mit der Pectoralis und Ventralis zu homologisieren, während die fünf Zwischenflossen als kleine Flossen von ganz gleichartigem Bau in der Verbindungslinie der Endflossen stehen.

Die Körperstellung während des Schwimmens. — Die normale Körperhaltung eines schwimmenden Wirbeltiers wird durch eine rasch dahinschießende Forelle repräsentiert. Die Körperachse läuft parallel zur Oberfläche des Wassers, die Symmetrieebene des Körpers steht vertikal.

Diese Körperhaltung ist zwar die normale, wird aber keineswegs bei allen Schwimmtieren angetroffen. Es gibt einzelne Fische, welche während des Schwimmens ihre Körperachse vertikal zur Wasserober- fläche stellen, so daß der Kopf nach unten gerichtet ist; dies ist bei Amphisyle strigata [1]) (Fig. 54) und Acantharchus pomotis [2]) beobachtet worden. Auch die Kaulquappe von Megalophrys [3]) schwimmt in derselben Stellung wie Amphisyle.

Einige Fische aus der Familie der Syngnathiden, wie das Seepferd oder Hippocampus schwimmen mit vertikal stehender Körperachse, doch ist der Kopf unter einem rechten Winkel gegen den Körper gebogen, so daß die Schnauze des Fisches eine horizontale Stellung einnimmt. Krokodile und Molche schwimmen mit schräger Körperhaltung, den Kopf nach oben und den Schwanz nach unten gerichtet. Dr. F. K ö n i g war somit ganz im Rechte, wenn er dem oberjurassischen Thalattosuchier Metriorhynchus in der nach meinen Umrißzeichnungen [4]) entworfenen plastischen Rekonstruktion eine derartige schräge Körperhaltung gegeben hat (Fig. 143).

Die Pleuronectiden schwimmen in der Jugend ebenso wie die kompressiformen, symmetrischen Korallriffische. Im erwachsenen Zu- stand schwimmen sie dagegen derart, daß sie die ursprüngliche Symmetrie- ebene des Körpers parallel zur Horizontalebene stellen und sich durch Undulation des ganzen Körpers fortbewegen, wobei die Augen nach oben gerichtet sind.

[1]) A. W i l l e y: Zoological Results based on Material from New Britain, New Guinea, Loyalty Islands and elsewhere. Cambridge, 1902, p. 718, 719.

[2]) I b i d e m, p. 719.

[3]) A. W i l l e y: Forms, Markings and Attitudes in Animal and Plant Life. — Nature, London, LXXX, 1909, p. 247.

L. D o l l o: La Paléontologie éthologique, l. c., p. 419.

[4]) O. A b e l: Der Anpassungstypus von Metriorhynchus. — Centralbl. f. Min., Geol. und Pal. 1907, No. 8, p. 225.

Eine merkwürdige Körperhaltung nehmen einzelne Welse während des Schwimmens ein. Synodontis batensoda, S. membranaceus[1]) und ebenso der in seiner Körperform außerordentlich an fossile Cephalaspiden erinnernde Schilderwels Plecostomus Commersoni[2]) kehren beim Schwimmen die Bauchseite nach oben und die Rückenseite nach unten. Ganz ebenso schwimmen einzelne Hemipteren (Notonecta)[3]), Phyllopoden (Branchipus)[4]), Gastropoden (Paludina)[5]) u. s. f. L. Dollo hat diese Art

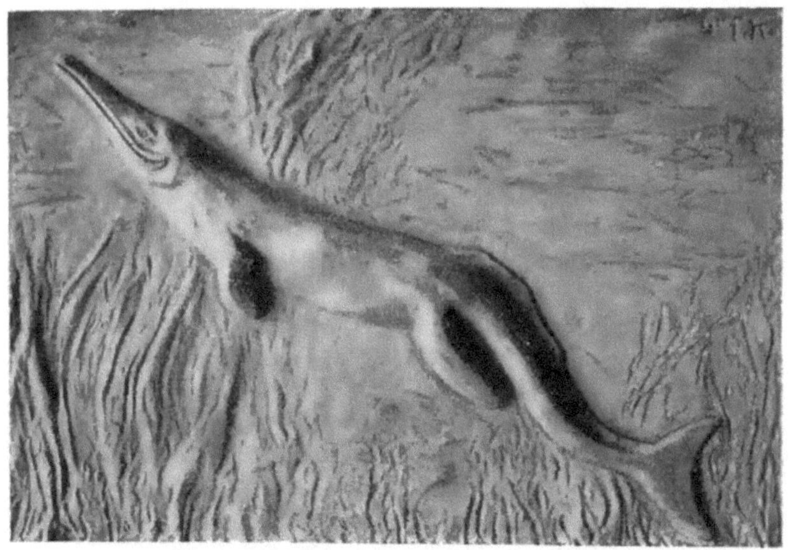

Fig. 143. Rekonstruktion von Metriorhynchus (Oberer Jura Englands), nach der Rekonstruktion des Verf. aus dem Jahre 1907 plastisch modelliert von Dr. F. König in München, 1910.

des Schwimmens als n o t o n e k t o n i s c h bezeichnet und gezeigt, daß die Trilobitengattung Aeglina dieselbe Körperhaltung während des Schwimmens besessen haben muß.

Wir haben somit folgende verschiedene Arten der Körperhaltung während des Schwimmens zu unterscheiden:

1. Körperachse horizontal.

    A. Rücken nach oben, Bauch nach unten gekehrt: g a s t r o - n e k t o n i s c h e s S c h w i m m e n (L. Dollo).

        Fische: Salmo (Salmonidae)

---

   [1]) G. A. B o u l e n g e r: The Fishes of the Nile. London, 1907, p. 382.

   [2]) Beobachtung im Zoologischen Garten von Frankfurt a. Main.

   [3]) D. S h a r p: Insects, Pt. II. — Cambridge Nat. Hist., London 1909, Vol. VI, p. 567. — L. D o l l o: La Paléontologie éthologique, l. c., p. 416.

   [4]) J. E. V. B o a s: Lehrbuch der Zoologie. Jena, 1906, p. 243. — L. D o l l o: l. c., p. 416.

   [5]) H. N. M o s e l e y: Pelagic Life. Nature, London, XXVI, 1882, p. 560. — L. D o l l o, l. c., p. 416.

        Reptilien: Ichthyosaurus (Ichthyosauria)
        Vögel: Aptenodytes (Spheniscidae)
        Säugetiere: Delphinus (Delphinidae) u. s. f.

B. Bauch nach oben, Rücken nach unten gekehrt: n o t o -
n e k t o n i s c h e s S c h w i m m e n (L. D o l l o).
        Mollusken: Paludina (Gastropoda)
        Crustaceen: Aeglina (Trilobita)
                  Branchipus (Phyllopoda)
        Insekten: Notonecta (Hemiptera)
        Fische: Synodontis (Siluridae) u. s. f.

C. Symmetrieebene des Körpers horizontal gestellt: p l e u r o -
n e k t o n i s c h e s S c h w i m m e n (L. D o l l o).
        Fische: Pleuronectes (Pleuronectidae).

2. Körperachse   schräge   gestellt: k l i n o n e k t o n i s c h e s
S c h w i m m e n.

A. Kopf nach oben gerichtet:
        Amphibien: Triton (Urodela)
        Reptilien: Crocodilus (Crocodilia)
                 Metriorhynchus (Metriorhynchidae) u. s. f.

B. Kopf nach unten gerichtet:
        Fische: Antennarius, Melanocetus u. s. f.

3. Körperachse   vertikal   gestellt: h y p s o n e k t o n i s c h e s
S c h w i m m e n (L. D o l l o).

A. Kopf nach oben gerichtet:
        Fische: Hippocampus (Syngnathidae)

B. Kopf nach unten gerichtet:
        Fische: Amphisyle (Amphisylidae)
                 Acantharchus
        Amphibien: Kaulquappe von Megalophrys (Anura) u. s. f.

Kriechen und Schieben.

Unterschied zwischen der Kriechbewegung und Schreitbewegung.

Die ältesten Landwirbeltiere, die wir kennen, und die primitivsten der heute noch lebenden Landwirbeltiere, also die Stegocephalen und ältesten Reptilien einerseits, die Urodelen oder Lurche anderseits — kriechen und schieben sich auf dem Boden fort. Die Gliedmaßen sind kurz und der Körper ruht mit der Bauchfläche nicht nur beim ruhigen Liegen, sondern auch bei der Lokomotion auf dem Boden auf.

Der wesentlichste Unterschied der Kriechbewegung und Schreitbewegung liegt darin, daß bei den kriechenden Wirbeltieren die Gliedmaßen zu schwach sind, um den oft plumpen Körper vom Boden zu erheben, während bei den schreitenden Wirbeltieren die Bauchfläche über den Boden erhoben wird.

Entsprechend der verschiedenartigen Bewegung und der verschiedenartigen Funktion der Gliedmaßen bei kriechenden und schreitenden Tieren sind auch die Extremitäten ganz verschieden gebaut. Ursprünglich sind alle Schreittiere k r i e c h e n d e Tiere gewesen; wir wollen nun ein kriechendes Wirbeltier in der Bewegungsstellung betrachten, um über die Kennzeichen der Anpassungen an das Kriechen im Gegensatz zum Schreiten ins klare zu kommen.

Ich wähle einige Beispiele, um die verschiedenartigen Formen des Kriechens und Schiebens zu erläutern.

Der F e u e r s a l a m a n d e r (Salamandra maculosa) hat einen plumpen Körper und niedrige, stämmige Gliedmaßen. Er schiebt seinen Körper in der Weise fort, daß er seine Gliedmaßen abwechselnd vorsetzt und dabei seinen Körper S-förmig krümmt. Sein Kriechen — von einem G a n g kann man nicht sprechen — ist immer unbeholfen. Beide Gliedmaßenpaare sind in demselben Sinne im Ellbogen- und Kniegelenk gebeugt; Finger und Zehen (vorne vier, hinten fünf) sind nach vorne gerichtet; Hand und Fuß treten mit voller Fläche auf. Die Hinterbeine sind etwas größer und stärker als die Arme.

Während beim Feuersalamander der Schwanz verhältnismäßig lang und kräftig ist und bei der schiebenden Fortbewegung durch S-förmige Krümmung (Schlängelung) mithilft, treten uns in Metopias diagnosticus H. von Meyer und Mastodonsaurus giganteus Jaeger aus der oberen Trias Württembergs Stegocephalen entgegen, welche durch ungewöhnlich

plumpen, schwerfälligen Körperbau, sehr kleine Gliedmaßen und sehr
kurzen Schwanz auffallen.

Die Entwicklung großer, knöcherner Kehlbrustplatten auf der
Bauchseite dieser riesigen Stegocephalen beweist, daß das Hauptgewicht
des Körpers auf der Kehle ruhte.

Eine Rekonstruktion von Metopias diagnosticus H. v. Mey. nach
dem vorzüglich erhaltenen Skelett von Hanweiler bei Winnenden in

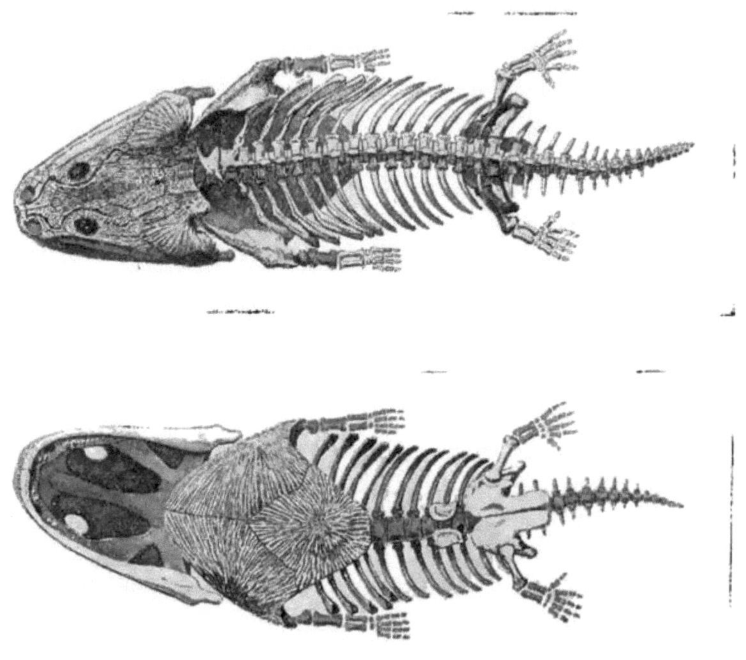

Fig. 144. Metopias diagnosticus H. v. Mey. aus der Lettenkohle von Hanweiler bei Winnenden, Württemberg. Oben: Rückenansicht, unten: Bauchansicht des Originals im Naturalienkabinett zu Stuttgart. (Nach E. Fraas.) (Schädellänge 45 cm.)

Württemberg[1]) zeigt, daß der außerordentlich plumpe Rumpf mit riesigem
Schädel, auf dessen Oberseite die Augen lagen, von winzigen, verkümmerten Gliedmaßen getragen wurde, die nur zum mühseligen Fortschieben
dienen konnten. Der Schwanz spielt bei der Fortbewegung gar keine
Rolle; er ist viel zu kurz, um in schlängelnde Bewegung versetzt werden
zu können.

Wir dürfen nicht an Formen wie Metopias oder Mastodonsaurus

[1]) Das Stück war bereits als Gesimsstein hergerichtet, um beim Bau des
neuen Postgebäudes in Stuttgart verwendet zu werden. Ein zufällig vorüber-
gehender Bediensteter des Naturalienkabinetts in Stuttgart rettete den kostbaren
Fund, der nun eines der wertvollsten Objekte dieser reichen Sammlung bildet.
(E. Fraas, Führer durch die geognostische Sammlung Württembergs, 3. Aufl.,
Stuttgart, Schweizerbarts Verlag, 1910, p. 30.)

als Ausgangsformen für jüngere Schreittiere denken. Alle diese Formen sind gänzlich erloschen; schon an der oberen Grenze der Triasformation hat sie der Untergang ereilt.

Der kleine Branchiosaurus amblystomus Cred., ein etwa molchgroßer Stegocephale aus dem Perm von Niederhäßlich bei Dresden, hat zwar auch einen sehr kurzen Schwanz, aber wohl ausgebildete Extremitäten. Wenn das Tier mit der Bauchseite auf der Steinplatte liegt, so ist die Dorsalfläche der Hand stets nach oben, aber die Dorsalfläche des Fußes meist nach unten

Fig. 145. Rekonstruktion von Mastodonsaurus giganteus aus der oberen Trias Württembergs. (Körperlänge ungefähr 3 m, Schädellänge 1 m.)

gewendet; dies ist von vielen Paläontologen übersehen und daher die Zehenzahl falsch bestimmt worden. [1])

Die Hand ist vierfingerig; der Daumen ist bei diesen Formen noch nicht zur Ausbildung gelangt. Der Fuß ist dagegen fünfzehig und zwar betragen die Phalangenzahlen in Hand und Fuß (Fig. 147):

I.	II.	III.	IV.	V.	
—	2	2	3	2	Fingerphalangen
2	2	3	4	3	Zehenphalangen

In Hand und Fuß ist der vierte Strahl der längste. Wir sehen hier Verhältnisse angebahnt, die bei der Mehrzahl der Reptilien noch weit schärfer ausgeprägt sind und den höchsten Spezialisationsgrad bei den Eidechsen erreicht haben. Schon das „oldest known Reptile" Isodectes punctulatus Cope aus der Steinkohlenformation Nordamerikas[2]) zeigt diesen Fußbau und besitzt eine Phalangenzahl von 2, 3, 4, 5, 4 für den Hinterfuß. Dagegen ist die Hand noch primitiv gebaut und zeigt noch den vierfingerigen Bau der Stegocephalen; für den zweiten bis fünften Finger lauten die Phalangenzahlen 2, 2, 3, 2. Irrtümlich

---

[1]) Vgl. z. B. aus der letzten Zeit die Arbeit von Roy L. Moodie: The Ancestry of the Caudate Amphibia. — American Naturalist, XLII, No. 498, June 1908, p. 361—373. — K. A. v. Zittel: Grundzüge der Paläontologie, II, 2. Aufl., 1911, p. 159.

[2]) S. W. Williston: „The oldest known Reptile" — Isodectes punctulatus Cope. — Journal of Geology, XVI, No. 5, July-August 1908, p. 395—400.

hat Roy L. M o o d i e [1]) den zweiten Finger für den ersten gehalten;
da aber der Finger mit 3 Phalangen ganz ebenso wie bei Branchiosaurus
der v i e r t e ist, so muß der e r s t e fehlen.

Fig. 146. Rekonstruktion von Mastodonsaurus giganteus Jaeger aus der Lettenkohle (Obere Trias) Württembergs. (Nach E. Fraas.)

[1]) Roy L. M o o d i e: Carboniferous Air-breathing Vertebrates of the United
States National Museum. — Proc. U. S. Nat. Mus., Vol. XXXVII, No. 1696,
p. 13, Washington, 1909, Sept. 23.

Wenn wir uns über die Funktion von Hand und Fuß jener Formen klar werden wollen, in deren Hand und Fuß die vierten Finger- und Zehenstrahlen die längsten sind und die größte Phalangenzahl besitzen, so müssen wir jene lebenden Reptiltypen studieren, welche diese Spezialisationsrichtung in höchster Ausbildung zeigen: die E i d e c h s e n.

Wenn wir bei ungeschicktem Ergreifen einer schnell dahinhuschenden Eidechse ihren Schwanz abbrechen, so ist die Schnelligkeit des Tieres bedeutend verringert. Wir sehen somit, daß der lange Schwanz, der in der Mitte eines Wirbels abreißt und regeneriert wird (aber niemals zu seiner vollen Länge), für die Lokomotion ein sehr wichtiges Hilfsmittel ist. Das Tier schlängelt sich zwischen den Unebenheiten des Bodens hin und diese schlängelnde Bewegung hat ja auch bei einer großen Zahl von Eidechsen zu einer partiellen oder gänzlichen Verkümmerung der Extremitäten geführt.

Besonders bei den schlankleibigen Eidechsen ist der Schwanz das wichtigste Lokomotionsorgan. Das ist bei den breitkörperigen Lacertiliern, z. B. den Agamiden, nicht der Fall; hier sind es die Gliedmaßen und zwar die hinteren, denen die Hauptrolle bei Fortbewegung zufällt.

Verfolgen wir die Bewegungen einer langsam laufenden Eidechse, so sehen wir, daß sie Hände und Füße vollständig flach auf den Boden

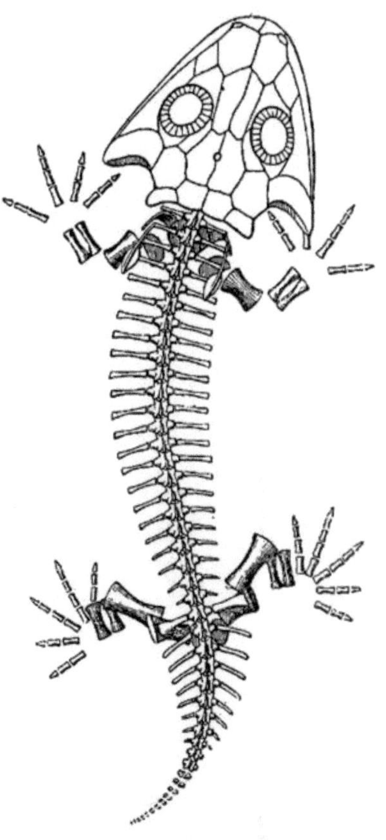

Fig. 147. Pelosaurus laticeps Credner, aus dem Perm (Kalkstein des Rotliegenden) von Niederhäßlich bei Dresden. (Nach H. C r e d n e r.) Körperlänge 18—20 cm.

setzt, der mit den Krallen berührt wird. Beim Niedersetzen des Fußes ist das Kniegelenk gebeugt; ein Strecken des Beins schnellt den Körper vor. Die Eidechse muß also auf dem Boden sehr fest verankert sein. Das Anstemmen auf den Boden wird von den von der ersten bis zur vierten rasch an Länge zunehmenden Zehen besorgt, die alle eine starke, nach vorne konvexe Bogenkrümmung besitzen; beim Losschnellen oder raschen Strecken der Hinterbeine wird der Tarsus etwas gehoben.

Die erste bis vierte Zehe sind von einer gemeinsamen Haut bis zu den Phalangen umschlossen. Die fünfte Zehe aber ist in ihrer ganzen Länge von der vierten getrennt und bei den verschiedenen Gattungen in verschiedenem Winkel, aber stets schräge nach hinten gestellt.

Die Funktion dieser Zehe ist eine etwas andere als jene der vorhergehenden. In dem Momente, da der Fuß gestreckt und der Körper nach vorne geworfen wird, drückt die fünfte Zehe in schräger Richtung von außen vorne nach innen hinten auf den Boden und verstärkt so die Gewalt des Abstoßens.

Im wesentlichen ist die Funktion der Eidechsenextremität eine schiebende. Aber aus der vorstehenden Schilderung geht hervor, daß die Bewegung sehr leicht zum Sprunge werden kann. In der Tat können die meisten Eidechsen sehr gut und geschickt springen, wobei sie den Schwanz nicht gebrauchen. Besonders weite Sprünge vermögen die Agamiden auszuführen; bei einem guten Springer, Agama stellio, stehen entsprechend der häufiger geübten Sprungbewegung die Hinterextremitäten unter anderem Winkel vom

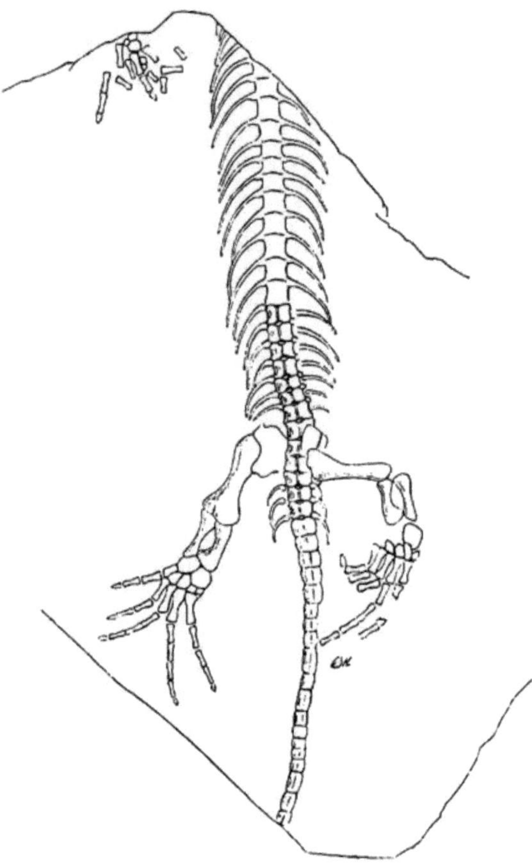

Fig. 148. Isodectes punctulatus, Cope, aus dem Oberkarbon von Linton in Ohio. (Nach Roy L. Moodie, 1909.) Ungefähr ²/₃ Nat. Gr.

Körper ab als dies sonst bei den Eidechsen der Fall ist.

Beobachtungen an lebenden Lacertiliern haben mich davon überzeugt, daß der Fußbau die Eidechsen ganz besonders zu schnellem Hinauflaufen an geneigten Flächen befähigt. Die meisten Eidechsen sind daher auch vorzügliche Kletterer, wozu sie nicht nur durch ihre gebogenen, scharfen Krallen, sondern in erster Linie durch die charakteristische Stellung und die Längenverhältnisse der Zehen befähigt erscheinen.

Wenn auch das Schieben bei einzelnen Lacertiliern in ein Springen übergegangen ist, so liegt die Bewegungsebene des Fußes doch im wesentlichen in der Horizontalebene und der Körper berührt mit der Bauchfläche den Boden. Das ist aber bei den Eidechsen nicht immer der Fall. Wenn sie z. B. ihre Beute ergreifen wollen, so stellen sie sich hoch auf den vier Gliedmaßen auf und neigen den Schädel schräge nach unten, um ihre Beute sicher erfassen zu können. Sie stehen aber nicht nur auf diese Weise, sie vermögen auch zu schreiten und zwar kann man das besonders bei Geckonen, viel deutlicher aber z. B. bei Eumeces Schneideri, Tupinambis te-guixin, dem Nashornleguan u. s. f. beobachten, die hoch auf den Beinen einherschreiten und namentlich die Vorderbeine sehr straff stellen. Hier geht also das Schieben in ein Schreiten über. Auch die Kroko-dile gehen in erregtem Zustande aufrecht, d. h., sie schleifen ihren Bauch nicht auf dem Boden fort. Beobachtungen an zahlreichen verschiedenen Krokodil-arten, die ich unter liebenswürdiger Vermittlung von Dr. K. P r i e m e l gemeinsam mit Dr. F. K ö n i g im Herbste 1910 im Frankfurter Zoologischen Garten anstellen konnte, haben ergeben, daß zwar einige Krokodile im Erregungszustande springen, daß sie aber sonst ausnahmslos beim schnellen Schreiten den Bauch vom Boden erheben. Nur im Terrarium, wo die trägen Tiere sich nur fortschieben, kann man zu falschen Vor-stellungen über die Bewegungsart der Krokodile gelangen. Ursprünglich war die Bewegung der Krokodile jeden-falls ganz gleichartig wie bei den Eidechsen und die

Fig. 149. Ein bipeder, springender Agami-de: Otocryptis bivit-tata, Wiegmann, . ♀ Ceylon. — Hofmu-seum in Wien. (Phot. Ing. F. H a f f e r l.)

Zehen besitzen auch noch die charakteristische Bogenform. Aber die fünfte Zehe ist bei einigen Formen bereits verkümmert und wenn auch die Schreitbewegung der Krokodile noch ganz dieselbe ist wie bei schreitenden Eidechsen, so findet doch auch noch dann und wann ein Fortschieben des Körpers wie bei den Eidechsen statt.

W o   l i e g t   a b e r   d i e   G r e n z e   z w i s c h e n   K r i e c h -, S c h i e b -   u n d   S c h r e i t b e w e g u n g? Ich meine, daß als das wesentlichste Kennzeichen der Kriech- und Schiebbewegung einerseits und der Schreitbewegung anderseits anzusehen ist, ob der Bauch bei der Lokomotion auf dem Boden schleift oder nicht. Stegocephalen wie Metopias und Mastodonsaurus sind nach dieser Fassung unbedingt als kriechende Formen anzusehen. Auch die Mehrzahl der Lacertilier bewegt sich kriechend oder schiebend und nur ganz ausnahmsweise schreitend oder springend fort. U r s p r ü n g l i c h war die Fortbe-wegungsart aller Landwirbeltiere eine kriechende oder schiebende und die Abänderung der Gangart in eine Schreitbewegung ist erst viel

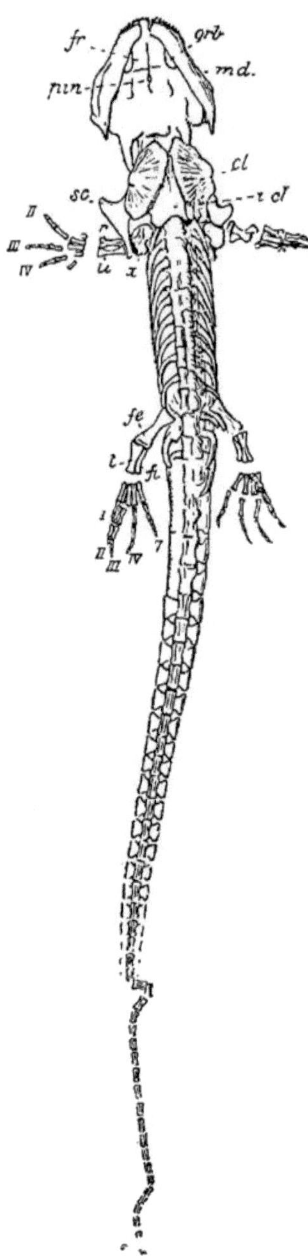

Fig. 150. Ceraterpeton Galvani Huxley, aus der Steinkohlenformation von Kilkenny, Irland. (Nach A. Smith-Woodward, 1897.) Nat. Gr.

später und zwar von den einzelnen Stämmen ganz unabhängig erworben worden.

Die Entstehung des Pollex bei den Stegocephalen und Amphibien.

Durchblättert man die verschiedenen Lehrbücher der Zoologie und Paläozoologie, so begegnet man fast durchaus der Angabe [1]), daß die pentadactyle Extremität die ursprüngliche ist und daß sich aus der pentadactylen Gliedmaßenform die Typen mit geringerer Finger- und Zehenzahl sekundär entwickelt haben. So wurden die Urodelen oder Schwanzlurche als Amphibien betrachtet, deren Daumen gänzlich verloren gegangen ist, während man die Anuren oder Frösche als Formen beschrieb, deren Hand noch das „Rudiment" eines Daumens aufweise.

Diese Annahme schien bis heute durch das Argument gestützt zu werden, daß sich angeblich bei einzelnen Stegocephalen und zwar bei Seeleya pusilla Fritsch aus der oberkarbonischen Gaskohle von Nürschan in Böhmen, Ceraterpeton und Urocordylus von ebendaher und aus den Coal-Measures von Irland, ferner bei Melanerpeton aus dem Perm von Böhmen, Mähren und Sachsen, f ü n f Finger vorfinden.

Diese Angaben beruhen jedoch auf

---

[1]) Eine abweichende Theorie vertritt C. R a b l, der die Gliedmaßen der tetrapoden Vertebraten auf die Flossen der Lungenfische zurückführt. Ich halte diese Theorie insoferne für richtig, als die Crossopterygier- und nicht die Dipneustenflosse als Ausgangspunkt in Betracht käme. Die Beweisführung R a b l s ist zweifellos verfehlt, da die von R a b l als Beweise herangezogenen zwei- und dreizehigen Urodelengliedmaßen sicher Rückbildungen sind. Die Theorie R a b l s erhält nun durch die Verhältnisse der Fingerzahlen bei den Stegocephalen eine wichtige Stütze, die bisher übersehen worden war.

unrichtigen Beobachtungen oder auf willkürlichen Annahmen und neuere Untersuchungen, wie z. B. die von A. Smith-Woodward über Ceraterpeton Galvani Huxl. [1]) haben gezeigt, daß bei dieser Form nur vier Finger vorhanden waren. A. Smith-Woodward hat den vordersten der vier erhaltenen Finger als den zweiten bezeichnet; er hat 3 Phalangen. Der folgende hat 4, der nächstfolgende 3 Phalangen; vom letzten ist die Phalangenzahl nicht sicher, doch dürfte sie 2 betragen haben.

Ein Vergleich der beiden auf der Originalplatte von Kilkenny in Irland liegenden Hände zeigt aber, daß die Hände ebenso gedreht sind wie wir dies für die Hinterfüße von Branchiosaurus festgestellt haben. Der längste Finger mit 4 Phalangen ist der vierte und nicht der dritte; und der kopfwärts folgende ist der fünfte Finger. So ergibt sich folgende Phalangenformel für den ersten bis fünften Finger: o, 2, 3, 4, 3.

Neue Funde von Stegocephalen im Karbon und Perm Nordamerikas haben in keinem einzigen Falle eine größere Fingerzahl als vier für die Hand ergeben. Neue Funde und die Überprüfung alter Exemplare aus dem Palaeozoicum und der Trias Europas haben das gleiche Ergebnis gebracht. Daß alle Branchiosaurier vierfingerig waren, hat erst vor kurzem S. W. Williston [2]) betont; das gilt aber überhaupt für alle Stegocephalen und Urodelen. Nur in Rekonstruktionen erscheinen zuweilen fünf Finger wie bei Trematops Milleri Will. aus dem Perm von Nordtexas, ein rhachitomer Stegocephale aus der Verwandtschaft von Eryops. [3])

In der Tat verhält sich also das Handskelett der Stegocephalen und Amphibien folgendermaßen:

1. Kein Stegocephale besitzt mehr als vier Finger. Diese vier Finger entsprechen dem zweiten bis fünften der Reptilienhand.

2. Kein lebender oder fossiler Urodele besitzt mehr als vier Finger. Sie sind den Fingern der Stegocephalen homolog.

3. Die Anuren besitzen mitunter einen kleinen Daumen, der aber nicht als Rudiment, sondern als Beginn des Daumens anzusehen ist. Dieser nicht immer vorhandene Daumen besteht aus einem kurzen Röhrenknochen.

---

[1]) A. Smith-Woodward: On a New Specimen of the Stegocephalan Ceraterpeton Galvani, Huxley, from the Coal-Measures of Castlecomer, Kilkenny, Ireland. — Geolog. Magazine, July, 1897, p. 293, Pl. XII.

[2]) S. W. Williston: Lysorophus, a Permian Urodele. — Biological Bulletin, XV., No. 5, October, 1908, p. 238.

[3]) S. W. Williston: New or Little-Known Permian Vertebrates. — Trematops, New Genus. — Journal of Geology, XVII, No. 7, Oct.-Nov. 1909, p. 655.

4. Bei einigen der ältesten Reptilien (z. B. Isodectes [1]) aus dem
   Karbon von Linton, Ohio) ist der Daumen noch nicht zur Ausbildung gelangt.

Ich komme also zu dem Ergebnisse, daß d e r D a u m e n e i n e
N e u e r w e r b u n g d e r R e p t i l i e n i s t u n d b e i d e n
S t e g o c e p h a l e n u n d A m p h i b i e n ü b e r h a u p t u r -
s p r ü n g l i c h n i c h t v o r h a n d e n w a r.

[1]) S. W. W i l l i s t o n: „The Oldest Known Reptile" — Isodectes punctulatus Cope, l. c., p. 399. — Roy L. M o o d i e: Carboniferous Airbreathing Vertebrates etc., l. c., p. 12.

Schreiten, Laufen und Springen.

Die Phalangenzahlen.

Mit Ausnahme jener Säugetiere, bei denen infolge des Aufenthaltes im Wasser und der Spezialisation ihrer Hände zu Flossen eine Vermehrung der Phalangenzahl aufgetreten ist, besitzen alle Säugetiere in Hand und Fuß je 2, 3, 3, 3, 3 Phalangen (soweit keine Reduktionen vorliegen).

H. F. O s b o r n [1]) hat diese Phalangenzahl als eines der charakteristischen Merkmale eines Teiles der Reptilien bezeichnet, die er als Synapsida den Diapsida mit der Phalangenzahl 2, 3, 4, 5, 3 in der Hand und 2, 3, 4, 5, 4 im Fuß gegenüberstellte. Als Synapsida bezeichnete O s b o r n die Cotylosauria, Anomodontia, Testudinata und Sauropterygia.

Da aber die ä l t e s t e n Sauropterygier (Lariosaurus) eine höhere Phalangenzahl besitzen (2, 3, 4, 4, 3 in der Hand; 2, 3, 4, 5, 4 im Fuß), so müssen sie aus dieser Gruppe ausgeschieden werden.

Die seither genauer bekannt gewordenen Cotylosaurier besitzen nach den Untersuchungen von S. W. W i l l i s t o n [2]) und E. C. C a s e [3]) gleichfalls eine höhere Phalangenzahl und zwar die Phalangenzahlen der diapsiden Reptilien. Nur bei den Anomodontiern ist die Phalangenzahl 2, 3, 3, 3, 3 in Hand und Fuß eine allgemeine Erscheinung; die früher zu den Anomodontiern gestellte Gattung Procolophon mit der Handphalangenformel 2, 3, 4, 5, 3 oder 4 wird jetzt meist zu den Diapsiden gestellt.

Die Testudinaten besitzen die Phalangenzahl 2, 3, 3, 3, 3 in Hand und Fuß. Nur die Trionychiden haben, wie schon früher (p. 163) erörtert wurde, höhere Phalangenzahlen.

Da nur die Anomodontier und Schildkröten bei diesem Vergleiche als einzige Gruppen mit den von den Diapsiden abweichenden Phalangen-

---

[1]) H. F. O s b o r n: The Reptilian Subclasses Diapsida and Synapsida and the Early History of the Diaptosauria. — Memoirs Amer. Mus. Nat. Hist. I, Part VIII, November 1903, p. 456—464.

[2]) S. W. W i l l i s t o n: The Cotylosauria. — Journal of Geology, XVI, No. 2, February-March, 1908, p. 144—145.

[3]) E. C. C a s e: Restoration of Diadectes. — Ibidem, XV, No. 6, Sept.-Oct. 1907, p. 556. D e r s e l b e: New or Little Known Reptiles and Amphibians from the Permian (?) of Texas. — Bull. Amer. Mus. Nat. Hist., XXVIII, Art. XVII, p. 170.

zahlen übrig bleiben, so liegt die Frage sehr nahe, ob denn nicht ursprünglich auch diese beiden Gruppen von Formen mit zahlreichen Phalangen abstammen. Das Verhalten der primitiven Trionychiden spricht, wie mir scheint, ebenso für diese Annahme als die Tatsache, daß die Phalangenzahlen bei den Stegocephalen im allgemeinen zwar niedrig sind, aber doch fast immer ein Finger und eine Zehe stärker und länger sind als die übrigen und zwar handelt es sich da immer um den v i e r t e n Finger- und Zehenstrahl.

Die Länge und Stärke dieses Finger- und Zehenstrahls hängt mit dem Kriechen und Schieben zusammen, wie wir früher gesehen haben. Weder die Anomodontier noch die Schildkröten schieben ihren Körper vorwärts, sondern schreiten. Diese Änderung der Bewegungsart scheint die Ursache der Phalangenreduktion zu sein, da wir einerseits bei den Schildkröten und Anomodontiern, anderseits bei den Säugetieren dieselben Phalangenzahlen finden.

Primäre und sekundäre Plantigradie.

Der Fußbau des Menschen wird bei der Erörterung der Bipedie zur Sprache kommen. Hier sei nur darauf hingewiesen, daß der menschliche Fuß hoch spezialisiert ist und vor allem durch die enorme Entwicklung des Hallux auffällt, der neben dem Fersenbein den Hauptträger des Körpers vorstellt, während der dritte Stützpunkt vom Vorderende des fünften Mittelfußknochens, beziehentlich des Ballens der kleinen Zehe, gebildet wird.

Dieser Fußtypus ist von dem eines Bären total verschieden. Der Bär besitzt einen plantigraden Fuß, der beim Gehen mit der ganzen Sohlenfläche dem Boden aufliegt, was beim Menschen nur dann der Fall ist, wenn der Fuß krankhaft zu einem Plattfuß verbildet ist, der ein unschönes Gehen mit stark nach auswärts gestellten Zehen zur Folge hat. Der Bär setzt beim Gehen seine Finger und Zehen mit den Spitzen nach vorne nieder, so daß die Hand- und Fußachse mit der medianen Symmetrieebene des Körpers parallel verläuft. Die starke Auswärtsstellung der Plattfüße beim Menschen hängt jedoch mit der Bipedie zusammen und es ist sehr instruktiv, einen auf den Hinterfüßen gehenden Bären zu betrachten, da er dann gleichfalls seine Zehen nach außen, statt nach vorne richtet.

Die Bären bilden unter den Placentaliern das einzige Beispiel einer ursprünglichen oder p r i m ä r e n P l a n t i g r a d i e. Die anderen plantigraden Typen, wie der Mensch und Diprotodon, sind s e k u n d ä r p l a n t i g r a d geworden, das heißt, sie sind ursprünglich plantigrade Bodenschreittiere gewesen, haben aber später eine andere Lebensweise eingeschlagen und sind endlich zum zweitenmal zur plantigraden Schreitbewegung auf dem Boden zurückgekehrt.

Dieser Wechsel der Lebensweise ist in den beiden hier zu besprechenden Fällen sehr klar aus den im Fußskelett noch ausgeprägten Anpassungen
an die der sekundär terrestrischen Lebensweise vorausgegangenen
Lebensweise und Bewegungsart ersichtlich.

Wenn wir zunächst die Gliedmaßen des Menschen betrachten, so
finden wir seine
Hand als typische
Greifhand entwik-
kelt. Sie erinnert
in den Proportionen
der Finger und in
der Stellung dersel-
ben ungemein an
den Hinterfuß einer
Beutelratte, z. B.
Didelphys (Metachi-
rus) nudicaudata
Geoff. und erweist
sich in der Oppo-
nierbarkeit des Pol-
lex als eine Greif-
hand. Kein Affe
besitzt mehr eine
so primitive Greif-
hand; bei allen Affen
ist durch die Steige-
rung der Anpas-

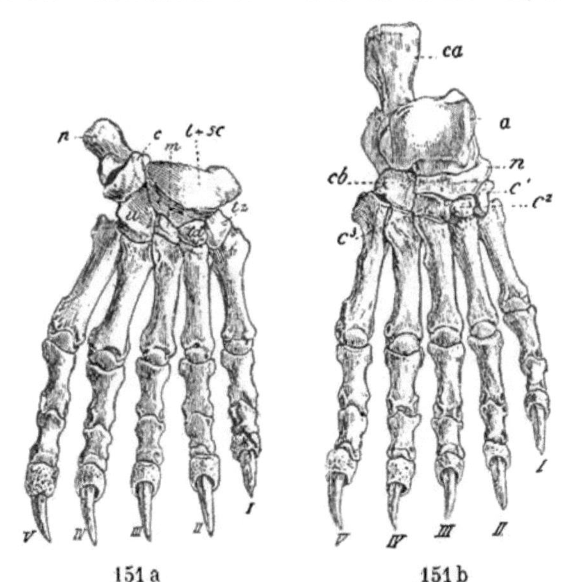

151 a 151 b

Fig. 151. a: Vorderfuß, b: Hinterfuß des braunen Bären (Ursus arctos
L.) — Hand: l+sc = Radiale und Intermedium, c = Ulnare, p =
Pisiforme, tz = Carpale I, td = Carpale II, m = Carpale III, u =
Unciforme. — Fuß: ca = Calcaneus, a = Astragalus, cb = Cuboid,
n = Naviculare, c_1 c_2 c_3 = Cuneiformia. — I—V: Reihenfolge der
Finger und Zehen. (Nach K. A. von Zittel.)

sungen an das Leben auf den Bäumen und zwar nicht an das Umklammern, sondern an das Anhängen an den Ästen, der Daumen
sekundär zurückgebildet; diese Anpassung ist besonders deutlich beim
Schimpanse und Gibbon ausgeprägt und hat bei Colobus und Ateles
im Schwunde des Daumens bis auf ein winziges Metacarpale und eine
Phalange bei enormer Verlängerung der übrigen Finger den höchsten
Grad erreicht.

Wenn wir also auch sagen müssen, daß die Greifhand des Menschen
eine arboricole Lebensweise seiner Vorfahren beweist, so muß gleichzeitig betont werden, daß die Anpassung an das Hängen und Schwingen
noch nicht weit vorgeschritten war, so daß der Daumen seine ursprüngliche
Stärke und Länge beibehalten hat.

Ebenso wie die menschliche Hand noch heute in ihrem Bau die
arboricole Vorstufe des Menschen beweist, so ist dies auch mit dem Fuß
der Fall.

Wir sehen, daß die große Zehe des Menschenfußes sehr stark ent-

wickelt und von allen Zehen weitaus die kräftigste ist. Das ist auf keinen
Fall als Anpassung an die terrestrische Lebensweise, also etwa als eine
Anpassung an das Schreiten auf dem Boden anzusehen. Die große
Zehe des Menschen spielt heute bei der Gangbewegung von allen Zehen
die wichtigste Rolle, aber es muß unbedingt eine Vorstufe vorausgegangen sein, in welcher der Hallux bereits vergrößert gewesen ist;
die Vorfahren des Menschen müssen mit beträchtlich verstärktem Hallux
die bipede terrestrische Lebensweise angenommen haben. Würde dies
nicht der Fall gewesen sein, so hätten sich nach den mechanischen
Gesetzen für die Anpassungen des Schreittierfußes die mittleren Zehen
verstärken müssen und es wäre zu einem S c h w u n d e , aber nicht
zu einer V e r s t ä r k u n g des Hallux gekommen.

Wieder finden wir bei arboricol lebenden Säugetieren einen Fußtypus, den wir als die Vorstufe des Menschenfußes betrachten müssen.

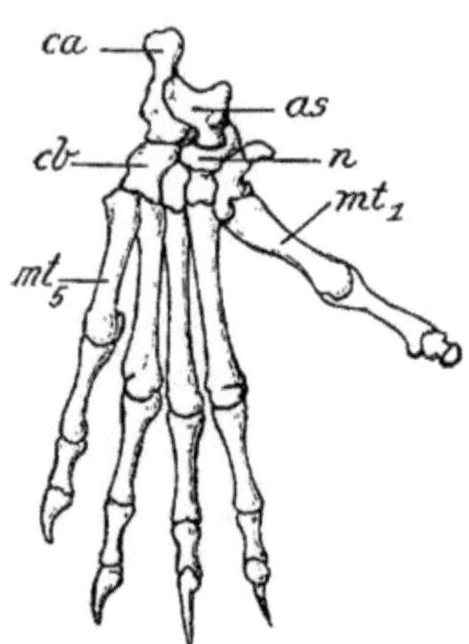

Fig. 152. Skelett des rechten Hinterfußes von Didelphys marsupialis, L. (Nach
W. H. F l o w e r und R. L y d e k k e r).

Das ist n i c h t der Fuß des echten Affen,
als die wir die Katarrhinen der Alten und
die Platyrrhinen der Neuen Welt zusammenfassen, sondern der Fuß der Halbaffen oder Prosimiae. Bei den Simiae
ist überall die große Zehe im Rückgang
begriffen und namentlich bei den
Menschenaffen stark reduziert. Ein
solcher Fußtypus kann keinesfalls der
Ausgangspunkt für den Anpassungstypus
des Menschenfußes sein. Ebenso wie bei
Didelphys marsupialis die große, opponierbare Zehe sehr lang und kräftig ist, finden
wir bei den Lemuren den Hallux sehr lang
und stark gebaut, viel stärker als dies bei
den Simiae der Fall ist. Vor allen anderen
Halbaffen ähneln die Indrisinae im Baue
des Fußskelettes am meisten dem Menschen. Indris brevicaudatus
mit verkümmertem Schwanz und langen Hinterbeinen, die ihm zum
b i p e d e n Gang auf dem Boden, meist zum Springen, dienen,
kann uns unter allen Lemuren am ehesten von dem Aussehen einer
früheren Vorstufe des Menschen eine Vorstellung geben. Während der
arboricolen Lebensweise der Menschenahnen sind, wenn wir einem
Vergleiche die Anpassungen von Indris brevicaudatus zugrunde
legen, erworben worden: 1. der opponierbare Pollex; 2. der opponierbare Hallux; 3. die relative Länge der Hinterextremitäten im Vergleiche
zu den Armen; 4. die Reduktion des Schwanzes.

Wir dürfen unter keinen Umständen die Gattung Indris und auch
nicht die ganze Familie der Indrisinae als Stammgruppe des Menschen

ansehen, aber diese Gruppe und zwar vor allem die Gattung Indris zeigt uns die A n p a s s u n g s s t u f e , welche die Ahnen des Menschen aller Wahrscheinlichkeit nach durchlaufen haben.

Wir kommen also zu dem Ergebnisse, daß die Plantigradie des Menschen eine nach Durchlaufung einer arboricolen Vorstufe sekundär erworbene ist. Ich komme nun zur Besprechung einer zweiten Form, die gleichfalls eine arboricole Vorstufe durchlaufen hat und sekundär zur plantigraden, terrestrischen Schreitbewegung übergegangen ist, nämlich Diprotodon australe.

Wie alle Beuteltiere, waren auch die Wombate, in deren Verwandtschaft das erloschene Diprotodon aus dem Plistozän Australiens gehört, früher arboricol. Während einzelne Beutler arboricol geblieben sind wie z. B. die Phalangeriden, sind andere, wie die Notoryctiden, Dasyuriden, Perameliden, die Känguruhs, und so auch die Phascolarctiden sekundär zur terrestrischen Lebensweise übergegangen und dabei entweder tetrapod geblieben (Thylacinus) oder biped geworden (Känguruh). Wir betrachten zunächst das Fußskelett von Diprotodon. [1)]

Der stärkste und plumpste Knochen des Fußskelettes ist der mächtige Calcaneus, der zusammen mit dem Cuboid und Naviculare eine schüsselförmige Grube zur Artikulation mit dem Astragalus bildet. Unmittelbar mit dem Cuboid tritt das gewaltige Metatarsale der fünften Zehe in Verbindung, welcher weitaus der stärkste Knochen unter allen Elementen der Zehen ist. Er trägt drei starke Phalangen (Fig. 154).

Das zweitstärkste Metatarsale ist das des Hallux. Es artikuliert mit einem großen Knochen, der aus der Verschmelzung von Tarsale I und II des Mesotarsus hervorgegangen sein dürfte; die Achse des ersten Metatarsale ist nicht parallel mit jener der anderen Mittelfußknochen, sondern steht sehr schräge nach innen ab. Das ist ein klarer Beweis dafür, daß der Hallux bei den Vorfahren von Diprotodon opponierbar gewesen ist.

Die zweite, dritte und vierte Zehe sind hochgradig verkümmert. Besonders stark ist die zweite Zehe reduziert; auch diese Reduktion ist als eine Folgeerscheinung der arboricolen Lebensweise anzusehen, da bei den Zangenkletterern in verschiedenen Gruppen der Wirbeltiere (z. B. bei den Vogelgattungen Ceyx und Alcyone unter den Alcediniden, bei denen die zweite Zehe gänzlich verloren ging, bei arboricolen Beutlern und Halbaffen, wo sie oft sehr stark reduziert ist) die zweite Zehe der Reduktion unterliegt.

Die Hauptzehe des Fußes ist nicht die erste wie beim Menschen, sondern die fünfte. Dasselbe sehen wir auch beim Wombat (Phascolomys

---

[1)] E. C. S t i r l i n g and A. H. C. Z i e t z: Description of the Bones of the Manus and Pes of Diprotodon australis, Owen. — Memoirs Roy. Soc. South Australia, Vol. I, Part I, 1899.

latifrons, Owen [Fig. 155]), nur ist die fünfte Zehe hier kürzer als die
vierte, dritte und zweite. Die Fußsohle von Diprotodon ruht auf drei
Stützpunkten: 1. dem Calcaneus, 2. dem fünften Metatarsale und 3. dem
ersten Metatarsale.

In der Hand von Diprotodon sind die Carpalia sehr kräftig entwickelt;
namentlich das Pisiforme ist sehr groß und umfaßt zusammen mit dem

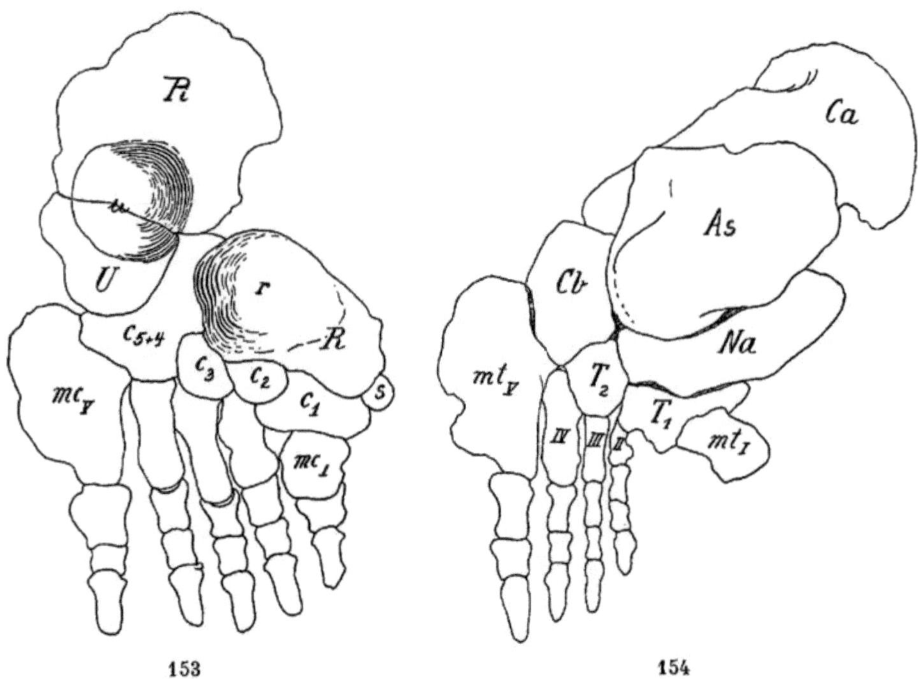

153   154

Fig. 153 Hand und Fig. 154 Fuß von Diprotodon australe Owen aus dem Plistozän des Lake Callabonua
(Südaustralien). (Nach E. C. Stirling.) — Pi = Pisiforme, U = Ulnare, R = Radiale, u = Ge-
lenkfläche gegen die Ulna, r = Gelenkfläche gegen den Radius, s = Sesambein. $c_1 c_2 c_3 c_4+_5$ = distale
Carpalia, mc = Metacarpalia, Ca = Calcaneus, As = Astragalus, Cb = Cuboideum, Na = Naviculare,
$T_1 T_2$ = Tarsalia, mt = Metatarsalia, II, III, IV: Metatarsalia der II.—IV. Zehe. — ¼ Nat. Gr.

Ulnare den unteren halbkugeligen Kopf der Ulna, während das mächtige
Radiale eine konvexe Facette für die distale Gelenkgrube des Radius
trägt. Das fünfte Metacarpale ist weitaus der stärkste aller Mittelfußknochen; die Reduktion des Daumens ist nicht so weit vorgeschritten
wie die des Hallux. Die Finger sind alle ziemlich schwach, aber ungefähr
von gleicher Länge (Fig 153).

Die Hauptlast ruhte offenbar auf der ulnaren, äußeren Seite der
Hand und verteilte sich auf das Pisiforme, das fünfte Metacarpale und
die übrigen vier Finger in ähnlicher Weise, wie sich die Last des menschlichen Körpers hauptsächlich auf Hallux und Calcaneus einerseits und
die übrigen Zehen anderseits verteilt. Während aber beim Menschen
der Hauptdruck durch den Innenrand des Tarsus und Metatarsus

läuft, liegt bei Diprotodon das Schwergewicht im Außenrande der Hand.

In beiden Fällen — Mensch und Diprotodon — ist die Plantigradie sekundär nach Durchlaufen einer arboricolen Vorstufe entstanden.

An diese Fälle reiht sich ein dritter an, welcher ein Huftier aus den Santa-Cruz-Schichten Südamerikas (Miozän) betrifft. Diese Form ist von O w e n unter dem Namen Nesodon Sullivani beschrieben, aber erst in neuerer Zeit genauer bekannt geworden (Fig. 156).

Albert G a u d r y [1]) hat 1906 festgestellt, daß Nesodon Sullivani plantigrad war. Die Abbildungen seiner Arbeit zeigen in klarer Weise, daß dieses plumpbeinige und schwerfällige Huftier ein Sohlengänger war; und ich füge hinzu, s e k u n d ä r zu einem Sohlengänger geworden ist. Und das gleiche gilt für Colpodon, ein Huftier aus denselben Schichten Südamerikas wie Nesodon. A. G a u d r y hat das Verdienst, die Artikulation der einzelnen Fußelemente dieser Formen sorgfältig untersucht zu haben; er hat

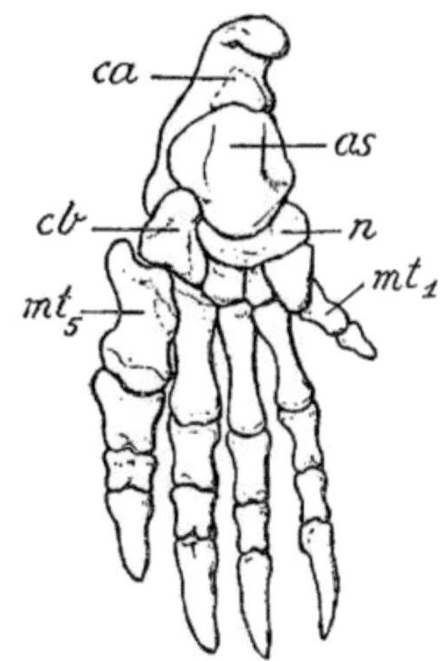

Fig. 155. Skelett des rechten Hinterfußes von Phascolomys latifrons, Owen. (Nach R. O w e n.)

aber die ethologische und phylogenetische Seite dieser Frage, obwohl sie die interessanteste ist, nicht berührt.

Nesodon und Colpodon sind zwar plantigrad, aber sie haben beide n u r   d r e i   Z e h e n   u n d   z w a r   i s t   d i e   m i t t l e r e   d i e   s t ä r k s t e.

Nun wissen wir aber, daß eine derartige Spezialisation des Fußes, bei welcher die Seitenzehen verloren gehen, unter Huftieren nur bei dem Übergang von der Plantigradie zur Digitigradie eintritt. Kein typischer Plantigrade verschmälert seinen Fuß durch Reduktion der Seitenzehen oder durch Reduktion der Zehen überhaupt, wenn nicht bei einer der terrestrischen Plantigradie vorausgegangenen Lebensweise eine solche Reduktion eingetreten ist wie bei Diprotodon.

Das Skelett der Hinterextremität von Nesodon bietet einen ganz merkwürdigen Anblick, da die dreizehige, schmale Fußfläche im Mißverhältnisse zu dem ungewöhnlich kräftigen Unter- und Oberschenkel steht. Die untere Gelenkrolle des Femur, sein proximaler Querdurchmesser, noch mehr aber der Querdurchmesser der durch ein weites

---

[1]) A. G a u d r y: Fossiles de Patagonie. Les Attitudes de quelques Animaux. — Annales de Paléontologie, T. I, 1906, p. 1.

Spatium interosseum getrennten Tibia und Fibula sind bedeutend
breiter als die Fußfläche. Dagegen ist der Fuß, wie die Seitenansicht

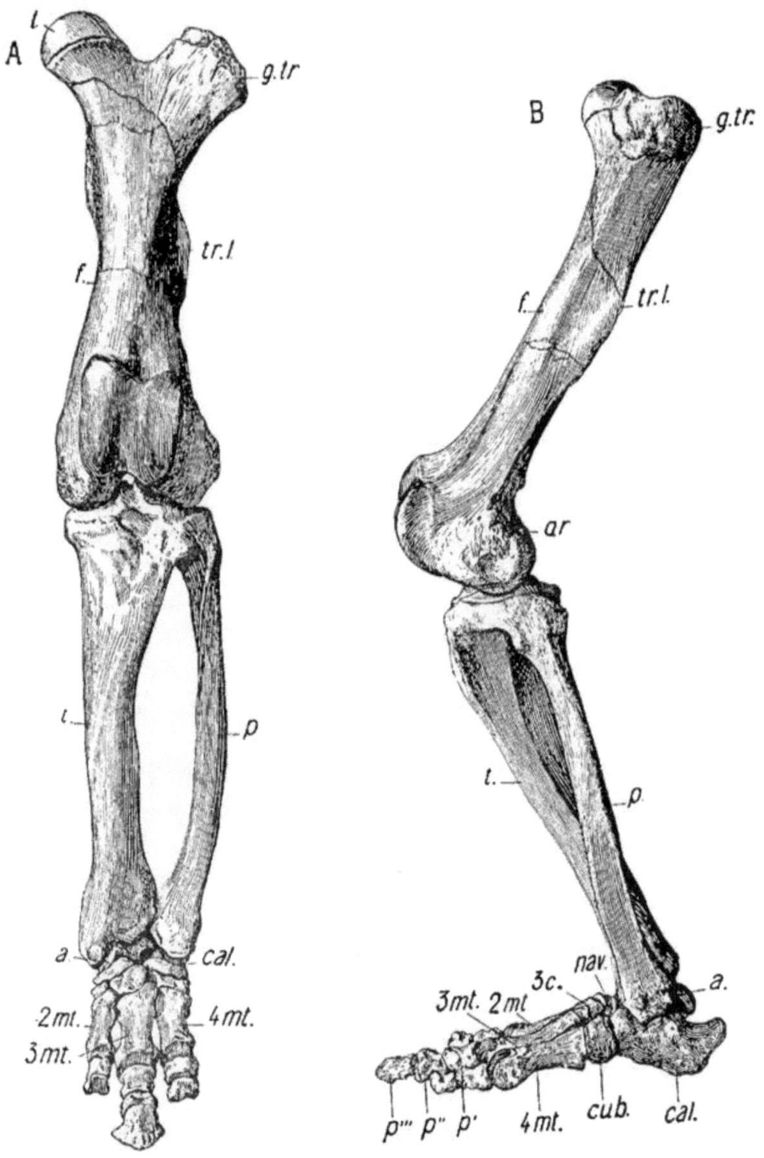

Fig. 156. Linke plantigrade Hinterextremität von Nesodon Sullivani, Owen, aus dem Miozän
(Santa-Cruz-Schichten) Patagoniens. — A von vorne, B von der Seite gesehen. t = Caput
femoris, g. tr. = Großer Trochanter, f = Femur, tr. l. = Trochanter tertius, ar = Gelenkrolle,
t = Tibia, p = Fibula, a = Astragalus, cal = Calcaneus, nav = Naviculare, cub = Cuboid,
mt = Metatarsalia, p = Phalangen. (Nach A. Gaudry, 1906.) ¹/₅ Nat. Gr.

zeigt, lang. Der allgemeine Eindruck, den diese eigentümliche
Extremität macht, ist der eines plantigrad gewordenen Tapirfußes oder

Rhinocerosfußes, an welche namentlich das Mittelfuß- und Phalangen-skelett in seinen ganzen Proportionen erinnert.

Welche Ursache die sekundäre Plantigradie von Nesodon und ebenso auch von Colpodon herbeigeführt haben, ist noch eine offene Frage. Vielleicht ist das Tier von einer rein terrestrischen Lebensweise zu einer paludinen übergegangen; im letzteren Falle würde die Vergröße-

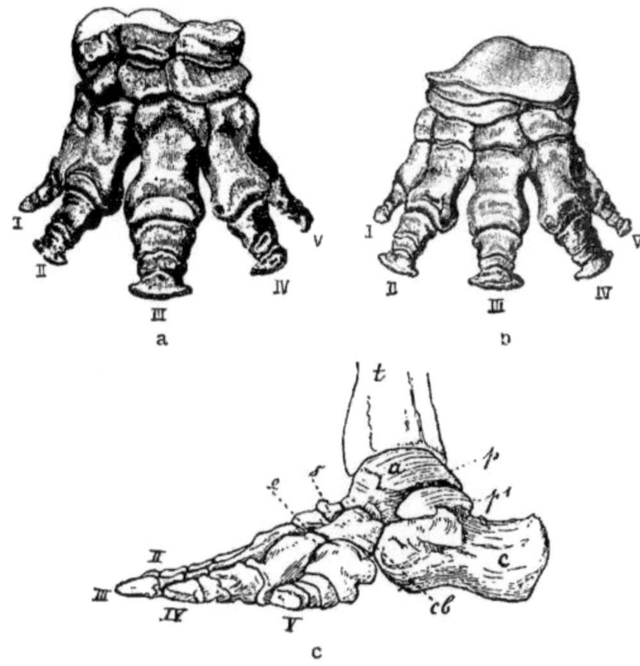

Fig. 157. a Hand und b Fuß von Coryphodon hamatum, Marsh. aus dem unteren Untereozän (Wasatch) Nordamerikas. (Nach O. C. Marsh.) — c Hinterfuß von Coryphodon lobatum, Cope, aus dem oberen Untereozän (Wind-River) Nordamerikas. (Nach H. F. Osborn.) Ungefähr 1/3 Nat. Gr.

rung der Basis von großem Vorteil gewesen sein, wenn der Sumpfboden weich und tiefgründig war.

Ähnliche oder dieselben Ursachen sind vielleicht auch die Ursache davon gewesen, daß das von dem kleinen Pantolambda abstammende Coryphodon[1]) sekundär plantigrad wurde. Pantolambda der Torrejon-formation ging bereits mit erhobenem Mittelfuß und hatte also die Plantigradie mit der Digitigradie vertauscht. Coryphodon lobatum dagegen, das nach H. F. Osborn aus Pantolambda hervorgegangen ist, ist wieder plantigrad (Fig. 157, c).

Der Gesamthabitus von Coryphodon ist unverkennbar der eines Flußpferdes und ist auch von Ch. Knight in diesem Sinne rekon-

___

[1]) H. F. Osborn: The Age of Mammals. New York, 1910, p. 110—112.

struiert worden. Man wird zu der Ansicht gedrängt, daß die Annahme
einer paludinen Lebensweise die unmittelbare Ursache der Verbreiterung der Fußfläche und somit der s e k u n d ä r e n P l a n t i g r a d i e
war. Das ist der Fall bei Coryphodon lobatum, während Coryphodon
hamatum nach Art des Elefanten digitigrad war und eine Reduktion
des ersten und fünften Finger- und Zehenstrahls erlitten hatte (Fig. 179).

Die Entwicklung der Digitigradie aus der primären Plantigradie.

Das Auftreten mit voller Sohle gestattet nur einen langsamen
Gang. Beim Laufen werden die Zehen besonders stark in Anspruch
genommen und der Mittelfuß über den Boden erhoben. Während die
älteren, primär plantigraden Säugetiere sich im Vergleiche zu den schnellfüßigen Antilopen, Pferden usw. nur sehr langsam fortbewegten, sehen
wir, daß sich im Verlaufe der phylogenetischen Entwicklung der einzelnen
Stämme infolge häufiger geübten Laufens nicht nur bei dieser schnelleren
Bewegung, sondern auch bei ruhigem Gange und im Stehen zuerst der
Tarsus und Carpus über den Boden erhebt, daß später der Mittelfuß
folgt, wobei aber noch alle Phalangen dem Boden aufruhen, bis zuletzt
auch die Phalangen sich aufrichten und der Fuß und die Hand nur mehr
auf den Spitzen der Zehen und Finger aufruhen.

Diese Etappen der Aufrichtung von Hand und Fuß lassen sich
schrittweise in der Geschichte der Säugetierstämme verfolgen, die aus
plantigraden Schreittieren zu digitigraden Läufern geworden sind und
zwar bieten uns in dieser Richtung namentlich die Huftiere eine Fülle
von Anhaltspunkten, um die einzelnen Stufen dieser Anpassung zu
verfolgen. Aber nicht nur die Huftiere, sondern auch die Raubtiere
zeigen, wenn auch in weit geringerem Grade, diese stufenweise sich steigern-
den Anpassungen an die schnellfüßige, laufende Bewegungsart.

Eine ganze Reihe wichtiger Veränderungen tritt im Skelette von
Hand und Fuß im Verlaufe dieser Anpassung ein. Von besonderer
Wichtigkeit ist die Tatsache, daß, bei den Säugetieren wenigstens,
der Fuß in der Anpassung an die schnellere Bewegungsart stets der
Hand vorauseilt und das ist ohne weiteres verständlich, da ja den Hinter-
beinen bei der Fortbewegung auf festem Boden die wichtigste Rolle
zufällt. Nur die Hintergliedmaßen sind durch das Becken mit dem
Rumpfskelette fest verbunden, während die im Schulterblatt einlenken-
den Arme keine feste Verbindung mit dem Rumpfe besitzen, weil die
Scapula dem Brustkorb nur locker aufliegt. Die Verbindung durch das
Schlüsselbein ist eine sehr lose und das Schlüsselbein oder die Clavicula
fehlt bei sehr vielen Säugetieren gänzlich und zwar namentlich bei jenen
Formen, die ihre Gliedmaßen ausschließlich als Körperstützen gebrauchen.

Die Veränderungen, die sich infolge der schnelleren Bewegungsart

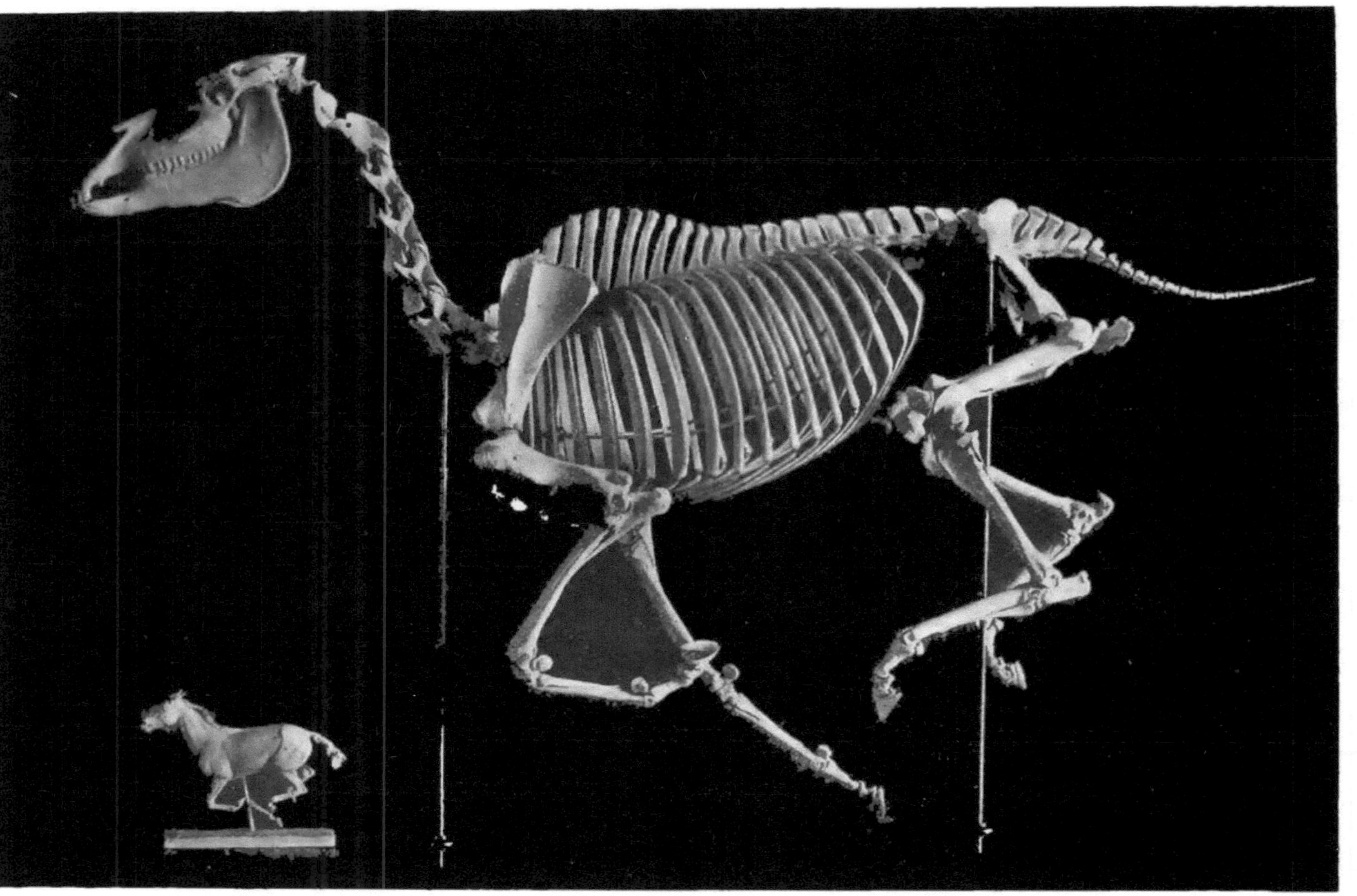

Fig. 158. Skelett des englischen Rassepferdes „Sysonby“, montiert im Amer. Mus. Nat. Hist. unter der Leitung von H. F. Osborn.

im Skelette der Gliedmaßen vollziehen, betreffen zunächst die Finger und Zehen, dann den Mittelhand- und Mittelfußabschnitt, dann den Carpus und Tarsus, später den Unterarm und Unterschenkel und endlich den Oberarm und Oberschenkel.

Wir wollen an einzelnen Beispielen diese Veränderungen des Gliedmaßenskelettes, die allein von der Bewegungsart beeinflußt und bedingt sind, näher besprechen.

Mesaxonie und Paraxonie.

Ursprünglich sind bei den Säugetieren Hand und Fuß fünffingerig und fünfzehig gewesen und zwar waren der mittlere, also der dritte Strahl ein wenig länger als der zweite und vierte.

Beim Übergange zur digitigraden Lebensweise sind nun zwei verschiedene Wege der Anpassung eingeschlagen worden. Entweder blieb die dritte Zehe die Hauptzehe des Fußes und die seitlichen ordneten sich symmetrisch als Seitenstützen an, so daß neben der dritten Zehe als Hauptzehe auch noch die zweite und vierte als Nebenstützen fungierten; oder die Last wurde gleichmäßig auf die dritte und vierte Zehe verteilt, so daß beide als Hauptstützen, die zweite und fünfte aber als Nebenstützen funktionierten. Einen Fuß, dessen Drucklinie durch die dritte Zehe läuft, nennen wir m e s a x o n i s c h , einen Fuß, dessen Drucklinie durch die dritte und vierte Zehe läuft, p a r a x o n i s c h . Immer sind Hand und Fuß kongruent gebaut, das heißt, b e i d e sind entweder mesaxonisch oder paraxonisch. Niemals ist eine Verbindung beider Fußtypen bei einem Tier in Hand einerseits und Fuß anderseits zu beobachten.

Tapire, Pferde, Nashörner, Klippschliefer und Elefanten sind die einzigen lebenden mesaxonischen Huftiere. Weitaus die Mehrzahl hat paraxonisch gebaute Gliedmaßen. Die Carnivoren sind nicht so hoch spezialisiert wie die Ungulaten, zeigen aber doch den paraxonischen Bau meist sehr deutlich.

Finger und Zehen der Mesaxonier.

Die Übernahme der durch Hand und Fuß gehenden Hauptlast vom dritten Finger und von der dritten Zehe führt, wie die Geschichte einzelner Stämme wie der auf Südamerika beschränkten Proterotheriden und der in Nordamerika und Eurasien zur Entwicklung gelangten Familie der Equiden lehrt, zu folgenden Spezialisationen des Finger- und Zehenskeletts.

Ursprünglich waren beide Extremitäten fünfstrahlig und die Gelenke zwischen den einzelnen Phalangen und Metapodien waren halbzylindrische, etwas konvexe Rollen.

Durch die immer mehr verstärkte Belastung des mittleren Strahls

infolge der zunehmenden Aufrichtung und Erhebung der Hand- und
Fußsohle über den Boden trat zunächst eine Verstärkung dieses
mittleren Strahls ein. In dem Maße aber, als die Stärke des mittleren
Strahles und seine Bedeutung als Körperträger wuchs, verringerte
sich die Bedeutung der Seitenstrahlen.

Zuerst ging ausnahmslos der erste Strahl, also Pollex und Hallux
verloren. Dann folgte der fünfte Strahl, der zunächst seine Phalangen

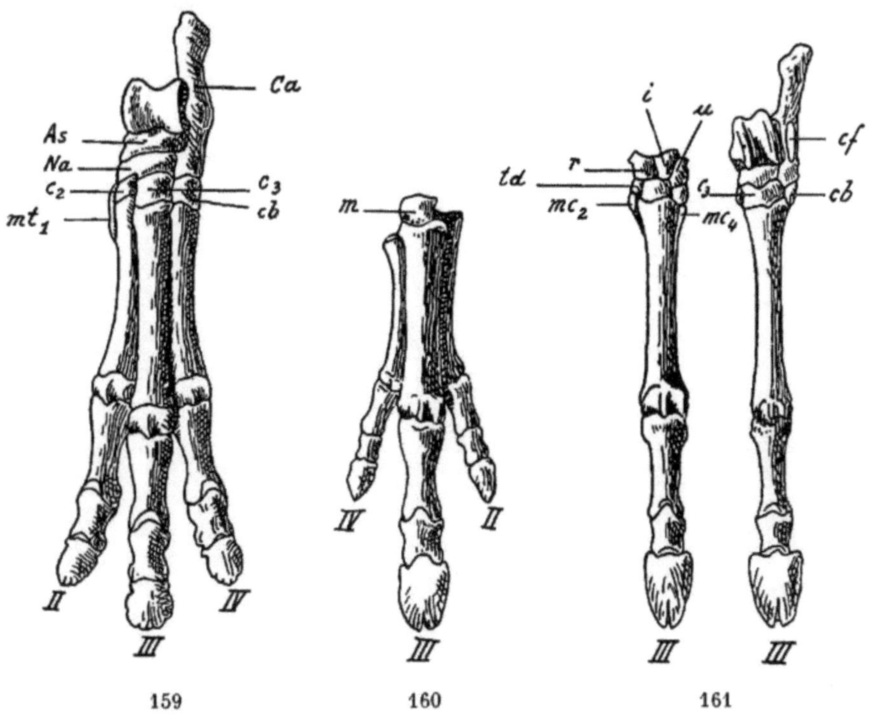

Die Zehenreduktion bei den Proterotheriden Südamerikas.

Fig. 159: Theosodon Lydekkeri Amgh., Hinterfuß. Santa Cruz Beds, Patagonien. 1/4 Nat. Gr. —
Fig. 160: Proterotherium intermixtum, Hand. Ebendaher. 1/3 Nat. Gr. — Fig. 161: Thoatherium
crepidatum, Hand und Fuß. Ebendaher. 1/3 Nat. Gr. (Nach F. Ameghino.) — C = Cuneiforme
(C_2 C_3), m = Magnum (Carpale 3), td = Trapezoid, cf = Facette für die Fibula, cb = Cuboid.
Andere Bezeichnungen wie früher.

einbüßte, eine Zeitlang noch in Form eines rudimentären Metapodiums
erhalten blieb und schließlich ganz verloren ging. Die Geschichte der
Pferde zeigt in klarer Weise, wie sich diese Reduktionen schrittweise
vollzogen haben.

So blieben noch der zweite, dritte und vierte Strahl übrig. Das ist
das Stadium, welches wir unter den Proterotheriden Südamerikas bei
Theosodon (Fig. 159) und unter den Equiden Eurasiens bei Anchitherium
(Fig. 163, A, A') finden.

Damit war aber die Entwicklung beider Stämme nicht abgeschlossen.

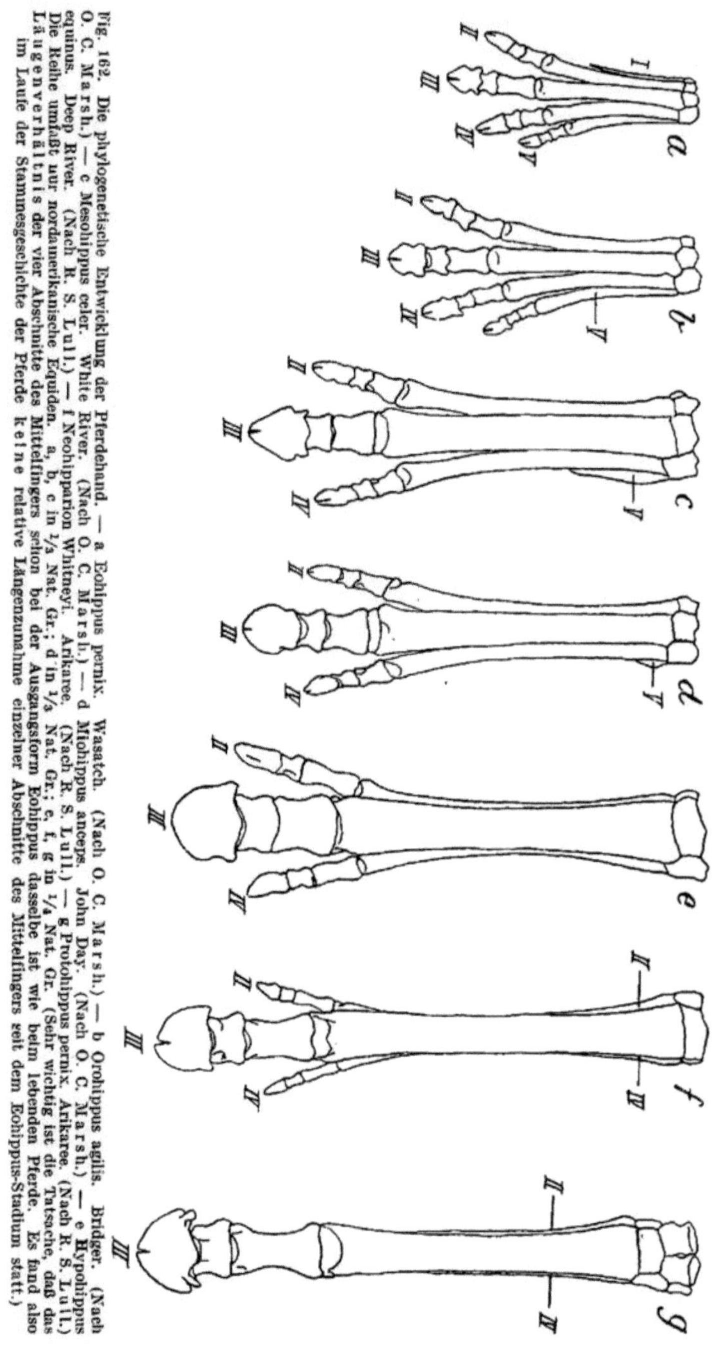

Fig. 162. Die phylogenetische Entwicklung der Pferdehand. — a Eohippus pernix. Wasatch. (Nach O. C. Marsh.) — b Orohippus agilis. Bridger. (Nach O. C. Marsh.) — c Mesohippus celer. White River. (Nach O. C. Marsh.) — d Miohippus anceps. John Day. (Nach O. C. Marsh.) — e Hypohippus equinus. Deep River. (Nach R. S. Lull.) — f Neohipparion Whitneyi. Arikaree. (Nach R. S. Lull.) — g Protohippus pernix. Arikaree. (Nach R. S. Lull.) Die Reihe umfaßt nur nordamerikanische Equiden. a, b, c in $\frac{1}{3}$ Nat. Gr.; d in $\frac{1}{3}$ Nat. Gr.; e, f, g in $\frac{1}{4}$ Nat. Gr. (Sehr wichtig ist die Tatsache, daß das Längenverhältnis der vier Abschnitte des Mittelfingers schon bei der Ausgangsform Eohippus dasselbe ist wie beim lebenden Pferde. Es fand also im Laufe der Stammesgeschichte der Pferde keine relative Längenzunahme einzelner Abschnitte des Mittelfingers seit dem Eohippus-Stadium statt.)

Die Reduktion ergriff jetzt die noch übrig gebliebenen Seitenstrahlen, also den zweiten und vierten; sie wurden kleiner und während der Mittelstrahl sich immer mehr zum Hauptstrahl herausbildete, verkürzten sich die Seitenstrahlen, welche den Boden beim Laufen nicht mehr berührten und funktionslos wurden. Dieses Stadium repräsentiert die Gattung

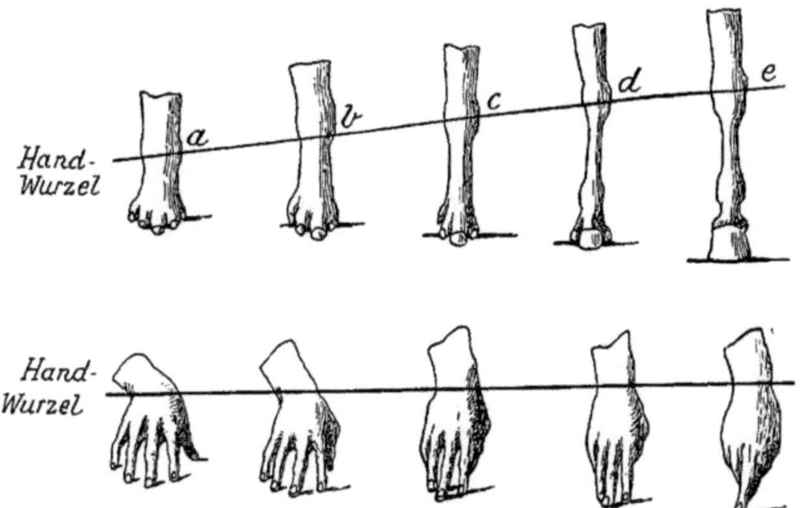

Fig. 163. Entstehung der monodaktylen Pferdehand (e) aus der pentadaktylen Urhuferhand (a) auf dem Wege Protohippus (b), Epihippus (c) und Mesohippus (d). Darunter eine menschliche Hand in den entsprechenden Stellungen. (Nach H. F. O s b o r n, 1910.)

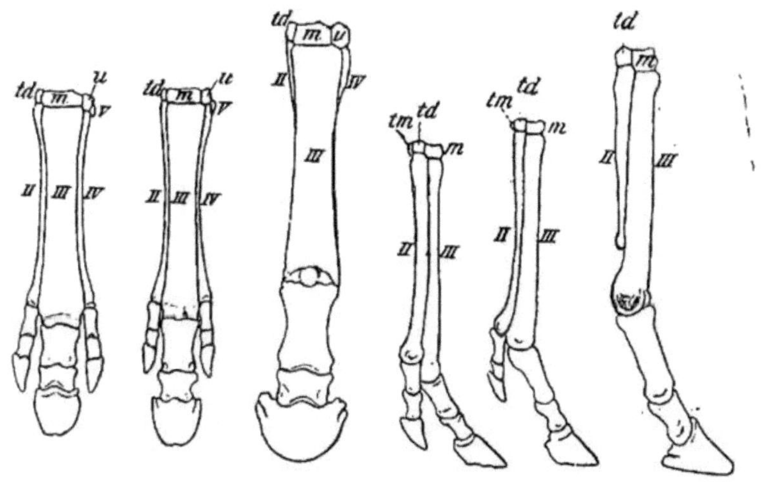

Fig. 164. Linke Hand von vorne (A, B, C) und innen (A', B', C') von Anchitherium (Miozän, A, A'), Hipparion (Unterpliozän, B, B') und Equus (C, C'). — Alle drei Gattungen eurasiatisch. (Nach A. G a u d r y.)

Proterotherium (Fig. 160) unter den Proterotheriden einerseits und Hipparion (Fig. 163, B, B') unter den Equiden anderseits.

Damit ist die Spezialisation der Zehen noch immer nicht abgeschlossen. Beim Pferde sind die beiden Seitenstrahlen ganz funktionslos geworden und liegen als lange, zarte Griffel dem Hinterrande des mittleren Metapodiums an. Aber das ist nicht der Abschluß der Anpassung; die bei Equus noch vorhandenen Metapodialrudimente des zweiten und vierten Strahls sind bei der jüngsten Proterotheridengattung aus der Santa-Cruz-Formation Patagoniens, Thoatherium, im Hinterfuße gänzlich verloren gegangen und im Vorderfuße bis auf zwei winzige Rudimente verkümmert. Das ist d a s E n d e der mesaxonischen Anpassungsreihe, das noch einen höheren Grad der Spezialisation repräsentiert, als wir ihn bei dem lebenden Pferde finden (Fig. 161).

Ich habe diese beiden Reihen, die Proterotheriden und Equiden, in den Vordergrund gerückt, weil sie in selten klarer Weise zeigen, daß sich in zwei nicht näher miteinander verwandten Stämmen infolge gleichartiger Funktion der Gliedmaßen durchaus parallele Umformungen vollziehen können. Und dieser Vergleich ist weiter deswegen von besonderem Interesse, weil er zeigt, daß die Spezialisation der Proterotheriden sehr rasch und zwar viel rascher als bei den Pferden schon im Miozän zu einer Spezialisationshöhe geführt hat, die bei den Pferden heute noch nicht erreicht ist.

Genau dieselben Erscheinungen wie bei den Proterotheriden und Pferden finden wir im Hand- und Fußskelett der anderen Perissodaktylen oder Unpaarhufer wieder. Es ist dieselbe Reduktion der Seitenzehen in verschiedenen Stämmen vor sich gegangen, nur hat sie z. B. beim Tapir oder Nashorn (Fig. 165) nicht den hohen Grad wie bei den schnelläufigen Proterotheriden und Pferden erreicht. Die plumperen Unpaarhufer, die sich nur gelegentlich laufend fortbewegen, verhalten sich in der Spezialisationshöhe ihrer Gliedmaßen zum Pferde ebenso wie das Flußpferd und Schwein zum Reh.

Fig. 165. Rechter Hinterfuß von Rhinoceros hundsheimensis Toula aus dem Plistozän der Hundsheimer Berge in Niederösterreich. (Nach F. T o u l a, 1902.) ¼ Nat. Gr.

Finger und Zehen der Paraxonier.

Der fundamentale Unterschied zwischen mesaxonischen und paraxonischen Formen macht sich schon in einem sehr frühen Stadium der Stammesgeschichte geltend.

Die Gabelung der durch Hand und Fuß laufenden Drucklinie in den dritten und vierten Hand- oder Fußstrahl hat sich schon sehr frühzeitig geltend gemacht. Und es ist sehr wichtig, daran festzuhalten, daß die systematische Teilung in Artiodactyla oder Paarhufer und Perissodactyla oder Unpaarhufer nicht nur auf dem Unterschied der Paraxonie und Mesaxonie basiert, sondern Hand in Hand geht

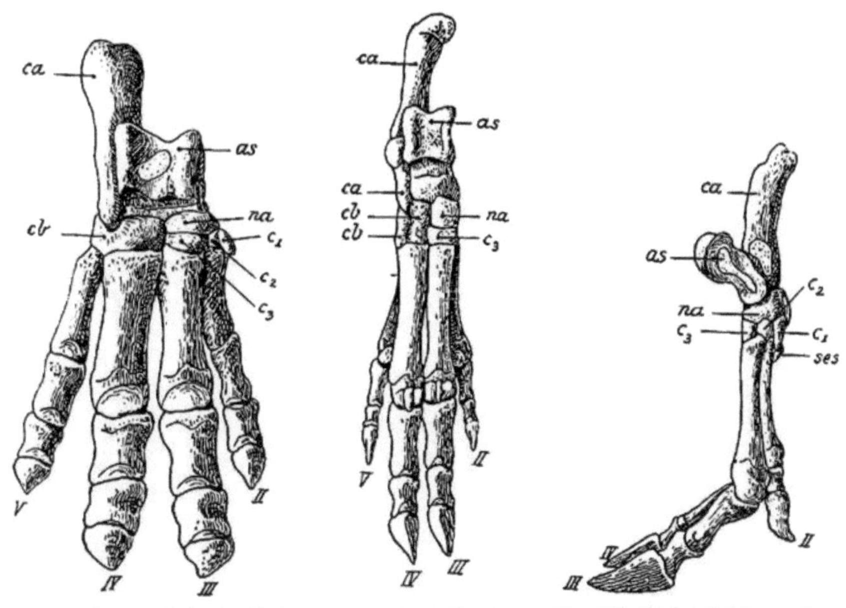

Fig. 166. Rechte Hand des Flußpferdes (Hippopotamus amphibius L.).

Fig. 167. Rechte Hand des Schweins (Sus scrofa L.)

Fig. 168. Rechte Hand von Dicotyles torquatus.

mit durchgreifenden Unterschieden des Gebisses und seiner Entwicklung.

Wir kennen nur einen Fall, in dem sich die Spezialisierung der Molaren bei einer mesaxonischen Gruppe in ähnlicher Weise wie bei einer paraxonischen vollzogen hat: das sind die Sirenen sowie die mit ihnen verwandten Proboscidier mit der Tetrabelodontidenreihe einerseits und die Suiden anderseits. Sonst sind die Molarenformen der mesaxonischen und paraxonischen Ungulaten durchaus verschieden.

In dem großen Stamm der Paarhufer hat sich die Spezialisation der Gliedmaßen innerhalb der einzelnen Familien sehr verschieden rasch vollzogen. Daher finden wir heute Paarhufer auf ganz verschiedener Spezialisationshöhe von Hand und Fuß und zwar können wir folgende Gruppen unterscheiden:

1. Die vier Finger und Zehen (II—V) ungefähr gleich stark, der dritte noch etwas länger als der vierte Strahl. Alle vier tragen die Körperlast gemeinsam. Gelenke ohne Laufkiele. (Beispiel: Hippopotamus.) (Fig. 166.)

2. Die zwei mittleren Strahlen verstärkt, aber noch frei; nur die beiden mittleren als Stützen funktionierend. Die Seitenzehen

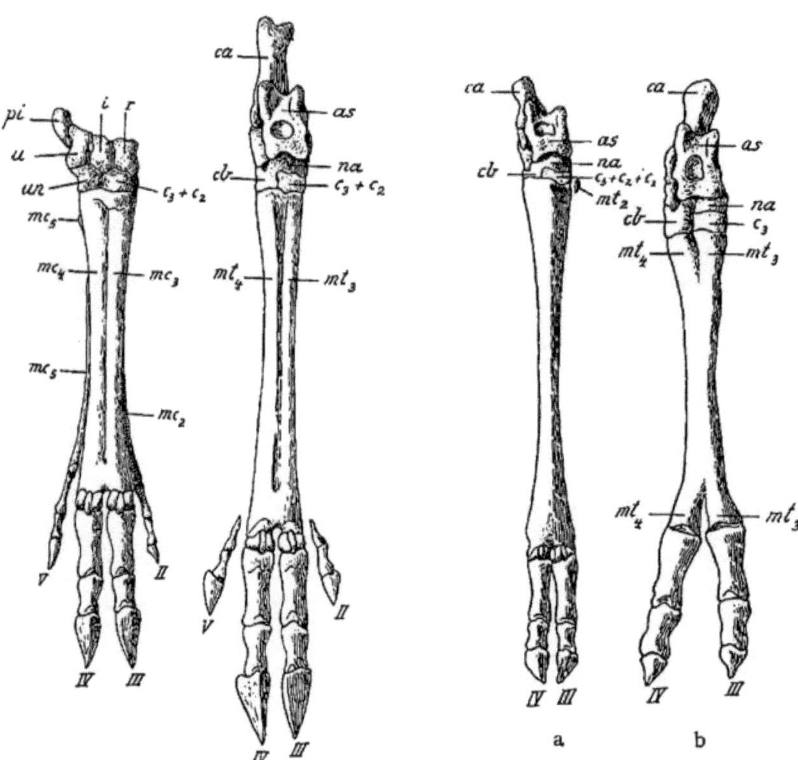

Fig. 169. Rechte Hand und rechter Fuß des Elchs (Cervus alces L.).

Fig 170. a Rechter Fuß der Giraffe (Camelopardalis giraffa). b Rechter Fuß des Kamels (Camelus bactrianus).

erreichen den Boden nicht mehr und sind nach hinten verschoben. Gelenke mit Laufkielen.

(Beispiel: Sus.) (Fig. 167.)

3. Die zwei mittleren Strahlen noch mehr verstärkt, im oberen Teile zu einem „Kanonenbein" verschmolzen; fünfte Zehe bis auf ein kurzes Stück des Metatarsale verkümmert. Gelenke mit starken Laufkielen.

(Beispiel: Dicotyles.) (Fig. 168.)

4. Die zwei mittleren Strahlen stark verlängert, der ganzen Länge nach zu einem Kanonenbein verschmolzen. Seitenstrahlen funktionslos, rudimentär. Gelenke mit starken Laufkielen. (Beispiel: Cervus, Fig. 169, Bos.)

5. Wie 4, aber die Seitenstrahlen spurlos verschwunden. Gelenke mit sehr starken Laufkielen. (Beispiel: Giraffa.) (Fig. 170.)

Diese fünf Stufen entsprechen aufeinanderfolgenden Anpassungssteigerungen innerhalb des Paarhuferstammes und sind daher nicht nur als eine Anpassungsreihe, sondern auch als eine Stufenreihe anzusehen. Von einer Ahnenreihe kann aber selbstverständlich dabei k e i n e Rede sein.

Der Metatarsus und Metacarpus des Schweins zeigt eine wichtige Erscheinung. Die Metapodien des dritten und vierten Strahls sind nicht gleich lang, sondern das vierte ist etwas länger als das dritte. Dieser Längenunterschied wird dadurch ausgeglichen, daß die Phalangen des dritten Strahls etwas länger sind und daß die Metapodien nicht in einer Ebene liegen.

Die R e d u k t i o n   d e r   S e i t e n s t r a h l e n ist bei den lebenden Artiodactylen nicht immer in gleicher Weise erfolgt. Entweder ist nur ein proximales Rudiment erhalten oder nur ein distales oder ein proximales u n d distales Rudiment jeder Seitenzehe. Selbst nahe verwandte Gattungen wie Reh und Edelhirsch verhalten sich in dieser Hinsicht ganz verschieden.

Bei allen l e b e n d e n Artiodactylen sind die mittleren Metapodien am Oberende so stark in die Breite entwickelt, daß sie die seitlichen, funktionslos gewordenen Metapodialrudimente

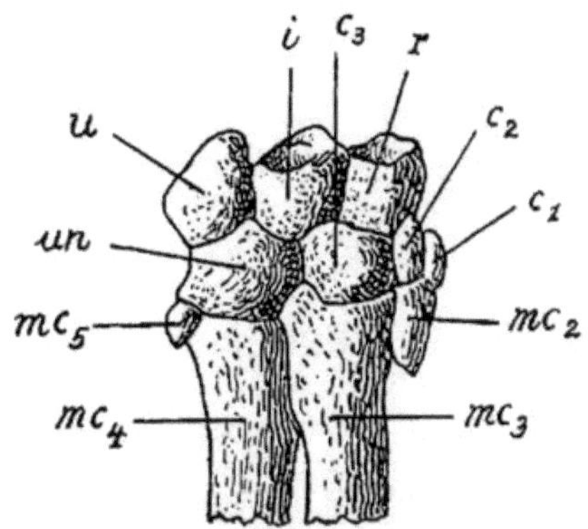

Fig 171. Rechte Handwurzel von Anoplotherium. (Nach W. K o w a l e v s k y.)

des zweiten und vierten Strahls ganz von der Artikulation mit dem Mesocarpus und Mesotarsus abgedrängt haben. Das ist bei einer Anzahl a u s g e s t o r b e n e r Paarhufer nicht der Fall.

Bei den fossilen Paarhufergattungen Entelodon, Xiphodon, Anoplotherium (Fig. 171), Diplobune, Diplopus usw. sind nämlich die Rudimente der Lateralstrahlen n i c h t von der Artikulation mit dem Carpus und Tarsus ausgeschlossen, sondern haben ihre ursprüngliche Lage hartnäckig beibehalten. Während bei den lebenden Artiodactylen wesentliche Verschiebungen zwischen Metapodium einerseits und Carpus oder Tarsus anderseits eingetreten sind, ist z. B. in der Hand von Anoplotherium oder Xiphodon nicht das ganze Carpale 3 (Magnum) vergrößert, sondern nur der Teil, der dem dritten Finger entspricht. „Der zweite Finger ist gänzlich, bis auf ein Rudiment reduziert; dieses Rudiment aber behält seine typischen Verhältnisse vollständig; so klein es ist, so haftet es doch wie bei dem tetradactylen Hippopotamus oder Hyopotamus an der ganzen distalen Fläche des Trapezoids und behält seine Facette am Os magnum."

„Das Trapezium bleibt dem Typus treu und hilft dieses unnütze Rudiment zu tragen. Bei Xiphodon sehen wir auch, daß, obgleich die ganze Extremität nur auf die Mittelfinger (III und IV) reduziert ist, dieselben samt den noch vorhandenen Rudimenten des II. und V. Fingers die gleichen Verhältnisse bewahren, wie im typischen tetradactylen Fuß. . . .

„Am Hinterfuß treffen wir absolut dasselbe, jedes Metatarsale hält hartnäckig an seinen Tarsalien und solange auch nur ein Rudiment eines Fingers bleibt, behält dasselbe seine typischen Beziehungen zu den Tarsalien." [1]

W. K o w a l e v s k y hat diese Reduktionsform der Seitenfinger und Seitenzehen bei Xiphodon, Anoplotherium u. s. f. als i n a d a p t i v e R e d u k t i o n der a d a p t i v e n R e d u k t i o n bei den heute noch lebenden Artiodactylenstämmen gegenübergestellt. In der Tat sind alle „inadaptiv reduzierten" Paarhufer schon im Tertiär völlig erloschen; sie waren, wie K o w a l e v s k y gezeigt hat, unfähig, sich zu erhalten und weiterzuentwickeln, weil die Druckverteilung in Hand und Fuß ungünstig war und die zu Knoten verkümmerten Rudimente die Sehnen am Gleiten hinderten. Wir kommen später noch auf diese Frage zurück, da sie in phylogenetischer Hinsicht von großer Bedeutung ist. Ich habe statt des Ausdrucks „inadaptive Reduktion" im Jahre 1907 den Ausdruck „f e h l g e s c h l a g e n e A n p a s s u n g" angewendet. [2]

Umformungen des Carpus und Tarsus bei fortschreitender Anpassung an die Digitigradie.

Der Carpus der Paraxonier und Mesaxonier ist verschieden gebaut. Ursprünglich aus demselben Typus hervorgegangen, hat er sich ganz verschieden entwickelt und zwar läßt sich nachweisen, daß die verschiedenen Druckverhältnisse in der Hand die Verschiebungen und Umformungen bewirkt haben, die namentlich den Mesocarpus betreffen.

---

[1] W. K o w a l e v s k y: Monographie der Gattung Anthracotherium etc. — Palaeontographica, N. F. II (3), XXII. Bd., 1874, p. 166—167.

[2] O. A b e l: Aufgaben und Ziele der Paläozoologie. — Verh. k. k. zool.-bot. Ges. Wien, LVII. Bd., 1907, p. (77).

Wenn wir das Schema der Unpaarhuferhand betrachten, so sehen wir, daß die Extremitätenachse durch das Intermedium (i), das Carpale 3 oder Magnum (c₃) und durch alle Elemente des dritten Fingers läuft.

In der Paarhuferhand läuft die Extremitätenachse (A) gleichfalls durch das Intermedium, geht aber dann, sich gabelnd, durch das Unci-

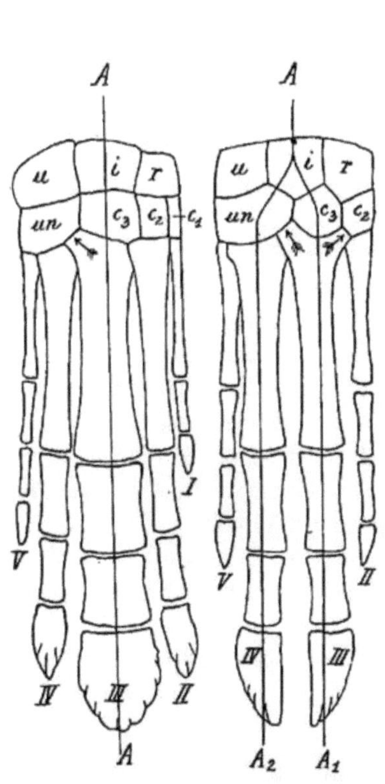

Fig. 172. Schematische Darstellung des Achsendruckes (A) in der Hand eines Unpaarhufers (links) und eines Paarhufers (rechts). Die Pfeile deuten die Richtung an, in welcher sich die Metacarpalia in den Mesocarpus verkeilen.

Fig. 173. Rechte Hand und ihre obere Gelenkfläche (obere Fig.) von Rhinoceros hundsheimensis Toula aus dem Plistozän der Hundsheimer Berge in Niederösterreich. (Nach F. Toula, 1902.) ¼ Nat. Gr.

forme oder Carpale 4+5 (un) sowie den vierten Finger einerseits und das Magnum (c₃) und den dritten Finger anderseits (A₁, A₂).

Durch die Feststellung dieser Tatsache wird ohne weiteres verständlich, warum das Carpale 3 bei den Unpaarhufern und Paarhufern eine ganz verschiedene Lage besitzt. (Fig. 172.)

Sehr wichtig und erst von H. F. O s b o r n eingehender berücksichtigt ist die Art der Verkeilung der Metacarpalia untereinander und mit dem Mesocarpus.

Bei Paarhufern und Unpaarhufern liegen die Metacarpalia nicht frei nebeneinander unter dem Carpus, sondern entsenden nach oben und außen, also gegen den Ulnarrand hin einen Keil, mit dem sie sich zwischen das benachbarte Metacarpale und den Mesocarpus einschieben.

Bei den Unpaarhufern ist dies besonders stark beim dritten Metacarpale, also einem Abschnitte der Hauptstütze des Armes, ausgeprägt; bei den Paarhufern sehen wir diese Verkeilung auch am vierten Metacarpale. Hier entsendet das dritte Metacarpale aber auch gegen den Radialrand einen Keil, so daß es mit drei Knochen des Mesocarpus in Verbindung tritt.

Man bezeichnet die Anordnung des Unpaarhufercarpus, wie sie in dem Schema Fig. 172 (links) dargestellt ist, als s e r i a l e, die des Paarhufercarpus in Fig. 172 (rechts) als a l t e r n i e r e n d e.

Einen serialen Carpus besitzt unter den lebenden Huftieren der Elefant und der Klippdachs, die beide mesaxonisch sind. Bei fossilen, älteren Ungulaten ist diese Anordnung häufiger.

Der seriale Bau ist aber keineswegs mit der Mesaxonie unzertrennlich verbunden. Wir brauchen nur das Handskelett von Nashorn und Tapir zu betrachten, um uns vom Gegenteil zu überzeugen. (Fig. 173.)

Bei Rhinoceros und Tapir sehen wir, daß der Carpus von einer schrägen Ebene durchschnitten wird, die vom Radialrande schräge und quer durch den Carpus bis zu seinem ulnaren Ende verläuft. Oberhalb dieser Ebene liegen: Intermedium, Ulnare, Unciforme und Pisiforme, unterhalb alle übrigen Knochen des Carpus und der Metacarpus. Das Carpale 3 (Magnum) liegt in einer tiefen Grube am Oberende des dritten Metacarpale.

Man hat früher die Meinung vertreten, daß die seriale Anordnung der alternierenden vorausgegangen ist und daß also der alternierende Carpus ein modifizierter serialer sei.

W. D. M a t t h e w hat aber nachgewiesen, daß Carpus und Tarsus der Creodontier nicht serial gewesen sind und daß der seriale Bau eine sekundäre Veränderung darstellt.

Die Phylogenie der Proboscidier bestätigt diese Beobachtungen und Schlüsse. Der Carpus von Tetrabelodon entspricht noch dem alternierenden Typus, während der indische Elefant eine rein seriale Anordnung zeigt.

Im Verlaufe der fortschreitenden Anpassung an die Digitigradie treten aber weitere wesentliche Veränderungen im Carpus ein. Bei den hochspezialisierten Pferden besteht der Carpus aus dünnen Platten, die nach den Seiten sehr stark zurückgebogen sind. Das hängt nicht nur mit der aufrechten Stellung des Mittelfingers, sondern auch mit dem Schwunde der Seitenfinger innig zusammen; ursprünglich in einer Fläche liegend und mit allen fünf Mittelhandknochen artikulierend, wird das mittlere Metacarpale mehr und mehr zum alleinigen Träger der Körperlast und verdrängt die Metacarpalrudimente von der Gelenkfläche des Mesocarpus. Schritt für Schritt lassen sich diese Umformungen verfolgen; Procarpus und Mesocarpus werden immer niederer und der Mesocarpus schließlich eine breite, flache Scheibe, die aus drei Elementen (Unciforme, Magnum oder Carpale 3 und dem Trapezoid oder Carpale 2) besteht.

Verschmelzungen und Verwachsungen treten bei fortschreitender Anpassung an die Digitigradie namentlich im T a r s u s der Huftiere auf. Beim Pferde sehen wir im Tarsus dieselbe Erscheinung wie im Carpus; das Naviculare sowie die Knochen des Mesotarsus sind stark komprimiert. Unter den Paarhufern findet bei allen Wiederkäuern eine Coossifikation des Cuboids mit dem Naviculare statt und mitunter, wie bei manchen Hirschen (Cervulus und Pudua) und bei Hyomoschus, sind die auch bei Wiederkäuern verschmolzenen beiden Cuneiformia 2 und 3 mit dem Naviculare und Cuboid zu einer einheitlichen, großen Masse verwachsen, so daß dann nur mehr v i e r freie Tarsalknochen vorhanden sind: Calcaneus, Astragalus, Cuboid + Naviculare + Cuneiforme 3 + Cuneiforme 2; Cuneiforme 1.

Bei jenen Formen unter den Paarhufern, deren Tarsus weitgehende Verschmelzungserscheinungen zeigt, treten solche auch im C a r p u s auf und zwar verwächst hier das Carpale 3 (Magnum) mit Carpale 2 (Trapezoid). Das Schema derartig gebauter Tarsen und Carpen ist folgendes (nach Max W e b e r):

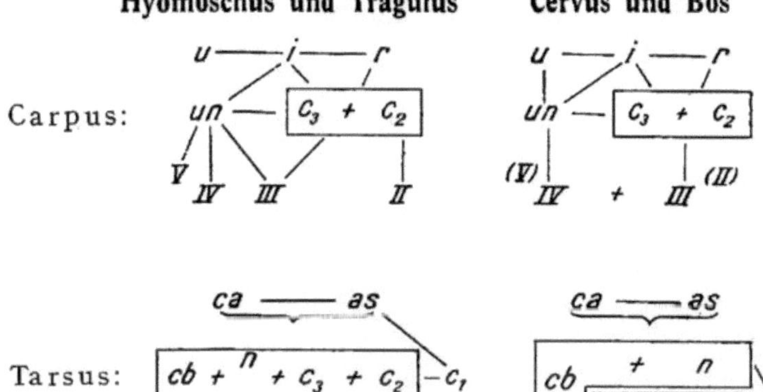

E r k l ä r u n g:

C a r p u s: u = Ulnare, i = Intermedium, r = Radiale, un = Unciforme, c_3 = Carpale 3 (Magnum), c_2 = Carpale 2 (Trapezoid).

T a r s u s: ca = Calcaneus, as = Astragalus, cb = Cuboid, n = Naviculare, c_3, c_2, c_1 = Tarsale s. Cuneiforme 3—1.

Die G e l e n k v e r b i n d u n g e n sind durch einfache Striche, V e r s c h m e l z u n g e n durch + Zeichen und Umrahmungen, R e d u k t i o n e n durch Klammern (V), (II) bezeichnet.

Bei den Pferden tritt mitunter im Tarsus eine Verschmelzung von Tarsale 1 und 2 (Ento- und Mesocuneiforme) ein.

Bei den Carnivoren verschmelzen in der Handwurzel Intermedium, Radiale und Centrale zu einem einzigen, sehr großen Knochen. Diese Verschmelzung kann nicht auf dieselben Ursachen zurückgehen wie jene bei Cervus, Bos, Hyomoschus u. s. f., da auch die Bären, welche immer plantigrad geblieben sind, dieselbe Verschmelzung wie Hund und Wolf zeigen. Diese Frage bedarf noch einer Aufklärung.

Daß der Tarsus der Paarhufer und Unpaarhufer in mechanischer Hinsicht ganz verschieden funktioniert, zeigt schon ein Vergleich der Formen des A s t r a g a l u s. Bei allen Unpaarhufern besitzt der Astragalus eine untere, ebene Gelenkfläche gegen das Naviculare, eine sehr kleine äußere, senkrecht stehende Fläche für das Cuboid und eine meist sehr tief ausgehöhlte Rolle für die Tibia auf der Oberseite. Namentlich bei den Pferden und den jüngeren Proterotheriden ist die Rinne der Astragalusrolle, in welcher die Tibia läuft, sehr tief ausgehöhlt und zwar dient diese Vertiefung zur stärkeren

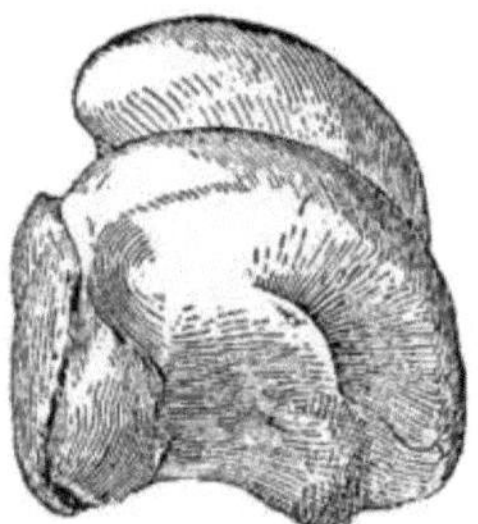

Fig. 174. Rechter Astragalus des Pferdes, schräge von innen gesehen. (Nach A. Gaudry, 1906.) ½ Nat. Gr.

Fig. 175. Rechter Astragalus einer Gazelle, schräge von innen gesehen. (Nach A. Gaudry, 1906.) ½ Nat. Gr.

Verfestigung und Vermeidung einer Dislokation des Sprunggelenks. (Fig. 174.)

Bei den Paarhufern ist dagegen der Astragalus ganz anders als bei den Unpaarhufern gebaut. (Fig. 175.) Hier findet sich auch in der distalen Hälfte des stark verlängerten Sprungbeins eine Rolle, deren äußere Hälfte mit dem Cuboid und deren innere mit dem Naviculare artikulirt. Der ganze Tarsus ist überhaupt viel kompakter als bei den Perissodactylen. Es ist gewiß kein Zufall, daß wir diesen Fußbau gerade bei den schnellfüßigen Huftieren antreffen; der verschiedenartige Bau des Tarsus bei den schnellfüßigen Pferden beweist jedoch, daß der Bau des Artiodactylentarsus nicht die e i n z i g e Tarsusform ist, die ein schnelles Laufen ermöglicht.

Die Reduktion der Ulna und Fibula bei den digitigraden Huftieren.

Die Ulna ist nur bei den primitiveren Ungulaten als selbständiger Knochen erhalten. In dem Maße als die Anpassung an die Digitigradie fortschreitet, vermindert sich die Bedeutung der Ulna als Stütze des Humerus; sie verkümmert oder verschmilzt mit dem Radius. Das erstere ist bei allen Wiederkäuern der Fall, wo das Ulnarudiment an den Radius anwächst; beim Pferde ist nur mehr das oberste Ende der Ulna mit dem Olecranon vorhanden, das ein Ausspringen des Humerus aus dem Ellbogengelenk verhindert; beim Kamel verschmilzt Radius und Ulna der ganzen Länge nach.

Ebenso wie bei den schnellfüßigen Huftieren im Unterarme der Radius die Körperlast allein übernimmt, ist dies im Unterschenkel mit der Tibia der Fall, während die Fibula verkümmert. Beim Pferde bleibt schließlich nur ein am oberen Tibiaende befestigtes, frei herabhängendes, dünnes Griffelrudiment von der Fibula übrig; bei den Wiederkäuern ist mitunter ein proximaler Griffel vorhanden, der in einigen Fällen ganz fehlt, während ein distales Fibularudiment sich in das Tibiaende fest verkeilt und als Os malleolare an der Artikulation mit dem Astragalus noch einen wesentlichen Anteil nimmt. (Fig. 176.)

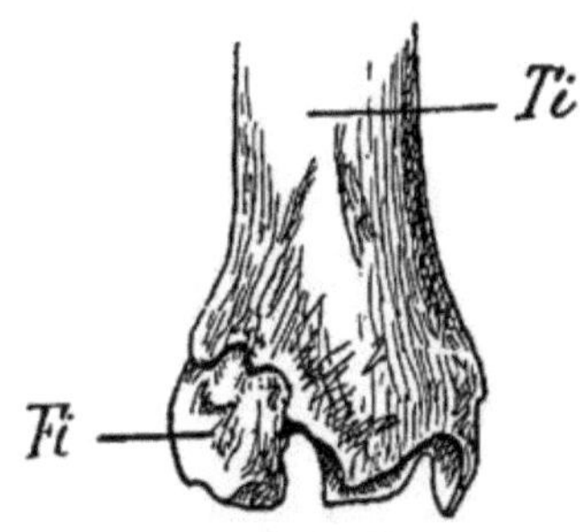

Fig. 176. Die rechte Fibula (Fi) des Hirsches, am Schienbein (Ti) einlenkend. (Nach W. H. Flower.) ½ Nat. Gr.

Die Reduktion der Endphalangen bei einzelnen Schreittieren.

Einzelne Schreittiere besitzen verkümmerte Endphalangen. Diese

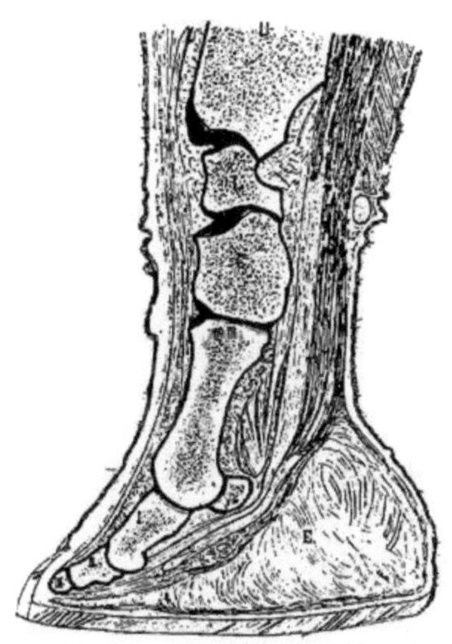

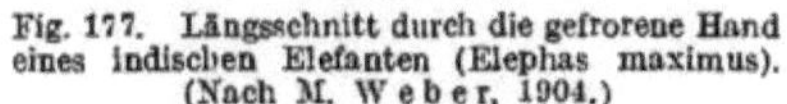

Fig. 177. Längsschnitt durch die gefrorene Hand eines indischen Elefanten (Elephas maximus). (Nach M. Weber, 1904.)

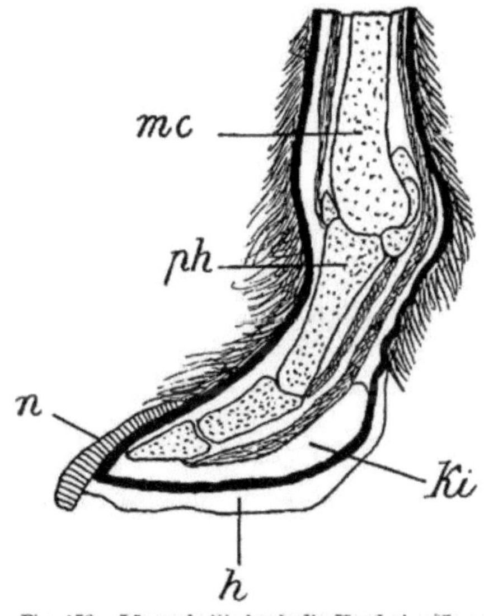

Fig. 178. Längsschnitt durch die Hand eines Lama (Auchenia glama). mc = Metacarpus, ph = Endphalange, n = Huf, h = Hornsohle, Ki = elastisches Kissen aus Bindegewebe. (Nach M. Weber, 1904.)

Erscheinung ist darum auffallend, weil es Formen sind, die digitigrad sind, das heißt mit erhobenen Metapodien gehen und man eigentlich erwarten sollte, daß infolge der stärkeren Inanspruchnahme der Finger das Gegenteil einer Reduktion, nämlich eine Verstärkung hätte eintreten müssen.

Eine genauere Untersuchung derart gebauter Gliedmaßen zeigt allerdings, daß dieselben zwar als digitigrade zu bezeichnen sind, daß aber der durch die Extremität gehende Druck nicht in den Fingerspitzen endet, sondern von einem Sohlenkissen aufgefangen wird, das sich wie ein Keil unter die Finger oder Zehen schiebt, so daß diese in der Tat fast drucklos sind. Besonders klar sehen wir das beim Elefanten.

Bei oberflächlicher Betrachtung scheint der Elefant ein Sohlengänger zu sein. Ein Schnitt durch eine gefrorene Elefantenhand zeigt

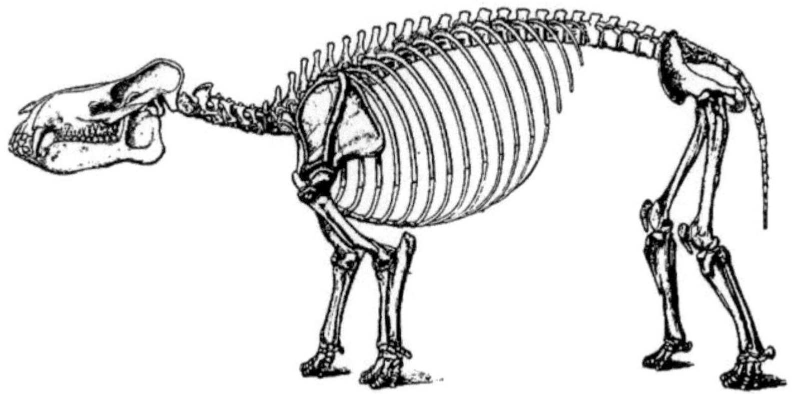

Fig. 179. Rekonstruiertes Skelett von Coryphodon hamatum. Wasatch (Eozän), Wyoming. (Nach O. C. Marsh.)

jedoch sofort in klarster Weise, daß der Elefant auf den Fingerspitzen steht, die aber außerordentlich schwach und nicht imstande sind, die gewaltige Körperlast zu tragen (Fig. 177).

Der eigentliche Träger des Armes ist ein weiches Sohlenkissen, das aus elastischem Bindegewebe besteht und sich in der Form einer Orangenspalte wie ein Keil unter die Finger einschiebt. Dieses weiche Kissen bedingt den lautlosen, weichen Tritt des Elefanten, dessen gewaltiger Körper auf vier elastischen Stoßkissen aufruht.

Eine ganz ähnliche Erscheinung bietet der Fuß der Kamele. (Fig. 178.)

Auch hier ist die Endphalange beider Mittelfinger und beider Mittelzehen verkümmert und unter die Phalangen ist ein elastisches Sohlenkissen eingeschoben, so daß jede Gliedmaße auf zwei Polstern aufruht. Auch hier bedingt dieses elastische Kissen den ruhigen, lautlosen Tritt wie beim Elefanten; es ist ähnlich wie bei diesem verbreitert.

Genau dieselben Erscheinungen in der Reduktion der Endphalangen

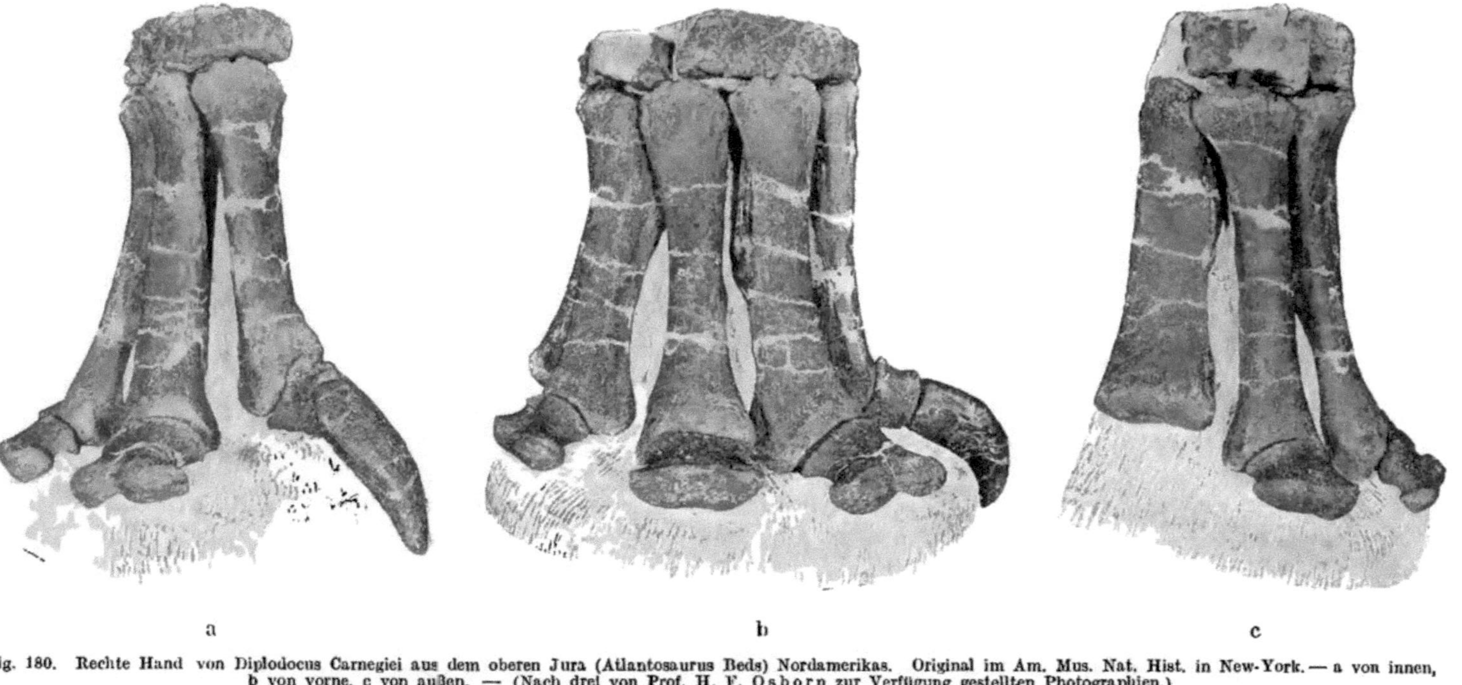

Fig. 180. Rechte Hand von Diplodocus Carnegiei aus dem oberen Jura (Atlantosaurus Beds) Nordamerikas. Original im Am. Mus. Nat. Hist. in New-York. — a von innen, b von vorne, c von außen. — (Nach drei von Prof. H. F. Osborn zur Verfügung gestellten Photographien.)

treffen wir auch bei einem ausgestorbenen Unpaarhufer des amerikanischen Eozäns, Coryphodon hamatum. (Fig. 179.)

Ähnliche Rückbildungen finden wir auch in der Hand einzelner
der großen sauropoden Dinosaurier aus den Atlantosaurus-Beds (obere
Juraformation) Nordamerikas und zwar bei Morosaurus, Brontosaurus
und Diplodocus. Ich habe schon an anderer Stelle diese Verhältnisse
eingehend geschildert [1]) und muß trotz der abweichenden Anschauungen,
die über die D i g i t i g r a d i e von Diplodocus geäußert worden sind [2]),
daran festhalten, daß der ganze Bau der Diplodocushand, namentlich
die Stellung der Metacarpalia unter dem Carpus und die Reduktion
der Endphalangen beweist, daß dieses Reptil eine nach dem Typus
der Elefanten gebaute Hand besaß, die von einem elastischen Sohlenkissen
gestützt wurde. Diese Tatsache —und die Verhältnisse des Handskeletts
lassen nun einmal keine andere Deutung zu — beweist aber weiter,
daß der Arm aufrecht gehalten wurde. Da im Fuße ganz ähnliche Verhältnisse, wenn auch weit nicht so stark wie in der Hand ausgeprägt
vorliegen, so müssen wir daran festhalten, daß Diplodocus ein Dinosaurier
war, der mit aufrecht und steil stehenden Gliedmaßen einherschritt,
wie dies auch aus einer Reihe anderer Skelettmerkmale mit voller
Sicherheit hervorgeht. (Fig. 182, 183.)

Bei Brontosaurus und Diplodocus trägt nur der Daumen zwei
Phalangen (eine Grundphalange und die Krallenphalange), alle übrigen
vier Finger nur die Grundphalange; höchstens hat noch der zweite
Finger eine rudimentäre Krallenphalange besessen, was aber nicht
wahrscheinlich ist. Die Daumenkralle war transversal nach innen
gerichtet. (Fig. 180.)

Die Metacarpalia ruhen bei Diplodocus und Brontosaurus fast
dem Boden auf; aus der Stellung und Neigung der distalen Gelenkflächen der Metacarpalia ergibt sich, daß die Grundphalangen in einem
stumpfen Winkel mit den Metacarpalia artikulierten.

---

[1]) O. A b e l: Neuere Anschauungen über den Bau und die Lebensweise
der Dinosaurier. — Verh. k. k. zool.-bot. Ges. Wien, Bericht der Sekt. f. Paläozoologie vom 16. XII. 1908; LIX. Bd., 1909, p. (117). — Die Rekonstruktion
des Diplodocus. Abhandl. k. k. zool. bot. Ges. in Wien, V. Bd., 3. Heft, Jena,
1910.

[2]) O. P. H a y: On the Habits and the Pose of the Sauropodous Dinosaurs,
especially of Diplodocus. — Amer. Natur., XLII. No. 502, Octob. 1908, p. 672. —
On the Manner of Locomotion of the Dinosaurs, especially Diplodocus, with
Remarks on the Origin of the Birds. — Proc. Washington Acad. of Sciences, XII,
No. 1, Febr. 15, 1910, p. 1. —
G. T o r n i e r: Wie war der Diplodocus Carnegiei wirklich gebaut?
Sitzgsb. Ges. naturf. Freunde, Berlin, 1909, p. 293. — War der Diplodocus
elefantenfüßig ? Ibidem, p. 536. — Über und gegen neue Diplodocus-Arbeiten. —
Monatsber. Deutsch. Geol. Ges., 62. Bd., 1910, p. 536. — O. J a e k e l: Die
Fußstellung und Lebensweise der großen Dinosaurier. — Ibidem, p. 270.

Fig. 181. Rekonstruiertes Skelett von Brontosaurus im Amer. Mus. Nat. Hist. in New-York. (Nach einer von Prof. H. F. Osborn zur Verfügung gestellten Photogr.)

Fig. 182. Rekonstruktion des Diplodocus Carnegiei Hatcher aus dem oberen Jura (Atlantosaurus Beds) Nordamerikas. Gesamtlänge etwa 22 Meter.

Vor allem wichtig zur Beurteilung der Armstellung ist die Tatsache, daß die Metacarpalia in Bogenform unter dem Carpus standen, wie dies in der von H. F. Osborn durchgeführten Montierung ganz richtig zum Ausdrucke kommt. Die Metacarpalia divergieren nur ganz unbedeutend und stehen fast parallel, so daß der Metacarpalabschnitt der Hand einen Kegelstumpf als Träger des Armes bildet.

Die Metacarpalia von Diplodocus und Brontosaurus sind viel schlanker und länger als die Metatarsalia. (Fig. 183, 181).

Die Extremitätenachsen gingen in Hand und Fuß nicht durch den Mittelfinger und die Mittelzehe, sondern durch den Außenrand von Hand und Fuß, so daß der Oberrand der Metapodialgelenke an der Außenseite tiefer lag als an der Innenseite von Hand und Fuß.

Die Verkümmerung der Phalangen ist im Hinterfuß nicht so weit vorgeschritten

wie im Vorderfuß; die zwei äußeren
Zehen waren bei Brontosaurus krallenlos,
die dritte Zehe hatte v i e r , die zweite
d r e i , die erste z w e i Phalangen. Die
vierte Zehe trug z w e i und die fünfte nur
e i n e Phalange. Der Fuß von Diplodocus
war ähnlich gebaut, aber an der Außenseite noch stärker reduziert als bei Brontosaurus.

Derartige Reduktionserscheinungen in
Verbindung mit der geschilderten Steilstel-
lung der Metapodien, besonders in der Hand,
zwingen zu der Annahme, daß Hand und
Fuß von Brontosaurus, Diplodocus und wohl
auch der übrigen nach demselben Typ gebauten Sauropoden ein e l a s t i s c h e s
S o h l e n k i s s e n besaß.

Dasselbe müssen wir auch für das eozäne
Coryphodon hamatum sowie alle übrigen
großen Ungulaten annehmen, deren Fußskelett nach dem Typus der Elefanten gebaut war wie z. B. Dinoceras, Uintatherium
usw., deren Phalangen gleichfalls Reduktionserscheinungen aufweisen.

Der allgemeine Charakter des Gliedmaßen-skelettes schnellfüßiger Formen.

Wenn wir die Extremitätenskelette der
Huftiere untereinander vergleichen, so werden wir trotz aller Verschiedenheiten, die
durch die divergente Entwicklung der einzelnen Stämme bedingt sind, bei verschiedenen
Gruppen der schnellfüßigen Huftiere manche
gemeinsame Züge im gesamten Skelettbau
herausfinden.

Die vergleichende Analyse des Skelettbaues und der Lebensweise zeigt sehr bald,
daß diese gemeinsamen Züge des Skelettbaues durch gleichartige Anpassungen an
dieselbe Bewegungsart bedingt sind. Schwerfällig gebaute, plumpe Formen treten uns
neben schlanken, zartfüßigen Tieren gegenüber; und dieselben Vorgänge, welche zu den

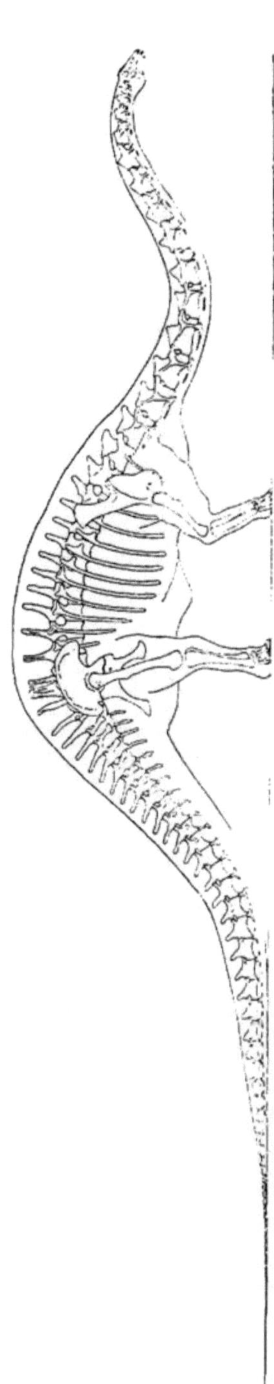

Fig. 183. Rekonstruktion des Skelettes von Diplodocus Carnegiei Hatcher (Körperlänge etwa 22 m) aus den Atlantosaurus Beds von Wyoming, Nordamerika. (O. Abel, 1909.)

Anpassungen der lebenden Formen geführt haben, treten in den Resten der fossilen Wirbeltiere in klarer Weise zutage. Immer hat die Gewohnheit, auf Steppen dahinzujagen, zu der Ausbildung schlanker, zartfüßiger Schnelläufer geführt, während das Leben im Sumpfe und dichten Buschwäldern, das mit langsamer Gangart verbunden ist, in der Gegenwart und Vorzeit die Entstehung ähnlich gebauter plumper, schwerfälliger Schreittiere begünstigt hat.

Die Übereinstimmungen in der Anpassung an schnelles Laufen bestehen in folgenden Merkmalen:

1. Verlängerung der Gliedmaßenabschnitte, namentlich der Metapodien.
2. Aufrichten des Carpus und Tarsus über dem Boden, wobei die Finger und Zehen zu den Trägern der Körperlast werden.
3. Verkümmern der Seitenzehen unter gleichzeitiger Verstärkung von einer oder zwei Mittelzehen bezw. Mittelfingern.
4. Ausbildung von Laufkielen in den Fingergelenken.
5. Vertiefung der oberen Astragalusrolle.
6. Anordnung der Carpalia und Tarsalia in Bogenform über dem dritten oder dem dritten und vierten Metapodium.
7. Reduktion der Ulna.
8. Reduktion der Fibula.
9. Allgemeine Verfestigung aller Gliedmaßengelenke und Begrenzung ihrer Bewegungsfähigkeit auf die sagittale Ebene.
10. Verschmelzung der beiden mittleren Metapodien zu einem Kanonenbein bei Paarhufern.
11. Verdrängung der rudimentären, lateralen Metapodien von der Gelenkung mit Carpus und Tarsus durch die stark in die Breite wachsenden Hauptträger der Gliedmaßen (drittes Metapodium bei Unpaarhufern, drittes und viertes bei Paarhufern).
12. Reduktion der außer Dienst gestellten lateralen Finger und Zehen zu Griffelbeinen, aber nicht zu irregulären Knoten.

Wenn wir diese Merkmale bei fossilen Formen antreffen, so können wir dieselben mit voller Sicherheit als schnelle Läufer bezeichnen. Die allgemeine Übereinstimmung im Gliedmaßenbau der Proterotheriden und Equiden ist so groß, daß wir die auf das Tertiär Südamerikas beschränkten Proterotheriden als die ethologischen Vertreter der in Südamerika erst im Plistozän eingewanderten Equiden betrachten müssen. Die Proterotheriden haben aller Wahrscheinlichkeit nach dieselben Lebensgewohnheiten wie die Pferde besessen und nur eines hat ihnen wahrscheinlich gefehlt: die Fähigkeit, sich erfolgreich gegen die Angriffe von Raubtieren wehren zu können.

Südamerika ist im Tertiär frei von großen Raubtieren gewesen; unbehindert konnten sich die im frühen Alttertiär eingewanderten

Ungulaten in den weiten Ebenen Südamerikas zu einer Blüte entfalten, die sie an keiner anderen Stelle der Erdoberfläche jemals erreichten. Aber diese verweichlichte Pflanzenfresserfauna mußte untergehen, als im Pliozän nach Herstellung der Landverbindung mit Nordamerika die nordamerikanische Säugetierwelle und mit ihr das Heer der Raubtiere in den früher raubtierlosen Kontinent einbrach. Die verweichlichte, kampfschwache Huftierfauna erlosch in kurzer Zeit; nur die im Kampfe gegen die Raubtiere abgehärteten neuen Einwanderer konnten sich behaupten und die Stelle der untergegangenen Arten erobern.

Abnormale Stellungen von Hand und Fuß beim Schreiten.

Eine große Zahl verschiedener Wirbeltiere hat infolge weitgehender

Fig. 184. Testudo pardalis. Bell. ♂. Harrar, Abessinien. Hofmuseum in Wien. (Phot. Ing. F. Hafferl.)

Anpassung an bestimmte, verschiedene Bewegungsarten so durchgreifende Veränderungen des Hand- und Fußskelettes erlitten, daß ein Schreiten auf dem Lande vielfach ganz unmöglich geworden ist wie bei den Ichthyosauriern, Mosasauriern, Plesiosauriern, Walen und Sirenen; manche können sich, wenn auch nur sehr mühselig und nicht eigentlich kriechend oder schreitend fortbewegen wie der Lamantin, der Seehund und die Ohrenrobbe. Hier spielen die Arme nicht mehr die Rolle wie bei den vierfüßigen Landwirbeltieren, sondern werden höchstens noch wie Krücken gebraucht, zwischen denen der Körper nachgezogen wird (z. B. bei Otaria).

Andere Anpassungen haben den Bau der Gliedmaßen so weit verändert, daß zwar noch ein Schreiten möglich ist, aber nicht mehr in der ursprünglichen Weise. Entweder wird die Hand mit eingeschlagenen Fingern auf dem Handrücken und der Fuß auf der Außenkante aufgesetzt, wie wir dies beim Schimpanse sehen können, oder die Hand wird beim Gehen auf die verlängerten Krallenspitzen aufgestützt wie bei Tolypeutes tricinctus, der von der grabenden, höhlenbewohnenden Lebensweise sekundär zur rein terrestrischen, schreitenden und laufenden übergegangen ist; die Tamandua geht äußerst unbeholfen auf dem Außenrande der Hand; der Yurumi (Myrmecophaga jubata) klappt beim Gehen die gewaltigen Scharrkrallen zurück und geht auf einer großen Schwiele

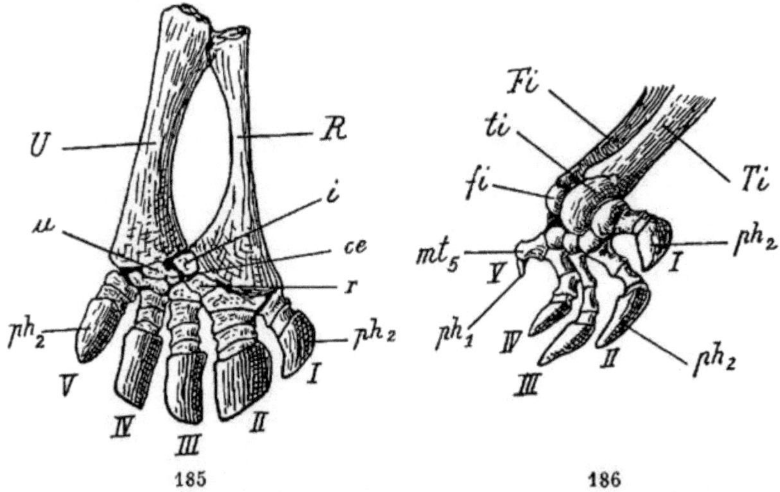

Fig. 185 und 186. Hand (Fig. 185) und Fuß (Fig. 186) einer grabenden Schildkröte: Testudo polyphemus Daud. ♀. Rechte Hand von der Dorsalseite, linker Fuß von der Palmarfläche gesehen. ce = Centrale, ph = Phalangen; andere Abkürzungen wie früher. — Etwas kleiner als Nat. Gr. (Original im Hofmuseum in Wien.)

an der Außenseite der Hand. Die hochgradig an das Hängen im Gezweige adaptierten lebenden Faultiere stützen sich beim Gehen oder eigentlich Vorwärtsschieben auf die Ellbogen und ziehen die Fußkrallen nach innen ein, während sie die Zehen in die Höhe strecken. Die meisten zu Grabtieren gewordenen Xenarthra gehen in derselben Weise wie der Ameisenbär. Auch die großen fossilen Gravigraden Südamerikas, welche sekundär zu Schreittieren geworden sind, gingen auf der Außenseite der Hinterfüße und, soweit sie tetrapod und nicht biped waren, auch auf der Außenseite der Hände.

Sehr merkwürdig ist die Hinterfußstellung der Schnabeligel. Echidna und Proechidna haben die Zehen nach hinten gerichtet, so daß der Fuß mit der Dorsalfläche auf dem Boden schleift und seine Sohlenseite nach oben kehrt. Diese Fußstellung ist durch die hochgradige Anpassung der Extremitäten an die grabende Lebensweise bedingt.

Auch die Fledermäuse, welche sich auf dem Erdboden nur äußerst unbeholfen fortbewegen können, haben die Zehen nach hinten gerichtet, doch ist in diesem Falle die Dorsalseite des Fußes nach oben gekehrt. Der Fuß erscheint also in der Horizontalebene um 180 Grad gedreht, eine Anpassung an das Aufhängen an den Hinterbeinen. Beim Gehen haken sich die Fledermäuse mit der Daumenkralle in den Boden und ziehen den Körper nach.

Endlich ist noch etwas über die Gangart der Schildkröten zu sagen.

Die eigentümliche Verdrehung der Gliedmaßenabschnitte bei den Schildkröten, die besonders bei den Arten der Gattung Testudo sehr ausgeprägt ist, hängt damit zusammen, daß die Oberarme nicht in der gleichen Ebene wie bei anderen Reptilien bewegt werden können, weil der zwischen Rückenschild und Bauchpanzer freibleibende Raum dem Humerus nur eine sehr geringe Bewegungsfreiheit gestattet. Das Hauptgelenk der Vorderextremität ist daher in das Ellbogengelenk verlegt und der Unterarm samt der Hand ist steil, fast senkrecht nach unten gerichtet; die Gliedmaßen arbeiten abwechselnd und zwar ziehen sich die Landschildkröten durch das Aufstemmen der Arme fort. Dabei ist die Hand derart gestellt, daß ihre Oberseite nach innen, die Handfläche aber nach außen gekehrt ist und die Finger in einer senkrechten Ebene liegen, die zu der medianen Symmetrieebene des Körpers parallel ist. Mit anderen Worten: die Hand wird mit der Spitze der Fingerkrallen auf den Boden aufgesetzt, wobei der fünfte Finger vorne, der erste hinten steht; die ganze Armstellung ist ebenso, wie wenn wir unsere Hände mit den gegeneinander gekehrten Rückenflächen auf die Fingerspitzen stellen, wobei das Ellbogengelenk nach oben gekehrt wird (Fig. 184).

Der Springfuß der Frösche.

Die besten Springer unter den lebenden Wirbeltieren unserer Gegenden sind unstreitig die Frösche (Fig. 187).

Die Lokomotion der landbewohnenden Frösche kommt in der Weise zustande, daß die beim Ruhen enge aneinandergelegten Abschnitte der hinteren Gliedmaßen gestreckt werden und der Körper durch diese Streckung der Hinterbeine vom Boden abgeschnellt wird. Diese Streckung erfolgt gleichzeitig.

Untersuchen wir das Skelett der Hinterextremität eines Grasfrosches, so sehen wir, daß sowohl der Oberschenkel als auch der Unterschenkel nur aus einem Knochen besteht. Der Knochen des Oberschenkels entspricht dem Femur, der des Unterschenkels dem verschmolzenen Schienbein und Wadenbein, deren ursprüngliche Trennungslinie noch durch eine Scheidewand im Knocheninneren deutlich ausgeprägt ist.

Der Fuß ist außerordentlich lang. Diese Verlängerung beruht jedoch nicht auf einer ungewöhnlichen Längenzunahme der Mittelfußknochen oder Phalangen, sondern auf einer Längenzunahme der Fuß-

wurzelknochen des Protarsus, also des Astragalus und Calcaneus, welche
die halbe Länge der Unterschenkelknochen erreichen. Diese überaus
merkwürdige Erscheinung findet ihr Gegenstück bei gewissen Halbaffen, namentlich bei der Gattung Tarsius, bei welcher aber nicht
Astragalus und Calcaneus, sondern Calcaneus und Naviculare außerordentlich verlängert sind, während der Astragalus die normale Form
und Lage wie bei den anderen Affen beibehalten hat.

Vergleichen wir den Fußwurzelbau des Grasfrosches mit dem einer
Kröte, welche nicht zu springen vermag, so sehen wir, daß auch hier

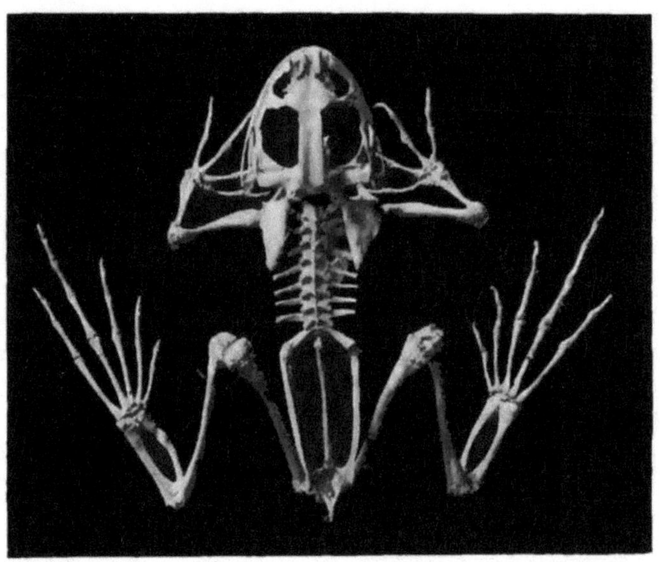

Fig. 187. Skelett von Rana ridibunda Pallas. Tuldscha. Hofmuseum in Wien.
Phot. Ing. F. Hafferl.

die beiden Knochen des Protarsus enorm verlängert erscheinen und daß
sie sogar bei Pelodytes zu einem einheitlichen Knochenstück wie die
beiden Unterschenkelknochen verwachsen sind.

Die Mittelfußknochen des Grasfrosches sind kräftig und fast ebenso
lang wie der verlängerte Astragalus und Calcaneus. Die Zehen umfassen,
von der ersten bis zur fünften gezählt, 2, 2, 3, 4, 3 Phalangen; außerdem
ist noch eine sechste Zehe vor der ersten vorhanden, die aus einem
Tarsalknochen und einem oder mehreren kleinen Knöchelchen besteht,
die einem Metatarsale und den distal sich anschließenden Phalangen
entsprechen würden. Diese vorderste Zehe wird als P r a e h a l l u x
bezeichnet; s i e i s t k e i n Ü b e r b l e i b s e l o d e r R u d i m e n t,
s o n d e r n e i n N e u e r w e r b d e r F r ö s c h e u n d z w a r
e i n e A n p a s s u n g a n d a s S c h w i m m e n, w o b e i m i t-

unter Hyperdaktylie eintritt (wie bei Ichthyosauriern und Walen). Unter den Zehen ist die vierte bei dem Grasfrosch am längsten.

Es ist kein reines Bild oder Schema eines Springfußes, das uns bei den Fröschen entgegentritt, sondern eine Kombination von Anpassungen an das Springen auf dem Festland und an das Rudern im Wasser. Auch der Fußbau der früher erwähnten Halbaffengattung Tarsius kann nicht als Schema gelten, da dieses arboricole Tierchen gleichzeitig springt und klettert und daher Anpassungen an beide Lokomotionsarten aufweist.

Die Bipedie.

Die Anpassungen des Fußskelettes des Menschen an den bipeden Gang.

Betrachten wir zunächst den bipeden Gang des Menschen und die Anpassungen an ihn.

Beim stehenden Menschen steht die Hauptachse der wellenförmig und in der Form zweier aneinanderschließenden S gekrümmten Wirbelsäule senkrecht auf der horizontalen Standfläche, auf welcher der plantigrade Fuß aufruht.

Kein anderes bipedes Wirbeltier hat eine derartige Stellung beim aufrechten Stehen und Gehen aufzuweisen. Selbst der Pinguin, dessen watschelnder, aufrechter Gang in Verbindung mit den an den Körperseiten herabhängenden Armen fast wie eine Karikatur des menschlichen Ganges anmutet, unterscheidet sich in den Beugungsverhältnissen der Hinterextremitäten fundamental von jenen des Menschen, dessen Oberschenkel und Unterschenkel beim Stehen nicht gegeneinander winklig abgebogen sind wie beim Pinguin, sondern eine gemeinsame, zur Standfläche senkrechte Achse besitzen.

Die Gangart des Menschen und somit auch die Anpassungen seines Fußskelettes unterscheiden ihn durchaus von allen anderen bipeden Wirbeltieren.

Die beiden Unterschenkelknochen können keine Bewegungen gegeneinander ausführen; sie sind fest miteinander verbunden. Der Fuß ruht an drei Stellen dem Boden auf: 1. mit der Ferse, 2. mit dem Metatarsus-Phalangengelenk der kleinen Zehe und 3. mit dem Metatarsus-Phalangengelenk der großen Zehe. Das Fußskelett des Menschen bildet also normalerweise ein Gewölbe und nicht einen Plattfuß wie der Fuß des stehenden Bären. Dieses Gewölbe hat seinen Scheitelpunkt auf der Außenseite des Fußes, so daß der Innenrand desselben höher gewölbt erscheint als der Außenrand; und diesem verschiedenen Wölbungsgrad entspricht auch die Fährte eines gut gebauten Europäerfußes, welche auf der Innenseite sehr stark eingezogen erscheint.

Die Ferse und das Mittelfuß-Phalangengelenk der großen Zehe sind die Hauptstützen des Fußes. Dementsprechend ist sowohl das

Fersenbein oder Calcaneus als auch alle drei Knochen der großen Zehe
— das Metatarsale und die zwei Phalangen — besonders kräftig entwickelt, während das Skelett der fünften Zehe nur um weniges kräftiger
ist als das der drei gegen innen sich anschließenden Zehen. Ebenso
ist auch die große Zehe normalerweise die längste unter den Zehen.

Antike Statuen zeigen fast ausnahmslos eine Abweichung von dem
bei unseren Rassen vorherrschenden Längenverhältnisse der Zehen,
indem die zweite Zehe länger als die erste ist. Dieser Längenunterschied
ist sowohl bei sehr alten Bildwerken als auch bei solchen aus helleni-
stischer und spätrömischer Zeit sehr stark und deutlich. Besonders fiel
mir die große Längendifferenz zwischen erster und zweiter Zehe an beiden
Figuren des berühmten etruskischen Terracotta-Sarkophags von Cervetri
(im Britischen Museum in London) auf. Das
Vorderende der großen Zehe reicht hier nur
bis zur Grenze von Grundphalange und Mittelphalange der zweiten Zehe.

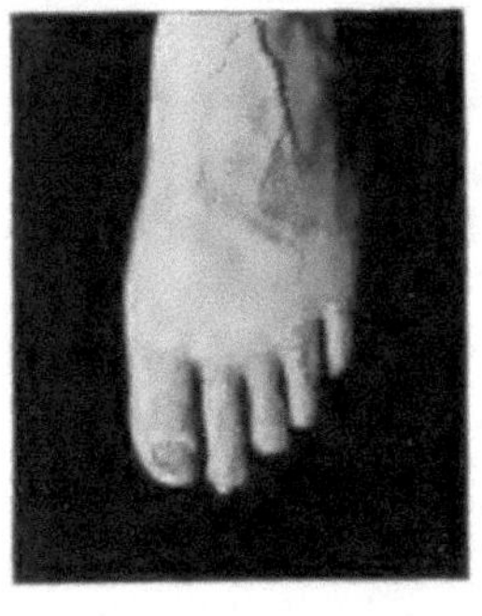

Fig. 188. Fuß eines Mannes
mit langer zweiter Zehe. (Phot.
Ing. Fr. Hafferl.)

Bei der archaistischen Ausführung dieses
Kunstwerkes ist es nun allerdings schwer zu
entscheiden, wie viel auf Rechnung des Künst-
lers und wie viel auf die wirklichen Fußformen
seines Modells zu setzen ist. Wenn wir aber
die Zehenlängen von Meisterwerken der Bild-
hauerkunst aus der besten griechischen Zeit,
z. B. vom Hermes des Praxiteles in Olympia
betrachten, so finden wir überall die zweite
Zehe länger dargestellt als die erste; und weiter
ist sehr auffallend, daß der Einschnitt zwischen den beiden ersten Zehen
bei den antiken Bildwerken tief in den Fuß zurückspringt.

Nun ist wiederholt die Meinung geäußert worden — und sie wird,
soviel mir bekannt ist, von den meisten Archäologen geteilt —, daß das
Tragen der Sandalen mit dem zwischen den beiden ersten Zehen durchge-
zogenen Riemen die Veranlassung zu einer derartigen Verschiebung der
Zehenlängen bei den Menschen des klassischen Altertums gebildet hat.
Ausgeschlossen ist wohl die Annahme, daß die Künstler des Altertums
einer künstlerischen Fiktion zuliebe eine ungewöhnliche Zehenlänge bei
ihren Statuen dargestellt haben sollten.

Die Annahme einer Deformierung des Fußes infolge Sandalentragens
ist aber auch nicht haltbar, da noch jetzt nicht allzu selten ein Überwiegen der zweiten Zehe über die erste und zwar bei solchen Modellen
beobachtet wird, die niemals Sandalen getragen haben, sondern entweder barfuß oder mit Schuhwerk zu gehen gewohnt sind (Fig. 188.)
Besonders häufig habe ich ähnliche Zehenlängen wie an antiken Statuen
bei siebenbürgischen Rumänen beobachtet.

Über das Längenverhältnis der beiden ersten Zehen bei verschiedenen Völkern und Menschenrassen liegt eine größere Zahl von Untersuchungen vor, aus denen die von J. Hyrtl, J. Grüning, E. Bälz, J. Ranke und H. Klaatsch hervorzuheben sind.

Der Mensch hat zweifellos einmal eine Entwicklungsstufe durchlaufen, in welcher die große Zehe kürzer und zwar bedeutend kürzer als die übrigen gewesen ist. Wir dürfen dabei nicht an die Fußformen der Anthropomorphen denken, denn bei diesen sind sowohl der Daumen als auch die große Zehe sekundär sehr bedeutend verkürzt (Fig. 189, 190). Aber bei den Lemuroidea sind die großen Zehen sehr kräftig entwickelt, wenn auch viel kürzer als die übrigen Zehen, und an derartige Verhältnisse müssen wir denken, wenn wir uns ein Bild von der Fußform der Menschenahnen machen wollen.

Somit ist die größere Länge der zweiten Zehe und ein tieferer Spalt zwischen den ersten beiden Zehen als ein primitives Merkmal anzusehen. Ob und inwieweit die Menschen des klassischen Altertums noch in dieser Hinsicht primitiver waren als die heutigen Europäer oder ob die Bildwerke des klassischen Altertums überhaupt nicht zur Entscheidung dieser Frage herangezogen werden dürfen, bleibt einstweilen noch eine offene Frage.

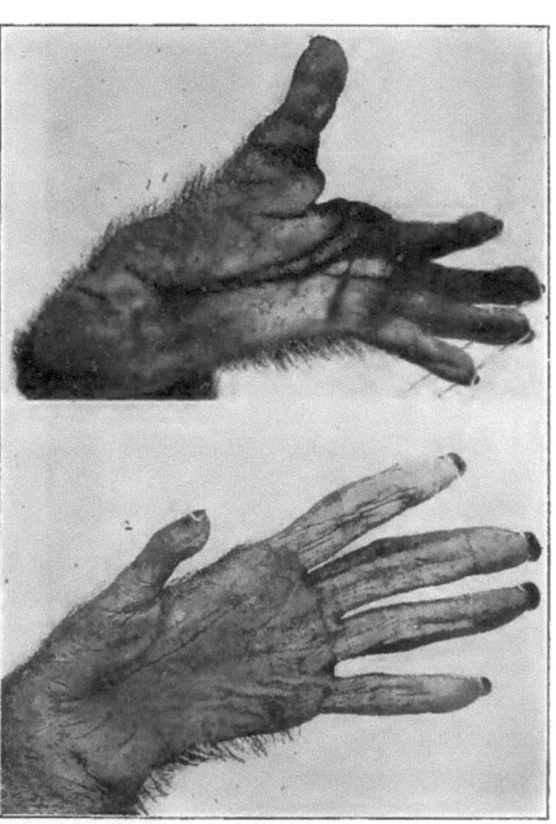

Fig. 189. Hand und Fuß des Schimpanse (Troglodytes niger). Oben der Fuß, unten die Hand von der Sohlenseite gesehen. Beachtenswert ist die Größendifferenz zwischen Daumen und großer Zehe. (Nach Th. Dwight.)

Der bipede Gang des Gibbon.

Unter allen Affen richtet sich nur der Gibbon, ohne die Arme als Stützen zu gebrauchen, auf den Hinterbeinen auf, um sich auf ebener

Erde fortzubewegen. Es ist ein fast klägliches Bild, wenn dieser im Geäste unvergleichlich bewegliche Menschenaffe sich mühselig auf dem Boden weiter bewegt und dabei die enorm verlängerten Arme als Balancier-apparate benützt (Fig. 191).

Der Gibbon stellt beim aufrechten Gang die Füße mit stark nach außen gekehrter Kniebeuge mit der ganzen Sohlenfläche auf, dreht sie aber dabei sehr stark auswärts; die große Zehe steht beim Gehen fast senkrecht zur Achse der übrigen Zehen.

Fig. 190. Gorilla Beringei Matschie. Erlegt bei Uvira, Congo, nordwestlich vom Tanganyikasee im März 1910. Coll. Grauer. Hofmuseum in Wien. (Phot. Ing. F. Hafferl.)

Das Profil der Rük-kenwirbel bildet einen nach hinten gekrümmten einfach konvexen Bogen; der Kopf ist stets stark nach vorne geneigt.

Wiederholt wurde an-gegeben, daß der Gibbon sich nur sehr langsam aufrecht auf den Hin-terbeinen fortbewegen könne. Ich habe vor acht Jahren im Zoologischen Garten in London längere Zeit einen Gibbon wäh-rend des Gehens beob-achtet und muß sagen, daß er zuweilen recht schnell vorwärts zu kom-men vermag. Hüpfen habe ich ihn nie ge-sehen.

Die Spezialisation des Gibbonfußes ist so weit vorgeschritten, daß wir nicht daran denken dürfen, in einem gehenden Gibbon das Bild des Menschenahnen zu erblicken, der die ersten Geh-versuche unternimmt. Keinesfalls kann die Reduktion des Hallux beim Menschenahnen so stark wie beim Gibbon gewesen sein und sein Gang muß, wenn er auch die Beine im Kniegelenk nicht strecken konnte, ein wesentlich anderes Bild geboten haben.

Die Bipedie der Gravigradengattung Mylodon.

Die merkwürdigste unter allen bipeden Wirbeltiertypen ist unstreitig die Gravigradengattung Mylodon aus dem Plistozän Südamerikas.

Ich hatte im Februar 1911 Gelegenheit, das Skelett von Mylodon robustum aus dem Pampaslöß von Buenos Aires im Britischen Museum in London zu studieren. Die Ansicht des Skelettes von hinten überrascht durch die kolossale Entwicklung des Beckens, dessen Lumen von einer im Querschnitt ovalen knöchernen Röhre umschlossen wird, während die Darmbeinteile weit nach den Seiten ausladende Schaufeln bilden. Das Becken erinnert in seiner Gesamtform außerordentlich an jenes von Megatherium.

Im Becken lenken zwei kurze, sehr kräftige und stämmige Extremitäten ein, deren Zehenbau in überzeugender Weise die Abstammung des Mylodon von grabenden Vorfahren beweist.

Fig. 191. Gibbon, beim aufrechten Gange mit den langen Armen balancierend. (Nach A. E. B r e h m.)

Sehr eigentümlich ist der Thorax gestaltet. Der Brustkorb sitzt förmlich auf den weit ausladenden Darmbeinschaufeln auf und wird von sehr kräftigen, weitgewölbten Rippen gebildet. An das gewaltige, mit dem Becken fest verschmolzene Sacrum schließen sich 16 Schwanzwirbel an. Die Vorderfüße sind ebenso plump und gedrungen wie die Hinterfüße.

Es erscheint zuerst fast abenteuerlich, für eine derartige gewaltige, elefantengroße Säugertype aus der Gruppe der Xenarthra eine bipede Gangart anzunehmen. Es bleibt indessen keine andere Erklärung für die Funktion des gewaltigen Beckens übrig, das wie eine Schüssel den riesigen Thorax trägt (Fig. 192).

Das Tier ist wahrscheinlich v o r w i e g e n d biped gewesen und hat sich nicht nur während des Fressens auf den Hinterbeinen aufgerichtet, wie dies O w e n für Megatherium annahm. In allen Rekonstruktionen und Musealaufstellungen erscheint Megatherium und Mylodon mehr oder weniger mit den Vorderfüßen über den Boden erhoben und an einen Baumstamm gelehnt. Diese Aufstellung der Skelette entsprang dem ganz richtigen Gefühl für die Unmöglichkeit, das Tier als tetrapodes Schreittier zu montieren. Der Eindruck, den dieses Riesen-

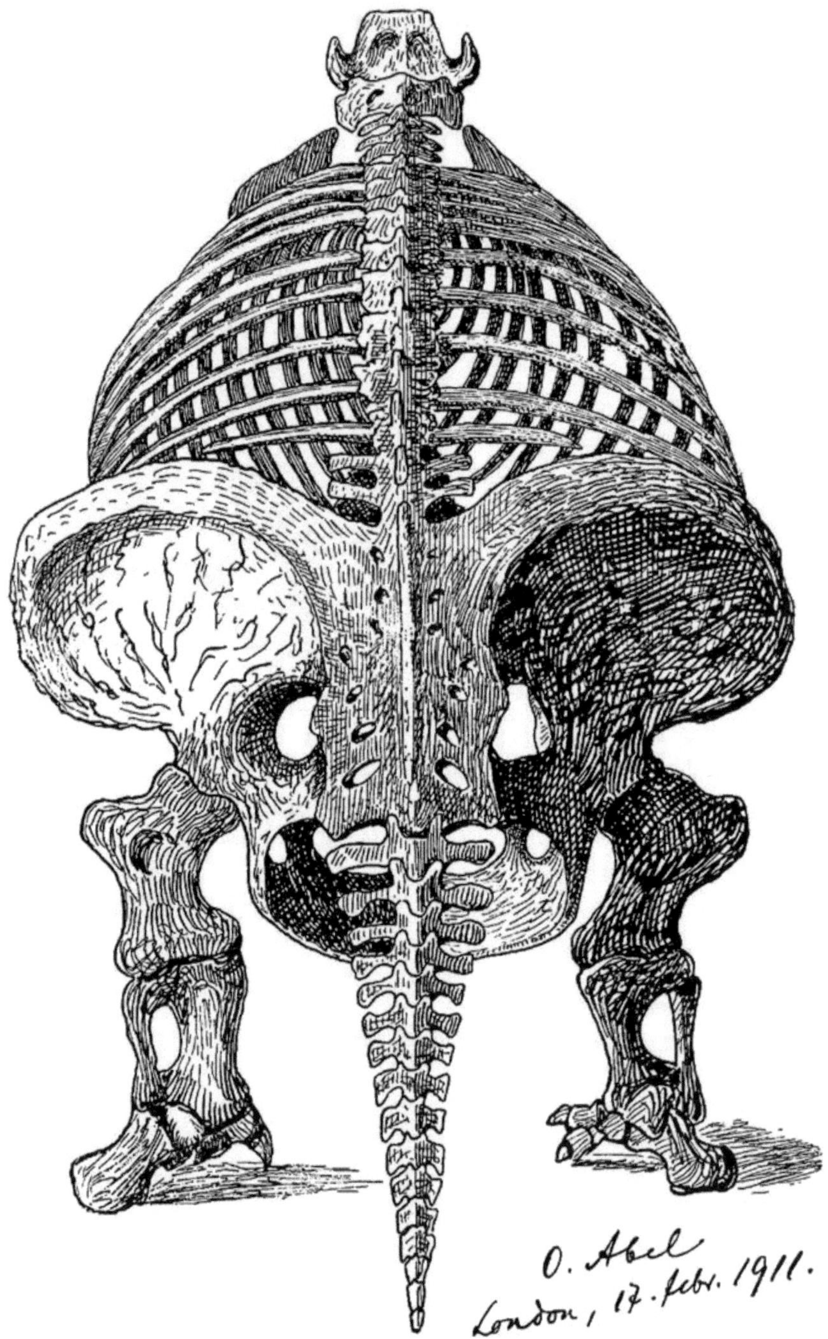

Fig. 192. Skelett von Mylodon robustum Owen aus dem Pampaslöß von Buenos Aires. Original (mit Ausnahme des aus dem Royal College of Surgeons entnommenen Beckenabgusses): No. 2500 Brit. Mus. Nat. Hist. London. Originalzeichnung. Die Vorderextremitäten sind mit Ausnahme der Schulterblätter fortgelassen.

tier auf den Beschauer macht, würde aber noch größer sein, wenn es nicht an einen Stamm gelehnt, sondern in freier Balance montiert wäre.

Der Hauptträger des Skeletts ist das mächtige Becken, das auf einem von den zwei Hinterbeinen und dem Schwanze gebildeten Dreifuß aufruht. Auf dieser enorm breiten und wuchtigen Basis sitzt der übrige Körper wie auf einer Schüssel auf.

Allgemein hält man diese Vertreter der ausgestorbenen Unterordnung der Gravigrada für Laubfresser. In der Tat besitzt ihr Gebiß große Ähnlichkeit mit dem der lebenden Baumfaultiere, die sich vorwiegend von jungen Trieben und Knospen, aber auch von Früchten

Fig. 193. Skelett von Iguanodon bernissartense Boulenger aus dem Wealden von Bernissart in Belgien. Gesamtlänge der größten Exemplare des Brüsseler Museums fast 10 m. (Nach L. Dollo.)

ernähren. Der aufrechte Gang von Mylodon, Megalonyx, Megatherium und einiger nächstverwandten großen Gravigraden spricht dafür, daß diese gewaltigen Xenarthra an Bäumen ihre Äsung suchten. Sie sind wohl weit plumper gebaut als die pflanzenfressenden großen Dinosaurier der Kreidezeit, haben aber doch wahrscheinlich eine ganz ähnliche Lebensweise geführt.

Ausdrücklich möchte ich betonen, daß die Körperhaltung von Mylodon viel aufrechter war als dies bisher angenommen wurde.

Die Anpassungen der Dinosaurier an das bipede Schreiten, Laufen und Springen.

Unter den orthopoden Dinosauriern wähle ich das durch D o l l o s meisterhafte Untersuchungen genau bekannte Iguanodon zum Aus-

gangspunkt unserer Besprechung (Fig. 193). Es waren große, verhältnismäßig plumpe, fast zehn Meter lange bipede Dinosaurier, welche
sich niemals springend, sondern nur schreitend oder laufend fort-

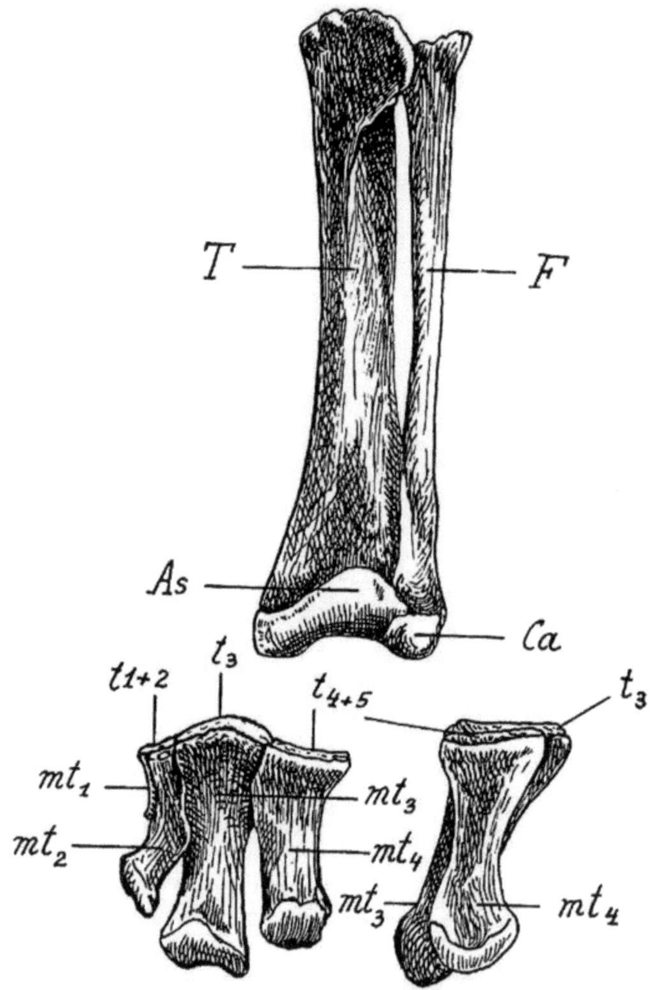

Fig. 194. Unterschenkel und Mittelfuß von Iguanodon bernissartense Boul. aus
dem Wealden von Bernissart in Belgien. (Nach L. Dollo.) Oben: Unterschenkel von vorne; links unten: Mittelfuß von vorne; rechts unten: Mittelfuß
von außen. — T = Tibia, F = Fibula, As = Astragalus, Ca = Calcaneus,
t = Tarsalia, mt = Metatarsalia.

bewegten, ohne dabei mit ihrem Schwanz den Boden zu berühren. Ihre
Lokomotionsart erhellt in klarer Weise aus ihren Fährten, die namentlich
im Wealdensandstein von Hastings in England und in Hannover gefunden worden sind (Fig. 30, S. 74). Deutlich kann man, wie Dollo

gezeigt hat, die Fährten des laufenden und des ruhig schreitenden Tieres unterscheiden.

Das Fußskelett von Iguanodon zeigt ganz eigentümliche Veränderungen, die nur als Anpassungen an die bipede Gangart zu deuten sind (Fig. 194).

Wir wissen, daß bei den Vögeln der Tarsus in zwei Teile zerlegt wird, von denen der obere oder Protarsus mit der Tibia zu einem Tibiotarsus, der untere oder Mesotarsus aber mit den Metatarsalien zu einem Tarso-Metatarsus verschmilzt (Fig. 195).

Ganz ähnliche Verhältnisse finden wir bei den bipeden Dinosauriern; bei Iguanodon sind Astragalus und Calcaneus so fest mit den Unterenden von Tibia und Fibula verkeilt, daß sie keine Eigenbewegung mehr ausführen können; der Mesotarsus besteht aus drei sehr niedrigen, plattenförmigen, aber noch freien Knochen.

Besonders auffällig ist die Richtung der Metatarsalia. Das mittlere (III) hat eine viel stärker geneigte Achse als die beiden seitlichen (II und IV), so daß sein

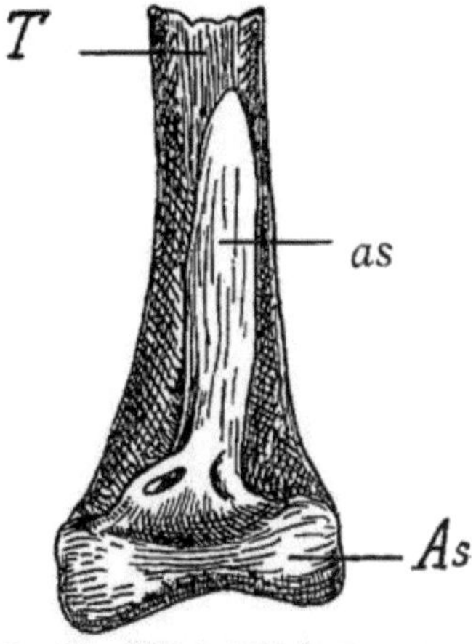

Fig. 195. Unteres Ende der Tibia eines jungen afrikanischen Straußes. (Nach L. Dollo.) T = Tibia, As = Astragalus und Calcaneus, as = aufsteigender Ast des Astragalus.

Unterende weiter vorspringt und sein Oberende weiter hinten liegt. Vom Hallux ist nur ein kümmerliches, griffelförmiges Metatarsalrudiment bei Iguanodon übrig geblieben.

Die Vogelähnlichkeit von Tibiotarsus und Tarsometatarsus ist aber bei einzelnen Kreidedinosauriern, wie bei Ornithomimus aus der oberen Kreide der Vereinigten Staaten Nordamerikas und Canadas noch weit größer als bei Iguanodon. Ornithomimus war ein bipeder Raubdinosaurier, der sich kaum springend, sondern schreitend und laufend wie die großen flugunfähigen Laufvögel fortbewegt haben muß. Bei Ornithomimus altus Lambe aus der Belly-River-Series (Obere Kreide) von Canada ist der Protarsus (Astragalus und Calcaneus) mit dem Unterschenkelskelett verwachsen. Die drei Knochen des Mesotarsus sind noch freie, aber sehr niedere Knochenplatten (Fig. 196).

Die bei Iguanodon besprochene Verschiebung des mittleren Metatarsale ist hier so weit vorgeschritten, daß sich auf der Vorderseite des Metatarsus die oberen Enden des II. und IV. Metatarsale berühren und das III. Metatarsale erst in halber Höhe des Metatarsus auf die Vorderseite des Mittelfußes tritt. So hat sich aus der Mittelzehe eine wirkliche Laufzehe wie bei den großen Laufvögeln entwickelt. Das V. Metatarsale

ist zu einer kurzen, gebogenen Knochenspange verkümmert, das
I. fehlt.

Auffallend lange Metatarsalia finden wir schon bei einer der ältesten
Gattungen der theropoden Dinosaurier, Saltopus elginensis Huene aus
den Stagonolepis-Beds (Mitteltrias) von Lossiemouth bei Elgin in Schottland. [1]) Das Tier hatte noch lange Arme und bewegte sich nach H u e n e
wahrscheinlich noch auf allen Vieren, aber hüpfend fort; gelegentlich
wird es wohl auch aufrecht gelaufen sein. Der
Schwanz wurde wahrscheinlich beim Hüpfen über den
Boden erhoben, so wie wir dies bei schnell über
glatte Flächen rennenden Eidechsen beobachten können.
Auch Scleromochlus Taylori aus denselben Schich-

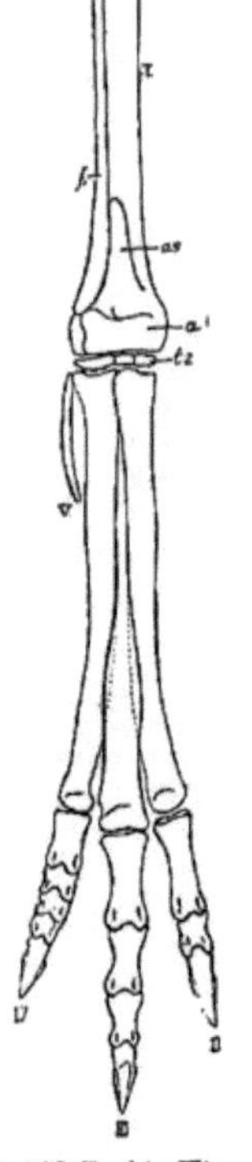

Fig. 196. Rechter Hin-
terfuß von Ornitho-
mimus altus Lambe,
ein theropoder Raub-
dinosaurier aus der
oberen Kreide (Belly-
River-Series) von Ca-
nada; Gesamtlänge
des Tieres 6½ m
(geschätzt). (Nach L.
M. L a m b e, 1902.)

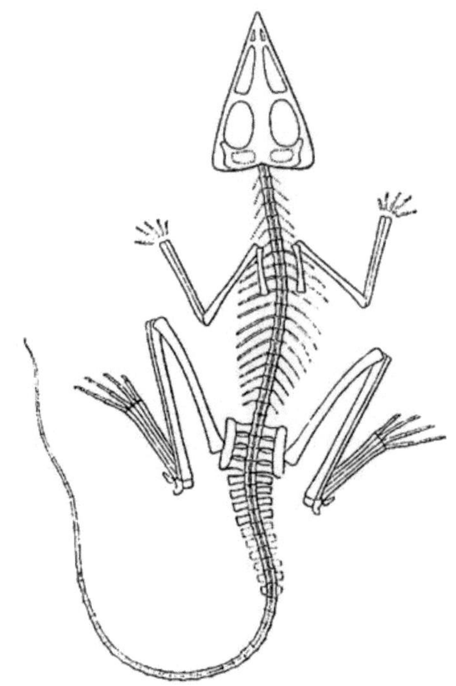

Fig. 197. Scleromochlus Taylori A. S. Woodw. aus der
oberen Trias von Lossiemouth bei Elgin, Schottland.
(Nach A. S m i t h - W o o d w a r d, 1907.) ⅔ Nat. Gr.

ten hat sich wohl ähnlich wie ein Frosch fortbewegt. Man kann die
Frösche, obwohl das Hauptlokomotionsorgan die Springbeine sind,
doch nicht als bipede Typen bezeichnen. Bei Scleromochlus ist aber
wahrscheinlich der Körper zuweilen bei der Hüpfbewegung aufgerichtet

[1]) F. v o n H u e n e: Ein primitiver Dinosaurier aus der mittleren Trias
von Elgin. — Geol. u. Paläont. Abh., herausgeg. v. E. Koken, VIII. Bd. (XII.),
6. Heft, Jena, 1910, p. 317.

worden. Die Metatarsalia sind von auffallender Länge und fest miteinander vereinigt [1]) (Fig. 197).

Bei allen Dinosauriern, die bipeden Gang angenommen haben, ist die
dritte Zehe zur Lauf- oder Sprungzehe geworden, während die erste und
fünfte Zehe verkümmert sind. Das Vorhandensein eines nach hinten
gerichteten, opponierbaren Hallux bei einzelnen Dinosauriern (z. B.
Anchisaurus, Compsognathus, Allosaurus unter den Theropoden,
Hypsilophodon unter den Orthopoden) ist keine Anpassung an
die bipede Lokomotion, sondern ebenso wie bei den Vögeln und
bei anderen Greifkletterern eine Anpassung an die arboricole Lebensweise. Die Reduktion des Hallux und der fünften Zehe ist dagegen eine Anpassung an das bipede Schreiten, Laufen und Springen und
zwar haben sich die Modifikationen des Fußskelettes bei den bipeden Dinosauriern und Vögeln in fast genau denselben Bahnen vollzogen.

Wir haben gesehen, daß im Fußskelett der Vögel und der bipeden
Dinosaurier auffallende Übereinstimmungen bestehen. Noch viel weiter
geht jedoch die Ähnlichkeit im Beckenbaue, wobei jedoch nicht
morphologisch homologe Knochen, sondern verschiedene
Beckenelemente gleichsinnige Umformungen infolge Annahme des bipeden Ganges der betreffenden Gruppen erlitten haben.

Diese Veränderungen im Beckenbaue sind indessen nur bei den
Orthopoden, niemals aber bei den theropoden und sauropoden Dinosauriern zu beobachten.

Bei den Vögeln ist das Darmbein (Ilium) auffallend in die Länge
gestreckt; das Sitzbein (Ischium) ist mit dem Ilium verwachsen und
sehr stark nach hinten gerichtet. Primitivere Verhältnisse treffen wir
bei den Ratiten an, bei denen das Sitzbein nicht wie bei den Carinaten
mit seinem dorsalen Rand mit dem Unterrand des Iliums verwächst,
sondern frei bleibt. Bei Rhea schließen sich die Ischia zu einer Symphyse
zusammen, während bei den übrigen Vögeln die beiden Beckenhälften
nicht miteinander in Verbindung treten.

Das Schambein (Pubis) der Vögel steht im Embryonalleben meist
senkrecht nach unten, mitunter sogar schräge nach vorne. Erst im Laufe
der ontogenetischen Entwicklung biegt es sich mehr nach hinten;
endlich legt es sich so weit unter das Ischium, daß es, nunmehr zu einem
schlanken Knochenstabe verändert, mit ihm in feste Verbindung tritt.
Der Fortsatz, welcher vor dem Pubis nach unten und vorne vorspringt

---

[1]) A. Smith-Woodward: On a New Dinosaurian Reptile (Scleromochlus Taylori, gen. et sp. nov.) from the Trias of Lossiemouth, Elgin. — Quart.
Journ. Geol. Soc., LXIII, 1907, p. 140.

(Processus pectinealis) ist k e i n Bestandteil des Pubis, sondern gehört dem Ilium an [1]) (Fig. 198).

Vergleichen wir das Becken eines typischen orthopoden Dinosauriers, z. B. von Iguanodon oder Camptosaurus mit einem Vogelbecken,

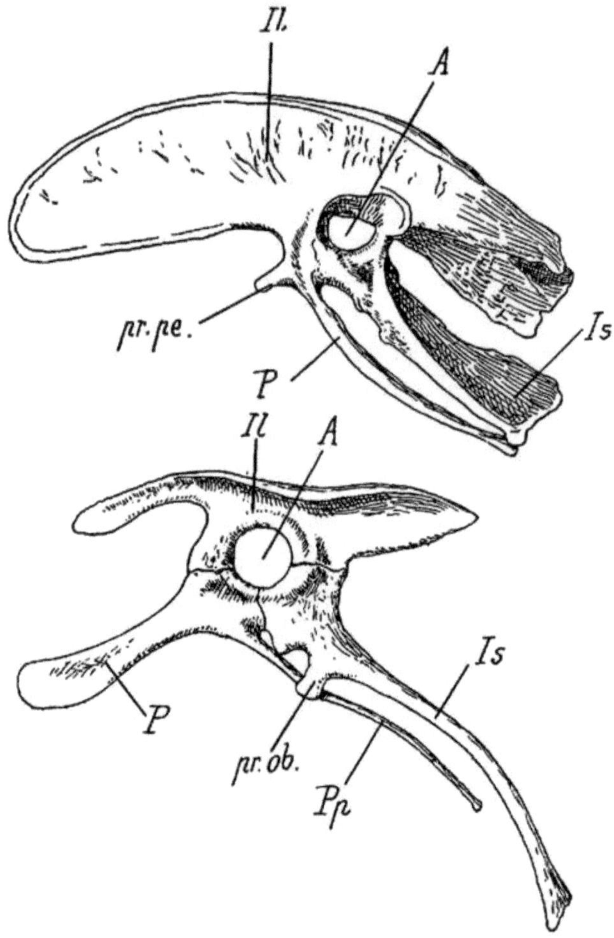

Fig. 198 u. 199.   O b e n (198): Linkes Hüftbein von Apteryx australis Ow.,
von außen gesehen (nach O. C. M a r s h); u n t e n: Derselbe Knochen von
Iguanodon bernissartense Boulgr. aus dem Wealden von Bernissart, Belgien
(nach L. D o l l o). — Il = Ilium, P = Pubis, Is = Ischium, Pp = Postpubis, pr. pe. = Processus pectinealis, pr. ob. = Proc. obturatorius.

[1]) L. D o l l o: Troisième note sur les Dinosauriens de Bernissart. — Bull.
Mus. R. Hist. nat. Belg., II, 1883, p. 88—98. — G. B a u r: Note on the Pelvis
in Birds and Dinosaurs. — Amer. Natur., XVIII, 1884, p. 1273. — G. B a u r:
Bemerkungen über das Becken der Vögel und Dinosaurier. — Morphol. Jahrb.,
X, 1885, S. 613. — E. M e h n e r t: Untersuchungen über die Entwicklung
des Os pubis der Vögel. — Morphol. Jahrb., XIII, 1888, S. 259—295. — H. F.
O s b o r n: Reconsideration of the Evidence for a common Dinosaur-Avian Stem

so springt die Ähnlichkeit der Gesamtform sofort in die Augen. Aber hier sind noch die Verbindungsstellen und Knochengrenzen der drei Beckenelemente deutlich sichtbar; jener Knochen, der bei den Vögeln unter dem Ischium liegt, ist auch hier vorhanden; während er aber bei den Vögeln das im Laufe der ontogenetischen Entwicklung nach hinten gewendete Pubis repräsentiert, ist es bei den orthopoden Dinosauriern ein Fortsatz des Pubis, dessen Verbindungsstellen mit dem Ilium und Ischium deutlich sichtbar sind. Der Processus pectinealis des Iliums fehlt den Dinosauriern; hier ist das Pubis noch in seiner alten Lage. Der schlanke Knochenstab, der sich bei den orthopoden Dinosauriern unter das Ischium erstreckt, ist ein Fortsatz des Pubis, das sogenannte P o s t p u b i s (Fig. 199).

Dieser Vergleich ist von außerordentlichem Interesse. Er zeigt in klarer Weise, wie gleichsinnige Anpassungen bei verschiedenen Gruppen durch den Einfluß gleichartiger Lebensbedingungen — in diesem Falle die bipede Gangart — entstehen können, ohne daß homologe Elemente zum Aufbaue verwendet werden. An der Stelle des Processus pectinealis ilei der Vögel liegt bei den Dinosauriern das Pubis; und das Pubis der Vögel wird bei den Dinosauriern durch einen Fortsatz des Pubis, das Postpubis vertreten. Das ist ein gutes Beispiel für k o n - v e r g e n t e A n p a s s u n g e n.

Fährten bipeder Dinosaurier.

In den T r i a s b i l d u n g e n Nordamerikas, Englands und Sachsens sind in feinkörnigen Sandsteinen Fährten gefunden worden, welche bipeden Dinosauriern zugeschrieben werden müssen.

Die reichsten Funde sind im obertriadischen Connecticutsandstein des Connecticuttales in Massachusetts und Connecticut gemacht worden und zwar ist der Fundort Turners-Falls, Mass., der ergiebigste gewesen. Die Fährtenfunde erstrecken sich über das Gebiet von Northfield, Mass. bis New Haven, Conn. in einer Länge von hundertzehn und einer Breite von zwanzig Meilen. Weitere Fundorte liegen in New-Jersey.

---

in the Permian. — Amer. Natur., XXXIV, 1900, Nr. 406, p. 777. — Eine abweichende Auffassung vertritt F. v. H u e n e (Beiträge zur Lösung der Praepubisfrage bei Dinosauriern und anderen Reptilien. — Anat. Anzeiger, XXXIII. Bd., 1908, S. 401—405). Nach v. H u e n e ist das „Pubis" der Krokodile zwar ident mit dem „Pubis" der Pterosaurier und Orthopoden, aber nicht ident mit dem „Pubis" der Vögel. Dieses „Pubis" der Orthopoden, Krokodile und Pterosaurier ist ein P r a e p u b i s, während es bei den Vögeln rudimentär wurde. Sonach wäre das „Postpubis" der Orthopoden h o m o l o g dem Pubis der Vögel. Es würde zu weit führen, an dieser Stelle das Für und Wider der H u e n e schen Theorie eingehend zu erörtern. Die Ontogenie des Vogelbeckens scheint mit der Auffassung H u e n e s nicht gut übereinzustimmen.

Die ältesten Fährtenfunde im Connecticutsandstein datieren auf das Jahr 1835 zurück; 1836 veröffentlichte E. H i t c h c o c k [1]) die erste seiner zahlreichen Mitteilungen über diese Fährten.

Die Fährten aus dem Connecticutsandstein, welche vor kurzem durch Richard Swann L u l l [2]) monographisch bearbeitet wurden, beanspruchen deshalb besonderes Interesse, weil sich aus ihnen viele Anhaltspunkte zur Beurteilung der Gangart und Körperhaltung der bipeden Trias-Dinosaurier gewinnen lassen.

Die Ablagerung des Connecticutsandsteins hat zweifellos am Meeresstrande stattgefunden und zwar ist dieser Sandstein als eine Ästuarienbildung anzusehen. Da und dort sind Rippelmarken häufig.

Jedenfalls haben die zahlreichen, verschiedenartigen Dinosaurier am Meeresstrande während der Ebbezeit nach Nahrung gesucht. Man darf aber aus dem zahlreichen Vorkommen von Fischresten in diesem Sandstein nicht etwa schließen, daß alle Dinosaurier, welche ihre Fährten am Strande hinterließen, carnivor gewesen sind; wenn wir bedenken, daß die Eidechsenart Amblyrhynchus cristatus (auf den Galapagos-Archipel beschränkt) am Strande lebt und sich nur von Seegras nährt, wie D a r w i n [3]) nachgewiesen hat, so ist es auch sehr gut möglich, daß die orthopoden Dinosaurier an die Meeresküste gekommen sind, um gestrandete Algen zu verzehren.

Die Skelettreste von Dinosauriern im Connecticutsandstein befinden sich in so schlechtem Erhaltungszustande, daß sie nur als Leichen angeschwemmt worden sein können.

Die Fährten gleichen häufig so sehr den Fährten lebender Vögel, daß wiederholt, zuerst von E. H i t c h c o c k und später von Georg B a u r die Meinung vertreten wurde, daß sie teilweise in der Tat von Vögeln eingedrückt wurden.

Daß es sich wirklich um Fährten echter Vögel handelt, ist ganz unwahrscheinlich und zwar aus folgenden Gründen:

1. Bei der Mehrzahl der Vögel (Carinaten) liegen die Z e h e n b a l l e n nicht den Phalangen, sondern den Phalangengelenken gegenüber, sie sind „a r t h r a l" angeordnet. Das gleiche gilt für alle Lacertilier.

Bei den Fährten des Connecticutsandsteins liegen dagegen die Zehenballen den Phalangen selbst gegenüber und ihre Grenze fällt mit den Phalangengelenken in eine Ebene. Die Zehenballen jener Tiere,

---

[1]) Edward H i t c h c o c k: Ornithichnology. Description of the footmarks of birds (Ornithichnites) on New Red Sandstone in Massachusetts. — Amer. Journ. Science, XXIX, p. 307—340, pl. I—III.

[2]) Richard Swann L u l l: Fossil Footprints of the Jura-Trias of North America. — Memoirs Boston Soc. Nat. Hist. V., Boston 1904, p. 461—557, 34 Textfig., Pl. 72. (Ausführliche Bibliographie der Fährtenliteratur.)

[3]) Ch. D a r w i n: Reise eines Naturforschers um die Welt. — Übers. von J. V. Carus, 2. Aufl., Stuttgart 1885, p. 442—448.

welche die fraglichen Fährten hinterließen, sind also „m e s a r t h r a l"
wie die Zehenballen von Hatteria und der Säugetiere (z. B. des Menschen).

2. In unmittelbarem Zusammenhang mit den fraglichen Fußfährten
stehen häufig H a n d f ä h r t e n , welche natürlich niemals auf Vögel
bezogen werden können.

3. Zwischen den Fußfährten verläuft sehr häufig eine S c h w a n z -
f ä h r t e in Form einer kontinuierlichen Schwanzlinie oder als Serie
von kurzen, geradlinigen Eindrücken oder als kontinuierliche gerade
Rinne. Der Charakter dieser Schwanzfährten ist ausgesprochen reptilienartig und kann nicht mit Vögeln in Zusammenhang gebracht
werden.

4. In Verbindung mit den Hand- und Fußfährten finden sich Abdrücke von H a u t s c h u p p e n und H a u t t u b e r k e l n , welche
gleichfalls auf die Reptiliennatur der Fährtentiere hinweisen.

Daß es sich aber nur um D i n o s a u r i e r und zwar um b i p e d e
Dinosaurier handeln kann, geht mit voller Klarheit aus der Anordnung
der Zehen, ihrer Form und ihrem Längenverhältnis, namentlich aber
aus dem Größenunterschied der Hände und Füße hervor. Wenn die
Fährten nicht von Vögeln eingedrückt sind, so können eben nur die
bipeden Dinosaurier in Betracht kommen, deren Fußbau in zahlreichen
Punkten jenem der Vögel in hohem Maße ähnelt und welche relativ
sehr kleine Hände besitzen.

R. S. L u l l hat die bisher bekannten Fährten aus dem Connecticutsandstein kritisch gesichtet und führt folgende verschiedene Fährtentypen von bipeden Dinosauriern aus dem Connecticutsandstein an:

T h e r o p o d a :

Anchisauripus Lull
  1. Dananus Hitchcock (Fährte
     von Anchisaurus colurus
     Marsh), (Fig. 287)
  2. Hitchcocki Lull
  3. tuberosus H.
  4. exsertus H.
  5. minusculus H.
  6. parallelus H.
  7. tuberatus H.
Gigandipus H.
  8. caudatus H. (Fig. 288)
Hyphepus H.
  9. Fieldi H.
Grallator H.
  10. cursorius H.

  11. tenuis H.
  12. cuneatus H.
  13. formosus H.
  14. gracilis H.
Stenonyx Lull
  15. lateralis H.
Selenichnus H.
  16. falcatus H.
  17. brevisculus H.

O r t h o p o d a :

Anomoepus H.
  18. scambus H. (Fig. 200)
  19. intermedius H.
  20. curvatus H.
  21. crassus C. H. Hitchcock
  22. minimus H.

23. gracillimus H.
24. cuneatus C. H. Hitchcock
25. isodactylus C. H. Hitchcock
Fulicopus H.
26. Lyellianus H. (Fig. 26)
Apatichnus H.
27. circumagens H.
28. minus H.
Corvipes H.
29. lacertoideus H.
Eubrontes H.
30. giganteus H.
31. approximatus C. H. Hitchcock
32. divaricatus H.
33. platypus Lull
Otozoum H.
34. Moodii H.
35. ? parvum C. H. Hitchcock.

Incertae sedis:
(bipede Dinosaurier)

Argoides H.
36. isodactylus H.
37. macrodactylus H.
38. redfieldianus H.
39. robustus H.

Platypterna H.
40. Deaniana H.
41. concamerata H.
42. digitigrada H.
43. tenuis H.
44. delicatula H.
45. recta H.
Tarsoplectrus Lull
46. angusta H.
47. elegans C. H. Hitchcock
Plesiornis H.
48. pilulatus H.
49. ? mirabilis H.
50. ? giganteus C. H. Hitchcock
Polemarchus H.
51. gigas H.
Sillimanius H.
52. tetradactylus H.
53. gracilior H.
Steropoides H.
54. elegans H.
55. ingens H.
56. infelix Hay.
57. loripes H.
58. uncus H.
Lagunculapes H.
59. latus H.

Die Unterscheidung der Fährten bereitet zuweilen große Schwierigkeiten, da mitunter ein und dasselbe Tier sehr verschiedenartige Fährten eingedrückt hat. Die Fährten, welche von E. Hitchcock als Anomoepus maior und Fulicopus Lyellianus beschrieben worden sind, gehören nicht nur zu derselben Art, sondern nach Lull wahrscheinlich zu ein und demselben Individuum.

Ferner ist zu berücksichtigen, ob die Fährten in feuchten oder in trockenen Sand eingedrückt wurden, da die Fährtenbilder in beiden Fällen total verschieden erscheinen.

Überdies spielen noch Altersunterschiede bei der Beurteilung der Fährten eine wichtige Rolle.

Zu den interessantesten Fährten gehören die von Anchisauripus.

Der Fuß dieses Tieres war vierzehig und zwar war die dritte Zehe (die Laufzehe) die stärkste und längste; die vierte war etwas kürzer und noch kürzer die zweite Zehe. Während aber alle drei Zehen nach vorne gerichtet waren, stand der Hallux ähnlich wie bei vielen Vögeln nach hinten ab; da bei allen Anchisauripusfährten nur das Krallenende der ersten Zehe in den Boden gedrückt erscheint, haben nur die zweite, dritte und vierte Zehe volle Abdrücke hinterlassen (Fig. 287).

Daraus ergibt sich mit voller Sicherheit, daß der Hallux dieses Dinosauriers gekrümmt gewesen sein muß, nicht auf dem Boden aufruhte und beim Schreiten nur mit dem Krallenende den Sand berührte.

Dagegen ist der Hallux von Gigandipus caudatus vollständig abgedrückt, aber bedeutend kleiner als bei Anchisauripus und mehr nach vorne gerückt (Fig. 288).

Dieses Beispiel zeigt, daß wir sehr verschiedene Arten und Gattungen selbst bei allgemeiner Ähnlichkeit der Fährten zu unterscheiden haben.

Die Fährten von Grallator zeigen keine Spur eines Abdruckes des Hallux.

Sehr wichtig sind die Fährten, welche L u l l als die Fährten orthopoder Dinosaurier betrachtet, vor allem Anomoepus und Fulicopus, da sich aus ihnen wertvolle Aufschlüsse über die Beinstellung, Körperhaltung und Schwanzlage des ruhenden Tieres gewinnen lassen.

Anomoepus scambus (Fig. 200) ist eine Fährtengruppe, welche von einem sitzenden orthopoden Dinosaurier mit stark verlängerten Metatarsalien, einem dreizehigen Fuß und fünffingeriger Hand in den Ufersand

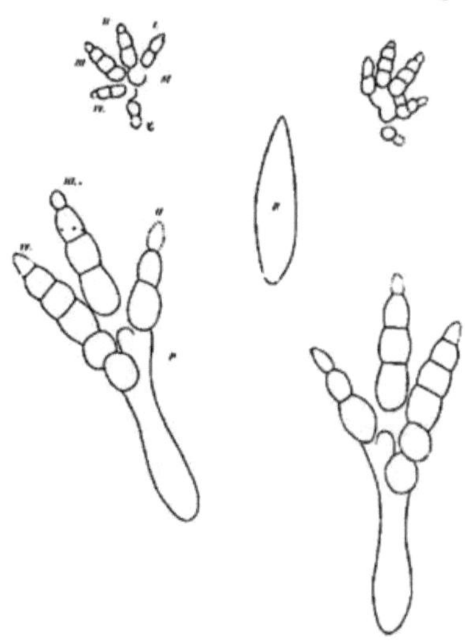

Fig. 200. Anomoepus scambus, E. Hitchcock, Fährte eines bipeden Dinosauriers mit großen Hinterfüßen und kleinen Händen, vom sitzenden Tier eingedrückt, wie der Abdruck der Brust beweist. (Nach R. S. L u l l.) ¼ Nat. Gr.

eingedrückt wurde. Zwischen den Fährten der Hände und Füße findet sich ein Abdruck vom Umriß eines Linsenquerschnitts, den L u l l als den Abdruck des Brustkorbes deutet, der vielleicht gepanzert war.

Bei anderen Fährten, welche L u l l derselben Fährtentype — Anomoepus — einreiht, finden wir auch Abdrücke des Hallux (z. B. bei Anomoepus intermedius).

Von besonderem Interesse sind die Fährten, welche E. H i t c h c o c k Fulicopus Lyellianus nannte. Sie gehören einem sitzenden orthopoden Dinosaurier an, der sehr stark verlängerte Metatarsalia und einen funktionell dreizehigen Fuß (II. III. IV. Zehe) sowie eine funktionslos gewordene I. Zehe besaß, die nur beim Schreiten mit der Krallenspitze den Boden berührte, während des Sitzens aber frei abstand. Aus der relativen Entfernung der Hand- und Fußfährten des ruhenden Tieres läßt sich in Verbindung mit dem Abdruck des Sitzbeinhöckers („Ischial callosity") der Schluß ziehen, daß das Tier in seiner Körperhaltung und seinen Dimensionen dasselbe Bild wie ein Känguruh geboten haben muß (Fig. 26).

Nur in einem einzigen Falle ist es bis heute gelungen, die Fährten aus dem Connecticutsandstein mit voller Sicherheit einer aus Skelettresten bekannten Dinosaurierart (Anchisaurus colurus Marsh)[1] zuzuweisen.

Die Fährten vom Typus Anomoepus und Fulicopus lassen sich nicht mit irgend einem bisher bekannten Triasdinosaurier in Beziehung bringen. Der einzige orthopode Dinosaurier der nordamerikanischen Trias ist Nanosaurus agilis, aber sein Fußskelett läßt sich nicht mit den genannten Fährten vergleichen.

Ebenso ist es auch unmöglich, die bisher bekannten dürftigen Reste von Megadactylus polyzelus Hitchcock auf Anchisauripus Hitchcocki Lull zu beziehen; es gelingt dies auch nicht zwischen Anchisauripus exsertus Hitchcock (Fährte) und Ammosaurus maior Marsh (Skelett), da das Längenverhältnis der drei Hauptträger des Hinterbeins (II., III., IV. Zehe) bei Ammosaurus ganz anders ist als bei Anchisauripus.

Wir kennen aus der Trias Nordamerikas bis jetzt folgende Dinosaurierreste:

Anchisaurus colurus Marsh	
„ (?) solus Marsh	
Thecodontosaurus polyzelus Hitchcock	
Podokesaurus holyokensis Talbot	Theropoda
Coelophysis longicollis Cope	
Bauri Cope	
„ Willistoni Cope	
Ammosaurus maior Marsh	
Nanosaurus agilis Marsh [2]	Orthopoda

R. S. Lull hat einen Teil der Fährten aus dem Connecticut-Sandstein als Theropodenfährten, einen zweiten als Orthopodenfährten bezeichnet.

Daß die besprochenen Fährten von bipeden Dinosauriern herrühren, ist mit Sicherheit anzunehmen.

Die Fährtentype Anchisauripus ist weitaus am zahlreichsten vertreten; an zweiter Stelle folgt Anomoepus und an dritter Grallator.

Eine seltene, aber sehr wichtige Type ist Otozoum Moodii E. Hitchcock. Sie wird von Lull auf einen orthopoden, bipeden Dino-

---

[1] Friedrich von Huene: Über die Dinosaurier der außereuropäischen Trias. — Geolog. und Paläont. Abh., herausgeg. von E. Koken, Neue Folge, Bd. VIII, Jena 1906, pag. 102—109, Taf. IX.

[2] F. von Huene und R. S. Lull: Neubeschreibung des Originals von Nanosaurus agilis Marsh. — Neues Jahrb. f. Min. etc., 1908, Bd. I, p. 134. F. von Huene: l. c., 1906, p. 148—154. R. S. Lull: Dinosaurian Distribution. — Amer. Journ. of Science, XXIX, January 1910, p. 13.

saurier bezogen; von besonderem Interesse ist die allgemeine Ähnlichkeit mit dem Fährtenbilde des quadrupeden Chirotherium, doch bestehen vor allem wichtige Unterschiede in der Phalangenformel:

	Chirotherium	Otozoum
Phalangenformel, Hand:	2, 3, 3, 3, 3	2, 3, 3, 3, 3
Phalangenformel, Fuß:	2, 3, 4, 4, 2	2, 3, 4, 5, o.

Ferner ist die Hand bei Chirotherium nach vorne, bei Otozoum nach innen gestellt.

Eines ist sicher: die Zahl der verschiedenen Fährtentypen bipeder Dinosaurier (59) ist außerordentlich groß im Vergleiche mit der verschwindend kleinen Zahl von Dinosaurierarten (5), welche in diesem Sandstein gefunden worden sind und sich auf Theropoden und Orthopoden verteilen (p. 71).

Wir können daraus den Schluß ableiten, daß uns nur ein sehr kleiner Bruchteil jener Dinosaurierfauna bekannt ist, welche zur oberen Triaszeit in Nordamerika lebte.

Dreizehige Fährten, die sicher von bipeden Reptilien, also offenbar von Dinosauriern herrühren, sind verhältnismäßig selten im sogenannten „Footprint quarry" von Storeton bei Liverpool und an einigen anderen Orten Englands in Triassandsteinen angetroffen worden. Sehr selten sind dreizehige Fährten im Buntsandstein Sachsens beobachtet worden.

Vor kurzem ist in der oberen Trias von Storeton in England eine Fährtenserie gefunden worden, die aus einer Reihe von Fußabdrücken besteht, die hintereinander in einer geraden Linie in den Schlamm einge-

Fig. 201. Fährte eines bipeden, nur auf den Hinterfüßen gehendenChirotherium (Dinosaurier) aus der Trias von Storeton (Keuper) in Cheshire, England. Original No. R. 3483 im Brit. Mus. Nat. Hist. in London. Länge einer Fährte etwa 25 cm.

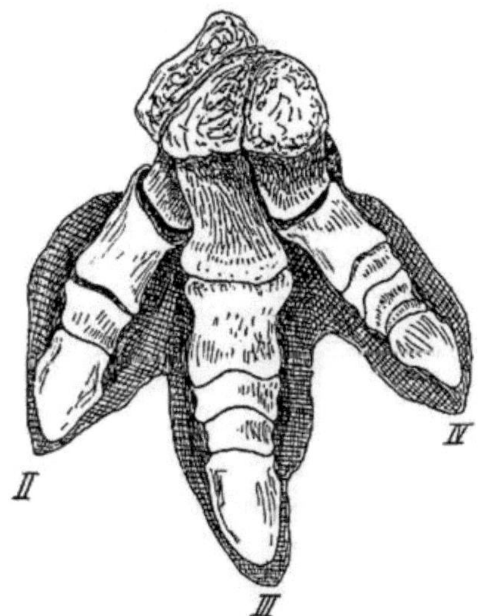

Fig. 202. Fährte von Iguanodon mit hineingestelltem Fußskelett von Iguanodon Mantelli Owen. (Nach L. Dollo.)

preßt worden sind. An einer Fährte sieht man sehr deutlich, daß der Fuß von einer faltigen Haut bekleidet war, deren Oberfläche sehr an die Fußhaut eines Kasuar erinnert. Da Handfährten gänzlich fehlen, so muß dieses Tier biped gewesen sein. Ich möchte ausdrücklich wiederholen, was ich schon früher betont habe (S. 68), daß die Fährtengruppe aus dem Storeton-Sandstein von chirotheriumartigem Habitus einem bipeden Dinosaurier angehört haben dürfte. Er muß jedenfalls sehr hochbeinig gewesen sein, da sonst die Fährten des linken und rechten Fußes nicht in einer Linie liegen könnten (Fig. 201).

Aus dem J u r a sind bis jetzt nur wenige Fährten bipeder Dinosaurier beschrieben worden, von denen schon früher die Rede war. Sie sind teils in den Atlantosaurus-Beds Nordamerikas (Fig. 27, 28), teils in den lithographischen Schiefern Bayerns gefunden worden (Fig. 29). Aus der K r e i d e sind Fußspuren von Iguanodonten bekannt (Fig. 30, 202).

Die Lokomotionsart der bipeden Dinosaurier.

Daß ein großer Teil der Dinosaurier und zwar die theropoden und orthopoden Dinosaurier mit wenigen Ausnahmen biped waren, geht mit voller Klarheit aus der Morphologie des Skelettes hervor. Diese auf morphologischem Wege gewonnenen Schlüsse erhalten ihre Bestätigung durch die Fährten, welche nur von bipeden Dinosauriern herrühren können und uns überdies ein Bild von der Gangart, Ruhestellung und Schwanzhaltung geben, worüber wir aus der Morphologie des Skelettes allein keinen sicheren Aufschluß erhalten können.

Die ältesten Dinosaurierfährten sind aus der Trias bekannt geworden. Wie R. S. L u l l gezeigt hat, sind die Fährten im Connecticutsandstein von Massachusetts und New Jersey von schreitenden oder laufenden Tieren, niemals aber von Tieren im Sprunge eingedrückt worden. Daraus erhellt aber nicht, daß diese Triasdinosaurier keine Springer gewesen sind; die außerordentliche Länge des Metatarsus von Fulicopus in Verbindung mit dem Gesamtcharakter der Fußfährten spricht dafür, daß diese Fährte von einem Dinosaurier herrührt, der sich in der Regel springend nach Art eines Känguruhs fortbewegte.

Sehr wichtig ist das Vorhandensein von Schwanzfährten in Verbindung mit einzelnen Fußfährten.

Diese Fährten stellen entweder eine kontinuierliche, schlangenartig gekrümmte Linie vor oder es finden sich scharf getrennte kurze Eindrücke hintereinander oder es deutet eine langgestreckte gerade Linie das Nachschleppen des Schwanzes an.

Die schlangenartig gewundene Schwanzfährte bei Gigandipus beweist, daß das betreffende Tier beim Schreiten seinen Körper ein wenig nach links und rechts drehte, ohne daß aber die Bewegung noch eine schiebende gewesen wäre wie bei den Stegocephalen und den ältesten Reptilien.

Die kurzen, getrennten, geraden Schwanzeindrücke sagen uns, daß das Tier beim Schreiten den Schwanz in kurzen Schlägen dem Boden aufgesetzt haben muß, ähnlich wie dies bei den Känguruhs zu beobachten ist.

Einige Fährtentypen beweisen, daß die Tiere beim Schreiten und Laufen den Schwanz nicht nachschleiften, sondern erhoben trugen und mit ihm balancierten. Das geht mit voller Klarheit aus der Fährtengruppe Anomoepus intermedius E. Hitchcock hervor; die fünfzig Eindrücke dieser Platte zeigen, daß das Tier biped schritt, ohne mit Händen und Schwanz den Boden zu berühren und daß erst knapp vor dem Übergang zur Ruhestellung der Schwanz niedergelegt und schließlich auch die Hände auf den Boden gesetzt wurden.

Von größtem Interesse sind die Fährtengruppen Anomoepus scambus E. H. und Fulicopus Lyellianus E. H.

Zwischen den beiden Handfährten und den beiden Fußfährten von Anomoepus scambus sieht man einen Eindruck vom Umriß eines Linsenquerschnittes, den R. S. Lull als Abdruck einer ,,plastron-like armature" deutet. Jedenfalls beweist er, daß der Brustkorb schmal war, da sonst die geringe Breite des Abdrucks unverständlich wäre.

Die Fährtengruppe Fulicopus Lyellianus zeigt nicht nur den Abdruck der Finger und Zehen, sondern auch des proximalen Endes des Metatarsus und ist zweifellos von einem sitzenden Tier eingedrückt worden. Dies geht auch aus dem Vorhandensein eines Abdrucks hervor, welcher von einem Vorsprung unter den Ischia, der ,,ischial callosity" (R. S. Lull) eingedrückt wurde. Derselbe Eindruck ist auch bei Anomoepus intermedius (Type) zu beobachten, wo sowohl der Schwanz als auch diese Erhöhung unter den Sitzbeinen deutlich abgedrückt erscheint.

Die allgemeine Körperhaltung von Fulicopus Lyellianus ist in sitzendem Zustande d e r S i t z s t e l l u n g e i n e s K ä n g u r u h s ü b e r a u s ähnlich und wir dürfen wohl daraus entnehmen, daß die Bewegungsart dieses Tiers vorwiegend eine springende war, wofür ja vor allen anderen Dingen der stark verlängerte Metatarsus spricht.

Dies läßt darauf schließen, daß d e r e i g e n t l i c h e A u f e n t - h a l t s o r t v o n F u l i c o p u s n i c h t d e r S t r a n d w a r, s o n d e r n d a s t r o c k e n e H i n t e r l a n d.

Bei allen Fährten des Connecticutsandsteins, die L u l l mit Dinosauriern in Beziehung gebracht hat, ist die dritte Zehe außerordentlich stark entwickelt und die zweite und vierte stehen in ähnlichem Verhältnisse zu der dritten Zehe, wie dies bei den lebenden Laufvögeln der Fall ist.

Niemals ist ein Abdruck der fünften Zehe sichtbar und sie kann daher höchstens ein stummelförmiges Rudiment wie bei Anchisaurus colurus aus denselben Schichten gewesen sein.

Dagegen zeigen sehr viele Fährten den Abdruck des Hallux, welcher bei Anchisauripus sehr stark nach hinten gerichtet ist. Da ausnahmslos nur die Krallenspitze der großen Zehe bei den Anchisauripusfährten in den Sand eingedrückt wurde, so muß diese Zehe gekrümmt gewesen sein und eine ganz ähnliche Stellung besessen haben wie dies O s b o r n für den jurassischen Allosaurus nachgewiesen hat.

Wir müssen uns nun mit der Frage beschäftigen, wieso die Divergenz der Beckenentwicklung bei den Theropoden einerseits und den Orthopoden anderseits zu erklären ist. Während die Orthopoden im Beckenbaue eine ausgesprochene Konvergenz mit den Vögeln zeigen, ist dies bei den gleichfalls bipeden Theropoden nicht der Fall und ebensowenig auch bei den bipeden Känguruhs, den Springmäusen u. s. f.

Diese Frage ist nur dann zu lösen, wenn wir untersuchen, ob die bipede Lokomotionsart der Theropoden einerseits und der Orthopoden und Vögel anderseits wirklich in jeder Hinsicht gleichartig war oder nicht.

Die Vögel haben ausnahmslos einen hochgradig verkümmerten Schwanz und das Körpergewicht ruht ausschließlich auf den Hinterbeinen.

Die Orthopoden hatten einen langen, kräftigen Schwanz, der mitunter (z. B. bei Iguanodon) eine wesentliche Versteifung durch Sehnenverknöcherungen erfahren hat, aber sie benützten, wie namentlich H. F. O s b o r n [1]), C. E. B e e c h e r [2]) und L. D o l l o [3]) gezeigt haben, den Schwanz bei der bipeden Lokomotion nicht als Stützorgan wie das Känguruh beim l a n g s a m e n Hüpfen, sondern trugen ihn beim Schreiten und Laufen erhoben als Balancierorgan (Fig. 203), wie auch die Fährten ornithopoder Dinosaurier [4]) überzeugend beweisen.

Die Theropoden besaßen wie die Ornithopoden einen langen kräftigen Schwanz. aber sie trugen ihn beim Schreiten und Laufen nicht erhoben wie die Ornithopoden, sondern er diente ihnen noch als Stützorgan und Lokomotionsorgan in gleicher Weise wie der Springmaus

---

[1]) H. F. O s b o r n: Amer. Natur., XXXIV, 1900, p. 795—796.

[2]) C. E. B e e c h e r: The Reconstruction of a Cretaceous Dinosaur, Claosaurus annectens Marsh. — Transact. Connecticut Acad. Science, XI, 1902, Pl. XLI, p. 311.

[3]) L. D o l l o: Les allures des Iguanodons, d'après les empreintes des pieds et de la queue. — Bull. Scient. de la France et de la Belgique, XL, 1905, p. 1—12, 1 pl.

[4]) E. H i t c h c o c k: Ichnology of New England. A Report on the Sandstone of the Connecticut Valley, especially its fossil Footmarks, made to the gouvernment of the Commonwealth of Massachusetts. Boston, 1858. — R. S. L u l l: Fossil Footprints of the Jura-Trias of North America. — Memoirs of the Boston Soc. Nat. Nist., V, Boston, 1895—1904, Boston, 1904, p. 461—557, Pl. 72. Die Schwanzfährte von Iguanodon ist nur während des Sitzens eingedrückt worden (L. D o l l o, l. c., 1905, p. 5—10).

und dem lebenden Känguruh bei l a n g s a m e r Fortbewegung, wie die Fährten aus dem rhätischen Connecticutsandstein Nordamerikas und die Fährten aus den oberjurassischen Plattenkalken von Eichstätt und Solnhofen zeigen.

In dieser grundverschiedenen Lokomotionsart liegt offenbar die Ursache für den verschiedenen Beckenbau jener bipeden Formen,

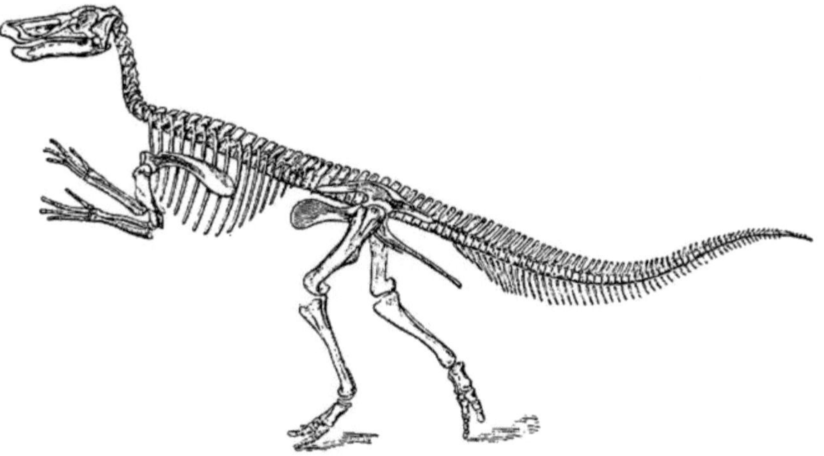

Fig. 203. Claosaurus annectens Marsh, ein orthopoder Dinosaurier aus der obersten Kreide Nordamerikas, in laufender Stellung rekonstruiert. Körperlänge 10 m. (Nach C. E. B e e c h e r.)

die sich ohne Hilfe des Schwanzes fortbewegen, und jenen, die sich bei der Lokomotion des Schwanzes als Stützorgan bedienen.

A u f d i e s e W e i s e e r k l ä r t s i c h , w a r u m d i e T h e r o p o d e n i m B e c k e n b a u e k e i n e V o g e l ä h n l i c h k e i t b e s a ß e n , w ä h r e n d d i e O r t h o p o d e n e i n i n p h y s i o l o g i s c h e r , a b e r n i c h t i n m o r p h o l o g i s c h e r H i n s i c h t v o g e l a r t i g g e b a u t e s B e c k e n a u f w e i s e n .

Die Bipedie der Vögel und die Anpassungen ihres Fußskelettes an das Schreiten und Laufen.

Wenn auch sämtliche Vögel biped sind und nur in sehr seltenen Fällen in früher Jugend (z. B. Nestjunge von Opisthocomus cristatus und Ardetta minuta) beim Klettern im Geäst auch die Arme zu Hilfe nehmen, so sind doch die Anpassungen des Fußskelettes außerordentlich verschieden.

Wir müssen zunächst zwischen rein terrestrischen und rein arboricolen Vögeln unterscheiden. Die Anpassungen an das Schreiten und Laufen sind von jenen an das Hüpfen und Springen im Geäst durchaus verschieden. Der für das Greifhüpfen im Gezweige höchst wichtige

Hallux ist beim Schreiten und Laufen ebenso bedeutungslos wie die Fähigkeit der Zehen, zurückgeschlagen werden zu können.

Wir müssen auch die Adaptationen, die z. B. der Fuß der Spechte und Baumläufer oder der Fuß der Mauerschwalbe zeigt, aus dem Kreis unserer Betrachtungen an dieser Stelle ausscheiden und uns auf die Anpassungen des Fußskelettes jener Vögel beschränken, welche echte

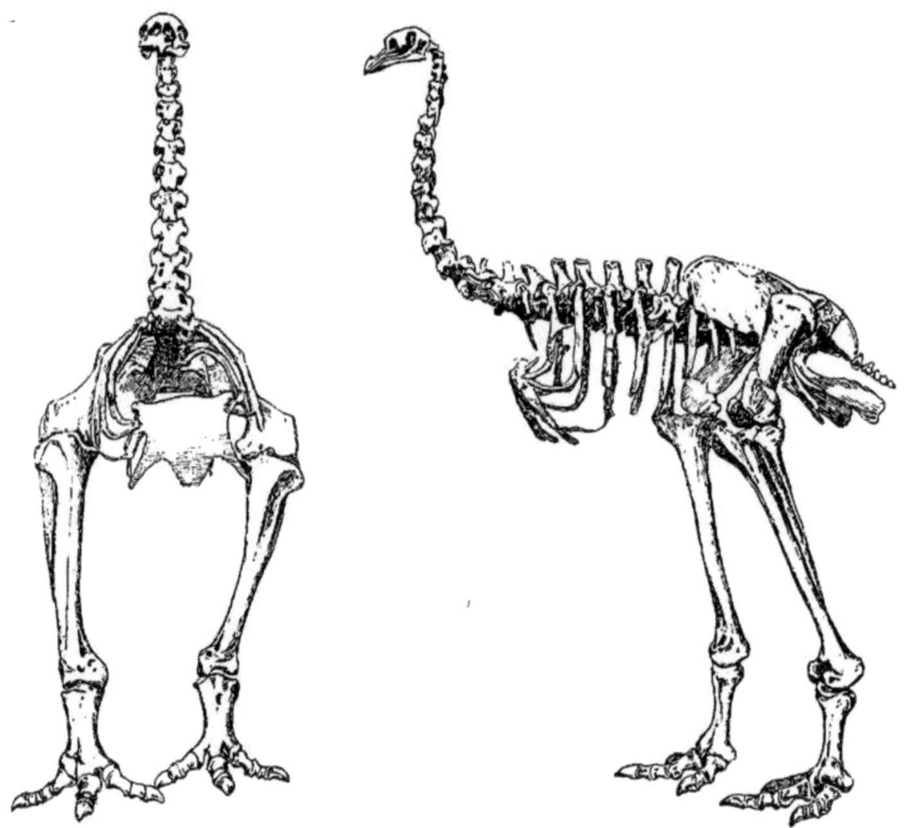

Fig. 204. Pachyornis elephantopus Owen, Neuseeland. (Nach R. O w e n.) (¹/₁₈ Nat. Gr.)

Schreit- oder Lauftiere sind oder waren und zu einer Lokomotionsart im Geäste, auf Bäumen überhaupt, an Felswänden usw. ganz unfähig sind.

Wenn wir eine derartige Scheidung durchführen, so bleibt uns eine relativ kleine Gruppe von Schreit-, Lauf- und Watvögeln übrig, deren Anpassungen wir näher untersuchen wollen.

Die am weitesten vorgeschrittene Anpassung an das Schreiten, Laufen und Rennen finden wir im Fuß der Ratiten oder der flugunfähig gewordenen Schreit- und Laufvögel.

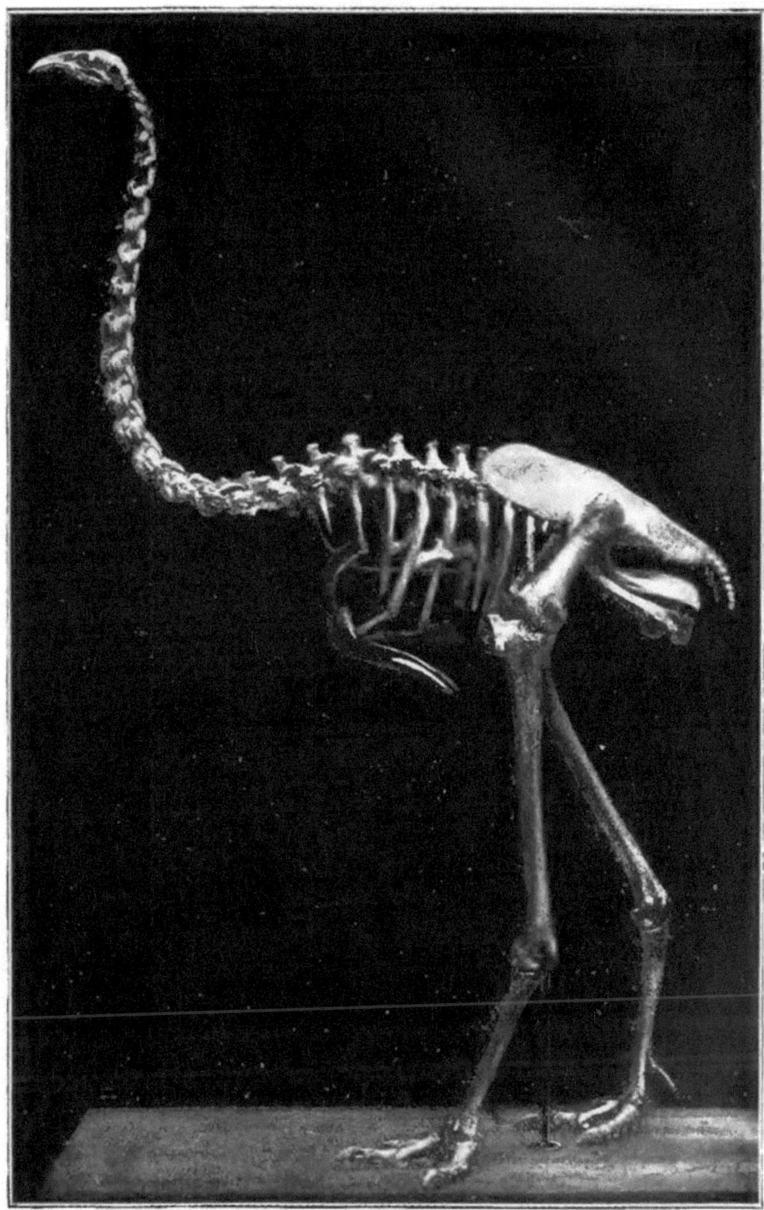

Fig. 205. Skelett der Riesenmoa (Dinornis maximus) von Neuseeland. (Nach der Photographie des Originals im Brit. Mus. Nat. Hist. in London.) $^{1}/_{17}$ Nat. Gr. (Länge des Tibiotarsus 1 m, Gesamthöhe 3,5 m.)

1. A p t e r y x (Fig. 198).

Der Tibiotarsus erreicht die doppelte Länge des Tarsometatarsus, während sich die Längen von Tibiotarsus und Femur wie 3:2 verhalten.

Alle vier Metatarsalia sind fest miteinander verwachsen; am Hinterrande steht ein funktionsloser, verkümmerter Hallux, der den Boden
nicht berührt.

2. Pachyornis (Fig. 204).

Pachyornis elephantopus (Neuseeland) besaß ein auffallend ver-
kürztes Femur, das nur die halbe Länge des Tibiotarsus erreicht, während
der Tarsometatarsus etwas mehr als den
dritten Teil der Länge des Tibiotarsus
erreichte. Alle drei Hauptabschnitte der
Extremität waren sehr plump und gedrungen, was zur Benennung der Art als
„elephantopus“ geführt hat. Ein Halluxrudiment fehlt.

3. Dinornis (Fig. 205).

Die größte aller Moas oder Dinor-
nithiden Neuseelands erreichte eine Höhe
von 3.5 m; der Tibiotarsus wurde bis 1 m

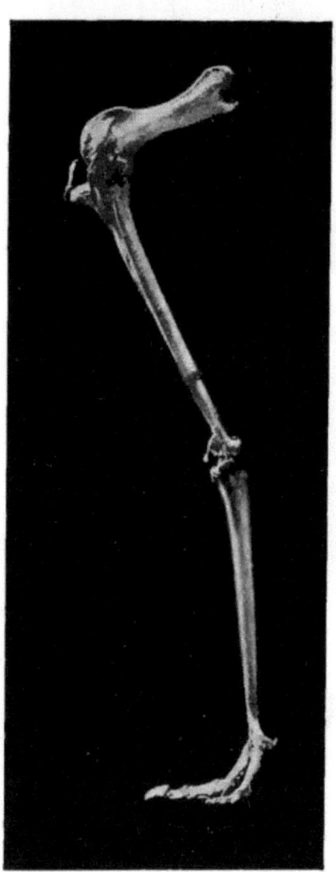

Fig. 206. Skelett der Hinterextremität
des Straußes. (Nach C. W. Beebe.)

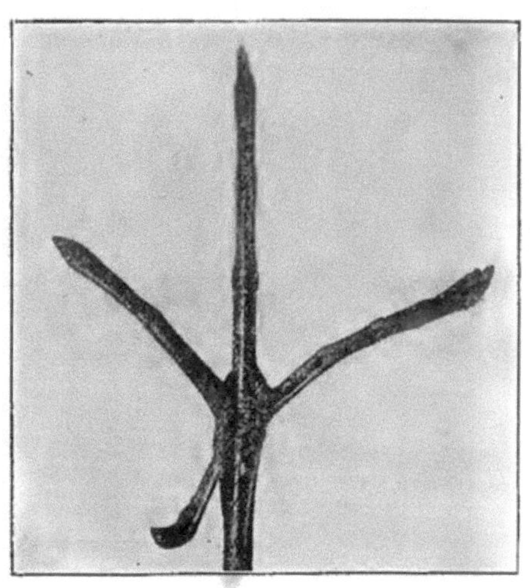

Fig. 207. Fuß von Gallinula mit langen weitgespreizten
Zehen. (Nach C. W. Beebe.)

lang. Die Proportionen der Gliedmaßenabschnitte sind folgende:
Tarsometatarsus: Tibiotarsus: Femur = 14: 24: 11, also ganz ver-
schieden von Apteryx und Pachyornis. Am Hinterrande des
Metatarsus befindet sich ein hoch angesetztes Halluxrudiment.
Die Gliedmaßenknochen sind bedeutend schlanker als bei Pachyornis.

4. Struthio (Fig. 206).

Zehenzahl auf zwei (dritte und vierte) reduziert; die dritte Zehe ist zur eigentlichen Laufzehe geworden, da die vierte ihre Funktion beim Laufen verloren hat und nur beim Stehen noch von Bedeutung als Körperstütze ist. Im Vergleich zu den bisher besprochenen Formen ist der Tarsometatarsus sehr beträchtlich verlängert und hat beinahe die Länge des Tibiotarsus erreicht, während das Femur etwa halb so lang ist. Das zweite Metatarsale ist mit dem dritten und vierten fest verwachsen.

Dieser wesentliche Unterschied in der relativen Länge des Tarsometatarsus steht in innigstem Zusammenhang mit dem Laufvermögen. Je länger der Metatarsus ist, desto schneller vermag der Vogel zu laufen; und daraus ergibt sich sofort, daß Pachyornis mit sehr kurzem, plump gebautem Metatarsus nicht zu laufen vermochte, sondern nur ein schwerfälliger Schreitvogel war, der sich in Dickichten und Wäldern aufhielt. Dagegen muß Dinornis mit höheren und schlankeren Gliedmaßen und langem Metatarsus zur Laufbewegung befähigt gewesen sein. Es wäre eine dankbare Aufgabe, eine vergleichende Zusammenstellung der relativen Längen der Gliedmaßenabschnitte der Vögel durchzuführen, um über die Laufbefähigung der ausgestorbenen Formen ein Urteil zu gewinnen.

5. Aptenodytes (Fig. 74).

Die Füße sind plantigrad; alle vier Zehen sind nach vorne gerichtet. Die drei Hauptzehen (2., 3., 4.) sind durch Schwimmhäute verbunden, der Hallux ist klein und frei.

Die vollkommene Plantigradie — welche sicher als sekundär anzusehen ist — bedingt den eigentümlich unbeholfenen, watschelnden Gang der Pinguine, welche sich niemals laufend fortbewegen.

6. Parra.

Alle Parriden haben vier stark verlängerte Zehen mit langen, spitzen Krallen. Diese Verlängerung der Zehen hat eine bedeutende Vergrößerung der Körperbasis zur Folge, die den Tieren das Laufen auf sehr weichem, sumpfigem Boden und selbst auf den großen Blättern der Wasserpflanzen gestattet, in gleicher Weise wie dies bei afrikanischen Antilope Tragelaphus Speekei der Fall ist, deren stark gespreizte Zehen mit langen, spitzen Hufen den Tieren das Laufen auf weichem Sumpfboden ohne Gefahr des Einsinkens ermöglichen.

Diese kleine Auswahl von Beispielen zeigt, daß eine der wichtigsten Anpassungen an die bipede, laufende Lebensweise die Verlängerung der unteren Gliedmaßenabschnitte, also des Tibiotarsus und Tarsometatarsus ist. Die Zehen werden bei den Laufvögeln nicht verlängert, wenn sie auf festem Boden laufen, sondern nur dann, wenn sie auf weichem Sumpfboden schreiten und rennen. Bei Sumpfvögeln und Strandvögeln treten häufig Schwimmhäute zwischen den Zehen auf, auch wenn die Tiere keine Schwimmer sind. Die Zwischen-

zehenhäute haben dieselbe ethologische Bedeutung wie die stark verlängerten Zehen und Zehenkrallen der Parriden.

Der Hallux ist bei jenen Vögeln, die zu S c h r e i t e r n und
R e n n e r n geworden sind, in den meisten Fällen entweder ganz verloren gegangen oder, wenn vorhanden, in hohem Grade rudimentär
und funktionslos (Fig. 207).

Der Hallux fehlt gänzlich bei: Rhea, Struthio, Casuarius, Dromaeus,
Dinornis (meistens), Aepyornis, Genyornis, Pachyornis, Mesopteryx,
Otis, Diomedea, Charadrius, Ibidorhynchus, Calidris, Cursorius, Oedicne-
mus, Alca, Eudromia, Himantopus (die meisten Arten dieser Gattung),
Tringa arenaria.

Mit Ausnahme von Alca und Diomedea sind alle genannten Gat-

Fig. 208. Alactaga jaculus. (Nach W. K o b e l t.)

tungen Laufvögel, und zwar gehören Rhea, Struthio, Casuarius, Dromaeus, Otis, Cursorius, Himantopus u. s. f. zu den schnellsten Lauftieren,
die wir kennen.

D a r a u s g e h t h e r v o r , d a ß d e r H a l l u x b e i d e r
A n p a s s u n g a n d a s S c h n e l l a u f e n g a n z ü b e r f l ü s s i g
w a r u n d i n f o l g e N i c h t g e b r a u c h s v e r l o r e n g i n g.

Kein Vogel ist zu einem so vollkommenen Springer geworden,
wie es z. B. die Springmäuse und Känguruhs geworden sind. Wenn
die im Geäste zu hüpfen und springen gewohnten Vögel sich auf dem
Boden weiterbewegen, so setzen sie entweder, wie z. B. die
Hühner, ihre Füße immer abwechselnd nieder; niemals wird man
einen Hühnervogel sich auf dem Boden hüpfend fortbewegen sehen.
Andere, wie die Amsel (Turdus merula) laufen sehr schnell, indem sie
ihre Beine abwechselnd setzen, können sich aber auch hüpfend fort-

bewegen, während z. B. der Sperling (Passer domesticus) niemals schreitet, sondern immer nur hüpft. Größere Sätze oder Sprünge kann kein Vogel ausführen.

Die springenden bipeden Nagetiere und die Anpassungen ihres Fußskelettes.

1. Alactaga.

Die Vorderfüße des Pferdespringers (Alactaga jaculus Schreb.) sind überaus klein und verkümmert; er setzt die Hände beim Äsen auf den Boden, benützt sie aber auch zum Graben seiner Höhlen, wobei er sich der langen, scharfen Fingerkrallen als Grabwerkzeuge bedient. Beim Springen nimmt er stets die Stellung eines flüchtigen Känguruhs ein, ohne je mit den Armen den Boden zu berühren.

Die Lokomotion wird nur von den Hinterbeinen bewerkstelligt, die viermal länger als die Vorderbeine sind; der Schwanz wird beim Springen nicht auf den Boden gesetzt. Nur beim

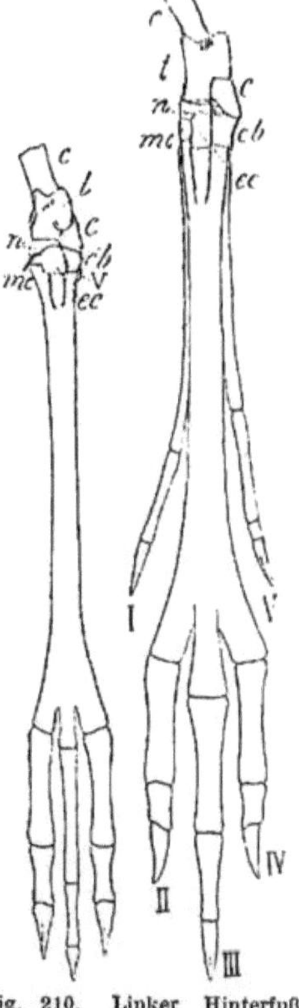
Fig. 210. Linker Hinterfuß von Alactaga (rechts) und Dipus (links). (Nach M. W. Lyon, aus M. Weber, 1904.)

Fig. 209. Dipus aegyptiacus. (Nach W. Kobelt.)

ruhigen Stehen wird der Schwanz gekrümmt und mit dem Haarbüschel an seinem Ende dem Boden angepreßt, so daß der Körper wie auf einem Dreifuß aufruht.

Das Fußskelett des Pferdespringers fällt zunächst dadurch auf, daß die Mittelfußknochen der zweiten bis vierten Zehe zu einem sogenannten Kanonenbein verschmolzen sind, an dem wohl innerlich seiner ganzen Länge nach die Trennungslinien der drei Metapodien verfolgt werden können, äußerlich aber nur am oberen und unteren Ende.

Gerade das untere Ende ist sehr charakteristisch gebaut. Die distalen Enden der Metapodien schließen nämlich hier nicht dicht aneinander wie die proximalen, sondern divergieren und das mittlere (das der dritten Zehe) springt weiter nach unten vor als das der beiden benachbarten (zweites und viertes Metapodium). Die drei mittleren Zehen tragen je drei Phalangen, die der dritten Zehe sind die längsten.

Die erste und fünfte Zehe sind rudimentär, berühren den Boden nicht und reichen nicht einmal bis zu den unteren Enden der drei mittleren Metapodien. Von Wichtigkeit ist die gleiche Länge dieser beiden Zehen, die dadurch zustande kommt, daß das Metatarsale der großen Zehe länger ist als jenes der fünften; die erste trägt zwei, die fünfte drei Phalangen. Die zweite Phalange der fünften Zehe ist auffallend verkürzt.

2. Dipus.

Der Hinterfuß ist ganz ähnlich wie bei Alactaga gebaut, nur ist seine Spezialisation bedeutend weiter vorgeschritten. Der Hallux ist spurlos verschwunden, während von der fünften Zehe noch ein winziges Rudiment knapp unter dem Tarsus übrig geblieben ist.

Eine höchst auffallende Erscheinung können wir an der mittleren Zehe beobachten. Sie ist nur h a l b s o s t a r k als die beiden Seitenzehen (II. und IV.) und nur wenig länger als diese. W i r m ü s s e n d a h e r d i e b e i d e n S e i t e n z e h e n a l s d i e e i g e n t l i c h e n S p r u n g z e h e n b e t r a c h t e n; somit ist die Vogelähnlichkeit des Fußskelettes von Dipus sehr gering und beschränkt sich auf den allerdings frappant an einen Vogellauf erinnernden Metatarsus, der aus drei fest verwachsenen Metapodien besteht, die an ihrem Unterende genau so wie die Enden eines Vogelmetatarsus auseinandertreten.

Es ist wichtig, diese Reduktion der Mittelzehe von Dipus ausdrücklich hervorzuheben, da in vielen Publikationen Dipus als ein Säugetier mit vogelartig gebautem Fuße bezeichnet worden ist. Das gilt, wie auch die beigefügten Abbildungen zeigen, für den Metatarsus und die drei Mittelzehen von Alactaga, aber nur für den Mittelfuß von Dipus. Bei allen dreizehigen Schreit- und Laufvögeln divergieren die drei Zehen sehr stark; b e i D i p u s l i e g e n d i e d r e i Z e h e n v o l l k o m m e n p a r a l l e l, e b e n s o a u c h b e i d e m p r i m i t i v e r e n A l a c t a g a.

Diese parallele Lagerung der Zehen ist die Ursache der bei Dipus auffallenden Verkümmerung der Mittelzehe, weil durch diese Stellung der zweiten und vierten Zehe eine funktionelle Bedeutung gegeben wurde, die sie in abgespreiztem Zustande nicht haben können. Es entsteht nun aber die Frage, warum die zweite und dritte Zehe eine parallele Richtung besitzen. Diese Frage drängt sich um so mehr auf, als ja die Metatarsalenden ganz ähnlich wie im Vogellauf d i v e r g i e r e n.

Zunächst müssen wir daran festhalten, daß bei dem primitiveren Alactaga die Seitenzehen zwar parallel stehen, die Mittelzehe aber noch keine Reduktionserscheinungen zeigt.

Wir können in das Verständnis dieser merkwürdigen Anpassung nur eindringen, wenn wir die Bewegungen dieser Tierchen sorgfältig studieren.

Der Pferdespringer sitzt in der Ruhestellung sozusagen auf einem Dreifuß; er stützt sich auf den bogenförmig gekrümmten und in eine breite Quaste endenden Schwanz und auf die Zehen, wobei dieselben in ihrer g a n z e n Länge dem Boden aufruhen.

Dipus sitzt in ähnlicher Weise; aber, wie schon B r e h m ganz richtig beobachtet hat, berühren seine Zehen in der Sitzstellung n u r m i t   i h r e n   S p i t z e n den Boden. In dieser Tatsache liegt die Erklärung für die Reduktion der Mittelzehe.

Weil die Seitenzehen II und IV beim Aufstützen auf die Zehenenden eine wichtigere Rolle spielen als bei irgend einem Vogel mit abgespreizten Seitenzehen, so verkümmerten sie nicht weiter, sondern blieben bei Dipus in derselben Stärke wie bei Alactaga erhalten. Die mittlere, durch die Anpassung an das Springen bei Alactaga verlängerte, starke Sprungzehe muß aber bei dieser Art zu sitzen und, ich will gleich hinzufügen, auch zu springen, ihre Bedeutung verlieren, da ihre Funktion fast ganz von den Seitenzehen übernommen wird.

Der Fuß von Dipus bildet keine abgeschlossene oder fertige Anpassung wie so viele andere. Bei weiterem Fortschreiten der Spezialisation des Fußes wird sich ein Anpassungstyp herausbilden, bei dem die Mittelzehe reduziert und die Funktion der Springzehen ausschließlich von der zweiten und vierten Zehe übernommen werden wird.

Es klingt vielleicht merkwürdig, eine derartige Prophezeiung auszusprechen. Wir sind aber heute, wo wir die Geschichte der Anpassungen so vieler verschiedener Stämme kennen, imstande, einzelne Formen und Typen, die bestimmten älteren Stufen einer Anpassungsreihe entsprechen, als u n f e r t i g e Typen anzusehen. Ich werde am Schlusse meiner Ausführungen, wenn ich vom „idealen Anpassungstypus" sprechen werde, diesen Gedankengang näher ausführen.

Die Bipedie der Beuteltiere und die Anpassungen ihres Fußskelettes an das Springen.

Unter den Beuteltieren gibt es eine große Zahl vorzüglicher Springer; zu den schnellsten gehören die Känguruhs und ihre Verwandten. Vom Riesenkänguruh der Eiszeit Australiens (Palorchestes) bis zu der kleinen Beutel-„Maus" (Antechinomys) finden wir springende, diprotodonte Beuteltiere in allen Größen.

Bisher haben wir bipede Typen kennen gelernt, bei denen entweder die dritte oder die zweite und vierte Zehe zur Lauf- oder Sprungzehe ausgebildet war. Bei den Beutlern ist die v i e r t e Zehe zur Sprungzehe geworden; die erste ist bei den springenden Typen entweder hochgradig verkümmert oder ganz verloren gegangen. Als Seitenstützen der Sprungzehe fungieren die fünfte Zehe einerseits, die zweite und dritte anderseits und zwar sind diese beiden so schlank und zart, daß sie vereinigt als das physiologische Äquivalent der fünften Zehe angesehen werden können.

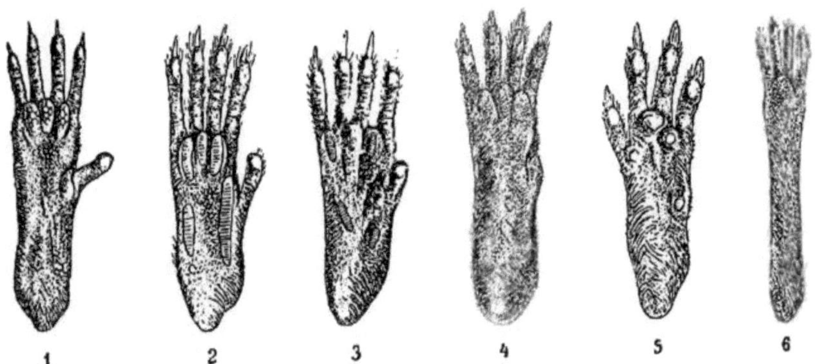

Fig. 211. Die Anpassungsreihe des Antechinomysfußes: der rechte Hinterfuß von sechs Marsupialiern von der Sohlenseite. 1. Sminthopsis murina, Waterhouse. 2. Phascologale penicillata, Shaw. 3. Phascologale Wallacei, Gray. 4. Dasyurus Geoffroyi, Gould. 5. Myrmecobius fasciatus, Waterhouse. — 6. Antechinomys laniger, Gould. (Nach L. D o l l o, 1899.)

Diese von allen anderen Springfußtypen abweichende Bildung des Springbeutlerfußes ist durch die Abstammung dieser Formen von arboricolen Vorfahren mit stark entwickelter vierter und rudimentärer zweiter und dritter Zehe bedingt. Das ist der Typus, den wir bei Macropus, Petrogale, Lagorchestes, Dendrolagus, Perameles, Peragale usw. antreffen (Fig. 213).

Bei Antechinomys ist der Springfuß anders gebaut. Antechinomys stammt aber, wie L. D o l l o gezeigt hat, nicht von arboricolen Beutlern mit hochspezialisiertem Fußbaue ab, sondern von Formen, die zwar arboricol waren, aber früher als die Ahnen der Känguruhs zur terrestrischen Lebensweise übergegangen sind

Fig. 212. Halmaturus dorsalis (Rotrücken-Känguruh) in sitzender Stellung. Lebend im Hagenbeck'schen Tiergarten bei Hamburg. (Phot. Ing. F. H a f f e r l, 1910.)

und zwar bevor noch der Fuß die für die hochspezialisierten Baumbeutler charakteristischen Spezialisationen erlitten hatte. Nur der Hallux, den ihre arboricolen Vorfahren hatten, ist bei der Entstehung der zu Antechinomys führenden Reihe verloren gegangen. So ist der Fuß von Antechinomys ein Springfuß mit stark verlängertem Mittelfußabschnitt und vier kleinen Zehen; nur die große Zehe fehlt gänzlich (Fig. 211).

Beim Sitzen ruht der Känguruhfuß mit voller Sohle dem Boden auf; das gleiche ist wohl auch für den theropoden Dinosaurier Compsognathus anzunehmen, wie für die übrigen Dinosaurier mit langem und schlankem Springfuß. (Fig. 26, 200, 290).

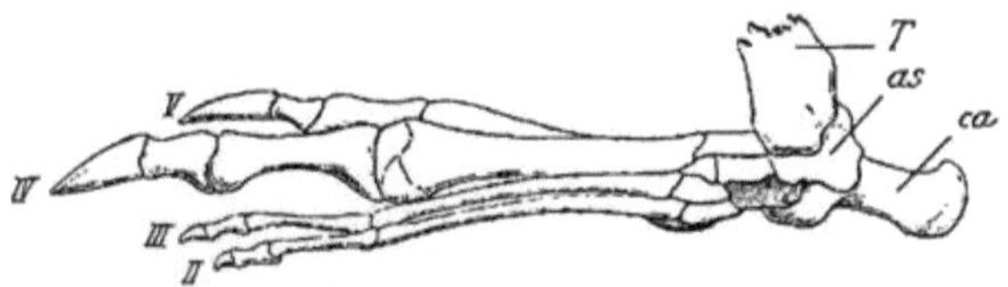

Fig. 213. Rechter Hinterfuß eines Känguruhs, Dorcopsis Mülleri Schleg. (Nach H. Schlegel und S. Müller, aus L. Dollo, 1899.)

Der Schwanz

Fig. 214. Tarsius spectrum Geoff. (Koboldmaki) aus dem indomalayischen Archipel. (Nach A. E. Brehm.) ⅔ Nat. Gr.

wird in freier Balance gehalten, wenn das Känguruh weite Sprünge macht. Nur dann, wenn das Tier sich langsam hüpfend fortbewegt, schlägt es mit dem Schwanz auf den Boden (Fig. 212).

Die Bipedie von Tarsius und der Bau seines Springfußes.

Wir kennen mit Ausnahme der arboricolen Vögel, des Baumkänguruhs (Dendrolagus) und der zum Teil arboricol gewesenen Dinosaurier nur eine bipede, springende, arboricole Type: den Halbaffen Tarsius spectrum.

Im Gesamthabitus erinnert der springende Koboldmaki entfernt an eine Wüstenspringmaus. Mit Ausnahme des langen, in einen Pinsel auslaufenden Schwanzes bleibt aber bei näherer Betrachtung nichts von der Ähnlichkeit als die Körperhaltung und die Art der Armhaltung übrig (Fig. 214).

Der Koboldmaki ist ein ausgezeichneter Springer und vermag, wie B r e h m nach S. M ü l l e r und R o s e n b e r g angibt, Sätze von fast 1 m Weite auszuführen. Allgemein wird die Froschähnlichkeit in seinen Bewegungen hervorgehoben.

In der Tat erinnert Tarsius im Sprunge überaus an einen Frosch. Eine nähere Untersuchung des Fußskelettes macht diesen Eindruck durchaus verständlich.

Das Fußskelett des Koboldmakis fällt zuerst dadurch auf, daß der Calcaneus und das Naviculare enorm verlängert sind, während der Astragalus ebenso wie die übrigen Tarsalelemente ihre normale Gestalt besitzen (Fig. 215).

Die Hinterextremität wird durch diese Spezialisation zweier Tarsalelemente in v i e r Abschnitte zerlegt und erhält dadurch das froschbeinartige Aussehen. Auch bei den Fröschen haben wir eine Verlängerung von Tarsalknochen beobachtet; dort sind es aber nicht Calcaneus und Naviculare, sondern Calcaneus und Astragalus, die zu langgestreckten Knochen umgeformt sind.

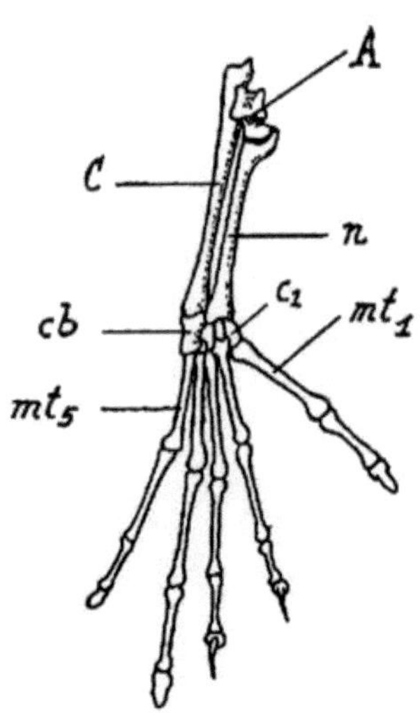

Fig. 215. Rechter Fuß von Tarsius spectrum. A = Astragalus, C = Calcaneus, n = Naviculare, cb = Cuboid, c_1 = erstes Cuneiforme s. Tarsale, mt_1 und mt_5 = erstes und fünftes Metatarsale. Nat. Gr.

Diese Umformung muß uns schon aus dem Grunde merkwürdig erscheinen, weil zwar beide Tiere Springtiere sind, aber doch eine ganz verschiedene Lebensweise führen. Und es tritt uns die Frage entgegen, wieso es zu erklären ist, daß gerade bei Tarsius und einigen anderen Halbaffen einerseits und den Anuren anderseits konvergente Umformungen des Tarsus eingetreten sind.

Zunächst wollen wir feststellen, daß zwar bei Tarsius spectrum die Verlängerung von Calcaneus und Naviculare den höchsten Grad erreicht hat, daß aber eine Reihe von anderen Halbaffen (z. B. Galago, Chirogale, Microcebus) gleichfalls eine Verlängerung der beiden Tarsalknochen erlitten hat. Daraus geht also schon hervor, daß diese Anpassung im arboricolen Leben erworben wurde.

Die Frösche sind aber ursprünglich aquatische Formen und die arboricole Lebensweise wurde von ihnen sekundär erworben. Außerdem zeigen alle Anuren ohne Unterschied der Lebensweise die Verlängerung von Calcaneus und Astragalus. Hier muß die Adaptation im halbaquatischen Leben, bei dem Leben am Ufer von Gewässern erworben worden sein.

Wir müssen die Frage folgendermaßen stellen: Worin besteht der Unterschied im Springen der Frösche und von Tarsius einerseits und der übrigen Springtiere anderseits?

Die Känguruhs, Springmäuse, der Capsche Springhase, Eichhörnchen, Hasen, der Rüsselspringer u. s. f. schnellen sich vom Boden oder von den Bäumen (Dendrolagus, Sciurus) ab und fallen zuerst mit den Zehenspitzen nieder. Ganz das gleiche sehen wir bei hüpfenden Vögeln.

Ein springender Frosch aber berührt den Boden im Niederfallen mit der ganzen Sohle. Und das gleiche ist auch bei Tarsius der Fall.

Nun verstehen wir zunächst, warum weder der Hinterfuß des Frosches noch jener des Koboldmakis irgendwelche Sprunganpassungen in den Zehen zeigt und warum beide Gruppen die normale Zehenzahl besitzen. Ja, bei den Fröschen ist sogar noch ein Praehallux entwickelt, der zwar eine Anpassung an das Schwimmen darstellt, aber doch bei der Sprungbewegung nicht hinderlich sein kann.

Wir verstehen aber auch weiter die Spezialisationen des Tarsus bei den Fröschen und den springenden Lemuren, vor allem bei Tarsius, wenn wir die Mechanik der Gliedmaßenabschnitte näher untersuchen. Springer, die nicht die Zehenspitzen, sondern d i e g a n z e S o h l e o d e r d o c h d e n P r o t a r s u s u n d d i e v e r b r e i t e r t e n Z e h e n s c h e i b e n g l e i c h z e i t i g a u f s e t z e n wie die Frösche und Tarsius, bedürfen eines federnden Zwischenstückes, das bei den Zehenspitzenspringern durch den verlängerten Metatarsus gebildet wird. Dieses federnde Zwischenstück kann nur aus dem Tarsus gebildet werden, da dies der letzte noch verfügbare Gliedmaßenabschnitt ist, und zwar aus dem P r o t a r s u s, weil ja der Mesotarsus schon auf den Boden zu stehen kommt. So erklärt sich ganz einfach, weshalb bei den Fröschen ein federndes Zwischenstück aus Calcaneus und Astragalus, bei den Lemuren aus Calcaneus und Naviculare gebildet wurde.

Übersicht der bipeden Wirbeltiere und ihrer Lokomotionsart.

			Beispiele	bipede Lokomotion	Schreiten und Laufen (Bewegung beider Füße abwechselnd)	Hüpfen und Springen (Bewegung beider Füße gleichzeitig)
Reptilia	Dinosauria	Avidinosauria = Ornithosuchia F. v. Huene	+ Scleromochlus	Zuweilen	—	+
			+ Hallopus	vorwiegend	—	+
		Theropoda	+ Saltopus	vorwiegend	—	+
			+ Anchisaurus	immer	+	—
			+ Allosaurus	immer	+	—
			+ Ornithomimus	immer	+	—
			+ Compsognathus	immer	—	+
		Orthopoda	+ Iguanodon	immer	+	—
	Lacertilia		Chlamydosaurus	zuweilen (in Erregung)	+	—

Übersicht der bipeden Wirbeltiere und ihrer Lokomotionsart.

		Beispiele	bipede Loko-motion	Schreiten und Laufen (Bewegung beider Füße abwechselnd)	Hüpfen und Springen (Bewegung beider Füße gleichzeitig)
Aves		Struthio	immer	+	—
Aves		Aptenodytes	immer	+	—
Aves		Passer	immer	—	+
Mammalia	Marsupialia	Macropus	immer	—	+
Mammalia	Marsupialia	Petrogale	immer	—	+
Mammalia	Marsupialia	Lagorchestes	immer	—	+
Mammalia	Marsupialia	Dendrolagus	immer	—	+
Mammalia	Marsupialia	Potorous	immer	+	—
Mammalia	Marsupialia	Hypsiprymnodon	immer	+	—
Mammalia	Marsupialia	Perameles	zuweilen	+	+
Mammalia	Marsupialia	Antechinomys	zuweilen	—	+

Übersicht der bipeden Wirbeltiere und ihrer Lokomotionsart.

		Beispiele	bipede Loko-motion	Schreiten und Laufen (Bewegung beider Füßeabwechselnd)	Hüpfen und Springen (Bewegung beider Füße gleichzeitig)
Mammalia	Insectivora	Macroscelides	vorwiegend	+	+
	Rodentia	Dipus	immer	+	+
		Alactaga	immer	+	+
		Pedetes	vorwiegend, bei schneller Bewegung immer	+	+
		Psammomys	zuweilen	+	+
		Dipodomys	immer	+	+
	Nomarthra	Manis	fast immer [1]	+	—
	Xenarthra	Mylodon	immer	+	—
		Megatherium	immer	+	—
	Prosimiae	Tarsius	immer	—	+
	Simiae	Hylobates	zuweilen	+	—
		Homo	immer	+	—

[1] „Gewöhnlich geht es (das Steppenschuppentier) nur auf den Hinterfüßen, ohne mit dem sehr beweglichen Schwanze den Boden zu berühren, ist auch imstande, den Oberkörper fast senkrecht in die Höhe zu richten." (Nach Th. von Heuglin's Beobachtungen über Manis Temmincki, Brehms Tierleben, Säugetiere, 3. Bd., 3. Aufl., 1893, p. 690.) Von Manis gigantea berichtet Büttikofer, daß sich das Tier auf der Flucht bisweilen auf den Hinterbeinen und Schwanz aufrichtet, wobei es seine Arme herabhängen läßt. (Ibidem, p. 684.)

Die sekundäre Rückkehr bipeder Dinosaurier zur Quadrupedie.

In vielen Fällen läßt sich nachweisen, daß eine Anpassung an eine bestimmte Lebensweise sekundär erworben ist, das heißt, daß eine Rückkehr zu einer einmal aufgegebenen und mit einer anderen vertauschten Lebensweise vorliegt.

Ein derartiger Wechsel läßt sich für den Aufenthaltsort, für die Nahrungsweise und auch für die Bewegungsart verschiedener Tiergruppen nachweisen. Am Schlusse meiner Ausführungen werde ich eingehender darauf zurückkommen.

Ein Beispiel für die Rückkehr zur quadrupeden Lebensweise nach Aufgeben der bipeden finden wir bei Dinosauriern.

Wir haben gesehen, daß bei den bipeden, orthopoden Dinosauriern das Becken konvergente (a n a l o g e , nicht h o m o l o g e) Anpassungen an den bipeden Gang wie bei den Laufvögeln erfahren hat, die sich insbesondere in der Ausbildung des unter das Sitzbein sich erstreckenden Postpubis bemerkbar machen.

Nun begegnen wir aber im oberen Jura und in der oberen Kreide orthopoden Dinosauriern, welche sicher nicht biped, sondern quadruped gewesen sind, wie aus dem ganzen Mechanismus des Gliedmaßenskelettes vollkommen klar hervorgeht. Man könnte vielleicht denken, daß diese Formen — Stegosaurus aus den Atlantosaurus Beds, Triceratops aus der oberen Kreide, beide aus Nordamerika — ursprünglich quadruped waren und immer quadruped geblieben sind. Das ist aber nicht der Fall.

L. D o l l o[1]) hat nachgewiesen, daß sowohl Stegosaurus wie Triceratops von b i p e d e n Vorfahren abstammen. Dieser Nachweis ist ihm durchaus einwandfrei gelungen, da er zeigen konnte, daß im Beckenbaue beider Gattungen unverkennbare Spuren der Anpassung an den bipeden Gang zu beobachten sind.

Das für den bipeden Gang bezeichnende Postpubis der orthopoden Dinosaurier ist bei Stegosaurus t r a n s f o r m i e r t, bei Triceratops a t r o p h i e r t. Bei Stegosaurus hat das Postpubis seine Funktion geändert, bei Triceratops ist es verloren gegangen; das sind die zwei Wege der Anpassung eines Organs an eine neue Lebensweise.

Betrachten wir zunächst das Becken von Stegosaurus im Vergleiche mit dem Becken eines sauropoden Dinosauriers und dem Becken eines bipeden, orthopoden Dinosauriers.

Bei dem tetrapoden Diplodocus, der p r i m ä r quadruped war (die Sauropoden stammen sicher nicht von bipeden Vorfahren ab wie die Theropoden) ist das Becken dreistrahlig, das heißt, mit dem Ilium

---

[1]) L. D o l l o: Les Dinosauriens adaptés a la vie quadrupède secondaire. — Bull. Soc. Belge Géol. Paléont. Hydrol. XIX, Bruxelles, 1905, p. 441.

tritt ein nach vorne unten gerichtetes Pubis und ein nach hinten unten gerichtetes Ischium in Verbindung (Fig. 216).

Bei dem **b i p e d** gewordenen Iguanodon ist das Becken **v i e r - s t r a h l i g**, da zu den primären Elementen noch das Postpubis hinzugetreten ist (Fig. 217).

Bei Stegosaurus ist nun das Becken **f u n k t i o n e l l d r e i s t r a h l i g**, aber **m o r - p h o l o g i s c h   v i e r s t r a h - l i g**; das Postpubis hat sich vergrößert und ist mit dem Ischium in so enge Verbindung getreten, daß es in funktioneller Hinsicht wie ein Teil des hinteren, bei den tetrapoden Formen sonst nur vom Ischium gebildeten Beckenstrahles wirkt. Die Form des Ischiums sowie die Existenz des Postpubis an und für sich sowie vor allen Dingen die Verkürzung der Arme beweisen schlagend die Abkunft des Stegosaurus von früher biped gewesenen Formen (Fig. 218).

Die **U r s a c h e** dieser sekundären Annahme der tetrapoden Gangart ist sehr gut zu verstehen.

Bei den herbivoren Vorfahren der Stegosauriden entwickelte sich eine Doppelreihe von knöchernen Rückenpanzerplatten sowie gewaltige Schwanzstacheln als Schutz gegen den Angriff der großen Raubdinosaurier.

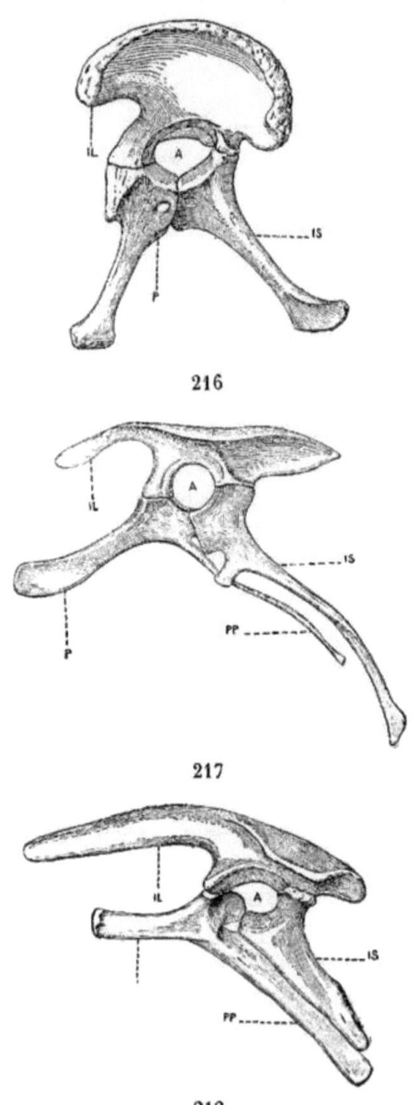

216

217

218

Fig. 216, 217, 218. Becken von Diplodocus, Iguanodon und Stegosaurus. (Nach J. B. Hatcher, L. Dollo und O. C. Marsh.)

Diese Knochenplatten wurden im Laufe der Stammesgeschichte der Stegosauriden mit der Zeit so groß und schwer, daß sie den vorderen Körperabschnitt des Tieres buchstäblich zu Boden drückten. Die Arme, die infolge der bipeden Lebensweise so weit verkürzt waren, daß sie kaum die halbe Länge der Hinterbeine erreichten, blieben kurz. Die Hand wurde aus einer Greifhand wieder in eine Schreithand verwandelt; die Art der Fingerstellung beweist das Vorhandensein von Sohlenballen,

Fig. 219. Rekonstruktion von Stegosaurus ungulatus Marsh aus dem oberen Jura Nordamerikas. Länge etwa 6 m. (Rekonstr. O. A b e l, 1908.)

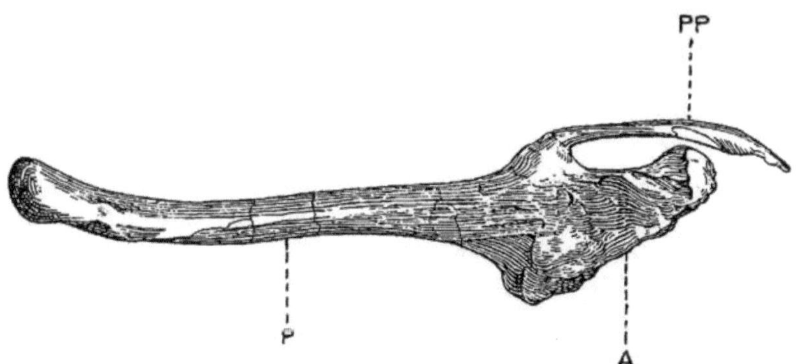

Fig. 220. Pubis von Triceratops, von unten gesehen. A = Acetabulum, P = Pubis, PP = Postpubis. (Nach O. C. M a r s h aus L. D o l l o, 1905.) ⅛ Nat. Gr.

wie ich sie vor einigen Jahren in einer Rekonstruktion von Stegosaurus zum Ausdruck gebracht habe (Fig. 219).

Bei Triceratops aber ist die Veränderung des Beckens infolge sekundärer Annahme der vierfüßigen Lebensweise in anderer Weise als bei Stegosaurus vor sich gegangen.

Während bei Stegosaurus das Postpubis erhalten geblieben ist und nur seine Funktion geändert hat, wobei es viel stärker wurde und sich enge an das Ischium anlegte, ist bei Triceratops das Postpubis r u d im e n t ä r geworden und bildet einen gegen das Beckeninnere gewendeten, kleinen, gekrümmten Fortsatz des Pubis (Fig. 220).

Auch bei Triceratops ist die Ursache der sekundären Rückkehr zur tetrapoden Lebensweise ganz gut zu verstehen.

Während sich bei Stegosaurus gewaltige Knochenplatten auf der

Fig. 221. Ein gehörnter und durch Nackenschild geschützter Dinosaurier (Triceratops) aus der oberen Kreide Nordamerikas. Körperlänge etwa 7 m. (Rekonstr. O. A b e l, 1908.)

Rückenlinie als Schutzmittel gegen die Angriffe von Raubdinosauriern ausbildeten, entstanden bei Triceratops als Verteidigungswaffen gewaltige Schädelprotuberanzen sowie eine enorme, dicke, knöcherne Nackenschutzplatte. Auch hier muß das Gewicht des riesig vergrößerten Schädels den Vorderteil des Körpers buchstäblich zu Boden gedrückt haben. Die in der neuen amerikanischen Montierung des Skelettes bulldoggartig gespreizte Armstellung von Triceratops entspricht durchaus dem Gesamtbilde, das wir uns von den Wirkungen dieser Schädelspezialisation machen müssen (Fig. 221).

Fliegen.

Übersicht der passiven und aktiven Flugtiere.

Unter dem Ausdrucke „Flug" versteht man in der Regel die aktive Bewegung durch die Luft; man spricht aber auch häufig bei jenen Tieren von einem Flugvermögen, die nicht imstande sind, sich aktiv in der Luft fortzubewegen, sondern als Fallschirmtiere oder Drachenflieger anzusehen sind.

So spricht man von Flugfischen, Flugfröschen, fliegenden Eidechsen, Flugbeutlern, Flugeichhörnchen u. s. f., obwohl alle diese Tiere nicht imstande sind, sich durch aktive Flügelschläge in die Luft zu erheben wie die Insekten, Fledermäuse oder Vögel.

Da z. B. die Pterosaurier und die Fledermäuse zweifellos von Fallschirmtieren abstammen und eine scharfe Grenze zwischen passivem Fallschirmflug und aktivem Flügelflug nicht leicht gezogen werden kann, so ist es geboten, dem Sprachgebrauch zu folgen und sowohl die passive als die aktive Eigenbewegung in der Luft als „Flug" zu bezeichnen.

In der umstehenden Tabelle der fliegenden Wirbeltiere habe ich nach mechanischen Gesichtspunkten verschiedene Formen des Fluges unterschieden: F a l l s c h i r m f l u g , D r a c h e n f l u g , F a l l - b a l l o n f l u g , F l a t t e r f l u g , S c h w e b e f l u g und G l e i t - f l u g .

Eine Abart des Flatterfluges ist der S c h w i r r f l u g , wie er uns von den meisten Insekten bekannt ist, aber auch bei einzelnen Vögeln, wie bei den Kolibris, beobachtet werden kann. Von allen Vögeln sind die Trochiliden in der Art ihres Fluges den Insekten am ähnlichsten geworden. Die Flügel des Kolibris führen in der Minute 600 bis 1000 Schläge aus[1]), die Flügel der Stubenfliege dagegen 600 Schläge in der Sekunde[2]).

---

[1]) C. W. B e e b e: The Bird, its Form and Funktion. — The American Nature Series, Group II. Westminster, 1907, p. 82. „It is said that, comparatively, the muscular energy is greater and the wing-bones more powerful in a humming-bird than in any other animal" (p. 83).

[2]) J. B. P e t t i g r e w: Die Ortsbewegung der Tiere. Leipzig, A. Brockhaus, 1875, S. 163.

Übersicht der passiven und aktiven Flugwirbeltiere.

Klasse	Ordnung	Familie	Gattung	Art des Fluges	Mechanik des Fluges
Pisces	Teleostei	Dactylopteridae Scombresocidae + Pholidophoridae { + Semionotidae Pantodontidae	Dactylopterus Exocoetus + Thoracopterus + Gigantopterus + Dollopterus Pantodon	passiv	Drachenflug.[1] Lokomotion durch die hypobatische Caudalis bewirkt, deren rasches Schlagen den Fisch schief aus dem Wasser in die Luft wirft, wo er sich eine Zeitlang als Drachenflieger zu halten vermag. Alle Gattungen bis auf die fluviatile Gattung Pantodon marin.
Amphibia	Anura	Ranidae	Racophorus	passiv	Fallschirmflug. — Arboricol.
Reptilia	Lacertilia	Agamidae	Draco	passiv	Fall-Ballonflug.[2] Die durch Rippen gespreizte Hautduplikatur des Körpers wird vor dem Sprunge aufgeblasen, so daß der Körper ballonartig aufgetrieben erscheint. — Arboricol.
		Geckonidae	Ptychozoon Mimetozoon Uroplates	passiv	Fallschirmflug. Seitliche Hautlappen, Zwischenfingerlappen, Zwischenzehenlappen, Schwanzlappen. — Alle arboricol. — Sicher Fallschirmflieger nach Mitteilungen von F. Siebenrock und F. Werner (Uroplates).
	Pterosauria	+ Rhamphorhynchidae	+ Rhamphorhynchus + Dimorphodon + Campylognathus + Dorygnathus + Scaphognathus	aktiv	Drachenflug oder Gleitflug, unterstützt durch das horizontale[3] Schwanzsegel als Steuer, Schwanz außerordentlich lang und schnig, Flügel schmal und spitz, Hinterfüße kurz, schwach. — Arboricol, rupicol und marin.

Übersicht der passiven und aktiven Flugwirbeltiere.

Klasse	Ordnung	Familie	Gattung	Art des Fluges	Mechanik des Fluges
Reptilia	+ Pterosauria	+ Pterodactylidae	+ Pterodactylus	aktiv	Flatterflug. Schwanz rudimentär, Schwanzsegel fehlt. Flügel kurz und breit. Hinterfüße lang, kräftig. — Arboricol und rupicol.
		+ Ornithocheiridae	+ Pteranodon	sekundär passiv	Gleitflug wie bei Diomedea und Fregata.⁴) — Sternum rudimentär. Flügel lang und spitz. Füße rudimentär. — Marin.
Aves	Unterklasse + Saururae	+ Archaeopteryges	+ Archaeopteryx	aktiv	Flatterflug, verstärkt durch Fallschirmbildungen: Zweizeilig befiederter, langer, schniger Schwanz, zweizeilig befiederter Unterschenkel. Flügel kurz und breit. — Arboricol.
	Unterklasse Neornithes (einzelne ausgewählte Beispiele	Alcedinidae	Alcedo (Eisvogel)	aktiv	Flatterflug. Flügel kurz. — Ripicol.
		Trochilidae	Trochilus (Kolibri)	aktiv	Schwirrflug. Flügel kurz. — Arboricol. Die schnellsten Flieger unter den Vögeln.
		Accipitres	Gypaetus (Lämmergeier)	aktiv	Schwebeflug. Flügel lang. — Rupicol.
		Procellariidae	Diomedea (Albatros)	sekundär passiv	Gleitflug. Flügel sehr lang. Fähigkeit zu aktivem Flügelschlag fast ganz verloren gegangen; Sternum rudimentär. — Marin.
Mammalia / Unterkl. Marsupialia	Diprotodontia	Phalangeridae ⁶)	Petaurus Petauroides Acrobates + Palaeopetaurus	passiv	Fallschirmflug. — Arboricol.

Übersicht der passiven und aktiven Flugwirbeltiere.

Klasse	Ordnung	Familie	Gattung	Art des Fluges	Mechanik des Fluges
Mammalia — Unterklasse Placentalia	Chiroptera	alle Familien	alle Gattungen	aktiv	Flatterflug. — Arboricol und rupicol.
	Dermoptera	Galeopithecidae	Galeopithecus	passiv	Fallschirmflug. — Arboricol. — Fünfter Finger am kräftigsten und längsten.
	Rodentia	Sciuroidea	Sciuropterus Pteromys Eupetaurus	passiv	Fallschirmflug. — Arboricol. Plagiopatagium durch einen vom Pisiforme aus entspringenden knorpeligen Sporn gestützt und gespreizt.[6]
	Rodentia	Anomaluroidea	Anomalurus Idiurus	passiv	Fallschirmflug. — Arboricol. Plagiopatagium durch einen vom Olecranon aus entspringenden Knorpelstab gestützt und gespreizt.
	Simiae	Lemuridae (s. f. Indrisinae)	Propithecus	passiv	Beginn des Fallschirmfluges. — Arboricol; sehr lange Hinterextremitäten, welche ihn zu weiten Sprüngen von den Bäumen auf den Boden befähigen, wobei er die Arme über den Kopf hebt und auf diese Weise die beginnende Flughaut spannt.[7]
	Simiae	Cebidae (s. f. Pithecinae)	Pithecia	passiv	Beginn des Fallschirmfluges. — Arboricol; schwache Ansätze eines Plagiopatagiums, Propatagiums und Chiropatagiums.[8]

Anmerkungen zur Tabelle auf S. 300—302.

[1]) O. A b e l, Fossile Flugfische. — Jahrbuch der k. k. Geol. Reichs-Anst., Wien, 56. Bd., 1906, S. 1—88, 3 Taf., 13 Textfig.

[2]) Meinem verehrten Freunde Kustos F. S i e b e n r o c k, dem ich diese Mitteilung verdanke, ist dieses Aufblasen des Körpers von Draco seit langer Zeit bekannt. Er hat die Liebenswürdigkeit gehabt, zwei Alkoholexemplare von Draco lineatus für einen Versuch zur Verfügung zu stellen; in beiden Fällen gelang es, die Körperhaut ballonartig aufzublasen, wobei sich ergab, daß die Bauchhaut so locker ist, daß nach vollständiger Aufblasung die Ventralfläche fast halbkugelförmig gewölbt erscheint. Die Luft wird offenbar von Seitenästen der Trachea aus eingeführt. Die Rippen dienen als Spreizen des Ballons.

Vor kurzem hat K. D e n i n g e r eine Mitteilung über das Aufblasen von Draco veröffentlicht, wodurch S i e b e n r o c k s Beobachtung eine Bestätigung erhält. (Naturwiss. Wochenschrift, N. Folge, IX. Bd., 1910, No. 2.)

[3]) Das rhombische, von quergestellten, dicken Hautfalten gespreizte Schwanzsegel stand h o r i z o n t a l, wie aus neueren Untersuchungen von Prof. Dr. E. S t r o m e r v. R e i c h e n b a c h und Dr. Fritz K ö n i g hervorgeht, und wirkte also in ähnlicher Weise wie das Steuer der „Eindecker"-Flugmaschinen. — E. v. S t r o m e r, Bemerkungen zur Rekonstruktion eines Flugsaurierskelettes. — Monatsberichte der Deutschen Geol. Ges., 62. Bd., 1910, S. 85—91 (mit einer Tafel). Ich pflichte S t r o m e r vollständig darin bei, daß aus flugtechnischen Gründen das Schwanzsegel nicht vertikal stehen konnte; sondern nur horizontal.

[4]) F. A. L u c a s: The Greatest Flying Creature, the Great Pterodactyl Ornithostoma. — Ann. Report Smithson. Inst., Washington, 1902, p. 657. (Ornithostoma = Pteranodon.) — O. A b e l: Bau und Lebensweise der Flugsaurier. — Verh. d. k. k. zool.-bot. Ges. in Wien, 1907, S. (253)—(254). — Über die Lebensweise von Pteranodon als Hochseebewohner vgl. S. W. W i l l i s t o n: Restoration of Ornithostoma (Pteranodon). — Kansas Univ. Quart. Journ., VI, Ser. A, Lawrence, Kansas, 1897, p. 37. — Über die Systematik der Flugsaurier vgl. F. P l i e n i n g e r: Die Pterosaurier der Juraformation Schwabens. — Palaeontographica, LIII, Stuttgart, 1907, p. 313. — Weitere, in obenstehender Tabelle nicht aufgezählte Ornithocheiridengattungen sind Ornithocheirus und Nyctosaurus. — Nach S. W. W i l l i s t o n scheinen die hinteren dünnen und fast geraden Rippen der letztgenannten Gattung am Spreizen des Patagiums beteiligt gewesen zu sein. — (Field Columbian Museum, Publ. 78, Geol. Ser., II, 1903, Nr. 3, p. 125; Geological Magazine, Dec. V, Vol. I, 1904, p. 59.)

[5]) Petaurus ist aus Gymnobelideus, Petauroides aus Pseudochirus, Acrobates aus Distoechurus hervorgegangen, wie O. T h o m a s gezeigt hat. Dieser Fall ist von großem Interesse, da aus ihm hervorgeht, daß verschiedene Gattungen dieser Familie eine neue Lebensweise eingeschlagen haben und daß wir hier parallele Evolutionswege vor uns haben.

[6]) Über das Auftreten dieses k n o r p e l i g e n (nicht knöchernen) Sporns und seine morphologischen Beziehungen zum Pisiforme vgl. C. I. F o r s y t h - M a j o r, On Fossil and Recent Lagomorpha. Transactions Linnean Soc. London, Zool. Series, Vol. VII, 1899, p. 497.

[7]) A. M i l n e - E d w a r d s et A. G r a n d i d i e r, Histoire naturelle des Mammifères de Madagascar, 1875, Pl. VII. — W. H. F l o w e r and R. L y d e k k e r, An Introduction to the Study of Mammals, London 1891, p. 685, Fig. 326.

[8]) W. H a a c k e: Die Schöpfung der Tierwelt. — Leipzig, 1893, Fig. auf S. 120 und 121.

Die verschiedenen Arten des Fluges der Wirbeltiere.

1. Der Fallschirmflug der Wirbeltiere.

Je größer die Fläche ist, welche ein von einem erhöhten Punkte schräge herabspringendes Tier im Vergleiche mit einem anderen von gleichem Körpergewichte und gleicher Sprungkraft auszubreiten vermag, desto mehr wird der Fall abgeschwächt und in desto größerer Entfernung vom Ausgangspunkte gelangt das Tier auf den Boden.

Fallschirme sind fast immer als Hautsäume entwickelt, die sich namentlich zwischen den Extremitäten an den Flanken ausspannen, oder es sind Hautsäume zwischen den Fingern und Zehen. Bei höher spezialisierten Formen sind auch zwischen Kopf und Armen sowie zwischen Schwanz und Beinen Hautduplikaturen entwickelt.

Man bezeichnet als

1. Propatagium die Hautsäume zwischen Armen, Hals und Kopf;

2. Plagiopatagium die Hautsäume zwischen dem Rumpf und den beiden Extremitätenpaaren;

3. Uropatagium die Hautsäume zwischen den Beinen und dem Schwanz;

4. Chiropatagium die Hautsäume zwischen den Fingern.

In der Regel sind diese Hautsäume scharfrandig; in einzelnen Fällen sind sie jedoch gelappt und gezackt. Das ist der Fall bei den Fallschirmgeckonen Ptychozoon, Mimetozoon und Uroplates.

Wenn auch die Hautsäume bei den meisten Fallschirmtieren den eigentlichen Fallschirm bilden, so findet doch in einzelnen Fällen eine Vergrößerung der Fallschirmfläche durch stärkeres Längenwachstum der Haare am Hautsaume statt. Das finden wir bei den Flughörnchen, den Sciuroidea und Anomaluroidea, wir finden es weiter bei Propithecus und Pithecia besonders deutlich ausgebildet.

In der Reihenfolge der Ausbildung von Patagien herrscht insoferne eine Gesetzmäßigkeit, als bei den Fallschirmsäugetieren das Plagiopatagium zuerst entsteht.

Es beginnt bei Propithecus und Pithecia mit schwachen Hautsäumen an den Flanken; daneben sind schwache Ansätze eines Propatagiums am Vorderrande des Armes vorhanden. Erst später tritt das Uropatagium auf. Wenn wir, ganz ohne Rücksicht auf verwandtschaftliche Beziehungen zwischen den einzelnen Formen, die sechs verschiedenen Ordnungen der Säugetiere angehören, eine Reihung nach dem Spezialisationsgrade der Fallschirmapparate durchführen, so erhalten wir folgende Gruppierung:

Anpassungsstufen bei den Fallschirmsäugetieren.

1. S c i u r u s (Rodentia). — Das Eichhörnchen springt mit weit ausgebreiteten Gliedmaßen; ein lateraler Hautsaum fehlt noch, aber die Flankenhaare sind sehr lang und werden beim Sprunge durch den Luftdruck seitwärts gedrückt. Der buschige Schwanz ist zum Steuern während des Sprunges sehr notwendig; Experimente haben ergeben, daß ein Eichhörnchen mit abgeschnittenem Schwanz nicht mehr halb so weit springen kann als früher.

2. P r o p i t h e c u s (Prosimiae). — Dieser madagassische Halbaffe springt, wie dies auch andere Gattungen dieser Ordnung zu tun pflegen, von einem erhöhten Punkte, z. B. einem Aste, mit weit ausgebreiteten und über den Kopf erhobenen Armen zum Boden herab. Die gleiche Sprungstellung habe ich bei Lemur varius, L. brunneus, L. coronatus und L. Mongoz beobachtet. Die beginnenden Plagiopatagium-Falten sind noch sehr schwach; beim Sprunge breiten sich die dichten und langen Flankenhaare seitlich aus. Der lange, buschige Schwanz wirkt als Steuer beim Abspringen (Fig. 222).

Fig. 222. Propithecus coronatus, sprungbereit. (Nach M i l n e E d w a r d s und G r a n d i d i e r.)

3. P i t h e c i a (Simiae). — Dieser platyrrhine Affe aus dem Amazonasgebiete (Familie der Cebiden) hat Hautfalten am Rumpf und an den Armen und Beinen. In einer schwachen Hautfalte am Vorderrande des Armes zeigen sich die ersten Ansätze des Propatagiums (Fig. 223).

4. **A c r o b a t e s** (Marsupialia, Phalangeridae). — Das Plagiopatagium dehnt sich zwischen dem Ellbogen, Rumpf und Knie aus und ist am Rande mit langen Haaren besetzt. Acrobates ist aus einer Form hervorgegangen, die der Gattung Distoechurus nahe steht.

Fig. 223. Pithecia satanas mit beginnenden Fallschirmhäuten am Körper und an den Armen. (Nach W. Haacke, 1893.)

5. **P e t a u r o i d e s** (Marsupialia, Phalangeridae). — Plagiopatagium größer, zwischen Handgelenk und Tarsus ausgespannt, aber am Vorderarm und Unterschenkel nur schwach ausgebildet. Aus Pseudochirus hervorgegangen.

6. **P e t a u r u s** (Marsupialia, Phalangeridae). — Plagiopatagium sehr breit, zwischen dem fünften Finger und der Basis der großen Zehe ausgespannt; am Vorderrande der Arme ein stärkeres Propatagium. Schwanz lang und buschig. Sein Vorfahre ist Gymnobelideus. Das Tierchen springt vorzüglich; wenn es aus einer Höhe von 10 m abspringt, „ist es fähig, einen 20—30 m entfernt stehenden Baum zu erreichen" [1] (Fig. 224).

7. **P t e r o m y s** (Rodentia, Sciuroidea). — Der Taguan hat ein zwischen Handwurzel und Fußwurzel ausgespanntes Plagiopatagium, ein großes Uropatagium und ein Propatagium zwischen Handwurzel und Hals. Der große, buschige Schwanz bildet beim Springen einen wichtigen Steuerapparat (Fig. 225).

8. **S c i u r o p t e r u s** (Rodentia, Sciuroidea). — Im Gegensatze zu Pteromys ist das Uropatagium sehr klein, der Schwanz dagegen außerordentlich verbreitert.

---

[1] B r e h m s Tierleben, Säugetiere, 3. Aufl., 3. Bd., p. 677.

Fig. 224, 225, 227 und 228. Fig. 224 (3) Flugbeutler (Petaurus sciureus). — Fig. 225 (1) Flughörnchen (Pteromys petaurista). — Fig. 227 (2) Pelzflatterer (Galeopithecus volans). — Fig. 228 (5) Flugfrosch (Racophorus Reinwardti). (Nach W. H a a c k e.)

9. A n o m a l u r u s (Rodentia, Anomaluroidea). — Dieser Nager weist zwei sehr merkwürdige Spezialisationen an die arboricole Lebensweise und das Fallschirmfliegen auf. An der Unterseite der Schwanz-

basis finden sich zwei Reihen von Hornschuppen, die beim Erklettern von Baumstämmen an die Rinde gedrückt werden und das Klettern sehr erleichtern. Die Vergrößerung des Plagiopatagiums geschieht durch einen vom Olecranon der Ulna aus entspringenden Knorpelstab, der bis zum Rande des Plagiopatagiums vorspringt und eine dreieckig umgrenzte Verbreiterung desselben bewirkt. Der Schwanz ist nicht so buschig wie bei Pteromys und Sciuropterus (Fig. 226).

10. Galeopithecus (Galeopithecidae). — Plagiopatagium, Propatagium, namentlich das Uropatagium sehr groß und bis zur Schwanzspitze reichend. Der Schwanz ist somit in die Flughaut einbezogen und hat seine Bedeutung als selbständig lenkbares Steuer verloren.

Fig. 226. Anomalurus fulgens. (Nach Alston.)

Während sonst bei allen bisher aufgezählten Typen die Flughaut Hand und Fuß freiläßt, reicht sie bei Galeopithecus bis zu den Finger- und Zehenspitzen; die Finger und Zehen werden beim Abstreichen weit gespreizt; der fünfte Finger und die fünfte Zehe sind die längsten in Hand und Fuß. Finger und Zehen tragen starke Krallen (Fig. 227).

A. R. Wallace hat beobachtet, daß ein Galeopithecus aus einer Höhe von 12 m zu dem Fuße eines Baumes 55 m weit herabsprang, was eine mehr als vierfache Verlängerung der Sprunghöhe durch den Fallschirm bedeutet.

Diese Übersicht ist in mehrfacher Hinsicht von besonderem Interesse. Sie zeigt zunächst, daß wir an lebenden Säugetieren aus ganz verschiedenen Ordnungen und Familien verschieden hohe Anpassungen an den Fallschirmflug finden; die Reihe, die mit Sciurus beginnt und mit Galeopithecus endet, zeigt uns den Weg, den die Spezialisation der Fallschirmhaut durchläuft. Diese Zusammenstellung zeigt aber weiter, daß das Anpassungsziel: Vergrößerung der Flugfläche, auf verschiedene Weise erreicht wird; entweder durch allmähliche Vergrößerung von Plagiopatagium an erster, Propatagium an zweiter und Uropatagium an dritter Stelle; oder durch Verbreiterung des Schwanzes ohne Vergrößerung des Uropatagiums (Sciuropterus); oder durch Ausbildung eines vom Olecranon aus gegen außen vorspringenden knorpeligen Sporns als Spreize der Flughaut. Weiter sehen wir, daß eine Zwischenfingerhaut und Zwischenzehenhaut sich erst in den letzten Stadien der Fallschirmvergrößerung ausbildet (Galeopithecus). Endlich sehen wir, daß selbst in einer enge geschlossenen Gruppe, bei den Phalangeriden, drei Fallschirmtiere aus drei verschiedenen Gattungen hervorgegangen sind: Petaurus aus Gymnobelideus, Petauroides aus Pseudochirus und Acrobates aus Distoechurus. Dies ist in phylogenetischer Hinsicht von größter Wichtigkeit, da wir sehen, daß aus verschiedenen Angehörigen einer Stammgruppe in paralleler Richtung neue Anpassungsreihen abzweigen. Etwas ganz Ähnliches sehen wir auch bei den Rallen; aus verschiedenen räumlich weit getrennten Gattungen sind zu verschiedenen Zeiten und an weit voneinander getrennten Orten flugunfähige oder doch sehr schlecht fliegende Vögel hervorgegangen. In vielen anderen Fällen, wie z. B. bei den Robben, ist eine neue Lebensweise von verschiedenen Verwandten aus einer Stammgruppe angenommen worden, die zu ähnlichen Anpassungsresultaten geführt hat.

Das Wichtigste an dieser ganzen Betrachtung scheint mir jedoch folgendes zu sein. Die Reihe von Sciurus bis Galeopithecus zeigt uns, in welcher Stufenfolge sich die Anpassungen aneinanderreihen; es ist also eine phylogenetische Reihe, aber nur hinsichtlich der Anpassung, nicht aber in bezug auf die genetischen Zusammenhänge. Ich werde am Schlusse meiner Ausführungen auf die U n g l e i c h w e r t i g k e i t d e r p h y l o g e n e t i s c h e n R e i h e n eingehender zurückkommen.

Ganz verschieden von der Art und Weise, in der die Säugetiere zu Fallschirmtieren geworden sind, ist die Entstehung der F l u g f r ö s c h e. Bei Racophorus Reinwardti finden wir riesige Zwischenfingerhäute und Zwischenzehenhäute, aber kein Plagiopatagium, Propatagium und kein Uropatagium (Fig. 228).

Die seitlich verbreiterten Hautlappen der arboricolen, zu Fallschirmtieren gewordenen Geckoniden (Ptychozoon, Mimetozoon, Uroplates) sind ebensowenig wie die Verbreiterung der Finger- und Zehenlappen bei diesen Formen als eine neuartige Anpassung infolge des Herabspringens von Bäumen anzusehen wie die Hautverbindung der Finger und Zehen bei Racophorus. Dies sind S t e i g e r u n g e n von Spezialisationen, die durch Anpassung an eine frühere Lebensweise erreicht wurden; beim Flugfrosche eine Vergrößerung der im aquatischen Leben erworbenen Schwimmhäute, bei den springenden Geckoniden eine Verbreiterung der infolge kletternder Lebensweise entstandenen Haftlappen (Fig. 229).

Aber eines ist festzuhalten: der **Fallschirmflug der Säugetiere, Frösche und Geckonen ist in allen Fällen bei der arboricolen Lebensweise infolge des Springens von oben nach unten** erworben worden.

2. Der Fallballonflug von Draco.

Man war bisher fast allgemein der Ansicht, daß die „fliegenden" Eidechsen zu den Fallschirmtieren gehören und daß die vordersten sechs stark verlängerten Rippen als Spreizen eines flachen Hautschirmes dienen.

Diese einzigen „fliegenden" Reptilien der Gegenwart sind aber keine Fallschirmtiere, sondern haben eine ganz eigentümliche Spezialisation erfahren. Sie sind die einzigen Tiere, die sich während ihres Fluges ballonartig aufzublasen vermögen und auf diese Weise ihr Körpergewicht sehr bedeutend verringern (Fig. 230).

Fig. 229. a: Ptychozoon homalocephalum Crev. Java. — b: Uroplates fimbriatus Schn. Madagaskar. Beide Originale im Hofmuseum in Wien, (Phot. Ing. F. Haffert.) (Stark verkleinert.)

Dr. K. Deninger (Freiburg i. Br.) hat vor kurzem Gelegenheit gehabt, während seines Aufenthaltes auf der Molukkeninsel Buru die Tierchen im Fluge zu beobachten und berichtet darüber folgendes[1]:

„Es ist ja, wenn man ein solches Tierchen näher betrachtet, ganz klar, daß die sehr stark verlängerten Rippen bei dem „Fliegen" eine Rolle spielen müssen. Ihre Stellung ist höchst auffallend, da sie keinen geschlossenen Brustkorb bilden, sondern, von lockerer Haut umgeben, breit nach der Seite oder besser gesagt schräg nach hinten vorstehen. Um sich aber davon zu überzeugen, daß das Schweben nicht durch ein schirmartiges Ausspannen der Rippen zustande kommen kann, braucht man sich nur den Körper eines Drachen genauer anzusehen, um sofort zu erkennen, daß es ihm unmöglich ist, durch irgendeine Vorrichtung seine schlaffe Bauchhaut flach auszupannen. Außerdem würde auch die von der Kehle herabfallende Hautfalte für ein solches Fliegen ein weiteres Hindernis darstellen. Man beachte ferner, wie sich auf einer Abbildung, wie z. B. in Brehms Tierleben, der Eingeweideteil des Körpers abhebt. Da er ja nicht von Rippen umschlossen ist, müßte wenigstens

[1] K. Deninger: Über das „Fliegen" der fliegenden Eidechsen. Naturwiss. Wochenschrift, Neue Folge, IX. Bd., 1910, No. 2.

eine sehr eigentümlich ausgebildete Muskulatur vorhanden sein, die hier die Bauchhaut straff gegen die Eingeweide spannt.

„Zufällig hatte ich Gelegenheit, zweimal Drachen aus dem Fluge zu fangen und diese boten nun ein ganz anderes Bild, wie es die bekannten Abbildungen mit den fallschirmartig ausgebreiteten Rippen darstellen. Die Bauch- und Kehlhaut war nämlich straff gespannt und zwar dadurch, daß das zierliche Tierchen durch Aufnahme einer beträchtlichen Luft- menge zu einem länglichen, flachen Ballon aufgetrieben war.

„Die Rippen hatten dabei ausschließlich die Funktion, dem Luftball eine breite Stütze zu bieten. Wir würden also das schwebende Tierchen mit einem Luftschiff halbstarren Sy- stems vergleichen können. Nachdem ich das Tier gefangen hatte, begann es in meiner Hand die Luft, welche die Haut aufblähte, auszu- lassen und bald war die Haut schlaff zu- sammengesunken und der Körper mit den noch immer breitabstehenden Rippen ganz flach geworden. Die Tierchen sind ja ganz außerordentlich leicht gebaut. Dadurch, daß sie noch eine beträchtliche Menge von Luft auf- nehmen, wird ihr spezifisches Gewicht noch mehr vermindert. Da nun der kleine Ballon außerdem noch eine verhältnismäßig breite Fläche bildet, wird den Tieren ein Gleitflug auf verhältnismäßig große Entfernung ermög- licht. Das Schweben beruht also bei ihnen auf

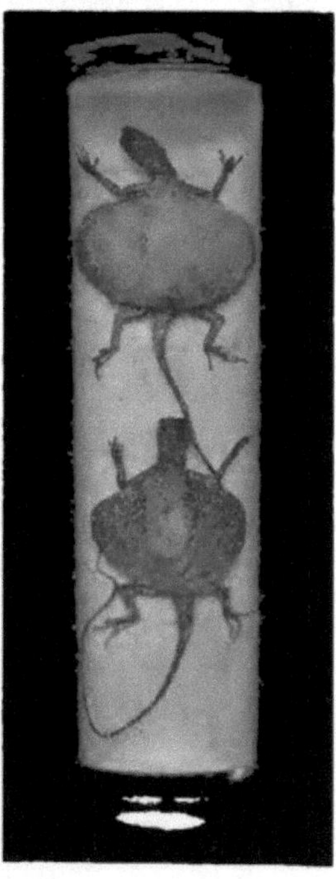

Fig. 230. Draco lineatus, unten in normalem Zustande, oben mit aufgeblasener Bauchhaut in Fall- ballonstellung. Präparate im Hof- museum in Wien. (Phot. Ing. F. Hafferl.) (Stark verkleinert.)

einem wesentlich anderen Prinzip wie wir es sonst im Tierreich antreffen.“

A. R. Wallace hat darüber berichtet, daß die Flugdrachen bis zu 30 Fuß von einem Baum zum andern zu springen vermögen, wobei sie anfangs in schräger Richtung fallen, dann aber dem Ziele nahe, ein wenig aufsteigen und mit dem Kopfe nach oben an ihrem Ziele anlangen.

Diese Beobachtung ist nach K. Deninger richtig; es muß aus ihr der Schluß gezogen werden, daß die Flugdrachen vor Erreichung des Flugzieles den Körper in eine andere Richtung steuern können. Eine derartige Steuerung kann zum Teile durch das Senken des Schwanzes bewirkt werden; ich meine jedoch, daß die Hautlappen des Halses an dieser Steuerung beteiligt sind. Jedenfalls müßten noch weitere Beobachtungen am lebenden Tiere angestellt werden.

K. Deninger hat die Vermutung ausgesprochen, daß auch Racophorus möglicherweise beim Fallschirmfluge seinen Körper aufbläst. Dies ist in der Tat keineswegs unwahrscheinlich, da die Frösche imstande sind, ihren Körper beträchtlich aufzublasen. Sollte diese Vermutung durch die Beobachtung am lebenden Tiere ihre Bestätigung finden, so hätten wir dann bei Racophorus eine Kombination des Fallschirmfluges mit dem Fallballonfluge.

Ich habe die Art des Fluges der Flugdrachen als „Fallballonflug" bezeichnet. [1] Versuche, die ich gemeinsam mit meinem Freunde F. Siebenrock an einem Alkoholpräparate von Draco lineatus ausführte, haben gezeigt, daß der Körper außerordentlich stark aufgeblasen werden kann, wie ich schon früher erwähnte (S. 303). Von einem Fallschirmflug kann keine Rede mehr sein, da die Bauchhaut halbkugelig aufgetrieben und prall gespannt ist, so daß überhaupt keine Fallschirmfläche vorhanden ist. Nur die Vergrößerung des Körpervolumens und die dadurch bedingte Verringerung des spezifischen Gewichtes des Tieres ermöglicht ihm, Sprünge auf weite Strecken hin auszuführen. Aufsteigen wie ein aktiver Flieger kann der Flugdrache nicht.

S. W. Williston hat, wie ich früher erwähnte, aus den gerade abstehenden hinteren Rippen der oberkretazischen Flugsauriergattung Nyctosaurus den Schluß gezogen, daß sie als Spreizen des Patagiums beteiligt waren. War dies wirklich der Fall, so könnte man diese Spreizung mit der Fallballonkonstruktion von Draco vergleichen; ich möchte es nicht für ausgeschlossen halten, daß dieser Flugsaurier imstande war, seinen Körper ähnlich wie Draco aufzublasen. Die Anhaltspunkte sind aber noch zu gering, um einen sicheren Schluß in dieser Richtung ziehen zu können.

3. Der Drachenflug der Flugfische.

Der Fallschirmflug und Fallballonflug sind als passiver Flug zu bezeichnen. Selbst der beste Fallschirmflieger, Galeopithecus volans, vermag keine aktiven Schläge mit seinen enorm vergrößerten Patagien auszuführen; die Häute zwischen seinen Fingern und Zehen sind viel zu klein, um in ähnlicher Weise wie ein Fledermausflügel aktiv verwendet zu werden.

Über den „Flug" der Fische sind die Meinungen außerordentlich geteilt. Während ein großer Teil der Beobachter lebender Flugfische die Meinung vertritt, daß sie in der Tat aktive Schläge mit den Flossen auszuführen vermögen, beharrt der andere Teil der Beobachter

---

[1] O. Abel: Die Vorfahren der Vögel und ihre Lebensweise. — Verh. k. k. zool.-bot. Ges., Wien, LXI. Bd., 1911, p. 146.

auf dem Standpunkte, daß der Flug der Fische nur ein passiver Drachenflug ist.

Die fliegenden Fische, namentlich die Arten der Gattung Exocoetus, sind in den tropischen Meeren so häufig und so weit verbreitet, daß über ihre Bewegungen durch die Luft eine sehr große Zahl von Beobachtungen vorliegt. K. M o e b i u s unterzog sich im Jahre 1878 in einer vorzüglichen Abhandlung über die Bewegung der fliegenden

Fig. 231. Exocoetus im Fluge. (Nach F. A h l b o r n.) (¹/₃ Nat. Gr.)

Fische durch die Luft der Aufgabe, die älteren Angaben über die Art des Fischfluges zusammenzustellen und kritisch zu beleuchten. In neuerer Zeit hat namentlich Fr. A h l b o r n sehr viel zur Klärung dieser Frage beigetragen und ist im wesentlichen zu denselben Ergebnissen wie K. M o e b i u s gelangt.

Man hat bis vor kurzem gemeint, daß sich nur zwei Gruppen unter den lebenden Fischen auf kürzere oder längere Strecken über dem Wasser fortzubewegen vermögen, nämlich die Arten der Gattung Exocoetus

aus der Familie der Scombresocidae (Fig. 231) und Dactylopterus aus
der Gruppe der Cataphracti, die mit den Trigliden verwandt sind
(Fig. 232).

Später ist man jedoch zur Kenntnis gelangt, daß auch ein kleiner
Fisch aus einigen afrikanischen Flüssen (Victoria-River in Kamerun,
Kongo, Nigermündung und bei Vieux Calabar) als ein Flugfisch
anzusehen ist. Dieser kleine, 1870 entdeckte Fisch wurde 1876 von

Fig. 232. **Dactylopterus communis.** Rio de Janeiro. Original im Hofmuseum in Wien.
¹/₃ Nat. Gr.

P e t e r s als Pantodon Buchholzi beschrieben und wurde später
von J. d e B r a z z a mittelst eines Schmetterlingnetzes im Fluge
gefangen (Fig. 233).

Mr. Tate R e g a n in London hatte im Februar 1911 die Liebenswürdigkeit, mich auf mehrere Fische aufmerksam zu machen, welche
in neuerer Zeit im Fluge beobachtet worden sein sollen. So soll Pegasus
volans aus der Familie der Pegasidae und Gastropelecus aus der Familie
der Characinidae im Fluge beobachtet worden sein. Ich verzeichne diese
Angabe, möchte aber einstweilen noch mit einem Urteile darüber zurück-
halten, bis die Beobachtungen neuerlich überprüft worden sind. Es
kommt ja häufig vor, daß Fische über die Wasseroberfläche emporschnellen und Sprünge ausführen, ohne daß man sie deshalb schon

als Flugfische in demselben Sinne wie Exocoetus, Dactylopterus und
Pantodon bezeichnen könnte.

Russell I. C o l e s , dem wir wertvolle ethologische Beobachtungen
über verschiedene Fische von der Küste Nordcarolinas verdanken,
spricht davon, daß Mobula Olfersi Müller und Henle „leaps in the air
more often and leaps higher, than other rays; . . . . I come to the conclusion
that this leaping was done purely for sport . . .". Zweifellos befähigen
die riesigen, dreieckig zugespitzten Pectoralen diesen Rochen dazu,

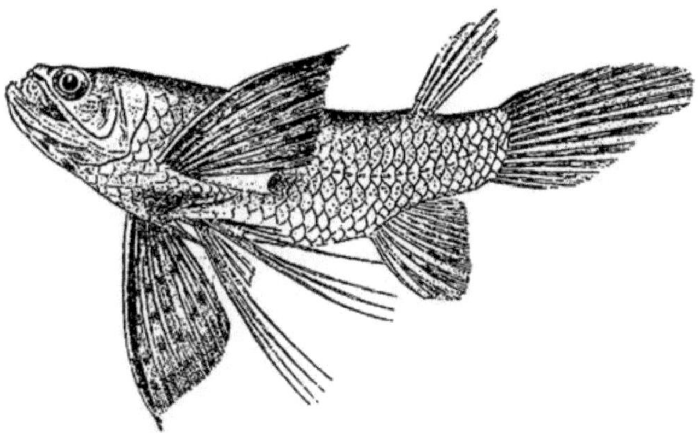

Fig. 233. Ein Süßwasserflugfisch aus Westafrika, Pantodon Buchholzi Peters.
(Nach G. A. B o u l e n g e r.) Nat. Gr.

weiter über das Wasser zu springen als ein fusiformer Fisch mit kleinen
Pectoralen dies zu tun vermag und das gleiche gilt für die verschiedenen
Grundfische mit stark vergrößerten Pectoralen wie Pegasus und andere.
Als „Flugfische" wird man diese Fische aber darum noch nicht bezeichnen
dürfen, wenn sie auch vielleicht den Ausgangspunkt einer Adaptations-
reihe bilden, die zu einem Flugfisch führen k ö n n t e.

Wenn wir zu der Frage zurückkehren, ob die Flugfische während
ihrer Bewegung durch die Luft aktive Flug- oder Flatterbewegungen
ausführen oder nicht, so müssen wir uns zunächst an die strikten Angaben
eines vorzüglichen Beobachters, das ist an die Mitteilungen von K.
M o e b i u s halten. Nach ihm findet weder bei Exocoetus noch bei
Dactylopterus eine lokomotorische Bewegung der Brustflossen statt.
Indessen können an den ausgebreiteten Flossen sehr schnelle Vibrationen
auftreten, die M o e b i u s mit dem „Schlackern" oder Vibrieren eines
hart am Winde hängenden Segels vergleicht und das dann auftritt,
wenn der Wind parallel zur Fläche desselben streicht. Diese Vibration
kommt nach M o e b i u s dadurch zustande, daß die Elastizität der

gespannten Flossenplatte und der Luftdruck einander wechselnd entgegenwirken.

Der Schwalbenfisch (Exocoetus) schießt mit großer Anfangsgeschwindigkeit aus dem Wasser und zwar in schräger Richtung, den Kopf nach oben und die Schwanzflossenspitze nach unten. Der Fisch fliegt dann am weitesten, wenn er im „günstigsten Elevationswinkel für die Wurfbewegung, in einem Winkel von 45 Grad, das Meer verläßt. Dann bilden seine Brustflossen mit dem Meereshorizont einen Winkel von 75 Grad, weil sie selbst 30 Grad gegen die orale Körperachse geneigt sind".

Der Fisch wird nur durch die gewaltigen Schläge der Schwanzflosse aus dem Meere in die Luft getrieben. Die Schwanzflosse ist tief gegabelt und zwar ist der untere Lappen länger wie der obere; es ist der Typus, den wir mit F. A h l b o r n als hypobatisch bezeichnen. Aus mechanischen Gründen ist ohne weiteres verständlich, warum der Fischkörper in schräger Richtung nach oben getrieben wird (vgl. S. 106).

Der Fisch verläßt also unter einem Winkel von ungefähr 45 Grad das Wasser und wird infolge der großen, noch im Wasser erhaltenen Anfangsgeschwindigkeit ziemlich hoch in die Luft geworfen. Sowie er das Wasser verläßt, breitet er die während des Schwimmens dicht an den Körper gelegten Pectoralen und Ventralen aus, indem er sie nach vorne und unten klappt; nun „fliegt" der Fisch mit h e r a b h ä n g e n d e n Flossen durch die Luft und zwar, nach übereinstimmenden Beobachtungen, g e g e n den Wind stets weiter als m i t dem Wind.

Die Abbildungen, die sich von fliegenden Schwalbenfischen mit in die Höhe stehenden Brustflossen in älteren Werken finden, sind sämtlich falsch. Eine derartige Flossenstellung ist ganz unmöglich, denn der Fisch würde dabei wie ein Keil die Luft durchschneiden und sehr rasch nach dem Aufsteigen aus dem Wasser wieder in dasselbe zurückfallen.

Daß die Schwanzflosse das ausschließliche Lokomotionsorgan des Exocoetus ist, geht aus den Beobachtungen über sinkende Exocoeten hervor, die infolge ihrer schrägen Körperstellung während des Fluges zuerst mit der Schwanzflosse eintauchen. Wenn die Schwanzflosse die Wellenkämme schneidet oder überhaupt wieder in die Meeresoberfläche eintaucht, so wird sie in sehr rasche Schläge versetzt und dadurch der Fisch wieder in die Luft geworfen.

Eine Abweichung von der einmal eingeschlagenen Flugbahn findet nur dann statt, wenn der Wind umspringt und den Fisch seitlich trifft; dann wird er in die Windrichtung abgelenkt. Wenn die Schwanzflosse beim Durchschneiden der Wellenkämme in das Wasser taucht, so wird die Flugbahn häufig bogenförmig in der Horizontalebene abgelenkt und der Fisch schlägt einen „Haken".

Die höchste Erhebung eines fliegenden Schwalbenfisches über die Meeresoberfläche beträgt 5 m. Die Angaben über die von Exocoeten zurückgelegten horizontalen Entfernungen schwanken außerordentlich; Seitz gibt als Maximum 450 m, andere Autoren 120 m an. Die Flugdauer beträgt nach S e i t z höchstens 18 Sekunden; größere Fische fliegen im allgemeinen weiter als die kleineren, fliegen auch meist einzeln, während die kleinen in großen Schwärmen vereint aus dem Meere emporzuschießen pflegen.

Der „Flug" von Exocoetus kommt im wesentlichen dadurch zustande, daß der durch die stark wrickende Bewegung der Schwanzflosse aus dem Wasser geworfene Fisch seine paarigen Flossen ausbreitet und dem Winde entgegenstellt, so daß sie wie die Flächen eines Eindecker-Flugapparates wirken und der Fisch somit einen D r a c h e n f l u g ausführt. Niemals ist beobachtet worden, daß sich der in einer Höhe von 5 m über dem Meere fliegende Fisch durch Bewegung seiner Pectoralen in der Luft zu e r h e b e n vermag, und das ist das Hauptargument gegen die Theorie des a k t i v e n Fluges der Flugfische.

Es liegen jedoch zuverlässige Berichte vor, in denen von einem langsamen Flattern während des Schwebens in der Luft gesprochen wird. Mein Freund J. B r u n n t h a l e r hat vor kurzem auf seiner Reise nach Südafrika große, einzeln fliegende Exocoeten beobachtet und feststellen können, daß sie Flatterschläge ausführen. Dies ist eine neue Bestätigung der älteren Angaben.

Es ist aber nicht daran zu zweifeln, daß diese Flossenbewegungen nicht als Flügelschläge zu betrachten sind, die ein Aufsteigen oder überhaupt nur Fliegen des Tieres ermöglichen oder unterstützen. Wie A h l b o r n richtig hervorhebt, kann sich „kein Flugtier, nicht der vollkommenste Flieger unter den Vögeln, durch Flügelschläge erheben und durch die Luft tragen, wenn er wie der Flugfisch belastet ist, denn er müßte dann das Fünffache seines eigenen Körpergewichtes, also eine vierfache Überlastung tragen können". Schon beim Straffhalten der Flossen übt nach F. A h l b o r n die Flossenmuskulatur einen vertikalen Zug von 1600—2500 g aus, also einen Zug, der 10—15 mal so groß ist als das Körpergewicht.

Auch bei Dactylopterus kann von einem a k t i v e n Flügelschlagen keine Rede sein. M o e b i u s hat ein Exemplar von Dactylopterus orientalis im Fluge beobachtet; dieser Fisch flog am Rande eines Korallenriffes südöstlich von Mauritius ganz nahe über der Meeresoberfläche hin und doch blieb der Wasserspiegel vollkommen glatt. Die Brustflossen blieben ruhig ausgespannt, ohne eine Spur von Bewegungen erkennen zu lassen.

Der Anpassungstypus von Dactylopterus und Exocoetus ist total verschieden. Das zeigt folgender Vergleich:

I. Dactylopterus-Typus.

Schwanzflosse i s o b a t i s c h, s c h w a c h ausgeschnitten —
Rückenflosse und Afterflosse groß — Ventralis k l e i n — Brustflosse
r u n d, einen b r e i t e n D i s c u s bildend — vor der Brustflosse
ein getrenntes Strahlenbündel — Brustflossenstrahlen u n g e g a b e l t,
u n g e g l i e d e r t — Schädel parallelepiped, mit starken Knochenplatten bedeckt — Körper von oben nach unten komprimiert.

II. Exocoetus-Typus.

Schwanzflosse h y p o b a t i s c h, t i e f ausgeschnitten — Rückenflosse und Afterflosse weit nach hinten gerückt, gegenständig, oder die

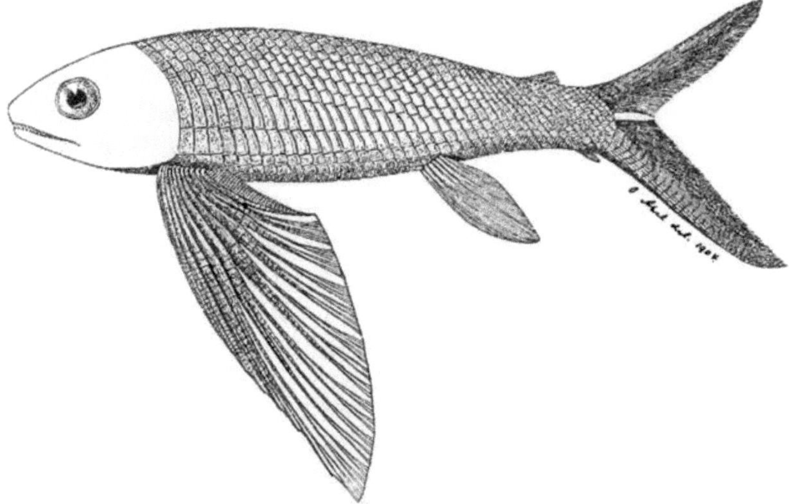

Fig. 234. Ein Flugfisch aus der oberen Trias der Alpen: Thoracopterus Niederristi Bronn aus
Raibl in Kärnten und Lunz in Niederösterreich. Rekonstruktion. Ungefähr Nat. Gr.

Afterflosse weiter hinten — Ventralis g r o ß — Brustflosse l a n g,
s c h m a l, s p i t z o d e r s c h w a c h a b g e r u n d e t — Brustflossenstrahlen r e i c h g e g a b e l t u n d g e g l i e d e r t — Körper
schwach oder gar nicht von oben nach unten komprimiert, f u s i-
f o r m.

Pantodon repräsentiert keinen selbständigen Flugfischtypus.

Den Exocoetus-Typus finden wir bei einer Gruppe fossiler Pholidophoriden aus der Trias der Alpen und Unteritaliens. Thoracopterus
Niederristi Kner aus der Trias von Raibl in Kärnten und Lunz in Niederösterreich (Fig. 234), Thoracopterus spec. aus der Trias von Giffoni bei
Salerno und Gigantopterus Telleri Abel aus der Trias von Lunz sind Pholidophoriden, die eine hypobatische Caudalis und ganz ähnlich geformte
Pectoralen und Ventralen wie Exocoetus besitzen. Besonderes Gewicht
legte ich bei der Deutung dieser Fische als Flugfische auf die hypobatische

Gestalt der Schwanzflosse, die eine durchaus gleichartige Flugbewegung dieser Fische wie Exocoetus beweist. Die Pectoralstrahlen sind reich gegliedert und zerspalten; am Hinterrande steht ein eigentümliches, sensenförmiges, beschupptes Segel, das an einem separaten Flossenstrahl eingelenkt und selbständig beweglich war (Fig. 235).

Dieses Segel fehlt bei Exocoetus und Dactylopterus, findet sich aber in ähnlicher Ausbildung bei dem Süßwasserflugfisch Pantodon

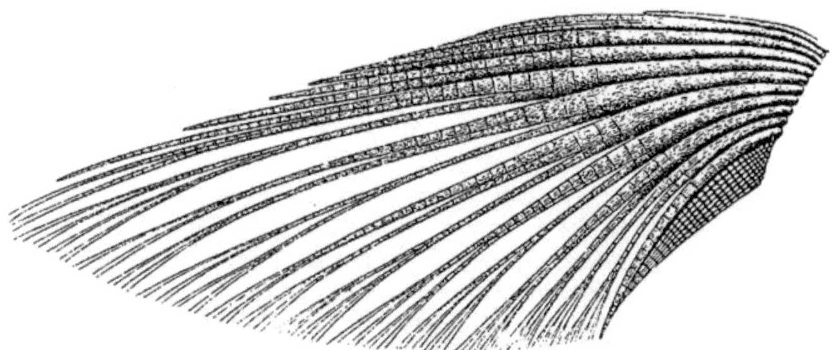

Fig. 235. Rechte Brustflosse von Thoracopterus Niederristi aus der oberen Alpentrias, von innen gesehen. ²/₁ Nat. Gr.

Buchholzi Peters aus Westafrika. Die Funktion dieses Segels ist, wie ich nach einer Erörterung mit F. Ahlborn feststellen konnte, im wesentlichen folgende gewesen:

1. Steuerung vor dem Aufsteigen aus dem Wasser.

Brustflosse und Bauchflosse sind beim Schwimmen dem Körper straff angelegt; sie wären viel zu groß, um eine erfolgreiche Steuerung ausführen zu können. Dazu genügen aber schon kleine paarige Fortsätze, wenn sie eine genügende Festigkeit besitzen.

2. Erleichterung der Einstellung der Brustflossen für den Flug und Hebung des Körpers im Vorderteile, indem das Segel am Anfange der Flugbahn als Drachenflugfläche wirkt. Es ist beim Aufsteigen aus dem Wasser gegen den Wind steiler gestellt als die Brustflosse und muß eine Hebung des Körpers zur Folge haben.

3. Abschwächung des beim Niedertauchen und Sinken des Fisches gegen die Flossenbasis gerichteten Hauptstoßes des Wassers.

Bei den triadischen Flugfischen war also ein Schutz gegen das Zerreißen der Hinterränder der Flossen vorhanden, der den lebenden Exocoeten fehlt. An den großen Exocoetus-Exemplaren unserer Museen sind die Pectoralen am Hinterrande fast ausnahmslos zerrissen und zerschlitzt.

Ich habe daher seinerzeit die Ansicht ausgesprochen, daß die Flugfische der Trias durch die Ausbildung des hinteren Brustflossensegels, das sich in ähnlicher Weise nur noch bei Pantodon vorfindet, weit vorteilhafter an den Flug angepaßt gewesen sind als die Exocoeten der Gegenwart.

Die verschiedene Ausbildung beider Flugfischtypen — der Exocoetustype einerseits und der Dactylopterustype anderseits — legt die Frage nahe, ob nicht die Vorfahren beider Flugfischtypen eine verschiedene Lebensweise geführt haben, welche die Divergenz der Anpassungen erklären würde.

Der Dactylopterus-Typus schließt sich enge an benthonische Typen (Scorpaeniden, Pegasiden, Cottiden) an, bei denen schon infolge der Anpassung an die benthonische Lebensweise eine Verbreiterung der Pectoralen eingetreten ist. Die Pectoralenform dieser benthonischen Typen ist immer scheibenförmig und abgerundet.

Die starke Beschuppung, die Form des Kopfes und seine Bedeckung mit Knochenplatten, die Form der Schwanzflosse, der Dorsalis und Analis, die Form und Strahlenteilung der Pectoralis, das separierte Strahlenbündel vor der Pectoralis und endlich die ganze Körperform — alle diese Merkmale finden wir bei typischen Grundfischen, wie unter den Cottiden bei Trigla, wieder.

Die Ausbildung der Flugfähigkeit bei Dactylopterus kann nur dadurch zu erklären sein, daß sich die in Seichtwasser lebenden grundbewohnenden Vorfahren durch Sprünge vor Feinden zu retten versuchten und dabei zuweilen aus dem Wasser emporschnellten. Die schon bei der benthonischen Lebensweise stark vergrößerten Flossen bildeten einen vorzüglichen Fallschirm, der sich durch fortdauernden Gebrauch immer mehr an den Flug anpaßte, die bereits eingeschlagene Spezialisationsrichtung beibehaltend.

Der Exocoetus-Typus ist ganz verschieden. Die Vorfahren dieser Type — und zwar gilt dies sowohl für Exocoetus, als für die fossilen Flugfische der Trias — müssen kleine Formen gewesen sein, die sich durch häufiges Emporschnellen aus dem Wasser vor Feinden zu retten versuchten. S i e b e n r o c k hat bei Massaua wiederholt Scharen von Hemirhamphus beobachtet, die aus dem Wasser nach Art der Exocoeten hervorschnellten, aber schon nach kurzer Entfernung wieder zurückfielen. Hemirhamphus ist eine Scombresocidenform, der die Stammform der Exocoeten sehr nahe steht.

Das Emporschnellen aus dem Wasser wurde durch die hypobatische Schwanzflosse erleichtert; bei vielen Scombresociden ist eine hypobatische Schwanzflosse vorhanden. Durch den fortgesetzten Gebrauch wurde die Schwanzflosse verstärkt und die hypobatische Funktion trat immer mehr in den Vordergrund.

Die Vorfahren der Fische des Exocoetus-Typus waren also keine Grundfische, sondern pelagische Fische und das gilt ebensowohl für die lebenden wie für die fossilen Angehörigen dieses Typs, die miteinander nicht näher verwandt sind. Das wichtigste Ergebnis dieser Analyse ist die Erkenntnis, daß bei Annahme einer gleichartigen Lebensweise von Angehörigen verschiedener Gruppen die während der vorhergegangenen, v e r s c h i e d e n e n L e b e n s w e i s e erworbenen Anpassungen für die R i c h t u n g entscheidend sind, in der sich die Anpassungen an die neue, g l e i c h a r t i g e L e b e n s w e i s e entwickeln.

4. D e r D r a c h e n f l u g d e r R h a m p h o r h y n c h i d e n u n d der F l a t t e r f l u g der P t e r o d a c t y l i d e n.

Die Pterosaurier der Jura- und Kreideformation lassen sich nach der Form und Ausbildung ihrer Flugflächen in zwei große Gruppen teilen.

Fig. 236. Pterodactylus scolopaciceps. (Nach einem Gipsabgusse im Paläont. Institute der Wiener Universität. Phot. Ing. F. H a f f e r l.) Ungefähr 1/2 Nat. Gr.

Bei der e r s t e n Gruppe sind die häutigen, am 4. Finger (nicht 5. Finger) befestigten Flügel breit und verhältnismäßig kurz; der Schwanz ist verkümmert. Der typische Repräsentant dieser Gruppe ist Pterodactylus.

Bei der z w e i t e n Gruppe ist der Flugfinger außerordentlich verlängert, die Flügel sind schmal und spitz und der lange, sehr sehnige und kräftige Schwanz trägt an seinem Ende ein bei einigen Exemplaren erhaltenes, häutiges, quergestreiftes rhombisches Segel, das nach neueren Untersuchungen von E. v o n S t r o m e r und F. K ö n i g horizontal und nicht vertikal stand. Der typische Repräsentant dieser zweiten Gruppe ist Rhamphorhynchus.

Der Rhamphorhynchus-Flug ist, wie ich nachzuweisen versuchen will, ein D r a c h e n f l u g oder G l e i t f l u g gewesen.

Betrachten wir zunächst den Flügel eines Pterodactylus. Wir kennen noch keine Exemplare mit erhaltener Flughaut, aber die große Zahl gut erhaltener Skelette gestattet uns, eine befriedigende Rekonstruktion des Flugapparates dieser Pterosaurier durchzuführen.

Eine der kleinsten bisher bekannten Flugsaurierformen, Pterodactylus elegans Wagner aus dem lithographischen Schiefer von Eichstätt in Bayern, hat ungefähr die Größe einer Lerche erreicht; das schönste bekannte Exemplar liegt mit zurückgekrümmtem Halse und eingeschlagenen Flugfingern auf der Platte in einer Stellung, die uns das Tier in unveränderter Todesstellung zeigt. Es muß als Leiche in die Eichstätter Lagune gelangt und rasch vom Kalkschlamme umhüllt worden sein. Eine ähnliche Stellung besitzt das Skelett von Pterodactylus scolopaciceps (Fig. 236).

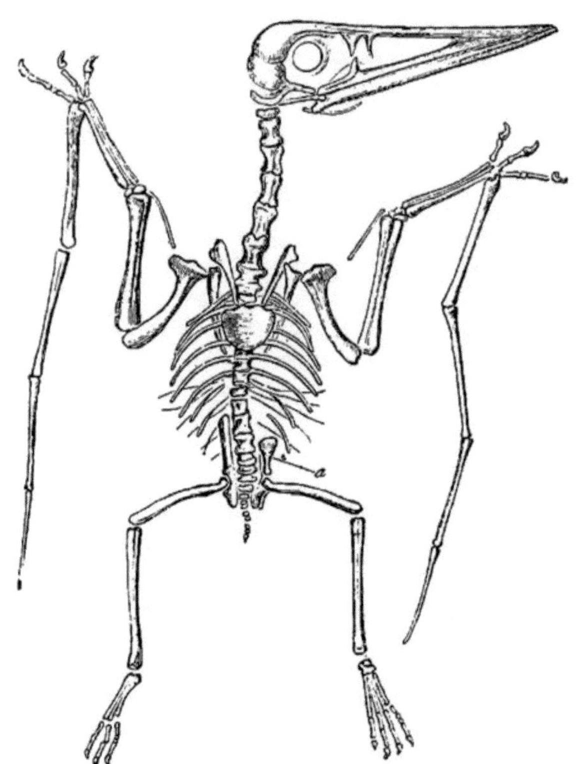

Fig. 237. Skelett von Pterodactylus spectabilis aus dem lithographischen Schiefer von Eichstätt in Bayern. Nat. Gr. (Nach H. von M e y e r.)

Eine Untersuchung des Restes zeigt uns die zurückgeschlagenen Flugfinger, die an den Körper gelegt sind. Und da fällt sofort auf, daß die vier Phalangen nicht in einer Achse liegen, sondern, daß die erste und zweite Phalange einen n a c h a u ß e n offenen Winkel einschließen, während die zweite und dritte Phalange des Flugfingers einen n a c h i n n e n offenen Winkel einschließen und zwar ist dies am rechten Flugfinger zu beobachten. Am linken Flugfinger erscheint die letzte, vierte Phalange nach innen zurückgebogen, so daß auch die dritte und vierte Phalange einen n a c h i n n e n offenen Winkel bilden.

Vergleichen wir ein zweites Skelett eines kleinen Flugsauriers aus Eichstätt, Pterodactylus spectabilis H. v. Meyer. Auch hier ist d i e-

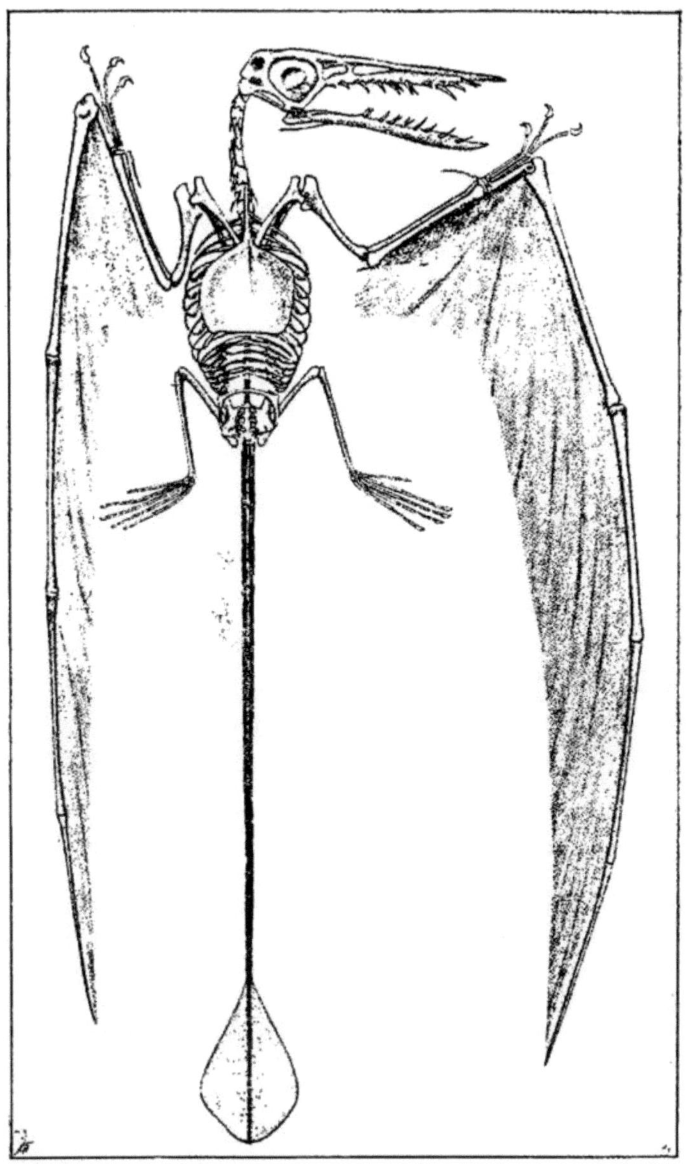

Fig. 238. Rekonstruktion von Rhamphorhynchus Gemmingi H. v. Meyer aus dem oberen Jura (lithographischen Schiefer) Bayerns. (Nach E. v o n S t r o m e r, 1910.) ⅓ Nat. Gr.

s e l b e Knickung zwischen erster und zweiter sowie zwischen zweiter und dritter Phalange zu beobachten. Beide Arme sind ausgebreitet und das Tier liegt auf dem Rücken (Fig. 237).

Diese ganz ähnliche Abknickung der Phalangen des Flugfingers gegeneinander muß auf den Gedanken bringen, daß die Phalangen

gegeneinander winkelig abgebogen werden konnten. Wenn wir mehrere
andere Skelette verschiedener Pterodactylusarten vergleichen, bei denen
die Elemente des Flugfingers nicht zu stark gegeneinander verschoben
sind, so sehen wir immer wieder mehr oder weniger deutlich, daß d e r
F l u g f i n g e r   n i c h t   s t r a f f   i n   e i n e r   L i n i e   g e s t r e c k t
w a r ,   s o n d e r n   z u s a m m e n g e l e g t   w e r d e n   k o n n t e.

Ganz verschieden verhält sich dagegen der Flugfinger von Rampho-
rhynchus.   Hier liegen die Phalangen an unversehrten Flugfingern
in einem straffen, nach vorne schwach konvexen
B o g e n   u n d   e s   i s t   k e i n   A n z e i c h e n   d a v o n   w a h r z u-

Fig. 239. Rhamphorhynchus Gemmingi H. v. Meyer aus dem lithographischen Schiefer Bayerns.
Original im Museum des Kgl. Oberbergamtes München mit erhaltenem Abdruck der häutigen
Flügel. (Nach einer von L. v o n A m m o n zur Verfügung gestellten Photographie.) ¹/₆ Nat. Gr.

n e h m e n ,   d a ß   d e r   F l u g f i n g e r   e b e n s o   w i e   b e i   P t e r o-
d a c t y l u s   z u s a m m e n g e l e g t   w e r d e n   k o n n t e (Fig. 239).

Dies ist in erster Linie als ein Beweis für die Flügelhaltung beider
Typen im R u h e z u s t a n d anzusehen.   Weiter müssen wir aber
daraus schließen, daß der Vorderrand des Flügels bei Rhamphorhynchus
sehr steif gewesen sein muß, was für Pterodactylus nicht angenommen
werden kann.

Wenn wir die relativen Längen der Flugfinger von Pterodactylus
und Rhamphorhynchus vergleichen, so sehen wir, daß der Flugfinger
der ersten Type bedeutend kürzer war als bei der zweiten und im Verhältnis zu den Gesamtproportionen des Körpers k a u m   d i e   h a l b e
L ä n g e   d e s   F l u g f i n g e r s   v o n   R h a m p h o r h y n c h u s
e r r e i c h t e.

Der k u r z flügelige Pterodactylus hatte einen ganz verkümmerten
Schwanz; der l a n g flügelige Rhamphorhynchus besaß einen langen,
sehnigen Schwanz mit endgestelltem, häutigem Steuer (Fig. 238).

Das sind also zwei ganz verschiedene Anpassungstypen, denen wir unter den Flugsauriern begegnen. Einer der ältesten, Dimorphodon macronyx (Fig. 240) aus dem englischen Unterlias, nimmt noch eine Zwischenstellung ein; er besaß kurze Flügel und einen langen Schwanz, gehört aber seiner ganzen Bauart nach zu den Rhamphorhynchiden und nicht zu den Pterodactyliden.

Die Anpassungen an den Flug sind bei den Pterodactyliden und Rhamphorhynchiden so grundverschieden, daß wir daraus unbedingt auf einen ganz verschiedenartigen Flug schließen müssen.

Die Flugfinger von Pterodactylus sind relativ kurz und die Phalangen konnten jedenfalls ein wenig gegeneinander abgebogen werden. Der

Fig. 240. Dimorphodon macronyx, ein Flugsaurier aus dem Unterlias von Dorsetshire. — o = Orbita, a = antorbitale Öffnung, n = äußere Nasenöffnung. (Nach R. Owen, modifiziert von Ridewood.) Ungefähr 1/9 Nat. Gr.

Schwanz ist verkümmert. Rekonstruieren wir das Tier, so müssen wir eine kurze, breite Flughaut für den eigentlichen Flugapparat sowie ein Propatagium ergänzen, das von einem griffelförmigen Sesambein gestützt wird. Dieses Sesambein ist zweiteilig und zwar artikuliert das untere, kürzere Stück mit dem Radialrande des Procarpus, während der eigentliche Spannknochen am oberen Ende dieses unteren Stückes einlenkt.

Dagegen werden wir kaum ein größeres Uropatagium ergänzen dürfen, da ja der Schwanz bis auf einen kurzen Stummel verloren gegangen ist.

Die Flugbewegung eines Pterodactylus muß ein sehr schwerfälliger, unstäter Flatterflug gewesen sein.

Ganz verschieden ist das Bild des Rhamphorhynchus, das wir uns heute mit viel größerer Sicherheit und Genauigkeit ergänzen können, als dies vor fünfzig Jahren der Fall war.

Der lange, nach vorne schwach bogig gekrümmte Flugfinger war starr und trug eine schmale, sehr spitz zulaufende Flughaut. Der Spannknochen des Armes beweist, daß ein großes Propatagium vorhanden war. Daß wir auch ein Uropatagium ergänzen müssen, erhellt aus der Biegung und Abknickung der fünften Zehe, die wir schon bei Dimorphodon aus dem Unterlias finden. Die fünfte Zehe funktioniert hier als Spannknochen in ähnlicher Weise wie der vom Calcaneus entspringende knöcherne Sporn oder Calcar. Das Bild wird durch den bei einzelnen Exemplaren wohlerhaltenen, sehr sehnigen Schwanz vervollständigt, der am Ende in ein rhombisches Segel ausläuft, das von Querrippen durchzogen ist. Diese Querrippen des Schwanzsegels waren höchstwahrscheinlich verstärkte Hautleisten. Der ungewöhnlich sehnige Schwanz — an einigen Exemplaren sind die versteinerten Sehnen noch erhalten — war zweifellos nicht beugungsfähig, sondern wurde seiner ganzen Länge nach steif und straff gehalten. Seine Funktion ist ganz unverkennbar die eines H ö h e n s t e u e r s. Das Schwanzsegel ist horizontal gestanden.

Das Gesamtbild der Fluganpassungen von Rhamphorhynchus ist der ausgesprochene Typus eines Drachenfliegers. Im Gegensatz zu Pterodactylus muß d i e F l u g b e w e g u n g v o n R h a m p h o - r h y n c h u s e i n s e h r r u h i g e r , g l e i c h m ä ß i g e r u n d s i c h e r e r D r a c h e n - o d e r G l e i t f l u g g e w e s e n s e i n.

Beide Flugsauriertypen sind zweifellos aus Fallschirmtieren hervorgegangen. Die Ausbildung von Plagiopatagium, Propatagium und Uropatagium ist eine ganz ähnliche wie bei den Fallschirmtieren, nur ist ein aktiver Flugapparat entstanden, der eine Fortsetzung des Plagiopatagiums bildet, während die Fledermäuse ein Chiropatagium besitzen. Die einzigen Fallschirmtiere, die auf dem Wege sind, einen ä h n l i c h e n , richtiger ähnlich f u n k t i o n i e r e n d e n , aktiven Flugapparat zu erwerben, sind Anomalurus und Idiurus, bei denen ein vom Olecranon der Ulna entspringender Knorpelstab nach außen vorspringt und eine Trennung des Plagiopatagiums in einen Vorderarmabschnitt und Rumpfabschnitt zur Folge hat. In ä h n l i c h e r Weise muß sich der Armabschnitt des Plagiopatagiums bei den älteren Flugsauriern vom Rumpfteil des Plagiopatagiums abgetrennt haben.

Wir haben schon bei den Fallschirmsäugetieren verschiedene Anpassungstypen kennen gelernt; bei einer Gruppe spielt der Schwanz als Steuerapparat eine sehr wichtige Rolle, bei einem anderen Typus ist er verkümmert und in die Flughaut des Uropatagiums voll-

ständig einbezogen (bei Galeopithecus). Der letztere Typus der Schwanz-
spezialisation ist auch bei den Fledermäusen anzutreffen.

Die totale Divergenz der Fluganpassungen bei den Pterodactyliden
und Rhamphorhynchiden legt den Gedanken nahe, daß beide Stämme
zwar aus einer Stamm g r u p p e , aber von verschiedenen Gattungen
derselben ihren Ursprung genommen haben und daß die Trennung
beider Stämme seit jeher bestanden hat. Auf diese Vermutung muß
uns ferner die Erwägung bringen, daß auch bei den Phalangeriden drei
Fallschirmformen aus drei verschiedenen arboricolen Phalangeridengat-
tungen hervorgegangen sind, wie O. T h o m a s nachgewiesen hat.
Ursprünglich müssen beide Flugsauriergruppen Fallschirmtiere gewesen
sein, aber schon von Anfang an muß die Spezialisation beider Stämme
verschiedene Wege eingeschlagen haben.

Die lebenden Fallschirmtiere sind (abgesehen von den Flugfischen)
a u s n a h m s l o s arboricol. Wir müssen also den Analogieschluß
ziehen, daß auch d i e ä l t e s t e n P t e r o s a u r i e r a r b o r i-
c o l e R e p t i l i e n g e w e s e n s i n d und ihre Flughäute anfänglich
in derselben Weise benützten wie die lebenden Fallschirmsäugetiere.

5. D e r F l a t t e r f l u g d e r F l e d e r m ä u s e.

Keine Übergangsform hat uns bis jetzt Aufklärung darüber gebracht,
in welche Zeit der Erdgeschichte die Entstehung der Fledermäuse
fällt. Alles spricht dafür, daß sie sich schon in sehr weit zurückliegenden
Zeiträumen, jedenfalls schon in der mesozoischen Epoche, aus a r b o-
r i c o l e n Insektenfressern entwickelt haben, die zuerst Fallschirmtiere
mit Propatagium, Plagiopatagium und Uropatagium gewesen sind und
erst später im Chiropatagium einen aktiven Flugapparat erhielten.

Die Anpassungen der Fledermäuse an den aktiven Flatterflug sind
nur in unbedeutenden Einzelheiten verschieden; im allgemeinen ist das
Handskelett ganz einheitlich gebaut und wir begegnen unter den Fledermäusen keinen so großen Gegensätzen wie unter den beiden Stämmen
der Pterosaurier.

Freilich können wir rasche und gewandte Flieger neben langsamen
und unbeholfenen Flatterern bei den Fledermäusen unterscheiden. Die
Flügellängen schwanken beträchtlich; es gibt Chiropatagien, die dreimal
so lang als breit sind, während bei anderen die Flügellänge nur anderthalb-
mal so groß ist als die Flügelbreite und die Schnelligkeit des Fluges
steigt ja mit zunehmender Flügellänge.

Der beste und schnellste Flieger ist Vesperugo noctula, der sogar den
Nachstellungen des Baumfalken geschickt auszuweichen versteht; dagegen ist der breitflügelige Vespertilio murinus ein sehr unbeholfener,
langsamer Flatterer. Die Flügelschläge folgen bei Vesperugo noctula so
rasch aufeinander, daß man fast von einem Schwirrflug sprechen kann.

Berücksichtigen wir, daß bei den Fledermäusen der Längenbreitenindex der Flügel in gerade zunehmendem Verhältnisse zum Flugvermögen
steht, so kann Pterodactylus, bei dem die Flügelbreite ähnlich wie bei
Vespertilio oder Rhinolophus sehr groß war, nur ein äußerst unbeholfenes
Flattertier gewesen sein. Ferner werden wir zu dem Schlusse geführt,
daß die Pterodactyliden ähnlich wie die kurz- und breitflügeligen
Fledermäuse vom Typus Vespertilio oder Rhinolophus einen unstäten
Flug mit einer im Zickzack verlaufenden Fluglinie (einer „geknitterten"
Fluglinie, wie sie K o l e n a t i nennt) ausführten.

6. Die verschiedenen Arten des Vogelfluges.

Sehr häufig wird der Vogelflug in Gegensatz zu den übrigen Arten
des Fluges gebracht. Dies ist unrichtig; die Vögel besitzen ein in sehr
verschiedenem Grade ausgebildetes Flugvermögen. Der rasche Flatterflug des Rebhuhns oder des Eisvogels, der Drachenflug des „abstreichenden" Fasanhahns[1]), der Schwirrflug der Kolibris, der Segelflug der
Schwalben und Möven, der Schwebeflug der großen Adler und Geier,
endlich der Gleitflug des Albatros und Fregattenvogels sind in mechanischer Hinsicht außerordentlich verschieden.

Ursprünglich waren die Vögel unbeholfene Flattertiere, die aus
Fallschirmtieren hervorgegangen sein müssen; der lange, zweizeilig
befiederte Schwanz diente den ältesten Vögeln als Steuer. Später ging
der Schwanz bis auf ein kurzes Rudiment (P y g o s t y l) verloren,
das aus fest verschmolzenen Schwanzwirbeln besteht. Zwischen dem
Pygostyl und dem Sacrum bleiben noch einige Schwanzwirbel frei.
Das pflugscharförmige Pygostyl besteht, wie Untersuchungen an Embryonen gezeigt haben, aus 6 bis 10 Wirbeln, die noch getrennt angelegt werden,
aber später fest miteinander verschmelzen. Die Strauße verhalten
sich in dieser Hinsicht wie auch in vielen anderen Merkmalen primi-

---

[1]) Der Fasan führt beim Aufsteigen rasche Flatterschläge aus, bis er eine
gewisse Höhe erreicht hat; dann spreizt er seine Flügel aus und geht vom Flatterflug zum Fallschirmflug über. Diesen zweiten Abschnitt des Fluges nennt man
in der Waidmannssprache das „Abstreichen" des Fasans. Es ist diese zweite Art
zu fliegen ein ausgesprochener Drachenflug und die langen Schwanzfedern des
Fasans dienen ihm als Steuer. Nur Hähne (mit langen Schwanzfedern) vermögen
diesen Flug auszuführen; Hennen (mit kurzen Schwanzfedern) sind schon aus
größerer Entfernung daran zu erkennen, daß sie auch während des Abstreichens
rasche Flatterschläge ausführen und bei weitem nicht so rasch fliegen können
als der Fasanhahn. Der Drachenflug des Fasanhahns ist s e k u n d ä r erworben; die Schwanzfedern des Fasanhahns funktionieren ebenso wie der lange,
zweizeilig befiederte Schweif der Archaeopteryx. Alle lebenden Vögel, bei denen
die langen Schwanzfedern diese Rolle spielen, sind sekundär zu Drachenfliegern
geworden; die verlängerten Schwanzfedern ersetzen die kurzen Federn des langen
Schwanzes der ältesten Vögel. Dies ist ein weiteres Beispiel für die Irreversibilität der Entwicklung.

tiver als die übrigen Vögel, da diese Schwanzwirbel bei ihnen während des ganzen Lebens getrennt bleiben[1]) (Fig. 241).

Der Flatterflug ist auf jeden Fall als die ursprünglichste Form des Vogelfluges anzusehen, aus der sich die anderen Flugarten herausgebildet haben. Der Drachenflug, wie ihn der abstreichende Fasanhahn ausführt, ist jedenfalls sekundär erworben worden; das beweisen vor allem die langen Schwanzfedern, die auf einem Pygostyl aufsitzen und einen Steuerapparat darstellen, der p h y s i o l o g i s c h dem langen, zweizeilig befiederten Archaeopteryxschwanz gleichwertig ist, aber in klarer Weise zeigt, daß der Fasan eine kurzschwänzige Vorstufe

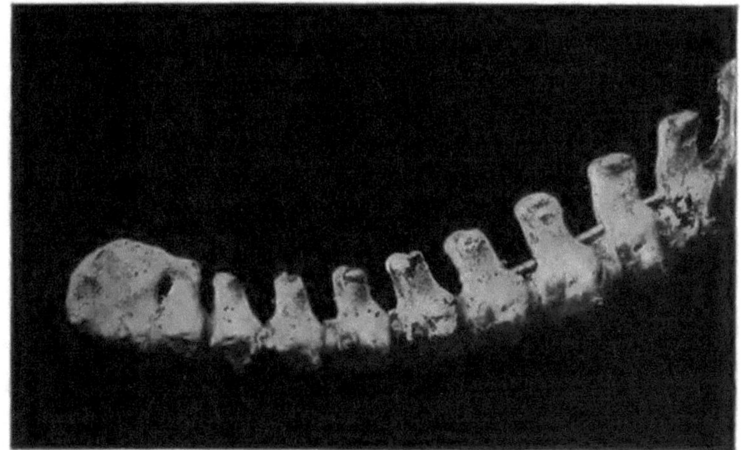

Fig. 241. Schwanzskelett des Straußes (Struthio camelus). (Nach C. W. B e e b e.)

durchlaufen hat, in der er keinen Drachenflug, sondern nur einen Flatterflug ausführen konnte.

Aus dem Flatterflug ist also einerseits der s e k u n d ä r e D r a c h e n f l u g des Fasanhahns, anderseits der S c h w i r r f l u g der Kolibris hervorgegangen. Eine dritte, ganz selbständig erworbene Flugart, die gleichfalls eine Spezialisation des primären Flatterfluges darstellt, ist der S e g e l f l u g der Möven, die bei starkem Winde o h n e Flügelschlag rasch und sicher zu fliegen vermögen; aus ihm hat sich der S c h w e b e f l u g der großen Tagraubvögel entwickelt, eine Vorstufe des G l e i t f l u g e s des Albatros und Fregattenvogels.

---

[1]) C. W. B e e b e: The Bird, its Form and Funktion. — The American Nature Series, Group II. Westminster, 1907, p. 403. — Am Skelett eines alten Exemplars von Struthio im Museum von Cambridge sind mehrere Schwanzwirbel miteinander verwachsen und bilden eine senkrecht stehende Knochenplatte von 5 cm Höhe und 3,5 cm Länge; ähnliches hat P a r k e r bei Apteryx beobachtet, der sonst gleichfalls freie Schwanzwirbel besitzt. (H. G a d o w: Vögel in Bronn's Kl. u. Ord. d. Tierreichs, VI. Bd., 4. Abt., Vögel, II. Bd., 1893, p. 94.)

Somit stellt sich die Spezialisation des Vogelfluges in p h y s i o l o -
g i s c h e r Hinsicht folgendermaßen dar:

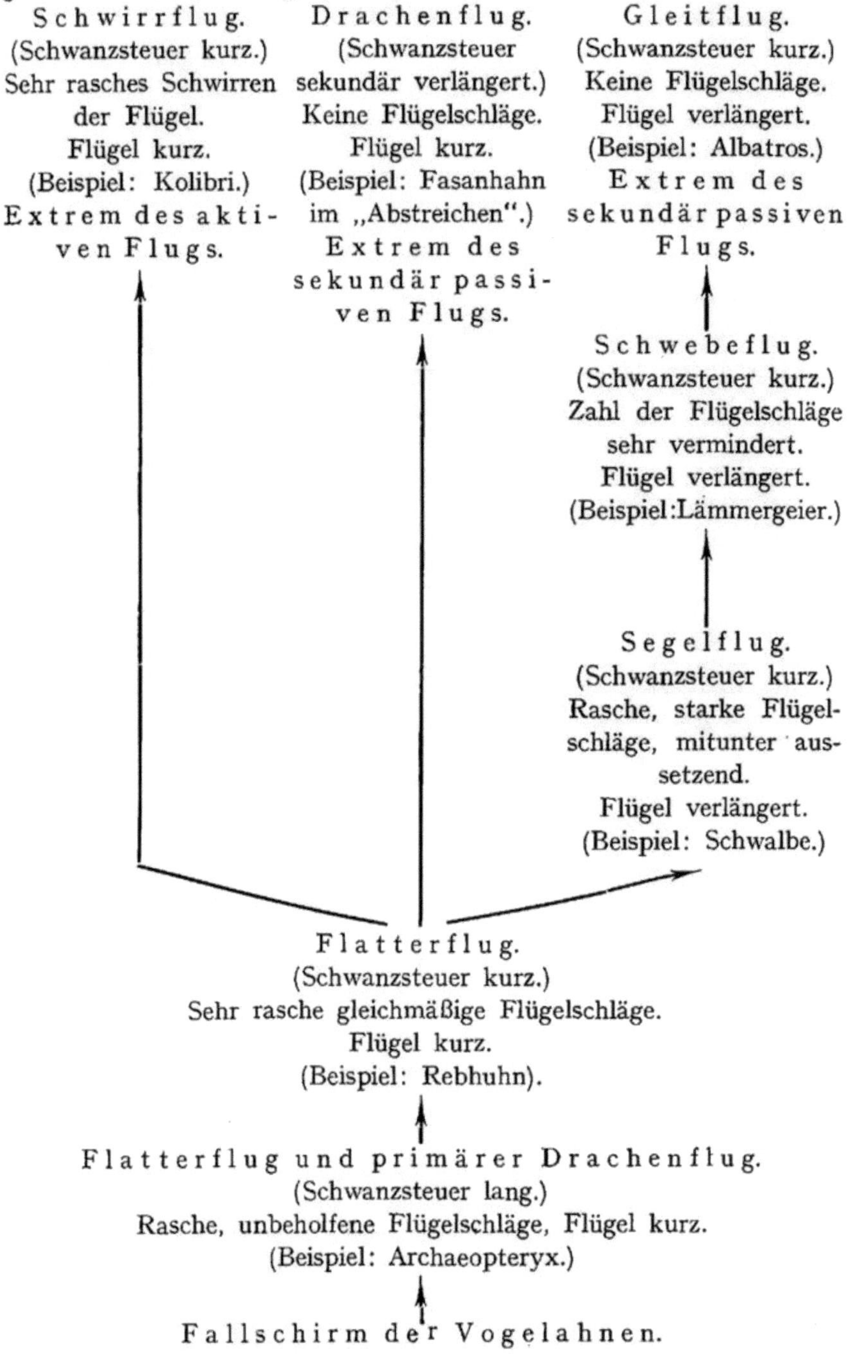

<table>
<tr><td align="center">S c h w i r r f l u g.
(Schwanzsteuer kurz.)
Sehr rasches Schwirren
der Flügel.
Flügel kurz.
(Beispiel: Kolibri.)
E x t r e m d e s a k t i -
v e n F l u g s.</td><td align="center">D r a c h e n f l u g.
(Schwanzsteuer
sekundär verlängert.)
Keine Flügelschläge.
Flügel kurz.
(Beispiel: Fasanhahn
im „Abstreichen".)
E x t r e m d e s
s e k u n d ä r p a s s i -
v e n F l u g s.</td><td align="center">G l e i t f l u g.
(Schwanzsteuer kurz.)
Keine Flügelschläge.
Flügel verlängert.
(Beispiel: Albatros.)
E x t r e m d e s
s e k u n d ä r p a s s i v e n
F l u g s.</td></tr>
</table>

S c h w e b e f l u g.
(Schwanzsteuer kurz.)
Zahl der Flügelschläge
sehr vermindert.
Flügel verlängert.
(Beispiel:Lämmergeier.)

S e g e l f l u g.
(Schwanzsteuer kurz.)
Rasche, starke Flügel-
schläge, mitunter aus-
setzend.
Flügel verlängert.
(Beispiel: Schwalbe.)

F l a t t e r f l u g.
(Schwanzsteuer kurz.)
Sehr rasche gleichmäßige Flügelschläge.
Flügel kurz.
(Beispiel: Rebhuhn).

F l a t t e r f l u g u n d p r i m ä r e r D r a c h e n f l u g.
(Schwanzsteuer lang.)
Rasche, unbeholfene Flügelschläge, Flügel kurz.
(Beispiel: Archaeopteryx.)

F a l l s c h i r m d e r V o g e l a h n e n.

Es ist wohl nicht notwendig zu betonen, daß diese Darstellung
der Entstehung der verschiedenen Abarten des Vogelfluges keine phylogenetische Reihe in dem Sinne repräsentiert, daß die angeführten Vogel-
typen (z. B. Schwalbe—Lämmergeier—Albatros) auseinander hervorgegangen sind. Es ist diese Reihe eine Anpassungsreihe.

7. Der Gleitflug von Pteranodon.

Ganz ebenso wie sich aus dem Flatterflug der Vögel sekundär
einerseits der Drachenflug, anderseits der Gleitflug entwickelt hat, ist
auch bei den Flugsauriern aus dem primären Fallschirmflug der Flatterflug
des Pterodactylus, der Drachenflug oder Gleitflug des Rhamphorhynchus
und der sekundär passive Gleitflug des Pteranodon hervorgegangen.

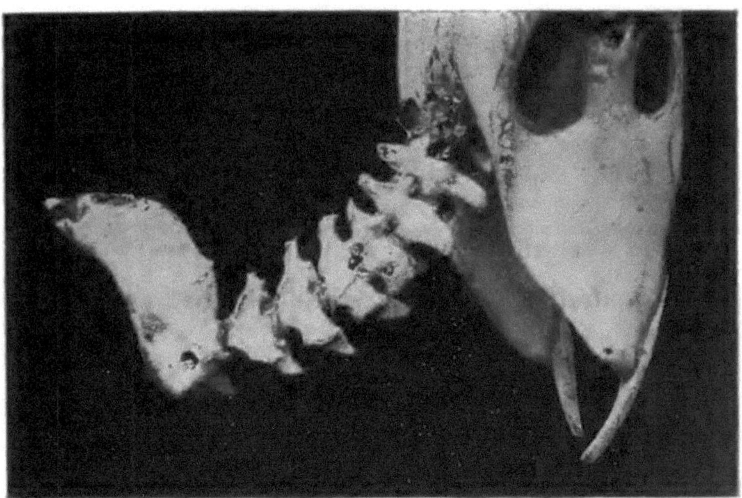

Fig. 242. Schwanzskelett des kahlköpfigen Geiers. (Nach C. W. Beebe.)

Während aber der Drachenflug der Vögel eine sekundär nach Durchlaufung des Flatterfluges erworbene Flugart darstellt, haben wir keinen Grund
zur Annahme, daß die Vorfahren von Rhamphorhynchus einen Flatterflug ausgeführt haben; sie haben sich offenbar schon vom Fallschirmflug aus direkt zu Drachenfliegern spezialisiert.

Bei Pteranodon liegt aber der Fall anders. Pteranodon (Fig. 243)
und die mit ihm verwandten Gattungen Nyctosaurus und Ornithocheirus
gehören zu den Pterodactyliden; es sind Flugsaurier mit verkümmertem
Schwanz, die eine Flatterflug-Stufe durchlaufen haben müssen. Der
Flügel ist erst später im Laufe der phylogenetischen Entwicklung
verlängert worden.

S. W. Williston und F. A. Lucas haben darauf hingewiesen,
daß die Reduktion des Brustbeinkieles bei Pteranodon darauf hindeutet,
daß dieser riesige, bis 6,80 m spannende Pterosaurier keine aktiven

Flügelschläge auszuführen vermochte, sondern ein Gleitflieger wie der
Albatros oder Fregattenvogel war. Pteranodon war ein fischfressender
Hochseebewohner der oberen Kreideformation und die zahlreichen
bisher gefundenen Leichenreste dieses Flugsauriers sind immer in Ab-

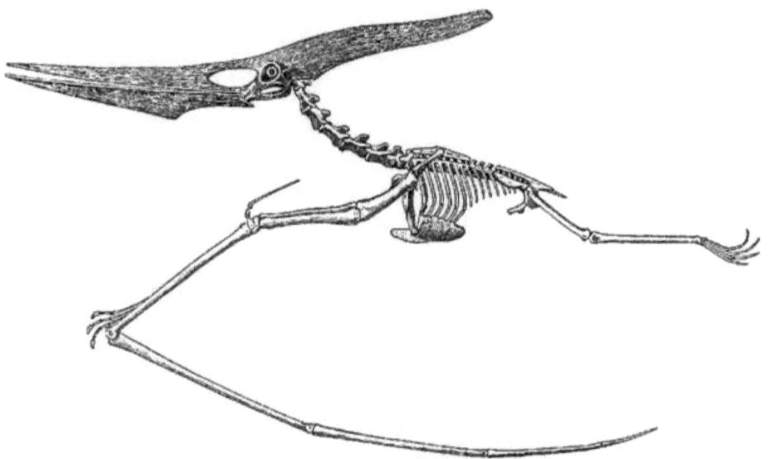

Fig. 243. Rekonstruktion eines 6,80 m spannenden Flugsauriers der oberen Kreide Nordamerikas,
Pteranodon ingens Marsh. (Nach G. F. Eaton, 1910.)

lagerungen angetroffen worden, die in weiter Entfernung von der Küste
gebildet worden sind.

Die Entstehung der Flugvermögens der Pterosaurier stellt sich
also folgendermaßen dar:

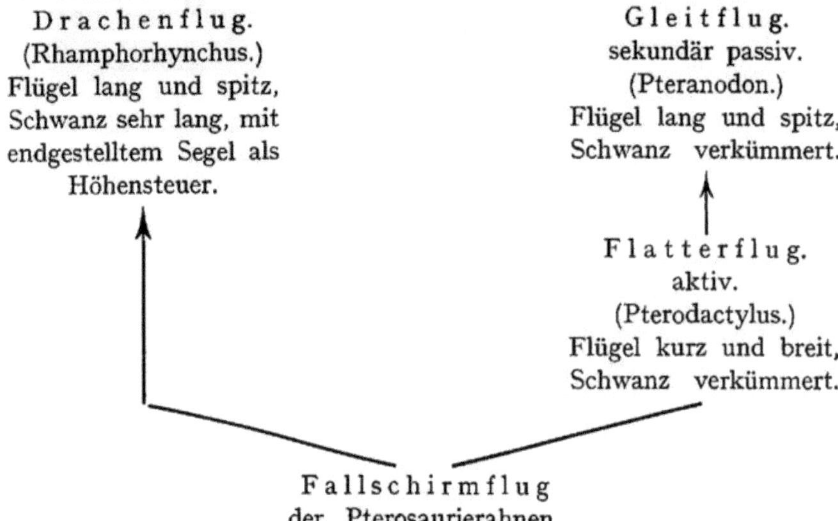

Bei den hochspezialisierten Flugsauriern der Kreideformation tritt
eine Erscheinung auf, die den älteren Pterosauriern fehlt, aber bei

einzelnen Vögeln ausgebildet ist, wenn sie auch bei keinem Vogel einen so hohen Grad der Ausbildung wie bei Pteranodon erreicht.

Diese Erscheinung besteht in der Verschmelzung einer wechselnden Zahl von Rückenwirbeln zum sogenannten N o t a r i u m , dessen Funktion im Körper eine ähnliche ist wie die des Beckens bei den schreitenden Landwirbeltieren. Die Rückenwirbel sind nicht nur mit ihren Zentren verschmolzen, sondern sie werden auch durch drei lange Knochenspangen zu einer unbeweglichen Masse festgehalten; die erste dieser Spangen ist ein knöchernes Blatt, das die Dornfortsätze unter-

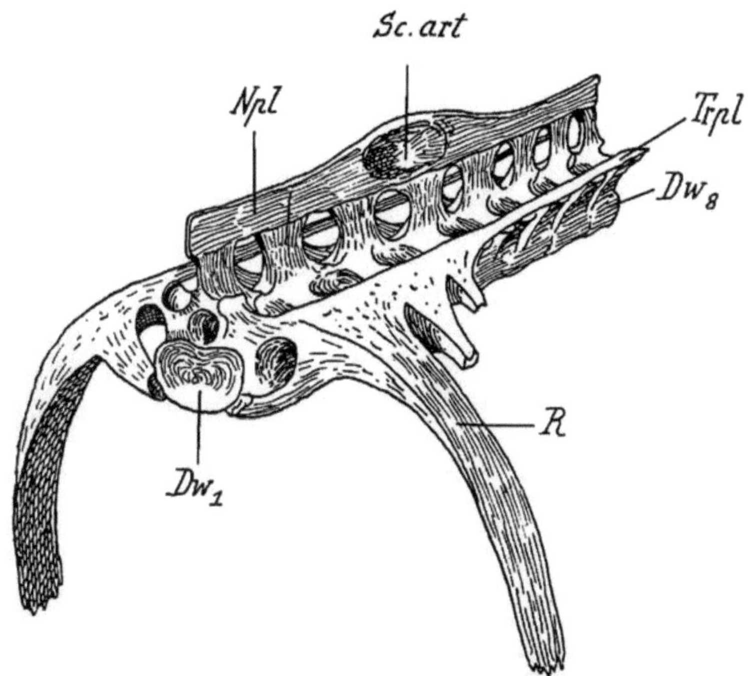

Fig. 244. Notarium von Pteranodon ingens aus der oberen Kreide von Kansas, N. A. — Dw$_1$ = erster, Dw$_8$ = achter Dorsalwirbel, R = Rippe, Npl = Neuralplatte, Trpl = Transversalplatte, Sc. art. = Gelenkgrube für das Oberende der Scapula. (Nach G. F. E a t o n, 1910.) ³/₄ Nat. Gr.

einander verbindet, während die beiden anderen Spangen die Querfortsätze verbinden und mit den Rippen fest verschmolzen sind.

Auf diese Weise entsteht eine unbewegliche, sacrumartige Masse im vorderen Abschnitt des Thorax, auf welche einige freie Rückenwirbel folgen, an die sich das Sacrum anschließt (Fig. 244).

Bei den Rhamphorhynchoidea fehlt ein Notarium ebenso wie bei den Pterodactyliden; aber die aus den Pterodactyliden hervorgegangenen Ornithocheiriden der Kreideformation besitzen ein Notarium und zwar lassen sich zwei Spezialisationsstufen unterscheiden.

Bei Nyctosaurus tritt die Scapula nicht mit dem Notarium in Verbindung, aber bei Pteranodon [1]) und Ornithocheirus rückt die Scapula bis an die mediane Knochenplatte heran, welche die Neurapophysen der vorderen acht Brustwirbel verbindet und artikuliert mit einem kugeligen Gelenkkopf in einer Grube an der Seitenwand dieser senkrecht stehenden Knochenplatte. Das Coracoid ist fest mit dem Sternum verbunden.

Es hat sich also hier ein Apparat entwickelt, den man als S c h u l t e r - b e c k e n bezeichnen könnte. Bei keinem anderen Wirbeltier tritt die Scapula in gelenkige Verbindung mit der Wirbelsäule, wie dies zwischen Femur und Becken der Fall ist. Hier finden wir eine derartige Verbindung und es kann keinem Zweifel unterliegen, daß diese merk-

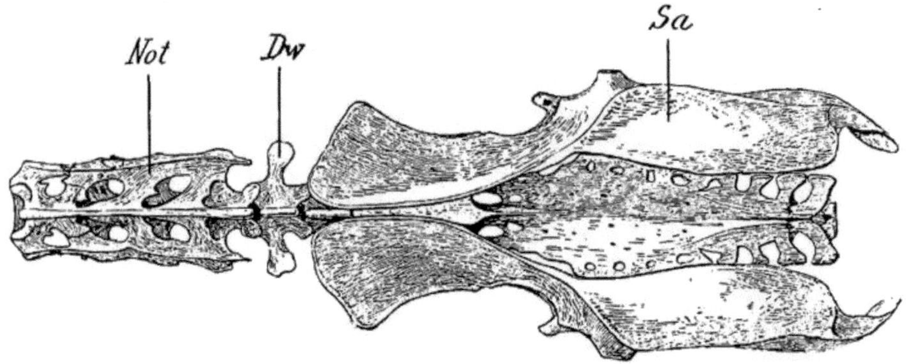

Fig. 245. Notarium von Meleagris gallipavo. (Nach G. F. E a t o n, 1910.) ½ Nat. Gr.

würdige Spezialisation mit dem Fluge der Ornithocheiriden in innigem Zusammenhange steht; während bei den schreitenden Wirbeltieren die Hauptaufgabe immer den Hinterextremitäten zufällt, wird sie bei den Pterosauriern von den Armen übernommen. [2])

Es ist überaus interessant, das Vorhandensein des Notariums bei einzelnen Vögeln festzustellen.

Wir finden eine partielle Ankylose der vorderen Rückenwirbel bei den Falken; R. O w e n hat sie mit dem Schwebeflug dieser Gruppe in Verbindung gebracht. [3]) Aber daß diese Anpassung nicht unbe-

---

[1]) G. F. E a t o n: Osteology of Pteranodon. Memoirs Connecticut Acad. of Arts and Sciences, Vol. II, New Haven, July 1910, p. 17—20, Pl. VII, VIII, IX, XII.

[2]) Damit hängt zusammen, daß bei den Pterosauriern Kopf, Hals, Schultergürtel und Arme sehr kräfig entwickelt sind, während der dahinter liegende Körperabschnitt geradezu verkümmert erscheint. Besonders groß ist der Gegensatz zwischen den enormen Halswirbeln und den winzigen Rückenwirbeln.

[3]) R. O w e n: Comparative Anatomy and Physiology of Vertebrates, Vol. II, 1866, p. 17.

dingt bei dem Übergang vom aktiven Flatterflug zum passiven Gleitflug eintritt, lehrt das Fehlen des Notariums beim Fregattenvogel, bei dem die vor dem Sacrum liegenden Wirbel einen hohen Grad von Flexibilität besitzen. Andererseits finden wir bei den flatternden Hühnervögeln eine Verschmelzung der vorderen Dorsalwirbel.

G. F. E a t o n hat diese Fälle eingehend studiert und das Verhalten dieser Wirbelregion bei Larus glaucus, Oidemia nigra und dem wilden Truthahn (Meleagris gallipavo) besprochen (l. c. p. 20). Bei der letztgenannten Gattung (Fig. 245) hat die Ankylose der Dorsalwirbel den höchsten Grad unter allen Vögeln erreicht. Die vier vorderen Rückenwirbel sind in ganz ähnlicher Weise wie bei Pteranodon verschmolzen, aber die Scapula tritt bei Meleagris nicht mit der medianen, die Dornfortsätze vereinigenden Platte in Gelenkverbindung: P t e r a n o d o n w a r a l s o i n d i e s e m P u n k t e v i e l h ö h e r s p e z i a l i s i e r t a l s i r g e n d e i n l e b e n d e r V o g e l.

Die Homologie der Finger der Vögel und der theropoden Dinosaurier. [1]

Die Vogelhand umfaßt nur drei Finger, welche von der weitaus größten Mehrzahl der Morphologen als die Finger I—III betrachtet werden.

H u m p h r y und O w e n deuteten zuerst die drei Finger der Vogelhand als den II.—IV. und diese Auffassung ist in neuerer Zeit von E. N o r s a [2], V. L. L e i g h t o n [3], E. M e h n e r t [4] sowie von F. Plieninger [5] wieder zu verteidigen gesucht worden.

Sehen wir zunächst von den rezenten Vögeln ab und beschränken wir uns auf die Untersuchung des Handbaues der Archaeopteryx, so finden wir, vom vordersten Finger an nach hinten gerechnet, folgende Phalangenzahlen: vorderster Finger 2, mittlerer 3, hinterer 4 Phalangen.

Die Phalangenzahlen der Diapsidenhand sind 2, 3, 4, 5, 3.

Wenn wir also nicht annehmen wollen, daß jeder der drei Finger der Archaeopteryx-Hand eine Phalange verloren hat, so müssen wir sie mit dem I.—III. Finger der Diapsidenhand homologisieren.

---

[1] Die folgenden Kapitel sind einer ausführlicheren Erörterung der Frage entnommen, die in den Verhandl. der k. k. zool.-bot. Ges. Wien, LXI. Bd., 1911 unter dem Titel „Die Vorfahren der Vögel und ihre Lebensweise" erschienen ist.

[2] E. N o r s a: Recherches sur la Morphologie des membres antérieurs des Oiseaux. — Arch. ital. de Biologie, XXII, 1894.

[3] V. L. L e i g h t o n: The Development of the Wing in Sterna Wilsonii. — Amer. Natur. XXVIII, 1894. — Tufts College Studies, III, 1894.

[4] E. M e h n e r t: Kainogenesis als Ausdruck differenter phylogenetischer Energien, 1897.

[5] F. P l i e n i n g e r: Die Pterosaurier der Juraformation Schwabens. Palaeontographica, LIII, 1907.

Die Pterosaurierhand umfaßt außer dem langen Flugfinger mit vier Phalangen, der meistens als der fünfte betrachtet wird[1]), noch drei enge aneinanderliegende Finger, deren Phalangenzahlen vom vorderen angefangen sind: 2, 3, 4. Wenn diese Finger, wie nach der bisher vorherrschenden Annahme, dem II., III. und IV. Finger entsprechen, dann müßte auch hier eine Phalange in jedem Finger verloren gegangen sein.

Für die Homologisierung der drei bekrallten Finger in der Pterosaurierhand und des hinten sich anlegenden Flugfingers mit dem II. bis V. Finger der Diapsidenhand scheint der Umstand zu sprechen, daß bei einzelnen Pterosauriern wie bei Pterodactylus suevicus Quenst. dem Radius ein langes Griffelbein anliegt, das von einem kurzen, senkrecht vom Radialrande des Carpus in die Höhe steigenden Knochen gestützt wird. Dieses Griffelbein wird von einigen Autoren als Sehnenverknöcherung und seine Stütze als Carpale angesehen, während es von anderer Seite mit dem Pollex identifiziert wird. Diese letzere Auffassung hätte zur Folge, daß wir den Flugfinger als den fünften, die drei bekrallten Finger aber als den zweiten, dritten und vierten auffassen müßten.

Die Aufgabe des dem Radius von Pterodactylus anliegenden Griffelbeines, das sich übrigens schon bei dem unterliassischen Dimorphodon macronyx findet, ist zweifellos die eines Spannknochens des Propatagiums.

Die oben erörterte Deutung des Flugfingers als den fünften hätte zur Folge, daß wir für ihn die Vermehrung um eine Phalange annehmen müßten, da die normale Phalangenzahl des fünften Diapsidenfingers drei und nicht vier beträgt.

Diese Schwierigkeiten der Deutung sind sofort beseitigt, wenn wir die H. v. M e y e r sche Auffassung akzeptieren und uns S. W. W i l l i s t o n anschließen, welcher den Flugfinger als den v i e r t e n betrachtet, bei welchem die Krallenphalange verloren gegangen ist. [2]) Bei dieser

---

[1]) S. W. W i l l i s t o n vertritt die alte H. v. M e y e r sche Auffassung, daß der Flugfinger der Pterosaurierhand dem vierten Finger entspreche. — S. W. W i l l i s t o n: The Fingers of Pterodactyls. — Geolog. Magazine, Dec. V, Vol. I, 1904, p. 59.

[2]) Hiezu möchte ich bemerken, daß auch bei Chiropteren eine Reduktion der Nagelphalangen zu beobachten ist. So ist z. B. bei Pteropus außer der bei allen Fledermäusen vorhandenen Daumenkralle nur noch am zweiten Finger eine Kralle vorhanden, während sie an allen übrigen fehlt. Unter den Microchiropteren zeigt nur Rhinopoma dieselben Verhältnisse.

Ich möchte sehr bezweifeln, daß sich, wie H. L e b o u c q (Recherches sur la morphologie de l'aile du murin. — Livre jubil., dédié à Charles v. Bambeke, 1899) meint, aus dem embryologischen Befunde der Chiropterenhand eine Vermehrung der Phalangen erschließen läßt. K ü k e n t h a l hat seinerzeit nachzuweisen versucht, daß die vermeintliche Hyperphalangie der Cetaceen durch einen Zerfall der Phalangen in Diaphysen und Epiphysen zu erklären ist. Das

Deutung stimmen die Finger der Pterosaurierhand mit der normalen Diapsidenhand in folgender Weise überein:

Phalangenzahlen:

Finger .	I.	II.	III.	IV.	V.
Diapsida .	2	3	4	5	3
Pterosauria .	2	3	4	4	—

Diese Auffassung erhält aber noch eine Stütze, wenn wir die Funktion und relative Länge des vierten Fingers bei den normalen Diapsiden betrachten.

Ebenso wie im primitiven Stegocephalen- und Reptilienfuß die vierte Zehe als Hauptzehe funktioniert, da sie den Körper vorwärts schiebt — dies ist heute noch bei den Lacertiliern der Fall — so w a r a u c h d e r v i e r t e F i n g e r d e r s t ä r k s t e u n d l ä n g s t e, wie z. B. das Handskelett von Protorosaurus[1]) und Palaeohatteria[2]) beweist. Daß der längste und stärkste Finger zu einem Flugfinger ausgestaltet wurde, ist leicht verständlich. Das Griffelbein am Vorderrande des Radius muß dann natürlich als Sehnenverknöcherung betrachtet werden.

Diese Auffassung stimmt sehr gut mit der schon von G e g e n b a u r[3]) beobachteten Tatsache überein, daß die Fingerreduktion stets auf der ulnaren Seite der Reptilienhand beginnt.

Diese Deutung erhält eine wesentliche Stütze durch die Tatsache, daß unter den Fallschirmnagetieren bei den Sciuroidea das Plagiopatagium durch einen vom P i s i f o r m e entspringenden, bei den Anomaluroidea dagegen durch einen vom O l e c r a n o n aus entspringenden knorpeligen Sporn gestützt und gespreizt wird, der in beiden Fällen als eine N e u b i l d u n g anzusehen ist. Als eine derartige Neubildung ist auch der knöcherne Sporn am Radialrande der Pterosaurierhand anzusehen. Somit hätten wir folgende morphologisch ungleichwertige, aber physiologisch ungefähr gleichwertige Spornbildungen zu unterscheiden, die als Stützen des Patagiums dienen:

---

ist nun wahrscheinlich nicht bei den Cetaceen, wohl aber bei den Chiropteren der Fall, nur mit dem Unterschiede, daß die im Embryonalleben getrennt angelegten Diaphysen und Epiphysen der Phalangen später miteinander verschmelzen. Bei dieser Betrachtung erscheint die Phalangenformel des reifen Embryos von Vespertilio murinus mit 2 , 1 , 3 , 4 , 3 „Phalangen" und des erwachsenen Tiers mit 2 , 1 , 3 , 2 , 2 Phalangen in ganz anderem Lichte.

[1]) H. F. O s b o r n: The Reptilian Subclasses Diapsida and Synapsida and the Early History of the Diaptosauria. — Memoirs Amer. Mus. Nat. Hist., Vol. I, Part VIII, New York, November 1903, p. 471. „In both manus and pes t h e f o u r t h d i g i t i s t h e l o n g e s t." (Fig. 9.)

[2]) Ibidem, p. 471, Fig. 10.

[3]) G e g e n b a u r, Carpus und Tarsus, 1864, S. 41.

1. Pterosauria: Sporn (knöchern), entspringend vom Radialrand des Carpus. (Stütze des Propatagiums.)

2. Sciuroidea: Sporn (knorpelig), entspringend vom Ulnarrande des Carpus, und zwar vom Pisiforme. (Stütze des Plagiopatagiums.)

3. Anomaluroidea: Sporn (knorpelig), vom Olecranon Ulnae entspringend. (Stütze des Plagiopatagiums.)

4. Chiroptera: Sporn (knöchern), vom Calcaneus aus entspringend. (Stütze des Uropatagiums.)

Kehren wir zu Archaeopteryx zurück (Fig. 246). Die Länge der noch vorhandenen drei Finger

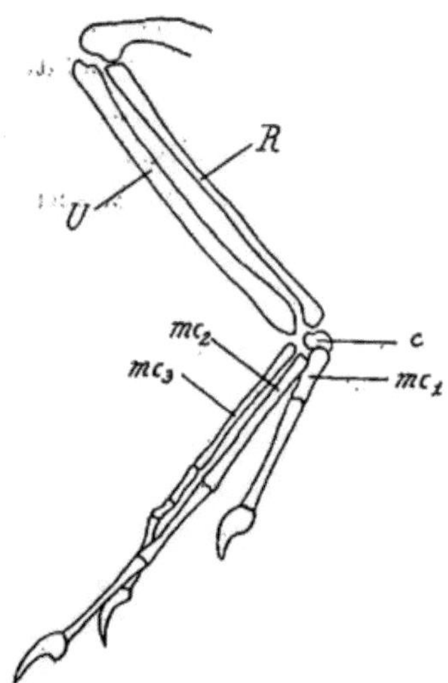
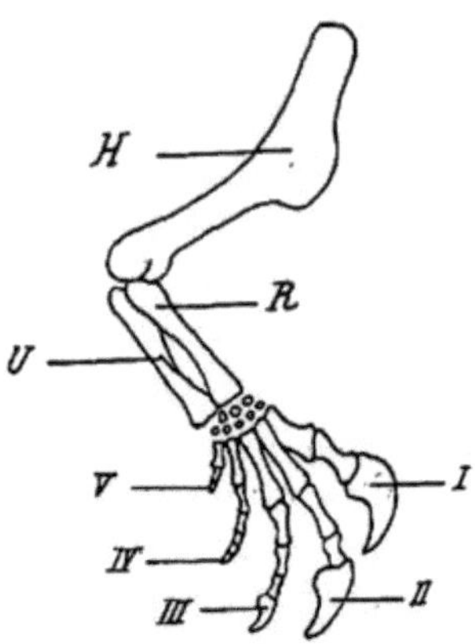

Fig. 246. Rechter Arm von Archaeopteryx Siemensii Dames. Nach dem Gipsabgusse des Originals im Berliner Museum. — U = Ulna, R = Radius, c = verschmolzene Carpalia, mc₁₋₃ = Metacarpalia des 1. bis 3. Fingers. ²/₃ Nat. Gr.

Fig. 247. Rechte Hand von Gresslyosaurus Plieningeri Huene aus dem oberen Keuper von Degerloch bei Stuttgart. Rekonstruiert. (Nach F. v. Huene.) (Abweichend von der Huene'schen Rekonstruktion ist die Zweizahl der Phalangen des fünften Fingers).

beweist, daß wir hier nicht an Reduktion zu denken haben.

Es ist sehr auffallend, daß in der Archaeopteryx-Hand im dritten Finger Phalangenverkürzungen [1] eintreten; diese Erscheinung ist auch

---

[1] Die Längen der Metacarpalia und Phalangen sind bei Archaeopteryx Siemensii in Millimetern:

Metacarpale I: 7, Phal. I: 20, Phal. II: 11,
  ,, II: 27, ,, I: 15, ,, II: 18, Phal. III: 13,
  ,, III: 25, ,, I: 6, ,, II: 4, ,, III: 12, Phal. IV: 9,
und die Gesamtlängen der Finger in Millimetern:

bei einigen Triasdinosauriern zu beobachten. Da aber Phalangenverkürzungen sowohl bei Schreittieren (z. B. Elephas) als auch bei Grabtieren (z. B. Myrmecophaga) und Klettertieren (z. B. Choloepus) eintreten, so können wir aus dieser Tatsache allein keinen sicheren Schluß ableiten.

Daß es sich aber in den drei Fingern der Archaeopteryx-Hand wirklich um die drei vorderen Finger handelt, ergibt ein Vergleich mit der Hand der theropoden Dinosaurier in entscheidender Weise.

Bei den triadischen Plateosauriden hat F. v. H u e n e [1]) festgestellt, daß die Hand fünffingerig und der fünfte Finger bereits in Reduktion begriffen war (Fig. 247).

Die Phalangenformel der Plateosauridenhand ist nach v. H u e n e:

I.	II.	III.	IV.	V. Finger:
2	3	4	5	2 Phalangen

Aber nicht nur der fünfte, sondern auch der vierte Finger zeigt unverkennbare Spuren einer Reduktion; s t e t s   s i n d   d i e   v o r d e r e n   d r e i   F i n g e r   d e r   P l a t e o s a u r i d e n   d i e   s t ä r k s t e n   u n d   d e r   v i e r t e   b l e i b t   a n   S t ä r k e   u n d   L ä n g e   w e i t   h i n t e r   d e m   d r i t t e n   z u r ü c k . [2])

Es kann kaum ein ernster Zweifel gegen die Homologisierung der vorderen drei Plateosauridenfinger mit den drei Fingern der Archaeopteryx erhoben werden.

D i e   d r e i   F i n g e r   d e r   A r c h a e o p t e r y x H a n d   s i n d   a l s o   t r o t z   d e r   s c h e i n b a r   a b w e i c h e n d e n   e m b r y o l o g i s c h e n   R e s u l t a t e   b e i   d e n   l e b e n d e n   V ö g e l n   a l s   d e r   I.—III. F i n g e r   z u   b e t r a c h t e n .

Von besonderer Wichtigkeit bei der Entscheidung dieser Frage ist d i e   F e s t s t e l l u n g   d e s   L ä n g e n v e r h ä l t n i s s e s   d e r   d r e i   F i n g e r, wovon im nächsten Abschnitte die Rede sein wird.

D i e   s c h o n   b e i   d e n   P l a t e o s a u r i d e n   z u   b e o b a c h t e n d e   R e d u k t i o n   d e s   f ü n f t e n   u n d   v i e r t e n   F i n g e r s   h a t   b e i   s p e z i a l i s i e r t e r e n   T h e r o p o d e n   z u   e i n e m   v ö l l i g e n   V e r l u s t   d e r   b e i d e n   F i n g e r   g e f ü h r t .

<hr>

Pollex	·38
Index	73
Medius	56

Der Index ist um 14 mm länger als die längste der vier Zehen (dritte Zehe, Metatarsus + Phalangen): 59 mm. (Maße nach W. D a m e s, 1884.)

[1]) F. v. H u e n e, l. c., Geol. u. Pal. Abh., Jena, Suppl.-Bd. I, 1907 bis 1908, S. 250.

[2]) Die Klauenphalange des vierten Fingers und die zweite Phalange des fünften Fingers sind noch bei keinem Triasdinosaurier gefunden worden. (F. v. H u e n e: Die Dinosaurier der europäischen Triasformation mit Berücksichtigung der außereuropäischen Vorkommnisse. — Geol. u. Pal. Abh. von E. K o k e n, Supplementband I, Jena, 1907—1908, S. 275.)

Bei Allosaurus ist nur mehr ein Rudiment des vierten Fingers vorhanden, bei Compsognathus ist weder vom fünften noch vom vierten Finger auch nur eine Spur anzutreffen. Die Hand dieses Theropoden ist dreifingerig wie die der Vögel (Fig. 248).

Das Längenverhältnis der Finger bei den Vögeln und theropoden Dinosauriern.

Das Handskelett der rezenten Vögel umfaßt dieselben Finger wie die Archaeopteryx-Hand, nur sind Reduktionen der Phalangen eingetreten.

Die drei Finger der Archaeopteryx haben die Phalangenformel 2, 3, 4.

Kein rezenter Vogel besitzt am dritten Finger mehr als zwei Phalangen und diese

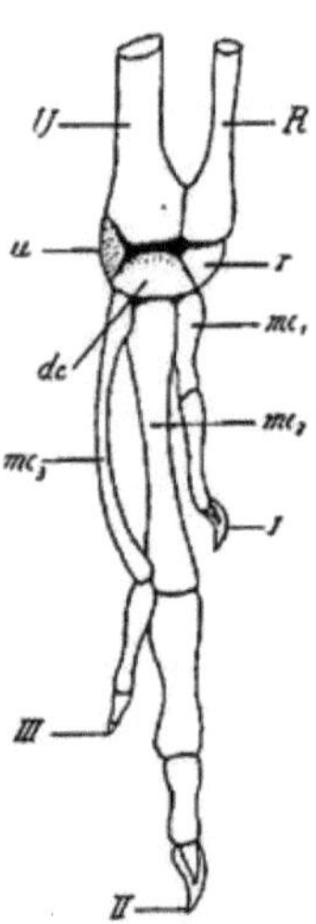

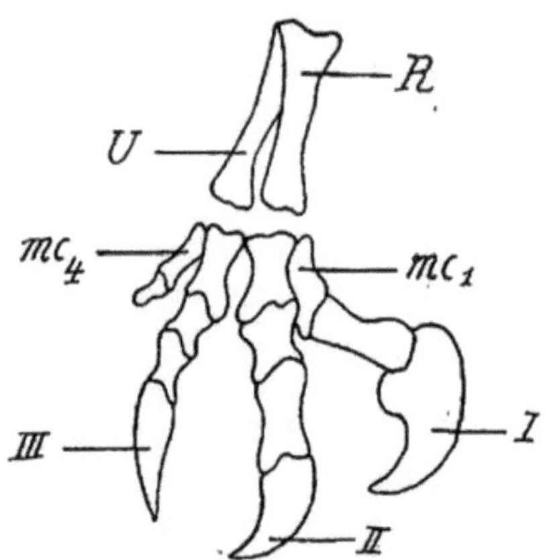

Fig. 248. Rechte Hand von Allosaurus aus dem oberen Jura (Atlantosaurus Beds) Nordamerikas. — U = Ulna, R = Radius, mc = Metacarpalia, I, II, III = Krallenphalangen des 1. bis 3. Fingers. (Nach einer Photographie des montierten Skelettes.)

Fig. 249. Rechte Hand eines halberwachsenen Struthio camelus. — (Nach W. K. Parker.) U = Ulna, R = Radius, dc = distale Carpalia, verschmolzen, u = Ulnare, r = Radiale. Andere Bezeichnungen wie früher.

Zahl findet sich auch nur bei Struthio und im Embryonalstadium von Numenius.

Struthio hat hinsichtlich der Phalangenzahlen und der Erhaltung der Krallen die primitivste Hand unter allen lebenden Vögeln; seine Phalangenzahlen sind 2, 3, 2 und alle drei Finger sind bekrallt (Pollex und Index immer, die Kralle des Medius fehlt zuweilen), (Fig. 249).

Die gleichen Verhältnisse in der Bekrallung zeigt Rhea, aber die Phalangenzahlen sind auf 1, 2, 1 reduziert.

Bei Dromaeus sind am Index noch drei Phalangen erhalten; die letzte ist bekrallt. Erster und dritter Finger sind verkümmert.

Casuarius und Apteryx besitzen eine hochgradig verkümmerte Hand; der Index trägt zwei Phalangen mit einer Kralle.

Phalangenkrallen finden sich auch bei Palamedea cornuta (am Index), bei Opisthocomus cristatus (am Pollex und Index im Jugendstadium) sowie am Pollex bei einer größeren Zahl verschiedener Vögel. Bei allen Embryonen der Hühnervögel ist der Index bekrallt. Eine Übersicht der Vögel mit Indexkrallen hat W. K. Parker[1] mitgeteilt.

Sehen wir von den höher spezialisierten Handformen ab und betrachten wir zunächst nur die Handskelette von Archaeopteryx, Struthio und Rhea[2], so sehen wir, daß der zweite Finger die übrigen stets bedeutend an Länge übertrifft. Diese Erscheinung muß die Frage nahelegen, ob dieses Längenverhältnis eine Erwerbung der Vögel darstellt oder ob sich auch bei Dinosauriern ähnliche Verhältnisse beobachten lassen.

Ein Vergleich der Archaeopteryx-Hand mit den Thecodontosauriden (z. B. Anchisaurus), Plateosauriden (z. B. Plateosaurus), Megalosauriden (z. B. Allosaurus) und Compsognathiden (z. B. Ornitholestes) zeigt sofort, daß bei diesen Dinosauriern nicht nur der vierte und fünfte Finger reduziert werden und endlich ganz verloren gehen (z. B. Compsognathus, Allosaurus), sondern daß von den drei übriggebliebenen vorderen Fingern der zweite ausnahmslos der längste ist wie bei den Vögeln, während der Daumen der stärkste ist und die stärkste Kralle trägt.

Das Flugvermögen von Archaeopteryx.

Übereinstimmend wird angenommen, daß Archaeopteryx kein guter, sondern ein schlechter Flieger war, mit anderen Worten, daß das Flugvermögen bei diesem Vogel noch nicht so ausgebildet war wie bei den Fliegern der Jetztzeit.

Für die mangelhafte Ausbildung des Flugvermögens von Archaeopteryx spricht:

1. Die Form der Flügel.
2. Die Größe der Flügel.
3. Der lose Zusammenhang der Schwungfedern mit den Fingern und die geringe Zahl der Metacarpodigitales.

---

[1] W. K. Parker: On the Morphology of Birds. — Proc. Roy. Soc., London, 13. Jan. 1887, Vol. 42, p. 52—58. — Derselbe: On the Structure and Development of the Wing in the Common Fowl. — Transact. Roy. Soc., (B), Vol. 179 (für das Jahr 1888), London, 1889, p. 385—398, Pl. 62—65.

[2] R. O. Cunningham: Notes in some Points in the Osteology of Rhea americana and Rhea Darwinii. — P. Z. S. London, 1871, p. 105—110. Pl. VI und VIa. — W. K. Parker, l. c., 1889, p. 389.

4. Das Fehlen der Anpassungen in den Fingern zur Befestigung der Handschwingen.

5. Die zweizeilige Befiederung der Unterschenkel.

6. Der lange, zweizeilig befiederte Schwanz.

1. Die Form der Flügel. Der Umriß des Flügels von Archaeopteryx Siemensii Dames zeigt eine unverkennbare Ähnlichkeit mit dem Flügelumriß eines Goldfasans.

Von der Art des „Abstreichens" der Fasanhähne, die im zweiten Abschnitte ihrer Flugbahn einen Drachenflug ausführen, war schon früher die Rede.

2. Die Größe der Flügel ist bei Archaeopteryx ähnlich wie bei flatternden Hühnervögeln und spricht nicht für einen schnellen Flug.

3. Der lose Zusammenhang der Schwungfedern mit den Fingern und die geringe Zahl der Metacarpodigitales. Auf diese Merkmale und ihre ethologische Bedeutung hat zuerst A. Gerstäcker hingewiesen. [1])

Die Gesamtzahl der Schwungfedern war 16 bis 17; davon entfallen auf den Handabschnitt des linken Flügels des Berliner Exemplars 6, auf den des rechten Flügels (nach A. Gerstäcker) aber nur 4 Schwungfedern, während die übrigen der Vorderarmregion angehören. Das Berliner Exemplar läßt jedoch meiner Meinung nach die Auffassung zu, daß auch am rechten Flügel 6 Handschwingen zu unterscheiden sind. Sie können nur am Metacarpale gestanden haben.

Jedenfalls ist die Zahl der Handschwingen bei Archaeopteryx nicht größer als 6 gewesen und dies ist eine überraschend geringe Zahl im Vergleiche mit den lebenden Carinaten und auch mit den lebenden Ratiten, wie folgende Übersicht zeigt:

Zahl der Schwungfedern an der Hand bei:

Remiges primarii	Archaeopteryx	Struthio	Rhea	Schema bei den meisten lebenden Carinaten (nach R. S. Wray)
Metacarpales	6	8	7	6
Digitales		8	5	5—4
Metacarpodigitales	6	16	12	11—10

[1]) A. Gerstäcker: Das Skelett des Döglings etc., Leipzig, 1887, 4°. In dieser Arbeit, deren Inhalt nicht ganz dem Titel entspricht, da sie viele wertvolle morphologische Studien über verschiedene Tiergruppen umfaßt, spricht der Verfasser S. 137—157 über Archaeopteryx.

Die niedere Zahl der Metacarpodigitales bei Archaeopteryx sagt uns, daß sie beim Fliegen nur eine geringe Rolle gespielt haben können und daß die Hauptleistung den Cubitales zufiel. Diese geringe Bedeutung der Metacarpodigitales wird verständlich, wenn wir in Erwägung ziehen, daß die Finger von Archaeopteryx noch durchaus reptilienartig gestaltet waren und also keinesfalls in gleicher Weise als Stützpunkt für die Handschwingen gedient haben können wie bei den lebenden Carinaten.

4. **Das Fehlen der Anpassungen in den Fingern zur Befestigung der Handschwingen.** Bei allen lebenden und fossilen Vögeln mit Ausnahme von Archaeopteryx legt sich das Distalende des Metacarpale III enge an jenes des Metacarpale II an und ist mit diesem verschmolzen, aber beide Metacarpalia sind durch ein breites Spatium interosseum getrennt.

Diese beiden Metacarpalia bilden die Unterlage der sechs hinteren Handschwingen der lebenden Vögel, welche durch die Verschmelzung von Metacarpale II und III eine feste Unterlage erhalten.

„Eine ähnlich ausgedehnte Befestigung erhalten aber auch die drei ersten Handschwingen dadurch, daß die erste Phalange des zweiten Fingers stark verbreitert und abgeplattet, nicht selten auch fensterartig durchbrochen ist, während die vierte sich dem Außenfinger in seiner ganzen Länge auflegt." (A. Gerstäcker, l. c., S. 155.)

Derartige Anpassungen der Finger, welche mit der Befestigung der Handschwingen in direkten Beziehungen stehen, fehlen aber bei Archaeopteryx gänzlich und daher muß die Verbindung der Handschwingen mit den Fingern bei dieser Gattung eine weit losere gewesen sein als bei den lebenden Carinaten.

Wenn aber diese Verbindung lockerer war, so kann das Flugvermögen von Archaeopteryx bei weitem nicht in dem Maße entwickelt gewesen sein wie bei den späteren Carinaten.

5. **Die zweizeilige Befiederung der Unterschenkel** spricht dafür, daß diese Federn den Flug der Archaeopteryx als Fallschirmapparate unterstützt haben.

6. **Der lange, zweizeilig befiederte Schwanz** hat zweifellos dieselbe Funktion gehabt wie die Federn des Unterschenkels, also eine Vergrößerung der Fallschirmfläche; außerdem muß aber auch der lange Schwanz als Steuerapparat funktioniert haben, in derselben Weise, wie die langen Schwanzfedern der Fasanhähne während des „Abstreichens" den Drachenflug wesentlich unterstützen.

A. Gerstäcker[1]) hat auf die ethologische Bedeutung der Flügelstellung an den beiden bisher bekannten Leichen der Archaeopteryx

---

[1]) A. Gerstäcker: Das Skelett des Döglings etc., l. c., p. 155.

aufmerksam gemacht und hervorgehoben, daß bei den Leichen rezenter Carinaten die Flügel stets zusammengeschlagen bleiben.

Obwohl es äußerst wahrscheinlich ist, daß Archaeopteryx ihre Flügel nicht in gleicher Weise wie die lebenden Carinaten falten konnte, so ist doch das zuletzt angeführte Argument Gerstäckers nicht beweiskräftig.

Ein Vergleich der Flügelstellung bei den Vogelleichen aus dem Gips des Montmartre in Paris zeigt, daß diese oligozänen Carinatenleichen ganz ähnliche Stellungen einnehmen wie die beiden Exemplare der Archaeopteryx. [1] Diese Stellung ist besonders deutlich bei der von P. Gervais abgebildeten wachtelartigen Palaeortyx Hoffmanni Gerv. von Pantin bei Paris (oligozäner Gips) zu sehen. [2]

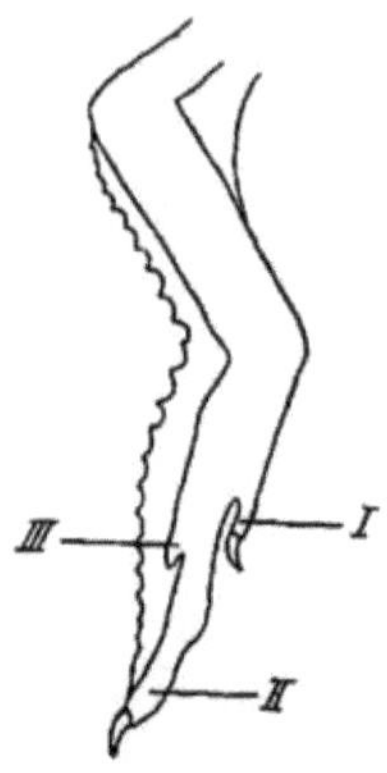

Fig. 250. Rechte Hand von Opisthocomus cristatus (Nestjunges). (Nach W. P. Pycraft.)

Aus der Flügelstellung der beiden Archaeopteryx-Leichen können wir also keinen zwingenden Schluß auf die Flügelstellung des lebenden Tieres ableiten.

Eine Vorstellung von der Art des Archaeopteryxfluges gibt uns der lebende Hoatzin (Opisthocomus cristatus). F. W. Headley sagt über den Hoatzin:

„He stands solitary, a living fossil, the only survivor of a number of families that have either disappeared, too primitive to hold their own, or have advanced to a higher organisation." [3]

In der Tat kann man diesen Äußerungen F. W. Headleys über den Hoatzin oder Opisthocomus cristatus aus Britisch-Guyana beipflich-.

ten, wenn man die Anpassungen und Lebensgewohnheiten dieses merkwürdigen Vogels berücksichtigt (Fig. 250).

Seine primitive Organisation geht zunächst aus dem Vorhandensein eines getrennt angelegten Rudimentes des vierten Fingers beim

---

[1]) C. G. Cuvier: Recherches sur les Ossements fossiles, 2e édition, T. III. Paris, 1822, Pl. LXXIII—LXXV. Die auf Pl. LXXV, Fig. 5 abgebildete Vogelleiche zeigt den linken Flügel mit allen seinen Elementen vom Schultergelenk bis zum Ende des zweiten Fingers in eine gerade Linie gestreckt, eine gewiß ganz unnatürliche Haltung. Ebenso unnatürlich ist die Flügelhaltung des auf Pl. LXXIV, Fig. 1 abgebildeten Vogels aus dem Pariser Gips.

[2]) Vgl. die Reproduktion dieses Skeletts in K. A. v. Zittel, Handbuch der Paläontologie, III. Bd., Fig. 718, p. 847. Dieses Skelett hat eine ganz ähnliche Flügelhaltung wie das Berliner Exemplar der Archaeopteryx. — Die Abbildung bei Zittel ist eine Kopie nach Milne-Edwards; die Originallithographie hat P. Gervais in der „Zoologie et Paléontologie françaises". Pl. 49, Fig. 4 veröffentlicht.

[3]) F. W. Headley: The Structure and Life of Birds. — London, 1895. p. 287.

Embryo hervor. Sie erhellt weiters aus der ungewöhnlichen Länge des zweiten Fingers, welcher ebenso wie der Daumen im Jugendzustand eine starke Kralle trägt, die im Laufe des Wachstums verschwindet.

Mit Hilfe dieser Krallen vermag der junge Hoatzin, wie J. J. Quelch[1]) gezeigt hat, sehr geschickt zu klettern und entfernt sich häufig ziemlich weit von seinem Nest.[2])

Er ist ein schlechter Flieger, und zwar ist die längste Strecke, die er zu durchfliegen vermag, etwa 40 Meter[3]); dabei macht sein Flug durch das stete Niedersinken gegen das Ende der Flugbahn eher den Eindruck eines Fallschirmfluges; kurze Flattersprünge sind seine gewöhnliche Bewegung, in die er z. B. verfällt, wenn ein Schuß ihn aufschreckt.

Während beim jungen Hoatzin die Hand, beziehungsweise der zweite Finger bedeutend länger ist als der Unterarm, bleibt später die Hand in ihrer Entwicklung stehen, so daß sich das Längenverhältnis zugunsten des Unterarmes verschiebt.[4])

Zweifellos gibt uns das Jugendleben des Hoatzin eine Vorstellung von der Lebensweise der Archaeopteryx. Kein anderer Vogel weist in seinem Handbau so große Ähnlichkeiten mit Archaeopteryx auf; wir müssen Pycraft[5]) beipflichten, wenn er die Meinung vertritt, daß Archaeopteryx mit seinen Fingerkrallen ebenso geschickt zu klettern vermochte als der Hoatzin, und diese Ähnlichkeit wird noch verstärkt durch die Tatsache, daß der Hoatzin nur ein sehr unbeholfener Flatterer und beinahe noch ein Fallschirmtier ist.

Die arboricole Lebensweise der Vorfahren der Vögel.

Die arboricole Lebensweise der Vorfahren der Vögel ist schon vor längerer Zeit diskutiert und fast allgemein angenommen worden.

---

[1]) J. J. Quelch: On the Habits of the Hoatzin. — Ibis, 1890, p. 327—335.

[2]) F. W. Headley: l. c., p. 288.

[3]) Ibidem, p. 287.

[4]) W. P. Pycraft: The Wing of Archaeopteryx. — Natural Science, London, Vol. V, 1894, p. 355. Pl. III, Fig. 1—3.

[5]) Pycraft ist später (ibidem, Vol. VIII, 1896, p. 263) von seiner ursprünglichen Meinung abgekommen: „. . . then it will, I think, be no longer possible to entertain the hypothesis that these three digits were used for climbing." H. Gadow hat mir während meines Aufenthaltes in Cambridge, Febr. 1911, mitgeteilt, daß auch die Nestjungen der Zwergrohrdommel (Ardetta minuta) in ähnlicher Weise wie der junge Hoatzin klettern, dabei aber außerdem ihren Schnabel zur Unterstützung verwenden.

Über die Stellung der Fingerkrallen beim Hoatzin vgl. noch H. Gadow: Crop and Sternum of Opisthocomus cristatus. — Proceed. R. Irish Acad., Dublin, (3). Vol. II, No. 2, 1892, p. 147.

Vor wenigen Jahren hat sich Dr. Franz Baron N o p c s a [1]) mit dieser Frage beschäftigt und ist zu dem abweichenden Ergebnisse gelangt, daß die Vorfahren der Vögel laufende Dinosaurier gewesen sind. J. V e r s l u y s [2]) hat sich dieser Hypothese in den wesentlichen Punkten angeschlossen.

Betrachten wir jedoch die Hand des „running Pro-Avis", wie ihn N o p c s a nennt, so sehen wir eine dreifingerige Hand mit längerem Mittelfinger und zwei etwa gleich langen Seitenfingern, welche viel kürzer sind als die Zehen. Weiter zeigt die Rekonstruktion N o p c s a s den Pro-Avis mit einem funktionell dreizehigen Lauffuß, an dessen Hinterseite das hoch eingelenkte R u d i m e n t eines stark verkürzten und funktionslosen Hallux sitzt.

O. P. H a y [3]) hat mit vollem Rechte auf den Widerspruch dieser Rekonstruktion mit der Tatsache aufmerksam gemacht, daß die Finger von Archaeopteryx keineswegs so klein sind als beim Pro-Avis und daß der Hinterfuß der Vögel „r e j u v e n a t e d" sein müßte, um von diesem Pro-Avis abgeleitet werden zu können.

Da die Oppositionsstellung des Hallux und seine Krümmung bei den Theropoden auf ein arboricoles Leben der Vorfahren zurückzuführen ist, so müßten wir annehmen, daß der bei dem hypothetischen Pro-Avis rudimentär gewordene Hallux bei den Vögeln sekundär wieder zu voller Stärke aufgelebt ist, was unseren bisherigen Erfahrungen von der allgemeinen Geltung des D o l l o schen Gesetzes (der Nichtumkehrbarkeit der Entwicklung) widerspricht.

Nach allem müssen wir annehmen, daß H a n d u n d F u ß d e r V ö g e l i h r e w e s e n t l i c h e n M e r k m a l e s c h o n v o n a r b o r i c o l e n V o r f a h r e n ü b e r l i e f e r t e r h i e l t e n. Die bedeutende Längendifferenz zwischen Fingern und Zehen bei Archaeopteryx, die sich auf die späteren Vögel vererbt hat, ist eine Erwerbung während des arboricolen Lebens der Vorfahren; ebenso ist der Hallux und seine Oppositionsstellung eine solche Vererbung; und endlich ist die Reduktion der Fingerzahl in Verbindung mit der überwiegenden Länge des zweiten Fingers nicht ein spezieller Erwerb der Vögel, sondern ein gemeinsames Merkmal aller Theropoden und Vögel und, wie ich hier hinzusetzen will, auch der Gattungen Ornithosuchus und Scleromochlus, welche H u e n e als Ornithosuchia den Parasuchiern als Unterabteilung einreiht.

<hr>

[1]) Franz Baron N o p c s a: Ideas on the Origin of Flight. — P. Z. S., London, 1907, p. 223.

[2]) J. V e r s l u y s: Streptostylie bei Dinosauriern. — Zool. Jahrb., Abt. f. Anat. u. Ontog., XXX, Jena, 1910, S. 244—253.

[3]) O. P. H a y: On the Manner of Locomotion of the Dinosaurs, especially Diplodocus, with Remarks on the Origin of the Birds. — Proc. Washington Acad. Sci., XII, 1910, p. 22—23.

Die Annahme eines „running Pro-Avis" ist nicht aufrecht zu halten. Die Vögel haben arboricole Ahnen, wie Fuß und Hand beweisen, und sind der Hauptsache nach arboricol geblieben; die Anpassungen an die terrestrische Lebensweise sind bei Vögeln, Theropoden und Orthopoden sekundär.

Ich möchte hier einige Worte über die sehr interessante Frage einfügen, in welchem Milieu sich denn eigentlich die typischen Läufer und Springer unter den Dinosauriern entwickelt haben.

Wenn wir unter den lebenden typischen Lauf- und Springtieren Umschau halten, so finden wir, daß es fast ausnahmslos Bewohner trockener Grassteppen oder Wüsten sind (z. B. Struthio, Rhea, Macropus, Macroscelides, Dipus, Alactaga, Pedetes, Dipodomys). Vereinzelt treten aber auch unter den arboricolen Formen Springer auf (Tarsius, Dendrolagus, Sciurus). Tarsius ist eine bipede arboricole Type, ebenso Dendrolagus; Sciurus ist nicht ausschließlich biped.

Unser Eichhörnchen ist heute ein typisches Baumtier, aber die bipede Haltung des Tieres ist keine arboreale Anpassung.

Ursprünglich sind die Eichhörnchen terrestrische Nager gewesen und sehr viele Sciurinen leben noch heute in Steppen (Xerus, Tamias, Spermophylus, Cynomys, Arctomys). Bei dieser Lebensweise sind offenbar die Adaptationen erworben worden, die das Eichhörnchen dem Kapspringhasen (Pedetes) so ähnlich machen; Sciurus ist früher ein Steppenspringer gewesen.

Daß Dendrolagus von springenden Steppenkänguruhs abstammt und sekundär arboricol geworden ist, hat L. Dollo nachgewiesen.

Es drängt sich daher der Analogieschluß auf, daß die Anpassungen der bipeden Dinosaurier an das Laufen und Springen auf ein Leben in Wüsten und Steppen hinweisen, aber nicht auf ein Leben in Sümpfen und Sumpfwäldern. Die Zunahme der Körpergröße und die damit zunehmende Schwerfälligkeit hat die Tiere in ein anderes Milieu gedrängt. Es ist aber sehr wahrscheinlich, daß große Dinosaurier, wie z. B. Iguanodon, in ihrer Jugend eine andere Lebensweise geführt haben als im Alter und vielleicht erklärt sich das gänzliche Fehlen jugendlicher Individuen in den Wealdenbildungen von Bernissart in Belgien daraus, daß die jungen Iguanodonten im trockenen Hochland lebten.

Die Herkunft der Vögel und Theropoden von arboricolen Avidinosauriern.

Daß die Vögel von arboricolen Vorfahren abzuleiten sind, ist schon vor langer Zeit angenommen worden [1]; erst kürzlich sind andere Auffassungen in den Vordergrund getreten, nach welchen sowohl die Vögel als auch die Pterosaurier von laufenden, terrestrischen Ahnen abzuleiten wären.

Wir kommen dagegen zu dem Schlusse, daß die Pterosaurier ebenso von arboricolen Vorfahren abstammen als die aus einer ganz anderen Wurzel entsprungenen Vögel und daß die Erwerbung des Flugvermögens in beiden Gruppen eine Folgeanpassung des arboricolen Lebens darstellt.

Auch die theropoden Dinosaurier, welche m o r p h o l o g i s c h mit den Vögeln die größte Ähnlichkeit unter allen Dinosauriern besitzen, stammen von arboricolen Vorfahren ab.

Wenn sowohl die den Vögeln nahe verwandten Theropoden als auch die Vögel selbst von arboricolen Vorfahren abzuleiten sind, so liegt der zwingende Schluß nahe, daß beide Gruppen einem und demselben Stamme entsprossen sind.

Es sind Anzeichen dafür vorhanden, daß diese arboricole Ahnengruppe der Theropoden und Vögel vor der Annahme der arboricolen Lebensweise während der terrestrischen Vorstufe eine grabende oder scharrende Lebensweise führte, aber diese Ansicht kann mit Rücksicht auf die einstweilen noch geringen ethologischen Anhaltspunkte nur den Charakter einer Vermutung beanspruchen.

Daß die Vögel und Dinosaurier aus einer gemeinsamen Gruppe entsprungen sein müssen, ist schon vor langer Zeit von H u x l e y , später von vielen anderen Forschern, zuletzt von N o p c s a , H u e n e , H a y und V e r s l u y s erörtert worden. Fraglich blieb immer noch der Grad der Verwandtschaft und der Zeitpunkt der Spaltung beider Stämme.

Die Theropoden selbst können in der heute allgemein angenommenen systematischen Umgrenzung nicht als die Vogelahnen bezeichnet werden. Alle bisher bekannten Theropoden sind von der arboricolen Lebensweise bereits zur terrestrischen übergegangen und schon in der Trias sehen wir die arboricolen Adaptationen wieder langsam verschwinden.

Wir haben vorläufig keine sicheren Anhaltspunkte dafür, daß die Stammgruppe der Vögel und Dinosaurier Merkmale besessen hat, die

---

[1] O. C. M a r s h: Jurassic Birds and their Allies. — Amer. Journ. Sci. (3), XXII. Nov. 1881, No. 131, p. 337—340. „The nearest approach to birds now known would seem to be in the very small Dinosaurs from the American Jurassic . . . . Some of these diminutive Dinosaurs were perhaps arboreal in habit." (p. 340.) Einen morphologischen Beweis dieser Hypothese hat Marsh aber nicht durchgeführt.

ihre Zugehörigkeit zu den Theropoden beweisen würden. Ich meine jedoch, daß diese arboricole Stammgruppe eher zu den Dinosauriern zu stellen wäre als zu den primitiveren Diaptosauriern; statt sie mit den Parasuchiern zu verbinden, wird es geratener sein, sie als „Avidinosauria" den Dinosauriern anzuchließen. Dies sind aber schließlich nur Fragen der Konvention, so lange wir noch nichts Näheres über diese Tiere kennen, die bisher nur durch wenige, bereits wieder einseitig für die terrestrische Lebensweise spezialisierte Vertreter bekannt sind, als welche ich Scleromochlus, Hallopus und Stagonolepis betrachten möchte. Ich pflichte vollkommen V e r s l u y s bei, wenn er sagt, daß die Grenzen zwischen Diaptosauriern und Dinosauriern vielleicht immer von persönlichen Ansichten abhängig bleiben werden, ebenso wie die Grenze zwischen Cetaceen und Raubtieren, um ein Gegenstück aus der Phylogenie und Systematik der Säugetiere zum Vergleiche anzuführen.

Wenn aber auch diese Fragen noch in Dunkel gehüllt sind, so darf wohl als ein, wenn auch sehr geringes Ergebnis der durchgeführten ethologischen Analyse bezeichnet werden, d a ß d i e V ö g e l u n d T h e r o p o d e n v o n e i n e r g e m e i n s a m e n a r b o r i c o l e n S t a m m g r u p p e m i t K l e t t e r f ü ß e n a b s t a m m e n , a u s d e r e i n e r s e i t s d i e T h e r o p o d e n z u r t e r r e s t r i s c h e n L e b e n s w e i s e f r ü h z e i t i g z u r ü c k g e k e h r t s i n d , w ä h - r e n d b e i d e n a r b o r i c o l g e b l i e b e n e n V ö g e l n e r s t l a n g e Z e i t n a c h E r w e r b u n g d e s F l u g v e r m ö g e n s d i e R ü c k k e h r z u m t e r r e s t r i s c h e n L e b e n e i n t r a t . U n d e i n w e i t e r e s E r g e b n i s , d a s a u s d e m e r s t e n h e r v o r g e h t , i s t d e r S c h l u ß , d a ß d i e S p a l t u n g z w i s c h e n d e n V ö g e l n u n d T h e r o p o d e n s e h r w e i t z u r ü c k l i e g t u n d w a h r s c h e i n l i c h i n d e n A n f a n g d e r T r i a s f o r m a t i o n f ä l l t .

Die Erwerbung des Flugvermögens.

Die Frage der Erwerbung des Flugvermögens — im weitesten Sinne — bei den Fallschirmtieren und Flugtieren kann nur beantwortet werden, wenn wir in jedem einzelnen Falle festgestellt haben:

1. Von welchen Vorfahren die betreffende Flugtiergruppe abstammt und

2. welche Lebensweise diese Vorfahren geführt haben.

I. D i e E r w e r b u n g d e s F l u g v e r m ö g e n s d e r I n - s e k t e n . Die ältesten Insekten besitzen nach A. H a n d l i r s c h[1]

---

[1] A. H a n d l i r s c h : Einige interessante Kapitel der Paläo-Entomologie. — Bericht der Sektion für Paläontologie und Abstammungslehre vom 20. April und 18. Mai 1910 in Verh. k. k. zool.-bot. Ges. Wien, LX. Bd., 1910, S. (160) bis (185); S. (164) ff.

ausnahmslos horizontal ausgebreitete Flugorgane. Bei keinem einzigen Paläodictyopteren sind die Flügel über das Abdomen zurückgeschlagen.

Auch bei einigen Paläodictyopterenlarven stehen die Flügelscheiden horizontal ab. [1]

Diese Tiere mußten entweder an einem freistehenden Objekte ruhig sitzen oder in der Luft fliegen und schweben. Die Lebensweise der Odonaten (Libellen) und Ephemeriden (Eintagsfliegen) ist noch heute offenbar dieselbe wie bei den Paläodictyopteren. [2]

„Außer der Luft gibt es nur noch ein Milieu, welches einem Tiere mit horizontal ausgespreizten Fortsätzen des Thorax einigermaßen die Fortbewegung gestatten würde, und zwar das Wasser." [3]

Die Urinsekten waren nach A. H a n d l i r s c h primär amphibiotisch. [4]

„Vielleicht führten die Paläodictyopteren auch ein ähnliches Eintagsleben, vielleicht nahmen sie wehrlose, träge oder tote tierische Substanz zu sich . ." [5]

Der Flug der Insekten ist also aller Wahrscheinlichkeit nach zuerst ein Fallschirmflug gewesen.

Der Erwerb des Flugvermögens überhaupt ist auf drei ethologische Ursachen zurückzuführen: 1. Auf die Flucht vor Feinden, 2. auf die Jagd nach Nahrung, 3. auf die zwangsweise Auswanderung durch Veränderung des Milieus. [6]

Wahrscheinlich war die Flucht vor Feinden die Hauptursache der Entstehung des Fallschirmfluges der ältesten Insekten, welche vielleicht von den Stengeln und Blättern von Wasserpflanzen oder Uferpflanzen aus die Flucht ins Wasser ergriffen.

Keinesfalls können wir annehmen, daß das Flugvermögen bei den Insekten durch eine Lokomotion von unten nach oben veranlaßt und erworben wurde; wir werden zu der Annahme gedrängt, daß durch eine Lokomotion von oben nach unten im Laufe zahlloser Generationen die ererbten Pleuralanhänge langsam zuerst zu passiven Fallschirmapparaten und später zu aktiven Flugorganen, den Insektenflügeln, ausgestaltet wurden.

Von allen bisher über die Herkunft der Insekten aufgestellten Theorien hat die weitaus größte Wahrscheinlichkeit die von A. H a n d-

<hr>

[1] Ibidem, S. (164).
[2] Ibidem, S. (165).
[3] Ibidem, S. (165).
[4] Ibidem, S. (166).
[5] Ibidem, S. (171).
[6] Auf diese Möglichkeit der Entstehung des Flugvermögens hat mich mein verehrter Freund A. H a n d l i r s c h in einer persönlichen Mitteilung aufmerksam gemacht.

lirsch[1]) begründete, der zufolge die Ahnen der Insekten unter den Trilobiten zu suchen sind. Dabei wäre aber ausdrücklich zu betonen, daß keine der bisher bekannten Trilobitenformen der Anforderung einer Stammform genügt und daß wir nur sagen können, daß die Ahnen des Insektenstammes dieselbe Grundorganisation wie die bisher bekannten Trilobiten besessen haben müssen.

II. Die Erwerbung des Flugvermögens bei den Fischen. Unter den Flugfischen sind zwei Typen zu unterscheiden: 1. Der Dactylopterus-Typus und 2. der Exocoetus-Typus. Pantodon repräsentiert keinen selbständigen Anpassungstypus.

Die Vorfahren von Dactylopterus haben benthonisch gelebt wie Trigla und schon bei dieser Lebensweise die Flossenvergrößerung erworben; alle Fische des Exocoetus-Typus (lebend: Exocoetus; fossil: Thoracopterus, Gigantopterus, Dollopterus) haben pelagische Ahnen.

Das Flugvermögen ist durch häufig geübtes Emporschnellen aus dem Meere erworben worden.

III. Die Erwerbung des Flugvermögens bei den arboricolen Fallschirmtieren, Pterosauriern und Fledermäusen. Die arboricole Lebensweise jener Flugtiere, bei denen Fallschirmapparate und in einem einzigen Falle die Fähigkeit, sich luftballonartig aufzublasen, die ersten Anfänge einer aktiven Eigenbewegung in der Luft darstellen, zeigt zur Genüge, daß die Erwerbung des Flugvermögens in diesen Fällen eine Folgeerscheinung des arboricolen Lebens bildet.

Daß auch die Fledermäuse in der gleichen Weise ihr Flugvermögen erworben haben, dürfte von niemandem bestritten werden.

Die Herkunft der Pterosaurier von arboricolen Vorfahren ist dagegen in den letzten Jahren bestritten worden, zuerst von M. Fürbringer[2]) und vor kurzem von E. v. Stromer.[3]) Sie sollen von Lauftieren abstammen, die wie Vögel und bipede Dinosaurier halbaufgerichtet waren; die Schwäche der Krallen an den Zehen sowie der Gesamtbau der Hinterbeine wird als Grund für diese Annahme angeführt.

Es scheint jedoch, als ob gerade der Bau des Fußes der Pterosaurier jede Annahme einer cursorialen Lebensweise ihrer Vorfahren in schlagender Weise widerlegen würde. Die schwache Ausbildung

---

[1]) A. Handlirsch: Die fossilen Insekten und die Phylogenie der rezenten Formen. Leipzig, Engelmann, 1906—1908.

[2]) M. Fürbringer: Zur vergleichenden Anatomie des Brustschulterapparates und der Schultermuskeln. — Jenaische Zeitschr. f. Naturwiss., XXXIV, Jena, 1900, S. 664.

[3]) E. v. Stromer: Bemerkungen zur Rekonstruktion eines Flugsaurierskelettes. — Monatsberichte d. Deutschen Geol. Ges., 62. Bd., 1910, S. 90.

der Zehenkrallen allein kann eine solche Annahme nicht rechtfertigen, die doch zum mindesten das Vorhandensein typischer cursorialer Anpassungen voraussetzen würde, die aber dem Pterosaurierfuß gänzlich fehlen.

Die Entwicklung der Krallen am I.—III. Finger, die auffallende Zartheit der Hinterbeine und vor allem die Analogie mit den Fledermäusen spricht wohl dafür, daß auch die Vorfahren der Pterosaurier arboricole oder rupicole Reptilien waren.

IV. Die Erwerbung des Flugvermögens der Vögel. Da die Vögel von arboricolen Hüpfreptilien abzuleiten sind, so ist wohl das Flugvermögen zweifelsohne während des arboricolen Lebens erworben worden.

Es erübrigt jedoch noch die Erörterung der Frage, ob die Vögel vor der Ausbildung ihres Federkleides das Stadium eines Hautfallschirmtiers durchlaufen haben könnten.

Diese Möglichkeit erhält eine sehr wesentliche Stütze durch den Vergleich der Fingerlängen mit den Zehen bei Archaeopteryx einerseits und den Theropoden mit reduzierten ulnaren Fingern anderseits.

Wenn wir auch bei Opisthocomus cristatus sehen, welchen Gebrauch das Nestjunge von den Fingerkrallen macht, ohne daß zwischen den Fingern Spuren einer Hautduplikation zu sehen sind, welche als Flughautreste zu deuten wären, so ist doch die Möglichkeit nicht von vornherein auszuschließen, daß zwischen den noch erhaltenen und ursprünglich wie noch bei Archaeopteryx freien Fingern eine Flughaut ausgespannt war.

Ein Apparat, der allein schon einen Fallschirmflug ermöglicht hätte, könnte eine derartige Flughaut niemals gewesen sein, da die Fläche viel zu klein wäre; es ist aber denkbar, daß es sich um eine Unterstützung des durch die Armschwingen ermöglichten Fallschirmfluges in den Anfangsstadien gehandelt hat.

Für eine solche Annahme würde folgendes sprechen:

Der dritte Finger der Archaeopteryx-Hand ist an beiden Händen des Berliner Exemplars nach vorne unter den zweiten Finger derart vorgestreckt, daß die Kralle nach vorne sieht.[1]

---

[1] Es ist sehr wichtig, daß diese Drehung noch bei den Straußen erhalten ist, wo die ganze Hand bei den von mir untersuchten Exemplaren im k. k. Hofmuseum in Wien nach vorne gedreht erscheint.

Auch im Embryonalzustande anderer Vögel ist die Hand ursprünglich nach vorne und innen gedreht.

„The wings at the end of the 7th day are twotoed webbed paws, with all the digits turned inwards." (W. K. Parker, P. Z. S. London, 1887, l. c., p. 56.)

Dies beweist, daß die Hand nach vorne und ein
wenig nach innen gedreht war (Fig. 251).

Fig. 251. Rekonstruktion der Archaeopteryx nach W. Smit, modifiziert von C. W. Beebe.
Die Stellung der Finger und Fingerkrallen ist jedoch unrichtig, sie müssen nach vorne und
nicht nach hinten gerichtet gewesen sein. (Aus C. W. Beebe, 1907.)

Die Schwungfedern sind sicher nur mit dem Metacarpale
des zweiten Fingers, aber mit keiner Phalange in Verbindung gestanden.

Da die Schwungfedern an der dorsalen Seite des Meta-

carpale II angeheftet gewesen sind [1]) — die Verbindung war sicher eine
sehr lockere — so ist es wohl möglich, daß die drei freien Finger durch
eine Zwischenfingerhaut verbunden waren. [2])

Obwohl wiederholt, namentlich in letzter Zeit, darauf hingewiesen
wurde, daß Archaeopteryx ein „echter" Vogel sei, so muß doch betont
werden, daß er, gerade im Handbau und in der fehlenden Beziehung
zwischen Fingerphalangen und Schwungfedern, als ein äußerst primitiver
Vogeltypus, richtiger als ein „Z w i s c h e n g l i e d" anzusehen ist, ganz
abgesehen von den zahlreichen anderen Merkmalen, die ihn in nähere
Beziehung zu den Reptilien bringen.

Der sekundäre Verlust des Flugvermögens.

Zahlreiche Vögel haben ihr Flugvermögen sekundär verloren.
Schon in der Kreideformation tritt uns eine flugunfähige, flügellose
Form entgegen, Hesperornis regalis; vom Eozän an begegnen wir immer
häufiger flugunfähig gewordenen Laufvögeln und Schwimmvögeln.

Der Verlust des Flugvermögens ist keineswegs immer auf die gleiche
Ursache zurückzuführen. Wenn wir nur einige Beispiele herausgreifen,
so sehen wir, daß die Lebensweise der flugunfähigen Vögel sehr verschieden ist und daß der Verlust des Flugvermögens nicht auf dem Übergang zu einer, sondern zu verschiedenen Lebensweisen beruht.

In den meisten Fällen ist wohl der Verlust der Flugfähigkeit auf
die häufiger geübte L a u f b e w e g u n g zurückzuführen. Beispiele
dafür sind die Strauße (Struthio, Rhea, Casuarius). Aber auch das
L e b e n   i m   G e b ü s c h   u n d   d i c h t e n   W ä l d e r n   a u f   d e m
E r d b o d e n hat den Verlust des Flugvermögens dann zur Folge
gehabt, wenn die betreffenden Vögel keine Läufer geworden sind, wie
der Erdpapagei (Stringops habroptilus) von Neuseeland oder der Kiwi
(Apteryx). Sehr häufig hat die immer öfter geübte Gewohnheit des
S c h w i m m e n s den Verlust der Flugfähigkeit zur Folge gehabt
(Hesperornis, Aptenodytes, Alca). Endlich sehen wir, daß in den ver-
schiedensten Gruppen das L e b e n   a u f   I n s e l n zu einer Ver-

---

[1]) „Originally on the d o r s a l   s u r f a c e of the arm and manus there
took place a special modification of the scales or feather foretypes by which
rows of these were directed backwards in the ‚primitive embryonic' position
of the limb." (Richard S. W r a y, On some Points in the Morphology of the
Wings of Birds. — P. Z. S. London, 1887, p. 353.)

[2]) „The ancestral form of the avian manus was probably a webbed form . . .
from this ‚webbed paw' was developed the starting point of the wing, by special
modification of the scales or feather foretypes on the dorsal surface." (R. S.
W r a y, ibidem, p. 353.)

kümmerung der Flügel führt. (Didus und Pezophaps auf Mauritius und Rodriguez usw.) Somit kommen als Faktoren für den Verlust der Flugfähigkeit folgende Lebensweisen in Betracht:

1. Laufen in Ebenen.
2. Schwimmen und vor Feinden gesichertes Leben auf Vogelfelsen.
3. Leben im dichten Buschwald auf dem Erdboden.
4. Isolierung auf Inseln.

Graben.

Beispiele grabender lebender Wirbeltiere.

Die größte Zahl von Grabtieren sowie die weitgehendsten Speziali·
sationen an die Grabfunktion der Extremitäten finden wir bei den
Säugetieren. Unter den lebenden Reptilien sind nur wenige Formen,
die wir als ausgesprochene Grabtiere bezeichnen können; dagegen haben
viele der älteren Reptilien sowie die Stegocephalen eine grabende Lebensweise geführt, wie aus der sehr charakteristischen Form der Armknochen
hervorgeht, die bei keiner anderen Lebensweise entstanden sein kann.
Ich komme auf die Besprechung dieser grabenden Stegocephalen und
paläozoischen Reptilien später zurück, wenn ich die Anpassungsmerkmale
an das Graben bei den lebenden Formen erörtert haben werde.

I. Reptilia.

1. Testudo.

Die meisten Landschildkröten sind vorzügliche und geschickte Grabtiere. Testudo polyphemus (Fig. 185, 186) lebt überhaupt in selbstgegrabenen Höhlen. Sie vermögen sich verhältnismäßig rasch tief in die
Erde einzugraben und zwar graben sie nach außen, indem sie die zur medianen Symmetrieebene parallel und auf der Horizontalebene senkrecht
stehende Hand mit der Handfläche nach außen kehren. Die Grabstellung ist also dieselbe wie beim unbeholfenen Schreiten.

Daß die Schreitstellung der Landschildkröten eine unnatürliche
ist, wurde schon früher besprochen (S. 255). Sie ist zum Teil durch den
engen Spielraum bedingt, der für den Humerus zwischen dem Rückenschild (Carapax) und Bauchschild (Plastron) freibleibt; aber damit ist
nur die Stellung des Ellbogengelenks, nicht aber auch die der Hand
erklärt.

Die Handstellung der schreitenden Schildkröte ist dieselbe wie
die der grabenden. Das muß den Gedanken nahelegen, daß d i e L a n d-
s c h i l d k r ö t e n u r s p r ü n g l i c h v o r w i e g e n d G r a b t i e r e
g e w e s e n s i n d u n d d a ß s i e e r s t s e k u n d ä r e i n e v o r-
w i e g e n d t e r r e s t r i s c h e L e b e n s w e i s e a n g e n o m m e n
h a b e n.

Wir kommen später noch darauf zurück.

2. Chirotes.

Unter den Lacertiliern begegnen wir vielen Gattungen mit stark entwickelten, scharfen, gekrümmten Krallen an Händen und Füßen. Die Amphisbaeniden bilden eine Gruppe der vielen fußlos gewordenen Eidechsen, die sich mit ihrem wurmförmigen Körper in den weichen Erdboden einwühlen; aber eine Amphisbaenidengattung, Chirotes, hat kurze, starkbekrallte, fünffingerige [1]) Hände, die als Grabhände verwendet werden. Die Hinterfüße fehlen diesem Tiere gänzlich.

3. Scincus.

Der Skink, dessen Abbildungen in älteren Lehrbüchern unrichtig sind, weil die weitgehenden Anpassungen der Gliedmaßen an das Graben nicht zur Darstellung gebracht sind, ist ein ausgezeichnetes Grabtier, das sich mit Vorderfüßen und Hinterfüßen beim Wahrnehmen einer Gefahr blitzschnell in den Sand einzuwühlen versteht. Seine Hände sind mit breiten, scharfen Grabkrallen ausgerüstet; der Sand wird von vorne innen nach hinten außen geworfen und wenn die rasch arbeitenden Hände eine gewisse Menge Sand nach hinten geschafft haben, wird dieselbe durch einige rasche und energische Bewegungen der Hinterfüße weiter nach hinten geschoben. Im Sande eingewühlt, schlängelt er sich nach Art der Amphisbaeniden und Blindwühlen fort.

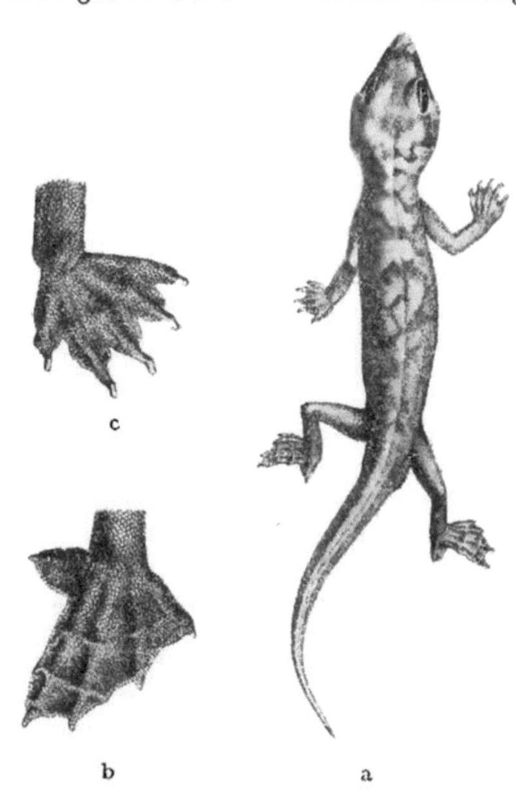

Fig. 252. Ein im Sande lebender Gecko mit Grabhäuten zwischen den Fingern und Zehen: Palmatogecko Rangei And. aus Deutsch-Südwestafrika. — a in Nat. Gr., b und c vergrößert. (Nach F. Werner. 1910.)

Außer der maulwurfsartigen Haltung der Hände, den starken Grabkrallen und den verbreiterten Fingerschuppen, die wesentlich

---

[1]) Chirotes canaliculatus Bonat. — Exemplar im Wiener Hofmuseum.

zur Vergrößerung der Grabschaufel beitragen, besitzt der Skink, im Skelett wenigstens, keine Anpassungen an das Graben und Wühlen.

4. Palmatogecko (Fig 252).

Palmatogecko Rangei Andersson (= Syndactylosaura Schultzei Werner 1910) ist ein Bewohner der Sandwüsten Deutsch-Südwestafrikas. [1]) F. Werner spricht von „Sandschwimmhäuten“, die sich zwischen den Fingern und Zehen ausspannen; in der Tat würde man ohne Kenntnis seines Aufenthaltsortes in Versuchung kommen, an eine Anpassung an das Schwimmen zu denken. In diesem Falle dienen aber die Zwischenhäute der Finger und Zehen nur dazu, eine Grabschaufel zu bilden, mit der sich das Tier in den Sand eingräbt. Diese Anpassung hat kein Analogon bei irgend einem anderen grabenden Wirbeltier.

II. Mammalia.

MONOTREMATA.

1. Ornithorhynchus.

Die Hand von Ornithorhynchus hat zwei Funktionen zu erfüllen: sie ist eine Grabhand und eine Schwimmhand.

Während beim Graben die Fingerkrallen die Hauptrolle spielen, sind sie für das Schwimmen und Rudern bedeutungslos; für eine als Ruder funktionierende Hand ist dagegen eine große Schwimmhaut von Vorteil. Die Zwischenfingerhaut von Ornithorhynchus überragt die Krallenspitzen und würde daher ein wesentliches Hindernis beim Graben bilden; sie ist aber sehr beweglich und schiebt sich beim Graben zurück, so daß die Krallenspitzen ungehindert funktionieren können.

Die Armknochen sind überaus kräftig, stämmig und kurz; der Humerus gleicht in seiner Gesamtform durchaus jenem von Talpa oder Tatusia und zeigt namentlich in der starken flügelartigen Verbreiterung des distalen Abschnittes, der kräftigen Deltaleiste und überhaupt in den besonders hervortretenden Muskelvorsprüngen und Muskelleisten die charakteristischen Anpassungen an das Graben. Der Unterarm ist kurz und stämmig, die Ulna am oberen Ende im Olecranon sehr stark verbreitert. Beide Unterarmknochen liegen dicht aneinander. Ornithorhynchus gräbt nach außen; die Finger weisen jedoch keine besonderen Modifikationen auf. Die Fingerkrallen sind nur sehr schwach, die Zehenkrallen aber stark gebogen. Das Femur ist stämmig, von vorne nach hinten stark zusammengepreßt, in der Mitte schmal, aber oben und unten sehr breit. Die Tibia ist S-förmig gekrümmt.

---

[1]) F. Werner in L. Schultze: Zool. u. anthropol. Ergebnisse einer Forschungsreise etc., IV. Bd., 2. Lief.; Jenaische Denkschriften, XVI. Bd., 1910, p. 316, Taf. VI, Fig. 3 a—c; p. 370.

Eine merkwürdige Veränderung zeigt das Oberende der Fibula, das eine Gestalt wie das Olecranon der Ulna erhalten hat. Dieser Fortsatz springt in Form eines dünnen Knochenblattes oberhalb der Verbindungsstelle der Fibula mit dem Femur nach oben und außen vor.

2. Echidna (Fig. 253).

Bei Echidna sind die Arme und Beine an das Graben besser angepaßt als bei Ornithorhynchus. Humerus, Radius und Ulna sind im großen und ganzen wie beim Schnabeltier geformt, nur ist der Humerus noch bedeutend kräftiger und breiter und alle Muskelansatzstellen stärker ausgeprägt. Die Handkrallen sind größer als beim Schnabeltier.

Der proximale Fortsatz der Fibula von Ornithorhynchus ist auch hier vorhanden; abweichend ist die Form der Tibia, die bei Echidna geradgestreckt ist.

Der Fuß zeigt vorgeschrittene Grabanpassungen. Er wird mit der Dorsalseite nach unten, die Sohlenfläche nach oben und die Zehenspitzen nach hin-

Fig. 253. Linker Humerus von Echidna. (Nach einem Exemplar im Hofmuseum in Wien.) Nat. Gr.

ten gewendet, dem Boden beim Schreiten aufgesetzt; er funktioniert in der Weise, daß er die von der Hand aufgewühlte Erde durch energische Schaufelbewegungen nach hinten schafft. Der Hallux trägt eine kurze, aber starke Kralle; die zweite Zehe ist die längste von allen und trägt eine lange, sichelförmig gebogene Kralle; die der dritten Zehe ist schwächer und etwas kürzer als die der zweiten und noch mehr verkürzt sind die vierte und fünfte Zehenkralle.

Echidna und Ornithorhynchus besitzen ein auf der Tibia sitzendes, nach hinten abstehendes Sesambein, dessen Ausbildung eine Verlagerung des Calcaneus zur Folge gehabt hat. Dieser Sporn ist bei den Männchen besonders stark entwickelt, beim Weibchen ist er rudimentär; er steht mit einer sezernierenden Giftdrüse in Verbindung, die Semon wohl mit Recht als sexuelles Erregungsorgan betrachtet, wofür namentlich das periodische Anschwellen und Abschwellen der Drüse zu bestimmten Zeiten des Jahres spricht. Mit der Grabfunktion steht dieser Sporn in keinerlei Verbindung.

MARSUPIALIA.

1. Notoryctes (Fig. 254).

Unter den Beuteltieren ist nur eine einzige Form, Notoryctes typhlops Stirling, ein subterrestrisches, maulwurfartig lebendes Grab-

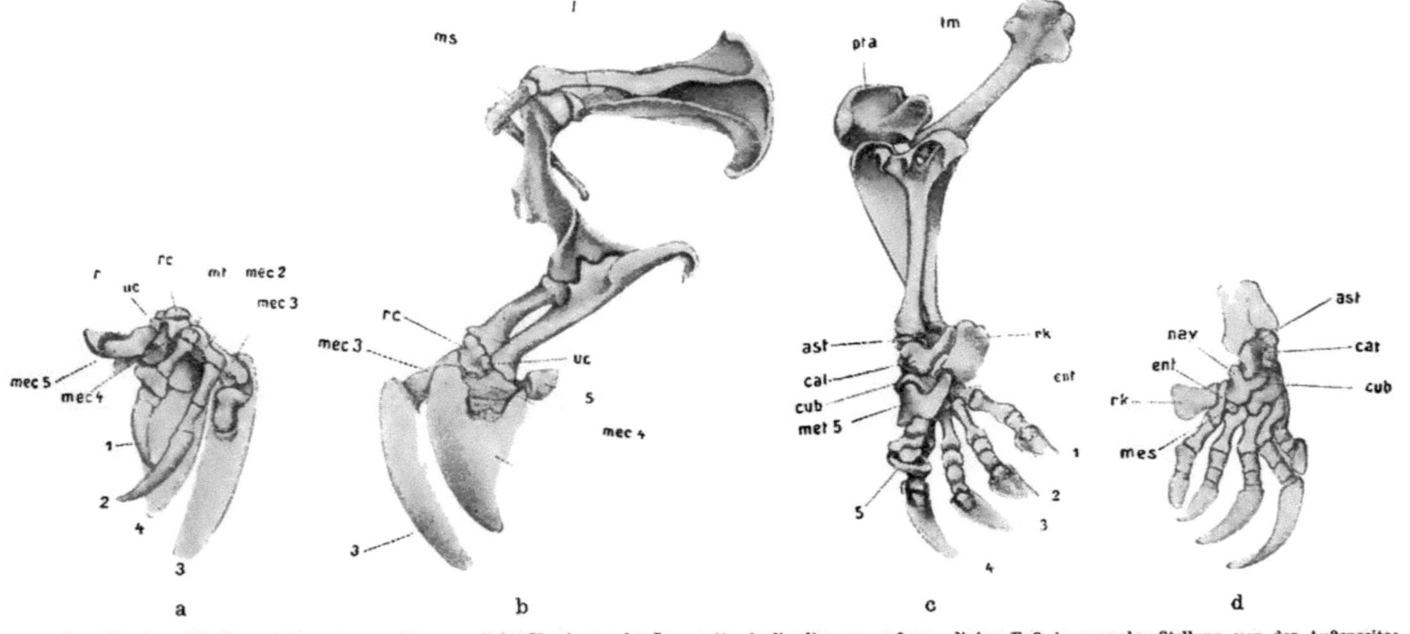

Fig. 254. Hand und Fuß von Notoryctes typhlops. a linke Hand von der Innenseite, b dieselbe von außen; c linker Fuß in normaler Stellung von der Außenseite; d von der Innenseite gesehen. (Im Hinterfuß Palmarseite nach außen gekehrt.) — Abkürzungen: Im Arm: ms = mesoscapulares Segment, Scapula mit Clavicula verbindend, rc = radialer Carpalknochen. uc = ulnarer Carpalknochen, mec = Metacarpalia, mt = Carpale I, 1—5: Fingerzahlen. Im Fuß: tm = Trochanter major, pta = Patella, ast = Astragalus, cal = Calcaneus, rk = tibialer Randknochen, cub = Cuboid, ent = Tarsale I, met = Metatarsalia, nav = Naviculare, cat = Calcaneus (Schreibfehler statt cal), mes = Tarsale II. (Nach Alb. Carlsson, 1904.) Alle Figuren zweimal vergrößert.

tier geworden. Dem kleinen, erst 1891 bekannt gewordenen Beutelmull ist besondere Aufmerksamkeit geschenkt worden und wir besitzen eine Reihe von Publikationen über die Anatomie dieses interessanten Tieres. Der Skelettbau ist durchgreifend infolge weitgehender Anpassung an die fossoriale Lebensweise verändert und weicht in vielen Punkten von dem der übrigen Beutler ab, während er sich in demselben Grade anderen hochgradig an das Graben adaptierten Placentaliern nähert und zwar bestehen die größten Ähnlichkeiten mit der jetzt auf Südafrika beschränkten Insektenfressergattung Chrysochloris.

Die zahlreichen Anpassungen an das unterirdische Graben hat Albertina C a r l s s o n 1904 zusammengestellt. Ich greife die wichtigsten heraus.

1. D a s A u g e i s t r u d i m e n t ä r (Nichtgebrauch infolge des subterrestrischen Lebens wie bei Talpa, Chrysochloris, Spalax, Georhychus usw.).

2. D i e P r o c e s s u s p o s t o r b i t a l e s f e h l e n. (Dieser Fortsatz des Stirnbeins bildet bei normalsichtigen Säugetieren einen Schutz für das Auge; das Auge ist rudimentär und damit im Zusammenhang auch diese Fortsätze.)

3. D i e P r o c e s s u s p a r o c c i p i t a l e s f e h l e n. (Sonst dienen diese Fortsätze zu beiden Seiten der Gelenkhöcker des Hinterhauptes zum Ursprung und Ansatz von Muskeln, welche die Aufgabe haben, den Kopf seitwärts zu drehen oder zu heben. Diese Bewegungen führt Notoryctes infolge seiner Lebensweise nicht aus, daher sind die entsprechenden Fortsätze rudimentär.)

4. D i e G e l e n k h ö c k e r d e s S c h ä d e l s s e h e n n a c h h i n t e n. (Sonst liegen die Gelenkhöcker bei den Beutlern mehr auf der Unterseite und medial; bei Chrysochloris liegen Schädel und Wirbelsäule in einer Achse; der Schädel wird beim Graben geradeaus nach vorne gestoßen, daher die Verschiebung seiner Gelenkhöcker.)

5. D i e S c h ä d e l k n o c h e n s c h e i n e n f r ü h z u v e r-w a c h s e n. (Dadurch erhält der Schädel eine große Festigkeit.)

6. D i e O r b i t a l r e g i o n i s t u n g e w ö h n l i c h b r e i t, d e r S c h ä d e l k o n i s c h g e f o r m t. (Dadurch erhält der Schädel die Form eines Keils, der in den Sand eingetrieben wird.)

7. D i e v o r d e r e n N a s e n ö f f n u n g e n s t e h e n a u f d e r U n t e r s e i t e d e r S c h n a u z e n s p i t z e. (Durch diese Lage wird das Eindringen von Erde, Sand usw. in die Nasengänge verhindert.)

8. B e i d e U n t e r k i e f e r h ä l f t e n s i n d f e s t v e r-w a c h s e n. (Dadurch wird die Festigkeit des als Keil wirkenden Schädels erhöht.)

9. **Das Schulterblatt hat zwei Kämme.** (Die Ausbildung der hinteren Spina scapulae findet sich bei verschiedenen Grabtieren, wie Chrysochloris, Tatusia, Myrmecophaga und auch noch bei Megatherium und steht in Verbindung mit der Verstärkung des Musculus triceps brachii.)

10. **Eine Clavicula ist vorhanden.** (Verbreitete Erscheinung bei fossorialen Säugetieren.)

11. **Der Humerus besitzt eine starke Deltaleiste.** (Kennzeichnend für fossoriale Tiere.)

12. **Der vorspringende Fortsatz der Deltaleiste ist durch eine Furche in eine obere und untere Hälfte zerlegt.** (Die obere Hälfte dient einem Teil des M. deltoideus, die untere dem M. pectoralis zum Ansatz, die beim Graben stark in Anspruch genommen werden.)

13. **Der innere Condylus des Humerus ist stark vergrößert.** (Infolge der starken Entwicklung der Flexormuskeln.)

14. **Das Olecranon der Ulna ist außerordentlich vergrößert.** (Infolge der starken Inanspruchnahme der am Olecranon inserierenden Muskeln, namentlich des M. triceps.)

15. **Der Carpus ist weitgehend modifiziert.** (Im Procarpus zwei Carpalia; das ulnare Carpale gelenkt unten mit dem 4. und 5. Metacarpale und Pisiforme, oben mit Radius und Ulna. Das radiale Carpale ist aus der Verschmelzung mehrerer Carpalelemente hervorgegangen; es wird von einem Kanal zum Durchtritt der Sehne des M. Flexor carpi radialis durchbohrt und artikuliert mit dem mc_2, mc_3 und mc_4. Es besteht nach A. Carlsson aus dem Radiale + Intermedium + Carpale 3 + Carpale 2, also aus vier Stücken. Schließlich ist noch ein drittes freies Carpale vorhanden, das mit mc_1 gelenkt und dem Carpale 1 entspricht.)

16. **Die Finger sind derart verdreht, daß der erste und zweite auf die Palmarseite der Hand verschoben sind und nur der 3. und 4. Finger als Grabfinger dienen.**

17. **Der dritte und vierte Finger besitzen gewaltige Grabkrallen, der vierte eine größere als der dritte; der dritte Finger ist jedoch länger als der vierte.**

18. **Der erste, zweite und dritte Finger besitzen nur 2 Phalangen, der vierte nur eine, der fünfte keine. Das fünfte Metacarpale trägt eine breite, flache Kralle, das erste und zweite lange, schlanke Krallen.**

19. In der Handfläche liegt ein Sesambein, an dem sich der M. flexor digitorum befestigt. (Es ist eine Sehnenverknöcherung dieses beim Graben stark beanspruchten Muskels und erhöht die Festigkeit·des Carpus)

20. Die Symphyse der Schambeine ist sehr kurz. (Auch bei grabenden Nagern, Xenarthren und Insectivoren zu beobachten.)

21. Das Sitzbein verwächst mit den Querfortsätzen der beiden letzten Sacralwirbel. (Auch bei grabenden Xenarthren.)

22. Der Trochanter maior des Femur ist enorm entwickelt. (Infolge der starken Entwicklung des M. vastus externus.)

23. Die Kniescheibe ist enorm verdickt und sehr groß. (Hängt mit der Größe des M. extensor cruris und der Crista tibiae zusammen.)

24. Die Tibia besitzt eine sehr kräftige, große Crista und ist mit der Fibula fest verbunden. (Bei Chrysochloris sind Tibia und Fibula verwachsen.)

25. Die Fußsohle ist nach außen gedreht. (Wie bei Echidna, Proechidna und Chrysochloris.)

26. Die fünfte Zehe ist auf die Sohlenseite gebogen. (Festigt in dieser Weise die 4. Zehe wie bei Chrysochloris.)

27. Die fünfte Zehenkralle ist breit und hufartig, die vierte lang und sichelförmig, von der dritten bis zur zweiten nehmen die Krallen an Länge ab und an Breite zu.

28. Das Brustbein besitzt einen starken Kamm. .(Wie bei Chrysochloris, Spalax und Talpa.)

29. Die erste Rippe ist sehr kräftig.

30. Das Sacrum besteht aus einer großen Zahl von Wirbeln (sechs), die Wirbelfortsätze sind enorm vergrößert und untereinander verwachsen. (Dadurch wird das Sacrum zu einer festen Stütze für den Körper, der mit den Hinterbeinen in der Grabröhre verspreizt wird, und bildet gleichzeitig das Ende des Keils, als welcher der Körper in die gegrabene Röhre eindringt.)

2. Perameles.

Neben Phascolomys kann Perameles als ein Beuteltier bezeichnet werden, das sehr geschickt zu graben versteht. Der Beuteldachs bedient sich dabei vorwiegend seiner Hand, in welcher die drei mittleren Finger große, scharfe, sichelförmige Krallen tragen, während die beiden äußeren

Finger verkümmert sind. Perameles lebt in unterirdischen selbstgegrabenen Höhlen und geht in der Nacht auf Nahrungssuche aus.

INSECTIVORA.

1. Talpa (Fig. 255).

Die Clavicula ist beim Maulwurf mit dem Humerus gelenkig verbunden, der überaus kräftig gebaut, aber sehr kurz ist. Die Arme stehen
beim Graben so, daß der Humerus schräge nach oben und seine
Achse vertikal auf Achse des Unterarmes steht. Talpa gräbt nach außen; an der Radialseite der Hand hat sich ein Sesambein, das Os falciforme oder „Praepollex" gebildet, wodurch die Hand funktionell sechsfingerig wird. Das Olecranon Ulnae ist sehr

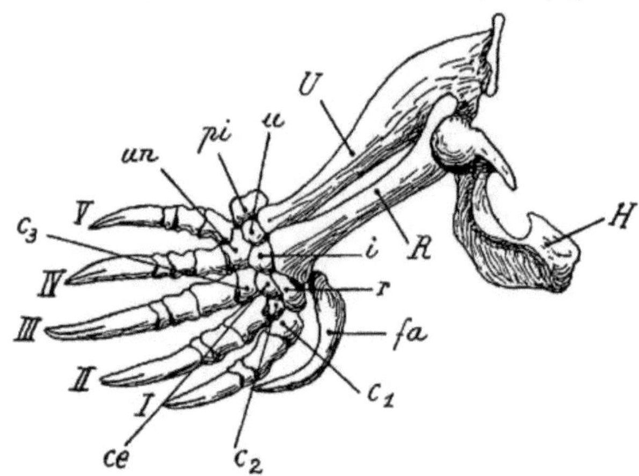

Fig. 255. Rechte Hand des Maulwurfes (Talpa europaea L.). — H = Humerus, R = Radius, U = Ulna, r = Radiale, i = Intermedium, u = Ulnare,
ce = Centrale, pi = Pisiforme, un = Unciforme, c₁ c₂ c₃ = distale Carpalia
1—3, fa = os falciforme. I—V Fingerzahlen. ²/₁ Nat. Gr.

kräftig, die Ulna im oberen Teile überhaupt stark entwickelt. Alle
Finger tragen lange, starke und tief gespaltene Krallenphalangen. Die
Beckenknochen sind ihrer ganzen Länge nach mit der Wirbelsäule ver-
wachsen. An der Tibia liegt ein großes Sesambein.

2. Chrysochloris (Fig. 256).

Die Goldmulle, welche heute auf Südafrika beschränkt, aber
im Tertiär von Nordamerika und Südamerika nachgewiesen sind[1]),
haben eine Reihe von Anpassungen, die in ganz ähnlicher Weise wie bei
Notoryctes ausgebildet sind, sich aber doch nur als konvergente Anpassungen erwiesen haben, ohne daß an einen genetischen Zusammenhang
beider Gruppen gedacht werden darf. Wie bei Notoryctes finden sich
Verdrehungen der Finger auf die Palmarseite der Hand; erster und

[1]) Holozän: Südafrika. Obermiozän: Südamerika (Patagonien). Untermiozän: Nordamerika (Süd-Dakota). Unteroligozän: Nordamerika (Montana).
?Mitteleozän: Nordamerika (Wyoming). W. D. M a t t h e w: Fossil Chrysochloridae in North America. — Science, N. S., XXIV, No. 624, Dec. 14, 1906,
p. 786—788.

zweiter Finger haben 2, der dritte 1, der vierte 1—2 Phalangen; der fünfte Finger fehlt. (Chrysochloris obtusirostris.) Die Kralle des Mittelfingers ist enorm verlängert; alle Endphalangen sind gespalten.

Im Unterarm ist ein „third antibrachial bone" ausgebildet; in der Tat funktioniert diese langgestreckte Sehnenverknöcherung, die hinter der Ulna liegt und vom Carpus bis zum Humerus reicht, wie ein dritter Unterarmknochen. Es ist eine Ossifikation der Sehne des Musculus Flexor digitorum profundus, die bei Notoryctes auf eine rundliche Ossifikation am Handgelenk beschränkt ist. [1])

RODENTIA.

Obwohl viele Nager eine fossoriale Lebensweise führen, und die meisten zum Graben befähigt sind, so sind doch nur wenige Formen so durchgreifend angepaßt, daß sie maulwurfartige Lebensgewohnheiten angenommen haben. Viele Nager haben starke Grabklauen und graben sich Gänge in den Boden; unter diesen Gängen fallen besonders jene von Geomys durch ihre schraubenartige Form auf (p. 84). T u l l b e r g hat gezeigt, daß bei allen grabenden Nagern die Sinnesorgane stark zurückgebildet sind; die Knochen der Vorderextremität sind bedeutend verstärkt, die Clavicula sehr kräftig, Daumen und Handballen sehr groß, Pubissymphyse kurz, Schwanz verkürzt, Tibia mit der Fibula verschmolzen. Häufig werden die Inzisiven zum Graben benützt.

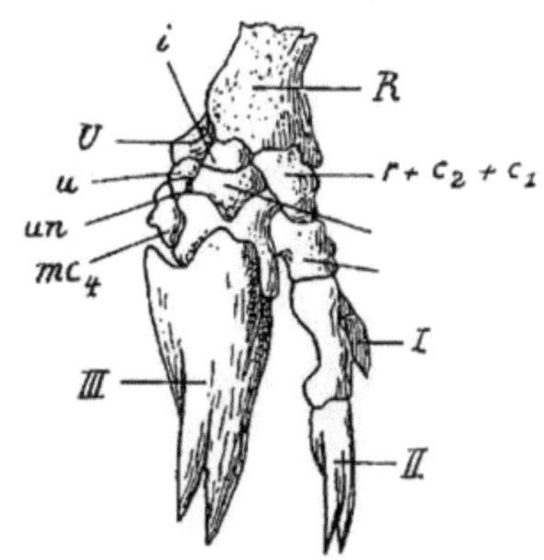

Fig. 256.   Rechte Hand des Goldmulls (Chrysochloris). (Nach P a n d e r und d'A l t o n.)

1. P e d e t e s (Fig. 257).

Pedetes caffer, der Kapsche Springhase, ist ein die wüstenartigen Ebenen und Steppen Südafrikas bewohnendes Nagetier und namentlich im Kaplande häufig. Seine Baue gräbt er mit Hilfe seiner Hände und

---

[1]) Dieses „Sesambein" wurde von J. M e c k e l, C. G. C a r u s, W. P e t e r s, C. G. G i e b e l und G. E. D o b s o n als Sehnenverknöcherung angesehen und von den letzten drei Autoren mit dem M. Flexor digit. prof. in Verbindung gebracht. G. C u v i e r, A. W a g n e r, P. G e r v a i s und R. O w e n homologisierten den Knochen mit dem Pisiforme. C. J. F o r s y t h M a j o r schließt sich der Meinung an, daß der Knochen w i e eine Sehne des Flexor digit. prof. funktioniert, ist aber der Ansicht, daß es nicht unbedingt eine Sehnenverknöcherung dieses Muskels ist. (C. J. F o r s y t h - M a j o r: On Fossil and Recent Lagomorpha. — Transactions Linnean Soc., London, Zoology, Vol. VII, Nov. 1899, p. 497—498.)

Schneidezähne aus; über festen Boden springt er in weiten Sätzen, ohne mit den Vorderfüßen den Boden zu berühren.

Der Daumen ist rudimentär; an seiner Vorderseite ist aber ein neuer Fingerstrahl — wenigstens f u n k t i o n i e r t er als solcher — zur

Fig. 257. Hand von Pedetes caffer mit dem „falschen" Daumen. (Nach W. H a a c k e.)

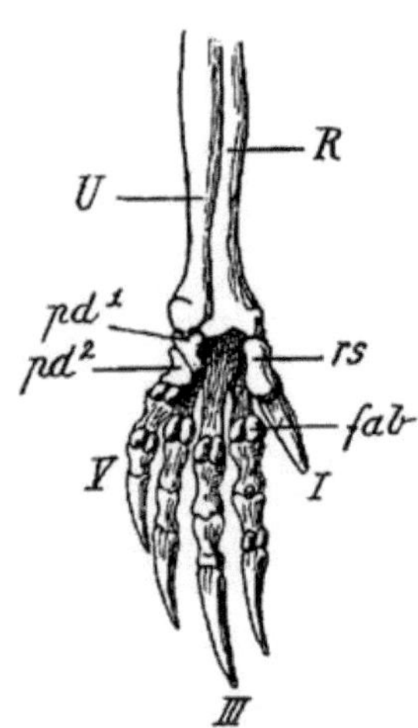

Fig. 258. Hand von Ctenomys, von der Palmarseite gesehen. — U = Ulna, R = Radius, pd¹ und pd² = proximales und distales Stück des Pisiforme, rs = radiales Sesambein, fab = fabellae der Palmarseite (Bohnenknöchelchen an den Gelenken). (Nach C. J. F o r s y t h - M a j o r, 1899.)

Ausbildung gelangt. Das Skelett dieses radialen, neuen Daumens besteht aus zwei getrennten Knochenstücken, deren äußeres eine Kralle trägt. Diese N e u e r w e r b u n g (denn es ist kein alter, ererbter Bestandteil der Hand, wie M. W e b e r meint) [1] ist eine Folge der Anpassung an die grabende Lebensweise.

2. C t e n o m y s (Fig. 258).

Der fossoriale Hystricide Ctenomys magellanicus, der von Südbrasilien bis zur Magallhaesstraße verbreitet ist, zeigt in schöner Weise, auf welchem Wege die Erblindung der maulwurfsartig lebenden Grabtiere entsteht. Ctenomys ist nicht immer, aber in der Regel blind; ein von Ch. D a r w i n [2] untersuchtes Exemplar war blind und zwar konnte D a r w i n nachweisen, daß eine Entzündung der Nickhaut die Ursache der Erblindung war. Es läßt sich leicht verstehen, daß bei der ausschließlich unterirdischen, grabenden Lebensweise beständig Fremdkörper in die Lidspalten eindringen

---

[1] N. W e b e r: Die Säugetiere. — Jena, 1904, p. 104.

[2] Ch. D a r w i n: Entstehung der Arten. — 2. Aufl., Stuttgart, 1885, p. 160.

und das Auge reizen müssen; die dadurch entstehenden Augen-
entzündungen führen schließlich zur Erblindung. [1])

Die Hand von Ctenomys ist im Begriffe, sechsfingerig zu werden
und zwar ist bei einzelnen Exemplaren wie bei Ctenomys sp. aus der Provinz Salta in Argentinien [2]) das auch sonst bei Ctenomys zweiteilige
Pisiforme mit einer hornigen Scheide überzogen, so daß auf diese Weise
s e c h s G r a b s t r a h l e n in der Hand auftreten. Außerdem liegt
auch an der Radialseite der Hand auf der Palmarseite des Daumens
ein kräftiges radiales Sesambein, das zur Verfestigung und Stütze
dient und bei allen grabenden Nagetieren vorhanden ist.

Ctenomys ist ein Erdgraber wie der Maulwurf und wirft mit den
nach auswärts gedrehten Hinterbeinen Erdhaufen auf. [3])

3. B a t h y e r g u s.

Die ausschließlich afrikanische Gruppe der Bathyergoidea umfaßt
maulwurfsartige Grabnager, die zahlreiche Anpassungen an diese Lebensweise aufweisen. Das
verkümmerte Auge und
Ohr, die Verwachsung
von Tibia und Fibula,
die Verkümmerung des
Schwanzes, das Auf-
treten einer Grabkralle
am Daumen, ein sechster
ulnarer Fingerstrahl, der
aus einem geteilten und
an der Spitze bekrallten
Pisiforme besteht („Post-
minimus" Bardeleben),
der Besitz riesiger Scharr-
nägel und die Unfähig-

Fig. 259. Siphneus Armandi. (Nach M i l n e - E d w a r d s.)

keit, sich auf festem Erdboden schreitend zu bewegen, sind Beispiele der vorgeschrittenen Anpassung dieses Nagers an das unterirdische Graben und Wühlen.

4. S i p h n e u s (Fig. 259).

Dieser maulwurfsartige Nager aus der Familie der Spalaciden ist
blind; alle Zehen, namentlich die des 2., 3. und 4. Fingers tragen

[1]) Ich kann nicht einsehen, inwiefern die natürliche Zuchtwahl die Wirkung
des Nichtgebrauches in diesem wie in vielen ähnlichen Fällen wesentlich unterstützen sollte. Hier liegt gerade ein vorzügliches Beispiel von direkter Bewir-
kung vor.

[2]) C. J. F o r s y t h - M a j o r: The Carpus of Ctenomys. — Proc. Zool.
Soc., London, 1899, p. 428.

[3]) Ch. D a r w i n, Reise etc., p. 57 und 58.

enorme, spatenartige Grabkrallen, die an den Vorderfüßen weit
abstehen.

XENARTHRA.

Ein Vergleich der Handskelette der Xenarthra Südamerikas ist
von außerordentlichem Interesse, da wir nicht nur zahlreiche Anpassungen
an die grabende Lebensweise in hochgradiger Ausbildung vorfinden,
sondern weil wir auch die Anpassungssteigerungen verfolgen können.
Ferner sehen wir sehr deutlich die Unterschiede im Skelettbaue jener
Formen, die nach einwärts und jener, die nach auswärts graben; endlich
können wir die Umformungen der Ex-
tremitäten beim Aufgeben der fossorialen und Übergang zur schreitenden
oder arboricolen Lebensweise verfolgen.

1. Myrmecophaga (Fig. 260).

Die Ameisenbären stützen sich bei
ihrem sehr unbeholfenen Schreiten auf die
Außenkante, also auf die Ulnarseite der
Hand und schlagen dabei die Krallen
zurück. Ganz ähnlich gehen auch Manis
und Geomys.

Die Scharrbewegung der Hand erfolgt nicht wie beim Maulwurf von innen
nach außen, sondern von außen nach
innen, und diese Grabstellung der Hand
ist auch die Ursache der eigentümlichen
Handhaltung beim Schreiten.

Der Hauptgrabfinger der Hand ist
der dritte, der sehr stark ist und
auch die stärkste Kralle trägt.

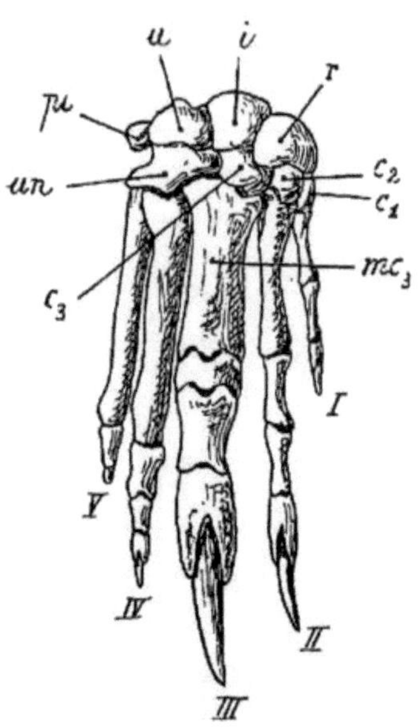

Fig. 260. Rechte Hand des Ameisenbären
(Myrmecophaga jubata). (Nach W. H.
Flower.) ⅓ Nat. Gr.

Durch die Handstellung beim Graben und das Aufstützen auf den
Ulnarrand ist eine Verschiebung der Carpalia eingetreten. Das große Unciforme gelenkt mit dem 5., 4. und 3. Finger
und ist also gegen die Radialseite der Hand verschoben
worden; die proximalen Enden der Metacarpalia sind mit dem Mesocarpus fest verkeilt.

Die Phalangen des fünften Fingers, der mit der Außenkante dem
Boden aufruht, sind rudimentär geworden und zwar fehlt die Endphalange ganz und die Mittelphalange ist auf ein kleines Knöpfchen
verkümmert. Reduktionserscheinungen zeigen auch die Phalangen des
vierten Fingers; die Grundphalange des Mittelfingers ist stark verkürzt,
so daß die Phalangenlänge von der inneren bis zur äußeren rasch ansteigt.

Zweiter und erster Finger haben noch ihre normalen Phalangenzahlen, doch sind beide sehr schlank und namentlich der Daumen sehr zart gebaut.

Der Fuß ist plantigrad.

Der Ameisenbär gräbt sich keine Höhlen oder unterirdische Baue, sondern lebt rein oberirdisch. Seine Hauptnahrung sind Ameisen und Termiten, deren Baue er mit seinen gewaltigen Fingerkrallen aufreißt.

2. Tamandua.

Die Lebensweise der Tamandua ist eine andere als von Myrmecophaga. Dieses Tier ist im Begriffe, die terrestrische Lebensweise mit der arboricolen zu vertauschen; es besteigt Bäume und hält sich vorwiegend am Saume von Gehölzen auf. Die Funktion seiner Hände ist teils grabend, teils kletternd; in der Hand ist der fünfte Finger unter der Haut verborgen und n i c h t m e h r f u n k t i o n e l l. Der Mittelfinger ist bedeutend stärker als bei Myrmecophaga.

3. Cycloturus (Fig. 261).

Dieser Ameisenfresser hat ·die terrestrische Lebensweise vollkommen mit der arboricolen vertauscht. Beim Klettern läßt er den Körper nach unten herabhängen wie die Faultiere und versichert sich stets, wie dies auch Tamandua niemals unterläßt, beim Klettern im Geäst durch seinen Greifschwanz. Er hat auch

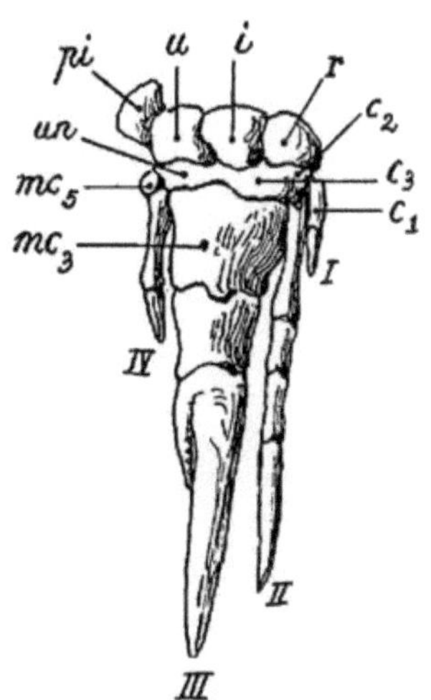

Fig. 261. Rechte Hand des Baumameisenfressers (Cycloturus didactylus). (Nach W. H. Flower.) Zweimal vergrößert.

das Tagleben völlig mit dem nächtlichen vertauscht; seine Nahrung sind baumbewohnende Ameisen, Termiten, Larven usw.

Die Anpassungen der Hand sowie des Fußes zeigen, in welcher Weise aus der Grabhand vom Myrmecophaga-Typus eine Kletterhand entstanden ist.

Die Knochen des Procarpus sind getrennt; im Mesocarpus ist das Magnum (Carpale 3) mit dem Trapezoid (Carpale 2) einerseits und dem Unciforme ($c_4 +_5$) anderseits zu einer niedrigen, großen Platte verschmolzen, die mit dem 5., 4., 3. und 2. Metacarpale in Verbindung tritt.

Der fünfte Finger ist bis auf ein winziges Metacarpalrudiment verkümmert; im vierten finden wir außer dem stark reduzierten Metacarpale nur noch einen kleinen Rest der Grundphalange. Dagegen ist der dritte Finger enorm verstärkt; er hat nur noch zwei Phalangen, deren äußere eine gewaltige, stark gebogene Kralle trägt. Alle Elemente des Mittelfingers sind stark verkürzt; die Grundphalange, schon bei Myrmecophaga stark komprimiert, ist mit dem distalen Ende des Metacarpale verschmolzen. Der zweite Finger ist ähnlich wie bei Myrmecophaga gebaut, trägt aber ebenso wie der dritte eine starke, sichel-

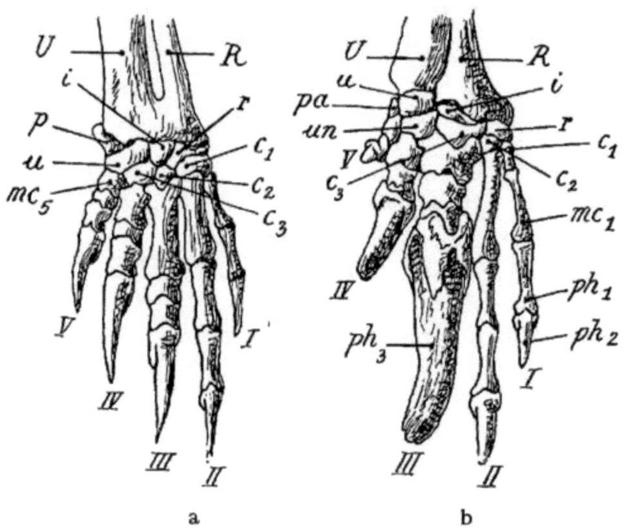

Fig. 262. a Hand von Dasypus villosus (links), b Hand von Priodon giganteum (rechts). a in ²/₃, b in ¹/₃ Nat. Gr. (Nach W. H. Flower.)

förmig gekrümmte Kralle; vom Daumen ist nur mehr ein Rudiment des Metacarpale vorhanden.

Die Hand ist also in funktioneller Hinsicht nur mehr zweifingerig.

Diese Umformung zeigt uns den Weg, auf welchem der Gliedmaßentypus der arboricolen Faultiere entstanden ist.

4. Tatusia.

Unter den lebenden Gürteltieren hat Tatusia den primitivsten Bau des Handskelettes bewahrt, doch ist der fünfte Finger rudimentär.

Der zweite und dritte Finger sind fast gleich stark; der dritte ist der längste. Erster und vierter Finger sind kürzer, gleich lang und ungefähr gleich stark; während diese vier Finger 3 Phalangen haben, ist der fünfte rudimentär und fehlt entweder ganz oder ist nur durch dürftige Rudimente vertreten.

Tatusia gräbt sich unterirdische Baue, geht aber oberirdisch ihrer Nahrung nach, die vorwiegend aus Ameisen, Termiten und anderen Insekten besteht. Die Anpassungen an das Graben sind, von der Ausbildung der Scharrkrallen abgesehen, nicht weit vorgeschritten. Beim

Schreiten wird die ganze Handfläche und Fußsohle auf den Boden gesetzt.

5. Dasypus (Fig. 262, a).

Beim Sechsbindengürteltier sind alle Finger vorhanden und haben vollzählige Phalangen. Der zweite Finger ist der längste, hat aber die kürzeste Klaue; im dritten bis fünften Finger sind die Krallen bedeutend länger als im zweiten Finger. Während aber der zweite Finger Phalangen

Fig. 263. Priodon giganteum. (Nach A. E. B r e h m.)

von normalen Längenverhältnissen aufweist, sind die Phalangen und zwar insbesondere die Grundphalangen des 3., 4. und 5. Fingers stark verkürzt, ebenso auch die dazugehörigen Metacarpalia. Unverkennbar sind also die drei äußeren Finger stärker spezialisiert als der zweite und erste; der Daumen ist schlank und zart und trägt eine kleine Kralle.

Die Lebensweise ist dieselbe wie bei Tatusia, nur sind hier die Grab-anpassungen viel weiter vorgeschritten; indessen ist Dasypus im Be-sitze des fünften Fingers primitiver als Tatusia.

6. Xenurus.

Eine weitere Anpassungssteigerung an die grabende Lebensweise
hat die Hand von Xenurus unicinctus erfahren.

Erster und zweiter Finger sind lang und sehr schlank und haben
normale Phalangenzahlen. Dagegen sind in den übrigen Fingern die
Phalangenzahlen auf 2 reduziert, da die Grundphalangen mit den distalen

Fig. 264. Tolypeutes tricinctus auf den Spitzen der Fingerkrallen laufend. (Nach A. E. B r e h m.)

Metacarpalenden verschmolzen sind. Der dritte Finger trägt eine enorm
verlängerte, sehr starke Grabkralle.

7. Priodon (Fig. 262, b und 263).

Noch vorgeschrittener ist die Spezialisation der Grabhand beim
Riesengürteltier. Noch immer sind erster und zweiter Finger vorhanden,
lang, schlank und frei beweglich. Der zweite Finger ist sogar noch länger
als der dritte.

Obwohl die beiden inneren Finger sehr schlank und zart sind,
so besitzen sie doch noch alle Phalangen und sind bekrallt. Das legt
den Gedanken nahe, daß sie nicht ganz funktionslos sind, obwohl sie
beim Graben selbst keine Rolle mehr spielen.

Wir kennen einen lebenden, madagassischen Lemuriden, Chiromys madagascariensis Gm., dessen Mittelfinger sehr schlank und zart ist und zum Beklopfen hohler Stämme bei der Suche nach Insekten, also zum Auskultieren dient. Ferner wird er dazu verwendet, in das von den großen Inzisiven gebissene Loch in das Innere des Stammes vorzudringen und aus demselben das Beutetier hervorzuholen.

Es ist sehr wahrscheinlich, daß auch bei Priodon, über dessen Lebensweise und Grabart eingehendere Beobachtungen noch gänzlich fehlen, die beiden inneren, zarten und schlanken Finger eine ähnliche Rolle spielen und zum Ergreifen der Beute dienen, die sich das Tier vorwiegend in Termitenhaufen und Ameisenhügeln holt.

Die eigentliche Grabkralle ist die des Mittelfingers, die außerordentlich lang und kräftig ist; die Krallen des vierten und noch mehr die des fünften Fingers sind sehr stark reduziert. Die Phalangen der drei Außenfinger sind sehr stark zusammengedrückt; der fünfte, sehr reduzierte Finger trägt nur zwei Phalangen. Besonders auffallend ist die enorme Länge des Sesambeins, welches unter

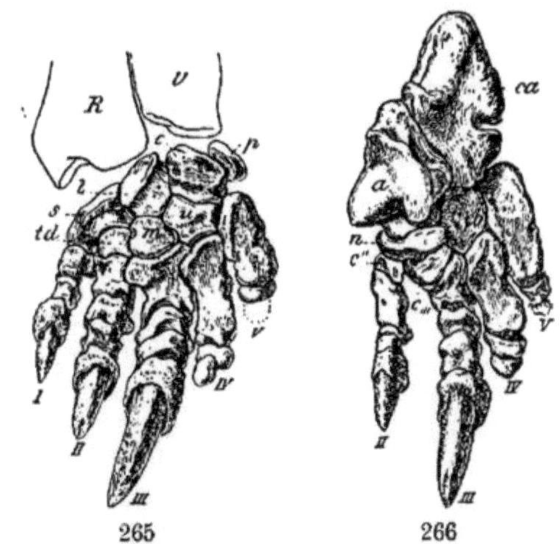

265   266

Fig. 265 Hand und 266 Fuß von Mylodon robustum Owen aus dem Pampaslöß Argentiniens. (Nach R. Owen.) (1/6 Nat. Gr.)

dem Mittelfinger liegt und auch bei vielen anderen Grabtieren, namentlich bei Xenarthra auftritt, aber bei keiner anderen Form eine so beträchtliche Länge erreicht. Dieses Sesambein ist eine Verknöcherung der Sehne des M. flexor digitorum und dient zur Verfestigung und Versteifung der Handfläche.

8. Tolypeutes (Fig. 264).

In Tolypeutes begegnen wir einer Form, welche die grabende Lebensweise vollständig aufgegeben hat und zu einem schnellen, rein oberirdisch lebenden Läufer geworden ist. Die Anpassungsstufe der Hand ist etwas höher als bei Priodon, da der erste Finger fehlt. Das Tier läuft auf den Krallenspitzen des zweiten und dritten Fingers. Im allgemeinen ist die Hand viel schwächer gebaut als bei den fossorialen Gürteltieren.

Die Abstammung von Mylodon und Megatherium von grabenden Vorfahren.

Ein Vergleich zwischen dem Handskelett von Myrmecophaga und Priodon zeigt sofort, daß hier zwei divergente Anpassungen an das

Graben vorliegen. Bei Myrmecophaga sind die Metacarpalia des vierten und fünften Fingers länger als die übrigen; bei Priodon sind sie außerordentlich verkürzt und das Metacarpale des zweiten Fingers übertrifft alle anderen bedeutend an Länge.

Die fossilen Gravigraden sind nach dem durch Myrmecophaga charakterisierten Typus gebaut. Auch bei Mylodon sind die vierten und fünften Metacarpalia und Metatarsalia viel länger als die anderen und während in der Hand noch ein stark zusammengepreßtes, kleines Metacarpale I vorhanden ist, fehlt der Hallux spurlos. In der Hand sind der zweite, dritte und vierte Finger bekrallt und zwar ist die Kralle des dritten Fingers die längste, die des Daumens die kürzeste. Auch im zweikralligen Fuß ist die Kralle der Mittelzehe stärker als die der zweiten Zehe.

Erster, zweiter und dritter Finger haben die normale Phalangenzahl, nur sind die beiden mittleren Phalangen sehr stark komprimiert; die Endphalangen sind spitz und tragen weit vorspringende Krallenscheiden. Die Phalangen des 4. und 5. Fingers sind auf je zwei reduziert und zwar sind die zweiten, also die äußeren, zu knopfförmigen Rudimenten umgeformt (Fig. 265).

Ganz ähnliche Erscheinungen zeigt der Fuß. Der Hallux fehlt hier gänzlich; die zweite und dritte Zehe tragen zwei stark verkürzte Phalangen und eine längere Krallenphalange mit großer Krallenscheide; die dritten Phalangen der 4. und 5. Zehe fehlen und die noch vorhandenen zwei — an jeder Zehe — sind ähnlich geformt wie die stark verkümmerten der beiden Außenfinger (Fig. 266).

Das Tier trat jedenfalls mit der Außenseite der Fußsohlen auf und das gleiche war auch in der Hand der Vorfahren von Mylodon der Fall, die also ganz ebenso wie Myrmecophaga aufgetreten sein müssen. Mylodon selbst muß aber biped gewesen sein und zwar hat es sich jedenfalls nur selten der Arme als vordere Körperstützen bedient, da der eigentümliche Beckenbau, wie schon früher erörtert, zu der Annahme eines bipeden Ganges von Mylodon zwingt.

Eine andere Spezialisationsstufe weisen die Extremitätenskelette von Megatherium auf. Die Hand ist vierzehig, der Fuß ist dreizehig geworden.

Vom Daumen ist nur mehr ein kleines Rudiment des Metacarpale vorhanden; der v i e r t e Finger ist aber nicht wie bei Mylodon verkümmert, sondern lang und besitzt noch drei Phalangen, von denen die letzte stark gebogen ist und eine mächtige Kralle trägt. Dieser Finger ist nicht so stark wie der zweite oder dritte, aber bedeutend länger. Der fünfte Finger trägt am Londoner Exemplar drei rudimentäre Phalangen; die Endphalange trug keine Kralle. Mitunter sind nur 2 Phalangen am fünften Finger vorhanden (Fig. 267).

Auch der Fuß weicht in seiner Spezialisation erheblich von Mylodon ab. Er ist dreizehig; der Hallux fehlt gänzlich und außerdem ist die zweite Zehe bis auf ein kleines Rudiment des Metatarsale verloren gegangen. Sehr merkwürdig ist die Form der dritten Zehe; auf ein plumpes, stark komprimiertes Metatarsale folgt unmittelbar die Endphalange, die mit der hinteren Hälfte des distalen Metatarsalgelenks artikuliert. Zwischen sie und das Metatarsale schiebt sich am Vorderrande der Zehe ein keilförmiger Knochen ein, der also mit der vorderen Hälfte des Gelenkes von Metatarsale II und der Endphalange in Berührung tritt. Dieser Keil ist aus der Verwachsung der beiden proximalen Phalangen (ph$_1$ und ph$_2$) hervorgegangen. Die vierte und fünfte Zehe besitzen sehr lange Metatarsalia und je zwei rudimentäre Phalangen. Auch dieser Gravigrade ist vorwiegend biped gegangen und hat seinen Fuß, ebenso wie seine Vorfahren auch stets die Hand, mit der Außenkante dem Boden aufgesetzt (Fig. 268).

Fig. 267 und 268. Megatherium americanum, Cuv. aus dem Pampaslöß Argentiniens. Fig. 267: Rechte Hand von der Oberseite in 1/6 Nat. Gr. (Nach R. Owen.) — Fig. 268: Linker Fuß von der Oberseite in 1/4 Nat. Gr. (Nach dem Original in London.)

Die enorme Größe von Mylodon und Megatherium, die dem Elefanten nicht nachstand, spricht allein schon dagegen, daß sich diese Tiere

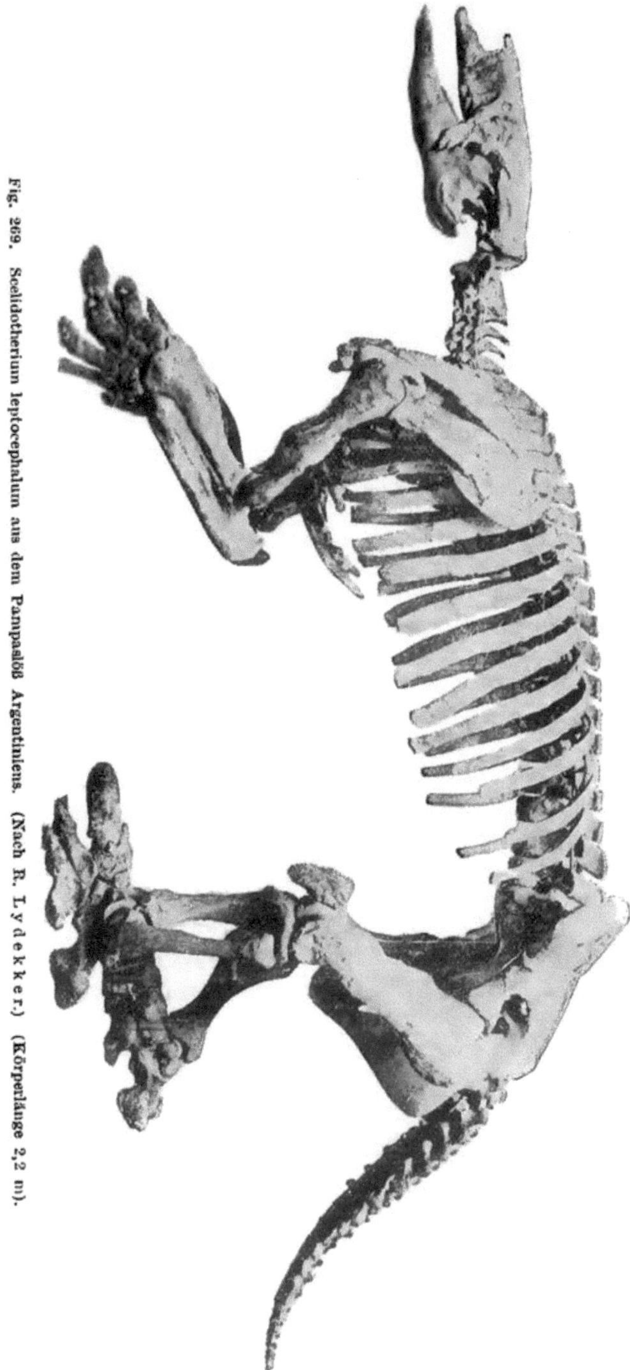

Fig. 269. Scelidotherium leptocephalum aus dem Pampaslöß Argentiniens. (Nach R. Lydekker.) (Körperlänge 2,2 m).

wie ihre Vorfahren die Nahrung durch Aufgraben der Termitenhügel suchten. Dagegen spricht ferner das Gebiß und die abgestutzte Schädelform, während wir bei den myrmecophagen Xenarthren lange Schädel von konischer Schnauzenform finden. Alles spricht dafür, daß diese Tiere h e r b i v o r e , schwer bewegliche, vorwiegend bipede Formen gewesen sind , während ihre Ahnen vom Typus des Scelidotherium tetrapode Tiere waren (Fig. 269).

Die Stellung von Hand und Fuß bei den Gravigraden, die alle mit der Außenkante des Fußes auftraten, beweist jedenfalls, daß sie von Vorfahren abstammen, die von außen nach innen, aber nicht umgekehrt gruben.

fossorial geblieben	nicht mehr fossorial					fossorial geblieben	
oberirdisch	arboricol (Hängeklettern)		oberirdisch			bei Tage unterirdisch und nachts oberirdisch	unterirdisch
Nur Graben und Schreiten; im Schreiten Fuß plantigrad, Hand wird mit der Außenkante aufgesetzt.	Klettern und Hängen mit Unterstützung des langen Greifschwanzes	Klettern und Hängen, Schwanz ganz verkümmert	bipedes Schreiten; Fuß wird mit der Außenkante dem Boden aufgesetzt	tetrapodes Schreiten. Hand und Fuß semiplantigrad	tetrapodes Schreiten und Laufen, Hand wird mit den Krallenspitzen aufgesetzt	Baue unterirdisch, Nahrungssuche oberirdisch	Habitus maulwurfsartig, Gang äußerst unbeholfen
myrmecophag	myrmecophag	herbivor	herbivor	herbivor	herbivor	myrmecophag	myrmecophag
Myrmecophagidae Myrmecophaga (nicht arboricol)	**Myrmecophagidae:** Cycloturus (rein arboricol)	**Bradypodidae:** Choloepus (rein arboricol)	**Gravigrada:** + Mylodon (biped)	**Glyptodontidae:** + Glyptodon (tetrapod)	**Dasypodidae:** Tolypeutes (unguligrad)	**Dasypodidae:** Tatusia (im Gehen plantigrad)	**Dasypodidae:** Chlamydophorus (im Gehen maulwurfsartig)

Anicanodonta.

(Myrmecophagidae, Bradypodidae, Gravigrada.)

Herkunft:

Tiere ohne Hautskelett oder Hautskelett nur in Form interkutaner Knochenkerne entwickelt; beim Graben arbeitet die Hand von außen nach innen: ursprünglich alle fossorial.

Hicanodonta.

(Peltephilidae +, Dasypodidae, Propalaeohoplophoridae +, Glyptodontidae +).

Herkunft:

Tiere mit ursprünglich beweglichem, einrollbarem Hautskelett aus Knochenplatten und epidermalen Hornplatten; ursprünglich alle fossorial; beim Graben arbeitet die Hand in der Horizontalebene von innen nach außen.

Gemeinsame Herkunft:

Fossoriale, primär oberirdische, kleine Xenarthra ohne Hautskelett mit fünffingeriger Hand und fünffingerigem Fuß, Hände mit Grabkrallen, insectivor und vorwiegend myrmecophag.

PHOLIDOTA.

1. Manis.

Im Vergleiche mit den Xenarthra sind die Grabanpassungen der altweltlichen Pholidoten nicht sehr weit vorgeschritten. Manis hat lange Grabkrallen, die auf gespaltenen Phalangen sitzen; der dritte und vierte Finger sind groß und kräftig, die Phalangen kurz und breit. Der fünfte, zweite und erste Finger sind relativ klein. Die Hand wird beim Gehen auf die Außenkante aufgesetzt und die großen Grabkrallen gegen die Palmarfläche eingebogen. Ein Schlüsselbein fehlt.

TUBULIDENTATA.

1. Orycteropus.

Das Kapsche Erdferkel besitzt eine kräftige Clavicula, einen Humerus mit starken, ausgeprägten Muskelansatzstellen und trägt an den vier Fingern — der Daumen fehlt — große und scharfe Grabkrallen. Beim Schreiten geht das Tier plantigrad.

CARNIVORA.

1. Meles.

Unter den Carnivoren finden sich zwar mehrere Formen, die in selbstgegrabenen unterirdischen Bauen oder Schleifen wohnen wie der Fuchs, der Stinkdachs und der Honigdachs, aber mit Ausnahme des Vorhandenseins größerer Grabkrallen bei den beiden letztgenannten Gattungen (Mydaus und Mellivora) finden wir keine ausgesprochenen Grabanpassungen bei den grabenden Carnivoren. Auch der omnivor gewordene Dachs (Meles), der ausgedehnte Baue ausgräbt, weist außer scharfen, gekrümmten Fingerkrallen keine besonderen Anpassungen an die fossoriale Lebensweise auf.

Übersicht der lebenden Vertebraten, welche sich beim Graben ihrer Vorderbeine bedienen.

Reptilia: Testudo, Trionyx, Chirotes, Palmatogecko.

Monotremata: Echidna, Proechidna, Ornithorhynchus.

Marsupialia: Notoryctes, Perameles, Phascolomys, Dasyurus, Bettongia, Choeropus, Chironectes.

Insectivora: Talpa, Chrysochloris, Condylura, Scalops, Scaptonyx, Urotrichus, Scapanus, Crossopus, Myogale, Erinaceus, Oryzoryctes, Solenodon.

Xenarthra: Myrmecophaga, Tamandua, Chlamydophorus, Priodon, Xenurus, Dasypus, Tatusia.

Pholidota: Manis.

Tubulidentata: Orycteropus.

Rodentia: Spalax, Rhizomys, Ellobius, Siphneus, Tachyoryctes,

Ctenomys, Bathyergus, Georhychus, Myoscalops, Heterocephalus, Geomys, Lagostomus, Coelogenys, Cynomys, Arctomys, Octodon, Spermophilus, Cercolabes, Cricetus.

Carnivora: Mellivora, Mydaus, Meles, Lutra, Vulpes.

Erdgraber, Sandgraber und Termitenhaufengraber.

Wir haben bei der Besprechung der Anpassungstypen unter den grabenden Wirbeltieren sehr divergente Spezialisationen kennen gelernt. Diese Divergenz beruht zum großen Teile auf der verschiedenen Beschaffenheit des Bodens, in dem die Tiere zu graben pflegen; weicher Erdboden stellt ganz andere Anforderungen an einen Grabapparat als Sandboden oder harte Termitenhaufen. Wenn wir einzelne Beispiele zusammenstellen, so sehen wir folgendes:

A. Graben in weichem Boden, Erde oder Sand: Hand breit, als Schaufel wirkend, mit vielen starken Fingern und Fingerkrallen ohne spezielle Differenzierung einzelner zu Grabfingern; mitunter Neuanlage von Fingerstrahlen am Ulnarrand oder Radialrand. welche zur Verbreiterung der Handfläche dienen.

Beispiele: Testudo
Chirotes
Scincus
Palmatogecko
Mellivora
Talpa
Condylura
Ctenomys

B. Graben in hartem Erdboden, meist in hartem Sand: Hand relativ schmal, mit wenig Fingern, die aber zum Teil sehr verstärkt und zu Grabfingern spezialisiert sind und zwar ist dies meist der dritte und vierte; die Hand wirkt nicht wie eine Schaufel, sondern die scharfrandigen Krallen dienen zum Zerschneiden des harten Bodens.

Beispiele: Notoryctes
Chrysochloris
Spalax
Siphneus
Bathyergus
Chlamydophorus

C. Aufbrechen der harten Termitenhaufen: Hand mit wenigen, aber sehr starken Grabfingern und langen, gebogenen Krallen, die wie eine Spitzhaue funktionieren.

Beispiele: Myrmecophaga
           Tamandua
           Xenurus
           Priodon.

Konvergente Anpassungen an die maulwurfsartige Lebensweise in verschiedenen Gruppen.

Die gleichartige Lebensweise, welche verschiedene Grabtiere führen, die wie der Maulwurf den größten Teil ihres Lebens unter der Erde verbringen, hat in verschiedenen Säugetiergruppen zu so außerordentlich ähnlichen, mitunter auch ganz identischen Umformungen geführt, daß sogar an die Stammeszugehörigkeit des Beutelmulls Notoryctes aus Australien zu den Chrysochloriden gedacht worden ist. In der Tat verleitet schon das äußere Habitusbild auf den ersten Anblick zu der Annahme einer näheren Verwandtschaft beider Formen. Notoryctes und Chrysochloris besitzen einen seidenweichen, sehr dichten und goldgrün bis kupferrot schimmernden Pelz, ein ganz einzig dastehender Fall bei Säugetieren. Jedenfalls kommt der Metallschimmer in derselben Weise wie bei den grellen Metallfarben der Kolibris oder Paradiesvögel, nämlich durch Interferenzfarben auf dunklem Hintergrunde zustande; was jedoch die ethologische Bedeutung dieses Metallschimmers bei Notoryctes und Chrysochloris sein könnte, ist durchaus rätselhaft.

Neben dieser großen äußeren Ähnlichkeit des maulwurfartig lebenden Beuteltiers mit den genannten afrikanischen Insectivoren finden sich noch zahlreiche andere Übereinstimmungen im Skelettbaue. A. Carlsson[1]) hat diese Ähnlichkeiten zusammengestellt; es sind folgende:

I. Habitus:

1. Metallschimmer des Pelzes.
2. Vorhandensein eines Nasenschildes.
3. Lage der rudimentären Augen unter der Haut.
4. Fehlen der Ohrmuscheln.
5. Fehlen der Schnurrhaare.
6. Stellung von Hand und Fuß.
7. Eigenartige Lage mehrerer Finger und Zehen.

II. Skelett:

8. Fehlen der Processus paroccipitales.
9. Lage der Condyli occipitales.
10. Zeitiges Verwachsen der Schädelknochen.
11. Ungewöhnliche Breite der Orbitalregion.
12. Fehlen der Processus postorbitales.

---

[1]) A. Carlsson: l. c., Zool. Jahrb., Anat. und Ontog., XX. 1904, p. 114.

13. Starke Entwicklung der Bulla ossea.
14. Konische Gestalt des Craniums.
15. Geringe Entwicklung der Seitenflügel des Atlas.
16. Geringe Entwicklung der Zygapophysen der Thorakalwirbel.
17. Fehlen der Anapophysen der Thorakal- und Lumbarwirbel.
18. Vorkommen einer Crista auf dem Prästernum.
19. Starke Entwicklung der 1. Rippe.
20. Form der Scapula.
21. Schlanke Clavicula, durch mesoscapulares Segment mit der Grätenecke verbunden.
22. Starke Entwicklung des Condylus internus humeri.
23. Form des Olecranon Ulnae.
24. Lage der Ulna hinter dem Radius in ihrer ganzen Länge.
25. Fester Konnex zwischen Tibia und Fibula.
26. Umbildung der Hand- und Fußknochen (im einzelnen bestehen Verschiedenheiten).

III. Muskulatur:

a. Vorderextremität.

27. Distale Anheftung des M. latissimus dorsi (am Vorderarm, statt, wie sonst, am Oberarm).
28. M. teres minor fehlt.
29. M. supraspinatus (praescapularis) stärker als M. infraspinatus (postscapularis).
30. M. supinator longus fehlt.
31. M. palmaris longus bei Notoryctes noch nicht aufgefunden; fehlt bisweilen bei Chrysochloris.
32. M. flexor sublimis digitorum fehlt.
33. Mm. lumbricales fehlen.

b. Hinterextremität:

34. Alle M. des Oberschenkels kräftig.
35. Extensorenmuskeln des Fußes reduziert.

Während wir eine so große Zahl übereinstimmender Merkmale finden, sind doch auch eine stattliche Zahl wesentlicher Unterschiede vorhanden, von denen zu nennen sind:

im Skelett	Notoryctes	Chrysochloris
5 mittlere Halswirbel	verwachsen	frei
Processus spinosi der Thorakalwirbel	caudalwärts an Größe abnehmend	in den mittleren Wirbeln am größten
Hypapophysen	vorhanden	fehlen

im Skelett	Notoryctes	Chrysochloris
Metapophysen der Lumbarwirbel	stark	wie gewöhnlich
Sacralregion	sehr stark	wie gewöhnlich
Schwanzwirbel	12, kräftig	8—9, verkümmert
Pubissymphyse	kurz	fehlt
Sternum	gewöhnlich	Sternum wie die 5. bis 11. falsche Rippe sind nach außen konkav zur Aufnahme des Vorderarms.
Sternale Enden der 2.—7. Rippe	Ventralwärts das Mesosternum überlagernd	normal
Knorpelige Mittelpartie einzelner Rippen	vorhanden	fehlt
Dritter Knochen im Vorderarm	nur als Knopf am Carpus entwickelt	als lange, große Spange ausgebildet
In der Muskulatur: ,The ischio-tergal slip" (W i l s o n)	vorhanden	fehlt
M. brachialis anticus	vorhanden	fehlt
M. extensor minimi digiti	fehlt	vorhanden
„Intrinsic muscles" der Hand	3 vorhanden	fehlen
M. sartorius	vorhanden	fehlt
M. praesemimembranosus	verwächst mit M. semimembranosus	selbständig
M. tensor fasciae latae	stark, selbständig	fehlt
M. tenuissimus	vorhanden	fehlt
M. popliteus	fehlt	vorhanden
M. flexor digitorum communis brevis	verkümmert	wirkt wie ein M. perforatus
M. flexor tibialis und M. flexor fibularis	frei	distal verwachsen
M. flexor accessorius	fehlt	vorhanden
Mm. lumbricales im Fuß	fehlen	2 vorhanden

im Skelett	Notoryctes	Chrysochloris
„Intrinsic muscles" im Fuß	2 vorhanden	sind die Flexormuskeln der 3 Mittelzehen und M. abductor ossis metatarsi minimi digiti.

Wir sehen also, daß trotz der überaus großen Ähnlichkeit in der Anpassung an das unterirdische Graben doch auch bedeutende Divergenzen vorliegen.

Wenn wir es versuchen, alle maulwurfsartig lebenden Tiere — es sind nur Säugetiere — zusammenzustellen, so sehen wir, daß sich diese in der Körperform mitunter sehr ähnlichen Typen auf folgende Gruppen verteilen:

Übersicht der maulwurfsartig lebenden Säugetiere von ähnlichem Habitus:

A. Marsupialia Polyprotodontia Notoryctidae Notoryctes

B. Placentalia

Insectivora:
- Chrysochloridae — Chrysochloris
- Talpidae — Talpa, Condylura, Scalops, Scaptonyx, Ctenomys

Xenarthra — Dasypodidae — Chlamydophorus

Rodentia:
- Octodontidae — Ctenomys
- Spalacidae — Spalax, Ellobius, Siphneus, Rhizomys
- Bathyergoidea — Bathyergus, Georhychus, Myoscalops, Heterocephalus

Der Maulwurfstypus ist somit in zwei Unterklassen der Säugetiere in vier Ordnungen und sieben verschiedenen Familien unabhängig entstanden, ein Beispiel von dem überwältigenden Einfluß der Lebensweise auf die Entstehung konvergenter Anpassungen.

Kombinierte Funktionen der Extremitäten von Grabtieren.

Verschiedene Grabtiere benützen ihre Gliedmaßen nicht allein zur Anlage unterirdischer Baue oder zum Aufgraben von Termitenhaufen, Ameisenhügeln usw., sondern auch zu anderen Arten von Bewegungen. Der Besitz kräftiger Grabkrallen ermöglicht vielen Formen das Klettern, wie wir z. B. bei Melursus, dem Lippenbären, beobachten können; so sind Echidna und Manis sehr geschickte Kletterer und Tamandua ist sogar schon halb arboricol geworden. Auf diesem Wege ist der kleine Baumameisenfresser Cycloturus aus einem terrestrischen Grabtier zu einem kletternden Baumtier geworden.

Andere Grabtiere benützen ihre Gliedmaßen außer zum Graben auch zum Schreiten, Springen und Laufen. Dabei werden entweder die Krallen zurückgeschlagen, weil sie beim schnellen Schreiten hinderlich sind (z. B. bei Myrmecophaga, Manis, Geomys) oder die Tiere laufen auf den Krallen selbst. Auf diesem Wege ist einerseits die Gruppe der Gravigraden von der grabenden Lebensweise ganz zur schreitenden Bewegungsart übergegangen (z. B. Scelidotherium, Mylodon, Megatherium), wobei Hand und Fuß mit zurückgeschlagenen Krallen mit der Außenkante auf den Boden gesetzt wurden, anderseits die eigentümliche Bewegungsart von Tolypeutes entstanden, der auf den Krallenspitzen der Hand läuft und die Hand überhaupt nicht mehr zum Graben verwendet. Orycteropus vermag sich in Sprüngen fortzubewegen; der Beuteldachs (Perameles) vermag ebenso geschickt zu springen wie zu graben.

Nicht selten ist die Kombination von Grab- und Schwimmbewegung. Viele Nager sind Beispiele dafür; besonders ausgebildet ist die Kombination beider Anpassungen bei Ornithorhynchus, Chironectes und Scalops.

In manchen Fällen sind die Anpassungen an das Graben durchaus identisch mit den Anpassungen an das Schwimmen. Der Bau von Hand und Fuß des Palmatogecko Rangei würde uns bei gänzlicher Unkenntnis von der Lebensweise dieses Geckoniden zur Vermutung führen können, daß dieses Reptil ein Wasserbewohner ist; und ebenso ist bei der abessynischen Nagergattung Heterocephalus der Fuß mit steifen Fransen besetzt wie bei den aquatischen Insectivoren vom Typus der Myogale. Auch Octodon trägt an den Wurzeln der Grabkrallen lange steife Borsten.

Das mechanische Prinzip ist eben in diesen Fällen das gleiche: V e r b r e i t e r u n g   d e r   H a n d f l ä c h e, einerseits zum Graben, anderseits zum Schwimmen. Daraus erklären sich die p a r a l l e l e n A d a p t a t i o n e n   a n   v e r s c h i e d e n e   L e b e n s w e i s e.

Die grabende Lebensweise paläozoischer Stegocephalen und Reptilien.

Zu den bezeichnendsten Merkmalen des Skelettes eines Grabarmes gehört die allgemeine Form des Humerus. Die Oberarmknochen von Talpa, Echidna, Ornithorhynchus, Manis, Dasypus, Priodon usw. sind stämmig, kurz und gedrungen und zeigen alle eine starke laterale Verbreiterung der distalen Partie oberhalb der Gelenkrolle, während die fast senkrecht auf dieser Ebene stehende Deltaleiste ungemein kräftig ausgebildet ist.

Vergleichen wir mit diesen Humerustypen der hochgradig an das Graben angepaßten Säugetiere verschiedene Oberarmknochen permischer Stegocephalen und Reptilien, so ist die Ähnlichkeit geradezu überraschend. Sie ist denn auch in der Tat nicht übersehen worden und R. O w e n hat wiederholt auf die Ähnlichkeit der Humerusformen einzelner Anomodonten aus der Karooformation mit jener der Monotremen hingewiesen; die Schlußfolgerungen, die daraus gezogen wurden, bewegten sich indessen immer nur auf der Suche nach verwandtschaftlichen Beziehungen, ohne daß die Frage der Lebensweise dieser permischen Reptilien eingehend erörtert worden wäre. Auch S. W. W i l l i s t o n , der erst vor kurzem eine wichtige Mitteilung über die neuentdeckte, gürteltierartige, gepanzerte Stegocephalengattung Cacops aus dem Perm von Nordtexas veröffentlichte [1]), hat zwar den Versuch einer ethologischen Analyse der Extremitäten angebahnt, ist aber nur zu dem Schluß gekommen, daß diese Tiere „were certainly not quick running in habit".

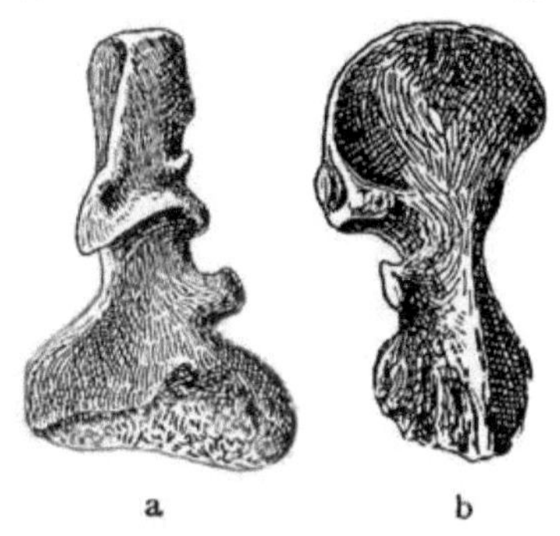

Fig. 270. Humerus eines permischen Stegocephalen, Euchirosaurus Rochei Gaudry, aus dem Rotliegenden (Perm) von Autun, Frankreich. a Humerus von vorne, b. von der Seite. (Nach A. G a u d r y.)

Ich meine, daß man aus der Form des Humerus von Cacops und nicht nur von dieser Gattung allein, sondern von einer ganzen Reihe weiterer Formen wichtige Schlüsse auf die Bewegungsart dieser Tiere ableiten kann. Die schon von R. O w e n betonte Ähnlichkeit einzelner permischer Stegocephalen- und Reptilienhumeri mit den Oberarmknochen der Monotremen ist wohl kaum als Folge einer Verwandtschaft zu deuten, sondern zwingt geradezu zu dem Schlusse, daß diese Extremitäten in genau derselben Weise wie bei den Monotremen, also zum Graben verwendet wurden, ein Schluß, der außerdem noch durch andere Argumente (z. B. Ausbildung eines Panzers nach Art der Gürteltiere und Diadectes, starke Krallen bei verschiedenen Formen, relative Fingerlänge und Neuanlage eines Praepollex sowie starke Ausbildung eines Olecranon ulnae bei Theriodesmus, stämmige Form der Unterarmknochen bei verschiedenen Formen, starke Grabkrallen bei Pareiasaurus, Verkümmerung der Schwanzwirbel bei Eryops usw.) gestützt wird.

Ein Vergleich der Humeri von drei permischen Stegocephalen (Eryops (Fig. 271, a), Trematops (Fig. 271, b), Euchirosaurus (Fig 270) und dem Reptil Desmospondylus (Fig. 272) zeigt, daß zwar erhebliche Formunter-

---

[1]) S. W. W i l l i s t o n: Cacops, Desmospondylus; New Genera of Permian Vertebrates. — Bulletin Geol. Soc. America, XXI, p. 249—284, pls. 6—17. June 15, 1910.

schiede bei den einzelnen Gattungen bestehen, der allgemeine Habitus
aber derselbe bleibt. Immer ist der Humerus am Unterende sehr
stark in lateraler Richtung verbreitert und es sind immer knorrige
Muskelansatzstellen vorhanden, von denen die größte eine meist
rechtwinklig zur distalen Platte verlaufende Leiste darstellt. Der

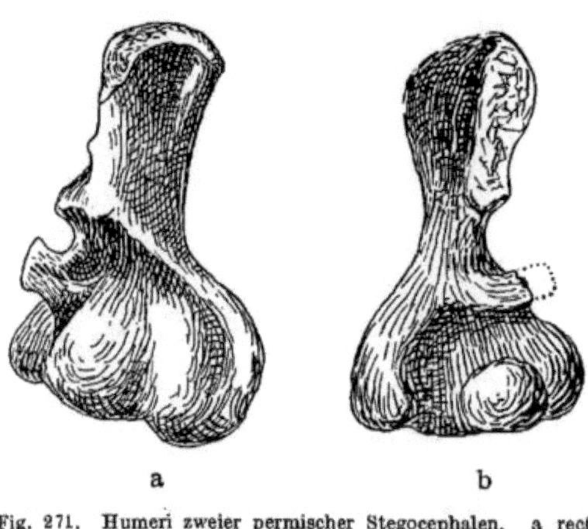

a   b

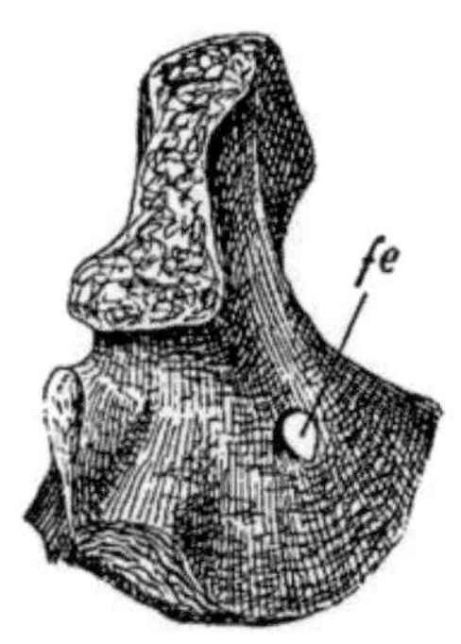

Fig. 271. Humeri zweier permischer Stegocephalen. a rechter
Humerus von Eryops, ¹/₃ Nat. Gr., b linker Humerus von Tre-
matops Milleri aus dem Perm von Texas, ²/₃ Nat. Gr. (Nach
S. W. Williston.)

Fig. 272. Rechter Humerus von
Desmospondylus anomalus Willi-
ston, einem Reptil aus dem Perm
von Texas (West Coffee Creek,
Baylor County). (Nach S. W.
Williston.) (⁴/₃ Nat. Gr.)

Winkel, den diese beiden Platten einschließen, schwankt zwischen
90 und 60 Grad. Ein Foramen entepicondyloideum ist entweder vorhanden oder durch eine entsprechende Incisur vertreten.

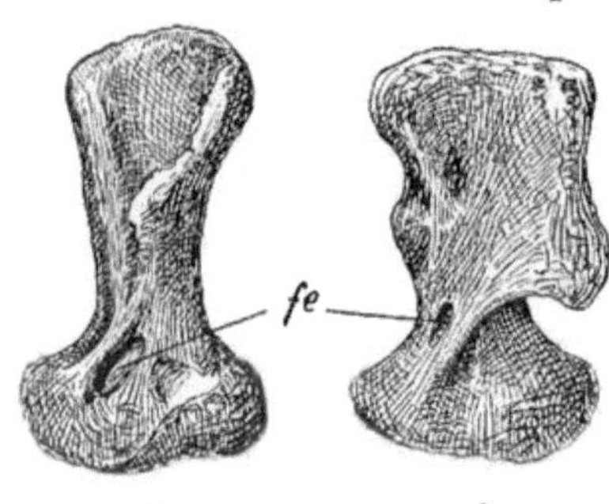

a   b

Fig. 273. Humeri zweier permischer Reptilien.
a: Dicynodon pardiceps, Owen; b: Oudenodon
robustum Owen. Beide aus der Karooformation der
Kapkolonie (untere Beaufort-Schichten). Nach
R. Owen.) (¹/₆ Nat. Gr.)

Ganz ähnliche Humerusformen
finden wir bei den Anomodontiern.
Bei den meisten Formen ist der
Humerus sehr stämmig, kurz und
gedrungen und gleicht in hohem
Grade jenem der Monotremen.
Solche Humeri besitzen Pareiasaurus, Dicynodon (Fig. 273, a), Oudenodon (Fig. 273 b) u. a. Meist
ist ein Foramen entepicondyloideum
und eine sehr starke Deltopectoral-
crista vorhanden; häufig (z. B. bei
Oudenodon) findet sich an der
der Deltaleiste gegenüberliegenden
Humerusseite ein Muskelvorsprung (Crista tricipetalis). Ganz besonders
kräftig, kurz und monotremenartig ist der Humerus von Pareiasaurus
gebaut.

Auch die Pelycosauria haben ähnlich gestaltete Oberarmknochen.

Bei den einzelnen Gattungen und Arten verschieden, ist doch der Humerus immer mit einer starken Deltaleiste und der lateralen Verbreiterung des distalen Abschnittes ausgestattet. Außerdem finden sich noch an verschiedenen anderen Stellen Leisten und Vorsprünge zum Ansatz von Armmuskeln.

Die große Ähnlichkeit im Bau der Humeri bei den genannten Formen mit jenem der grabenden Säugetiere kann kaum anders gedeutet werden, als daß diese Stegocephalen und Reptilien entweder Grabtiere gewesen sind oder doch von Grabtieren abstammen. Wenn Dimetrodon ein Grabtier war, worauf die Humerusform hindeutet (Fig. 274, 275), so hat es jedenfalls eine oberirdische Lebensweise geführt; der Besitz der langen Dornfortsätze läßt keine andere Auffassung zu. Dagegen sind manche Stegocephalen, ebenso wie der

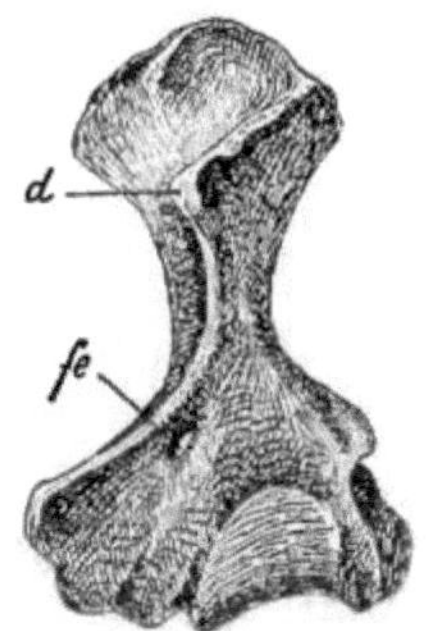

Fig. 274. Humerus eines Pely-cosauriers aus dem Perm von Texas, Dimetrodon incisivum, von vorne gesehen. — d = Deltaleiste, fe = foramen entepicondyloideum. (Nach E. C. Case.) (¼ Nat. Gr.)

Fig. 275. Humerus eines Pely-cosauriers aus dem Perm von Texas, Dimetrodon navajovi-cum. (Nach E. C. Case.) (½ Nat. Gr.)

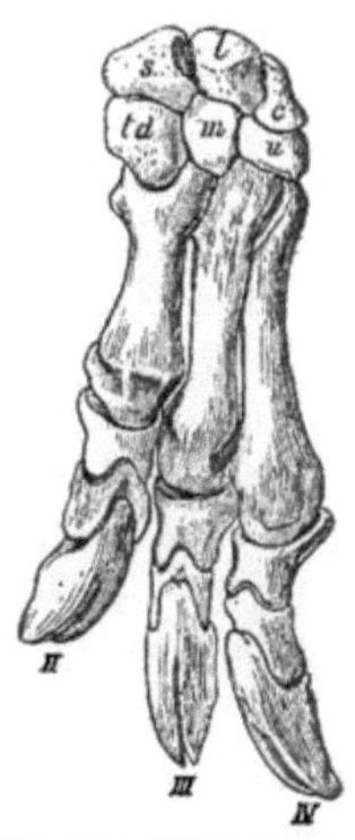

Fig. 276. Hand von Ma-crotherium giganteum Gervais, aus dem Miozän von Sansan, Frankreich. (Nach P. Gervais.) (⅛ Nat. Gr.)

Cotylosaurier Diadectes zum Teil unterirdische Grabtiere gewesen, da der Beginn eines unbeweglichen Panzers (Cacops und Desmo-spondylus) über den teilweise verschmolzenen Rückenwirbeln für eine gürteltierartige Lebensweise spricht. Der Besitz kräftiger Grabkrallen bei einzelnen Arten, von denen vollständigere Reste vor-liegen, ist eine weitere Stütze der Annahme grabender Lebensweise bei den genannten paläozoischen Stegocephalen und Reptilien, die in ihren ganzen Lebensgewohnheiten den Xenarthra am ehesten zu ver-gleichen sind. S. W. Williston berichtet in einer im Mai 1911 erschienenen Mitteilung über den Fund einer neuen Reptilientype, die er Limnoscelis paludis nennt und als Vertreter einer eigenen Familie (Limnoscelidae) ansieht, bei welcher der Humerus auffallend jenem von Diadectes gleicht und offenbar in derselben Weise funktionierte. [1])

Die grabende Lebensweise der tertiären Huftiergruppe Ancylopoda.

Die ersten noch unvollständigen Funde dieser ausgestorbenen Huftiergruppe bestanden in Nagelphalangen, die G. C u v i e r als Reste eines Riesenschuppentiers beschrieb. Als die ersten Funde von Gebissen gemacht wurden, beschrieb man dieselben zwar als Huftierzähne, hielt aber lange Zeit daran fest, daß die manisartigen Extremitätenreste zu Edentaten gehören. Erst als vollständigere Reste bekannt wurden, erkannte man, daß diese eigentümlichen Formen echte Huftiere, aber mit Grabklauen waren, die eine hochgradige Spezialisation aufweisen (Fig. 276).

Vor allen Dingen beweisen die Gelenkflächen in der Hand, daß die Finger zurückgeschlagen werden konnten. Bei der am besten bekannten Gattung Chalicotherium, die in der unterpliozänen Pikermifauna an vielen Orten angetroffen wurde (Wiener Becken, Nikolsburg in Mähren, verschiedene Stellen in Süddeutschland, Ungarn, Pikermi bei Athen, Siwalik-Hills, China [2]) usw.) ist das Handskelett vollständiger erhalten; die Hand ist nur dreifingerig und zwar ist der vierte Finger der längste, der zweite der kürzeste. Die Gelenkflächen der Metacarpalia und Phalangen sind derart angeordnet, daß die Möglichkeit, die Finger gegen die D o r s a l s e i t e der Hand zurückzuschlagen, außer allem Zweifel steht; die Stellung der Fingerkrallen beim G e h e n war also offenbar ähnlich jener, die wir bei den Kragenbären am deutlichsten ausgeprägt finden, welche auf den Außenrand des Handballens auftreten und dabei die Krallen nach innen und oben richten. Die bedeutende Länge des vierten Fingers spricht dafür, daß Chalicotherium auf der Außenkante der Hand auftrat.

Zweifellos können diese merkwürdigen Gelenkverbindungen der Finger mit der Schreitbewegung der Huftiere nicht in Zusammenhang gebracht werden. Man hat daher schon seit langem die Meinung ver-

[1]) S. W. W i l l i s t o n: A New Family of Reptiles from the Permian of New Mexico. — Amer. Journ. Sci., XXXI, May, 1911, p. 391. — Eine weitere Gattung aus der Verwandtschaft von Limnoscelis ist Seymouria Baylorensis Broili aus dem Perm von Texas, bei welcher der Humerus gleichfalls eine kurze, gedrungene, zum Graben adaptierte Gestalt besitzt. Indessen ist W i l l i s t o n der Meinung, daß „in habit Seymouria was not unlike the modern land salamanders, slow and sluggish in movement, hiding under fallen and decaying vegetation in low and damp places." (S. W. W i l l i s t o n: Restoration of Seymouria Baylorensis Broili, an American Cotylosaur. — Journ. of Geology, XIX, No. 3, Chicago, April-May 1911, p. 236.)

[2]) In China hat sich eine Art, Chalicotherium sinense Owen, bis in das Plistozän erhalten. (M. S c h l o s s e r: Die fossilen Säugetiere Chinas. — Abh. kgl. bayer. Akad. d. Wiss., XXII. Bd., I. Abt., München, 1903, p. 75—76.)

treten, daß die Chalicotheriden ihre Hände zum Scharren und Greifen benützten. [1]

Indessen ist nicht recht einzusehen, wie diese Hand als Greiforgan hätte funktionieren sollen; sie kann nur zum Graben gedient haben. Das Gebiß ist typisch herbivor; es wird also diese ganze Gruppe der Chalicotheriden, die als eigene Ungulatenordnung Ancylopoda den übrigen Huftierstämmen entgegengestellt wird, ihre Fingerkrallen zum Ausscharren und Ausgraben von Wurzeln benützt haben.

Auch der Fuß von Chalicotherium war tridactyl und die vierte Zehe länger als die dritte und zweite. Alle Endphalangen in Hand und Fuß sind sehr groß und tief gespalten wie bei Manis.

F. A m e g h i n o stellte Homalodotherium aus dem Miozän Patagoniens (Santa-Cruz-Schichten) in dieselbe Gruppe, indessen wurde diese Gattung von H. F. O s b o r n 1910 wieder den Toxodontia eingereiht, zu welchen sie schon früher gestellt worden war. Bei dieser Gattung sind die Gelenke zwischen den fünf Metacarpalia und den Grundphalangen derart auf die Dorsalseite der Knochen verschoben, daß die Finger zurückgeschlagen getragen werden mußten. Ob Homalodotherium ein Grabtier war, ist aus dem Vorhandensein dieser Gelenkverbindung allein mit Rücksicht auf die relativ kleinen Krallen nicht sicher zu erschließen.

Die Chalicotheriden beginnen mit Pernatherium im Eozän Europas, waren im Oligozän Europas (Schizotherium) und Nordamerikas (Moropus) verbreitet, setzen sich hier bis ins Miozän fort (Moropus), entwickeln sich aber erst im Miozän und Pliozän Eurasiens zu voller Blüte (Macrotherium, Chalicotherium, Ancylotherium), um mit Chalicotherium sinense im Plistozän Chinas zu erlöschen.

Haftklettern.

Verschiedene Wirbeltiere vermögen an glatten und steilen Flächen wie Felswänden, glatten Stämmen usw.. emporzuklettern, indem sie sich mit Haftscheiben anheften wie der Koboldmaki, viele Frösche und Fledermäuse; bei den Geckoniden sind die Sohlenflächen der Finger und Zehen sehr verbreitert und durch die Umwandlung der Schuppen in Querleisten sind Haftapparate entstanden, die ähnlich wie bei einzelnen Haftfischen (z. B. Echeneis) funktionieren. Bei den Klippschliefern (Hyracoidea) wirkt die ganze Hand- und Fußfläche wie ein Haftorgan, indem Hand und Fuß fest an den Felsen angepreßt werden, so daß beim Nachlassen des Muskeldruckes zwischen Sohle und Felsen ein luftverdünnter Raum entsteht.

---

[1] K. A. von Z i t t e l: Handbuch der Paläozoologie, IV. Bd., p. 311.

Ich sehe von einer eingehenderen Besprechung dieser Anpassungen aus dem Grunde ab, weil es nicht möglich ist, parallele oder konvergente Anpassungen bei fossilen Wirbeltieren festzustellen.

Krallenklettern.

Eine große Zahl von Wirbeltieren, die sich oft sehr schnell laufend an steilen Flächen und im Geäst bewegen, hält sich mit Hilfe der Krallen an rauhen Flächen fest. Eidechsen, Katzen, Marder, Bären, Stachelschweine, Eichhörnchen, Fledermäuse usw. sind Beispiele solcher Krallenkletterer.

Bei fossilen Formen können wir in einzelnen Fällen feststellen, daß die Fingerkrallen zum Klettern benützt wurden. Das ist der Fall bei den Pterosauriern, bei den Vorfahren der Theropoden und bei den ältesten Vögeln.

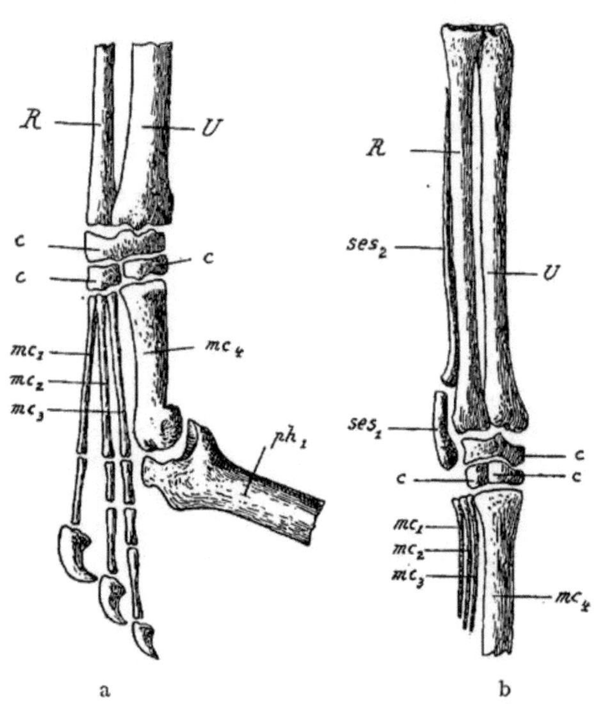

Fig. 277 und 278. a: Hand von Rhamphorhynchus Kokeni Plieninger, aus dem oberen Jura Schwabens. — b: Handwurzel von Pterodactylus suevicus Qu. aus dem oberen Jura Schwabens. $^2/_3$ Nat. Gr. (Rekonstruiert von F. Plieninger; morphol. Deutung abgeändert.) ses₁ und ses₂ Sehnenverknöcherungen.

Die Kletterkrallen der Pterosaurier.

Alle Pterosaurier besaßen drei kleine Finger mit stark gekrümmten spitzigen Krallen vor dem langen Flugfinger. Diese drei Finger sind bisher fast immer als der zweite bis vierte und der Flugfinger als der fünfte betrachtet worden; ich habe schon früher (p. 337) die Gründe angegeben, die gegen diese Auffassung sprechen und die Richtigkeit der seinerzeit schon von H. v. Meyer ausgesprochenen Ansicht bestätigen, daß die ersten drei kleinen, bekrallten Finger der Pterosaurierhand dem Daumen, Zeigefinger und Mittelfinger entsprechen (Fig. 277, 278).

Alle drei Finger sind, obwohl sie noch die ursprünglichen Phalangenzahlen aufweisen, überaus zart und klein; nur die Krallen sind kräftig. Ihre Aufgabe kann nur die des Ankrallens an Stämme, Äste oder Felsen gewesen sein.

Die Kletterhand der Vorfahren der Theropoden und Vögel.

Die bisher bekannten Theropoden der Trias-, Jura- und Kreideformation sind keine arboricolen Reptilien gewesen, sondern waren an das Schreiten und Laufen oder Springen angepaßt. Die Lage des Hallux in Oppositionsstellung zu den übrigen Zehen, der im Laufe der Stammesgeschichte der Theropoden einer fortschreitenden Verkümmerung unterlag, beweist jedoch, daß die Theropoden von arboricolen Vorfahren mit Greiffüßen abstammen.

Die Hand der Theropoden ist bei den ältesten Formen fünffingerig, bei den jüngeren nur dreifingerig und zwar ist der erste der stärkste, der zweite der längste und der dritte der schwächste und kürzeste Finger. Ganz dieselben Proportionen finden wir auch in der Hand der Archaeopteryx.

Wie wir noch aus der Funktion der Fingerkrallen beim Nestjungen des Hoatzin (Opisthocomus cristatus) entnehmen können, haben die drei bekrallten Finger des ältesten bisher bekannten Vogels zum Klettern im Geäst gedient. Wir müssen das gleiche auch für die Vorfahren der Theropoden annehmen, da die Reduktion der ulnaren Finger und das Längenverhältnis sowie die relative Stärke der übrig gebliebenen dasselbe ist wie bei Archaeopteryx. Ein Umklammern war aber bei dieser Stellung und Länge der Finger ebensowenig möglich wie das Ergreifen von Objekten; die Funktion der Hand kann nur im Anhaken und Anklammern bestanden haben.

Dieses Anhaken ist nicht mit jenem zu vergleichen, das wir z. B. bei kletternden Katzen, Bären, Mardern usw. finden, bei denen die Finger und Zehen weit gespreizt werden. Die Art des Anklammerns bei den Vorfahren der Vögel und Theropoden war im wesentlichen dieselbe wie bei den Fledermäusen, wo die Daumenkralle, oder wie bei den Pterosauriern, wo die Krallen der ersten drei Finger als Apparate zum Anhaken dienen.

Das Krallenklettern der Vögel.

Verschiedene Vögel können sehr schnell auf Baumstämmen klettern, ja sogar laufen, ohne daß sie imstande wären, einen Ast zu umfassen. Manche sind nur imstande, sich an steilen, rauhen Flächen anzuhaken, ohne sich schreitend oder gar laufend auf denselben fortbewegen zu können.

Wir haben folgende Typen solcher Krallenkletterfüße zu unterscheiden:

1. Turmschwalbe (Cypselus).

Alle vier Zehen sind nach vorne gerichtet; eine schnelle Schreitbewegung ist unmöglich; beim Ankrallen an steilen

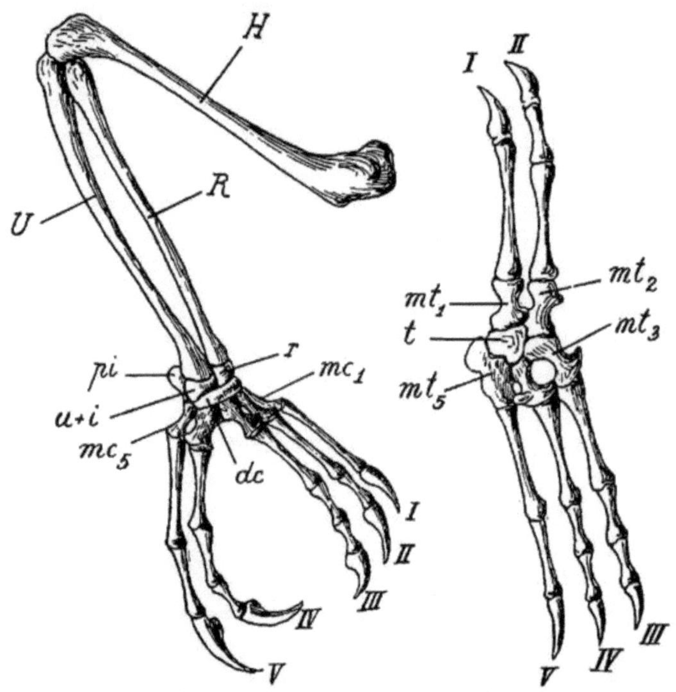

Fig. 279. Rechte Hand und rechter Fuß von Chamaeleon Melleri Gray von Nguri bei Bagamoyo in Ostafrika. Original im Hofmuseum in Wien. dc = distale Carpalia, verwachsen; t = Tarsalia, verwachsen. Alle anderen Bezeichnungen wie früher. Etwas mehr als Nat. Gr.

Flächen wird der Fuß durch das schwielenartig verbreiterte Fußgelenk gestützt.

2. Baumsteiger (Dendrocolaptes).

Drei Zehen (2. 3. 4.) nach vorne, 1. nach hinten gerichtet; alle Zehen geradegestreckt. Die Schweiffedern dienen beim Steigen und Laufen auf Baumstämmen als Stützen.

3. Specht (Picus). (Fig. 280.)

Zwei Zehen (2. 3.) nach vorne, zwei Zehen (1. 4.) nach hinten gerichtet, also ebenso gestellt wie bei zangenkletternden Vögeln.

Im Verlaufe der Adaptation an das Laufen auf den Bäumen ist bei einzelnen Spechten (Picoides, Sasia, Tiga) die erste Zehe rudimentär geworden und nur in Form kleiner Reste vorhanden, die unter der Haut verborgen sind.

Daraus geht klar hervor, daß die erste Zehe beim Klettern der Spechte nur eine untergeordnete Rolle spielt und daß die Spechte früher eine andere Lebensweise besessen haben müssen, bei welcher die Drehung der v i e r t e n Zehe nach hinten eintrat.

Die Schwanzfedern dienen beim Klettern und Laufen auf den Stämmen als wesentliche Körperstütze.

Zangenklettern.

Das Wesen des Zangenkletterns.

Sehr häufig werden alle arboricolen Tiere als Klettertiere zusammengefaßt. Die Bewegungsart auf den Bäumen ist aber auf den Stämmen und im Gezweige überaus verschieden und die Anpassungen an diese verschiedenen Bewegungsarten müssen scharf voneinander getrennt werden.

Das Haftklettern der Geckonen, Frösche und Klippschliefer ist total verschieden vom Ankrallen der Katzen, Marder, Turmschwalben, Baumläufer und Spechte. Noch größer ist der Gegensatz jener Anpassungstypen, welche sich durch Umklammern der Zweige im Geäst fortbewegen, eine Bewegungsart, die ich als Zangenklettern bezeichne; wieder anders ist die Kletterart der Faultiere, die ich als Hänge-

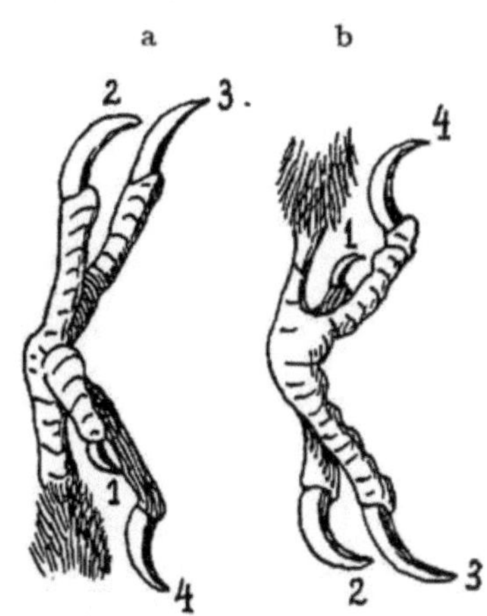

Fig. 280. a und b Kletterfuß von Picus viridicanus (Grauspecht), nach W. H a a c k e.

klettern, und die Kletterart der Gibbons und anderer langarmiger Baumaffen, die ich als Schwingklettern von dem Zangenklettern, also dem eigentlichen Greifklettern unterscheide.

Eine Übersicht der verschiedenen Typen der Zangenkletterer zeigt, daß auf sehr mannigfaltige Weise und auf getrennten Wegen die Ausbildung einer Greifzange zustande gekommen ist. Die folgenden Beispiele zeigen in klarer Weise, daß die Erreichung eines mechanisch bedingten Anpassungstyps bei ganz verschieden gebauten Formen möglich ist, daß sie aber durch die bei vorausgegangenen Adaptationen erworbenen morphologischen Veränderungen in einschneidender Weise beeinflußt wird.

Beispiele von Zangenkletterern.

1. Chamaeleon (Fig. 279).

Das Chamaeleon ist ein ausgesprochener Zweigbewohner. Meist sitzt es stundenlang unbeweglich im Geäst, die dünnen Zweige mit den zu Zangen umgeformten Händen und Füßen sowie mit dem Schweif umklammernd und nur beim Vorüberhuschen eines Insekts die enorm verlängerte, keulenförmige Zunge vorschnellend.

Hand und Fuß sind in je zwei einander opponierte Abschnitte geteilt. In der Hand bilden die ersten drei Finger die eine Zangenhälfte, die letzten zwei die andere; im Fuß sind die ersten zwei Zehen den drei hinteren opponiert. Der Fuß ist, wie aus dem Baue und dem mosaikartigen Ineinandergreifen der Metatarsalia hervorgeht, höher spezialisiert als die Hand. In Hand und Fuß hat der vierte Finger- und Zehenstrahl nur vier Phalangen; da die Krallenphalange vorhanden ist, so ist der Verlust der fünften Phalange wahrscheinlich auf eine Verschmelzung zweier Phalangen zurückzuführen (Fig. 279).

Die drei hinteren Finger sind von ungleicher Länge; der vierte ist etwas länger als der fünfte und dritte. Im Fuß sind dagegen die drei hinteren Zehen von derselben Länge und zwar ist deutlich zu sehen, daß die fünfte Zehe verlängert, die vierte aber verkürzt ist. Der Hallux ist etwas kürzer als die zweite Zehe.

Nur die Chamaeleoniden haben unter den Reptilien diesen Anpassungstypus erreicht, der bei einigen Vogelstämmen sein Analogon findet. Sonst wird die eine Hälfte der Greifzange nur von einem Finger oder einer Zehe allein gebildet.

2. Psittacus.

Die Papageien haben hochspezialisierte Zangenfüße; die zweite und dritte Zehe sind nach vorne gerichtet, und der bei allen Vögeln ursprünglich in Oppositionsstellung befindlichen ersten Zehe ist noch die vierte zugesellt.

Die beiden Vorderzehen (2. und 3.) sind zum Teile — ein halbes bis ganzes Zehenglied — durch gemeinsame Haut verbunden, aber die hinteren sind frei. Die erste Phalange der zweiten Zehe und die drei äußeren der vierten Zehe sind verkürzt. [1]

3. Trogon.

Die Kuckucksvögel besitzen einen Zangenfuß wie die Papageien und Kuckucke, aber er ist auf andere Weise zustande gekommen. Auch

---

[1] H. Gadow: Vögel. — Bronns Klassen und Ordnungen des Tierreiches, VI. Bd., 4. Abt., I. Teil, Leipzig, 1891, S. 516. — Eine Verkürzung der Phalangen findet auch z. B. in der vierten Zehe der Spechte statt, welche eine ganz andere Lebensweise führen.

hier sind zwei vordere Zehen zwei hinteren opponiert; aber es sind nicht
die erste und vierte nach hinten gerchitet wie bei den Papageien, sondern

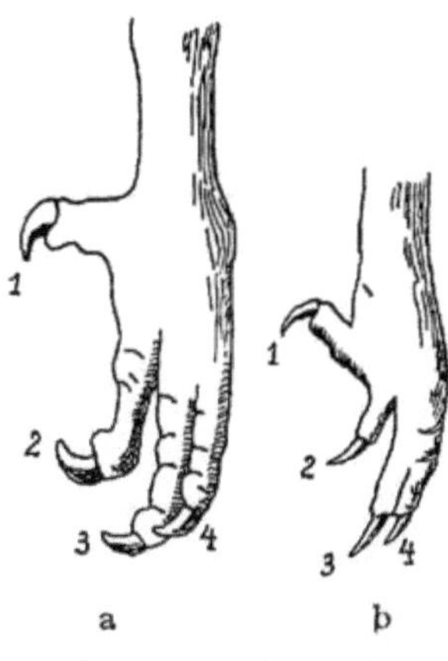

Fig. 281 und 282. a Hinterfuß von
Buceros rhinoceros. b Hinterfuß von
Momotus Lessoni. (Reduktion der
zweiten Zehe bei Momotus sehr
deutlich.) (Nach A. H. Garrod.)

die erste und zweite,
so daß die dritte und
vierte Zehe vorne
stehen. Die Trogo-
niden sind die einzige
Vogelfamilie, bei wel-
cher dieser Fußbau —
man hat ihn hetero-
dactyl im Gegensatz
zum zygodactylen Pa-
pageienfuß genannt —
zu beobachten ist.

So wie bei den
Papageien die zweite
und dritte, so sind bei
Trogon die dritte und
vierte durch eine ge-

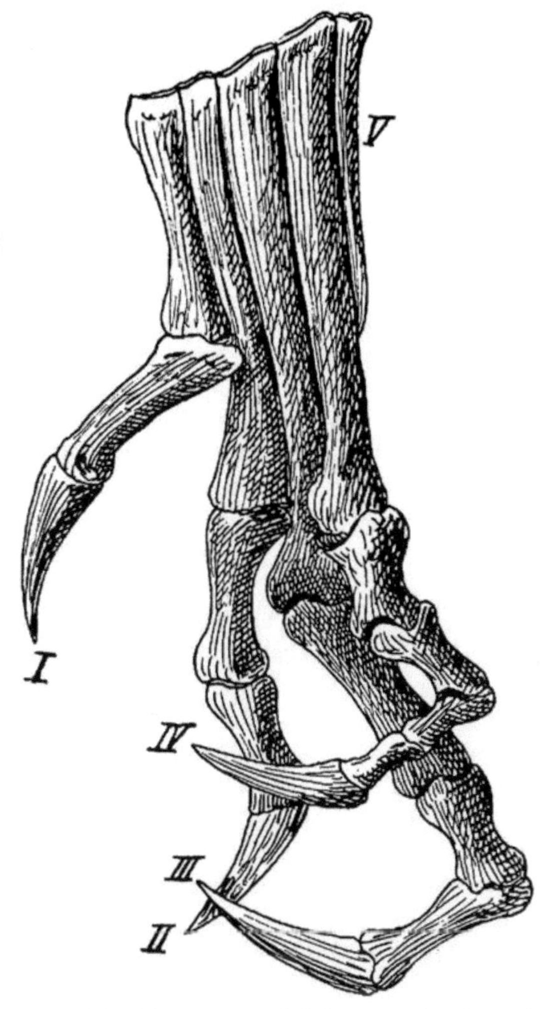

Fig. 283. Rechter Hinterfuß eines arboricolen, orthopoden Dinosauriers
aus dem Wealden der Insel Wight: Hypsilophodon Foxi, Huxley. (Kombiniert aus mehreren Indiv. des Brit. Mus. Nat. Hist. London, namentlich auf Grundlage des Originals von Hulke. Originalzeichnung.)
Nat. Gr.

meinsame Haut verbunden, welche die Grundphalangen umspannt.

4. Hypsilophodon (Fig. 283).

Hypsilophodon Foxi, ein orthopoder Dinosaurier aus dem Wealden
der Insel Wight, ist der einzige Dinosaurier, der in seinem Fußbaue
nicht nur die vererbten und in Reduktion begriffenen Anpassungen

an das Zangenklettern zeigt wie die anderen Dinosaurier, sondern selbst noch einen Zangenfuß zum Greifklettern besaß.

Vor allem muß darauf hingewiesen werden, daß Hypsilophodon ein **h e r b i v o r e r** Dinosaurier war und daß also nicht daran gedacht werden kann, daß sein Fuß als Raubfuß funktionierte wie etwa der Fuß eines Adlers oder einer Eule.

ie Stellung der Zehen bei dem gut erhaltenen und in natürlicher Lage befindlichen Kadaver beweist, daß die Zehen zurückgebogen und dem auf der Hinterseite des Metatarsus stehenden Hallux opponiert werden konnten. Aber nicht nur die noch zu beobachtende Zehenkrümmung, sondern auch die Lage und Stellung der Gelenkflächen der einzelnen Zehenglieder läßt keine andere Deutung zu. Ganz ausgeschlossen ist die Möglichkeit, daß die starke Zehenkrümmung eine Folge krampfhafter Kontraktion der Sehnen nach dem Tode ist.

Die Opponierbarkeit des Hallux in Verbindung mit der starken Beugefähigkeit der übrigen Zehen (2. 3. 4., die fünfte ist bis auf das Metatarsale reduziert) ist ein klarer Beweis dafür, daß dieser kleine herbivore Orthopode ein Baumbewohner war und seine Füße wie ein Baumvogel zum Umklammern der Zweige benützte.

5. F r i n g i l l a.

Als Beispiel eines normal gebauten Sitzfußes bei den Vögeln kann der Fuß des Finken gelten. Der Hallux ist nach hinten, zweite, dritte und vierte Zehe nach vorne gerichtet.

Bei der weitaus größten Mehrzahl der Vögel mit funktionellem Hallux dient derselbe in Opposition zu den drei übrigen Zehen (2. 3. 4.) als Greifzange zum Umfassen der Äste.

Die ethologische Bedeutung der enormen Krallenverlängerung des Hallux von Macronyx (des südafrikanischen „Kalkoentje"), sowie anderer Verwandter aus der Familie der Motacillidae ist noch nicht aufgeklärt.

Bei den Parridae ist der Hallux ebenso wie die übrigen Zehen sehr stark verlängert und gerade gestreckt. Die Parridae (z. B. Parra) laufen mit großer Behendigkeit über schwimmende Wasserpflanzen, da die große Fußfläche das Einsinken verhindert.

Abgesehen von diesen Ausnahmen ist **d e r H a l l u x d e r V ö g e l e i n a u s g e s p r o c h e n e s G r e i f o r g a n u n d s e i n e O p p o s i t i o n s s t e l l u n g e i n e A n p a s s u n g a n d i e a r b o r i c o l e L e b e n s w e i s e.**

Eine spezielle Anpassung hat der Hallux bei einer Gruppe der Raptores, und zwar bei Tagraubvögeln der Gruppe Accipitres erfahren.

Der Hallux ist hier die stärkste, wenn auch nicht die längste Zehe und trägt eine stark gekrümmte Kralle.

6. M o m o t u s (Fig. 282).

Bei diesem Vogel sind drei Zehen nach vorne gerichtet, die erste nach hinten; die z w e i t e Zehe ist verkürzt, so daß sie kleiner ist als die erste Zehe. Der Fuß dient als Greifzange.

7. A l c y o n e.

Bei Alcyone und Ceyx aus der Familie der Alcediniden (Eisvögel) fehlt die z w e i t e Zehe gänzlich. Es ist diese Spezialisation somit als Steigerung der Anpassungsstufe von Momotus anzusehen und diese wiederum als Steigerung der Stufe von Buceros, bei welchem die zweite Zehe stark nach innen ge= rückt erscheint, weil sie nur mit einer Phalange, die vierte aber mit drei Phalangen mit der dritten Zehe verwachsen ist. Die Anpas= sungstufen sind somit folgende: Buceros (Fig. 281) ➤ Momotus ➤ Ceyx, Alcyone. Der Fuß dieser Klettervögel ist also funktionell nur dreizehig.

Fig. 284. Hinterfuß von Phyllomedusa Burmeisteri Boulenger. (Nach L. D o l l o.)

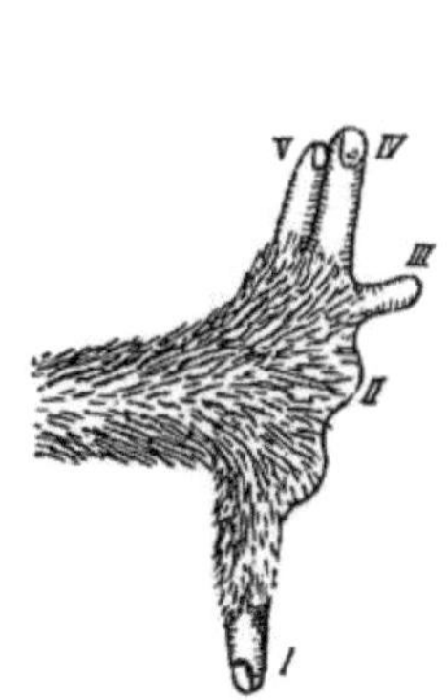

Fig. 285. Linke Hand von Perodicticus calaberensis Smith von Alt-Calabar. (Nach Th. H. H u x l e y.)

8. P h y l l o m e d u s a (Fig. 284).

Bei Phyllomedusa Burmeisteri, einem Kletterfrosch, zeigt der Hinterfuß ganz ähnliche Proportionen der Zehen wie bei Momotus, nur sind hier alle fünf Zehen vorhanden und der großen, v i e r t e n Zehe ist der Hallux unter einem Winkel von etwa 100 Grad (in der Horizontalebene gemessen) opponiert, während die dritte Zehe stark verkürzt und die zweite verkümmert ist. Die Reduktion dieser beiden Zehen beweist, daß sie bei der Bildung der Greifzange überflüssig sind.

9. P e r o d i c t i c u s (Fig. 285).

Auch bei den Halbaffen begegnen wir der Bildung einer Greifzange in Hand und Fuß und zwar ist die Spezialisation in der Hand weiter vorgeschritten als im Fuß.

Den höchsten Spezialisationsgrad in der Ausbildung der Handzange weist Perodicticus calaberensis auf. Hier liegen Daumen und die beiden äußeren Finger (4. und 5.) in einer Achse, während der 3. Finger als kleiner Stummel und der Zeigefinger nur mehr als winziger, nagelloser Vorsprung angedeutet ist. Bei den nahe verwandten Gattungen Loris und Nycticebus ist das Zeigefingerrudiment etwas größer; beide Gattungen sind also noch nicht so hoch spezialisiert wie Perodicticus.

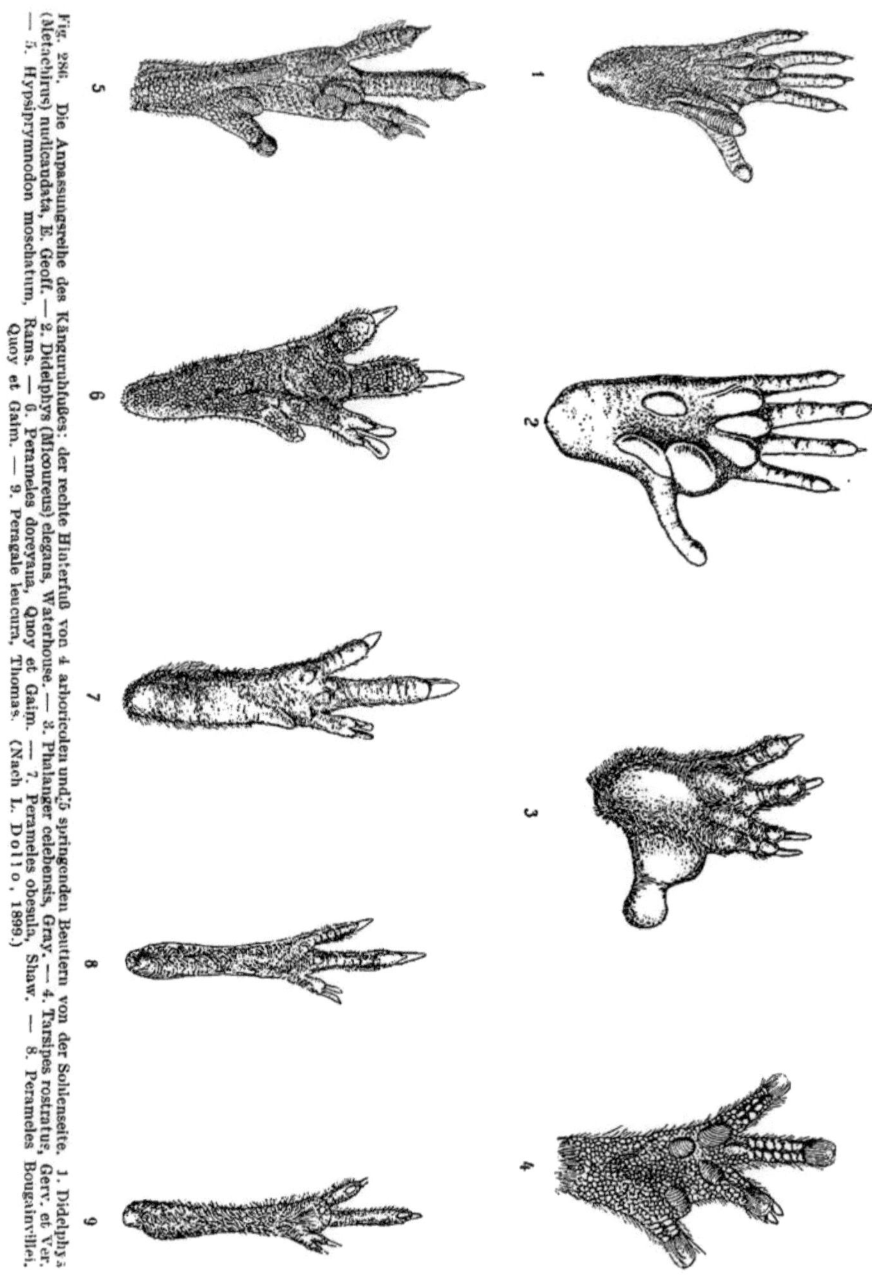

Fig. 286. Die Anpassungsreihe des Känguruhfußes: der rechte Hinterfuß von 4 arboricolen und 5 springenden Beutlern von der Sohlenseite. 1. Didelphys (Metachirus) nudicaudata, E. Geoff. — 2. Didelphys (Micoureus) elegans, Waterhouse. — 3. Phalanger celebensis, Gray. — 4. Tarsipes rostratus, Gerv. et Ver. — 5. Hypsiprymnodon moschatum, Rams. — 6. Perameles doreyana, Quoy et Gaim. — 7. Perameles obesula, Shaw. — 8. Perameles Bougainvillei, Quoy et Gaim. — 9. Peragale leucura, Thomas. (Nach L. Dollo, 1899.)

10. Micoureus (Fig. 286, 2).

Bei Didelphis (Micoureus) elegans sehen wir, wie L. Dollo 1899 gezeigt hat, die ersten Anfänge der Entstehung einer Greifzange im Fuß. Didelphis (Metachirus) nudicaudata hat eine Fußform, die in den

Proportionen und der Zehenstellung sowie in der Zehenlänge sehr an die menschliche Hand erinnert; aber bei der zuerst genannten Art, D. elegans, ist bereits die vierte Zehe verlängert und zweite und dritte verkürzt.

11. P h a l a n g e r (Fig. 286, 3).

Bei Phalanger celebensis ist die schon bei den Beutelratten erkennbare Spezialisation des Fußes weiter fortgeschritten. Der Hallux ist verstärkt und ist der vierten und fünften Zehe opponiert, während zweite und dritte Zehe in der Reduktion weiter vorgeschritten und von gemeinsamer Haut umhüllt sind. Sie tragen aber noch lange Krallen.

12. T a r s i p e s (Fig. 286, 4).

Diese Spezialisationsrichtung führt bei Tarsipes rostratus zu einer Fußtype, bei der die zweite und dritte Zehe bis an die Krallenspitzen so von einer gemeinsamen Haut umschlossen sind, daß sie den Eindruck einer einzigen Zehe hervorrufen, deren Spitze zwei kleine Krallen trägt. Sie spielen beim Zangenklettern keine Rolle mehr, während dies im Fuß eines Gibbons von Sumatra (Hylobates syndactylus) nicht der Fall ist; bei diesem Anthropomorphen spielen beide Zehen, obwohl sie bis zur Hälfte von einer gemeinsamen Haut umhüllt sind, doch noch eine Rolle beim Umfassen der Äste; allerdings wirken sie zusammen als ein Teil einer dreiteiligen Zange.

Morphologische Differenzen der Zangenfüße bei den verschiedenen Zangenkletterern.

Wir haben gesehen, daß in den verschiedensten Gruppen der Wirbeltiere (Fröschen, Chamaeleoniden, Dinosauriern, Vögeln, Beuteltieren, Halbaffen und Affen) mehr oder weniger hochgradig spezialisierte Zangenfüße oder Zangenhände ausgebildet worden sind; aber diese in ihrer Funktion, also in ethologischer Hinsicht ganz gleichartigen Greifapparate sind in morphologischer Hinsicht gänzlich verschieden, wie folgende Zusammenstellung zeigt [1]:

Die Zehenverteilung in den verschiedenen Zangenfüßen der Amphibien, Reptilien, Vögel und Säugetiere.

Amphibia Phyllomedusa: (2.) (3.) $\dfrac{4 \cdot 5 \cdot}{1 \cdot}$

---

[1] Die in Bruchform zusammengestellten Ziffern bedeuten die Zehenzahlen; die über dem Bruchstrich stehenden Zahlen bezeichnen die in der vorderen Hälfte der Greifzange enthaltenen Zehen, die unter dem Bruchstrich stehende Zahl die opponierten Zehen (z. B. erste und vierte bei Psittacus) in der hinteren Hälfte der Zange. Die in Klammern stehende Zehenzahl, z. B. (2) bei Momotus, bedeutet die Reduktion der betreffenden Zehe.

Reptilia $\begin{cases} \text{Chamaeleon:} \dfrac{1.\ 2.}{5.\ 4.\ 3.} \\[2ex] \text{Hypsilophodon:} \dfrac{2.\ 3.\ 4.}{1.} \end{cases}$

Aves $\begin{cases} \text{Fringilla:} \dfrac{2.\ 3.\ 4.}{1.} \\[2ex] \text{Psittacus:} \dfrac{2.\ 3.}{1.\ 4.} \\[2ex] \text{Trogon:} \dfrac{3.\ 4.}{2.\ 1.} \\[2ex] \text{Buceros:} \dfrac{(2.)\ 3.\ 4.}{1.} \\[2ex] \text{Momotus: } (2.)\ \dfrac{3.\ 4.}{1.} \\[2ex] \text{Alcyone:} \dfrac{3.\ 4.}{1.} \end{cases}$

Mammalia $\begin{cases} \text{Tarsipes: } (2. + 3.)\ \dfrac{4.\ 5.}{1.} \\[2ex] \text{Perodicticus: } (2.)\ (3.)\ \dfrac{4.\ 5.}{1.} \text{ Hand} \end{cases}$

Die verschiedene Stellung der Körperachse zur Zweigachse bei Zangenkletterern.

Die Körperachse ist bei den Zangenkletterern verschieden gestellt, je nachdem es sich um bipede oder um tetrapode Kletterer handelt. Naturgemäß steht bei den bipeden Typen die Körperachse senkrecht zur Zweigachse, bei den tetrapoden Formen aber parallel zu derselben.

Diese verschiedenartige Stellung der Körperachse hat aber auch zur Folge, daß die Extremitäten ganz verschieden auf den Ast aufgesetzt werden, auf dem das Tier klettert. Bei einem Tier, dessen Achse parallel zur Astachse steht, wird Hand und Fuß derart auf den Ast aufgesetzt, daß der fünfte und vierte Finger oder Zehe dem Pollex oder Hallux gegenübergestellt werden, während der zweite und dritte Finger oder Zehe in die Mitte, also auf die Oberseite des Astes zu stehen kommen.

Bei einem bipeden Kletterer, dessen Körperachse senkrecht zur Astachse steht, wird aber der Fuß anders aufgesetzt als bei den tetrapoden Zangenkletterern. Hier bleibt die dritte Zehe die Hauptzehe und der Hallux wird ihr opponiert, während die Seitenzehen — die zweite und vierte — als seitliche Unterstützung der Mittelzehe funktionieren.

Dieser wichtige Unterschied ist, wie mir scheint, die Ursache der verschiedenartigen Spezialisation der Greifzangen. Die t e t r a p o d e n Zangenkletterer schlagen ausnahmslos den Weg zur Reduktion der zweiten und dritten Zehe oder des zweiten und dritten Fingers ein, während der v i e r t e Finger oder die v i e r t e Zehe zur Hauptzehe der einen Zangenhälfte ausgebildet wird.

Unter den bipeden Zangenkletterern begegnen wir aber einer Gruppe, die eine Ausnahme von der sonst für bipede Fußzangen charakteristischen Spezialisationsform bildet, das sind die „Picariae anisodactylae", zu denen die früher besprochenen Gattungen Buceros, Momotus, Ceyx und Alcyone gehören.

Ob der Verlust der zweiten Zehe bei den Eisvögeln (Ceyx und Alcyone) als eine Folge der Parallelstellung von Körperachse und Astachse und der dadurch bedingten Fußstellung anzusehen ist, ist eine noch offene Frage. Die Darstellungen der sitzenden Vögel mit Kletterfüßen sind in den ornithologischen Lehrbüchern und Monographien stark schematisiert. So werden die Papageien fast immer sitzend abgebildet, wobei die Körperachse senkrecht zur Astachse steht; aber eine Beobachtung des lebenden Papageis zeigt sofort, daß er beim K l e t t e r n in den Zweigen die Körperachse zur Astachse parallel stellt. Es ist mir nicht gelungen, über Buceros und Momotus diesbezügliche Beobachtungen zu sammeln. Wenn diese Gruppen mit Einschluß der Eisvögel nach phylogenetischen Gesichtspunkten eingehender untersucht sein werden, so wird vielleicht die Frage gelöst werden können, warum der Kletterfuß dieser Formen vom normalen Fußtypus der Baumvögel abweicht.

Der sekundäre Verlust des Klettervermögens bei den Nachkommen von Zangenkletterern.

1. L a u f v ö g e l.

Von dem Verlust des Klettervermögens bei den Laufvögeln war schon früher (p. 279—285) die Rede. Sie äußert sich im Verlust des Hallux und der graduell gesteigerten Unfähigkeit, die Zehen zurückbiegen zu können.

2. S c h r e i t v ö g e l.

Für die Schreitvögel gilt im wesentlichen das gleiche wie für die Laufvögel. Nur in jenen Fällen, wo die Tiere auf Sumpfboden oder auf Wasserpflanzen laufen wie Parra, bleibt der Hallux erhalten, ist aber ebenso wie die übrigen sehr langen Zehen gerade gestreckt und nicht beugungsfähig.

Der Erdpapagei Neuseelands (Stringops habroptilus) zeigt in der Erhaltung der beim Zangenklettern erworbenen Zehenstellung der Kletterpapageien, daß er von arboricolen Vorfahren abstammt; indessen sind bereits infolge der schreitenden Bewegungsart sowohl die Tibia als der Tarsometatarsus länger geworden, als dies bei den übrigen Papageien der Fall ist.

3. Spechte.

Bei den Spechten ist der Fuß ähnlich wie bei den Papageien gebaut, d. h. die erste und vierte Zehe sind nach hinten, die zweite und dritte nach vorne gerichtet. Daß diese Drehung **nicht** als eine Folge der eigentümlichen Kletterart der Spechte anzusehen ist, welche ihre Zehen in gestreckter Stellung den Baumstämmen anpressen, an welchen sie mit Hilfe ihrer als Stütze funktionierenden Schwanzfedern sehr schnell zu laufen vermögen, geht daraus hervor, daß bei manchen Spechten die **erste** Zehe rudimentär wird und bis auf kümmerliche, unter der Haut verborgene Reste verloren geht (z. B. bei Tiga, Picoides, Sasia).

Die Spechte stammen von Zangenkletterern ab und haben zum Teil die Fähigkeit des Zangengreifens eingebüßt.

4. Schwimmvögel.

Die Ausbildung einer Schwimmhaut zwischen den Zehen hat bei den mit Ruderfüßen ausgestatteten Vögeln den Verlust des Klettervermögens zur Folge gehabt. Die Zehen können nicht mehr, wie es für einen Kletterfuß notwendig ist, frei opponiert werden. Entweder ist der Hallux groß und in die gemeinsame Schwimmhaut mit einbezogen wie beim Pelikan, oder er ist verkümmert und kann nicht mehr opponiert werden wie beim Schwan oder Pinguin.

5. Dinosaurier.

Ursprünglich waren die Dinosaurier arboricole Klettertiere, deren Hallux den übrigen Zehen opponiert werden konnte, wobei die fünfte verloren ging und der Fuß einen durchaus vogelartigen Bau erhielt.

Nur ein einziger orthopoder Dinosaurier aus dem Wealden Englands, Hypsilophodon Foxi, von dem schon früher eingehender die Rede war, hat noch einen funktionellen, opponierbaren, großen Hallux besessen. Bei den übrigen Dinosauriern ist die Kletterfähigkeit bereits frühzeitig bei fortschreitender Anpassung an das Schreiten, Laufen und Springen verloren gegangen.

Aus dem rhätischen Sandstein des Connecticuttales in Massachusetts sind zahlreiche Fährten bekannt geworden, welche nach den letzten Untersuchungen von R. S. Lull[1]) größtenteils von bipeden Dinosauriern, und zwar vorwiegend von Theropoden herrühren, während die Fährten orthopoder Dinosaurier weit seltener sind.

Die weitaus häufigste Fährtentype ist von R. S. Lull mit dem aus dem gleichen Sandstein stammenden Theropoden Anchisaurus in Verbindung gebracht und Anchisauripus genannt worden (Fig. 287).

---

[1]) Richard Swann Lull: Fossil Footprints of the Jura-Trias of North-America. — Memoirs Boston Soc. Nat. Hist., V. 1895—1904, Boston, 1904, p. 461—557. (Ausführliche Bibliographie der Fährtenliteratur.)

L u l l ist zweifellos im Rechte, wenn er diese Fährten mit theropoden, karnivoren Dinosauriern in nähere Beziehungen bringt.

Die Anchisauripus-Fährten sind nur Abdrücke des Hinterfußes; Handfährten fehlen, dafür ist aber zuweilen der Abdruck des Schwanzes erhalten. Es rührt also diese Fährte von einem bipeden Dinosaurier her.

Das wichtigste Merkmal dieser Fährten ist der stets vorhandene Abdruck der Halluxklaue.

Während aber die vorderen drei Zehen (II., III. und IV.) eine unverkennbare Ähnlichkeit hinsichtlich ihrer Spreizung und der Längenverhältnisse mit den Fußskeletten theropoder Dinosaurier zeigen, ist die Abspreizung des Hallux nach hinten bei den durch Skelettreste vertretenen Dinosauriern nur höchst selten anzutreffen.

Der Hallux von Anchisauripus war nämlich ganz ebenso wie bei den Vögeln nach hinten gerichtet und zweifellos opponierbar, da nur die Krallenphalange einen Abdruck im Ufersand hinterlassen hat. Der Hallux muß also gekrümmt gewesen sein und kann nur mit der Krallenspitze den Boden berührt haben.

Daß derartige Fußformen bei Theropoden auftreten, beweisen die Fußskelette von Anchisaurus (Trias), Allosaurus (Jura) und Tyrannosaurus (Kreide). [1]

Das von O s b o r n montierte Fußskelett von Allosaurus [2]) zeigt genau dieselben

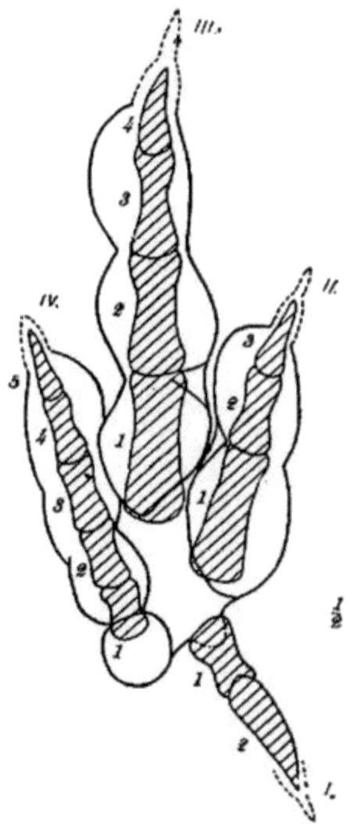

Fig. 287. Anchisauripus Dananus E. Hitchcock, Dinosaurierfährte aus der Trias (Connecticut Sandstone) von Connecticut, Nordamerika. (Nach R. S. L u l l.) ½ Nat. Gr.

Proportionen wie Anchisauripus, so daß wir wohl vermuten dürfen, daß diese Fährte von einem Allosaurus-ähnlichen, aber weit kleineren Theropoden eingedrückt wurde und da kann von bekannten Theropoden der Trias nur Anchisaurus colurus in Betracht kommen.

---

[1]) H. F. O s b o r n: Fore and Hind Limbs of Carnivorous Dinosaurs from the Jurassic of Wyoming. — Dinosaur Contributions, Nr. 3. — Bulletin Amer. Mus. Nat. History, XII, 1899, p. 161—172. V o l l s t ä n d i g e r Fuß und v o l l s t ä n d i g e Hand von Megalosaurus.

[2]) H. F. O s b o r n: Reconsideration of the Evidence for a Common Dinosaur-Avian Stem in the Permian. — Dinosaur Contributions, Nr. 4. — American Naturalist, XXXIV, 1900, p. 785, Fig. 4.

W. L. B e a s l e y: A Carnivorous Dinosaur: a Reconstructed Skeleton of a Huge Saurian. — Scientific American, December 4, 1907, p. 446—447. Mit 6 Textfig.

Die von E. Hitchcock und R. S. Lull unterschiedenen Fährten der „Gattung" Anchisauripus zeigen im wesentlichen den gleichen Charakter; sie differieren jedoch neben anderen Merkmalen auch in der Stellung und im Längenverhältnisse des Hallux zu den übrigen Zehen. So z. B. ist bei Anchisauripus Dananus E. Hitchcock der Hallux relativ lang und stark nach hinten gerichtet, bei Anchisauripus exsertus E. H. kürzer und mehr nach vorne gewendet.

Vergleichen wir die Fährte von Gigandipus caudatus E. H. (Fig. 288) mit Anchisauripus, so sehen wir, daß der Hallux hier geradezu verkümmert genannt werden kann; es ist auch die Grundphalange in den Schlamm eingedrückt worden und somit kann der ohnedies verkürzte Hallux nicht mehr so stark gekrümmt gewesen sein als bei Anchisauripus.

Daraus geht wohl schon hervor, daß bei einem Teile dieser Trias-Theropoden der Hallux verkümmerte. Eine große Zahl anderer Fährtentypen zeigt keine Spur eines Eindruckes des Hallux; er ist also bei diesen Formen (z. B. bei Grallator) entweder ganz verloren gegangen oder nur als unbedeutendes Rudiment vorhanden gewesen, das den Boden nicht mehr berührte.

Fig. 288. Gigandipus caudatus E. Hitchcock, Fährte eines bipeden Dinosauriers: Hinterfuß mit reduziertem, aber noch nach hinten gewendetem Hallux. (Nach R.S. Lull.) ¼ Nat. Gr.

Bei anderen Fährten, welche nach Lull von orthopoden Dinosauriern herrühren, ist der Hallux nach vorne gerichtet, aber nur mit der Kralle in den Schlamm eingedrückt, während die übrigen Zehen volle Abdrücke hinterlassen haben (z. B. Anomoepus intermedius E. H. während des Schreitens; das sitzende Tier hat keinen Halluxabdruck hinterlassen). Bei Apatichnus minus E. H. ist der Hallux nach innen gerichtet; auch hier ist nur der Abdruck der Halluxkralle sichtbar.

Die wichtigste Fährtengruppe ist die am häufigsten vertretene von Anchisauripus, da sie zeigt, daß in der Trias Nordamerikas Dinosaurier[1]) mit opponierbarem Hallux gelebt haben.

Bei den Sauropoden mit plumpen, elefantenähnlichen Schreit-

---

[1]) Daß diese Fährten von Dinosauriern und nicht von Vögeln herrühren, beweist die Anordnung der Sohlenballen, wie R. S. Lull nachgewiesen hat (l. c., p. 470). Die Zehenballen liegen unter den Phalangen und ihre Grenzen fallen mit den Phalangengelenken zusammen; bei den Vögeln hingegen liegen die Zehenballen unter den Phalangengelenken (mit wenigen Ausnahmen, z. B. Phalaropus hyperboreus) (vgl. p. 270).

füßen ist der Hallux immer vorhanden und sehr kräftig. F. v. H u e n e [1])
betrachtet die Sauropoda nur als eine Familie der Saurischia; ist dies
richtig, dann ist der Hallux der Sauropoden aus der opponierten Stellung
wieder in die ursprüngliche Lage zurückgekehrt.

Diese Frage bedarf noch weiterer Untersuchungen; für das vorliegende Problem ist es hingegen von Wichtigkeit, festzustellen, welche
Entwicklung der Hallux bei den laufenden und springenden, also den
leichtfüßigen Dinosauriern genommen hat.

Eine kleine, den Dinosauriern nahestehende Reptilform [2]) ist
Scleromochlus Taylori S. Woodw. aus der Trias von Lossiemouth bei
Elgin in Schottland. Bei diesem Reptil, das ungefähr die Größe eines
Grasfrosches. besaß, sind vier Metatarsalia sehr stark verlängert und
miteinander zu einem Sprungbein verschmolzen; die fünfte Zehe ist
bis auf ein kleines knotenförmiges Rudiment des Metatarsale verkümmert.
Das Sprungbein besteht also aus den stark verlängerten Metatarsalia
I—IV.

Es ist kaum möglich, diesen Fuß von einer Fußform wie Anchisauripus abzuleiten; Scleromochlus repräsentiert einen ganz eigen-
artigen Typus, der sich nicht in den Rahmen der bisher bekannten
Dinosaurier einfügt.

Der Triastheropode Anchisaurus colurus Marsh besaß, wie O. C.
M a r s h und F. v. H u e n e gezeigt häben, einen Hallux, der aber
auf der im Yale-Museum in New Haven aufbewahrten Originalplatte
nicht nach hinten, sondern nach vorne gerichtet ist. Dies würde die
Annahme rechtfertigen, daß auch beim lebenden Tiere der Hallux nach
vorne gerichtet war.

R. S. L u l l hat jedoch gezeigt, daß d i e S k e l e t t r e s t e
d e s F u ß e s v o n A n c h i s a u r u s c o l u r u s s o g e n a u i n
d i e F ä h r t e v o n A n c h i s a u r i p u s D a n a n u s p a s s e n,
d a ß k e i n Z w e i f e l d a r ü b e r m ö g l i c h i s t, d a ß d i e s e
F ä h r t e n t y p e v o n A n c h i s a u r u s c o l u r u s h e r r ü h r t.

Wie H. F. O s b o r n gezeigt hat, war auch bei Allosaurus der
Hallux nach hinten gestellt und opponierbar und das gleiche gilt auch
für Tyrannosaurus rex, den größten aller Theropoden aus den obersten
Schichten der Kreideformation.

---

[1]) F. v. H u e n e: Zur Beurteilung der Sauropoden. — Monatsberichte
der Deutsch. Geol. Ges., 1908, Nr. 11, S. 294—297. — D e r s e l b e: Skizze zu
einer Systematik und Stammesgeschichte der Dinosaurier. — Centralblatt f.
Mineralogie, Geologie und Paläont., 1909, Nr. 1, S. 12—22.

[2]) A. S. W o o d w a r d: On a New Dinosaurian Reptile (Scleromochlus
Taylori gen. et sp. nov.) from the Trias of Lossiemouth, Elgin. — Quart. Journ.
Geol. Soc., LXIII, 1907, p. 140—144, Pl. IX.

F. v. H u e n e: Die Dinosaurier der europäischen Triasformation, l. c., p.
388—392.

Bei Allosaurus ist jedoch das Metatarsale I rudimentär und zerfällt in ein proximales und distales Rudiment, die beide bekannt sind (Fig. 289). Von Tyrannosaurus rex ist nur das distale Fragment des Halluxmetatarsale erhalten, aber O s b o r n nimmt auch die Existenz des proximalen für diesen Riesentheropoden an. [1]

Auch bei einem Trias-Theropoden, Ammosaurus maior aus dem rhätischen Connecticutsandstein von Manchester, Conn., ist deutlich zu sehen, daß die Bewegungsebene des Hallux nicht mit jener der übrigen Zehen zusammenfiel, sondern daß sie stark nach innen gedreht war. Aus der ganzen Anordnung der Gelenke des Hallux geht klar hervor, daß diese Zehe Spuren einer ursprünglichen Opponierbarkeit bewahrt hat, daß sie aber kaum mehr jene Stelle einnehmen konnte, wie sie der Hallux der Fährte Anchisauripus aus denselben Schichten zeigt.

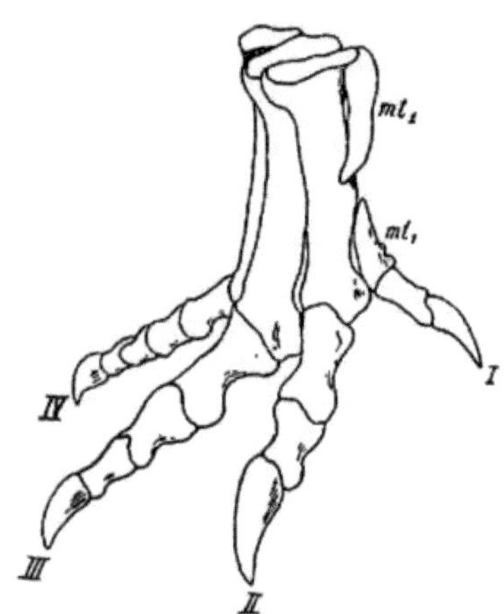

Fig. 289. Rechter Hinterfuß von Allosaurus aus dem oberen Jura Nordamerikas. (Original No. 324, Am. Mus. Nat. Hist. New York.) (Nach H. F. O s b o r n.)

Die umfassenden und gründlichen Untersuchungen v. H u e n e s über die Triasdinosaurier Europas haben ergeben, daß alle Gattungen der triassischen Plateosauriden einen fünfzehigen Fuß besitzen; es sind aber nur die mittleren drei Zehen als funktionell zu betrachten, da d i e e r s t e u n d f ü n f t e Z e h e b e r e i t s s o v e r k ü r z t s i n d , d a ß s i e d i e E r d e k a u m m e h r b e r ü h r e n k o n n t e n.

D i e e r s t e Z e h e t r ä g t a b e r t r o t z i h r e r R e d u k t i o n d i e s t ä r k s t e K r a l l e und es ist für die Beurteilung der Abstammungsfrage sehr wichtig, daß d i e G r u n d p h a l a n g e d e s H a l l u x g e d r e h t i s t.

In den Rekonstruktionen der Plateosauriden hat v. H u e n e überall den Hallux derart dargestellt, daß er auf der Innenseite des Fußes, ein wenig nach innen und mehr nach vorne gewendet liegt. Nach v. H u e n e sind die Plateosauriden Schreit- und Lauftiere gewesen; ihr gesamter Körperbau und in erster Linie ihre Größe läßt den Gedanken nicht aufkommen, daß wir in diesen Dinosauriern arboricole Formen zu erblicken hätten.

D a g e g e n s p r i c h t d e r F u ß b a u d e r P l a t e o s a u

---

[1] H. F. O s b o r n: Tyrannosaurus, Upper Cretaceous Carnivorous Dinosaur (Second Communication). — Bull. Amer. Mus. Nat. Hist., XXII, New York, July 30, 1906, p. 294, Fig. 11, Pl. XXXIX.

r i d e n g a n z e n t s c h i e d e n d a f ü r , d a ß s i e v o n ä l t e r e n
F o r m e n   m i t   o p p o n i e r b a r e m   H a l l u x   a b z u l e i t e n
s i n d.

Bei dem typischen Springer Compsognathus sind in ähnlicher Weise
wie bei der Triasform Scleromochlus die Metatarsalia zu einem Spring-
bein verschmolzen. Bei Compsognathus sind aber nur die II., III.
und IV. Zehe funktionell und funktionieren als dreizehiger Springfuß,
während die fünfte verloren gegangen und v o m   H a l l u x   n u r

Fig. 290. Rekonstruktion von Compsognathus longipes Wagn., einem springenden Raubdinosaurier
von Katzengröße aus dem lithographischen Schiefer von Jachenhausen in der Oberpfalz, Bayern.

e i n   h o c h a n g e s e t z t e s   k l e i n e s   R u d i m e n t   a n   d e r
H i n t e r s e i t e   d e s   M e t a t a r s u s   ü b r i g   g e b l i e b e n   i s t
(Fig. 290).

Bei allen jüngeren Dinosauriern mit funktionell dreizehigen Hinterfüßen ist mit Ausnahme von Hypsilophodon Foxi der Hallux entweder
hochgradig verkümmert oder gänzlich verloren gegangen. So z. B.
ist bei Iguanodon nur ein kleines, griffelförmiges Rudiment des ersten
Metatarsale als letzter Rest des Hallux erhalten geblieben; bei dem
sekundär quadruped gewordenen Triceratops ist keine Spur des Hallux
erhalten; bei dem gleichfalls sekundär quadruped gewordenen Stegosaurus ist der Hallux verkümmert, aber außer dem Metatarsale I sind
noch beide Phalangen erhalten. Bei den jüngeren Orthopoden und Theropoden der oberen Kreideformation, wie z. B. bei dem Theropoden
Ceratosaurus und dem Orthopoden Claosaurus ist der Hallux vollständig
verloren gegangen. Bei dem hochgradig spezialisierten Theropoden

Ornithomimus aus der Familie der Compsognathiden, der in der obersten Kreide Nordamerikas gefunden worden ist, ist der dreizehige Fuß außerordentlich vogelähnlich geworden; vom Hallux ist nur ein sehr kleines, griffelförmiges Rudiment übrig geblieben.

Bei allen bipeden Dinosauriern, deren Fuß funktionell dreizehig geworden ist, hat der Hallux seine Funktion verloren und ist verkümmert oder ganz verschwunden. Daraus geht klar hervor, daß e b e n s o w i e   b e i   d e n   L a u f v ö g e l n   a u c h   b e i   d e n   b i p e d e n D i n o s a u r i e r n   d e r   H a l l u x   a l s   S t ü t z o r g a n   d e r H i n t e r e x t r e m i t ä t e n   v o l l s t ä n d i g   ü b e r f l ü s s i g   w a r u n d   d a ß   s e i n e   O p p o s i t i o n s s t e l l u n g   b e i   b i p e d e n D i n o s a u r i e r n   e i n   E r b t e i l   a u s   f r ü h e r e r   Z e i t   s e i n m u ß.

6. K ä n g u r u h (Fig. 286).

Das Fußskelett der typischen Springbeutler (Hypsiprymnodon, Perameles, Peragale, Macropus, Choeropus) beweist in unzweideutiger Weise, daß diese Springtiere früher Baumbewohner und zwar Zangenkletterer gewesen sind, bevor sie sich an die springende Lebensweise angepaßt und das Leben auf den Bäumen aufgegeben haben.

Wir haben gesehen, daß im Hinterfuß von Tarsipes die vierte Zehe der ersten opponiert wird, die zweite und dritte aber von einer gemeinsamen Haut umhüllt und kürzer als die fünfte Zehe sind.

Bei den Springbeutlern finden wir zunächst wie bei Hypsiprymnodon moschatum den Metatarsus beträchtlich verlängert, eine Folge der springenden Bewegungsart. Obwohl der Hallux keine funktionelle Bedeutung für einen Springfuß besitzt, ist er noch vorhanden, aber unverkennbar im Rückgang begriffen. Zweite und dritte Zehe sind syndaktyl, die vierte Zehe ist zur Sprungzehe geworden.

Bei anderen lebenden Springbeutlern und zwar bei den verschiedenen Arten der Gattung Perameles sehen wir den Hallux immer mehr rudimentär werden. Bei Perameles doreyana ist er am größten, kleiner bei P. obesula und zu einem winzigen Höcker reduziert bei P. Bougainvillei. An diese Reduktionsstufe schließt sich der Typus von Peragale leucura an, bei welcher der Hallux bereits ganz verschwunden ist.

Hand in Hand mit der Reduktion des funktionslos gewordenen Hallux geht die Verlängerung der ganzen Sohlenfläche, die Verstärkung der vierten Zehe und die Reduktion der zweiten und dritten Zehe einerseits sowie der fünften anderseits.

Diese Anpassungsreihe zeigt, wie L. D o l l o nachgewiesen hat, in klarster Weise die Veränderungen, die der Känguruhfuß beim Aufgeben des Zangenkletterns und Annahme der springenden Bewegungsart durchlaufen hat.

Nun ist aber ein Känguruh, Dendrolagus, wieder zu einem Baumtier geworden und hat also s e k u n d ä r die arboricole Lebensweise angenommen. Es ist aber nicht mehr imstande, im Geäst in derselben Weise wie Tarsipes oder Phalanger zu klettern, da der Fuß eine Spezialisationsstufe erhalten hat, die ein Zangenklettern unmöglich macht; ohne opponierbaren Hallux oder eine andere nach hinten abstehende Zehe kann das Tier die Zweige nicht wie mit einer Zange umklammern. Der Fuß ist bärenartig verbreitert und das wichtigste Kletterorgan ist die Hand geworden, deren Fingerkrallen sehr stark gekrümmt und sehr kräftig geworden sind. Auf dem Boden nimmt es, wie ich an zwei lebenden Exemplaren in London 1911 beobachten konnte, eine ganz andere Haltung wie die übrigen Känguruhs ein; es springt noch, aber derart, daß es mit den Vorderbeinen den Boden berührt. Beim langsamen Hüpfen setzt es nur eine Hand dem Boden auf und hält die andere erhoben.

Diese Anpassungsreihe ist eines der schönsten Beispiele für die Irreversibilität der Entwicklung. Die bei der primären arboricolen Lebensweise erworbenen Adaptationen sind auch im Springfuß der Känguruhs noch deutlich zu erkennen und die sekundär arboricol gewordene Form Dendrolagus zeigt wiederum in klarer Weise die Herkunft von springenden Vorfahren. Die zweite Anpassung an die arboricole Lebensweise war nicht imstande, dieselbe Zangenfußform hervorzubringen, wie sie im primären arboricolen Leben der Beuteltiere ausgebildet wurde; der Hallux, bei der springenden Lebensweise verloren, ist und bleibt auch bei Dendrolagus verschwunden.

7. D i p r o t o d o n (Fig. 153, 154).

Der Übergang von schnellfüßigen arboricolen Klettertieren zu schwerfälligen Schreittieren hat bei Diprotodon zu ganz merkwürdigen Veränderungen im Fußskelett geführt, von denen schon früher die Rede war. Deutlich zeigt die Stellung des Hallux bei Diprotodon, daß dessen Vorfahren baumbewohnende Zangenkletterer mit opponierbarem Hallux gewesen sind (p. 225).

8. A n t e c h i n o m y s (Fig. 211).

Bei Antechinomys laniger, der Beutelspringmaus, ist der Fuß ganz anders wie bei den Känguruhs gebaut. Der Metatarsus ist sehr lang, aber die vier noch erhaltenen Zehen (2. 3. 4. 5.) sind nicht in der Weise differenziert, wie wir es bei den Känguruhs antreffen. L. D o l l o hat gezeigt, daß die Anpassung hier andere Wege gegangen ist und daß der Übergang zur terrestrischen Lebensweise stattgefunden hat, bevor noch die Differenzierung des Fußes im arboricolen Leben einen so hohen Grad wie bei Phalanger erreicht hatte. Der ursprünglich opponierbare Hallux ist verschwunden und zwar zeigt die Anpassungsreihe Sminthopsis murina ⟩—Phascologale penicillata ⟩—Phascologale Wallacei ⟩—Dasyurus geoffroyi ⟩— Myrmecobius fasciatus ⟩— Antechinomys laniger, wie sich diese Reduktion des Hallux schrittweise vollzogen hat.

9. Thylacinus.

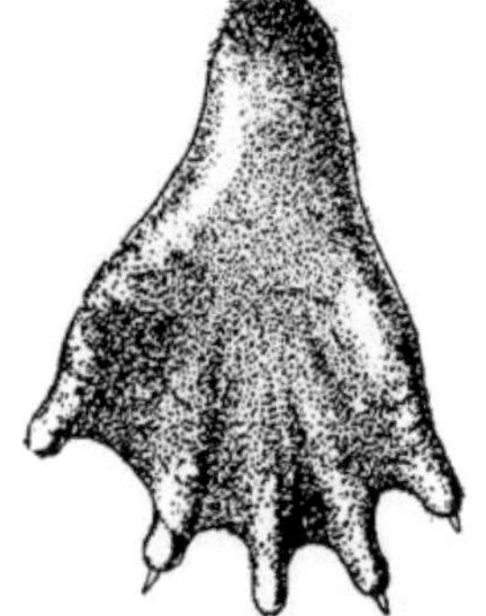

Fig. 291. Hinterfuß von Chironectes minimus Zimm. (Nach L. Dollo.)

Der lebende Beutelwolf hat keinen opponierbaren Hallux und zeigt keine Spuren einer ehemaligen arboricolen Lebensweise mehr. Wie L. Dollo[1]) und W. J. Sinclair[2]) gezeigt haben, stammt jedoch der Beutelwolf ebenso wie alle übrigen lebenden Beutler von arboricolen Klettertieren ab.

Thylacinus geht über Prothylacinus und Cladosictis auf Amphiproviverra zurück, deren erste Zehe noch groß, funktionell und opponierbar war, so daß also das Zangenklettern bei dieser Ahnenform der Beutelwölfe außer Zweifel steht. W. J. Sinclair stellt folgende Reihe auf:

Thylacinidae (Beutelwölfe)	1. Große Zehe funktionell und opponierbar	Amphiproviverra
	2. Große Zehe rudimentär, aber noch mit allen Phalangen	Cladosictis
	3. Große Zehe rudimentär, bis auf das Metatarsale reduziert	Prothylacinus
	4. Große Zehe verloren	Thylacinus

10. Chironectes (Fig. 291).

Bei Chironectes minimus ist die große Zehe durch eine gemeinsame Schwimmhaut mit den übrigen Zehen verbunden, kann also nicht mehr opponiert werden.

11. Notoryctes (Fig. 254).

Notoryctes typhlops ist ein unterirdisch lebendes Tier von Maul-

---

[1]) L. Dollo: Les ancêtres des Marsupiaux étaient-ils arboricoles? — Miscellanées biologiques dediées au Professeur Alfred Giard a l'occasion du XXVe anniversaire de la fondation de la Station zoologique de Wimereux (1874—1899). Paris, 1899, p. 188. — Le pied du Diprotodon et l'origine arboricole des Marsupiaux. — Bull. Scientifique de la France et de la Belgique. 1900. XXXIII, p. 278. — Le pied de l'Amphiproviverra et l'origine arboricole des Marsupiaux. — Bull. Soc. Belge Géol. Paléont. Hydrol., Bruxelles, XX, 1906, p. 166—169.

[2]) W. J. Sinclair: Marsupialia of the Santa Cruz Beds. — Reports of the Princeton University Expeditions to Patagonia, 1896—1899. IV. (Palaeontology.) Part III, 1906, p. 394.

wurfshabitus geworden, das gleichfalls die Fähigkeit des Zangenkletterns gänzlich verloren hat.

Es ist also bei Annahme folgender Bewegungsarten die Fähigkeit des Zangenkletterns innerhalb des Stammes der Beuteltiere verloren gegangen:

1. G r a b e n (z. B. Notoryctes).
2. S c h w i m m e n (z. B. Chironectes).
3. S p r i n g e n (z. B. Antechinomys; Macropus).
4. S c h r e i t e n (z. B. Diprotodon).
5. L a u f e n (z. B. Thylacinus).

Hängeklettern.

Wir kennen einige baumbewohnende Säugetiere, die sich im Geäst derart bewegen, daß sie sich mit den Krallen an den Zweigen und Ästen festhalten und den Körper nach unten herabhängen lassen.

Diese Art des Kletterns finden wir bei den Baumfaultieren und bei Cycloturus, dem Baumameisenfresser, ausgeprägt. Sie hat eine Reihe von wichtigen Umformungen zur Folge gehabt; dies betrifft z. B. die bedeutend vergrößerte Beugungs- und Drehungsfähigkeit des Halses, der bei Bradypus zur Reduktion der zwei vordersten Rippenpaare geführt hat, so daß die Zahl der vorderen rippenlosen Wirbel auf neun gestiegen ist. Ferner ist der Verlauf und die Richtung der Pelzhaare infolge des steten Herabhängens des Körpers eine von den übrigen Säugern durchaus verschiedene geworden.

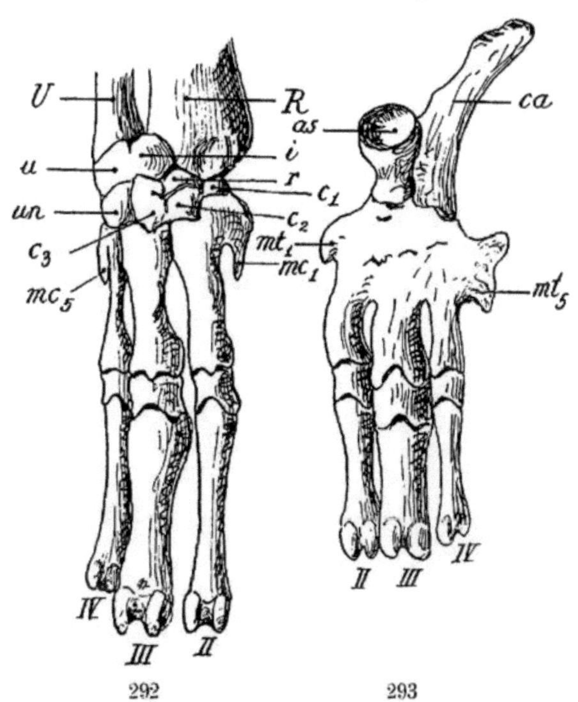

Fig. 292 und 293. Fig. 292: Rechte Hand, 293: Linker Fuß des dreizehigen Faultiers (Bradypus tridactylus). Die Krallenphalangen sind entfernt. (Nach Originalen im Hofmuseum in Wien.) Nat. Gr.

Im Skelett der Extremitäten ist bei den Baumfaultieren eine wesentliche Verlängerung von Oberarm und Unterarm eingetreten; in Hand (Fig. 292) und Fuß (Fig. 293) sind weitgehende Coossifikationen eingetreten, die namentlich bei Bradypus zu einer hochgradigen Verschmelzung der Metatarsalia und distalen Tarsalia geführt haben. Die Grundphalangen der noch funktionellen 2., 3. und 4. Zehe verschmelzen im höheren Alter mit der Mittelphalange ohne erkennbare Gelenksgrenze, sind aber bei jüngeren Individuen noch getrennt. Die sämtlichen Metatarsalia, also die Rudimente des 1. und 5. sowie die drei übrigen sind mit dem Cuboid, Naviculare und allen Cuneiformia zu einer einheitlichen Masse verschmolzen, so daß nur Calcaneus und der mit tiefer becherförmiger Gelenkgrube für die Fibula versehene Astragalus von allen Tarsalknochen allein frei bleiben. Im Grade der Coossifikation bestehen individuelle und Altersdifferenzen.

Diese Verschmelzungen beruhen darauf, daß der Zug auf die Fuß- und Handknochen sehr stark ist; Druck und Zug wirkt aber ganz gleichartig und darum sehen wir, daß Verlängerungen der Extremitätenknochen ebenso wie bei den schnellfüßigen Ungulaten im Extremitätenskelett der hängenden Faultiere auftreten.

Alle Krallen sind stark gebogen. Die Ahnen der zu Hängekletterern gewordenen Xenarthra waren Grabtiere, bei denen bereits eine Reduktion der Seitenfinger und Seitenzehen sowie eine Spezialisierung der mit langen Krallen ausgerüsteten Grabfinger und Grabzehen eingetreten war.

Fig. 294. Daumenlose Hand von Ateles Geoffroyi. (Nach W. Haacke.)

Schwingklettern.

Eine weitere Modifikation der als Kletterorgane funktionierenden Extremitäten finden wir bei jenen Baumtieren, die sich schwingend von Ast zu Ast fortbewegen.

Das Schwingklettern ist eine Modifikation und weitere Spezialisation des Zangenkletterns, wobei die Opponierfähigkeit des Pollex und Hallux verschwindet und im Verlaufe der Spezialisation beide, die früher opponierbar gewesen sind, rudimentär werden.

Bei den Affen ist die Kletterbewegung im Geäst vorwiegend ein Schwingen von Ast zu Ast geworden und daher finden wir in dieser Gruppe weitgehende Reduktionen des ersten Fingers und der ersten Zehe, die bei Ateles (Fig. 294) zu einem gänzlichen Schwunde des Daumens bei starker Verlängerung der ganzen Vorderextremität und zwar sowohl des Oberarms und Unterarms als auch der Finger geführt hat.

Daß bei den Schwingkletterern der Daumen keine Rolle mehr spielt, sehen wir besonders deutlich bei den Menschenaffen und namentlich beim Gibbon, dem geschicktesten aller Schwingkletterer unter den Affen, dessen Arme enorm verlängert sind (Fig. 191). Auch der Schimpanse, Orang und Gorilla zeigen Anpassungen an das Schwingen in der Reduktion des Daumens; kein Affe hat einen so primitiven Handbau wie der Mensch bewahrt. Jedenfalls geht aus der kräftigen Entwicklung des Daumens in der Menschenhand hervor, daß seine Vorfahren keine Schwingkletterer, sondern langsamere Zangenkletterer von der Adaptationsstufe der arboricolen Beutelratte in ihrem Hand- und Fußbau gewesen sind. Die Hominiden stellen also einen seit sehr alter Zeit selbständig entwickelten Zweig des Anthropomorphenstammes dar, der niemals einschneidende Anpassungen an das Schwingen im Geäst durchlaufen hat.

Schlängeln und Wühlen.

Die Art der Fortbewegung.

Bei Wirbeltieren, welche sich entweder auf festem Boden oder im Schlamm oder Erdreich oder im Wasser schlängelnd fortbewegen, geschieht die Lokomotion derart, daß sich der außerordentlich verlängerte Körper in Schlangenwindungen, also in der Form zweier aneinandergereihter S, etwa in dieser Weise: $\sim\sim$ fortbewegt.

Diese Bewegungsart macht ein Fortschieben, überhaupt eine Unterstützung der Lokomotion durch die Extremitäten gänzlich überflüssig. Wir sehen daher, daß bei jenen Eidechsen, die sich vorwiegend schlängelnd fortbewegen, die Extremitäten verkümmern und bei manchen Formen ganz verloren gehen. Wir sehen dasselbe bei Fischen, die sich vorwiegend auf dem Meeresboden oder dem Boden der Flüsse und Seen aufhalten; wir finden dasselbe bei Amphibien und schon bei einigen Stegocephalen (Dolichosoma, Ophiderpeton) der oberen Steinkohlenformation; bei der 1 m langen Dolichosoma ist die Wirbelzahl auf 150 gestiegen, freilich eine geringe Zahl im Vergleiche mit der eozänen Meeresschlange aus dem Kalkschiefer des Monte Bolca in Oberitalien, bei welcher die Wirbelzahl auf die bei lebenden Schlangen noch nicht beobachtete Ziffer von 565 gestiegen ist. Von diesen sind 454 praesacral, 111 postsacral und zwar sind in der praesacralen Serie 451 Rippenpaare vorhanden. [1]

---

[1] W. J a n e n s c h: Über Archaeophis proavus Mass., eine Schlange aus dem Eozän des Monte Bolca. Beiträge zur Pal. u. Geol. Öst.-Ung. u. d. Orients, XIX, Wien 1906, p. 1.

Übersicht der schlangenförmigen Wirbeltiere mit reduzierten Gliedmaßen.

I. F i s c h e: 1. Apodes. B e i s p i e l e:

  A. Ventralen fehlen, Pectoralen
    vorhanden Anguilla

  B. Ventralen und Pectoralen
    fehlen Muraena

        2. Symbranchii.

Ventralen und Pectoralen
fehlen Symbranchus

II. + S t e g o c e p h a l e n:
Ohne Extremitäten
+ Dolichosoma
+ Ophiderpeton
+ Phlegethontia
+ Tyrsidium
+ Molgophis

III. A m p h i b i a: 1. Urodela.

Vorderextremitäten vorhanden,
  Hinterextremitäten fehlen
  3—4 Finger, o Zehen Siren
Vorderextremitäten und Hinterextremitäten vorhanden
    3 Finger 2 Zehen Proteus
    2—3 Finger 2—3 Zehen Amphiuma

        2. Gymnophiona.

Vorder- und Hinterextremitäten
  fehlen: Siphonops
    Epicrium

IV. R e p t i l i a [1]): 1. Lacertilia.

  A. Vorder- und Hinterextremi-
    tät vorhanden.

Finger	Zehen	
5 Finger	4 Zehen	Lygosoma fuscum
4	5	Gymnophthalmus
4	4	Tetradactylus tetradactylus
3	3	Chalcides lineatus
3	3	Cophias tridactylus
2	4	Chalcides sphenopsiformis
2	3	Ablepharus lineatus
3	2	Ophiomorus persicus
2	2	Lygosoma quadrilineatum
3—4	1	Cophias flavescens

[1]) Mein Freund Fr. W e r n e r hat diese Liste durchgesehen und die jetzt gebräuchlichen Artennamen eingesetzt, wofür ich ihm herzlichst danke.

1 Finger	2 Zehen	Lygosoma punctatovittatum
3 „	Stummel	Lygosoma Verreauxi
Stummel		Acontias monodactylus
		Tetradactylus africanus
		Chamaesaura anguina
„	„	Panolopus

B. Nur die Hinterextremität vorhanden.

    a. zweifach geteilter Stummel   Chamaesaura macrolepis
                                         Scelotes bipes

    b. ungeteilter Stummel   Ophisaurus apus
                                         Pygopus
                                         Lialis

C. Alle Gliedmaßen verloren   Anguis
                                         Ophisaurus
                                         Amphisbaena

D. Nur die Vorderextremitäten
    vorhanden   Chirotes
                                         Euchirotes
                                         Hemichirotes

2. Ophidia.

A. Vorderextremitäten fehlen,
    Hinterextremitäten auf
    dürftige Rudimente von
    Becken und Hinterfuß
    reduziert [1]   Typhlopidae
                                         Glauconiidae
                                         Ilysiidae
                                         Boidae

B. Vorder- und Hinterextremi-
    täten fehlen gänzlich

                                         alle übrigen Schlangen

Der Bau des Schultergürtels und der Vorderextremität bei schlangenartigen Reptilien mit reduzierten Extremitäten.

Die Vorderextremität kann entweder so weit verkümmert sein, daß sie äußerlich unsichtbar geworden ist (z. B. Pseudopus) oder sie ist äußerlich noch sichtbar (z. B. Seps). [2]

---

[1] Bei Python spilotes ♂ sind diese Rudimente groß und beweglich; das ♂ macht vor der Begattung Gehbewegungen auf dem Rücken des ♀. (Beobachtung von Prof. Dr. Franz Werner.) Beim ♀ sind die Rudimente kleiner oder fehlen gänzlich.

[2] M. Fürbringer: Die Knochen und Muskeln der Extremitäten bei den schlangenähnlichen Sauriern. — Leipzig. 1870.

Bei Pseudopus Pallasi ist von M. Fürbringer ein sandkorngroßes Knorpelkörnchen als letzter Rest des Humerus nachgewiesen worden, das aber nur auf einer Körperseite vorhanden war (l. c. Taf. II, Fig. 21).

Bei Seps sind Humerus, Radius und Ulna sehr kurz und schmal; der Carpus umfaßt 5 Knochen, der Metacarpus 4 (das Metacarpale des fünften Fingers fehlt).

Die Verkümmerung beginnt an den Fingerspitzen. Bei Euprepes ist die Hand noch normal, bei Gongylus fehlt die 5. Phalange des 4. Fingers (l. c. Tafel II, Fig. 16). Die Phalangen des Daumens gehen nach M. Fürbringer zuletzt verloren.

Die Metacarpalia fallen zuerst an der Außenseite weg (Seps hat nur mehr den 1., 2. und 3. Finger).

Bei Chirotes sind Humerus, Radius und Ulna trotz der grabenden Lebensweise kurz und schmal.

Der Bau des Beckengürtels und der Hinterextremität bei schlangenartigen Reptilien mit reduzierten Extremitäten.

1. Becken.

Die drei Elemente des Beckens (Ilium, Pubis, Ischium) sind bei Seps noch vorhanden, aber sehr reduziert.

Bei Lialis und Pseudopus ist das Pubis verloren gegangen.

Bei weiterer Reduktion und Außerdienststellung der hinteren Extremitäten wird das Becken horizontal gestellt, so daß das Ilium parallel zur Wirbelsäule zu liegen kommt und das Pubis gegen hinten unten, das Ischium gegen hinten oben gewendet ist.

Diese Reduktionsstufe, die wir z. B. bei Pygopus und bei den Schlangen vorfinden, erinnert außerordentlich an jene Art der Beckenverkümmerung, die wir bei den Walen und zwar bei den Balaenopteriden antreffen.

Bei Boa constrictor ist das Becken jederseits zu einem langgestreckten Knochenstab verkümmert, dessen vorderer langer Abschnitt dem Ilium entspricht, während Pubis und Ischium hochgradig rudimentär geworden sind. Das gleiche finden wir bei Python sebae sowie bei anderen Boiden (Fig. 295, 296, 297).

2. Hinterextremität.

Die Reduktion beginnt an den Phalangen. Seps hat an der I. Zehe 2, an der II. und III. je 3 Phalangen; bei Ophiodes fehlen alle Phalangen; bei Lialis sind alle distalen Gliedmaßenelemente bis auf Femur und Tibia verloren gegangen; die Tibia ist hier nur halb so lang als das Femur. Bei Pseudopus ist außer dem Femur nur ein winziges Tibiarudiment erhalten geblieben.

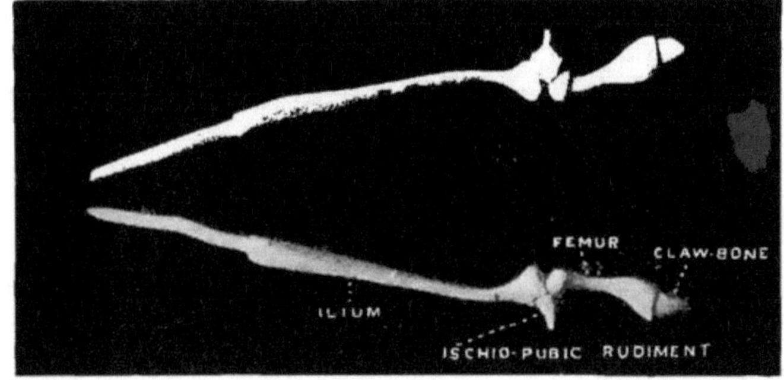

296

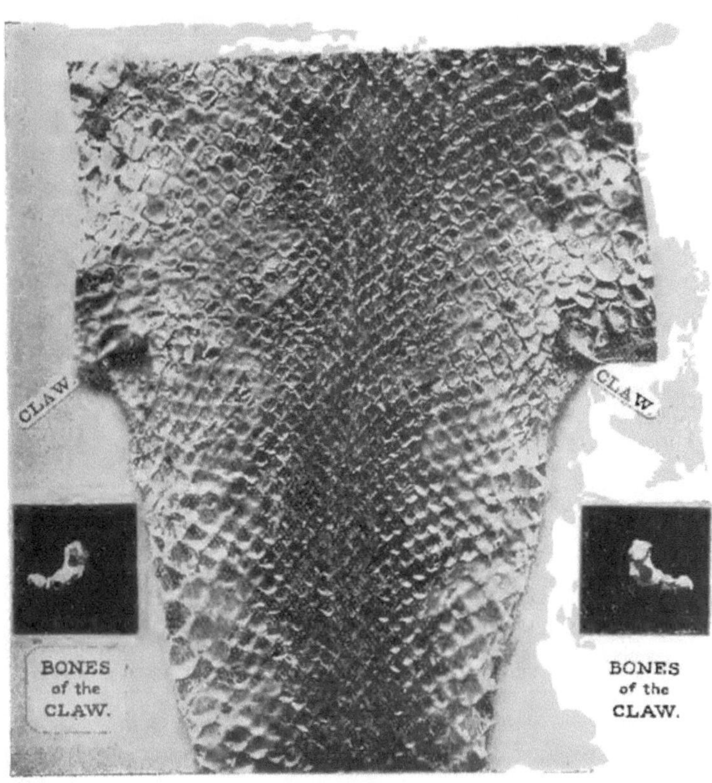

295

Fig. 295 und 296. Fig. 295: Haut mit vorstehender, bekrallter Tibia (claw) von Python
sebae; links und rechts die Gliedmaßenrudimente (Bones of the Claw). — Fig. 296: Rudimente des Beckens und der Hinterbeine eines zweiten Exemplars von Python sebae. (Nach
R. Lydekker, Guide Rept. and Amph. Brit. Mus. Nat. Hist.London, 1906.)

Ähnlich ist die Reduktion der Hinterbeine bei den Schlangen.
Außer dem Femur ist — ganz ähnlich wie bei Balaena — nur noch ein
kegelförmiges Rudiment der Tibia erhalten. Sehr auffallend ist das

Auftreten einer starken, gekrümmten Kralle, welche von der Tibia getragen wird. Am stärksten ist das Femurrudiment bei Stenostoma.

Besonders wichtig ist die große Ähnlichkeit in der Beckenreduktion der Lacertilier und Ophidier mit den Cetaceen und Sirenen. Nicht nur die Stellung des Hüftbeinrudimentes ist ganz dieselbe wie bei den Balaenopteriden, sondern es treten auch wie bei Sirenen und Walen Verwachsungen der drei Hüftbeinelemente ein. Ferner geht immer das Pubis zuerst verloren. Das Ilium wird stark in die Länge gezogen, artikuliert später nur mehr mit einem Sacralwirbel und diese Verbindung wird immer lockerer. Endlich wandert das Beckenrudiment in die Bauchhöhle (bei den Ophidiern). Alle diese Ähnlichkeiten in der Reduktion des Beckens sind aus dem Grunde von Bedeutung, weil sie zeigen, daß nicht nur bei Gebrauch, sondern auch bei Nichtgebrauch und dadurch bedingter Reduktion von Organen in verschiedenen gar nicht näher verwandten Gruppen parallele Prozesse sich abspielen.

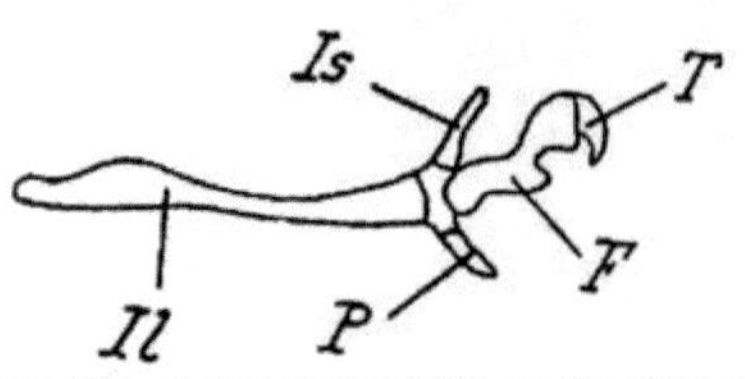

Fig. 297. Schematische Zeichnung des Hüftbeinrudimentes mit den Rudimenten der Hinterextremität einer Boa, von der Seite gesehen. — Il = Ilium, Is = Ischium, P = Pubis, F = Femur, T = Tibia (die von einer Kralle umhüllt ist).

2. Die Anpassungen an den Aufenthaltsort.

Die Lebensregionen des Meeres.

An der Küste drängen sich die freischwimmenden und bodenbewohnenden Formen dicht zusammen. Die Küste ist die einstige Geburtsstätte der Meerestiere; von hier aus haben die Landtiere zu verschiedenen Zeiten der Erdgeschichte das Meer zu erobern gesucht; hier ist der Ausgangspunkt für die schwerfälligen Bewohner des Meeresbodens und die schnellen Schwimmer der Hochsee. Von der Küste aus sind die Tiere, dem Meeresboden folgend, in die Tiefen gewandert oder hinaus auf das offene Meer gezogen.

Die Küstenregion enthält ein Gemisch verschiedenartiger Typen und entbehrt eines einheitlichen Anpassungscharakters. Dagegen sind die Lebensbedingungen für die Bewohner des Meeresgrundes und der Hochsee sehr verschieden und somit auch die Anpassungen der Tiere dieser beiden Regionen. (Fig. 298.)

Die Gesamtheit der den Meeresboden bewohnenden Formen nennen wir das B e n t h o s. Es umfaßt sowohl (als vagiles Benthos) die am Grunde kriechenden, liegenden und sich eingrabenden wie auch (als sessiles Benthos) die festsitzenden Formen wie Korallen, Seeanemonen, Balanen, Röhrenwürmer, Bohrwürmer u. s. w., während die in ihren Bewegungen ungehemmten freien Schwimmer in ihrer Gesamtheit als das N e k t o n bezeichnet werden. Die dritte Gruppe umfaßt jene Organismen, welche eine verminderte Eigenbewegung besitzen und entweder ihr Leben in den Tangwäldern und in den Tümpeln der Korallenriffe zubringen oder von den Meeresströmungen hilflos verschlagen und umhergetrieben werden. Diese Gruppe von Organismen bildet das P l a n k t o n.

Die Organismen des Nekton s c h w i m m e n — die des Plankton f l o t t i e r e n — die des vagilen Benthos halten sich k r i e c h e n d, g r a b e n d, l i e g e n d oder s i t z e n d auf dem Meeresboden auf.

Das Meeresnekton umfaßt unter den Wirbeltieren Fische, Reptilien, Vögel und Säugetiere, während dem Benthos und dem Plankton nur Fische angehören.

Diese Gruppierung der Meeresorganismen beruht auf der V e r s c h i e d e n a r t i g k e i t   i h r e r   B e w e g u n g s f r e i h e i t.

Wir unterscheiden im Meere nach der Entfernung von der Küste und nach der Wassertiefe drei Zonen: 1. die littorale oder die Küstenzone, 2. die pelagische oder die Hochseezone und 3. die abyssale oder die Tiefseezone.

Als Grenze der drei Regionen ist die 350 m Linie angenommen worden. (Fig. 298.)

Als Küstenzone bezeichnet man die Meeresschichten von der Küste angefangen bis zu der durch die Isobathenlinie von 350 m markierten Vertikalebene.

Als Hochseezone bezeichnet man die Meeresschichten innerhalb des Raumes der durch die Isobathenlinie von 350 m markierten

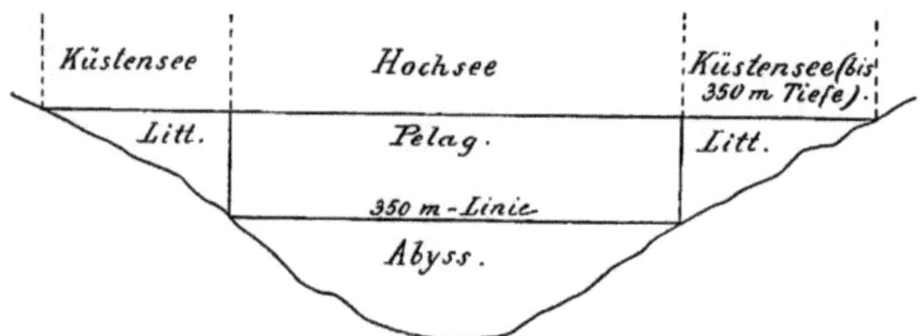

Fig. 298. Die Lebensregionen des Meeres.

Vertikalebene und der in 350 m Meerestiefe liegenden Horizontalebene.

Als Tiefseezone bezeichnet man die Meeresschichten unterhalb der Horizontalebene in 350 m Meerestiefe.

Ferner unterscheidet man nach dem Grade, in dem das Sonnenlicht in die Meeresschichten eindringt, drei Lichtzonen.

1. Die euphotische Zone von 0—80 m Tiefe.

2. Die dysphotische Zone von 80—350 m Tiefe.

3. Die aphotische Zone von 350 m Tiefe nach abwärts.

Diese Unterscheidung ist insofern etwas willkürlich gewählt, als die Durchsichtigkeit des Meereswassers und damit die Durchlässigkeit für die Sonnenstrahlen je nach der Reinheit des Meerwassers schwankt. So ist z. B. das Mittelmeerwasser weit durchsichtiger als die Nordsee, wie schon aus der ganz verschiedenen Farbe (Mittelmeer blau, Nordsee grün) hervorgeht. Infolgedessen liegen die Lichtgrenzen im Mittelmeere tiefer als in der Nordsee.

Wie stark die Grenze der euphotischen Zone schwankt, zeigen die Versuche mit ins Meer versenkten weißen Scheiben, die in der westlichen Ostsee in einer Tiefe von 18 m, in der irischen See bei 22 m, im östlichen Mittelmeere bei 60 m, in der besonders klaren und rein blauen Sargassosee aber erst in 66 m unsichtbar wurden. [1]

[1] J. Hann: Allgemeine Erdkunde, I. Bd., 5. Aufl., 1896, p. 237.

Die sogenannte aphotische Zone liegt aber keineswegs in ewigem Dunkel begraben. Die verschiedensten Tiefseetiere besitzen Leuchtorgane, die in prächtigen Farben, in weißem, opalfarbenem, rubinrotem, smaragdgrünem, zitronengelbem oder tiefblauem Lichte erstrahlen, das die Nacht der großen Tiefen erhellt. Infolgedessen sind keineswegs alle Tiefseefische erblindet, sondern besitzen zum Teile noch funktionelle, meist beträchtlich vergrößerte Augen.

Fig. 299. Lamna cornubica, Fleming. Nordatlantik. (Nach B. D e a n.)

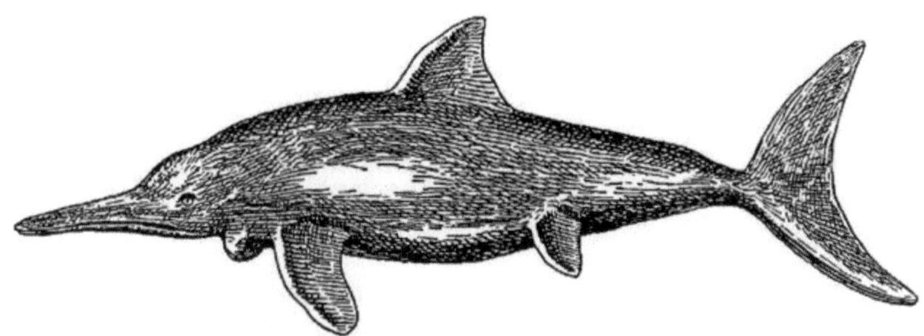

Fig. 300. Neue Rekonstruktion von Ichthyosaurus quadriscissus Quenst. auf Grundlage des Originals im Senckenbergischen Museum in Frankfurt a. M. — Aus dem Oberlias von Holzmaden in Württemberg. Körperlänge: 2.10 m. (Abweichend von den bisherigen Rekonstruktionen ist namentlich das Kehlprofil.)

Die Anpassungsformen der Wirbeltiere an das nektonische, benthonische und planktonische Leben.

I. DIE NEKTONISCHEN WIRBELTIERE.

1. Fusiformer Anpassungstypus.

(Der vorteilhafteste Anpassungstypus eines nektonischen Tieres und zugleich die häufigste Anpassungsform. — Körper torpedo- oder spindelförmig gebaut. Lokomotionsapparat stets am Hinterende des Körpers gelegen; die paarigen Gliedmaßen funktionieren hauptsächlich als Steuer und dienen zur Erhaltung des Gleichgewichtes und der Schwimmrichtung. Vorderflossen mit Ausnahme der obersilurischen Fische stets vorhanden, Hinterflossen entweder vorhanden oder verkümmert oder fehlend. Rückenflosse meist vorhanden.)

a. Lokomotionsorgan vertikal gestellt.

Beispiele:

Lamna cornubica Gmel. — Lebend. — Nordatlantik (Fig. 299). Ein typisch fusiformer Haifisch mit tief gelappter Endflosse, zwei Rückenflossen, einer alleinstehenden Afterflosse und zwei Flossenpaaren.

Ichthyosaurus quadriscissus Quenst. — Jura (Lias). — Schwaben (Fig. 300).

Ein typisch fusiformes Meeresreptil mit tief gespaltener Endflosse, einer Rückenflosse und zwei Flossenpaaren.

Eine besondere Eigentümlichkeit aller mit der ganzen Haut erhaltenen Exemplare (vgl. Fig. 9) ist der halbkugelige Kehlsack, dessen Funktion noch nicht aufgeklärt ist. Diesem Kehlsack ist merkwürdigerweise bei den bisherigen Rekonstruktionen keine Bedeutung geschenkt worden, obwohl er an allen alten von B. Hauffs Meisterhand präparierten Exemplaren deutlich sichtbar ist (er fehlt dem unlängst von E. Fraas beschriebenen Neonatus) und dem Gesamtbilde des Tieres ein ganz eigentümliches Gepräge verliehen haben muß (Fig. 300). Ich vermute, daß es sich entweder um eine Schallblase handelt oder daß dieser Sack mit der Nahrungsaufnahme in irgend einem Zusammenhange steht. Vielleicht hatte er eine ähnliche Aufgabe zu erfüllen wie der Kehlsack des Pelikans. In Form und Lage erinnert der Kehlsack von Ichthyosaurus quadriscissus am meisten an den Halssack des Kropfstorches (Ciconia argala).

Fig. 301. Stenodelphis (Pontoporia) Blainvillei von der Mündung des Rio de la Plata. (Nach H. Burmeister.)

b. Lokomotionsorgan horizontal gestellt.

Beispiele:

Stenodelphis (Pontoporia) Blainvillei Gervais. — Lebend. — Mündung des Rio de La Plata (Fig. 301).

Dieser kleine Zahnwal besitzt eine niedrige Rückenflosse, zwei breite, viereckige Brustflossen und eine halbmondförmig ausgeschnittene, horizontale Schwanzflosse. In der Medianebene ist auf der Dorsal- und Ventralseite vor der Schwanzflosse je ein häutiger Kiel ausgebildet, die als richtunghaltende Apparate funktionieren. Die hinteren Gliedmaßen fehlen bis auf kümmerliche Rudimente des Beckens, die tief in den Weichteilen liegen.

Manatus latirostris Harlan. — Lebend. — Ostküste Zentral- und Südamerikas (Fig. 57.)

Der Lamantin hat eine horizontale, aber nicht ausgeschnittene

Fig. 302. Rekonstruktion von Hesperornis regalis, einem flügellosen Schwimmvogel der oberen Kreideformation; nach einem Gemälde von Walter King Stone. (Aus C. W. Beebe, 1907.)

Schwanzflosse von breit ruderförmiger Gestalt. Als Steuer- und Balancierorgane dienen ihm die Vorderflossen, die auch als Stützen beim Ersteigen des Landes gebraucht werden können und daher noch ein freies

Ellbogengelenk besitzen, das bei den Walen fixiert worden ist. Die hinteren Gliedmaßen fehlen äußerlich; in den Weichteilen liegt ein kümmerliches Rudiment des Beckens und des Oberschenkelknochens (Fig. 131).

c. Lokomotionsorgan von den Hinterbeinen gebildet.

Beispiele:

Phoca vitulina L. — Lebend. — Nordatlantik und Nordpacifik; steigt in die großen Flüsse und Seen auf. (Fig. 67.)

Beim Seehund vertreten die dicht aneinandergelegten Hinterflossen die häutige Schwanzflosse der Wale und Sirenen. Die Funktion der beiden Hinterflossen ist aber eine andere als die einer horizontalen, häutigen Schwanzflosse, wie schon früher auseinandergesetzt wurde (p. 123).

Hesperornis regalis Marsh. — Obere Kreideformation. — Kansas, Nordamerika (Fig. 114, 302).

Dieser vollständig flugunfähig gewordene Vogel aus der nordamerikanischen Oberkreide besitzt große Hinterflossen, in welchen die vierte Zehe weitaus die stärkste und längste ist. Es liegen also hier ähnliche Zehenproportionen wie beim Lappentaucher und beim Pelikan vor. Besonders fällt die außerordentliche Länge des Tibiotarsus auf; Flügelrudimente fehlen vollständig (Fig. 114).

Dieser Vogel muß sich in ähnlicher Weise wie eine Robbe fortbewegt haben. Seine großen Hinterfüße, in welchen wie beim Pelikan alle vier Zehen nach vorne gerichtet waren, mußten wie Ruder funktionieren; ob der Schwanz befiedert war, wenigstens in der Weise, wie ihn Walter King Stone auf dem Titelbilde zu dem vorzüglichen Handbuche von C. W. Beebe rekonstruiert hat, ist ganz unsicher.

2. Cheloniformer Anpassungstypus.

(Körper mehr oder weniger herzförmig, flachbootartig. Lokomotionsorgane paarig zu beiden Seiten des Körpers; in der Regel ist das vordere Flossenpaar das Hauptruderpaar, mitunter sind beide Flossenpaare gleich groß, selten die hinteren Flossen etwas größer als die vorderen. Der Schwanz ist kurz und spielt bei der Lokomotion keine Rolle.)

Beispiele:

Thalassochelys caretta L. — Lebend. — In allen Meeren der warmen und gemäßigten Zonen.

Die großen Vorderflossen arbeiten rudernd und sind das eigentliche Lokomotionsorgan. Die Hinterflossen dienen nur zur Steuerung.

Die Flossen des jungen Tieres sind relativ bedeutend größer als die des alten. Diese Divergenz beruht darauf, daß die junge Thalassochelys eine flinke und geschickte Schwimmerin ist, während das alte, sehr schwerfällige Tier sich in der Regel auf dem Meeresboden aufhält. Das 1910 im Frankfurter Zoologischen Garten lebende, 94 Kilo schwere, sehr alte Tier ist ungemein schwerfällig in seinen Bewegungen. Dr. Kurt P r i e m e l teilt mir mit, daß das in der Bucht von Triest gefangene Tier etwa 3 Wochen nach seiner Ankunft in Frankfurt zum erstenmal exkrementierte; neben Bodenschlamm fanden sich Schnecken, Krebse usw., und zwar nur die charakteristischen Bodentiere aus der Bucht von Triest, aber keine nektonischen Tiere in den Exkrementen vor.

T h a u m a t o s a u r u s   v i c t o r E. F r a a s. — Jura (Oberer Lias). — Holzmaden in Württemberg (Fig. 8, 79, 97, 98).

Beide Flossenpaare sind ungefähr gleich lang und haben zweifellos in gleichem Grade als Ruder funktioniert.

Der starke, aus aneinanderstoßenden Platten gebildete Brustgürtel, das sich anschließende Geflecht der Bauchrippen und der aus starken, aneinanderschließenden Platten bestehende Beckengürtel bilden zusammen einen festen Panzer, der allerdings nur in physiologischer, aber nicht in morphologischer Hinsicht dem Bauchpanzer oder Plastron der Schildkröten vergleichbar ist (Fig. 8).

A p t e n o d y t e s F o r s t e r i G r a y. — Lebend. — Antarktis.

Da beim Pinguin die Lokomotion durch die zu Flossen umgeformten Flügel und nicht durch die Hinterflossen erfolgt, so ist er gleichfalls dem cheloniformen Typus einzureihen. Die Füße treten während des Schwimmens nur sehr selten in Funktion.

O t a r i a j u b a t a B l a i n v i l l e. — Lebend.

Lebt auf den Galapagos-Inseln sowie an der pacifischen Küste von Südamerika, südlich von Chile, und an der atlantischen Küste Südamerikas südlich vom Rio de La Plata (Fig. 75).

Die Lokomotion wird allein durch die Vorderflossen bewirkt, während die Hinterflossen zur Steuerung dienen.

3. T r i t o n i f o r m e r   A n p a s s u n g s t y p u s. [1])

(Die Lokomotion wird durch den Schwanz bewirkt, der lateral komprimiert ist und bei einigen Formen in eine hohe, vertikal stehende Schwanzflosse ausläuft, deren Unterrand wie bei Ichthyosaurus durch die scharf abgeknickte Wirbelsäule versteift wird. Die Hinterbeine nehmen an der Lokomotion teil und dienen außerdem als Steuer, während die Vorderbeine in den meisten Fällen verkümmert sind. Der Körper ist eidechsenartig langgestreckt.)

---

[1]) Ich habe den Terminus „M o l c h t y p u s" oder „T r i t o n t y p u s" aufgestellt und am 26. November 1906 in meinen Vorlesungen über „Die Gliedmaßenumformung der Wirbeltiere" zum erstenmal gebraucht.

Beispiele:

Necturus maculatus. — Lebend (Fig. 303).

Die Untersuchungen von H. H. Wilder über die Schwimmbewegungen dieses Molches sind von ungewöhnlichem Interesse. Nach seinen Beobachtungen stellt Necturus maculatus beim Schwimmen die Füße und Arme nach hinten und zwar derart, daß die Fußsohlen nach innen, die Handflächen aber nach außen stehen. Diese Hand- und Fußstellung hängt nach Wilder mit der Art des Schwingens im Schultergelenk zusammen. Wird die Hand zum Gehen verwendet, so kommt die Dorsalfläche nach oben zu stehen. [1]

Geosaurus suevicus E. Fraas. — Oberer Jura. — Württemberg und Bayern (Fig. 62, 102, 103).

Das schönste bisher bekannte Exemplar dieses Meerkrokodils ist in den Plattenkalken des weißen

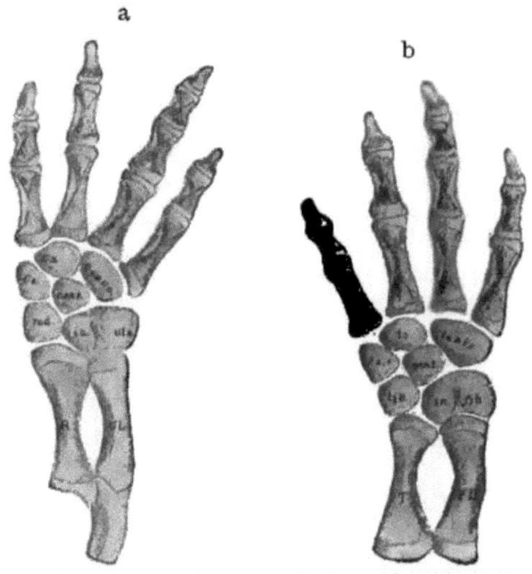

Fig. 303. a Hand und b Fuß von Necturus maculatus Rafinesque. (Nach H. H. Wilder, 1903.)

Jura in Nusplingen gefunden worden und befindet sich im Naturalienkabinett zu Stuttgart. Die Vorderflossen sind hochgradig rudimentär, die Hinterflossen stark und lang. Die scharfe Knickung des Schwanzes ist jener der Ichthyosaurier sehr ähnlich (Fig. 62).

Myogale moschata Pallas. — Lebend. — Südrußland (Fig. 115).

Der Desman rudert außerordentlich geschickt, schnell und kräftig mit den Hinterbeinen. Die Hinterfüße fallen durch die in der Fußfläche nach vorne gebogenen, sehr kräftigen Zehen auf; am Hinterrand des auf der Dorsalfläche fein beschuppten Fußes steht eine Reihe langer Schwimmborsten, die beim Rudern auseinandergebreitet werden und auf diese Weise die Ruderfläche vergrößern. Der Schwanz ist sehr lang, seitlich stark komprimiert und mit Schuppen bedeckt. Die Vorderfüße sind sehr klein.

Die Art des Schwimmens teilt der Desman mit der Wasserspitzmaus (Crossopus fodiens), bei welcher der Hinterfuß gleichfalls sehr stark

[1] H. H. Wilder: The Skeletal System of Necturus maculatus Rafinesque. — Memoirs Boston Nat. Hist. Soc., V., 1903, p. 433.

entwickelt und nicht nur auf der Hinterseite, sondern auch am Vorderrande mit Borsten besetzt ist. Ebenso schwimmt auch Potamogale velox.

Kollege H. Gadow teilt mir mit, daß er Myogale pyrenaica in Nordspanien während des Schwimmens beobachtet hat. Das Tier lebt im Seichtwasser und schwimmt sehr schnell knapp über dem Boden hin, so daß man fast den Eindruck erhält, daß das Tier rasch über den Boden läuft.

4. Mosasauriformer Anpassungstypus.

(Körper langgestreckt, Vorder- und Hinterflossen stark entwickelt und ungefähr gleich lang, entweder als breite, kurze Paddeln oder als

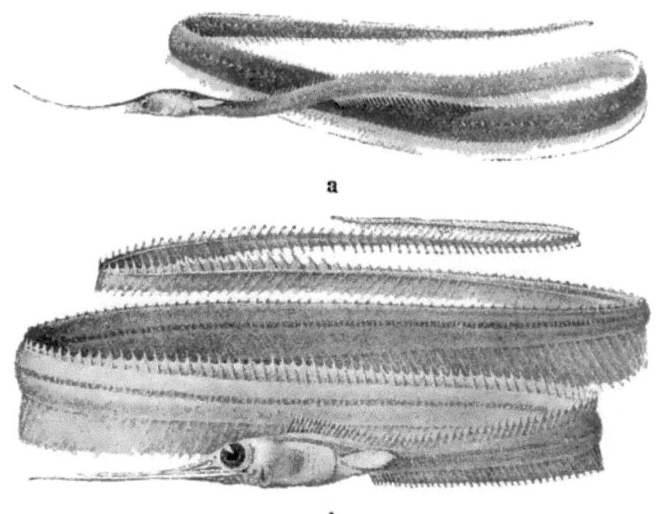

Fig. 304. a: Labichthys Bowersii Garman. — b: Nemichthys fronto Garman.
(Nach A. Agassiz.)

lange, schmale Ruder ausgebildet. Lokomotion durch schlängelnde Bewegung des Körpers bewirkt.)

Beispiele:

Mosasaurus Lemonnieri Dollo. — Obere Kreide. — Belgien (Fig. 70, 104).

Der mosasauriforme Anpassungstypus ist bei der gänzlich erloschenen, durch Mosasaurus charakterisierten Gruppe der Mosasauria (Pythonomorpha), die in der oberen Kreide ihre Blüte erreichte, typisch entwickelt.

Acrosaurus Frischmanni H. v. Meyer. — Oberer Jura. — Solnhofen (Fig. 72).

Die Extremitäten dieses kleinen Acrosauriden sind zu Flossen ausgebildet. Die Lokomotion muß durch Schlängeln des ganzen Körpers bewirkt worden sein.

5. Taenioformer Anpassungstypus.

(Körper langgestreckt, bandartig. Weder die Schwanzflosse noch die übrigen Flossen spielen bei der Fortbewegung eine Rolle; die Fortbewegung geschieht durch die schlängelnde Bewegung des seitlich stark komprimierten Körpers. Nur bei Tiefseefischen ausgebildet.) [1]

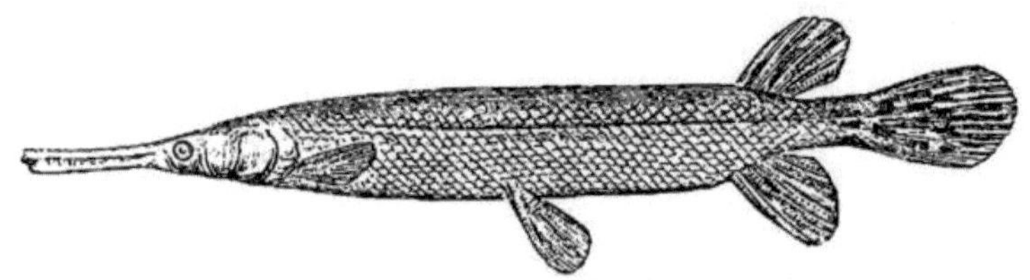

Fig. 305. Lepidosteus platystomns. (Nach Bashford Dean.)

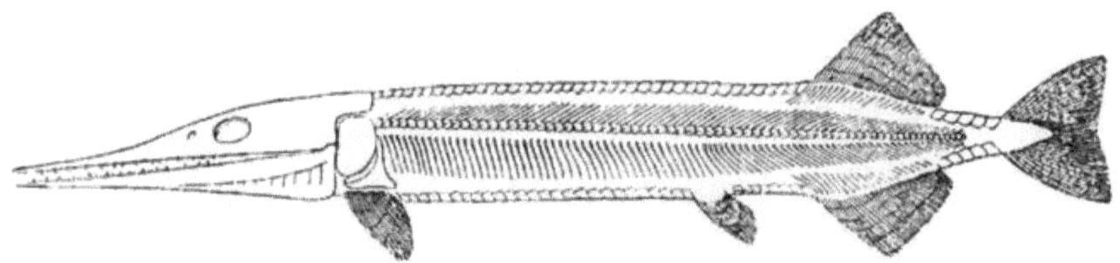

Fig. 306. Belonorhynchus gigas. Hawkesbury-Formation (Trias?) von Neu-Süd-Wales. (Nach A. S. Woodward.)

Beispiel:

Avocettina infans Günther. — Lebend. — Tiefsee.

Dieser Tiefseefisch kann als typisches Beispiel eines taenioformen Fisches gelten.

Er ist dadurch merkwürdig, daß der Oberkiefer fast doppelt so lang als der Unterkiefer ist; der erstere ist nach oben, der letztere nach unten gekrümmt und beide enden mit einer knopfartigen, mit kleinen Zähnen besetzten Verdickung, deren Funktion ganz rätselhaft ist. Das Tier ist wahrscheinlich ein rasch schwimmender Räuber und das gleiche gilt für Labichthys Bowersii Garm. (Fig. 305 a) und Nemichthys fronto (Fig. 304 b).

6. Sagittiformer Anpassungstypus. [2]

(Körper langgestreckt, gleichförmig hoch und lateral komprimiert, Kopf zugespitzt, unpaare Flossen starkstrahlig und pfeilgefiederartig ange-

---

ordnet, Schwanzabschnitt sehr muskulös und der Körper zuweilen vor der Schwanzflossenregion zwischen den genau opponierten unpaaren Flossen (Dorsalis und Analis) erhöht. Das endgestellte Lokomotionsorgan (meist Rückenflosse + Schwanzflosse + Afterflosse) bildet eine physiologische Einheit, welche „gleich einem Pfeilgefieder richtunggebend wirkt".)

Beispiele:

L e p i d o s t e u s   p l a t y s t o m u s. — Lebend. — Flüsse und Seen der Vereinigten Staaten Nordamerikas (Fig. 305).

Der Flösselhecht bildet ein gutes Beispiel für diesen Typus. Im Gegensatz zu typisch fusiformen Fischen ist der Körper zwischen der

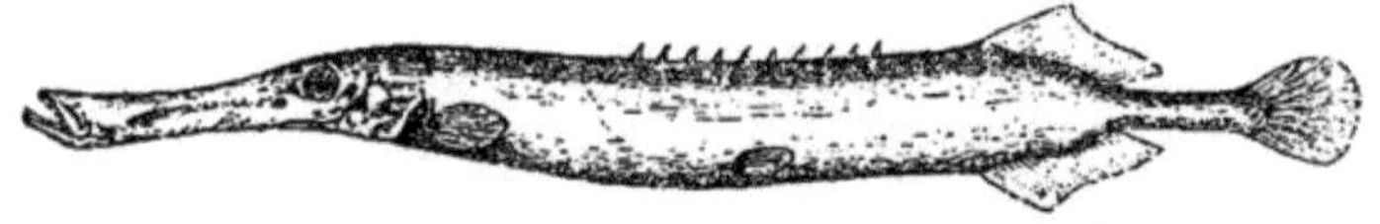

Fig. 307. Aulostoma maculatum. (Nach C u v i e r, gez. von G. S c h l e s i n g e r.)

opponierten Analis und Dorsalis am höchsten, wie dies auch bei Esox lucius der Fall ist.

B e l o n o r h y n c h u s   g i g a s. — Hawkesbury-Formation (Trias?). — Gosford, Neu-Süd-Wales (Fig 306).

Daß dieser Typus schon in früheren Formationen zur Ausbildung gelangte, beweist diese Form, deren Körperauftreibung vor der Caudalregion besonders ausgesprochen ist.

A u l o s t o m a   m a c u l a t u m. — Lebend. — Atlantische Küste des tropischen Amerika (Fig. 307).

Dieser Fisch aus der Gruppe der Röhrenmäuler ist ein schneller Freischwimmer; er nimmt seine Nahrung pipettenartig auf, indem er die Mundröhre verschließt und durch Muskeldruck ein Vacuum herstellt. Beim Öffnen der Röhre wird die Beute mit dem einstürzenden Wasser in das Maul gestrudelt. [1])

C y e m a   a t r u m. — Lebend. — Tiefsee bis 2000 m (Fig. 49).

Dieser Fisch gehört der Familie der Nemichthyiden an, welche im allgemeinen taenioform gebaut sind. Er ist ein Stoßräuber.

Die homocerke Schwanzflosse ist bei den Nemichthyiden verloren gegangen und der Körper von einem einheitlichen Flossensaum umgeben. Aus diesem Flossensaum hat sich nun sekundär durch Spaltung am Hinterende des Körpers und Vergrößerung der getrennten Teile eine neue Schwanzflosse herausgebildet, welche als kräftiger Lokomotionsapparat wirkt. Oberer und unterer Teil des Flossensaums sind opponiert und symmetrisch gebaut.

—————
[1]) G. S c h l e s i n g e r: l. c., p. 150.

G. S c h l e s i n g e r hat mit Recht diese Spezialisation als einen neuen Beweis für das D o l l o sche Gesetz bezeichnet.

7. V e l i f o r m e r   A n p a s s u n g s t y p u s. [1]

(Körper langgestreckt, mitunter (wie bei Histiophorus gladius) durch Opposition der Dorsalis und Analis an den sagittiformen Typus erinnernd; zuweilen keilförmig vom Schädel an gegen hinten verjüngt. Vordere Dorsalis außerordentlich vergrößert.)

Fig. 308. Histiophorus gladius Brouss. (Nach G. B. G o o d e, 1884.)

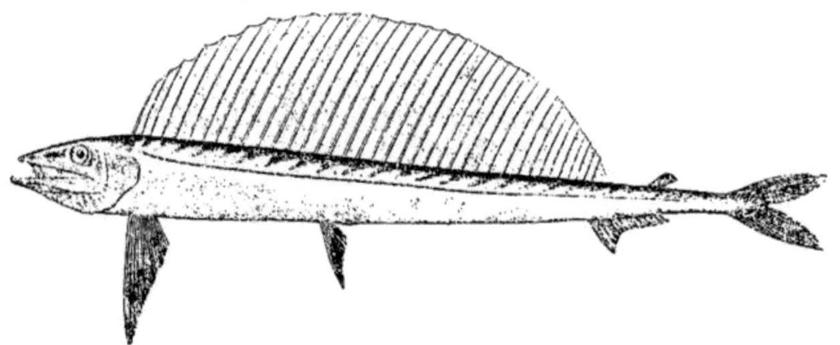

Fig. 309. Plagyodus ferox Lowe. (Nach G. B. G o o d e, 1884.)

Beispiele:

H i s t i o p h o r u s gladius Broussonet. — Lebend. — Tropische und gemäßigte Meere (Westatlantik, Westindik, Westpacifik) (Fig. 308).

Die Rückenflosse ist enorm vergrößert; die Schnauze läuft in einen spitzen, scharfen und sehr harten Stachel aus, welcher als Angriffswaffe gebraucht wird.

Drei Beobachter — Sir Stamford R a f f l e s [2], H. N. M o s e l e y [3]

[1] L. D o l l o: Les Poissons Voiliers. — Zoolog. Jahrbücher. Abt. f. Syst., Geogr. u. Biologie, XXVII. Bd., 1909, p. 419.

[2] G. B. G o o d e: Materials for a History of the Sword-Fish. — United States Comm. of Fish and Fisheries. — Report for 1880, Washington, 1883, p. 324.

[3] H. N. M o s e l e y: Notes by a Naturalist on H. M. S. „Challenger", London 1892, p. 387.

und M. W e b e r[1]) geben ausdrücklich an, daß der Schwertfisch ein Oberflächenschwimmer ist und seine weit aus dem Wasser emporragende Dorsalis als Segel benützt.

P l a g y o d u s   f e r o x   L o w e.
— Lebend. — Außertropische Regionen des West- und Ostatlantik und des Ostpacifik (Fig. 309).

So wie Histiophorus als einziger Vertreter der Xiphiiden veliform geworden ist, so ist dies auch bei Plagyodus als der einzigen Gattung der Paralepiden der Fall.

L. D o l l o hat gezeigt, daß auch dieser Fisch ein Oberflächenschwimmer ist, der zwar ebenso wie Histiophorus zu tauchen vermag, aber doch vorwiegend an der Oberfläche sich aufhält, um sich vom Winde treiben zu lassen.

Die Frage, ob Cetorhinus und Orthagoriscus, ferner Semiophorus demselben Typus angehören und ob die großen Rückenflossen von Orca und Globiocephalus, sowie von einzelnen Haifischen gleichfalls als Segel benützt werden, ist noch nicht aufgeklärt und bedarf erneuter Untersuchungen.

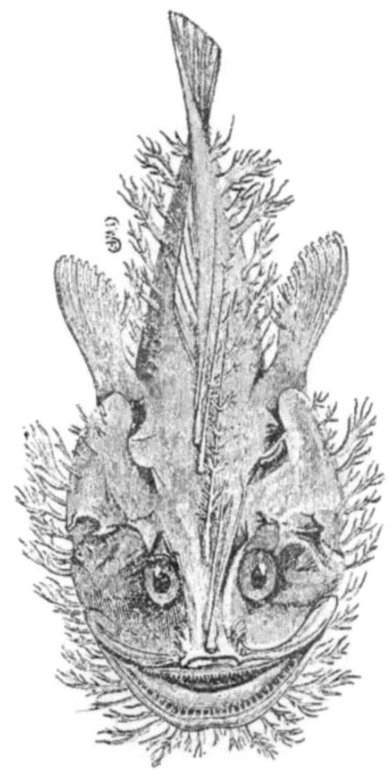

Fig. 310.   Chirolophius naresii.   (Nach A. G ü n t h e r.)

II. DIE BENTHONISCHEN WIRBELTIERE.

1. D e p r e s s i f o r m e r   A n p a s s u n g s t y p u s.

(Körper von oben nach unten (dorsoventral) abgeflacht, Augen auf die Oberseite des Körpers verschoben, Brustflossen (wenn vorhanden) in den schildartig verbreiterten Körper einbezogen. Hinterer Körperabschnitt stark verjüngt, Schwanzflosse klein oder zu einer langen Peitsche umgeformt. Körper meist nackt und gepanzert. Die Lokomotion wird bei den gepanzerten Formen durch die Schwanzflosse, bei den ungepanzerten (z. B. Rochen) durch die stark verbreiterten, flügelartigen Brustflossen bewirkt.)

Beispiele:

C h i r o l o p h i u s   N a r e s i i. — Lebend (Fig. 310, 311).

Dieser Grundfisch aus der Familie der Lophiiden ist im vorderen

---

[1]) M. W e b e r: Introduction et description de l'Expédition; in: Siboga-Expeditie, Leyden 1902, p. 110.

Körperabschnitt sehr stark von oben nach unten komprimiert; seine Augen sind auf die Oberseite des Körpers verschoben.

Der Fisch lockt durch zitternde Bewegungen der zahlreichen moosartig verzweigten Hautlappen und der mit weichen Zacken besetzten frei beweglichen Rückenflossenstacheln Beutetiere an.

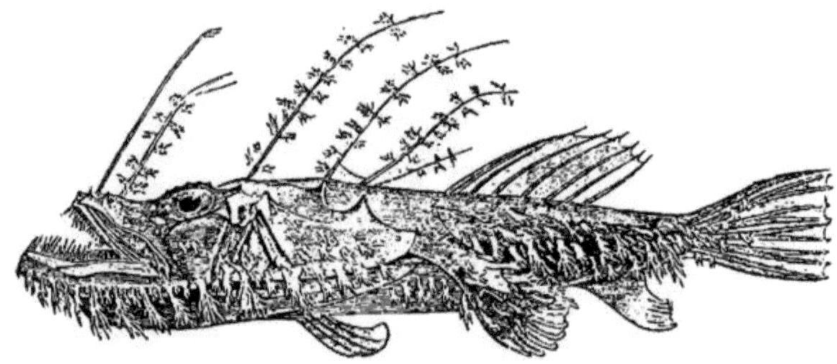

Fig. 311. Chirolophius Naresii. (Nach Boulenger.)

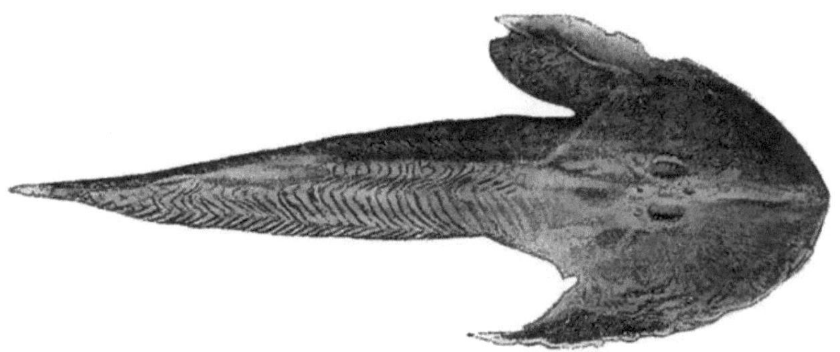

Fig. 312. Cephalaspis Lyelli, L. Agassiz. Unterdevon. Glammis, Forfarshire, Schottland. Körperlänge 20 cm. (Nach E. Ray Lankester, 1870.)

Das weite, mit zahlreichen Zähnen besetzte Maul ist nach oben geöffnet.

Cephalaspis Lyelli. — Devon. — Old Red Sandstone, Forfarshire (Fig. 312).

Die verschiedenen Gattungen der Cephalaspiden aus der Ordnung der Osteostraci sind sämtlich Grundfische gewesen. Dies geht nicht nur aus der abgeflachten Form des Kopfteiles, sondern insbesondere aus der Lage der Augen hervor, die dicht nebeneinander auf der Oberseite des einheitlichen, knöchernen Kopfschildes liegen.

Der Kopfschild läuft zu beiden Seiten in spitze Zacken aus; diese Zacken stehen weit ab und sind auf der dem Körper zugewendeten Seite mitunter scharf gezähnt. In dem bogenförmigen Ausschnitt des

Kopfschildes liegt, bei einem Exemplar deutlich sichtbar, ein Organ, dessen Bedeutung noch nicht ermittelt ist. Um eine Brustflosse kann es sich keinesfalls handeln, eher um einen Schutzapparat der Kiemen oder vielleicht um die Kiemen selbst.

Der Körper ist mit Schienen gepanzert, sehr niedrig und auf der Ventralseite horizontal abgeplattet; die Schwanzflosse ist weidenblattförmig. Auf dem Rücken steht eine kleine, sehr niedere Dorsalis; außer diesen beiden Flossen sind keine anderen vorhanden.

Auchenipterus Magdalenae. — Lebend. — Magdalenenstrom (Fig. 313).

Ein Vergleich dieses Schilderwelses mit Cephalaspis ist durch die Ähnlichkeit der Körperformen und Anpassungen geradezu überraschend. Natürlich darf man nicht im entferntesten an eine Verwandtschaft beider Formen denken; den Ähnlichkeiten der Anpassungsform stehen ungeheure Divergenzen in morphologischer Hinsicht gegenüber. Ein Vergleich der Abbildung von Auchenipterus mit Cephalaspis zeigt ohne weitere Erläuterung die große Konvergenz in der Anpassungsform.

Rhinobatus bugesiacus. — Oberer Jura. — Lithographischer Schiefer, Bayern (Fig. 314).

Die Anpassungen der Wirbeltiere an das benthonische Leben sind selbst dann, wo es sich nur um depressiforme Typen handelt, überaus mannigfaltig. Diese Verschiedenheiten zeigen sich schon im engeren Rahmen der Elasmobranchier sehr deutlich, unter welchen wir eine ganze Reihe verschiedenartiger Spezialisationssteigerungen

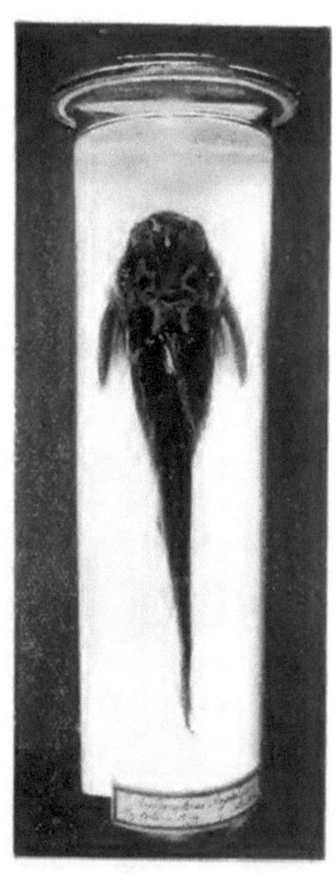

Fig. 313. Ein Panzerwels mit gezähnten Pectoralstrahlen, Auchenipterus Magdalenae, aus dem Magdalenenstrom in Columbia. Exemplar im Hofmuseum in Wien. (Phot. Ing. Fr. Hafferl.)

hinsichtlich der Körper- und Flossenform zu unterscheiden haben.

Horizontal abstehende, breitdreieckige Brust- und Bauchflossen finden wir bei sehr vielen Elasmobranchiern, die überhaupt vorwiegend Bodenbewohner sind und waren.

Bei Rhinobatus bugesiacus sehen wir die paarigen Flossen stark vergrößert, besonders die Pectoralen, während der hintere Körperteil, namentlich die Schwanzregion, reduziert erscheint. Der Kopf ist vorne in ein spitzes Rostrum ausgezogen und die Augen liegen auf der Oberseite des Schädels.

Harriotta Raleighiana. — Lebend (Fig. 315).

Dieser Holocephale weist ähnliche Anpassungen wie Rhinobatus aus der Gruppe der Rochen auf; in mancher Hinsicht, wie in der Länge

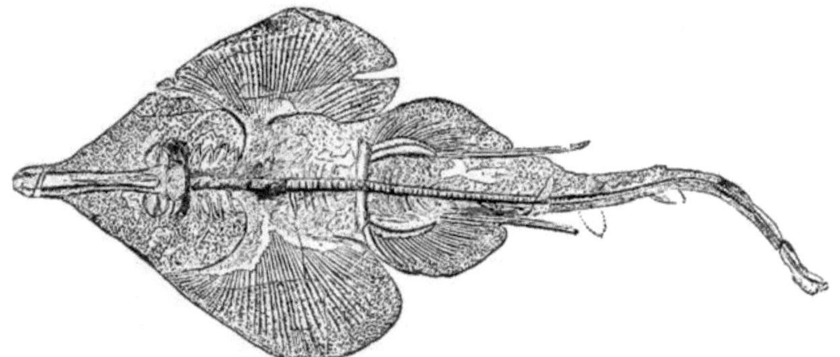

Fig. 314. Rhinobatus bugesiacus, Thioll. Lithographischer Schiefer, Solnhofen, Bayern. (Nach K. A. von Zittel.)

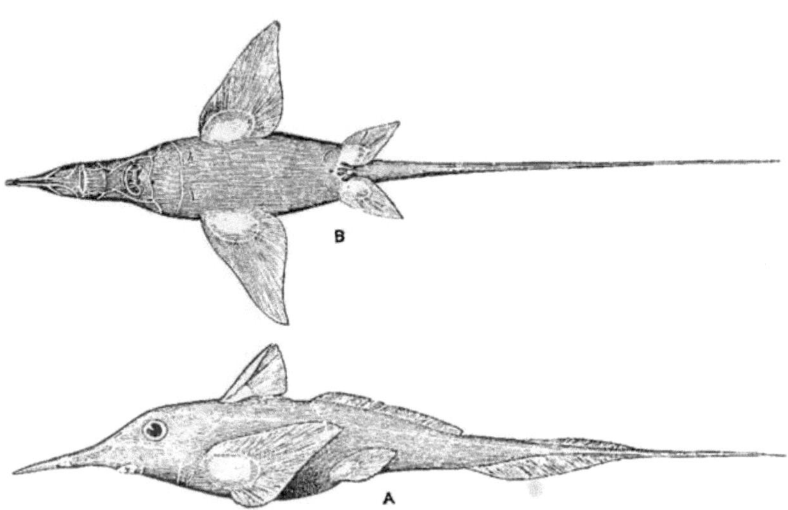

Fig. 315. Harriotta Raleighiana, ein Chimaeride aus dem Nordatlantik. Vorkommen in der Tiefsee zwischen 707 und 1081 Faden. — A Seitenansicht, B Ventralansicht eines Männchens. (Nach Goode und Bean.) Ungefähr ⅓ Nat. Gr.

des peitschenartig verjüngten Schwanzes und der Länge des Rostrums ist er höher spezialisiert als Rhinobatus, in der seitlichen Stellung der Augen aber und in der geringeren Größe der paarigen Flossen ist er primitiver als Rhinobatus.

Diese Divergenz der Anpassungen sagt uns, daß die Lebensweise, also hauptsächlich Aufenthaltsort, Bewegungsart und Nahrungsweise, nicht genau gleich waren oder sind. Rhinobatus ist schon mehr zu einem ruhigen, schwerfälligen Bodenbewohner geworden, während Harriotta neben ihrer benthonischen Lebensweise auch eine gute Freischwimmerin ist. Sehr deutlich zeigt uns dieser Vergleich die Folgen einer Kombination von verschiedenen Anpassungen.

Sclerorhynchus atavus. — Obere Kreide. — Libanon (Fig. 316).

Dieser Fisch repräsentiert den ältesten Vertreter der Familie der Sägefische oder Pristiden; seine Rostralzähne sind sehr klein. Die paarigen Flossen sind horizontal ausgebreitet; besonders groß sind die Pectoralen.

Das seitlich mit Zähnen besetzte Rostrum ist eine Art Egge zum Aufwühlen des Bodenschlammes; das Maul liegt, wie bei den meisten Elasmobranchiern, auf der Unterseite des Körpers und zwar ist dies eine Anpassung an das Leben auf dem Meeresboden. Dies festzuhalten ist sehr wichtig, da wir damit neben anderen Adaptationsmerkmalen ein Mittel erhalten, um die freischwimmenden Haifische auf bodenbewohnende Vorfahren zurückzuführen.

Rhina squatina. — Lebend (Fig. 317).

Kopf breit, flach, beide Flossenpaare stark verbreitert, hintere Körperhälfte und Schwanzflosse verkümmernd. Augen noch nicht völlig auf die Oberseite verschoben.

Torpedo Narke. — Lebend (Fig. 318).

Vorderer Körperabschnitt ein großes, flaches, rundes Schild bildend, in welches die bei Rhina noch separaten Pectoralen ohne äußerlich sichtbare Grenze miteinbezogen sind. Ventralen noch groß; Schwanzflosse und Rückenflosse vorhanden, aber beide rudimentär.

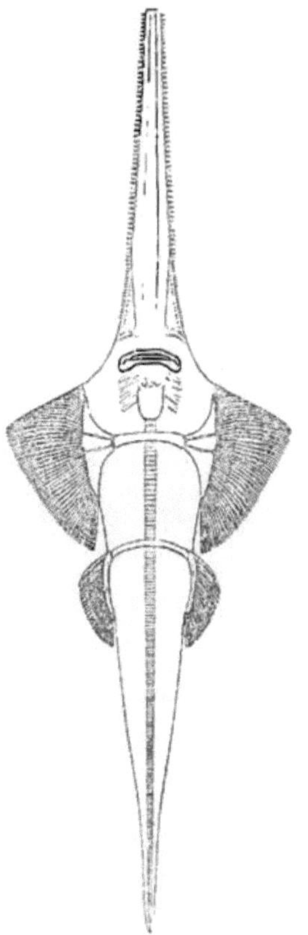

Fig. 316. Sclerorhynchus atavus. Obere Kreide. Libanon. (Nach A. S. Woodward.)

Pteroplatea altavela. — Lebend (Fig. 319).

Das Schild ist noch mehr in transversaler Richtung verbreitert und seitlich dreieckig zugespitzt, so daß der vordere, flachgedrückte Körperteil viel breiter als lang ist. Die Ventralen sind verkümmert; der Körper läuft in eine schwanzflossenlose, kurze Peitsche aus, an deren Oberseite als letzter Rest der Dorsalis ein Dorsalstachel aufsitzt, welcher dem Tiere als wirksame Waffe dient.

Myliobatis aquila. — Lebend (Fig. 320).

Schild noch breiter als bei Pteroplatea und noch stärker an den Seiten
zugespitzt, so daß der Vorderrand des lateralen dreieckigen Flügels
konvex, der Hinterrand aber konkav ist. Während aber bei Pteroplatea

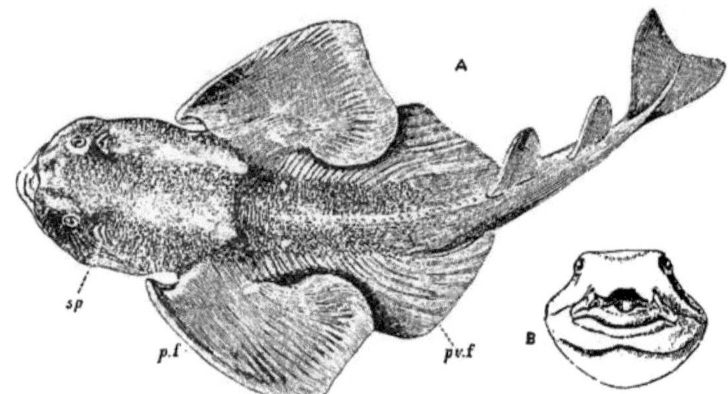

Fig. 317. Rhina squatina. (Nach G. A. Boulenger.)

der Kopf in den großen Schild einbezogen ist, steht er bei Myliobatis
vor; ferner sind die Ventralen größer als bei Pteroplatea; endlich ist auf
der langen Schwanzpeitsche neben dem
Dorsalstachel noch eine kleine Dorsalflosse erhalten. Während also einerseits
Pteroplatea primitiver ist als Myliobatis,
ist sie anderseits wieder höher spezialisiert.

Thelodus scoticus.[1] — Obersilur. — Schottland (Fig. 321).

Dieser obersilurische Fisch hat
einen dorsoventral stark abgeflachten
Körper ohne paarige Flossen, aber mit
heterocerker epibatischer Schwanzflosse
und einer Rückenflosse, welche der sonst
sehr ähnlich geformten Lanarkia spinosa
Traq. aus denselben Schichten fehlt.

Zweifellos ist die Abflachung des
Körpers ein Beweis für die benthonische
Lebenweise dieser Fische,[2] aber die

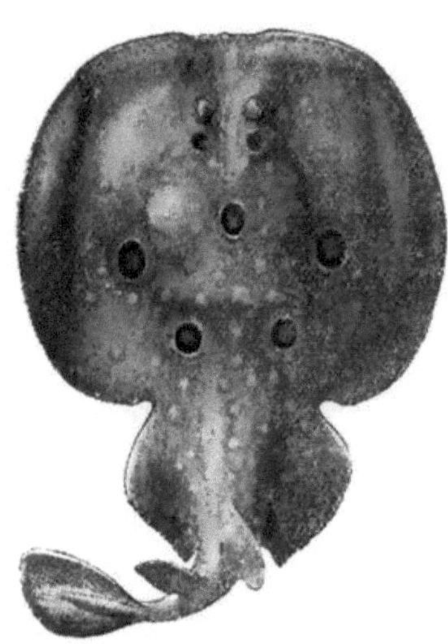

Fig. 318. Torpedo Narke. (Nach Bonaparte.)

Form des Schwanzes und die noch weit am Rande des Schädels stehen-

[1] R. H. Traquair: Report on Fossil Fishes collected by the Geological
Survey of Scotland in the Silurian Rocks of the South of Scotland. — Transactions R. Soc. Edinburgh, XXXIX, 15. XII. 1899, p. 829. — Ibidem, XL.
26. I. 1905, p. 880.

[2] O. Abel: Die Lebensweise der altpaläozoischen Fische. — Verh. k. k.

den Augen beweisen, daß Thelodus und Lanarkia die erste Anpassungsstufe an das benthonische Leben repräsentieren.[1]

D r e p a n a s p i s   g e m ü n d e n e n s i s.[2] — Unterdevon. —
Gemünden in Rheinpreußen (Fig. 322).

Der Körper dieses Panzerfisches ist sehr stark depressiform; seine
Hülle besteht aus einem System größerer und kleinerer Knochenplatten,
von denen die letzteren mosaikartig angeordnet sind. In der Mitte des
Rückens liegt eine ovale Knochenplatte als Hauptschild, während die
Bauchseite durch eine größere Zahl von großen, flachen Panzerplatten
geschützt ist. Da keine Orbitae vorhanden, sondern nur auf der Unter-

Fig. 319. Pteroplatea altavela. (Nach B o n a p a r t e.)

seite des Körpers in den beiderseits von der querstehenden Mundöffnung
stehenden Platten kleine runde Löcher zu sehen sind, so muß dieser
Panzerfisch blind[3] gewesen sein. Diese Auffassung wird auch von
L. D o l l o geteilt[4]; ich möchte es für wahrscheinlich halten, daß die
neuerdings von E. K o k e n[5] wieder als Augenöffnungen gedeuteten

zool.-bot. Ges. in Wien, 1907, Vol. LVII, p. 159. — Die Anpassungsformen der
Wirbeltiere an das Meeresleben. — Vorträge des Vereines zur Verbreitung natur-
wissenschaftl. Kenntnisse in Wien, 48. Jahrg., 14. Heft, Wien 1908, p. 13.

[1] L. D o l l o: La Paléontologie éthologique. — Bull. Soc. Belge Géol. etc.,
XXIII, Bruxelles 1909, Mémoires p. 303.

[2] R. H. T r a q u a i r: The Lower Devonian Fishes of Gemünden. — Transact. Roy. Soc. Edinburgh, XL, Part 4, No. 30, 1903, p. 725. — Ibidem (Supple-
ment), XLI, Part 2, No. 20, 1905, p. 469.

[3] O. A b e l: Bau und Geschichte der Erde. — Wien und Leipzig, 1909, p. 97.

[4] L. D o l l o: La Paléontologie éthologique. — l. c., p. 399.

[5] E. K o k e n: Fische in: Grundzüge der Paläontologie von K. A. v o n
Z i t t e l. 2. Aufl., 1911, p. 30.

kleinen Löcher auf der Ventralseite[1]) des Körpers zum Durchtritt von Bärteln dienten, wie sie bei vielen Grundfischen vorhanden sind.

Wir finden bei verschiedenen lebenden Grundfischen eine Atrophie

Fig. 320. Myliobatis aquila. (Nach Bonaparte.)

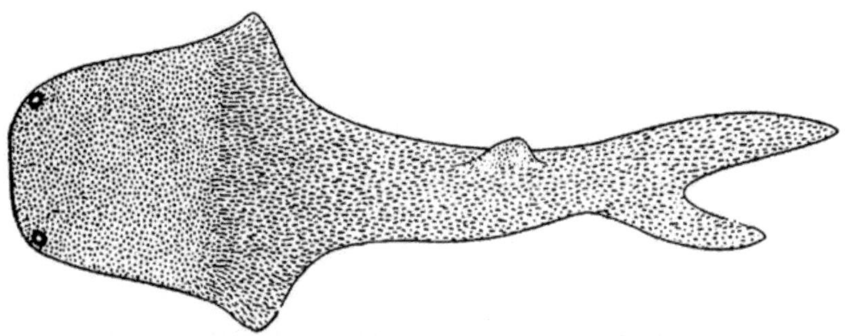

Fig. 321. Thelodus scoticus, Traquair. Obersilur. Seggholm, Lanarkshire, Schottland. Körperlänge etwa 20 cm. (Nach R. H. Traquair, 1905.)

der Sehorgane, so z. B. bei Benthobatis, Bengalichthys, Typhlonarce. Die Erblindung dieser Rochen aus der Familie der Torpediniden ist

---

[1]) Die beiden von Koken abgebildeten Rekonstruktionen (Fig. 35) sind zwei verschiedenen Arbeiten Traquairs entnommen und zwar ist die linksseitige die frühere, von Traquair seither (in der von Koken zitierten Arbeit) aber verbesserte Rekonstruktion, in welcher die „Augenhöhlen" eine unrichtige Stellung einnehmen; daher stimmen die Ansichten der Dorsalseite und Ventralseite in Kokens Arbeit nicht zusammen.

teilweise darauf zurückzuführen, daß diese Fische sich im Schlamm vergraben, teilweise aber die Folge des Lebens in tiefen, aphotischen Meeresregionen wie bei Benthobatis, der in einer Tiefe von 430 Faden gefangen wurde; Bengalichthys ist in 15 Faden, Typhlonarce in 36 Faden

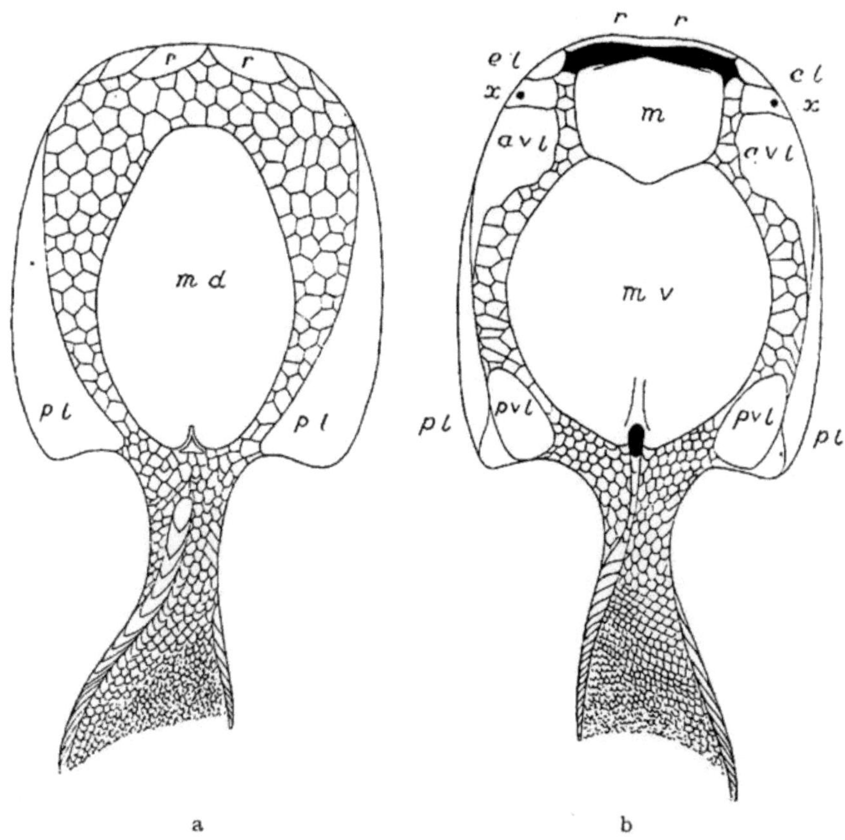

Fig. 322. Drepanaspis gemündenensis, Schlüter. Unterdevon. Gemünden, Rheinpreußen. — a Dorsalansicht, b Ventralansicht. (Rekonstruiert von R. H. Traquair, 1905.)

Tiefe gefangen worden und bei diesen Rochen muß daher die Erblindung eine Folge des Wühlens im Schlamm sein.[1])

Mylostoma variabile. — Oberdevon (Cleveland Shales, Sheffield, Ohio). — Nordamerika.

Diese durch große Zahnplatten als Hartfresser gekennzeichneten Fische, die zu der Gruppe der Arthrodiren (Familie Ptyctodontidae) gehören, sind dorsoventral abgeplattet und rochenförmig. Andere Arthrodirengattungen wie Coccosteus sind macruriform.

---

1) L. Dollo: La Paléontologie éthologique, l. c., p. 395.

2. Macruriformer Anpassungstypus.

(Körper sehr in die Länge gezogen, hinter dem Schädel am höchsten, gegen hinten gleichmäßig verjüngt und spitz zulaufend. — Schwanzflosse rudimentär, Kopf und Augen groß. Afterflosse und mitunter auch die Rückenflosse zu langen Flossensäumen ausgebildet.)

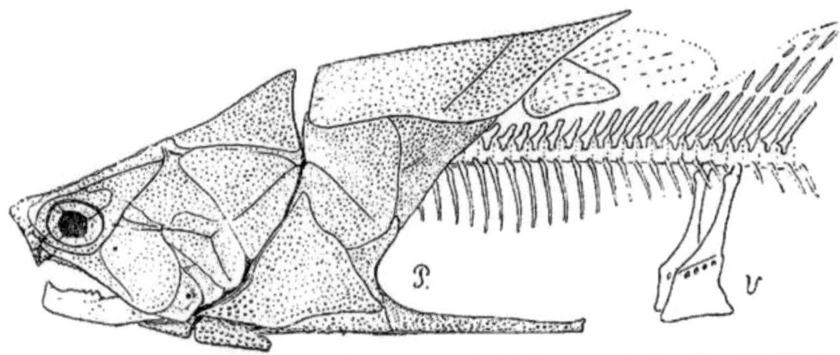

Fig. 323. Coccosteus decipiens Ag. aus dem Old Red Sandstone von Lethen Bar, Schottland
Über das Brechgebiß dieses Fisches vergl. p. 487. — (Rekonstruktion von O. Jaekel, 1902.)

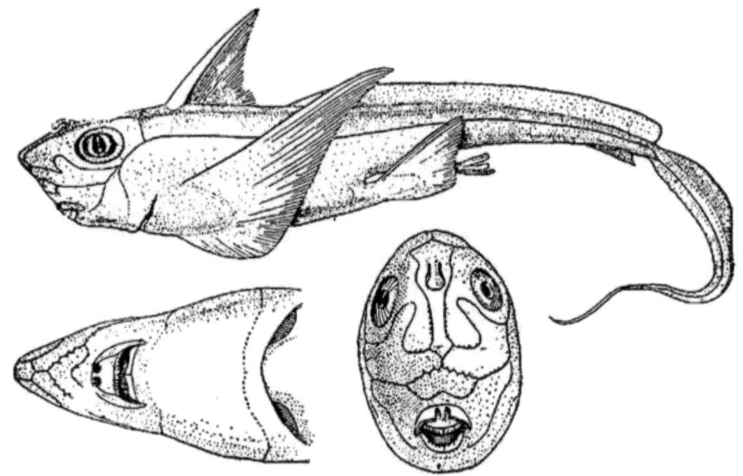

Fig. 324. Chimaera monstrosa. (Nach Garman, aus Bashford Dean.)

Der macruriforme Anpassungstypus ist bei den lebenden Fischen, namentlich bei den Tiefseefischen sehr verbreitet, findet sich aber bereits bei altpaläozoischen Fischen. Die folgende Tabelle zeigt die weite Verbreitung dieses Körpertyps bei den Grundfischen:

Unterklasse	Ordnung und Unterordnung	Familie:	Beispiele von Gattungen:
Arthrodira	—	Coccosteidae	+ Coccosteus
Elasmobranchii	{ Ichthyotomi	Pleuracanthidae	+ Pleuracanthus
	{ Holocephali	Chimaeridae	Chimaera

		Halosauridae	Halosauropsis
		Lipogenyidae	Lipogenys
	Heteromi	Notacanthidae	Notacanthus
		Fierasferidae	Fierasfer
Teleostomi	Anacanthini	Macruridae	Macrurus
		Pleuronectidae	Cynoglossus
		Zoarcidae	Typhlonus
	Acanthopterygii	Liparidae	Paraliparis
		Scopelidae	+ Tachynectes
		Clupeidae	Coilia

Beispiele:

C o c c o s t e u s d e c i p i e n s. — Unterer Old Red Sandstone (Unterdevon). — Schottland (Fig. 323).

Der Fisch war im vorderen Körperabschnitte, der die höchste Körperhöhe erreicht, gepanzert und zwar war der Kopfabschnitt gegen

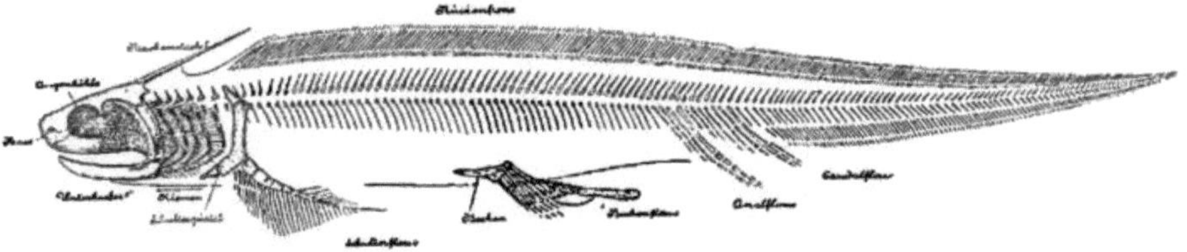

Fig. 325. Pleuracanthus sessilis ♂ Jord. aus dem Perm von Lebach bei Saarbrücken. (Nach O. J a e k e l.)

den hinter ihm liegenden gepanzerten vorderen Rumpfteil beweglich.

A. S. W o o d w a r d hat in der auf Grundlage der Traquairschen Rekonstruktion des Coccosteus ergänzten Umrißzeichnung eine heterocerke Schwanzflosse angenommen; indessen ist · aus der Form des Schwanzendes zu entnehmen, daß dasselbe spitz zulief und somit der Körper macruriform war.

C h i m a e r a m o n s t r o s a. — Lebend (Fig. 324).

Schwanz in eine lange Peitsche auslaufend, Körper hinter dem Schädel am höchsten.

P l e u r a c a n t h u s s e s s i l i s. — Unteres Perm. — Mitteleuropa (Fig. 325).

Typisch macruriform. Schwanz sehr verlängert, spitz zulaufend.

M a c r u r u s n a s u t u s. — Lebend (Fig. 326).

Typus. Grundfisch, der in große Tiefen hinabsteigt. Die Macruriden treten in der Küstenregion nur vereinzelt auf.

C o i l i a n a s u s. — Lebend (Fig. 327).

Beispiel eines macruriformen Clupeiden mit reduzierter Schwanz-flosse aus der Littoralzone.

3. Compressiform-asymmetrischer Anpassungs- typus.

(Körper seitlich stark zusammengedrückt, Rückenflosse und Afterflosse zu langen Flossensäumen ausgebildet. Beide Augen auf eine Körperseite verschoben, entweder auf die rechte oder auf die linke, was selbst innerhalb einzelner Gattungen inkonstant ist (z. B. Psettodes). Im Jugendzustand compressiform-symmetrisch. Nur bei Pleuronectiden ausgebildet).

Beispiel:

P s e t t o d e s   e r u m e i. — Lebend (Fig. 328).

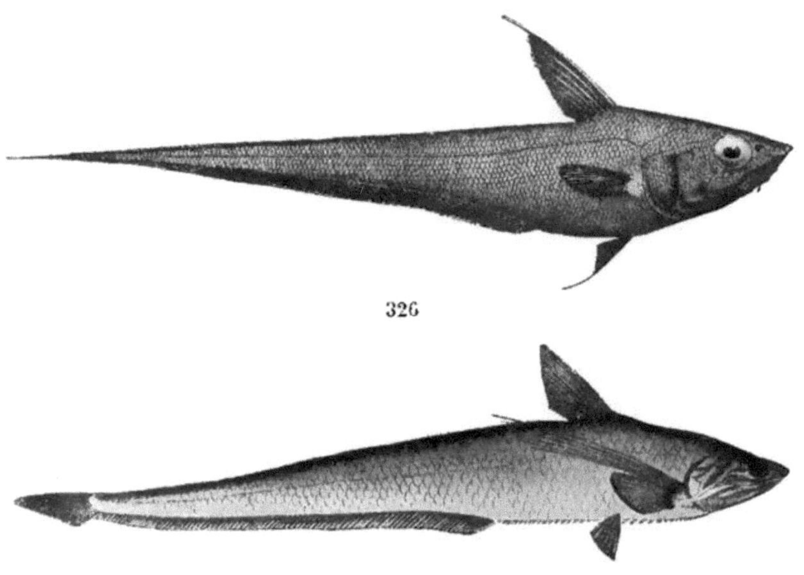

326

327

Fig. 326 und 327. Macruriforme Tiefseefische. Fig. 326: Macrurus nasutus, Günther. Abbildung der Type aus der japanischen Tiefsee (630 m); Original im Brit. Mus. London. Körperlänge 36 cm. — Fig. 327: Coilia nasus, Temminck und Schlegel. Abbildung der Type aus der Littoral- und Ästuarienzone von Japan. Körperlänge 20 cm. (Nach L. Dollo.)

Noch nicht hoch spezialisierter Pleuronectide. Schwanzflosse groß und kräftig, Körper nicht sehr stark komprimiert und daher nicht besonders hoch.

P l e u r o n e c t e s   p l a t e s s a. — Lebend (Fig. 329).

Höher spezialisiert; Umrißlinien der Rücken- und Afterflosse dreieckig. Körper höher als bei Psettodes.

P s e t t a   m a x i m a. — Lebend (Fig. 330).

Körper noch mehr erhöht, dreieckige Umrißlinie von Dorsalis und Analis noch schärfer ausgeprägt, so daß das Körperprofil nahezu rhombisch wird.

S o l e a   v u l g a r i s. — Lebend (Fig. 331).

Bei Solea erhält das Körperprofil einen langgestreckten eiförmigen Umriß, da die dreieckige Profilierung der Dorsalis und Analis fehlt.

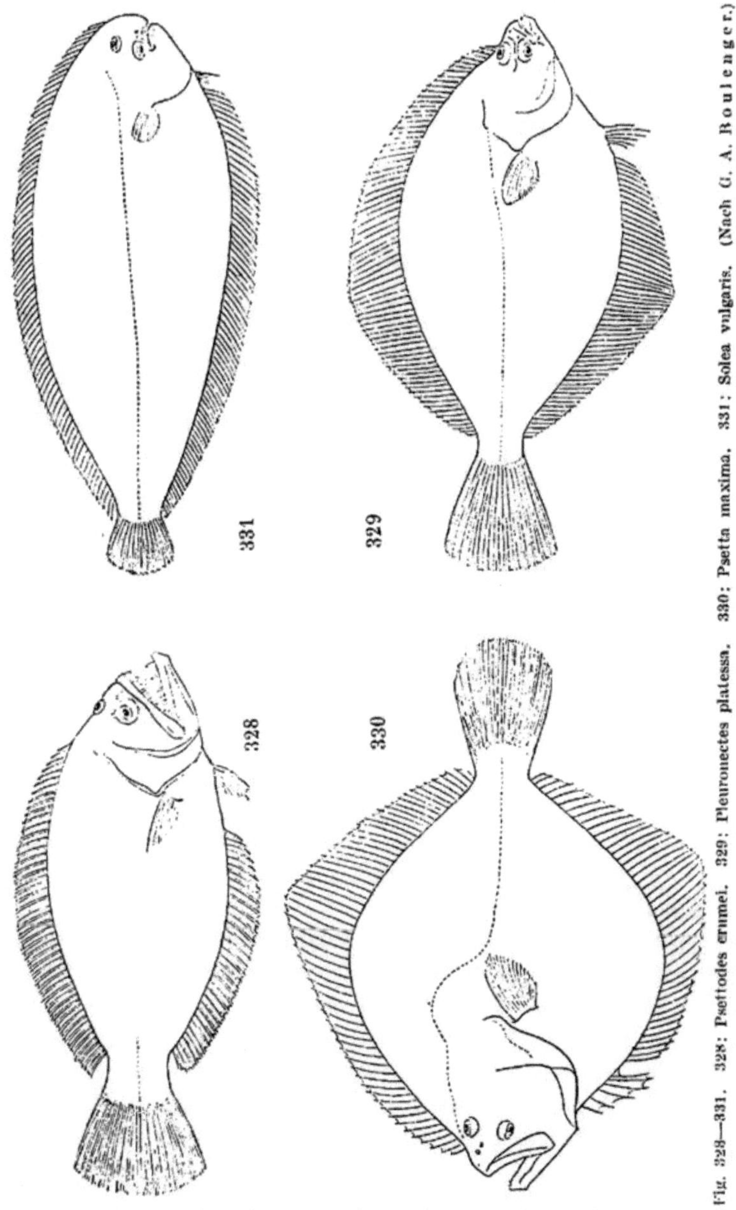

Die Schwanzflosse ist klein. Diese Spezialisationsrichtung ist ganz verschieden von jener, die zu Psetta führt und nähert sich der macruriformen Type Cynoglossus, bei welcher Dorsalis und Analis einen continuierlichen Flossensaum bilden (p. 441).

Die Schollen haben den seitlich komprimierten Körper nicht erst
im benthonischen Leben erworben wie die Rochen, sondern schon
von ihren Vorfahren ererbt. Seitlich zusammengedrückte Körper sind
Kennzeichen von riffbewohnenden und planktonischen Fischen. Die
Anpassung an die benthonische Lebensweise ist sekundär erworben
worden und zwar geht dies schon aus der symmetrischen Körpergestalt
der Pleuronectiden im Jugendzustand hervor. Diese Anpassung ist
in der Weise entstanden zu denken, daß sich die Vorfahren der Schollen
beim Ausruhen auf eine Körperseite zu legen pflegten, wie dies bei

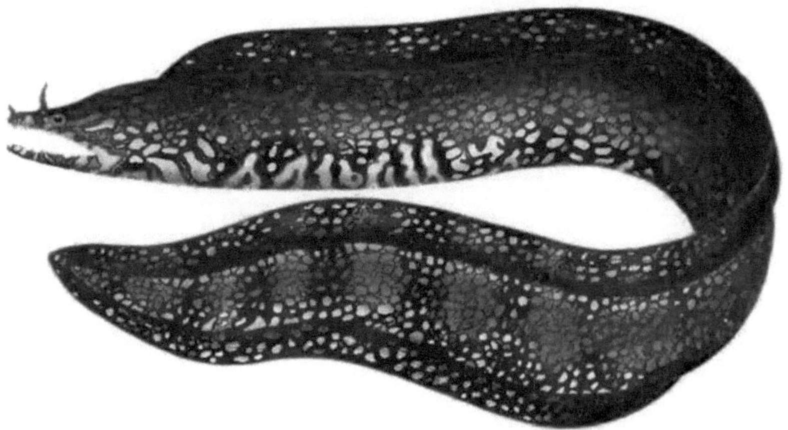

Fig. 332. Gymnothorax pardalis Blkr. (Nach P. Bleeker.)

Labrus rupestris, Barschen, Trachypterus, Lachsen usw. beobachtet
worden ist. [1]

4. Anguilliformer Anpassungstypus.

(Körper außerordentlich verlängert, schlangenartig, paarige Gliedmaßen
stark verkümmert oder fehlend.)

Beispiel:

Gymnothorax pardalis Bleeker. — Lebend (Fig. 332).

Die Fortbewegung geschieht bei den wasserbewohnenden schlangenförmigen Wirbeltieren ganz ähnlich wie bei den Landschlangen, von
denen schon früher die Rede war. Der Körpertypus der Meeresschlangen
(z. B. Hydrophis) weicht nur durch seitliche Komprimierung des Körpers
und geringe Ausbildung eines caudalen Hautsaums als Schwanzruder
von jenem der Landschlangen ab. Die Entstehung der Schlangengestalt

---

[1] Ch. Darwin: Entstehung der Arten. 2. Aufl., Stuttgart 1885, p.
258—259. — K. Moebius: Zool. Garten, 1867, p. 148. — Verrill: Am.
Journ. of Science, (4), III, 1897, p. 136. — G. A. Boulenger: Fishes, Cambridge Nat. Hist., London, 1904, p. 674. — O. Abel: Vorträge Ver. Verbreit.
naturw. Kenntn. Wien, 48., Wien 1908, 14. Heft. — F. Werner: Biologisches
Centralblatt, XXXI, No. 2, Leipzig, 1911, p. 41.

ist bei den Fischen infolge benthonischen Lebens im Wasser, bei den
Schlangen aber zweifellos auf dem Festlande erfolgt. Jedenfalls ist
die Ausbildung der Aal- oder Schlangenform bei Festlandstieren auf
dieselben mechanischen Ursachen zurückzuführen, welche bei grund-

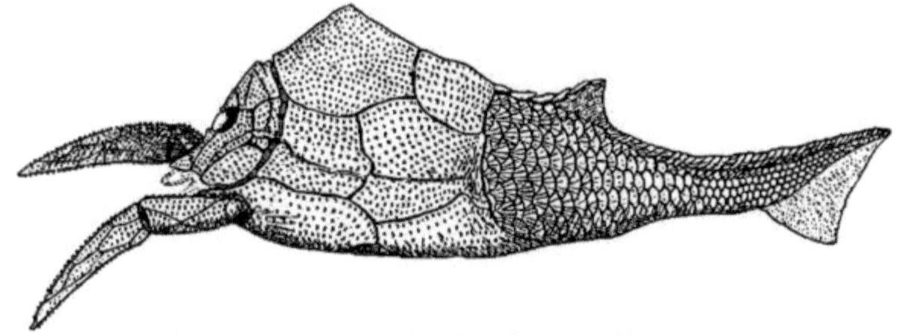

Fig. 333. Pterichthys Milleri Ag. Old Red Sandstone (Mitteldevon), Schottland. (Halbe
Naturgröße.) (Rekonstruktion auf Grundlage der Rekonstruktionen von R. H. Traquair
(1896, 1904) und O. Jaekel 1903), aber mit veränderter Stellung der Fangarme. Für das
Längenverhältnis zwischen oberem und unterem Segment des Fangorgans dient die Jaekel-
sche Rekonstruktion und die Abbildung des Exemplares von Lethen Bar in Schottland zur
Grundlage, welches R. H. Traquair 1904 abgebildet hat (The Asterolepidae. — Palaeontogr. Soc. London, Monographs, Volume for 1904, Pl. XX, Fig. 1.)

Fig. 334.   Ostracion cornutus Blkr.   (Nach P. Bleeker.)

bewohnenden Wassertieren die Ausbildung schlangenartiger Körperformen bewirkt haben.

5. Asterolepiformer Anpassungstypus.

(Vordere Körperhälfte mit Knochenplatten bedeckt, welche die Bewegungsfähigkeit des Fisches auf ein Minimum herabdrücken. Bauchseite abgeflacht, Körper im vorderen Abschnitt pyramidenartig erhöht,
Querschnitt in dieser Region dreieckig. Lokomotion durch die Schwanzflosse bewirkt.)

Beispiele:

Pterichthys Milleri Ag. — Old Red Sandstone (Mitteldevon). — Schottland (Fig. 333).

Bei diesem sehr merkwürdig gebauten Panzerfisch aus der Unterklasse der Ostracodermen fehlen die paarigen Gliedmaßen gänzlich.
Hinter dem Schädel lenkt beiderseits ein zweigliedriges Seitenorgan
ein, das früher für ein Ruderorgan gehalten wurde, dessen Funktion
aber wahrscheinlich die eines Fangapparates wie bei den Gespenstheu-

schrecken war.[1]) Auffallend ähnlich sind die starken, mit Zacken und Stacheln bewehrten vorderen Brustflossenstacheln einzelner Panzerwelse gebaut, deren Funktion noch nicht durch Beobachtungen sichergestellt ist. Diese Seitenapparate von Pterichthys sind keinesfalls als umgeformte Brustflossen oder Brustflossenstrahlen zu betrachten, sondern sind viel eher den lateralen verlängerten Schädelzacken der Cephalaspiden homolog.

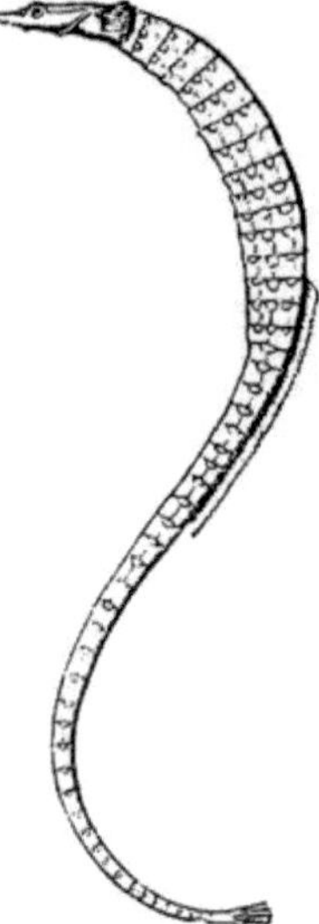

Fig. 335. Syngnathus pelagicus. (Nach G. A. Boulenger.)

Ostracion cornutus Bleeker. — Lebend (Fig. 334).

Unter den lebenden Fischen kann nur der gepanzerte Kofferfisch nach seiner ganzen Körperform dem devonischen Pterichthys an die Seite gestellt werden. Der vordere Körperabschnitt ist in einen festen Panzer von meist sechseckigen, enge aneinanderschließenden Knochenplatten eingehüllt und auf der Bauchseite abgeplattet, so daß der Körperquerschnitt dreieckig erscheint. Ostracion ist ein Korallenriffbewohner und hält sich meist auf dem Boden der Tümpel in den Riffen auf.

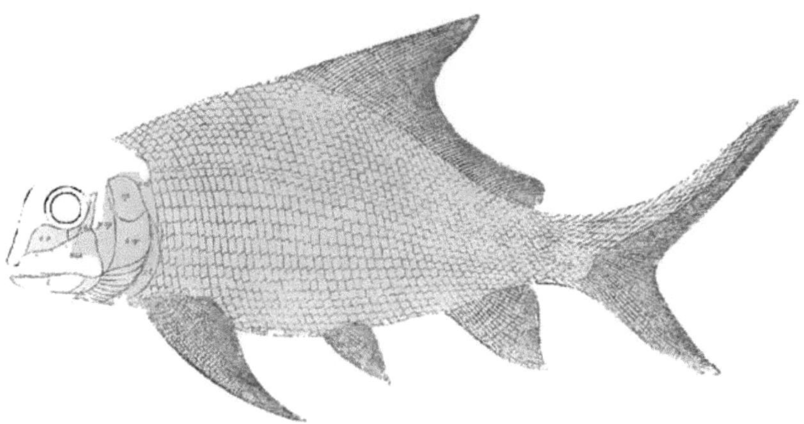

Fig. 336. Eurynotus crenatus, Ag. Unterkarbon. Schottland. (Nach R. H. Traquair.)

III. DIE PLANKTONISCHEN WIRBELTIERE.

1. Aculeiformer Anpassungstypus.

(Körper langgestreckt, fast nadelförmig. Eigenbewegung sehr vermindert; Lokomotion entweder durch rasches Schlängeln oder durch Undulation der Rücken- und Afterflosse bewirkt.)

[1]) O. Abel: Die Lebensweise der altpaläozoischen Fische. Verh. k. k. zool.-bot. Ges. in Wien, LVII., 1907, p. (164)—(168).

Beispiel:

Syngnathus pelagicus. — Lebend (Fig. 335).

Das Tier hält sich in Tangwäldern auf und zwar meist in aufrechter Stellung, so daß die Körperachse senkrecht zur Wasseroberfläche steht. Die gleiche Körperstellung finden wir bei hypsonektonischen Fischen (p. 210), z. B. bei Hippocampus und Amphisyle.

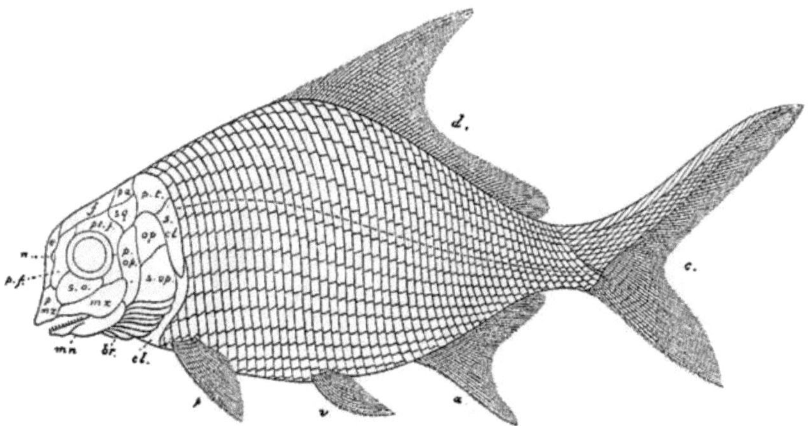

Fig. 337. Mesolepis scalaris, Young. Karbon, Staffordshire, England. (Nach R. H. Traquair.)

2. Compressiform-symmetrischer Anpassungstypus.

(Körper sehr hoch, seitlich zusammengedrückt, Rückenflosse und Afterflosse einander gegenüberstehend, meist sehr lang und hoch. Bauchflossen bei hochspezialisierten Typen fehlend. Die Schwanzflosse ist meist groß und sehr tief ausgeschnitten, kann aber auch fehlen. Die Bewegungsfähigkeit ist sehr gering. Am weitesten ist dieser Körpertypus bei Riffischen verbreitet.)

Beispiele:

Eurynotus crenatus. — Untere Steinkohlenformation. — Schottland (Fig. 336).

Dieser Platysomide repräsentiert den Beginn der compressiform-symmetrischen Körperspezialisation bei karbonischen Schmelzschuppenfischen. Der Körper ist seitlich stark zusammengedrückt, die Schwanzflosse und Rückenflosse groß; die Ventralen sind noch vorhanden und zwar stehen sie noch in abdominaler Lage.

Mesolepis scalaris. — Obere Steinkohlenformation. — Großbritannien (Fig. 337).

Der Körper ist höher als bei Eurynotus und die Afterflosse hat eine ähnliche Gestalt wie die allerdings noch weit größere Rückenflosse erhalten. Die Ventralen sind noch vorhanden und stehen abdominal.

Platysomus striatus. — Permformation. — England (Fig. 338).

Hochkörperiger Fisch mit gegenübergestellter Dorsalis und Analis, aber die erstere noch etwas größer. Ventralen sehr klein, im Verschwinden begriffen.

Cheirodus granulosus. — Obere Steinkohlenformation. — England (Fig. 339).

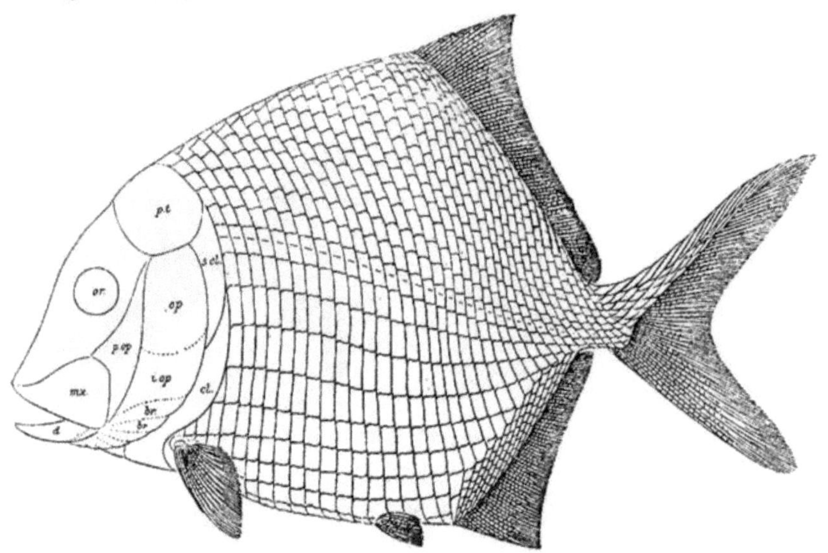

Fig. 338. Platysomus striatus, Ag. — Magnesian limestone, (Permformation) England. (Nach R. H. Traquair.)

Körper noch höher als bei der vorigen Art, dorsale und ventrale Körperhälfte in Höhe, Form und Ausbildung von Dorsalis und Analis symmetrisch, Ventralen verloren. Körper in der Profillinie vor der Dorsalis und vor der Analis zu einem spitzen, nach hinten gerichteten Sporn ausgezogen.

Psettus sebae. — Lebend (Fig. 340).

Ein Beispiel eines hochspezialisierten lebenden Fisches vom gleichen Adaptationstypus wie Cheirodus ist Psettus aus der Familie Scorpididae. Der Körper ist außerordentlich in die Höhe und Tiefe gezogen, die Dorsalis und Ventralis bilden fast symmetrische Flossensäume; die Ventralen fehlen. Eine ähnliche Form besitzt auch Platax aus der Familie der Chaetodontiden und viele andere Riffische.

Orthagoriscus mola. — Lebend (Fig. 341).

Der Mondfisch lebt planktonisch; seine aktive Bewegungsfähigkeit ist fast gänzlich verschwunden. Er wird, unbeholfen taumelnd, von den Strömungen weit verschlagen. Die Brustflossen sind zu klein, um als Balancierorgane zu dienen, und die Ventralen fehlen gänzlich. Die Schwanz-

flosse ist verloren gegangen; an ihrer Stelle hat sich zwischen der hohen
und senkrecht gestellten Dorsalis und Analis ein wellig gesäumter
Hautsaum ausgebildet, der aber zu einer Lokomotion ungeeignet ist.
Bei der verwandten Gattung Ranzania erscheint der Körper am Hinterende wie abgestutzt; er unterscheidet sich von Orthagoriscus durch
den Besitz von hexagonalen Knochenplatten in der dünnen und glatten
Haut, während Orthagoriscus eine granulierte, rauhe Hautoberfläche

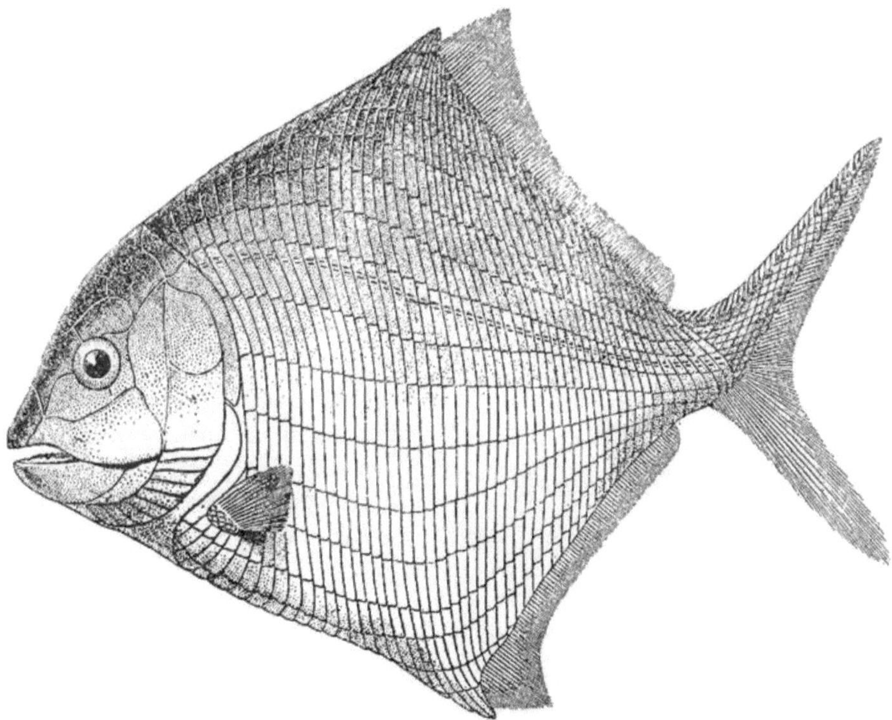

Fig. 339. Cheirodus granulosus, Rekonstruktion von R. H. T r a q u a i r, umgezeichnet. Aus dem Guide
to the Gallery of Fishes, Brit. Mus. London, 1908.

zeigt. Unverkennbar sind die Mondfische oder Moliden die Nachkommen
von Riffischen, worauf neben der Körperform auch der Besitz von zu
Schnäbeln verwachsenen Zähnen hinweist, die bei Riffischen zum Abbrechen von Korallenzweigen und Algenästen dienen.

3. Globiformer Anpassungstypus.

(Körper kugelig; durch Einschlucken von Luft können sich einige Fische
von diesem Typus fast zu einer Kugel aufblasen. Die Ventralen fehlen.
Die aktive Bewegungsfähigkeit ist minimal. Riffische, planktonisch
oder abyssisch.)

Beispiele:

Diodon maculatus. — Lebend.

Körper mit spitzigen Knochenstacheln besetzt, die beim Aufblasen des Körpers einen wirksamen Schutz gegen Angriffe von Feinden bilden.

Tetrodon stellatus. — Lebend.

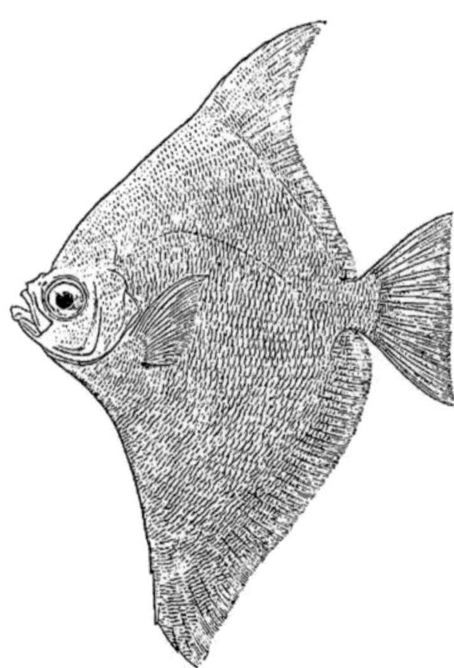

Fig. 340. *Psettus sebae.* (Nach G. A. Boulenger.)

Zähne wie bei den übrigen Gymnodonten (Molidae, Tetrodontidae, Diodontidae) zu Schnäbeln verschmolzen. Kann sich zu einer Kugel aufblasen.

Antennarius tridens. — Lebend (Fig. 342).

Körperachse schräge zur Horizontalebene gestellt, eine Erscheinung, die bei den meisten globiformen Fischen im Leben zu beobachten ist.

Melanocetus Johnstoni. — Lebend.

Kugelförmiger Tiefseefisch ohne Ventralen. Raubgebiß aus zahlreichen langen, spitzigen Zähnen im weiten Rachen. Beim ruhigen Schwimmen steht die Wirbelsäule schräge von vorne unten nach oben hinten.

Die Anpassungen der Fische an das Leben in der Tiefsee.

Die verschiedenen Tiefseeexpeditionen haben eine Fülle der abenteuerlichsten Fischformen aus den Tiefen der Weltmeere zutage gefördert. Noch immer sind wir aber weit davon entfernt, einen einigermaßen vollständigen Überblick über die Formenmannigfaltigkeit der Tiefseefische zu besitzen; jede neue Expedition bringt neue Formen ans Tageslicht, wie die deutsche Valdivia-Expedition den bisher nur in einem Exemplar bekannten Macropharynx longicaudatus Brauer, einen Tiefseeaal, dessen Maul ungeheuer vergrößert ist und dessen Körper in eine lange dünne Peitsche ausläuft.

Die außerordentliche Größe des Maules in Verbindung mit fürchterlichen Fangzähnen ist eine Erscheinung, die wir bei den meisten Tiefseefischen antreffen. Diese Einrichtungen befähigen die Tiere zum Verschlucken von Futtertieren, welche die Körperlänge des Raubfisches, in dessen weit ausdehnbarem Magen sie verschwinden, bedeutend übertreffen können.

Da nur bei Tiefseefischen diese ungewöhnliche Weite der Mundspalte und der kautschukartig ausdehnbare Magen angetroffen worden sind, so muß diese Erscheinung mit den Lebensbedingungen der Tiefsee zusammenhängen und dadurch zu erklären sein, daß die Ernährungsverhältnisse in den großen Meerestiefen sehr schwierig sind. Auffallend ist die Ähnlichkeit der sogenannten „H u n g e r f o r m e n“ einzelner Süßwasserfische (z. B. der Forellen) mit gewissen Tiefseetypen. Dies legt den Gedanken nahe, ob nicht manche der bei Tiefseefischen häufigen Merkmale (großer Kopf, weiter Rachen, magerer Körper, große Flossen etc.) als Folgeerscheinungen mangelhafter Ernährung anzusehen sind, die sich vererbt haben.

Eine weitere Eigentümlichkeit der Tiefseefische sind Leuchtorgane an verschiedenen Körperstellen. Meistens sind unter den Augen größere leuch-

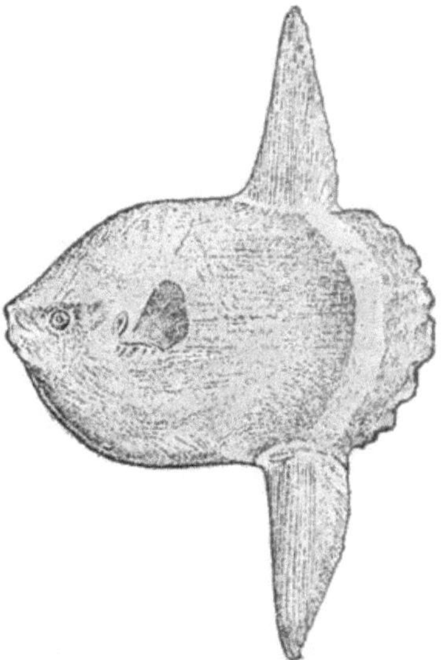

Fig. 341. Orthagoriscus mola. (Nach G o o d e.) 1/20 der Nat. Gr.

Fig. 342. Antennarius tridens. (Nach V. P i e t s c h m a n n, 1909.)

tende Flecken vorhanden, häufig sind sie an den Seiten des Körpers in Längsreihen angeordnet und zuweilen ist der erste Strahl der Rückenflosse zu einer Art Fackel ausgebildet, welche von Zeit zu Zeit die vom Fisch durchschwommenen Regionen durchleuchtet.

Ein einheitlicher Tiefseefischtypus existiert nicht. Aus verschiedenen Meeresregionen sind Fische in die Meerestiefen gewandert; wir finden Formen, deren Vorfahren dem Küstenbenthos angehörten und sich langsam, dem Meeresgrunde folgend, bis in die großen Tiefen hinabgezogen haben. Neben diesen benthonischen Typen der Tiefsee finden wir Fische, deren Ahnen im offenen Meere als Freischwimmer lebten und welche langsam in die tieferen Wasserschichten eingedrungen sind. Ferner kennen wir Formen, deren ganzer Habitus beweist, daß sie von pelagischen Fischen abstammen, und endlich treffen wir in den Meerestiefen Fische an, deren Ahnen zweifellos eine pelagisch-planktonische Lebensweise geführt haben müssen: zu diesen beiden Gruppen gehören die globiformen Melanocetus-Arten und die taenioformen Tiefseefische, wie Serrivomer, Avocettina, Nemichthys u. a.

Von verschiedenen Seiten her ist also die Einwanderung in die Tiefsee erfolgt, vielmehr sie vollzieht sich noch ununterbrochen, wie aus den schönen Untersuchungen von A. B r a u e r über die von der „Valdivia" gesammelten Tiefseefische hervorgeht. Dies regt die Frage an, ob die Tiefseefauna der Gegenwart altertümliche Typen enthält oder nicht, und ob sie sehr alt ist oder einen modernen Charakter trägt.

Die Analyse der Tiefseefischfauna ergibt das überraschende Resultat, daß kein einziger Vertreter einer altertümlichen Familie bekannt ist, sondern daß die lebenden Tiefseefische ausnahmslos hochspezialisierte Vertreter von stammesgeschichtlich sehr jungen Familien darstellen.

Das vollständige Fehlen altertümlicher Fische in der Tiefsee muß durch eine tiefeinschneidende Veränderung der Lebensbedingungen der großen Tiefen bedingt sein, welche die Vernichtung der früheren Tiefseefischfauna — und es hat auch in früheren Zeiten der Erdgeschichte gewiß Tiefseefische gegeben — zur Folge hatte.

Eine solche durchgreifende Veränderung der Lebensbedingungen in der Tiefsee ist ohne Zweifel durch die Eiszeit bezeichnet.

Bekanntlich ist das Wasser in den großen Meerestiefen sehr kalt, und zwar beträgt die Temperatur in 4000 m Tiefe durchschnittlich $+ 1.8$ Grad Celsius. Die Temperatur der großen Tiefen ist, weil unabhängig von der Sonnenstrahlung, konstant; das Kaltwasser fließt ununterbrochen von den Polen gegen die Tiefen ab, steigt in der Äquatorialregion in die Höhe und fließt in den oberen Meeresschichten wieder polwärts.

Zu einer Zeit, da die Pole noch nicht mit einer so ausgedehnten Eiskappe wie heute bedeckt waren, konnte nur wenig Kaltwasser in die Tiefen abströmen und es muß daher die Temperatur der Meerestiefen im Miozän und Pliozän wesentlich wärmer gewesen sein als heute.

Bei der Zunahme der Vereisung im Plistozän muß die Temperatur der großen Meerestiefen außerordentlich erniedrigt worden sein. Es entsteht nun die Frage, ob diese Temperaturabnahme hinreiche, um die tertiäre Tiefseefischfauna zu vernichten.

Eine für diese Frage sehr wichtige Beobachtung teilt G. Boulenger mit. Ein Fisch aus der Familie der Pseudochromididae, Lopholatilus chamaeleonticeps, ein Bewohner des Meeresgrundes, ist zuerst im Bereiche des Golfstroms an der Küste von Neu-England im Jahre 1879 entdeckt worden. Der Fisch ist gewohnt, in warmem Wasser zu leben.

Durch eine Reihe ungewöhnlich heftiger Stürme im Jahre 1882 wurde das warme Wasser dieses Meeresgebietes zur Seite getrieben und durch kälteres ersetzt. Die Folge dieser Abkühlung war, daß buchstäblich Millionen von Fischen zugrunde gingen und die Meeresoberfläche auf Hunderte von Quadratmeilen bedeckten.

Lopholatilus chamaeleonticeps hat sich wieder in demselben Gebiete angesiedelt, in welchem er im Jahre 1882 vernichtet worden war; nehmen wir aber an, daß die Abkühlung in einem so ausgedehnten Maßstab eingetreten wäre, wie dies in der Eiszeit der Fall war, so wäre diese Fischart vollständig erloschen.

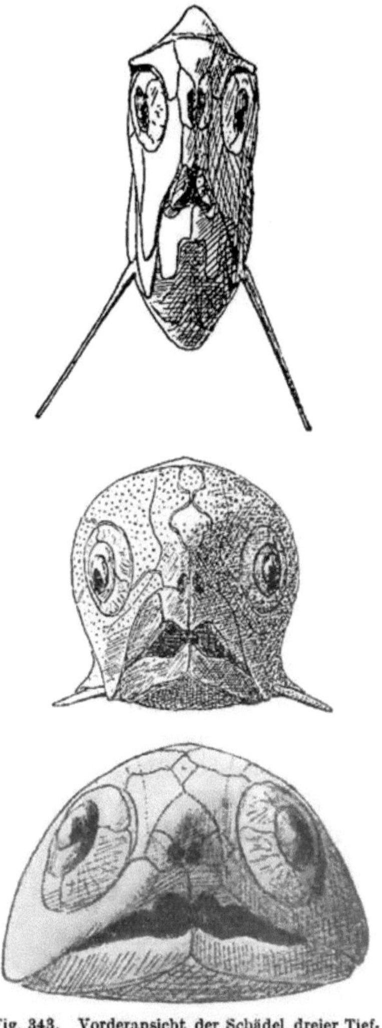

Fig. 343. Vorderansicht der Schädel dreier Tiefsee-Panzerfische aus dem oberen Devon von Wildungen (Waldeck). (Rekonstruktionen von O. Jaekel, 1906; Stark verkleinert.)

Wenn durch die Abkühlung des Wassers in den großen Meerestiefen die voreiszeitliche Tiefseefischfauna in der Eiszeit vernichtet wurde, so ist zu verstehen, warum die modernen Tiefseefische samt und sonders jungen Familien angehören. Erst seit der Eiszeit hat die Einwanderung in die Tiefen wieder beg o n n e n und jene Formen, welche bereits an das Leben in etwas tieferen Küstenstrichen und Meeresbecken angepaßt waren wie die Macruriden, konnten sich rascher an das Leben in den größeren Tiefen gewöhnen als die Küstenfische und die pelagischen oder planktonischen Fische der tropischen Meere; besonders im Vorteil waren die zirkumpolaren Fische, welche schon in geringeren Tiefen an dieselben Licht- und Temperaturverhältnisse angepaßt waren, wie sie in der Tiefsee herrschen.

Ohne Zweifel haben auch in früheren erdgeschichtlichen Perioden Tiefseefische gelebt, wir kennen aber nur sehr wenige dieser Formen. Einzelne der macruriformen Coccosteiden aus dem oberen Devon von Wildungen, über welche erst eine vorläufige Mitteilung O. J a e k e l s aus dem Jahre 1906 vorliegt, haben sicher in einer Meerestiefe von 200 bis 500 m gelebt und sind somit zum Teil als Tiefseefische zu bezeichnen (Fig. 343).

Spezielle Anpassungen an das Leben im Wasser.

1. D i e S c h w i m m b l a s e u n d i h r e F u n k t i o n.

Die Schwimmblase ist ein h y d r o s t a t i s c h e s O r g a n und ihre Funktion besteht darin, das Gewicht des Fisches dem ihn umgebenden Medium gleich zu machen, um die für das Schwimmen nötige Muskelbewegung zu einem Minimum herabzudrücken. Das Steigen und Sinken des Fisches wird durch eine Erweiterung oder Zusammenpressung der Schwimmblase bewirkt.

„Bei der Mehrzahl der Fische", sagt T. W. B r i d g e [1], „ und ganz speziell bei den Physoclisten [2] muß man annehmen, daß der Besitz einer Schwimmblase die freie Bewegung in vertikaler Richtung begrenzt und die gewöhnliche Bewegung in mehr oder weniger scharfen vertikalen Grenzen einengt . . ."

Zur Illustration dieser Erscheinung führt B r i d g e den kleinen Salmoniden Coregonus aus dem Bodensee an. [3] Dieser Fisch lebt in größeren Tiefen und wird in Netzen gefangen; wird er an die Oberfläche des Sees gebracht, so erscheint er unnatürlich aufgeblasen, da nun die sonst unter großem Wasserdruck stehende Schwimmblase unter weit geringerem Druck steht und sich außerordentlich ausdehnt. Die Seefischer stechen daher den Fisch mit einer feinen Nadel an, worauf die Luft rasch entweicht und der Fisch seine normale Gestalt wieder erhält, die ihn wieder zum Schwimmen befähigt.

---

[1] T. W. B r i d g e: Fishes. — The Cambridge Nat. History, VII. Bd., London, 1904, p. 311.

[2] P h y s o c l i s t e n = Knochenfische mit geschlossener Schwimmblase resp. geschlossenem Ductus pneumaticus; P h y s o s t o m e n = Knochenfische mit offener Schwimmblase, resp. offenem Ductus pneumaticus.

[3] S e m p e r: Animal Life. — Internat. Sci. Series, London, 1881, p. 321. Zitat bei T. W. B r i d g e, l. c., p. 311.

Die gleiche Erscheinung können wir bei den meisten in größerer Tiefe gedredschten Tiefseefischen beobachten, die in der Regel total zerrissen und förmlich explodiert an die Meeresoberfläche gezogen werden.

Eine sehr merkwürdige und noch nicht erklärte Erscheinung ist das Auftreten knöcherner Schwimmblasen bei einzelnen Fischen und größeren Fischgruppen. Unter den lebenden Fischen ist zunächst Saccobranchus, eine indische Siluridengattung, zu nennen, bei welcher die Schwimmblase in eine knöcherne Kapsel eingeschlossen ist; ob diese Spezialisierung mit der Fähigkeit des Fisches zusammenhängt, mehrere Tage lang auf trockenem Land zu leben, ist noch nicht sichergestellt. Weitere Fälle einer knöchernen Umhüllung der Schwimmblase finden wir bei den Cobitidinen und Homalopterinen, ferner bei der Gattung Kurtus, dem einzigen Repräsentanten der Division

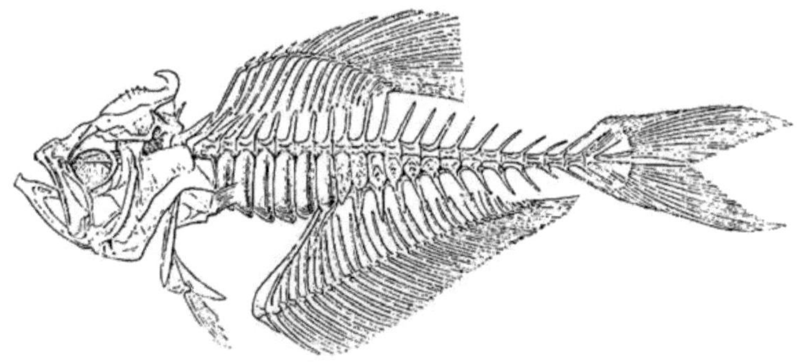

Fig. 344. Kurtus indicus. (Nach G. A. Boulenger.)

Kurtiformes der Acanthopterygier. Bei diesem merkwürdigen Fisch sind die Rippen des 3. und 4. Wirbels frei und zart, während die folgenden unbeweglich zwischen Ringen fixiert sind, welche durch die Verknöcherung der äußeren Schwimmblasenmembran gebildet werden. Kurtus lebt entweder an der Meeresküste oder in Flüssen (z. B. in Britisch-Neu Guinea); das Männchen besitzt einen nach vorne umklappbaren Kopfanhang, dessen Form an das frontale Klammerorgan von Chimaera erinnert und zur Befestigung der Eier dient. [1] Welche Bedeutung die Verknöcherung der Schwimmblase bei diesem Fisch besitzt, ist gleichfalls noch nicht sichergestellt (Fig. 344).

Die Schwimmblase ist ferner bei allen Angehörigen der ausgestorbenen Familie der Coelacanthiden verknöchert. „Sie besteht auf jeder Seite aus drei Reihen rhombischer, im Quincunx angeordneter und nach vorn sich ein wenig überdeckender schuppenartiger Kalkblätter,

---

[1] M. Weber: A New Case of Parental Care among Fishes. — Koninklijke Akad. van Wetensch. Amsterdam, Meeting of Nov. 26, 1910, (Dec. 22, 1910), p. 583.

auf deren Innenseite ein rhombisches Netzwerk von Verdickungen zu bemerken ist. Jede dieser Schuppen besteht wieder aus einer Anzahl knöcherner Lamellen. Diese regelmäßige Anordnung von getrennten Gebilden (die offenbar einer entsprechenden Differenzierung innerer Weichteile entspricht), verbunden mit einer auffälligen Kommunikation mit dem Schlund, erinnert an die Lunge von Ceratodus, wo zu beiden Seiten einer medianen dorsalen Linie, längs der die Aorta verläuft, eine regelmäßige Anordnung ovaler Falten zu bemerken ist; noch mehr aber erinnert das rhombische Netzwerk von Verdickungen an die von R.

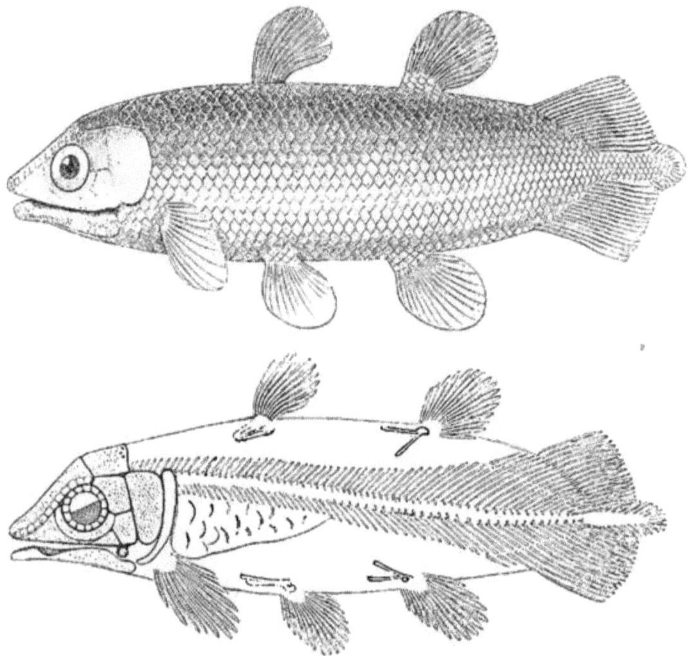

Fig. 345. Undina gulo, ein Coelacanthide aus dem Unterlias von Lyme Regis, England; Rekonstruktion des Skelettes und des ganzen Fisches. (Nach A. S. Woodward.) Ungefähr 1/7 Nat. Gr.

Owen dargestellt Lunge von Lepidosiren annectens. Es spricht diese Beschaffenheit der Schwimmblase bei den Coelacanthen für eine nahe Beziehung zu den Dipnoern, welche sich auch in Einzelheiten des Skelettbaues kundgibt"[1]) (Fig. 345).

Die Coelacanthiden waren größtenteils marine, küstennahe oder im Brackwasser lebende Fische.

Ob die Verknöcherung der Schwimmblase in allen diesen Fällen auf dieselbe Ursache zurückgeht und welche Lebensweise diese Umformung bedingt hat, ist gänzlich unaufgeklärt.

[1]) K. A. von Zittel: Handbuch der Paläontologie. III. Bd., 1890, p. 172.

2. Das Gehörorgan.

Die in der Luft lebenden Vertebraten besitzen einen ganz anders organisierten Gehörapparat als die im Wasser lebenden. Diese Verschiedenheit beruht auf den ganz verschiedenen Bedingungen, unter denen die Schallwahrnehmung im Wasser einerseits und in der Luft anderseits zustande kommt.

Die Schallwahrnehmung in der Luft beruht stets auf einer Vibrationsschalleitung, indem die auf eine häutige Membran stoßenden Luftwellen durch die Schwingungen der an diese Membran anstoßenden Gehörknöchelchen in das Ohrinnere weiter geleitet werden.

Das Hören im Wasser ist dagegen ganz verschieden. Hier handelt es sich nicht um ein Weiterleiten der Luftwellen in das die Gehörempfindung vermittelnde Organ, sondern um ein Weiterleiten von Schwingungswellen, die sich im Wasser fortpflanzen.

Der Unterschied zwischen dem Hören in der Luft und dem Hören im Wasser hat eine ganz verschiedene Anpassung bei Landtieren und bei Wassertieren zur Folge. Am klarsten wird uns dieser Unterschied, wenn wir den Gehörapparat eines an das Wasserleben hochgradig angepaßten Säugetiers, also z. B. den Gehörapparat eines Braunfisches (Phocaena communis) näher untersuchen.

„Der Wal", schreibt G. Boenninghaus[1]), „hat einen nahezu obliterierten Gehörgang. Das Lumen, welches gegen das Trommelfell zu noch vorhanden ist, ist mit abgestoßenen Gehörgangsepithelien ausgefüllt. Dem Trommelfell ist daher die Möglichkeit, durch Schallwellen nennenswert bewegt zu werden, entzogen."

„Dagegen ist der andere Weg, die Gehörknöchelchenkette, nicht nur nicht reduziert, wie man erwarten müßte, wenn ihre Bedeutung beim Wal durch die Ankylose eine nebensächliche geworden wäre, sondern in progressiver Weise entwickelt: Die Gehörknöchelchen sind bei weitem größer und kompakter als bei den Landsäugetieren; es ist das Gewicht der Knöchelchen bei Phocaena (Länge des ausgewachsenen Tieres: 1.5—2.0 m) nach Hennicke nahezu 5 mal so groß wie beim Menschen und nahezu 3 mal so groß wie beim Pferd. Diese progressive Entwicklung der Gehörknöchelchen beim Wal bedeutet geradezu eine Durchbrechung des Prinzips der starken und allgemeinen Reduktion des Knochenskeletts zur Erleichterung des spezifischen Gewichts. Sie muß daher eine besondere Bedeutung haben. Diese Bedeutung kann nur darin bestehen, die Schalleitung zum ovalen Fenster zu verbessern, und das führt uns zu dem Schluß, daß beim Wal für die Erregung der Endzellen des

---

[1]) G. Bönninghaus: Das Ohr des Zahnwales. — Zool. Jahrb. (Anat. und Ontog.), XIX, 1904, p. 259 und ff.

Nervus cochlearis die Eintrittsstelle der Schallwellen in das Labyrinth keine gleichgültige sei, daß vielmehr das ovale Fenster als die günstigste Eintrittstelle zu betrachten sei."

„Das Trommelfell ist dick und undurchsichtig."

„Die Schalleitung in der Gehörknöchelchenkette ist eine m o l e k u l a r e."

Betrachten wir den knöchernen Gehörapparat eines Wales, so fällt vor allen Dingen das enorm vergrößerte Tympanicum auf, das zu einer glasharten, halbkugeligen und sehr großen Bulla verändert erscheint.

Es muß daher die Bulla eine ganz spezielle Bedeutung für das Hören der Wale besitzen. Durch die Untersuchungen von G. B ö n n i n g h a u s ist nun auch die ethologische und physiologische Bedeutung der Bulla klar; es ist der Apparat, der die den Schädel treffenden Schallwellen empfängt, auf das Trommelfell weiterleitet und durch die überaus verstärkte Kette der Gehörknöchelchen die Erschütterung durch das ovale Fenster in das Perioticum und das in ihm eingeschlossene Labyrinth weiterleitet. Die V i b r a t i o n s s c h a l l l e i t u n g der in der Luft hörenden Landsäugetiere ist hier durch eine M o l e k u l a r s c h a l l l e i t u n g ersetzt.

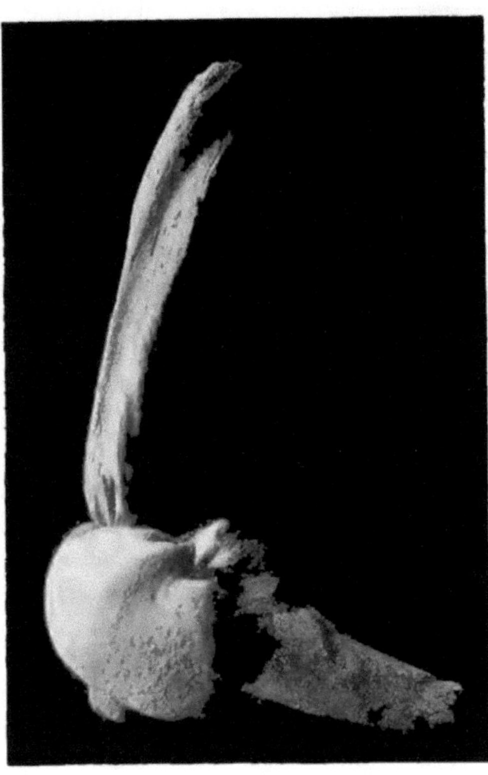

Fig. 346. Rechtsseitiger Gehörapparat von Balaenoptera physalus L. (Finwal). Aus Tromsö, Norwegen, 1910. (Phot. Ing. Fr. H a f f e r l.) ¹/₅ Nat. Gr.

Bei einigen Zahnwalen, ganz besonders aber bei Bartenwalen hat nun der Gehörapparat eine Spezialisation erfahren, die zur Vergrößerung der an die Außenseite des Schädels tretenden Teile des knöchernen Gehörapparates dient.

Der Gehörapparat von Balaenoptera besteht aus den wie sonst bei den Säugetieren vorhandenen Elementen, aber mit dem Perioticum steht ein langer, keulenförmiger Knochenstab in Verbindung, der sich zwischen

459

Der Gehörapparat der Sirenen.

Squamosum und Exoccipitale einschiebt und an die Außenseite des
Schädels tritt (Fig. 346).

Diese Keule dient wohl nicht allein zur Befestigung des Gehörapparats im Schädel, sondern sie muß auch dazu dienen, die den Schädel
treffenden Erschütterun-
gen in das Perioticum
weiterzuleiten. Daß diese
Keule diese Aufgabe zu
erfüllen hat, wird aus
dem Baue des Gehör-
apparats bei den Sire-
nen klar (Fig. 347).

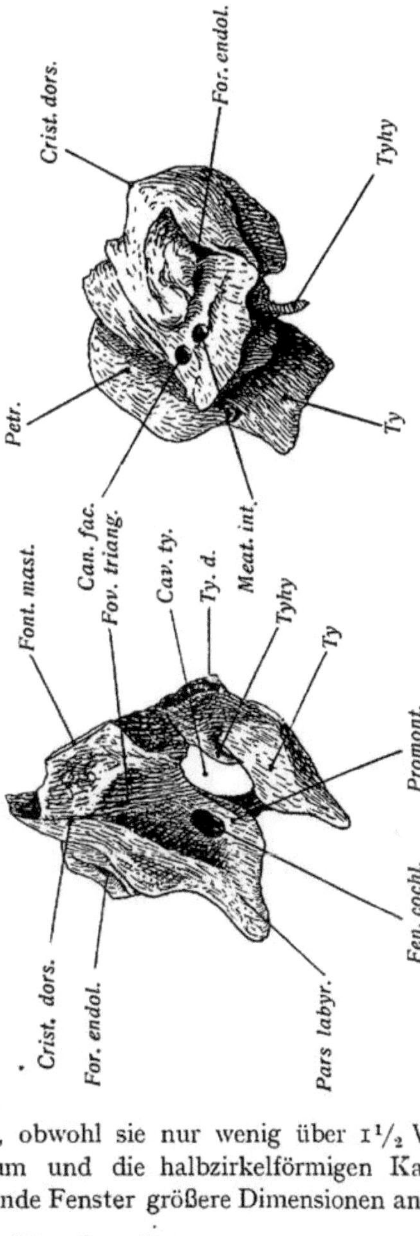

Diese an das Wasser-
leben angepaßten Huf-
tiere, die zwar keine so
schnellen Schwimmer wie
die Wale sind, aber doch
hochgradige Spezialisa-
tionen durch die An-
passung an die aquatische
Lebensweise erlitten ha-
ben, vermögen außer-
halb und inner-
halb des Wassers zu
hören.

Sie besitzen noch
ein äußeres, wenn auch
stark reduziertes Ohr;
das Trommelfell reagiert
auf Vibrationsschallei-
tung und das Tympani-
cum bildet einen Halb-
ring. Die Gehörknöchel-
chen sind aber ungewöhn-
lich groß, sehr plump
und von dichter Struk-
tur; das Labyrinth er-
innert im Bau an das der

Fig. 347. Rechter Oticalapparat von Eotherium aegyptiacum (Schädel VI), in natürlicher Größe. Links von innen. (In der linken Abbildung die Gehörknöchelchen weggelassen, ebenso die Pars temporalis petros.) — Abkürzungen: Can. fac. = Canalis nervi facialis, Cav. ty = Cavum tympani, Crist. dors. = Crista dorsalis, Fen. cochl. = Fenestra Cochleae, Font. mast. = Facies fonticuli mastoidei, Fov. triang. = Fovea triangularis, Meat. int. = Meatus acusticus internus, Pars labyr. = Pars labyrinthica, Petr. = Petrosum (Pars temporalis), Promont. = Promontorium, Ty = Tympanicum, Ty. d. = dorsales oder proximales Ende des Tympanicums, Tyhy. = Tympanohyale, For. endol. = Foramen endolymphaticum.

Wale, da „die Schnecke, obwohl sie nur wenig über $1^1/_2$ Windungen
hat, gegen das Vestibulum und die halbzirkelförmigen Kanäle über-
wiegt und zugleich das runde Fenster größere Dimensionen annimmt." [1]

[1] Max Weber: Die Säugetiere, Jena, 1904, p. 733.

Das Perioticum tritt jedoch in einer großen Lücke am Hinterhaupt zwischen dem Exoccipitale und Squamosum hervor. (Font. mast.) Hier liegt also eine Anpassung an das Hören im Wasser vor, wenn der äußere Gehörgang beim Untertauchen geschlossen und die Vibrationsschalleitung unmöglich ist. Dann wird die Erschütterung, die den Schädel trifft, vom Perioticum aufgefangen und die starken Gehörknöchelchen leiten die Schallwellen durch das ovale Fenster in das Innere des Perioticums.

Hier liegt also eine Kombination des Hörens in der Luft und des Hörens im Waser vor.

Vergleichen wir jetzt, wie es L. Dollo[1]) in zwei Mitteilungen über das Hören der Mosasaurier getan hat, den Bau des Gehörorgans der Lacertilier (Fig. 348).

Die Schallempfindung wird von einer Membran übernommen, die mit einem aus Hyalinknorpel bestehenden Stab, der Extracolumella, in Berührung tritt und die empfangene Erschütterung durch den Knorpelstab auf die knöcherne Columella überträgt, deren scheibenförmige Basis (der Stapes) in der durch die Membrana ovalis

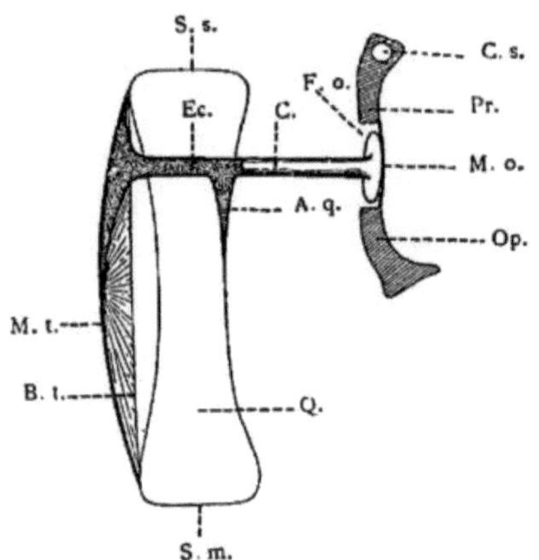

Fig. 348. Der Gehörapparat einer Eidechse, schematisiert. — A. q. = Fortsatz der Extracolumella gegen das Quadratum, B. t. = Rand der Tymp. Membran, C = Columella (knöcherner Teil), C. s. = Canalis semicircularis horizontalis, Ec. = Extracolumella (knorpelig), F. o. = Fenestra ovalis, M. o. = Membrana ovalis, M. t. = Membrana tympanica, Op. = Opisthoticum, Pr. = Prooticum, Q = Quadratum, S. m. = Gelenkfläche gegen den Unterkiefer, S. s. = Gelenkfläche gegen das Squamosum. (Nach W. K. Parker, J. Versluys und L. Dollo.)

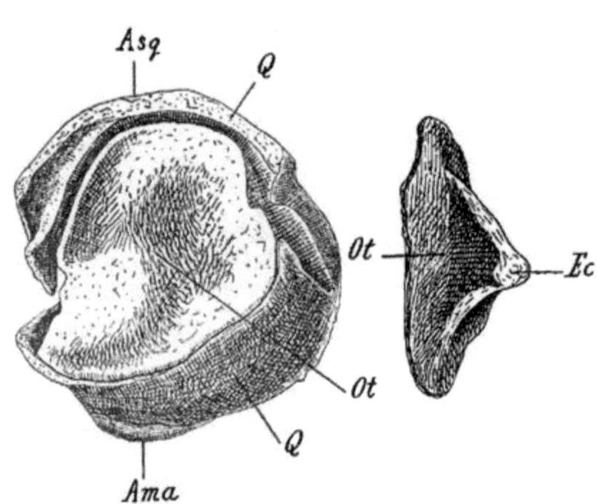

Fig. 349. Außenseite des rechten Quadratums und Profilansicht des rechten Operculum tympanicum von Plioplatecarpus Houzeaui, Dollo aus dem oberen Senon (obere Kreide Belgiens.) — Q = Quadratum, Ot = Operculum tympanicum, Ec = verknöcherter Abschnitt der Extracolumella, mit dem Op. tymp. verwachsen, Asq = Gelenkfläche mit dem Squamosum, Ama = Gelenkfläche mit dem Unterkiefer. (Nach L. Dollo.) ¹/₂ Nat. Gr.

¹) L. Dollo: Les Mosasauriens de la Belgique. Bull. Soc. Belge Géol. Paléont. Hydrol., XVIII, 1904, p. 207—216. — Un nouvel Opercule tympanique de Plioplatecarpus, Mosasaurien plongeur. — Ibidem, XIX, 1905, p. 125—131.

verschlossenen Fenestra ovalis befestigt ist und die Vibration in das Innere des Gehörapparats leitet.

Bei Mosasaurus ist der Gehörapparat ähnlich wie bei den Lacertiliern gebaut, von welchen die Mosasaurier abstammen: anders ist dies bei Plioplatecarpus (Fig. 349).

Bei dieser zweiten Mosasauriergattung hat D o l l o festgestellt, daß die Extracolumella verknöchert ist und daß das Quadratum nicht wie bei den Eidechsen und bei Mosasaurus gestaltet ist, sondern die Gestalt einer Cetaceenbulla besitzt. Außerdem ist die Membran, welche mit der bei Plioplatecarpus k n ö c h e r n e n Extracolumella in Verbindung tritt, v e r k a l k t.

Diese Modifikationen des Gehörapparats von Plioplatecarpus entsprechen in überraschender Weise den bei den Walen beobachteten Anpassungen. Die Umformung der knorpeligen Extracolumella zu einem knöchernen Stiel, die Verkalkung der tympanischen Membran und endlich die blasenförmige Auftreibung des Quadratums sind Veränderungen, die sich durchaus mit den Umformungen des Gehörapparates der Wale vergleichen lassen. Freilich handelt es sich um physiologische und nicht um morphologische Äquivalente.

L. D o l l o ist somit vollkommen im Rechte, wenn er Plioplatecarpus als einen „Mosasaurien plongeur" in Gegensatz zu Mosasaurus als einen „Mosasaurien nageur" bringt. Plioplatecarpus konnte unter Wasser hören, war also ein Taucher, während Mosasaurus einen nicht an das Hören im Wasser, sondern nur an das Hören in der Luft adaptierten Gehörapparat besaß und somit ein Oberflächenschwimmer gewesen sein muß.

Zu den besten Schwimmern der Vorzeit gehörten die Ichthyosaurier. Ein Vergleich ihres Gehörapparats mit jenem der Wale und Mosasaurier ergibt[1]), daß einerseits die tympanische Membran als Empfangsapparat für die Luftwellen fehlt, daß aber anderseits die Columella (Stapes) außerordentlich kräftig entwickelt, ja geradezu hypertrophiert ist und sich außen in das Quadratum, innen zwischen Opisthoticum und Basioccipitale einkeilt.

Daß der Gehörapparat trotzdem nicht atrophiert, sondern funktionell war, beweist das Vorhandensein der halbzirkelförmigen Kanäle im Innenohr[2]) von Ophthalmosaurus.

Die Anpassungen von Ichthyosaurus im Gebiete des Gehörapparats sind ganz ähnliche wie bei Plioplatecarpus und wir müssen daher

---

[1]) L. D o l l o: L'audition chez les Ichthyosauriens. — Bull. Soc. Belge de Géol., Pal., Hydrol., XXI, Bruxelles 1907, p. 157—163.

[2]) C. W. A n d r e w s: Notes on the Osteology of Ophthalmosaurus icenicus, Seeley, an Ichthyosaurian Reptile from the Oxford Clay of Peterborough. — Geolog. Magazine, n. s., Dec. V, Vol. IV, London, May 1907, p. 203.

folgern, daß die Ichthyosaurier i m Wasser sehr gut zu hören vermochten.

Wir haben also folgende Beispiele von gleichsinnigen Umformungen des Gehörapparates infolge Anpassung an die tauchende, aquatische Lebensweise:

1. H a l i c o r e. — Gegenwart. — Hören im Wasser u n d Hören in der Luft möglich.

2. P h o c a e n a. — Gegenwart. — Hören n u r im Wasser möglich.

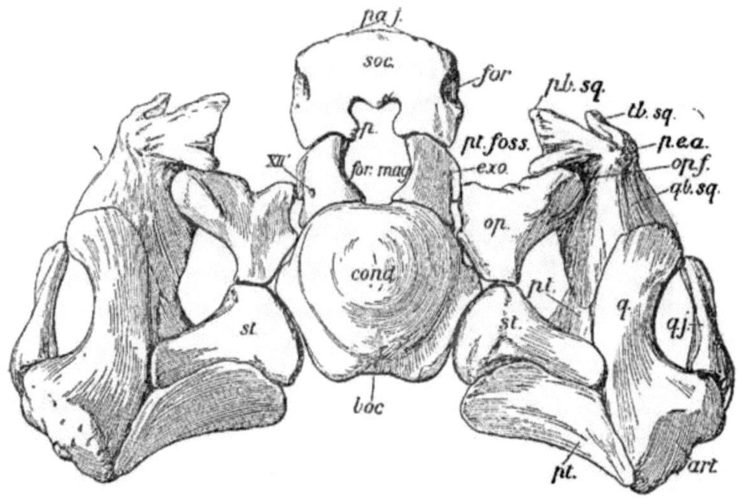

Fig. 350. Hinteransicht des Schädels von Ophthalmosaurus icenicus, Seeley, Oxfordien von Peterborough (Northamptonshire). — st. = Stapes (Columella), op. = Opisthoticum, pt. = Pterygoid, q. = Quadratum. (Nach C. W. A n d r e w s, 1907.)

3. O p h t h a l m o s a u r u s. — Obere Juraformation (Oxfordien). — Hören n u r im Wasser möglich.

4. P l i o p l a t e c a r p u s. — Obere Kreideformation. — Hören n u r im Wasser möglich.

3. Die B l u t v e r s o r g u n g des Gehirns bei a q u a t i s c h e n W i r b e l t i e r e n.

Bei den Landsäugetieren wird das Gehirn auf zwei Wegen mit Blut versorgt: v o r n e durch die Carotis interna oder bei Reduktion derselben (z. B. bei Wiederkäuern) durch die Maxillaris interna, h i n t e n durch die Arteria vertebralis oder A. occipitalis. [1]

Bei den Zahnwalen geht die Carotis interna durch die Paukenhöhle und verjüngt sich zur Dicke eines Fadens. Eine Arteria vertebralis fehlt bei Phocaena und wahrscheinlich bei allen übrigen Zahnwalen.

[1] G. B ö n n i n g h a u s: Das Ohr des Zahnwales. — Zool. Jahrb. (Anat. und Ontog.), XIX, 1904, p. 277 und ff.

Das ganze Gehirn wird bei Phocaena, wie G. Bönninghaus gezeigt hat, arteriell ausschließlich vom Wirbelkanal aus durch enorm erweiterte Arteriae meningeae spinales versorgt.

Die ethologische Bedeutung dieser Erscheinung ist folgende.

Im Wasser lastet auf dem Schädel ein derartiger Druck, namentlich beim tieferen Tauchen, daß die Halscarotis stark komprimiert wüide und Zirkulationsstörungen im Gehirn eintreten müßten. Wird dagegen das Gehirn vom Wirbelkanal aus mit arteriellem Blut versorgt, so sind derartige Störungen ausgeschlossen. So findet also bei den Walen nicht nur die Zufuhr arteriellen Blutes, sondern auch die Abfuhr venösen

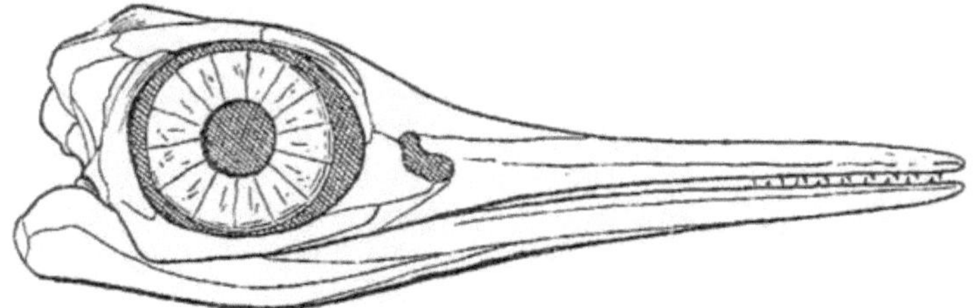

Fig. 351. Schädel von Ophthalmosaurus icenicus mit großen Augenhöhlen und breitem Sklerotikalring. (Nach C. W. Andrews, 1907.) Größte Schädellänge ungefähr 1 m.

Blutes durch die einer Kompression durch den Wasserdruck entzogene Region, das ist der Wirbelkanal, statt.

Es ist von großem Interesse, feststellen zu können, daß auch bei Plioplatecarpus Marshi Dollo nach Dollos Untersuchungen [1]) ein das Basioccipitale durchbohrendes großes Blutgefäß das Gehirn versorgte und also durch seine Lage der Kompression infolge des Wasserdruckes entzogen ist (Fig. 352). Bei Mosasaurus fehlt jedoch dieser Kanal im Basioccipitale.

Ebenso hat L. Dollo[2]) gezeigt, daß auch bei Ichthyosauriern (Fig. 350, 351) die Blutversorgung des Gehirns durch ein Gefäß erfolgt, das am Unterrande des Supraoccipitale in einem Ausschnitt desselben verläuft und also am Oberrande des Foramen magnum in das Gehirn eintritt.

Diese drei Fälle sind gleichzeitig sehr gute Beispiele einer konvergenten Anpassung an die gleichen Lebensbedingungen und zwar an das Tauchen.

4. Das Parietalorgan.

Bei Sphenodon und den lebenden Lacertiliern ist ein medianes, unter der Scheiteldecke liegendes Organ vorhanden, das bei den übrigen

[1]) L. Dollo: Notes sur d'Ostéologie erpétologique. — Annales Soc. scientifique de Bruxelles, 9e année, 1885, pag. 320.

[2]) L. Dollo: l'Audition chez les Ichthyosauriens, l. c., p. 162.

lebenden Wirbeltieren mit Ausnahme eines lebenden Tiefseefisches [1]), den die Valdivia-Expedition entdeckt hat, rudimentär ist. Bei fossilen Reptilien, ebenso bei allen Stegocephalen, ist das Schädeldach an derselben Stelle durchbohrt, an der sich das rudimentäre „Parietalauge" von Sphenodon befindet.

Die funktionelle Bedeutung dieses Organs ist, obwohl darüber bereits eine große Literatur existiert, noch nicht aufgeklärt. Ich will die verschiedenen Theorien über die Funktion dieses Apparats hier

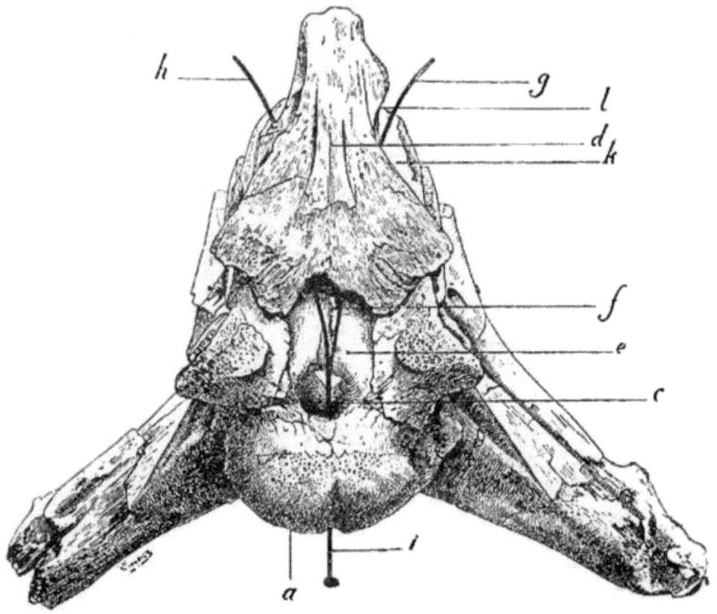

Fig. 352. Ventralansicht des Hinterschädels von Plioplatecarpus Marshi, Dollo, aus der oberen Kreide Belgiens. — a = Occipitalcondylus, c = Canalis basioccipitalis medianus, d = Parasphenoid, e = Basioccipitale. f = Kamm des Basioccipitale, g und h = Austrittsstellen des Blutgefäßkanals. (Nach L. Dollo, 1885.)

nicht weiter erörtern, sondern nur auf eine sehr merkwürdige Erscheinung aufmerksam machen, die sich bei einigen Mosasauriern findet.

Bei Mosasaurus, der ein Oberflächenschwimmer gewesen sein muß (primitive Organisation des Gehörapparats, Fehlen des Basioccipitalkanals, laterale Augenstellung. langer Thorax, stark entwickelte Schwanzflosse, kleine Vorderflossen und starke Bezahnung), ist das Scheitelloch von normaler Größe.

Bei Plioplatecarpus, der ein Taucher war (hochspezialisierter Gehörapparat, Vorhandensein des Basioccipitalkanals, Augen auf der Oberseite des Schädels gelegen, kurzer Thorax, schwach

1) A. Brauer: Wissenschaftl. Ergebnisse d. Deutschen Tiefsee-Expedition auf dem Dampfer „Valdivia" 1898—1899, XV. Bd., 1. Abt. (Bathytroctes rostratus).

entwickelte Schwanzflosse, starke Vorderflossen, reduzierte Bezahnung),
ist das Scheitelloch außerordentlich groß.

Dieser Gegensatz ist wohl nur dahin auszulegen, daß das Parietalorgan bei Plioplatecarpus eine besondere Bedeutung besessen haben
muß.

L. D o l l o [1]) hält dieses Scheitelorgan von Plioplatecarpus für einen
Apparat, der eine Lichtempfindung vermittelte.

Nach den schönen Untersuchungen, die K. von F r i s c h in der
letzten Zeit über das Parietalorgan der Fische angestellt hat, scheint es

Fig. 353. Junges Walroß im Hagenbeckschen Tiergarten in Stellingen bei Hamburg. Deutlich sind
die Verschlußeinrichtungen von Auge, Ohr und Nase sichtbar. Das Tier ist zweijährig. (Phot.
Ing. Fr. H a f f e r l.)

sich in der Tat um ein im Laufe der Stammesgeschichte der Vertebraten
verkümmertes Organ zu handeln, das irgend eine Lichtempfindung
vermittelte. Auffallend ist allerdings die Lage dieses Organs; es war
am besten bei jenen Vertebraten entwickelt, deren Augen auf der Oberseite des Schädels lagen (und das war auch bei Plioplatecarpus der Fall).
Vielleicht bringt uns ein Vergleich der relativen Größe des Parietalloches
bei fossilen Formen bei Berücksichtigung ihrer Lebensweise und Aufenthaltsortes eine Klärung dieser ungelösten Frage. Ebenso ist auch
die physiologische Bedeutung des Hypophysenloches bei den Ichthyosauriern vorläufig rätselhaft (Fig. 357 und 358).

[1]) L. D o l l o: Un nouvel Opercul tympanique de Plioplatecarpus, l. c.,
p. 130.

5. Verschluß von Auge, Ohr, Nase und Mund.

Beim Tauchen überhaupt und namentlich beim Tauchen in größere Tiefen ist es für aquatische Wirbeltiere von großem Vorteil, ja geradezu eine Lebensfrage, die äußeren Schädelöffnungen so gut als möglich verschließen zu können. Das gilt namentlich für den Mund und die Nasenöffnung.

Wir sehen schon bei den Robben, daß die Nasenöffnungen durch starke Muskeln verschlossen werden können; das ist in noch ausgedehnterem Maße bei den Walen und Sirenen der Fall. Wir werden kaum fehlgehen, wenn wir ähnliche Einrichtungen auch für die Sauropterygier, Ichthyosaurier, Mosasaurier u. s. f., kurz für alle an das Wasserleben weitgehend adaptierten fossilen Wirbeltiere annehmen.

Das Auge wird bei den lebenden Wassersäugetieren durch sehr stark entwickelte Lidmuskeln (Musculi palpebrales) geschlossen; das ist schon bei den Robben der Fall (Fig. 353). Bei den Walen wird das Auge gegen den Wasserdruck noch durch die besonders starke Entwicklung der Sklera geschützt; bei Ichthyosauriern ist ein sehr starker knöcherner Sklerotikalring entwickelt, der das namentlich bei Ophthalmosaurus riesig vergrößerte Auge in Form von radialstrahlig angeordneten Platten schützt. Daß das äußere Ohr bei Wassertieren verschließbar ist oder gänzlich fehlt, wurde schon früher erwähnt; bei Sirenen ist der Gehörgang noch offen, bei Walen obliteriert.

6. Halswirbelverschmelzungen bei kurzhalsigen Wassertieren.

Bei den Walen finden wir Verschmelzungen der Halswirbel in verschieden hohem Grade ausgebildet.

Bei den Balaeniden [1]) sind sämtliche Halswirbel zu einer unbeweglichen, kompakten Masse verschmolzen; bei den Balaenopteriden sind die Halswirbel zwar zu dünnen Scheiben komprimiert, aber noch alle frei, ebenso bei den Rhachianectiden. Infolge der starken Kompression der Halswirbel zu dünnen Knochenscheiben hat sich bei lebenden und fossilen Balaenopteriden ein sekundäres Zygapophysalgelenk zwischen Atlas und Epistropheus entwickelt.

Unter den lebenden Physeteriden ist bei Physeter der Atlas frei, aber alle folgenden Halswirbel (2.—7.) sind untereinander verschmolzen. Bei Kogia sind alle Halswirbel wie bei den Balaeniden coossifiziert. Scaldicetus Caretti du Bus aus dem oberen Miozän von Antwerpen zeigt entsprechend seinem höheren geologischen Alter und seiner tieferen

---

[1]) Bei Eubalaena sind mitunter nur die vordersten 5 Halswirbel verschmolzen.

Spezialisationsstufe ein primitiveres Verhalten; der Atlas ist frei, 2.—6. Halswirbel sind verschmolzen, der 7. Halswirbel frei. [1])

Unter den Ziphiiden sind bei Hyperoodon rostratum Pont. entweder alle 7 Halswirbel oder noch der erste Brustwirbel miteinander vereinigt, so daß der Komplex verschmolzener Wirbel im ganzen acht Wirbel umfaßt. Bei Ziphius sind entweder nur die vorderen vier, mitunter 1.—5., manchmal auch 1.—6. verwachsen, aber der 7. Halswirbel bleibt immer frei. Bei Mesoplodon tritt in der Regel nur eine Vereinigung der beiden ersten Halswirbel ein. Berardius zeigt eine Verschmelzung der drei vorderen Halswirbel.

Während bei allen bisher genannten Formen die Halswirbel jedenfalls stark komprimiert sind, begegnen wir unter den Eurhinodelphiden, Platanistiden und Acrodelphiden nicht nur freien, sondern auch durch die Länge ihrer Wirbelkörper primitiven Halswirbeln. (Eurhinodelphis [Fig. 354], Priscodelphinus, Platanista, Cyrtodelphis, Acrodelphis, Heterodelphis, Inia, Pontoporia, Beluga, Monodon.) Auch Squalodon und die primitivste Gruppe der Wale, die Archaeoceti, besaßen freie Halswirbel.

Die Beweglichkeit des Halses nimmt also, wie uns diese Übersicht lehrt, im allgemeinen bei allen Stämmen der Wale ab. Nur bei den Flußdelphinen und den langschnauzigen Zahnwalen überhaupt wie bei den Balaenopteriden begegnen wir einer primitiveren Organisation des Cervicalabschnittes. Weitgehende Reduktionen und Verschmelzungen finden wir bei den lebenden und auch schon bei den miozänen Delphiniden, doch sind meist nur die vorderen zwei, drei, selten vier oder mehr Wirbel vereinigt. [2])

Die U r s a c h e der Halsverkürzung und der

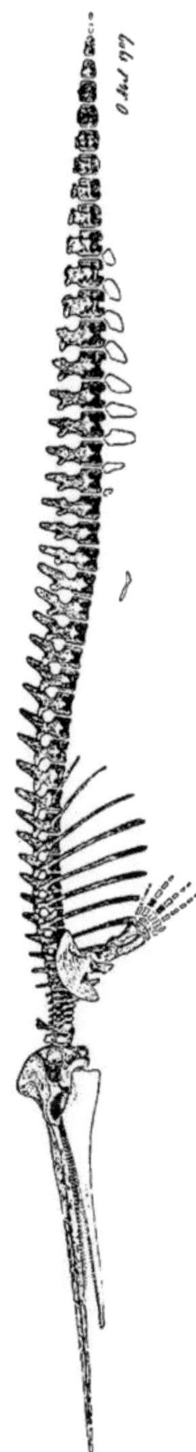

Fig. 354. Rekonstruktion des Skelettes von Eurhinodelphis Cocheteuxi aus dem Boldérien (Obermiozän) von Antwerpen. Körperlänge des erwachsenen Tieres 4—5 m. Ergänzt sind die Haemapophysen, Teile der Hand und Teile des Unterkiefers, sowie die beiden letzten Schwanzwirbel.

<hr>

[1]) O. A b e l: Les Odontocètes du Boldérien (Miocène supérieur) d'Anvers. — Mémoires Mus. R. Hist. Nat. Belg., T. III, Bruxelles 1905, p. 57, Fig. 1.

[2]) O. R e c h e: Über Form und Funktion der Halswirbelsäule der Wale. — Jenaische Zeitschr. f. Naturwiss., 40. Bd., 1905, p. 149—252.

Wirbelverschmelzung ist leicht zu verstehen. Mit Ausnahme der fluviatilen Zahnwale mit langen Schnauzen, die zum Teil ihre Nahrung auf dem Boden der Gewässer suchen, ist ein Abbiegen des Halses überflüssig, weil der ganze Körper der Beute entgegengesteuert wird und die Bewegungsachse mit der Körperachse zusammenfällt.

Bei den Sirenen finden wir zwar eine beträchtliche Kompression der Wirbel, aber eine Verschmelzung der Halswirbel findet äußerst selten statt.[1]) Die beiden vordersten Rückenwirbel können ganz ausnahmsweise wie bei Eotherium aegyptiacum aus dem Mitteleozän Ägyptens miteinander verschmelzen.

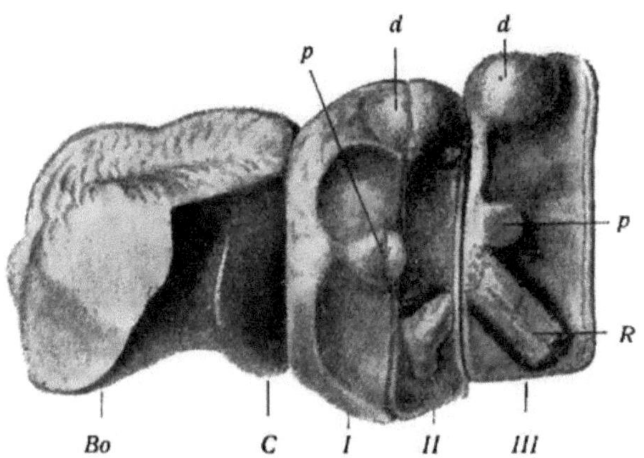

Fig. 355. Ichthyosaurus quadriscissus Qu., Oberlias von Banz in Franken. Atlas, Epistropheus und 3. Halswirbel, die beiden ersten verwachsen. — Bo = Basioccipitale, C = Condylus des Schädels, I, II, III die drei ersten Wirbel, d = Diapophyse, p = Parapophyse, R = Rippe. (Nach F. Broili, 1907.) Nat. Gr.

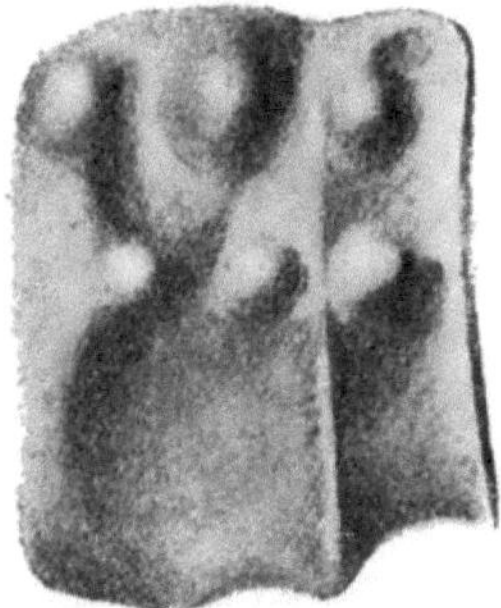

Fig. 356. Ichthyosaurus platydactylus, Broili. — Atlas, Epistropheus und dritter Halswirbel verwachsen, von der Seite gesehen. (Nach F. Broili, 1907.) ½ Nat. Gr.

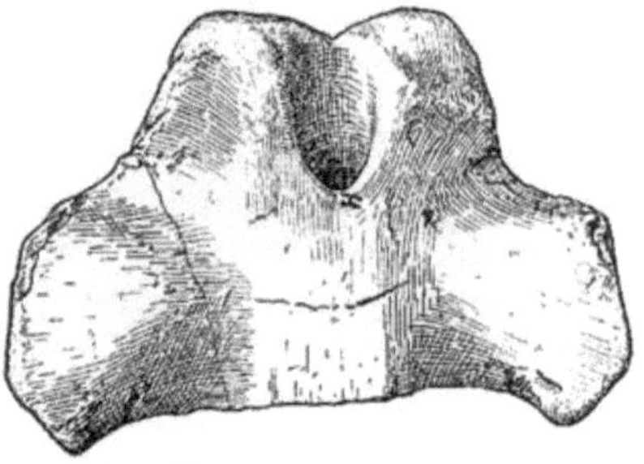

Fig. 357. Ichthyosaurus brunsvicensis, Broili, aus dem oberen Neokom (Unterkreide) von Hannover. — Basisphenoid, Ventralansicht; H = Austrittsstelle der Hypophyse. (Nach F. Broili, 1909.) ½ Nat. Gr.

Dagegen finden wir ganz ähnliche Verwachsungserscheinungen wie bei den Delphiniden im Halsabschnitt der Ichthyosaurier (Fig. 355, 356), wo der Hals außerordentlich kurz ist und Atlas und Epistropheus miteinander verschmolzen sind. Schon an jugendlichen Exemplaren aus dem Lias von Frankreich, England, Franken und Württemberg sind diese Verwachsungen zu beobachten; bei einem Kreideichthyosaurier, Ich-

[1]) Z. B. bei Halitherium Schinzi, wo der 2. und 3. Halswirbel verschmelzen können. Das gleiche ist bei Manatus beobachtet worden.

thyosaurus platydactylus Broili[1]) aus dem Aptien Hannovers ist auch der dritte Halswirbel in diesen Wirbelkomplex miteinbezogen, doch ist die Grenze zwischen 2. und 3. Halswirbel noch deutlich sichtbar, während sie zwischen den beiden ersten Halswirbeln verwischt ist. Bei der großen Ähnlichkeit in der Körpergestalt der Ichthyosaurier und Delphine ist diese Konvergenz im Baue der Halswirbelsäule von besonderem Interesse.

7. Die Erweiterung des Thorax.

Bei Landwirbeltieren ist der Thoraxquerschnitt je nach der Stellung der Gliedmaßen und der Gangart sowie der Haltung des Rumpfes verschieden.

Jene landbewohnenden Wirbeltiere, welche den größten Teil ihres Lebens auf dem Boden liegen, so daß die Bauchfläche den Erdboden berührt, haben einen auf der Ventralseite abgeplatteten Thorax und sein Querschnitt ist daher entweder queroval oder entspricht einem Halboval. Das finden wir bei den meisten Eidechsen, den Krokodilen usw. Wir finden aber diesen Querschnitt auch bei den

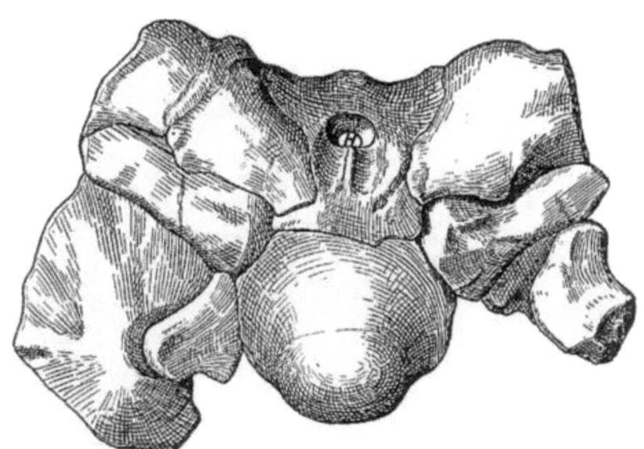

Fig. 358. Hinterhaupt von Ichthyosaurus quadriscissus Qu. Oberlias von Banz in Franken. — H = Hypophysenöffnung im Basisphenoid. (Nach F. Broili, 1909.) ²/₃ Nat. Gr.

Plesiosauriern und dies ist ein wichtiger Anhaltspunkt dafür, daß diese Reptilien Strandbewohner waren und entweder auf seichtem Meeresgrunde mit aus dem Wasser emporragendem Schädel oder auf dem Strande lagen, um sich zu sonnen. Auch die Ausbildung eines inneren Panzers (Schultergürtel + Bauchrippen + Beckengürtel) entspricht dieser Lebensweise.

Bei jenen Wirbeltieren aber, die beim Schreiten den Thorax hoch erhoben tragen, finden wir den Querschnitt des Thorax herzförmig gestaltet. Das ist bei den meisten vierfüßigen Säugetieren der Fall, z. B. bei den Huftieren und Raubtieren. Ganz derselben Querschnittsform des Thorax begegnen wir bei den hochbeinigen, sauropoden Dinosauriern (z. B. Diplodocus, Brontosaurus).

---

[1]) F. Broili, l. c., Palaeontographica, 54. Bd., 1907, p. 143, Taf. XIII, Fig. 8 und 8a.

Bei den an das Wasserleben angepaßten Säugetieren sehen wir jedoch die Herzform des Thoraxquerschnittes allmählich in ein Hochoval und dann in eine Kreisform übergehen. [1]) Das sehen wir besonders deutlich bei den Robben, wo sich gegenwärtig der Übergang zu der Tonnenform des Thorax vollzieht.

Diese Umformung ist bei den Walen bereits abgeschlossen und ebenso ist dies bei den Sirenen der Fall.

Auch die Ichthyosaurier und die Mosasaurier besaßen einen kreisförmigen Thoraxquerschnitt wie die Wale, eine Anpassung an das Leben im Wasser.

Sehr auffallend sind die Verschiedenheiten in der relativen L ä n g e des Thorax bei Wassertieren. Bei den Ichthyosauriern und Sauropterygiern, ebenso bei den Sirenen und Pinnipediern ist der Thorax sehr groß und geräumig.

Die Mosasaurier und Wale verhalten sich jedoch in der Länge des Thorax bei den einzelnen Gattungen außerordentlich verschieden. Eine vergleichende Zusammenstellung der relativen Thoraxlängen bei den Walen zeigt folgendes:

	Rumpflänge	Thoraxlänge
I. O d o n t o c e t i:		
Hyperoodon	100	19
Mesoplodon	100	22
Eurhinodelphis	100	22
Physeter	100	23
Beluga	100	29
Sotalia	100	30
Platanista	100	32
Inia	100	34
Stenodelphis (Pontoporia)	100	40
Kogia	100	40
II. M y s t a c o c e t i:		
Balaenoptera physalus	100	22
Megaptera boops	100	26
Neobalaena marginata	100	58

Wir sehen, daß der Thorax selbst in enge geschlossenen Gruppen wie bei den Physeteriden (Physeter mit 23 Prozent, Kogia mit 40 Prozent der Körperlänge) sehr verschieden lang ist und daß die Differenzen sehr bedeutend sind. Wenn wir von Neobalaena absehen, bei welcher ganz spezielle Ursachen die Reduktion des Schwanzes bei besonderer Entwicklung des Thorax bedingt haben, so bleibt noch ein Verhältnis von 1:2 bei Hyperoodon und Kogia übrig.

---

[1]) Kreisförmig ist auch der Thoraxquerschnitt der Fledermäuse, Flugsaurier und des Menschen; einen mehr oder weniger tonnenförmigen Thorax finden wir auch bei den Vögeln.

Ähnliche Differenzen finden wir bei den Mosasauriern. Mosasaurus besitzt einen langen, Plioplatecarpus einen kurzen Thorax[1]) und L. Dollo ist der Meinung, daß diese Verschiedenheit damit zusammenhängt, daß die erste Gattung ein Oberflächenschwimmer, die zweite ein Taucher war.

Wir sehen in dieser Frage noch nicht vollkommen klar und es sind noch weitere analytische Untersuchungen notwendig, um die Frage der Bedeutung der Rumpflänge zu entscheiden.

Mit dieser Frage steht die Frage der Rippenartikulation und der Erweiterungsfähigkeit des Thorax in innigem Zusammenhang. Bei den Bartenwalen sind die Rippen nur sehr lose mit den Wirbeln verbunden, bei den Ziphiiden und Physeteriden sehr fest und das gleiche ist

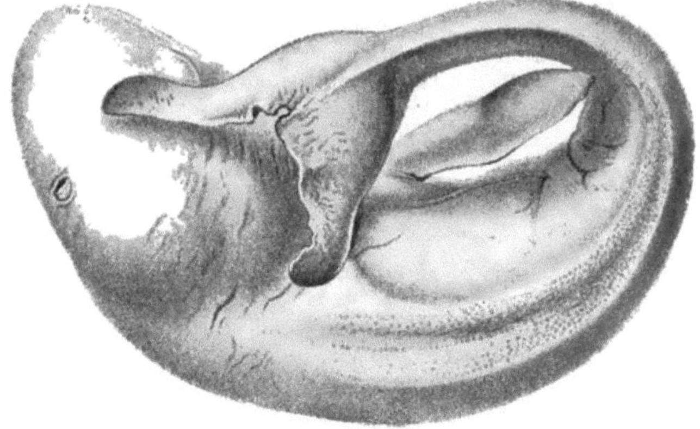

Fig. 359. Embryo von Neomeris phocaenoides. (Nach W. Kükenthal.) ²/₃ Nat. Gr.

bei den Sirenen der Fall. Zweifellos kann ein Thorax, dessen Rippen nur ganz locker mit den Wirbeln in Verbindung stehen, stärker erweitert werden und somit eine größere Luftmenge in sich aufnehmen als ein Brustkorb mit schwer beweglichen Rippen; es fehlen uns aber noch die nötigen vergleichenden Beobachtungen an lebenden Walen, um irgendwelche allgemeine Schlüsse ableiten zu können.

8. Verminderung des Körpergewichts bei Hochseeschwimmern.

Ein schweres Skelett ist für ein schnelles Schwimmen unbedingt ein Hindernis. Wir finden daher bei den Walen einen allgemeinen Rückgang der Verknöcherung; alle Epiphysen verschmelzen sehr spät, und in vielen Teilen des Skeletts ist der knorpelige Zustand stationär geworden.

In schroffem Gegensatz zu den Walen stehen die Sirenen, deren Skelett ungemein massiv gebaut ist und namentlich bei den fossilen Sirenen der Mittelmeerregion pachyostotische Veränderungen zeigt.

<hr>

[1]) L. Dollo: Les Mosasauriens de la Belgique. — Bull. Soc. Belg. Géol. Paléont. Hydrol., XVIII, Bruxelles, 1904, p. 212.

Derartig schwere Tiere können nicht schnell schwimmen, sondern sind
Seichtwasserbewohner der Küsten und großen Ströme.

Die pachyostotischen Veränderungen des Skelettes einer kleinen,
durch Pachyacanthus aus dem Obermiozän des Wiener Beckens charakterisierten Gruppe von Bartenwalen, die aus dem miozänen Cetotherium
hervorgegangen sind, be-
weisen, daß diese merkwürdige Gruppe von kleinen,
zwerghaften Bartenwalen eine
küstennahe Lebensweise geführt haben muß und kaum
zu schnellerem Schwimmen befähigt war. Rippen und Wirbel
von Pachyacanthus (Fig. 40)
sind überaus dicht und schwer
und erinnern in der allgemeinen Struktur
und Form an
einen Sauropte-
rygier der Trias-
formation, Pro-
neusticosaurus.

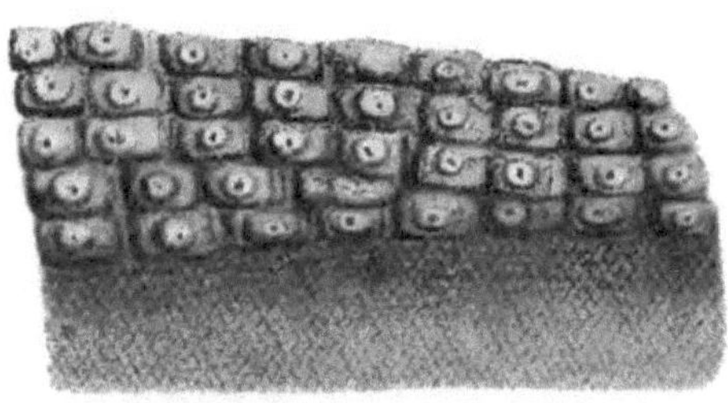

Fig. 360. Ausschnitt aus der gepanzerten Rückenhaut
von Neomeris phocaenoides. (Nach W. Kükenthal.)
Nat. Gr.

Die Ver-
minderung des
Körpergewichtes
durch schritt-
weise fortschrei-
tende Reduktion
des knöchernen
Skelettes sehen
wir sehr deutlich

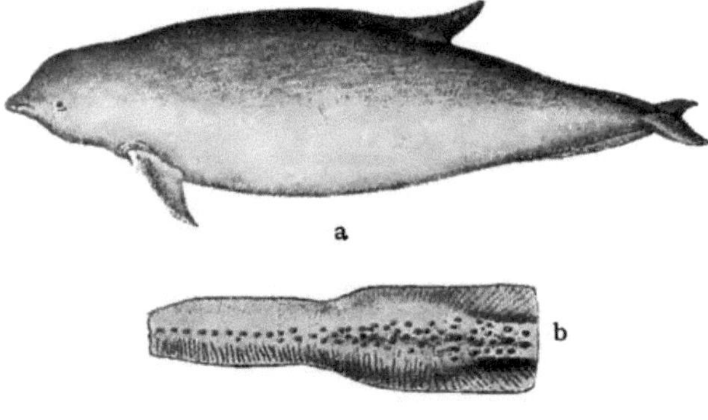

Fig. 361. Phocaena spinipinnis Burm. Aus der Mündung des Rio de la
Plata bei Buenos Aires. a Gesamtansicht und b Oberansicht der gepanzerten
Rückenflosse. (Nach H. Burmeister, 1869.) (a in 1/18, b in 1/6 Nat. Gr.)

bei den Hochseeschildkröten der Kreideformation. Wie wir noch
später sehen werden, entstehen im Knochenpanzer weite Fontanellen und der im Landleben und Küstenleben als Körperschutz
überaus wichtige Panzer wird rudimentär (Fig. 468).

Bei verschiedenen Hochseetieren wie bei den Walen, Ichthyosauriern
und bis zu einem gewissen Grade auch bei den Mosasauriern, findet
eine Reduktion der Verknöcherung der hinteren Schädelwand statt.
Auch bei Plesiosaurus ist übrigens die Hinterseite des Schädels offen,
obwohl diese Reptilien wenigstens im Lias keine eigentlichen Hochseebewohner gewesen zu sein scheinen.

9. Die Beschaffenheit der Körperoberfläche bei schnellschwimmenden Wassertieren.

Der Pelz der Robben unterscheidet sich durch die große Glätte und die Feinheit der kurzen Haare wesentlich von dem Fell eines Landraubtieres. Schon der Fischotter besitzt ein glattes, dicht anliegendes Fell; wir finden das bei allen Säugetieren, die im Stadium einer vorschreitenden Adaptation an das aquatische Leben stehen und auch der Pinguin zeigt dieselbe Erscheinung in seinem Federkleide.

Die Wale sind bis auf kümmerliche Rudimente der Haarbekleidung

Fig. 302. Gepanzerte Flosse von Delphinopsis Freyeri Joh. Müller aus der sarmatischen Stufe von Radoboj in Kroatien. Dreimal vergrößert. Die runden Gruben entsprechen der halbkugeligen Oberfläche ausgefallener Panzerplatten, deren Innenfläche mit parallelen perlschnurartigen Knöpfchenreihen verziert ist. (Original im Museo civico in Triest.)

gänzlich nackt geworden. Ebenso haben die Sirenen ihr Haarkleid bis auf wenige Überreste verloren, doch wird es noch bei den Embryonen als dichter Pelz angelegt.

Vollständig nackt waren die Ichthyosaurier, Thalattosuchier und Plesiosaurier, während die Mosasaurier wahrscheinlich einen schwachen, hornigen Panzer besessen haben.

Verminderung des Wasserwiderstandes durch Glättung der Körperoberfläche ist die Folge dieser Veränderungen, also des Panzerverlustes oder Fellverlustes.

Nur an wenigen Stellen sind bei den Walen und Ichthyosauriern Reste der ursprünglichen Hautbepanzerung übrig geblieben. Das ist der Fall bei einzelnen Zahnwalen und zwar bei Neomeris (Fig. 359, 360), Phocaena (Fig. 361) und Delphinopsis aus dem Miozän von Radoboj in Kroatien (Fig. 362). Bei Neomeris[1]) ist der Rücken in eine große Anzahl von länglich viereckigen Feldern eingeteilt, die in ihrer Mitte je ein Rudiment einer ehemaligen Panzerplatte tragen; bei verschiedenen Arten der Gattung Phocaena (Phocaena spinipinnis Burmeister,[2]) Ph. communis Less. [= Ph. tuberculifera Gray][3]), Ph. relicta Abel[4]) und Phocaena Dallii True[5]) ist der Vorderrand der Rückenflosse mit einer oder mehreren Reihen von Tuberkeln besetzt, die mitunter die Zahl von 25 erreichen, wie K ü k e n t h a l angibt. Aber auch an den Vorderrändern der Schwanzflossenflügel konnte K ü k e n t h a l an einem Phocaena-Embryo jederseits etwa 30 Tuberkeln zählen [6]); sie finden sich ferner, wenn auch vereinzelt, am Vorderrande der Brustflossen und in der Umgebung der Nasenöffnung.

Bei dem fossilen kleinen Phocaeniden aus dem Miozän Kroatiens, Delphinopsis Freyeri J. Müll., war noch die ganze Brustflosse mit kleinen, runden Knochenplatten gepanzert, wie die Untersuchungen von Johannes M ü l l e r[7]) zuerst gelehrt und die späteren Überprüfungen bestätigt haben[8]) (Fig. 362).

Die Erhaltung dieser Panzerreste auf den Vorderrändern der Brustflossen wird verständlich, wenn wir bedenken, daß die das Wasser

---

[1]) J. A. M u r r a y: A Contribution to the Knowledge of the Marine Fauna of Kurrachee. — Ann. Mag. Nat. Hist. London, XIII, 1884, p. 352. — W. K ü k e n t h a l: Über Reste eines Hautpanzers bei Zahnwalen. — Anat. Anzeiger, 1890, p. 237. — Über die Anpassung von Säugetieren an das Leben im Wasser. — Zool. Jahrb., V, 1891, p. 373. — Vergleichend-anatomische und entwicklungsgeschichtliche Untersuchungen an Waltieren. — Denkschr. med. nat. Ges. Jena, III, Taf. 16, Fig. 23. und 25.

[2]) H. B u r m e i s t e r: Descripcion de cuatro especies de Delfinidés de la costa argentina en el Océano atlántico. — Anales Mus. publ. Buenos Aires, I, 1869, entr. 6, p. 380.

[3]) J. E. G r a y: Notice of a New Species of a Porpoise (Phocaena tuberculifera) inhabiting the Mouth of the Thames. — P. Z. Soc. London, 1865, p. 518.

[4]) O. A b e l: Eine Stammtype der Delphiniden aus dem Miocän der Halbinsel Taman. — Jahrb. k. k. geolog. Reichs-Anst. Wien, 55. Bd., 1905, p. 390. Fig. 4.

[5]) F. W. T r u e: Contributions to the Nat. Hist. of the Cetaceans, a Review of the Family Delphinidae. — Bull. U. S. Nat. Mus. Washington, 1889, No. 36.

[6]) W. K ü k e n t h a l: l. c., Denkschr. med. nat. Ges. Jena, III. Bd., p. 252, Taf. 16, Fig. 26—32.

[7]) J. M ü l l e r: Bericht über ein neu entdecktes Cetaceum aus Radoboy, Delphinopsis Freyeri. — Sitzber. k. Akad. d. Wiss., Wien, 1853, X. Bd., 1. Abt., p. 84 (Tafel nachgeliefert in Bd. XV, 1855, 2. Abt., p. 345).

[8]) O. A b e l: Über die Hautbepanzerung fossiler Zahnwale. — Beiträge zur Paläont. u. Geol. Österr.-Ung. und d. Orients. XIII. Bd., p. 297—317.

durchschneidenden Flossen an ihren Vorderrändern steif erhalten werden müssen.

Dasselbe Prinzip — Versteifung des Flossenvorderrandes — finden wir in der Verstärkung der vordersten Flossenstrahlen bei den Fischen, der Verstärkung der Hautschuppen am Vorderrande der Flossen von Seeschildkröten u. s. f.

Auch bei Ichthyosauriern sind die Vorderränder der Flossen die einzigen Stellen, wo dürftige Spuren von Panzerresten erhalten sind. R. O w e n [1]) hat zuerst Integumentplatten an der Hinterflosse von Ichthyosaurus beobachtet, später hat sie E. F r a a s auch an der Vorderflosse entdeckt. [2])

Die Panzerreste bei lebenden und fossilen Walen beweisen jedenfalls, daß sie von ehemals gepanzerten Vorfahren abstammen. Knochenplatten von eigentümlicher Struktur, die sich im Eozän von Alabama neben

Fig. 363. Panzer von Zeuglodon cetoides Ow. aus dem Eozän von Alabama, Nordamerika. 1/2 Nat. Gr.

Zeuglodonresten gefunden haben, lassen kaum eine andere Deutung zu, als daß dieser Urwal einen dicken Knochenpanzer besessen hat, wie die letzten Untersuchungen in dieser Frage ergeben haben[3]) (Fig. 363).

Nun ist es allerdings sehr merkwürdig, daß wir bei den höheren Wirbeltieren eine Reduktion des Panzers finden, wenn sie sich an das Schwimmen auf der Hochsee anpassen, während bei den Fischen der Körper auch bei den Hochseeschwimmern von einem kräftigen Schuppenpanzer eingeschlossen wird.

Eine Reduktion des Schuppenkleides tritt bei den Fischen nur beim Leben in der Tiefsee und beim benthonischen Leben ein; anderseits entstehen aber wieder beim benthonischen Leben starke Panzer.

---

[1]) R. O w e n: A Description of Some of the Soft Parts, with the Integument, of the Hindfin of the Ichthyosaurus, indicating the Shape of the Fhin when recent. — Transact. Geol. Soc. London VI., 1842, p. 199, Pl. XX.

[2]) E. F r a a s: Württemberg. Jahreshefte, 1888, p. 291.

[3]) O. A b e l: Hautbepanzerung etc., l. c., p. 303—312, Taf. XXI. — Die Ähnlichkeit mit den Mosaikplatten von Psephophorus ist, wie schon O. J a c k e l 1894 gezeigt hat, nur eine äußerliche.

Das sehen wir ebenso bei den gepanzerten Ostracodermen des Obersilur
und Devon (z. B. Pterichthys, Drepanaspis, Pteraspis, Cephalaspis,
Cyathaspis u. s. f.) als auch bei jüngeren und rezenten Fischen; und
zwar ist es merkwürdig, daß die Ausbildung eines knöchernen Panzers
bei den höheren Fischen erst nach Durchlaufung eines gänzlich nackten
Stadiums eintritt, wie bei den Welsen und Loricariiden. Panzerbildungen
(z. B. bei Ostracion und Triodon) treten aber auch bei korallriffbe-
wohnenden Fischen auf. L. Dollo[1]) hat gezeigt, daß sich dieser Prozeß
zu verschiedenen Zeiten abgespielt hat und daß sowohl von Ganoid-
schuppern, als auch von Cycloid- und Ctenoidschuppern zuerst nackte
und dann gepanzerte Formen hervorgingen:

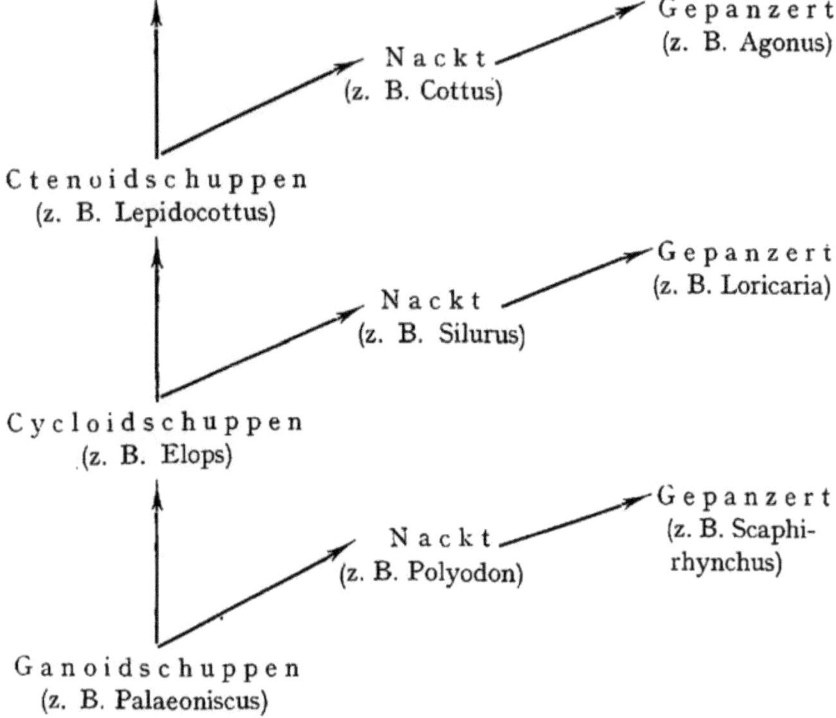

Das Schuppenkleid der Fische bietet nun allerdings dem Wasser
keinen derartigen Widerstand wie ein Hornplattenpanzer eines Reptils
oder das Fell eines Säugetiers. Das enganliegende, stets gefettete
Haarkleid eines Wasservogels wirkt als eine fast reibungslose Körper-
hülle; auch das Seehundsfell ist so glatt, daß es keinen nennenswerten
Reibungswiderstand bietet und wir finden darum auch keine Anzeichen
einer beginnenden Reduktion des Felles.

---

1) L. Dollo: Expédition Antarctique Belge: Poissons. Anvers 1904,
p. 139.

Daß die Wale nackt geworden sind, hängt offenbar damit zusammen, daß sie vor dem Nacktwerden einen Panzer besessen haben. Das beweisen die Panzerreste bei Phocaena und Neomeris, das beweisen ferner die fossilen Wale Delphinopsis und Zeuglodon. Bei gepanzerten Formen tritt aber immer ein Panzerschwund ein, wenn die Tiere zu Hochseebewohnern werden; das beweisen die nackt gewordenen Ichthyosaurier, Plesiosaurier und Thalattosuchier. Der Panzer bietet immer einen großen Reibungswiderstand beim Schwimmen und ist dem enganliegenden Schuppenkleid der Fische und Wasserschlangen nicht zu vergleichen.

Auf diese Weise erklärt sich das Nacktwerden der Wale einerseits und der fossilen schnellschwimmenden Hochseereptilien anderseits.

Das Nacktwerden der Fische ist auf ganz andere Ursachen zurückzuführen und zwar auf das Wühlen und die schlängelnde Körperbewegung im Schlamm.

Daß bei der Annahme der aquatischen Lebensweise die Nägel und Krallen reduziert werden, ist eine Erscheinung, die bei allen sekundär zu Wassertieren gewordenen Wirbeltieren zu beobachten ist, ebenso wie sich schon in den ersten Anfängen der Anpassung an das Leben im Wasser Zwischenfingerhäute und Zwischenzehenhäute einstellen.

10. Die Reduktion der Tränendrüse bei den Walen und Sirenen.

Im Wasserleben ist die beständige Anfeuchtung des Auges nicht notwendig, wohl aber ist das Einfetten des Augapfels von Vorteil. Wir sehen daher, daß bei den Walen die Tränendrüse ihre ursprüngliche Bedeutung gänzlich verloren hat; sie wurde, wie A. Pütter[1]) gezeigt hat, zu einer fettabsondernden Drüse und der ursprüngliche Tränen-Nasengang wurde rudimentär. Bei Mesoplodon (Fig. 364) ist dieser rudimentäre Kanal zwischen dem Jugale und Lacrymale noch vorhanden (in der Figur Grenzlinie zwischen La und Ju).

Bei den lebenden Sirenen ist die Tränendrüse und sogar das Lacrymale im Verlaufe der Anpassung an das Wasserleben verloren gegangen; ob die Tränendrüse in eine Fettdrüse verwandelt ist, wurde bisher noch nicht untersucht. Bei den ältesten Sirenen war noch ein funktioneller Ductus nasolacrymalis vorhanden, wie Eotherium aegyptiacum aus dem Mitteleozän von Kairo beweist.

Bei den Pinnipediern ist die Tränendrüse noch vorhanden.

---

[1]) A. Pütter: Das Auge der Wassersäugetiere. Zool. Jahrb. (Anat. und Ontogenie), XVI, 1903, p. 369—371: „Es hat also ein Funktionswechsel stattgefunden und zwar in der Weise, daß die Drüse, welche topographisch der Tränendrüse entspricht, nicht mehr das wässrige Sekret dieser Drüse, sondern das fettige der Harderschen Drüse liefert." (p. 370).

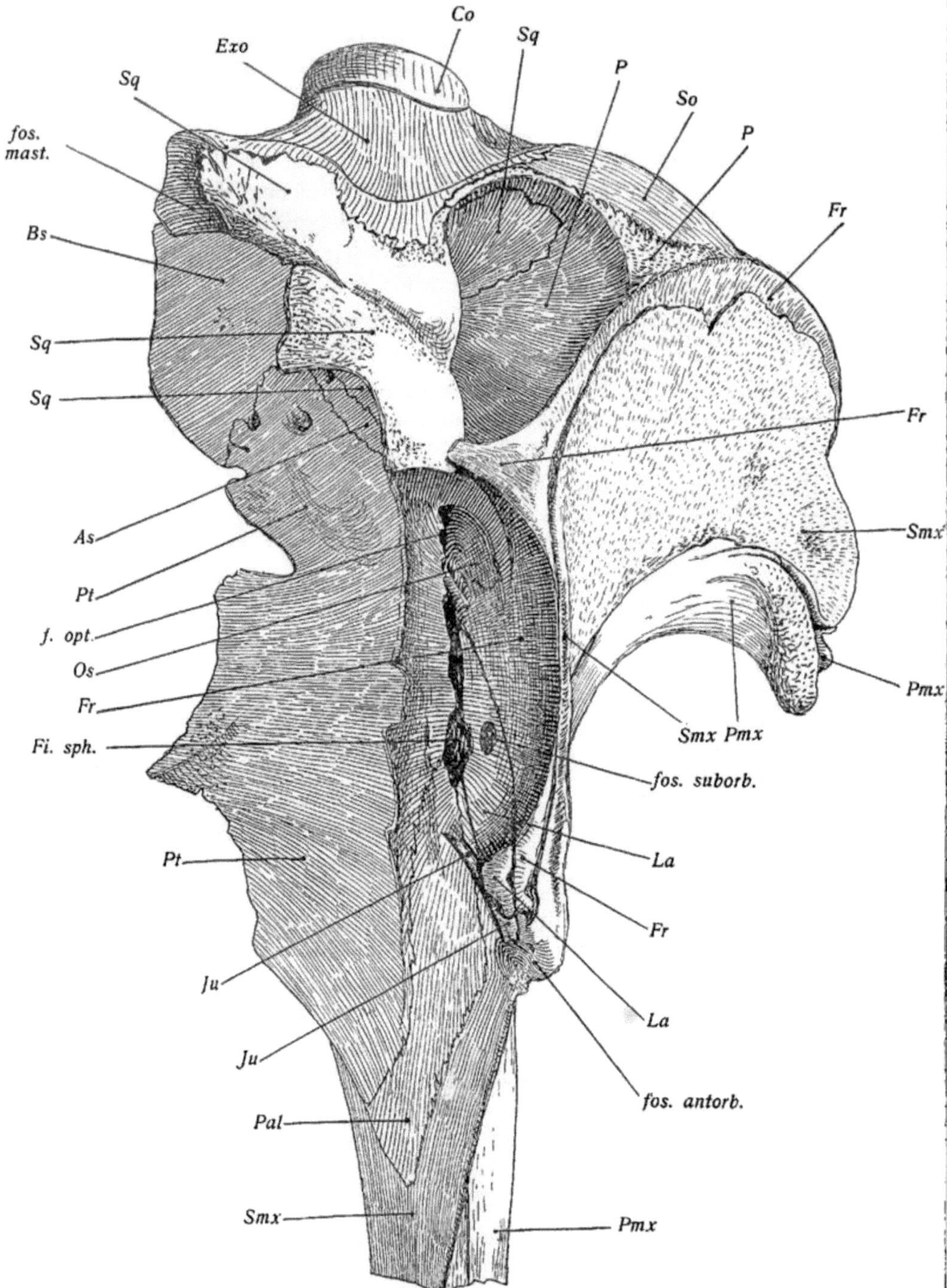

Fig. 364. Schädel von Mesoplodon bidens Sow., von rechts. Original im Museum in Brüssel. Original-
zeichnung. — Erklärung der Abkürzungen: As = Alisphenoid, Bs = Basisphenoid, Co = Condylus,
Exo = Exoccipitale, Fi. sph. = fissura sphenoidalis, f. opt. = foramen opticum, fos. antorb. = fossa
antorbitalis, fos. mast. = fossa mastoidea, fos. suborb. = fossa suborbitalis, Fr = Frontale, Ju =
Jugale, La = Lacrymale, Os = Orbitosphenoid, P = Parietale, Pal = Palatinum, Pmx = Prämaxillare,
Pt = Pterygoid, Smx = Supramaxillare, So = Supraoccipitale, Sq = Squamosum. (½ Nat. Gr.)

11. Verschiedene Lebensgewohnheiten wasser-
bewohnender Wirbeltiere in verschiedenen
Lebensaltern.

Viele Fische haben im frühen Jugendzustande eine ganz verschiedene Lebensweise als die erwachsenen Tiere. Viele leben als Larven parasitisch in anderen Organismen; viele sind in früher Jugend Seichtwasserformen, im erwachsenen Zustande Tiefwassertiere; manche, wie die Lachse, sind im Jugendzustand Süßwasserbewohner, erwachsen aber Meerestiere u. s. f.

Von phylogenetischem und ethologischem Interesse ist aber die Gewohnheit vieler Fischlarven und zwar von p r i m i t i v e n Fischen, sich festzusaugen.

Wir finden diese Gewohnheit und die durch dieselbe bedingten Anpassungen bei den Larven von Amia, Lepidosteus, Acipenser; ferner besitzt Protopterus im Larvenstadium ein Haftorgan unterhalb der Schnauze, das in ähnlicher Weise wie bei Lepidosteus funktioniert; das gleiche ist bei Lepidosiren der Fall, während der junge Ceratodus zu keiner Zeit seiner Entwicklung einen solchen Haftapparat besitzt. [1]

Die Tatsache, daß gerade bei diesen stammesgeschichtlich primitiven Fischen im Larvenzustand ein Haftorgan zur Entwicklung gelangt, legt den Gedanken nahe, daß auch der vielbesprochene Palaeospondylus Gunni Traquair aus den Caithneß Flagstones bei Anacharras in Schottland, dessen Maximallänge 5 mm beträgt, die Larvenform eines unterdevonischen Fisches repräsentiert und daß somit der scherzhafte Ausspruch eines der größten Morphologen, Th. H. H u x l e y , „this is a baby Coccosteus" keineswegs von der Hand zu weisen ist. Welchem Fisch diese Larvenform angehören könnte, wenn es sich wirklich um eine solche handelt, ist allerdings nicht leicht zu entscheiden. Die überaus große Zahl der gefundenen Exemplare, die Kleinheit, der Saugapparat, der Gesamteindruck überhaupt würde sehr für seine Larvennatur sprechen. Daß er eine segmentierte Wirbelsäule besitzt, kann nicht dagegen sprechen; die Reste von Palaeospondylus sind durchaus in S t e i n k o h l e verwandelt und die Hartteile des Tieres waren also zweifellos knorpelig, aber n i c h t verkalkt (Fig. 365).

12. D e r s e k u n d ä r e V e r l u s t d e s S c h w i m m v e r m ö g e n s .

Die Besprechung der Haftapparate bei Fischlarven führt uns zur Erörterung der verschiedenen Anpassungen, bei denen das aktive Schwimmvermögen entweder sehr bedeutend reduziert oder ganz verloren gegangen ist.

---

[1] G. A. B o u l e n g e r : Fishes. — The Cambridge Nat. Nist., Vol. VII, London 1904, p. 494, 501, 504, 510, 514, 518.

Die verschiedenartigen Saug- und Anheftapparate der Fische, die zwar in ethologischer Hinsicht gleichwertig sind, sind doch ganz verschiedenen Ursprungs.

Der Haftapparat von Liparis Fabricii besteht aus umgeformten Ventralen; das gleiche ist bei allen Cyclopteriden mit Haftapparaten der Fall. Bei dem nackten Sicyases sanguineus (Familie der Gobiesocidae) sehen wir die ventrale Haftscheibe vorne von den Claviculae, in der Mitte und seitlich von den jugular stehenden Ventralen und hinten von den vergrößerten Postclaviculae gestützt. Bei Gastromyzon borneensis bilden sowohl die Pectoralflossen wie die Ventralflossen den Rand der ventralen Saugscheibe; bei den Schiffshaltern, Echeneis und Remora, ist die vordere Rückenflosse zu einer Saugscheibe auf der Oberseite des Schädels umgewandelt. Es sind also sehr verschiedene Wege, auf denen die Anheftung erzielt wird; entweder sind es Fische, die in Gießbächen leben oder Meerfische, bei denen derartige Apparate zur Ausbildung gelangt sind.

Einzelne Fische, wie Antennarius marmoratus, klammern sich in Tangmassen mit den eigentümlich geformten Brustflossen fest und werden mit

Fig. 365. Palaeospondylus Gunni aus den Caithness Flagstones (Unterer Old Red Sandstone, Unterdevon) von Anacharras in Schottland. Länge der größten Exemplare 5 mm. (Nach R. H. Traquair.)

Fig. 366. Phyllopteryx eques. (Nach G. A. Boulenger.)

diesen flottierenden Tangwäldern weit vertrieben.

Hippocampus, das Seepferdchen, umklammert mit seinem Schwanz Korallenäste, Tange usw. und hat seine aktive Bewegungsfähigkeit nahezu eingebüßt. Hochgradig ist Phyllopteryx eques spezialisiert, dessen Körper über und über mit tangähnlichen Hautlappen bedeckt ist, die eine unvergleichliche Schutzanpassung des in Tangwäldern lebenden Fisches bilden (Fig. 366).

Die Fähigkeit einer Eigenbewegung ist bei Orthagoriscus mola, dem Mondfisch, gänzlich verloren gegangen. Viele Beobachter schildern ihn als ein hilfloses Spielzeug der Wellen, in denen er „wie ein Betrunkener" herumschwankt.

An dieser Stelle soll noch die Anpassung eines sehr merkwürdigen und noch unvollständig bekannten kleinen Bartenwales des südlichen Eismeeres (Neobalaena marginata) besprochen werden.

Seine Thoraxlänge beträgt 58 Prozent der Rumpflänge, das ist also mehr als dreimal so viel als bei Hyperoodon (19 Prozent). Die hinteren Rippen sind außerordentlich breit, sehr flach und sehr dünn, die vorderen normal; der Schwanz ist sehr kurz; die Schwanzwirbel sind geradezu als rudimentär zu bezeichnen (Fig. 367).

L. Dollo[1]) und ich sind unabhängig voneinander zu dem Ergebnisse gelangt, daß diese eigenartige Anpassung von Neobalaena eine Folge ihres Aufenthalts zwischen Eisschollen ist und daß dieser Wal mit stark verminderter Eigenbewegung zwischen den treibenden Eisschollen des südlichen Eismeers seine Nahrung sucht. Die Rippen dienen ihm als innerer Panzer wie Schiffsrippen; ich bin durch die auffallende Ähnlichkeit des Brustkorbes mit der Konstruktion der „Fram" Nansens auf diese Erklärung geführt worden. Die unverkennbare Reduktion der Schwanzwirbel von Neobalaena marginata kann nur dahin gedeutet werden, daß die Fähigkeit zu einer Eigenbewegung sehr beträchtlich vermindert ist.

---

[1]) L. Dollo bereitet eine eingehende Mitteilung seiner Untersuchungen über diese Frage vor.

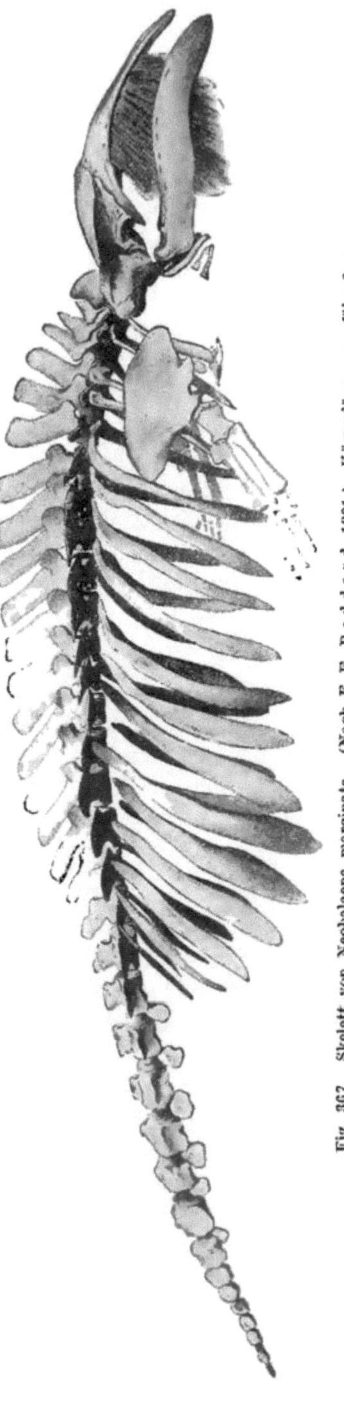

Fig. 367. Skelett von Neobalaena marginata. (Nach F. E. Beddard, 1901.) Körperlänge ungefähr 6 m.

Die Anpassungen der Wirbeltiere an das Leben in Steppen und Wüsten.

Unter den verschiedenen Veränderungen, die sich im Körper jener Wirbeltiere vollzogen haben, die sich an das Leben in Steppen und Wüsten angepaßt haben, sollen hier nur jene berücksichtigt werden, die sich im Skelette ausprägen, da unsere ganzen Darlegungen sich in erster Linie auf die Frage beziehen, inwieweit wir aus dem Skelettbaue fossiler Formen auf ihre einstige Lebensweise und ihren Aufenthaltsort Rückschlüsse ziehen können.

Wenn wir die Wüstenformen aus den verschiedenen Gruppen der Landwirbeltiere durchmustern, so sehen wir, daß sich unter ihnen eine auffallend große Zahl laufender, tetrapoder und springender bipeder Formen findet, der sich eine kleinere Zahl von Grabtieren anschließt.

Die Ausbildung von Läufern ist wohl immer an ein Territorium gebunden, in welchem weite Ebenen von Steppencharakter vorherrschen. Die Entstehung der Equiden und ihre Spezialisation zu Lauftieren ist sicher in den Steppen erfolgt; die Lebensweise einzelner Pferdearten, wie die einzelner eiszeitlicher Waldpferdrassen und die Entstehung der Bergpferde ist sekundär. Ebenso sind auch die schnellfüßigen Gazellen und Antilopen ursprünglich Steppenbewohner gewesen und auch die Hirsche haben in den Niederungen ihre Heimat, aus denen sie sekundär in die Gebirge aufgestiegen sind. Auch die Bergziegen müssen, wie ihr typischer Lauffuß beweist, ursprünglich Bewohner der Ebene gewesen sein und sich erst später an das Klettern und Springen in den Felsen gewöhnt haben.

Daß die bipeden Springer unter den lebenden Säugetieren fast ausschließlich in Steppen und Wüsten leben, ist zur Beurteilung der Frage nach dem Entstehungsorte der bipeden Dinosaurier von großer Wichtigkeit. Wir haben gesehen, daß die theropoden Dinosaurier ursprünglich Baumtiere mit Kletterfüßen gewesen sind, aber die Anpassungen an das Zangengreifen mit solchen an das Schreiten, Laufen und Springen vertauscht haben und zwar ist die Mehrzahl der Dinosaurier biped gewesen. Viele haben geradezu einen känguruhartigen Habitus erlangt und es ist die Schlußfolgerung nicht von der Hand zu weisen, daß ihre Lebensweise eine ähnliche gewesen ist. Erst sekundär sind wohl die Adaptationen an das Sumpfleben eingetreten, wofür wir nicht nur im Gebiß und den Schnauzenformen einzelner Gattungen wie Trachodon, sondern auch in dem bedeutenden Anwachsen der Körpergröße einen Beweis erblicken dürfen.

Wenn wir die Anpassungen an die übrigen Aufenthaltsorte der Wirbeltiere, wie Wald, Sumpf, Hochgebirge, Höhlen usw. prüfen und zwar nur die Merkmale des Skelettes dabei berücksichtigen, so finden wir, daß sich nur in sehr wenigen Fällen durchaus charakteristische

Anpassungen nachweisen lassen. Sumpfbewohnende Tiere besitzen im allgemeinen eine große Sohlenfläche oder doch eine breite Gliedmaßenbasis, die das Einsinken in den weichen Boden verhindert. Ein Beispiel für das letztere ist Parra unter den Vögeln, Tragelaphus Speekei unter den Antilopen. Aber diese Merkmale sind so dürftig, daß sie in gar keinem Verhältnisse zu den zahlreichen überaus charakteristischen Anpassungen stehen, welche das Leben in den verschiedenen Meeresregionen hervorgerufen hat. Wir können kaum aus einem etwas kräftigeren Knochenbau der Gliedmaßen bei fossilen Cavicorniern darauf schließen, daß dieses Merkmal auf ähnliche Weise entstanden ist wie der kräftige Knochenbau der Gemse im Vergleiche mit den schlankfüßigen Steppengazellen, da wir ja auch das zartbeinige Reh hoch ins Gebirge hinaufsteigend finden.

Auch der plumpe Körperbau, der häufig als Kennzeichen sumpfbewohnender Wirbeltiere angeführt wird, ist kein sicheres Kennzeichen für den Aufenthaltsort, sondern nur für eine schwerfällige Bewegungsart, die sich ebenso bei Sumpftieren wie bei Waldtieren und Savannentieren findet.

Nur die speziellen Bewegungsarten, deren Anpassungen wir im vorhergehenden Abschnitte eingehend erörtert haben, lassen sich ebenso wie die Nahrungsweise bei fossilen Landwirbeltieren auf dem Wege von Analogieschlüssen feststellen; der Aufenthaltsort ist außer bei Wassertieren nur in jenen Fällen aus dem Baue des Skelettes zu erschließen, wo die Bewegungsart durch den Lebensort bedingt ist wie z. B. das Klettern bei den arboricolen Wirbeltieren.

Die verschiedenen Ursachen der Erblindung.

Wenn wir bei fossilen Formen feststellen können, daß ihr Augenlicht verloren gegangen ist, so kann aus dieser Tatsache allein noch kein zwingender Schluß auf ihre Lebensweise und ihren Aufenthaltsort abgeleitet werden: Erblindung tritt bei ganz verschiedenen Lebensgewohnheiten ein.

Blind sind Tiefseefische, Höhlentiere, im Schlamm oder Sand wühlende Wassertiere, Landgrabtiere und Schlammwassertiere (z. B. der völlig erblindete Gangesdelphin Platanista gangetica).

Unter fossilen Arthropoden und Wirbeltieren sind manche Formen blind gewesen. Das ist der Fall bei Trilobiten (z. B. Trinucleus), Merostomata (Adelophthalmus[1]), Bunodes[2])) und bei Panzerfischen (Drepanaspis)[3].

[1] H. Jordan und H. von Meyer: Über die Crustaceen der Steinkohlenformation von Saarbrücken. — Palaeontographica, IV, 1856, p. 8 und 11.

[2] F. Schmidt: Die Crustaceenfauna der Eurypterenschichten von Rootziküll auf Oesel. — Mém. Acad. St. Pétersbourg, XXXI, 1883, p. 72.

[3] O. Abel: Bau und Geschichte der Erde. Wien 1909, p. 97. — Die Anpassungsformen der Wirbeltiere an das Meeresleben, l. c., 1908, p. 15. — L. Dollo, La Paléontologie éthologique, l. c., 1910, p. 399.

Sicher ist der Verlust des Sehvermögens eine Folge des Aufenthaltes in einer lichtlosen oder aphotischen Region, aber die Tatsache der Erblindung dieser Formen allein kann uns noch keinen Aufschluß darüber geben, ob diese Tiere in der Tiefsee als nektonische Tiere lebten oder im Schlamme wühlten.

Erst nach genauer ethologischer Analyse aller übrigen Adaptationen, wie sie von L. D o l l o [1]) durchgeführt worden ist, können wir zu einem Schlusse über den Aufenthaltsort der betreffenden Formen gelangen.

Für die erblindeten paläozoischen Merostomen hat L. D o l l o ermittelt, daß sie S c h l a m m w ü h l e r gewesen sind, da sie einen spitzen Schwanzstachel wie Limulus besitzen. Diesen Typus stellt L. D o l l o als x i p h o s u r dem p l a t y u r e n, flachen und breiten Schwanz gegenüber, wie wir ihn bei Pterygotus antreffen und zwar sind die platyuren Merostomen als n e k t o n i s c h e T i e r e zu betrachten, während Adelophthalmus und Bunodes b e n t h o n i s c h lebten.

Ebenso hat D o l l o feststellen können, daß Homalonotus delphinocephalus aus dem Obersilur ein grabender Trilobit gewesen ist, der aber noch funktionelle Augen besaß, während bei dem gleichfalls grabenden Trinucleus die Augen bereits verloren gegangen waren. Alle Trilobiten mit spitzem Schwanzstachel wie z. B. Olenellus und Dalmanites sind als wühlende Formen zu betrachten, denen z. B. Aeglina als nektonische Form gegenübersteht. Für die Ermittlung der Lebensweise dieser Formen war vor allem die L a g e der Augen und die allgemeine F o r m des Körpers neben der F o r m d e s P y g i d i u m s oder Schwanzschildes maßgebend.

[1]) L. D o l l o, Ibidem, p. 400—405.

Die Anpassungen an die Nahrungsweise.

Die Differenzierung des Gebisses.

Ursprünglich hat das Gebiß der Wirbeltiere kaum eine andere Aufgabe zu erfüllen gehabt, als die Nahrung zu ergreifen. Dieses einfachste Gebiß muß aus einer größeren Zahl von in zwei opponierten Reihen angeordneten Zähnen bestanden haben und zwar müssen diese kleinen Zähne als kleine, spitze, kegelförmige Placoidschuppen entwickelt gewesen sein.

Bei der Anpassung an verschiedene Nahrung, weiche oder harte Kost, Fleischnahrung oder Pflanzenkost usw. ist eine Differenzierung des Wirbeltiergebisses und in manchen Fällen sekundär eine völlige Reduktion desselben eingetreten. Tiefe Gegensätze bildeten sich in den Gebissen jener Formen aus, welche ihre Nahrung zerrieben oder zerkauten und jenen, welche sie unzerkaut verschluckten. Diese Differenzierung hat zu überaus charakteristischen Gebiß- und Kieferformen geführt, die uns in den meisten Fällen einen sicheren Rückschluß auf die Nahrungsbeschaffenheit bei den fossilen Wirbeltieren ermöglichen. Das Brechgebiß oder Mahlgebiß von Muschel- und Korallenfressern, das Fanggebiß von Meeresräubern, das Fangrechengebiß von Tieren, die ihre Nahrung am Meeresboden, im Schlamm usw. suchen, das Fang- und Brechgebiß von Landraubtieren, das Mahlgebiß von Pflanzenfressern, das Schneidegebiß von Nagern usw., das indifferente Gebiß omnivorer Formen und viele andere Gebißtypen sind so überaus charakteristisch, daß wir aus dem Auftreten analoger Gebißtypen bei rezenten und fossilen Typen die Nahrungsweise der letzteren in den meisten Fällen mit Sicherheit erschließen können. Das Studium des Anpassungscharakters der Gebisse fossiler Wirbeltiere ist somit eines der hervorragendsten Mittel zur Erforschung ihrer Lebensweise.

Durophagie und Malacophagie.

Die harte oder weiche Konsistenz der Nahrung hat einen fundamentalen Einfluß auf die Spezialisierung des Gebisses ausgeübt.

Harte Nahrung wie Muscheln, Schnecken oder Korallen bei Fleischfressern, harte Schalenfrüchte und dergl. bei Pflanzenfressern bedarf vor dem Verschlucken einer Zerkleinerung und zwar des Zerbrechens oder des Zerbrechens und Zermahlens, während die weiche Nahrung unzerkaut oder nur wenig gekaut verschluckt werden kann. Ich bezeichne die Tiere, welche harte Nahrung aufnehmen, als d u r o p h a g e Formen, während für die Ernährung durch weiche tierische oder pflanzliche Organismen schon seit langer Zeit die Bezeichnung m a l a c o p h a g in Anwendung gebracht wird. Unter den durophagen Formen werden die Korallenfresser oder c o r a l l i p h a g e n (c o r a l l i f r a g e n) sowie die Muschelfresser oder c o n c h i p h a g e n (c o n c h i f r a g e n) Formen unterschieden.

Die Brechapparate der durophagen Wirbeltiere.

Die corallifragen und conchifragen Fische wie die Triodontiden, Balistiden, Ostracioniden, Tetrodontiden, Diodontiden usw. besitzen harte, schneidende Schnäbel, die aus der Verschmelzung von ursprünglich getrennten Einzelzähnen hervorgegangen sind (Fig. 368). Die allgemeine Form dieser Zahnschnäbel erinnert sehr an die eines Papageienschnabels und man hat daher die Scariden geradezu als „Parrot-Wrasses" bezeichnet, teilweise auch mit Rücksicht auf die prächtige und bunte Färbung.[1]

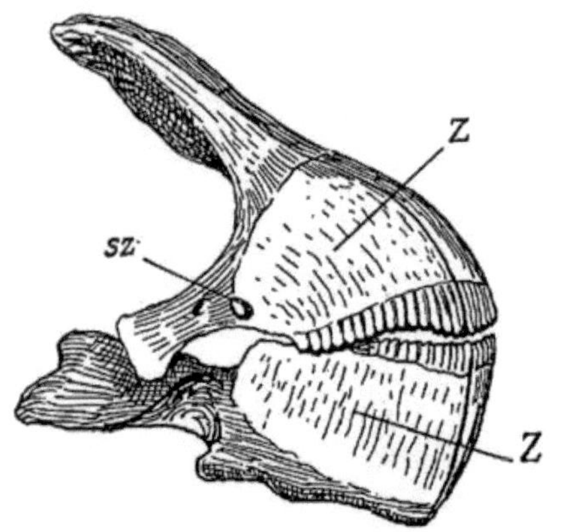

Fig. 368. „Papageienschnabel" eines durophagen Fisches (Pseudoscarus), entstanden durch Verwachsung der Zahnindividuen, die nur noch gegen ihre Spitze die ehemaligen Trennungsstellen aufweisen. — Z = Zähne, zu dem Schnabel verwachsen, sz = isolierter Seitenzahn. Exemplar im Wiener Hofmuseum. Originalzeichnung in Nat. Gr.

Viele Schnäbel dieser durophagen Fische zeigen eine Profilierung der Schnabelkante, die durch zwei hintereinanderliegende dreieckige Vorsprünge gekennzeichnet ist.

Dieser doppelte, scharf zugespitzte Vorsprung, in dessen Einschnitt ein Zacken des gegenüberliegenden Hebelarms hineinpaßt, ist zum Zerbrechen harter Objekte ganz besonders geeignet. Wir sehen das an der Brechschere eines Hummers, dessen eine Schere ganz nach demselben mechanischen Prinzip gebaut ist, während die zweite Schere als Greifschere dient und deshalb viel schlanker und zarter ist, wobei die Innenränder der Schere fein gezackt erscheinen (Fig. 463).

Derartige Brechapparate zum Zerknacken harter Muscheln, Schnecken

---

[1] Die Scariden verzehren neben vegetabilischen Substanzen hauptsächlich Korallen und Muscheln. Man könnte sie also ebensowohl als corallifrag wie als conchifrag bezeichnen. In einem solchen Fall erweist sich der Terminus „durophag" als richtiger.

usw. finden wir auch bei fossilen Fischen und zwar bei Arthrodiren. Nicht immer sind zwei Vorsprünge hintereinander am Brechrand des Unterkiefers vorhanden, aber sie treten doch dann und wann auf wie im Unterkiefer der Coccosteidengattung Dinichthys bei D. Hertzeri, D. intermedius usw. Diese riesigen Fische, deren Kopflänge 1 m übersteigt, haben gewaltige, krebsscherenartig geformte Unterkiefer, die eine dem Knochen aufgewachsene einfache Zahnreihe tragen (Fig. 370).

Bei Rhamphodus aus der Arthrodirenfamilie der Ptyctodontiden [1]) sind die Zahnplatten des Oberkiefers und die des Unterkiefers zu schnabelartigen, steilstehenden Gebilden verändert [2]), deren Vorderenden eine ähnliche Gestalt wie manche Vogelschnäbel besitzen und einander opponierte Ausschnitte der Brechränder aufweisen. Die Form dieser Zahnplatten beweist, daß es sich hier um Apparate zum Zerbrechen harter Nahrung handelt (Fig. 369).

Wieder andere Arthrodirengattungen wie Diplognathus besitzen Unterkiefer, die vorne gabelig auseinandertreten und nur durch eine ganz kurze Symphyse miteinander verbunden sind. Die Unterkieferenden sind sehr spitz und auf der Innenseite vor der Symphyse mit spitzen

Fig. 369. Zahnplatten des Ober- und Unterkiefers von Rhamphodus tetrodon, Jaekel, aus dem Oberdevon von Ense bei Wildungen (Waldeck, Deutschland). (Nach O. Jaekel.) Ungefähr Nat. Gr.

Zähnen besetzt; ebenso tragen die oberen Kieferränder eine Reihe spitzer Zähne, so daß das Gebiß einen scharfzackigen Greif- und Brechapparat darstellt. Die Gabelung des Unterkiefers am Vorderende hat gewiß eine ethologische Bedeutung; ich möchte vermuten, daß er zum Losreißen und Abheben hartschaliger Mollusken vom Meeresboden gedient hat. Auch der riesige Titanichthys, wie alle übrigen Arthrodiren aus dem Devon stammend, hat seine Kiefer wohl in ähnlicher Weise benützt.

Das Mahl- und Reibgebiß der durophagen Wirbeltiere.

Eine große Zahl von Fischen der verschiedensten Stämme besitzt Gebisse, die zum Zerreiben harter Nahrung dienen. Wir finden solche

---

[1]) L. Dollo: Les Ptyctodontes sont des Arthroderes. — Bull. Soc. Belge Géol. etc., XXI. Bruxelles 1907, Mémoires, p. 1—12, Pl. II.

[2]) O. Jaekel: Einige Beiträge zur Morphologie der ältesten Wirbeltiere. — Sitzungsber. Ges. naturforsch. Freunde zu Berlin, 1906, p. 180.

Gebisse bei vielen grundbewohnenden Elasmobranchiern und zwar bei
Haifischen, Rochen und Holocephalen; wir finden Reibzähne in den
verschiedensten Gruppen und Stämmen der Teleostomen wie bei den
Platysomiden, Semionotiden, Pycnodontiden, Sphaerodontiden, Scariden, Spariden, Labriden u. s. f.; wir finden sie weiter bei den Dipneusten
und bei den Arthrodiren in der Familie der Ptyctodontiden (Fig. 371).

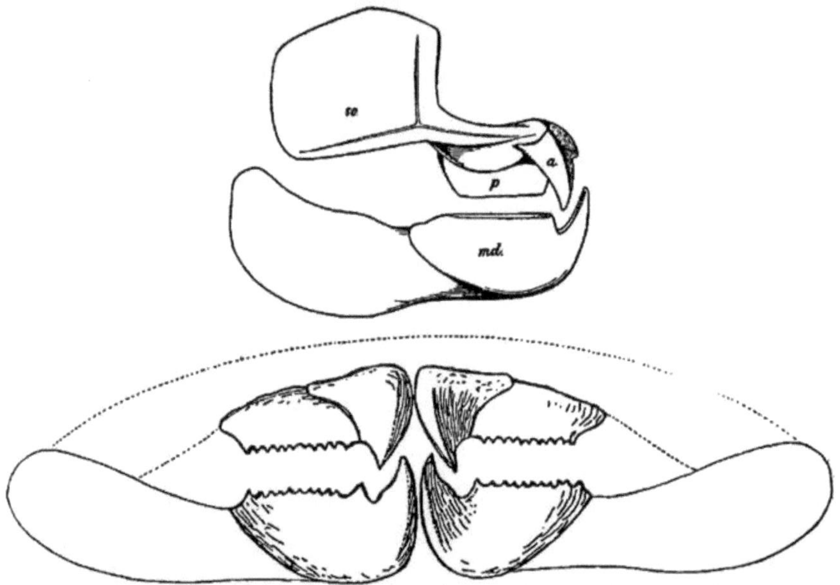

Fig. 370. Kiefer von Dinichthys intermedius (oben), 2/9 Nat. Gr. und Dinichthys Hertzeri (unten),
1/3 Nat. Gr. Beide rekonstruiert. Devon, Ohio. (Nach A. S. W o o d w a r d, D. intermedius, und
J. Str. N e w b e r r y, D. Hertzeri.)

Die T r i t u r a l g e b i s s e , wie man diese Mahl- und Reibgebisse
nennen kann, bestehen entweder aus einer großen Zahl einzelner, dichtgedrängter Pflasterzähne oder diese Zähne sind zu einheitlichen, großen
Reibplatten verschmolzen. A. S m i t h - W o o d w a r d hat in klarer
Weise gezeigt, auf welchem Wege die Verschmelzung einzelner Zähne
zu Zahnplatten bei den Haifischen vor sich gegangen ist[1]) (Fig. 372).

Cestracion, Psephodus, Cochliodus und Deltoptychius bilden auf-
einanderfolgende Spezialisationsstufen der Zahnverwachsung. Von einer
phylogenetischen Reihe kann dabei nicht die Rede sein, da diese Gattungen
ganz verschiedenen Familien angehören.

Von besonderem Interesse ist die Heterodontie oder verschiedene
Zahnform im Symphysenabschnitte und auf den Seitenteilen des Unter-
kiefers sowie in den entsprechenden Teilen des Oberkiefers von Cestracion.
Zahlreiche, dichtgedrängte, nach hinten gekrümmte, spitze Zähne mit

[1]) A. S m i t h - W o o d w a r d: The Evolution of Sharks Teeth. —
Natural Science, Vol. I, No. 9, November 1892, p. 671.

Nebenzacken stehen in der Symphysenregion, breite und flache Pflasterzähne auf den freien Kieferästen.

Unverkennbar haben diese am Vorderrande der Kiefer stehenden
spitzen Zähne eine andere Funktion als die pflasterartigen Trituralzähne
der hinteren Kieferabschnitte. Die Nahrung dieses Haifisches besteht
aus hartschaligen Muscheln, die er mit den Pflasterzähnen zerreibt;
die vorderen Zähne haben höchstwahrscheinlich die Aufgabe, die Muscheln
vom Boden
loszureißen.

So ist es
möglich, die
ethologische
Bedeutung
der Symphy-
senzähne eines
anderen Ver-
treters der Ce-
stracioniden
aus der Stein-
kohlenforma-
tion Nordame-

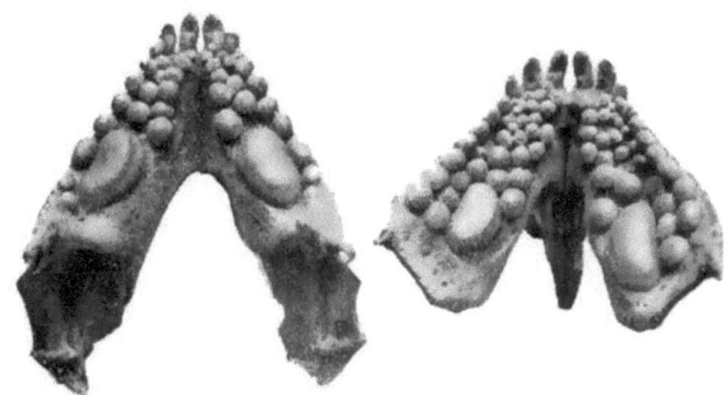

Fig. 371 a. Unteres und oberes Gebiß von Chrysophrys aurata, Mittelmeer.
(Phot. R. G e i ß l e r.)

rikas (Westvirginien, Illinois,
Kansas, Jowa) und Belgiens zu
verstehen, der einerseits weit
höher, anderseits tiefer spezialisiert ist als der lebende Cestracion (Heterodontus). Diese kar-
bone Gattung Campodus besitzt
nur eine mediane, spiralig einge-
rollte Symphysenzahnreihe, die
aus dreieckigen winkelig einge-
bogenen Zähnen besteht, während
die Kieferäste mit zahlreichen
dicht aneinandergereihten Zähnen
besetzt sind, die zwar schon un-

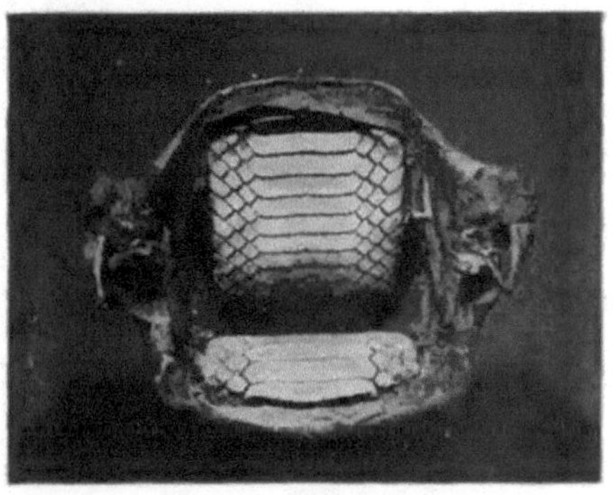

Fig. 371 b. Unteres und oberes Gebiß von Myliobatis aquila. (Phot. F. H a f f e r l.)

verkennbar als Trituralzähne funktionieren. aber noch in der Mitte
einen Höcker tragen. Die Seitenflächen aller Zähne sind gekerbt
(Fig. 373).

Die mittlere Zahnreihe hat hier sicher eine andere Funktion als
die auf den Kieferästen und im Oberkiefer stehenden Zähne. Man
könnte daran denken, daß sie als Waffe verwendet wurden; aber die
Ähnlichkeit mit dem lebenden, primitiveren Cestracion läßt doch kaum
eine andere Deutung zu, als daß diese Symphysenzähne zum Losreißen

Fig. 371 c. Lepidotus palliatus Agassiz, aus dem oberen Jura von Langenaltheim, Bayern. Länge 1,80 m. Original im Senckenbergischen Museum zu Frankfurt a. M. (Nach einer von Dr. Fr. Drevermann zur Verfügung gestellten Photographie.)

von Muscheln und anderen hartschaligen Meeresbodenbewohnern dienten.

Bei den Rochen finden wir glatte, breite, mit nahtartiger Ver-

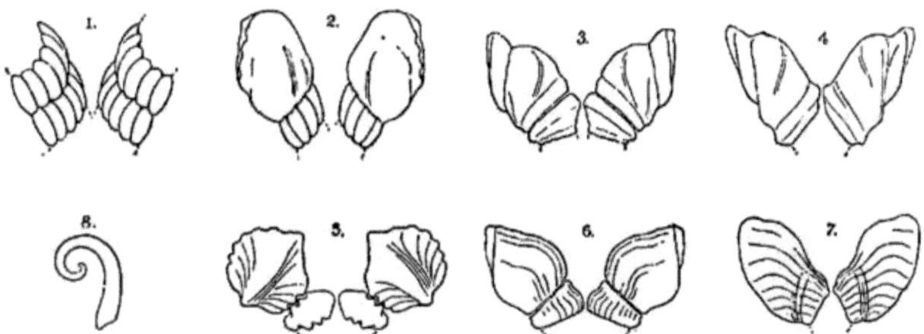

Fig. 372. Die Entstehung der Dentalplatten fossiler Haie aus der Verschmelzung von Einzelzähnen. — 1. Cestracion. 2. Psephodus magnus. 3. Cochliodus contortus. 4. Deltoptychius acutus. 5. Pleuroplax Rankini. 6. Deltodus sublaevis. 7. Poecilodus Jonesi. 8. Querschnitt durch die Hauptplatte von Cochliodus. (1 Rezent, 2—8 aus der Steinkohlenformation.) (Nach A. S. Woodward.)

bindung „aneinanderstoßende Zahnplatten, die in queren Binden angeordnet sind. Ein Beispiel dafür ist Myliobatis (Fig. 371 b). Bei dem Kreiderochen Ptychodus sind die zahlreichen plattenförmigen Zähne stark gewölbt und an den höheren Stellen des Zahns mit scharfen Querkämmen versehen. Das Gebiß ist auf den mittleren Teil der Kiefer beschränkt.

Form, Höhe, relative Größe, Skulptur und Wölbungsgrad differieren bei den Fischen mit Trituralgebissen außerordentlich. Von ganz glatten bis zu stark skulpturierten Zähnen wie Ptychodus oder mit kräftigen Kämmen besetzten Zähnen, die gezackt (Ctenodus) oder glatt (Ceratodus) sein können, finden wir alle möglichen Übergänge. Trituralzähne kön-

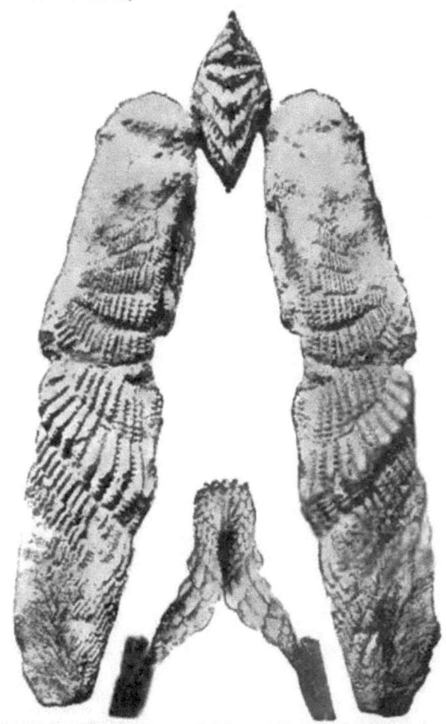

Fig. 373. Campodus variabilis Newb. und Worth. Oberkarbon von Nebraska; Unterkiefer mit intersymphysaler Zahnreihe. Darunter der Unterkiefer von Cestracion (Heterodontus) Francisci Girard. (Nach C. R. Eastman.)

nen ganz flach sein und mit den angrenzenden ein Mosaikpflaster bilden wie bei Myliobatis (Fig. 371 b), während bei anderen die Zähne zwar in großer Zahl vorhanden sind, aber frei stehen und mit ihren vorspringenden, halbkugeligen Kronen an Champignons erinnern. Sehr klar zeigt das prachtvoll erhaltene Exemplar von Lepidotus aus dem oberen Jura, das im Senckenbergischen Museum zu Frankfurt a. M. aufbewahrt wird, den Gegensatz zwischen den vorderen Brechzähnen und den hinteren Mahlzähnen (Fig. 371 c). Das gleiche zeigt das Gebiß von Chrysophrys (Fig. 371 a).

Auch bei Reptilien und zwar bei der Unterordnung Placodonta, die auf die Triasformation beschränkt ist, treten bei den Gattungen Placodus (Fig. 374), Placochelys und Cyamodus Pflasterzähne auf, die in den Kiefern und auf den Gaumenbeinen stehen. Zweifellos sind alle Vertreter dieser Unterordnung Muschelfresser gewesen; Placodus hat vorne halbkreisförmig abgerundete Kiefer, Placochelys dagegen einen vorspringenden, zylindrischen Fortsatz, dessen obere Hälfte von den Zwischenkiefern und dessen untere von der stark verlängerten Unterkiefersymphyse gebildet wird. Das Gebiß des Varanus niloticus zeigt die Anfänge einer Anpassung an die conchifrage Nahrungsweise.

Durophag und zwar conchifrag sind auch einzelne Schildkröten und Vögel geworden. Diese Nahrungsweise

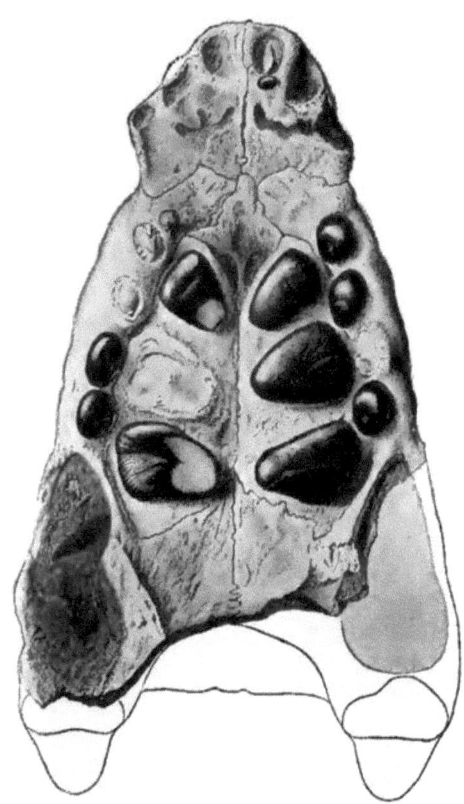

Fig. 374. Placodus gigas, Ag., ein marines Reptil aus dem Muschelkalk von Bayreuth; Schädel von der Gaumenseite gesehen. (Nach O. Jaekel, 1907.) ½ Nat. Gr.

ist aber in beiden Gruppen erst nach dem gänzlichen Verluste des Gebisses angenommen worden; daher finden wir zwar Anpassungen der Kiefer an das Zerbrechen von Muscheln und Hartfrüchten, aber keine zu Trituralapparaten spezialisierten Zähne. Bei einzelnen Schildkröten sind die Hornschnäbel ähnlich geformt wie die Kiefer von Dinichthys und das gleiche ist bei einzelnen Vögeln der Fall, die Hartfrüchte fressen.

Die wichtigsten Unterschiede zwischen den carnivoren und herbivoren Gebißtypen.

Wenn wir die Gebisse lebender Raubtiere und Pflanzenfresser miteinander vergleichen, so werden wir sehr bald erkennen, daß große und prinzipielle Gegensätze in den Gebißtypen bestehen. Dieser Gegensatz liegt vor allen Dingen darin, daß die Gebisse von Pflanzenfressern stets aus geschlossenen, enge aneinanderstoßenden Mahlzähnen bestehen, die infolge des Aneinanderreibens der oberen und unteren Zahnreihen abgeschliffen erscheinen und keine wesentlichen Gegensätze im Gesamtbaue und in ihrer Form zeigen. Solche Gebißtypen finden wir beim Reh, bei der Gazelle, beim Rind, Pferd, Nashorn und Elefanten.

Ganz anders ist der Typus des Carnivorengebisses. Zunächst fällt der Größenunterschied der einzelnen Backenzähne auf; ferner sind die

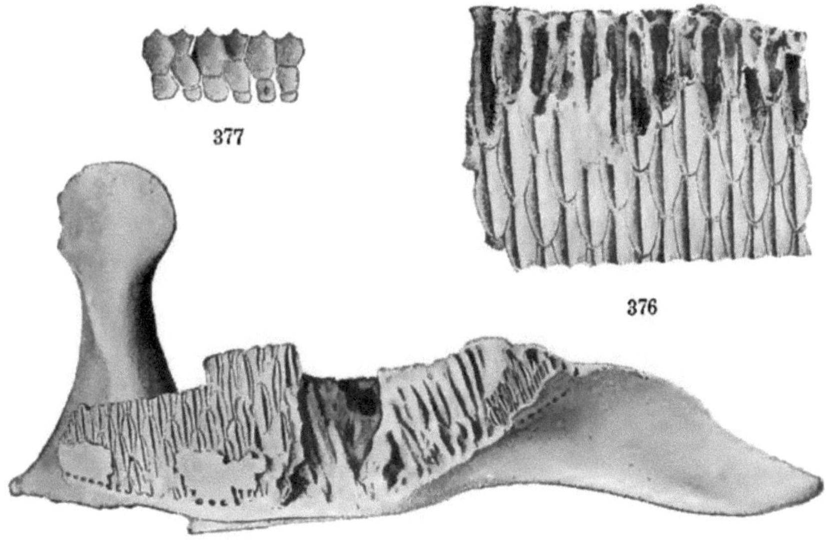

Fig. 375—377. 375: Trachodon marginatum, Lambe. Innenansicht des linken Unterkiefers. Ungefähr
¼ Nat. Gr. — 376: Trachodon Selwyni, Lambe. Innenansicht der Unterkieferzähne. ½ Nat. Gr. —
377: Kaufläche der Zähne Fig. 376; ½ Nat. Gr. Alle Originale aus der oberen Kreide von Canada.
(Nach L. M. L a m b e, 1902.)

Zähne eines Raubtiers nie durch eine gemeinsame Usurfläche eingeebnet, sondern ein- oder mehrspitzig und jeder Zahn hat seine Usurfläche für sich. Diesen Typus finden wir beim Wolf, beim Löwen, bei der Hyäne usw.

Schon die allgemeinen Umrisse der Backenzähne, ihre Größenverhältnisse und die Beschaffenheit der Usurflächen geben uns somit ein wichtiges Kennzeichen und Unterscheidungsmerkmal von Pflanzenfressergebissen einerseits und Raubtiergebissen anderseits. Diese Unterschiede sind von so durchgreifender Bedeutung, daß wir sie mit voller Sicherheit auf die Beurteilung fossiler Formen anwenden können. Wir wollen einzelne Beispiele aus dem großen Material fossiler Gebißtypen herausgreifen.

In der oberen Kreide Canadas (Belly River Series) sind Reste der

auch in den Vereinigten Staaten entdeckten Dinosauriergattung Trachodon gefunden worden. Die von H. F. O s b o r n und L. M. L a m b e
abgebildeten Zahnreihen zeigen sehr klar, daß die Zähne in enormer
Zahl vorhanden waren und daß der Ersatz in der Weise erfolgte, daß
eine große Zahl (bis zu acht) Zahnreihen übereinander angelegt wurde,
die nacheinander in die Kaufläche einrückten. Im Unterkiefer ist die
mit dichtem, glänzendem Email belegte Außenseite der Zahnreihen
nach i n n e n , im Oberkiefer nach a u ß e n gekehrt; jeder Oberkiefer
von Trachodon mirabile enthält nach E. D. C o p e 630, jeder Unterkiefer 406, alle Kiefer zusammen also 2072 Zähne (Fig. 375, 376, 377).

Die Zahnreihen treten nacheinander in Funktion, indem die älteren durch
das Wachsen der neuangelegten in die Kaufläche hinausgerückt werden;

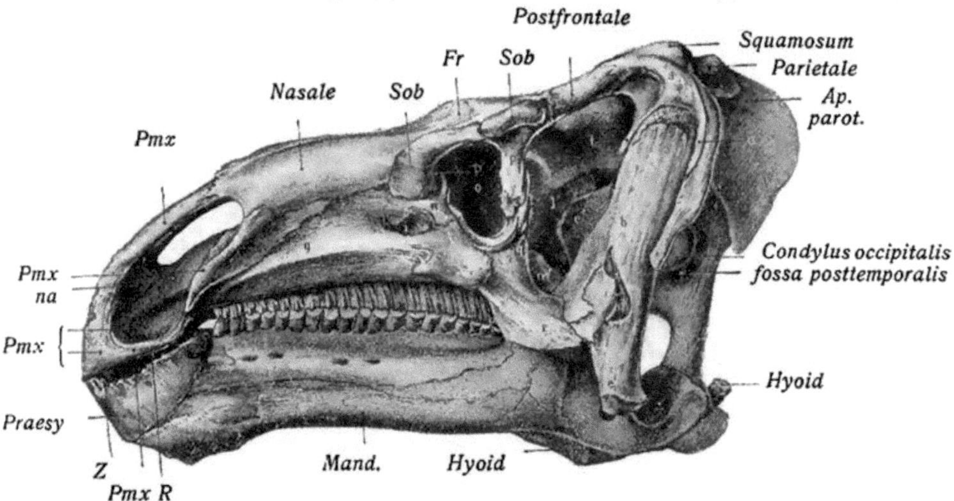

Fig. 378. Schädel von Iguanodon bernissartense, Boulenger, aus dem Wealden von Bernissart in Belgien.
(Nach L. D o l l o.) ¹/₈ Nat. Gr. (Praesy. = Praesymphysalknochen, Z = Zacken an seinem Vorderrand,
R = scharfer Rand).

gleichzeitig stehen bei Trachodon zwei bis drei Zahnreihen in Funktion
und die Zähne stehen so dicht, daß ihr Querschnitt unregelmäßig
polygonal (meist pentagonal) erscheint.

Die Kaufläche ist eine schräge von innen oben nach außen unten abge-
dachte Ebene; die einzelnen Zähne sind schwach muldenförmig ausgehöhlt.

Daraus ergibt sich mit voller Sicherheit, daß Trachodon ein Pflanzenfresser gewesen sein muß, der die Nahrung durch Zerreiben zwischen
den Zahnreihen zerkleinerte. Wir wüßten nun allerdings noch nicht
zu sagen, ob sich dieser Kreidedinosaurier von Land- oder Wasserpflanzen
nährte, wenn wir nicht seine Schnauzenform kennen würden, die uns
darüber aufklärt.

Die Kiefer von Trachodon sind nämlich ganz ebenso geformt wie die
Schnabelenden eines Löffelreihers oder einer Löffelente. Derartige Schna-

belformen finden wir ausschließlich bei Wasservögeln, die ihre Nahrung im Schlamm suchen. Die Verbindung dieser charakteristischen Löffelform der Schnauze mit dem herbivoren Gebiß bei Trachodon weist darauf hin, daß dieser Dinosaurier vorwiegend von W a s s e r p f l a n z e n gelebt hat und seine Löffelschnauze zum Durchwühlen des Bodenschlammes nach Insekten, Mollusken, Krebsen usw. benützte.

Nach den gleichen Grundsätzen vorgehend, müssen wir auch

Fig. 379. Schädel von Tyrannosaurus rex, einem theropoden Dinosaurier aus der obersten Kreide Nordamerikas. (Nach einer von H. F. O s b o r n zur Verfügung gestellten Photographie.) Schädellänge 130 cm, Körperlänge 11 m.

Iguanodon mit seinen durch eine einheitliche Usurfläche abgeschliffenen und dichtgedrängten Zähnen für einen Pflanzenfresser erklären (Fig. 378). Auch bei diesem Dinosaurier sind wir in der Lage, durch Berücksichtigung verschiedener anderer Adaptationen an die Nahrungsweise die Beschaffenheit seiner Pflanzennahrung genauer zu ermitteln. Wie mir L. D o l l o im Herbste 1910 mitteilte, hat er sichere Beweise dafür gefunden, daß.

Iguanodon ebenso wie die Giraffe eine lange, zylindrische Greifzunge besaß [1]); der Bau der Kiefer läßt in der Tat keine andere Deutung zu. Der Besitz einer Greifzunge spricht nach Dollo ganz entschieden dafür, daß sich dieser Dinosaurier von hochstämmigen Landpflanzen, vielleicht von Coniferen genährt hat. So ist es möglich geworden, die pflanzliche Nahrung einerseits für Trachodon, anderseits für Iguanodon etwas genauer zu ermitteln.

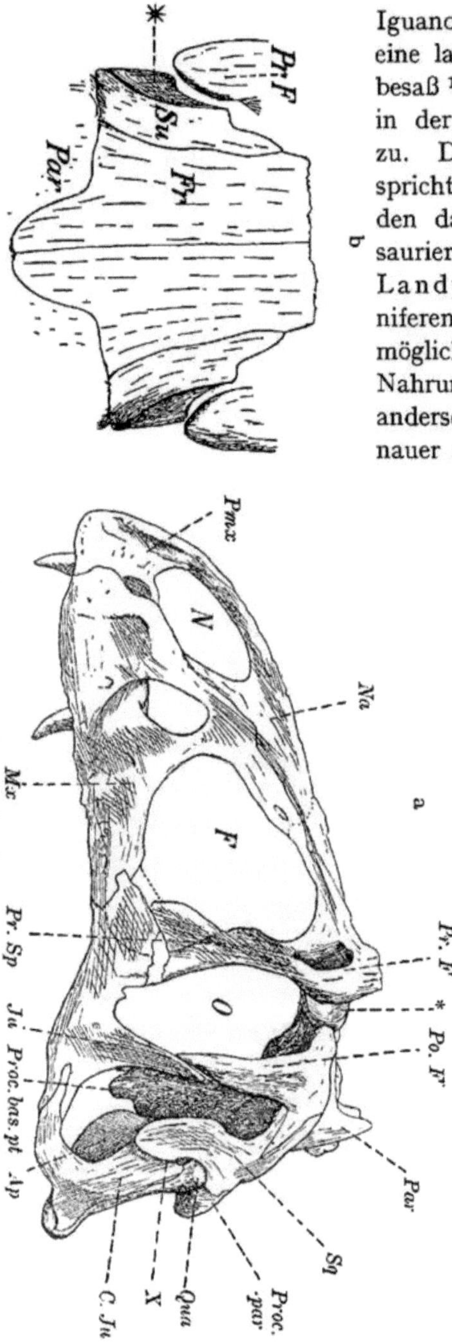

Vollkommen verschieden ist dagegen der Gebißtypus eines großen Dinosauriers aus den Laramieschichten Nordamerikas, Tyrannosaurus rex (Fig. 379). Die Kiefer dieses gewaltigen, aufgerichtet 5.30 m hohen und fast 11 m langen Reptils sind mit großen, kegelförmigen, spitzen und etwas zurückgekrümmten Zähnen besetzt. Das ist unverkennbar das Gebiß eines Raubtiers; über die Art seines Angriffes aber erhalten wir wichtige Aufschlüsse durch Untersuchungen der Bewegungsmöglichkeiten der Schädelknochen, wie sie von J. Versluys[2]) durchgeführt worden sind. Versluys hat gezeigt, daß bei verschiedenen Theropoden (Fig. 380) — wahrscheinlich also

---

[1]) L. Dollo bereitet eine ausführliche Mitteilung darüber vor.

[2]) J. Versluys: Die Streptostylie der Dinosaurier. — Zool. Jahrb., Abt. f. Anat. u. Ontog., XXX., 2. Heft, 1910, p. 175—260, 1 Taf., 25 Textfig.

Fig. 380. a: Schädel des streptospondylen Dinosauriers Creosaurus atrox, Marsh, aus dem Oberjura (Atlantosaurus Beds) von Bone Cabin Quarry in Wyoming. (Nach J. Versluys. 1910.) 1/8 Nat.Gr. b: Die zwischen den Augenhöhlen liegende Partie des Schädeldaches von oben; * = Gelenkfläche auf dem Supraorbitale (Su).

auch bei Tyrannosaurus — der Oberkiefer g e h o b e n ˊ werden konnte; dabei werden natürlich die Zahnachsen steiler gestellt als dies mit geschlossenen Kiefern der Fall ist und „kommen so in eine Lage, wobei sie besser in den Körper eines Beutetiers eingeschlagen werden können. Und zweitens kommt durch die Hebung des Oberkiefers die ganze Mundöffnung höher, etwas mehr in die Längsachse des Kopfes

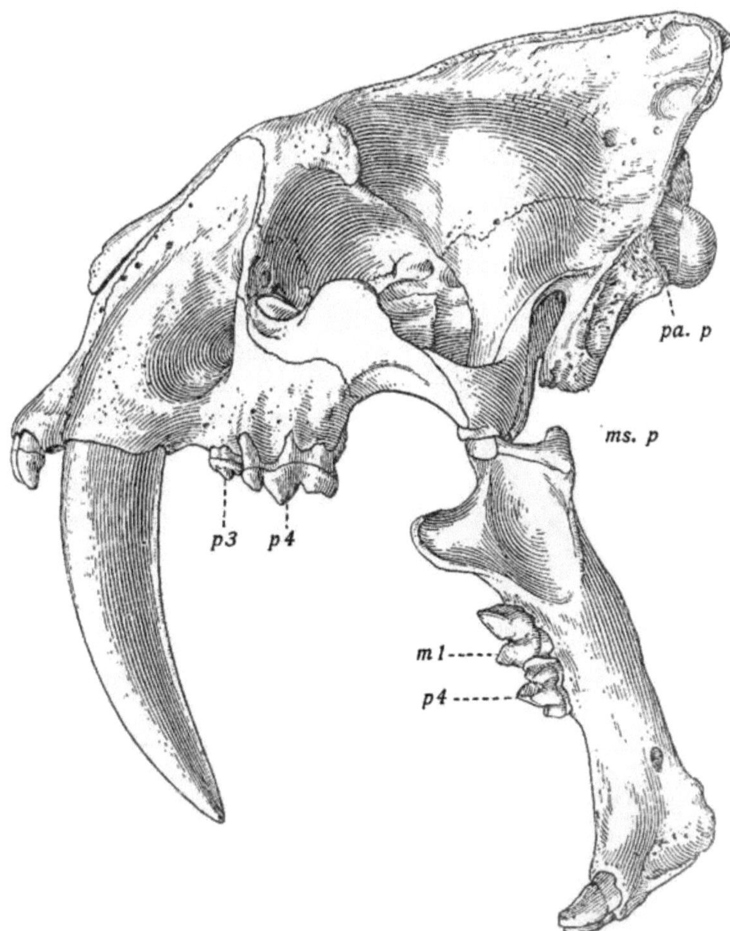

Fig. 381. Schädel von Smilodon californicum in Angriffsstellung. Plistozän Californiens. — ms. p = Processus mastoideus, pa. p = Processus paroccipitalis, p = Prämolaren, m = Molar. (Nach W. D. Matthew, 1910.) ⅓ Nat. Gr.

statt unter derselben zu liegen, und dies dürfte ein kräftigeres und sicheres Zugreifen mit dem Maule zur Folge haben." Wir werden also dazu geführt, uns Tyrannosaurus in der Angriffsstellung mit weit aufgerissenem Maule auf sein Opfer stürzend zu denken. Seine Hauptnahrung werden wohl zweifellos die riesigen pflanzenfressenden Dinosaurier gewesen sein. Wir müssen aber noch berücksichtigen, daß die Hände der Theropoden wahre Enterhaken gewesen sind, mit denen die Räuber ihre Opfer festhielten und Fleischteile herausrissen. Auch hier erhalten wir also durch Kombination verschiedener Anpassungen ein Bild von der Angriffsweise und der Nahrung dieser riesigen Raubreptilien.

Noch ein Beispiel will ich in diesem Zusammenhange besprechen, um zu zeigen, daß wir zwar aus dem Typus des Gebisses ein klares Urteil darüber zu gewinnen vermögen, ob ein Tier ein Pflanzenfresser oder ein Raubtier war, daß aber weitere Einzelheiten seiner Ernährungsart nur unter Berücksichtigung anderer Anpassungen festgestellt werden können. Dieses Beispiel ist der große säbelzähnige „Tiger" der Eiszeit Südamerikas, Smilodon neogaeum und sein nordamerikanischer Vertreter Smilodon californicum (Fig. 381).

Das Gebiß von Smilodon ist in hohem Grade spezialisiert. Zwei mächtige Eckzähne neben einem gewaltigen Brechzahnpaar in den Oberkiefern und zwei kleinere Brechzahnpaare im Unterkiefer sind die Hauptzähne des Gebisses, neben denen die kleinen oberen und unteren Schneidezähne, das kleine untere Eckzahnpaar und die rudimentären stiftförmigen oberen Molaren ($M^{\underline{1}}$) ganz zurücktreten.

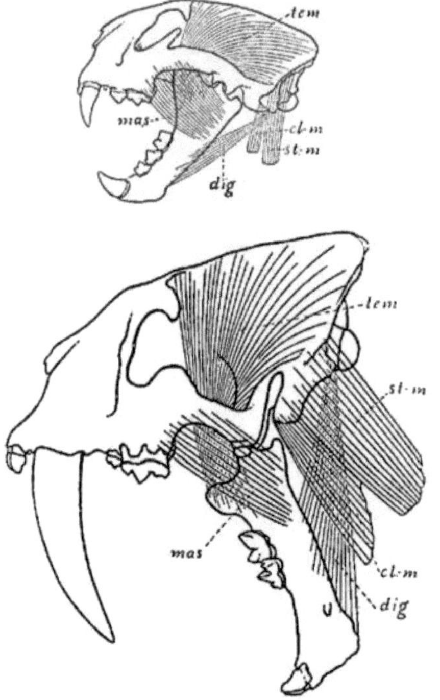

Fig. 382. Schädel und Schädelmuskeln von Smilodon (unten) und von einer Katze (oben). — tem = M. temporalis, st. m. = M. sternomastoideus, mas. = M. masseter, cl. m = M. cleidomastoideus, dig. = M. digastricus. (Nach W. D. M a t t h e w, 1910.) ¹/₆ Nat. Gr.

Daß ein solches Gebiß nur einem Räuber angehört haben kann, ist vollkommen klar, selbst wenn wir nicht wüßten, daß er zu den Feliden gehört. Aber die Art der Ernährung geht aus dem Gebißtypus allein nicht mit genügender Klarheit hervor.

Bei geschlossenen Kiefern überragt der obere Eckzahn den Unterkieferrand um ein bedeutendes Stück. Er springt so weit vor, daß wiederholt die Ansicht vertreten wurde, daß die gewaltigen Eckzähne eine eigentümliche Anpassung an die Ernährungsweise darstellten und dazu dienten, in das überfallene Opfer tiefe Wunden zu schlagen, ohne daß dabei die Kiefer geöffnet worden wären.

W. D. M a t t h e w hat aber vor kurzem nachgewiesen, daß die Angehörigen der erloschenen Felidengruppe Machairodontinae imstande waren, ihre Kiefer viel weiter aufzusperren, als dies einem lebenden Feliden möglich ist. Beim Löwen oder Tiger bilden die geöffneten Kiefer einen Maximalwinkel von 80—90 Grad, bei Smilodon aber von 150 Grad.

Zu diesem unerwarteten Ergebnisse ist W. D. M a t t h e w[1]) durch sorgfältige Studien über Ursprungs- und Insertionsflächen der Schädelmuskeln gelangt (Fig. 382). Die wichtigsten Muskeln, die als Schließer und Öffner der Kiefer in Betracht kommen, sind:

1. M u s c. t e m p o r a l i s (entspringt vom Scheitelkamm und der Außenfläche der Hirnkapsel und inseriert am Proc. coronoideus des Unterkiefers. — Dient zum S c h l i e ß e n der Kiefer, namentlich, wenn sie w e i t geöffnet sind).

2. M u s c. m a s s e t e r (entspringt vom Jochbogen und inseriert an der Außenseite des Unterkiefers unter dem Proc. coronoideus. — Dient zum S c h l i e ß e n der Kiefer und ist dann besonders wirksam, wenn die Kiefer n i c h t w e i t geöffnet sind).

3. M u s c. p t e r y g o i d e u s (entspringt von der Innen- und Außenseite der Pterygoidea und inseriert an der Innenseite des Kieferwinkels vor und unter dem Condylus. — Dient zum S c h l i e ß e n der Kiefer, wie der Masseter).

4. M u s c. d i g a s t r i c u s (entspringt an der Unterseite des Unterkiefers und inseriert am Paroccipitalprozeß. — Dient zum Ö f f n e n der Kiefer).

Wenn auch die Muskeln selbst bei den fossilen Säbelzahntigern zerstört sind, so sind doch die Ursprungs- und Ansatzstellen so deutlich sichtbar, daß sie unschwer zu rekonstruieren sind. Da zeigt sich nun, daß bei Smilodon im Vergleiche zu Felis der Masseter auffallend schwach und seine Hebelwirkung klein war. Temporalis und Digastricus waren viel länger und von geringerer Hebelwirkung als bei lebenden Feliden. L a n g e M u s k e l n h a b e n i m m e r w e i t g e r i n g e r e H e b e l w i r k u n g a l s k u r z e, a b e r s i e g e s t a t t e n e i n e g r ö ß e r e B e w e g u n g s f r e i h e i t.

Verständlich wird die Kiefertätigkeit erst durch eine Untersuchung der Halsmuskelansätze. Die außerordentlich starke Entwicklung der Querfortsätze der Halswirbel bei Smilodon beweist, daß die Musculi scaleni enorm stark gewesen sein müssen. Ihre Funktion bestand darin, den Hals h e r a b z u z i e h e n.

Der Musculus sternomastoideus und M. cleidomastoideus haben die Aufgabe, den Kopf nach vorne und unten zu ziehen. Beide Muskeln sind bei Smilodon ungewöhnlich kräftig entwickelt gewesen.

Nun wird der Vorgang beim Öffnen und Schließen der Kiefer klar. Der Digastricus zog den Unterkiefer bis zu einem Winkel von 155 Grad

---

[1]) W. D. M a t t h e w: The Phylogeny of the Felidae. — Bull. Amer. Mus. Nat. Hist., XXVIII, New York, Octob. 19, 1910, Art. 26, p. 289—316.

gegen den Oberkiefer nach hinten; dann wurde aber nicht der Unterkiefer nach oben gehoben, sondern der ganze Schädel nach unten gezogen.

Das heißt also, daß Smilodon beim Angriff mit weit geöffnetem
Kiefer sein Opfer anfiel und seine gewaltigen Eckzähne bei nach unten
geneigtem Kopf in den Körper einhieb. Er muß also seine Opfer in der
Weise gemordet haben, daß er ihnen auf den Rücken sprang und die
Halsschlagadern durchbiß. Beim Zerkleinern der Beute funktionierten
nur die wenigen noch übrigen Backenzähne — oben $P^{\underline{4}}$, unten $P_{\overline{4}}$ und $M_{\overline{1}}$
als Brechwerkzeuge zum Zermalmen der großen Röhrenknochen.

Diese Beispiele haben, wie ich glaube, sehr deutlich gezeigt, daß
wir wohl schon aus dem Typus des Gebisses allein auf herbivore oder
carnivore Nahrungsweise des fossilen Tieres schließen können, daß aber
die Einzelheiten des Freßvorganges erst bei sorgfältiger Berücksichtigung
zahlreicher anderer morphologischer Merkmale verständlich werden.

Reißzähne und Brechzähne der Fleischfresser.

Ich habe bei Smilodon für die großen Zahnpaare der Backenzähne
im Ober- und Unterkiefer den Ausdruck „Brechzähne“ angewendet.
Das sind dieselben Zähne, welche in der Literatur immer als „Reißzähne“
bezeichnet werden; aber es ist wohl selten eine unglücklichere Bezeichnung
als diese gewählt worden. Niemals benützt ein Löwe, Tiger, Hyäne
oder ein anderes Raubtier diese meist stark vergrößerten Zähne zum
Reißen oder Zerreißen der Beute, sondern ausschließlich zum Zerbrechen der Knochen, wie die Beobachtung an jedem fressenden
Hund zeigt. Die wirklichen „Reißzähne“ sind die Eckzähne,
die bis zu einem gewissen Grade von den Schneidezähnen unterstützt
werden. Ich möchte vorschlagen, den ethologisch ganz ungerechtfertigten
Terminus „Reißzähne“ für die als Brechwerkzeuge funktionierenden
Backenzähne durch die richtige Bezeichnung „Brechzähne“ zu
ersetzen.

Brechzähne sind bei den meisten Raubtieren entwickelt; die Bären,
Robben und Cetaceen sind unter den lebenden Carnivoren die einzigen
Gruppen, bei denen keine Brechzähne ausgebildet sind. Die ältesten
Wale haben jedoch, wie das Gebiß von Protocetus atavus aus dem
Mitteleozän Ägyptens zeigt, noch Brechzähne besessen.

Bei den lebenden Raubtieren ist i m m e r der obere $P^{\underline{4}}$ und der
untere $M_{\overline{1}}$ als Brechzahn entwickelt. Das ist aber bei den Creodonta,
der Vorfahrengruppe der heutigen Carnivora (A. Arctoidea: Hunde,
Waschbären, Bären und Wiesel; B. Aeluroidea: Zibeth-Katzen, Katzen,
Hyänen) mit einziger Ausnahme der Miacidae n i c h t der Fall.

Entweder fehlen bei den Creodonten die Brechzähne gänzlich
(wie bei Insectivoren) oder es sind, wie bei den Hyaenodontidae, $M^{\underline{2}}$

und $M_{\overline{3}}$, oder, wie bei den Oxyaenidae, M_1 und $M_{\overline{2}}$ als Brechzähne
entwickelt:

Brechzähne

im Ober-kiefer	im Unter-kiefer	
o	o (primär)	die ältesten Creodonta und die Arctocyonidae
o	o (sekundär)	Bären, Robben, Wale (mit Ausnahme von Protocetus)
P_3	unbekannt	Protocetus (Fig. 388, 389)
$P_{\underline{4}}$	$M_{\overline{1}}$	Miacidae, Canidae, Procyonidae, Mustelidae, Viverridae, Felidae, Hyaenidae
$M_{\underline{1}}$	$M_{\overline{2}}$	Oxyaenidae
$M_{\underline{2}}$	$M_{\overline{3}}$	Hyaenodontidae

Diese Feststellung, die wir W. D. Matthew [1]) verdanken, ist von großer phylogenetischer Wichtigkeit, da durch den Nachweis einer ganz divergenten Ausbildung der Brechzähne in den älteren Raubtiergruppen die Oxy-

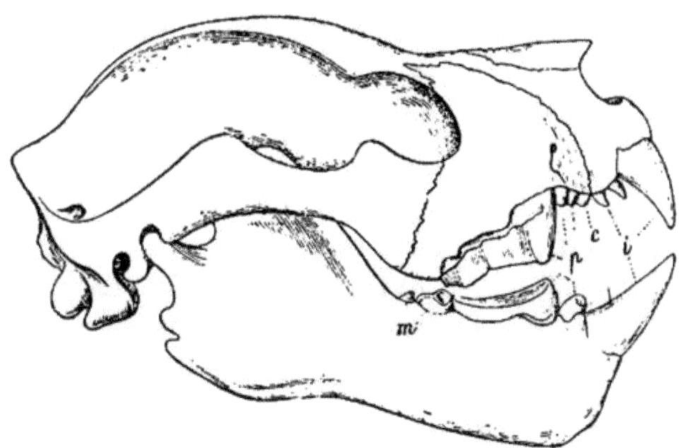

Fig. 388. Schädel von Thylacoleo carnifex, Owen, aus dem Plistozän von Queensland. — i = Inzisiven, c = Eckzahn, p = Praemolaren, m = Molaren. (Nach A. S. Woodward.) ¹/₃ Nat. Gr.

aenidae und Hyaenodontidae mit voller Sicherheit aus der Ahnenreihe der lebenden Carnivoren ausgeschaltet werden können.

Dieser Fall zeigt sehr deutlich, wie wichtig es für phylogenetische Untersuchungen ist, sich von äußeren Ähnlichkeiten, wie durch die Brechzahnformen aller dieser Gruppen nicht täuschen zu lassen und auf morphologischer Basis festzustellen, daß konvergente Anpassungen divergierender Gruppen an dieselbe Lebensweise vorliegen.

Die Anpassung des Raubtiergebisses an das Reißen der Fleischteile und Zerbrechen der Knochen hat bei den Feliden und Hyaeniden den höchsten Steigerungsgrad erreicht. Nur zwei Zahnpaare im Oberkiefer sind überhaupt noch von wesentlicher Bedeutung für den Freßvorgang:

---

¹) W. D. Matthew: The Carnivora and Insectivora of the Bridger Basin, Middle Eocene. — Memoirs Amer. Mus. Nat. Hist., IX, Part VI. New York, August 1909. Ich habe dieser Liste noch Protocetus hinzugefügt, dessen P3 sicher als Brechzahn anzusehen ist.

die bei anderen Säugetiergruppen so wichtigen Molaren sind hochgradig verkümmert und bei den jüngeren Aeluroidea bis auf einen stummelförmigen, winzigen Rest des ersten oberen Molaren, der funktionslos ist, verloren gegangen. Außer dem riesig angewachsenen P_4 steht noch ein kleiner P_3 im Oberkiefer, der aber bei den jüngeren Machairodontinen verkümmert ist.

Wenn wir nach anderen Gruppen unter den Wirbeltieren nach einem Reiß-Brechgebiß Umschau halten, so finden wir nur noch bei den Beuteltieren in Thylacoleo carnifex aus dem Plistozän Australiens ein Analogon (Fig. 383).

Dieses Beuteltier ist in mancher Hinsicht sehr interessant. Sein Schädel ist kurz und sehr breit mit großen Temporalgruben und ähnelt in seinem Gesamteindruck einem Felidenschädel außerordentlich. Im Oberkiefer ist nur ein Zahn, der P_3, zu einem langgestreckten, scharfschneidenden Kamm ausgebildet; alle anderen Zähne sind verkümmert (Eckzahn, erster und zweiter P und der vorderste M). Ganz ebenso wie bei den jüngeren Katzen und Hyänen ist dieses Molarrudiment durch das Anwachsen des großen Prämolaren gegen dessen Innenseite verdrängt worden.

Statt des großen E c k z a h n s wie bei den Katzen und Hyänen ist aber bei Thylacoleo der e r s t e S c h n e i d e z a h n sehr groß; im Unterkiefer sind die Inzisiven dreikantig und ziemlich steil nach oben gerichtet; von den weiteren vier Zähnen (2 P und 2 M) ist nur der dem oberen entsprechende große Prämolar funktionell, alle anderen aber verkümmert.

R. O w e n hatte Thylacoleo für ein Raubtier erklärt. Später vertraten mehrere Forscher die Meinung, daß dieser Beutler eine gemischte Nahrung zu sich nahm oder rein herbivor war, da die sonst bei Raubtieren stark entwickelten Eckzähne hier rudimentär sind.

Dieser Gesichtspunkt ist für die Beurteilung der Nahrungsweise nicht entscheidend. In ethologischer Hinsicht ist es ganz gleichgültig, ob dieselbe Funktion von Eckzähnen oder von Schneidezähnen ausgeübt wird, ganz ebenso wie ja bei den Raubtieren selbst die Brechzähne morphologisch nicht ident sind.

Thylacoleo war, wie aus dem Gesamtcharakter seines Gebisses mit voller Klarheit hervorgeht, ein Fleischfresser. Daß er sich aber in m o r p h o l o g i s c h e r Hinsicht den diprotodonten, herbivoren Beutlern anschließt, beruht eben darauf, daß er von herbivoren, nagenden Beutlern abstammt und s e k u n d ä r zu einem Raubtier geworden ist.

Weil aber bei seinen Vorfahren die Eckzähne verkümmert waren, so haben die Schneidezähne die Funktion von Reißzähnen übernommen, — ein neuer Beweis für das D o l l o sche Gesetz, worauf wir später zu sprechen kommen werden.

Mahlzahnformen bei weicher und bei harter Pflanzennahrung.

Ein Vergleich der fast ausschließlich herbivoren und nur selten omnivoren Huftiere zeigt, daß wir unter ihnen eine Fülle verschiedener Gebißtypen und Zahntypen zu unterscheiden haben. Von den niederen Höckerzähnen der omnivoren[1]) Schweine (Fig. 384a) und der rein herbivoren Flußpferde bis zu den kompliziert eingefalteten Kammzähnen der Nashörner, den zierlichen Mahlzähnen der Gazellen mit halbmondförmigen Jochen, den hochkronigen Pferdezähnen (Fig. 384b) und den aus siebenundzwanzig schmalen Querjochen aufgebauten letzten Mammutmolaren ist eine so verwirrende Formenfülle und Formverschiedenheit vorhanden, daß es auf den ersten Blick kaum möglich erscheint, diese vielgestaltigen Backenzahnformen ethologisch zu gruppieren. Ich will einzelne besonders markante Typen herausgreifen, um den Zusammenhang zwischen Zahnform und Nahrung bei den verschiedenen Huftieren näher zu beleuchten.

Das gemeine Flußpferd (Hippopotamus amphibius L.) besitzt ein Gebiß von 2 Schneidezähnen, 1 Eckzahn, 4 Lückenzähnen und 3 Mahlzähnen in jedem Kiefer. Die Mahlzähne haben niedere Kronen und sind vierhöckerig; die großen, kegelförmigen Höcker sind längsgefaltet und bei vorschreitender

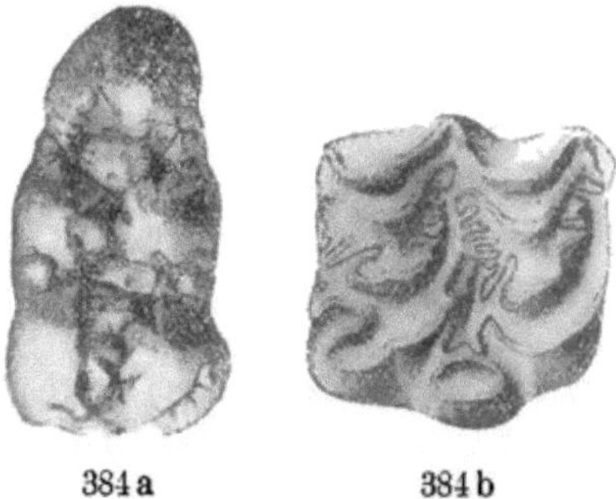

384a 384b

Fig. 384. a: Sus hyotheroides Schlosser, letzter unterer Molar. — b: Hipparion Richthofeni Koken, rechter oberer dritter Praemolar. Beide Reste aus dem Pliozän Chinas. (Nach M. S c h l o s s e r, 1903.) Nat. Gr.

Abkauung erhalten die Querschnitte der Höcker einen kleeblattförmigen Umriß.

Die Schneidezähne sind von sehr ungleicher Länge; der erste ist sehr groß, der zweite verkümmert. Bei dem Flußpferd von Liberia (H. liberiensis Mort.) ist das zweite Paar ganz verloren gegangen. Die Eckzähne sind außerordentlich stark und als Hauer entwickelt.

Die Hauptnahrung des Flußpferdes ist die Lotospflanze; daneben verzehrt es die zahlreichen anderen Wasserpflanzen der afrikanischen Flüsse und Sümpfe wie den Papyrus, Ambatsch usw. Zuweilen frißt das Nilpferd auch Schilf und Rohr; in kultivierten Gegenden ist es als

---

[1]) Das Wildschwein frißt die verschiedensten tierischen Stoffe wie Fallwild, verendetes Vieh, Leichen, Exkremente und „wird sogar unter Umständen förmlich zum Raubtier: denn es fällt über Wildkälber her, verfolgt angeschossenes oder infolge schlechter Nahrung kümmerndes Edel-, Dam- und Rehwild, um ihm den Garaus zu machen und frißt in der Not sogar die eigenen Jungen." (B r e h m s Tierleben, Säugetiere, III. Bd., 3. Aufl., 1891, p. 516.)

Vernichter aller Arten von Getreide, Gemüse und Obst gefürchtet.
Niemals aber werden in der Losung des Nilpferdes Reste von Wurzeln,
Rinden, Ästen oder anderen holzigen Pflanzenteilen gefunden. [1]

Das Flußpferd nimmt also vorwiegend weiche Pflanzennahrung zu sich, die keine besonderen Anforderungen an die Widerstandsfähigkeit des Gebisses stellt, obwohl die Tiere die Nahrung langsam
und lange kauen.

Das Gebiß des Flußpferdes kann also als Typus eines Pflanzenfressergebisses gelten, das die Aufgabe hat, nur weiche Pflanzen zu zerreiben.

Wenn wir das Gebiß des Pferdes daneben stellen, so fallen
uns sofort tiefgreifende Unterschiede in der Bezahnung auf.

Das Pferd besitzt zwar noch drei Schneidezähne in jedem Kiefer;
die Eckzähne sind klein und bei der Stute rudimentär; der erste Lückenzahn ist im Verschwinden begriffen, tritt nicht mehr regelmäßig und
meist nur noch im Oberkiefer auf, fällt aber immer schon frühzeitig aus.

Die Form der sechs Backenzähne jedes Kiefers ist mit Ausnahme
des letzten Molaren im großen und ganzen dieselbe. Zunächst fällt die
enorme Kronenhöhe im Vergleiche mit den rudimentären Wurzeln auf;
die in der Krone auftretenden Höcker sind nur bei noch ungebrauchten
Zähnen sichtbar und verschwinden rasch nach dem Einrücken in die
Kaufläche.

Das Kronenbild eines Pferdezahnes ist von jenem des Flußpferdes
total verschieden. Während wir bei diesem einen höchst einfachen
Bau antreffen, ist der Pferdezahn durch komplizierte Faltungen der
Höckerwände und halbmondförmigen Grundriß der Höcker, ferner durch
das Auftreten eines mächtigen Innenpfeilers in den oberen Backenzähnen, endlich durch das Auftreten von Zahnzement in den Tälern
zwischen den vier Haupthöckern so hoch spezialisiert, daß wir auf den
ersten Blick kaum vermuten könnten, daß die Molarentypen von Pferd
und Nilpferd bis zu einer gemeinsamen Ahnentype zu verfolgen sind.

Vor allem muß bei einem Vergleiche eines Flußpferdmolaren und
eines Pferdemolaren die bedeutende Differenz in der Kronenhöhe
auffallen. Wir müssen uns fragen, ob dieselbe in irgend einer Beziehung
zu der speziellen Ernährungsart steht.

Woldemar Kowalevsky[2] hat in seiner klassischen Monographie der Gattung Anthracotherium den Nachweis geführt, daß ursprünglich alle Huftiere niedrigkronige oder brachyodonte Backenzähne besaßen und daß erst später im Laufe der Stammesgeschichte innerhalb einzelner Huftierfamilien ein stetes Anwachsen der
Kronenhöhe eintrat, so daß sich beispielsweise die ursprünglich brachy-

[1] Brehms Tierleben, 3. Aufl., 3. Bd., p. 543—544.
[2] W. Kowalevsky: Monographie der Gattung Anthracotherium etc.
— Palaeontographica, XXII, 1874, p. 263—285.

odonten Backenzähne der Pferde zu h o c h k r o n i g e n o d e r h y p s o-
d o n t e n Zähnen entwickelten.

Die Pferde nehmen fast ausschließlich h a r t e G r a s n a h r u n g
zu sich, was mit ihrer Lebensweise als Steppenbewohner zusammenhängt. Das Zermalmen harter Steppengräser stellt an das Gebiß ganz
andere Ansprüche als das Zerreiben weicher Sumpfpflanzen; und
ebenso ist bei jenen Pflanzenfressern, welche nicht nur Blätter, sondern
auch Rindenstücke, ganze Zweige und holzige Äste verzehren, ein Mahl-
apparat erforderlich, der eine größere Widerstandsfähigkeit besitzt als
Schweinemolaren, die harte Pflanzennahrung zwar zerreiben könnten,
aber dabei so rasch abgekaut würden, daß sehr bald nur unbrauchbare
Stummel übrigblieben.

Es ist eine überaus merkwürdige Tatsache, daß in verschiedenen
Huftierstämmen fast gleichzeitig ein Anwachsen der Kronenhöhen bei
gleichzeitiger Verfestigung der Kronen durch Auftreten von Kämmen,
sekundären Höckern und Schmelzfalten zu beobachten ist. In den einzelnen Stämmen vollzieht sich diese Spezialisation auf ganz verschiedenen
Wegen, führt aber zu einem in mechanischer Hinsicht ähnlichen Ergebnisse.

Diese Veränderung der Backenzahntypen im Laufe der Stammesgeschichte der Huftiere ist zuerst im Oligozän eingetreten und hat
sich von da an bis heute beständig gesteigert. Diese Veränderungen
waren durch einen Wechsel der allgemeinen Vegetationsverhältnisse
dieses Abschnittes der Tertiärzeit bedingt und zwar namentlich durch
das Überhandnehmen der steppenbildenden Gramineen, die aus dem
Eozän noch unbekannt sind, worauf S a p o r t a und M a r i o n
hingewiesen haben. Steppen müssen schon im Eozän bestanden haben,
da schon die eozänen Pferde typische Ebenenläufer gewesen sind,
aber die Steppenvegetation muß eine andere gewesen sein und vorwiegend
aus Pflanzen bestanden haben, die für ihr Zerkauen keine so harte Arbeit
erforderten wie die Gramineen. Es wäre eine dankbare Aufgabe für die
Phytopaläontologen, diese seit langer Zeit nicht mehr erörterten Fragen
wieder einmal in den Kreis ihrer Untersuchungen einzubeziehen. Daß
selbst schon im Mesozoicum, vielleicht sogar schon früher Pflanzen-
formationen von Steppencharakter existiert haben müssen, erscheint
mir aus dem Grunde sehr wahrscheinlich, weil wir zahlreiche bipede
Springer unter den Dinosauriern kennen, welche wohl eine ähnliche
Lebensweise wie die lebenden Känguruhs geführt haben dürften und
zwar kennen wir solche Steppenspringer schon aus der Trias. Auch
die Existenz großer Laufvögel im Eozän spricht dafür, daß damals
Steppen ebenso vorhanden waren wie in späterer Zeit, nur werden andere
Pflanzen als die später auftretenden Gramineen die Hauptelemente
dieser Steppenfloren gebildet haben.

Die Kennzeichen des Nagergebisses.

Betrachten wir den Schädel und das Gebiß eines lebenden Rodentiers, beispielsweise Hydrochoerus capybara, so sehen wir, daß weitgehende Spezialisationen in Gestalt, Lage und Bau der Zähne vorliegen, welche mit der eigentümlichen Ernährungsart der Nagetiere in ursächlichem Zusammenhange stehen (Fig. 385).

Vor allem sehen wir, daß die Schneidezähne des Zwischenkiefers u n d Unterkiefers sehr stark verlängert und an ihrem freien Ende meißelförmig abgestutzt sind. Stets ist bei Nagetieren im Unterkiefer beiderseits nur ein Schneidezahn ausgebildet, welchem im Zwischenkiefer jederseits ein, selten zwei Schneidezähne entsprechen; nach diesem Merkmal teilt man die Nagetiere in Simplicidentata und Duplicidentata ein, zu welch letzteren die Hasen gehören.

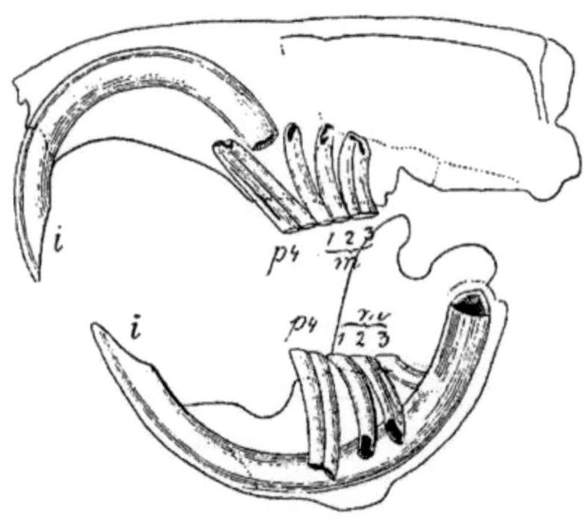

Fig. 385. Schädel von Geomys, zur Andeutung der Lage und relativen Länge der Zähne. — i = Schneidezähne, P = Praemolaren, m = Molaren. (Nach V. B a i l e y.)

Die Duplicidentata erweisen sich nicht nur durch den Besitz von zwei Schneidezahnpaaren im Zwischenkiefer als die primitivere Gruppe, sondern vor allem dadurch, daß die Schneidezähne noch allseitig von Schmelz umhüllt sind, während bei den Simplicidentata nur an der Vorderseite der beständig wachsenden Schneidezähne ein dünner Schmelzbelag auftritt. Da durch die beständige Usur das Dentin rascher abgenützt wird als das Zahnemail, so erhalten die Inzisiven eine meißelförmige Schneide. Die oberen Schneidezähne werden durch das stete Ausschneiden durch die scharfen Unterkiefermeißel beständig abgewetzt.

Da die Unterkieferinzisiven bei normaler Kieferstellung hinter die Zwischenkieferinzisiven zu liegen kommen, so würde bei Fixierung dieser Kieferstellung niemals eine nach hinten steil abfallende Usurfläche der Unterkieferinzisiven entstehen können. Da sie aber doch vorhanden ist, so können wir schon aus der Abnützungsfläche entnehmen, daß auch der obere Schneidezahn auf den unteren in derselben Weise einwirken muß wie der untere auf den oberen. Das ist aber nur dann möglich, wenn der Unterkiefer in der Richtung der Schädelachse nach vorne derart verschoben werden kann, daß der untere Schneidezahn vor den

oberen zu stehen kommt. In der Tat finden wir das Kiefergelenk der
Nagetiere derart gebaut, daß der Gelenkkopf des Unterkiefers eine Walze
darstellt, die in einer zur Schädelachse parallelen Rinne des Squamosums
läuft, so daß der Unterkiefer nach vorne verschoben werden kann.

Diese Bewegungsmöglichkeit der Kiefer gegeneinander ist nicht
nur notwendig, um den unteren Schneidezähnen eine den oberen entsprechende Meißelform zu verleihen und damit das Abschneiden harter
Pflanzenteile zu ermöglichen, sondern sie ist auch nötig, um die abge-
schnittenen Pflanzenteile zwischen den Backenzähnen durch Hin- und
Herschieben der Nahrung zu zerreiben. Dieses Zerreiben harter pflanz-
licher Stoffe würde aber die Backenzähne sehr rasch abnützen, wenn
nicht spezielle Einrichtungen die Abnützung der Praemolaren und
Molaren aufhal-
ten würden.

Diese Spe-
zialisationen an
das Zerreiben
harter Pflanzen-
teile im Nager-
gebiß bestehen in
der Ausbildung
zahlreicher Ein-
faltungen des
Schmelzbelages
der Backenzäh-
ne, die in einigen
Fällen mit einer
Vergrößerung

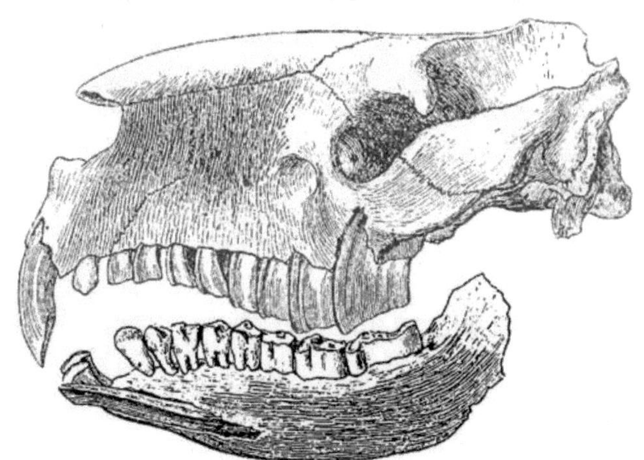

Fig. 386. Schädel von Nesodon imbricatum, Owen. Obermiozän von Santa
Cruz, Patagonien. Exemplar in München. (Nach K. A. von Zittel.)
¹/₆ Nat. Gr. Der große I̱2̱ schleift auf dem sehr schräge stehenden, langen I̅3̅.

der Backenzähne und Neuanlage von Schmelzfalten an deren Hinterende verbunden ist. Das ist am letzten Molaren von Hydrochoerus
capybara besonders deutlich ausgeprägt.

Während wir in der Ordnung der Rodentia die Anpassungen an
das Nagen, das heißt also an das Abschneiden und Zerreiben harter
Pflanzennahrung auf einem hohen Spezialisationsgrad angelangt finden,
begegnen wir in anderen fossilen Säugetier- und Reptiliengruppen
Formen, bei welchen die Schneidezähne nicht dieselben Stellungen und
Usurflächen wie bei den Rodentiern zeigen, obwohl auch bei diesen
Gruppen eine nagende Tätigkeit des Gebisses aus verschiedenen Anzeichen
zu erschließen ist. Derartige Formen treten uns vor allem in der ausge-
storbenen, auf Südamerika beschränkt gewesenen Huftierordnung der
Notungulata entgegen, welche nach den neueren Studien von M.
Schlosser die Unterordnungen Typotheria, Toxodontia, Ente-
lonychia und Astrapotherioidea umschließt.

Bei diesen Notungulaten haben die Inzisiven, wie ihre starke
Abnützung und kräftige Ausbildung beweist, bei der Ernährung eine sehr
wichtige Rolle gespielt. Die verlängerten Inzisiven sind z. B. bei Nesodon
wie bei den Nagetieren nur vorne mit Schmelz bedeckt und meißelförmig
abgestutzt, woraus sich eine gleichartige Funktion wie bei den Rodentiern
erschließen läßt (Fig. 386). Aber die unteren Inzisiven sind nicht wie bei
den Rodentiern mit einer nach hinten abfallenden Usurfläche versehen,
sondern die Abnützungsebene senkt sich bei den unteren Zähnen von
oben hinten nach unten vorne herab. Schon daraus ist klar zu ersehen,

Fig. 387. Schädel und Unterkiefer von Astrapotherium aus dem Miozän Patagoniens (Santa · Cruz-
Schichten). (Nach R. L y d e k k e r.)

daß eine Bewegung der Unterkiefer gegen den Oberkiefer nicht wie
bei den Rodentiern stattgefunden hat, sondern daß die Unterkiefer
in ihrer Stellung zum Oberkiefer fixiert waren. Das findet seine Bestätigung in der Form der Kiefergelenke, welche nicht als zylindrische
Rollen und Rinnen, sondern als halbkugelige oder halbeiförmige Gelenke
ausgebildet sind. Bei den Astrapotheriden (Fig. 387) ist die Nagefunktion
von den Schneidezähnen auf die Eckzähne übergegangen, welche meißelförmig abgeschliffen sind und also zweifellos aneinander in derselben

Weise gerieben worden sind wie die Schneidezähne von Nesodon und verwandten Notungulaten. Die Eckzähne der Astrapotherien besitzen nur auf der Vorderseite einen Schmelzbelag, ein wichtiges Kennzeichen von Nagezähnen.

Die kräftige Ausbildung der Inzisiven und Eckzähne, die wir bei den Ganodonta finden, welche von W o r t m a n als die Ahnen der Xenarthra betrachtet werden, deutet auf eine Nagefunktion des Gebisses hin.

Unter den Reptilien finden wir unter den Theromorphen einige Gattungen, welche wahrscheinlich mit ihren Inzisiven harte Pflanzenteile benagt haben. Dazu gehört vor allem die merkwürdige Gattung Elginia.

Eine sehr merkwürdige Gestalt haben die Usurflächen der Inzisiven

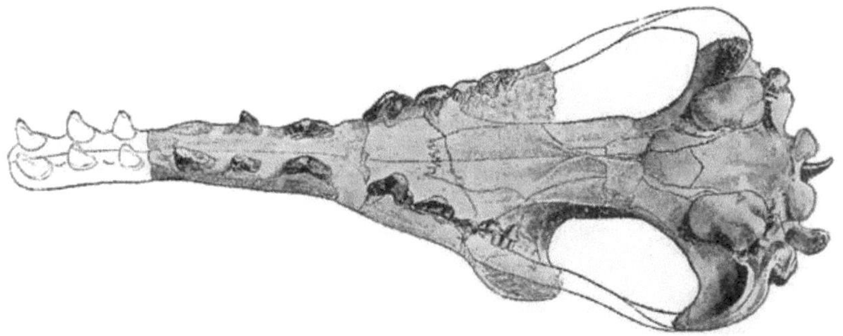

Fig. 388. Schädel des primitivsten Urwals, Protocetus atavus E. Fraas, aus dem Mitteleozän des Mokattamberges bei Kairo. Schädellänge 60 cm. Schädel von unten gesehen. (Nach E. F r a a s, 1904.)

von Chiromys madagascariensis. Dieser Halbaffe benützt seine Zähne zum Abreißen von Baumrinden und Abbeißen von Holzsplittern sowie zum Schälen von Fleischfrüchten.

Die Kennzeichen des Fanggebisses.

Das Fanggebiß der Raubtiere unterscheidet sich von den hochspezialisierten Gebißtypen der Katzen oder Hyänen und überhaupt aller jener Raubtiere, welche ihre Zähne nicht nur zum Ergreifen, sondern auch zum Zerreißen der Fleischteile und Zerbrechen der Knochen der Beutetiere verwenden, sehr wesentlich. Während diese Gebisse eine hochgradige Differenzierung der einzelnen Zahnkategorien aufweisen, die zum Ergreifen und Zerreißen, Zerkauen oder Zerbrechen der Nahrung dienen, fallen diese Unterschiede bei jenen Räubern fort, welche ihre Nahrung unzerkaut verschlucken. Bei diesen sind die Zähne uniform gebaut und unterscheiden sich höchstens durch ihre relative Größe je nach der Stellung in den Kiefern. Derartige Fanggebisse treffen wir bei den Haien und Zahnwalen, bei Ichthyosauriern, Thalattosauriern. Mosasauriern, Pinnipediern usw. an.

Überaus lehrreich ist die Verfolgung der Art und Weise des Übergangs eines differenzierten Raubtiergebisses in ein sekundär vereinfachtes Fanggebiß, wie wir es z. B. bei den Robben und Zahnwalen verfolgen können.

Wir finden bei den Robben die Form der Backenzähne außerordentlich vereinfacht und zwar besteht in der Regel ein Robbenbackenzahn aus einer kegelförmigen Hauptspitze und einer vorderen und hinteren Nebenspitze, ohne daß Brechzähne zur Ausbildung gelangen würden. Nur der Eckzahn ist meist noch sehr gut entwickelt. Eine weitere Anpassung an den Fanggebißtypus ist das Auftreten überzähliger, neuer Backenzähne entweder innerhalb der primitiven Backenzahnreihe oder am hinteren Ende derselben.

Bei den Walen sehen wir, daß sich aus dem primitiven Creodontiergebiß mit 3 I 1 C 4 P 3 M, das wir noch bei dem ältesten Wal aus dem

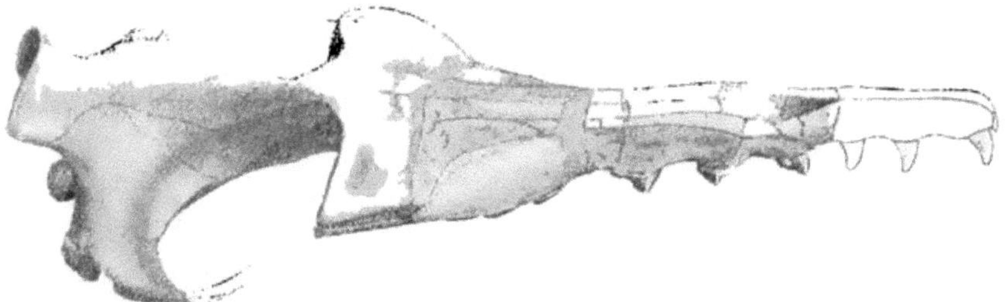

Fig. 389. Schädel des primitivsten Urwals, Protocetus atavus E. Fraas, aus dem Mitteleozän des Mokattamberges bei Kairo. Schädellänge 60 cm. (Nach E. F r a a s, 1904.)

Mitteleozän Ägyptens, Protocetus atavus E. Fraas (Fig. 388, 389) erhalten finden, ein Gebißtypus entwickelt, der sich einerseits durch Vereinfachung und Uniformierung der vererbten Zähne wie durch Vermehrung der Zahnzahl kennzeichnet. Bei den alttertiären Archaeoceti und bei den jüngeren Squalodontiden tritt jedoch nicht wie bei den Robben eine Vermehrung der Zähne am Hinterende der Kiefer ein, sondern die hintersten Backenzähne verfallen der Reduktion und in den sich immer mehr verlängernden Kiefern treten im ehemaligen Praemolarenabschnitt neue Zähne auf. [1])

Diese Stufen werden durch die Gattungen Protocetus (Fig. 388, 389) — Eocetus — Zeuglodon (Fig. 390) — Squalodon (Fig. 391) gekennzeichnet.

Im weiteren Verlaufe der Spezialisation treten wesentliche Veränderungen im Gebisse der Zahnwale ein, die schon bei den Archaeoceten und Squalodontiden angebahnt erscheinen. Diese Veränderungen bestehen in der Verschmelzung der ursprünglich dreiteiligen und zweiteiligen Zahnwurzeln zu einer einzigen; in der Reduktion der Zahn-

[1]) O. A b e l: Les Odontocètes du Boldérien (Miocène supérieur) d' Anvers. — Mémoires Mus. Roy. d'Hist. nat. Belg., III, Bruxelles 1905. p. 21—38.

krone gegenüber der Wurzel, die bei den Physeteriden schließlich zu
einem gänzlichen Verluste des Schmelzbelages der Krone führt; in dem
Verluste der ursprünglich vorhandenen accessorischen Zacken am
Vorder- und Hinterrand der Krone auf gekerbte Leisten, bis endlich
auch diese verschwinden; und schließlich in der Uniformierung aller
Zähne, die ursprünglich noch sehr formverschieden waren, aber schon
bei Squalodontiden nur noch zwei verschiedene Typen bilden, bis endlich
auch die Gegensätze in der Form zwischen vorderen und hinteren Zähnen

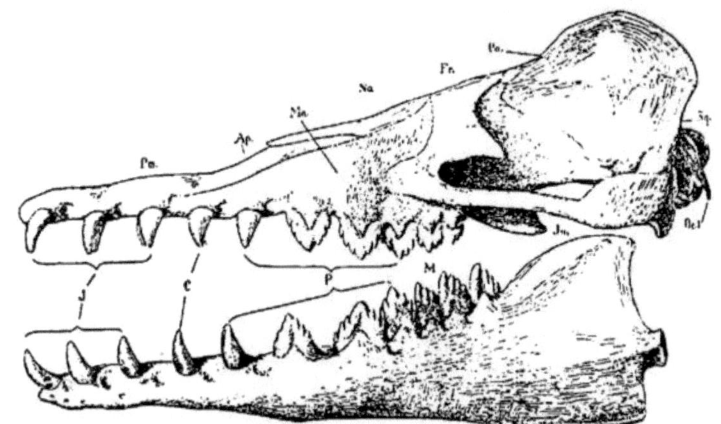

Fig. 390. Schädel eines Urwals (Zeuglodon Osiris, Dames) aus dem Obereozän
Ägyptens. Schädellänge 70 cm. (Nach E. v. S t r o m e r.)

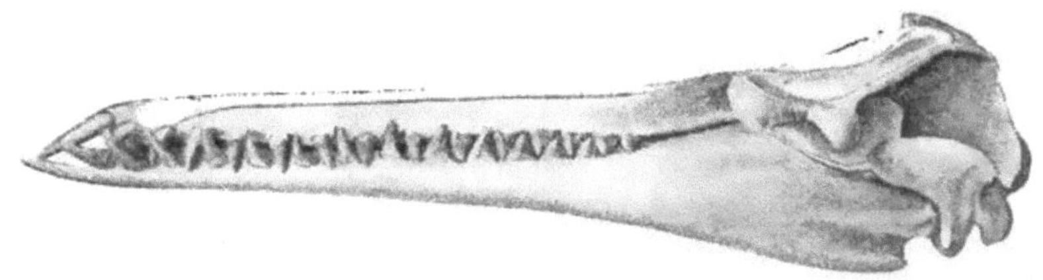

Fig. 391. Schädel von Squalodon bariense Jourd., aus dem Mittelmiozän Europas. (Rekonstruktion von
E. v. S t r o m e r, 1910.) Ungefähr 1/7 der Nat. Gr.

verschwinden. Daneben läuft eine Zeitlang die Vermehrung der Zahnzahl,
bis wieder infolge Übergang von der Fischkost zur Cephalopodenkost
die oberen Zähne zuerst in den Zwischenkiefern, dann auch in den Oberkiefern rudimentär werden, um bei dem lebenden Pottwal oder Physeter
bis auf selten erscheinende Rudimente ganz verloren zu gehen.

Die auffallende Vermehrung der Zahnzahl beim Riesengürteltier
Priodon hat große Schwierigkeiten in der Beurteilung dieser Erscheinung
bereitet. Das Vorhandensein von 80—100 Zähnen in allen Kiefern
dieses Gürteltiers kann aber wohl kaum anders wie als eine Spezialisation
eines Fanggebisses gedeutet werden, wofür namentlich auch die Uni-

formität der Zähne spricht. Die Gürteltiere sind Insektenjäger und wir finden auch bei Insectivoren ein reichbesetztes Fanggebiß ausgebildet. Wo die Zunge als hauptsächlicher Fangapparat für die Termiten und Ameisen funktioniert, sind die Zähne verloren gegangen wie bei den Myrmecophagiden oder Ameisenbären; bei den Dasypodiden oder Gürteltieren, zu welchen Priodon gehört, ist aber die Zunge weit weniger in dieser Richtung differenziert und das erklärt das Vorhandensein eines vielzahnigen Fanggebisses mit kleinen uniformen Zähnen. Ein Zerkauen der weichen Insektennahrung findet bei diesen Tieren jedoch nicht statt; die Nahrung wird unzerkaut verschluckt wie bei den Walen und Robben.

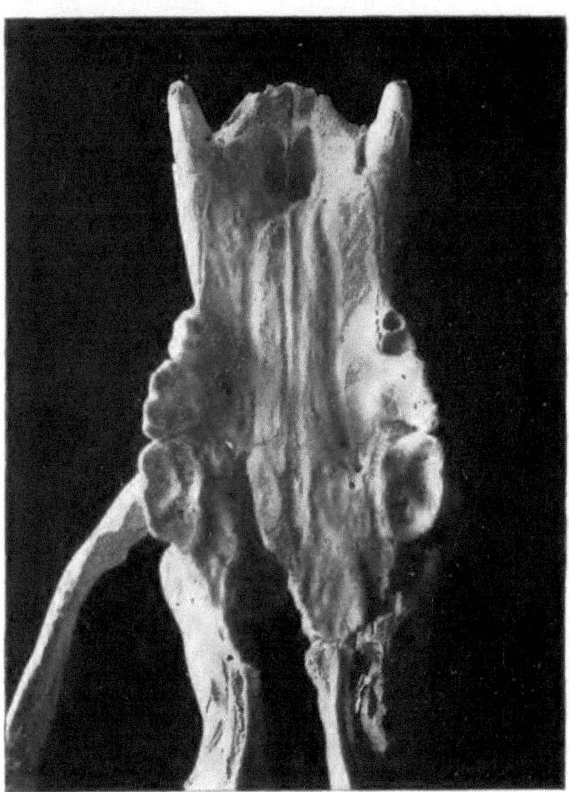

Fig. 392. Das obere, stark abgenützte Gebiß eines sehr alten Höhlenbärenmännchens (Ursus spelaeus ♂) aus der Lettenmaierhöhle bei Kremsmünster in Oberösterreich. (Phot. Ing. Fr. Hafferl.)

Die Kennzeichen des omnivoren Gebisses.

Wenn wir die Gebisse typisch omnivorer Raubtiere, wie der Bären und Dachse, jenen der übrigen rein carnivoren Raubtiere gegenüberstellen, so ergeben sich aus den Unterschieden sofort die charakteristischen Merkmale des omnivoren Gebißtyps. Im Bärengebiß sind keine Brechzähne vorhanden, welche durch bedeutendere Größe und Stärke die benachbarten Backenzähne übertreffen würden; die Mahlzähne sind breit und flachkronig (Fig. 392) und erinnern in gewisser Hinsicht an Schweinemolaren. Ganz ähnlich wie die Bärenmolaren sind auch die Backenzähne der Menschenaffen gebaut: flachkronige Höckerzähne mit zahlreichen Schmelzrunzeln.

Ein wesentlicher Gegensatz zwischen dem Bärengebiß und Anthropomorphengebiß liegt darin, daß das erstere Reduktionserscheinungen aufweist, die zum Verluste der Lückenzähne geführt haben, während im zweiten Falle nur durch die Kieferverkürzung Reduktionen eingetreten sind, ohne daß Diasteme oder Zwischenräume zwischen den einzelnen Zahnkategorien entstanden wären. Die Reduktion der Praemolaren ist im Laufe der Geschichte des Bärenstammes eingetreten, wie die Entstehung des Ursus spelaeus aus U. Deningeri und weiter aus U. arvernensis beweist.

Weit ausgesprochener omnivor als das Anthropomorphengebiß ist das aus diesem entstandene Menschengebiß, in welchem namentlich die Eckzähne tief abgekaut und mit allen übrigen Zähnen in eine gemeinsame Kaufläche eingereiht erscheinen. Weiter zeigen sich auch in der Reduktion des „Weisheitszahnes" (des letzten Molaren) Verkümmerungen, die eine wesentlich höhere Spezialisationsstufe des Menschengebisses im Vergleiche mit dem Affengebiß anzeigen. Auch die gelegentliche Verringerung der vier Höcker der Oberkiefermolaren auf drei, die namentlich bei Nordamerikanern immer häufiger auftritt, ist als eine Reduktionserscheinung in Verbindung mit vorgeschrittener Spezialisation anzusehen.

Die ethologische Bedeutung der Kieferformen.

Nicht nur das Gebiß und seine Differenzierung, sondern auch die Form der Kiefer liefert sehr wichtige Anhaltspunkte zur Beurteilung der Ernährungsart bei fossilen Formen. Kurze, abgerundete Kiefer funktionieren anders als langgestreckte, spitze Kiefer; ganz spezielle Funktionen kommen den Kiefern zu, die eine Form wie der Schnabel des Löffelreihers besitzen oder die schnepfenschnabelartig gekrümmt sind. Ferner sind jene Kiefer, deren Enden verbreitert und mit schräggestellten, divergierenden Zähnen besetzt sind, zu einer ganz bestimmten Ernährungsart geeignet.

Eine erschöpfende Übersicht über die ethologische Bedeutung der Kieferformen zu geben, ist an dieser Stelle kaum möglich und ich will daher nur einige der wichtigsten Typen kurz hervorheben.

1. Stoßraubschnauzen.[1])

Bei vielen sagittiformen Fischen, ferner bei vielen, namentlich bei tertiären Zahnwalen und bei Ichthyosauriern sind die Kiefer mitunter außerordentlich verlängert. In der Regel überragt der Unterkiefer an Länge den oberen. Das Gebiß entspricht dem Typus des Fanggebisses; bei Pteranodon fehlt es gänzlich.

Beispiele sind: Delphinus, Ichthyosaurus, Rhamphorhynchus, Pteranodon, Esox, Thyrsites, Trichiurus, Chirocentrus, Lepidosteus, Belone, Sphyraena usw.

---

[1]) G. Schlesinger: Der sagittiforme Anpassungstypus nektonischer Fische. — Verh. k. k. zool.-bot. Ges. Wien, LIX. Bd., 1909, p. (144).

2. Pflugschnauzen.

Bei verschiedenen langschnauzigen Fischen, Reptilien, Vögeln und Säugetieren ist entweder der obere oder der untere Schnauzenteil verlängert, so daß der verlängerte Teil wie ein Spieß vorragt.

Formen mit enorm verlängertem Unterkiefer sind z. B. die Arten der Gattung Hemirhamphus und Hemirhamphodon, ferner Gnathonemus unter den Mormyriden, während der Scherenschnabel (Rhynchops nigra) ein Analogon unter den Vögeln bildet; stark verlängerte Zwischenkiefer besitzen Eurhinosaurus [1]) unter den Ichthyosauriern, der miozäne Eurhinodelphis unter den Zahnwalen, Histiophorus, Aspidorhynchus usw. unter den Fischen. Pristis und Pristiophorus haben enorm verlängerte Rostralfortsätze, die an den Seiten mit Zähnen besetzt sind [2]), aber von dem eozänen Propristis Schweinfurthi noch bedeutend an Länge übertroffen werden [3]) (Fig. 393).

Die Bedeutung dieser Schnauzenverlängerungen ist im wesentlichen ein Durchwühlen, richtiger ein Durchpflügen des Meeresbodens; das ist wenigstens bei Hemirhamphodon, Hemirhamphus, Pristis, Propristis und Pristiophorus der Fall. [4]) Die

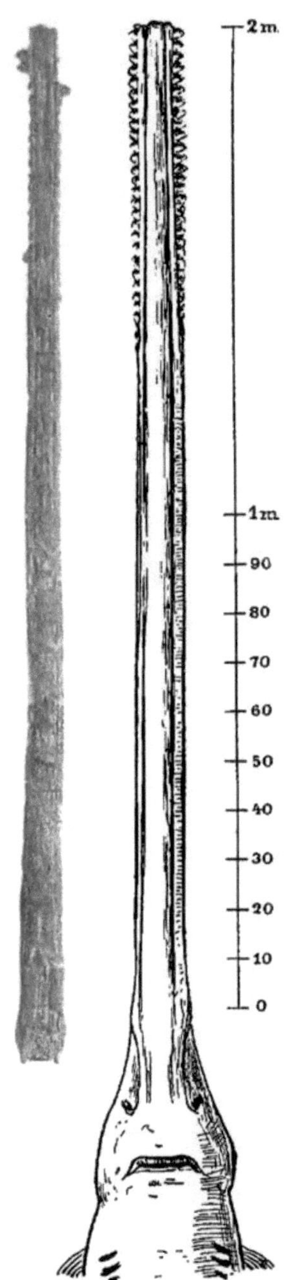

Fig. 393. Säge von Propristis Schweinfurthi, Dames, aus dem Obereozän von Fajum, Ägypten. (Nach E. Fraas, 1907.)

[1]) O. Abel: Cetaceenstudien. I. Das Skelett von Eurhinodelphis Cocheteuxi aus dem Obermiozän von Antwerpen. — Sitzungsber. K. Akad. d. Wiss. Wien, mat. nat. Kl., CXVIII. Bd., 1. Abt., 1909, p. 245: Eurhinosaurus nov. nom. für Ichthyosaurus longirostris.

[2]) P. Pappenheim: Über die biologische Bedeutung der Säge bei den sogenannten Sägefischen. — Sitzungsber. Ges. naturf. Freunde Berlin, 1905.

[3]) E. Fraas: Säge von Propristis Schweinfurthi Dames aus dem oberen Eozän von Ägypten. — Neues Jahrb. f. Mineral. Geol. Palaeont., 1907, I. Bd., p. 1, Taf. I.

[4]) G. Schlesinger: Zur Phylogenie und Ethologie der Scombresociden. — Verh. k. k. zool.-bot. Ges. Wien, LIX, 1909, p. 30, Taf. I.

ethologische Bedeutung der Unterkieferverlängerung von Rhynchops ist eine andere; dieser Vogel streicht mit eingetauchtem Unterkiefer über die Wasseroberfläche hin, um kleine Fische aufzuwerfen. Ich möchte das gleiche für den langschnauzigen Eurhinosaurus und für den miozänen Küstenwal Eurhinodelphis vermuten; die spießartige Schnauze hat hier wohl zum Durchpflügen des Wassers und Aufjagen kleiner Fische und Krebse gedient. Die für einen Zahnwal relativ große Bewegungsfähigkeit des Halses, in welchem alle Halswirbel frei

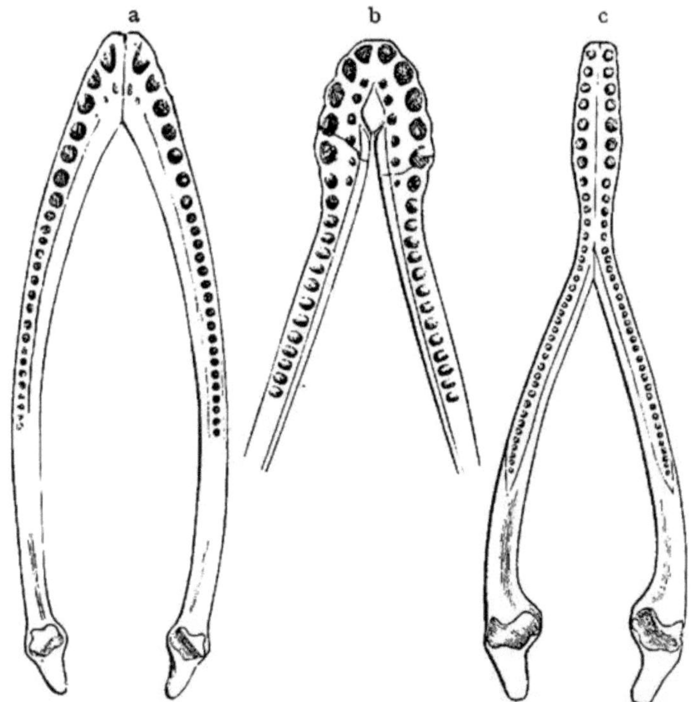

Fig. 394. Unterkiefer dreier Sauropterygier: a: Peloneustes philarchus, aus dem Oxfordton von Peterborough, England (¹/₈ Nat. Gr.). — b: Thaumatosaurus indicus, aus dem Oberjura Ostindiens (¹/₇ Nat. Gr.) — c: Plesiosaurus dolichodeirus, aus dem Unterlias von Lyme Regis, England (¹/₄ Nat. Gr.). (Aus dem Guide Foss. Rept., Amph., Fishes, Brit. Mus., London, 1910.)

sind, hat offenbar die Beweglichkeit der Schnauze bei Eurhinodelphis sehr gefördert (Fig. 354).

3. Zahnrechenschnauzen.

Bei einzelnen aquatischen Wirbeltieren mit verlängerten Kiefern sind die Kiefer am Vorderende mehr oder weniger verbreitert und mit sehr schräge nach außen abstehenden und daher stark divergierenden, spitzen Zähnen besetzt. Derartige Kieferformen finden wir in der Gegenwart beim Gangesgavial (Gavialis gangeticus) und beim Gangesdelphin

(Platanista gangetica); die Aufgabe dieser Apparate besteht in der Aufnahme kleiner Organismen vom Boden der Gewässer (Fig. 394).

Dieselbe Bildung der Kiefer finden wir bei dem miozänen Zahnwal Squalodon, wir finden sie aber weiter bei den Sauropterygiern, unter denen namentlich Thaumatosaurus indicus aus dem oberen Jura Indiens eine starke Verbreiterung des Kieferendes zeigt. Auch bei der Plesiosauriergattung Peloneustes aus dem Oxfordien (oberer Jura) von Peterborough in England ist dieselbe Erscheinung zu beobachten, besonders stark an einem Schädelrest, der sich im Britischen Museum in London befindet und demnächst von C. W. A n d r e w s näher beschrieben werden wird.

4. L ö f f e l s c h n a u z e n.

An die bezahnten Rechenschnauzen schließen sich die unbezahnten Löffelschnauzen an, die beim Löffelreiher, der Löffelente usw. besonders stark ausgeprägt sind. Ihre Funktion ist eine gründelnde und zwar werden vegetabilische und animalische Stoffe aufgenommen.

Ganz dieselbe ethologische Bedeutung muß die zahnlose Schnauze des orthopoden Kreidedinosauriers Trachodon besessen haben. Seine Nahrung muß, wie die einheitlichen Abkauungsflächen der dichtgedrängten Zähne beweisen, deren Zahl im ganzen 2072 beträgt, weitaus vorwiegend vegetabilischer Natur gewesen sein (Fig. 395).

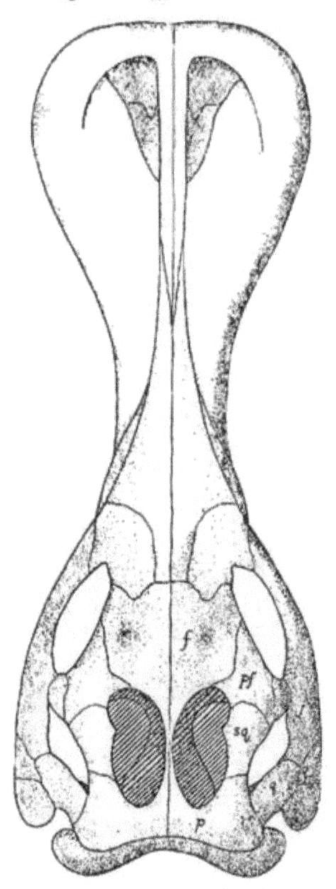

Fig. 395. Schädel von Trachodon mirabile von oben gesehen. (Nach F. D. C o p e.)

5. S c h n e p f e n s c h n a u z e n.

Einzelne Vögel wie Ibis, Schnepfenarten usw. haben stark nach unten gekrümmte lange Schnäbel. Ihre Funktion ist das Durchstöbern moderigen Bodens oder Schlammes nach Insekten, Würmern u. s. f. Dieselben Kieferformen treffen wir bei einzelnen Walen wie bei Stenodelphis (Pontoporia) Blainvillei, einem südamerikanischen Flußdelphin von der Mündung des Rio de la Plata (Fig. 301).

6. K e g e l s c h n a u z e n.

Die unterirdisch oder oberirdisch lebenden Grabtiere besitzen fast alle mehr oder weniger kegelförmige Schnauzen, welche durch ihre Keilform das Wühlen und Bohren im Erdreich unterstützen. Echidna, Proechidna, Myrmecophaga, Priodon, Talpa, Notoryctes usw. sind Beispiele dafür.

Wir haben schon früher erörtert, warum die fossilen Gravigraden Südamerikas als Nachkommen grabender Xenarthra vom Anpassungstypus der Ameisenfresser anzusehen sind. Vergleichen wir noch den Schädel von Scelidotherium mit jenem der echten Myrmecophagiden, so verstehen wir, warum derselbe eine kegelförmige Verlängerung der Schnauze bewahrt hat; es ist ein Erbteil der grabenden Vorfahren.

7. Röhrenschnauzen.

Verschiedene Fische aus den Familien der Syngnathiden, Aulostomatiden, Fistulariiden, Centrisciden, Amphisyliden, Solenostomiden, Pegasiden und Mormyriden haben langgestreckte, zahnlose, röhrenförmige Schnauzen, deren Funktion die einer Pipette ist. Die Nahrung wird in der Weise aufgenommen, daß die Schnauzenröhre am Vorderende durch einen klappenartigen Verschluß abgedichtet und sodann durch das Ausziehen der Luft evakuiert wird. Kommt nun ein Beutetier in die Nähe dieser Röhre, so wird die Klappe an deren Vorderende geöffnet und mit dem einstürzenden Wasser strudelt auch die Nahrung in das Maul.

Derartige Einrichtungen finden sich namentlich bei jenen Fischen, deren Beweglichkeit infolge Annahme einer sessil-benthonischen Lebensweise sehr vermindert ist wie bei den Seepferdchen, sie findet sich aber auch, wie G. Schlesinger gezeigt hat, bei rasch schwimmenden, sagittiformen Fischen, wofür Aulostoma maculatum ein Beispiel bildet.

8. Breitschnauzen.

Eine große Zahl von Wirbeltieren, namentlich von Wasserbewohnern, besitzt kurze, breite Schnauzen. Dieser Schnauzentypus findet sich besonders bei Grundbewohnern; die Welse können als Beispiel dafür gelten.

Die Lage der Mundspalte auf der Bauchseite des Schädels.

Bei einer größeren Zahl lebender und fossiler Fische und zwar weitaus vorwiegend bei den Elasmobranchiern ist die Mundspalte nicht terminal gestellt, sondern liegt auf der Unterseite des Schädels.

Diese Lage bringt es mit sich, daß die meisten Haifische ihre Beute nicht in derselben Weise ergreifen können wie z. B. eine Forelle, sondern sich beim Zugreifen auf die Seite legen oder von oben her die Beutetiere überfallen müssen.

Bei allen Rochen liegt die Mundspalte auf der Ventralseite des Körpers; sie liegt als quere, halbkreisförmige Spalte in derselben Stellung bei Cestracion (Heterodontus), Squalus, Lamna, Laemargus, Pristis,

Pristiophorus, Sphyrna; sie liegt ferner ventral bei allen Holocephalen; ebenso bei den Acipenseriden; ebenso bei Drepanaspis und Pteraspis; ebenso bei Gonorhynchus unter den Malacopterygiern; bei Gastromyzon unter den Cypriniden; bei Synodontis unter den Siluriden; bei Lipogenys unter den Lipogenyiden; bei Typhlonus unter den Zoarciden u. s. f.

Die genannten Formen sind fast durchgehends G r u n d b e w o h - n e r. In der Tat zeigt uns eine Untersuchung der Funktion der Mundspalte, daß eine auf die Ventralseite des Schädels verschobene Lage der Mundspalte nur eine Anpassung an die benthonische Lebensweise sein kann. Um so wichtiger in phylogenetischer Hinsicht ist daher die Feststellung einer ventralen Lage der Mundspalte bei typischen Nektontieren, wie es die schnellschwimmenden Haifische Lamna, Squalus usw. zeigen.

Wenn die· ventrale Lage der Mundspalte als eine Anpassung an das benthonische Leben anzusehen ist, so muß die gleiche Lage bei nektonischen Haifischen eine Vererbung aus einer Zeit darstellen, in welcher sie noch benthonisch gelebt haben. Wir finden eine Bestätigung dieser Schlußfolgerung in verschiedenen Merkmalen der nektonischen Haifische, so vor allen Dingen in der breiten, abgerundeten Form und der Einlenkungsart der paarigen Flossen am Körper, so daß wir die Annahme kaum von der Hand weisen dürfen, daß die heute nektonischen Typen der Haifische ursprünglich benthonisch gelebt haben und daß die quergestellte, ventrale Lage der Mundspalte eine Vererbung aus dieser Zeit darstellt.

Daß die ventrale Lage der Mundspalte einerseits bei weiterer Anpassung an das nektonische Leben bei den Haifischen einer mehr terminalen Lage Platz macht, zeigen Selache maxima und Alopecias vulpes; anderseits sehen wir, daß sehr primitive Elasmobranchier wie Cladoselache (Devonformation), Pleuracanthus (Perm), Acanthodes (Devon bis Perm), Climatius (Devon), sowie der auf primitiver Basis zum benthonischen Leben übergegangene Chlamydoselachus ihre Mundspalten am Vorderende des Schädels besitzen. Ich halte die Lage der Mundspalte bei den Elasmobranchiern für einen wertvollen Anhaltspunkt zur Beurteilung des Wechsels der Lebensweise der nektonischen Typen.

Der Einfluß der Kieferbewegungen auf die Form der Kiefergelenke bei den Säugetieren.

Die Kieferbewegungen der Säugetiere sind je nach der Ernährungsart sehr verschieden. Bei den Raubtieren bewegen sich Unterkiefer und Oberkiefer nur von oben nach unten und umgekehrt (o r t h a l), ohne Seitenbewegungen ausführen zu können; entsprechend dieser Bewegungsebene des Unterkiefers wird sein Gelenkkopf derart von der

Gelenkgrube des Squamosums umschlossen, daß ihm keine Seitenbewegungen gestattet sind. Seine Form ist rundlich oder walzenförmig und zwar steht im letzteren Falle (z. B. beim Dachs) die Walzenachse s e n k r e c h t zur Medianebene des Körpers, wobei die Walzenenden durch die Gelenkgrube seitlich festgehalten werden.

Betrachten wir dagegen ein Nagetier während des Fressens, so sehen wir, daß sich seine Kiefer gegeneinander derart verschieben, daß der Unterkiefer vor- und rückwärts bewegt wird. Dieser Bewegung des Unterkiefers während der Zerkleinerung der Nahrung, die als p r o p a l i n a l bezeichnet zu werden pflegt, entspricht sowohl die walzenförmige Gestalt des Condylus wie die rinnenartige Gelenkgrube des Squamosums und zwar steht in diesem Falle die Walzenachse p a r a l l e l zur Medianebene des Körpers.

Bei jenen Huftieren aber, deren Unterkiefer sich während des Zermalmens der Pflanzennahrung in l a t e r a l e r Richtung bewegt, wie dies beispielsweise bei den Wiederkäuern der Fall ist, ist der Condylus des Unterkiefers walzenförmig und s e n k r e c h t zur medianen Symmetrieebene des Körpers gestellt, ohne daß aber hier wie z. B. beim Dachs die Walzenenden von der Gelenkgrube umschlossen wären; sie sind völlig frei und der Condylus des Unterkiefers vermag ungehindert seine lateralen Gleitbewegungen auszuführen.

Der Typus des Kiefergelenks, den wir bei den Raubtieren und Insektenfressern finden, ist in gleicher Weise bei den höckerzähnigen (b u n o-d o n t e n) Huftieren (z. B. Schwein, Flußpferd), ebenso aber auch bei den Halbaffen und Affen ausgebildet; nur besitzt bei den letztgenannten Gruppen der Unterkiefer eine größere Bewegungsmöglichkeit, so daß er sowohl ein wenig in lateraler als auch in propalinaler Richtung verschoben werden kann.

Die Elefanten bewegen den Unterkiefer in derselben Weise wie die Nagetiere.

In zwei Gruppen der Säugetiere ist die Bewegung einer Unterkieferhälfte unabhängig von jener der anderen möglich: bei den s i m-p l i c i d e n t a t e n N a g e t i e r e n (bei den duplicidentaten Hasen ist dies nicht der Fall) und bei den d i p r o t o d o n t e n B e u t e l-t i e r e n (z. B. Phalangeriden). Diese selbständige Rotation je einer Unterkieferhälfte wird dadurch ermöglicht, daß die Unterkieferhälften in der Symphyse nur ganz locker miteinander verbunden sind.

Die ethologische Bedeutung des Zahnwechsels und des Zahnersatzes überhaupt.

Wenn an das Gebiß so starke Anforderungen gestellt werden, daß die in Dienst gestellten Zähne rasch abgenützt werden, so tritt ein Ersatz durch andere Zähne ein.

Der Zahnersatz ist bei den Fischen ein sich sehr häufig vollziehender Vorgang. Die Zähne liegen bei ihnen noch in der Haut; sie stehen in keiner festen Verbindung mit den Kiefern und fallen leicht aus. Bei den Haifischen besteht höchstens ein Formunterschied zwischen Zähnen und Schuppen (richtiger H a u t z ä h n e n); die Erneuerung des Gebisses und der Zahnersatz geschieht in der Weise, daß sich die hintereinander stehenden Zähne aus dem Racheninnern langsam in die Fangreihe einschieben und wir könnten also von einer sehr großen Zahl von Dentitionen sprechen, die zwar n a c h einander in Funktion treten, aber n e b e n einander angelegt werden.

Fällt aber in Fischgebissen mit Pflasterzähnen der eine oder andere Zahn aus, so entsteht a n d i e s e r S t e l l e e i n n e u e r Z a h n. Der Zahnersatz geschieht also in diesem Falle auf ganz andere Weise als bei den Haifischen.

Greifen wir aus den Reptilien die Gruppe der herbivoren Dinosaurier heraus, so sehen wir bei diesen eine große Zahl von Dentitionen, deren Zähne nacheinander in die Kaufläche einrücken und zwar können gleichzeitig mehrere Dentitionen gleichzeitig in Usur stehen wie bei dem früher besprochenen Trachodon. Jedenfalls zeigt uns der leichte, rasche und wiederholte Zahnwechsel der pflanzenfressenden Dinosaurier, daß die Widerstandskraft der Zähne nicht sehr groß gewesen sein kann.

Übrigens spricht auch die sehr variable Größe der Zähne in den Gebissen fleischfressender Dinosaurier dafür, daß auch bei diesen ein häufiger Zahnersatz eintrat. Aber hier geschah derselbe nicht so regelmäßig wie bei den herbivoren Dinosauriern, sondern, wenn der Ausdruck erlaubt ist, je nach Bedarf und an wechselnder Stelle.

Der Zahnersatz erfolgt bei sehr vielen Reptilien in der Weise, daß unter dem funktionierenden Zahn ein zweiter ausgebildet wird, der nach dem Ausfallen des abgebrauchten Zahns in die Kaufläche einrückt. Auf diese Weise bleibt die Gebißform und ihre Funktion auch bei wiederholtem Zahnwechsel unverändert.

Diese Art des Zahnersatzes, wobei sehr zahlreiche D e n t i t i o n e n oder Zahnsysteme aufeinanderfolgen, ist die primitivste Form des Ersatzes abgenützter Zähne. Auch bei den Vorfahren der Säugetiere ist zweifelsohne ein wiederholter Zahnersatz eingetreten und die heutigen Zustände des Zahnersatzes und Zahnwechsels bei den Säugetieren entsprechen einer höheren Stufe der Spezialisation des Gebisses.

Man war früher der Meinung, daß bei den Säugetieren nur zwei Dentitionen auftreten, das M i l c h g e b i ß oder die l a k t e a l e D e n t i t i o n und das D a u e r g e b i ß oder die p e r m a n e n t e D e n t i t i o n. Neuere Untersuchungen, namentlich jene von W. L e c h e, haben indessen in klarer Weise ergeben, daß bei den Säugetieren ursprünglich mindestens v i e r Dentitionen vorhanden waren, da bei verschiedenen Gruppen Zahnanlagen sowohl vor dem Milchgebiß als nach dem Dauergebiß auftreten, so daß wir z. B. beim Igel vier Dentitionen zu unterscheiden haben, die aufeinanderfolgen und zwar sind dies I. die prälakteale, II. die lakteale, III. die permanente und IV. die postpermanente Dentition.

Ein wesentlicher Unterschied zwischen der Dentitionsfolge bei Reptilien und Säugetieren besteht darin, daß die Dentitionen der letzteren verschieden hohe Spezialisationsgrade aufweisen. Das Milchgebiß der Säugetiere ist fast immer total vom Ersatzgebiß verschieden und zwar hängt diese Formverschiedenheit damit zusammen, daß das kleine, junge Tier mit kleinen Kiefern ein anderes Gebiß benötigt als das erwachsene Tier mit größeren Kiefern. Bei den meisten Säugetieren findet ein einmaliger Zahnwechsel statt, wobei die drei letzten Zähne des Milchgebisses (die Mahlzähne oder Molaren) mit den Zähnen des Ersatzgebisses zusammen das bleibende Gebiß repräsentieren. Das im erwachsenen Säugetier funktionierende Gebiß besteht also aus einem Teile des Milchgebisses (den drei Molaren) und den vor ihnen stehenden, aber teilweise nach ihnen zur Entwicklung gelangenden Zähnen des Ersatzgebisses. Daher ist z. B. bei den Huftieren der erste Molar immer stärker angekaut als der nach ihm zum Durchbruch gelangende Prämolar des Ersatzgebisses.

Entweder gleichen die Prämolaren des Ersatzgebisses den letzten drei Molaren des Milchgebisses so sehr, daß sie nur durch den Abkauungsgrad von ihnen zu unterscheiden sind (z. B. beim Pferde) oder sie unterscheiden sich in Bau und Form sehr wesentlich von ihnen, während die ausfallenden Milchmolaren in Form und Bau von den bleibenden Molaren nur wenig differieren (z. B. bei den alttertiären Sirenen). Derartige Erscheinungen deuten darauf hin, daß die Funktionen der Prämolaren bei den Vorfahren der alttertiären Sirenen ganz andere waren als die der Milchmolaren und Molaren.

Die älteren Sirenen (z. B. Eotherium, Protosiren, Mesosiren, Halitherium usw.) besaßen im ganzen sechs Molaren, von denen die drei hinteren nicht gewechselt wurden, während die vorderen drei ausfielen und durch vier Prämolaren des Ersatzgebisses ersetzt wurden. Diese drei ausfallenden Milchmolaren haben durchaus den Charakter von Mahlzähnen; sie sind mehrwurzelig und der hinterste der drei ausfallenden Milchmolaren gleicht in Form und Bau durchaus dem ersten der drei bleibenden Molaren.

Die vier Prämolaren des Ersatzgebisses sind dagegen sämtlich einwurzelig und besitzen eine konische Krone mit Seitenzacken, die in zwei von der Kronenbasis gegen die Zahnspitze zu konvergierenden Reihen angeordnet sind.

Daß die Funktion eines derartig gebauten Prämolaren eine ganz andere gewesen sein muß als die eines breitkronigen, mehrwurzeligen Milchmolaren, leuchtet ohne weiteres ein. Daß sie für die Sirenen selbst keine Bedeutung mehr besaßen, geht daraus hervor, daß schon im Oligozän eine Reduktion der Prämolaren des Ersatzgebisses beginnt, die rasch weiter fortschreitet und schon im Pliozän, bei Felsinotherium, zur gänzlichen Unterdrückung der Prämolaren führt, so daß die sämtlichen Milchmolaren nicht mehr gewechselt werden und bis zur gänzlichen Abnützung in den Kiefern stehen bleiben.

Verschiedene Ursachen und Wege der Gebißreduktion.

In fast allen größeren Gruppen der Vertebraten begegnen wir Formen und Formenreihen, bei denen entweder eine partielle oder eine völlige Reduktion des Gebisses eingetreten ist. Sowohl die partielle als auch die totale Reduktion des Gebisses ist nicht auf eine einheitliche Ursache zurückzuführen, sondern durch außerordentlich verschiedene Umstände und Lebensgewohnheiten bedingt.

Große Gruppen unter den Wirbeltieren haben ihre Zähne gänzlich verloren wie die Schildkröten und Vögel. In beiden Gruppen ist aber später bei einzelnen Formen durch Spezialisation der Hornschnäbel zu scharf gezackten, schneidenden Rändern ein Ersatz für die verloren gegangenen Zähne entstanden, wenn es die Lebensweise erforderte. Wir werden Beispiele für einen derartigen Ersatz namentlich bei Vögeln und Schildkröten, aber auch bei anderen Gruppen kennen lernen.

Der Verlust des Gebisses geht auf sehr verschiedene Ursachen zurück. Wenn die Nahrungsweise derart gewechselt wird, daß Raubtiere nur mehr weiche Insektennahrung oder Cephalopodennahrung zu sich nehmen, oder wenn die Ernährung durch große Mengen kleiner Planktonorganismen erfolgt, oder wenn Pflanzenfresser nur mehr sehr weiche Algen verzehren, so tritt langsam ein Schwund des nicht mehr notwendigen Gebisses ein. Wir können diese Reduktionen zum Teil Schritt für Schritt verfolgen: bei den Walen, Robben und Ichthyosauriern, bei den Sirenen, bei den zahnarmen Xenarthren Südamerikas, bei den Flugsauriern usw. Es wird unsere Aufgabe sein zu zeigen, daß ein gleichartiges Resultat, nämlich der Verlust des Gebisses, bei ganz verschiedener Ernährungsart und auf verschiedenen Wegen erreicht wurde.

Die Gebißreduktion bei den Walen.

Die Wale sind mit sehr wenigen Ausnahmen (z. B. die herbivore Sotalia Teuszii aus Kamerun und die fluviatile Inia des Amazonenstroms, die neben Fischen auch Früchte verzehrt) Fleischfresser. Die ichthyophagen (fischfressenden) Zahnwale besitzen ein reichbezahntes Fanggebiß aus kegelförmigen, einspitzigen und einwurzeligen Zähnen; bei den teuthophagen (cephalopodenfressenden) Zahnwalen hat dagegen das

Gebiß eine mehr oder weniger weitgehende Reduktion erlitten, die am
weitesten bei den Schnabelwalen oder Ziphiiden vorgeschritten ist.

Da wir die wichtigsten tertiären Vorstufen der Ziphiiden kennen,
so können wir sehr gut die Wege verfolgen, auf denen die Gebißreduktion
dieser Gruppe vor sich gegangen ist. Sie stammen von vielzähnigen,
fischfressenden Vorfahren ab, bei denen zuerst eine Verkümmerung
und dann gänzlicher Schwund des Gebisses im Zwischenkiefer eintrat,
während später der Unterkiefer und Oberkiefer nachfolgten. Bei den
miozänen und pliozänen Ziphiiden sind noch Spuren der ehemaligen
reichen Bezahnung in Form kleiner, dichtgedrängter, seichter Alveolen
erhalten (Fig. 396); bei den lebenden findet man keine Spuren rudimentärer Alveolen vor, sondern an die Stelle der ehemaligen Alveolarreihe ist
eine Alveolarrinne getreten, die mit den im Zahnfleisch zur Entwicklung

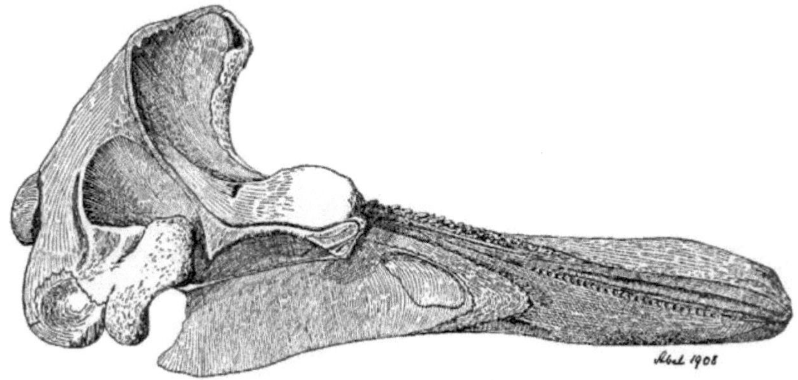

Fig. 396. Rekonstruktion des Schädels von Choneziphius planirostris Cuv., einem Schnabelwal
aus dem Boldérien von Antwerpen, mit rudimentären Alveolen im Oberkiefer.
(Ungefähr ¹/₆ Nat. Gr.).

gelangenden und selten zum Durchbruch gelangenden verkümmerten
Zähnchen in keinerlei Verbindung tritt. Nur ein, höchstens zwei Paar Zähne
sind im Unterkiefer der Ziphiiden erhalten geblieben (Fig. 397, 399),
die aber keine Rolle bei der Ernährung spielen, sondern nur als Waffen bei
den Paarungskämpfen in Verwendung treten, wie dies bei Ziphius und
Mesoplodon festgestellt werden konnte und für die anderen Ziphiiden
mit Ausnahme von Hyperoodon höchst wahrscheinlich ist.

Die Nahrung der Ziphiiden besteht heute vorwiegend aus weich-
körperigen Cephalopoden, die mit den zwar zahnlosen, aber doch harten
Kieferrändern erfaßt und in unzerkautem Zustande verschluckt
werden.

Baussard[1]) hat nun schon im Jahre 1789 eine Beobachtung

---

¹) Baussard: Mémoire sur un Cétacé échoué près de Honfleur. —
Roziers Journal de Physique ou Observations sur la Physique etc. — XXXIV.
Paris, 1789.

gemacht, die in phylogenetischer Hinsicht von großem Interesse ist. Nach seinen Beobachtungen treten bei Hyperoodon rostratum in der Gaumenhaut verhärtete hornige Epithelialgebilde auf, die in Querreihen angeordnet sind, so daß der Gaumen in abwechselnd rauhe und weiche Quergürtel eingeteilt erscheint.

Diese Baussardschen Höcker geben uns, wie schon G. Cuvier[1]) aussprach, einen Fingerzeig für die Entstehung der Barten der Mystacoceten und man kann sie in der Tat als die ersten Anfänge von Barten, als „vestiges des fanons" bezeichnen.[2])

Ein zweites, in phylogenetischer Hinsicht gleichfalls sehr beachtenswertes Merkmal finden wir in der weiten, seitlichen Ausbiegung der Unterkieferhälften gegenüber dem Oberkiefer bei verschiedenen Ziphiiden, namentlich aber bei Mesoplodon bidens Sow., und zwar ist diese Ausbiegung des Unterkiefers sehr ähnlich der für die Bartenwale charakteristischen Form (Fig. 398).

Beide hier erwähnten Merkmale scheinen mir aus dem Grunde wichtig zu sein, weil sie auf die Entstehung der hohen Spezialisation des Bartenwalrachens Licht werfen. Daß die Bartenwale früher ein reich bezahntes, ichthyophages Gebiß mit über 200 Zähnen besessen haben, geht aus den Zahnrudimenten der Bartenwalembryonen hervor; der Übergang von der ichthyophagen zur planktonophagen Ernährungsart kann aber nicht schroff und unvermittelt gewesen sein. Die bei der teuthophagen Nahrungsweise der Ziphiiden auftretenden Erscheinungen wie Zahnverlust, Verhärtung der Kieferränder, Auftreten der Baussardschen Höcker in der Gaumenhaut und seitliche Ausbiegung der Unter-

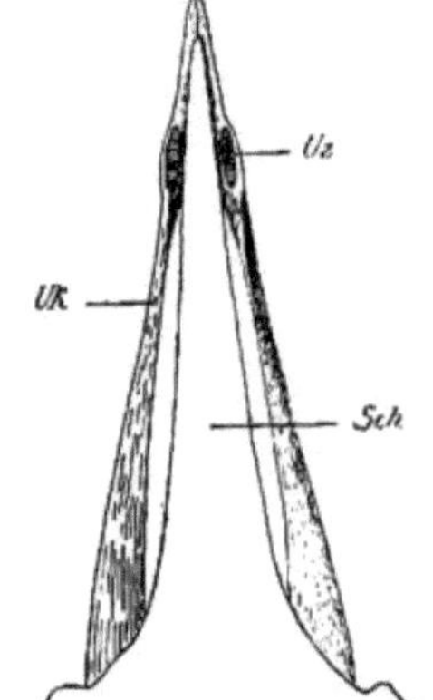
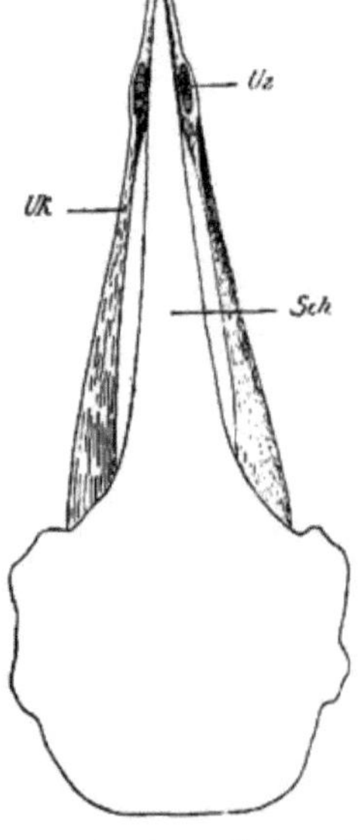

Fig. 397. Unterkiefersymphyse mit den zwei Zahnsockelpaaren, in dessen vorderen noch je ein zentraler, spitzer Knochenkegel zur Befestigung des Zahnes steckt, von Mioziphius belgicus Abel aus dem Boldérien von Antwerpen. Hinter dem zweiten Zahnsockelpaar rudimentäre Alveolen. ⅓ Nat. Gr.

Fig 398. Der seitlich weit über den Schnauzenrand vorspringende Unterkiefer von Mesoplodon bidens Sow., von oben gesehen. — Uk = Unterkiefer, Sch = Schädel, Uz = Alveole des großen Unterkieferzahns. Stark verklein. Originalskizze. (Original in Brüssel).

---

[1]) C. G. Cuvier: Recherches sur les Ossements fossiles. V. 1. 1823, p. 326.

[2]) O. Abel: Die Sirenen der mediterranen Tertiärbildungen Österreichs. — Abh. k. k. geol. R.-A. Wien, XIX. Bd., 1904, p. 161.

kiefer weisen darauf hin, daß auch bei den Bartenwalen, beziehungsweise bei ihren Ahnen der planktonophagen Lebensweise eine
teuthophage vorausging.

Die lebenden Bartenwale ernähren sich fast auschließlich von Plank-
tonorganismen; sie bevorzugen kleine Crustaceen, die sie in riesigen
Mengen verzehren und von denen einmal im Magen eines Blauwals 1200
Liter gefunden wurden. Guldberg berichtet, daß ein anderes Exemplar
derselben Art ungefähr 1000 Liter von Thysanopoda inermis im
Magen hatte. In den südlichen Meeren bildet nach Gerlache und
Racovitza ein kleiner Planktonkrebs (Euphausia) die Hauptnahrung

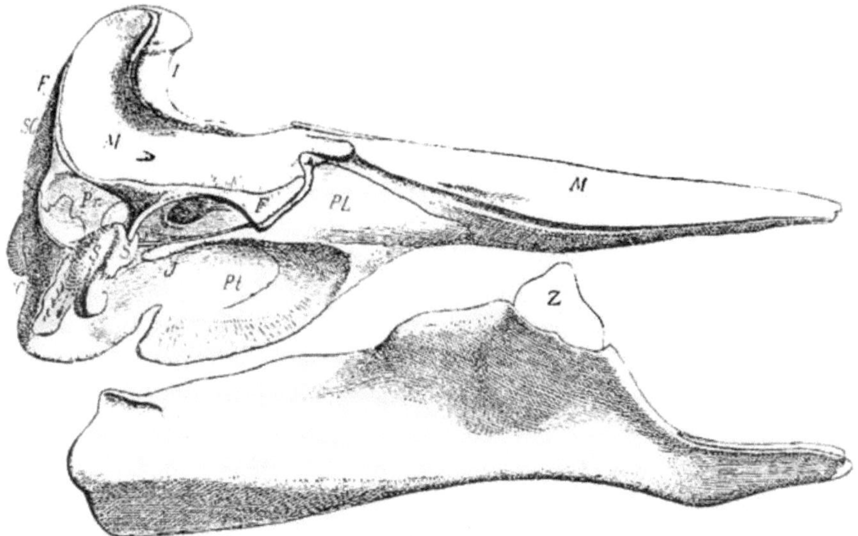

Fig. 399. Schädel von Mesoplodon densirostre Blainv. mit starken Unterkieferhauern. (Nach
P. Gervais, modifiziert von M. Weber, 1904.)

der Bartenwale; in den nördlichen Meeren verzehren die Mystacoceten
auch kleine Fische (Osmerus arcticus) und zwar bevorzugen namentlich
der Blauwal (Balaenoptera musculus L. = B. Sibbaldii aut.) wie der
Zwergwal (Balaenoptera acutorostrata Lacép.) Fischnahrung. Auch
Pteropoden bilden einen wichtigen Bestandteil der Bartenwal-
nahrung.

Diese Planktontiere werden von den Bartenwalen in der Weise
gefangen, daß sie mit weit geöffnetem Rachen durch das Wasser streifen,
wobei die kleinen Tierchen zwischen den Barten hängen bleiben, deren
der Grönlandswal im ganzen etwa 800 zählt. Beim Schließen des Maules
und Andrücken der Zunge gegen den Gaumen wird das Wasser ausge-
preßt und die im Seihapparat gefangenen Organismen in den Schlund
hinabgedrückt.

Die Gebißreduktion bei den Ichthyosauriern.

Alle älteren Ichthyosaurier besitzen ein reichbezahntes Fanggebiß aus spitzigen, kegelförmigen Zähnen.

In der oberen Juraformation erscheinen Ichthyosaurier, die eine erhebliche Reduktion der Bezahnung aufweisen. Die Zähne von Opthalmosaurus (= Baptanodon) [1]) sind sehr klein und sind nur in geringer Zahl in den vorderen Kieferteilen vorhanden; im Alter fallen sie gänzlich aus. In den hinteren Abschnitten der Kiefer sind keine Alveolen mehr zu beobachten.

Diese Reduktion des Gebisses dürfte wohl auf ganz denselben Ursachen beruhen wie bei den Ziphiiden unter den Zahnwalen, nämlich auf dem Übergang von der mehr ichthyophagen zur rein teuthophagen Nahrungsweise. Schon bei den Liasichthyosauriern fanden wir Cephalopodenreste in der Leibeshöhle; die Zunahme weichkörperiger Cephalopoden in der Juraformation wird wahrscheinlich die Ausbildung rein teuthophager Ichthyosaurier bedingt haben, bei denen dann ebenso wie bei den Ziphiiden die Dentition atrophierte.

Die Gebißreduktion bei den Sirenen.

Im Laufe der Stammesgeschichte der Halicoriden tritt eine Reduktion des Ersatzgebisses ein, die dazu führt, daß bei den neogenen Halicoriden (z. B. Metaxytherium, Felsinotherium) die Milchmolaren nicht mehr gewechselt werden und bis zu ihrer gänzlichen Abnützung in den Kiefern stehen bleiben.

Die Stellersche Seekuh (Rhytina gigas Zimm.), die 1741 auf den Behringsinseln entdeckt und bald danach ausgerottet wurde, war vollkommen zahnlos. Die Tiere weideten, wie wir aus verschiedenen Berichten wissen, in großen Herden die submarinen Tangwälder ab; die einzigen Apparate, um diese Nahrung zu zermahlen, waren starke, geriefte Hornplatten, von denen die eine den vorne schräg abgestutzten Symphysenteil des Unterkiefers, die andere den darüber liegenden Gaumenteil unter den Zwischenkiefern bedeckte. Von Zähnen war keine Spur mehr vorhanden.

Wie diese Spezialisation des Gebisses zustande kam, zeigt uns das Gebiß des Dugong (Halicore). Auch hier sind hornige Kauplatten an derselben Stelle wie bei Rhytina ausgebildet, aber außer den´mächtigen, namentlich bei den Männchen kräftigen Stoßzähnen des Zwischenkiefers sind noch sechs Molaren in jedem Kiefer vorhanden, die als stiftförmige, schmelzlose, von Zement umhüllte, hypsodonte Zähne mit offener

---

[1]) C. W. A n d r e w s: Osteology of Ophthalmosaurus icenicus Seeley, an Ichthyosaurian Reptile from Peterborough. — Geol. Magazine, N. S., Dec. V Vol. IV, May, 1907, p. 203. — D e r s e l b e: A Descriptive Catalogue of the Marine Reptiles of the Oxford Clay. Part I. London, 1910, p. 36.

Wurzel ausgebildet sind und einen hohen Reduktionsgrad aufweisen. Diese sechs Molaren gehören der laktealen Dentition an; während bei den alttertiären Halicoriden die drei vorderen Molaren, die Milchmolaren, noch gewechselt und von Prämolaren ersetzt werden, ist bei Halicore die Ersatzdentition gänzlich unterdrückt und die Milchmolaren bleiben daher neben den drei letzten Molaren bis zu ihrer gänzlichen Abnützung in den Kiefern stehen.

Schon bei Halicore spielen also die Molaren als Mahlapparate keine Rolle mehr, die Zerkleinerung der Algennahrung geschieht ausschließlich durch die erwähnten Reibplatten; die noch erhaltenen Zähne des Dugong sind funktionell bedeutungslose Rudimente.

Bei den tertiären Halicoriden (z. B. Felsinotherium im Pliozän, Metaxytherium und Miosiren im Miozän, Halitherium im Oligozän, Eotherium, Protosiren und Eosiren im Eozän) fiel jedoch den im Laufe der Phylogenese bis zu Felsinotherium an Größe und Komplikation der Molarenkronen stetig anwachsenden Zähnen der Hauptanteil bei der Nahrungszerkleinerung zu. Die ältesten Formen wie Eotherium und Prorastomus besaßen sicher noch keine Hornplatten im vordersten Teile der Kiefer und erst später, vielleicht zuerst bei Eosiren, dürfte sich ein horniger Belag auf der Mundhaut ausgebildet haben, der zuerst neben den Mahlzähnen funktionierte und später bei Halicore und zuletzt bei Rhytina allein die Mahlfunktion übernahm.

Die Gebißreduktion bei den Monotremen.

Daß die Hornbedeckung der im erwachsenen Zustand zahnlosen Kiefer von Ornithorhynchus ebenso wie der übrigen Monotremen eine sekundäre, hochgradige Spezialisation darstellt, ist seit langem bekannt. Das Vorhandensein von zwei breitkronigen, niedrigen, vielhöckerigen Zähnen in jedem Oberkiefer und drei ebensolchen in jedem Unterkiefer beim j u n g e n Schnabeltier beweist, daß dem jetzigen Zustand eine Stufe vorausging, auf der die Zähne zahlreicher und noch während des ganzen Lebens funktionell waren.

Alle lebenden Monotremen sind Grabtiere; bei Ornithorhynchus sind zu den Anpassungen an das Graben noch Adaptationen an das Schwimmen hinzugetreten. Die Nahrung besteht bei allen lebenden Monotremen aus Insekten und Würmern; bei Ornithorhynchus treten noch Mollusken hinzu, während die Hauptnahrung der Ameisenigel aus Ameisen und Termiten besteht.

Es liegt nahe, die Reduktion der Bezahnung bei den Monotremen der Anpassung an w e i c h e I n s e k t e n n a h r u n g zuzuschreiben; die Analogie mit den grabenden, zahnlos gewordenen Ameisenfressern Südamerikas ist zu auffallend, als daß wir die Annahme ganz gleichartiger Anpassungsvorgänge von der Hand weisen könnten.

Die Gebißreduktion bei den Schildkröten.

Keine einzige lebende Schildkröte hat Spuren einer ehemaligen Bezahnung; selbst die ältesten fossilen Schildkröten haben, soweit ihre Schädelreste bekannt sind, keine Zähne und auch keine Zahnrudimente mehr besessen.

Die Nahrungsweise der lebenden Schildkröten ist sehr verschieden. Nach den Zusammenstellungen L. D o l l o s finden sich herbivore und carnivore Typen unter den lebenden und fossilen M e e r e s s c h i l d k r ö t e n , wie folgende Übersicht zeigt [1]):

1. Chelone: herbivor. — (Algen, Zostera).[2])
2. Dermochelys: carnivor (malacophag). — (Medusen, Hyperia). [3])
3. Eretmochelys: carnivor. — (Velella [4]), aber auch dickschalige Bivalven). [5])
4. Thalassochelys: carnivor. — (Medusen, Hyalaea, Hyperia, Nautilograpsus, Lepas, Nerophis [6]), aber auch dickschalige Schnecken wie Strombus). [7])
5. Lytoloma (Landénien, Untereozän Belgiens): carnivor (conchifrag). — (Ostrea). [8])

Unter den L a n d s c h i l d k r ö t e n haben wir sowohl vorwiegend c a r n i v o r e Typen (z. B. Emys) wie vorwiegend h e r b i v o r e Typen (z. B. Testudo, Cinixys, Batagur, Podocnemis, Miolania) zu unterscheiden.

L. D o l l o hat gezeigt (1903), daß die Meeresschildkröten ursprünglich carnivor waren und sich erst sekundär an eine andere Nahrungsart adaptierten. Zuerst conchifrage, littorale Typen mit l a n g e r Unterkiefersymphyse (Lytoloma), wurden sie später zu malacophagen littoralen

---

[1]) L. D o l l o: Eochelone brabantica, tortue marine nouvelle du Bruxellien (Éocène moyen) de la Belgique et l'évolution des Chéloniens marins. — Bull. Acad. R. Belg. (Sci.), Août 1903, p. 15 (SA).

[2]) J. W a l t h e r: Einleitung in die Geologie als historische Wissenschaft. Jena, 1893—1894, p. 144.

[3]) L. V a i l l a n t: Remarques sur l'appareil digestif et le mode d'alimentation de la Tortue Luth. — Comptes Rendus, CXXIII, Paris 1896, p. 654.

[4]) Narrative of the Cruise of H. M. S. Challenger, I, Part I, Edinburgh 1885, p. 169.

[5]) B r e h m s Tierleben, Kriechtiere und Lurche. 3. Aufl., Leipzig 1892, p. 604.

[6]) G. P o u c h e t et J. d e G u e r n e: Sur l'alimentation des Tortues marines. — Comptes Rendus, CII, Paris 1886, p. 877.

[7]) F. W. T r u e: The Useful Aquatic Reptiles and Batrachians of the United States. — Washington, 1884, p. 148.

[8]) L. D o l l o: Première note sur les Chéloniens landéniens (Éocène inférieur) de la Belgique. — Bull. Mus. R. Nat. Hist. Belg., IV, Bruxelles 1886, p. 139.

Typen mit **k u r z e r** Unterkiefersymphyse (Toxochelys), anderseits zu malacophagen pelagischen Typen mit kurzer Symphyse (Dermochelys).

Wenn wir auch durch diese meisterhafte ethologische Analyse über die Geschichte der Anpassungen an die Nahrungsweise innerhalb des Schildkrötenstammes orientiert sind, so wissen wir doch noch nichts über den Ursprung der Reduktion des Gebisses bei den ältesten Schildkröten. Wir wollen versuchen, uns diese Frage zurecht zu legen.

In die bisher dunkle Vorgeschichte der Schildkröten ist erst vor kurzem ein schwacher Lichtstrahl gefallen. Wir waren zwar im wesentlichen darüber einig, daß die Schildkröten terrestrischen Ursprunges sein müssen und daß der Panzer eine Schutzanpassung ähnlich wie bei den gepanzerten Gürteltieren darstellt, aber erst vor kurzem hat uns E. C. Case genauere Mitteilungen über ein permisches Reptil aus Texas gemacht, das sich in der Tat auffallend den Schildkröten nähert; das ist Diadectes phaseolinus Cope aus dem Conglomerate von Godlin Creek, Archer Co., Texas, der 1908 entdeckt wurde[1]) (Fig. 400, 401, 402).

Dieses Reptil, das der Gruppe der Cotylosaurier angehört, war nach E. C. Case „harmless, sluggish, terrestrial herbivor; possibly fossorial in habit, at least to the extent of excavating burrows for their protection." (E. C. Case, l. c., p.

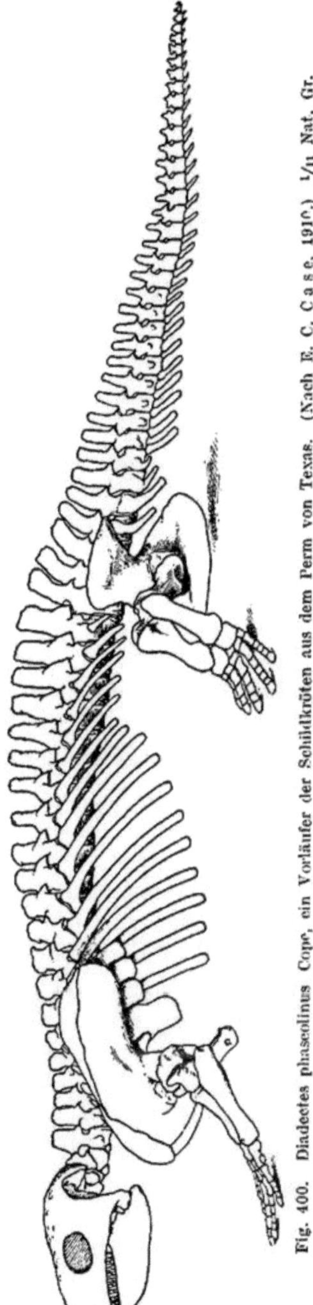

Fig. 400. Diadectes phaseolinus Cope, ein Vorläufer der Schildkröten aus dem Perm von Texas. (Nach E. C. Case, 1910.) 1/11 Nat. Gr.

---

[1]) E. C. Case: New or Little known Reptiles and Amphibians from the Permian (?) of Texas. — Bull. Am. Mus. Nat. Hist., XXVIII., Art. XVII, July 16, 1910, p. 163—173. — „The mounted skeleton bears out in form, proportions, attitude and probable habit, the suggestions previously made by the author that these animals are the nearest discovered forms to the ancestors of the turtles" (l. c. p. 173).

173). Die dritte, vierte und fünfte Rippe sind nahe ihrem proximalen Ende auf der Oberseite zu grossen, flachen Platten verbreitert; die sechste bis achte Rippe sind von dünnen Knochenplatten überdeckt. Das ist ohne Frage ein Anzeichen für die Art und Weise, wie das knöcherne Rükkenschild entstand, da wir bei diesem permischen Reptil die Anfänge der Entstehung von Costalplatten verfolgen können.

Die Zähne sind unverkennbar n i c h t an carnivore Kost angepaßt. Sie besitzen länglich ovale, quer zur Kieferachse stehende, glatt abgeschliffene Kronen.

Wir finden bei den Xenarthren Südamerikas und zwar bei den Gravigraden ganz ähnliche

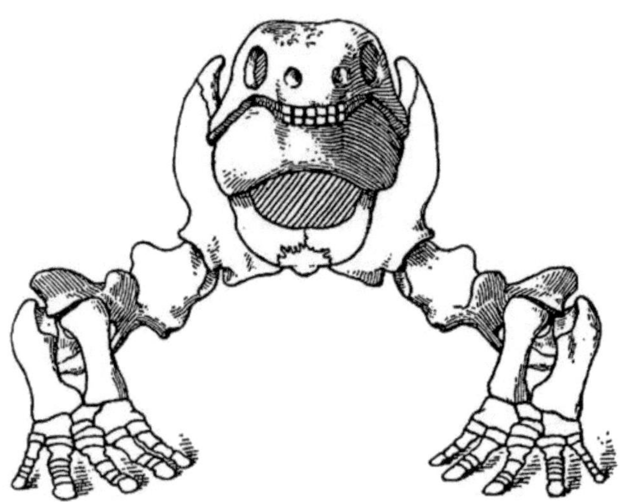

Fig. 401. Diadectes phaseolinus, Cope. Rekonstruktion des Skelettes, von vorne gesehen. (Nach E. C. C a s e, 1910.) ¹/₆ Nat. Gr.

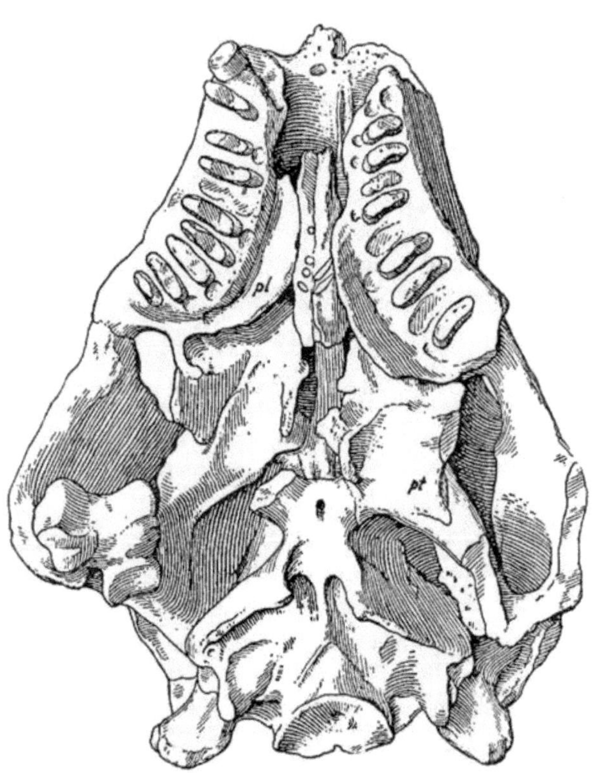

Fig. 402. Diadectes phaseolinus, Cope, Schädel von unten gesehen. (Nach E. C. C a s e, 1910.) ¹/₂ Nat. Gr.

Zahnformen, so z. B. bei Hyperleptus (Fig. 403), Mylodon (Fig. 404), Scelidotherium (Fig. 269) usw. Das sind s e k u n d ä r herbivor gewordene Formen, die schon während der myrmecophagen Vorstufe eine Gebißreduktion erlitten haben.

Daß Diadectes ein grabendes Reptil gewesen ist, geht aus dem Baue seiner Extremitäten, namentlich der Arme und des enorm verstärkten Schultergürtels hervor.

Die Nahrung von Diadectes ist höchstwahrscheinlich eine ähnliche wie bei den fossorialen Xenarthren gewesen: eine weiche Insektennahrung, Würmer u. s. f.

Bei einigen Formen mag sekundär eine herbivore Ernährungsart einge-

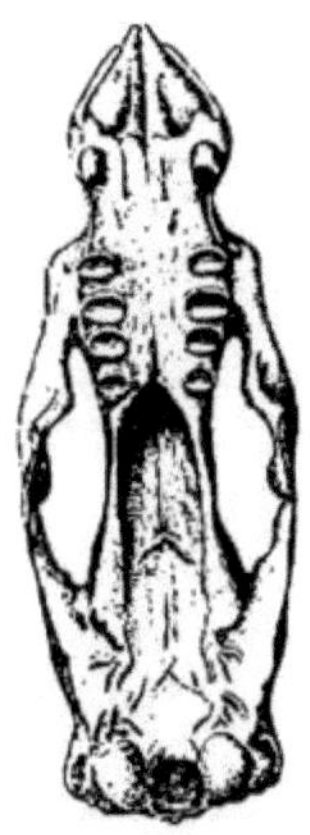

Fig. 403. Hyperleptus garzonianus, Ameghino, ein Gravigrade aus dem Miozän (Santa-Cruz - Schichten) Patagoniens. (Nach F. A m e g h i n o.) 1/3 Nat. Gr.

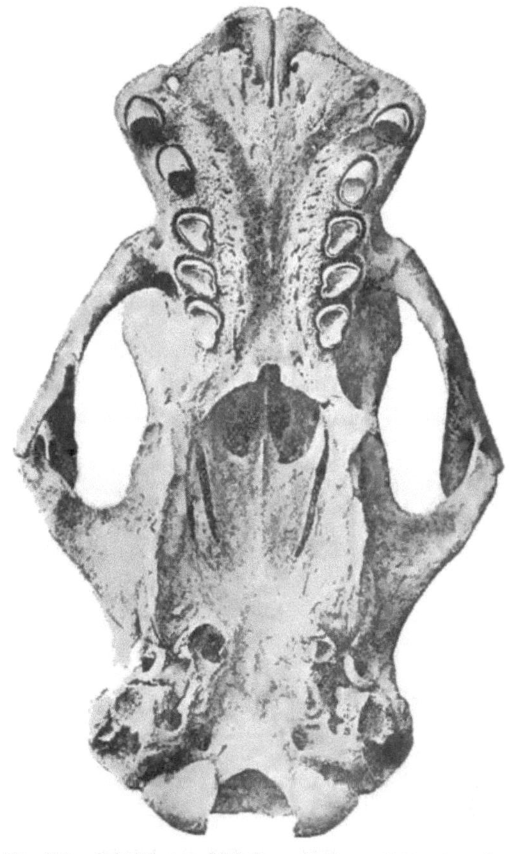

Fig. 404. Schädel von Mylodon robustum, Owen, von der Unterseite. Stark verkleinert. (Nach R. L y d e k k e r.)

treten sein; wir wissen darüber noch zu wenig, um sichere Schlüsse ziehen zu können. Aber die grabende Lebensweise in Verbindung mit der Gebißspezialisation bei Diadectes deutet darauf hin, daß die ersten Anpassungsstufen der Schildkröten jenen der Xenarthra sehr ähnlich gewesen sind.

Jedenfalls muß bei den Schildkröten ein gänzlicher Verlust der Bezahnung eingetreten gewesen sein, bevor sie sich sekundär an die carnivore und herbivore Lebensweise anpaßten. Dieser Verlust muß lange vor dem ersten Auftreten einer sich an das Sumpf-, Küsten- und Hochseeleben anpassenden Gruppe der Chelonier vor sich gegangen sein.

Die hier vorgebrachte Hypothese bietet, wie ich glaube, die einzige Möglichkeit einer Erklärung des Gebißverlustes bei den Schildkröten.

Die Gebißreduktion bei den Pterosauriern.

Von der Ethologie des Pterosauriergebisses war schon früher die Rede, so daß ich hier nur daran zu erinnern brauche, daß alle älteren Formen bezahnt waren und daß im Stamm der Pterodactyloidea

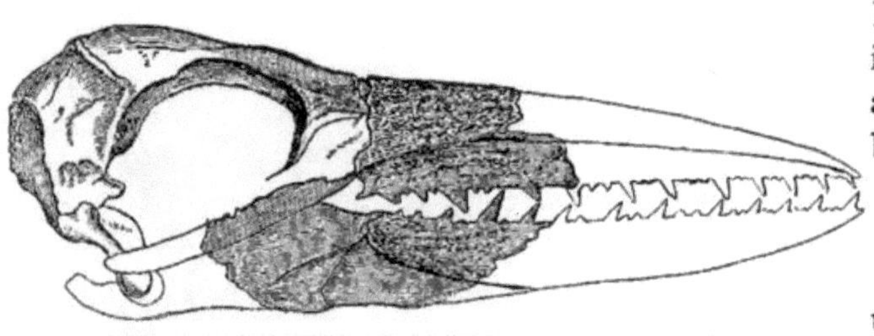

Fig. 405. Schädel und Unterkiefer von Odontopteryx toliapica Owen aus dem eozänen Londonton von Sheppey. ²/₃ Nat. Gr. (Nach R. O w e n, aus dem Guide Foss. Mamm. and Birds, Brit. Mus. Nat. Hist. London, 1909.)

(z. B. bei Pterodactylus suevicus Qu. aus dem oberen Jura) eine Reduktion des Gebisses eintrat, die bei den Ornithocheiriden (Pteranodon, Ornithocheirus, Nyctosaurus) zum gänzlichen Schwunde des Gebisses geführt hat. Dieser Gebißverlust ist auf das Funktionieren der Kiefer als Pinzette beim Fischfang zurückzuführen.

Die Gebißreduktion bei den Vögeln.

Die ältesten Vögel waren bezahnt und zwar besaßen sie ein aus zahlreichen, einspitzigen, kegelförmigen Zähnen bestehen-

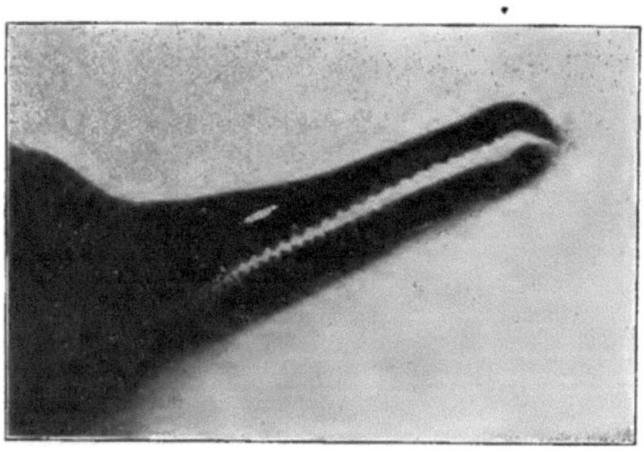

Fig. 406. Schnabel von Mergus merganser. (Nach C. W. B e e b e, 1907.)

des Fanggebiß. Die Kiefer waren gerade gestreckt und nicht wie z. B. bei den Raubvögeln gekrümmt.

Die Ursache des Zahnverlustes bei den Vögeln hängt offenbar mit der A u s b i l d u n g e i n e s H o r n s c h n a b e l s zusammen, der sowohl bei den herbivoren, frugivoren als auch carnivoren Typen die Funktion der Zähne übernahm. Scharfe Kieferränder ersetzen immer ein Gebiß; das sehen wir bei den mit Hornschnäbeln versehenen Schildkröten, wir sehen es aber auch bei den Amphibien u. s. f.

In einigen Fällen ist es zu einer sekundären Zähnelung der Kieferränder, beziehungsweise der Schnabelränder gekommen. Das ist der Fall bei Odontopteryx toliapica (Fig. 405), einem Vogel aus der Verwandtschaft der Steganopoden, der im Londonton (Eozän) von Sheppey in England gefunden wurde; auffallend ist die Richtung der zahnartigen Vorsprünge, die nach v o r n e geneigt sind. Ein großer Hauptzacken wechselt mit

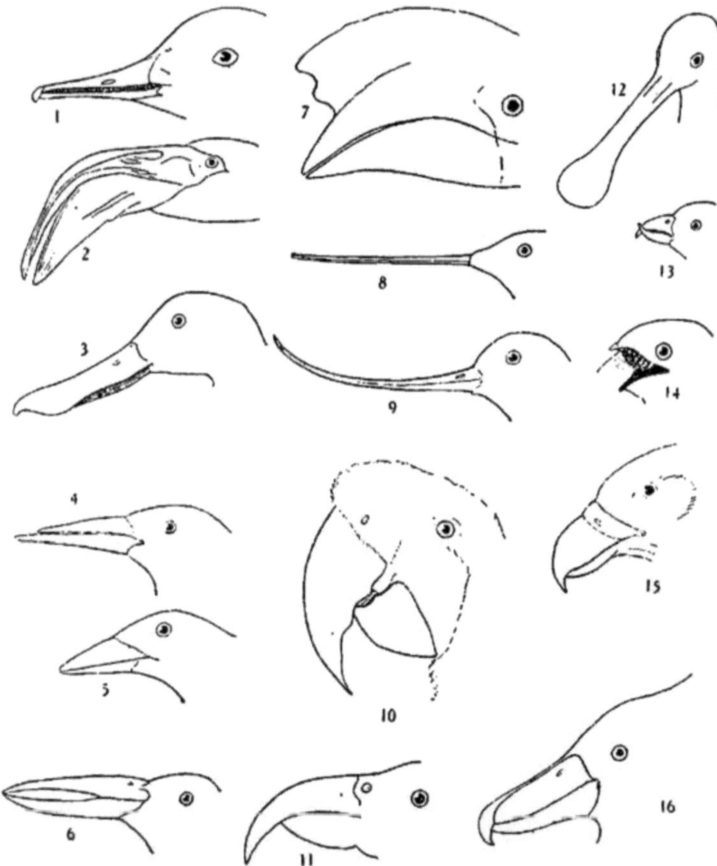

Fig. 407. Verschiedene Schnabeltypen der Vögel. 1: Sägetaucher (Mergus). — 2: Flamingo (Phoenicopterus). — 3: Löffelente (Spatula). — 4: Scherenschnabel (Rhynchops), alt. — 5: derselbe, jung. — 6: Klaffschnabel (Anastomus). — 7. Nashornvogel (Buceros). — 8: Kolibri (Trochilus). — 9: Avosette (Recurvirostra). — 10: Papagei (Psittacus). — 11: Papagei (Psittacus). — 12: Löffelreiher (Platalea). — 13: Kreuzschnabel (Loxia). — 14: Ziegenmelker (Caprimulgus). — 15: Adler (Aquila). — 16: Kahnschnabel (Balaeniceps). (Nach W. P. P y c r a f t, 1910.)

zwei kleinen ab. Ähnliche Zackung der Kieferränder, aber mit nach hinten gerichteten Spitzen von gleicher Größe zeigt die lebende Gattung Mergus (Fig. 406); auch Sula und Phaëthon haben gesägte Kieferränder.

In ethologischer Hinsicht entsprechen diese Zacken einem Gebiß aus einspitzigen Fangzähnen. Daß diese Zacken aus dem Kieferknochen und Schnabelrand hervorgegangen sind, ohne daß das ehemals vorhanden

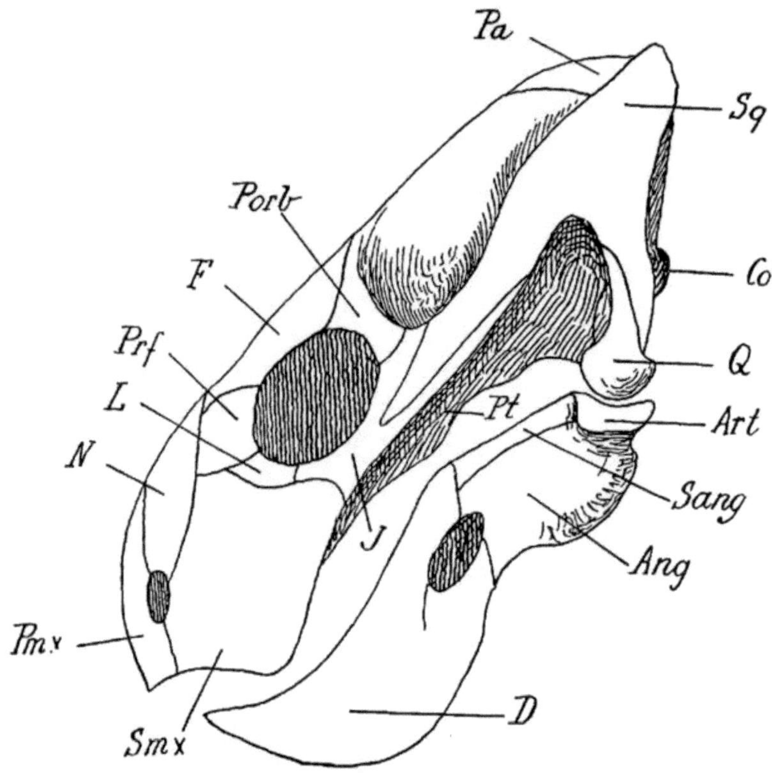

Fig. 408. Schädel von Oudenodon gracile, Broom, aus dem Perm von Südafrika. (Nach R. Broom 1910.) Nat. Gr.

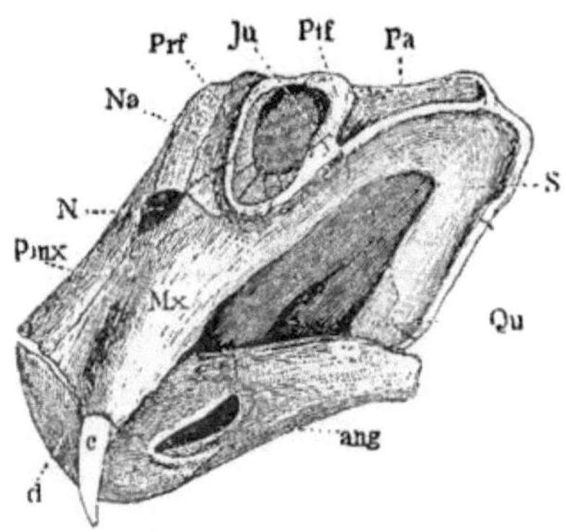

Fig. 409. Lystrosaurus declivis, Owen. Untere Trias (Karooformation, z. T.) aus den Rhenoster-bergen der Kapkolonie. (Nach R. Owen.) ⅓ Nat. Gr.

gewesene aber verloren gegangene Gebiß wieder entstand, ist ein Beweis für die Irreversibilität der Entwicklung.

Die Ausbildung des Hornschnabels bei den Vögeln ist wahrscheinlich nicht erst nach dem Verluste der Dentition aufgetreten, sondern war schon bei den bezahnten Vögeln vorhanden. Wir sehen ja auch bei Dinosauriern und zwar namentlich bei orthopoden Dinosauriern neben der Bezahnung Hornschnäbel ausgebildet (Iguanodon, Triceratops, Trachodon u. s. f.). Die Reduktion des Gebisses bei den Vögeln ist wahrscheinlich durch die Spezialisation der Hornschnäbel herbeigeführt worden, die zum Ergreifen der Beute und der Pflanzen-

nahrung in jeder Hinsicht besser geeignet sind als ein Gebiß. Die Fülle
verschiedener Anpassungsformen der Hornschnäbel lebender Vögel, die
an die verschiedensten Ernährungsarten angepaßt sind, zeigt, daß die
Modifikationsmöglichkeit eines Hornschnabels viel größer ist als die
eines Gebisses (Fig. 407).

Die Gebißreduktion von Oudenodon.

Unter den permischen und triadischen Dicynodontiern Südafrikas
und Schottlands, einer ausgestorbenen Gruppe der Reptilien, treten
uns Formen entgegen, die zahnlos geworden sind. Das ist die südafrikanische Gattung Oudenodon (Fig. 408) und die schottische Gattung Geikia. Verwandte Formen sind Gordonia (Fig. 410) (in Schottland) und Dicynodon (in der Karooformation der Kapkolonie).

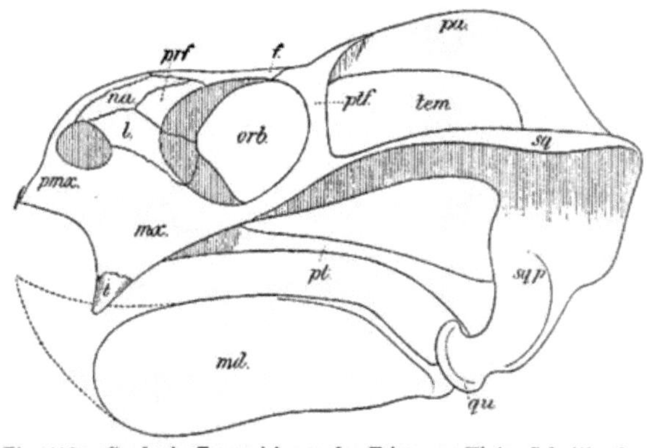

Fig. 410. Gordonia Traquairi aus der Trias von Elgin, Schottland. (Nach E. T. Newton.) Ungefähr ½ Nat. Gr.

Bei diesen Formen
ist das Gebiß entweder ganz verloren gegangen (Oudenodon, Geikia)
oder bis auf ein paar spitzkonische oder spitze, säbelartig gekrümmte
Zähne im Oberkiefer reduziert (Gordonia, Dicynodon, Lystrosaurus).
Die Frage ist noch unentschieden, ob die Unterschiede zwischen
Dicynodon und Oudenodon nur sexueller Natur sind.

Auf jeden Fall sehen wir, daß die Kiefer scharfrandig übereinandergreifen und mit Hornschnäbeln bedeckt gewesen sind. Die Nahrungsweise
ist schwer zu ermitteln; ob es Raubtiere oder Pflanzenfresser gewesen
sind, bedarf noch der Beantwortung. Ich möchte diese Reptilien eher
für Raubtiere halten, wofür namentlich der große, spitzige Hauer im
Oberkiefer von Dicynodon sprechen würde; indessen ist die Spezialisation
dieser Formen so eigenartig, daß wir vorläufig keine sichere Deutung
der Funktion des Gebisses durchführen können.

Gebiß und Nahrungsweise der Flugsaurier.

Die älteren Flugsaurier der Juraformation besaßen größtenteils ein
Gebiß aus langen, spitzigen, kegelförmigen oder schwach gekrümmten
Zähnen, die weder in ihren relativen Abständen im Kiefer noch in ihrer
relativen Größe einer gesetzmäßigen Anordnung folgen. So besteht das
Gebiß der liassischen Pterosauriergattung Dimorphodon aus dem Unter-

lias von Dorsetshire aus zahlreichen spitzigen Zähnen, die im vorderen Abschnitte aller Kiefer groß sind und vereinzelt stehen, während sie im hinteren Abschnitte des Unterkiefers sehr klein und dichtgedrängt nebeneinander gereiht sind. Dieses Gebiß ist unverkennbar ein R a u b g e b i ß.

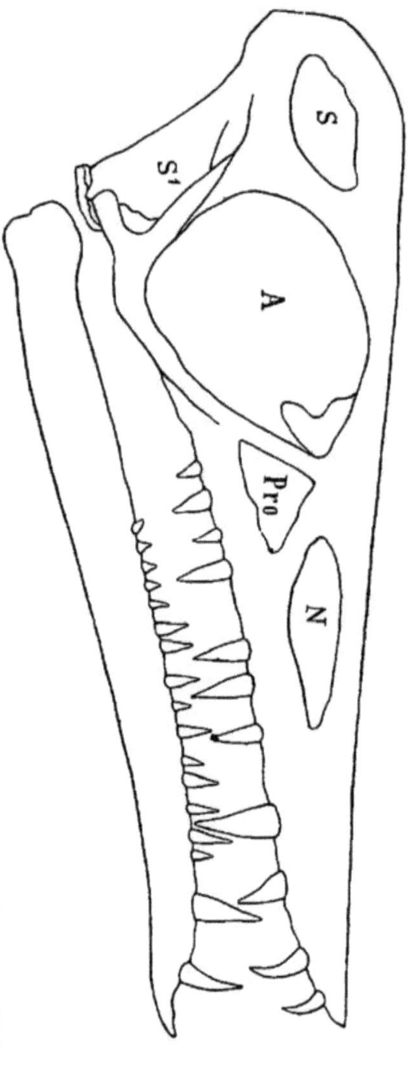

Vergleichen wir das Gebiß von Campylognathus Zitteli (Fig. 411) aus dem oberen Lias Schwabens mit Dimorphodon macronyx, so fällt zunächst die Abwärtsbiegung des Unterkiefers auf, die so stark ist, daß die Vorderenden der Schnauze und des Unterkiefers bei geschlossenem Rachen geklafft haben müssen. Auch hier stehen die kleinsten Zähne im hinteren Abschnitte des Unterkiefers, während sein Vorderende ebenso wie der Zwischenkiefer und Oberkiefer kräftige, kegelförmige Zähne trug, die nur in den vordersten Kieferpartien nach hinten und unten gekrümmt erscheinen.

Die nahe verwandte Gattung Dorygnathus (Fig. 412) aus dem Oberlias Schwabens besaß einen Unterkiefer mit kurzer Symphyse, die nicht herabgebogen ist, aber in eine lange, dolchförmige, zahnlose Spitze ausläuft. In jedem Unterkieferast stehen in der Symphysenregion drei große, kräftige Zähne. Der Ober- und Zwischenkiefer sind noch unbekannt.

Fig. 411. Rekonstruktion des Schädels von Campylognathus Zitteli, Plieninger aus dem Oberlias Schwabens. (Nach F. Plieninger, 1907.) Nat. Gr. A = Augenöffnung, S = obere, S¹ = untere Schläfenöffnung, Pro = Präorbitalöffnung, N = Nasenöffnung.

Daß dieser auffallend zarte und hochspezialisierte Kiefer in derselben Weise funktioniert haben sollte wie jener von Dimorphodon, ist durchaus unwahrscheinlich; jedenfalls ist die Fangart dieses Flugsauriers eine ganz verschiedene gewesen.

Bevor wir in die nähere Erörterung der Frage eintreten, welche Ernährungsart für die Pterosaurier mit stark herabgebogenem Vorder-

ende des Unterkiefers an-
zunehmen ist, muß noch
das Gebiß des von P l i e -
n i n g e r 1907 beschriebenen Rhamphorhynchus
Kokeni aus dem weißen
Jura von Nusplingen in
Schwaben besprochen wer-
den.

Der Schädel dieses
merkwürdigen Flugsau-
riers, dessen Skelett in
der Tübinger Universi-
tätssammlung aufbewahrt
wird, fällt durch seinen
verhältnismäßig massiven
Bau auf; im Zwischen-
und Oberkiefer stehen
beiderseits je zehn meist
schräge nach vorne ge-
richtete spitzige, im Querschnitt ovale Zähne, im
Unterkiefer beiderseits je
sieben Zähne, welche im
vorderen Kieferabschnitt
nicht nur sehr schräge
nach vorne, sondern auch
nach außen gerichtet waren.
Das stark herabgebogene
Ende des Unterkiefers war
gänzlich zahnlos.

Sehr ähnliche Verhält-
nisse zeigt das Gebiß von
Rhamphorhynchus longi-
ceps (Fig. 413), den
A. Smith-Woodward
1902 beschrieb und der
aus den lithographischen
Schiefern von Eichstätt in
Bayern stammt.

Wenn wir uns die

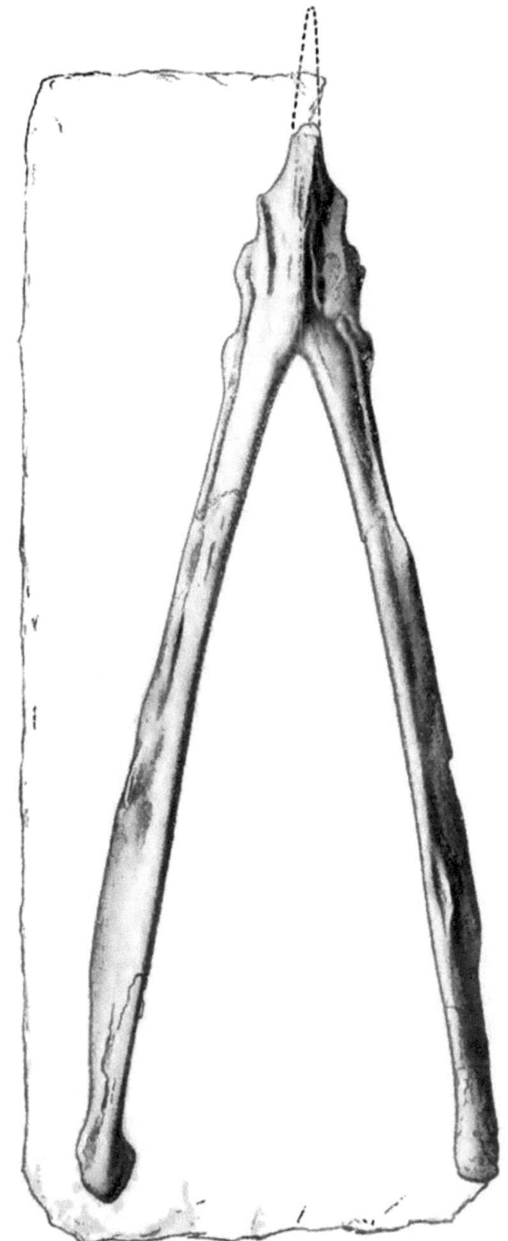

Fig. 412. Unterkiefer von Dorygnathus banthensis Theod. aus
dem Lias von Banz in Bayern. (Nach F. P l i e n i n g e r.)
Nat. Gr.

Frage vorlegen, welche ethologische Bedeutung diese Krümmung des
Unterkieferendes besessen haben kann, so müssen wir uns zunächst

bei den Vögeln nach ähnlichen Kieferformen und ihren Funktionen
umsehen.

Ganz genau dieselben Kieferformen wie bei den besprochenen
Pterosauriern sind bei keinem Vogel bekannt; aber Unterkieferverlänge-
rungen treten auf und zwar besonders auffallend beim Scherenschnabel
Südamerikas (Rhynchops nigra). Seitdem D a r w i n die ersten sicheren
Angaben über die Lebensweise dieses merkwürdigen Vogels mitgeteilt
hat, sind noch zahlreiche andere Beobachtungen hinzugekommen,
so daß wir die Fangweise von Rhynchops nigra genau kennen. Dieser
Vogel pflügt, mit weit geöffnetem Schnabel über Wasserflächen fliegend,
mit dem lang vorspringenden Unterkiefer die Wasseroberfläche und
wirft dabei kleine Fische auf, die durch den kürzeren Oberschnabel
festgehalten werden.

Prüfen wir, ob die Ernährungsart und der Kieferbau von Rhynchops

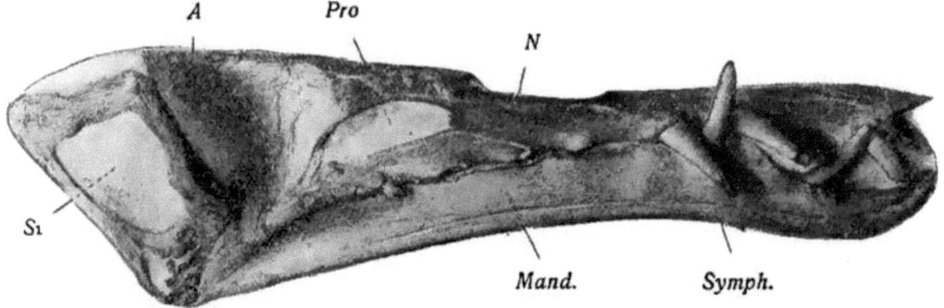

Fig. 413. Rhamphorhynchus longiceps A. S m i t h - W o o d w a r d, aus dem lithographischen Schiefer
von Eichstätt in Bayern. (Nach A. S. W o o d w a r d, 1902.) ²/₃ Nat. Gat. Gr. Abkürzungen wie in
Fig. 411.; Mand. = Unterkiefer, Symph. = Ende der Symphyse.

als Erklärung für die besprochenen Gebißformen der Pterosaurier
herangezogen werden kann, so sehen wir, daß kein ernstlicher Einwand
gegen einen solchen Analogieschluß erhoben werden kann. Im Gegenteil,
die spitz zulaufenden, unbezahnten, dolchartigen Kieferenden von
Rhamphorhynchus Gemmingi (Fig. 238) mit sehr stark nach außen und
vorne gerichteten, schlanken Zähnen erweisen sich für ein derartiges
Durchpflügen des Wassers, Aufwerfen und Fangen kleiner Fische oder
Krebse sehr geeignet. Und während sich auf diese Weise eine Erklärung
für die merkwürdige Gestalt der Rhamphorhynchuskiefer ergibt, sind
wir anderseits nicht imstande, bei Insektenfängern unter den Flugtieren
ähnliche Kieferformen zum Vergleiche zu finden.

Das Ergebnis dieser Erwägungen ist zunächst, daß wir die bisher
besprochenen Flugsaurier als räuberische, die Nähe von Wasserflächen
bewohnende Fischfänger zu betrachten haben. Dieses Ergebnis widerspricht der wiederholt und bis in die letzte Zeit vertretenen Auffassung, daß die Flugsaurier Insektenfänger gewesen sind. Immer wieder
begegnen wir in neuen Modifikationen der alten Darstellung eines

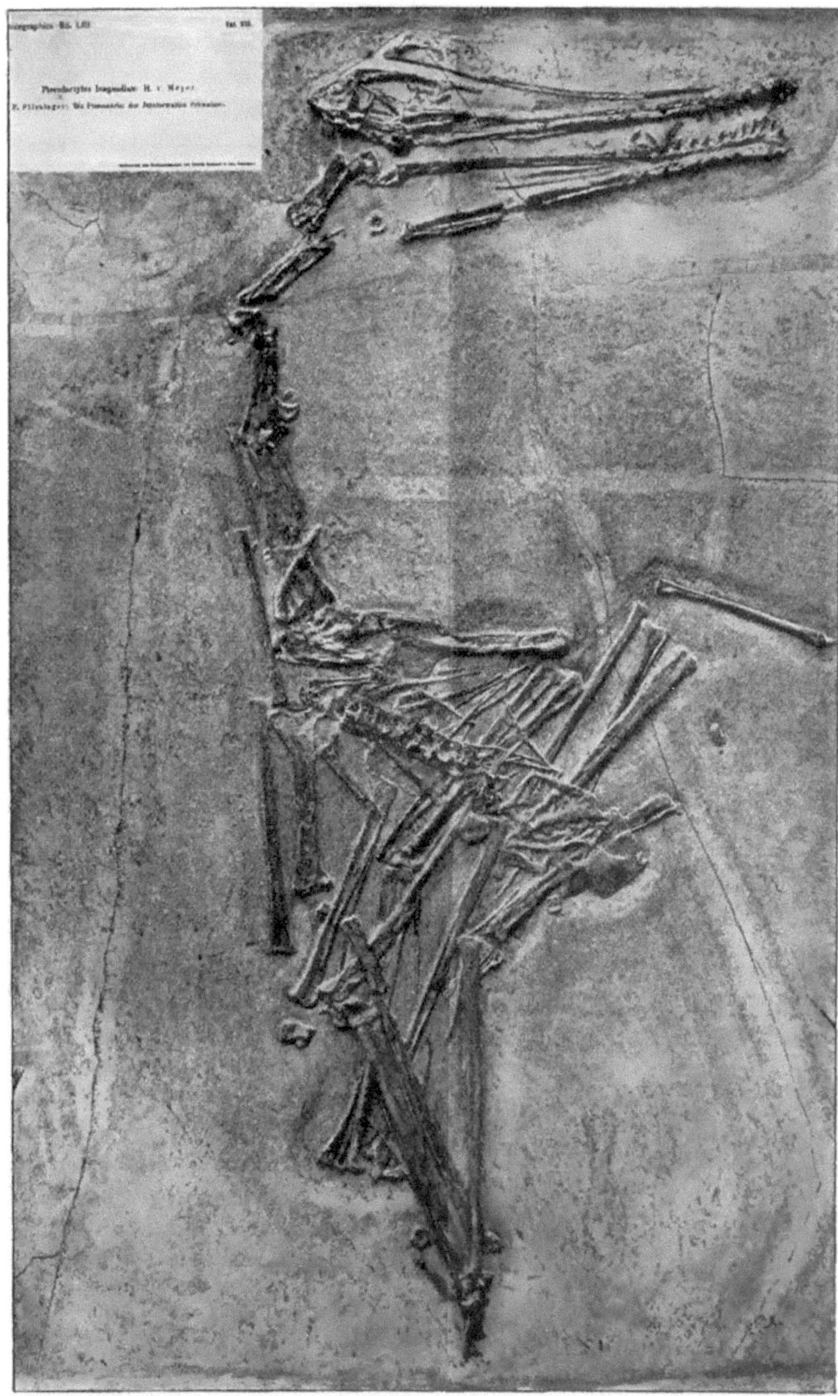

Fig. 414. Pterodactylus longicollum, H. v. Meyer, aus dem Oberjura von Nusplingen. Original im Stuttgarter Naturalienkabinett. (Nach F. Plieninger, 1907.) ¹/₃ Nat. Gr.

Flugsauriers, der am Strande von Solnhofen Libellen erhascht. Wir werden bei neueren Rekonstruktionen die Flugsaurier über das Wasser hinstreichend und den Unterkiefer bei geöffnetem Rachen in das Wasser getaucht darstellen müssen. Die Häufigkeit der Flugsaurierskelette in den marinen Plattenkalken des weißen Jura Bayerns, sowie das Vorkommen von Flugsauriern in marinen Liasbildungen in England und Schwaben spricht dafür, daß sie ähnlich wie Möven gelebt haben und mit dieser Annahme steht sehr gut im Einklange, daß unter den Nahrungsresten in der Leibeshöhle mariner Plesiosaurier sicher erkennbare Reste von Pterosauriern gefunden worden sind (p. 78).

So erklärt sich auch sehr befriedigend die Entstehung der sicher hochmarin gewesenen Pteranodonten der oberen Kreideformation, welche einen völlig zahnlosen Kiefer besaßen und Fischfänger gewesen sein müssen. Alle Reste dieser riesigen Pterosaurier, von denen Pteranodon ingens mit 6.8o m Spannweite das größte Flugtier aller Zeiten darstellt, sind in marinen Ablagerungen gefunden worden, die sich in weiter Entfernung von der Küste niedergeschlagen haben müssen, da niemals Küstenformen in ihnen entdeckt worden sind. Und daß es sich nicht um vereinzelte und daher nicht beweiskräftige Funde handelt, geht aus der kürzlich erschienenen Monographie von G. F. Eaton hervor, der aus dem Peabody Museum der Yale University allein 465 Individuen von Pteranodon aus der Oberkreide von Kansas anführt.

Die hier vorgebrachten Erwägungen nötigen mich dazu, die auch von mir bis vor kurzem vertretene Auffassung von der insektenfressenden Lebensweise von Rhamphorhynchus aufzugeben. Indessen möchte ich es doch für wahrscheinlich halten, daß die kleineren Pterodactylusformen wie z. B. Pterodactylus spectabilis Landbewohner waren und

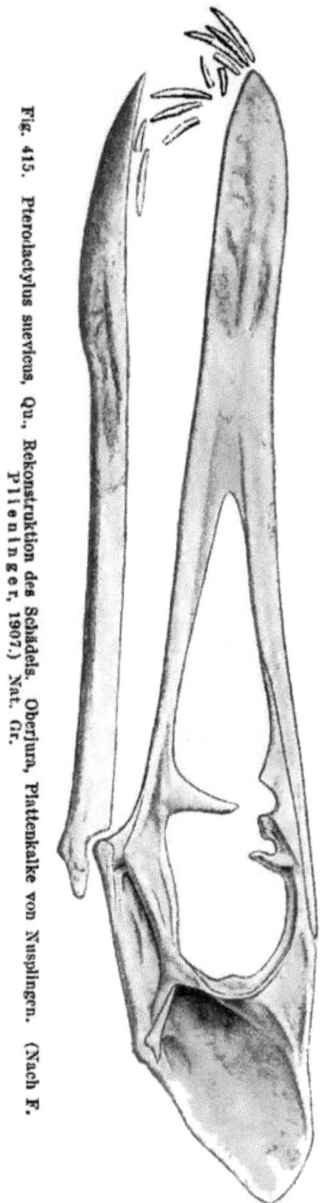

Fig. 415. Pterodactylus suevicus, Qu., Rekonstruktion des Schädels. Oberjura, Plattenkalke von Nusplingen. (Nach F. Plieninger, 1907.) Nat. Gr.

sich hauptsächlich von Insekten nährten. Dagegen möchte ich die Vermutung aussprechen, daß andere Formen wie Pterodactylus suevicus (Fig. 415) aus dem weißen Jura Bayerns eine ichthyophage Lebensweise führten; dafür sprechen die auf den vordersten Teil der Kiefer beschränkten, zarten und nur lose eingepflanzt gewesenen Zähne, die wohl als Fangrechen funktioniert haben könnten. Diese Form zeigt uns den Weg, auf dem die jüngsten Pterosaurier der oberen Kreide, Pteranodon und Nyctosaurus, zahnlos geworden sind.

Die ethologische Bedeutung der großen, gerieften Prämolaren der Beuteltiere.

Eine Anzahl fossiler und lebender Beuteltiere fällt durch eine ganz merkwürdige Spezialisation des Gebisses auf, die sich sonst bei keiner anderen Tiergruppe findet. Diese Eigentümlichkeiten des Gebisses bestehen zunächst darin, daß jede Unterkieferhälfte einen konischen, sehr schräge nach vorne gerichteten Schneidezahn trägt, der in seiner ganzen Lage und Richtung eine unverkennbare Ähnlichkeit mit dem unteren Schneidezahn eines Rodentiers aufweist, während der Zwischenkiefer nicht wie bei den Nagetieren einen korrespondierenden Schneidezahn, sondern drei bis zwei von normaler Form trägt, die zweifellos nicht dieselbe Funktion wie der untere Inzisiv zu erfüllen haben.

Die wichtigste Eigentümlichkeit des Gebisses dieser Formen liegt aber in der Form der Backenzähne.

Während bei allen fossilen und lebenden Nagern die mehr oder weniger kompliziert gebauten Backenzähne eine ebene Kaufläche besitzen, die parallel zu den Kieferrändern verläuft, so daß die Backenzähne eine horizontale Usurfläche erhalten, bildet bei den näher zu besprechenden Marsupialiern das Kronenprofil der Backenzähne ein Dreieck, dessen Spitze von einem, selten von zwei, sehr großen Backenzähnen gebildet wird, von welchen aus gegen hinten die Backenzähne allmählich an Größe abnehmen. Bei fossilen Formen steht zwischen diesem großen Backenzahn und dem Schneidezahn des Unterkiefers noch eine Reihe verkümmerter Zähne und zwar sind dies die zwei hinteren Schneidezähne, der Eckzahn und die vordersten zwei oder drei Backenzähne.

Wenn schon dieses Kronenprofil an und für sich sehr merkwürdig erscheint, so wird die Spezialisation dieser Gebisse noch dadurch um so auffallender, daß der höchste und größte Zahn des Gebisses in jeder Kieferhälfte — entweder nur im Unterkiefer oder auch in den Oberkiefern — eine seitlich komprimierte, scharfzackige Schneide besitzt, von welcher schräge, scharfe Riefen über die Seitenflächen der Krone von hinten oben nach vorne unten herabziehen. Die hinter diesem Backenzahne mit geriefter Schneide stehenden Zähne besitzen dagegen in den meisten Fällen eine zwar vielhöckerige, aber ebene Kaufläche.

1. **Ptilodus gracilis Gidley.**[1]) — Unterstes Eozän
(Fort-Union-Formation) von Sweet Grass County, Montana (Fig. 416).

James William Gidley hat in einer vor kurzem erschienenen
Mitteilung den Schädel und Unterkiefer dieses alttertiären Säugers
beschrieben und den Nachweis geliefert, daß Ptilodus und mit ihm die
ganze Gruppe der Plagiaulaciden, die man bisher meist als einen ganz
selbständigen Seitenzweig des Säugetierstammes betrachtet hatte, zu
den Marsupialiern gehören.

Die Bezahnung dieses kleinen Beutlers besteht aus $\frac{1}{1}$ Schneidezähnen, $\frac{1}{1}$ Eckzähnen, $\frac{4}{2}$ Prämolaren und $\frac{2}{2}$ Molaren.

Betrachten wir den Schädel im Profil, so sehen wir, daß der Unterkiefer bedeutend kür-
zer ist als der Ober-
kiefer und daß sich
nur die drei hintersten
Backenzähne — also
$P_4 M_1 M_2$ (letzterer in
der Zeichnung ver-
deckt) — mit den
Kauflächen berühren,
während die vorderen
drei Lückenzähne (P_1

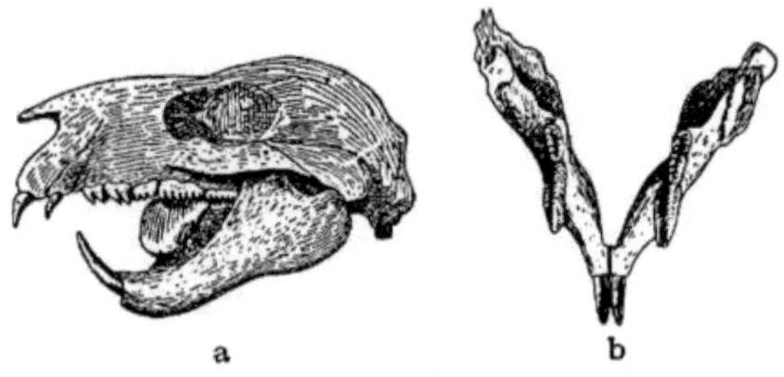

Fig. 416. a Schädel von Ptilodus gracilis Gidley aus der Fort-Union-
Formation (Basaleozän) von Montana. — b Unterkiefer derselben
Art. (Nach J. W. Gidley, aber Schädelprofil abgeändert.)
Nat. Gr.

$P_2 P_3$) des Oberkiefers keinen Antagonisten im Unterkiefer besitzen. Ebenso treffen auch der einzige Schneidezahn des Zwischenkiefers, der Eckzahn des Oberkiefers und der Schneidezahn des Unterkiefers nicht zusammen.

Diese höchst auffallende Erscheinung wird noch merkwürdiger durch
die Gestalt des $P_{\overline{4}}$ im Unterkiefer, der eine gekörnte, scharfkomprimierte
Schneide besitzt, an den Seitenflächen tief gerieft ist und mit seiner
Schneide in einem Längstal der Krone des oberen P_4 und M_1 läuft.

Wenn wir uns fragen, welche Funktion diese Zähne besessen haben
können, so müssen wir zunächst festhalten, daß der Hauptzahn des
Gebisses zweifellos der $P_{\overline{4}}$ des Unterkiefers war und daß seine Tätigkeit
jedenfalls keine mahlende, sondern eine schneidende oder brechende
gewesen sein muß. Ferner ist zur Entscheidung der ganzen Frage
von großer Wichtigkeit, daß die vorderen Zähne des Gebisses zwar
funktionell gewesen sein müssen, daß aber doch die unteren und oberen
Zähne niemals miteinander in Berührung treten konnten.

An eine Nagetätigkeit des Gebisses wie bei den Nagetieren dürfen

---

[1]) G. W. Gidley: Notes on the Fossil Mammalian Genus Ptilodus, with
Descriptions of New Species. — Proc. U. S. Nat. Mus., XXXVI, No. 1689,
Washington 1909, p. 611—626.

wir keinesfalls denken. Bei den Nagetieren besitzt zwar die Gesamtform des Unterkiefers mit jener von Ptilodus eine gewisse Ähnlichkeit und auch der untere Schneidezahn hat eine ähnliche Richtung und Stellung; aber die Schneidezähne des Zwischenkiefers von Ptilodus zeigen gar keine Ähnlichkeit mit jenen der Nagetiere und sind auch sicher nicht zum Nagen verwendet worden.

Eine Erklärung, die alle Schwierigkeiten der Deutung beseitigt und die Funktion des Ptilodusgebisses in durchaus befriedigender Weise enträtselt, hat J. W. Gidley gegeben. Nach ihm war der große Prämolar des Unterkiefers von Ptilodus in vorzüglicher Weise geeignet, dickrindige Früchte zu zerschneiden oder das Fleisch von Steinfrüchten abzuschälen. Die freistehenden oberen Zähne waren, wie ich hinzufügen möchte, bei dieser Freßart insofern von Wichtigkeit, als ihre Stellung sie dazu befähigen mußte, eine größere Frucht festzuhalten und ihr Entgleiten aus den Kiefern zu verhindern. Außerdem hält Gidley es für wahrscheinlich, daß die vorspringenden oberen Zähne dazu geeignet waren, kleinere Früchte oder Beeren von Zweigen abzureißen. Die Mahlzähne — im ganzen acht — übernahmen dann das weitere Zerkleinern und Zermahlen der Nahrung.

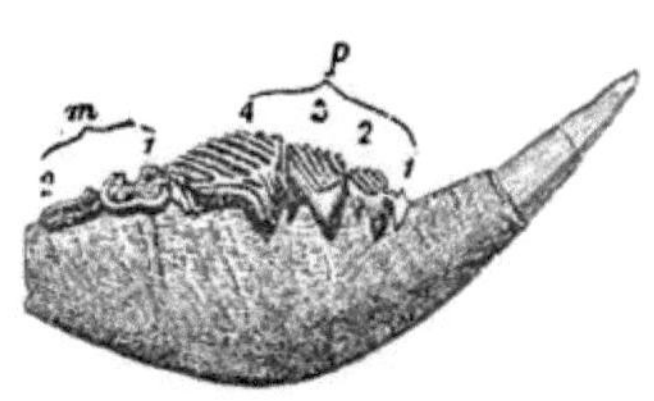

Fig. 417. Außenansicht des Unterkiefers von Plagiaulax minor, aus dem Oberjura (Purbeckschichten) von Swanage, Dorsetshire. — m = Molaren, p = Prämolaren. (Nach Falconer.) Viermal vergrößert.

Die kleinen Höcker auf der scharfen Schneide des $P_{\overline{4}}$ scheinen mir weiter dafür zu sprechen, daß der Zahn nicht nur wie ein Nußknacker funktionierte, sondern geradezu als Säge diente. Für die Befähigung zu einem Vor- und Rückwärtsschieben des Unterkiefers spricht, wie auch Gidley betonte, die Form der Kiefergelenke.

Das Gebiß von Ptilodus ist somit als ein geradezu ideal adaptiertes Frugivorengebiß zu bezeichnen.

Ich habe mit der Besprechung von Ptilodus gracilis aus dem Grunde begonnen, weil dieses Gebiß das vollständigste ist, das wir von dieser Gruppe der Säugetiere besitzen. Der Anpassungstypus selbst aber ist uralt und reicht bis in die Juraformation zurück.

2. Plagiaulax minor Owen. — Oberer Jura (Purbeck Beds) von Swanage in Dorsetshire, England (Fig. 417).

Bei diesem außerordentlich kleinen, etwa die Größe einer Spitzmaus erreichenden Beuteltier sind zwar noch alle vier Prämolaren erhalten, aber alle sind gerieft und mit scharfen Schneiden versehen; der vierte ist der größte, während von ihm aus gegen vorne die anderen Prämolaren rasch an Größe abnehmen. Die Funktion des Gebisses ist wohl dieselbe wie bei Ptilodus gewesen.

3. **Meniscoëssus Cope.** — Oberste Kreideformation (Laramie Beds), Wyoming.

H. F. **Osborn** hat den Versuch gemacht, das Gebiß dieses Marsupialiers, der im Unterkiefer einen gerieften Prämolaren besitzt, zu rekonstruieren. Die Rekonstruktion wird jetzt, nach dem Bekanntwerden des vollständigen Gebisses von Ptilodus, dahin zu modifizieren sein, daß die oberen einwurzeligen Zähne als vorderster Inzisiv und Eckzahn anzusehen sind, die weit über den Unterkiefer vorragen. Vor dem großen, gerieften Prämolaren des Unterkiefers ist noch ein winziges Rudiment des dritten Prämolaren erhalten.

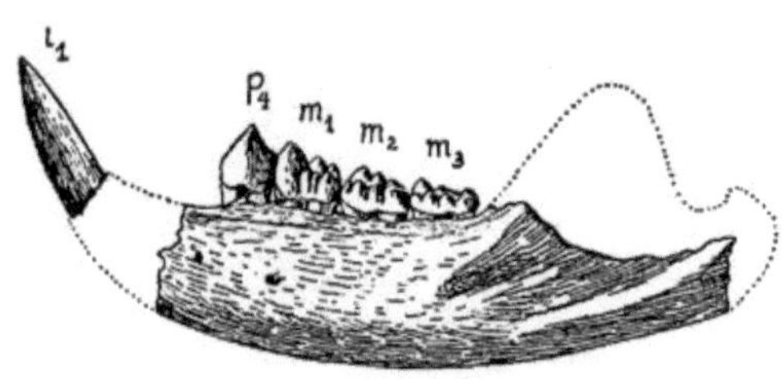

Fig. 418. Unterkiefer von Propolymastodon Carolo-Ameghinoi. F. Amegh. Unterstes Eozän Patagoniens (Notostylops-Schichten). (Nach F. Ameghino.)

4. **Propolymastodon Carolo-Ameghinoi Amgh.** — Unterstes Eozän Patagoniens (Notostylops-Schichten) (Fig. 418).

Aus dem Untereozän Patagoniens hat F. **Ameghino**[1]) einen sehr interessanten Unterkieferrest beschrieben, der nach seinen Untersuchungen mit Polymastodon taoense Cope aus den Puerco Beds Nordamerikas verwandt ist. Während aber das letztere nur mehr 3 Backenzähne im Unterkiefer besitzt ($P_{\overline{4}}\ M_{\overline{1}}\ M_{\overline{2}}$), ist bei der patagonischen Type noch der letzte Molar, ($M_{\overline{3}}$) vorhanden und der $P_{\overline{4}}$ der höchste der vier Zähne, von

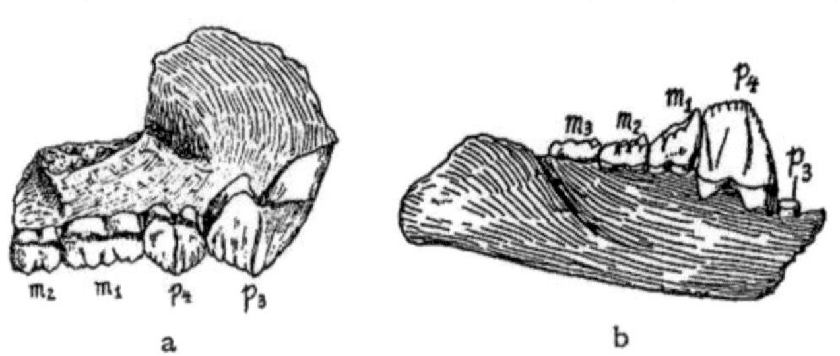

Fig. 419. a Oberkiefer. b Unterkiefer von Polydolops Thomasi F. Amegh. aus dem untersten Eozän Patagoniens (Notostylops-Schichten). (Nach F. Ameghino.) ³/₂ Nat. Gr.

dem aus die Kauflächen nach hinten bis zum $M_{\overline{3}}$ abfallen.

Diese Verhältnisse weisen darauf hin, daß $P_{\overline{4}}$ der wichtigste Zahn der Unterkieferbackenzähne von Propolymastodon war; bei Polymastodon hat er seine Bedeutung verloren und die Molaren sind bedeutend vergrößert, wobei das ganze Gebiß einen mehr nagetierartigen Charakter angenommen hat.

---

[1]) F. **Ameghino**: Los Diprotodontes del Orden de los Plagiaulacideos y el origin de los Roedores y de los Polimastodontes. — Anales Mus. Nac. Buenos Aires, IX, (3e ser., II), Buenos Aires 1903, p. 81.

5. **Polydolops Thomasi Amgh.** — Unterstes Eozän Patagoniens (Notostylops-Schichten) (Fig. 419).

Bei diesem Marsupialier entspricht dem großen $P_{\overline{4}}$ ein großer P^3 und ein kleinerer $P^{\underline{4}}$; die Molaren des Oberkiefers sind polymastodont. Eigentümlich ist das Kronenprofil der unteren Backenzähne; von der Spitze des $P_{\overline{4}}$ zieht die Kaufläche schief nach hinten und unten bis

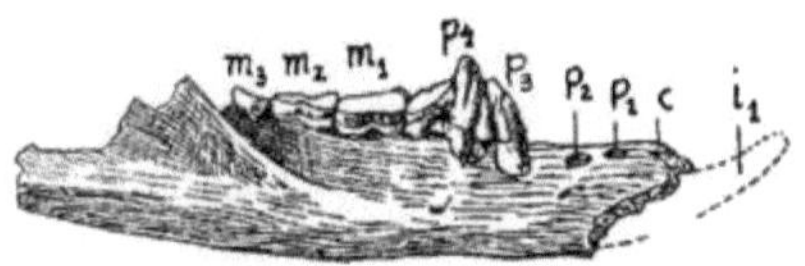

Fig. 420. Unterkiefer von Parabderites bicrispatus Amegh. aus dem Eozän Patagoniens (Colpodon-Schichten). (Nach F. Ameghino.) 3/2 Nat. Gr.

Fig. 421. Unterkiefer von Callomenus robustus Amegh. aus dem Miozän Patagoniens (Santa-Cruz-Schichten). (Nach F. Ameghino.) Nat. Gr.

zu der niedrigen Krone des $M\overline{3}$ herab. Der $P_{\overline{3}}$ ist verkümmert, die Kronenschneiden von $P_{\overline{4}}$, P^3, P^4 gekerbt, aber nicht gerieft wie bei Ptilodus, Plagiaulax usw.

6. **Parabderites bicrispatus Amgh.** — Eozän Patagoniens (Colpodon-Schichten) (Fig. 420).

Bei diesem Unterkiefer ist das Kronenprofil ähnlich wie bei dem zuvor erwähnten Polydolops; ein wichtiger Unterschied besteht aber darin, daß auch der $P_{\overline{3}}$ wesentlichen Anteil an der Bildung des sonst nur vom $P_{\overline{4}}$ gebildeten Brechapparats nimmt

7. **Callomenus robustus Amgh.** — Miozän Patagoniens (Santa-Cruz-Schichten) (Fig. 421).

Das Kronenprofil ist nach demselben Prinzip wie bei den vorstehend beschriebenen Arten angeordnet, aber der $P_{\overline{4}}$ ist bei weitem nicht so hoch spezialisiert. Wir begegnen also in weit jüngeren Schichten des patagonischen Tertiärs einer Form, die sich primitiver als die oberjurassischen Plagiaulaciden verhält.

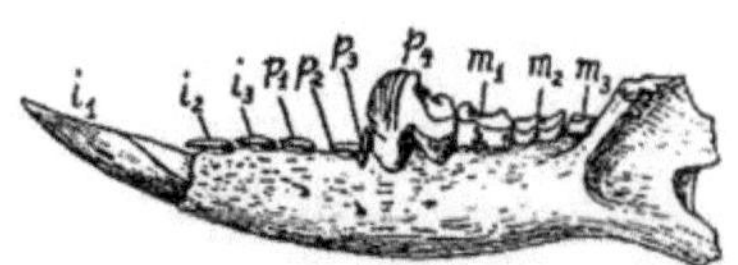

Fig. 422. Unterkiefer von Abderites crassiramis Amegh. aus dem Miozän Patagoniens (Santa Cruz-Schichten). (Nach F. Ameghino). In 3/2 Nat. Gr.

8. **Abderites crassiramis Amgh.** — Miozän Patagoniens (Santa-Cruz-Schichten) (Fig. 422).

Bei diesem wohlerhaltenen Unterkiefer fallen die hochgradig reduzierten Zähne im Zwischenraum zwischen I_1 und P_4 auf. Der vordere Abschnitt des $P_{\overline{4}}$ ist gerieft und man erkennt deutlich, daß er der Hauptzahn unter allen Backenzähnen war.

9. **Bettongia Lesueuri Quoy et Gaim.** — Lebend — Australien (Fig. 423).

Nachdem wir eine Reihe von fossilen Diprotodonten kennen gelernt haben, wähle ich als Gegenstück aus den lebenden Beuteltieren eine Känguruhratte und zwar Bettongia.

Bei Bettongia treffen wir im großen und ganzen die gleichen Verhältnisse wie bei den älteren Diprotodonten an; nur ist der Unterkiefer viel länger als z. B. bei Ptilodus und die Inzisiven des Zwischen- und Unterkiefers berühren sich bei geschlossenen Kiefern.

Vor allem ist aber folgendes sehr wichtig. Wir haben bei allen bisher besprochenen Formen mit gerieftem und hoch spezialisiertem P_4 gesehen, daß die Molaren am Hinterende der Zahnreihe einer Reduktion unterworfen sind und daß z. B. schon bei Plagiaulax der letzte Molar fehlte. Bei Bettongia sind aber nicht nur die drei Molaren vorhanden, die wir bei der Mehrzahl der tertiären Diprotodonten fanden, sondern es ist oben und unten noch ein vierter Molar erhalten; Bettongia ist also in diesem Punkte viel primitiver als irgend eine der bisher besprochenen Formen.

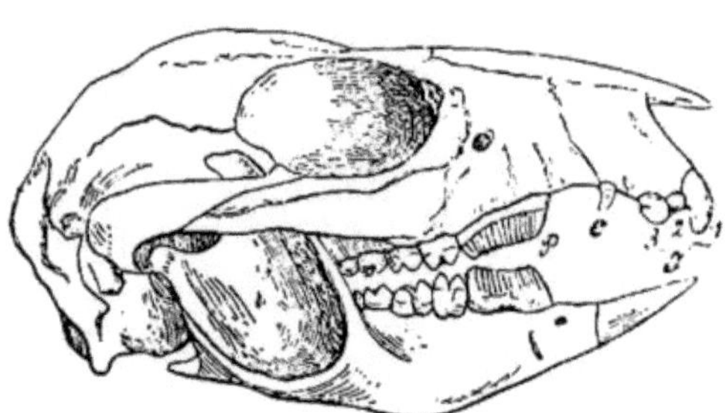

Fig. 423. Schädel von Bettongia Lesueuri. (Nach K. A. von Zittel.)

Dem großen, gerieften Prämolar des Unterkiefers entspricht bei Bettongia ein ebenso großer $\overline{P4}$ im Oberkiefer. Auch hier sind die beiden P_4 die Hauptzähne der Backenzahnserie und wir müssen uns nunmehr fragen, ob und welche Beobachtungen über die Ernährungsart dieser Känguruhratte vorliegen.

Wie so häufig, versagen aber auch hier die Angaben über die Ernährungsart des freilebenden Tiers. Wir erfahren nur, daß die Hypsiprymniden im allgemeinen Wurzeln und Knollen neben Blätternahrung bevorzugen und daß sie beim Ausgraben der Wurzeln und Knollen ihre Vorderpfoten sehr geschickt benützen. Nun sollte man meinen, daß es doch zu kühn wäre, für die fossilen Plagiaulaciden eine frugivore Nahrungsweise anzunehmen, wo doch über eine frugivore Ernährungsart der lebenden Diprotodonten mit gerieften Prämolaren keine oder doch nur sehr spärliche und vage Angaben vorliegen; und doch möchte ich an der oben begründeten und durch ethologische Analyse gewonnenen Ansicht festhalten, daß diese charakteristischen Anpassungen nicht bei der Ernährung durch Knollen und Wurzeln erworben wurden, sondern durch die lange Zeiträume hindurch geübte Gewohnheit, hartschalige Früchte und Steinfrüchte mit weicher Hülle zu verzehren. Weitere Beobachtungen an den freilebenden Känguruhratten werden vielleicht diese zu den bisherigen Angaben im Gegensatz stehende Ansicht bestätigen.

In phylogenetischer Hinsicht ist es von besonderem Interesse, daß der Stamm der Diprotodonten zu wiederholtenmalen zu Spezialisationen in derselben Richtung geführt hat, ohne daß die Endglieder der einzelnen Reihen direkt genetisch verbunden sind. Parallele Entwicklungen kommen in allen Gruppen des Wirbeltierstammes vor.

Gebiß und Nahrungsweise der Proboscidier.

Zu den höchstspezialisierten Gebissen aller Wirbeltiere gehört unstreitig das des Elefanten. Seine Backenzähne bestehen aus einer großen Zahl vertikaler Lamellen, deren Zahl im letzten Molaren des indischen Elefanten bis auf 27 steigt; besonders merkwürdig ist aber die Art des Ersatzes abgenützter Zähne.

Bei den meisten Säugetieren findet ein Ersatz des Milchgebisses durch das sogenannte permanente Gebiß in der Weise statt, daß unter den abgenützten Zähnen die neuen Ersatzzähne zur Ausbildung gelangen und in die durch den Ausfall des verbrauchten Stummels entstandene Lücke einrücken. Mitunter brechen auch die Ersatzzähne neben den alten durch, doch ist diese Art der Substitution die weitaus seltenere.

Im Gebiß des lebenden Elefanten stehen in jeder Kieferhälfte nie mehr als zwei Backenzähne gleichzeitig in Funktion. Ein Ersatz der drei Milchmolaren (sehr selten kommt am Vorderende der Reihe noch ein kleines Rudiment eines vierten zur Ausbildung) durch Prämolaren findet nicht statt; es kommen also in der Backenzahnserie nach den drei Milchmolaren nur die drei Molaren zur Ausbildung und zwar geschieht der Ersatz der abgenützten Zähne durch Zähne d e r s e l b e n Dentition (der l a k t e a l e n Dentition), welche nacheinander in großen Keimsäcken in den Tiefen der Kieferknochen ausgebildet werden und dann in schräger Richtung langsam in die Kaufläche nach vorne hineinrücken, ähnlich wie die Patronen eines Browning-Revolvermagazins hintereinander in den Lauf geschoben werden. Die Milchmolaren haben nur wenige Joche; die Zahl derselben steigert sich in folgender Progression beim indischen Elefanten:

	Milchmolaren			Molaren		
	md_3	md_2	md_1	M_1	M_2	M_3
oben	4	8	12—13	12—14	16—18	18—24
unten	4	8	12—13	12—14	16—18	18—27

Das Nachrücken vollzieht sich überaus langsam. „Beim indischen Elefanten erscheint der erste Milchzahn im dritten Monat und fällt im zweiten Jahr aus; md_2 tritt im zweiten Jahr in Funktion und fällt im fünften oder sechsten, md_1 im neunten Jahre. Der erste Molar ist erst im 15. Jahr mit der ganzen Zahnkrone in Funktion und fällt im 20. bis 25. Jahre aus; M_2 kommt im 20. Jahre zum Vorschein; der Zeitpunkt des Auftretens von M_3 wurde bis jetzt nicht direkt beobachtet."[1]

Der afrikanische Elefant hat eine weit geringere Lamellenzahl aufzuweisen; die sechs Backenzähne besitzen, vom vordersten an gezählt, 3, 6, 7, 7, 8, 10 rautenförmige Joche oder Lamellen und ihr Schmelzüberzug ist weit stärker als beim indischen Elefanten.

Die Funktion der Backenzähne des indischen und afrikanischen Elefanten besteht im Zerreiben der Pflanzennahrung. Der afrikanische Elefant nährt sich vorzugsweise von Baumzweigen, die samt dem Holz verzehrt werden, und zwar findet man in seiner Losung Aststücke von 10—12 cm Länge und 4—5 cm Dicke. Elephas africanus mit geringer Lamellenzahl der Backenzähne zieht weichlaubiges Geäst unbedingt der harten Grasnahrung vor; in den Savannen wühlt er die im Boden verborgenen saftigen Wurzeln aus. Der indische Elefant mit zahlreichen Lamellen in den Backenzähnen ist dagegen ein ausgesprochener Grasfresser und verzehrt nur gelegentlich laubige Baumzweige.[2]

Die aus zahlreichen Lamellen bestehenden Backenzähne

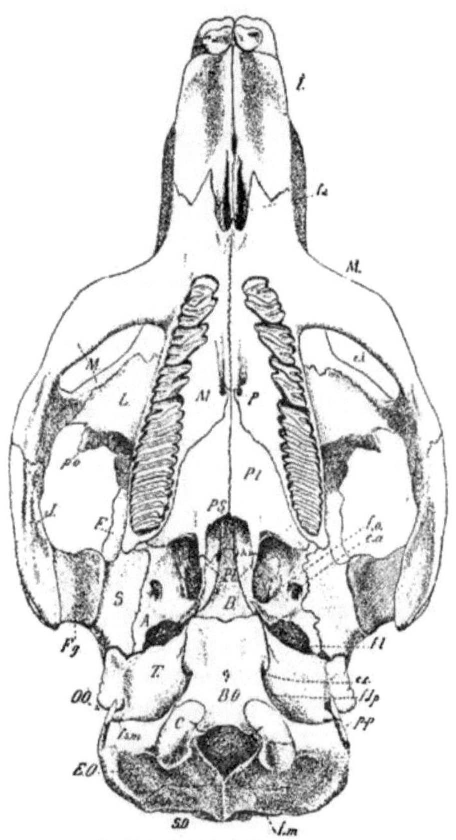

Fig. 424. Schädel von Hydrochoerus capybara, nach M. Weber, 1904. — A = Alisphenoid, B = Basisphenoid, BO = Basioccipitale, C = Condylus, ca = Canalis alisphenoideus, Cc = Can. caroticus, ci = Can. infraorbitalis, EO = Exoccipitale, F = Frontale, Fg = Fossa glenoidea, fi = foramen incisivum, fl = for. lacer. anterius, flp = for. lacer. posterius, fm = for. magnum, fo = for. ovale, fsm = for. stylomastoideum, l = Praemaxillare, J = Jugale, L = Lacrymale, M = Supramaxillare, OÖ = Ohröffnung, p = for. palatinum, Pl = Palatinum, PS = Praesphenoid, Pt = Pterygoid, po = Processus orbitalis, pp = Proc. paroccipitalis, SO = Supraoccipitale, T = Tympanicum. $^1/_2$ Nat. Gr.

sind zum Zerreiben dieser harten Pflanzennahrung vorzüglich geeignet. Der Gesamtcharakter der großen Mahlzähne des Elefanten ähnelt in auffallender Weise jenem der Molaren von Hydrochoerus capybara, dem größten lebenden Nagetier, und ihre Funktion ist genau dieselbe (Fig. 424).

[1] K. A. von Zittel, Handbuch der Paläontologie, IV. Bd., 1891—1893, p. 468.

[2] Brehms Tierleben, Säugetiere, 3. Bd., 3. Aufl., S. 21.

Die Proboscidier haben aber keineswegs vom Anfang ihrer Stammesgeschichte an dieselbe Lebensweise wie die heute lebenden Elefanten
geführt. Das geht mit voller Klarheit aus dem Typus des Gebisses
der ältesten Proboscidier hervor; die divergenten Spezialisationen des
Proboscidiergebisses geben uns ein Bild von der Ernährungsart in den
verschiedenen Phasen der Geschichte des Proboscidierstammes und
von den verschiedenen Anpassungen innerhalb der einzelnen Reihen.

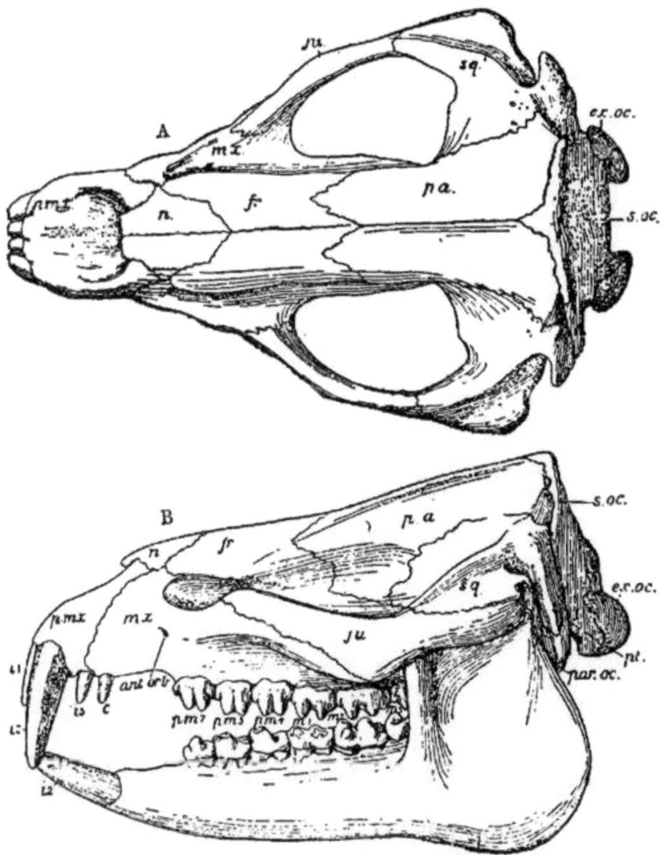

Fig. 425. Schädel von Moeritherium von der Seite. (Nach C. W. Andrews, 1902.)

Der älteste bis jetzt bekannte Proboscidier ist Moeritherium[1]) aus
der oberen Mokattamstufe Ägyptens, deren geologisches Alter Obereozän
ist. Diese etwa tapirgroße Stammform der jüngeren Proboscidier
besitzt ein primitives Gebiß, dessen Formel lautet: $I \frac{3}{2} C \frac{1}{0} P \frac{3}{3} M \frac{3}{3}$. Es
ist also bei dieser Form im Oberkiefer nur P^1, im Unterkiefer I_3 C und P_1
verloren gegangen (Fig. 425).

[1]) C. W. Andrews: Catalogue of the Tertiary Vertebrata of the Fajûm,
Egypt. London, Brit. Mus. 1906.

Unter den drei Schneidezähnen des Zwischenkiefers ist der zweite
der größte.   Er ist steil nach unten gerichtet und etwas gekrümmt;
an seiner Hinterseite trägt er eine schiefe Usurfläche, die vom zweiten
Schneidezahn des Unterkiefers hervorgebracht wird.

Die oberen Prämolaren sind sehr einfach gebaut; ein breites Basalband umfaßt die aus zwei Außenhöckern und einem Innenhöcker bestehende Krone.

Die oberen Molaren sind vierhöckerig; man kann sie wohl nicht gut
als „bilophodont" oder zweijochig bezeichnen, da noch jeder der vier

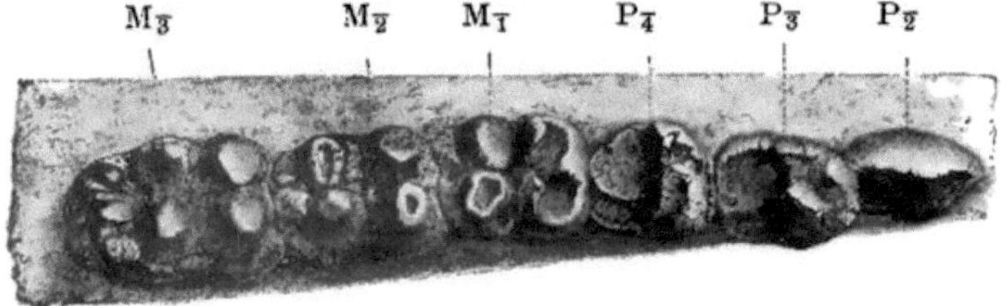

Fig. 426. Rechtsseitige Unterkieferbackenzähne von Moeritherium Lyonsi. (Nach C. W.
Andrews, 1906.)

Höcker zu stark individualisiert ist.   Die Außenhöcker sind höher als
die Innenhöcker; am Hinterrande des Zahns ist ein Talon vorhanden,
der als der Beginn einer neuen, dritten Höckerreihe zu betrachten ist.
Ein kräftiges Schmelzband umsäumt die Kronenbasis an der Vorder-
und Innenwand (Fig. 426).

Im Unterkiefer sind nur zwei Schneidezähne vorhanden; der kleinere

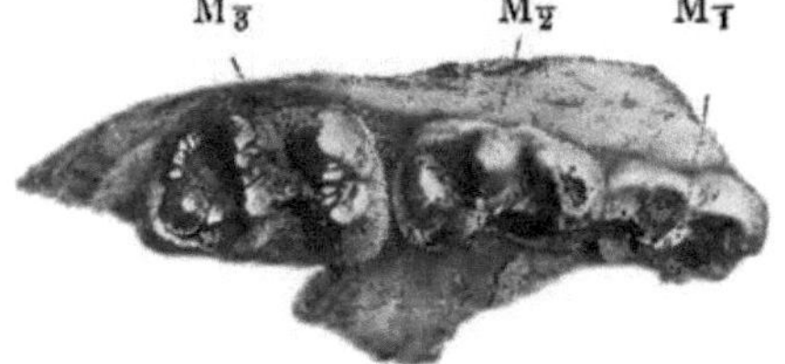

Fig. 427. Rechte untere Molaren von Moeritherium
trigonodon. (Nach C. W. Andrews, 1906.)

I_1 ist ebenso wie der lange und
kräftige I_2 sehr schräge nach vorne
gerichtet; der Querschnitt des
I_2 ist nahe der Kronenspitze dreieckig, nahe seiner Basis oval.   Die
Usurfläche steht nahezu senkrecht
zur Zahnachse.

Die unteren Prämolaren sind
sehr einfach gebaut; die Molaren sind langgestreckt und besitzen
einen hinteren Talon, der vom ersten bis zum dritten Molaren an
Größe zunimmt.

Von außerordentlicher Wichtigkeit erscheint mir die Tatsache,
daß unter den Moeritherium-Resten aus dem Fajûm z w e i   g a n z
v e r s c h i e d e n e   T y p e n zu unterscheiden sind, wie aus dem Baue
des letzten unteren Molaren hervorgeht.

Betrachten wir den letzten unteren Molaren von M. Lyonsi Andrews,
so finden wir vier separierte große Haupthöcker, an die sich hinten
ein mehrhöckeriger Talon anschließt.   Dagegen finden wir im letzten
unteren Molaren von M. trigonodon Andrews (Fig. 427) die vier

Haupthöcker durch kleine Sekundärhöcker zu zwei Jochen verbunden, an welche sich am Hinterende des Zahns wieder ein mehrhöckeriger Talon anreiht.

Das sind zwei ganz divergente Spezialisationstypen. Der letzere untere $M_{\overline{3}}$ von Moeritherium Lyonsi ist ein rein bunodonter Zahn, der von M. trigonodon aber ein lophodonter Molar. Schon innerhalb der Gattung Moeritherium hat sich also die Spaltung in zwei divergente Spezialisationswege vollzogen, die einerseits zu den bunodon-

Fig. 428. Rekonstruktion von Moeritherium. (Nach C. W. Andrews, 1908.) Aus dem Guide to the Elephants Rec. and Foss., London Brit. Mus.

ten Mastodonten des Typus angustidens, anderseits zu den lophodonten Mastodonten des Typus turicense führt.

Die Nahrungsweise von Moeritherium kann von jener eines Flußpferdes kaum wesentlich verschieden gewesen sein, wenn wir den Gesamtcharakter beider Gebisse vergleichen. Eine große Rolle muß bei der Ernährung dem großen Unterkieferinzisiven zugefallen sein; seine Stellung spricht dafür, daß er zum Ausgraben und Lockern von Pflanzen und zwar vorwiegend von Wasserpflanzen oder Sumpfpflanzen gedient haben muß. Ein Zerreiben der Nahrung kann nicht stattgefunden haben, sondern nur ein Zerkauen, wenigstens bei M. Lyonsi, während der Beginn des Jochbaues im letzten Unterkiefermolaren von M. trigonodon eine zerreibende Funktion dieses Zahnes andeutet.

Die auf Moeritherium folgende, jüngere Proboscidiertype ist Palaeomastodon aus dem Oligozän Ägyptens. Bei dieser Form ist die Reduktion

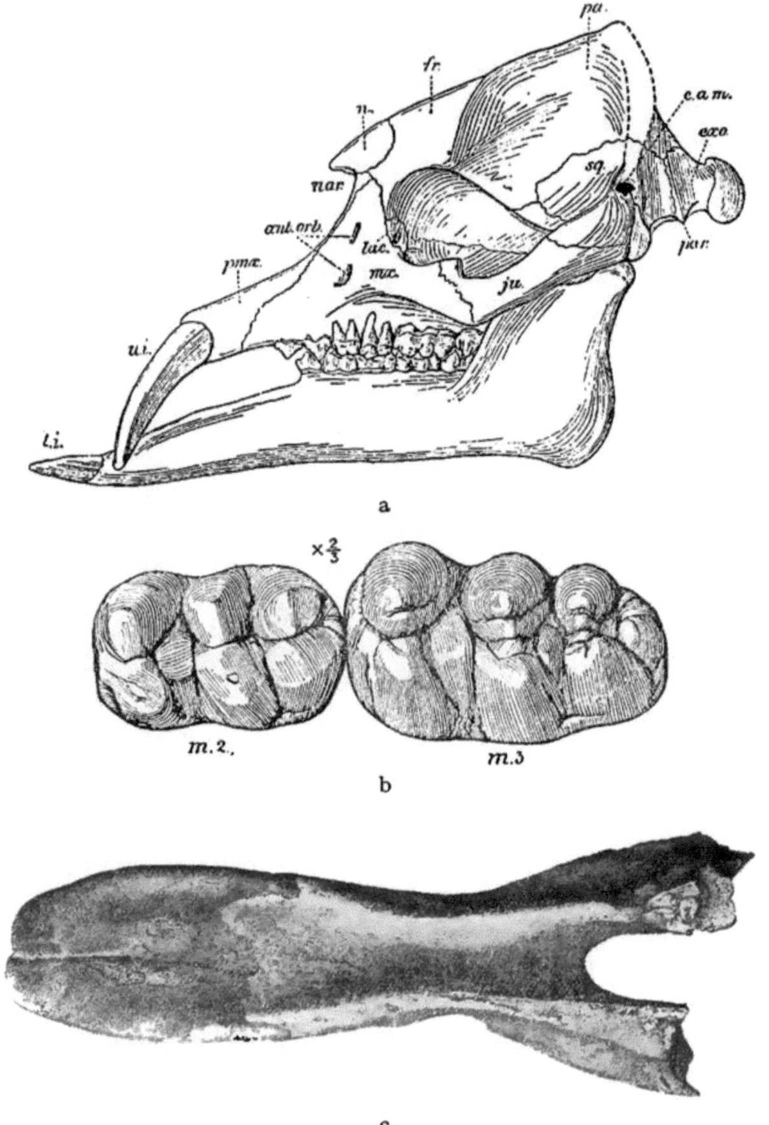

Fig. 429. a: Schädel von Palaeomastodon, rekonstruiert von C. W. A n d r e w s. (¹/₈ Nat. Gr.)
— b: Die beiden letzten linken Unterkiefermolaren von Palaeomastodon Wintoni. (Nach C. W.
A n d r e w s.) c: Unterkieferende von Palaeomastodon Wintoni. (Nach C. W. A n d r e w s, 1906.)
(¹/₄ Nat. Gr.)

des Gebisses weiter vorgeschritten; es ist reduziert auf $I\frac{1}{1}$ $C\frac{0}{0}$
$P\frac{3}{2}$ $M\frac{3}{3}$. Es kommen oben d r e i Milchmolaren zur Ausbildung, die
durch Prämolaren ersetzt werden.

Die Molaren von Palaeomastodon (Fig. 429) zeigen ausgesprochen b u n o d o n t e n Typus und zwar ist der Talon am Hinterende der Molaren bereits zur vollen Größe der vorderen Doppelhöckerreihen angewachsen. Am Hinterende des letzten Molaren ist hinter dem zu einer dritten Höckerreihe ausgebildeten Talon eine neuer mehrhöckeriger Talon angelegt, der den Beginn der vierten Höckerreihe andeutet. Die einzelnen Haupthöcker sind noch individualisiert wie bei Moeritherium Lyonsi und nicht zu Jochen wie bei Moeritherium trigonodon vereinigt.

Fig. 430. Rekonstruktion von Palaeomastodon. (Nach C. W. A n d r e w s, 1908.) Aus dem Guide to the Elephants Rec. and Foss., London, Brit. Mus.

Von besonderem Interesse ist der Bau des Vorderendes des Unterkiefers und der unteren Schneidezähne.

Der Unterkiefer ist sehr stark verlängert und springt weit über den Zwischenkiefer und die Enden der oberen, nach unten und außen gekrümmten Schneidezähne vor, welche mit den unteren nicht mehr in Berührung treten, sondern bei geschlossenen Kiefern auf der Außenseite des Unterkiefers schleifen. Nur an der Außenseite der oberen Inzisiven ist der Schmelzbelag erhalten, an den übrigen Flächen verloren gegangen.

Die beiden Schneidezähne des Unterkiefers sind im vorderen Teile sehr stark verbreitert und schließen mit den Innenrändern aneinander. Da die Symphyse des Unterkiefers in der Mitte stark eingeschnürt ist, so erhält das Unterkieferende mit den verbreiterten Schneidezähnen die Form einer Schaufel; und daß es als solche tatsächlich funktioniert

haben muß, erhellt aus der löffelartig vertieften Oberseite der unteren
Schneidezähne.

Die unteren Inzisiven haben bei der Ernährung von Palaeomastodon
sicher eine sehr wichtige Rolle gespielt. Sie müssen in vorzüglicher
Weise geeignet gewesen sein, Wurzeln und Knollen auszugraben, sie
müssen aber auch als Werkzeuge zum Rindenschälen gedient haben.
Ein Zerreiben der Nahrung hat nicht stattgefunden, sondern nur ein
Zerkauen. Das ganze Gebiß hat den ausgesprochenen Charakter eines

Fig. 431. Rekonstruktion von Tetrabelodon angustidens. (Nach C. W. Andrews, 1908.)
Aus dem Guide to the Elephants Rec. and Foss., London, Brit. Mus.

Suidengebisses. Palaeomastodon muß ein Bewohner von Sumpfwäldern
gewesen sein (Fig. 430).

Die nächste Stufe der Entwicklungsreihe, welcher Palaeomastodon
angehört, ist Tetrabelodon angustidens aus dem unteren und mittleren
Miozän Europas, Nordafrikas und Ostindiens. Bei dieser Form sind
im Vergleiche zu Palaeomastodon wichtige Veränderungen im Gebiß
eingetreten (Fig. 431).

Der Symphysenteil des Unterkiefers ist bei Tetrabelodon angustidens
noch länger als bei Palaeomastodon geworden, aber die unteren Schneidezähne haben n i c h t an Größe zugenommen. Dagegen sind die oberen
Inzisiven beträchtlich gewachsen und springen, nach unten gekrümmt,
über den Unterkiefer in schräger Richtung vor. Der Schmelzbelag der

oberen Inzisiven ist auf ein dünnes Schmelzband an der Außenseite reduziert.

Diese Gattung bezeichnet durch den Wachstumsbeginn der oberen Inzisiven einen wichtigen Wendepunkt in der Stammesgeschichte der ganzen Reihe (Fig. 432). Daß der Unterkiefer und seine Zähne noch funktionell waren, geht aus seiner bedeutenden Länge hervor; daß das Tier seine Nahrung nicht zerrieb, sondern zerkaute, beweist die ausgesprochene

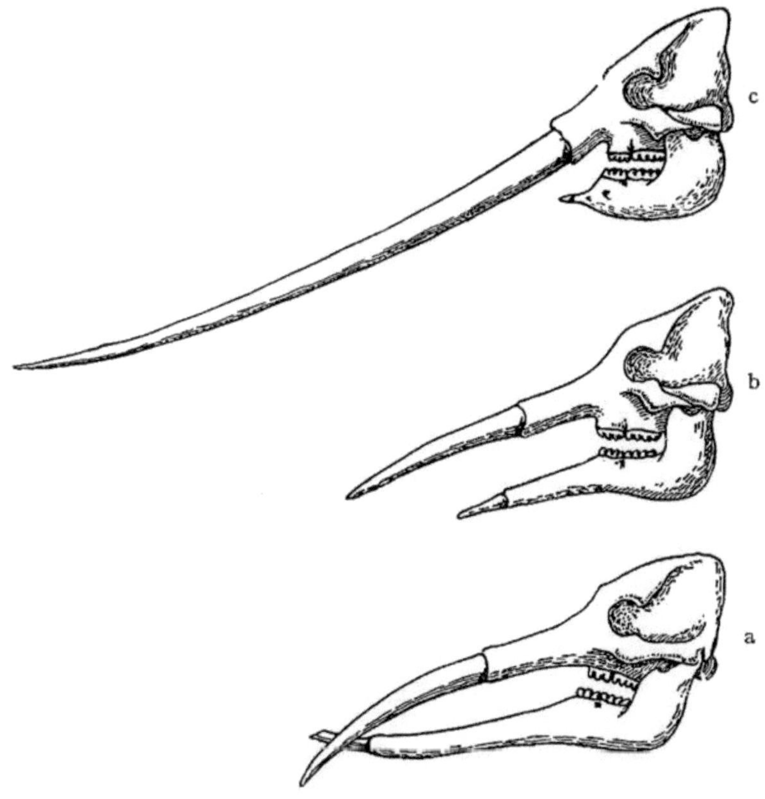

Fig. 432. a: Tetrabelodon angustidens, Mittelmiozän. — b: Tetrabelodon longirostre, Obermiozän und Unterpliozän. — c: Tetrabelodon arvernense, Mittelpliozän. Der Unterkiefer wird im Laufe der Stammesgeschichte kürzer, der Stoßzahn des Zwischenkiefers länger.

Bunodontie seiner Backenzähne. Ihre Höcker sind auf die Zahl von vier Hauptreihen und einem Talon im letzten Molaren angewachsen, zwischen denen als Ausfüllung der Täler eine große Zahl von sekundären Schmelzhöckern auftritt, die dem Molaren von Tetrabelodon angustidens durchaus den Charakter eines hochspezialisierten Suidenzahnes verleihen (Fig. 433).

Das Anwachsen der oberen Inzisiven hat jedoch zur Folge, daß nunmehr bei der weiteren Entwicklung der Formenreihe die Funktion

der unteren Schneidezähne von den oberen übernommen wird, wobei
die letzteren ihre Richtung ändern und nicht mehr wie früher nach unten
gekrümmt sind, sondern zuerst gerade gestreckt werden; das ist bei
dem aus Tetrabelodon angustidens hervorgegangenen T. longirostre des
unteren Pliozäns Europas der Fall. Gleichzeitig verkürzt sich der Unterkiefer, seine Schneidezähne werden kleiner und verlieren gänzlich ihre
ursprüngliche Bedeutung in dem Maße, als sich über den nunmehr
verkürzten Unterkiefer der sich verlängernde Rüssel zwischen den oberen
Stoßzähnen herabzusenken beginnt. Bei dem nächsten Stadium,
dem aus T. longirostre hervorgegangenen T. arvernense aus dem oberen
Pliozän Mittel- und Südeuropas ist der früher so stark in die Länge
gezogene Unter-
kiefer ganz be-
trächtlich verkürzt
und die unteren
Schneidezähne zu
winzigen, funktio-
nell bedeutungs-
losen Rudimenten
verkümmert; aber
auch die oberen
Schneidezähne, die

Fig. 433. Letzter unterer linker Molar von Tetrabelodon angustidens Cuv.
aus der miozänen Braunkohle von Repovica in der Herzegowina. (Nach
A. Hofmann, 1909.) ½ Nat. Gr.

enorm verlängert sind, haben keine Beziehung mehr zur Ernährung,
da der immer länger gewordene Rüssel ihre Funktion übernommen hat.

Wir können also in der Geschichte dieses Stammes drei wichtige
Wendepunkte in der Funktion des Gebisses unterscheiden:

1. Schaufel- und Grabfunktion der Unterkieferinzisiven bei zunehmender Verlängerung des Unterkiefers.   (Moeritherium,
   Palaeomastodon, Tetrabelodon angustidens.)

2. Übernahme der Grabfunktion der unteren Inzisiven durch die
   oberen bei gleichzeitiger Reduktion des verlängerten Symphysen-
   teils des Unterkiefers und der unteren Inzisiven. (Tetrabelodon
   angustidens, T. longirostre, T. andium, T. bolivianum.)

3. Übernahme der Grabfunktion der oberen Schneidezähne durch
   den an Länge zunehmenden Rüssel unter weiterem Fortschreiten
   der Reduktion des Unterkiefers.   (Tetrabelodon arvernense,
   T. sivalense, T. Humboldti.)

Die bisher besprochenen Proboscidier besitzen ein b u n o d o n t e s
Gebiß, das auch bei den jüngsten Formen seinen suidenartigen Charakter
rein bewahrt hat.

Neben dieser bunodonten Reihe entwickelt sich aber schon frühzeitig eine l o p h o d o n t e Reihe, deren erste Anfänge bis auf Moeritherium trigonodon zurückgehen.

Diese Divergenz in der Spezialisation des Gebisses ist bisher, wie mir scheint, noch nicht genügend scharf betont worden und ist auch bisher in der Nomenklatur nicht zum Ausdruck gelangt. Es wird notwendig sein, alle bunodonten Formen als den Stamm der Tetrabelodontiden scharf gesondert den lophodonten Elephantiden gegenüberzustellen, als deren Vorstufe lophodonte „Mastodonten" anzusehen sind, während die bunodonte Tetrabelodonreihe erloschen ist. Da wir Moeritherium Lyonsi als eine Stammform der bunodonten, Moeritherium trigonodon aber als eine Stammform der lophodonten Reihe (Fig. 434) betrachten müssen, so werden wir Moeritherium abgesondert als Vertreter einer älteren Stammgruppe betrachten müssen, für welche ich den Namen Moeritheriidae vorschlage. Rechnen wir noch als vierte Gruppe die aberranten,

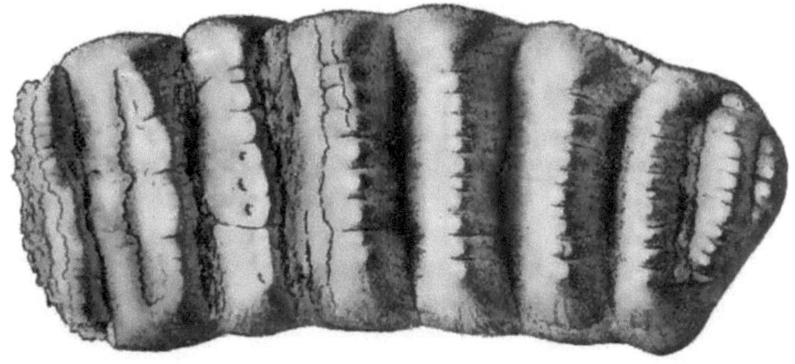

Fig. 434. Stegodon insigne Falc. Oberpliozän von Fokien, China. (Nach M. S c h l o s s e r.)
1/2 Nat. Gr.

erloschenen, lophodonten Dinotheriiden dazu, so teilt sich der Elefantenstamm in folgende Gruppen:

Proboscidia.

1. Moeritheriidae. (Moeritherium.)
2. Tetrabelodontidae. (Palaeomastodon, Tetrabelodon.)
3. Elephantidae. (Mastodon, Stegodon, Loxodon, Elephas.)
4. Dinotheriidae. (Dinotherium.)

Die Spezialisation der Molaren zu Zähnen mit scharfen Querjochen, die mit Moeritherium trigonodon beginnt und einerseits über Mastodon turicense (= tapiroides), M. Borsoni, M. ohioticum zu M. americanum fortschreitet, anderseits über Stegodon zu Elephas führt, ist ohne Zweifel durch eine ganz andere Art der Nahrungszerkleinerung bedingt, als dies bei den Tetrabelodontiden der Fall ist. Bei der ersteren Gruppe findet das Zerkleinern der Nahrung nicht durch Kauen, sondern nach Art der Nagetiere durch Zerreiben statt und zwar muß es eine harte Pflanzennahrung gewesen sein, die den Hauptteil des Futters bildete. Was wir von Nahrungsresten in der Leibeshöhle fossiler Elephantiden gefunden haben, besteht aus Zweigen von Thuia occidentalis im Magen des Mastodon americanum von New Jersey, während bei dem in der Yale University zu New Haven aufbewahrten Exemplar von Otisville, N. Y., Blätter von harten Gräsern von großer Länge und drei bis neun cm Breite neben großen Blättern von Laubbäumen in der Magengegend gefunden wurden. Der Mageninhalt eines dritten Individuums von Newburgh, N. Y., bestand neben anderen zersetzten Pflanzenresten aus den Zweigen von Fichten und Föhren. [1]) Auch in den Kadavern der sibirischen Mammute sind Zweige und Triebe von Nadelhölzern, Weiden und Birken gefunden worden.

Daß eine derartige Nahrung nur durch Zerreiben und nicht durch Zerkauen zerkleinert werden kann, ist klar. Wir haben daran festzuhalten, daß ein Teil der Proboscidier, der sich zu den bunodonten, schweinezähnigen Tetrabelodonten entwickelte, weiche Pflanzennahrung bevorzugte, während die Reihen der Dinotheriiden und Elephantiden harte Pflanzennahrung zu sich nahmen. Die wesentlichste Ursache der Divergenz in der Zahnentwicklung beider Reihen ist die Art der Kieferbewegung gegeneinander. Sie muß bei den bunodonten Formen wie bei den Schweinen, bei den lophodonten wie bei den Nagern vor sich gegangen sein.

Es ist gewiß kein Zufall, daß die Hauptentwicklung der lophodonten Elephantiden und ihre Blütezeit mit einer durchgreifenden Veränderung des Klimas und der Vegetation in Eurasien zusammenfällt. Um dieselbe Zeit verschwinden auch die bunodonten Tetrabelodonten aus dem nördlichen Europa, um bald darauf auch in Südeuropa zu erlöschen. Bunodonte Formen wie Tetrabelodon andium, T. bolivianum, T. chilense, T. Humboldti haben sich am längsten in Südamerika erhalten, wo die drei erstgenannten die 3800—4000 m hohe interandine Ebene von Bolivia und das Gebirge bewohnten. Diese Gebirgselefanten benützten ihre oberen Stoßzähne noch zum Aufreißen des Bodens und Ausgraben von Pflanzen, wie die Usurflächen zeigen. [2]) Auch in Südafrika hat sich eine bunodonte Form bis in das Plistozän erhalten. [3])

Von großem Interesse ist der Vergleich der Molarentwicklung der tertiären Sirenen mit jener der Tetrabelodontiden. Der Parallelismus in der Gebißspezialisation beider aus derselben Ahnengruppe hervorgegangenen Stämme ist geradezu überraschend. Ein unterer Backen-

[1]) R. S. Lull: The Evolution of the Elephant. — Peabody Museum of Nat. Hist., Yale University, Guide No. 2. SA. aus Amer. Journ. of Science, XXV, March, 1908, p. 193.

[2]) J. F. Pompeckj: Mastodonreste aus dem interandinen Hochland von Bolivia. — Palaeontographica, LII. Bd., 1905, p. 17—56.

[3]) E. Fraas: Pleistocäne Fauna aus den Diamantseifen von Südafrika. — Monatsberichte d. Deutsch. Geol. Ges., 59. Bd., 1907, 2. Heft, Taf. VIII, Fig. 1.

zahn von Halitherium (Fig. 435) gleicht in ganz auffallender Weise einem
Molaren von Palaeomastodon; und die Spezialisationsstufen reihen sich
im Stamm der Halitheriinen und bei den Tetrabelodontiden folgender-
weise aneinander:

1. Zunehmende Länge der letzten Molaren.
2. Größenzunahme der einzelnen Höcker.
3. Neuentstehung sekundärer Schmelzzapfen in der Tiefe der
   Quertäler.
4. Größenzunahme des hinteren Talons, welcher bei Metaxytherium

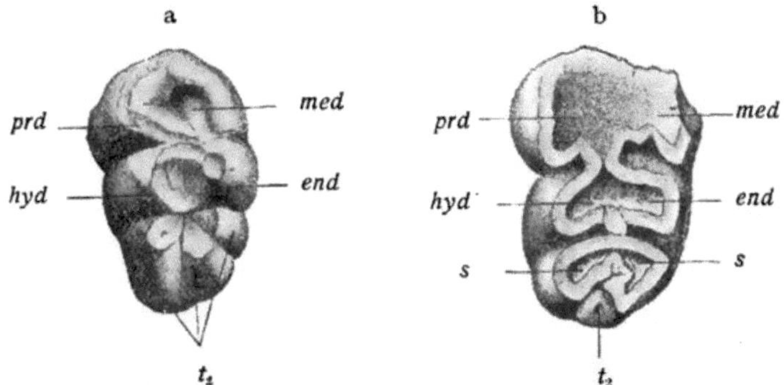

Fig. 435. a: Linker unterer letzter Molar von Halitherium Schinzi Kaup aus dem
Oligozän von Mainz. Nat. Gr. — b: Linker unterer letzter Molar von Metaxytherium
Krahuletzi Dep. aus dem Miozän von Eggenburg, Niederösterreich. Nat. Gr. prd =
Protoconid, med = Metaconid, end = Entoconid, hyd = Hypoconid, s = sekundäre
Zapfen, t_2 = hinterer Talon.

den Charakter einer dritten Höckerreihe erhält, an die sich ein
neuer Talon anschließt.

5. Zunahme der Höckerhöhe.
6. Zusammenneigen der Höckerspitzen.
7. Reduktion des primitiven Basalbandes.

Die Sirenen haben nur bunodonte Molaren; die Zerreibung der
Pflanzennahrung wurde bei ihnen von den Hornplatten übernommen,
die sich auf dem abgestutzten und verbreiterten Symphysenteil des
Unterkiefers und dem darüber liegenden Gaumenabschnitt bildeten.
Diese Hornplatten mit Querleisten sind p h y s i o l o g i s c h e Äqui-
valente der vieljochigen Elefantenzähne.

Ich möchte an dieser Stelle eine Angabe berichtigen, die ich
p. 24 über die wahrscheinliche Lebensweise der Zwergflußpferde und
Zwergelefanten der Mittelmeerinseln gemacht habe. Ich hatte aus
dem zahlreichen Vorkommen der Knochenreste dieser Zwergrassen in
Höhlen auf eine höhlenbewohnende Lebensweise der Tiere geschlossen.
Nach Drucklegung dieses Abschnittes teilte mir Dr. G. Schlesinger
mit, daß die Reste der Zwergflußpferde und Zwergelefanten in

f l u v i a t i l e n Bildungen liegen, welche in die Höhlen geschwemmt sind, so daß sich also diese Reste in den Höhlen auf sekundärer Lagerstätte befinden.

Ich will bei dieser Gelegenheit noch darauf hinweisen, daß wahrscheinlich Reste dieser eiszeitlichen Zwergelefanten, die schon im Altertum in sizilianischen Höhlen gefunden wurden, die Veranlassung zur Entstehung der Polyphemsage geboten haben. Wie so häufig Funde fossiler Tiere den Ausgangspunkt von Drachensagen und Riesenmythen gebildet haben, so ist dies wohl auch hier der Fall gewesen; ich meine, daß sich die merkwürdige Mythe von der Einäugigkeit des Polyphem sehr einfach daraus erklärt, daß die mit dem Elefanten unbekannten Griechen der Vorzeit in einer sizilianischen Höhle den Schädel eines Zwergelefanten entdeckten, dessen große, mitten auf der Stirne stehende Nasenöffnung bei den naiven Beobachtern die Vorstellung von der Einäugigkeit des „Polyphem" erweckte.

4. Die Anpassungen an den Kampf mit Feinden, Artgenossen und Futtertieren.

Der Körperpanzer als Schutzwaffe.

Mit Ausnahme der Vögel finden sich in allen Gruppen der Wirbeltiere Formen, die durch die Ausbildung eines Körperpanzers vor feindlichen Angriffen geschützt sind. Wir finden schon unter den ältesten Fischen gepanzerte Formen und zwar ebensowohl bei benthonischen Typen wie Ateleaspis, Cephalaspis, Drepanaspis, Pterichthys, Bothriolepis usw. als auch bei nektonischen Typen wie Pteraspis. Bei einzelnen Asterolepiden sind die knöchernen Panzerplatten überaus hart und fest und haben daher zweifellos eine wirksame Schutzwaffe gegen Angriffe gebildet, die wahrscheinlich namentlich von seiten der Merostomen oder „Riesenkrebse" diesen schwerfälligen, paläozoischen Fischen drohten.

Unter den Meerestieren und den Wassertieren überhaupt sind Panzerbildungen entweder in Gestalt von Hautzähnen wie bei dem Rochen Urogymnus asperrimus oder in Gestalt von Schuppen, seltener in Gestalt knöcherner Hautplatten wie bei den Panzerwelsen, Ostracion usw. weit verbreitet. Schon an einer früheren Stelle habe ich darauf hingewiesen, daß die Ausbildung von Knochenplatten als Körperpanzer bei den Fischen entweder primär aus der Verschmelzung einzelner Hautzähne hervorgegangen ist wie bei den altpaläozoischen Ostracodermen oder daß die Entstehung eines Knochenplattenpanzers eine sekundäre Erwerbung nach Durchlaufung eines gänzlich nackten Vorstadiums darstellt wie bei einer Reihe grundbewohnender Fische, für die ich die Panzerwelse als Beispiel nenne.

Die Entstehung des Panzers ist ferner häufig eine Folge der grabenden Lebensweise. Das sehen wir sehr deutlich bei den grabenden Xenarthren Südamerikas und wir müssen das auch nach den neueren Forschungen über die Abstammung der Schildkröten von grabenden Ahnen für diese Reptilien annehmen. Im Anfange noch aus beweglichen und verschiebbaren Platten bestehend, die ein Zusammenrollen des Körpers gestatten, verschmelzen schließlich die Panzerringe zu einem unbeweglichen Schilde, wie uns einerseits die Glyptodonten Südamerikas, anderseits die Schildkröten zeigen. Als Begleiterscheinungen dieser Spezialisation treten Verwachsungen der Wirbelabschnitte ein; bei den Schildkröten ist mit

Ausnahme des Hals- und Schwanzabschnittes der übrige Teil der Wirbelsäule unbeweglich geworden und zu einer einheitlichen Masse verschmolzen, die in fester Verbindung mit den Rippen das knöcherne Rückenschild bildet. Bei den Glyptodonten sind die Wirbel zu einzelnen gegeneinander beweglichen größeren Abschnitten verschmolzen und zwar in der Weise, daß folgende freie Wirbelsäulenabschnitte bei den höher spezialisierten Formen unter den Glyptodontiden zu unterscheiden sind:

1. Atlas.
2. Die übrigen Halswirbel bis zum siebenten verschmolzen.
3. Der siebente Halswirbel, verschmolzen mit den zwei ersten Thorakalwirbeln.
4. Alle übrigen Thorakalwirbel zu einer Röhre verschmolzen.
5. Die Lendenwirbel mit den Sakralwirbeln verschmolzen, alle Neurapophysen zu einer hohen einheitlichen Platte vereinigt, die als Traverse des knöchernen Rückenschildes funktioniert.

6.
7.
8.
9. Die ersten sieben Schwanzwirbel frei beweglich, mit sehr starken
10. Hämapophysen.
11.
12.

13. Alle übrigen Schwanzwirbel sind bei den primitiveren Glyptodontiden noch frei beweglich und von einer Serie von beweglichen Stachelringen umschlossen, bei den höher spezialisierten Gattungen (Hoplophorus, Panochthus, Doedicurus usw.) zu einer festen Masse verschmolzen, die in einer Knochenröhre eingeschlossen ist.

Unter den gepanzerten Dinosauriern kommt es nur bei Ankylosaurus magniventris aus der oberen Kreide Nordamerikas zu einer Verschmelzung der Rippen mit den Wirbeln, wie Barnum B r o w n vor kurzem nachgewiesen hat. [1])

Wenn es auch bei den Xenarthra mit noch beweglicher Wirbelsäule nicht zur Verschmelzung einzelner Wirbel kommt, so erscheint doch diese Spezialisation dadurch angebahnt, daß accessorische Zygapophysen in den Rumpfwirbeln auftreten, welche die Bewegungsmöglichkeit derselben sehr einschränken. Solche überzählige Zygapophysen können bis zur Zahl von drei Paaren ansteigen, so daß bei einzelnen Xenarthren im ganzen acht Zygapophysalgelenke zwischen je zwei Wirbeln auftreten. In kausalem Zusammenhang mit der Ausbildung eines Rücken-

---

[1]) B. B r o w n: The Ankylosauridae, A New Family of Armored Dinosaurs from the Upper Cretaceous. — Bull. Amer. Mus. Nat. Hist., XXIV, Art. XII, New-York, 1908, p. 187—201.

panzers steht bei den Dasypodiden die Größenzunahme und Richtungs-
änderung der Metapophysen.

Bei den meisten Reptilien ist ein epidermaler, aus Hornschildern
bestehender Panzer vorhanden, der bei einzelnen von einer knöchernen

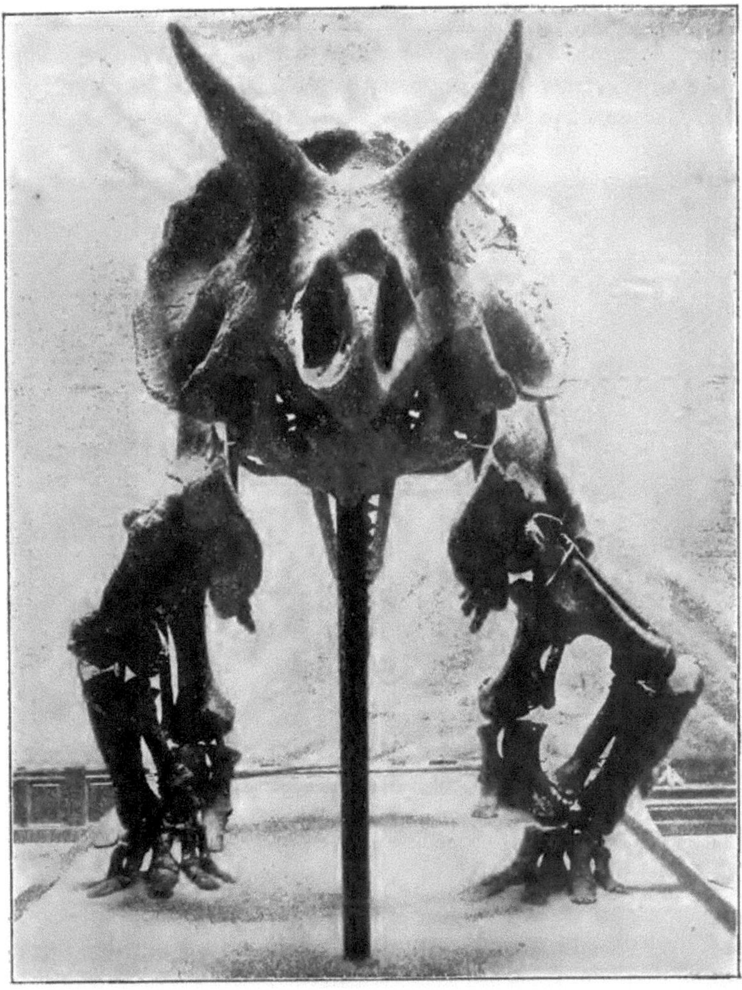

Fig. 436. Triceratops prorsus, montiertes Skelett im U. S. Nat. Museum in Washington.
(Nach C. W. Gilmore, aus B. Brown, 1906.)

Grundlage gestützt wird. Solche Knochenschilder finden wir bei den
Krokodilen, Aëtosauriden, Dinosauriern (bei einzelnen Gruppen der
Orthopoden), Schildkröten, Cotylosauriern (Diadectes, Beginn des
Schildkrötenkarapax) und Placodontiern (Placochelys, ? Psephoderma).
Besonders starke Spezialisationen erfahren die Panzerplatten der

orthopoden Dinosauriergattungen Stegosaurus, Polacanthus, Scelido-
saurus, Ankylosaurus und anderen Gattungen der Stegosauriden. Bei
Stegosaurus sind gewaltige, dreieckige Knochenplatten in der Rücken-
linie in zwei parallelen Reihen angeordnet, die am Schwanzende in vier
Paar spitze Knochenstacheln übergehen, welche jedenfalls als wirksame
Verteidigungswaffe funktionierten.

Bei Polacanthus aus dem Wealden Englands ist die Lenden- und
Sacralregion von einem Glyptodonartigen Knochenpanzer eingeschlossen,
während die übrigen Partien der Oberseite von Hals, Rücken und

Fig. 437. Schädel von Triceratops calicornis, Marsh, Oberste Kreide (Laramie Beds) Nordamerikas.
von links. (Nach C. W. G i l l m o r e, 1906.)

Schwanz mit zwei parallelen Reihen von Knochenstacheln besetzt waren.

Bei Ankylosaurus ist der Körper mit Knochenplatten gepanzert,
die oval und auf der Außenseite gekielt sind.

Da alle Stegosauriden, wie aus ihrem Gebiß unzweifelhaft hervorgeht,
herbivor waren, so bildete ihr Körperpanzer jedenfalls eine Schutzwaffe
gegen die Angriffe der großen Raubdinosaurier.

Die Nackenschutzplatten der Ceratopsiden.

Bei der herbivoren Familie der Ceratopsiden, welche zu den orthc-
poden Dinosauriern gehören, ist der Schädel an seinem Hinterrande
zu einer mächtigen Nackenschutzplatte vergrößert (Fig. 436, 437),

die bei einzelnen Arten wie Triceratops flabellatus aus den Laramie Beds (oberste Kreide) von Montana in Nordamerika am Rande mit stumpfen Knochenkegeln besetzt ist. Zu derselben Familie gehören die Gattungen Monoclonius, Diceratops, Centrosaurus, Torosaurus, Agathaumas und Ceratops, welche sämtlich mit Nackenschutzplatten versehen sind; alle Ceratopsiden gehören der oberen Kreide an.

Schutzmittel gegen Angriffe von Feinden auf die Halsregion sind bei verschiedenen Reptilien in Form von Knochenhöckern und Stacheln am Hinterrande des Schädels ausgebildet. Beispiele solcher Schutzmittel bei fossilen Reptilien sind die Schildkrötengattung Miolania (Unterordnung der Pleurodiren) aus dem Plistozän und Pliozän (?) des antarktischen Gebietes (Patagonien, Neusüdwales, Queensland, Lord Howe Island), Placochelys placodonta aus der Ordnung der Placodonta (oberste Trias des Bakonywaldes am Plattensee) und Elginia.

Flossenstacheln als Waffen.

Bei einzelnen Fischen werden die Flossenstacheln als Waffen verwendet, die mitunter auch für den Menschen sehr gefährlich werden können. Das ist namentlich der Fall bei den Rochen aus der Familie der Trygoniden und Myliobatiden; der peitschenartig bewegliche, sehr dünne Schwanz trägt ein bis zwei sehr lange spitze Rückenflossenstacheln, deren Seitenränder tief gezackt oder gezähnt sind. Russell J. C o l e s hat erst vor kurzem eine anschauliche Schilderung von Aëtobatis narinari entworfen [1]) und selbst Gelegenheit gehabt, die Wirkung der Stachelschläge dieses „Spotted Sting Ray" zu erproben. Der die Stacheln überziehende Schleim ist giftig, aber Giftdrüsen sind bei den Rochen noch nicht beobachtet worden.

Namentlich unter den Elasmobranchiern finden sich bei Angehörigen verschiedener lebender Familien Flossenstacheln, die als Waffen dienen. Dies ist der Fall bei den schon genannten Rochenfamilien (Trygonidae, Myliobatidae), Haifischen (Spinacidae, Cestracionidae) und Holocephalen (Chimaeridae). Seltener ist die Verwendung von Flossenstrahlen als Waffen bei den Teleostomen; hervorzuheben wären einzelne Formen der gepanzerten Welse (Siluridae) der nahe verwandten Loricariidae und Aspredinidae, die Gastrosteidae (Stichlinge), Trachinidae und Batrachidae. Bei Thalassophryne reticulata (Fam. Batrachidae) von den Küsten Zentralamerikas sind die zwei Dorsalstacheln und der Opercularstachel ausgehöhlt; an ihrer Basis liegen Giftdrüsen, deren Sekret durch einen Druck auf den Stachel und somit auch auf die Drüsen in den Stachelkanal eindringt und aus der Öffnung am Stachelende in

---

[1]) Russell J. C o l e s: Observations on the Habits and Distribution of Certain Fishes taken on the Coast of North Carolina. — Bull. Amer. Mus. Nat. Hist. XXVIII, Art. 28, New York, Nov. 17, 1910, p. 337—348.

die Wunde eingeführt wird. Auch bei den Trachiniden sind solche Giftdrüsen vorhanden und zwar stehen sie bei Trachinus draco und T. vipera
in Verbindung mit dem tief gefurchten Stachel des Operculums und den
5—6 Stacheln der vorderen Dorsalflosse.

Über die ethologische Bedeutung der Flossenstacheln und Kopfstacheln der lebenden Fische wissen wir noch sehr wenig. Wir wissen
nicht, ob und wie Balistes, Ostracion, Macrorhamphosus (Centriscus aut.)
und eine Reihe anderer Fische ihre teilweise mit Zacken und Widerhaken
bewehrten Stacheln als Waffen benützen und auch von der Funktion
der Kopfstacheln und Rückenstacheln der Chimaeriden wissen wir
noch recht wenig. Wir können nur soviel sagen, daß der bewegliche
und mit Zähnen besetzte Kopfstachel des Chimaeramännchens nicht
dieselbe Aufgabe zu erfüllen hat wie der überaus ähnlich geformte
Kopfvorsprung des Kurtus Gul-liveri-Männ-chens, der nach den Untersuch-ungen von M. Weber zum Festhalten der Eier dient. [1]

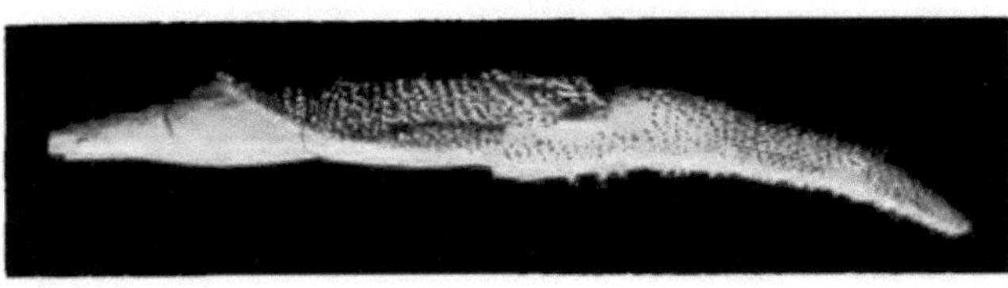

Fig. 438. Rückenflossenstachel eines Cestracioniden (Asteracanthus ornatissimus)
aus dem Oxfordien (Oberjura) von England. Exemplar im Paläont. Inst. der
Wiener Universität. (Phot. von Ing. Fr. Hafferl.) Ungefähr 1/4 Nat. Gr.

Wir können daher auch über die Funktion der gleichartigen Kopfstacheln
bei f o s s i l e n Chimaeridenmännchen (z. B. Ischyodus avitus H. v. Mey.
aus dem lithographischen Schiefer von Eichstätt in Bayern) kein Urteil
gewinnen. Soviel steht allerdings fest, daß dieser Apparat ein sekundärer
Sexualcharakter sein muß, da er den Weibchen ebenso fehlt wie der
Klammerapparat der Bauchflossen.

Der Mangel eingehender Kenntnisse über die ethologische Bedeutung
der Flossenstacheln bei Selachiern und Holocephalen erschwert die
Deutung der Stacheln bei den fossilen Elasmobranchiern sehr bedeutend.
Trotzdem will ich auf einige Erscheinungen hinweisen, die bei einzelnen
fossilen Formen für eine Verwendung der Stacheln als W a f f e n
sprechen.

Wenn wir die verschiedenen Rückenflossenstacheln der fossilen
Chimaeriden mit jenen der lebenden vergleichen, so zeigt sich, daß alle
älteren Formen s t a r k gezackte, die jüngeren aber sehr s c h w a c h
gezähnte Stacheln besitzen. Wir finden dasselbe bei einem Vergleiche
der fossilen und lebenden Cestracioniden und zwar ist hier der Gegensatz
zwischen den Stacheln von Hybodus Hauffianus aus dem Oberlias
von Holzmaden und dem lebenden Ostracion (Heterodontus) Philippii

[1] M. W e b e r: A New Case of Parental Care among Fishes. — Koninkl.
Akad. van Wetenschappen, Amsterdam, (22. Dec. 1910) p. 583—587.

noch auffallender; hier liegen zwei Zahnreihen am Hinterrande des Flossenstachels, die schon bei dem oberjurassischen Asteracanthus ornatissimus Ag. unverkennbar rudimentär geworden sind (Fig. 438).

Das deutet doch wohl darauf hin, daß bei den älteren Formen die Zähne der Dorsalstacheln (es sind echte, schmelzbedeckte Z ä h n e) noch eine funktionelle Bedeutung besaßen, die später verloren ging. Schon bei Hybodus macht sich diese Reduktion deutlich bemerkbar.

Wenn wir weiter zurückgehen, so finden wir in der Steinkohlenformation gewaltige Stacheln, die wohl nur von Elasmobranchiern herrühren können und die mit großen, scharfschneidenden Zähnen besetzt sind.

Die erste dieser merkwürdigen Flossenstacheltypen ist Edestus Heinrichsii aus der Steinkohlenformation Nordamerikas (Fig. 439).

Das eigentümliche Gebilde besteht aus einer größeren Zahl s e p a r a t e r gegabelter Vasodentinsockel, deren Spitze von einem zwei-schneidigen und an den Schneiden tief gekerbten Zahn gebildet wird. Alle diese Elemente schließen sich dicht aneinander und bilden einen im Querschnitt eiförmigen,

Fig. 439. Edestus crenulatus, Hay. Steinkohlenformation von Illinois. (Nach O. P. H a y, 1909.) Ungefähr ⁴/₁₀ Nat. Gr.

im Profil bananenförmigen Körper, der bilateral symmetrisch gebaut und auf einer Seite mit Zähnen besetzt ist.

Die Strukturverhältnisse dieses Fossilrestes sprechen in überzeugender Weise dafür, d a ß d a s G e b i l d e d e r m e d i a n e n S y m m e -t r i e e b e n e d e s K ö r p e r s a n g e h ö r t. Mit dem Gebiß und dem Schädel überhaupt kann es kaum in Verbindung gebracht werden, wie dies verschiedene Paläontologen vermuteten. Die einzige mögliche Deutung ist die, welche L e i d y , H i t c h c o c k , O w e n , N e w-b e r r y , B a s h f o r d D e a n und zuletzt H a y gegeben haben; es muß ein verschmolzener Komplex mehrerer Rückenstacheln eines fossilen Elasmobranchiers und zwar eines Selachiers sein, die statt mehrerer Zähne (wie z. B. Hybodus) nur einen einzigen auf dem distalen Ende trugen. An eine intersymphyseale Zahnreihe wie bei Campodus ist hier kaum zu denken.

An Edestus reiht sich ohne Zweifel Lissoprion, Toxoprion und Helicoprion an. Wenn sich auch diese Gebilde durch die Einrollung zu einer Spirale von Edestus unterscheiden, so sind doch die Strukturverhältnisse aller vier genannten Gattungen durchaus dieselben.

Die merkwürdigste Form und wohl einer der abenteuerlichsten Fossilreste überhaupt ist Helicoprion Bessonowi Karpinsky aus dem Permokarbon von Krasnoufimsk im Ural [1]) (Fig. 440). Das Gebilde macht den Eindruck eines evoluten Kreideammoniten (z. B. Crioceras), dessen Externseite bezahnt ist. Der Durchmesser der Spirale beträgt 26 cm, die Gesamtzahl der Zähne etwa 180. Bei Lissoprion Ferrieri Hay aus dem Karbon (Preuß-Formation) von Thomas Fork in Wyoming sind zwar nur 86 Zähne vorhanden, aber der Gesamtcharakter ist derselbe, ebenso bei Toxoprion Lecontei Dean. Ich bin im Zweifel, ob nicht die generischen

Fig. 440. Helicoprion Bessonowi, Karpinsky. Unteres Perm (Artinsk-Stufe), Rußland. (Nach Karpinsky.) ½ Nat. Gr.

und spezifischen Unterschiede durch verschiedenes Alter der Individuen zu erklären sind.

Diese Spiralen müssen f r e i und nur mit der sehr dicken und starken Basis im Körper befestigt gewesen sein. Die zuletzt mit guten Gründen von O. P. H a y [2]) vertretene Ansicht, daß diese Spiralen vor der Dorsalflosse standen und als Angriffswaffen dienten, scheint mir von allen sehr divergierenden Anschauungen über die morphologische

---

[1]) A. K a r p i n s k y: Über die Reste von Edestiden und die neue Gattung Helicoprion. — Verh. d. K. russ. mineral. Ges. zu St. Petersburg (2), XXXVI, No. 2, 1899.

[2]) O. P. H a y: On the Nature of Edestus and Related Genera, with Descriptions of one New Genus and three New Species. — Proc. U. S. Nat. Mus., XXXVII, Washington 1909, p. 43—61, Pl. XII—XV.

und ethologische Bedeutung dieser Gebilde die richtigste zu sein. Schon H. T r a u t s c h o l d hatte in seinen Studien über Edestidenreste die Vermutung ausgesprochen, daß diese Haie ihre Opfer von unten angriffen, um ihnen den Bauch auf-zuschlitzen. Eine ganz gleichartige Art des Angriffs finden wir auch bei Gastrosteus (nach einer Mitteilung von Dr. G i l l).

Während die Edestiden einen Flossenstacheltypus repräsentieren, bei dem die Zähne nach oben und v o r n e gewendet waren, finden wir mit Ausnahme der Kopfstacheln der Chimaeriden bei den übrigen

Fig. 441. Harpacanthus fimbriatus Stock ein Flossenstachel eines Selachiers aus der Stein-kohlenformation von Gilmerton bei Edinburgh. (Nach R. H. T r a q u a i r, 1886.) Nat. Gr.

fossilen Elasmobranchiern die Zähne auf der R ü c k s e i t e der Stacheln, die entweder geradegestreckt oder nach hinten gekrümmt sind. Die

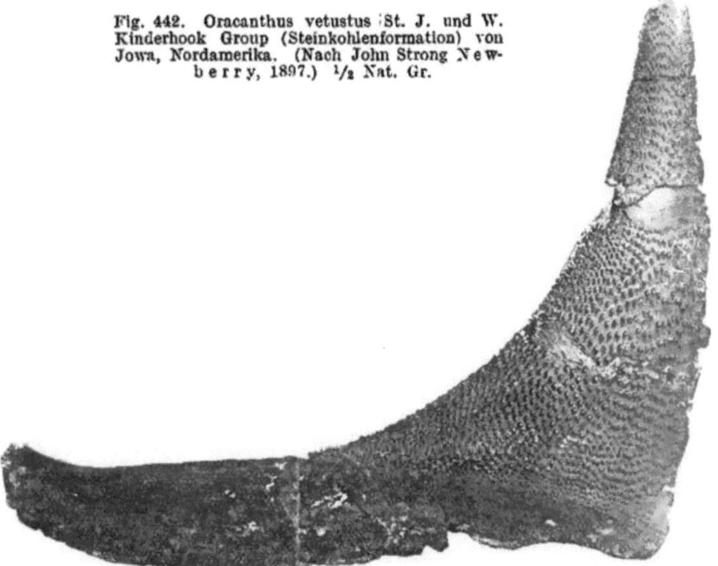

Fig. 442. Oracanthus vetustus 'St. J. und W. Kinderhook Group (Steinkohlenformation) von Jowa, Nordamerika. (Nach John Strong N e w-b e r r y, 1897.) ½ Nat. Gr.

stärkste Krümmung besitzt Harpacanthus fimbriatus Stock aus dem Karbonkalk von Gilmerton bei Edinburgh [1]) (Fig. 441).

Ein anderer, sehr merkwürdiger Dorsalstacheltypus ist Oracanthus vetustus Leidy aus der Steinkohlenformation (Kinderhook Group) von Jowa, Nordamerika. [2]) Der Stachel ist seitlich stark komprimiert,

[1]) R. H. T r a q u a i r: On Harpacanthus, a New Genus of Carboniferous Selachian Spines. — Ann. Mag. Nat. Hist., London, Dec. 1886, p. 493—496.

[2]) J. Strong N e w b e r r y: Contributions from the Geol. Dept. of Columbia Univ., No. XLV.—Transact. N. Y. Acad. Sci., July 20, 1897, pag. 285, Pl. XXII, Fig. 3.

wie ein Rinderhorn profiliert und saß mit sehr langer Basis in der Haut (Fig. 442).

Ein mit großen, teils granulierten und gezähnten, teils glatten Stacheln bewehrter Elasmobranchier ist Menaspis armata Ewald aus dem permischen Kupferschiefer des Glückaufer Reviers (Martinschacht) am Harz (Fig. 443). Die Form des vordersten, sehr kräftigen Stachelpaares erinnert auffallend an die kräftigen, gezackten Brustflossenstacheln einiger gepanzerter lebender Siluriden (z. B. Doras) oder Asprediniden (z. B. Aspredo).

Schon bei Ostracodermen finden wir bewegliche Rückenflossenstacheln. Es ist schwer, sie für etwas anderes anzusehen als für Waffen; in den meisten Fällen haben wohl die starken, gezähnten oder ungezähnten Stacheln der

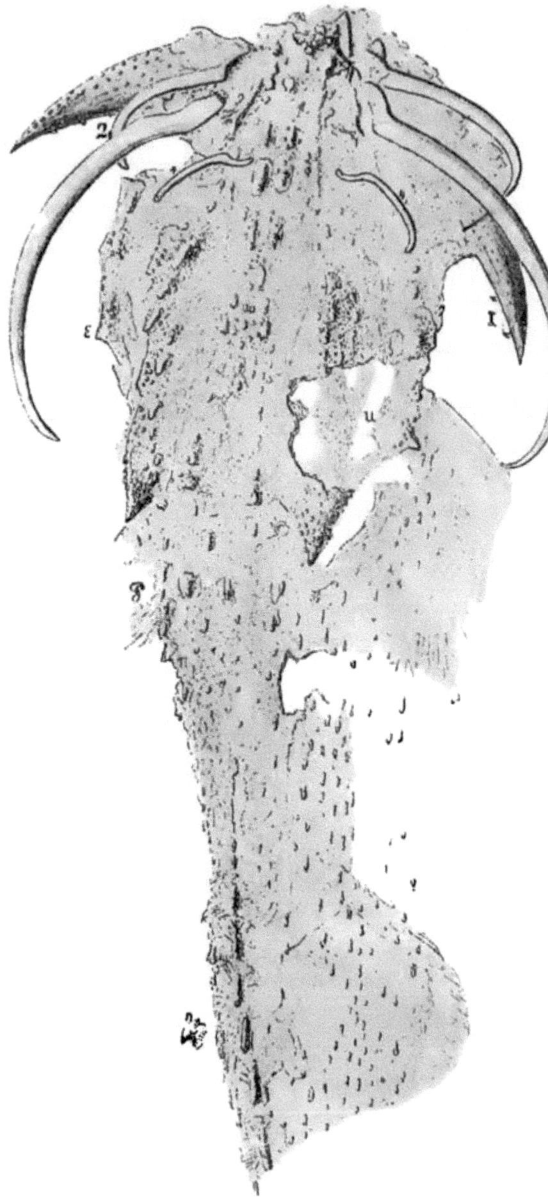

Fig. 443. Menaspis armata, Ewald, aus dem Kupferschiefer (Martinschacht) des Glückaufer Reviers im Harz (Perm). (Nach O. Jaekel, 1891). Nat. Gr.

Brustflossen oder Rückenflossen, Kopfstacheln (z. B. beim männlichen Myriacanthus und Squaloraja, zwei unterliassischen Chimaeridengattungen) als Waffen gedient, zum Teil vielleicht nur beim Paarungskampfe. Über alle diese Fragen werden wir erst sichere Aufschlüsse erhalten, wenn die lebenden Formen in ethologischer Hinsicht besser studiert sein werden.

Eines ist aber jedenfalls zu beachten. Die weitaus größte Mehrzahl von mit Stacheln bewehrten lebenden und fossilen Fischen sind B o d e n - b e w o h n e r und zwar vorwiegend D u r o p h a g e n. Das ist der Fall bei den Trygoniden und Cestracioniden, Chimaeriden, der durch Menaspis vertretenen Familie der Trachyacanthiden und den Pleuracanthiden; auch die Trachiniden und Batrachiden (speziell Thalassophryne) sind Grundfische. Die mit Dorsalstacheln versehenen Spinacidengattungen Acanthias, Centrina, Centrophorus, Spinax, Centroscyllium und Paracentroscyllium (Bai von Bengalen in 285—405 Faden Tiefe)

Fig. 444 a. Rekonstruktion eines Pelycosauriers. Naosaurus claviger, aus dem Perm von Texas. Körperlänge 2.62 m. (Photographie des Modelles von Ch. R. K n i g h t im Am. Mus. Nat. Hist. in New-York, angefertigt unter der Leitung von H. F. O s b o r n.)

sind aber keine Grundfische und ebenso ist auch Gastrosteus kein Bodenbewohner. Auch Pteraspis ist kaum als Grundfisch anzusehen. Immerhin deutet das Auftreten von Stachelwaffen bei so vielen benthonischen Gruppen darauf hin, daß es sich bei diesen Formen meist um Verteidigungswaffen gegen von oben her erfolgende Angriffe handeln dürfte. Die Spinaciden stammen wahrscheinlich von Grundfischen ab.

Körperstacheln als Schutzwaffen.

Bei einzelnen fossilen Reptilien finden sich an verschiedenen Stellen des Körpers, namentlich am Hinterrande des Schädels, am Halse, Rücken und Schwanz Knochenstacheln, die in den meisten Fällen mit verhornter Epidermis bedeckt gewesen sind. Einzelne Beispiele solcher gestachelter Reptilien sind bereits genannt worden; die merkwürdigste Form von allen derart bewehrten fossilen Formen sind die Pelycosauria der Permformation, von denen vereinzelte Reste in Europa, die meisten und am besten erhaltenen Skelette aber in Nordamerika und zwar in Texas gefunden worden sind.

Die Körperwehr dieser carnivoren Reptilien bestand aus den enorm verlängerten Dornfortsätzen der Wirbel, die bei einzelnen Gattungen als einfache Spieße in die Höhe streben, während bei anderen wie Naosaurus claviger diese Spieße noch Seitenstacheln tragen (Fig. 444).

In der unter der Leitung von H. F. Osborn von Charles Knight ausgeführten Rekonstruktion[1]) stehen die Rückenwirbelstacheln in einer Reihe. Offenbar ist diese Rekonstruktion richtiger als jene, welche O. Jaekel vor einiger Zeit entwarf, in der die Dornfortsätze der Rükkenwirbel nicht in einer Ebene liegen, sondern nach verschiedenen Seiten abstanden.[2]) Die Rekonstruktion wurde später von O. Jaekel abgeändert,[3]) so daß die Divergenz der Dornfortsätze nicht mehr so kraß wie in der früheren Zeichnung, aber immer noch bedeutend stärker ist als nach der Auffassung der nordamerikanischen Paläozoologen.[4]) Ich bin aus dem Grunde anderer Meinung als Jaekel, weil die Verbindung der Rückenwirbel durch starke Zygapophysen

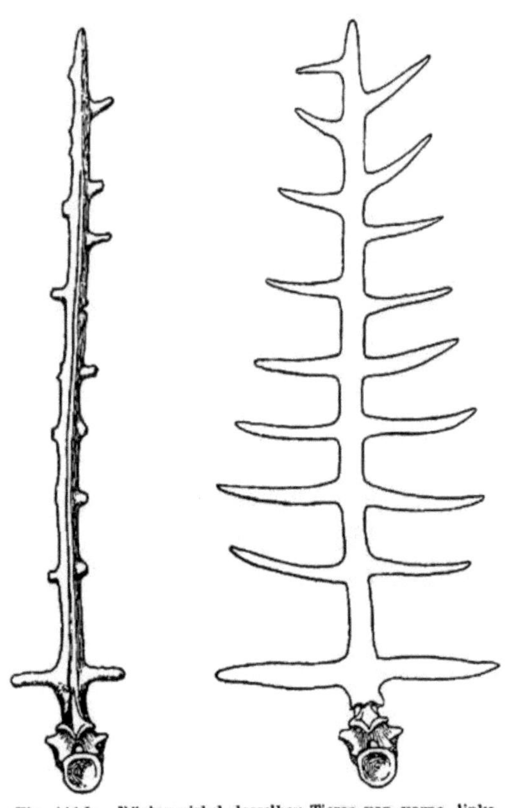

Fig. 444 b. Rückenwirbel desselben Tieres von vorne, links Original, rechts mit Hautbedeckung rekonstruiert.

[1]) H. F. Osborn: A mounted Skeleton of Naosaurus, a Pelycosaur from the Permian of Texas. — Bull. Amer. Mus. Nat. Hist., XXIII, Art. 14, New York 1907, p. 265.

[2]) O. Jaekel: Über die Bedeutung der Wirbelstacheln der Naosauriden. — Zeitschrift d. Deutsch. Geol. Ges. Protokoll Mai 1905, p. CXCII.

[3]) O. Jaekel: Naosaurus Credneri im Rotliegenden von Sachsen. — Ibidem, 1910, p. DXXVI.

[4]) E. C. Case: Revision of the Pelycosauria of North America. — Carnegie Institution of Washington, Publ. No. 55, Washington 1907.

erfolgt, die eine seitliche Verschiebung der Wirbel und somit der Dornfortsätze kaum gestattet haben können. Dagegen pflichte ich J a e k e l vollkommen bei, wenn er die Pelycosaurier für träge auf dem Boden dahinschleichende Reptilien hält und ihre weite geographische Verbreitung als Zeichen dafür ansieht, daß diese Reptilien vor Angriffen erfolgreich geschützt waren. Weiters halte ich mit J a e k e l das Vorhandensein einer die Dornfortsätze verbindenden Haut für unwahrscheinlich.

Die knöchernen Seitenvorsprünge der Dornfortsätze bei Naosaurus dürften wohl als Basen langer horniger Stacheln anzusehen sein, die seitlich abstanden und auf diese Weise das Tier auch gegen Seitenangriffe geschützt haben müssen. Bei einer neuen Rekonstruktion von Naosaurus werden diese Seitenstacheln der Dornfortsätze wohl stärker zum Ausdruck gebracht werden müssen als dies bisher der Fall war. [1]

Die Zähne als Waffen.

Bei dem großen Heer der fleischfressenden Räuber unter den Wirbeltieren sind die Zähne, soweit es sich nicht um Aasfresser wie die Hyänen handelt, die wichtigsten Angriffswaffen. Entweder sind viele Zähne als Angriffszähne ausgebildet wie bei den Fischen oder es sind einzelne Zahngruppen ganz besonders als Angriffswaffen ausgebildet wie die Eckzähne oder Reißzähne der katzenartigen Raubtiere.

Den höchsten Spezialisationsgrad unter solchen einzelnen Zahngruppen haben die Zähne der räuberischen Theromorphen und Carnivoren, vor allem aber die Eckzähne der Machairodontiden oder Säbelzahntiger erreicht, von deren Ernährungsart schon früher die Rede war.

Bei einzelnen Huftieren werden die Eckzähne zu Hauern ausgebildet, die als wirksame Verteidigungswaffe dienen. Solche Hauer finden sich bei den Schweinen, wo sie auch beim Aufreißen und Lockern des Bodens, der Wurzeln und dergl. gebraucht werden; gewaltige Hauer sind bei den Amblypoden, einer vollständig erloschenen Unterordnung der Huftiere entwickelt. Beispiele dafür sind die Gattungen Coryphodon und Uintatherium (= Dinoceras). Sicher waren diese Formen herbivor, wie aus ihrem Mahlzahngebiß hervorgeht, aber die primitivste Gruppe der Amblypoden, die Pantolambdiden (= Taligraden) aus dem untersten Eozän Nordamerikas hat ein durchaus raubtierartiges Gebiß und überhaupt Raubtiermerkmale besessen. Die Konservierung der Eckzähne als Hauwaffen bei den jüngeren Amblypoden ist als Beweis dafür anzusehen, daß die Amblypoden stets wehrhafte Tiere gewesen sind. Viele sind durch starke Schädelprotuberanzen gekennzeichnet wie Uintatherium und Loxolophodon.

Weitere Beispiele für eine hauerartige Entwicklung der E c k-

---

[1] O. A b e l: Angriffswaffen und Verteidigungsmittel fossiler Wirbeltiere — Verh. k. k. zool. bot. Ges. Wien, LVIII. Bd., 1908, p. (216).

z ä h n e sind das Walroß und für die Ausbildung eines Eckzahns zu einem Stoßzahn der Narwal. Daß der Stoßzahn des Narwals wirklich als Waffe gebraucht wird, beweisen die zahlreichen Verletzungen, die an Narwalzähnen zu beobachten sind. Offenbar kämpfen die Männchen mit diesen Stoßzähnen untereinander um den Besitz der Weibchen, bei denen die Eckzähne rudimentär sind. Ebensolche Kämpfe finden

Fig. 445. Skelett von Elephas Columbi Falc. aus dem nordamerikanischen Plistozän. Original im Am. Mus. Nat. Hist. in New-York. (Nach H. F. O s b o r n.)

unter den Ziphiiden oder Schnabelwalen bei den Gattungen Mesoplodon, Ziphius und Berardius statt.

In anderen Gruppen sind die S c h n e i d e z ä h n e als Hau- oder Stoßwaffen entwickelt. Hauwaffen sind die Schneidezähne der Dugongbullen, Stoßwaffen die Schneidezähne der Elefanten.

Beim Mammut sind die Zähne so stark gekrümmt, daß daraus mit Sicherheit hervorgeht, daß sie nicht mehr als Waffe gedient haben können. Besonders deutlich zeigt dies das Kolumbusmammut aus dem Plistozän Nordamerikas, bei dem sich die stark eingerollten riesigen Zähne mit ihren Enden kreuzen (Fig. 445).

Schädelzapfen als Waffen.

Bei einer sehr großen Zahl fossiler und lebender Huftiere, aber auch bei fossilen Nagetieren, ferner bei verschiedenen Gruppen fossiler, seltener bei lebenden Reptilien (Schlangen, Chamäleone) treten an verschiedenen Stellen der Schädeloberseite und zwar meist auf der Stirne und dem Scheitel, seltener auf der Nase Höcker, Knochenzapfen, Geweihe oder Hörner auf.

In den meisten Fällen werden diese Protuberanzen als Waffen benützt und sind in der Regel bei den Männchen stärker entwickelt als bei den Weibchen.

Daß die Entstehung dieser Schädelprotuberanzen nicht als reizbedingte Anpassung an das Kämpfen mit den Schädeln anzusehen ist, zum mindesten nicht in allen Fällen, lehrt das spontane Auftreten von Hörnern bei Pferden, die wiederholt beobachtet worden sind und in zwei von A z a r a [1]) in Südamerika beobachteten Fällen 8, beziehentlich 10 cm Länge erreichten. Die Entstehung dieser Hörner beim Pferde ist eine gelegentlich auftretende sprunghafte Abweichung, die in keiner

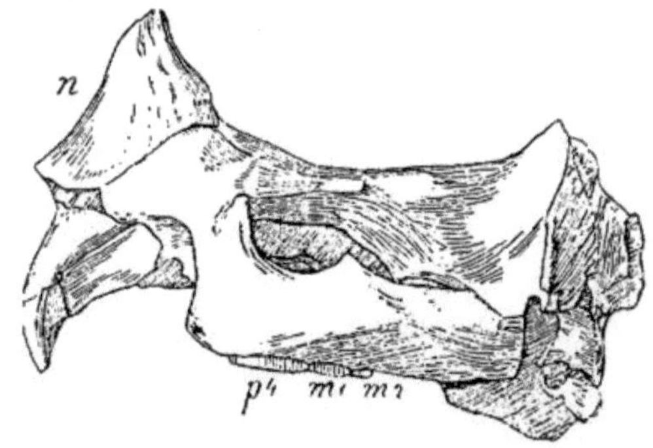

Fig. 446. Ceratogaulus rhinocerus, Matthew, aus dem Mittelmiozän von Pawnee Buttes, Colorado. (Nach W. D. Matthew.) Nat. Gr.

Beziehung zur Lebensweise und Kampfesweise steht, weil die Hengste sich nur durch Bisse und durch Schlagen der Vorderhufe, niemals aber durch Schädelstöße bekämpfen.

In manchen Fällen werden die Schädelvorsprünge niemals als Waffen verwendet, wie bei den Giraffen, deren einziges Angriffs- und Verteidigungsmittel Hufschläge sind. [2])

Bei anderen gehörnten Tieren ist aber die Entstehung und Ausbildung von epidermalen Hörnern oder knöchernen Schädelzapfen doch wohl auf einen andauernden Reiz der betreffenden Schädelpartie beim Wühlen im Boden oder Aneinanderstoßen der Schädel bei Kämpfen zwischen Artgenossen und zwar zwischen Männchen zu erklären.

Die Entstehung der knöchernen Nasenzapfen bei den ausgestorbenen

[1]) Ch. D a r w i n hat in „Variieren der Tiere und Pflanzen", I. Bd., 2. Kapitel, mehrere derartige Fälle zusammengestellt.

[2]) A. B r e h m, Tierleben, 3. Aufl., 3. Band 1891, p. 137.

Nagetiergattungen Ceratogaulus [1]) und Epigaulus [2]) der Familie Myla-
gaulidae (Fig. 446) scheint durch das Wühlen und Graben provoziert
worden zu sein; diese Nagetiere waren vorzügliche Grabtiere, wie
ihre wohlentwickelten Fingerkrallen beweisen. Ob die Männchen
stärkere Nasenzapfen besaßen als die Weibchen, wird erst durch weitere
Funde festgestellt werden müssen.

Auch die Nashörner dürften in ähnlicher Weise die Entstehung
ihrer Nasenhörner einem fortdauernd auf die Nasenbeine wirkenden
Reiz beim Lockern und Aufwühlen von Gesträuchwurzeln verdanken.
B r e h m [3]) teilt mit, daß sich die Hörner durch fortwährendes Wetzen
nach hinten abbiegen und an gefangenen wie an freilebenden Rhino-
ceronten findet man häufig die Hörner bis auf einen kleinen Stummel
abgeschliffen.

Die Verwendung der Nasenhörner als Waffen bei den Rhinocerotiden scheint erst sekundären Ursprungs zu sein. Für diese Auffassung spricht namentlich das gleichmäßige Auftreten der Hörner bei
beiden Geschlechtern.

Hingegen ist wohl die Entwicklung der Schädelzapfen bei den Hohl-
hörnern und zwar insbesondere bei den Schafen und Ziegen auf den
Reiz zurückzuführen, der auf die Schädelknochen durch das Stoßen der
Schädel gegeneinander bei den kämpfenden Männchen ausgeübt wurde.
Daher sind auch bei allen wildlebenden Ziegen, Schafen, den Moschus-
ochsen, Rindern usw. die H o r n b a s e n am kräftigsten entwickelt.

Wenn auch in vielen Fällen die Entstehungsursache der Schädelzapfen noch unaufgeklärt ist, so haben uns doch die bisher erörterten
Fälle gezeigt, daß diese Spezialisation auf sehr verschiedene Weise
entsteht und daß sie entweder durch einen andauernden Reiz beim
Graben und Wühlen oder durch Reize der Schädelknochen bei Paarungskämpfen provoziert ist oder endlich auch ganz spontan auftreten kann.

Es ist wichtig, dies auseinander zu halten, um nicht in den Fehler
zu verfallen, die Entstehung aller Schädelprotuberanzen auf die gleiche
Ursache zurückzuführen.

Ich will einzelne Fälle erwähnen, in denen bei fossilen Formen
besonders auffallende Schädelvorsprünge auftreten, die in den meisten
Fällen als Waffen verwendet worden sein dürften.

Eine sehr merkwürdige gehörnte Reptilgattung ist Tetraceratops

---

[1]) J. W. G i d l e y: A New Horned Rodent from the Miocene of Kansas.
— Proc. U. S. Nat. Mus. XXXII, No. 1554, June 29, 1907, Washington 1907,
p. 627, Pl. LVIII—LXV.

[2]) W. D. M a t t h e w: A Horned Rodent from the Colorado Miocene.
With a Revision of the Mylagauli, Beavers, and Hares of the American Tertiary.
— Bull. Am. Mus. Nat. Hist., Vol. XVI, Art. XXII, Sept. 25, 1902, p. 291.

[3]) B r e h m s Tierleben, 3. Aufl., 3. Bd., 1891, p. 114.

aus dem Perm von Texas. W. D. M a t t h e w [1]), dem wir die erste Beschreibung von T. insignis verdanken, hat darauf aufmerksam gemacht, daß dieser vierhörnige Pelycosaurier das erste Hornpaar auf dem Vorderende der Zwischenkiefer und das zweite auf den Praefrontalia trägt (Fig. 447).

Aus dem Gebißtypus geht in klarer Weise hervor, daß dieses Reptil ein Raubtier gewesen ist.

Das ist gewiß merkwürdig; denn bei R a u b t i e r e n , die in ihrem Gebiß allein schon eine furchtbare Angriffs- und Verteidigungswaffe besitzen, treffen wir in der Regel keine Schädelprotuberanzen an mit Ausnahme von Ceratosaurus nasicornis, einem fleischfressenden theropoden Dinosaurier aus dem Atlantosaurus Beds Nordamerikas. Die von O. C. M a r s h mitgeteilten Abbildungen des Ceratosaurusschädels zeigen, daß das Nasenhorn einen scharfen Kamm in der Mittellinie des Schädels bildete, während die beiden Praefrontalhöcker rundliche Protuberanzen darstellen (Fig. 448).

Man kann sich ganz gut vorstellen, daß der scharfkantige Nasenhöcker bei Ceratosaurus eine gefährliche Angriffswaffe bildete und geeignet war, dem angegriffenen Opfer schwere Verletzungen durch Aufreißen des Leibes beizu-

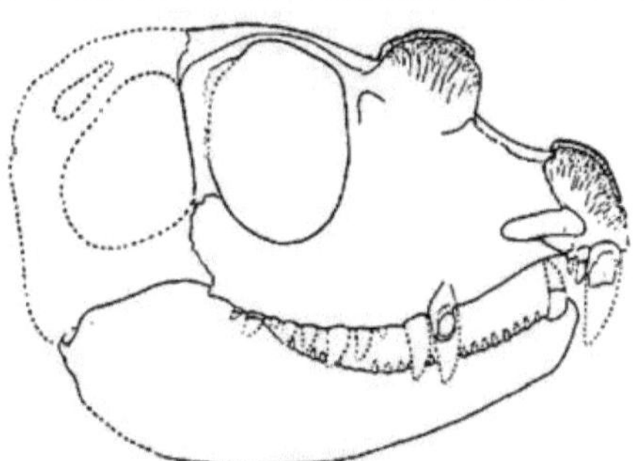

Fig. 447. Schädel eines gehörnten Pelycosauriers, Tetraceratops insignis Matthew, aus dem Perm von Texas. (Nach W. D. M a t t h e w.) $^2/_3$ Nat. Gr.

bringen. Wenn auch die Schädelprotuberanz noch mit einem epidermalen Horn überdeckt gewesen sein dürfte, so wird dieses doch jedenfalls in der Gesamtform der schmalen Basis der knöchernen Grundlage entsprochen haben und ebenfalls scharfkantig gewesen sein.

Schwieriger ist es, sich die ethologische Bedeutung der Schädelzapfen von Tetraceratops insignis aus dem Perm von Texas zu erklären. Wir haben aber zu bedenken, daß diese Pelycosaurier in den enorm verlängerten, bei Naosaurus claviger mit Lateralstacheln bewehrten Dornfortsätzen der Wirbel eine wirksame Verteidigungswaffe besessen haben und daß somit diese Reptilien sich vor den Angriffen noch stärkerer Raubtiere zu wehren hatten, als sie es selbst waren. So müssen wir vielleicht auch die zwei Schädelzapfenpaare von Tetraceratops nicht als eine Angriffswaffe im Kampfe gegen Futtertiere, sondern als eine Verteidigungswaffe ansehen. Dies wird um so wahrscheinlicher, wenn wir

[1]) W. D. M a t t h e w: A Fourhorned Pelycosaurian from the Permian of Texas. — Bull. Am. Mus. Nat. Hist., XXIV, Art. XI, Febr. 13, 1908, p. 183.

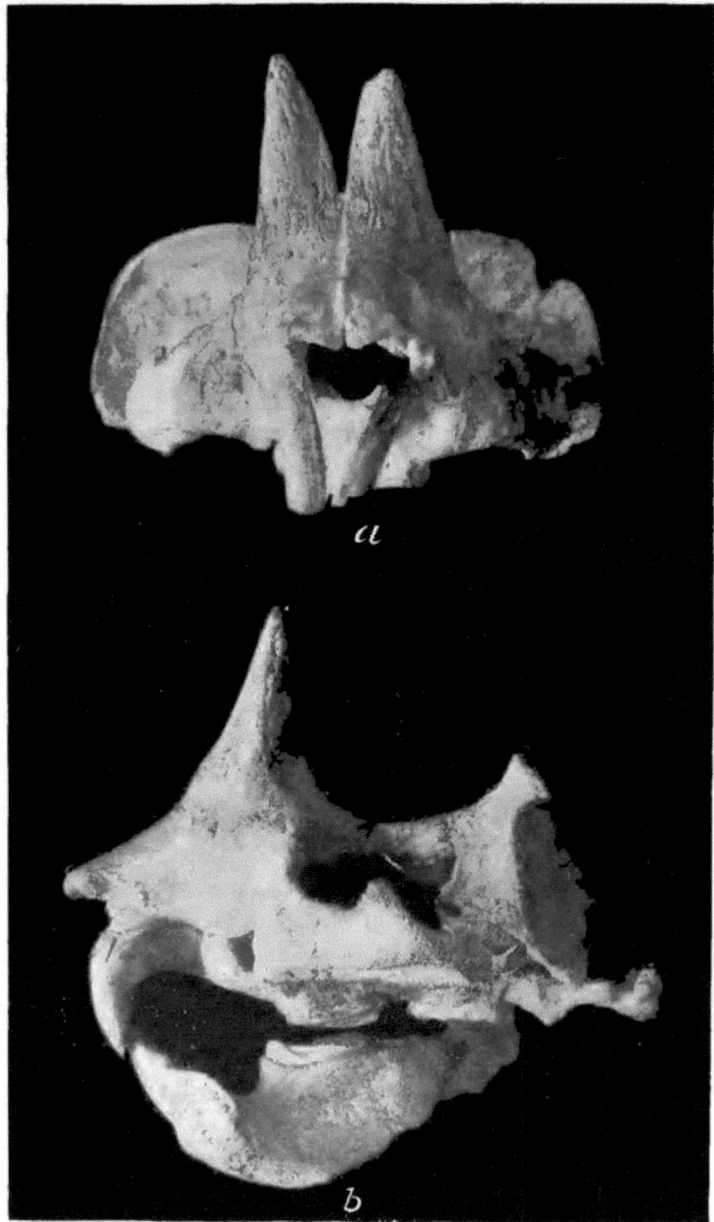

Fig. 148. Epigaulus Hatcheri, Gidley, aus dem Miozän von Kansas. a: von vorne,
b: von links. (Nach J. W. Gidley.) Nat. Gr.

bedenken, daß Tetraceratops ein relativ kleiner Pelycosaurier war, dessen
Schädel nur ungefähr 10 cm lang war.

Sehr große, spitze, an Rhinoceroshörner erinnernde Schädelzapfen finden wir bei der Dinosaurierfamilie der pflanzenfressenden Ceratopsiden, deren bestbekannter Repräsentant die Gattung Triceratops aus der oberen Kreide Nordamerikas ist. Ein gewaltiges Hornpaar, das

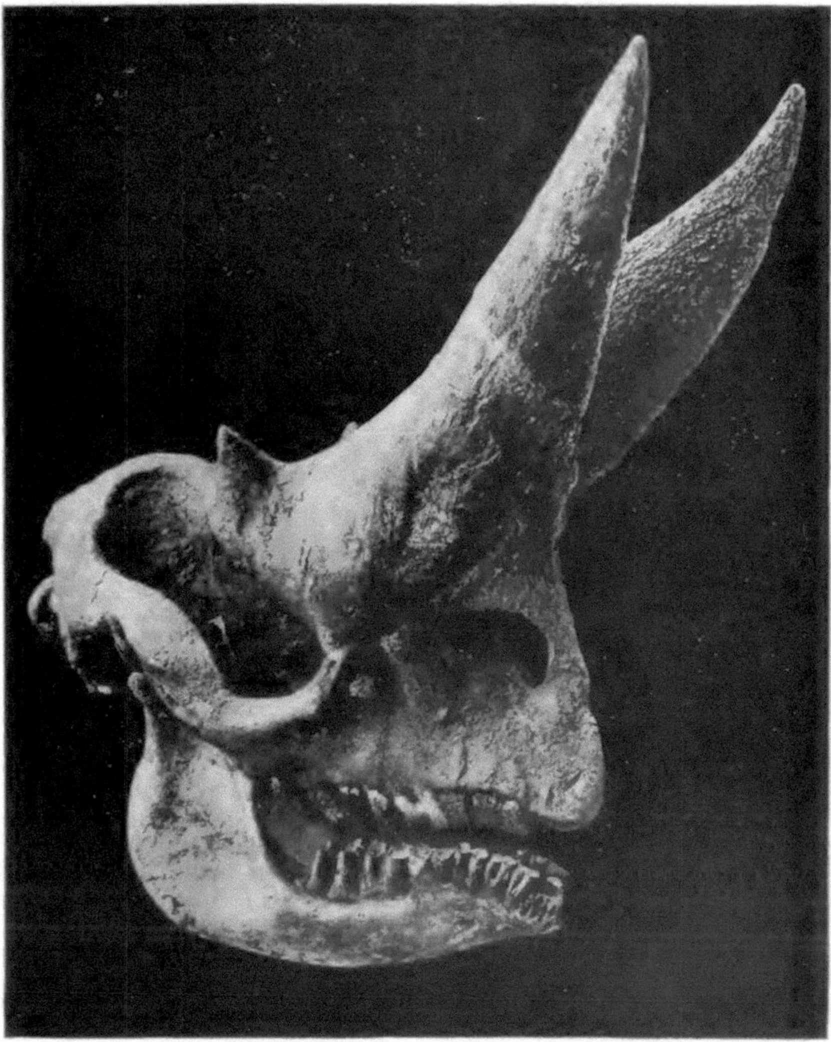

Fig. 449. Schädel von Arsinoitherium Zitteli, Beadnell, aus den obereozänen, fluviomarinen Bildungen des Fayum, Ägypten. (Nach W. A n d r e w s, 1906.)

vom Schädeldach ober und hinter den Augenhöhlen entspringt, ist steil nach oben gerichtet; die konkave Seite der Hörner sieht nach vorne, die konvexe nach hinten.

Bei einigen Ceratopsidengattungen (z. B. Triceratops) steht auch noch ein kleines unpaares Horn über den Nasenöffnungen, das bei

manchen Gattungen (z. B. Diceratops) als ganz unbedeutender Höcker
entwickelt ist. Bei allen Ceratopsiden ist der Nacken durch eine vom
Schädel aus entspringende riesige halbkreisförmige, am Rande mitunter
durch Protuberanzen bewehrte Nackenplatte geschützt.

Zweifellos müssen die Schädelprotuberanzen der Ceratopsiden eine
furchtbare Verteidigungswaffe dieser pflanzenfressenden Dinosaurier
gewesen sein; die Tiere haben sich wohl erfolgreich gegen die Angriffe
der großen Raubdinosaurier verteidigen können, zumal auch der Hals
einen wirksamen Schutz besaß.

Die verschiedenartigsten Schädelzapfen finden wir bei den Huftieren ausgebildet und zwar besaßen mehrere fossile Gruppen ganz

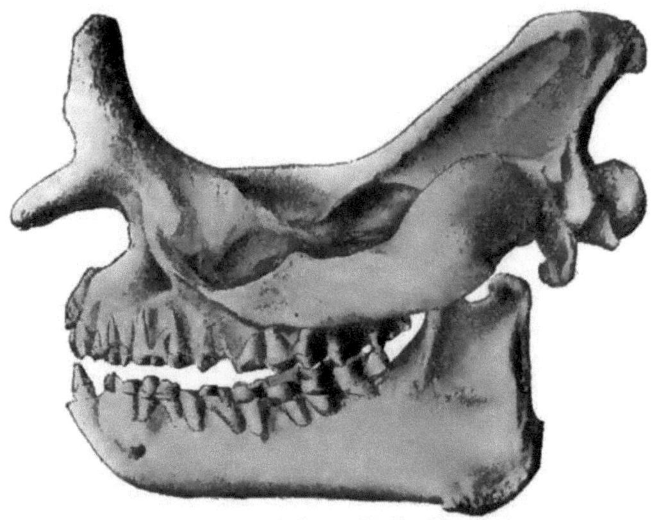

Fig. 450. Megacerops bicornutus, Osborn. Oligozän (Titanotherium Beds, Mittlerer
Teil) Nordamerikas. (Nach H F. O s b o r n 1902.) ¹/₈ Nat. Gr.

abenteuerliche Schädelzapfenformen. Die merkwürdigste dieser Formen
ist die von C. W. A n d r e w s aus dem Obereozän Ägyptens beschriebene
Gattung Arsinoitherium, welche ein riesiges Hornpaar auf den Nasenbeinen und ein kleineres auf den Stirnbeinen trug. Kein anderes lebendes
oder fossiles Wirbeltier läßt sich in der Masse und Größe dieser Nasenzapfen mit Arsinoitherium vergleichen (Fig. 449).

Eine andere Gruppe von eozänen Huftieren mit knöchernen Schädelprotuberanzen sind die Titanotherien mit paarigen Nasenzapfen (Fig. 450),
die an Größe und Höhe im Verlaufe der Stammesgeschichte der Tithano-
theriden beständig zunehmen, wie H. F. O s b o r n gezeigt hat. [1]
Bei der nordamerikanischen mittel- und obereozänen Huftiergruppe

[1] H. F. O s b o r n: The Four Phyla of Oligocene Titanotheres. — Bull.
Am. Mus. Nat. Hist. XVI. Art. VIII, Febr. 18, 1902, p. 91—109.

der Dinocerata waren nicht weniger als drei Knochenzapfenpaare auf
dem Schädel vorhanden und zwar entspringen die beiden vorderen,
kleinsten Zapfen von den Nasenbeinen, die beiden mittleren, höheren,
von den Oberkiefern und die beiden hinteren, größten und höchsten
Zapfen von den Scheitelbeinen. Neben diesen Schädelzapfen besaßen
diese Tiere, welche O. C. M a r s h Dinocerata nannte, mächtige Eckzähne im Oberkiefer, welche scharfe Schneiden zeigen und an einen
Pflanzenstecher erinnern. Die Dinoceraten (Fig. 451) waren die größten
Landtiere ihrer Zeit und standen einem lebenden Elefanten an Größe
nicht nach; zu den merkwürdigsten Arten gehört Uintatherium mirabile
aus dem oberen Bridger-Eozän Nordamerikas.

Auch bei den Giraffiden treten Schädelzapfen auf. Niemals verteidigt sich jedoch
die lebende Gi-
raffe mit ihren
Schädelzapfen,
welche vom Fell
überzogen sind,
sondern stets nur
mit kräftigen
Schlägen ihrer
sehnigen Beine.[1]
Der Schlag eines
Giraffenfußes ist
imstande, einen
Löwen zu fällen.
Ob die mit
großen, knöcher-
nen, hohlen Schä-

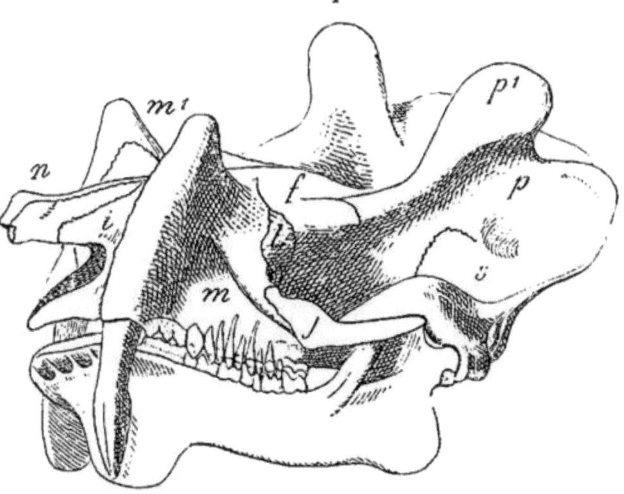

Fig. 451. Schädel von Uintatherium mirabile, Marsh. Mitteleozän (oberer
Bridger) von Wyoming. (Nach O. C. M a r s h.) 1/8 Nat. Gr.
n = Nasenbeinzapfen, m¹ = Oberkieferzapfen, p¹ = Scheitelzapfen.

delzapfen bewehrten fossilen Giraffiden wie z. B. Sivatherium giganteum (Fig. 452) dieselben als Waffen gebrauchten oder nicht, ist schwer
zu sagen. Freilich ist es unwahrscheinlich, daß ein Tier mit so mächtigen Schädelprotuberanzen wie Sivatherium dieselben nicht als Waffe
benützt haben sollte.

Obgleich die Abschließung Südamerikas während des größten Teiles
der Tertiärzeit von den anderen Weltteilen zu einer unvergleichlichen
Blüte des seinerzeit eingewanderten und auf eigenen Wegen entwickelten
Huftierstammes geführt hat, so ist doch unter der ungeheuren Menge
fossiler Huftierarten Südamerikas, welche uns bekannt geworden sind,
m e r k w ü r d i g e r w e i s e   k e i n e   e i n z i g e ,   b e i   d e r   S c h ä-
d e l z a p f e n   v o r h a n d e n   w ä r e n .   Das ist gewiß eine

---

[1] B r e h m s Tierleben, 3. Aufl., 3. Bd., p. 137.

auffallende Erscheinung, die uns verleitet, ihren Ursachen nach-
zuspüren.

Zunächst müssen wir uns die Frage vorlegen, welche Feinde die
südamerikanischen Huftiere seit der Zeit der Isolierung Südamerikas
bis zum Momente der Wiedervereinigung Süd- und Nordamerikas im
Mittelpliozän gehabt haben.

Da sehen wir, daß aus dieser ganzen Zeit kein einziges größeres

Fig. 452. Schädel von Sivatherium giganteum Falc. et Cautley, aus den unterpliozänen Siwalik-
Beds der Siwalik Hills in Ostindien. Schädelzapfen anders orientiert als von F a l c o n e r und
L y d e k k e r. Die Abbildung ist auf Grund einer Photographie des Gipsabgusses im Brit. Mus.
in London ausgeführt, aber die Schädelzapfen nach dem Original Nr. 39525 desselben Museums
ergänzt und anders gestellt als auf dem rekonstruierten Abguß. Ungefähr ¹/₁₀ Nat. Gr.

Raubtier in Südamerika lebte, sondern nur relativ kleine fleischfressende
Beuteltiere, deren größte Formen wie Prothylacinus als gefährliche
Gegner der großen Huftiere schon deshalb kaum in Betracht kommen
konnten, weil sie vorwiegend scheue, nächtliche Aasfresser gewesen
sein dürften. Mein verehrter Kollege Max S c h l o s s e r hat mir
auf eine Anfrage in diesen Punkten beigepflichtet.

Es ist immerhin möglich, daß dieses gänzliche Fehlen größerer
Feinde bei dem Umstande mitspielt, daß bei keinem tertiären endemischen Huftiere Südamerikas Schädelprotuberanzen entwickelt sind. Nur

die Xenarthrengattung Peltephilus mit der Art P. ferox aus dem Miozän Patagoniens (Santacruzien) besaß nach den Untersuchungen F. A m e g h i n o s zwei Hornpaare auf dem Schädel. Ich kann mich der Auffassung A m e g h i n o s , daß diese Xenarthren Raubtiere waren[1]), aus dem Grunde nicht anschließen, weil alle Merkmale des Gebisses unbedingt gegen eine solche Annahme sprechen.

Viel eher ist an dieselbe Entstehungsursache der Hornpaare wie bei dem vierhörnigen Pelycosaurier Tetracerops zu denken; wahrscheinlich ist sie auch hier Wühlen und Graben mit der Schnauze gewesen. Vielleicht hat Peltephilus ferox seine Hörner zur Verteidigung benützt. Man muß aber bei einem solchen Schluß sehr vorsichtig sein; denn der Besitz von Schädelzapfen ist nicht immer ein Beweis dafür, daß sich das Tier mit Hilfe dieser Hörner verteidigt. Ich erinnere nur an Chamaeleo Oweni, dessen Hörner in der Anordnung und Form an die des Triceratops erinnern; und doch benützt sie dieses Tier weder zum Angriff noch zur Verteidigung.

Die Schnauze als Schlag- und Stoßwaffe.

Die lebenden Schnabelwale besitzen eigentümlich veränderte Rostren. Entweder ist das Rostrum dadurch gekennzeichnet, daß das Mesethmoid in ausgedehntem Maße zu einer elfenbeinartigen oder porzellanartig festen Masse verknöchert ist, die mit den angrenzenden Kieferknochen verschmilzt (Mesoplodon) oder das Mesethmoid ist zwar gleichartig verändert, bleibt aber frei (Ziphius, Berardius) oder es erheben sich, namentlich bei den Männchen, die Oberteile der Oberkiefer in der Prae- und Supraorbitalregion zu gewaltigen Kämmen, die bei alten Bullen gleichfalls zu einer porzellanartigen, sehr harten und festen Masse verändert sind (Hyperoodon).

Die ethologische Bedeutung der Kieferkämme der Döglingmännchen (Hyperoodon rostratum) ist die einer Waffe, wie wir aus den interessanten Beobachtungen des erfahrenen Walfängers Kapitän David G r a y[2]) wissen.

Daß die lebenden Arten der Gattungen Ziphius, Berardius und Mesoplodon ihre Schnauzen als Schlagwaffen benützen, ist niemals beobachtet worden. Dennoch ist kaum ein Zweifel daran möglich, daß dies der Fall ist, da uns verheilte Kampfverletzungen an den Rostren der fossilen Schnabelwalgattung Choneziphius (Fig. 453) beweisen, daß dieser Wal der obermiozänen und unterpliozänen Meere seine Schnauze als Waffe benützt haben muß.

---

[1]) F. A m e g h i n o: Paleontologia Argentina. Publicaciones de la Universitad de La Plata. No. 2. — Octubre 1904, La Plata, 1904, p. 22.

[2]) D. G r a y: Notes on the Characters and Habits of the Bottlenose Whale (Hyperoodon rostratus). — Proc. Zool. Soc. London 1882, p. 727.

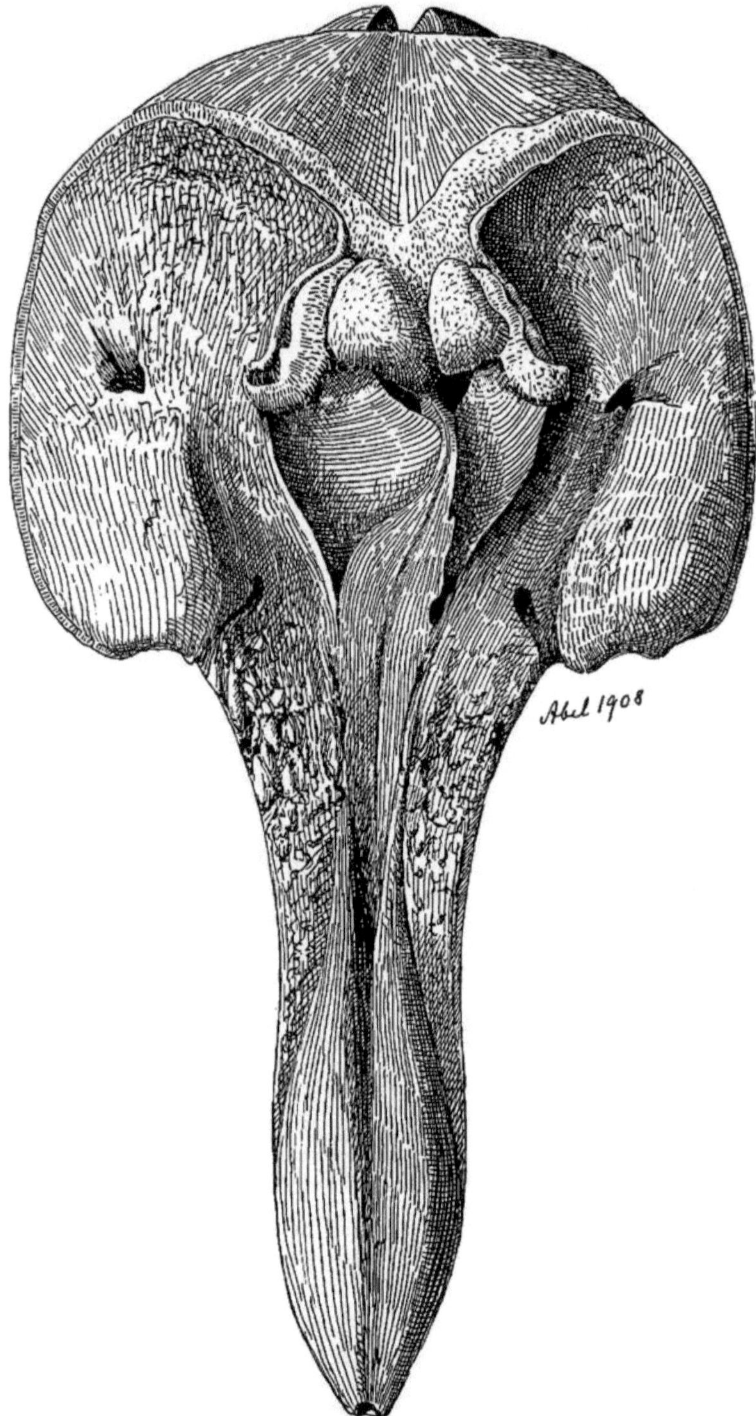

Fig. 453. Oberansicht des Schädels von Choneziphius planirostris Cuv. aus dem Obermiozän
(Boldérien) von Antwerpen, rekonstruiert. (Ungefähr ¹/₄ Nat. Gr.)

Derartige Verletzungen habe ich an drei Rostren von Choneziphius planirostris Cuv. feststellen können: an zwei Rostren aus dem Obermiozän (Boldérien) von Antwerpen (No. 1719 c und 3770 des Brüsseler Museums) und an einem Rostrum (wahrscheinlich aus den Ashley River Phosphat Beds aus Südkarolina, No. 4043 des British Museum of Natural History in London.)

Die Art der Verletzungen ist in allen drei Fällen verschieden. Bei dem ersten Rostrum ist die Spitze abgebrochen und das abgebrochene Ende wieder angeheilt; es ist aber in der Entwicklung zurückgeblieben. Aus dieser Tatsache geht hervor, daß die Verletzung in einer Zeit geschehen sein mußte, als das Tier noch jung war.

Das zweite verletzte, aber wieder verheilte Rostrum zeigt eine Schlagwunde auf der Oberseite des linken Zwischenkiefers. Die Auftreibung der Wundstelle und die schwammiglöcherige Knochenstruktur im Bereiche der Verletzung spricht dafür, daß sich hier eiterige Prozesse abspielten.

Das dritte Rostrum ist durch eine schwere Verletzung der Oberseite so stark in seinem Wachstum beeinflußt worden, daß der Zwischenkiefer an zwei Stellen bubonenartige Auswüchse erhielt und in seinem vorderen Rostralabschnitte gänzlich verkümmerte (Fig. 454). Die Verletzung muß eingetreten sein, als das Tier noch jung war.

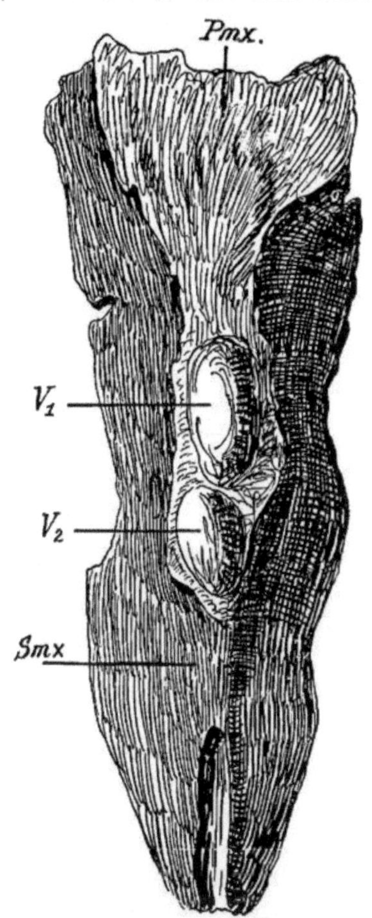

Fig. 454. Choneziphius planirostris, Cuvier (= Proroziphius chonops, Leidy). Herkunft unsicher. Nr. 4043 des Brit. Mus. Nat. Hist. London. Länge des Fragments 38 cm. Deutlich sind die zwei Verletzungen (V₁ und V₂), sowie die durch sie bedingte Verkümmerung der Prämaxillaren sichtbar. Originalskizze.

Wenn wir uns die Frage vorlegen, in welcher Weise diese Verletzungen entstanden sein können, so können wohl nur Kämpfe mit Artgenossen in Betracht kommen. Dafür spricht namentlich, daß in zwei von den drei Fällen die Verletzungen die Oberseite des Rostrums betreffen. Hingegen ist der Schlag oder Stoß, der das erste Rostrum zerbrach, von unten nach oben erfolgt, da die Knochennarbe auf der oberen Hälfte des Rostrums schmal, auf der unteren aber sehr breit ist und weil überhaupt die Spuren der Verletzung auf der Unterseite der Schnauze viel deutlicher zu sehen sind.

Wir verstehen jetzt auch die ethologische Bedeutung der strukturellen Veränderung der Rostralknochen bei Choneziphius, Mesoplodon, Ziphius u. s. f.; die weitgehende Ossifikation des Mesethmoids und die Verwachsung aller Kieferknochen zu einer kompakten Masse ist eine Folgeanpassung an die Kämpfe mit den Schnauzen.

Nun erscheint auch endlich das Problem gelöst, warum z. B. bei Ziphius, weit mehr aber noch bei Choneziphius aus dem Boldérien und dem Unterpliozän in der Rostralregion schon in der Jugend zahlreiche Exostosen auftreten und warum später die Kieferknochen, namentlich die o b e r e n Teile der Zwischenkiefer in der Rostralregion, g e r a d e an

Fig. 455. Abgebrochene Schnauzenspitzen des Schwertfisches (Histiophorus gladius) in einer Schiffsplanke. Nr. 1081 in der Gallery of Fishes, Brit. Mus., London.

der Stelle der Verletzungen bei zwei Rostren (No. 3770 Brüssel, 4043 London) pachyostotisch aufgetrieben erscheinen.

Es ist diese strukturelle Veränderung der Knochen in phylogenetischer Hinsicht von ebenso großer Wichtigkeit wie das Auftreten von Exostosen in der Handwurzelregion des ausgestorbenen Solitärs von Rodriguez (Pezophaps solitarius Gmel.), welche gleichfalls in ganz unverkennbarer Weise eine direkte Folge der bei diesen Vögeln unter den Männchen ausgekämpften Boxkämpfe mit der Handwurzel und dem Unterarm sind.

Die Beobachtungen an den Rostren fossiler Ziphiiden geben uns eine Erklärung der verheilten Kieferbrüche, die an einem Ichthyosaurus und einem Mosasaurus (M. giganteus, Nr. 1559 des Brüsseler Museums) zu sehen sind. Höchstwahrscheinlich sind diese Verletzungen die Folgen ähnlicher Kämpfe, wie wir sie bei den Ziphiiden feststellen konnten.

Auch unter den Fischen dient das Rostrum mitunter als Angriffswaffe. Der Schwertfisch (Histiophorus gladius) attackiert sehr häufig verschiedene Wale; ja er greift sogar Schiffe an, wie ein Holzstück aus einem Schiffsrumpf mit den abgebrochenen Schnauzenenden beweist, das im Britischen Museum in London aufbewahrt wird (Fig. 455).

Im Führer des Britischen Museums ist bezüglich des Angriffes der Schwertfische auf Wale angegeben, daß ,,for what purpose is not clear''.[1] Ich meine, daß diese Angriffe kaum anders gedeutet werden können, als daß dieser Fisch versucht, sein Opfer tödlich zu verletzen und dann anzufressen. Daß er Schiffe angreift, mag vielleicht dadurch zu erklären sein, daß er sie für Wale hält.

---

[1] Guide to the Gallery of Fishes in the Department of Zoology of the Brit. Mus. (Nat. Hist.), London, 1908, p. 171.

Die Hand als Boxwaffe.

Bei mehreren lebenden Vögeln (Hoplopterus, Plectropterus, Palamedea, Chauna) finden sich an der Handwurzel oder an den Mittelhandknochen Sporne, welche als Waffen dienen. Die meisten springen wie der Kiebitz beim Kampfe in die Höhe und schlagen sich gegenseitig mit den Flügeln und zwar finden diese Kämpfe fast nur in der Paarungszeit statt. Bei Hoplopterus und beim Jacana entspringt der Sporn von der Daumenbasis, bei Plectropterus vom radialen Carpalknochen; bei Palamedea und Chauna sind zwei Sporne an jedem Ende der Mittelhand vorhanden. Diese Sporne sind keine Klauen, sondern Sporne wie jene am Hinterlauf des Haushahns. [1]

Bei Metopidius aus der Gruppe der Regenpfeifer ist der Radius auffallend verbreitert und abgeflacht. Die ethologische Bedeutung dieser Verbreiterung ist unbekannt, doch steht sie wahrscheinlich mit dem Gebrauche des Flügels als Waffe in Zusammenhang.

Sehr merkwürdig sind die Veränderungen, welche die Flügelknochen des ausgestorbenen Solitärs von der Insel Rodriguez bei Mauritius zeigen, von welchen ich eine größere Zahl im zoologischen Museum der Universität Cambridge unter der freundlichen Führung von Hans G a d o w untersuchen konnte. Dieser Vogel, der bei der insularen Lebensweise flugunfähig geworden war und rudimentäre Flügel besaß, lebte noch im XVIII. Jahrhundert; wir finden einen wertvollen Bericht über seine Lebensweise in der Reisebeschreibung von Fr. L e g u a t. Die flugunfähigen Flügel benützte dieser Vogel nur mehr als Boxwaffen und als Anlockungsmittel, wobei sie in einem Zeitraum von vier bis fünf Minuten zwanzig bis dreißig Flügelschläge ausführten, die ein Geräusch wie das Rasseln einer Klapper erzeugten und zweihundert Schritte weit hörbar waren.

Die Handwurzel trug keinen Sporn, aber eine kleine runde Callosität unter den Federn von der Größe einer Gewehrkugel. „That and its beak are the chief defense of this bird." [2]

In der Cambridger Sammlung konnte ich feststellen, daß eine große Zahl verschiedener Knochen und zwar vorwiegend Flügelknochen, geheilte Bruchverletzungen zeigen. Ich zählte 13 Ulnen, 4 Radien, 1 Humerus und 2 Coracoide; ferner 1 Fibula und 2 Metatarsalien. Alle diese Brüche, die zum Teil sehr schwerer Natur waren wie der Bruch des Humerus, sind unter den charakteristischen Erscheinungen einer

---

[1] W. P. P y c r a f t: A History of Birds. — London, Methuen & Co., 1910, p. 161.

C. W. B e e b e: The Bird, its Form and Funktion. — Westminster, Arch. Constable & Co., 1907, p. 346, Fig. 278.

[2] Fr. L e g u a t: A New Voyage to the East Indies. Containing their Adventures in two Desert Island. — London, 1708.

Frakturnarbe wieder verheilt. Diese Verletzungen sind zweifellos auf Paarungskämpfe zurückzuführen und zwar müssen sie durch Boxen mit den Flügeln und Treten mit den Füßen entstanden sein.

Überaus merkwürdig ist nun der Umstand, daß an sämtlichen männlichen Flügelknochen in der Handwurzelregion und zwar vorwiegend an dem proximalen Ende des zweiten Metatarsale Exostosen auftreten und zwar schon bei ganz jungen Tieren. Lage, Form und Größe dieser Exostosen variiert sehr bedeutend, aber man sieht deutlich, daß diese eigentümlichen Knochenveränderungen nicht durch Verletzungen herbeigeführt sind, sondern am unverletzten Knochen auftreten.

Es gibt wenig Fälle, die in gleich klarer Weise die direkte Reaktion des Organismus auf Reize zeigen und die Erblichkeit erworbener Merkmale beweisen. Denn die Entstehung der Exostosen an den Fingerknochen und an den Knochen des Unterarms ist als eine Folge der Boxkämpfe der Männchen anzusehen; und diese Exostosen treten wieder schon bei den männlichen Nestjungen auf, welche noch nicht kämpfen. Pezophaps solitarius ist ausgestorben, bevor die Lage, Form und Größe dieser Exostosen hereditär fixiert war; dagegen zeigt uns Choneziphius planirostris aus dem Obermiozän und Unterpliozän Europas und Nordamerikas, daß hier die pachyostotische und exostotische Ausbildung der Schnauzenknochen bereits als ein vererbtes Merkmal auftrat. Auch hier liegt die Vererbung einer durch traumatische Veränderungen bedingten Umformung der Knochenstruktur vor. In der Jugend haben bei Choneziphius die Seitenteile der Oberkiefer noch sehr starke Exostosen, die bei zunehmendem Alter schwächer werden, während die Pachyostose des Rostrums vorschreitet. Geheilte Knochenbrüche und Schlagverletzungen dreier Schnauzen dieses neogenen Schnabelwals beweisen, daß er wirklich die Schnauze als Waffe benützte.

Die Hand als Reißwaffe.

Die katzenartigen Raubtiere ergreifen ihre Beute mit den Tatzen und reißen bei diesen Tatzenschlägen meist große Fleischfetzen aus dem Körper ihrer Opfer. Hierbei schlagen alle Krallen in gleicher Richtung in das Fleisch ein und der erste Metacarpalknochen ist niemals freier beweglich als die anderen.[1]

Ganz anders ist dagegen die Hand der Raubdinosaurier gebaut. Bei den älteren Formen wie bei den triadischen Plateosauriden ist der

---

[1] W. H. Flower: Einleitung in die Osteologie der Säugetiere. — Leipzig, 1888, p. 264.

Daumen der stärkste, der Index oder Zeigefinger der längste Finger; alle übrigen Finger sind verkürzt. Bei den älteren Theropoden sind noch alle Finger funktionell, dann geht zuerst der fünfte und später auch der vierte bis auf kümmerliche Rudimente verloren, wie die Hand von Allosaurus aus den Atlantosaurus Beds Nordamerikas (oberer Jura) zeigt. Der Hauptfinger der Theropodenhand ist immer der Daumen, der stets die größte und stärkste Kralle trägt (Fig. 456).

Die Fingerkrallen der älteren Theropoden sind derart orientiert, daß die konvexe Seite der Krallen nach vorne, die konkave nach hinten sieht. Der Einhieb ist ursprünglich in erster Linie von der Daumenkralle ausgeführt worden, unterstützt von der Kralle des Zeigefingers; da die Hiebrichtung nicht wie bei den Katzen senkrecht zur Handfläche steht, sondern mit der Handfläche zusammenfällt, erklärt sich die Außerdienststellung der hinteren Finger.

Bei den jüngeren Theropoden tritt nun eine Veränderung der Fingerstellung ein, die bei der Rekonstruktion von Allosaurus im American Museum of Natural History in New York sehr deutlich zum Ausdruck kommt. Bei diesem gewaltigen Raubdinosaurier von ungefähr zehn Metern Körperlänge bilden die Finger eine dreiteilige Zange, mit der das Tier seine Opfer angefallen und gepackt haben muß. Vielleicht hat es auch die gewaltigen Krallen nicht nur zum Festhalten des Opfers, sondern auch zum Loßreißen der Fleischteile benützt, ähnlich wie auch der zum Fleischfresser gewordene Nestorpapagei (Nestor notabilis) der Südinsel von Neuseeland das Fleisch der von ihm überfallenen Schafe nicht nur mit dem Schnabel, sondern auch mit den Zehenkrallen losreißt.

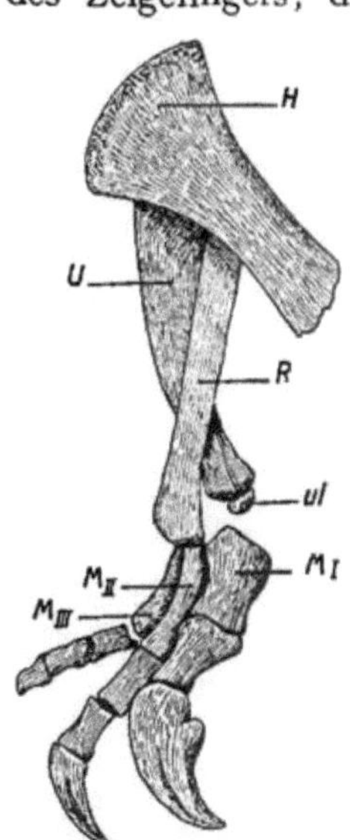

Fig. 456. Rechter Arm von Anchisaurus colurus Marsh aus der Trias Nordamerikas. (Nach F. von H u e n e.) — H = Humerus, R = Radius, U = Ulna, ul = Ulnare, M = Metacarpalia. 1/3 Nat. Gr.

Der Daumen als Stichwaffe.

Kein lebendes Tier benützt seinen Daumen als Stichwaffe. Der südamerikanische Frosch Leptodactylus, dessen Hand an der Radialseite zwei hornige Sporne trägt, gebraucht seine Arme wie eine Kneipzange zur Verteidigung; H. G a d o w hat mir mitgeteilt, daß das gefangene Tier sich in der Weise verteidigt, daß es seinen Angreifer mit seinen Händen zu fassen sucht und sehr empfindlich kneipt, wozu ihn die ungewöhnlich stark entwickelte Muskulatur des überaus kräftigen Humerus befähigt. Trotzdem kann man in diesem Falle nicht von einer Stichwaffe in demselben Sinne wie bei dem Wealdendinosaurier Iguanodon sprechen, dessen Daumen aus einem sehr kurzen Metacarpale und einer sehr großen, konischen Phalange besteht, deren Achse senkrecht zu der des Unterarms steht und in dieser Stellung fixiert ist, wie L. D o l l o gezeigt hat[1]) (Fig. 457).

Dieser pflanzenfressende Dinosaurier hat sich offenbar nicht nur durch Schläge seines kräftigen Schwanzes, sondern auch und zwar, wie es scheint, vorwiegend durch seine spitzen Daumen verteidigt, die er als Stichwaffen gegen Feinde gebraucht haben muß. Wir kennen keinen analogen Fall unter den fossilen und rezenten Vertebraten.

Der Schwanz als Waffe.

Angegriffene Fische verteidigen sich gegen ihre Feinde durch Schwanzschläge; die furchtbare Gewalt der von Haifischen ausgeteilten Schläge ist bekannt. Ebenso verteidigen sich Krokodile durch kräftige Schweifschläge.

An manchen Walskeletten, z. B. an dem des Grönlandwals (Balaena mysticetus) im Brüsseler Museum sind mehrere Wirbel der Sacral- und Schwanzregion verletzt und wieder verheilt, wobei sie unter starken exostotischen Wucherungen verschmolzen. Das ist offenbar die Folge einer durch den Schwanzschlag eines anderen Wals entstandenen Verletzung, ebenso wie die verheilten Rippenbrüche im Thorax eines Finnwalskelettes im Museum des Fürsten von Monaco und ebenso wie die unter Exostosenbildung verheilten Schwanzwirbel mehrerer fossiler Zahnwale aus dem Miozän von Antwerpen.

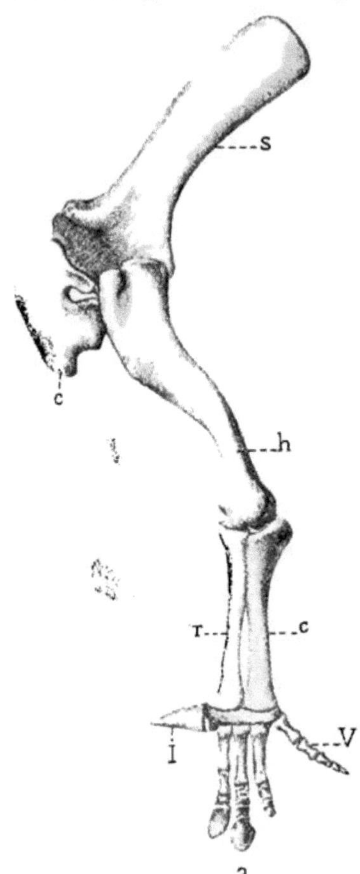

Fig. 457. Linker Arm von Iguanodon bernissartense Dollo aus dem Wealden Belgiens. — s = Scapula, c = Coracoid, h = Humerus, r = Radius, c = Ulna, I, 3, V Finger. (Nach L. D o l l o).

Alle Walfänger kennen die großen Gefahren beim Angriffe auf größere Wale, die ein Boot durch einen Schwanzschlag mit Leichtigkeit zertrümmern.

Die verheilten Rippenbrüche von Plioplatecarpus Marshi aus der belgischen Oberkreide (No. 1497 des Brüsseler Museums) sind wahrscheinlich ebenfalls als Folgen von Schwanzschlägen anzusehen.

[1]) L. D o l l o: Première Note sur les Dinosauriens de Bernissart. — Bull. Mus. R. d'Hist. Nat. Belg., I, Bruxelles 1882, p. 163, Pl. IX, Fig. 2 et 3.

Ebenso wie bei Krokodilen der Schwanz eine wichtige Waffe bildet, ist dies auch bei den Dinosauriern der Fall gewesen. Manche, wie z. B. Stegosaurus und Polacanthus, besaßen Stachelpaare auf dem Schwanz, die dem angreifenden Gegner jedenfalls schwere Verletzungen zufügen konnten; andere Dinosaurier wie z. B. Diplodocus besaßen zwar keine Stacheln auf dem Schwanz, aber er war außerordentlich lang und dünn

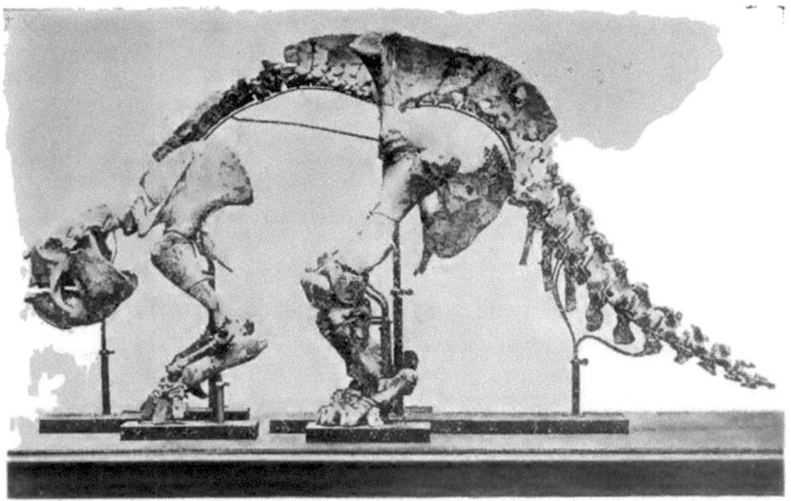

Fig. 458. Skelett und Panzer von Glyptodon clavipes aus dem Pampaslöß Argentiniens. (Nach R. Lydekker.) Körperlänge ungefähr 2 m.

und wirkte wie eine Peitsche. Daß er zu Schlägen benützt worden sein muß, geht daraus hervor, daß zwei Individuen von Diplodocus Carnegiei gebrochene und wieder verheilte (coossifizierte) Schwanzwirbel besitzen. Bei einem Individuum war der Schwanz an nur einer, bei einem zweiten an zwei Stellen gebrochen und wieder verheilt.

Bei den Glyptodonten war der Schwanz entweder in einer Reihe beweglicher, knöcherner Stachelringe (Glyptodon, Fig. 458) oder in einer aus Ringen verschmolzenen Knochenröhre eingeschlossen, die am

Ende kolbig verdickt war und konische Hornzapfen getragen haben muß
(Doedicurus, Fig. 459 a, b). Der Schwanz muß eine furchtbare Verteidigungswaffe nach Art der mittelalterlichen „Morgensterne" gewesen

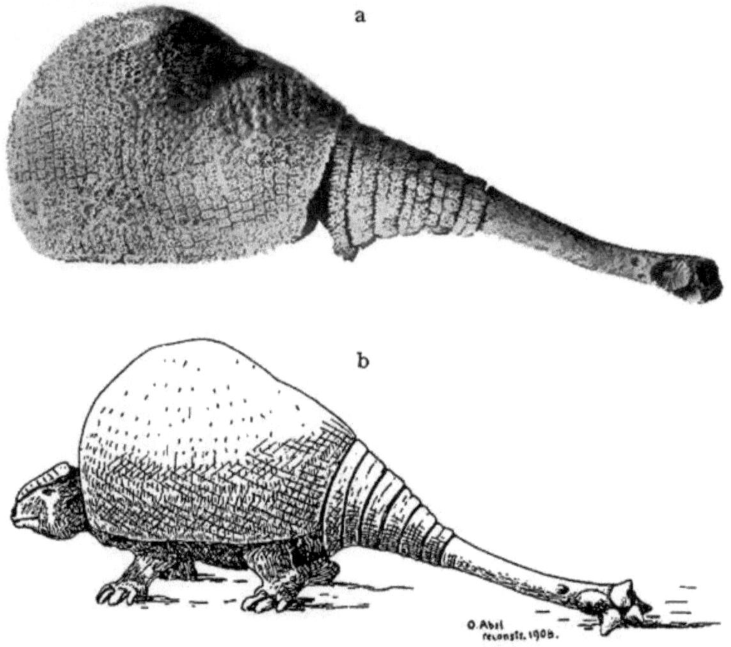

Fig. 459. a Panzer und b Rekonstruktion eines etwa 4 m langen Glyptodontiden aus dem
Plistozän Südamerikas, Doedicurus clavicaudatus aus dem Pampaslöß Argentiniens.

sein. Wir können uns wohl vorstellen, daß ein ohnedies durch einen
gewaltigen, knöchernen Rückenschild und Kopfschild geschütztes Tier, das
außerdem noch eine so wirksame Waffe wie den Stachelschwanz besaß,
gegen Angriffe selbst der stärksten Räuber wie Smilodon gefeit war.

Kämpfe und Kampfverletzungen bei den Walen.

Über Kämpfe bei Walen sind bisher nur wenige Beobachtungen
angestellt worden. Um so zahlreicher sind aber die Spuren von Verletzungen, welche wir sowohl an der Haut als auch am Skelett gestran-
deter oder erlegter Wale finden und die uns ermöglichen, auch über die
Kämpfe und Kampfesart bei fossilen Walen ein Urteil zu gewinnen.

Kapitän John P e a s e hat wertvolle Beobachtungen über Kämpfe
bei Pottwalen und die dadurch bewirkten Verletzungen mitgeteilt, die
N. S. S h a l e r veröffentlichte. [1] Er sah nicht nur sehr häufig die

[1] N. S. S h a l e r : Notes on the Right and Sperm Whales. — Amer.
Naturalist, VII., January 1873, No. 1, pag. 2.

Männchen im Kampfe, wobei sie mit weit geöffnetem Rachen aufeinander losstürzten, sondern konnte auch an vielen Kadavern die tiefen
Rißwunden in der Haut beobachten, die von Geschlechtsgenossen den
Tieren beigebracht waren. Ungefähr zwei Prozent der beobachteten Pott-
wale hatten ihren Unterkiefer zerbrochen oder verbogen; die zahlreichen Exemplare spiralig eingerollter Physeterunterkiefer in verschiedenen Museen sind als derartig verletzte Kiefer anzusehen. In einem Falle
fand Pease einen verendenden Pottwal, dessen Unterkiefer fast gänzlich

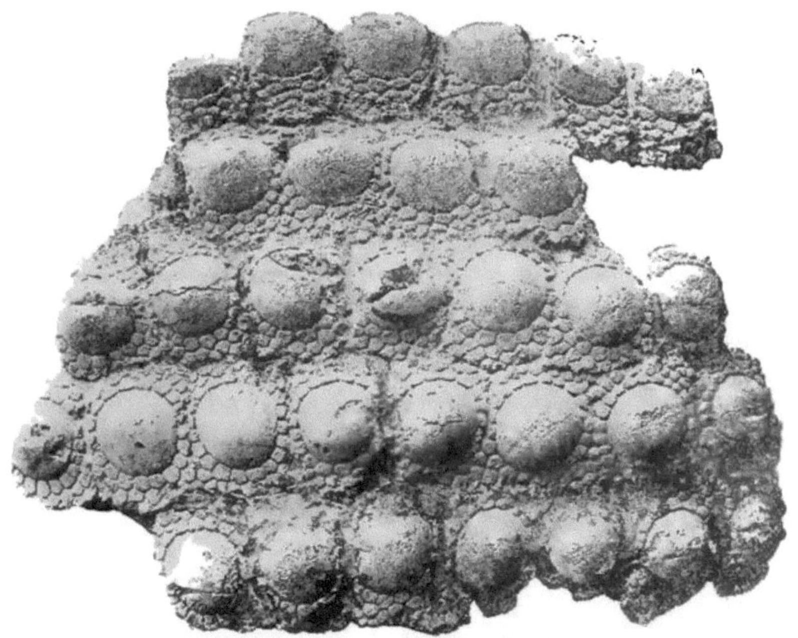

Fig. 459 c. Fragment des Rückenpanzers von Panochthus bullifer. (Nach R. Lydekker.)
Ungefähr ¹/₂ Nat. Gr.

vom Schädel getrennt war. Auch G. A. Guldberg hat schwere
Rißwunden an den Schnauzen von Pottwalen beobachtet.

Die Hautverletzungen, welche verschiedene erlegte oder gestrandete
Zahnwale, besonders Ziphiiden und Grampus zeigten, sind von verschiedenen Autoren entweder als Spuren von Kämpfen mit großen
Cephalopoden oder als Wunden erklärt worden, die sich diese Wale
durch Reiben an Uferfelsen oder an den Steinen des Meeresgrundes
zugezogen haben[1]).

Julius von Haast hat die Verletzungen eines bei New Brighton

---

[1]) J. A. Grieg: Mesoplodon bidens, Sow. — Bergens Museums Aarbog
1897, No. V, p. 4.

G. A. Guldberg: Cetologische Mitteilungen. I. — Nyt Magazin for
Naturvidensk., XXXIX, 4. Heft, Christiania 1901, p. 346.

in Neuseeland gestrandeten Weibchens von Ziphius cavirostris sehr
eingehend beschrieben [1]) (Fig. 460).

Nach H a a s t s Beobachtungen zeigte sowohl dieses Exemplar als
auch ein zweites Weibchen derselben Art von der Kaiapoi-Bai an der
neuseeländischen Küste tiefe, größtenteils schon verheilte Verletzungen
der Haut, die besonders zahlreich in der Region der Genitalien auftraten. Diese Verletzungen bestanden aus zwei parallelen Streifen oder
aus zwei nebeneinanderstehenden, verheilten kreisförmigen Wunden.

Fig. 460. Ziphius cavirostris ♀ von Neuseeland mit Kampfverletzungen. (Nach J. v. H a a s t.)

Die Distanz der Wunden oder Streifen ist nun g a n z g e n a u s o groß
als die Abstände der Zähne am Unterkieferende der Männchen und es
kann daher nicht zweifelhaft sein, daß beide Weibchen diese Wunden
in Kämpfen mit den Männchen, wahrscheinlich zur Paarungszeit,
davongetragen haben.

Ganz ähnliche Streifen zeigt nun auch das von W. H. F l o w e r [2]) beschriebene Exemplar von Grampus griseus (Fig. 461) an den Flanken des

Fig. 461. Grampus griseus mit Kampfverletzungen. (Nach W. H. F l o w e r.)

Körpers. Es sind verheilte Hautrisse, die unregelmäßig verteilt sind, aber
an mehreren Stellen sieht man doch ganz deutlich, daß die Streifen zu dritt
parallel nebeneinander auftreten; ich meine, es kann nicht zweifelhaft
sein, daß diese drei Parallelstreifen wie überhaupt alle diese Verletzungen

---

[1]) J. v. H a a s t: Notes on Ziphius (Epiodon) novae-zealandiae, von
Haast — Goose beaked Whale. — Transact. New Zealand Inst., 1879, Vol. XII,
Wellington 1880, p. 244.

[2]) W. H. F l o w e r: Om Risso's Dolphin, Grampus griseus Cuvier. —
Transact. Zool. Soc. London, VIII. 1873, p. 1—21.

von den Unterkieferzähnen der Männchen derselben Art herrühren, die auf den vordersten Abschnitt des Unterkiefers beschränkt sind und in ihrer Zahl von 3—6 in jeder Kieferhälfte schwanken.

Ebenso sind auch die Hautverletzungen verschiedener Mesoplodonexemplare derselben Ursache zuzuschreiben. Ich habe im Frühjahre 1911 Gelegenheit gehabt, im Britischen Museum in London Bälge zu studieren, welche derartige Verletzungen aufweisen, die wohl sicher von Zähnen der Männchen, aber nicht von Cephalopodenschnäbeln den Tieren beigebracht worden sind, wie in der Erklärung dieser Erscheinung vermerkt ist.

Die Narwale benützen ihre stark verlängerten Zähne in ähnlicher Weise als Angriffswaffe wie der Schwertfisch; sehr selten findet man unverletzte Stoßzähne bei Narwalmännchen, während die kleinen, kaum über die Schnauze vorragenden Stoßzähne der Weibchen keine Beschädigungen aufweisen. [1]

Nun erklärt sich auch sehr schön die bisher rätselhafte Tatsache, daß die Unterkieferzähne vieler Ziphiidenschädel in stark abgenütztem Zustande vorliegen. Das ist auch bei Mesoplodon der Fall und wir müssen daher annehmen, daß diese Schnabelwale ihre Zähne als Angriffswaffe benützen.

Auch die Döglinge kämpfen untereinander. Aber die Zähne kommen als Angriffswaffen bei diesen Walen nicht mehr in Betracht, da sie zu klein sind. Dagegen haben die Männchen enorm entwickelte Protuberanzen der Oberkieferknochen, die von porzellanartiger Beschaffenheit und Härte sind. [2]

Kapitän David G r a y [3] erwähnt ausdrücklich, daß die Döglingbullen beim Angriff mit ihren mächtigen Schädeln stoßen.

Aber nicht nur Zähne und Schädelprotuberanzen dienen als Waffen der Wale; ihr Hauptverteidigungsmittel sind Schwanzschläge.

Alle Walfänger wissen von der enormen Gewalt solcher Schwanzschläge zu berichten. Und nun erscheint die Tatsache, daß so manche Walskelette in der Schwanzregion verheilte und exostotisch veränderte Wirbelbrüche zeigen wie das Grönlandwalskelett des Brüsseler Museums, in ganz anderem Lichte. Ebensolche exostotische, verschmolzene Wirbel finden wir auch unter dem großen Material fossiler Wale aus dem Tertiär von Antwerpen im Museum in Brüssel; ich betrachte diese Erscheinung als klaren Beweis für stattgehabte Kämpfe und Kampfverletzungen.

---

[1] W. K ü k e n t h a l: Die Wale der Arktis. — Fauna arctica. — 1900, p. 227.

[2] W. T u r n e r: Notes of the Skull of an aged male Hyperoodon rostratus from Shetland. — Proc. Roy. Phys. Soc. Edinburgh, X, 1888—1890, p. 22.

[3] D. G r a y: Notes on the Characters and Habits of the Bottlenose Whale (Hyperoodon rostratus). — Proc. Zool. Soc. London, 1882, p. 727.

Im Museum des Fürsten von Monaco befindet sich das Skelett eines Finnwals, dessen Rippen auf der linken Seite zerbrochen und wieder verheilt sind. J. Y. B u c h a n a n [1]) hat vermutet, daß diese verheilten Rippenbrüche ein Beweis dafür sind, daß sich dieser Wal in zu große Meerestiefen gewagt hat, wobei ihm durch den Wasserdruck der Brustkasten eingedrückt wurde. Ich glaube, daß die Erklärung richtiger ist, daß diese Verletzung durch den Schwanzschlag eines Rivalen entstanden ist.

Im Museum von Brüssel befinden sich zwei Schnauzen von Choneziphius planirostris aus dem Obermiozän von Antwerpen, die verheilte Schnauzenverletzungen aufweisen; in dem einen Falle ist der Kiefer schon in früher Jugend zerbrochen worden und wieder verheilt. Das zweite Exemplar trägt eine verheilte Wunde auf der Oberseite des Rostrums. Ganz ähnlich wie diese Verletzung ist eine verheilte, schwere Knochenwunde auf einem Rostrum derselben Art aus den Phosphatschichten des Pliozäns von Süd-Carolina, das sich im Britischen Museum in London befindet.

Diese Verletzungen beweisen, daß Choneziphius mit Schnauzenschlägen angriff und sich verteidigte.

Die Fangapparate der altpaläozoischen Asterolepiden. [2])

Die depressiformen Panzerfische besitzen keine freien Extremitäten und keine Organe, welche mit solchen verglichen werden könnten. Dagegen treten bei Coccosteiden (z. B. bei Coccosteus bickensis Koen.) an der Grenze zwischen dem Kopfpanzer und Halspanzer lange, spitze Seitenstacheln auf, welche bei den Asterolepiden eine weitere Spezialisation erfahren haben und bei dieser Gruppe durch eine Teilung in zwei Abschnitte ausgezeichnet sind.

Die physiologische Funktion dieser Organe ist bisher, wie es scheint, nicht befriedigend gedeutet worden. Während einige die Vermutung aussprachen, daß es sich in diesen Seitenstacheln mit einfacher Querteilung um Ruderorgane handle, vertraten andere die Meinung, daß diese Apparate als Stütz- oder Bewegungsapparate funktionierten. Jedenfalls besteht aber darüber keine Meinungsverschiedenheit mehr, daß die Seitenorgane den Brustflossen der Fische nicht homolog sind.

Gegen die Deutung dieser Seitenorgane als S t ü t z a p p a r a t e spricht zunächst ihre Form.

Bei den Asterolepiden endet der distale Teil des Seitenorgans in eine scharfe Spitze. Da die Tiere auf einem feinen, weichen, tonigen

---

[1]) J. Y. B u c h a n a n: The Oceanographical Museum at Monaco. — Nature, London, Nov. 3, 1910, p. 9.

[2]) O. A b e l: Die Lebensweise der altpaläozoischen Fische. — Verh. k. k. zool. bot. Ges. in Wien, LVII. Bd., 1907, p. (164).

Sandboden lebten, so wäre die Spitze des vermeintlichen Stützorgans jedenfalls tief eingedrungen und hätte dann nicht so sehr als Stütze wie als Anker funktioniert. Bei dieser Annahme bliebe ferner die Querteilung der Seitenorgane und die Ausbildung eines „Schultergelenkes" mit weitem Drehraum unerklärt. Die vorderen Pektoralstrahlen, mit deren Hilfe sich Trigla auf dem Meeresboden aufstützt und fortbewegt, zeigen nicht die geringste Ähnlichkeit mit den Seitenorganen der Asterolepiden.

A. K e m n a [1]) hat die Seitenorgane der Asterolepiden mit den Brustflossen von Periophthalmus verglichen und die Vermutung ausgesprochen, daß die Asterolepiden in sehr seichtem Wasser lebten, sich

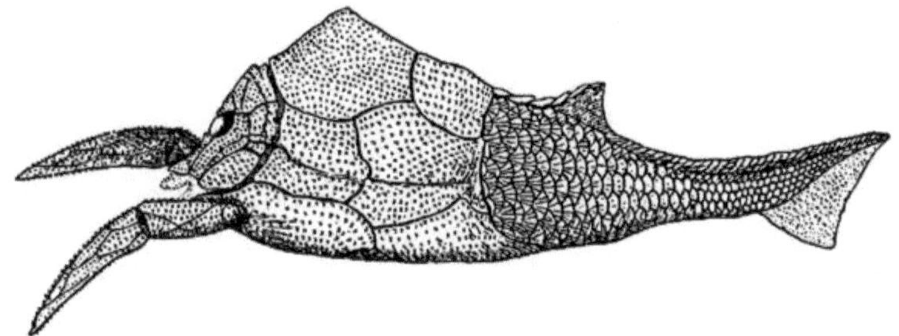

Fig. 462. Pterichthys Milleri Ag. Old Red Sandstone (Mitteldevon), Schottland. (Halbe Naturgröße.) (Rekonstruktion auf Grundlage der Rekonstruktionen von R. H. T r a q u a i r (1896, 1904) und O. J a e k e l 1903), aber mit veränderter Stellung der Fangarme. Für das Längenverhältnis zwischen oberem und unterem Segment des Fangorgans dient die J a e k e l - sche Rekonstruktion und die Abbildung des Exemplares von Lethen Bar in Schottland zur Grundlage, welches R. H. T r a q u a i r 1904 abgebildet hat (The Asterolepidae. — Palaeontogr. Soc. London, Monographs, Volume for 1904, Pl. XX, Fig. 1.)

auf die Seitenorgane aufstützten und die Augen über die Wasseroberfläche erhoben. Eine ähnliche Auffassung vertrat H. S i m r o t h.

Wir müssen jedoch vor allen Dingen in Erwägung ziehen, daß die Seitenorgane quergeteilt sind, und zwar wird durch diese Querteilung in der Regel ein proximaler längerer und kräftiger Abschnitt von einem distalen kürzeren und schlankeren getrennt.

Das Längenverhältnis beider Abschnitte unterliegt bei den einzelnen Gattungen und Arten der Asterolepiden ziemlichen Schwankungen. Sehr groß sind die Formverschiedenheiten des distalen Abschnittes bei den verschiedenen Arten, wie dies z. B. aus dem Vergleiche von Pterichthys Milleri Ag., Bothriolepis hydrophila Ag., Both. canadensis Whit. und Pterichthys productus Ag. hervorgeht.

Wenn man von diesen Form- und Längendifferenzen absieht, so erscheint das Seitenorgan doch in allen Fällen nach einem gleichartigen Prinzip gebaut (Fig. 462).

---

[1]) A. K e m n a, Les récentes découvertes de Poissons fossiles primitifs, Part. II. (Bull. Soc. Belge Géol., Paléont., Hydrol., XVIII, p. 59—61. Bruxelles, 1904.)

Betrachten wir die Seitenorgane in jener Körperlage, in welcher
sie in der Regel gefunden werden, so erscheint das obere oder proximale
Segment, der „Oberarm", als ein dreikantiges langgestrecktes Gebilde;
seine dorsale Fläche ist schwach konvex, die ventrale Fläche flach
und die innere Fläche etwas konkav.

Das untere oder distale Segment ist f l a c h e r als das obere
und nicht dreikantig, sondern im Querschnitt linsenförmig, da beide
Ränder zugeschärft sind.

Die Ränder des oberen und unteren Segmentes sind in der Regel
mit scharfen Zähnen besetzt. Hier sind zwischen Pterichthys und Bothriolepis folgende Unterschiede zu beachten:

1. S e i t e n o r g a n e l ä n g e r a l s d e r K ö r p e r p a n z e r.
Bothriolepis.

B o t h r i o l e p i s c a n a d e n s i s Wh i t. Konvexer Vorderrand des oberen Segmentes mit dichtstehenden kräftigen Zähnen
besetzt, konkaver Hinterrand mit unregelmäßigeren Zähnen von
gleicher oder geringerer Größe wie jene des Vorderrandes; Vorder-
und Hinterrand des unteren Segmentes mit großen und kräftigen,
unregelmäßigen, widerhakenartigen Zähnen besetzt. Die Achsen
der Zähnchen stehen auf dem oberen Segment senkrecht zu der
Achse desselben, auf dem unteren Segment sind sie dagegen zu
der Achse des Segmentes schräge gestellt.

2. S e i t e n o r g a n e k ü r z e r a l s d e r K ö r p e r p a n z e r.
— Pterichthys, Asterolepis, Microbrachius.

P t e r i c h t h y s M i l l e r i Ag. Zähne auf dem distalen
Segment kräftiger ausgebildet, und zwar auf dem konvexen scharfen
Vorderrand dicht nebeneinanderstehend, auf dem konkaven Hinterrand sehr schwach und nur gegen die Spitze zu kräftiger, ohne
aber die Stärke der Zähne auf der äußeren Kante zu erreichen.

Sehr beachtenswert ist die verschiedene Knickung des „Ellbogengelenks", also der Winkel, den die beiden Segmente miteinander einschließen.

Bei Pterichthys ist stets das distale Segment ein wenig nach
h i n t e n gegen das proximale Segment abgebogen, so daß der offene
Winkel des „Ellbogengelenks" gegen den Körper gerichtet ist.

Bei Bothriolepis ist stets das distale Segment in entgegengesetztem
Sinne wie bei Asterolepis, also nach v o r n e abgebogen, so daß der
offene Winkel des „Ellbogengelenks" nach außen gerichtet ist.

Schon daraus läßt sich mit Sicherheit entnehmen, daß die Funktion
der Seitenorgane bei Asterolepis und Pterichthys nicht gleichartig
gewesen sein kann.

Der hervorragende Paläoichthyologe Dr. R. H. T r a q u a i r ist
bei seinen außerordentlich eingehenden Untersuchungen über die Anato-

mie der Seitenorgane der Asterolepiden zu dem Ergebnisse gekommen, daß „the movement to one of flexion and extension in a plane which is nearly horizontal, and the extent of which is from a position parallel and close to the side of the body to one at right angles to it".

„The e l b o w - j o i n t is somewhat complicated … It is hard to say how much movement could have been here allowed, but from the form of the joint I should fancy it was limited to a slight flexion and extension, and possibly only in the horizontal plane, as in the case of the shoulder." (The Asterolepidae, l. c., 1894, p. 68—69.)

Sehr wichtig für die Beurteilung der Funktion dieser Seitenorgane ist die Art der Einlenkung derselben am Körper. Das proximale Ende des oberen Segmentes liegt zum kleineren Teile auf der Außenseite, zum größeren Teile aber auf der Unterseite des Körpers, wie dies aus der klaren Darstellung von R. H. Traquair hervorgeht.

Daß es sich in diesen Apparaten weder um Stütz noch um Lokomotionsorgane handelt, geht schon aus der von Traquair festgestellten Bewegungsebene

Fig. 463. Greifschere (links) und Brechschere (rechts) eines Hummers (Homarus vulgaris). — Bei anderen Exemplaren ist die Brechschere links und die Greifschere rechts. Exemplar im Hofmuseum in Wien. (Phot. Ing. Fr. H a f f e r l.)

dieser Organe hervor. Beachten wir nun die charakteristische Quergliederung, die eigentümliche Gestalt des distalen Segmentes und die Ausbildung scharfer Schneiden an demselben, die häufig mit spitzen Zacken besetzt sind, so werden wir nicht lange im Zweifel darüber sein können, daß es sich in diesen Seitenorganen nur um F a n g a p p a r a t e handelt, welche in ähnlicher Weise wie bei den Krebsen oder vielleicht wie bei den Mantiden funktionierten.

Wenn wir es versuchen, uns die Funktion dieser Organe zu ver-

gegenwärtigen, so müssen wir uns vor Augen halten, daß dieAbknickungs-
richtung des distalen Segmentes bei Bothriolepis und bei Pterichthys
entgegengesetzt ist; der Fangapparat von Bothriolepis muß daher in
anderer Weise als bei Pterichthys funktioniert haben. Die scharfen,
mit Zähnen besetzten Schneiden der unteren Segmente waren jedenfalls vorzüglich geeignet, die Beute zu ergreifen und festzuhalten.

Die Haltung der Fangapparate während ihrer Tätigkeit kann
natürlich nicht dieselbe gewesen sein wie in den bisher zur Darstellung
gebrachten Rekonstruktionen von R. H. T r a q u a i r und O. J a e k e l.
Wenn auch die Fangapparate bei den Exemplaren aus dem Old Red
in der Regel ungefähr unter einem rechten Winkel vom Körper abstehen,

Fig. 464. **Pteraspis rostrata, aus dem Unterdevon (Lower Old Red) von Here-
fordshire. (Nach A. S. W o o d w a r d.) Ungefähr ⅓ Nat. Gr.**

so müssen wir doch bedenken, daß auch die Scheren fossiler Crustaceen
sehr häufig eine Stellung einnehmen, wie sie nur bei toten, nicht aber
bei lebenden Krebsen zu beobachten ist. Am ehesten werden wir wohl
an eine Haltung der Fangapparate der Asterolepiden denken dürfen,
wie wir sie von den Gespenstheuschrecken oder von Squilla mantis
kennen.

Daß diese Seitenorgane der Asterolepiden keine Ruderorgane
darstellen, erhellt aus der Krümmungsart der proximalen Segmente.
Die dem Körper zugewendete Seite ist konkav und schmiegt sich, wie
aus einigen Exemplaren hervorgeht, der Krümmung des Körpers vollkommen an. Dies deutet darauf hin, daß die Seitenorgane beim Schwimmen enge an den Körper angelegt wurden und nicht als weit abstehende
Balancierorgane dienten.

Über die ethologische Bedeutung der außerordentlich ähnlich geformten, aber nicht gegliederten Brustflossenstacheln einzelner Panzerwelse ist noch nichts näheres bekannt.

Daß ein „Armado“ genannter südamerikanischer Siluride nach
dem Anhaken an die Angel ein scharfes, kratzendes Geräusch macht,
das schon gehört wird, wenn der Fisch noch unter Wasser ist und
daß er mit seinen starken Brustflossenstacheln ebensowohl wie mit
den Rückenflossenstacheln Gegenstände ergreifen und festhalten kann,
hat Ch. D a r w i n[1]) in Südamerika beobachtet. Einzelne Welse
sollen die Brustflossenstacheln als Stützen bei ihren Landwanderungen
benützen.

[1]) C. D a r w i n: Reise eines Naturforschers um die Welt, 7. Kap. (1833).

5. Die vergleichende ethologische Geschichte der fossilen Wirbeltierfaunen.

Die Geschichte der Wirbeltierfaunen bietet, wenn wir dieselben rein chronologisch aneinanderreihen, ein wechselvolles, ja geradezu ein verwirrendes Bild. Fischfaunen aus küstennahen Ablagerungen wechseln mit Landfaunen ab; unter den Landsäugetierfaunen des Tertiärs wechseln Steppenfaunen mit Waldfaunen; Süßwasserfaunen folgen auf marine u. s. f. Dadurch entstehen krasse Gegensätze zwischen einzelnen Faunen, wenn wir sie rein geologisch, also chronologisch aneinanderreihen. Noch niemals ist der Versuch unternommen worden, die verschiedenen Faunen nach rein ethologischen Gesichtspunkten zu ordnen und beispielsweise alle Süßwasserfaunen, Korallriffaunen, Sumpffaunen, Waldfaunen, Steppenfaunen, Küstenfaunen, Hochseefaunen usw. chronologisch zu gruppieren, um auf diese Weise ein Bild von der Summe aller an dieselben Lebensbedingungen adaptierten Formen und somit einen Überblick über die konvergenten oder parallelen Anpassungen an dasselbe Milieu in verschiedenen Zeiten der Erdgeschichte zu gewinnen.

Für diesen Zweck ist es freilich notwendig, vorerst eine sorgfältige ethologische Analyse aller Wirbeltierfaunen durchzuführen. Das fehlt aber heute noch für viele Faunen; nur ein Teil derselben ist heute so weit ethologisch verarbeitet, daß eine übersichtliche Zusammenfassung möglich wäre und es wird eine der vielen Aufgaben sein, die noch ihrer Lösung harren, eine ethologische Analyse der Faunen nach dem Muster jener durchzuführen, die wir Johannes Walther in seiner 1904 veröffentlichten Abhandlung über die Fauna der Solnhofener Plattenkalke verdanken. [1])

Ein weiteres mustergültiges Beispiel für die Art der Behandlung solcher Fragen ist die von H. F. Osborn und W. D. Matthew 1909 veröffentlichte Darstellung der „Cenozoic Mammal Horizons of Western North America" [2]), in welcher wir zum ersten Mal einen Über-

[1]) J. Walther: Die Fauna der Solnhofener Plattenkalke, bionomisch betrachtet. — Festschrift für Ernst Haeckel, Jena 1904. — (Jenaische Denkschriften, XI. Bd., p. 135.)

[2]) H. F. Osborn and W. D. Matthew in United States Geol. Survey, Bulletin 361, Washington 1909, p. 1—138.

blick über die verschiedenen Phasen der Entwicklung des Säugetierstammes im Tertiär und Quartär Nordamerikas gewinnen konnten.
Wir haben aus diesen grundlegenden Untersuchungen gelernt, daß im
ganzen sieben große Phasen zu unterscheiden sind, die sich durch
Einwanderung neuer Faunenelemente oder Auswanderung und Aussterben der alten oder durch ein Aufblühen der neuen Einwanderer
kennzeichnen. Die Ergebnisse dieser Untersuchungen sind im wesentlichen folgende:

Übersicht der Säugetierfaunen des westlichen Nordamerikas.
Nach H. F. Osborn (1909).

Faunenphasen	Faunencharakter	Formationsnamen
Erste	Altertümliche Typen mit verwandt-schaftlichen Beziehungen zu süd-amerikanischen und europäischen Formen	1. Puerco. (Polymastodonzone). 2. Torrejon. (Pantolambdazone).
Zweite	Erste Modernisierung. — Invasion moderner Typen in die altertüm-liche Fauna. — Landverbindung mit Südamerika unterbrochen. — Geschlossene Verbindung mit West-europa. — Beginn des Untergangs der altertümlichen Typen aus der Kreidezeit.	3. Wasatch. (Coryphodonzone).
Dritte	Aufhören der Einwanderung aus Eurasien. — Fortdauer gleicharti-ger Lebensbedingungen. — Nach-kommen der altertümlichen und modernisierten Elemente weiter-entwickelt und während des unte-ren und mittleren Eozäns um die Vorherrschaft ringend. — Lang-sames Erlöschen der altertümlichen Typen. — Divergente Entwicklung der nordamerikanischen und west-europäischen Faunen; keine wesent-lichen Anhaltspunkte für einen Fau-nenaustausch. — Aufblühen der Ungulaten, namentlich der Perisso-dactylen, Auftreten der Artio-dactylen.	4. Wind River. (Lambdotherium- und Bathyopsis-zone). 4a. Huerfano. (Lambdotherium- und ? Uintathe-riumzone). 5. Bridger. (Orohippus- und Uintatheriumzone). 6. Washakie. (Uintatherium- und Eobasileuszone). 7. Uinta. (Uintatherium-, Eobasileus- und Diplacodonzone).

Faunenphasen	Faunencharakter	Formationsnamen
Vierte	Zweite Modernisierung. — Erstes Auftreten der „Great-Plains"-Fauna der weiten Gras- und Seenebenen. — Fehlen aller altertümlichen Typen mit Ausnahme primitiver Raubtiere aus der Familie der Hyaenodontidae. — Wiederherstellung des Faunenaustausches mit Westeuropa, gefolgt von einer langen Periode ruhiger und unabhängiger Entwicklung in Nordamerika und teilweisem Aussterben der Fauna am Ende des unteren Miozäns.	8. Chadron. (Titanotheriumzone). 9. Unterer Brule Clay. (Oreodonzone). 10. Oberer Brule Clay (= unterer John Day). (Leptaucheniazone). 11. Mittlerer John Day. (Diceratheriumzone). 12. Oberer John Day. (Promerycochoeruszone). 13. Arikaree. (Promerycochoeruszone).
Fünfte	Neue Einwanderungen aus Eurasien. — Erstes Auftreten der aus Afrika stammenden Proboscidier, der echten Katzen (Felinae), der kurzfüßigen Teleocerinae unter den Nashörnern; Anzeichen von häufigeren sommerlichen Trockenperioden.	14. Deep River. (Ticholeptuszone). 15. Unterer Olagalla. (Procameluszone). 16. Oberer Olagalla. (Peraceraszone). 16a. Rattlesnake.
Sechste	Wiederherstellung der Landverbindung mit Südamerika. — Einwanderung der südamerikanischen Gravigraden und Glyptodonten. — Auswanderung nordamerikanischer Säugetiere nach Südamerika.	17. Blanco. (Glyptotheriumzone). 18. Elephas imperatorzone.

Faunenphasen	Faunencharakter	Formationsnamen
Siebente	Zunehmende Kälte, Feuchtigkeit und Bewaldung. — Dritte Modernisierung durch eine schrittweise sich steigernde Einwanderung einer abgehärteten Wald-, Fluß-, Berg-, Tundren- und Steppenfauna. — Allmählicher Untergang der großen Huftiere der einheimischen nordamerikanischen und der eingewanderten südamerikanischen, eurasiatischen und afrikanischen Stämme.	19. Equuszone, sowie die jüngeren Abteilungen der Plistozänformation.

Die Parallelisierung mit den europäischen Tertiärhorizonten hat große Schwierigkeiten bereitet und ist auch jetzt noch nicht vollkommen befriedigend abgeschlossen. Nach den letzten Untersuchungen Osborns und Matthews dürfte das Alter der nordamerikanischen Faunenhorizonte folgendes sein:

Basaleozän:	1. Puerco.
	2. Torrejon.
Untereozän:	3. Wasatch.
Untereozän bis Mitteleozän:	4. Wind River.
Mitteleozän:	5. Bridger.
Mitteleozän bis Obereozän:	6. Washakie.
Obereozän:	7. Uinta.
Unteroligozän:	8. Chadron.
Mitteloligozän:	9. Unterer Brule Clay.
Oberoligozän:	10. Oberer Brule Clay.
Aquitanien:	11. Mittlerer John Day.
	12. Oberer John Day.
Untermiozän (Aquitanien und Burdigalien):	13. Arikaree.
Mittelmiozän und Obermiozän:	14. Deep River.
Unterpliozän (Pontien):	15. Unterer Olagalla.
	16. Oberer Olagalla.
	16a. Rattlesnake.
Mittelpliozän (Astien):	17. Blanco.

<table>
<tr><td>Oberpliozän oder
Unterplistozän:</td><td>18. Elephas imperatorzone.</td></tr>
<tr><td>Unterplistozän:</td><td>19. Equuszone.</td></tr>
</table>

Derartige Untersuchungen wie die von H. F. O s b o r n und W. D. M a t t h e w durchgeführten sind von höchstem Werte zur Beurteilung des ganzen Faunencharakters, weil wir aus ihnen die endemischen Elemente von den Einwanderern zu sondern lernen und einen Überblick über die Lebensbedingungen für die einzelnen Faunen gewinnen. Es wäre außerordentlich wertvoll, auch für andere Gebiete gleichartige Analysen der Faunen durchzuführen. Eine chronologische Aneinanderreihung der europäischen Neogenfaunen ist in rein stratigraphischer und auch in phylogenetischer Hinsicht wichtig, aber ebenso wichtig wäre eine Analyse der Lebensbedingungen, unter denen diese Säugetierfaunen gelebt haben und darüber kennen wir heute nur die allgemeinsten Umrisse. Wir wissen, daß die miozänen Säugetierfaunen Eurasiens sich durchaus von der unterpliozänen Pikermifauna unterscheiden und wissen auch, daß die letztere eine Steppenfauna im Gegensatze zu der weitverbreiteten Sumpfwaldfauna repräsentiert, die ein indomalayisches Gepräge trägt und das mittlere und obere Miozän Europas kennzeichnet. Wir besitzen aber noch keine eingehenden Analysen über die Lebensbedingungen und den Gesamtcharakter der Faunen, welche im Alttertiär und Miozän die trockenen Hochebenen Europas bewohnten. Die wertvollen Untersuchungen von M. S c h l o s s e r und H. G. S t e h l i n haben erst in der letzten Zeit in manche dieser Fragen Licht geworfen, aber es sind noch viele Vergleiche und Analysen notwendig, um die noch verschwommenen Umrisse schärfer zu gestalten. Erst dann werden wir in der Lage sein, eine Geschichte der europäischen Sumpffaunen, Steppenfaunen und Hochlandfaunen zu entwerfen, zu welcher heute kaum die ersten Ansätze vorhanden sind, wenn diese Analysen in weiterem Umfange als bisher durchgeführt sein werden.

Man muß sich einmal klar darüber werden, daß die Gegensätze der Wirbeltierfaunen in verschiedenen Gebieten, aber in gleichen geologischen Zeiträumen zum Teile wenigstens ebenso auf Verschiedenheiten der Lebensbedingungen zurückzuführen sind, wie man dies schon seit langem für die faziell verschiedenen Faunen unter den wirbellosen Meerestieren nachgewiesen hat. Aus der weiteren Verfolgung dieser Fragen werden sich zweifellos manche neue Gesichtspunkte für die Beurteilung paläo-klimatischer Verhältnisse und anderer geologisch wichtiger Fragen ergeben.

Eine ethologische Analyse der Wirbeltierfaunen wird aber auch Licht auf die stammesgeschichtliche Entwicklung vieler Formenreihen und namentlich auf die äußeren Ursachen dieser Entwicklung werfen. Wenn wir die Säugetierfaunen der südamerikanischen Tertiärablagerungen

analysieren, die vom Wasatch bis zum Blanco von den nordamerikanischen Faunengebieten ebensowohl wie vom afrikanischen und eurasiatischen vollständig abgeschnitten waren, so wird uns die schon
an früherer Stelle hervorgehobene hohe Blüte der Huftierstämme bei
völligem Fehlen der placentalen Raubtiere auffallen und wir werden zu
der Annahme gedrängt werden, daß sich die Spezialisation der südamerikanischen Huftiere in dem erwähnten Zeitraum unter wesentlich
anderen Bedingungen vollzogen hat als jene der unter steten Angriffen von
Raubtieren stehenden Pflanzenfresserfaunen Nordamerikas und der
Alten Welt. So lernen wir auch verstehen, warum nach Wiederherstellung der Landverbindung zwischen Nord- und Südamerika die Huftierstämme Südamerikas einem rapiden Aussterben entgegengegangen
sind, weil sie für den Kampf mit den räuberischen Eindringlingen aus
dem Norden nicht angepaßt waren und keine Zeit hatten, sich den rasch
geänderten und schwerer gewordenen Existenzbedingungen erfolgreich
anzupassen. Nur wenige südamerikanische Ungulatenstämme haben
sich noch in das Quartär gerettet, sind aber noch im Plistozän völlig
erloschen.

Daß die Verschiebungen unter den tertiären Säugetierfaunen
Europas auf das innigste mit weitgehenden Änderungen des allgemeinen Vegetationscharakters zusammenhängen, steht außer Zweifel.
Daß die obermiozäne Fauna von indomalayischem Gepräge von der
unterpliozänen Steppenfauna verdrängt wurde, die wir am reichhaltigsten in den roten Tonen von Pikermi begraben finden, hängt
hauptsächlich mit einer durchgreifenden Veränderung des Vegetationscharakters nach dem Rückgang des Mittelmeeres aus Mitteleuropa
zusammen. Um aber ein klareres Bild dieser Vorgänge gewinnen
zu können, wird noch viele Einzelarbeit zu leisten sein.

Paläobiologie und Phylogenie.

Die Paläobiologie als Mittel zur Erforschung stammesgeschichtlicher Zusammenhänge.

Das Endziel der zoologischen Forschung ist die Erkenntnis der verwandtschaftlichen Beziehungen, welche die einzelnen kleineren oder größeren systematischen Kategorien untereinander verbinden. Wir haben auf verschiedenen Wegen versucht, der Lösung dieses Problems nahezukommen; neben der wichtigsten Methode, der vergleichend-anatomischen oder morphologischen Untersuchung, ist im letzten Drittel des neunzehnten Jahrhunderts die embryologische Methode so stark in den Vordergrund getreten, daß eine Zeitlang die morphologischen Untersuchungen an erwachsenen Wirbeltieren geradezu vernachlässigt wurden.

Indessen scheint es, als ob die Bedeutung der embryologischen Methode zur Aufhellung der phylogenetischen Zusammenhänge sehr überschätzt worden wäre. Bei vielen Fragen hat die Embryologie gänzlich versagt und sogar sehr häufig zu Fehlschlüssen geführt. Ich erinnere nur an die Versuche, die Morphologie und Phylogenie des Carpus und Tarsus der höheren Vertebraten auf rein embryologischem Wege erklären zu wollen, ein Versuch, der ebenso fehlgeschlagen ist wie die auf der Embryologie allein aufgebaute Phylogenie der Schildkröten. Bei der Frage nach der Herkunft der Pferde, nach der Abstammung der Vögel und noch in vielen anderen Fragen hat uns die Embryologie im Stiche gelassen.

Es liegt mir ganz ferne, den hohen Wert der Embryologie für die Erweiterung unserer zoologischen Kenntnisse herabsetzen zu wollen. Wir müssen anerkennen, daß in viele dunkle Probleme bisher allein von der Embryologie ein Lichtstrahl geworfen worden ist; wir sind beispielsweise ausschließlich durch die Befunde an Bartenwalembryonen zur Kenntnis der Tatsache gelangt, daß die Bartenwalahnen ein Stadium durchlaufen haben müssen, in welchem alle Kiefer reichbezahnt waren, da an Bartwalenembryonen bis 51 Zähne in jeder Kieferhälfte auftreten, die aber noch während des fötalen Lebens wieder verschwinden.

Zu einer Zeit, da die Kenntnisse von fossilen Wirbeltieren auf wenige, meist dürftige und oft sehr schlecht erhaltene Reste beschränkt waren, konnte die Paläontologie es nicht wagen, in der Entscheidung stammesgeschichtlicher Fragen ein gewichtiges Wort mitzureden. Aber die Zeiten haben sich sehr geändert. Ein ungeheures Heer fossiler Formen ist heute bekannt, fast täglich erscheinen Abhandlungen, die unsere Kenntnisse von den fossilen Formen wesentlich erweitern und wir können mit Befriedigung feststellen, daß sich viele Probleme aufzuhellen und manche Lücken der Phylogenie der Vertebraten zu schließen beginnen. Es ist heute nicht mehr möglich, eine Phylogenie des Carpus und Tarsus bei gänzlicher Vernachlässigung des fossilen Materials zu entwerfen und eine jede solche Arbeit muß schon von vornherein als verfehlt bezeichnet werden. Die Paläontologie darf heute beanspruchen, in einer großen Zahl phylogenetischer Fragen nicht nur mitangehört zu werden, sondern das entscheidende Wort zu sprechen; die Zeit ist vorüber, in der der Paläozoologe es sich gefallen lassen mußte, höchstens die Rolle eines Rechnungsrevidenten zugewiesen zu erhalten, der bei wichtigen Fragen überhaupt nicht angehört wurde.

Die Basis der Paläozoologie, auf der allein phylogenetische Untersuchungen aufgebaut werden können, muß immer die morphologische Methode bleiben und zwar unterscheidet sich die Untersuchungsmethode der Paläozoologen in dieser Hinsicht durch nichts von der morphologischen Untersuchung rezenter Skelette außer durch die in den meisten Fällen notwendige Rekonstruktion fossiler Formen.

Von paläontologischer Seite aus ist nun der Versuch gemacht worden, das Studium der Anpassungen zu vertiefen und auszubauen, um durch eine sorgfältige ethologische Analyse der fossilen Formen ihre einstige Lebensweise zu ermitteln. Beim Ausbau dieser ethologischen Analyse hat sich aber als unerwartetes Ergebnis herausgestellt, daß wir in ihr eine neue Methode zur Aufhellung der Stammesgeschichte einzelner Gruppen gewonnen haben und daß wir nunmehr in Fragen Einblick gewinnen können, die bisher allen Lösungsversuchen getrotzt haben. Die zuerst auf fossile Formen allein angewandte analytische Untersuchungsmethode auf ethologischer Basis hat sich auch bei ihrer Anwendung auf rezente Formen als überaus erfolgreich erwiesen. Es ist das bleibende Verdienst D o l l o 's, gezeigt zu haben, daß die zuerst bei fossilen Formen durchgeführte und von Paläontologen ausgebaute ethologische Analyse auch bei rezenten Gruppen zu Ergebnissen führt, die bisher weder durch die rein morphologische, noch durch die embryologische Methode gewonnen werden konnten.

Das Wesen der ethologischen Analyse besteht darin, daß sie nicht nur die morphologischen Charaktere vergleichend nebeneinander stellt, sondern eine E r k l ä r u n g und E n t s t e h u n g s g e s c h i c h t e derselben zu geben versucht. Ihrem innersten Wesen nach ist diese ganze Methode auf phylogenetischen Gesichtspunkten aufgebaut. Die ethologische Analyse zeigt uns nicht nur, wie die Anpassungen der einzelnen Formen beschaffen sind, sondern vor allen Dingen, wie sie entstanden sind.

Es ist überaus lehrreich, die Resultate der rein morphologischen Methode, der embryologischen Methode und der paläobiologischen Methode in der Frage nach der Geschichte der Schildkröten untereinander zu vergleichen. Es ist das zugleich ein Beispiel, das in klarer

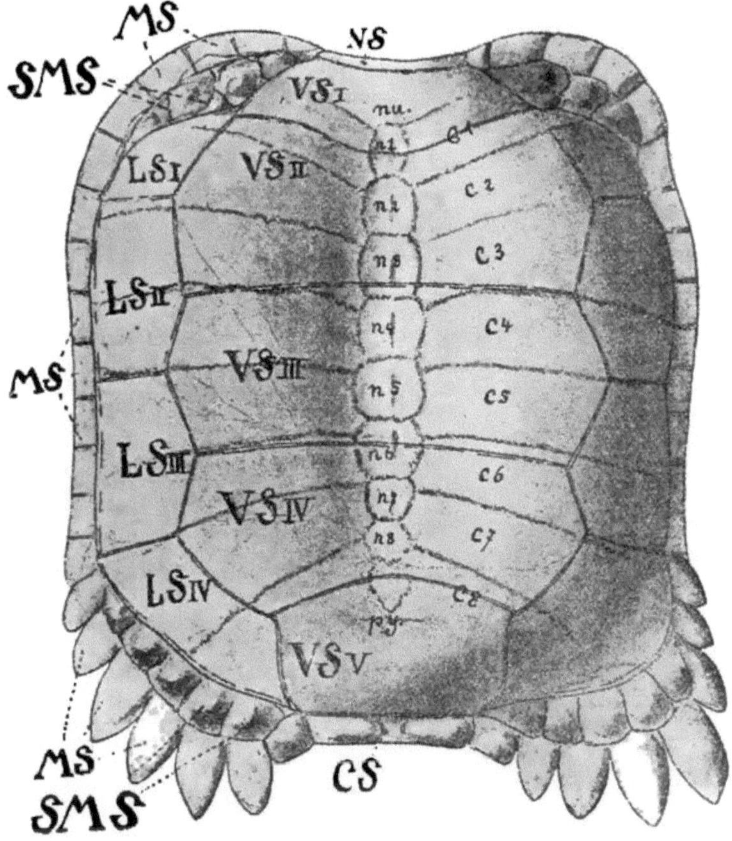

Fig. 465. Proganochelys Quenstedti, Baur, aus dem obersten Keuper Württembergs.
(Nach E. Fraas.)

Weise zeigt, wie die ethologische Analyse fossiler Formen zu der Aufhellung der Phylogenie einer ganzen Gruppe führt.

Es war seit langem bekannt, daß die Meeresschildkröten der Gegenwart einen anderen Aufbau des knöchernen Panzers besitzen als die Landschildkröten. Während bei Testudo der Rücken- und Bauchpanzer aus anschließenden Knochenplatten zusammengesetzt sind, finden wir bei Chelone oder den anderen Hochseeschildkröten den knöchernen Rückenpanzer und Bauchpanzer reduziert. Zwischen den Costalplatten

des Rückenpanzers klaffen Fontanellen und ebenso ist eine Reduktion
des Bauchpanzers zu vier ringförmig aneinanderschließenden Knochenplatten mit zentraler Lücke eingetreten.

Diese Reduktion des knöchernen Panzers der Schildkröten ist eine
Folgeerscheinung des Hochseelebens. Wir finden bei allen Hochsee-

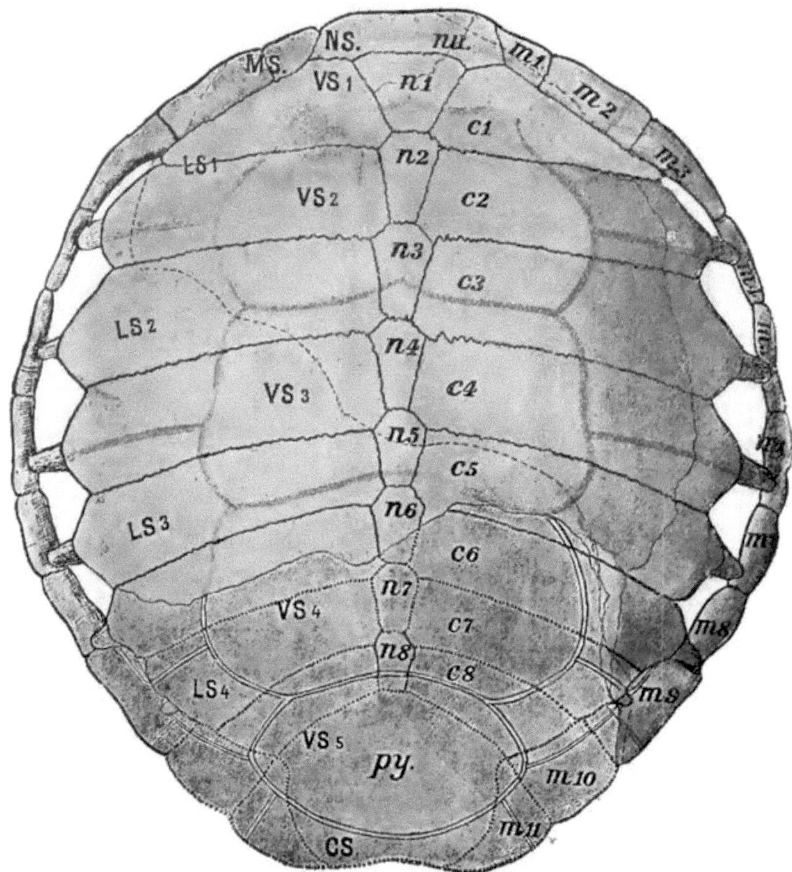

Fig. 466. Rückenschild von Thalassemys marina, E. Fraas, rekonstr. in ¹/₄ Nat. Gr.
Oberer weißer Jura von Schnaitheim in Schwaben. (Nach E. Fraas).

wirbeltieren eine Rückbildung des Skelettes und diese Rückbildung
kommt bei den Schildkröten in der Reduktion des knöchernen Panzers
zum Ausdruck. Das ethologische Prinzip dieser Reduktionserscheinungen
ist die Verringerung des Körpergewichtes.

Das ist die Grundlage der folgenden Untersuchungen, die von
L. Dollo 1901[1]) ausgeführt worden sind und zur Feststellung der

---

[1]) L. Dollo: Sur l'Origine de la Tortue Luth (Dermochelys coriacea).
— Bull. Soc. Roy. Sci. medicales et naturelles de Bruxelles, Séance du
4 février 1901, Bruxelles 1901, p. 1—26.

Phylogenie von Dermochelys coriacea und der Seeschildkröten überhaupt geführt haben.

Die ältesten Schildkröten hatten einen geschlossenen Panzer, waren also offenbar nicht Meeresschildkröten, sondern Landschildkröten.

Aus obertriadischen Ablagerungen Württembergs (Oberer Keuper) ist eine echte Schildkröte, Proganochelys Quenstedti Baur[1]) bekannt geworden, welche die älteste bis jetzt bekannte Landschildkröte darstellt. [2]) Bei·dieser Form sind die Knochenplatten des Rückenschildes in ähnlicher Weise wie bei den lebenden Landschildkröten aneinandergefügt.

Im oberen Jura Schwabens ist eine echte Meereschildkröte entdeckt worden, bei der wir den Beginn der Fontanellenbildung im Rücken- und Bauchpanzer beobachten können. Das ist Thalassemys marina E. Fraas (Fig. 466).

Die Fontanellenbildung, das heißt die Reduktion des knöchernen Panzers, schreitet bei den marinen Kreideschildkröten von Stufe zu Stufe fort. Wir begegnen Formen wie Archelon ischyros (Fig. 467) Wieland in der oberen Kreide (Pierre Cretaceous) des South-Fork-Tales des Cheyenne River in Nordamerika, bei welcher die Reduktion weit vorgeschritten ist; noch weiter ist sie bei Protosphargis veronensis Capellini aus der oberen Kreide der Gegend von Verona vorgeschritten (Fig. 468).

Das sind zweifellos Hochseeformen und wir sehen somit, wie sich Schritt für Schritt die Anpassungen an das Leben in der Hochsee bei diesen Formen verstärkt haben. Schließlich verlieren die Costalplatten (wie bei Protosphargis veronensis) die Verbindung mit den Marginal- platten und das knöcherne Plastron wird zu einem aus vier Elementen bestehenden Ring reduziert. Stark bleibt nur die knöcherne Nackenplatte.

Lassen wir einstweilen die tertiären Formen beiseite und wenden wir uns der lebenden Lederschildkröte (Dermochelys coriacea) zu (Fig. 469).

Dermochelys coriacea ist eine Hochseeschildkröte mit riesigen Vorderflossen. Der Rückenschild besteht nicht wie bei Chelone aus langen Horntafeln, die über den durch weite Fontanellen getrennten Costalplatten liegen, sondern aus kleinen, dünnen, mosaikartigen Haut- platten; und der Bauchschild enthält zahlreiche, unregelmäßig in der

---

[1]) E. F r a a s: Proganochelys Quenstedti Baur (Psammochelys keuperiana Quenstedt). — Jahreshefte d. Ver. f. vaterl. Naturkunde in Württemberg, 1899, p. 401.

[2]) Psephoderma alpinum wird häufig als die älteste Meeresschildkröte angesehen. Das Panzerfragment ist aber meiner Meinung nach nicht aus- reichend, um die Schildkrötennatur dieses Restes zu beweisen, obwohl O. J a e k e l vor kurzem (1907) eine Rekonstruktion des Panzers als Carapax einer Meeresschildkröte entworfen hat. Vielleicht handelt es sich doch nur, wie F. v. H u e n e vermutet, um den Rückenpanzer eines Placodermen. Diese Frage bedarf entschieden noch einer Aufklärung. Der Rest stammt aus dem Dachsteinkalk von Ruhpolding in Bayern.

Archelon ischyros.

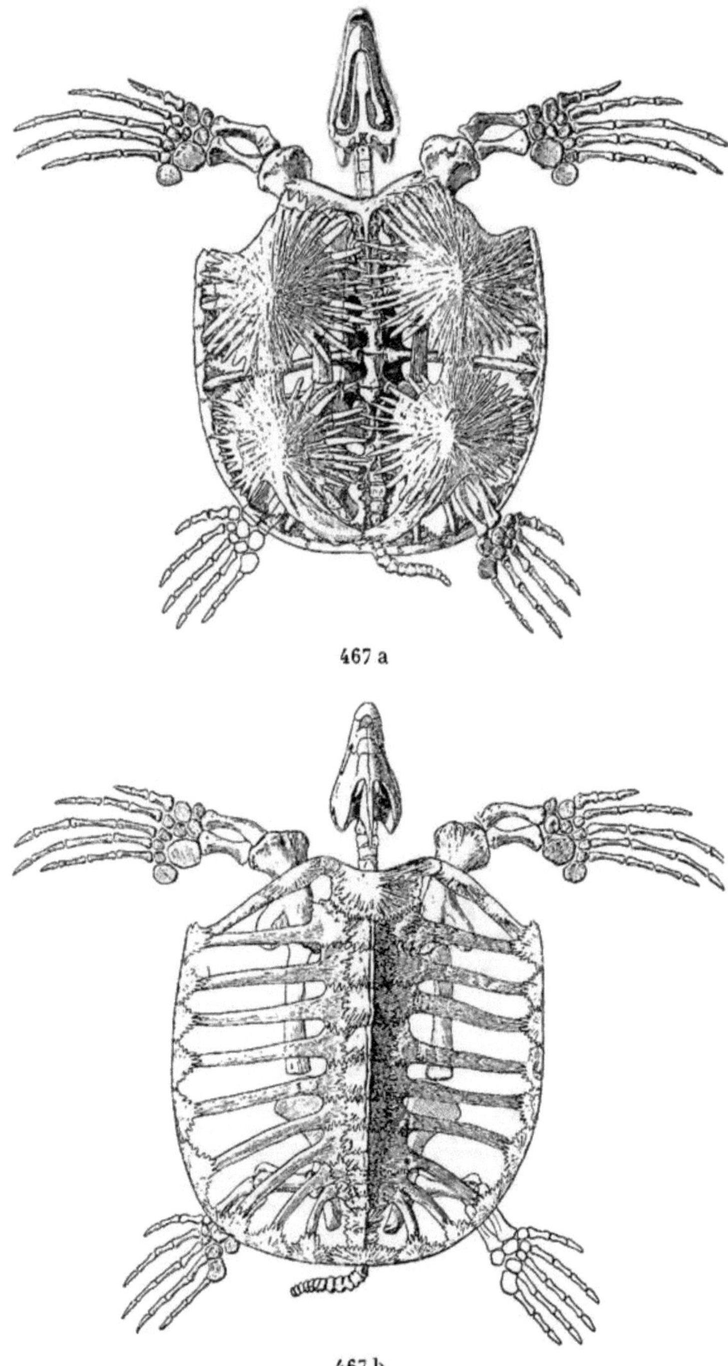

467 a

467 b

Fig. 467. Ventralansicht (a) und Dorsalansicht (b) einer Seeschildkröte aus der oberen Kreide Nordamerikas, Archelon ischyros Wieland. (Nach G. R. Wieland.) Gesamtlänge 3,40 m. 1/36 der Nat. Gr.

Haut verstreute knöcherne Höckerchen. U n t e r diesem Schild liegt auf der Rückenseite eine knöcherne Nackenplatte, auf der Bauchseite ein knöcherner Ring. Unverkennbar sind das dieselben Elemente, die wir im reduzierten Knochenpanzer der cretacischen Hochseeschildkröten finden: oben die Nackenplatte, unten der aus vier Elementen bestehende knöcherne Ring.

Wie ist aber die mosaikartige Felderung des häutigen Rückenschildes

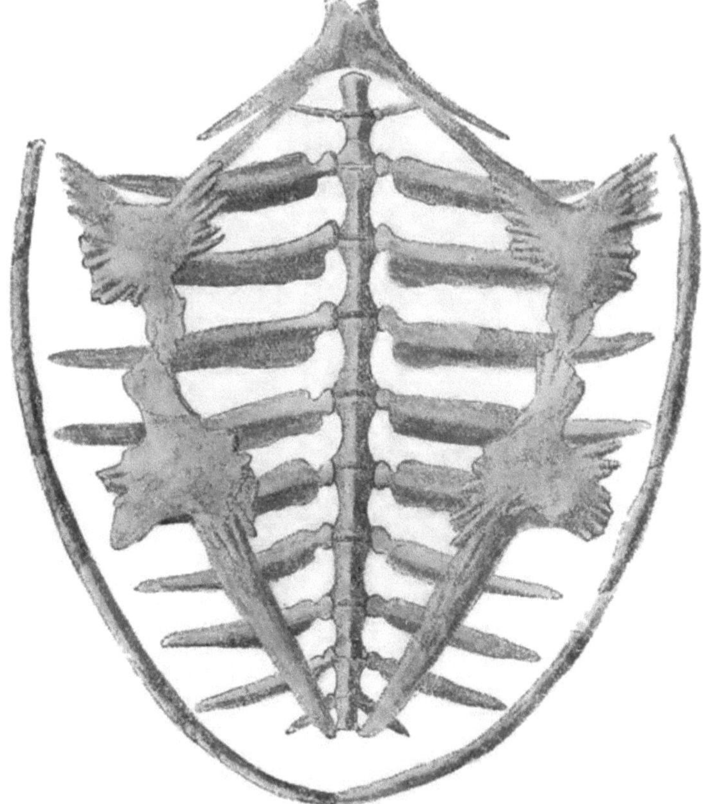

Fig. 468. Protosphargis veronensis Capellini aus der oberen Kreide der Gegend von Verona. (Nach C. G. C a p e l l i n i.) ¹/₁₂ Nat. Gr.

und das Auftreten knöcherner Tuberkeln im Bauchschild von Dermochelys zu erklären? Darüber geben uns die tertiären Schildkröten Aufschluß.

Wir kennen eine tertiäre Schildkrötengattung mit einem dicken, k n ö c h e r n e n Rücken- und Bauchschild, das aus mosaikartigen Platten besteht: Psephophorus. U n t e r dem mosaikartig zusammengefügten Knochenschild liegen aber die Rudimente des bei den Hochseeschildkröten der Kreideformation vorhandenen ursprünglichen Knochenpanzers: oben die Nackenplatte, unten der Knochenring.

Dieser neue, dicke Knochenpanzer aus Mosaikplatten kann nicht

während des Hochseelebens entstanden sein; er muß, wie D o l l o eingehend nachgewiesen hat, als eine Anpassung an die küstennahe Lebensweise betrachtet werden. Die Hochseeschildkröten sind also zum Teil
während der Tertiärzeit wieder an die Küste zurückgekehrt.

Dieser Mosaikschild von Psephophorus ist ganz ohne Zweifel die
Vorstufe des häutigen Mosaikschildes von Dermochelys. Und wir ver-

Fig. 169. Dermochelys coriacea. (Nach O. J a e k e l.)

stehen jetzt auch die phylogenetische Bedeutung der knöchernen Tuberkeln in der Bauchhaut der Lederschildkröte: es sind die letzten Rese des
ehemals sehr starken, knöchernen Mosaikpanzers der Psephophorus-Stufe.

Dermochelys coriacea ist eine Hochseeschildkröte; zum zweitenmale
während der Stammesgeschichte ist diese Gruppe zum Hochseeleben
übergegangen; und wieder, wie schon einmal in der Kreideformation,
ist eine Reduktion der Knochenschilde eingetreten, bis bei der lebenden
Lederschildkröte nur noch die Form der Rückenhautplatten und die
Knochenrudimente in der Bauchhaut als letzte Reste des zweiten,
s e k u n d ä r erworbenen Psephophorus-Panzers übriggeblieben sind.

Wir erhalten somit folgende Übersicht der von den Vorfahren der
Lederschildkröte durchlaufenen Entwicklungsstufen:

Phylogenie der Lederschildkröte (Dermochelys coriacea).

Evolutions-stufen	Lebensweise	Geologisches Alter	Zustand des Rückenschildes (Carapax)		Zustand des Bauchschildes (Plastron)	
			primär (thecophor)	sekundär (athek)	primär (thecophor)	sekundär (athek)
Atheke Schild-kröte, pelagisch (Dermochelys)	pelagisch zum zweitenmal	Gegenwart	atrophiert: bis auf die Nackenplatte verschwunden	reduziert: in Form häutiger Mosaikplatten	reduziert: ringförmig	atrophiert: bis auf irreguläre Knochenkerne in der Haut verschwunden
Atheke Schild-kröte, littoral (Psephophorus)	littoral zum zweitenmal	(Tertiär Oligozän bis Mittelpliozän)	atrophiert: bis auf die Nackenplatte verschwunden	funktionell: in Form dicker, knöcherner Mosaikplatten	reduziert: ringförmig	funktionell: in Form dicker, knöcherner, fontanellenloser Mosaikplatten
Thecophore Schildkröte, pelagisch (Protosphargis, Archelon, Thalassemys etc.)	pelagisch zum erstenmal	Kreide und Jura	reduziert: weite Fontanellen zwischen den Costalplatten, Nackenplatte vorhanden	fehlt	reduziert: ringförmig angeordnete Knochenplatten	fehlt
Thecophore Schildkröte, littoral	littoral zum erstenmal	Trias	funktionell: alle Elemente vorhanden, keine Fontanellen	fehlt	funktionell: alle Elemente vorhanden, keine Fontanellen	fehlt
Thecophore Schildkröte, terrestrisch (Proganochelys)	terrestrisch, primär	Trias	funktionell: alle Elemente vorhanden, keine Fontanellen	fehlt	funktionell: alle Elemente vorhanden, keine Fontanellen	fehlt

Mit der Feststellung dieser Entwicklung ist allerdings noch nicht sichergestellt, ob und wie die bisher bekannten fossilen Gattungen mit Dermochelys zusammenhängen. Es wäre ein falscher Schluß, diese Evolutionsreihe als eine Ahnenreihe ansehen zu wollen.

Dieses Beispiel der Phylogenie der Lederschildkröte zeigt aber sehr klar die Methodik der auf ethologischen Analysen fußenden Untersuchungen. Der Beweis ist gelungen, daß die Sphargiden (Dermochelys und Psephophorus) aus Cheloniden hervorgegangen und daß die Meeresschildkröten nicht die Ahnen der fluviatilen und terrestrischen sind.

D o l l o ist später noch einmal auf die Frage der Lebensweise der Cheloniden zurückgekommen und hat die Nahrungsweise mehrerer fossiler Formen ermittelt. Er hat unter anderem gezeigt, daß bei den Meeresschildkröten ursprünglich lange Unterkiefersymphysen vorhanden waren, die für eine conchifrage Nahrungsweise beweisend sind (z. B. Lytoloma) und daß diese ursprünglich littoralen Cheloniden später zu einer anderen Ernährungsart übergingen, wobei die Symphyse verkürzt wurde. Das ließ sich für Toxochelys nachweisen; sie hatte noch im littoralen Leben bei malacophager Nahrungsweise eine Symphysenverkürzung erlitten, während die pelagische Dermochelys infolge der malacophagen Nahrungsweise im pelagischen Leben eine ähnliche Umformung durchmachte.

Das Dollosche Gesetz.

Louis D o l l o hat 1893 zum erstenmal mit aller Schärfe betont, daß die Entwicklung nicht umkehrbar ist und daß sich daraus wesentliche und wichtige phylogenetische Konsequenzen ergeben.

L. D o l l o hat seither fast in jeder seiner Arbeiten Beispiele für die allgemeine Gültigkeit dieses Gesetzes erbracht, das heute fast von allen Forschern als ein sehr wichtiges Entwicklungsgesetz anerkannt ist.

Vielfach ist der Inhalt und das Wesen dieses Gesetzes mißverstanden worden, was darauf zurückzuführen ist, daß sich viele Autoren nicht eingehender mit den Grundlagen dieser Schlußfolgerungen vertraut gemacht haben. Ich habe, um weitere Mißverständnisse zu vermeiden, vor einiger Zeit folgende Formulierung des Dolloschen Gesetzes vorgeschlagen:

1. Ein im Laufe der Stammesgeschichte v e r k ü m m e r t e s O r g a n erlangt niemals wieder seine frühere Stärke; ein g ä n z l i c h v e r s c h w u n d e n e s O r g a n kehrt niemals wieder.

2. Gehen bei einer Anpassung an eine neue Lebensweise (z. B. beim Übergang von Schreittieren zu Klettertieren) Organe verloren, die bei der früheren Lebensweise einen hohen Gebrauchswert besaßen, so entstehen bei der neuerlichen Rückkehr zur alten Lebensweise diese Organe niemals wieder; an ihrer Stelle wird ein Ersatz durch andere Organe geschaffen.

Eines der schönsten Beispiele dafür ist die Erwerbung eines neuen Panzers an Stelle des früheren, im Hochseeleben verloren gegangenen bei den wieder littoral gewordenen Atheken.

Ein weiteres Beispiel ist die komplizierte Zusammensetzung der Schwanzflosse von Amphisyle, welche aus der ersten und zweiten Dorsalis, sowie der ersten und zweiten Analis besteht, aber in Form und Funktion der Schwanzflosse des Störs entspricht, welche die primitive Caudalis und zweite Analis umfaßt. Die verloren gegangene Caudalis ist bei Amphisyle nicht wiedergekehrt und die verkümmerten beiden Analen und die gleichfalls verkümmerte hintere Dorsalis sind klein geblieben.

Ein weiteres Beispiel ist der Fußbau des Känguruhs. Bei diesem von der arboricolen Lebensweise zur terrestrischen zurückgekehrten Stamm hat sich der Springfuß nicht wie bei allen anderen Springern entwickelt, sondern die verkümmerte zweite und dritte Zehe, die bei dem Greifzangen-fußtyp von Tarsipes dicht aneinander liegen, blieben beisammen und entsprechen funktionell e i n e r Seitenzehe des Springfußes, während die im arboricolen Leben verlängerte vierte Zehe zur Springzehe wurde.

Diprotodon australe, vom arboricolen Leben zum Schreiten auf dem Boden übergegangen, hat seinen Fußbau nicht in der Weise verändern können, wie er sonst für plantigrade Schreiter kennzeichnend ist, sondern hat die wichtigsten Anpassungsmerkmale an das arboricole Leben im Fußbaue bewahrt und nur jene Partien verstärkt, welche während des arboricolen Lebens nicht reduziert worden sind.

Die Extremitäten der Gravigraden tragen die unverkennbaren Zeichen der Abstammung von grabenden Vorfahren und sind nicht zu einem normal gebauten Schreitfuß umgeformt worden.

Bei den Robben, die von Bären abstammen, ist der Schwanz ver-kümmert. Er ist nicht wieder zur alten Stärke aufgelebt, um eine Schwanzflosse zu stützen, sondern die Hinterfüße haben die Funktion einer Schwanzflosse übernommen.

Bei den Fasanhähnen sind die Schwanzfedern sehr lang und dienen als Steuerapparat beim Drachenflug während des „Abstreichens". Die Funktion ist also dieselbe wie sie der lange, zweizeilig befiederte Schwanz der Archaeopteryx hatte, aber der Schwanz der Fasane blieb verkümmert und an seine Stelle wurde ein Ersatz durch lange Schwanzfedern geschaffen.

Die Kiefer und Schnäbel von Odontopteryx tragen zahlreiche Zacken, die wie Zähne funktionieren. Aber die Zähne sind bei den Vögeln schon in der Kreidezeit verloren gegangen und es wurde für sie ein Er-satz durch Auszackungen der Hornschnäbel und Kiefer geschaffen.

Bei dem Tiefseefisch Cyema atrum ist die ursprünglich vorhanden gewesene Caudalis und ebenso die hintere Analis, welche das Lokomo-tionsorgan der meisten modernen Teleostomen bildet, verloren gegangen.

Der Fisch ist aber zum Schnellschwimmen und Stoßrauben übergegangen und sagittiform geworden; an Stelle der verlorenen Schwanzflosse hat sich eine neue Schwanzflosse gebildet, die aus der Dorsalis und der vorderen Analis besteht und in physiologischer, also funktioneller Hinsicht durchaus der früher vorhanden gewesenen Schwanzflosse entspricht.

Das Becken der Orthopoden hat infolge des bipeden Ganges durchgreifende Veränderungen erlitten, die besonders in der Ausbildung eines Postpubis zum Ausdruck kommen.

Bei der sekundären Rückkehr zur tetrapoden Lebensweise hat sich nicht die ursprüngliche Beckenform wieder ausgebildet, sondern das Pubis blieb bei Stegosaurus noch in der alten, für die Orthopoden charakteristischen Lage, wurde aber verstärkt und bildete mit dem Ischium zusammen in funktioneller Hinsicht einen einzigen, starken Beckenstrahl, während es bei dem gleichfalls sekundär tetrapod gewordenen Triceratops verkümmerte.

So lassen sich zahlreiche Beispiele für die Richtigkeit des Dolloschen Gesetzes anführen. In den vorstehenden Abschnitten habe ich wiederholt auf derartige Fälle hingewiesen, welche in klarer Weise zeigen, daß ein verkümmertes Organ nie wieder seine alte Stärke erlangt, daß ein verloren gegangenes nie wiederkehrt und daß im Bedarfsfalle an Stelle des verlorenen Organs ein funktioneller Ersatz durch ein anderes Organ geschaffen wird.

Das Dollosche Gesetz ist von eminenter Bedeutung für die Ermittlung phylogenetischer Zusammenhänge und die Feststellung der Lebensweise bei den Vorfahren.

Konvergenz und Parallelismus.

Unsere Auseinandersetzungen über die Anpassungen verschiedener Wirbeltiergruppen an ein und dieselbe Lebensweise, beispielsweise an das Leben im Wasser, haben gezeigt, daß ähnliche Körperformen und eine ähnliche Umformung der in mechanischer Hinsicht für das Wasserleben wichtigen Organe wie paarige und unpaarige Flossen, Hautbekleidung usw. bei den verschiedenartigsten und miteinander nicht näher verwandten Gruppen eingetreten ist.

Die oft auffallende Ähnlichkeit der Formen ist aber fast immer nur eine rein äußerliche. Vergleicht man den anatomischen Bau der Flossen eines Haifisches, eines Ichthyosauriers, eines Thalattosuchiers, eines Mosasauriers, eines Delphins, einer Sirene usw. genauer, so sieht man, daß der Skelettbau, der Bau der Muskeln usw. bei allen diesen Formen total verschieden ist. Wenn auch die Vorderflosse eines Pinguins und einer Seeschildkröte äußerlich eine große Ähnlichkeit besitzen, so zeigt doch ein Vergleich der Flossenskelette sofort den ungeheuren Gegensatz zwischen den beiden Schwimmtieren.

Nur bei vollständiger Unkenntnis von der Bedeutung der Morphologie könnte man auf die Idee verfallen, daß bei der Beurteilung verwandtschaftlicher Verbände nur die äußere Körpergestalt und nicht der innere Bau des Tieres entscheidend ist.

Wenn man jemandem, der keine eingehenderen Kenntnisse von vergleichender Anatomie und Systematik besitzt, ein Exemplar von Notoryctes typhlops und Chrysochloris aurea vorlegen und daneben etwa noch Talpa europaea und Bathyergus maritimus anreihen würde, so würde der Betreffende wahrscheinlich alle Formen als Glieder einer einheitlichen Gruppe ansehen und sie wahrscheinlich sämtlich als Maulwürfe bezeichnen. Zu dieser Ansicht würde er durch die große Ähnlichkeit der gesamten Körperform geführt werden und bei näherer Betrachtung würde er wahrscheinlich Notoryctes und Chrysochloris als die am nächsten miteinander verwandten Gattungen bezeichnen, wozu ihn neben dem auffallenden Metallschimmer des Pelzes vor allem die Ähnlichkeit der Scharrkrallen an der Hand beider Formen verleiten würde.

Die genannten Grabtiere sind aber nicht näher miteinander verwandt, sondern gehören ganz verschiedenen Säugetierstämmen an. Notoryctes ist ein südaustralisches Beuteltier, Chrysochloris ein südafrikanischer Insektenfresser und gehört also in dieselbe Gruppe wie unser Maulwurf; Bathyergus ist ein südafrikanisches Nagetier. Ein genauerer Vergleich der Grabhände zeigt zwei wesentlich voneinander verschiedene Typen: Notoryctes, Chrysochloris und Bathyergus besitzen scharfe, sehr große Grabkrallen, Talpa eine sehr breite Hand mit relativ kleinen Krallen. Die Lebensweise dieser beiden Gruppen ist verschieden; Notoryctes, Chrysochloris und Bathyergus sind unterirdisch lebende Tiere, die in hartem Sandboden graben, während sich unser Maulwurf nur in weichem Erdboden seine Gänge gräbt.

Diese Tatsachen werden auch den unkundigen Beobachter bald davon überzeugen, daß die Ähnlichkeiten der genannten Grabtiere nur ä u ß e r - l i c h e sind und nicht auf eine engere Verwandtschaft hinweisen. Es liegt hier ein sehr klares Beispiel für eine ä h n l i c h e U m f o r m u n g v e r s c h i e d e n e r , n i c h t m i t e i n a n d e r v e r w a n d t e r T i e r e i n f o l g e g l e i c h a r t i g e r L e b e n s w e i s e v o r.

Die Erkenntnis, daß eine gleichartige Lebensweise gleichsinnige oder ähnliche Umformungen der Lebewesen zur Folge hat, geht sehr weit zurück und mußte schon zu jener Zeit klar werden, als man die Delphine als Säugetiere erkannt und von den Fischen getrennt hatte. Mit Recht konnte D a r w i n in seiner „Entstehung der Arten" sagen: „Niemand legt mehr der äußeren Ähnlichkeit der Maus mit der Spitzmaus, des Dugongs mit dem Wale und des Wales mit dem Fisch einige Wichtigkeit bei." Gleichwohl hat fünfzig Jahre später ein deutscher Geologe,

G. S t e i n m a n n in Bonn, den Versuch unternommen, den genetischen Zusammenhang zwischen Delphin und Ichthyosaurus, der Sigillarien und Kakteen, der hörnertragenden Dinosaurier und Boviden, der Flugsaurier und Fledermäuse usw. nachzuweisen, ein Versuch, der zwar einmütige Ablehnung gefunden, aber doch in den Kreisen der Biologen den Wunsch erweckt hat, einmal eine Definition des Begriffes der „konvergenten Anpassung" zu versuchen, um derartige Entgleisungen wie die S t e i n m a n n schen so weit als möglich zu verhindern.

Der Ausdruck „Konvergenz" ist in der letzten Zeit, wie so viele Begriffe auf deszendenztheoretischem Gebiete, sehr häufig angewandt und zu einem Schlagworte gestempelt worden, ohne daß sich die verschiedenen Forscher auf eine eindeutige Anwendung dieser Bezeichnung geeinigt hätten.

Neben dem Ausdrucke „Konvergenz" gelangten auch die Bezeichnungen „Parallelismus" und „Divergenz" für verschiedene Anpassungsprozesse immer mehr in Anwendung; die von D a r w i n gebrauchte Bezeichnung „analoge Ähnlichkeiten" wird heute kaum mehr angewendet.

Der erste, der eine scharfe analytische Trennung der Begriffe: Parallelismus, Konvergenz und Divergenz durchzuführen versuchte, war H. F. O s b o r n.   Er unterschied folgende Adaptationsformen („The Ideas and Terms of Modern Philosophical Anatomy", Science. N. S., XXI, No. 547, p. 959—961, June 23, 1905):

I. Homologous, i. e. **Homogeneous.**

II. Analogous.

P a r a l l e l. Analogous adaptations, i. e., similar characters arising independently in s i m i l a r o r r e l a t e d a n i m a l s o r o r g a n s , causing a similar evolution, and resulting in parallelismus.

C o n v e r g e n t. Similar adaptations arising independently in d i s s i m i l a r o r u n r e l a t e d a n i m a l s o r o r g a n s , causing a secondary similarity or approximation of type, resulting in c o n v e r g e n c e.

III. Non-Analogous.

D i v e r g e n t. Increasing specialisation and differentiation resulting in „divergence" or „adaptive radiation".

Zweifellos bedeutet der Versuch H. F. O s b o r n s, auf analytischem Wege und in Form einer Tabelle die Unterschiede zwischen paralleler. konvergenter und divergenter Anpassung festzulegen, einen sehr wichtigen Fortschritt; eine Überprüfung dieser Definitionen zeigt jedoch, daß sie nicht erschöpfend sind. Ich will daher den Versuch wagen, auf Grund einiger sorgfältig gewählter und klarer Fälle auf analytischem Wege zu einer anderen Definition zu gelangen.

Übersicht einiger Beispiele.

I. R e d u k t i o n d e s B e c k e n s v o n B a l a e n o p t e r a u n d H a l i t h e r i u m[1] (Fig. 130, 132, 135a).

[Gleiche Lebensweise; gleichartiger Reizmangel (Nichtgebrauch); Umformungsresultat gleich; morphologischer Bau gleich; durchlaufene Entwicklungsstufen gleich.]

II. V e r s t ä r k u n g d e r M i t t e l z e h e b e i g l e i c h z e i t i g e r V e r k ü m m e r u n g d e r S e i t e n z e h e n v o n E q u u s u n d T h o a t h e r i u m[2] (Fig. 159—164).

[Gleiche Lebensweise; gleichartiger Umformungsreiz (verstärkter Gebrauch der Mittelzehe) und gleichartiger Reizmangel (Nichtgebrauch der Seitenzehen); Umformungsresultat gleich; morphologischer Bau gleich; durchlaufene Entwicklungsstufen gleich.]

III. A u s b i l d u n g e i n e r Z w i s c h e n f i n g e r h a u t v o n S c h w i m m t i e r e n , F a l l s c h i r m t i e r e n u n d G r a b t i e r e n (H a n d v o n C h i r o n e c t e s , G a l e o p i t h e c u s u n d d e m g r a b e n d e n P a l m a t o g e c k o R a n g e i A n d e r s s o n (= S y n d a c t y l o s a u r a Schultzei Werner)[3] (Fig. 291, 227, 252).

[Verschiedene Lebensweise; gleichartiger Umformungsreiz; Umformungsresultat gleich; morphologischer Bau gleich; durchlaufene Entwicklungsstufen gleich.]

IV. S p r i n g f u ß von Dipus und M a c r o p u s[4] (Fig. 209, 210. 213).

---

[1] O. A b e l. Die Morphologie der Hüftbeinrudimente der Cetaceen. — Denkschriften der kais. Akad. der Wiss. in Wien, math.-nat. Kl., Bd. LXXXI, 1907, S. 139—194.

[2] Ibidem, S. 184.

[3] O. T h o m a s, Catalogue of the Marsupialia and Monotremata in the Collection of the British Museum. London. 1888. p. 366, Pl. XXVIII, Fig. 8 (Chironectes); W. H. F l o w e r and R. L y d e k k e r, An Introduction to the Study of Mammals Living and Extinct. London, 1891. p. 615. Fig. 282 (Galeopithecus).

[4] M. W e b e r, Die Säugetiere, Jena, 1904, S. 501, Fig. 380 (Hinterfuß von Alactaga und Dipus); W. H. F l o w e r and R. L y d e k k e r, l. c., p. 159, Fig. 52 (Hinterfuß von Macropus); L. D o l l o, Les ancêtres des Marsupiaux étaient-ils arboricoles? — Miscellanées biologiques, dédiées au Prof. A. G i a r d, etc., Paris, 1899, p. 197.

[Gleiche Lebensweise; gleichartiger Umformungsreiz; Umformungs-resultat ähnlich; morphologischer Bau verschieden; durchlaufene Ent-wicklungsstufen verschieden.]

V. Flossenverbreiterung von Ichthyosaurus, Delphin, Manatus und Phoca[1]) (Fig. 128).

[Gleiche Lebensweise; gleichartiger Umformungsreiz; Umformungs-resultat ähnlich; morphologischer Bau verschieden; durchlaufene Ent-wicklungsstufen verschieden.]

VI. Fallschirmflossen von Thoracopterus, Dollopterus, Exocoetus und Dactylopterus[2]) (Fig. 234, 231, 232).

G[leiche Lebensweise; gleichartiger Umformungsreiz; Umformungs-resultat ähnlich; morphologischer Bau verschieden; durchlaufene Ent-wicklungstufen verschieden.]

VII. Bulla tympani von Balaenoptera und Quadratum von Plioplatecarpus[3]) (Fig. 346, 349).

[Gleiche Lebensweise; gleichartiger Umformungsreiz; Umformungs-resultat ähnlich; morphologischer Bau verschieden; durchlaufene Ent-wicklungsstufen verschieden.]

VIII. Allgemeine Körperform von Lamna, Ich-thyosaurus und Grampus (Fig. 299, 300, 461).

[Gleiche Lebensweise; gleichartiger Umformungsreiz; Umformungs-resultat ähnlich; morphologischer Bau verschieden; durchlaufene Ent-wicklungsstufen verschieden.]

IX. Flügelfärbung von Papilio Merope, Danaïs chrysippus, Amauris niavicus und Amauris Echeria.[4])

[Gleiche Lebensweise; gleiche Ursache der Umformung (Selektion der immunen Vorbilder und Selektion der ähnlich gefärbten Varietäten der mimetischen Arten); Umformungsresultat ähnlich; morphologischer Bau verschieden; durchlaufene Entwicklungsstufen verschieden.]

X. Reduktion des Auges bei Tiefseetieren, Grabtieren, Höhlentieren, Schlammtieren und Schlammwassertieren (Platanista).

---

[1]) O. Abel, Die Stammesgeschichte der Meeressäugetiere. — Meeres-kunde, Berlin, 1907, I. Jahrg., Heft 4, S. 35, Fig. 27.

[2]) O. Abel, Fossile Flugfische. — Jahrb. d. k. k. Geol. Reichsanstalt in Wien, Bd. 56, 1906, S. 1—88.

[3]) L. Dollo, Première note sur les Mosasauriens de Maestricht. — Bull. Soc. Belge de Géol., Paléont. et d'Hydrol., Vol. IV, 1890, p. 157—158; ibidem, Vol. V, 1891, p. 182; ibidem, Vol. XVIII, 1904, p. 207—213, Pl. VI; ibidem, Vol. XIX, 1905, p. 125—131, Pl. III.

[4]) A. Weismann, Vorträge über Deszendenztheorie. Jena, 1902.

[Verschiedene Lebensweise; gleichartiger Reizmangel; Umformungs-resultat ähnlich; morphologischer Bau verschieden; durchlaufene Entwicklungsstufen verschieden.]

XI. Ausbildung von Stridulationsorganen bei Grillen, Heuschrecken, Zikaden, Raubwanzen (z. B. Coranus subapterus), Baumwanzen (z. B. Pachycoris torridus), Wasserwanzen (z. B. Corisa Linnei), Käfern (Pelobius Hermanni) und Schildkröten (Cinosternum Steindachneri).[1]

[Verschiedene Lebensweise; gleichartiger Umformungsreiz; Umformungsresultat ähnlich; morphologischer Bau verschieden; durchlaufene Entwicklungsstufen verschieden.]

XII. Nacktwerden von Aalen, Welsen, Ichthyosaurus, Geosaurus, Pterodactylus, Balaena, Delphinus, Halicore, Elephas maximus, Rhinoceros, Cheiromeles, Canis (türkischer und brasilianischer Hund), Mensch, Kopf des Aasgeiers und Truthahns.

[Verschiedene Lebensweise; verschiedene Ursachen des Verlustes der Schuppen, des Panzers, der Haare, der Federn; Umformungsresultat ähnlich (nackte Haut); morphologischer Bau verschieden; durchlaufene Entwicklungsstufen verschieden.]

XIII. Ausbildung eines harten Panzers bei Pterichthys, Drepanaspis, Callichthys, Ostracion, Schildkröten, Krokodilen, Placodonten, Delphinopsis, Glyptodon, Manis; Insekten, Krebsen, Gastropoden, Bivalven, Brachiopoden, Echinodermen usw.

[Verschiedene Lebensweise; verschiedene Ursachen der Ausbildung eines Panzers; Umformungsresultat ähnlich; morphologischer Bau verschieden; durchlaufene Entwicklungsstufen verschieden.]

Wenn wir die besprochenen Beispiele zu gruppieren versuchen, so erhalten wir zwei scharf voneinander geschiedene Gruppen, die in den nachfolgenden Tabellen zusammengestellt sind.

Aus diesen Analysen ergibt sich mit voller Klarheit, daß das gleiche Umformungsresultat bei zwei verschiedenen, nicht näher verwandten Arten sowohl bei gleicher als bei verschiedener Lebensweise entstehen

---

[1] F. Siebenrock, Die Schildkrötenfamilie Cinosternidae m. — Sitzungsber. der kais. Akad. der Wiss. in Wien, math.-nat. Kl., Bd. CXVI. 1907, S. 14, Taf. I, Fig. 4. — A. Handlirsch, Zur Kenntnis der Stridulationsorgane bei den Rhynchoten. — Annalen des k. k. naturhist. Hofmus. in Wien, Bd. XV, 1900, Heft 2, S. 127—141, Taf. VII.

I. Parallele

Adaptationsform	Wesen der Adaptation	Lebensweise	Umformungsursache (Reiz, Reizmangel usw.)	Umformungsresultat	Morphologischer Bau	Durchlaufene Entwicklungsstufen
parallel	homodyname Funktion homologer Organe	gleich	gleich	gleich	gleich	gleich
		verschieden	gleich	gleich	gleich	gleich

II. Konvergente

Adaptationsform	Wesen der Adaptation	Lebensweise	Umformungsursache (Reiz, Reizmangel usw.)	Umformungsresultat	Morphologischer Bau	Durchlaufene Entwicklungsstufen
konvergent („analoge Ähnlichkeiten" nach Darwin)	homodyname Funktion heterogener Organe	gleich	gleich	± ähnlich	± verschieden	± verschieden
		verschieden	gleich	± ähnlich	± verschieden	± verschieden
		verschieden	verschieden	± ähnlich	± verschieden	± verschieden

Anpassungen.

B e i s p i e l e

a) **R e d u k t i o n**: Becken von Balaenoptera und Halitherium.
b) **S p e z i a l i s a t i o n**: Metallschimmer des Pelzes von Chrysochloris und Notoryctes; Spezialisation des Fußskelettes von Equus und Thoatherium.

Zwischenfingerhaut von Chironectes und Galeopithecus.
Zwischenzehenhaut von Rana und Zwischenfingerhaut von Racophorus.
Zwischenfingerhaut von Palmatogecko Rangei (= Syndactylosaura Schultzei Werner).

Anpassungen.

B e i s p i e l e

a) **R e d u k t i o n**: Seitenzehen im Springfuß von Dipus und Macropus.
b) **S p e z i a l i s a t i o n**: Bulla von Balaenoptera und Quadratum von Plioplatecarpus; Flossenverbreiterung von Ichthyosaurus, Delphinus, Manatus und Phoca; allgemeine Körperform von Lamna, Ichthyosaurus, Grampus; Flügelfärbung von Papilio Merope, Danaïs chrysippus, Amauris niavicus und Amauris Echeria.

a) **R e d u k t i o n**: Verkümmerung des Auges bei Tiefseetieren, Grabtieren, Höhlentieren, Schlammtieren und Schlammwassertieren (Platanista).
b) **S p e z i a l i s a t i o n**: Stridulationsorgane der Grillen, Heuschrecken, Zikaden, Raub-, Baum- und Wasserwanzen, Käfer und Schildkröten (Cinosternum).

a) **R e d u k t i o n**: Nacktwerden von Welsen, Aalen, Ichthyosauriern, Meerkrokodilen (Geosaurus), Pterosauriern, Walen, Sirenen, Elefanten, Nashörnern, Cheiromeles, Hund, Mensch.
b) **S p e z i a l i s a t i o n**: Ausbildung eines harten Körperpanzers bei Pterichthys, Drepanaspis, Callichthys, Ostracion, Schildkröten, Placodonten, Krokodilen, Walen (Delphinopsis), Glyptodon, Gürteltieren, Manis, Insekten, Krebsen, Gastropoden, Bivalven, Brachiopoden, Echinodermen.

kann; indessen bleibt auch bei verschiedener Lebensweise in einzelnen Fällen (Chironectes, Galeopithecus, Palmatogecko) der die Umformung bewirkende Reiz (im ersten Fall Widerstand des Wassers, im zweiten Widerstand der Luft, im dritten Widerstand des Erdbodens) in mechanischer Hinsicht gleich. Gleicher Umformungsreiz oder gleichartiger Reizmangel kann die gleichsinnige oder parallele Entwicklung derselben Organe zur Folge haben, so daß das Endresultat der Umformung dasselbe ist. Diese Gruppe von Adaptationsformen wären als p a r a l l e l e zu bezeichnen; ihr Wesen besteht in der h o m o d y n a m e n F u n kt i o n   h o m o l o g e r   O r g a n e.

Eine zweite Gruppe von Anpassungsformen zeigt, daß ein ä h nl i c h e s Umformungsresultat sowohl bei gleicher als verschiedener Lebensweise entstehen kann; die Umformungsursache (Reiz oder Reizmangel, in einzelnen Fällen Selektion) kann dieselbe oder sie kann verschieden sein. Immer ist in diesen Fällen zwar das Umformungsresultat ähnlich, aber der morphologische Bau der Organe oder der Organgruppen sowie die durchlaufenen Entwicklungsstufen sind verschieden. Diese zweite Gruppe von Adaptationsformen wären als k o n v e r g e n t e zu bezeichnen; ihr Wesen besteht in der h o m o d y n a m e n F u n kt i o n   h e t e r o g e n e r   O r g a n e, wie ich bereits vor vier Jahren hervorhob.[1]

Als das wichtigste Ergebnis dieser Analyse darf die Erkenntnis bezeichnet werden, daß die L e b e n s w e i s e bei der Entstehung paralleler und konvergenter Anpassungen nicht jene entscheidende Rolle spielt, die ihr wiederholt zugeschrieben wurde. Aus der Definition des Begriffs der konvergenten Anpassungen ist ferner die Umformungsursache auszuschalten, da dieselbe bei den konvergent umgeformten Arten gleich oder verschieden sein kann; in den meisten Fällen ist sie allerdings dieselbe.

Ein Abschluß der Frage, wie die verschiedenen Adaptationsformen zu gruppieren sind, ist mit dem vorliegenden Versuch einer Lösung noch nicht gegeben. Ich meine jedoch, daß die kritische Erörterung dieser Frage wieder einmal recht deutlich gezeigt hat, daß wir täglich mit Begriffen wie „Konvergenzerscheinungen" zu operieren pflegen, die in ihrer Deutung und Anwendung sehr schwankend sind. Diese Schwächen gelangen bei der mehr und mehr in den Vordergrund tretenden analytischen Behandlung biologischer Probleme immer klarer zur Geltung. Wir dürfen hoffen, daß der weitere Ausbau der analytischen Methode in viele ethologische und allgemein biologische Fragen Klarheit bringen wird; der erste Schritt zur Lösung eines Problems ist immer die klare und scharfe Fragestellung.[2]

---

[1] Denkschriften der kais. Akad. der Wiss. in Wien, math.-nat. Klasse, Bd. LXXXI, 1907, S. 184.

[2] Verh. k. k. zool. bot. Ges. Wien, LIX. Bd., 1909, p. (221)—(230).

Monophylie und Polyphylie.

Man begegnet in biologischen Mitteilungen sehr häufig der Angabe, daß diese oder jene Gruppe „polyphyletischen" Ursprungs sei.

So findet man wiederholt die Bemerkung, daß die Ratiten (die flugunfähigen Laufvögel) polyphyletischen Ursprunges seien, oder, wie M. Fürbringer sich ausdrückt, „eine mehr oder minder künstliche Versammlung von ursprünglich heterogenen Vögeln, welche . . . . nur durch eine Reihe von Isomorphien zusammengehalten werden. Der Begriff „Ratitae" bezeichnet darum keine primäre genealogische Einheit, sondern eine sehr unvollkommene Konvergenz-Analogie, bildet somit streng genommen in systematischer Hinsicht nur ein provisorisches Surrogat, das schließlich einer besseren Erkenntnis der wahren Genealogien weichen muß." [1]

Auch H. Gadow [2] ist der Meinung, daß sich unabhängig voneinander, zu verschiedenen Zeiten und in verschiedenen, jetzt vielleicht zum Teil versunkenen Ländern Ratiten ausgebildet haben.

Ein Beispiel für die Entstehung von flugunfähigen Vögeln an verschiedenen Orten, zu verschiedenen Zeiten und aus verschiedenen Stammformen, aber doch aus einer gemeinsamen Stammgruppe, ist folgendes.

Aus Mauritius ist eine flugunfähige Ralle, Aphanapteryx bonasia Selys, bekannt, welche seit Entdeckung der Insel ausgestorben ist. Auf Rodriguez lebte bis ins XVIII. Jahrhundert ein naher Verwandter, der gleichfalls flugunfähige Erythromachus Leguati M. Edw. Die schon früher ausgestorbene Diaphorapteryx Hawkinsi Forbes auf der Chatam-Insel hatte ebenfalls das Flugvermögen eingebüßt; die kaum mehr flugfähig gewesene Notornis Mantelli Owen der Nordinsel Neuseelands ist ganz erloschen, während Notornis Hochstetteri A. B. Meyer auf derselben Insel vor dem Aussterben steht. Auch Notornis Stanleyi Rowley von der Lord Howes Insel und N. alba White von den Norfolk Inseln sind erloschen. Gallinula nesiotis von Tristan d'Acunha ist ein weiterer Vertreter dieser Gruppe von flugunfähigen oder schlecht fliegenden Vögeln, die sämtlich der Familie der Rallen oder Ralliden angehören.

Wie H. Gadow [3] betont, sind Aphanapteryx und Diaphorapteryx erst in später Zeit entstanden, da die Reduktion der Flügel und des Schultergürtels nicht sehr weit vorgeschritten ist; beide Gattungen gehen auf Ralliden aus der durch Ocydromus auf Neu-Seeland repräsentierten Gruppe der Rallen zurück. Das Merkwürdigste an diesem Falle

---

[1] M. Fürbringer: Untersuchungen zur Morphologie und Systematik der Vögel. II. Bd., Amsterdam 1888, p. 682.

[2] H. Gadow: Vögel. In Bronns Klassen und Ordn. d. Tierreichs. VI. Bd., 4. Abt., 2. Teil, 1893, p. 99.

[3] H. Gadow, l. c., p. 101.

ist aber die selbständige Entstehung der überaus ähnlichen Gattungen einerseits auf Mauritius, anderseits auf der Chatham-Insel. In morphologischer Hinsicht könnte man ohne weiters Aphanapteryx, Erythromachus und Diaphorapteryx in e i n e r Gattung zusammenfassen, sie sind aber in genetischer Hinsicht zweifellos ganz selbständig.

Würde man diese drei Formen unter einem Gattungsnamen vereinigen, so müßte man die Gattung als polyphyletisch bezeichnen, während wir bei einer separaten Benennung dieser drei Formen dieser Schwierigkeit enthoben sind. Aus der weitverbreiteten Familie der Rallen haben sich merkwürdigerweise an verschiedenen Orten schlechtfliegende und flugunfähige Vögel entwickelt; sie gehen alle auf denselben Stamm zurück; es wäre jedoch gefehlt, diese flugunfähig gewordenen Formen, die an verschiedenen Orten zu verschiedenen Zeiten enstanden sind, unter einen Hut zu bringen und dann von einer Polyphylie zu sprechen.

Ein ganz ähnlicher Fall liegt bei der Gattung Equus vor.

Der Pferdestamm ist sicher nordamerikanischen Ursprungs.[1]) Von Nordamerika aus wandern in Europa zuerst im Mitteleozän Equiden ein und entfalten sich im Obereozän (oberes Lutetien) zu höherer Blüte als im Stammland[2]), um aber im Unteroligozän in Europa wieder zu erlöschen.[3])

Zum zweitenmale haben die nordamerikanischen Equiden im Mittelmiozän einen Ausläufer nach Eurasien gesandt (Anchitherium aurelianense), dessen Nachkommen im Unterpliozän Chinas erlöschen (Anchitherium Zitteli Schl.).[4])

Zum drittenmale wandert ein Seitenzweig des nordamerikanischen Hauptstamms der Pferde im Unterpliozän über Asien in Europa ein (Hipparion).[5])   Aus der Stammart Hipparion gracile (mediterraneum)

---

[1]) H. G. S t e h l i n: Die Säugetiere des schweizerischen Eozäns, 3. Teil. — Abhandl. der Schweiz. paläont. Ges., XXXII, Zürich, 1905, S. 550: „Alles spricht mithin dafür, daß die neogenen Equiden auf eine mindestens bis an die Basis des Mitteleozäns rein amerikanische Aszendenz zurückgehen und daß alle die bis in die neueste Zeit immer wieder auftauchenden Versuche, irgend welche Paläohippidenformen des europäischen Ober- und Mitteleozäns in den Stammbaum derselben einzuschalten, endgültig aufgegeben werden müssen.‘‘

[2]) In Europa im oberen Lutetien 6 Gattungen mit ungefähr 20 Stammlinien oder Arten; in Nordamerika ungefähr gleichzeitig (Lower Bridger = Orohippus-Zone) 1 Gattung (Orohippus) mit 6 Stammlinien oder Arten. — H. F. O s b o r n: Cenozoic Mammal Horizons of the Western North America; W. D. M a t t h e w, Faunal Lists of the Tertiary Mammalia of the West. — Bull. 361, U. S. Geol. Survey, Washington, 1909, p. 50, 98.

[3]) Mit den Gattungen Paläotherium und Plagiolophus. — H. G. S t e h l i n, l. c., S. 556.

[4]) M. S c h l o s s e r: Die fossilen Säugetiere Chinas. — Abhandl. der kgl. bayr. Akad. d. Wiss., II. Kl., XXII. Bd., 1. Abt., S. 76—78. München, 1903.

[5]) Hipparion ist zweifellos mit Anchitherium n i c h t direkt verwandt.

ging das jüngere H. crassum hervor, das nach Ch. D e p é r e t[1]) und M. S c h l o s s e r[2]) über den oberpliozänen Equus Stenonis zu den lebenden eurasiatischen Pferderassen führt, die wir der Gattung Equus einreihen.

Ganz unabhängig von diesem eurasiatischen Stamm Hipparion—Equus hat sich aber auch in Nordamerika eine Gruppe von Arten entwickelt, deren Skelett jenem der eurasiatischen Pferde so außerordentlich gleicht, daß auch diese Arten in die Gattung Equus eingereiht worden sind. Diese seither gänzlich ausgestorbenen Arten treten z u e r s t im unteren Plistozän Nordamerikas auf.[3]) Die Ahnen der nordamerikanischen Equus-Arten gehen aber nicht auf Hipparion zurück, sondern auf die Gattungen Pliohippus und Merychippus; neben Pliohippus treten die Genera Protohippus und Neohipparion auf (in der Blancoformation in Texas); im älteren Pliozän Nordamerikas (untere und obere Olagallaformation) sind 39 Arten der Gattungen Hypohippus (2), Parahippus (1), Merychippus (2), Protohippus (15) und Neohipparion (19) gefunden worden, aber niemals eine Spur von Hipparion.

M. S c h l o s s e r hat schon im Jahre 1903 Bedenken gegen die gleichartige Benennung der altweltlichen und amerikanischen Equus-Arten geäußert.[4])

Wir stehen hier vor drei wichtigen prinzipiellen Fragen:

1. S o l l e n w i r i n e i n e m F a l l e, w o d i e v e r s c h i e d e n e E n t s t e h u n g z w e i e r a n u n d f ü r s i c h s e h r ä h n l i c h e r A r t e n g r u p p e n s i c h e r g e s t e l l t i s t, d i e v e r s c h i e d e n e H e r k u n f t d e r s e l b e n a u c h i n d e r N a m e n g e b u n g z u m A u s d r u c k b r i n g e n?

2. O d e r s o l l e n w i r d a n n, w e n n w i r z w a r ü b e r d i e v e r s c h i e d e n e V o r g e s c h i c h t e z w e i e r A r t e n -

---

[1]) Ch. D e p é r e t: Animaux pliocènes du Roussillon. — Mém. Soc. Géol. France, p. 82. Paris, 1900.

[2]) M. S c h l o s s e r: l. c., S. 86.

[3]) Sheridan-Formation = Equus-Zone. H. F. O s b o r n: l. c., . 85. — In früheren Arbeiten wird das erste Auftreten von Equus irrtümlicherweise schon für das Oberpliozän angegeben (z. B. R. S. L u l l, The Evolution of the Horse Family. — Amer. Journal of Science, XXIII, March 1907, p. 169, 182).

[4]) „Ich möchte den polyphyletischen Ursprung der Gattung Equus so aufgefaßt wissen, daß unter Equus alsdann mindestens zwei in Wirklichkeit nicht miteinander verwandte Dinge verstanden werden. Ich würde aber es entschieden vorziehen, den Gattungsnamen Equus auf die altweltlichen und vielleicht einige aus der alten Welt in Nordamerika eingewanderte Pleistozän-P f e r d e arten zu beschränken, die große Mehrzahl der neuweltlichen Pferde, vor allem aber die aus dem älteren Pleistozän von Mittel- und Südamerika, als ein besonderes Genus von Equus zu trennen." M. S c h l o s s e r, Fossile Säugetiere Chinas, l. c., S. 86.

gruppen unterrichtet sind, ihre Angehörigen aber systematisch nicht scharf zu unterscheiden vermögen, aus praktischen Gründen denselben Gattungsnamen anwenden?

3. Wären wir im Falle 2 berechtigt, von einer polyphyletischen Entstehung zu sprechen?

Ein drittes Beispiel, das hier besprochen werden soll, ist die Entstehung der Gattung Cervus.

Eines der wichtigsten Merkmale zur Unterscheidung der fossilen Hirsche ist die Form und der Bau der Zähne.

Bei den mittelmiozänen Hirschen Europas besitzen die Unterkiefermolaren an der Innenseite des vorderen Halbmondes eine vertikale Schmelzfalte, die „Palaeomeryx-Falte" (Dremotherium, Amphitragulus, Palaeomeryx). Diese Falte ist bei dem unterpliozänen Cervavus auf einen sehr kleinen Wulst reduziert und ist bei den altweltlichen Arten der Gattung Cervus ganz verloren gegangen.

Ferner läßt sich eine stetige Höhenzunahme der Zahnkronen vom Miozän bis zur Gegenwart verfolgen.

Im Miozän treten zahlreiche wohl zu unterscheidende Arten nebeneinander auf:

1. Untermiozän: Dremotherium Feignouxi, Amphitragulus elegans, A. lemanensis, A. Boulengeri, A. Pomeli, A. gracilis.

2. Mittelmiozän: Dicroceros aurelianensis, Palaeomeryx annectens, P. spec.

3. Obermiozän: Dicroceros elegans, D. furcatus, P. Meyeri, P. parvulus, P. pumilio.

Einzelne dieser miozänen Hirsche sind ohne Nachkommen erloschen, aber andere haben den Ausgangspunkt für Stammesreihen gebildet, die zu lebenden Arten der Gattung „Cervus" führen.

Unter diesen Stammesreihen lassen sich vorläufig zwei unterscheiden, die sich parallel entwickeln und unabhängig voneinander dieselben Entwicklungsstufen durchlaufen. Diese beiden Reihen sind [1]:

	Erste Reihe	Zweite Reihe
Oberpliozän	Cervus Nestii	Cervus australis
	↑	↑
Unterpliozän	Cervavus Owenii	Cervavus spec.
	↑	↑
Obermiozän	Dicroceros elegans	Dicroceros furcatus
	↑	↑
Mittelmiozän	Palaeomeryx annectens	Palaeomeryx spec.

[1] M. Schlosser: Die fossilen Säugetiere Chinas, l. c., S. 186.

Es geht also die „Gattung“ Cervus in diesen beiden Fällen unabhängig aus folgenden Stufen hervor:

4. Cervus,
3. Cervavus,
2. Dicroceros,
1. Palaeomeryx,

mit anderen Worten: die Cervus Nestii-Reihe und die Cervus australis-Reihe besteht aus vier aufeinanderfolgenden gleichartigen E v o l u t i o n s s t u f e n.

S c h l o s s e r knüpft an diese Tatsache die Bemerkung, daß somit „d i e G a t t u n g C e r v u s i m w e i t e s t e n S i n n e p o l y p h y l e t i s c h e n U r s p r u n g s i s t“.

Es ist aber zu beachten, daß wir in diesem Falle die gut unterscheidbaren E v o l u t i o n s s t u f e n mit „G a t t u n g e n“ identifizieren und es muß die Frage aufgeworfen werden, ob wir in diesen Fällen überhaupt den Begriff der „Gattung“ für diese Stufen anwenden dürfen.

Während wir gesehen haben, daß das „E q u u s - S t a d i u m“ von verschiedenen Stämmen n a c h D u r c h l a u f e n v e r s c h i e d e n e r V o r s t u f e n erreicht wird, haben wir bei den Hirschen einen Fall vor uns, wo dieselbe Endstufe, das „C e r v u s - S t a d i u m“, von verschiedenen Stämmen n a c h D u r c h l a u f e n d e r s e l b e n V o r s t u f e n erreicht wird.

In der Sektion für Paläozoologie der k. k. zoologisch-botanischen Gesellschaft in Wien fand am 18. November 1908 ein Diskussionsabend über das Thema statt: „Was verstehen wir unter monophyletischer und polyphyletischer Abstammung?“ Die Diskussion [1], an welcher sich J. B r u n n t h a l e r, A. H a n d l i r s c h, B. H a t s c h e k, A. von H a y e k, K. H o l d h a u s. E. J a n c h e n, V. S c h i f f n e r, R. S c h r ö d i n g e r, S. T h e n e n und R. von W e t t s t e i n beteiligten, führte zu einer Einigung in der Form, daß in allen jenen Fällen, in denen eine heterogene Abstammung eines einheitlich und geschlossen s c h e i n e n d e n Formenkreises festgestellt wird, eine Zerlegung desselben und selbständige Benennung der einzelnen Formen von verschiedener Abstammung durchzuführen sei. Ich konnte diese Diskussion mit dem Resumé schließen:

„Die Diskussion hat vor allem gezeigt, daß fast allgemein die Auffassung geteilt wird, daß ein geschlossener, einheitlicher Formenkreis nur von einem einheitlichen Zeugungskreis abstammen kann. Ein geschlossener, einheitlicher Formenkreis kann nicht von zwei

---

[1] Bericht der Sektion für Paläozoologie. Verh. k. k. zool. bot. Ges. Wien, LIX. Bd., 1909, p. (243)—(256).

heterogenen Formenkreisen abstammen. Soweit dies der Fall zu sein s c h e i n t , wie bei Equus oder bei Euphrasia glabra—borealis, liegt nur eine s c h e i n b a r e Übereinstimmung, also nur s c h e i n b a r ein geschlossener Formenkreis vor. Ebenso wie gewisse systematische Einheiten, wie z. B. die „Ratiten", die „Aptera", die „Parasita" usw., bei fortschreitender Kenntnis ihres Baues und ihrer Abstammung aufgelöst werden mußten, ebenso sind auch jene Formenkreise zu zerlegen, die zwar bisher einheitlich erschienen, bei fortschreitender Aufhellung ihrer Vorgeschichte aber als Formen verschiedener Herkunft festgestellt worden sind. Es ist also eine verschiedene Benennung der einzelnen heterogenen Elemente eines von den Systematikern als einheitlich angesehenen Formenkreises auch dann durchzuführen, wenn die Unterschiede vorläufig nicht wahrnehmbar sind, wie bei Euphrasia borealis und Euphrasia glabra. Die Bezeichnung „polyphyletisch" für eine Art, Gattung, Familie usw. muß überhaupt eliminiert werden."

Die Ungleichwertigkeit phylogenetischer Reihen.[1])

1. Anpassungsreihen.

In den verschiedensten Stämmen des Tierreiches hat sich durch Entwicklung von Hautsäumen ein Fallschirm und aus diesem ein häutiger Flügel gebildet. Wenn wir alle verschiedenen Anpassungsstufen an die Fallschirmbewegung in der Luft bei den Säugetieren aneinanderreihen, so erhalten wir eine Kette, die mit dem Eichhörnchen beginnt, über einen Halbaffen (Propithecus) zu dem Satansaffen (Pithecia) fortschreitet, zu den Fallschirmbeutlern (Acrobates, Petauroides, Petaurus) hinüberführt, sich in den Nagetieren (Pteromys, Sciuropterus, Anomalurus) fortsetzt und mit Galeopithecus endet.

Diese Reihe kann keineswegs als eine Stammesreihe betrachtet werden, da wir ja sehen, daß Angehörige der verschiedensten Säugetierordnungen, ja selbst Unterklassen (Beutler; Placentalier: Nager, Halbaffen, Affen, Galeopitheciden) auf verschiedenen Stufen dieser Reihe stehen. Es scheint somit bei einer oberflächlichen Überlegung, als ob eine Gruppierung der verschieden hoch angepaßten Formen in eine aufsteigende Reihe in phylogenetischer Hinsicht ganz bedeutungslos wäre. Das ist aber nicht der Fall.

Die Besprechung der Entstehung des Greifzangenfußes bei den Beutlern, deren eingehende Erörterung wir L. D o l l o verdanken, zeigt uns, daß durch eine derartige Zusammenstellung zwar die Abstammung der einzelnen Formen voneinander noch nicht klargestellt ist, daß wir aber erfahren, in welcher Weise sich der Greifzangenfuß von

---

[1]) O. A b e l: Die Bedeutung der fossilen Wirbeltiere für die Abstammungslehre. — Vortrag, gehalten am 30. Januar 1911 im naturwiss. Ver. in München. — „Die Abstammungslehre", Gesammelte Vorträge, IX. Vortrag, Jena, G. Fischer 1911, p. 239.

Tarsipes herausgebildet hat und daß der Känguruhfuß auf einen Greifzangenfuß zurückgeht. In phylogenetischer Hinsicht haben wir also das Ergebnis zu verzeichnen, daß die Springbeutler von arboricolen Formen abzuleiten sind und wenn wir auch die einzelnen Stammformen noch nicht kennen, weil es sich nur um lebende Gattungen von verschiedener Spezialisationshöhe der Anpassungen handelt, so haben wir doch einen wichtigen Aufschluß über die Herkunft und Stammesgeschichte der Känguruhs in großen Umrissen gewonnen.

Ebenso hat die von L. Dollo festgelegte Phylogenie der Lederschildkröte nur den Nachweis von einem wiederholten Wechsel der Lebensweise bei den Vorfahren von Dermochelys coriacea gebracht, ohne daß wir etwas Näheres über die Stammformen oder gar Ahnenformen selbst erfahren haben. Und trotzdem ist diese Feststellung der Anpassungsreihe der Meeresschildkröten für die Phylogenie der Schildkröten von einschneidender Bedeutung geworden.

Ebenso ist auch die Feststellung der Anpassungstufen unter den Rochen[1]) von großer Wichtigkeit für die Beurteilung der stammesgeschichtlichen Zusammenhänge. Die von L. Dollo 1910 festgestellte Reihe ist folgende (siehe Seite 634).

Infolgedessen müssen wir die Anpassungsreihen, von denen ich eine größere Anzahl in den vorstehenden Abschnitten erörtert habe, als ein wertvolles Mittel zur Aufdeckung der Phylogenie betrachten, ohne in den Fehler verfallen zu dürfen, sie als eine rein phylogenetische Reihe wie eine Stufenreihe oder Ahnenreihe anzusehen.[2])

Wenn wir die Reduktion der Hüftbeinrudimente und die Reduktionssteigerungen derselben reihenweise zusammenstellen, so finden wir folgende Steigerungen:

Halicore, Delphinus, Mesoplodon, Balaenoptera rostrata

↑

Metaxytherium, Megaptera, Balaenoptera borealis

↑

Halitherium, Balaenoptera physalus, Balaena, Physeter, Ziphius,
Boa, Python

↑

Prototherium, Balaena

↑

Eosiren

↑

Eotherium

---

[1]) L. Dollo: La Paléontologie éthologique. — l. c., 1910, p. 394.

[2]) O. Abel: Die Paläontologie als Stütze der Abstammungslehre. „Neue Freie Presse", Wien, 21. Januar 1909. Vgl. weiter:

G. Schlesinger: Zur Ethologie der Mormyriden. Annalen des k. k. naturhist. Hofmus. Wien, 1909, p. 282 (Fußnote).

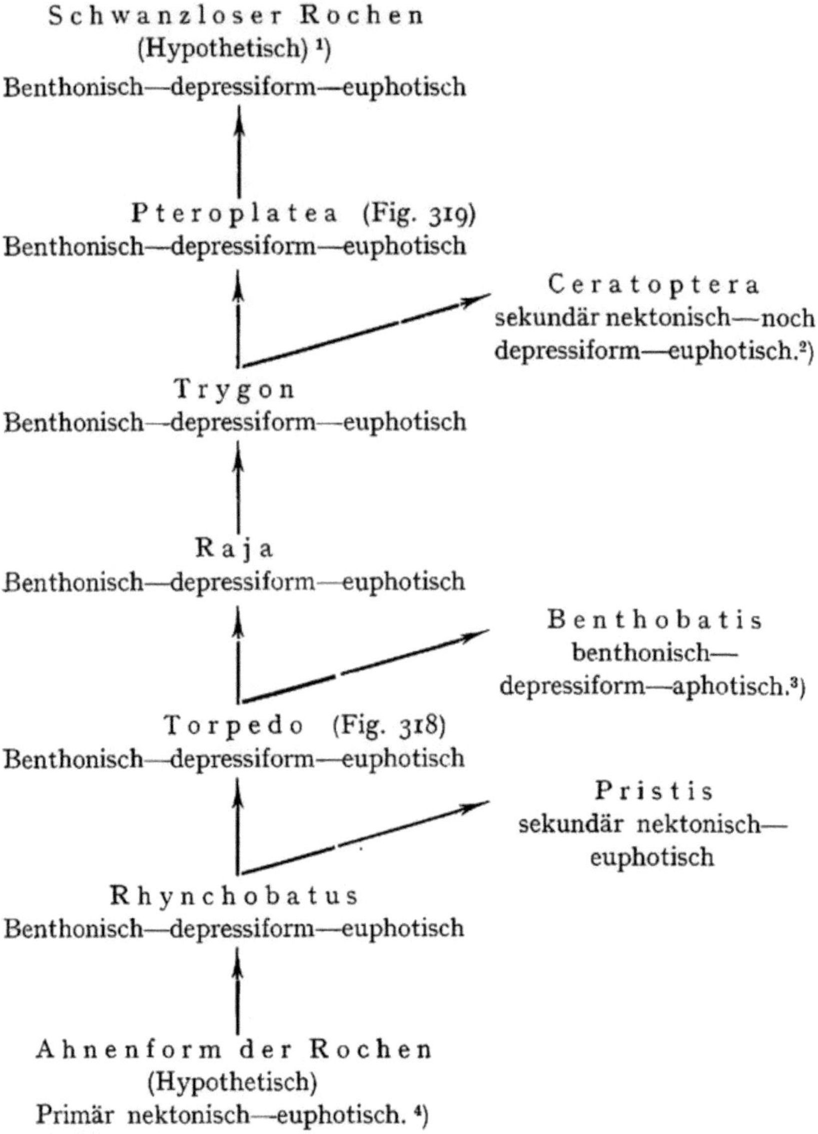

S c h w a n z l o s e r   R o c h e n
(Hypothetisch) [1]
Benthonisch—depressiform—euphotisch

↑

P t e r o p l a t e a   (Fig. 319)
Benthonisch—depressiform—euphotisch

↑   →   C e r a t o p t e r a
                   sekundär nektonisch—noch
                   depressiform—euphotisch. [2]

T r y g o n
Benthonisch—depressiform—euphotisch

↑

R a j a
Benthonisch—depressiform—euphotisch

↑   →   B e n t h o b a t i s
                   benthonisch—
                   depressiform—aphotisch. [3]

T o r p e d o   (Fig. 318)
Benthonisch—depressiform—euphotisch

↑   →   P r i s t i s
                   sekundär nektonisch—
                   euphotisch

R h y n c h o b a t u s
Benthonisch—depressiform—euphotisch

↑

A h n e n f o r m   d e r   R o c h e n
(Hypothetisch)
Primär nektonisch—euphotisch. [4]

---

[1] Unbekannt, aber sicher als schwanzlos anzunehmen, weil bei Pteroplatea maclura nur ein kleines Rudiment des Schwanzes vorhanden ist und die Reduktion desselben zu einem vollständigen Verlust führen muß. (L. Dollo, l. c., p. 394.)

[2] T. Gill: The Story of the Devil Fish. — Smithsonian Miscell. Collections. Washington, 1909, Vol. 52, p. 165.

R. J. Coles: Observations on the Habits and Distribution of Certain Fishes taken on the Coast of North Carolina. — Bull. Amer. Mus. Nat. Hist., XXVIII, Art. 28, Nov. 17, 1910, p. 337 (Mobula Olfersi.).

Anmerkung 3 und 4 auf S. 635.

Es ist ohne weiteres klar, daß diese Anpassungsreihe keine Ahnenreihe und keine Stufenreihe sein kann, da ja Boa und Python ebensowenig wie Balaena von der primitiven Sirene Eotherium abzuleiten sind. Dagegen stecken in dieser Anpassungsreihe sowohl eine Stufenreihe als auch eine wirkliche Ahnenreihe: eine Stufenreihe unter den Bartenwalen [1]) und eine Ahnenreihe unter den Sirenen.

2. Stufenreihen. [2])

Das Beispiel der verschiedenen Anpassungsgrade bei lebenden Marsupialiern hat recht deutlich gezeigt, daß wir bei einem Horizontal schnitt durch die Äste des Stammbaumes eine große Zahl von Formen erhalten, die auf verschiedener Anpassungshöhe stehen. Würden wir dagegen in der Lage sein, ein reiches Material an Fußskeletten fossiler Beutler zu besitzen, das bis heute noch fehlt, so könnten wir, durch die einzelnen Zeiträume der Erdgeschichte aufsteigend, ein Bild von den Entwicklungsstufen gewinnen. Bei den Beuteltieren ist das bis jetzt noch nicht möglich, wohl aber bei einer großen Zahl von anderen Gruppen der Wirbeltiere. Eine der bekanntesten Reihen dieser Art ist die Dipneustenreihe (Fig. 470).

Die lebenden Lungenfische oder Dipneusten (Neoceratodus, Protopterus, Lepidosiren) besitzen sämtlich einen geschlossenen medianen Hautsaum, der in eine Spitze endet und sowohl den Rücken als auch den hinteren Teil der Bauchseite umzieht.

Man hat langezeit geglaubt, daß diese Anordnung des medianen Hautsaums und das Fehlen distinkter Rücken-, Schwanz- und Afterflossen ein primitives Merkmal sei. Aber D o l l o [3]) hat gezeigt, daß die ältesten Dipneusten zwei getrennte Rückenflossen, eine Schwanzflosse (aus Caudalis + Analis secunda bestehend) und eine Afterflosse (Analis prima) besaßen und daß durch Vergrößerung und Verschmelzung dieser ursprünglich getrennten Flossen der einheitliche mediane Hautsaum entstanden ist.

Die in morphologischer Hinsicht primitivste Form ist Dipterus Valenciennesi; dann folgen Dipterus macropterus, Scaumenacia curta, Phaneropleuron Andersoni und Uronemus lobatus, der bereits den Typus der lebenden Dipneusten trägt.

[3]) A. A l c o c k: Illustrations of the Zoology of the Royal Indian Marine Survey Ship Investigator: Fishes. Calcutta, 1899, Pl. XXVI, Fig. 1.

[4]) Unbekannt, aber als sicher anzunehmen.

[1]) O. A b e l: Die Morphologie der Hüftbeinrudimente der Cetaceen. — Denkschriften k. Akad. d. Wiss., LXXXI. Bd., 1907, p. 139.

[2]) O. A b e l: Die Bedeutung der fossilen Wirbeltiere für die Abstammungslehre. l. c., 1911, p. 243.

[3]) L. D o l l o: Sur la Phylogénie des Dipneustes. — Bull. Soc. Belge Géol. Paléont. Hydrol., IX., Bruxelles 1895, Mémoires p. 79—128.

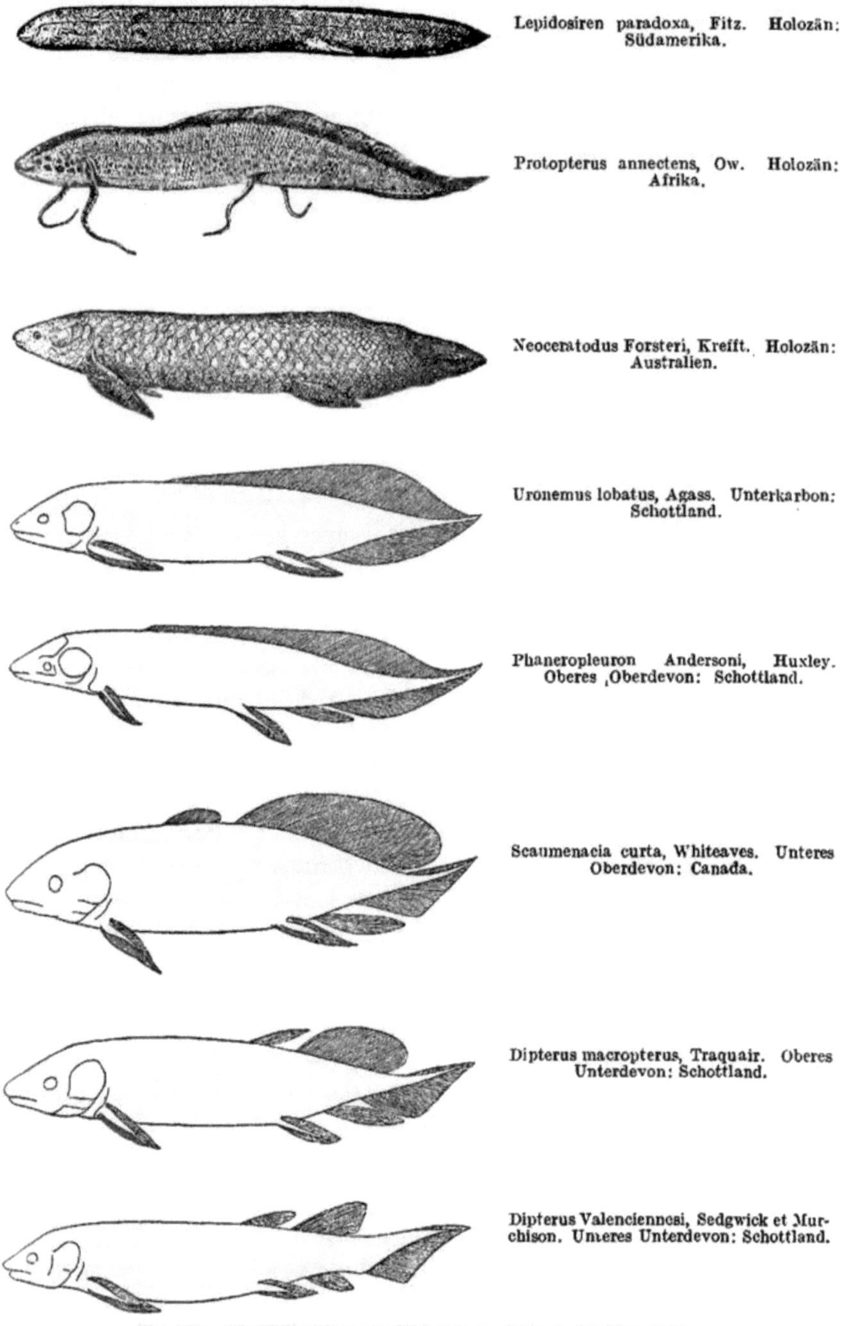

Fig. 470. Die Stufenreihe der Dipneusten. Nach L. Dollo, 1895.

Das geologische Alter dieser fossilen Dipneusten stimmt genau
mit dieser Reihenfolge überein. Die erste Form tritt im unteren Unter-

devon Schottlands auf, dann folgt eine Form des oberen Unterdevon, des unteren Oberdevon, des oberen Oberdevon und zuletzt Uronemus aus der Steinkohlenformation.

Man könnte meinen, hier eine genetische Reihe vor sich zu haben, die nicht nur zeigt, wie die Entwicklung des Stammes vor sich gegangen ist, sondern eine Ahnenreihe, das heißt eine Kette unmittelbar auseinander hervorgegangener Formen repräsentiert. Das ist aber nicht der Fall.

Uronemus besitzt beispielsweise eine weit höher entwickelteDentition als Ceratodus aus der Trias und die drei lebenden Dipneusten und kann also nach dem D o l l o schen Gesetz und dem Gesetz der Spezialisationskreuzungen nicht der Ahne der jüngeren Dipneusten sein.

Die einzelnen Glieder der Dipneustenreihe entsprechen nur zum Teil direkten genetischen Linien (vielleicht ist dies bei Dipterus Valenciennesi und D. macropterus der Fall) und bilden nur Repräsentanten der verschiedenen Entwicklungsstufen, welche die Dipneusten durchlaufen haben.

Es ist ja freilich überaus verlockend, sofort die einzelnen fossilen Vertreter aufeinanderfolgender Evolutionsstufen durch eine Ahnenkette zu verbinden. Derartige vorschnelle Schlüsse sind schon oft gezogen worden; wenn sich aber dann beim Fortschreiten der Kenntnisse vom morphologischen Baue der einzelnen Formen erwiesen hat, daß Spezialisationskreuzungen vorhanden sind, so mußten die vermeintlichen Ahnenketten wieder aufgelöst werden. Das hat einerseits zu Enttäuschungen geführt und war andererseits stets ein willkommener Angriffspunkt für die Gegner der Deszendenzlehre. Man hat leichtes Spiel, die H a e c k e l schen „Ahnenreihen" des Menschen zu bekämpfen; würden sie von vornherein als das bezeichnet worden sein, was sie wirklich sind, nämlich als S t u f e n r e i h e n , so wären die Angriffe der Gegner nicht möglich gewesen oder sie hätten doch zum mindesten einer ernsten wissenschaftlichen Grundlage entbehrt.

Nun ist es aber weiter klar, daß sich in einem geschlossenen Stamme verschiedene Stufenreihen aufstellen lassen, je nachdem wir die Entwicklung verschiedener Organgruppen unseren phylogenetischen Untersuchungen zugrunde legen. Würden wir z. B. die verschiedenen Stadien der Beckenreduktion bei allen Walen in eine Reihe bringen, so wird das Resultat ein ganz anderes sein, als wenn wir die Spezialisationen des Gebisses berücksichtigen und wieder anders, wenn wir den Verwachsungsgrad der Halswirbel zur Grundlage nehmen. Und doch haben a l l e diese Reihen einen Wert, da sie uns die Geschichte einzelner Organe und Organgruppen innerhalb eines Stammes vor Augen führen.

Unser letztes Ziel ist aber immer die Erforschung der direkten Zusammenhänge der fossilen und lebenden Formen untereinander, also der wirklichen A h n e n r e i h e n. Und wir müssen uns fragen, auf welchem Wege es möglich ist, zur Feststellung einer solchen zu gelangen.

3. A h n e n r e i h e n.

Wenn wir verschiedene Merkmale und ihre Veränderungen im Laufe der Stammesgeschichte der Aufstellung einer phylogenetischen Reihe zugrunde legen, so ist die Aufeinanderfolge der Gattungen in der Regel in den einzelnen Reihen außerordentlich verschieden. Formen, die in der ersten Reihe als primitivste Glieder am Anfange der Reihe stehen, müssen wir vielleicht in einer zweiten an die Spitze, in einer dritten in die Mitte stellen. Das beruht auf einer verschiedenen Spezialisationshöhe verschiedener Organe bei den einzelnen Gattungen.

Wenn wir ein Organ a und dessen Veränderungen im Laufe der Stammesgeschichte innerhalb eines Stammes der Reihenaufstellung zugrunde legen, so erhalten wir beispielsweise die Anordnung der Gattungen A—B—C—D—E in geschlossener Linie, weil die Veränderungen gleichsinnig erfolgt sind. Wählen wir aber das Organ b als Grundlage, so erhalten wir die Gruppierung B—D—E—A—C, wählen wir das Organ c, die Reihe A—D—C—E—B u. s. f. Kurz, diese Reihen laufen nicht parallel und jede derselben zeigt uns zwar, in welcher Stufenfolge das betreffende Organ modifiziert worden ist, aber keine derselben gibt uns ein getreues Bild der Entwicklung des ganzen Stammes.

Ich habe vor kurzem den Versuch unternommen, gelegentlich einer kritischen Bearbeitung der paläogenen Rhinocerotiden Europas[1]) eine Anzahl phylogenetisch wichtiger Merkmale tabellarisch zu gruppieren, um eine klare Übersicht über die Spezialisationshöhe der einzelnen Charaktere des Gebisses zu gewinnen. Hier kamen vor allem folgende Merkmale der oberen Molaren und Prämolaren in Betracht:

A. Crista der Molaren.
B. Crochet der Molaren.
C. Antecrochet des Molaren.
D. Neigung des Ectoloph nach innen.
E. Kronenumriß des vierten Prämolaren.
F. Richtung des Protoloph und Metaloph im vierten Prämolaren.
G. Basalband an der Innenwand der Molaren.
H. Basalband an der Innenwand der Prämolaren.

Nachdem festgestellt war, welcher Zustand als primitiv und welcher als spezialisiert zu gelten hatte, stellte ich die Spezialisationen tabellarisch zusammen und erhielt folgendes Ergebnis:

----

[1]) O. A b e l: Kritische Untersuchungen über die paläogenen Rhinocerotiden Europas. — Abh. k. k. geol. Reichsanstalt in Wien, XX. Bd., 3. Heft, Wien, Mai 1910, p. 1—52, 2 Taf.

Geologisches Alter	Spezialisationen von	primitiv	spezialisiert
Mitteleozän (Bridger)	Hyrachyus agrarius Leidy	. B C D E F G Hⁱ A .	
Mitteleozän	Prohyracodon orientale Koch	A B C D E F G H	
Oligozän	Meninatherium Telleri Abel	A B C D . F G H	. E .
Oligozän	Epiaceratherium bolcense Abel	A B . D E F G H	. C .
Oligozän	Praeaceratherium Filholi Osborn	A B C D E . G H	. F
Oligozän	Praeaceratherium minus Filhol	A B C D H	. E F G .
Oligozän	Protaceratherium cadibonense Roger	. D . . H	A B C . E F G .
Oligozän	Protaceratherium minutum Cuvier		A B C D E F G H
Oligozän	Aceratherium lemanense Pomel		A B C D E F G H

Diese Gruppierung zeigt sofort, daß Prohyracodon orientale die primitivste Type darstellt, während Protaceratherium minutum und Aceratherium lemanense die höchstspezialisierten Glieder dieser Reihe bilden.

Sie zeigt weiter eine Reihe von Spezialisationskreuzungen, die zur Abtrennung der Formen in verschiedene neue Gattungen gezwungen haben.

Nur die fünf letzten Formen der Reihe zeigen keine Spezialisationskreuzungen und das berechtigt zur Annahme, daß hier eine direkte genetische Verbindung vorliegt, so daß also Praeaceratherium ►— Protaceratherium ►—Aceratherium als genetisch zusammenhängend betrachtet werden dürfen.

Der Unterschied zwischen Ahnenreihen und Stufenreihen liegt eben darin, daß in allen größeren Tierstämmen mehrere aufstrebende Reihen nebeneinander dieselbe Entwicklungsstufe durchlaufen können. Zu verschiedenen Zeiten der Erdgeschichte haben sich vom Hauptstamme einer Tiergruppe kleinere Seitenzweige losgelöst, die sich selbständig weiterentwickelten,[1]) zuerst parallel mit ihren Verwandten, dann aber auf eigenen Wegen, bis sie endlich ausstarben oder in einer heute noch lebenden, weit abseits stehenden Endform gipfeln. Denken wir uns zu verschiedenen Zeiten der Erdgeschichte Querschnitte durch den derart verzweigten Stammbaum gelegt, so werden wir Angehörige verschiedener Zweige entweder zu derselben oder zu verschiedenen Zeiten auf derselben Evolutionshöhe eines Organs oder einer Organgruppe finden, die uns das Bild eines Ahnen des Hauptstammes vortäuscht.

Wenn wir aber die Spezialisationshöhen verschiedener Organe fossiler Formen in verschiedenen Reihen anordnen und wenn sich die Aufeinanderfolge der Gattungen A, B, C, D usw. in allen diesen Reihen gleich bleibt, dann sehen wir, daß sich die Spezialisationen der verschiedensten Organe gleichsinnig und in derselben Richtung vollzogen haben. Wir haben auf diese Weise ein Mittel gewonnen, eine Ahnenreihe festzustellen.

Kürzer ließe sich das folgendermaßen ausdrücken: Laufen alle Stufenreihen parallel, so repräsentiert jede dieser Stufenreihen die Ahnenreihe.

Wir kennen bis heute nur sehr wenige sichere Ahnenreihen. Eine solche ist die Kette der tertiären Sirenen, welche ich geschlossen vom Mitteleozän bis in das Pliozän verfolgen konnte und bei welcher in der Tat alle Spezialisationen der einzelnen verglichenen Organe parallel laufen, ohne Kreuzungen aufzuweisen.

Freilich ist die Feststellung von Ahnenreihen unter den fossilen Formen immer das Endziel phylogenetischer Untersuchungen; in praktischer Hinsicht ist aber die Festlegung der stufenweisen Spezialisation von Organen nicht weniger wichtig. Nur muß immer betont werden, daß es sich vorläufig nur um die Feststellung der Spezialisation eines Organs oder wichtigen Merkmals handelt. Haben wir erst einmal festgestellt, daß zwei Stufenreihen in einem Stamme parallel laufen, so haben wir allen Grund zur Vermutung, daß wir eine Ahnenkette oder doch eine Formenreihe vor uns haben, die nicht weit ab von der direkten Ahnenreihe liegt.

Ideale Anpassungstypen.

Ich habe im Verlaufe dieser Auseinandersetzungen mehrfach den Ausdruck „idealer Anpassungstypus" angewendet und muß noch einige Worte darüber sagen, um Mißverständnissen vorzubeugen.

In jedem Milieu gibt es Typen, welche noch auf einer tiefen Stufe der Anpassung an die Lebensbedingungen des Wohnortes stehen und

---

[1]) O. A b e l: Die Bedeutung der fossilen Wirbeltiere für die Abstammungslehre. — l. c., Jena, G. Fischer, 1911, p. 246—247.

Typen, welche weit vorgeschrittene Anpassungen an das Leben in demselben Milieu zeigen.

Diese Unterschiede beruhen zum Teile darauf, daß bei der ersten Gruppe die Anpassung später eingesetzt hat als bei der zweiten, der schon viele Generationen mit stufenweise gesteigerten Anpassungen vorausgegangen sind, zum Teile darauf, daß manche Stämme und Stammesangehörige anpassungsfähiger sind als andere und infolgedessen durchgreifendere Veränderungen ihrer Organisation in kürzerer Zeit erworben haben.

Wir können also unter den lebenden Tieren Formen von geringerer und Formen von gesteigerter Anpassungshöhe unterscheiden. Wir brauchen nur die Gliedmaßen eines Dachses mit jenen des Goldmulls oder Beutelmaulwurfs, oder die Körperform eines grundbewohnenden Cottiden mit einem Rochen oder den Fuß einer Beutelratte mit jenem des Beutelfuchses zu vergleichen, um zu begreifen, daß die lebenden Formen, die unter gleichen Lebensbedingungen in gleichartigen Milieus leben, außerordentlich verschiedengradige Anpassungen aufweisen. Die Geschichte der Anpassungen lehrt uns, welche Typen als weniger und welche als höher adaptiert zu bezeichnen sind, so daß wir darüber nicht im Zweifel sein können, ob der Dachs oder der Maulwurf besser an das Graben angepaßt ist.

Gleichzeitig erkennen wir aber aus dem Vergleiche der verschiedenen Anpassungstypen und Anpassungsstufen an dieselbe Lebensweise im gleichen Milieu, worin d a s   m e c h a n i s c h e   P r i n z i p   e i n e r   A n p a s s u n g liegt. In sehr vielen Fällen ist es gelungen, durch vergleichende Analyse der Anpassungen das mechanische Prinzip einer Adaptation zu erkennen und wir können jene Form, welche diesem Prinzip am besten entspricht, als einen idealen Anpassungstypus bezeichnen.

So ist der Gliedmaßenbau des Pferdes oder einer Gazelle ein Beispiel eines idealen Anpassungstyps an die schnellfüßige Bewegungsart in Grassteppen. Die Körperform eines Meeradlers ist in der hochgradigen Abplattung des Körpers ein Beispiel für einen idealen Anpassungstypus unter den bodenbewohnenden Fischen, Psettus sebae ein idealer Anpassungstyp hochkörperiger Planktonfische. Unter den vielen Anpassungen, die wir bei lebenden und bei fossilen Formen auf einen hohen Grad der Spezialisation gebracht finden, gibt es eine größere Anzahl, die wir als ideale Anpassungstypen bezeichnen können, weil sie den durch Aufenthaltsort und Bewegungsart bedingten mechanischen Anforderungen in weitestem Maße entsprechen und uns zeigen, wie das Ende einer Anpassungsreihe beschaffen sein m u ß, um allen Anforderungen des Lebens in einem bestimmten Milieu zu genügen.

Viele lebende und viele fossile Formen aus den verschiedensten Stämmen haben auf getrennten Wegen ein und denselben idealen Anpassungstyp erreicht und ich brauche nur ein Beispiel herauszugreifen, um diesen konvergenten Weg zu kennzeichnen: Delphin — Haifisch—Ichthyosaurus. Die Torpedogestalt des Körpers in Verbindung mit der Stellung des Lokomotionsorgans am hinteren Körperende, die Ausbildung richtunghaltender Kielflossen und balanzierender Brustflossen nebst einer Reihe weiterer durch gleichsinnige Anpassung bedingter Übereinstimmungen der Körper f o r m finden sich bei allen drei Typen aus den Stämmen der Fische, Reptilien und Säugetiere wieder und wir können diesen Typ, der in mechanischer Hinsicht allen Anforderungen für einen zum schnellen Schwimmen bestimmten Körper entspricht, als einen idealen Anpassungstyp bezeichnen.

Die Erfassung dieses Begriffes ist insoferne von Wichtigkeit, als wir in der Lage sind, für jene Formen, welche diesen hohen Grad der Anpassung noch nicht erreicht haben, sondern noch auf tieferen Anpassungsstufen stehen, die Richtung ihrer Entwicklung unter gleichbleibenden Lebensverhältnissen vorauszusagen. Wenn wir die noch wenig angepaßten Kletterfüße der arboricolen Beutelratten mit den hochspezialisierten Greifzangen von Tarsipes vergleichen, so zeigen uns die letzteren die Richtung der Anpassungssteigerung an und wenn wir nach dem idealen Greifzangentypus suchen, der das Ende dieser Entwicklung bilden könnte, so finden wir ihn in der Hand des Halbaffen Perodicticus calaberensis, in welcher der zweite und dritte Finger in noch höherem Grade verkümmert sind als bei irgend einem lebenden Beutler mit Greifzangenfüßen.

Um weitere Beispiele zu nennen, verweise ich auf Machairodus, den Idealtyp eines Raubtiers mit hochspezialisiertem Reiß- und Brechgebiß, auf die Kegelschnauze von Notoryctes, ein Idealtyp der Schädelform eines maulwurfartigen Grabtiers u. s. f. D e r B e g r i f f des i d e a l e n A n p a s s u n g s t y p s ist e i n e A b s t r a k t i o n a u s d e r S u m m e a l l e r A n p a s s u n g s f o r m e n a n e i n e bestimmte L e b e n s w e i s e und kann uns in den meisten Fällen freilich nur in gewissen Grenzen das Ende einer Anpassung an eine bestimmte Lebensweise zeigen, ohne daß wir imstande wären, alle Einzelheiten in der weiteren Anpassungssteigerung vorauszusagen. Trotzdem ist es von hoher Wichtigkeit, solche ideale Anpassungstypen für die verschiedenen Adaptationsvorgänge festzustellen, da wir nur auf diese Weise in die Lage kommen, das mechanische Prinzip bei dem Vorgange der Anpassung richtig zu erfassen. Und es ist weiters aus dem Grunde wichtig, um festzustellen, ob irgendeine fossile Form von einer ganz bestimmten Anpassungsstufe den erreichbaren Abschluß dieser Anpassungsrichtung in weiteren Generationen gefunden hat oder aus irgend welchen Ursachen schon früher erloschen ist. Es gibt sehr viele fossile Formen, welche den idealen Anpassungstyp nicht erreicht haben, sondern auf dem Wege dahin

gehemmt wurden und zugrunde gegangen sind. Ein Beispiel dafür
sind die paläozoischen Ostracodermen, welche niemals den idealen
Anpassungstypus eines der lebenden hochspezialisierten Rochen erreicht
haben.

Fehlgeschlagene Anpassungsrichtungen.

Gelegentlich der Gründung der Sektion für Paläontologie und Abstammungslehre der k. k. zoologisch-botanischen Gesellschaft in Wien
habe ich in einer Darlegung der Aufgaben und Ziele der Paläozoologie
von fehlgeschlagenen Anpassungen bei fossilen Wirbeltieren gesprochen.

Wir sind bei lebenden Formen nicht in der Lage, von einem Ge-
lingen oder Fehlschlagen einer Anpassung zu sprechen und es scheint
bei der ersten Überlegung, als ob die Bezeichnung einer Anpassung
als fehlgeschlagen überhaupt ein Widerspruch wäre.

Wenn wir sehen, daß bei einer an eine bestimmte Lebensweise
angepaßten Form Einrichtungen ausgebildet sind, welche das Leben
des betreffenden Individuums und der Summe aller Individuen, das
ist der Art ermöglichen, so wissen wir noch nicht, ob diese Anpassungen
unbedingt weiterbildungsfähig sind oder nicht, das heißt, ob sich die
in bestimmter Weise angepaßte Art durch die Richtung ihrer Anpassung
nicht den Weg zu weiterer Entwicklung und weiterer Anpassung abgeschnitten hat.

Darüber können nur Studien an f o s s i l e n Formen Aufklärung
bringen. Wenn wir feststellen können, daß verschiedene fossile Formenreihen sich in ihrer Anpassungsrichtung so verrannt haben, daß eine
weitere Spezialisation unmöglich geworden ist, so würde der Fall vorliegen, in dem wir von einem Fehlschlagen der Anpassung sprechen können.

Die Körperbeschaffenheit des Organismus war bedingt durch die
Lebensweise in einem bestimmten Milieu; die Organe hatten auf die
Reize der Außenwelt reagiert und waren somit angepasst, aber der
Weg zu einer weiteren Anpassungssteigerung war versperrt, der Or-
ganismus in einer Sackgasse verrannt und daher die ganze Anpassungs-
richtung fehlgeschlagen.

Es gibt nur wenige Beispiele bei fossilen Formen, die als Grundlage
einer Erörterung über den Begriff der fehlgeschlagenen Anpassung
dienen können, aber diese sind sehr klar. Es handelt sich um folgendes.

Wie Woldemar K o w a l e v s k y gezeigt hat, finden sich unter
den alttertiären Ungulaten mehrere Paarhufergattungen, bei denen
infolge Anpassung an die laufende Lebensweise eine Reduktion der Seitenzehen und Seitenfinger eingetreten ist. Diese Reduktion ist gewiß
als eine A n p a s s u n g an die Bewegungsart zu bezeichnen, ebenso
wie die Reduktion der Seitenzehen bei den Pferden, Gazellen, Hirschen
und Kamelen.

Nun ist aber diese Reduktion in ganz merkwürdiger Weise erfolgt. Wie ich schon früher dargelegt habe, geschah sie in der Weise, daß bei Xiphodon, Anoplotherium, Dichobune und Diplopus im E o z ä n , bei Hyopotamus, Anthracotherium und Entelodon im O l i g o z ä n die Rudimente der Seitenzehen und Seitenfinger als knotenförmige Gebilde unter dem Carpus und Tarsus erhalten blieben und nicht auf die Seite gedrängt wurden. Das letztere ist aber bei allen lebenden Paarhufern der Fall und W. K o w a l e v s k y hat gezeigt, daß alle Paarhufergattungen mit den knotenförmigen Seitenzehenrudimenten schon frühzeitig erloschen sind. Er hat für diese Erscheinung den Ausdruck „i n a d a p - t i v e   R e d u k t i o n" in Anwendung gebracht und zu der „a d a p t i - v e n   R e d u k t i o n" der lebenden Paarhuferstämme in Gegensatz gestellt.

In der Tat ist aus mechanischen Gründen sehr klar zu verstehen, daß die Art der Anordnung und die Form der Seitenzehenrudimente bei Anoplotherium, Xiphodon usw. eine Weiterbildung dieser Reduktion unmöglich machte. Die Druckverteilung war bei den „inadaptiv reduzierten" Formen sehr ungünstig, da sich erstens die Hauptträger der Gliedmaßen, also das dritte und vierte Metapodium am oberen Ende nicht verbreitern konnten, wie es für eine solid und fest gebaute Paarhuferextremität unerläßlich ist und weil ferner die knotenförmigen Rudimente die Sehnen am Gleiten hinderten.

W. K o w a l e v s k y hat die Bezeichnung „inadaptive Reduktion" 1874 eingeführt und die besprochene Erscheinung ist seither immer unter diesem Namen erwähnt worden. Ich halte aber die Bezeichnung „inadaptiv" für unglücklich; e s   i s t   e i n e   A n p a s s u n g   o d e r   R e a k t i o n   d e s   O r g a n i s m u s ,   d i e   d u r c h   d i e   L e b e n s - w e i s e   u n d   B e w e g u n g s a r t   b e d i n g t   u n d   p r o v o z i e r t   w o r d e n   i s t ,   a b e r   e s   i s t   k e i n e   g u t e   u n d   w e i t e r - b i l d u n g s f ä h i g e   A n p a s s u n g .   Von dieser Erwägung ausgehend, habe ich die Bezeichnung „f e h l g e s c h l a g e n" für diese Anpassungsform gewählt, im Gegensatz zu den fortbildungsfähigen Anpassungen in der Extremität der Altersgenossen unter den Paarhufern, welche sich bis zu den heute noch erhaltenen, sehr günstigen Reduktionsformen weiterentwickelt haben.

Eine ganz ähnliche Erscheinung finden wir in den Backenzahnformen einiger fossilen Ungulaten, bei welchen die Kronen nicht dem allgemeinen Zuge der Entwicklung aus brachyodonten (niedrigkronigen) zu hypsodonten (hochkronigen) Zähnen folgten, sondern niedrig blieben und den allgemeinen Spezialisationsfortschritt der Ungulaten nicht mitmachten.

Vor einigen Jahren hat H. F. O s b o r n einen Fall beschrieben, der in greller Weise die Gründe beleuchtet, weshalb diese Spezialisation der Zähne bei einigen Ungulatenstämmen nicht eingeschlagen wurde und nicht eingeschlagen werden konnte [1]). Er hat die Bezahnung der Titanotherien Nordamerikas sehr genau untersucht und ist dabei zu folgenden Ergebnissen gelangt.

Bei der Anpassung an härtere Pflanzennahrung, besonders an Gramineennahrung, erfuhren die Huftierzähne in fast allen Stämmen eine Veränderung in der Richtung, daß sie im Laufe der Tertiärzeit und Quartärzeit immer höher und höher wurden und sich entweder durch Einfaltung des Schmelzes oder Neuanlage von Kämmen, Vorsprüngen u. s. w. zu Apparaten differenzierten, welche einer raschen Abkauung längeren und erfolgreicheren Widerstand leisten als die kurzkronigen und weniger kompliziert gebauten Molaren der älteren, an weiche Pflanzennahrung adaptierten Ungulaten.

Bei den Titanotherien tritt nun auch eine Reaktion des Gebisses auf die Veränderung der Nahrung ein. Die Zahnkronen werden zwar auch hier höher; aber es ist nicht die ganze Krone, welche in die Höhe wächst, sondern nur das Außenjoch oder Ectoloph der oberen Backenzähne, während es weder zur Erhöhung des inneren Kronenabschnittes noch zur Bildung von quergestellten Schmelzkämmen wie z. B. bei Rhinocerotiden usw. kommt. Die Außenseite dieser Titanotherienmolaren ist somit hypsodont, die Innenseite brachyodont. „It does“, sagt H. F. O s b o r n , „not favor longevity because it is soon worn off.“

„Eine S a c k g a s s e d e r E n t w i c k l u n g“, sagt O s b o r n weiter, „ist eine Straße, aus der es kein Entrinnen gibt. Das war bei den Titanotherien der Fall, da sie nicht wie viele andere Tiere ein großes Opfer durch viele Spezialisationen der Zähne brachten, sondern sie nur in einigen Teilen spezialisierten; die Zwischenhöcker gingen verloren und die Innenhöcker wurden isoliert. Es ist beachtenswert, daß alle Tiere, die mit ihren Zähnen in dieser Richtung experimentierten, erloschen sind (Anoplotheriden, Anthracotheriiden, Chalicotheriiden); eine weitere Spezialisation war unmöglich, sie waren in eine Sackgasse geraten. . . . Wir kommen über das Aussterben des großzähnigen Titanotherium ingens zu dem Schlusse, daß nicht die G r ö ß e der Zähne, sondern ihr M o d e l l in mechanischer Hinsicht inadaptiv gewesen ist.“

Dieser Fall zeigt sehr deutlich, daß nicht jede Reaktion auf die Veränderung der Lebensweise, in diesem Fall auf die Veränderung der Nahrung aus weicher in harte Pflanzenkost so günstig erfolgt, daß ein Weiterschreiten in der einmal eingeschlagenen Anpassungsrichtung möglich ist. Und in der Tat müssen wir bei einiger Überlegung zugeben, daß solche Reaktionen weit häufiger eintreten und eingetreten sein müssen, als man meist anzunehmen geneigt ist. Würde jede Anpassung, die

---

[1]) H. F. O s b o r n : The Causes of Extinction of Mammalia.   American Naturalist, XL, No. 480, November 1906, p. 847.

dem Individuum und der Art zunächst einen Vorteil sichert, absolut
weiterbildungsfähig sein, so kämen wir zu dem Schlusse, daß in der
Auswahl der sich an eine bestimmte Lebensweise anpassenden Organe
eine Art teleologischer Vorbestimmung des Organismus vorliegen müßte,
um nur jene Organe zu adaptieren und zwar in einer Weise zu adaptieren,
daß ein Fortchreiten der Anpassung und somit ein Fortbestehen des
Stammes unter gleichen Lebensverhältnissen gewährleistet wäre. Es
kann also, wenn wir nicht einen teleologischen Standpunkt vertreten
wollen, gar nicht ausschließlich günstige Anpassungen geben, sondern
es muß zu allen Zeiten solche Anpassungen gegeben haben, die ich seinerzeit als ,,fehlgeschlagen'' bezeichnete. Der Organismus reagiert auf die
von der Außenwelt auf ihn ausgeübten Reize, aber von diesen Reaktionen,
die wir als Anpassungen bezeichnen müssen, weil sie zunächst von Vorteil
für die Art sind, schlagen manche fehl, während andere in einer für die
weitere Spezialisation und somit für das Weiterbestehen des Stammes
günstigen und vorteilhaften Richtung verlaufen.

Daß nicht alle Anpassungen deswegen, weil sie dem betreffenden
Individuum und mit ihm seiner Art momentan eine umgebungsgemäße
Existenz ermöglichen, schon an und für sich w e i t e r b i l d u n g s -
f ä h i g und somit im wahren Sinne g ü n s t i g für die weitere Entwicklung der Art unter gleichen Lebensbedingungen sind, ist eigentlich
nur eine logische Konsequenz der Annahme von der Entstehung der
Anpassungen auf rein mechanischem Wege als Reaktion auf die Reize
der Außenwelt.

Ich habe in der vorliegenden Darstellung der Grundzüge der Paläobiologie wiederholt auf den innigen kausalen Zusammenhang zwischen
der Entstehung von Anpassungen und der Lebensweise hingewiesen.
So hätte ich kaum nötig, noch einmal zu betonen, daß ein Vergleich
der Anpassungen fossiler und lebender Formen zu ʾdem Schlusse führt,
daß unter den vielen v e r s c h i e d e n e n Faktoren, welche die Entstehung von Anpassungen und mit ihnen von neuen Arten bedingen, die
unmittelbar auf den Organismus wirkenden Reize der Außenwelt die
Hauptrolle spielen.

Dem Umstande, daß diese Reize seit den ältesten Zeiten organischen
Lebens auf der Erde unverändert auf die Lebewesen einwirken, ver-
dankt die Ausbildung konvergenter und paralleler Anpassungen ihre
Entstehung und versetzt uns in die Lage, durch die ethologische Analyse die Lebensweise und Lebensformen der ausgestorbenen Tierwelt
zu ermitteln.

Verzeichnis der abgebildeten Gattungen und Arten.

Autorenregister.

Balaena mysticetus, Hüftbeinreduktion 190, 194, 195, 196, 197, 633.
— — verheilte Wirbelbrüche 595.
— — Verteidigung durch Schwanzschläge 590.
— — Zahl der Barten 525.
Balaeniceps, Schnabelform 533.
Balaeniden, gute Schwimmer 184.
— Halswirbel verschmolzen 466.
Balaenoptera, Flossenbau 179, 180, 181.
— Flossenversteifung 188.
— Gehörapparat 458, 459, 622, 625.
— parallele Anpassungen 621, 625.
— acutorostrata, Futter 525.
— borealis, Hüftbeinreduktion 195, 633.
— musculus, Futter 525.
— physalus, Hüftbeinreduktion 190, 194, 195, 196, 197, 633.
— — Thoraxlänge 470.
— — Schraubendrehung der Schwanzflosse 114.
— — verheilte Rippenbrüche 90, 91, 590, 596.
— rostrata, Hüftbeinreduktion 190, 196, 633.
— Sibbaldii, Futter 525.
Balaenopteriden, Ähnlichkeit in der Hüftbeinreduktion mit den Schlangen 416, 418.
— Halswirbel frei 466.
— schnelle Schwimmer 184.
— Zygapophysen zwischen Atlas und Epistropheus 466.
Balanen, benthonisch 419.
Balistes, Stacheln 566.
— Verlust der Ventralen 199.
Balistiden, durophag 486.
Bandförmige Fische, Verlust der paarigen Flossen 129.
Baptanodon, Gebißreduktion 526.
Baropus lentus, Fährte 67.
Barsche, Schlafstellung 444.
Barten, ihre Zahl bei Balaena 525.
Bartenwale, Entstehung der Barten 524, 525.
— lockere Rippenverbindung mit den Wirbeln 471.
— mit pachyostotischen Knochen 472.
— Paarungskämpfe 90.
— Pachyostose 94.

Bartenwale, stammen von vielzähnigen Ahnen ab 524.
Basiliskensage 7.
Batagur, herbivor 528.
Bathyergus, Grabtier 378, 379, 383.
— gräbt in hartem Boden 379.
— maulwurfsartige Lebensweise 367, 383, 619.
— maritimus, Konvergenz 619.
Bathyopsiszone 602.
Bathytroctes rostratus, Parietalorgan 464.
Batrachidae, Flossenstacheln als Waffen 565.
Batrachiden, Bodenbewohner 571.
Batrachopus, Fährte 70.
Baumwanzen, Stridulationsorgane 623, 625.
Baumameisenfresser, Hängeklettern 411.
Baumfaultiere, Gebiß 263.
— Gliedmaßenbau 411, 412.
Baumkänguruh, sekundär arboricol 409.
Baumläufer, Anpassungen an das Klettern 280.
Baumsteiger, Krallenklettern 392, 393.
Beckenbau der Vögel und Dinosaurier 267, 268, 269.
Belemniten in der Leibeshöhle eines Hybodus 78.
— deformiert und zerrissen 61.
Belone, Stoßräuber 513.
Belonorhynchus gigas, sagittiform 428, 429.
Beluga, Halswirbel frei 467.
— Thoraxlänge 470.
— leucas, Hüftbeinreduktion 196.
Bengalichthys, blind 438, 439.
Benthobatis, blind 438, 439.
— Phylogenie 634.
Benthos 419.
Berardius, Flossenversteifung 187.
— Halswirbel 467.
— Paarungskämpfe 574, 583—586.
— Struktur des Rostrums 583.
Bergpferdrassen 482.
Bergziegen, stammen von Steppenziegen ab 482.
Bernstein, Insekteneinschlüsse 49, 50, 95.

Gymnophthalmus, Gliedmaßenreduktion 414.
Gymnothorax pardalis, Körperform 444.
Gymnotiden, Verlust der Ventralen 125.
Gymnotus, Lokomotion 104.
— Undulation der Analis 112.
Gypaetus, Schwebeflug 301, 330, 331.

Haftfische 389.
Haifisch aus dem Lias mit erhaltener Haut 53.
Haifische, abdominale Ventralen 126, 127.
— Haifische, Bau der Schwanzflosse 110.
— benthonische Vorfahren 518.
— Fanggebisse 509.
— Flossenbau, Konvergenz 618.
— Flossenstacheln als Waffen 565.
— hohe Rückenflosse 431.
— Massentod im Roten Meere 39.
— phylogenetische Entwicklung der Trituralgebisse 488, 491.
— verteidigen sich durch Schwanzschläge 590.
— Zahnersatz 520.
Halbaffen, Fußbau 224, 259.
— Kieferbewegung 519.
— fossile, von Krokodilen getötet 25.
Halicore, Becken 191, 193, 633.
— Bewegung der Schwanzflosse 113.
— Flossenverbreiterung 185.
— Form der Schwanzflosse 113.
— Hören unter Wasser und in der Luft 462.
— hornige Kauplatten 526.
— nackt 623, 625.
— Schneidezähne als Waffen 574.
— dugong, Flossenbau 176, 177.
— — Hüftbeinreduktion 191, 193.
— tabernaculi, Hüftbeinreduktion 191, 193.
Halicoriden, Gebißreduktion 522, 526, 527.
— Pachyostose 93.
Halitheriinen, Gebiß mit dem der Tetrabelodontiden verglichen 558, 559.
Halitherium, Gebißreduktion 527.
— Pachyostose 93.
— parallele Anpassungen 621, 625.

Halitherium, Zahnwechsel 521.
— Schinzi, Hüftbeinreduktion 190, 191, 192, 633.
— — Molarenform 559.
— — Verwachsung der Halswirbel 468.
Hallopus, biped 292.
— systematische Stellung 349.
Hallstatt, konservierte Keltenleiche 51.
Halmaturus dorsalis 288.
Halobienbrut, an den Strand geworfen 99.
Halophyten als Nahrung von Diprotodon 80.
Halosauropsis, macruriform 441.
Hand, abnormale Schreitstellung 253, 254, 255.
Hand als Boxwaffe 587.
— — Reißwaffe 588.
Handwurzel 138.
Harnsteine 83.
Harpacanthus fimbriatus, Stachel 569.
Harriotta Raleighana, depressiform 434.
Hartgraber 379.
Hasen, Kieferbewegung 519.
— Springart 291.
Hastings, England, Iguanodonfährten 74.
Haushahn, Sporn 587.
Hausrind, Knochenfarbe in Pfahlbauten 62.
Haut, als Abdruck erhalten 53.
Helicoprion Bessonowi 568.
Hell Creek in Montana, Fundort von Champsosaurus laramiensis 41.
Hemichirotes, Hinterbeine verloren 415.
Hemipteren, Körperstellung beim Schwimmen 209, 210.
Hemirhamphodon, Pflugschnauze 514.
Hemirhamphus, Pflugschnauze 514.
— schnellt häufig aus dem Meere empor 320.
Hermes des Praxiteles, Länge der zweiten Zehe 258.
Hesperornis, Verlust des Flugvermögens 354.
— regalis, Rekonstruktion 423, 424.
— — Ruderfuß 170, 171, 174.
Heterocephalus, Fuß mit Borsten besetzt 384.
— Grabtier 379, 383.

Heterocephalus, Maulwurfhabitus 383.
Heterocerke Schwanzflossen 110, 112.
Heterodactyler Fuß 395.
Heterodelphis, Halswirbel frei 467.
Heterodontus, Lage der Mundspalte 517.
— Schwanzflossenbau 110.
— Trituralgebiß 488, 489, 491.
— Philippii, Flossenstacheln 566.
Heteromi, macruriforme Typen 441.
Heteropsammia Michelini 87.
Heuschrecken, Stridulationsorgane 623, 625.
Hicanodonta 377.
Himantopus, Hallux fehlt 284.
Hinterextremität der Tetrapoden, Elemente 138.
Hipparion, Gliedmaßenbau 235.
— crassum 629.
— gracile im Pliozän von Pikermi 30, 31, 32.
— — Phylogenie 235, 628.
Hipparionleichen, in Pikermi in Haufen beisammen 34.
Hipparion mediterraneum 628.
Hippocampus, Festklammern mit dem Schwanz 87, 480.
— Körperstellung beim Schwimmen 208, 210, 447.
— Verlust der Ventralen 199.
Hippopotamus, Kieferbewegung 519.
— amphibius, Gebiß 503, 504.
— — Gliedmaßenbau 237, 238.
— liberiensis, Gebiß 503.
— Zwergrassen 24, 559.
Hirsche, fossil in Steinheim 26, 27.
— ursprüngliche Heimat in den Niederungen 482.
Hirschknochen auf der Doggerbank 64.
Histiophorus, Pflugschnauze 514.
— gladius, Rostrum als Angriffswaffe 586.
— — veliform 430.
Hoatzin, Flug 344, 345.
— Krallenklettern 391.
Hochseeschildkröten, Rückgang der Verknöcherung 472.
Hochseeschwimmer, Verringerung des Gewichts 471.
Hochseewale, fossil in Antwerpen 25.
Hochseezone 420.

Höhlen, benagte Knochen 47.
— Reste von Beutetieren fossiler Raubtiere 81, 82.
— mit Resten der Bewohner 23, 24.
Höhlenbär, Herkunft 513.
— Lebensgewohnheiten 82.
— Zahnkaries 95.
Höhlenbären, gehäuftes Vorkommen 19, 23, 24.
— Kampfverletzungen 88, 89, 90.
— Nagespuren an Knochen 47.
— von Arthritis befallen 91, 92.
Höhlenhyänen, gehäuftes Vorkommen 19, 23, 24.
Höhlentiere, blind 483, 622, 625.
Hören im Wasser 457—462.
Hohenstaufen, Funde von Sauriern 5.
Holocephalen, Flossenstacheln als Waffen 565.
— Lage der Mundspalte 518.
— macruriforme Typen 440, 441.
— Trituralgebisse 488.
Holoptychius, Lage der Ventralen 126.
Holzmaden, fossile Reptilien 41.
Homalodotherium 389.
Homalonotus delphinocephalus, grabender Trilobit 484.
Homalopterinen, Schwimmblase in knöcherner Kapsel 455.
Hominiden, selbständiger Zweig des Anthropomorphenstammes 413.
Homo, biped 294.
— diluvii testis 6, 7.
— primigenius 92.
Homocerke Schwanzflossen 110, 111, 112.
Homogenie 620.
Homologie 620.
Honigdachs, Grabtier 378, 379.
Hoplophorus, Schwanzwirbel verschmolzen 562.
Hoplopterus, Flügelsporne als Waffe 587.
Hornplatten in den Kiefern der Sirenen 526, 527.
Hornschnäbel, Ersatz für das verlorene Gebiß 533.
Hüftbeinreduktion 189.
Huerfano-Formation 36, 602.
Hühner, schreiten immer 284.
Hühnervögel, Flügelgröße 342.